U0392971

国家科学技术学术著作出版基金资助出版

"十二五"国家重点图书

化学工业出版社学术著作出版基金资助出版

海水淡化技术与工程

SEAWATER DESALINATION TECHNOLOGY AND ENGINEERING

高从堦　阮国岭　主编

化学工业出版社

·北京·

海水淡化是解决我国水资源短缺的重要途径和战略选择，也是确保国家安全和可持续发展的必然要求。本书在介绍水资源、膜分离、传热、传质知识的基础上，对热法和膜分离技术的各种过程和工艺做了重点阐述，内容包括海水淡化工程水预处理技术，热法淡化技术与工程，反渗透和纳滤淡化技术与工程，电渗析淡化技术与工程，核能、太阳能和风能淡化技术与工程，集成海水淡化技术与过程优化和其他淡化技术，系统总结了这些技术近年来的创新进展。此外，还结合社会对海水淡化的饮用水生产和环境影响的关注，对海水淡化后处理、海水淡化后浓海水综合利用、海水淡化对环境的影响及评价与对策等做了详尽阐述，针对海水淡化存在的问题，指出了海水淡化技术和产业的发展方向。

本书汇聚了国内海水淡化领域权威专家和单位在科学研究和工程实践方面的诸多成果，凝结了他们的智慧和经验，既提供了一手的工程数据也兼顾了理论基础和前沿，全面呈现了海水淡化领域的技术与工程现状。本书可供海水淡化领域的研发人员、工程技术人员、环境保护技术人员、管理人员参考阅读，也可作为高等院校资源环境、化学工程等学科的教学参考书。

图书在版编目（CIP）数据

海水淡化技术与工程/高从堦，阮国岭主编. —北京：
化学工业出版社，2015.4（2021.7 重印）
ISBN 978-7-122-22837-6

Ⅰ.①海…　Ⅱ.①高…②阮…　Ⅲ.①海水淡化-
海洋工程　Ⅳ.①P747

中国版本图书馆 CIP 数据核字（2015）第 014403 号

责任编辑：傅聪智　路金辉　　　　　　　　　　　装帧设计：刘丽华
责任校对：吴　静

出版发行：化学工业出版社（北京市东城区青年湖南街 13 号　邮政编码 100011）
印　　装：北京捷迅佳彩印刷有限公司
787mm×1092mm　1/16　印张 44¾　字数 1134 千字　　2021 年 7 月北京第 1 版第 2 次印刷

购书咨询：010-64518888　　　　　　　　售后服务：010-64518899
网　　址：http://www.cip.com.cn
凡购买本书，如有缺损质量问题，本社销售中心负责调换。

定　　价：198.00 元

《海水淡化技术与工程》

编写人员名单

主　编　高从堦　阮国岭

编写人员（以姓氏汉语拼音为序）

楚树坡　冯厚军　高从堦　高学理　葛云红　何涛　纪志永　姜标　金可勇
李保安　李春霞　李洪　李雪梅　吕庆春　齐春华　任建波　阮国岭　沈炎章
谭永文　王海增　王宏涛　王军　王志宁　吴水波　伍联营　谢春刚　谢英惠
徐佳　徐克　杨波　袁俊生　张林栋　张铭　张维润　赵河立　郑宏林
周勇

编 写 分 工

第1章　高从堦
第2章　谭永文、沈炎章、杨波、徐佳
第3章　阮国岭、齐春华、谢春刚
第4章　高从堦、周勇、谭永文、杨波
第5章　张维润、金可勇
第6章　吕庆春、任建波
第7章　赵河立、伍联营、徐克、张铭
第8章　高从堦、李保安、何涛、李雪梅、王宏涛、李春霞、姜标
第9章　阮国岭、冯厚军、葛云红、楚树坡、吴水波
第10章　袁俊生、纪志永、王军、李洪、张林栋、谢英惠
第11章　高从堦、王海增、郑宏林、高学理、王志宁

参 编 单 位

杭州水处理技术研究开发中心
国家海洋局天津海水淡化与综合利用研究所
天津大学
中国海洋大学
河北工业大学
中国科学院上海高等研究院
浙江工业大学

　　水是生命的源泉，是社会经济发展的命脉，是人类宝贵的、不可替代的自然资源。水资源匮乏正日益影响着生态环境以及全球社会经济的发展。随着我国经济社会的快速发展和城市化进程的不断推进，水资源短缺已成为制约我国社会经济可持续发展的重要因素。海水淡化是从源头增加水资源量的有效手段，是解决我国水资源短缺的重要途径和战略选择，也是确保国家安全和可持续发展的必然要求。

　　海水淡化技术近年来发展迅猛，在各个领域都有不小的创新进展，如：膜法的反渗透膜的进步、膜组器技术的不断发展、关键设备的不断改进和工艺过程的持续开发等；热法的MSF 和 MED 单机容量扩大，新型防垢剂、廉价材料的选用，采用热泵、水电联产和热膜耦合等；海水淡化集成过程和工艺优化；其他新过程方面，如电渗析、电容吸附、膜蒸馏、正渗透、水合和冰冻法等。这些技术进展进一步增加了海水淡化的发展潜力。2014 年世界上脱盐水产量约 $8.5×10^7 m^3/d$，解决了 2 亿多人口的供水和区域发展问题，海水淡化能耗降到 $3kW·h/m^3$，淡化水成本在 0.5 美元 $/m^3$ 左右。

　　同时，海水淡化的带动作用是非常显著的：一是海水淡化技术的发展带动了材料、装备制造、自动化等产业的发展；二是海水淡化发展起来的新型蒸发技术和各种膜技术等促进了信息、电力、化工、生物工程、医药（疗）、冶金和环保等领域的技术进步。这些技术作为节能减排、清洁生产、提升传统产业及环境保护的重要手段，获得了重大的经济效益、社会效益和生态效益回报。

　　目前，海水淡化的发展在技术的先进性和可靠性、运行和管理、能耗和成本、投资和效果、环境影响等方面还存在不少问题，尽力开发新材料和新工艺、采用先进的集成技术和过程优化，是海水淡化技术和产业发展的努力方向。

　　国家的政策是海水淡化发展的保证，从规划、研究开发及平台建设、人才队伍培养、工程技术和装备制造的发展、产业化和产业链、相关标准等都要有相应政策的支持。"十二五"期间我国继续加大海水淡化的技术和资金投入，加快海水淡化这一战略性新兴产业的培育和健康发展。2012 年 8 月发布的《海水淡化科技发展"十二五"专项规划》阐明了海水淡化科技今后 5 年的发展思路和原则、发展目标、重点任务、能力建设和保障措施，为从事海水淡化的科技人员指明了工作方向。

　　基于社会的需求、政府的支持，为进一步推动海水淡化的发展，系统总结近十年来海水淡化技术的创新进展，特编写了本书。本书分 11 章，既有膜分离、传热、传质的基础知识介绍，也有热法和膜分离技术的各种过程和工艺的较深层的阐述；既有对大量资料和数据的认真汇总分析，也有相关简明图表和照片的配合增效；不仅详细介绍了一些新过程，而且充分回答了社会关注的热点。

　　本书对反渗透法、热法（多级闪蒸、低温多效）、电渗析和其他淡化新过程等方面的重大技术进展进行了重点而又系统的阐述，如：如反渗透膜在膜和组器技术、高压泵和能量回收等关键设备、多种工艺过程和大型工程等；热法在单机容量扩大、新型传热和结构材料的选用、水电联产、热膜耦合和其他集成工艺等；电渗析在高性能离子交换膜、双极膜、电脱离子和浓缩分离等；其他淡化新过程，如电容吸附、膜蒸馏、正渗透和冰冻法的新进展等。此外，还结合社会对海水淡化的饮用水生产和环境影响的关注，对可再生能源利用（核能、太阳能和风能）、海水淡化集成过程（淡化方法之间的集成、电水联产和综合利用）、海水淡化后处理（矿化、pH 调节、缓蚀、加氟、消毒、脱硼和深度脱盐等）、海水综合利用（制盐、提钾、提溴、制镁、提锂、提铀和提重水等）、环境的影响与对策（能耗、浓海水排放、预处理和化学清洗用药剂、腐蚀产物和固体废弃物、取排水机械作用、占地和噪声以及评价和对策）等方面专门安排了章节进行了较详尽的阐明。同时，针对海水淡化发展存在的不少问题，指出海水淡化技术和产业发展的努力方向。

本书作者来自国内从事海水淡化技术和工程的知名单位，如杭州水处理技术研究开发中心、国家海洋局天津海水淡化与综合利用研究所、天津大学、中国海洋大学和河北工业大学等，均在海水淡化领域工作多年，有丰富的相关知识和工程实践经验。本书汇聚了这些作者和单位在海水淡化科学研究和工程实践方面的诸多成果，其中的许多技术在国内居于领先水平。本书在编写的过程中既突出科学性和先进性，也注重实用性和可读性，从各种海水淡化技术的基础原理和工艺过程的深层阐述，到各种关键设备和不同规模工程的清楚介绍，从各种技术的发展和展望，到社会关注热点的仔细评说……使本书内容更易为读者理解和掌握。

希望本书出版发行后，能为读者喜欢，供海水淡化、膜科学与技术以及相关领域的学者、工程技术人员、管理人员、研究生和其他人员参考，为推动我国海水淡化技术与工程的进步和扩大其应用尽一份力量。

高从堦
2014 年 12 月

符 号 表

符号	物理意义	单位
A/F	面积	m^2
AI	侵蚀指数	
Alk	碱度	mg/L，以 $CaCO_3$ 计
BPE	沸点升	℃
C	单位价格	
$CCPP$	碳酸钙沉淀势	mg/L，以 $CaCO_3$ 计
C_p	定压比热容	$J/(kg \cdot K)$
C_r	压缩比	
C_T	总溶解无机碳	
D	体积流量	m^3/s
F'	比传热面积	$m^2 \cdot h/kg$
$G/M/m$	质量流量	kg/h
H	焓	J
k/U	传热系数	$W/(m^2 \cdot K)$
LR	Larson 比率	
LSI	Langelier 饱和指数	
p	压力	kPa
PR	造水比	
Q	热量	J
q	热流密度	$J/(m^3 \cdot h)$
r	半径	m
R_a	动力蒸汽量	kg
Ra	引射系数	
R_f	污垢热阻	$K \cdot m^2/W$
RSI	Ryznar 稳定指数	
$SHMP$	六偏磷酸钠	
T	温度	K
TH	总硬度	mg/L，以 $CaCO_3$ 计
TTD	传热温差	K
X	盐度	g/kg
η	动力黏度	$kg/(m \cdot s)$
λ 或 θ	热导率	$W/(m^2 \cdot K)$

目 录

CONTENTS

第 3 章　热法海水淡化

第 4 章　反渗透和纳滤海水淡化

第 5 章　电渗析海水淡化

第6章 核能、太阳能和风能海水淡化

第7章 集成海水淡化技术与过程优化

第 8 章 其他海水淡化技术

第9章　海水淡化产水的后处理

第10章　海水淡化后浓海水综合利用

第11章　海水淡化对环境的影响及评价与对策

第 1 章

世界水资源和海水淡化

1.1 水资源概况

1.1.1 世界水资源概况

水是生命的摇篮，是人类赖以生存和生产不可缺少的基本物质，是地球上不可替代的宝贵的基础自然资源，是生态环境的控制性要素之一，同时也是战略性的经济资源，是一个国家综合国力的有机组成部分。水资源匮乏正日益影响全球的经济发展与生态环境，甚至可能导致国家和地区间的冲突。联合国有关机构指出"水将成为世界最严重的资源问题"，"缺水问题将严重制约下世纪经济和社会发展并可能导致国家间的冲突"，"供水不足将成为一个深刻的社会危机，世界上在石油危机之后的下一危机便是水的危机"。缺水问题是一个世界性问题。

全球的水总储量为 13.86 亿立方千米，其中 96.5% 为海水，其他分布在陆地、大气和生物体中，约为 2.53%，其中固体冰川约占淡水总储量的 68.69%，主要分布在两极和冰川地区，另有雪盖、液体形式的淡水水体，绝大部分是 750m 深度以下的难利用的深层地下水，而可取用的河水、湖水及浅层地下水等仅占 0.2% 左右，这里还包括相当大一部分的苦咸水，这部分苦咸水只占全球总储水量的十万分之七。按地区分布，巴西、俄罗斯、加拿大、中国、美国、印度尼西亚、印度、哥伦比亚和刚果等 9 个国家的淡水资源占了世界淡水资源的 60%；约占世界人口总数 40% 的 80 个国家和地区约 15 亿人口淡水不足，其中 26 个国家约 3 亿人极度缺水；更可怕的是，预计到 2025 年，世界上将会有 30 亿人面临缺水，40 个国家和地区淡水严重不足。表 1-1 所示为全球的水储量。

表 1-1 全球水储量[1]

水的类型	分布面积 /万平方千米	水量 /万立方千米	水深/m	在世界储水量中的比例/%	
				占总储量	占淡水储量
1. 海洋水	36130	133800	3700	96.5	
2. 地下水（重力水和毛管水）	13480	2340	174	1.7	
其中，地下淡水	13480	1053	78	0.76	30.1
3. 土壤水	8200	1.65	0.2	0.001	0.05

续表

水的类型	分布面积 /万平方千米	水量 /万立方千米	水深/m	在世界储水量中的比例/%	
				占总储量	占淡水储量
4. 冰川与永久雪盖	1622.75	2406.41	1463	1.74	68.7
（1）南极	1398	2160	1546	1.56	61.7
（2）格陵兰	180.24	234	1298	0.17	6.68
（3）北极岛屿	22.61	8.35	369	0.006	0.24
（4）山脉	22.4	4.06	181	0.003	0.12
5. 永冻土底冰	2100	30.0	14	0.222	0.86
6. 湖泊水	206.87	17.64	85.7	0.013	
（1）淡水	123.64	9.10	73.6	0.007	0.26
（2）咸水	82.23	8.54	103.8	0.006	
7. 沼泽水	268.26	1.147	4.28	0.0008	0.03
8. 河床水	148800	0.212	0.014	0.0002	0.006
9. 生物水	51000	0.112	0.002	0.0001	0.003
10. 大气水	51000	1.29	0.025	0.001	0.4
水的总储量	51000	138598.461	2718	100	
其中，淡水储量	14800	3502.921	235	2.53	100

1.1.2 我国水资源概况和用水紧张状况

我国水资源总量为 2.8 万亿立方米，其中地表水 2.7 万亿立方米，地下水 0.83 万亿立方米，由于地表水与地下水相互转换、互为补给，扣除两者重复计算量 0.73 万亿立方米，与河川径流不重复的地下水资源量约为 0.1 万亿立方米。虽总量仅次于巴西、俄罗斯、加拿大、美国、印度尼西亚，居世界第 6 位，但人均水资源量 2220m³ 只是世界人均水资源量的四分之一，每亩耕地水量也只有世界平均值的三分之二，在世界上 153 个国家和地区的统计中，排名 121 位，是全球 13 个人均水资源最贫乏的国家之一。按照国际公认的标准，人均水资源量低于 3000m³ 为轻度缺水，人均水资源量低于 2000m³ 为中度缺水，人均水资源量低于 1000m³ 为重度缺水，人均水资源量低于 500m³ 为极度缺水。我国目前有 16 个省（区、市）人均水资源量（不包括过境水）低于严重缺水线，有 6 个省、区（宁夏、河北、山东、河南、山西、江苏）人均水资源量低于 500m³，为极度缺水地区。中国水资源的时空分布很不均匀，就空间分布来说，长江流域及其以南地区，水资源约占全国水资源总量的 80%，但耕地面积只为全国的 36% 左右，黄河、淮河、海河流域，水资源只有全国的 8%，而耕地则占全国的 40%；从时间分配来看，我国大部分地区冬春少雨，夏秋雨量充沛，降水量大都集中在 5～9 月，占全年雨量的 70% 以上，且多暴雨，黄河和松花江等河流，近 70 年来还出现连续 11～13 年的枯水年和 7～9 年的丰水年。表 1-2 给出了我国分区多年平均年降水量及水资源量。由于我国处于东亚季风区，水量（降水和径流）年内和年际变化大，全国各地几乎每年都有旱灾发生，黄海平原最甚；全国约有 670 个城市，400 多个城市存在着不同程度的缺水现象，其中严重缺水的有 110 多个，尤其是北方地区，几乎所有城市都严重缺水，如大连、天津、烟台、青岛人均水资源占有量都在 200m³ 左右；全国大于 500m² 的岛屿有 6500 多个，其中绝大部分属严重缺水。天津、宁夏、上海、北京、河北、山东、河南、陕西、江苏、辽宁等 10 个省级行政区人均水资源量低于 1000m³，大多数需调水才能解决问题。中国用全球 7％的水资源养活了占全球 21％的人口，据有关部门预测，中国缺水的高峰将在 2030 年出现，因为那时人口将达到 16 亿，届时人均水资源量仅有 1750m³，在充分考虑节水情况下，预计用水总量为 7000 亿～8000 亿 m³，要求供水能力比现在增长 1300 亿～2300 亿立方米，全国实际可利用水资源量接近合理利用水量上限，水资源开发难度极大，如果不采取有效措施，届时因缺水造成的损失将更加巨大。表 1-3 和表 1-4 分别表明全国用水增长情况和 2030 年全国各流域片供需分析预测。

表 1-2　全国分区多年平均年降水量及水资源量（1956—1979 年）[1]

河流	计算面积 /km²	降水情况		径流总量 /亿立方米	地下水量 /亿立方米	水资源量 /亿立方米
		降水深度 /mm	降水量 /亿立方米			
黑龙江	903418	496	4476	1166	431	1352
辽河及其他河流	345027	551	1901	487	194	577
海滦河	318161	560	1781	288	265	421
黄河	794712	464	3691	661	406	744
淮河及山东诸河	329211	860	2830	741	393	961
长江	1808500	1071	19360	9513	2464	9613
东南沿海诸河	239803	1758	4216	2557	613	2592
珠江及华南诸河	580641	1544	8967	4685	1116	4708
西南诸河	851406	1089	9346	5853	1544	5853
内陆河	667443	158	5321	1164	862	1304
全国	6838322	648	61889	27115	8288	28125

表 1-3　全国用水增长情况[3,4]

年份	农业和农村生活		工业		城市生活		总计 /亿立方米	人均用 水量/m³
	用水量 /亿立方米	所占比例 /％	用水量 /亿立方米	所占比例 /％	用水量 /亿立方米	所占比例 /％		
1949 年	1001	97.1	24	2.3	6	0.6	1031	187
1959 年	1938	94.6	96	4.7	14	0.7	2048	316
1965 年	2545	92.7	181	6.6	18	0.7	2744	378
1980 年	3912	88.2	457	10.3	68	1.5	4437	450
1993 年	4055	78.0	906	17.4	237	4.6	5198	445
1997 年	4198	75.3	1121	20.2	247	4.5	5566	458
2008 年	3664.2	62.0	1400.7	23.7	726.9	12.3	5910	446
2010 年	3691.5	61.3	1445.3	24.0	764.8	12.7	6022.0	450
2011 年	3743.5	61.3	1461.8	23.9	789.9	12.9	6107.2	454

表 1-4　2030 年全国各流域片供需分析预测[3]

分区	当地供水量/亿立方米	调入量/亿立方米	调出量/亿立方米	可供水量/亿立方米	利用量/亿立方米	利用率/%	需水量/亿立方米	缺水量/亿立方米	缺水率/%
松辽河流域片	746			746	721	37.4	759	13	1.8
海滦河流域片	352	135		487	311	73.8	539	52	9.7
淮河流域片	644	130		774	600	62.4	815	41	5.1
黄河流域片	443	85	30	528	443	59.6	535	7	1.3
长江流域片	2340		320	2340	2647	27.5	2341	1	0.0
珠江流域片	1005			1005	989	21.0	1006	1	0.1
东南诸河流域片	344			344	328	16.7	345	1	0.2
西南诸河流域片	126			126	126	2.2	127	1	0.6
内陆河流域片	640			640	635	48.7	652	12	1.8
北方 5 片	2825	350	30	3175	2710	50.6	3300	125	3.8
南方 4 片	3815		320	3815	4090	18.5	3819	4	0.1
全国	6640	350	350	6990	6800	24.7	7119	129	1.8

　　面对着日益严重的缺水形势，中央和地方政府近年来加大投资力度，采取了一系列有效措施，如兴建大型蓄水工程、有计划实施跨流域调水工程、加大节约用水和废水回用的力度等，使淡水紧缺形势得到一定程度缓解。如 1983 年竣工的"引滦入津"工程，通过三次加压将滦河水引入天津，极大地缓解了天津市的工业生产和生活用水紧缺；大连市完成的引碧入连工程，将碧流河水引入大连，缓解了大连市的用水紧张；山东青岛的"引黄济青"工程，为青岛市的经济发展和生活水平提高提供了保障。以上措施的采取，使我国的沿海城市和地区的供水状况得到较大改善，但是，由于我国沿海经济的快速发展以及人民生活水平的较大提高，部分沿海城市的供水仍然不能满足发展需求，环渤海地区大部分城市缺水严重，尤其是海岛的缺水也非常严重。如 2000 年的干旱对我国北方沿海城市造成的冲击是空前的，山东的烟台、威海、青岛地区的用水出现明显不足，不得不采取各种节水方式和限制措施。

　　全国城市供水 30% 靠地下水，北方城市达 59%，水质普遍恶化，特别是北方有 90% 以上城市的地下水超采和受到不同程度的污染；沿海地区，地下水超采引起海水入侵，土地盐碱化。另外北方和西北地区地下水中相当大部分为苦咸水。

　　特别是近年来，城市人口剧增，生态环境恶化，工农业用水技术落后，浪费严重，水源污染，更使原本贫乏的水"雪上加霜"，而成为严重制约国家经济建设和社会发展的瓶颈之一。

1.2　海水的组成和性质

1.2.1　海水组成

　　海水中溶解着各种盐分，从其来源看，海水应含有地球上所有的元素，但限于分析技术水平，目前仅测定了 80 多种，这些元素构成海水中各种有机物和无机物。溶于海水的化学元素虽多，但其含量差别极大。除了组成水的氢和氧以外，每千克海水中含量在 1mg 以上的元素只有12种，即氯、钠、镁、硫、钙、钾、溴、碳、锶、硼、硅和氟，它们约占海水中全部元素含量的99.9%，它们形成了5种阳离子 Na^+、K^+、Ca^{2+}、Mg^{2+} 和 Sr^{2+}，以及6种阴离子 Cl^-、SO_4^{2-}、Br^-、HCO_3^-、CO_3^{2-} 和 F^-，共11种离子成分，分别称为海水中大量元素和主要成分。由于这些成分在海水中的含量较大，各成分浓度间的比值近似恒定，生物活动对其浓度影响不大，在海水中性质比较稳定，又称为保守元素。其中的Si虽然含量超过1mg/kg，但由于其含量受生物活动的影响较大，性质也不稳定，不属于保守元素。除12种大量元素之外的几十种元素，一般称为微量元素。磷、氮、硅等与海洋植物生长有关的元素，称为营养元素，当其含量很低时，会限制植物的正常生长，研究这些元素分布变化对海洋生产力有重要意义。

海水中主要离子组成见表1-5。

表 1-5　海水中主要离子组成 ($S=35$)[5]

离　子	含量/(g/kg)	氯 度 比 值	离　子	含量/(g/kg)	氯 度 比 值
Cl^-	19.354	0.9989	Na^+	10.77	0.5560
SO_4^{2-}	2.712	0.1400	Mg^{2+}	1.290	0.0665
Br^-	0.0673	0.00347	Ca^{2+}	0.4121	0.02127
F^-	0.0013	0.000067	K^+	0.399	0.0206
HCO_3^-	0.142	0.00735	Sr^{2+}	0.0079	0.00041
B(总量)	0.0045	0.000232			

注：S 为盐度。

海水中的元素除了以离子状态存在以外，也有以络合体形式存在的，表1-6所列为海水中主要离子自由态与络合态分配，可见海水中阳离子 Na^+、K^+、Mg^{2+} 和 Ca^{2+} 以自由离子形态存在数量分别占离子总量的98.4%、97.6%、70.2%和48.6%，阴离子 Cl^-、SO_4^{2-}、F^- 和 CO_3^{2-} 以自由离子形态存在数量分别占离子总量的97.6%、45.1%、50.2%和2.95%。

表 1-6　海水中主要离子自由态与络合态分配[6]

(101.33kPa,25℃,$S=35$,pH=8.12)

项　目	Na^+	K^+	Mg^{2+}	Ca^{2+}
自由离子 M/%	98.4	97.6	70.2	48.6
MCl/%	—	—	18.2	31.8
MSO₄/%	1.56	2.33	11.2	19.3
MF/%	—	—	0.07	0.01
MCO₃/%	0.01	0.02	0.16	0.11
MHCO₃/%	0.05	0.02	0.14	0.10
MB(OH)₄/%	—	—	0.03	0.02
合计/%	100.02	100.03	100.00	99.94

项　目	Cl^-	SO_4^{2-}	F^-	CO_3^{2-}	$B(OH)_4^-$
自由离子 A/%	97.6	45.1	50.2	2.95	15.2
H₂A/%	—	—	—	0.56	—
HA/%	—	—	—	75.4	81.4
NaA/%	—	25.9	—	2.22	—
KA/%	—	0.85	—	0.07	—

续表

项　　目	Cl^-	SO_4^{2-}	F^-	CO_3^{2-}	$B(OH)_4^-$
MgA/%	1.77	21.1	47.8	3.66	3.06
CaA/%	0.60	7.05	1.99	0.49	0.41
NaHA/%	—	—	—	10.5	—
KHA/%	—	—	—	0.34	—
MgHA/%	—	—	—	3.31	—
CaHA/%	—	—	—	0.44	—
合计/%	99.97	100.00	99.99	99.94	100.07

注：M 代表阳离子,如 Na^+、K^+、Mg^{2+}、Ca^{2+}；A 代表阴离子,如 Cl^-、SO_4^{2-}、F^-、CO_3^{2-}、$B(OH)_4^-$。

表 1-7 所列为大洋海水主要离子平均浓度。尽管海水盐度可以不同,但其所含主要离子浓度比值几乎保持恒定,称为海水组成恒定性原理。表 1-8 所列为天然海水主要离子浓度与氯度的比值变化。

表 1-7　大洋海水主要离子平均浓度/(g/kg)[①]

盐度 S	Na^+	Mg^{2+}	Ca^{2+}	K^+	Sr^{2+}	B	Cl^-	SO_4^{2-}	Br^-	F^-	HCO_3^-
5	1.539	0.185	0.058	0.057	0.001	0.001	2.763	0.387	0.010	0.0002	0.020
10	3.078	0.370	0.118	0.114	0.002	0.001	5.527	0.775	0.019	0.0004	0.041
15	4.617	0.555	0.177	0.171	0.003	0.002	8.290	1.162	0.029	0.0005	0.061
20	6.156	0.739	0.235	0.228	0.003	0.003	11.054	1.550	0.038	0.0007	0.081
25	7.695	0.924	0.294	0.285	0.006	0.003	13.817	1.937	0.048	0.0009	0.101
30	9.234	1.109	0.353	0.342	0.007	0.004	16.581	2.325	0.058	0.0011	0.122
35	10.773	1.294	0.412	0.399	0.008	0.004	19.344	2.712	0.067	0.0013	0.142
40	12.312	1.479	0.471	0.456	0.009	0.005	22.107	3.099	0.077	0.0015	0.162

① 摘自 Riley J P,Skirrow G(Editors).Chemical Oceanography.Vol 1.New York：Academic Press,1975.558.

表 1-8　天然海水主要离子浓度与氯度的比值变化[6]

离子浓度与氯度的比值	平均值	标准偏差	最大值	最小值	样品数目
[Na^+]/氯度	0.5555	±0.0007	0.5572	0.5535	49
	0.5567	±0.0007	0.5576	0.5555	93
[Mg^{2+}]/氯度	0.06692	±0.00004	0.06713	0.06669	66
	0.06667	±0.00007	0.06689	0.06641	91
[SO_4^{2-}]/氯度	0.1400	±0.0002	0.1406	0.1394	345
[Ca^{2+}]/氯度	0.02126	±0.00004	0.02134	0.02115	66
	0.02128	±0.00006	0.02150	0.02110	81
[K^+]/氯度	0.0206	±0.0002	0.0209	0.0203	54
	0.0206	±0.0002	0.0209	0.0203	84
[HCO_3^-]/氯度	0.00749	±0.00008	0.00791	0.00707	—
[B 总量]/氯度	0.000240	±0.000005	0.000264	0.000222	—
[Sr^{2+}]/氯度	0.00040	±0.00002	0.00041	0.00038	58
	0.00042	±0.00002	0.00044	0.00040	38
[F^-]/氯度	0.000067	±0.000001	0.000090	0.000064	300

1.2.2　海水性质

1.2.2.1　海水氯度与盐度

（1）海水氯度

海水氯度和盐度是海水的重要性质，也是海洋科学研究中重要的参数。最早的氯度和盐度定义是 1899 年在瑞典斯德哥尔摩举行的第一次国际海洋会议决定，由 M. Knudsen 教授为首的专门委员会在 1901 年提出的。

氯度定义为：1kg 海水中，将溴、碘以氯置换后其所含氯的总质量（g）。

并规定了测定海水氯度的标准方法，一般称为 Knudsen 方法，即使用摩尔（Mohr）的银量法。该法使用专门的氯度滴定管及海水移液管。测定氯度的硝酸银滴定液用专门制作的标准海水标定，标准海水的氯度当时使用 KCl 为标准测定，当时氯的相对原子质量为 35.453，钾的相对原子质量为 39.136。测定结果用 Knudsen 海洋水文表查算。

在用硝酸银溶液滴定海水时，实际上海水的氟、氯、溴、碘卤素离子全部变为卤化银沉淀，为了实际使用方便，简单地将卤素离子产生的卤化银沉淀全部看作氯化银沉淀，以此确定海水氯度。

标准海水是封装在玻璃安瓿中的，在长期储存时其氯度标准会发生微小的变化，同时制备的标准海水数量有限，不可能永久使用，为此提出了用原子量银定义海水氯度的永久标准。

J. P. Jacobsen 和 M. Kundsen 在 1938 年对海水氯度重新定义如下："海水水样的氯度（Cl）在数值上等于刚好沉淀 0.3285234kg 海水水样所需的原子量银的质量（g）。"

原子量银是指 1938 年进行原子量重新测定时使用的纯银。这种纯银系由 Hönigschmid 教授制备的，共 100g，作为海水氯度永久标准保存在 Danish 水文实验室[5]。

IAPSO（国际海洋物理科学协会）标准海水服务处现设在英国沃姆莱（Wermley）的英国海洋研究所化学研究室，生产 IAPSO 标准海水，为全世界海洋科学工作者提供测定海水氯度和盐度（或相对电导率 K_{15} 值）的标准。为了我国海洋科学工作者使用方便，中国海洋大学标准海水厂生产中国标准海水，其氯度和盐度值（或 R_{15} 值）是根据 IAPSO 标准海水标准测定的。

（2）1978 年实用盐标与海水实用盐度

海水盐度（S）最早的定义是 1901 年 Kundsen 教授提出的："1kg 海水将溴、碘以氯置换，碳酸盐变为氧化物，有机物全部氧化后，其所含固体的总质量（真空中质量，g）。"

Kundsen 教授规定了海水盐度的测定方法：用天平准确称取一定量的海水，用盐酸酸化以后加氯水氧化，在水浴上蒸发，在蒸发过程中，再加一次氯水氧化，蒸干后在 150℃ 烘干 24h，再在 380℃ 和 480℃ 分别烘干 48h，最后称重，换算为 1kg 海水固体物含量即为海水盐度值。

在上述测定过程中发生了如下的化学反应：

$$MgCO_3 + 2HCl \xrightarrow{\text{加 HCl}} MgCl_2 + CO_2 \uparrow + H_2O$$

$$Mg(HCO_3)_2 + 2HCl \xrightarrow{\text{加 HCl}} MgCl_2 + 2CO_2 \uparrow + 2H_2O$$

$$CaCO_3 + 2HCl \xrightarrow{\text{加 HCl}} CaCl_2 + CO_2 \uparrow + H_2O$$

$$Ca(HCO_3)_2 + 2HCl \xrightarrow{\text{加 HCl}} CaCl_2 + 2CO_2 \uparrow + 2H_2O$$

$$2Br^- + Cl_2 \xrightarrow{\text{加氯水}} 2Cl^- + Br_2\uparrow$$

$$2I^- + Cl_2 \xrightarrow{\text{加氯水}} 2Cl^- + I_2\uparrow$$

$$MgCl_2 \xrightarrow{H_2O,\text{加热}} MgO + 2HCl\uparrow$$

$$\text{有机物} \xrightarrow{\text{加热}} CO_2\uparrow + H_2O\uparrow$$

测定过程中，海水中部分 Cl^- 以 HCl 形式挥发掉，可根据测定前后 Cl^- 含量进行校正。

可见用该方法测得的盐含量并不是海水中真正的盐含量，是一种以实践为基础的定义性的相对盐含量，海水真正的盐含量直至目前也还无法准确测定。

经过众多海洋科学工作者多年的研究探讨，1982 年 1 月 1 日联合国教科文组织（UNESCO）、国际海洋考察理事会（ICES）、海洋研究科学委员会（SCOR）和国际海洋物理科学协会（IAPSO）等单位组织的海洋学常用表和标准联合专家小组（JPOTS）联合发出通告，敦促世界所有海洋工作者自 1982 年 1 月 1 日起，正式起用 1978 实用盐标（PSS78）和 1980 年新的国际海水状态方程。

PSS78 定义氯度值为 19.374 的 IAPSO 标准海水实用盐度值为 35.000，这是考虑到实用盐度要与历史资料的统一性。然后找到了相对于溶液质量比 32.4356×10^{-3} 的超纯 KCl 水溶液，在温度 15℃ 和一个标准大气压（101.33kPa）下实用盐度 35.000 的标准海水与此溶液的电导率比值恰好等于 1.00000，这种 KCl 溶液就作为实用盐度 35.000 的固定参考点。再用已知实用盐度的 IAPSO 标准海水加定量纯水稀释或在常温下蒸发浓缩配制一系列不同实用盐度的海水样品，用高精度的相对电导率仪测定这些海水样品与质量比为 32.4356×10^{-3} 的 KCl 溶液之间相对电导率 K_{15} 值，经过数据拟合得出了实用盐度 S 与 K_{15} 的经验关系式为：

$$S = a_0 + a_1 K_{15}^{1/2} + a_2 K_{15} + a_3 K_{15}^{3/2} + a_4 K_{15}^2 + a_5 K_{15}^{5/2} \tag{1-1}$$

式中　$a_0 = 0.0080$　　　　　　　　　$a_1 = -0.1692$

$a_2 = 25.3851$　　　　　　　　　$a_3 = 14.0941$

$a_4 = -7.0261$　　　　　　　　　$a_5 = 2.7081$

$\sum a_i = 35.0000$　　　　　　　　　$2 \leqslant S \leqslant 42$

此即为实用盐度定义式。

考虑到电导率温度系数的一致性，实际测量海水样品相对电导率 R_t（温度 t℃ 下海水的相对电导率），是相同温度下海水样品电导率与具有实用盐度 35.000 的标准海水电导率的比值，R_t 与 R_{15} 之间有一微小的差值，用上式计算实用盐度时需加一修正值 ΔS，其公式为：

$$S = a_0 + a_1 R_t^{1/2} + a_2 R_t + a_3 R_t^{3/2} + a_4 R_t^2 + a_5 R_t^{5/2} + \Delta S \tag{1-2}$$

式中

$$\Delta S = \frac{t-15}{1+k(t-15)}(b_0 + b_1 R_t^{1/2} + b_2 R_t + b_3 R_t^{3/2} + b_4 R_t^2 + b_5 R_t^{5/2})$$

$b_0 = 0.0005$　　　　　　　　　$b_1 = -0.0056$

$b_2 = -0.0066$　　　　　　　　$b_3 = -0.0375$

$b_4 = 0.0636$　　　　　　　　　$b_5 = -0.0144$

$k = 0.0162$　　　　　　　　　$\sum b_i = 0.0000$

$-2℃ \leqslant t \leqslant 35℃$

已制订了新的海洋常用盐度计算表，通过海水电导盐度计测定海水样品的相对电导率

R_t 和温度 t，不需用上述公式计算而直接查表得出相应的实用盐度值。

R_t 为海水样品温度 $t(℃)$ 时绝对电导率与盐度 35.000 的标准海水在相同温度下绝对电导率比值，即：

$$R_t = \frac{\overline{L}_{S,t}}{\overline{L}_{35,t}} \tag{1-3}$$

式中，$\overline{L}_{S,t}$ 可用电导率仪测定。$\overline{L}_{35,t}$ 与 t 的关系为：

$$\overline{L}_{35,t} = 0.042933(c_0 + c_1 t + c_2 t^2 + c_3 t^3 + c_4 t^4)\ (\Omega^{-1}\cdot cm^{-1})$$

式中 $c_0 = 0.676697$ $\quad c_1 = 2.00564\times10^{-2}$

$c_2 = 1.104259\times10^{-4}$ $\quad c_3 = -6.9698\times10^{-7}$

$c_4 = 1.0031\times10^{-9}$

因此，已知 t 可由上式计算得 $\overline{L}_{35,t}$，由 $\overline{L}_{S,t}$ 和 $\overline{L}_{35,t}$ 可算得 R_t 及实用盐度 S。

1.2.2.2 海水密度和1980年国际标准海水状态方程[7]

（1）国际标准海水的密度和国际标准海水状态方程

联合国教科文组织下属的海洋学常用表和标准联合专家小组（JPOTS）已确定把经纯水稀释或用蒸发法浓缩的国际标准海水的密度（ρ，kg/m^3）作为实用盐度（S）、温度（t，℃）和大气压（p，单位为 bar，$1bar=10^5 Pa$，下同）的函数：

$$\rho(S,t,p) = \rho(S,t,0)/[1-p/K(S,t,p)] \tag{1-4}$$

式中，$K(S,t,p)$ 是正割体模量。

1个标准大气压（表压，$p=0$）下的海水密度可由下列方程计算：

$$\rho(S,t,0) = \rho_w + (b_0 + b_1 t + b_2 t^2 + b_3 t^3 + b_4 t^4)S + (c_0 + c_1 t + c_2 t^2)S^{3/2} + d_0 S^2 \tag{1-5}$$

式中 $b_0 = 8.24493\times10^{-1}$ $\quad c_0 = -5.72466\times10^{-3}$

$b_1 = -4.0899\times10^{-3}$ $\quad c_1 = 1.0227\times10^{-4}$

$b_2 = 7.6438\times10^{-5}$ $\quad c_2 = -1.6546\times10^{-6}$

$b_3 = -8.2467\times10^{-7}$ $\quad d_0 = 4.8314\times10^{-4}$

$b_4 = 5.3875\times10^{-9}$ $\quad \rho_w$ 为基准纯水密度

基准纯水是用取自地中海的深层海水经三次蒸馏制备的纯水，其密度用下列方程计算：

$$\rho_w = a_0 + a_1 t + a_2 t^2 + a_3 t^3 + a_4 t^4 + a_5 t^5 \tag{1-6}$$

式中 $a_0 = 999.842594$ $\quad a_1 = 6.793952\times10^{-2}$

$a_2 = -9.095290\times10^{-3}$ $\quad a_3 = 1.001685\times10^{-4}$

$a_4 = -1.120083\times10^{-6}$ $\quad a_5 = 6.536332\times10^{-9}$

海水的正割体模量用下列方程表示：

$$K(S,t,p) = K(S,t,0) + Ap + Bp^2$$

其中 $K(S,t,0) = K_w + (f_0 + f_1 t + f_2 t^2 + f_3 t^3)S + (g_0 + g_1 t + g_2 t^2)S^{3/2}$

式中 $f_0 = 54.6746$ $\quad g_0 = 7.944\times10^{-2}$

$f_1 = -0.603459$ $\quad g_1 = 1.6483\times10^{-2}$

$f_2 = 1.09987\times10^{-2}$ $\quad g_2 = -5.3009\times10^{-4}$

$f_3 = -6.1670\times10^{-5}$

$A = A_w + (i_0 + i_1 t + i_2 t^2)S + j_0 S^{3/2}$

$i_0 = 2.2838\times10^{-3}$ $\quad i_2 = -1.6078\times10^{-6}$

$$i_1 = -1.0981 \times 10^{-5} \qquad j_0 = 1.91075 \times 10^{-4}$$
$$B = B_w + (m_0 + m_1 t + m_2 t^2)S$$
$$m_0 = -9.9348 \times 10^{-7} \qquad m_1 = 2.0816 \times 10^{-8}$$
$$m_2 = 9.1697 \times 10^{-10}$$

方程（1-4）称为 1980 年国际标准海水状态方程，该方程适用范围：实用盐度为 0～42，水温 t 为 -2～$40℃$，大气压力为 0～100MPa。

表 1-9 所列数值供检查上述方程的使用是否正确。

表 1-9　几个典型海水的密度

S	$t/℃$	p/bar	$\rho(S,t,p)/(\text{kg/m}^3)$	$K(S,t,p)$
0	5	0	999.96675	20337.80375
	5	1000	1044.12802	23643.52599
0	25	0	997.04796	22100.72106
	25	1000	1037.90204	25405.09717
35	5	0	1027.67547	22185.93358
	5	1000	1069.48914	25577.49819
35	25	0	1023.34306	23726.34949
	25	1000	1062.53817	27108.94504

国际标准海水状态方程适用于大洋海水密度计算，河口、海湾、近岸海水或内陆海水其化学组成可能不同于标准海水，使用时可能会出现较大的偏差。

（2）中国近岸海水的密度和海水状态方程

陈国华等用磁力浮尘子密度计方法，详细研究了中国近岸海水密度，得出的黄河口渤海湾海水密度、胶州湾海水密度、长江口海水密度、杭州湾海水密度和珠江口海水密度测定值相对于 1980 年国际标准海水状态方程计算值平均偏差分别为 $46.4 \times 10^{-3}\text{kg/m}^3$、$17.5 \times 10^{-3}\text{kg/m}^3$、$(6.3～8.1) \times 10^{-3}\text{kg/m}^3$、$(28.2～120.5) \times 10^{-3}\text{kg/m}^3$ 和 $(2.4～54.0) \times 10^{-3}\text{kg/m}^3$ [7~11]。

珠江口海水密度（ρ，10^3kg/m^3）与实用盐度和温度（t，$℃$）之间的关系如下[9]：
$$\rho = a + bS^{1/2} + cS + eS^2 \tag{1-7}$$
式中　$a = 1000.191 + 0.009251999t - 0.005373t^2$
　　　$b = 0.102804 - 0.004814t + 0.0001176t^2$
　　　$c = 0.776285 - 0.001786t + 1.38 \times 10^{-5}t^2$
　　　$e = 0.0001689 + 3.329 \times 10^{-5}t$

公式标准偏差为 $2.5 \times 10^{-3}\text{kg/m}^3$。

杭州湾海水密度（ρ，10^3kg/m^3）与实用盐度和温度（t，$℃$）之间的关系如下[10]：
$$\rho = a + bS^{1/2} + cS + eS^2 \tag{1-8}$$
式中　$a = 999.9718 + 0.0004127t - 0.00457t^2$
　　　$b = 0.250643 - 0.0006401t - 0.0003372t^2$
　　　$c = 0.7483 - 0.002039t + 0.00006776t^2$
　　　$e = 0.0005903 - 0.0000169t$

公式标准偏差为 $2.2 \times 10^{-3}\text{kg/m}^3$。

长江口海水密度（ρ，$10^3 kg/m^3$）为[7]：

$$\rho = \rho_w + B_1 S^{1/2} + B_2 S + B_3 S^{3/2} + B_4 S^2 \qquad (1-9)$$

式中，ρ_w 为标准纯水密度值。

$\rho_w = 999.842594 + 6.793952 \times 10^{-2} t - 9.09590 \times 10^{-3} t^2 + 1.001685 \times 10^{-4} t^3 -$
$\qquad 1.120083 \times 10^{-6} t^4 + 6.536332 \times 10^{-9} t^5$

$B_1 = -0.07018763 + 2.358058 \times 10^{-2} t - 9.816499 \times 10^{-4} t^2 + 2.909451 \times$
$\qquad 10^{-5} t^3 - 5.145927 \times 10^{-7} t^4$

$B_2 = 0.6897096 + 1.234062 \times 10^{-2} t - 1.156184 \times 10^{-3} t^2 +$
$\qquad 2.243322 \times 10^{-6} t^3 + 7.683595 \times 10^{-8} t^4$

$B_3 = 3.379665 \times 10^{-3} + 1.335356 \times 10^{-4} t + 1.941641 \times 10^{-5} t^2 +$
$\qquad 2.459122 \times 10^{-6} t^3 - 1.002083 \times 10^{-7} t^4$

$B_4 = -2.287495 \times 10^{-4} + 1.893682 \times 10^{-5} t - 3.225756 \times 10^{-6} t^2 -$
$\qquad 1.219577 \times 10^{-7} t^3 + 6.508086 \times 10^{-9} t^4$

黄河口渤海湾海水密度（ρ，$10^3 kg/m^3$）公式为[8]：

$$\rho = \rho_N + 236.5 - 7.5514 S \qquad (1-10)$$

式中，ρ_N 为 1980 年国际标准海水状态方程计算的密度，$10^3 kg/m^3$；S 为实用盐度。

1.2.2.3　海水恒压比热容

不同盐度和温度下海水的恒压比热容见表 1-10。

表 1-10　不同盐度和温度下海水的恒压比热容/[J/(g·℃)][5]

恒压比热容\温度/℃　盐度	0	5	10	15	20	25	30	35	40
0	4.2174	4.2019	4.1919	4.1855	4.1816	4.1793	4.1782	4.1779	4.1783
5	4.1812	4.1679	4.1599	4.1553	4.1526	4.1513	4.1510	4.1511	4.1515
10	4.1466	4.1354	4.1292	4.1263	4.1247	4.1242	4.1248	4.1252	4.1256
15	4.1130	4.1038	4.0994	4.0982	4.0975	4.0977	4.0992	4.0999	4.1003
20	4.0804	4.0730	4.0702	4.0706	4.0709	4.0717	4.0740	4.0751	4.0754
25	4.0484	4.0428	4.0417	4.0437	4.0448	4.0462	4.0494	4.0508	4.0509
30	4.0172	4.0132	4.0136	4.0172	4.0190	4.0210	4.0251	4.0268	4.0268
35	3.9865	3.9842	3.9861	3.9912	3.9937	3.9962	4.0011	4.0031	4.0030
40	3.9564	3.9556	3.9590	3.9655	3.9688	3.9718	3.9775	3.9797	3.9795

1.2.2.4　海水冰点

大气压下海水冰点（℃）：

$$t_f = -0.0137 - 0.051990 S - 0.00007225 S^2 - 0.000758 Z \qquad (1-11)$$

式中，Z 为海水深度，m；S 为海水盐度。

大气压（101.33kPa）下不同盐度的海水冰点见表 1-11。

表 1-11　大气压（101.33kPa）下不同盐度的海水冰点[5]

S	$t_f/℃$	S	$t_f/℃$
5	-0.275	25	-1.359
10	-0.541	30	-1.638
15	-0.810	35	-1.922
20	-1.082	40	-2.209

1.2.2.5 海水渗透压[12]

Millero（1975）导出了海水渗透压（π，单位为 bar，1bar＝10^5Pa，下同）与温度和盐度的关系：

$$\pi = AS + BS^{3/2} + CS^2 \tag{1-12}$$

式中　$A = 0.70249 + 2.3938 \times 10^{-3} t - 3.7170 \times 10^{-6} t^2$

　　　$B = -2.1601 \times 10^{-2} + 4.8460 \times 10^{-4} t - 1.0492 \times 10^{-6} t^2$

　　　$C = 2.7984 \times 10^{-3} + 1.5520 \times 10^{-5} t - 2.7048 \times 10^{-8} t^2$

不同温度和盐度下海水渗透压见表 1-12。

表 1-12　不同温度和盐度下海水渗透压/bar

渗透压＼盐度＼温度/℃	5	10	15	20	25	30	35	40
0	3.341	6.616	9.905	13.231	16.602	20.033	23.537	27.124
5	3.403	6.743	10.103	13.500	16.949	20.460	24.046	27.828
10	3.464	6.866	10.292	13.761	17.283	20.875	24.544	28.306
15	3.522	6.985	10.473	14.010	17.603	21.267	25.017	28.850
20	3.579	7.100	10.649	14.249	17.911	21.643	25.462	29.879
25	3.634	7.212	10.820	14.480	18.208	22.007	25.896	29.887
30	3.688	7.319	10.983	14.702	18.492	22.354	26.309	30.371
35	3.741	7.424	11.143	14.919	18.762	22.685	26.703	30.829
40	3.792	7.525	11.297	15.127	19.025	23.009	27.087	31.272

1.2.2.6 海水蒸气压[12]

海水的蒸气压 p（单位为 mmHg，1mmHg＝133.322Pa，下同）可由下式表示：

$$p = p_0 + AS + BS^{3/2} \tag{1-13}$$

式中　$A = -2.3311 \times 10^{-3} - 1.4799 \times 10^{-4} t - 7.520 \times 10^{-6} t^2 - 5.5185 \times 10^{-8} t^3$

　　　$B = -1.1320 \times 10^{-5} - 8.7086 \times 10^{-6} t + 7.4936 \times 10^{-7} t^2 - 2.6327 \times 10^{-8} t^3$

该公式标准偏差为 0.001mmHg。

不同温度和盐度下海水的蒸气压见表 1-13。

表 1-13　不同温度和盐度下海水的蒸气压/mmHg

蒸气压＼盐度＼温度/℃	0	5	10	15	20	25	30	35	40
0	4.5805	4.5682	4.5566	4.5447	4.5528	4.5207	4.5084	4.4959	4.4831
5	6.5409	6.5236	6.5066	6.4896	6.4725	6.4551	6.4375	6.4196	6.4012
10	9.2078	9.1834	9.1596	9.1355	9.1113	9.0868	9.0619	9.0365	9.0106
15	12.7892	12.7553	12.7222	12.6888	12.6550	12.6209	12.5862	12.5508	12.5146
20	17.5393	17.4928	17.4474	17.4014	17.3553	17.3083	17.2606	17.2118	17.1622
25	23.7665	23.7035	23.6419	23.5797	23.5169	23.4532	23.3884	23.3225	23.2548
30	31.8407	31.7566	31.6739	31.5907	31.5064	31.4210	31.3341	31.2453	31.1549
35	42.2012	42.0898	41.9801	41.8699	41.7581	41.6450	41.5298	41.4120	41.2918
40	55.3639	55.2177	55.0743	54.9293	54.7631	54.6342	54.4831	54.3286	54.1708

1.2.2.7 海水沸点升高

海水的沸点升高值（BPE，℃，简称沸点升）与温度 t（℃）和盐度 S 关系如下[13]：

$$BPE = 0.528764S + 0.826030 \times 10^{-2} St - 0.315082 \times 10^{-6} St^2 + 0.320553 \times 10^{-1} S^2$$
$$- 0.144367 \times 10^{-3} S^2 t + 0.184416 \times 10^{-5} S^2 t^2 \tag{1-14}$$

盐度 35 的海水在不同温度下的蒸气压和沸点升高值见表 1-14。

表 1-14　盐度 35 的海水在不同温度下的蒸气压和沸点升高值[5]

温　度/℃	蒸气压/kPa	沸点升高值/℃	温　度/℃	蒸气压/kPa	沸点升高值/℃
30	4.256	0.325	120	199.113	0.590
40	7.397	0.350	140	362.457	0.660
50	12.362	0.377	160	620.038	0.735
60	19.962	0.405	180	1006.308	0.817
70	31.311	0.433	200	1561.191	0.906
80	47.524	0.463	220	2329.577	1.003
90	70.323	0.493	240	3362.129	1.111
100	101.634	0.524	260	4713.872	1.232

1.2.2.8　海水黏度

不同盐度海水在不同温度下黏度见表 1-15。

表 1-15　不同盐度海水在不同温度下黏度/mPa·s[5]

黏度 温度/℃ 盐度	0	6	12	16	20	26	30
0	1.7916	1.4725	1.2349	1.1087	1.0020	0.8703	0.7975
10	1.8180	1.4968	1.2576	1.1304	1.0228	0.8900	0.8165
20	1.8445	1.5208	1.2794	1.1513	1.0424	0.9082	0.8339
25	1.8579	1.5327	1.2903	1.1614	1.0522	0.9172	0.8426
30	1.8713	1.5448	1.3012	1.1717	1.0619	0.9263	0.8513
32	1.8767	1.5497	1.3057	1.1758	1.0658	0.9300	0.8547
36	1.8867	1.5594	1.3146	1.1841	1.0737	0.9372	0.8617
42	1.9041	1.5741	1.3278	1.1967	1.0857	0.9483	0.8721

1.2.2.9　海水绝对电导率

不同盐度海水在不同温度下的绝对电导率见表 1-16。

表 1-16　不同盐度海水在不同温度下的绝对电导率/(mS/cm)[5]

绝对电导率 温度/℃ 盐度	0	10	15	20	25
10	9.341	12.361	13.967	15.628	17.345
20	17.456	23.010	25.967	29.027	32.188
30	25.238	33.137	37.351	41.713	46.213
32	26.771	35.122	39.579	44.192	48.951
35	29.060	38.080	42.896	47.882	53.025
39	32.094	41.990	47.278	52.754	58.398

1.2.2.10　海水表面张力

海水的表面张力（γ，mN/m）与氯度的关系由 Flemming 等（1934）导出[5]：

$$\gamma = 75.64 - 0.144t + 0.0399Cl \tag{1-15}$$

式中，t 为温度，℃；Cl 为氯度。

陈国华等（1994）用最大泡压法测得海水表面张力与实用盐度 S 及温度 t 的关系为[14]：

$$\gamma = 75.59 + 0.021352S - 0.13476t - 0.00029529St \tag{1-16}$$

该式适用温度范围为 15～35℃，适用盐度范围为 5～35。

实际海水表面吸附有天然的和人工合成的表面活性物质，如富里酸、腐殖酸、碳水化合物、碳氢化合物、蛋白质、类脂体等，因此其表面张力值低于纯净海水表面张力值。

海水表面张力随水温升高而降低，随盐度升高而增大。

表 1-17 所列为不同温度、盐度时海水的表面张力。

表 1-17　不同温度、盐度时海水的表面张力/(mN/m)

表面张力 温度/℃ ＼ 盐度	10	15	20	25	30	35
15	73.74	73.82	73.91	73.99	74.08	74.16
20	73.05	73.13	73.20	73.28	73.36	73.43
25	72.36	72.43	72.50	72.57	72.64	72.71
30	71.67	71.73	71.80	71.86	71.92	71.98

1.2.2.11　海水中的溶解气体

海水中也溶解有多种气体（表 1-18），含量多的为二氧化碳、氮和氧。空气中的稀有气体氩、氦和氖，在海水中也有微量存在。在含氧量少的海水中，还含有硫化氢。在流动性小并有腐烂生物驱体的情况下，还含有甲烷等气体。

表 1-18　海水中溶解的气体

气　　体	CO_2	N_2	O_2	Ar
含量/(mg/L)	102.5	12.82	8.05	0.479

溶解在海水中的二氧化碳，与淡水中的情况不同。淡水中的二氧化碳，主要以游离状态存在，可用煮沸或减压的方法驱除。溶解在海水中的二氧化碳，除少量的游离形式外，主要是以碳酸根及碳酸氢根的离子形式存在，需加入强酸方可逐出。

海水中的二氧化碳，与海水的 pH 值有密切关系。海水的 pH 值范围约在 7.5～8.4 之间，当海水中的二氧化碳与大气中的二氧化碳取得平衡时，pH 值一般在 8.1～8.3 之间。海面或海面附近的海水，pH 值一般较高。而在二氧化碳含量较高的海水中，pH 值则接近于 7.5 的最低值。

1.3　海水淡化技术概述

海水淡化是从海水中获取淡水的技术和过程。这是通过物理、化学或物理化学方法等实现的。主要途径有两条，一是从海水中取出水的方法，二是从海水中取出盐的方法。前者有蒸馏法、反渗透法、冰冻法、水合物法和溶剂萃取法等，后者有离子交换法、电渗析法、电容吸附法和压渗法等。但到目前为止，实际规模应用的仅有蒸馏法、反渗透法和电渗析法。

1.3.1 海水淡化技术概况[15,16]

海水淡化，又称海水脱盐，是分离海水中盐和水的过程。从海水中取出水，或除去海水中的盐，都可达到淡化目的。海水淡化的方法，基本上也是分为这两大类（表1-19），目前的应用以第一类为主。表1-20给出了主要淡化方法的现况及发展动向[12]。

表 1-19　海水淡化方法

类　　别	方　　法	
从海水中分离水	蒸馏法 　1. 多级闪急蒸馏法 　2. 多效蒸发法 　3. 蒸汽压缩蒸馏法 　4. 太阳能蒸馏法 　5. 多级-多效联合蒸馏法 　6. 膜蒸馏	
	冷冻法 　1. 间接冷冻法 　2. 直接冷冻法	结晶法
	水合物法	
	溶剂萃取法	
	反渗透法	膜法
	正渗透法	
从海水中分离盐	电渗析法	
	离子交换法	

表 1-20　主要淡化方法的现况及发展动向

方　　法	现　　况	发 展 动 向
多效蒸发法(低温多效蒸发)	实际应用	热力学及流体力学研究 锅垢控制的研究 材料设备的研究 与多级闪急蒸馏相结合的开发
多级闪急蒸馏法	实际应用	最宜大型化，与原子能发电相结合的超大型装置的开发
蒸汽压缩蒸馏法	实际应用	多用于船中的中小型规模
太阳能蒸馏法	研究发展和小型试验(应用)	日照强烈地区应用
结晶法	研究发展中 已有中小型试验工厂	淤浆的生成、输送及细冰分离洗涤的研究，溶剂及水合剂的选择与回收的研究
电渗析法	咸水淡化和浓缩制盐已实际应用	膜的研究 高温电渗析法的研究 淡化与综合利用相结合的发展
反渗透法	实际应用	半透膜及膜组器的研究 新工艺和能量回收的研究
溶剂萃取法	研究发展中	寻找溶剂和溶剂回收的研究
离子交换法	纯水制备已实际应用	树脂合成及再生方法的研究

1.3.2 海水淡化理论耗能量[15,16]

海水淡化，不管采用何种方法，经历何种途径，从热力学的角度考虑，只要始态与终态相同，过程的理论耗能量（即最小功）都相等。

在恒温恒压下，将 1mol 的水从大量的海水中可逆地取出，再可逆地放入纯水中，此过程所需要的最小功 W 等于 1mol 水在纯水与海水中自由能 G 的差值，即：

$$W = G_{纯水} - G_{海水} = (G^0 + RT\ln\alpha_{纯水}) - (G^0 + RT\ln\alpha_{海水}) = RT\ln\frac{\alpha_{纯水}}{\alpha_{海水}} \tag{1-17}$$

式中　$\alpha_{纯水}$——水的活度；

　　　$\alpha_{海水}$——海水中水的活度；

　　　R——气体常数；

　　　T——热力学温度；

　　　G^0——标准态时水的自由能。

根据活度的定义，纯水的活度为 1（即 $\alpha_{纯水}=1$），海水中水的活度可近似用摩尔分数表示，即：

$$\alpha_{海水} = \frac{N}{N+2n} \tag{1-18}$$

式中　N——水的物质的量，mol；

　　　n——海水中电解质物质的量，mol（电解质都按 NaCl 计算）。

将式（1-18）代入式（1-17）中，则得：

$$W = RT\ln\frac{1}{\dfrac{N}{N+2n}} = RT\ln\left(1 + \frac{2n}{N}\right)$$

因为 $N \gg n$，上式可近似定成：

$$W = 2RT\frac{n}{N} \tag{1-19}$$

如果是自海水中取出 1000g 水，$\dfrac{n}{N} = m$，则：

$$W = 2RTm \tag{1-20}$$

如果海水的氯度为 19.00g，则每千克海水中含有 1.123mol 离子，若都按 NaCl 计算，则海水中电解质的质量摩尔浓度 m 为 0.561mol/kg。在 25℃时，每取出 1000g 水，所需的最低能量为：

$$W = 2RTm = 2 \times 8.314 \times 298.16 \times 0.561 = 2.78 \times 10^3 \ (J/kg)$$

若取出 1t 水，则消耗的能量为：

$$W = 2.78 \times 10^3 \times 10^3 (J/t) = 2.78 \times 10^6 \times \frac{1}{3.6 \times 10^6} (kW \cdot h/t) = 0.772 \ (kW \cdot h/t)$$

实际淡化过程，不是从大量的海水中取出水放到纯水中，而是将浓度为 c_0 的海水，淡化成浓度为 c_1 的淡水和浓度为 c_2 的浓海水，即：

$$海水(c_0) \longrightarrow 淡水(c_1) + 浓海水(c_2)$$

此过程所需能量，与三者的浓度有关，需要的最小功，等于盐和水在始态与终态的自由能之差：

$$W = (n_1 G_{1盐} + n_2 G_{2盐} - n_0 G_{0盐}) + (N_1 G_{1水} + N_2 G_{2水} - N_0 G_{0水}) \tag{1-21}$$

式中　n_1, n_2, n_0——淡水、浓海水、海水中电解质的物质的量，mol；

　　　N_1, N_2, N_0——淡水、浓海水、海水中水的物质的量，mol；

　　　$G_{1盐}, G_{2盐}, G_{0盐}$——淡水、浓海水、海水中盐的自由能；

$G_{1水}$，$G_{2水}$，$G_{0水}$——淡水、浓海水、海水中水的自由能。

设海水中的盐都是 NaCl，并且完全电离，活度近似用摩尔浓度 c 代替，则自由能可写为：

$$G_{盐} = G_{盐}^0 + 2RT\ln c$$

$$G_{水} = G_{水}^0 + RT\ln\frac{N}{N+2n} \approx G_{水}^0 - 2RT\frac{n}{N}$$

式中，$G_{盐}^0$、$G_{水}^0$ 为标准状态盐、水的自由能。

因为终态的浓海水与淡水中的盐和水的总量等于始态海水中的盐和水的总量，即：

$$n_1 + n_2 = n_0 \text{ 和 } N_1 + N_2 = N_0$$

将这些关系代入式（1-21）中，经简化后得：

$$W = \Delta G = 2RT\left(n_1\ln\frac{c_1}{c_0} + n_2\ln\frac{c_2}{c_0}\right) \tag{1-22}$$

此式即为海水淡化理论耗能量的计算公式。

假设在 25℃时，淡化前后各种浓度以 NaCl 计算为：

$$c_0 = 34000\text{mg/L} = 0.582\text{mol/L}$$
$$c_1 = 500\text{mg/L} = 0.00855\text{mol/L}$$
$$c_2 = 136000\text{mg/L} = 2.328\text{mol/L}$$

取淡水 1L 作为计算基准，则：

$$n_1 = 0.00855 \text{ (mol)}$$

设每得到 1L 淡水，同时可得到 x(L)浓海水，则：

$$1(c_0 - c_1) = x(c_2 - c_0)$$
$$x = \frac{c_0 - c_1}{c_2 - c_0} = \frac{0.582 - 0.00855}{2.328 - 0.582} = 0.3284$$
$$n_2 = 2.328 \times 0.3284 = 0.7645\text{(mol)}$$

$$W = 2RT\left(n_1\ln\frac{c_1}{c_0} + n_2\ln\frac{c_2}{c_0}\right)$$
$$= 2\times 8.314 \times 298.2 \times \left(0.00855 \times 2.303\lg\frac{0.00855}{0.582} + 0.7645 \times 2.303\lg\frac{2.328}{0.582}\right)$$
$$= 5.077 \times 10^3 \text{ (J/L)}$$

设淡水密度为 1.0g/cm^3，则生产 1t 淡水所需最小功为：

$$W = 5.077 \times 10^3 \times 1 \times 10^3 \times \frac{1}{3.6\times 10^6} = 1.41 \text{ (kW·h/t)}$$

即理论耗能量 1.41kW·h/t。实际上，目前各种淡化方法，实际所需能量都大于此值。除了实际情况与理想条件有所差别外，主要是由于技术水平。这说明，海水淡化在降低能耗方面，尚有很大潜力可发掘。

1.3.3　海水淡化的简要发展历史[15,17~19]

海水淡化工作者对海水脱盐技术的起源和历史很感兴趣，但最早的海水脱盐无疑很难留有记录，仅有 2000 多年前的少许文字记载了海水蒸馏，直到公元 300 年出现了谈论海水淡化的一些学者，介绍了公元 1 世纪到 3 世纪的蒸馏实践。

第一个陆基海水脱盐工厂可能是 1560 年建在突尼斯的一座海岛上。17 世纪就有海水蒸馏的报道，在 1675 年和 1683 年的英国专利 No.184 和 No.226 提出了海水蒸馏淡化，18 世纪提出了冰冻法海水淡化；1800 年后，由于蒸汽机的出现，以及远洋殖民开拓对航海的发展和实际需求，促进了蒸馏的发展，出现了浸没式蒸发器，这可作为海水淡化技术发展的开始，1812～1840 年开发了单效和真空多效蒸发，也开始了闪蒸的研究和设计工作，1852 年英国专利垂直管海水蒸发器很快在舰船上使用，之后又提出水平管喷膜蒸发、蒸汽压缩等专利；1872 年，在智利出现了世界上第一台太阳能海水淡化装置，日产淡化水 2t。1884 年，英国建成第一台船用海水淡化器，以解决远洋航运的饮水问题。1898 年，俄国巴库日产淡水 1230t 的多效蒸发海水淡化工厂投入运转。到 1900 年提出了多级闪蒸（MSF）的专利，1930 年机械蒸汽压缩蒸馏有很大的改进，1942 年出现了适于船用的浸没管蒸馏，1943 年出现了适于船舶及海岛使用的蒸汽压缩蒸馏，这使该装置和多效蒸发在二战期间得到大力发展，并装备于各式战舰和船只上，但这阶段多为浸没式多效蒸发装置，这种装置直到 1970 年仍在使用，且规模越来越大。1943 年也有了用于海上救生的离子交换淡化装置。1944 年又提出了人工冷冻法。同时在 1930 年提出了反渗透和电渗析的概念，但 1954 年电渗析才实用化，主要用于苦咸水脱盐。1953 年，提出溶剂萃取法。1957 年 R. S. Silver 和 A. Frankel 发明了多级闪蒸（MSF），由于克服了多效蒸发中易结垢和腐蚀等问题，所以在中东等缺水地区获得很快的发展，这可作为海水淡化技术大规模应用的开始；1960 年反渗透（RO）膜获得突破性进展，但在海水淡化中应用是美国 DuPont 公司"Permsep" B-10 中空纤维反渗透器首先于 1975 年开始的；1961 年，又提出耗能很低的水合物法。1975 年低温多效（LTME）蒸馏商品化，它克服了以前多效蒸发易高温结垢的缺点，能耗也有所降低，用材要求也不苛刻，而得到一定程度的推广；20 世纪 80 年代中期之后，随着反渗透膜性能提高、价格下降、能量回收效率的提高等，使 RO 成为投资最省、成本最低的海水淡化制取饮用水的过程。由于水资源的匮乏和用水量的巨大需求，核能淡化也引起世界原子能组织和各国的重视，核能与反渗透或蒸馏法结合，大规模生产饮用水和工业用水正在推进之中。

1.3.4　主要海水淡化方法简介[20,21]

1.3.4.1　蒸馏法

蒸馏法依据所用能源、设备及流程不同，又分为好多种，其中主要的有以下四种：多级闪急蒸馏（multi-stage flash distillation，MSF）、多效蒸馏（multiple effect distillation，ME）、蒸汽压缩蒸馏（vapor compression distillation，VC）和太阳能蒸馏（solar distillation，SD）等。此外，还有以上几种方法的组合，特别是多级闪急蒸馏与其他方法的组合，目前正日益受到重视。

（1）蒸馏法种类及蒸馏过程的最小功　海水为易挥发的水与难挥发的溶盐所组成的水盐体系（在所讨论的温度范围内，可以认为溶盐是不挥发的），蒸馏法淡化是使海水受热汽化，复使蒸汽冷凝，从而得到淡水，按其过程实质，应称之为"蒸发"（evaporation）。但一般所说蒸发，其产品为蒸发罐中的溶液，而海水淡化，其产品为罐顶排出的蒸汽，从蒸馏塔顶获取有价值的低沸点馏分，浓海水则像热电厂蒸馏塔底排出的高沸点残液。因此，这一淡化方法特称为"蒸馏"法（distillation），但其过程实质，则与蒸发无异，并且有时也称为蒸发法。

海水受热汽化（膨胀）和蒸汽放热冷凝（收缩）的蒸馏过程，乃是一热功转换过程。以此为据，对蒸馏过程的最小功计算如下。

设加热蒸汽温度为 $T_{最大}$，最低冷凝温度为 $T_{最小}$，根据理想卡诺循环原理，热机在两个热源之间工作，其最大热功效率为：

$$\eta_{最大} = \frac{T_{最大} - T_{最小}}{T_{最大}} \tag{1-23}$$

根据上节化学位计算，设自含盐量为 34000mg/L 海水中，取出含盐量为 500mg/L 的淡水，而剩余海水的浓度提高 3 倍（极限情况），过程所需之理论功为 $W_{理论} = 1.41(\mathrm{kW \cdot h/m^3})$，则蒸馏过程所需之最小功为：

$$W_{最小} = \frac{W_{理论}}{\eta_{最大}} = W_{理论} \frac{T_{最大}}{T_{最大} - T_{最小}} \tag{1-24}$$

$T_{最小} \approx 25℃$，为定值，$W_{理论}$ 亦为定值，从 $W_{最小}$ 与 T 的关系曲线可知，$W_{最小}$ 随 $T_{最大}$ 的升高而减小，但超过 140℃ 以后，趋于缓和，故从热功效率考虑，蒸馏过程的操作温度无需超过 140~150℃[2]。

蒸馏法最经济的热源是低压蒸汽，且由于受防垢方法的限制，$T_{最大} \leqslant 130℃$，故蒸馏过程的最小功为：

$$W_{最小} = 1.41 \times \frac{(273+130)}{(273+130)-(273+25)} = 5.41 \ (\mathrm{kW \cdot h/m^3})$$

（2）多级闪急蒸馏　多级闪急蒸馏（MSF，又称多级闪蒸）是经过加热的海水，依次通过多个温度、压力逐级降低的闪蒸室，进行蒸发冷凝的蒸馏淡化方法。如图 1-1 所示。

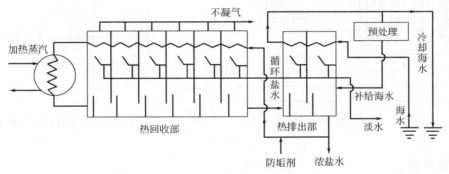

图 1-1　多级闪蒸过程示意

（3）多效蒸馏和低温多效蒸馏　多效蒸馏（ME）是将几个蒸发器串联进行蒸发操作，以节省热量的蒸馏淡化方法。化工中又称多效蒸发。低温多效蒸馏（low temperature multi-effect distillation，LTME）：第 1 效的蒸发温度低于 70℃ 的特定多效蒸发过程。多效蒸馏过程如图 1-2 所示。

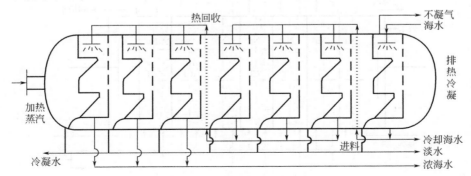

图 1-2　多效蒸馏过程示意

（4）蒸汽压缩蒸馏　蒸汽压缩蒸馏（VC，又称压汽蒸馏）是将蒸发产生的二次蒸汽绝热压缩，再返回蒸发器作为加热蒸汽，同时冷凝成淡水，以提高热能利用率的蒸馏淡化方法，化工中称热泵蒸发，如图 1-3 所示。

1.3.4.2　反渗透法

反渗透（reverse osmosis，RO）：在压力驱动下，溶剂（水）通过半透膜进入膜的低压侧，而溶液中的其他组分（如盐）被阻挡在膜的高压侧并随浓缩水排出，从而达到有效分离的过程。海水淡化时，于海水一侧施加一大于海水渗透压的外压，则海水中的纯水将反向渗透至淡水中，此即反渗透海水淡化原理。如图 1-4 所示。为了取得必要的淡化速率，实际操作压力大于 5.5MPa，操作压力与海水渗透压之差，即为过程的推动力。

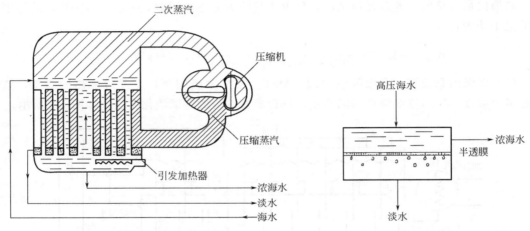

图 1-3　蒸汽压缩蒸馏过程示意　　　　　图 1-4　反渗透脱盐过程示意

1.3.4.3　电渗析法

电渗析（electrodialysis，ED）：以直流电为推动力，利用阴离子交换膜、阳离子交换膜对水溶液中阴离子、阳离子的选择透过性，使一个水体中的离子通过膜转移到另一水体中的分离过程。如图 1-5 所示。

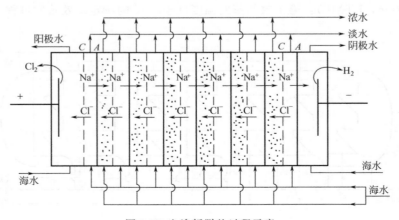

图 1-5　电渗析脱盐过程示意

1.3.4.4　冷冻法

冷冻法脱盐（freezing desalination）：海水结冰后，冰中含盐量很低，将冰分离融化而得淡水的过程。如图 1-6 所示。

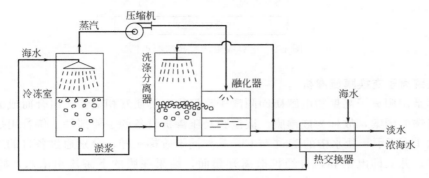

图 1-6　冷冻法脱盐过程示意

1.3.4.5　水合物法

水合物法脱盐（hydrate desalting process）：使低碳烃在一定条件下与海水中的水成水合物，再从这种水合物中获取淡水的过程。如图 1-7 所示。

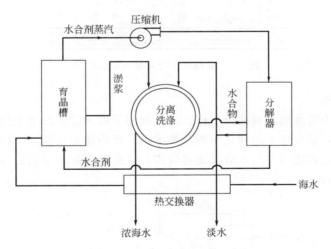

图 1-7　水合物法脱盐过程示意

1.3.4.6　电容吸附法

利用所谓的静电力进行脱盐的原理如图 1-8 所示。连接在金属、石墨等集电极上的一对活性炭电极，在外加直流电压让含有离子的原水流过其间时，通过静电力分别把液体中的正、负离子成分吸向负、正极（充电），在吸附达到饱和状态的适当时刻，让两极短路或者反过程接触（放电）时，吸附的离子成分便发生脱附。这样，通过反复地进行充电、放电的周期性操作，脱盐装置入口（原水）的离子浓度是固定不变的，而出口浓度却呈周期性变化的状态。把出口的流路按照通电的状态进行相应的切换时，便能交替地得到除去了离子的淡化液体与从电极表面上回收的离子成分的浓缩液。

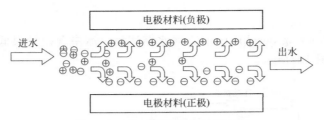

图 1-8　电容吸附法脱盐的原理图

1.3.4.7　嵌镶离子交换膜压渗析

嵌镶膜是用阳离子高聚物电解质同阴离子高聚物电解质互相交错、组合而成的膜，因其构型如同嵌镶的图案，故称为嵌镶膜。嵌镶膜是压渗析设备的主要部件。倘若用盐水通过嵌镶膜，如图 1-9 所示，盐水中的 Na^+ 与 Cl^- 就如同下阶梯一样，分别通过各自的通道迁到膜的下界面层，并立即电中和，再经扩散离开膜面，结果在膜的下游流出浓水，膜上侧变成淡水。

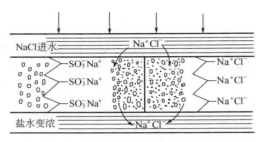

图 1-9　嵌镶离子交换膜压渗析原理

1.3.4.8　溶剂萃取法

溶剂萃取法用于海水淡化有两条途径：一是利用萃取剂除去海水中的盐而得淡水，鉴于海水组成的复杂性，至今还不能应用少数几种溶剂，很简便地达到这一目的；二是用萃取剂萃取出海水中的水，再使溶剂与水分离而得淡水，这是目前实际采用的方法。溶剂萃取法海水淡化原理见图 1-10。

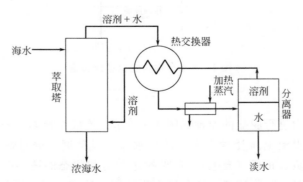

图 1-10　溶剂萃取法海水淡化原理

1.3.4.9　膜蒸馏

膜蒸馏（membrane distillation，MD）是膜技术与蒸馏过程相结合的分离过程．膜的一侧与热的待处理溶液直接接触（称为热侧），另一侧直接或间接地与冷的水溶液接触（称为冷侧），热侧溶液中易挥发的组分在膜面处汽化通过膜进入冷侧并被冷凝成液相，其他组分则被疏水膜阻挡在热侧，从而实现混合物分离或提纯的目的。

根据膜下游侧冷凝方式的不同，膜蒸馏可分为直接接触式、气隙式、真空式和气扫式膜蒸馏 4 种形式（图 1-11）：①直接接触式膜蒸馏（DCMD），结构简单，通量较大，膜的两侧分别与热的水溶液及冷却水直接接触，但大量热量从热侧直接进入冷侧，热效率低；②气隙式膜蒸馏（AGMD），透过侧不直接与冷溶液相接触，而保持一定的间隙，透过蒸汽在冷却的固体表面上进行冷凝，其热效率高，但通量低，结构复杂；③真空式膜蒸馏（VMD），透过侧用真空泵抽真空，以造成膜两侧更大的蒸汽压差，热传导损失小；④气扫式膜蒸馏（SGMD），用载气吹扫膜的透过侧，以带走透过的蒸汽，其传质推动力大。

膜蒸馏与常规蒸馏相比，具有较高的蒸馏效率，并且蒸馏液更为纯净；与其他膜过程相比，膜蒸馏在常压下进行，设备简单、操作方便；但膜蒸馏是有相变的膜过程，传热效率低，既有温度极化又有浓度极化，通量小，且膜成本高。研制性能优良、价格低廉的疏水膜和膜组件，提高热能利用率，过程优化和降低膜污染，与其他过程集成等是今后改进的主要方面。

膜蒸馏在海水和苦咸水淡化、超纯水的制备、水溶液的浓缩与提纯、共沸混合物的分离、废水处理等方面有较深入的研究和初步的一些试验应用。

1.3.4.10　正渗透

正渗透（forward osmosis，FO）是指水通过选择性渗透膜从高水化学势区域向低水化学势区域的传递过程（图 1-12）。可见，正渗透过程的实现需有两个必要因素：其一为可允许水通过而截留其他溶质分子或离子的选择性渗透膜；其二为膜两侧所存在的水化学势差，即传递过程所需要的推动力。例如，欲利用正渗透实现海水淡化，则首先需要具备正渗透膜，原则上它只允许水透过，而阻挡了海水中的离子和有机物等溶质分子。在膜的另一侧，需要引入具有低水化学势的汲取液（draw solution）以实现水化学势差，推动纯水从海水侧渗透到汲取液侧；而后，借助化学沉降、冷却沉降、热挥发、反渗透、纳滤和电磁场等方法从汲取液中获取淡水，并使汲取液得到浓缩而可回用。

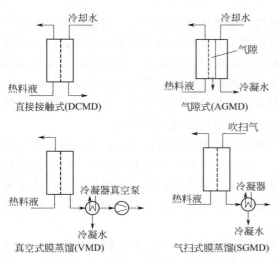

图 1-11　四种不同操作方式的膜蒸馏

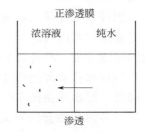

图 1-12　正渗透原理图

正渗透过程在常压下进行，设备简单、操作方便；但目前正渗透膜和膜组件的性能提高、汲取液的合理选择、内外浓差极化的降低、过程优化和降低膜污染等方面有待改进。

正渗透在海水和苦咸水淡化、水溶液的浓缩与提纯、废水处理、压力阻尼渗透发电等方面有较深入的研究和初步的一些试验应用。

1.3.4.11　海水淡化方法的集成

海水淡化方法的集成可有三种形式：一是方法本身的集成及方法之间的集成，二是发电与淡化集成，三是发电-淡化-综合利用的集成。集成的目的是为了充分发挥各方法的特长及充分合理利用能量，从而提高产量、降低成本获取综合效益。

（1）方法本身的集成及方法间的集成　方法本身的集成如多段多级的反渗透或电渗析，达到提高回收率或提高产水质量的目的。

方法间的集成有多级闪蒸与多效蒸发的集成，多级闪蒸与蒸汽压缩的集成，纳滤、反渗透与多级闪蒸的集成，反渗透与电渗析的集成等，以提高热、电的利用率，降低成本。

（2）发电与淡化集成　这包括发电与多级闪蒸、多效蒸发、反渗透或电渗析的集成，以合理利用余热和剩余电力，达到能量合理利用。

（3）发电-淡化-综合利用相结合　以上述的发电与淡化的集成，所排浓盐水比海水浓1.7～2倍，用于制盐和综合利用可进一步降低制盐和淡水的成本。

1.3.5　淡化技术在水资源利用中的地位和发展前景[22]

海水淡化技术经过半个多世纪的发展，从技术上讲，已经比较成熟，大规模地把海水变成淡水，已经在世界各地出现，尤其是海湾地区。目前主要海水淡化方法有海水反渗透（SWRO）、多级闪蒸（MSF）、多效蒸发（MED）和压汽蒸馏（VC）等，而适用于大型的海水淡化的方法只有SWRO、MSF和MED。

2014年世界淡化水日产量8500万立方米/天，现仍以10％～30％的年增长率攀升，中东地区以热法为主，美国、欧洲和澳大利亚等以SWRO为主。最大的MSF淡化厂规模达88万立方米/天，最大的SWRO淡化厂规模为52万立方米/天，目前SWRO成为从海水制取饮用水最有竞争力的海水淡化手段。

海水淡化不仅是某一国家和地区，某一时期的暂时性的局部问题，而是世界范围内涉及人类生存和社会发展的长远而重大的问题。它可据所需水质和水量要求为所需地区连续地提供淡水，为缺水地区（我国沿海地区、北方和西北地区）人民生活、经济发展和生态维持提供淡水保证。可向海岛和船供水，利于海防建设和提高续航力，保证国家安全。可去除水中危害人体健康成分，提高人民生活质量。可对传统产业进行技术改造，实行清洁生产。可对污水等进行处理，使之资源化。可利用废热、余电，使能量更合理利用。

除了积极争取外调淡水资源之外，实行节水和污水再生利用是可行途径，沿海地区和城市向大海要水，利用取之不尽用之不竭的海水，是增加淡水资源的有效途径。因为随着对传统水源的持续开发，具备蓄水条件的大都建设了水库，调水的距离越来越远、工程难度越来越大，且调水和蓄水都受到气候条件的影响。随着城市供水成本不断的提高，海水淡化的成本不断降低，海水淡化技术会越来越受到重视。

根据世界供水协会的有关资料，国外主要国家消费水价每立方米相当于人民币2.4～17.0元/t，国际海水淡化的产水成本相当于人民币5.4～20.0元/t，显然两者有重合的价格段。也就是说，条件较优的海水淡化吨水成本已经与目前缺水国家城市的消费水价相当，此时的海水淡化产品水，可以直接进入城市管网系统作为消费水的补充，这无疑是海水淡化能得到大规模推广应用的重要前提。

我国受计划经济的长期影响，水的价格与价值严重背离。近几年水价虽有调整，但普遍不超过 $2\sim3$ 元$/\mathrm{m}^3$。因此，合理调整水价是保证水资源持续利用和推动海水资源开发利用的必经之路。随着淡水作为资源的价值与价格的日趋接近，海水淡化将会得到长足的发展。

由此看出，随着水资源的日趋紧张、经济的迅速发展和人民生活水平的不断提高，随着海水淡化技术的进步，海水淡化已经成为解决海岛居民生活用水的第一水源，淡化海水将成为调水困难的沿海城市的重要补充水源和应急水源，海水淡化将成为解决水资源危机各项措施的有效补充。同时，海水淡化也是水再用和零排放的主要技术之一。总之，随着水资源的匮乏、水源的污染、需求的增加，海水淡化在水资源领域的作用会越来越大，前景十分广阔。

参考文献

[1] 方子云. 水资源保护工作者手册. 南京：河海大学出版社，1988.

[2] 中华人民共和国水利部. 中国水资源公报. 1999.

[3] 钱正英，张光斗. 中国可持续发展水资源战略研究报告集：第一卷. 北京：中国水利水电出版社，2001.

[4] 中华人民共和国水利部. 中国水资源公报. 2008，2010，2011.

[5] J. P. 赖利，G. 斯基罗. 化学海洋学：第一卷. 刘光，邱贞华，陈文豪译. 北京：海洋出版社，1982：413-415，631，643，645-646.

[6] 陈国华，吴葆仁. 海水电导. 北京：海洋出版社，1981：6-12

[7] 陈国华，胡博路，张力军，等. 长江口海水的密度. 海洋与湖沼，1992，23（6）：573-580.

[8] 陈国华，季荣，谢式南，等. 黄河口及渤海湾海水的密度. 海洋与湖沼，1993，24（2）：184-190.

[9] 陈国华，纪红，谢式南，等. 珠江口海水密度的研究. 青岛海洋大学学报，1999，29（增刊105）：1-7.

[10] 陈国华，纪红，谢式南，等. 杭州湾海水密度研究. 青岛海洋大学学报，1999，29（增刊105）：8-16.

[11] 季荣，陈国华，张力军，等. 胶州湾海水的密度. 海洋学报，1993，15（5）：136-141.

[12] Millero F J，Leung W H. The Thermodynamics of Seawater at one Atmosphere. Am Jour of Science，1976，276：1035-1077.

[13] 白田利胜，等. 日本海水学会誌，1974，28（3）：156-161.

[14] 陈国华，余敬曾，郭玲，等. 海水表面张力的研究. 海洋与湖沼，1994，25（3）：306-311.

[15] 张正斌，顾宏堪，刘莲生，等. 海洋化学. 上海：上海科学技术出版社，1984：68.

[16] 王俊鹤，李鸿瑞，周迪颐，彭启强. 海水淡化. 北京：科学出版社，1978.

[17] Merten U. Desalination by Reverse Osmosis. Cambridge，MA：MIT Press，1966.

[18] Delyannis A A，Piperoglou E. Handbook of Saline Water Conversion Bibliography（1）. Athens：Europ Fed Chem Eng，1967.

[19] Watson B M. History，Status and Future of Distillation Processes. U. S. Dept. of inter.，OWRT，PBIS No. 273-005. 1976.

[20] 王世昌. 海水淡化工程. 北京：化学工业出版社，2003.

[21] 高从堦，陈国华. 海水淡化技术与工程手册：北京：化学工业出版社，2004.

[22] 高从堦. 海水淡化提案的60年. 南京：膜科技产业紫金论坛，2011.4.23.

>>> # 海水淡化工程原水预处理技术 ‖‖‖

2.1 预处理的目的与内容

海水预处理是指海水进脱盐工艺（设备）前的处理工艺，也可称海水前处理，其目的是从海水中去除对后续工艺和设施（备）有危害的物质或降低其含量，最终达到海水淡化设备进水水质要求，确保海水淡化系统的高效低耗和长期安全运行。

沿岸和近海海水水质受水体循环、自然环境和人类社会活动影响较大，在不同海域和季节，海水含盐量、水温、浊度和有机物等指标随时空不同而有很大差异，各海区地表海水水质分析结果见表 2-1。海水淡化的海水水源通常取自近岸地表 5m 以下的海水，含有较多杂质，不宜直接进淡化设备，需进行预处理。

表 2-1 各海区地表海水水质分析结果

水样地	浊度 /(NTU)	TDS /(g/L)	TOC /(mg/L)	COD_{Cr} /(mg/L)	总铁 /(mg/L)	SiO_2 /(mg/L)	pH	水温 /℃
大连海区	1～100	31～35	1.15	2.0～7.0	0.1～1.2	1～2.5	7.6～8.2	0～28
天津海区	1～190	31～35	0.25～6.4	2.5～5.0	0.5～3.5	2.5	7.8～8.2	0～28
青岛海区	6～100	32～35	2.47	1.86	0.4	3.9	8	1～29
舟山海区	20～800	24～32	1.58	0.6～5.7	0.2～0.8	2.7	7.2～8.2	5～30
乐清湾	80～1500	26～32	0.1～5.0	0.5～1.8	0.5～1.5	1～2.4	7.1～8.0	5～30
马祖海区	2～20	25～31	3.7	3.7	0.1		8.4	8～31

海水预处理中需去除的物质大致可归纳如下。

（1）漂浮物 可分为固体类和液体类，固体类如杂草、树枝、塑料和冬天的冰凌等；液体类如石油、废机油和动物油脂等。这些漂浮物会堵塞取水管，损坏取水泵的叶轮，造成海水取水量下降，影响海水取水设施的安全。为避免或减少漂浮物进入输水管，取水管头部铺设水深应大于 3～5m，在取水头部或集水井内设置格栅和旋转栅网，拦截固体漂浮物。金属材质的格栅和栅网需进行防腐处理。

（2）浮游生物 如藻类有绿藻、赤藻等；海生贝类有牡蛎、贻菜、藤壶等。它们在适宜条件下大量繁殖污染水质，堵塞栅网，会在取水管壁内或取水构筑上形成厚度约 2～5cm 的一层坚硬的贝壳层，增加输水阻力，使流量减少。这种生物污染对输水设施具有很大的破坏性，应在取水头部或集水井定期投加生物灭杀剂（如液氯、次氯酸钠等）。

（3）细菌和微生物　细菌和微生物是一种生物活体，生物态颗粒有机物，颗粒尺寸大致在 $10^{-5} \sim 10^{-2}$ mm 范围，其中致病菌如大肠杆菌等，主要来源于排海生活污水，会危害人的健康。据检测，个别沿岸海水中粪大肠菌群大于 23000 CFU/L。为达到供水卫生指标，菌落总数应 <100 CFU/mL，总大肠菌群为 0CFU/100mL。消毒灭菌也是海水预处理与后处理的一项重要内容。

（4）悬浮物　可分为无机类和有机类，无机类如泥沙、黏土、硅酸盐等，有机类如菌类、生物胞囊、大分子有机物等，颗粒大小在 $10^{-4} \sim 1$ mm 范围，是使水体浑浊、变色的主要原因。海水中悬浮物含量因受泾流、风浪、潮汐等因素影响变化较大，低含量的海域只有 2.0mg/L；高含量的海域有时可达 5000mg/L，而且海水悬浮物含量的日变化幅度可达 $300 \sim 400$ mg/L。大颗粒泥砂悬浮物可采用沉砂池沉降处理；细小颗粒的悬浮物应采用混凝-沉淀-过滤工艺处理。

（5）胶体微粒　胶体微粒在海水中处于一个均匀而稳定的分散体系，颗粒直径约在 $1 \sim 200$ nm 范围，其属性可分为无机类如黏土、金属氢氧化物等；有机类如蛋白质、腐殖质等和两者相互抱团的结合体。胶体物质主要来源于海底土壤、水生动植物分解体和排海的生活与工业废水。胶体会恶化水质，污染反渗透膜与离子交换膜，堵塞膜孔，使产水量和脱盐率下降。由于胶体微粒的静电斥力、水化层作用和布朗运动，使其在静止水体中也不会重力沉降，只有通过混凝反应，破坏胶体稳定性，形成矾花，经沉淀过滤去除。

（6）溶解性物质　是指会影响海水淡化过程，溶于海水的一些分子和离子。

① 铁、锰、铝在海水中一般以氢氧化物存在。海水中总铁含量为 $0.2 \sim 1.5$ mg/L，铁有 Fe^{3+} 和 Fe^{2+}。锰、铝的含量约 $0.01 \sim 0.10$ mg/L。它们会污堵反渗透膜和离子交换膜，按反渗透和电渗析进水要求，应分别小于 0.05mg/L 和 0.3mg/L，如海水中含量超过指标值，应在海水预处理中除去。

② 钙离子（Ca^{2+}）和硫酸根（SO_4^{2-}）在沿岸海水中浓度分别为 $250 \sim 420$ mg/L 和 $1100 \sim 2700$ mg/L，应通过海水淡化的水回收率、斯蒂夫饱和指数（S&DSI$_c$）和硫酸钙溶度积的计算，判断是否会产生碳酸钙（$CaCO_3$）和硫酸钙（$CaSO_4$）的沉淀。当有沉淀趋向时，可采用降低水回收率、加酸调节 pH 值或加阻垢剂等处理措施。

③ 海水中溶解气体有氧（O_2）、游离二氧化碳（CO_2）和氨氮分子，在蒸馏法海水淡化过程中，这些溶解气体会在传热面上积累而形成气膜，从而降低传热速度。O_2 在高温下会加速金属腐蚀反应。氨氮能与铜生成铜氨络离子，腐蚀铜金属设备。这些溶解气体可采用真空抽气设施除去。

④ 在消毒杀菌处理过程中投加的氯气、次氯酸钠或二氧化氯会在海水中残留部分活性余氯，其具有极强的氧化性，会损坏反渗透膜、离子交换膜和金属设备，因此在进入海水淡化设备前，应投加还原剂如亚硫酸氢钠予以消除。

2.2　淡化工程原水采集方法

海水淡化工程的源头是从大海中提取海水。水源和取水位置的选择直接影响项目投资、施工和设施（备）的长期安全运行。

在工程项目设计前期应收集该地区历年海水水质、水文地质、气象等资料，进行现场勘测调研，考虑项目近远期规划、海洋功能区划和生态环境保护，通过综合技术经济比较，优选海水水源和取水位置的方案并报相关部门审批。

2.2.1　海水水源选择的几点要求

（1）海水水源的水质应符合现行国家标准 GB 3097《海水水质标准》中第三类以上的海水水质标准。

（2）要求海水水量充沛。在筑堤设闸时，应考虑进海水量大于抽海水量 3～5 倍。

（3）海水水源的水深通常应具有最低潮位以下大于 4m 的水深。对小型取水设备，水深可设大于 3m。周围宜设 50～100m 海域水面为保护区。

（4）不宜选择风浪区，死水区和菌、藻、贝类繁殖区的水域。

（5）宜选择海面无固液漂浮物，海水中悬浮物和胶体含量较小和周期性变化幅度较小的海水水源。

（6）在寒冷地区应考虑海水冰冻和冰凌的影响，宜从冰层以下取海水，设置格栅等防护设施。如该地区有工矿企业的海水冷却水系统，则冬季应取海水直流冷却水的排水作为海水淡化系统的海水水源。这样既节能，又省投资，并使水资源得到综合利用。

2.2.2　海水取水位置的选择

海水取水位置的选择除应考虑海水取水量和海水取水构筑物的要求外，还应考虑下列几点要求。

（1）海水取水位置应近海水淡化厂主厂区，便于运行管理。

（2）宜选潮位差小，有足够水深，受台风、海浪影响小的海岸。

（3）海岸应具有一定承载力的地质构造，适宜海水取水构筑物建造。

（4）要求海岸、海床稳定。如海岸或海滩是砂质或碎石型地质结构，经挖井勘测和计算进水量和进水流速满足要求时，可选为管井式海水取水位置。

（5）一般不宜在码头、造船厂、海水养殖场附近设海水取水位置。

（6）海水取水位置应距离污水排海口上游为 100m 以上，下游为 1km 以外。

（7）不宜妨碍海上交通运输、海洋渔业和其他工程的作业。

（8）应考虑海水取水设施的施工、运行、维护和管理可行性。

2.2.3　海水取水构筑物

海水取水构筑物通常由取水头部、输海水管道、集水井、格栅、栅网和泵房等组成。可根据取水量大小、水质和环境等情况，选取或组合海水取水构筑物的组成。

海水取水构筑物建于沿海岸或海岛，输送海水，因海水中氯离子含量大于 19000mg/L，对钢铁的腐蚀率为 0.5～1mm/a，空气湿度较大，含有盐分，其设施和设备需采用耐海水腐蚀的材质，或进行防腐处理。海水中泥砂含量较大时会对泵叶、泵壳产生磨损；当流速较小时泥砂会在输水管道中沉积，宜设置预沉池去除大颗粒泥砂。海生藻贝类会附着在海水取水构筑物内壁繁殖，堵塞输水通道，污染水质，危害取水安全，因此应设置投药设施。在取水头部或集水井定期投加生物灭杀药剂如氯气、次氯酸钠、二氧化氯等。

2.2.4　海水取水构筑物形式与适用条件

海水取水方法与江河地表水取水方法基本相似[1,2]，主要有表 2-2 所示的几种形式。

表 2-2　海水取水方法、特点与适用条件

方法	示　意　图	特　点	适用条件
管井式抽取海水	 1—管井　　2—过滤层 3—潜水泵　4—水泵滑槽支架 5—出水管	一般井深<15m。 管井直径0.5~1.0m。 　单井出水 50 ~ 100m³/h。 海水浊度<5度，无漂浮物。 生物污染小。 取水不受风浪影响。 投资和运行费用低	适用于砂、砾石层的海滩或海岸。 渗水层要求>5m。 地表海水浊度较小，海床底质非淤泥类。 适用于小型海水取水。 可多个管井并用，井内海水水位会随潮差波动
水泵直接抽取海水	 1—水泵　　2—栅网	海水取水量小。 投资低、施工简便	适用于小型海水取水，临时性取水。 海岸低潮位时有大于3m以上水深。 海水泥砂含量小。 可设泵房，可采用立式、卧式离心泵或潜水泵，要求水泵吸程大于潮位差，吸入口设置底阀和栅网
潮汐式海水取水	 1—取水泵层　　2—蓄水塘（池） 3—进水闸　　　4—排水闸 5—海湾　　　　6—海堤	具有海水涨潮开闸进水，退潮关闸的蓄水功能。 海水浊度小。 取水不受风浪影响。 海水蓄水塘（池）需定期清理沉积的泥砂	适用于中小型海水取水。 具有海湾拦坝建塘或海边围建水池的条件。 海水泥砂悬浮物含量小。 蓄水池周期涨潮进水水量应大于周期抽水水量

续表

方　法	示　意　图	特　点	适　用　条　件
海边栈桥式海水取水	 1—取水泵　2—栈桥 3—挡浪墙　4—出水管 5—泵房	单台水泵取水量 100～1000m³/h。 海水泥砂量大时，易磨损泵叶与泵壳。 海水取水头部设格栅，附近设拦网。 向风浪处设挡（破）浪墙（板）	适用于中、小型海水取水。 海岸较陡与海面高差较大的海岛。 可选用扬程较大的深井泵、离心泵或潜水泵。 应设置水锤防护措施。 栈桥底板面标高为最高潮位高度＋风浪高＋0.5m
水泵直接吸水式海水取水	 1—栈桥　2—取水头部 3—取水泵　4—出水管 5—泵房	单套装置海水取水量500～1500m³/h。 可不设集水井，投资低。 取水头部需固定，周围设拦网。 宜在取水头部设置投加消毒杀菌药剂	适用于中、大型海水取水。 海岸平坦非岩石地质结构，潮差水位变化不宜过大。 含泥砂的海水，宜采用开式离心泵。 取水管不宜过长，不漏气，可附设抽真空装置。 吸水管末端宜设冲洗用阀
自流管式海水取水	 1—海水取水头部　2—自流管 3—闸　4—集水井 5—粗格栅　6—旋转格网 7—水泵　8—泵房	海水取水量大，取水稳定可靠，自流管理方便。 设置格栅、格网过滤提高水质，确保运行安全。 施工量大，投资高。 自流管易沉积泥砂，不易清除	适用大型海水取水。 适用于厂房离海岸较远，海岸稳定，沿途地质易于开挖埋管。 海水不易冰冻，适于严寒地区。 海水飘浮物少，泥砂含量低。 取水头部应设于受风浪、潮汐影响较小的海域

2.3 预处理常用药剂

2.3.1 海水预处理药剂选用原则

（1）处理效果好，药剂用量少。

（2）残留物对人体健康无危害。

（3）药剂的使用对后续工艺和设备无损害。

（4）药剂的使用不影响环境和生态保护。

（5）使用操作简便、安全，便于储存。

（6）品质符合标准，货源充分，运输方便，价格低廉。

2.3.2 海水预处理常用药剂的分类和应用

海水预处理常用药剂的分类和应用见表 2-3。

表 2-3 海水预处理常用药剂的分类和应用

分类	药剂	应用方法	处理内容
混凝剂	聚合氯化铝、三氯化铁、硫酸铝、硫酸亚铁	混凝、沉淀过滤、吸附	去除悬浮物、胶体，除浊、脱色、除有机物
助凝剂	骨胶、聚丙烯酰胺、活性硅酸、石灰		
pH 调节剂	硫酸、盐酸、磷酸、氢氧化钠、石灰	酸碱中和	阻垢、增溶、清洗
灭菌消毒剂	液氯、次氯酸钠、二氧化氯、臭氧、漂白粉	氧化、氯化	灭杀活体、除臭、脱色
阻垢剂	磷酸三钠、聚羧酸盐、有机磷酸盐	络合、分散、增溶	阻止难溶盐沉淀
化学清洗剂	己二胺四乙酸钠、十二烷基硫酸钠、柠檬酸	络合、缔合、增溶	清洗有机或无机污染
除嗅除味剂	臭氧、二氧化氯、漂白粉、活性炭	氧化、吸附	除嗅、除色、除味

2.4 原水混凝沉降除浊技术

2.4.1 混凝原理与过程

2.4.1.1 水中悬浮颗粒和胶体颗粒的稳定性

海水的浑浊主要是海水中含有悬浮的泥砂微粒和胶体微粒等杂质。水中直径大于 0.01mm 的悬浮微粒，静态重力沉降速度为 0.15mm/s，下沉 1m 需 2h，而直径小于 0.001mm 的悬浮颗粒具有"分散颗粒稳定性"，在动态水中不下沉，长期处于分散悬浮状态。

水中的胶体微粒由胶核、吸附层和扩散层三部分组成，具有双电作用机理的胶体微粒结构示意如图 2-1 所示。

胶体微粒大小约 $10^{-6} \sim 10^{-4}$ mm，由于静电作用微粒表面围着一层水化膜，同类的胶

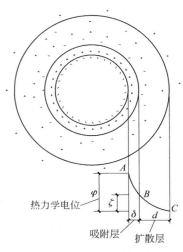

图 2-1 胶体结构示意

体微粒带有同性电荷。胶体微粒的分子热运动，受同性电荷相斥和水化层的阻碍相互碰撞接触的概率很小，其排斥势能大于布朗运动的平均动能上千倍。因此胶体微粒能在动态水体中长期处于无规则的均匀分散的高速运动，保持胶体溶液的稳定状态。

胶体微粒的稳定性可用吸附层和扩散层之间的电位差 ζ 电位表示。ζ 电位越大，则微粒带电量越大，胶体微粒也越稳定。相反，ζ 电位越小或接近零，则微粒带电量极小或不带电，水化膜厚度变薄或消失，胶体微粒不稳定，易下沉。

2.4.1.2 胶体微粒的脱稳

（1）吸附和电荷中和 通常水中的胶体微粒带负电荷，可应用胶体的双电层作用机理——通过投加电介质压缩扩散层以致微粒间相互聚结，使胶体脱稳。如投加混凝剂硫酸铝 $Al_2(SO_4)_3 \cdot 18H_2O$，其水解形成带正电荷微粒 $[Al(OH)(H_2O)_5]^{2+}$、$[Al(OH)_2(H_2O)_4]^+$，在水搅动作用下与胶体微粒碰撞接触，使胶体扩散层和水化膜变薄或消失，ζ 电位趋于零，胶体微粒失稳，即发生相反电荷微粒的相互吸附和电荷中和反应，微粒相互凝聚形成絮体。

（2）吸附架桥 投加的混凝剂是水溶性线型高分子化合物，如聚丙烯酰胺（PAM）、聚合氯化铝（PAC）或三氯化铁等经水解缩聚会形成带高价正电荷的链状大分子颗粒。

这些长链大分子颗粒与胶体微粒之间除静电引力作用外，还存在范德华力、氢键缔合、羟基络合和高价键等物理化学作用力。胶体微粒对这类长链大分子有强烈的吸附作用。由于线型分子链较长，具有很大的吸附表面和多个活性功能基团，可以在不同空间同时被多个胶体微粒吸附，形成三维立体的架桥结构，最终形成粗大絮体（矾花）。

悬浮的泥砂微粒在絮体的形成和架桥增大的过程中相互碰撞接触，同时发生吸附、卷扫和包裹，水中部分细菌、生物活体和溶解物质也会被絮体吸附，因而絮体变得更结实，密度增大而易下沉。

2.4.1.3 混凝过程

混凝是海水预处理中一个重要的单元工艺，能有效地降低或去除海水的浊度、色度、臭味等。混凝处理的主要对象是海水中不溶于水的胶体微粒、有机物质和难以重力沉降的悬浮泥砂颗粒。

海水混凝处理是在水流搅动的条件下，将混凝剂均匀地分散到海水中，海水中的胶体与混凝剂发生凝聚和絮凝反应的过程。混凝过程大致可分为两个阶段：第一阶段是在水流快速搅动条件下，正电荷混凝剂和胶体微粒相互接触碰撞，压缩扩散层，降低 ζ 电位，发生电性中和使胶体失稳，并相互集聚的过程，这一过程称为凝聚过程，所需时间约 0.5~2min；第二阶段是在水流搅动速度减缓的条件下，通过由线型链大分子吸附架桥和脱稳胶体微粒相互集聚，使细小絮体颗粒聚合成粗大块状絮凝体（俗称矾花）的过程。这个过程通常称为絮凝，所需时间为 15~20min。

2.4.2 影响混凝效果的主要因素

水中杂质含量和性能、药剂性能、流体流动状态、环境条件等诸多因素都会影响混凝效果，混凝过程复杂，混凝反应机理还有待深入研究。表 2-4 仅列出几个主要影响因素与相关情况以供参考。

表 2-4 混凝效果的主要影响因素和相关情况

影响因素	相关情况说明	结果	处理方法
低水温	混凝剂水解是吸热反应，水温低于5℃，水解速度缓慢。水黏度增大，不利于微粒接触碰撞吸附架桥	絮体细小、松散，不易下沉	投加高分子有机混凝助、助凝剂。提高水温和加大药量
pH 值和碱度	不同无机类混凝剂品种有不同的 pH 适用范围。适宜碱度可中和水解反应释放出的质子 H^+，有利于混凝剂水解反应。pH<5 或 pH>8.0 会使 $Al(OH)_3$ 溶解度增大	碱度过大，脱色去除有机物效果差	可投加石灰水调节原水碱度
低浊度	在低浊度，悬浮粒子小的单分散体系中，微粒接触碰撞的概率下降，造成混凝效果差	出水浊度降幅小或不降反略有上升	可投加黏土或高分子助凝剂
高有机物含量	溶于水的大分子有机物吸附于胶体微粒表面，起"胶体保护"作用	混凝效果差	投加氯、二氧化氯等氧化剂
高含盐量	胶体微粒在海水中的稳定性相对比在淡水中差。高含盐量尤其是高价阳离子，如 Ca^{2+}、Mg^{2+}，具有压缩胶体微粒的双电层作用，有利于混凝反应，大量 Cl^- 存在对混凝不利	易生成粗大絮体，水密度增大，下沉速度慢	减小上升流速
混凝剂配制浓度	稀溶液的混凝剂和助凝剂有一定保质使用时间，无机类混凝剂浓度>5%时易发生水解，一般配制浓度>5%。高分子有机混凝剂配制浓度过高时，黏度过大，难以均匀分散，一般配制浓度 0.05%~1%	药剂失效，混凝效果下降	重新配制

2.4.3 混凝剂和助凝剂的适用条件和投加量[3,4]

混凝机理复杂，影响因素繁多，目前通常采用实践经验和试验相结合的方法来确定混凝剂、助凝剂品种的选用和最佳投加药量。表 2-5 和表 2-6 列出一些常用混凝剂、助凝剂的适用条件和加药量供参考。

表 2-5 混凝剂的适用条件和投加量

混凝剂	适用条件	使用情况	配制浓度	投加量/(mg/L)
硫酸铝 $Al_2(SO_4)_3 \cdot x\,H_2O$	pH=6.5~7.8，水温 20~40℃，原水须有一定碱度。矾花形成缓慢、细小、沉淀慢、腐蚀性较小	一般	10%~20%	20~100
聚合氯化铝 $[Al_2(OH)_nCl_{6-n} \cdot x\,H_2O]_m$ $m \leqslant 10$，$n=3\sim5$	pH=5.5~8.5，温度影响小，适用于低温、低浊和高浊、有污染的水。出水浊度低，药耗量小。属无机高分子化合物，腐蚀性小、操作方便	普遍	10%~15%	20~50

续表

混凝剂	适用条件	使用情况	配制浓度	投加量/(mg/L)
三氯化铁 FeCl₃·6H₂O	pH=6.0~8.5,不受温度影响。矾花结实而大,易沉淀。处理高浊度水效果好,药耗小。处理低浊底水效果不显著。腐蚀性强	普遍	5%~15%	5~20
硫酸亚铁 FeSO₄·7H₂O	pH=8.5以上,受温度影响小。适于处理低温、低浊水,效果好、絮体易沉。宜与碱性或有机高分子药剂合用。不适宜处理低碱度水,高色度和含铁量的水,腐蚀性强	一般	5%~20%	5~40

表 2-6   助凝剂的投加浓度和投加量

助凝剂	性能	配制浓度	投加量/(mg/L)
骨胶	动物胶,颗粒固体,无毒无腐蚀性,增大絮体形成,具有较好架桥功能,溶液配制时,加热搅拌溶解。 投加时:骨胶:三氯化铁=(1:10)~(1:20),配制的溶液易受温度影响变质,宜当天用完,不宜存储	0.5%~1%	0.3~1
聚丙烯酰胺 $\begin{array}{c}\text{—CH}_2\text{—CH—}_m \\ \mid \\ \text{CONH}_2\end{array}$	有机高分子絮凝剂,胶冻状或粉剂两种。具有良好的絮凝和助凝作用,能形成大而紧密的絮体,提高絮凝效果。因价格高,单体丙烯酰胺有毒性,不宜大量使用。使用时应控制水中残留单体最大浓度小于0.01mg/L	先配制成10%,使用时稀释成0.2%~1%,不宜加热溶解,搅拌速度不宜过快	0.3~1
活化硅酸 Na₂O·xSiO₂·yH₂O	用于低温低浊水处理,助凝效果明显。活性硅酸由硅酸钠加酸中和制得,控制剩余碱度为1100~2100mg/L。酸一般用硫酸,价格低,溶液配制和使用麻烦。有效使用时间短,约4~12h	10%~20%	3~10

2.4.4   混凝剂和助凝剂的配制、投加和混合

2.4.4.1   工艺流程

根据处理水量、药剂品种和性质设置药剂溶解和计量的设备。混凝剂和助凝剂一般采用湿法投加,如用固体混凝剂时,则不用储槽,应配置溶药箱(池)。药剂配制、投加和混合的工艺流程如图 2-2 所示。

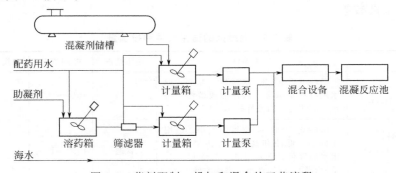

图 2-2   药剂配制、投加和混合的工艺流程

2.4.4.2　配制

（1）溶药箱和计量箱　溶药箱容积一般为计量箱的 2～4 倍。计量箱有效容积计算公式为：

$$V = \frac{24PQ}{bn} \times 10^{-6}$$

式中，V 为计量箱有效容积，m^3；P 为药剂最大投加浓度，mg/L；Q 为设计海水处理量，m^3/h；b 为药剂浓度，混凝剂一般为 5%～20%，助凝剂一般为 0.2%～1.0%；n 为每昼夜溶液配制次数，不宜大于 3 次。

计量箱应设置 2 个（一开一备），溶药箱和计量箱应设置搅拌溶解、清洗排污等设施，配置液位联锁控制和报警装置。箱体和搅拌器的材质要求防腐。

（2）药剂溶解　药剂溶解有机械搅拌法、水力循环法和鼓吹压缩空气法等。通常采用机械搅拌法，具有溶解速度快、效率高、易控制、操作方便等优点。

机械搅拌装置由耐腐叶式或桨式搅拌器、转速为 100～200r/min 的减速器和电动机组成。

2.4.4.3　计量投加

药剂的湿法投加可分为重力投加和压力投加，重力投加有泵前投加和高液位投加；压力投加有水射器投加和计量泵投加。通常采用隔膜式或柱塞式计量泵为药剂计量投加，也可采用离心泵配流量计和计量控制阀进行计量投加，其优点是计量误差小，调节操作方便，易于自控，运行安全可靠。

隔膜式计量泵可分为电磁驱动隔膜计量泵和马达驱动液压隔膜计量泵。前者适用于小流量，最大流量约 100L/h；后者适用于大流量。计量泵可通过其冲程和频率手动调节输出流量，也可接受外部脉冲信号或 4～20mA 信号调节流量，实现自动控制药剂的计量投加。

计量泵计量投加系统配置如图 2-3 所示。

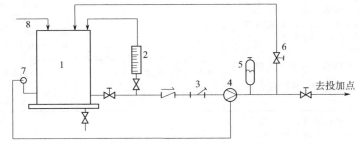

图 2-3　计量泵计量投加系统配置

1—药剂箱；2—计量泵计量校验柱；3—筛网过滤器；4—计量泵；5—脉冲阻尼器；
6—安全释放阀；7—背压阀；8—液位报警联锁装置

2.4.4.4　混合

混合是药剂和海水通过混合设备的作用，在短时间内，能形成一个具有相互高分散度的均一体系。混合时间和强度的控制，在海水混凝处理过程中十分重要。无机混凝剂要求在短时间（约 30s）内均匀混合，因为铝盐和铁盐混凝剂的水解速度快，形成单氢氧络合物的时间约为 10^{-10}s，形成聚合物时间也只有 10^{-1}～1s。高分子混凝剂投加时，不强调短时间的混合，只要求均匀混合。一般混合时间控制在 1～2min 内完成。长时间和过度强烈的搅拌不利于凝聚，会造成细小絮粒形成不可逆的破坏，将严重影响下阶段的絮凝反应，形不成沉淀性能好的大絮体（矾花）。在海水预处理中混合设备有管道混合器混合、桨板式机械搅拌混合、水泵混合和水射器流混合等。混合设备都应靠近混凝反应池，连接管道内的流速为 $0.8 \sim 1.0 \mathrm{m/s}$。常用的桨板式机械搅拌混合器和管道混合器的有关特性和相关计算参见表 2-7。

表 2-7　桨板式机械搅拌混合器和管道混合器的特点和相关计算

混合设备	特点	计算公式	符号和说明
桨板式机械搅拌混合	优点：混合效果好，水头损失小，适用性广 缺点：耗能，设备需防腐，设备费用高，占地面积大，管理维修工作量大	1. 有效容积 $$W=\dfrac{Qt}{60n}$$	W——混合池容积，m^3 Q——设计流量，m^3/h t——混合时间，min，可采用 1min n——池数，个
		2. 搅拌器转速 $$n_\circ=\dfrac{60v}{\pi D_\circ}$$	$n_\circ$——搅拌器转速，r/min v——桨板外缘线速度，$1.5 \sim 3\mathrm{m/s}$ $D_\circ$——搅拌器直径，m 取 $D_\circ=\left(\dfrac{1}{3} \sim \dfrac{2}{3}\right)D$ D——混合池直径
		3. 所需轴功率 $$N_1=\dfrac{\mu WG^2}{102}$$	N_1——所需轴功率，kW μ——水的动力黏度，$Pa\cdot s$ G——设计速度梯度，$500 \sim 1000 s^{-1}$
	结构：混合池为方形，高：宽$=(2:1)\sim(3:1)$，下进水，上出水，水停留时间 $1\sim2\mathrm{min}$。 立式搅拌器一般采用两叶平板搅拌器，离池底 $0.5\sim0.75D$。 当 $H:D>1.3$ 时桨板可设两层或多层，每层间距 $(1.0\sim1.5)D$。 池壁中线垂直设有固定挂板四块，宽约为 $\dfrac{1}{10}D$，长约为 $\dfrac{1}{2}D$	4. 计算轴功率 $$N_2=C\dfrac{r\omega^3 ZeBR_O^4}{408g}$$ 其中 $$\omega=\dfrac{2v}{D_\circ}$$ 5. 当 $N_1 \approx N_2$ 时，可满足要求，电动机功率 $$N_3=\dfrac{N_2}{\sum \eta_n}$$	N_2——计算轴功率，kW C——阻力系数，$0.2\sim0.5$ r——水的密度，$1000\mathrm{kg/m^3}$ ω——搅拌器角速度，rad/s Z——搅拌器叶数 e——搅拌器层数 B——搅拌器宽度，m $R_\circ$——搅拌器半径，m g——重力加速度，$9.81\mathrm{m/s^2}$ N_3——电动机功率，kW $\sum \eta_n$——传送机械效率，一般取 0.85
管式混合器混合	优点：快速混合，混合效果好，安装方便，不占地、投资小。 缺点：适用流量变化小的水厂，有 $<0.5\mathrm{m}$ 的水头损失。 结构：管内可含混合元件数为 $1\sim4$ 个，投药点靠近第一个混合元件起点，插入管径 $\dfrac{1}{3}$ 处，管径较大时，可开多孔投药	水头损失 $$h=0.1184\dfrac{Q^2}{d^{4.4}}n$$	h——水头损失，m Q——处理水流量，m^3/s d——进水管直径，m n——混合单元数，个

2.4.5　絮凝

混凝剂和海水混合后进入絮凝反应池，应控制水流的平均速度梯度 G 为 $20\sim80 s^{-1}$ 和反应时间 t 为 $15\sim30\mathrm{min}$，使 Gt 值达到 $10^4\sim10^5$ 范围内的水力学条件下进行，才能使颗粒集聚，减少破碎，生成具有良好物化性能、大而结实的絮体（矾花）。

2.4.5.1　絮凝效果 G 值计算

$$G=\sqrt{\frac{\rho h}{60\mu t}}$$

式中，G 为水流的速度梯度，s^{-1}；ρ 为海水的密度，$1022kg/m^3$；h 为絮凝池总水头损失，m；μ 为水的动力黏度，Pa•s，水温 25℃，$\mu=0.894\times10^{-3}Pa\cdot s$；$t$ 为反应时间，min。

2.4.5.2　絮凝池设计要点

（1）絮凝池一般与沉淀池合建，池数可分为 2 格，以便清洗和检修。

（2）不同形式的絮凝池，因其结构不同，其 G 值不一样。絮凝反应过程中一般水的流速由快逐渐减慢，G 值在反应池进口应与混合池出口相接近，然后逐渐递减，直至反应池出口，G 值可降到 $5\sim10s^{-1}$。G 值由大变小有利于大块絮体形成。

（3）处理低温、低浊水宜采用较大 G 值；处理高浊度、粗分散杂质量大的水宜在初阶段采用较大 G 值。

（4）反应池的转弯过水断面积应为直道过水面积的 $1.2\sim1.5$ 倍。

（5）池底部应设计成 $0.02\sim0.03$ 坡度，铺设长度<5m，直径不小于 $\phi150mm$ 排泥管。

（6）对难形成凝聚核心的低温、低浊水处理，可采用部分沉淀泥渣回流，促进絮凝反应和絮体成形。

2.4.5.3　絮凝反应设备

在海水预处理中，考虑海水腐蚀性和海水絮凝效果，常用的絮凝反应设备为折板絮凝池和网格絮凝池。

（1）折板絮凝池　折板絮凝池的折板形式有平板、折板和波纹板。折板安装有峰-峰相对和峰-峰相齐形式。按水流方向分，有"单通道"和"多通道"形式。折板絮凝池折板排布组合如图 2-4 和图 2-5 所示。

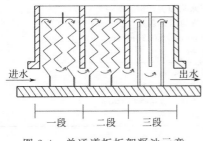
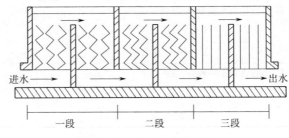

图 2-4　单通道折板絮凝池示意　　　　　　　图 2-5　多通道折板絮凝池示意

一般絮凝时间约 12min，按折板排布和流速不同可分为三段，每段池的分格数和折板数由流量大小确定。

单通道竖流式的折板絮凝池主要工艺设计参数和设计计算公式参见表 2-8 和表 2-9。

（2）网格（栅条）絮凝池　絮凝池中的网格（栅条）对流过的水流具有缩放作用，有利于颗粒碰撞，形成絮凝，因此网格（栅条）絮凝池具有药耗量少、反应时间短、适用范围广等优点，工程项目实例较多，其对低温低浊水的处理也能取得良好的絮凝效果。

表 2-8　单通道竖流式折板絮凝池主要工艺设计参数

项目		一段	二段	三段
竖向流速/(m/s)	峰处 0.25～0.35		0.15～0.25	0.05～0.15
	谷处 0.1～0.15			
孔洞与转折流速/(m/s)		0.3	0.2	0.1
G/s^{-1}		70～100	40～60	20～25
t/min		3～4	3～4	3～4

表 2-9　折板絮凝池相关工艺计算公式

计算公式	符号说明
1. 每个池的容积（m³） $$V=\frac{Qt}{60n}$$	Q——设计水量，m³/h t——絮凝时间，min n——池个数，一般 $n=2$
2. 每个池的面积（m²） $$F=\frac{V}{H}$$	H——池深，$H=3.5\sim5m$
3. 池长（m） $$L=\frac{F}{B}$$	B——池宽，m，与沉淀池配合
4. 相对折板水头损失（m） $$h_1=\xi_1\frac{v_1^2-v_2^2}{2g}$$ $$h_2=\left[1+\xi_2-\left(\frac{F_1}{F_2}\right)^2\right]\frac{v_2^2}{2g}$$ $$h_i=\xi_3\frac{v_\circ^2}{2g}$$ $$\sum h=n(h_1+h_2)+\sum h_i$$	h_1、h_2——渐放段和渐缩段的水头损失，m h_i——转弯或孔洞的水头损失 v_1——峰处流速，0.25～0.35m/s v_2——谷处流速，0.1～0.15m/s F_1、F_2——相对峰和相对谷的断面积，m² ξ_1、ξ_2——水流渐放和渐缩的阻力系数，$\xi_1=0.5$，$\xi_2=0.1$ ξ_3——上、下转弯或孔洞阻力系数，$\xi_上=1.8$，$\xi_{下、孔}=3.0$ $v_\circ$——水流转弯或孔洞处流速，m/s g——重力加速度，9.81，m/s² $\sum h$——总水头损失，m n——折板水流缩放组合的个数
5. 平行折板水头损失（m） $$h_3=\xi_4\frac{v_3^2}{2g}$$ $$\sum h=n_1h_3+\sum h_1$$	h_3——水流转折水头损失，m； ξ_4——每一个转折的阻力系数，$\xi=0.6$； v_3——板间流速，0.15～0.25m/s； n_1——90°转弯次数
6. 平行直板水头损失（m） $$h_4=\xi_5\frac{v_4^2}{2g}$$ $$\sum h=n_2h_4$$	h_4——转弯水头损失，m ξ_5——水流180°转弯阻力系数，$\xi_5=3.0$ v_4——板间平均流速，0.05～0.1m/s n_2——水流180°转弯个数

网格（栅条）絮凝池是由面积相等的多格竖井串联组成。按处理水量和絮凝时间计算，大致絮凝池分格数为 8～18 格。各格之间的隔墙上下交错开孔，按水过孔流速要求确定开孔尺寸，要求上孔不露出水面。竖井通常按过栅网流速可分为前段、中段和末段三个段。前段和中段的竖井内按垂直水流方分别填装 3～1 层的网格或栅条，填装层数自进水竖井至出水竖井逐渐减少，末段竖井一般为空井。网格（栅条）絮凝池的布置如图 2-6 所示，图中数字表示水流依次流过竖井的编号，Ⅰ、Ⅱ、Ⅲ表示竖井内填装网格或栅条的层数。

网格（栅条）的材质可采用木料、塑料、钢材、钢筋混凝土构件等。网格（栅条）的构件尺寸参见图 2-7。

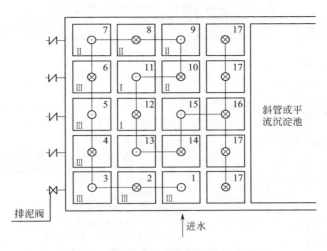

图 2-6　网格（栅条）絮凝池示意图

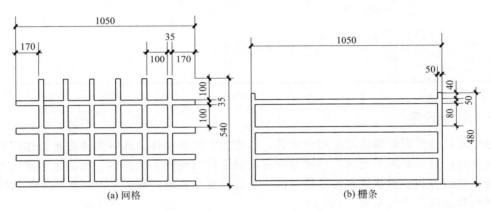

图 2-7　网格和栅条构件尺寸示意图（单位为 mm）
（厚度：$\delta = 25 \sim 60mm$）

网格（栅条）絮凝池的主要工艺参数和计算公式分别参见表 2-10 和表 2-11。

表 2-10　网络（栅条）絮凝池的主要设计参数

絮凝池分段	网格或栅条构件布设层数/层层距/cm	网孔/栅孔尺寸/mm	竖井平均流速/(m/s)	过栅网孔流速/(m/s)	竖井墙孔流速/(m/s)	絮凝时间/min	流速梯度/s^{-1}
前段	$\dfrac{>16}{60\sim70}$	$\dfrac{80\times80}{50}$	0.12~0.14	0.35~0.25	0.30~0.20	3~5	100~70
中段	$\dfrac{>8}{60\sim70}$	$\dfrac{100\times100}{80}$	0.12~0.14	0.25~0.22	0.20~0.15	3~5	50~40
末段			0.10~0.14		0.15~0.1	4~5	20~10

表 2-11 网格（栅条）絮凝池设计计算公式

计算公式	符号说明
1. 池体积（m³） $$V=\frac{Qt}{60}$$ 2. 池面积（m²） $$A=\frac{V}{H_1}$$ 3. 池高（m） $$H=H_1+0.3$$ 4. 分格面积（m²） $$f=\frac{Q}{v_0}$$ 5. 分格数 $$n=\frac{A}{f}$$ 6. 竖井之间孔洞尺寸（m²） $$A_2=\frac{Q}{v_2}$$ 7. 总水头损失（m） $$h=\sum h_1+\sum h_2$$ $$h_1=\xi_1\frac{v_1^2}{2g}$$ $$h_2=\xi_2\frac{v_2^2}{2g}$$	Q——流量，m³/h t——絮凝时间，min H_1——有效水深，m，与平流沉淀池配套时，池高可采用 3.0～3.4m；与斜管沉淀池配套时，池高可采用 4.2m 左右 v_0——竖井流速，m/s v_2——各段孔洞流速，m/s h_1——每层网格水头损失，m h_2——每个孔洞水头损失，m v_1——各段过网流速，m/s ξ_1——网格阻力系数，前段取 1.0，中段取 0.9 ξ_2——孔洞阻力系数，可取 3.0

2.4.6 混凝沉淀

原海水的悬浮颗粒物质经混凝处理后，形成较大的絮凝体，这些絮体在重力作用下而下沉与水分离，通常采用平流沉淀池和斜管沉淀池进行沉淀的工艺处理。沉淀池通常应与混凝反应池合建，有利于含絮体水流平稳过渡，节省投资和占地面积。平流沉淀池和斜管沉淀池的优缺点和适用条件参见表 2-12。

表 2-12 沉淀池性能和适用条件

沉淀池型式	优缺点	适用条件
平流沉淀池	优点：结构简单，池深较浅，造价低，对水质、水量变化的适应性强，处理效果稳定，出水浊度低。可采用机械排泥，排泥效果好，运行操作管理方便。 缺点：占地面积大，机械排泥设备需防腐	适用于大中型水处理厂，单池处理水量约 2 万立方米/日，应与絮凝池合建，可与清水池叠建
上向流斜管沉淀池	优点：水力条件好，水定效果高，出水浊度低，停留时间短，体积小，占地少。 缺点：斜管使用寿命约 5 年，投资维修费用较高，斜管易积污，需定期冲洗，管式排泥效果不稳定	适用于大、中、小型水厂，应与絮凝池合建。在水质变化大和生物繁殖期间，应加强管理

2.4.6.1 平流沉淀池

平流沉淀池一般采用长、狭、浅的矩形池型，钢筋混凝土结构，由机械排泥设备或排泥管、指形集水槽等设备组成。絮体水流通过穿孔墙沿水平方向推进，保持流速不变，减少紊动，有利于絮体沉于池底。泥沉淀集中于池前部的 1/3～1/2 池长范围，通常采用机械排泥设备清除。池后部的 1/4～1/5 池长范围为出水区，池水面安装指形集水槽。出水区中间水

041
第2章 海水淡化工程原水预处理技术 | 041

层也可铺设一层斜管设备，增加接触面积，减少水力半径，有利于絮体沉淀，提高出水水质。平流沉淀池示意图如图 2-8 所示。平流沉淀池的沉淀时间、水平流速的设计计算公式和主要工艺参数参见表 2-13。

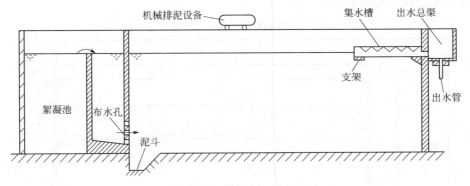

图 2-8　平流沉淀池示意图

表 2-13　平流沉淀池设计计算公式与主要工艺参数

计算公式	符号说明与主要工艺参数
1. 有效容积（m³） $$V = Qt$$ 2. 池长度（m） $$L = 3600vt$$ 3. 池宽度（m） $$B = \dfrac{V}{LH}$$ 4. 弗劳德数 $$Fr = \dfrac{v^2}{Rg}$$ 5. 水力半径（cm） $$R = \dfrac{\omega}{\rho} = \dfrac{BH}{2H+B}$$ 6. 进水墙孔总面积（m²） $$A = \dfrac{Q}{v_1}$$ 7. 出水槽起端水深（m） $$h = 1.73\sqrt{\dfrac{Q}{gb^2}}$$ 8. 池放空管直径（m） $$D = \sqrt{\dfrac{0.7BLH^{0.5}}{t}}$$ 9. 沉淀池总高度（m） $$H_O = H + h_1 + h_2$$	Q——单池设计水量，m³/h t——沉淀时间，h，一般取 1～3h v——水平流速，m/s，一般取 10～25m/s H——有效水深，m，一般为 3.0～3.5m，池的长宽比不小于 4，长深比不小于 10 Fr——弗劳德数，应在 10^{-4}～10^{-5} 范围 g——重力加速度，9.81m/s² ω——水流断面积，cm² ρ——湿周，cm v_1——孔口流速，一般为 0.15～0.20m/s，下排口底线高于泥面以上 0.3～0.5m，孔距离池壁 1～1.5m b——出水槽宽度，m，出水槽可按指形布设，负荷率＜20m³/(h·m) t——放空时间，s h_1——沉淀池超高，一般为 0.3～0.4m h_2——泥斗高度，一般为 0.4～0.5m，池底须有坡度。机械排泥时，$h_2 = 0$

2.4.6.2　斜管沉淀池

斜管沉淀池按斜管中水流方向可分为上向流（异向流）、侧向流和同向流三种形式，其中上向流斜管沉淀池在海水预处理系统中应用较多。上向流斜管沉淀池是在穿孔花墙以上，按进水方向铺设一层与池底成 60°倾角、内径约 25～35mm 的相互平行的斜管。上向流斜管沉淀池结构示意图参见图 2-9。上向流斜管沉淀池因铺设斜管，从而改善沉淀池的水力学条件，有效增加沉淀面积，减少水力半径，降低雷诺数，上向水流基本上成层流状态，清水向上，污泥下沉，因此使上向流斜管沉淀池具有停留时间短，沉淀效率高等优点。有关计算公式与主要设计参数参见表 2-14。

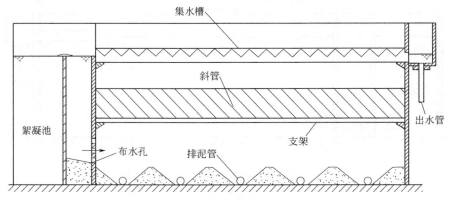

图 2-9   上向流斜管沉淀池示意图

表 2-14   上向流斜管沉淀池计算公式与主要设计参数

计算公式	符号说明与主要设计参数
1. 池表面积（m²） $$A = \frac{Q}{q}$$ 2. 池宽度和长度（m） $$B = \frac{A}{L}$$ 3. 池总高（m） $$H = h_1 + h_2 + h_3 + h_4 + h_5$$ 4. 斜管内水流速（mm/s） $$v_0 = \frac{v}{\sin\theta}$$ 5. 雷诺数 $$Re = \frac{v_0 R}{\gamma}$$	Q——设计水量，m³/h q——表面负荷，m³/(m²·h)，一般采用 6.0～10.0m³/(m²·h)，海水、低温、低浊处理时宜取低值 L——池长度，m，其宽度应与絮凝池出口花墙尺寸相匹配 h_1——积泥高度，m，一般为 0.5～1.0m h_2——配水区高度，m，一般不小于 1.0～1.5 m h_3——斜管区高度，m，斜管长度为 1.0m，安装倾角 60°，则 $h_3 = 0.87$m，附加 0.10～0.20m 安装支架层 h_4——清水区高度，m，一般为 1.0～1.5m h_5——超高（保护高度），m，一般为 0.3～0.5m v——清水区上升流流速，mm/s，一般为 2.5～3.0mm/s v_0——设计采用的斜管内上升流速，mm/s，一般为 3.0～4.0mm/s θ——斜管水平倾角为 60° Re——雷诺数，核算的 Re 数要求<500 R——水力半径，cm γ——水的运动黏度，cm²/s

2.4.7　澄清

澄清池是将混凝和絮凝反应沉淀过程合二为一的一种水质预处理设施，部分沉淀污泥参与循环，增大了颗粒的多分散性，有利于絮凝沉淀，因此具有效率高、占地面积小、投资低等优点。目前应用较广的有水力循环澄清池和机械搅拌澄清池，后者因要求设备防腐，很少用于海水。水力循环澄清池具有结构简单、运行管理方便，高度上能与无阀滤池配套，能处理的进水浊度小于 2000mg/L，处理水量 250～400m³/h，出水浊度 5～10NTU，因此较适宜于海岛中、小型海水预处理系统。

水力混凝澄清过程是由水泵将加过药剂的原水从池底进入澄清池，通过喷嘴使原水与污泥充分混合，第一、第二反应室进行絮凝反应形成絮体，到分离室絮体下沉，清水上升进入集水槽。其中下沉絮体部分参与循环，部分定时排放。水力循环澄清池示意见图2-10。处理水量为40～320m³/h，8种型号的水力循环澄清池详细的结构设计和设计数据可参见国家标准图集（S771）。

为增大出水量，提高水质的稳定性，有多种对标准型水力循环澄清池的改造形式[2]。其中，宁都县水厂采用网格和斜管将80m³/h水力循环澄清池改造成如图2-11所示的形式，改建后，水量提高2倍，出水水质稳定，可连续或间歇运行，在超负荷或低负荷运行中均效果良好。设计参数如表2-15所示。

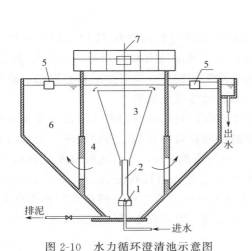

图2-10 水力循环澄清池示意图
1—喷嘴；2—喉管；3—第一絮凝室；4—第二絮凝室；
5—环形集水槽；6—澄清分离室；7—喉管升降调节杆

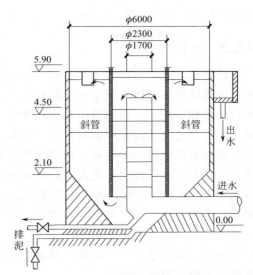

图2-11 改进型水力循环澄清池示意图
虚线层表示放置多层网格

表 2-15 改建后水力循环澄清池设计参数[1]

网格分段	网格孔眼 尺寸/mm	网格板条 宽度/mm	平均竖井 流速/(m/s)	过网流速 /(m/s)	层距/m× 层数	絮凝时间 /min	水头损失 /m
Ⅰ	25×25			0.21	0.4×4		
Ⅱ	30×30	30×30	0.044	0.18	0.6×8	11	0.07
Ⅲ	35×30			0.15	0.8×3		

2.5 原水过滤除浊技术

原海水中的漂浮物可采用格栅和栅网过滤方法去除。海水中大部分的悬浮物和胶体需经混凝沉淀或澄清处理除去；部分细小悬浮物还需通过滤料过滤、膜过滤、活性炭吸附过滤等方法除去。海水过滤工艺的选择与海水淡化设备进水水质要求、过滤前海水浊度和所含杂质成分有关。对蒸馏法和电渗析法海水淡化一般采用一级滤料过滤工艺；而对反渗透法海水淡化，通常采用的过滤工艺有二级滤料过滤工艺、滤料-超滤膜组合过滤工艺、单级超滤膜过滤工艺和单级微絮凝滤料过滤工艺等。后两种过滤工艺一般适用于常年低浊度、有机杂质含量少的海水。对色度和臭味、有机物含量较大的海水，可采用活性炭吸附过滤。

2.5.1　格栅和格网

格栅和格网设置于海水取水头部或集水井，拦截海水中的漂浮物，如树枝、杂草、废塑料等。格栅和格网一般都用金属钢材制造，需做海水防腐蚀处理。格栅间距为 30～50mm，栅网的网孔为 25～50mm²，分别作为前、后两道的海水过滤。过栅网孔的设计流速不大于 0.8m/s。海水取水量小于 5000m³/h 时一般采用平板格网；海水取水量大于 10000m³/h 时，可采用旋转格网。格栅和格网设计套数为一开一备。格栅和格网的设计可参见标准设计（S321-1～3）和（S321-3～6）。

2.5.2　滤料过滤[5]

滤料过滤是目前最常用和有效的过滤方法。滤料过滤的过程是拦截-洗脱循环进行的过程，含悬浮物和胶体的海水通过颗粒状介质组成的滤层，滤层具有筛分功能，在迁移-黏附-截留的机理作用下，在滤层中孔隙逐渐变小，除去悬浮物和胶体；同时滤层具有接触吸附功能，还能部分去除海水中的有机物、细菌以及铁、铝、锰等重金属离子。

在海水除浊过滤中普遍使用的滤料为石英砂和无烟煤，它们具有耐腐、耐磨、比表面积大、价格低廉和易洗脱等优点。滤料的选用应考虑滤料的有效粒径和滤料的级配，通常以有效粒径 d_{10} 和不均匀系数 K_{80} 表示滤料级配指标。不均匀系数为 1，表示滤料粒度完全均一。不均匀系数愈大，滤料粒度愈不均匀，则过滤出水水质越差，而且难洗脱，反洗时易跑砂。一般选用不均匀系数 K_{80} 值为 1.4～2.0。滤层厚度增大与过滤速度和滤料有效粒径等有关，厚度增大，水中杂质不易穿透，但水的阻降和投资会增加，因此应根据运行实践经验，设计计算一个较佳的滤层厚度。

按石英砂、无烟煤滤料粒径级配和填装厚度的不同组合，可构成单层、双层、多层滤料滤池和均粒滤料滤池。滤池的滤料、粒径、厚度和设计流速参见表 2-16。

表 2-16　滤池的滤料、粒径、厚度和设计流速

滤层	滤料	密度 /(g/cm³)	粒径 /mm	不均匀系数 K_{80}	厚度 /mm	设计流速 /(m/h)	出水浊度① /NTU
单滤层	石英砂	2.6～2.7	0.5～1.2	<2.0	700	8～10	1～2
双滤层	无烟煤	1.5～1.6	0.8～1.8	<2.0	300	10～12	0.5～2
	石英砂	2.6～2.7	0.5～1.2	<2.0	400		
三滤层（多滤层）	无烟煤	1.5～1.6	0.8～1.6	<1.7	450	15～20	0.5～2
	石英砂	2.6～2.7	0.5～1.0	<1.5	230		
	磷铁矿砂	4.7～4.8	0.3～0.5	<1.7	100		
均粒滤料层	石英砂	2.6～2.7	0.8～1.0	<1.4	900～1200	10～15	0.3～1

① 进水浊度约 5NTU。

2.5.2.1　一级滤料过滤设备

一级滤料过滤是指海水经混凝沉淀或澄清处理后的出水进行第一次滤料过滤，一般都采用重力式过滤。一级滤料过滤设备通常采用重力式无阀滤池、普通快滤池或 V 型滤池。三种滤池的特点、适用条件和主要工艺设计参数参见表 2-17。

表 2-17　三种滤池的特点适用条件和主要工艺参数

名称	滤层与流向	特点	适用条件	主要工艺参数
重力式无阀滤池	单滤层或双滤层下向流	无阀门、造价低、节能自动冲洗、管理方便、自耗水量大、进、出水标高较高	适用于小型水厂 宜与澄清池配套使用 单池面积不大于 25m² 进水浊度＜10NTU 出水浊度 0.5～2.0NTU	滤速：8～12m/h 反冲洗平均值：15L/(s·m²) 时间：4～5 min
普通快滤池	单滤层或双滤层下向流	池深较浅、建造费用低、需大阻力冲洗、阀门较多	适用于大中型水厂 单池面积不大于 100m² 进水浊度＜15NTU 出水浊度 1～2NTU	滤速：8～14m/h 水反洗强度：12～16L/(s·m²) 反洗时间：5～8min 可采用气水反洗
V型滤池	均粒滤层下向流	均粒滤料，气水反洗，表面吹扫，滤层清洗效果好，配套设备多，结构复杂，造价高	适用于大、中型水厂 单池面积一般为 70～100m²，气水分配采用长柄滤头，数量为 55 个/m² 进水浊度＜10NTU 出水浊度 0.3～1NTU	滤速：8～15m/h 气水反洗强度 气：13～17L/(s·m²) 水：4～5L/(s·m²) 时间：4～6min 水表面吹扫强度：2～4L/(s·m²)

2.5.2.2　二级滤料过滤设备

　　二级滤料过滤是一级滤料过滤出水通过增压再进入填装不同级配的无烟煤和石英砂滤料的压力滤器进行第二次滤料过滤。采用过滤—反洗的循环运行过程，当进出水压差＞0.06MPa 时停止过滤，进行反洗。经二级滤料过滤的海水出水浊度＜0.3NTU，SDI_{15} 值＜5，能满足反渗透海水淡化设备的进水要求。

　　二级滤料过滤一般采用钢制密闭压力式滤料过滤器，压力式过滤器属低级压力容器，可并联也可串联使用。滤器分类从外观上有立式和卧式滤器；从水流方向分类有下向流、上向流、双向流滤器；从隔室分类有单隔室、双隔室和三隔室滤器，其中下向流单隔室或卧式的滤料滤器应用较普遍。立式滤器最大直径约为 3200mm，单台出水量为 60～80m³/h，适用于小中型海水淡化厂；卧式滤池在国外应用较普遍，尺寸一般为 φ3200，长 10～15m，单台出水量为 150～600m³/h，适用于中、大型海水淡化厂。

　　滤器内壁衬塑胶，内装有进水挡板或配水管，底层气水分配一般采用水阻降小的缝隙式滤头。滤料填装有单滤层或双滤层，滤料层滤料级配可参见表 2-16。滤层厚度约为 1000～1200mm。滤器外部配有进水、出水、进气、排气、反洗、上排和下排等阀门，视镜、入孔、压力和流量等仪表器。压力式滤料滤器可参见图 2-12，其性能与工艺参数参见表 2-18。

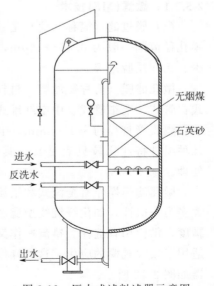

无烟煤

石英砂

进水

反洗水

出水

图 2-12　压力式滤料滤器示意图

表 2-18 压力式滤料滤器的性能与主要工艺参数

容器压力/MPa			温度/℃		运行流速/(m/h)	气反洗		水反洗		气水同步反洗		
设计	试验	工作	设计	工作		强度/[L/(s·m²)]	时间/min	强度/[L/(s·m²)]	时间/min	气强度/[L/(s·m²)]	水强度/[L/(s·m²)]	时间/min
0.6	0.75	<0.6	50	5~50	8~12	16~20	3~5	12~16	5~10	12~16	4~8	5~6

2.5.2.3 微絮凝滤料过滤

微絮凝滤料过滤是原海水在管道混合器中投加混凝剂后，不经过混凝沉淀池或澄清池，直接进入滤料过滤器进行过滤。一般采用压力式滤料过滤器，其适用于处理水量小，常年浊度<5NTU，色度和有机物含量低的海水。

微絮凝滤料过滤机理大致是由于滤料的物化性能和固-液界面流动接触，产生表面附着作用，水中杂质颗粒、微细絮体颗粒和混凝剂进入滤层后还继续发生絮凝和接触吸附反应，并黏附在滤料表面而被截留过滤。

为提高微絮凝滤料滤器的截污能力和减少过滤阻力，可使用高分子混凝剂，采用双层滤料、双向流式和上向流式的滤料滤器。

微絮凝滤料过滤具有工艺简单、占地面积小、设备投资和运行费用低等优点。

2.5.3 膜法海水淡化预处理技术[6]

鉴于传统预处理技术的局限性，人们提出了利用膜分离技术进行海水反渗透预处理的工艺流程，主要包括微滤（MF）、超滤（UF）和纳滤（NF）三种。MF 在去除悬浮固体、降低 SDI 上效果明显。UF 不但可截留悬浮固体和细菌，还可截留大分子有机物、胶体等。NF 是介于 UF 和 RO 之间的膜过程，其可选择性去除海水中二价离子，在防止结垢和减少进料 TDS 方面有独特的作用[7]。

2.5.3.1 微滤(MF)技术[8,9]

微孔膜过滤（简称微滤）是一种以压力为动力的筛分过程，它属于精密过滤技术。微孔膜孔径范围一般为 $0.05\sim10\mu m$，其特点是膜孔径均一、过滤精密度高、滤速快、吸附量少、无介质脱落等。

微孔滤膜（简称微滤膜）材料为聚丙烯、磺化聚醚砜、聚四氟乙烯等，膜组件有五种形式：管式、毛细管式、中空纤维式、板框式和卷式。管式膜组件膜管直径为 $10\sim20mm$，毛细管膜膜管直径约为 $1\sim2mm$，中空纤维膜管外径约 $40\sim250\mu m$，外径与内径之比为 $2\sim4$。几种组件特性比较见表 2-19。其中管式、毛细管式和中空纤维式膜组件适合微滤过滤预处理。

微孔滤膜操作有全流式和错流式两种。前者应用于稀料液和较小的规模，膜制成滤芯，大多为一次性，如化纤绕线型滤芯，用于深层型过滤，微孔膜滤芯产品上常标有孔径大小和精度，供使用者选择。错流操作又称切线流操作，对悬浮粒子大小、浓度的变化不很敏感，适用于较大规模的应用，这类操作的膜组件需经常地周期性清洗、再生[11]。微孔滤膜过滤器如图 2-13 所示。

表 2-19　几种组件特性比较[10]

比较项目	管式	板框式	卷式	中空纤维式
组件结构	简单	非常复杂	复杂	复杂
装填密度/(m²/m³)	33～330	160～500	650～1600	16000～30000
流程高度/cm	>1.0	<0.25	<0.15	<0.3
流道长度/m	3.0	0.2～1.0	0.5～2.0	0.3～2.0
流动形态	湍流	层流	湍流	层流
抗污染性	很好	好	中等	很差
膜清洗难易	内压式易，外压式难	易	难	内压式易，外压式难
膜更换方式	膜式组件	膜	组件	组件
对水质要求	低	较低	较高	高
预处理成本	低	较低	较高	高
能耗/通量	高	中	低	中
造价/(美元/m²)	50～200	100～300	30～100	5～20

　　微滤器使用一段时间后，由于管壁上的微孔易为杂物堵塞，压降增加，当进出水压力相差 98.0665kPa（1kgf/cm²）左右时，就应进行"反冲再生"，通常采用压缩空气和清水脉冲式反冲洗，再用 6%～7% 的盐酸浸泡 24h，最后用清水冲洗到水呈中性，即可投入运行[12,13]。

　　（1）新型 MF 技术　　以连续微滤（continuous micro-filtration，CMF）为代表。采用 0.2μm 孔径的聚丙烯、磺化聚醚砜或聚丙烯腈中空纤维膜，内压式死端过滤。该膜可使胶体颗粒和细菌数量减少几个数量级，提高净化水的水质，并可在很低的横流速度下运行。CMF-RO 技术采用空气反冲洗，以自动频繁脉冲方式和短时间的冲洗来保持稳定的产水通量，与常规过滤器因反冲洗而出现的停运相比，这种脉冲清洗的时间特别短，因此非常适于过滤固体含量高的液体。

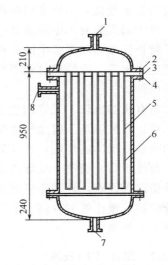

图 2-13　微孔滤膜过滤器示意
1—出水口（反洗时为进水口或进气口）；
2—法兰；3—硬聚氯乙烯塑料支撑板；4—5mm 橡皮垫圈；5—筒体；
6—微孔滤芯（同心圆均布）；
7—排污口；8—进水口

　　采用 CMF 技术代替传统的多介质过滤器-活性炭过滤器的预处理工艺，不但大大减少絮凝剂、杀菌剂和余氯脱除剂等化学药品的加入量，还可避免多介质和活性炭的频繁更换。经 CMF 过滤后的产水 SDI<3，浊度<0.2NTU，TSS<1mg/L，颗粒粒径<0.2μm（传统多介质过滤器为 5～10μm），大肠杆菌<3 个/L，能够达到反渗透系统对进水水质的要求。该法能耗低，约为 0.15～0.3kW•h/m³ 处理水。

　　与传统预处理方法相比，采用连续微滤技术改进了反渗透系统的进水水质，延长了反渗透膜的使用寿命，提高了系统的回收率，大大减少了设备占地面积，减少了操作费用，降低了劳动强度，并可以有效地实现微滤过程的自动化控制。2003 年年底建成的天津市 1000 t/d 海水淡化示范工程中的海水深度预处理部分采用天津工业大学的 CMF 技术，运行两年多来，CMF 出水 SDI<2，且运行比较稳定。

　　（2）无机陶瓷膜　　是以氧化铝、氧化钛、氧化锆等经高温烧结而成的具有多孔结构的精密陶瓷过滤材料，多孔支撑层、过渡层及微孔膜层呈非对称分布。陶瓷膜过滤技术是基于多孔陶瓷介质的筛分效应而进行的物质分离技术。

由于潮汐和风浪影响，取用的近岸海水中含有大量泥沙，为防止泥沙粗颗粒物进入陶瓷膜管，堵塞水流通道，采用过滤精度 $20\mu m$ 的自动叠片式过滤器去除。叠片式过滤可自动运行和反冲洗，采用时间和压差控制反冲洗操作，每个单元只需 $10\sim20s$ 即可完成，反洗用水量少，清洗效果好。此外，叠片式过滤器还具有占用空间小，几乎不需日常维护的优点。

陶瓷膜过滤器采用高效的错流过滤方式，泥沙、悬浮物等浓缩物质随水流的冲刷作用带出膜管，使膜表面的污染物附着层厚度保持较薄的水平，从而保证了正常运行。陶瓷膜过滤的反冲洗采用频繁、短时、自动清洗设计。陶瓷膜过滤器对进水水质的适应性强，同时有效、长期保持较好的出水水质（保证出水中 SDI 指数及颗粒指标），如胶体颗粒、病菌、隐性孢子等几乎能被完全去除，使 SWRO 保持稳定运行，并延长使用寿命。海水中胶体物质较多时，添加混凝剂使水中的胶体颗粒脱稳并凝聚成絮凝体，从而被陶瓷膜截留去除，减轻其对陶瓷膜的危害和污染。海水中胶体物质较少时，也可不加或少加混凝剂，该工艺对混凝反应的要求较低，不设专门的混凝反应器，直接采用管道混凝。

由于陶瓷膜对水中溶解性小分子量有机物的去除作用有限，海水中有机物含量较高时，为了防止反渗透膜被水中的有机物污染，可增设保安过滤器，以去除水中的有机物，保证反渗透进水水质。活性炭过滤器为可选设备，若水中有机物较少，陶瓷膜出水可直接进入反渗透膜组件。

与有机膜比较，无机陶瓷膜耐高温，可实现在线消毒；化学稳定性好，能抗微生物降解；对于有机溶剂、腐蚀气体和微生物侵蚀表现良好的稳定性；机械强度高，耐高压，有良好的耐磨、耐冲刷性能；孔径分布窄，分离性能好，渗透量大，可反复清洗再生，使用寿命长。此外，陶瓷膜用于反渗透海水淡化预处理，具有能耗低、产水率高、占地面积小、出水水质稳定等优点，且陶瓷膜管抗污染及再生能力强，长期闲置时无需添加特别的保养液进行膜管维护，操作管理方便，是较理想的预处理工艺。其缺点是通常的陶瓷膜过滤工艺一次性投资成本较高。

2.5.3.2 超滤(UF)技术[8,9]

超滤技术是一种以机械筛分原理为基础，以膜两侧压差为驱动力的膜分离技术。它的筛分孔径较微滤小，可截留水中的细菌、病毒、胶体、大有机分子、油脂、蛋白质、悬浮物等。超滤技术有中空、卷式、平板、管式等几种组件类型，其中中空纤维膜是超滤技术中最为成熟与先进的一种形式。超滤膜按膜材质和配方、制备工艺的不同，有多种不同性能、用途和不同规格型式的超滤膜组器，大致分类归纳列于表 2-20。

表 2-20　超滤膜组器分类

分类	内容
膜材质	无机类：如氧化锆、氧化铝等。 高分子聚合物：如 PVC、PP、PAN、PS、PEA、PVDF 等
截留分子量 /10^4 Dalton	0.05、0.1、0.3、0.5、1.0、3.0、5.0、10.0、30.0 等
膜性能	亲水性膜与憎水性膜；常温膜与耐高温膜
膜形式	平板膜、卷式膜、管式膜、内压式和外压式中空纤维膜
用途	食品、乳品、医药、冶金、超纯水制备、污水处理、水预处理等

注：PVC—聚氯乙烯；PP—聚丙烯；PAN—聚丙烯腈；PSF—聚砜；PES—聚醚砜；PVDF—聚偏氟乙烯。

（1）超滤膜组器使用条件 水温 5～40℃；pH 2～11；油脂含量＜5mg/L；连续游离氯含量＜5mg/L；安装于室内，避免日光直接照射；湿态保存，防冰冻。

（2）技术要点

① 应根据海水水质、浊度、pH 值、产水水质要求和现场海水超滤膜过滤试验的结果，选择海水超滤膜组器和过滤工艺。

② 在海水预处理中通常选用以 PS、PEA 和 PVD 下为材质，截留分子量为（8～15）× 10^4 Dalton，内压式或外压式中空纤维超滤膜组器。

③ 海水超滤膜过滤工艺分全流式过滤和错流式过滤工艺，如图 2-14 所示。

图 2-14 全流式和错流式超滤过滤工艺

通常海水经过混凝沉淀、澄清、砂滤处理后，或海水常年浊度＜5NTU 时，可选用全流式超滤膜过滤工艺；海水常年浊度＞10NTU 时，宜选用错流式超滤膜过滤工艺[11,14]。

④ 多种因素影响超滤膜产水通量和反洗频率，其参数值可根据现场试验结果或参照已有工程项目经验来确定。

⑤ 超滤膜过滤应设置加药的化学加强反洗（CEB）和化学清洗（CIP）装置，根据超滤膜污染情况，确定化学加强反洗（CEB）和化学清洗（CIP）周期。

⑥ 超滤膜过滤应前置过滤精度为 $100～200\mu m$ 的全自动清洗保安滤器，以保护中空纤维超滤膜不受损害。

⑦ 超滤膜透过水通量会随水温下降而减少，产水通量应根据膜厂商提供的温度校正曲线或有关计算公式进行校正。

⑧ 超滤膜过滤在运行和气水反洗过程中，应采取水、气的缓升降措施，防止冲击造成中空纤维膜的破损。

⑨ 超滤膜过滤装置应设置完整性检测系统，以便在出水水质下降时，检查超滤膜的破损情况，及时修复或更换超滤膜组器。

⑩ 超滤膜组器过滤过程应按自动化操作运行设置。

（3）有关计算公式和工艺参数

① 超滤膜组总有效膜面积

$$A = \frac{Q}{J}$$

式中，A 为超滤膜组器总有效膜面积，m^2；Q 为设计产水量，m^3/h；J 为在单位时间内单位膜面积水透过率，$m^3/(m^2 \cdot h)$。

② 超滤膜元件数

$$n = \frac{A}{S}$$

式中，n 为超滤膜元件数（支）；S 为单支超滤膜元件的有效膜面积，m^2。

③ 产水量温度校正系数

$$G = (1 + 0.0215)^{25-T}$$

式中，G 为产水量温度校正系数；T 为运行水温，℃。

④ 水回收率

$$R = \frac{Q_2 - Q_3}{Q_1} \times 100\%$$

式中，R 为水回收率，%；Q_1 为单位时间进水量，m^3/h；Q_2 为单位时间产水量，m^3/h；Q_3 为单位时间自耗水量，m^3/h。

在某海水淡化试验现场，中空纤维超滤膜海水过滤主要工艺参数见表 2-21。

表 2-21 中空纤维超滤膜海水过滤主要工艺运行参数

膜类型	产水通量/[L/(m²·h)]	运行压力/bar	水反洗			气擦洗			反洗频率/(min/次)	水回收率/%
			通量/[L/(m²·h)]	压力/bar	时间/min	强度/[L/(m²·h)]	压力/bar	时间/s		
内压式	65~80	<2.0	<250	1.0~2.0	1				30~60	87~92
外压式	60~75	<3.0	<125	1.0~2.0	1~2	<130	1.0	10	30~60	85~90

注：1bar=0.1MPa。

（4）超滤海水进水和产水水质分析结果　在某海水淡化试验现场，原海水经混凝沉淀处理后，采用自清洗保安滤器和内压或外压式中空纤维超滤膜过滤进行中试。中试工艺为全流式过滤，运行压力为 0.8~1.5bar，跨膜压差（TMP）为 0.6~1.0bar，水回收率为 86%~91%。超滤的海水进水和产水水质的分析结果参见表 2-22。

表 2-22 超滤的海水进水和产水水质分析结果

项目	海水	平均值	产水	平均值	平均截留率/%
浊度/NTU	3.0~9.3	7.3	0.08~1.2	0.10	98.6
SDT₁₅			0.7~3.0	2.0	
COD_{Mn}/(mg/L)	6.3~8.9	7.6	4.7~7.5	6.1	19.7
铁/(mg/L)	1.2~2.5	1.85	0.05~0.20	0.125	93.2
胶体硅/(mg/L)	1.7~3.3	2.5	0.01~0.30	0.16	93.6
活性硅/(mg/L)	1.0~2.2	1.6	0.7~2.0	1.35	15.6
细菌总数/(个/mL)	2400		<5		100
pH	7.8~8.2		7.7~8.0		
电导率/(mS/cm)	40.2~44.8		40.1~44.5		
水温/℃	24~26				

以 UF 作为 RO 的预处理可构成 UF-RO 集成技术，中空纤维 UF 膜可以处理高度污染的表层海水。该型 UF 膜系统的特点是具有频繁、短时、自动清洗毛细管膜的功能，且具有在较低的错流流速下运行的能力。其中，UF 膜截留分子量为 150~200kDa，可确保 RO 在较高通量和较高截留率下操作，产水量可提高 10%，减少运行费用。该预处理能耗低，约为 0.15~0.3kW·h/m³，淡化水成本可降低 10% 左右。Galloway 等在 Trinidad 和 Venezuela 海域进行中空纤维 UF 处理海水的中试研究，结果表明，UF 中试装置连续稳定运行数个月，可有效解决海水水质波动范围较大的问题，超过 95% 的产品水的 SDI<3，并且超过 85% 的 SDI<2。VanHoof 等经过 2500h 的测试，有 98.4% 的产品水的 SDI<3，说

明该 UF 预处理的出水水质较优。Brehant 等用中空纤维 UF 膜预处理表层海水，其 UF 出水 SDI<1，且出水水质非常稳定，而传统的双重介质过滤则仅能降到 2.5 左右，且水质不稳定。

在韩国釜山，正在建造容量为 45000m³/d 的海水淡化实验平台。S. Kim 等[8]针对此海域低浊度特点，分别考察了 UF 和 DMF（多介质过滤器）作为海水淡化预处理方式处理低浊度海水的运行效果。实验表明，UF 能够为反渗透系统提供稳定、高质的进水，絮凝工艺能够有效去除芳香性有机化合物并有效减缓膜污染现象；而 DMF 的产水 SDI 不达标，对 DMF 工艺参数进行调整也不能使其产水满足反渗透进水要求，必须采用多级 DMF 系统和高效絮凝工艺，这就大大增大了 DMF 的设计和运行成本。

大唐王滩电厂反渗透海水淡水系统是中国第一个投运的"双膜法（UF＋SWRO）"海水淡化项目[15]，一期总设计出力 10800m³/d，已建成装置出力 7200m³/d。项目采用了代表世界最新科技的预处理工艺：自清洗过滤器＋UF。通过四年多运行数据可知，对缺乏淡水的地区或海水水温随季节波动较大的地区，超滤作为反渗透海水淡化系统的预处理是切实可行的。此预处理中采用了 Omexell 压力式中空纤维超滤膜元件 SFP2660，其材质为聚偏氟乙烯，过滤精度为 0.03μm。超滤系统产水的 SDI 值基本保持在 3 以下，投运以来总共进行了四次在线化学清洗（CIP），平均一年一次。此外，在王滩电厂海水淡化项目中，调试初期采用 3mg/L 聚合氯化铝。在系统调试过程中，发现后续超滤系统跨膜压差增加较快，产水量衰减较快，怀疑是聚合氯化铝（PAC）导致超滤膜污染，因此将聚合氯化铝（PAC）投加系统关闭，发现后续超滤系统运行随即正常，反洗频率大幅降低，说明此系统不宜采用絮凝工艺[16]。

2.5.3.3　纳滤（NF）技术

纳滤是反渗透膜过程为适应工业软化水的需求及降低成本的经济性不断发展的新型压力驱动膜分离技术，广泛应用于饮用水纯化、废水净化、有价值组分分离与浓缩等领域。NF 主要膜材料为醋酸纤维素、醋酸-三醋酸纤维素、磺化聚砜、磺化聚醚砜、芳香聚酰胺复合材料和无机材料等。NF 膜孔径达纳米级，一般在 1～2nm，截留分子量为 200～1000Da，且膜表面带有电荷，可有效选择性截留二价离子（Ca^{2+}、Mg^{2+} 和 SO_4^{2-} 等）。即使在很低操作压力下（0.5 MPa），也可大幅度降低原海水的二价离子和溶解性有机物含量，有效解决传统海水淡化过程中存在的结垢和有机污染等问题，保证反渗透膜组件的安全稳定运行，并大幅度提高了水回收率[17,18]。

1986 年，纳滤作为反渗透预处理技术被引入海水淡化中，可有效降低反渗透进水硬度、总固溶物和有机物含量，从而达到防止反渗透膜结垢与污染、提高系统回收率和降低成本的目的。据沙特阿拉伯盐水转化公司（Saline Water Conversion Corporation，SWCC）的研究表明[19,20]，纳滤海水软化工艺可将海水总硬度由 7500mg/L 降至 220mg/L，去除率达 97%；总溶解固体由 45460mg/L 降至 28260mg/L，去除率达 38%；氯度由 21587mg/L 降至 16438mg/L，去除率达 24%；SO_4^{2-} 由 2300mg/L 降至 20mg/L，去除率达 99%；相同操作条件下，反渗透海水淡化系统的总回收率提高 30%。Hassan 等[21]报道了 NF 在海水淡化预处理方面的一系列研究和应用工作，NF 膜有效地降低了硬度、SDI、微生物和浊度等。在 2.2MPa 压力下，NF 膜对 Ca^{2+}、Mg^{2+}、SO_4^{2-}、HCO_3^- 和总硬度的截留率分别是 89.6%、94.0%、97.8%、76.6% 和 93.3%，TDS 截留率为 37.13%～54.11%，水回收率为 40%～45%。由于 NF 膜的前处理，使得 SWRO 和 MSF 系统的回收率高达 70% 和 80%。

受渗透压影响，反渗透海水淡化回收率只有 40%，纳滤-反渗透组合工艺可使回收率大幅度提高。模拟设计计算结果表明，海水浓度 35000mg/L，反渗透膜的脱盐率为 99%，纳滤膜的截留率为 50%，反渗透采用同样的操作压力，当反渗透回收率为 40% 时，总的产水回收率可提高到 60%。

2.5.3.4 膜法预处理的膜污染问题

超滤膜具有多孔致密表皮层和海绵支撑层组成的不对称结构，有利于水在小阻降条件下通过，而不易污堵，约 1μm 厚的表皮层上的细微小孔可制备成多种不同尺寸规格的孔径，具有筛分功能。超滤膜孔径大小按截留分子量区分大致在 1000～500000Dalton 范围，相对孔径尺寸约为 0.002～0.1μm。超滤膜过滤是在压力为驱动力的作用下，含杂质的水溶液通过以超滤膜作为过滤介质时，水和溶解性盐类的小分子能透过膜，而颗粒直径大于膜孔径的杂质，如悬浮物、胶体、蛋白质、细菌等物质被截留，达到水的除浊功能。超滤膜过滤过程是过滤-气水反冲洗交错循环的过程。当超滤膜有污染时，需进行加药的化学加强反洗（CEB）和化学清洗（CIP）来恢复超滤膜的产水通量。

（1）超滤膜的污染和控制[9]　超滤膜污染研究一直是国际淡化界关心的热点问题。海水对 UF 膜造成污染的物质主要有有机物（腐殖酸等）、胶体（硅酸铝胶体等）、细菌和悬浮固体等。这些物质与膜存在物理化学作用或机械作用，在膜表面或膜孔内附着、沉积，使膜孔径变小或堵塞，造成了 UF 膜不可逆污染。如氢氧化铁、氢氧化铝和硅等胶体，可通过交联有机或无机聚合物增大颗粒直径，形成凝胶态和无定形态污染物。

当膜污染严重时，必须对 UF 膜进行清洗，以确保 UF 过程的正常运行。近年来，国内外在 UF 膜污染的理论研究与应用实践的基础上，积累了不少行之有效的经验和方法，例如强化过滤操作、改变进水水质、开发新型便利的清洗、反冲技术等。

对含悬浮微粒或胶状物的海水可采用砂滤、微滤或加混凝剂、絮凝剂等方法；对富含微生物的海水可添加杀菌剂或先进行紫外线杀菌以避免微生物对膜的污染和侵蚀。通常在 UF 系统的进水中加入少量 $FeCl_3$ 絮凝剂。这种微絮凝预处理对 UF 膜污染起到很好的缓解作用：①减少进入 UF 膜孔的污染物量，微絮凝预处理可使小分子溶解性有机物聚集或吸附在金属氢氧化物上形成絮体，从而被截留在膜表面，不能进入膜孔内；②改善 UF 膜表面沉积层的性质，经过微絮凝预处理后颗粒尺寸增大，形成的滤饼层阻力减小，渗透通量增大。混凝预处理基本消除了膜孔污染，并且大大降低了膜表面滤饼层污染阻力；与直接 UF 相比，混凝-UF 组合工艺对溶解的天然有机物的去除率较高，DOC 去除率从 28% 升高到 53%，UV254 去除率从 40% 提高到 78%。

对 UF 膜进行反冲和清洗是防治膜污染的有效措施之一，反冲和清洗可使膜表面及膜孔内所吸附的污染物脱离滤膜，从而使通量得以恢复。反冲包括直接反冲、化学强化反冲（CEB）和气体强化反冲（AEB）。通常 CEB 采用的试剂为 NaClO 和 H_2O_2。清洗包括负压清洗、反压清洗、低压高流速清洗、机械清洗、化学清洗等。其中，定期化学清洗是最常见的清洗方式，化学清洗采用的试剂通常为 NaClO、EDTA、HNO_3 和柠檬酸等。

（2）纳滤膜污染和控制[22,23]　由于海水成分复杂性以及纳滤膜纳米级膜孔与特殊荷电性，纳滤在海水软化过程中的膜污染现象和机理较其他膜（微滤、超滤、反渗透）过程更为复杂，已成为纳滤大规模应用于海水软化领域的瓶颈之一。

通常在海水软化过程中，纳滤膜元件易受到海水中某些污染物的污染而导致分离性能的下降和操作成本的提高。这些污染物通常为无机盐沉淀（碳酸钙、硫酸钙、硫酸钡、硫酸锶以及金属氧化物和硅沉积物等）、有机物（天然有机物、合成有机物以及无机-有机络合物等）和生物（藻类、细菌、真菌等）。

纳滤膜的无机污染主要是指碳酸钙及钙、钡、锶的硫酸盐、硅酸盐等结垢物质对纳滤膜造成的污染，其中 $CaCO_3$ 和 $CaSO_4$ 等盐垢最为常见。碳酸盐沉淀可通过酸性试剂的化学清洗方法予以有效解决；而硫酸盐沉淀的形成则是不可逆的，采用普通化学试剂不易清除，最好通过饱和度计算来评估成垢趋势进而加以预防。海水中的腐殖酸和富里酸是主要的天然有机物（NOM），其分子量在 $500 \sim 2000$ Dalton 范围内，不仅增加水体的色度、异臭味、配水管网的腐蚀和生物不稳定性，还是氯化消毒副产物的前驱体，此外可与 Fe、Ba 等重金属及农药形成络合物，降低此类物质的生物可降解性。

有机污染物与纳滤膜的相互作用（物理化学或者机械作用）使污染物在膜表面和膜孔内吸附、堵塞，严重影响纳滤膜的通量以及分离性能。纳滤膜有机污染的影响因素很多，包括有机污染物的种类与含量、膜面结构与化学性质、进水离子强度与 pH 值、操作条件（回收率、操作压力等）。

C. Jarusutthirak 采用 GE 公司 Desal HL-F107 聚酰胺纳滤膜考察了进水中 NOM 含量对纳滤膜通量的影响。结果表明，膜面滤饼层的厚度随进水中 NOM 含量增加而增大，说明增大 NOM 含量会加剧纳滤膜有机污染程度；在过滤压力作用下，NOM 在膜表面累积而形成凝胶层或者滤饼层，使得膜面处离子或有机物的渗透压增加，导致驱动力降低从而膜通量下降；而滤饼层的形成有利于提高 NOM 以及其他溶质的截留率。

微生物包括细菌、藻类、真菌、芽孢、孢子和病毒以及其代谢产物组成的生物学上的活性有机体，可视为胶体，带有负电荷。在纳滤膜通量过高或发生浓差极化时，微生物呈数倍的快速繁殖。微生物污染是膜材料、流动参数（如溶解物、流动速度、压力等）和微生物间附着的相互作用的结果，分为四个阶段：①预备阶段，腐殖质、聚糖脂与微生物的代谢产物等大分子物质在膜表面吸附的过程，形成一层具备微生物生存条件的黏膜；②初期黏附阶段，进水中黏附速度较快的部分微生物初步在膜表面黏附的过程；③后期黏附阶段，进水中大量不同种类的微生物在膜表面黏附并形成胞外聚合物（黏垢），膜表面的微生物能够利用代谢产物及被膜吸附的有机营养物质进行新陈代谢而快速繁殖；④成膜阶段，难溶性化合物在膜表面形成一层生物膜，造成膜孔不可逆阻塞，大大增加过滤阻力。

纳滤设备通常采用阻垢剂控制盐垢，阻垢剂本身也会产生微生物，导致微生物污染。

2.5.4　吸附过滤[24]

吸附过滤法是利用吸附剂的吸附作用，去除原水中的悬浮杂质、有机物、细菌、铁和锰等，属于纯水制备中的深度处理方法。吸附过滤器结构形式与机械压力过滤器类似，只是将石英砂、无烟煤等改为活性炭、硅藻土等吸附剂，过滤器的底部可装填 $0.2 \sim 0.3$ m 高的卵石及石英砂作为吸附剂支持层。过滤器的过滤速度一般为 $6.0 \sim 12.0$ m/h，原水从上而下顺流进行。为了提高过滤效果，可将两个或两个以上的过滤器串并联使用。表 2-23 所列为活性炭过滤器设计参数。

表 2-23　活性炭过滤器设计参数[3]

参量	单吸附	过滤兼吸附	参量	单吸附	过滤兼吸附
滤速/(m/h)	6.1～12.2	6.1	反冲强度/[L/(m²·s)]	3.4～10.2	3.4～10.2
滤层厚度/m	1.5～3.0	0.75～1.5	炭粒粒径/mm	0.9～1.5	0.9～1.5

活性炭有巨大的比表面积，一般为 $500～2000m^2/g$，有很强的吸附能力，能吸附水体中的气体、臭味、油脂、有机物、细菌、铁、锰和重金属离子等，其中对有机吸附去除率可达90%以上。可用于水处理的活性炭有粒状、粉状和纤维毯状等类型，其中粒状和纤维毯状可用于吸附过滤器。而粉状活性炭可用于砂滤棒过滤器[5]。

活性炭过滤器使用一段时间后，由于截污过多，活性炭表面及内部的微孔被水中的杂质所堵塞，活性丧失，出水水质变坏，需进行反洗和再生。

2.5.4.1　活性炭过滤器反洗再生步骤[12]

（1）清水反洗　反洗强度 $8～10L/(m^2·s)$，反洗时间 15～20min。

（2）蒸汽吹洗　打开过滤器的放气阀及进气阀，以 $3.0kgf/cm^2$（294.2kPa）的饱和蒸汽吹洗 15～20min。

（3）NaOH 溶液淋洗　用 6%～8% 的 NaOH 溶液，温度 40℃，用量为活性炭体积的1.2～1.5 倍，淋洗活性炭，然后用原水顺流正洗活性炭，清洗到出水水质符合规定要求后投入正常运行。

2.5.4.2　活性炭其他再生方法

（1）化学再生法　上述用 NaOH 溶液淋洗和蒸汽吹洗可使吸附在活性炭表面的有机物脱附去除后获再生。

（2）热处理再生法　先把失效的活性炭用水冲洗干净，然后用 4% 的盐酸浸泡 8～12h后再用水冲洗至中性，晒干或在 200℃ 左右温度下烘干。接着将干燥后的活性炭放入热处理再生设备中，在隔绝空气或氮气氛中慢慢升温到 200～800℃，烘烤适当时间，使吸附的有机物分解和挥发，再在 800～950℃ 温度下焙烧 1～1.5h，使有机物充分分解和挥发，冷却后用水漂洗，除去粉末。

新买的活性炭在装入过滤器之前必须进行预处理，去除活性炭在生产和包装运输过程中可能掺入的一些灰分、铁锈和油类等物质。处理方法是将活性炭用清水浸泡搅拌，去除水面上的漂浮物，反复几次，直至清洁为止。如果活性炭中污物较多，在清水清洗之后，用 5%HCl 溶液浸泡 1h，再用清水冲洗到 pH＝6～7。

日本通用的活性炭吸附及砂层精密过滤器的设计参数见表 2-24。

表 2-24　日本精密过滤器的设计参数[25]

项目		牌号			
		1	2	3	4
活性炭	层高/mm	600	100	—	—
	粒径/mm	1.1	1.1	—	—
	均匀系数	1.2	1.2	—	—
砂	层高/mm	600	500	600	600
	粒径/mm	0.5	0.45	0.5	0.45
	均匀系数	1.4	1.4	1.4	1.4

续表

项目	牌号			
	1	2	3	4
卵石层高/mm	—	200	—	200
过滤速度/(m/h)	7～7.5	7～7.5	8.5	8.5
逆洗速度/(m/h)	30～35	30～35	30～35	30～35
正洗速度/(m/min)	0.1	0.1	0.1	0.1
过滤能力/[m³/(m²·h)]	8.5	8.5	8.5	8.5

2.6　原水灭菌杀生技术[24]

水处理消毒是指清除或灭杀病原微生物及其他有害微生物。一般只能做到将有害微生物的数量减少到无害程度。用于清除或杀灭病原微生物及其他有害微生物的药剂称为消毒剂。

用物理的、化学的方法清除或灭杀一切活的微生物，包括致病性微生物和非致病性微生物的作用称为灭菌。

2.6.1　D 值

D 值是指杀灭 90% 的微生物所需要的时间，如 $D=10$，表示杀灭率达到 90%，仅需要 10min。D 值越小，表示灭菌效率越高。

D_T 值是指在温度 T（℃）下杀灭 90% 微生物所需时间（min）。理想的消毒剂应具备下列条件：①杀菌谱广；②杀菌有效浓度低；③作用速度快（D 值小）；④性质稳定，持续时间长；⑤易溶于水；⑥可在低温下使用；⑦适用 pH 值范围广；⑧无腐蚀性；⑨无色、无味、无臭，消毒后易于除去残留药物；⑩毒性低，使用安全，价格便宜，便于生产和使用。

2.6.2　消毒剂分类[9]

（1）按作用水平分

① 高效消毒剂　可以杀灭一切微生物，包括细菌繁殖体、细菌芽孢、真菌、结核杆菌和病毒。如甲醛、戊二醛、过氧乙酸、环氧乙烷等。

② 中效消毒剂　除不能杀灭细菌芽孢外，可杀灭其他各种微生物。如酚、氯消毒剂、碘消毒剂等。

③ 低效消毒剂　可杀灭细菌繁殖体、真菌和亲脂性病毒。如新洁而灭、洗必泰等。

（2）按作用类型分

① 氧化性消毒剂　如氯消毒剂、H_2O_2、O_3、过氧乙酸等。

② 非氧化性消毒剂　如季铵盐类（新洁而灭等）、醛类（甲醛、戊二醛）、环氧乙烷等。

灭菌杀生是海水预处理的第一步，国外海水淡化工程多采用投加液氯、次氯酸钠、醛、氯酚衍生物、季铵盐、烷基二元胺的盐、异噻唑啉和硫酸铜等化学试剂来杀菌灭藻。

Cl_2 的加入量约为 1～5mg/L，加入方式是先使 Cl_2 溶解于小流量水中，然后输入海水中。加 Cl_2 灭菌率可达 90% 以上。加 Cl_2 后余氯对淡化膜有危害并对设备造成腐蚀。余氯浓度应在 0.1mg/L 以下，过量 Cl_2 可加亚硫酸钠还原至 1.3mg/L 再用活性炭吸附去除。也可用电解海水次氯酸钠发生器杀菌灭藻和微生物。

2.6.3　氯消毒剂消毒

2.6.3.1　有效氯和余氯

氯消毒剂包括液氯、次氯酸、次氯酸钠、次氯酸钙（漂白粉，漂白精）、一氯胺、二氯胺、三氯胺和二氧化氯。在氯化消毒时常提到"有效氯"、"余氯"等词。

"有效氯"是指氯化物中以正价存在的氯，只有这些氯才有消毒作用，以百分数表示。

"耗氯量"是指氯消毒剂投入水中消毒时与水中细菌、藻类等微生物及某些杂质反应消耗掉的那部分有效氯，以 mg/L 表示。

"需氯量"是指消毒需要投加的有效氯量。

"余氯"是指氯消毒剂消毒后残留在水中的有效氯。

由于余氯量随存留时间而减小，所以凡是提到余氯量都离不开接触时间，如 15min 余氯、30min 余氯等。余氯又分游离余氯和化合余氯。

"游离余氯"是指水中以次氯酸（HClO）或次氯酸根离子（ClO⁻）形式存在的余氯，两者的比例决定于水的 pH 值和温度。

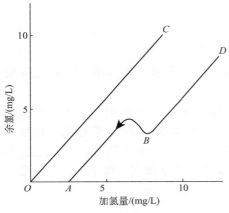

图 2-15　加氯量与水体余氯量的关系曲线

"化合余氯"是指与氨结合的余氯，分为一氯胺、二氯胺和三氯胺 3 种。

加氯消毒剂消毒加氯量与水体余氯量的关系曲线如图 2-15 所示。OC 直线为水中没有耗氯物质时加氯量与余氯量的理论线，它与横坐标成 45°交角。ABD 为实际水中加氯量与余氯的曲线。OA 表示需氯量。B 点称"折点"，是余氯曲线从下降到上升的转折点。B 点以前的余氯为化合余氯，B 点以后余氯为游离性余氯。"折点加氯"就是加氯量超过了折点 B 的加氯量。有些稳定的氯胺可以在折点以后存在，这部分余氯称为"讨厌余氯"。折点加氯原则上由于游离余氯存在，可把水中所含氨氮以及其他含氨有机物几乎全部破坏，也可以除去水中大部分臭、味，并可保证消毒效果。影响氯化消毒效果的因素有加氯量、余氯浓度、混合程度、接触时间、水质情况等。表 2-25 所列为氯消毒剂实际含氯量与有效氯含量。

表 2-25　氯消毒剂实际含氯量与有效氯含量[4]

氯消毒剂	分子式	实际含氯量/%	有效氯含量/%	氯消毒剂	分子式	实际含氯量/%	有效氯含量/%
液氯	Cl_2	100	100	一氯胺	NH_2Cl	69.0	138.0
次氯酸	$HClO$	67.6	135.2	二氯胺	$NHCl_2$	82.5	165.0
次氯酸钠	$NaClO$	47.7	95.4	三氯胺	NCl_3	88.4	176.8
漂白粉	$Ca(ClO)_2$	49.6	99.2	二氧化氯	ClO_2	52.6	263.0

2.6.3.2　液氯灭菌消毒杀藻系统

液氯是使用最普遍的灭菌杀藻消毒剂。液氯储存在氯瓶内通过加氯机和自动定比投氯设备将氯加到原水中，通过与水接触 1~1.5h 便可达到灭菌杀藻的目的。液氯适用 pH 范围为 6.0~8.5，推荐海水预处理前液氯投加量为 2~5mg/L，供水液氯投加量为 1.0~1.5mg/L，

使用剂量余氯为 $0.3 \sim 1.0 \mathrm{mg/L}$。

加氯机有 2000 系列全真空自动加氯机、自动虹吸定比加氯系统、双虹吸自动定比加氯系统、超声波流量控制自排式定比加氯系统、采用水射器的加氯系统（图 2-16）、以余氯量控制加氯量的自动加氯系统（图 2-17）及复合环控制加氯系统等。

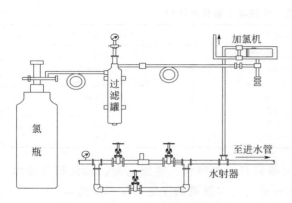

图 2-16　采用水射器的加氯系统

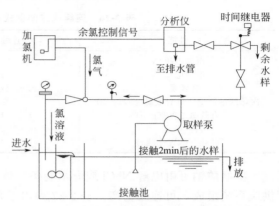

图 2-17　以余氯量控制加氯量的自动加氯系统

2.6.3.3　次氯酸钠消毒系统

次氯酸钠可以购买商品溶液或是现场制备。但化工厂购买的次氯酸溶液容易分解，不易保存，大部分是用次氯酸钠电解发生器制备 [图 2-18（a）]。无隔膜电解池电解食盐水或海水制备次氯酸钠反应如下。

阳极：
$$2Cl^- =\!=\!= Cl_2 + 2e^-$$

阴极：
$$2Na^+ + 2H_2O + 2e^- =\!=\!= 2NaOH + H_2 \uparrow$$

溶液反应：
$$Cl_2 + H_2O =\!=\!= HClO + HCl$$

$$2NaOH + HClO + HCl =\!=\!= NaClO + 2H_2O + NaCl$$

即：
$$Cl_2 + 2NaOH =\!=\!= NaClO + NaCl + H_2O$$

总反应为：
$$2NaCl + H_2O \xrightarrow{电解} 2NaClO + H_2 \uparrow$$

次氯酸钠电解发生器由电解槽、整流器、盐水系统等组成。电解槽有板式和管式两种，前者采用平板电极，后者采用管式电极。管式电解槽结构如图 2-18（b）所示。电解槽由两个同心管电极组成，阳极内管与阴极外管之间充满电解液。外管为不锈钢制作，内管为钛管作基质，表面涂镀铂、钌、铂铱合金、微铂 PbO_2 等涂层，一台次氯酸钠发生器由数根电极管并联或串联组成。

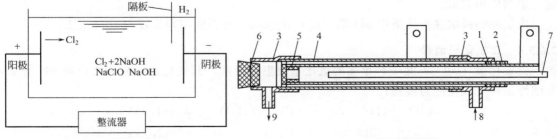

(a) 电解法制备次氯酸钠原理　　　　　　　　(b) 管式电解槽结构

图 2-18　电解法制备次氯酸钠原理及管式电解槽结构

1—钛基阳极；2—密封环；3—PVC（聚氯乙烯）；4—阴极；5—阳极管堵头；6—塞；
7—冷却水管；8—盐水进口；9—次氯酸钠出口

板式次氯酸钠发生器是在一个电解槽内安置多个平行板构成的阴阳电极，极板间保持一定的距离，盐水或海水通过槽内时即可发生电解反应生成次氯酸钠。

全国生产次氯酸钠发生器的已有十几家工厂，但缺乏统一的规格型号及技术参数。

次氯酸钠发生器可以连续式或间歇式两种方式操作。两者性能比较见表2-26。

表 2-26　连续式或间歇式次氯酸钠发生器性能比较[3]

性能	连续式发生器	间歇式发生器
电源电压/V	220，380	380
电解电压/V	16~36	13.5~60
电解液/%	海水或盐水，3~3.5	海水或盐水，3~3.5
次氯酸钠产量（以有效氯计）/(g/h)	50~500	300~1000
有效氯浓度/(g/h)	10~12	4~5
盐耗/(kg/kg)	3~3.5	7.6
电耗/(kW·h/kg)	4~4.5	7.8

次氯酸钠可由电解 NaCl 或海水制备。该电解装置由电解槽、整流电源、储液箱及盐水供应系统组成，可连续生产。表2-27列出了几种系列的次氯酸钠发生器技术性能。

表 2-27　几种系列的次氯酸钠发生器技术性能[3,8]

产地	英国	武汉	广州	上海	北京
型号	SM/TS	SD，SY	GWQ-A	小型发生器	SCL
阳极材料	铂合金	RuO_2	RuO_2	MuO_2	Ti-Lr
产量/(g/L)	56.7	18~400	25~30	25~30	50~1500
NaClO 浓度/(g/L)	11.5	8~9	7~7.5	6	8.5~9.5
NaCl 浓度/(g/L)	51.7	30~50	40	30	35
电耗/(kW·h/kg)	4.8	5.0	4.8~5.8	5.4	4~5
盐耗/(kg/kg)	4.5	3.6	5.3	5.0	2.5~4
电流效率/%	68	65	59	60~65	75

电解产生的次氯酸钠溶液为黄色透明状液体，pH 为 9.3~10。电解时盐水浓度以 3%~3.5% 为宜。

次氯酸钠发生器所生产的次氯酸钠溶液储存在储槽内，通过投加管、电磁阀、流量计将溶液投加到沉淀池中。

商品次氯酸钠溶液有效氯含量在 10%~12%，通常由生产厂家用罐车或桶装供给用户，其优点是价格便宜、使用安全、储存方便、投配设备简单，但由于次氯酸钠不稳定，容易分解，影响使用效果。

次氯酸钠或次氯酸钙适用 pH 范围在 6.0~8.5，推荐使用剂量皆为 100mg/L。

2.6.3.4　二氧化氯消毒

二氧化氯（ClO_2）是一种很强的氧化型理想消毒剂，其氧化还原能力与溶液 pH 有关，在酸性条件下氧化能力最强：

$$ClO_2 + 4H^+ + 5e^- = Cl^- + 2H_2O \qquad \phi^0 = 1.95V$$

$$ClO_2 + e^- = ClO_2^- \qquad \phi^0 = 1.16V$$

在碱性条件下发生歧化反应：

$$2ClO_2 + 2OH^- = ClO_3^- + ClO_2^- + H_2O$$

二氧化氯氧化消毒时由于不发生氯化反应，因此不生成致癌氯化烃，安全性好，美国早在 20 世纪 40 年代已将其应用于饮用水消毒、去异味和臭味。目前发达国家已有几千家水厂使用二氧化氯消毒处理饮用水和废水，我国已小量用于医院污水消毒，在淡化水处理中是一种值得大力推广的消毒杀藻剂。

二氧化氯杀菌能力是液氯的 2.5 倍左右，比 O_3 也更有效，对水中病原微生物，包括病毒、芽孢、异氧菌、硫酸还原菌、真菌等均有很好的消毒效果。试验表明二氧化氯杀菌性极高、受 pH 影响小、持续时间长，用 1.0mg/L 左右的二氧化氯作用 30min 就能杀死近乎 100％的微生物，而且能将微生物残留的细胞结构分解掉。0.20~0.25mg/L 的 ClO_2 可在几分钟内杀灭饮用水中的病毒杆菌，杀死水生二节虫类蠕虫只需 0.5mg/L。二氧化氯适用的 pH 范围为 6.0~10，推荐使用剂量余氯量为 0.2~1.0mg/L。

二氧化氯制备方法很多，由于二氧化氯不稳定，易分解，通常现场制备就地使用。二氧化氯发生器工作原理有化学法和电解法。

氯酸钠价格较便宜，化学法二氧化氯发生器多采用氯酸钠制二氧化氯，其反应式为：

$$NaClO_3 + 2HCl \xrightarrow[\triangle]{60℃} ClO_2 + \frac{1}{2}Cl_2 + NaCl + H_2O$$

20 世纪 80 年代中期美国 Tetravalent 公司和加拿大 Tenneco 公司开发了电解法制备 ClO_2，电解法是以饱和 NaCl 为电解液，阳极和中性极板用钛板、钛网、不锈钢板或石墨。阳极氯离子氯化生成氯气，在中性电极作用下生成 ClO_2 和 H_2O_2。阳极室与阴极室用离子交换膜为隔膜隔开（图 2-19）。直流电解电压为 6~12V，最佳电流密度为 12A/dm^2，温度50~60℃。阳极室制得产物为混合物，包括 Cl_2、ClO_2、H_2O_2、O_2 等，其中 ClO_2 约占 5％~8％[5]。

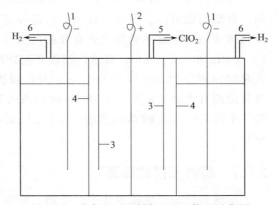

图 2-19 电解 NaCl 制备 ClO_2 装置示意图
1—阴极；2—阳极；3—中性电极；
4—离子交换膜；5—ClO_2 出口；6—H_2 出口

也可以氯酸钠为电解液，用石墨电极电解制备 ClO_2。

阴极：
$$ClO_3^- + 2H^+ + e^- ══ ClO_2 + 2H_2O$$

阳极：
$$ClO_3^- ══ ClO_2 + \frac{1}{2}O_2 + e^-$$

电池反应：
$$2ClO_3^- + 2H^+ ══ 2ClO_2 + \frac{1}{2}O_2 + H_2O$$

该法制得的 ClO_2 纯度高，但因氯酸钠价格较贵，成本较高[6]。

2.6.4 臭氧消毒[4]

臭氧灭菌还能起到降 COD、脱色除臭、降低浊度、增加水体溶解氧浓度的作用。臭氧灭菌所需的浓度低、作用快，比氯快 600~3000 倍；臭氧有极强的氧化性，可降解水中的有机物，不产生有毒副产品，因此是饮用水消毒的好方法。但臭氧不稳定，存留时间短，制备成本高。

臭氧氧化消毒处理水的装置是一些气液接触装置，有气泡塔、筛板塔、填料塔、湍流塔等，臭氧与水接触时间一般大于 30min。

2.6.5　紫外线消毒

紫外线杀菌消毒是利用紫外线穿透细菌和微生物的细胞壁杀死菌体。产生紫外线的灯源有汞灯、氙灯、日光灯等，波长在 $200\sim300nm$ 左右消毒杀菌效果最好。紫外线对细菌杀伤力强，照射时间短（$10\sim100s$），设备简单，管理方便。紫外线不仅起消毒作用，而且能分解水体中有机物，对低分子有机物的去除比离子交换、反渗透更有效，可脱除水体中最后总有机碳 $10\mu g/L$ 中的碳。消毒后的水体无色无味，无毒副产品，但持续时间短，处理水量小，紫外线不能透入较深的水层消毒。

近代又开发了过氧化氢＋紫外线线消毒、臭氧＋紫外线消毒，此时在水体中能产生氧化效率极强的羟基自由基，不仅有效杀灭细菌，而且能降解水中许多难降解的有机物，使其完全分解为 CO_2 和水。

2.6.6　过氧乙酸消毒

过氧乙酸（CH_3COOOH）[10]为无色透明液体，具弱酸性，易分解，易溶于水和有机溶剂，对细菌繁殖体、芽孢、真菌、病毒等都有高效杀灭作用。过氧乙酸对大肠杆菌、金黄色葡萄球菌和铜绿假单胞菌灭杀有效浓度为 $0.0005\%\sim0.005\%$，杀灭时间分别为 $1\sim15min$、$1\sim60min$ 和 $2\sim30min$；对嗜热脂肪芽孢杆菌、凝结芽孢杆菌有效杀灭浓度为 0.05% 时，杀灭时间分别为 $15min$ 和 $5\sim10min$；对白假丝酵母真菌、热带假丝酵母真菌和假热带假丝酵母真菌的有效杀灭浓度为 0.002% 时，杀灭时间分别为 $13min$、$20min$ 和 $3min$。过氧乙酸还是一个高效广谱杀病毒的药物，0.5% 过氧乙酸作用 $15\sim30min$ 可完全破坏乙肝病毒的抗原性。

2.6.7　超滤和微滤除菌

超滤和微滤可滤除水体中悬浮物、胶体、微生物、细菌、病毒和大分子有机物，它们与产水分开，不存在灭菌杀生后菌、藻尸体及代谢产物污染水体或产生毒副产品的问题，可连续自动化操作，但运行费用高，维护困难。

2.7　原水软化与阻垢技术[24]

原水中钙、镁离子在电渗析、蒸馏等淡化操作过程中，由于海水温度、pH、离子浓度等的变化，可能生成碳酸盐、硫酸盐、氢氧化物沉淀，从而堵塞膜孔，产生锅垢，由此降低膜透水率或降低蒸发效率。因此在淡化前需设法去除钙和镁离子，这一过程称为水质软化处理。

水质软化处理法有化学反应沉淀软化法、离子交换法、酸化法和加入钙、镁络合剂掩蔽法等方法。

2.7.1　化学反应沉淀软化法[3]

$25℃$ 时 $CaCO_3$ 和 $MgCO_3$ 的溶度积分别为 0.87×10^{-8} 和 2.6×10^{-5}，$Mg(OH)_2$ 在 $18℃$ 时溶度积为 1.8×10^{-11}，因此可通过生成 $CaCO_3$、$Mg(OH)_2$ 沉淀法去除。

（1）石灰软化法　对于硬度高、碱度高的水采用石灰软化法。该法是将生石灰（CaO）

加水消化后制成熟石灰 [Ca(OH)$_2$]，然后投入原水中，与水体中 CO$_2$、Ca(HCO$_3$)$_2$ 反应生成 CaCO$_3$、Mg(OH)$_2$ 沉淀，过滤去除。

$$Ca(OH)_2 + CO_2 \longrightarrow CaCO_3 \downarrow + H_2O$$

$$Ca(OH)_2 + Ca(HCO_3)_2 \longrightarrow 2CaCO_3 \downarrow + 2H_2O$$

$$2Ca(OH)_2 + Mg(HCO_3)_2 \longrightarrow 2CaCO_3 \downarrow + Mg(OH)_2 \downarrow + 2H_2O$$

石灰加入量（mg/L）可按下式估算：

$$[CaO] = \frac{56.08}{\varepsilon_1} \{ [CO_2] + [Ca(HCO_3)_2] + 2[Mg(HCO_3)_2 + a] \}$$

式中，56.08 为 CaO 的摩尔质量；[CO$_2$]、[Ca(HCO$_3$)$_2$]、[Mg(HCO$_3$)$_2$] 分别为其在原水中的浓度，mmol/L；ε_1 为工业石灰纯度，%；a 为石灰过剩量，mmol/L，一般取 0.1～0.2 mmol/L。

（2）石灰-纯碱软化法　对于硬度高、碱度低的水可采用石灰-纯碱法软化原水，其化学反应为：

$$CaSO_4 + Na_2CO_3 \longrightarrow CaCO_3 \downarrow + Na_2SO_4$$

$$CaCl_2 + Na_2CO_3 \longrightarrow CaCO_3 \downarrow + 2NaCl$$

$$MgSO_4 + Na_2CO_3 + Ca(OH)_2 \longrightarrow CaCO_3 \downarrow + Mg(OH)_2 \downarrow + Na_2SO_4$$

$$MgCl_2 + Na_2CO_3 + Ca(OH)_2 \longrightarrow CaCO_3 \downarrow + Mg(OH)_2 \downarrow + 2NaCl$$

用此法软化水残留硬度可降至 0.3～1mmol/L。

石灰用量按下式估算：

$$[CaO] = \frac{56.08}{\varepsilon_1} \{ [CO_2] + M_{总} + H_{Mg} + a \}$$

纯碱用量（mg/L）按下式估算：

$$[Na_2CO_3] = \frac{106}{\varepsilon_2} (H_{水} + \beta)$$

式中，$M_{总}$ 为原水总碱度，mmol/L；H_{Mg} 为原水镁硬度，mmol/L；$H_{水}$ 为原水永久硬度，mmol/L；β 为纯碱过剩量，mmol/L（一般取 0.5～0.7 mmol/L）；ε_2 为工业纯碱纯度，%；106 为 Na$_2$CO$_3$ 摩尔质量。

（3）热法石灰-纯碱-磷酸盐软化法　该法先用石灰-纯碱软化法在加热到 80～100℃的水中进行初步沉淀处理，然后用磷酸三钠沉淀，其反应为：

$$3Ca^{2+} + 2PO_4^{3-} \longrightarrow Ca_3(PO_4)_2 \downarrow$$

$$3Mg^{2+} + 2PO_4^{3-} \longrightarrow Mg_3(PO_4)_2 \downarrow$$

此法可使残留硬度降到 0.35～0.7mmol/L。

2.7.2　离子交换法

原水经化学反应沉淀软化处理后，水中硬度、碱度往往不能满足淡化法处理要求，还要通过离子交换法进一步软化处理。通常用钠离子、氢离子等阳离子交换树脂，通过阳离子交换反应去除水中的钙和镁离子。

水中碳酸盐硬度（暂时硬度）软化过程：

$$Ca(HCO_3)_2 + 2NaR \longrightarrow CaR_2 + 2NaHCO_3$$

$$Mg(HCO_3)_2 + 2NaR \longrightarrow MgR_2 + 2NaHCO_3$$

水中非碳酸盐硬度（永久硬度）软化过程：

$$CaSO_4 + 2NaR \Longrightarrow CaR_2 + Na_2SO_4$$
$$CaCl_2 + 2NaR \Longrightarrow CaR_2 + 2NaCl$$
$$MgSO_4 + 2NaR \Longrightarrow MgR_2 + Na_2SO_4$$
$$MgCl_2 + 2NaR \Longrightarrow MgR_2 + 2NaCl$$

氢离子交换树脂软化反应为：

$$Ca^{2+} + 2HR \Longrightarrow CaR_2 + 2H^+$$
$$Mg^{2+} + 2HR \Longrightarrow MgR_2 + 2H^+$$
$$Na^+ + HR \Longrightarrow NaR + H^+$$

以上反应式中，R 是阳离子交换树脂的本体，即磺化交联的聚苯乙烯。

可见原水经钠离子交换树脂反应后，水中硬度被去除，但碱度未变，只是碳酸氢钙和碳酸氢镁转变成碳酸氢钠，同时水中含盐量增加，水质呈碱性。原水经氢离子交换剂时，水中阳离子与交换剂中的氢离子进行交换而被去除，使水得到软化处理，水质呈酸性。

如果将经氢离子型离子交换器的酸性出水同经钠离子型离子交换器的碱性出水以一定比例相混合，就会发生酸碱中和反应：

$$H_2SO_4 + 2NaHCO_3 \Longrightarrow Na_2SO_4 + 2H_2O + 2CO_2 \uparrow$$
$$HCl + NaHCO_3 \Longrightarrow NaCl + H_2O + CO_2 \uparrow$$

中和后产生的 CO_2 用除碳器去除。这样处理后的水既降低了碱度，又消除了硬度，且使水的含盐量降低。工业上离子交换软化水处理法，是将离子交换树脂装在圆柱形容器中，原水在其中流过，这种处理方式称为固定床式离子交换柱。根据水处理需要，固定床式离子交换装置可分为单床法、多床法、复床法等方法。

钠离子交换树脂的再生可用 NaCl、电渗析的浓水等处理，其再生反应式为：

$$CaR_2 + 2NaCl \Longrightarrow CaCl_2 + 2NaR$$
$$MgR_2 + 2NaCl \Longrightarrow MgCl_2 + 2NaR$$

氢离子交换树脂的再生，可用工业 H_2SO_4 或工业 HCl 处理，以用盐酸为佳。其再生反应式为：

$$CaR_2 + 2HCl \Longrightarrow CaCl_2 + 2HR$$
$$MgR_2 + 2HCl \Longrightarrow MgCl_2 + 2HR$$
$$NaR + HCl \Longrightarrow HR + NaCl$$

再生操作简单，只需将一定量的 5%左右的稀盐酸或稀硫酸，以 5m/h 以下的流速通过交换层，然后用水清洗去除剩余的酸，即可重复使用。

磺化煤也具有离子交换性能，其价格便宜，也用于软化水处理，称磺化煤软化器。磺化煤离子交换达到饱和后也需再生处理，其再生药剂为 NaCl 或电渗析浓水。

2.7.3 酸化法

通过加硫酸或盐酸，通常是加硫酸，调节水 pH<6.0 可防止电渗析过程中生成碳酸盐沉淀或 $Mg(OH)_2$ 沉淀。可向电渗析浓水和极水中加酸，向浓水加酸调整 pH 值至 4~6，调整阴极水的 pH 值至 2~3，都可防止沉淀生成。

$$Ca(HCO_3)_2 + 2HCl \Longrightarrow CaCl_2 + 2CO_2 + 2H_2O$$
$$CaCO_3 + CO_2 + H_2O \Longrightarrow Ca(HCO_3)_2$$
$$Ca(HCO_3)_2 \Longrightarrow Ca^{2+} + 2HCO_3^-$$

$$HCO_3^- \Longrightarrow H^+ + CO_3^{2-}$$

因此水中加少量酸，可促使反应向左进行，碳酸氢盐趋于稳定，同时足量酸使碳酸氢盐分解且防止 $CaCO_3$ 沉淀。

2.7.4 加入阻垢分散剂法[3]

向原水中加入聚磷酸盐（主要有六偏磷酸钠和三聚磷酸钠）、有机膦酸［主要有氨基三亚甲基膦酸（ATMP）、乙二胺四亚甲基膦酸（EDTMP）、羟基亚乙基二膦酸（HEDP）、二亚乙基三胺五亚甲基膦酸（DTPMP）等］、膦基聚羧酸［如膦基聚丙烯酸和马来酸酐-丙烯酰胺共聚物（MA）］等，这些物质在水体中与钙、镁离子以及其他金属离子有很强的螯合或络合性能，使其不易沉淀，阻止水垢的形成，已沉淀的金属离子经螯合作用可重新分散到水中，达到软化效果。有资料报道，当浓水中 Ca^{2+} 的浓度达到 900mg/L 时，加入聚磷酸盐，可阻止硫酸钙的沉淀。表 2-28 所列为一些典型阻垢剂、分散剂的使用条件和加药量。

表 2-28 典型阻垢剂、分散剂的使用条件和加药量[3]

类 别	名 称	极限碳酸盐硬度/(mg/L)	加药量/(mg/L)	使用条件
聚磷酸盐	六偏磷酸钠［$(NaPO_3)_6$］		1~5	pH 6.5~7.5
	三聚磷酸钠（$Na_5P_3O_{10}$）	250	2~5	
有机膦酸	氨基三亚甲基膦酸（ATPM）	450	1~5	适合高硬、高pH、高温、高浓缩倍数水质
	乙二胺四亚甲基膦酸（EDTMP）	400	1~5	
	羟基亚乙基二膦酸（HEDP）	400	1~5	
膦基聚羧酸	膦基聚丙烯酸		1~5	pH 7~8.5
	马来酸酐-丙烯酰胺共聚物（MA）	250~1000	6~9	pH 无限制

2.7.5 纳滤法膜软化[17,18,25,26]

纳滤膜技术（Nanofiltration，简称 NF）是一种低压反渗透技术，介于反渗透（RO）和超滤膜技术（UF）之间的一种新型压力驱动膜分离技术。纳滤膜的孔径介于反渗透膜和超滤膜之间，孔径范围在 1~5nm，截留相对分子质量范围在 200~1000 之间，对二价 Ca^{2+}、Mg^{2+}，糖类，解离酸有较好的截留率，而对单价离子去除率相对较低，已广泛应用于水软化，包括海水的软化。它不仅能降低水体硬度，还可以除去悬浮物、色度和其他有机物；无需离子交换法的再生操作，减少再生液对环境的污染；不会产生像石灰软化法的淤泥等；占地面积小，操作劳动强度低，并可完全自动化；在投资、操作、维修及价格等方面接近常规方法。一般膜软化法（NF）可去除水中总硬度的 90% 左右，可广泛应用于常规水脱硬、工业用水软化、锅炉给水处理、凝结处理、海岛苦咸水软化、海水脱硬、脱 TDS，从而提高海水反渗透淡化器的操作压力和回收率，保证膜组件运行的安全。关于 NF 作为海水预处理的技术，沙特阿拉伯的 SWCC 已申请专利[25]。

表 2-29 为杭州水处理技术研究开发中心 NF 膜软化高硬度海岛苦咸水性能。

表 2-29 NF 膜软化高硬度海岛苦咸水性能[26]

指 标	进水/(mg/L)	透过液/(mg/L)	脱除率/%
总硬度（TH）（$CaCO_3$）	1400	27	98
总溶解固体量（TDS）	3000	335	88.8

影响膜软化主要因素有进料水质、渗透水质和回收率。膜软化基本工艺流程参见2.12.1节的图 2-20。膜软化不仅软化水而且能去除 90%～95% 的色度、80%～85% 的 TOC、90%～95% 的 THMFP（三卤甲烷前驱物），参见表 2-30。

表 2-30　NF-70 膜处理水质性能[26]

水质指标	色度 cpu	TDS /(mg/L)	TH(CaCO₃) /(mg/L)	CaH(CaCO₃) /(mg/L)	Na⁺ /(mg/L)	Cl⁻ /(mg/L)	DOC /(mg/L)	THMFP /(mg/L)	TOXFP /(mg/L)	SO₄²⁻ /(mg/L)
进水	38	396	316	284	83	64	15.4	0.63	2.00	20
渗透液	2	134	24	22	36	22	1.5	0.056	0.05	8
去除率/%	94.7	66.2	92.4	92.3	56.6	65.6	90.3	91.1	97.5	60.0

THMFP 是加氯消毒时的副产物，三卤甲烷的中间体，TOXFP 为总有机卤前驱物，均为致癌物质。纳滤膜可有效去除 THMFP、TOXFP、低分子有机物、农药、合成洗涤剂、砷等，极大提高了饮用水的水质。

2.8　原水脱气技术

水中 CO_2、O_2 等气体的去除处理称脱气处理。氧气在中性和碱性条件下引起输水管道和设备的氧腐蚀。

阳极过程：　　　　　　　　　$Fe \Longrightarrow Fe^{2+} + 2e^-$

阴极过程：　　　$H_2O + \dfrac{1}{2}O_2 + 2e^- \Longrightarrow 2OH^-$

腐蚀电池反应：　　$Fe^{2+} + 2OH^- \Longrightarrow Fe(OH)_2$

因为水中含有溶解氧，$Fe(OH)_2$ 很快被氧化为沉淀 $Fe(OH)_3$，发生腐蚀。生成的 $Fe(OH)_3$ 沉淀可以堵塞管道，堵塞膜的孔道。

水体中 CO_2 遇 Ca^{2+}、Mg^{2+} 易生成 $CaCO_3$ 和 $MgCO_3$ 沉淀，形成锅垢，影响传热，降低热效率。水中溶解气体也增加真空负荷。因此在膜法淡化、蒸馏法淡化及真空冷冻淡化中需进行脱气处理。脱气后要求 CO_2 含量降至 $2\sim10mg/L$，O_2 含量降至 $1\sim10ng/L$

脱气处理方法有酸化脱气、加热脱气、真空脱气、氮气曝气脱气、催化剂树脂脱气和除氧剂脱氧气等。

2.8.1　酸化脱气——脱 CO_2 气

天然水（包括海水、地下水等）中 CO_2 来源于碳酸盐和空气溶解，可以用加酸调节 pH值至 4.5 左右，使水中碳酸盐分解为 CO_2 气逸出。加盐酸比硫酸安全，不会生成硫酸盐沉淀。酸化后原水再用自然曝气或加热或真空脱气去除。

2.8.2　加热脱气

用蒸汽加热原水，使水温升高至器内压力下的沸点，可使水中溶解气体在 0.007mg/L以下，该法对锅炉用水除气特别适合。

2.8.3　真空脱气

真空脱气处理是将器内压力降至相应水温的水蒸气压使水沸腾，水中溶解的 O_2、CO_2

等气体就会逸出，经此法处理的水，水中溶解氧可降至 $0.1 \sim 0.3 mg/L$ 以下。通常的除碳塔脱 CO_2 气即利用此原理。海水溶解氧约 $8mg/L$，使用填料塔减压脱气，在 40mmHg（5332Pa）压力下，海水中溶解氧可降至 2ng/L，海水酸化使其 pH 值降至 4.5 左右时，CO_2 含量约 $140mg/L$，经减压脱气，可降至 $2 \sim 10mg/L$。

2.8.4　除氧剂脱氧气

水中氧气也可用投加除氧剂去除，常用的药剂有 Na_2SO_3、$NaHCO_3$、$Na_2S_2O_5$、联氨[包括水合联氨（$N_2H_4 \cdot H_2O$）]、硫酸联氨（$N_2H_4 \cdot H_2SO_4$）、磷酸联氨（$N_2H_4 \cdot H_3PO_4$）和单宁等。药剂除氧反应如下：

$$2Na_2SO_3 + O_2 \Longrightarrow 2Na_2SO_4$$
$$N_2H_4 + O_2 \Longrightarrow N_2 + 2H_2O$$

催化剂树脂脱气是利用载有钯或铂的阴离子交换树脂为催化剂，使联氨与水体中的氧起化学反应生成水和氮气而除氧。

2.8.5　脱 H_2S 气

地下水中有的含有 H_2S 等硫化物，H_2S 遇空气易氧化生成单质硫，也易与金属离子生成硫化物沉淀，这些沉淀物堵塞膜孔道，导致透水率减少，淡化效率降低。

水体脱 H_2S 可采用曝气氧化法、加氯氧化法、活性炭吸附法等法去除。

2.9　原水除铁和锰的技术

进水中含有较多的铁、锰时会引起电渗析器中阳膜中毒，铁、锰氢氧化物沉淀会堵塞阴膜孔道，也能堵塞反渗透膜、纳滤膜等膜孔道，使透水率降低。有资料说进水中含铁量大于 $1.0mg/L$ 时，在电渗析器阴膜上就出现褐色黏泥层，长期运行会使电渗析器失效。一般地下水含有较多的铁、锰，应注意除去。

原水中铁、锰可用混凝沉淀法、离子交换法、曝气氧化法、氯氧化法、接触氧化法及铁细菌除铁法去除。

2.9.1　混凝沉淀法

在 18℃时，氢氧化铁、氢氧化亚铁溶度积分别为 3.5×10^{-38} 和 1.0×10^{-15}，氢氧化锰的溶度积为 4.5×10^{-13}，因此可通过调节水体 pH 值除去。在原水化学软化时，铁、锰与钙、镁一起被沉淀。

2.9.2　曝气氧化法

将含铁地下水提取到地面，通过曝气装置使其与空气充分接触，空气中的氧溶解于水中将水中的 Fe^{2+} 氧化成 Fe^{3+}，并水解生成 $Fe(OH)_3$ 沉淀，其反应如下。

$$4Fe^{2+} + O_2 + 10H_2O \Longrightarrow 4Fe(OH)_3 \downarrow + 8H^+$$

生成的 $Fe(OH)_3$ 还可与水中的悬浮物发生吸附、架桥和絮凝作用。曝气后的水经过滤就可除去铁和悬浮物。曝气方式有水射器曝气、压缩空气机充气曝气、喷淋式曝气、曝气塔曝气等。

曝气法除铁效果影响因素有 pH 值、温度、铁离子含量、硅酸含量及有机物含量。一般升高温度、升高 pH 值（pH 值大于 7）、铁离子含量高、硅酸和有机物含量少，越有利于曝气氧化除铁反应进行。

2.9.3 氯氧化法

用氯气氧化水中亚铁离子使其生成 $Fe(OH)_3$ 沉淀：

$$2Fe^{2+} + Cl_2 + 6H_2O == 2Fe(OH)_3\downarrow + 2Cl^- + 6H^+$$

2.9.4 接触氧化法

锰砂主要成分是 MnO_2，它是亚铁氧化成三价铁的优良催化剂。以天然锰砂为滤料，原水曝气后，立即进入锰砂滤池，过滤池过滤的同时，发生催化氧化反应，生成 $Fe(OH)_3$ 沉淀，被滤池截留：

$$4MnO_2 + 3O_2 == 2Mn_2O_7$$
$$Mn_2O_7 + 6Fe^{2+} + 3H_2O == 2MnO_2 + 6Fe^{3+} + 6OH^-$$
$$Fe^{3+} + 3OH^- == Fe(OH)_3\downarrow$$

因此锰滤池兼有催化与过滤作用。

2.9.5 铁细菌除铁法

筛选铁细菌经驯化培养投入原水贮水池中，在砂池过滤除悬浮体的同时，铁细菌被截留在滤池表面繁殖，在原水过滤的同时，水中亚铁离子被铁细菌氧化成 Fe^{3+}，Fe^{3+} 立即水解，生成的 $Fe(OH)_3$ 沉淀被滤池截留。

采用的铁细菌有发式纤毛细菌、褐色纤毛细菌、嘉式铁柄杆菌、多孢铁细菌等。

2.10 原水除余氯技术[24]

氯是灭菌杀生的常用药剂，但进水中 pH、氯浓度、溶解氧及其他氧化剂又是影响膜使用寿命的重要因素。如醋酸纤维素膜不耐碱，聚酰胺膜、聚脲膜不耐溶解氧，醋酸纤维素膜和磺化聚砜膜只能耐受 1.0×10^{-6} 氯浓度，而聚酰胺膜只能耐受 5×10^{-8} 氯浓度[21]。因此料液在进膜分离淡化器之前脱除余氯对绝大多数聚酰膜和其他膜来说是很重要的。一般要求余氯浓度在 1×10^{-7} 以下。

常用的脱氯方法有投加 Na_2SO_3、$NaHSO_3$、$Na_2S_2O_3$、通气态 SO_2 和用活性炭吸附去除。投加 $NaHSO_3$ 药剂量是海水中余氯量的三倍，约 1.3×10^{-6}，去除余氯后的海水氧化还原电势（ORP）在 $280 \sim 320mV$，余氯浓度为 5×10^{-8}。去余氯反应式为：

$$Cl_2 + Na_2SO_3 + H_2O == 2HCl + Na_2SO_4$$
$$Cl_2 + Na_2S_2O_3 + 2H_2O == 2HCl + Na_2SO_4 + H_2SO_4$$

2.11 原水除有机物、异臭和异味

通过活性炭吸附过滤器可以吸附去除水中有机物和异臭异味，提高淡水水质，同时减轻膜污染，延长膜使用寿命。先经氧化处理再用活性炭吸附处理效果会更佳。

2.12　原水预处理工艺流程[24]

无论是海水淡化，还是咸水脱盐，给水预处理是保证系统长期稳定运行的关键之一。在制定海水预处理方案时应充分考虑如下几点。

① 海水中存在大量微生物、细菌和藻类。海水中细菌、藻类的繁殖和微生物的生长不仅会给取水设施带来许多麻烦，而且会直接影响海水淡化设备及工艺管道的正常运转。

② 风浪、潮汐作用使海水中混杂大量泥沙，浊度变化大，易造成海水预处理系统运转不稳定。

③ 海水含盐量高、密度大、颗粒沉降速度慢，在混凝沉淀反应中应选择较小的上升流速，有利于絮体沉淀。

④ 海水具有较大腐蚀性，海水预处理系统设备要考虑耐腐蚀性。

预处理的方法和采用的设备应根据原水水质、反渗透、蒸馏淡化器、电渗析器的进水要求及设备的规模来决定。在考虑方案时既要保证运行可靠、操作方便，又要注意经济合理，避免预处理设备过分庞大和复杂，从而增加投资和经常性的操作管理费用。

2.12.1　电渗析法淡化原水预处理工艺流程

2.12.1.1　地下水电渗析法淡化原水预处理工艺流程

① 地下水比较洁净，硬度、钙、镁含量不高，不含 H_2S 时，经一级过滤就可进入电渗析器：

地下水——砂滤（或滤筒式滤器）——电渗析

② 地下水较浑浊时，需二级过滤处理：

地下水——砂滤——滤筒过滤（或微孔管过滤）——电渗析

③ 地下水中有 H_2S 时采用曝气氧化、加氯氧化、活性炭吸附，再过滤处理：

地下水——曝气氧化——加 Cl_2 氧化——活性炭吸附——滤筒式过滤——电渗析

④ 当地下水水质较差，有较高的硬度，含较多铁、锰离子和 H_2S 时，需进行加石灰混凝沉淀、过滤等处理，工艺流程如下：

地下水——加石灰-Na_2CO_3 混凝沉淀——过滤——电渗析

地下水——曝气——加石灰混凝沉淀——过滤——活性炭吸附——滤筒式过滤——电渗析

⑤ 也可用离子交换法去除硬度：

地下水——砂滤——弱酸阳离子交换——强酸阳离子交换——电渗析

2.12.1.2　河水电渗析预处理工艺流程

① 河水电渗析预处理时，若水质较清，有机物含量不多，主要除去水中悬浮物及胶体，可用凝聚沉淀、过滤处理：

河水——凝聚沉淀——过滤——电渗析

② 若河水受工业污水污染，则需用下列流程预处理：

河水——凝聚沉淀——过滤——活性炭吸附——滤筒式过滤——电渗析

河水——格栅过滤——加氯气氧化处理——凝聚沉淀——过滤——电渗析

河水——混凝沉淀——$\overset{加Cl_2}{\longrightarrow}$两级过滤——弱酸阳离子交换树脂——脱 CO_2 ——电渗析

2.12.1.3　苦咸水及海水电渗析预处理工艺流程

苦咸水中暂时硬度和 SO_4^{2-} 含量较高时，可用羧酸型阳离子交换树脂去除 Ca^{2+} 和

Mg^{2+}，并可同时去除 HCO_3^- 碱度：

$$2HR+Ca^{2+}+2HCO_3^- \Longrightarrow CaR_2+2H_2O+2CO_2\uparrow$$

预处理流程为：

地下卤水 ——→ 羧酸型阳离子交换 ——→ 电渗析

也可再增加一次强酸树脂交换后进入电渗析装置：

苦卤水 ——→ 羧酸树脂交换 ——→ 强酸树脂交换 ——→ 电渗析

钠离子型原水首先进行羧酸树脂交换，除去全部 HCO_3^- 和部分 Ca^{2+}、Mg^{2+}，接着用磺酸钠离子交换器将原水中剩余的 Ca^{2+}、Mg^{2+} 除去。

弱酸树脂交换剂可用酸再生，磺酸树脂则用电渗析浓水再生。

高矿化度高硬度苦咸水淡化预处理工艺包括：单介质或多介质过滤器过滤 ——→ 活性炭过滤 ——→ 软化或阻垢 ——→ 微滤。

杭州水处理技术开发中心采用海水先经过滤，然后加酸软化，加除垢剂防止钙镁离子沉淀，电渗析系统给水 pH 调整到 6 左右，每立方米海水约加 1.5mol 盐酸，卤水循环加酸约为海水中加酸量的 10% 左右，就可防止 $CaCO_3$ 和 $MgCO_3$ 沉淀。最后用纳滤膜软化确保电渗析器进水质量，其工艺流程如图 2-20 所示。

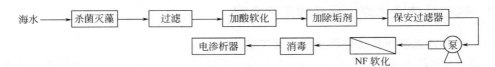

图 2-20　膜软化电渗析淡化预处理工艺流程

2.12.2　反渗透法淡化原水预处理工艺流程

2.12.2.1　苦咸水反渗透预处理工艺流程

山东长山岛反渗透苦咸水淡化站苦咸水反渗透淡化预处理流程如图 2-21 所示[23]。

图 2-21　苦咸水反渗透淡化预处理流程

其中双层滤料过滤器由无烟煤和石英砂构成，上层为 1.0～1.6mm 粒径的无烟煤，下层为 0.42～0.85mm 粒径的石英砂，过滤速度为 8m/h，过滤前加 0.5mg/L 的次氯酸钠杀菌、灭藻，过滤后的水加入亚硫酸氢钠和 5mg/L 的六偏磷酸钠防垢，然后经聚丙烯纤维蜂房式管状滤芯过滤，进入反渗透膜组件前，再经高压泵加压进入反渗透膜组件。预处理后水的污染指数为 1.3～3.9，余氯浓度为 0.05mg/L，符合反渗透进水标准。

2.12.2.2　海水反渗透预处理工艺流程

（1）当原海水符合第一类《海水水质标准》（GB 3097），常年有机物含量较低，浊度＜5NTU 时，可采用微絮凝滤料过滤或中空纤维超滤膜过滤工艺作为海水预处理工艺[15]，如图 2-22 和图 2-23 所示。

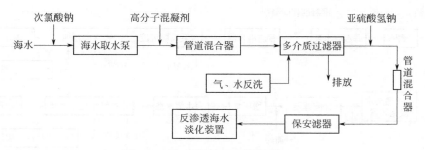

图 2-22 海水预处理工艺流程（1）

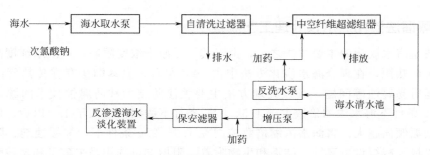

图 2-23 海水预处理工艺流程（2）

（2）当原海水浊度＞10NTU 时，宜先用混凝沉淀和二级滤料过滤的海水预处理工艺。

① 海水预处理量较小时，如某海岛反渗透海水淡化现场：海水常年浊度为 10～400NTU，原海水预处理量为 220m³/h，海水预处理工艺流程如图 2-24 所示。

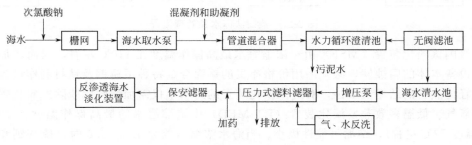

图 2-24 海水预处理工艺流程（3）

② 海水预处理量较大时，可采用以下海水预处理工艺，流程如图 2-25 和图 2-26 所示。

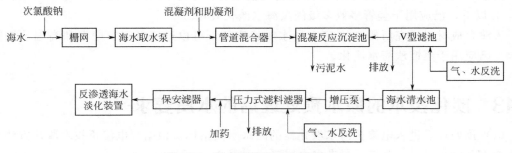

图 2-25 海水预处理工艺流程（4）

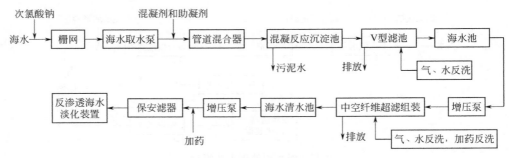

图 2-26　海水预处理工艺流程（5）

2.12.3　蒸馏法淡化原水预处理工艺流程

　　蒸馏法是海水淡化的主要方法之一，由于其不受原水浓度限制，产淡水纯度高，且可充分利用廉价的热源，在现今海水淡化方法中占 40% 左右。但蒸馏法存在传热管结垢、设备在高温下运行易腐蚀等问题，其预处理方法主要关注防结垢和防腐蚀技术问题。有资料表明，当 50℃ 条件下海水浓缩倍数大于 1.5、80℃ 条件下浓缩倍数大于 1.1 以后，体系浓缩倍数越高，结垢倾向越大。将海水浓缩倍数控制在 1.5～2.0 条件下，加缓蚀剂、阻垢剂和杀生剂，可以极大减缓设备腐蚀、结垢和生物附着。阻垢剂可选用马来酸酐和聚羧酸酯，后者不仅能抑制结垢，而且具有分散悬浮物体的功能，可使多级闪蒸浓水温度范围达到 95～110℃[22]。蒸馏法海水预处理流程见图 2-27。

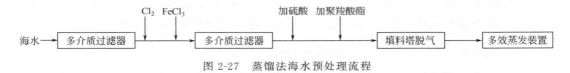

图 2-27　蒸馏法海水预处理流程

　　多级闪蒸淡化装置（MSF）由于浓缩海水最高操作温度在 110℃ 左右，因而增加了对传热管及设备本体的腐蚀性，必须采用价格昂贵的铜镍合金特种不锈钢及钛材制作设备。同时为了减轻传热管的结垢及腐蚀，对进入淡化装置的海水不仅需加酸软化脱除二氧化碳，而且需脱除氧气。低温多效蒸发淡化装置（LT-MED）中浓缩海水的最高操作温度在 70℃ 左右（蒸汽温度 72℃ 左右），结垢可能性极小。当海水浓缩倍数为 1.8～2.0 时，硫酸钙和碳酸钙也不会结晶析出，因此进入装置的海水只需加入微量阻垢剂，不需加酸、脱二氧化碳和脱氧气处理[14]。

　　大连理工大学等单位设计的填料塔脱气技术可使水中溶解氧降到 10ng/L，CO_2 降到 2mg/L 以下，已应用于竖管多效多级闪蒸海水淡化装置。

　　天津合成材料研究所研制的 H-1 号水质稳定剂，可以适应低温、中温和高温范围阻垢要求，已应用于蒸馏法海水淡化。

2.13　淡化技术的原水预处理后的水质要求[24]

　　（1）预处理后进入电渗析海水淡化器的海水水质指标　根据《电渗析技术脱盐方法》行业标准 HY/T 034.4，电渗析器进水水质要达到表 2-31 所示的指标。

表 2-31　电渗析器进水水质指标

项目	指标	项目	指标
浊度	<3mg/L	锰	<0.1mg/L
COD_{Mn}	<3mg/L	游离氯	<0.2mg/L
铁	<0.3mg/L	水温	5~40℃
SDI_{15}[①]	<10	油脂	<0.1mg/L
浓水 S&DSIc 指数[②]	<0		

① 污染指数（SDI_{15}）是表示水体污染能力的最通用指标，它综合表示了水中有机污染物的浓度和过滤特性。

$$SDI_{15} = \frac{1 - t_0/t_{15}}{15}$$

测试方法：用 SDI_{15} 测定仪，在时间间隔为 15min 取 2 个水样，水样体积 V_1 和 V_2 均为 500mL，同时记录取 500mL 水样所需时间 t_0 和 t_{15}，单位为 s。过滤时压差 $\Delta p = 0.2$MPa，滤液测为常压；滤器采用 0.45μm 孔径的膜；过滤面积 1350mm^2。

② 如电渗透浓水的史蒂夫-大卫 $CaCO_3$ 饱和指数大于零，则可采取加酸、加阻垢剂或减少浓缩倍数等方法，防止浓水中 $CaCO_3$ 结垢。

（2）预处理后进反渗透海水淡化装置的海水水质指标　见表 2-32。

表 2-32　预处理后进反渗透海水淡化装置的海水水质指标

项目	指标		项目	指标	
	推荐值	最大值		推荐值	最大值
浊度（NTU）	0.3~0.5	<1	TOC/(mg/L)	<3.0	
SDI_{15}	<3	<5	COD_{Mn}/(mg/L)	<1.5	
游离余氯/(mg/L)	<0.05	<0.1	油脂/(mg/L)	<0.1	
总铁/(mg/L)	<0.05	<0.1	pH	3~10	2~11
锰/(mg/L)	<0.05		水温/℃	5~35	1~45
铝/(mg/L)	<0.05		浓水 S&DSIc 指数[①]		<0

① 如反渗透浓水的史蒂夫-大卫 $CaCO_3$ 饱和指数大于零，则应采取加酸、加阻垢剂或减少浓水浓缩倍数等方法，防止 $CaCO_3$ 结垢。

（3）海水预处理后进（MSF 法）蒸馏法海水淡化装置的海水水质指标　一般要求达到如下指标：

① 海水浊度<3mg/L；

② 海水中溶解氧浓度 10μg/L；

③ 海水加酸调 pH，pH 值<4.5，脱 CO_2，CO_2 浓度<3.0mg/L；

④ 海水加碱调 pH≈7.0；

⑤ 海水预热温度 30~40℃。

如采用低温多效蒸法淡化装置（LT-MED 法）则需加少量阻垢剂，不需要加酸脱气和脱氧处理。

参考文献

[1] 上海市政工程设计院. 给水排水设计手册：第三册. 北京：中国建筑工业出版社，2001：280-285.

[2] 严煦世. 给水排水工程快速设计手册：第一册. 北京：中国建筑工业出版社，1999：227-258.

[3] 陈复. 水处理技术及药剂大全. 北京：中国石化出版社，2000：47-78，76-80，131-133，136-138，175-186，219.

[4] 唐受印，王大翚，等. 废水处理工程. 北京：化学工业出版社，1998：108.

[5] 郝建军，谭勇，牟世辉，等．二氧化氯电解发生器工艺性能的研究．工业用水与废水，1999，30（20）：53-54.

[6] 杜慧玲，冯世宏，等．反渗透海水淡化的预处理技术研究进展．天津化工，2004，18（6）：12-14.

[7] 张骥红，姚成，王镇浦．二氧化氯的制备和应用．江苏化工，1996，24（6）：31-33.

[8] Kima S，Leeb I S，et al. Dual media filtration and ultrafiltration as pretreatment options of low-turbidity sea water reverse osmosis processes. Desalination and Water Treatment，2011（33）：329-336.

[9] Brehant A，Bonnelye V，et al. Comparison of MF/UF pretreatment with conventional filtration prior to RO membranes for surface seawater desalination. Desalination，2002（144）：353-360.

[10] 陈仪本，欧阳友生，黄小茉，等．工业杀菌剂．北京：化学工业出版社，2001：56-58，100-103.

[11] 刘茉娥，等．膜分离技术．北京：化学工业出版社，1998：70，215-216.

[12] 张根生，周长发，缪道英，等．电渗析水处理技术．北京：科学出版社，1981：172-204.

[13] 张维润，等．电渗析工程学．北京：科学出版社，1995：284-291，338-343.

[14] 吕晓龙，李新民，李济群，等．自动控制型中空纤维膜分离装置运行新工艺．见：科技部高新技术产业发展与产业化司编．工业水处理和海水淡化技术应用与发展研讨会文集．北京：1999：395-398.

[15] 谭永文，沈炎章，卢光荣，等．嵊泗500t/日反渗透海水淡化示范工程．见：科技部高新技术产业发展与产业化司编．工业水处理和海水淡化技术应用与发展研讨会文集．北京：1999：291-296.

[16] 初庆伟，赵敏佳．大唐王滩电厂海水淡化系统两年运行经验．水工业市场，2008（6）：21-23.

[17] Duran F E，Dunkelberger G W. A Comparison of Membranes Softening of Three South Florida Groundwaters. Desalination，1995（100）：27.

[18] 林斯清，张维润．海水淡化的现状与未来．见：科技部高新技术产业发展与产业化司编．工业水处理和海水淡化技术应用与发展研讨会文集．北京：1999：275-282.

[19] 孙宝红，马敬环，等．纳滤技术及其在海水淡化中的研究与应用．苏盐科技，2007（2）：3-5.

[20] 王玉红，苏保卫，等．纳滤膜脱盐性能及其在海水软化中应用的研究．工业水处理，2006，26（2）：46-49.

[21] Hassan A M，et al. A demonstration plant based on the new NF-SWRO process. Desalination，2000（131）：151-171.

[22] Al-Amoudi A，Lovitt W. Fouling strategies and the cleaning system of NF membranes and factors affecting cleaning efficiency. Desalination，2007（303）：4-28.

[23] Her N，Amy G. Characterizing dissolved organic matter and evaluating associated nanofiltration membrane fouling. Chemosphere，2008（70）：495-502.

[24] 高从堦，陈国华．海水淡化技术与工程手册．北京：化学工业出版社，2004.

[25] 于丁一，呼丙晨．利用海岛地下苦咸水制取饮用水——介绍长岛反渗透淡化站．水处理技术，1991（1）：63-65.

[26] 俞三传，于品早，刘玉荣，等．纳滤膜技术研究与开发．见：科技部高新技术产业发展与产业化司编．工业水处理和海水淡化技术应用与发展研讨会文集．北京：1999：355-363.

第3章

热法海水淡化 ▌▌▌▌▌

>>>

热法海水淡化技术主要包括蒸馏法和冷冻法。蒸馏法海水淡化是通过加热海水使之沸腾汽化，再把蒸汽冷凝成淡水的方法。蒸馏淡化技术中达到商业用途的主要有多效蒸馏、压汽蒸馏和多级闪蒸。考虑到压汽蒸馏在海水淡化领域有被反渗透取代的趋势，多级闪蒸因其动力消耗大导致在我国的应用较少等实际情况，本章首先介绍了单效蒸馏的工艺、系统模型，进而详细给出了多效蒸馏的进料流程、工艺设计等，接着简要介绍了压汽蒸馏和多级闪蒸工艺，之后分别介绍了蒸馏淡化装备、蒸馏淡化共性技术，包括装置加工制造、安装调试等。同时，给出了国内外三种蒸馏海水淡化工程典型案例，天津北疆发电厂 10 万吨/d 多效蒸馏、印度尼西亚 Indramayu 电厂 2×4500 t/d 多效蒸馏、沙特阿拉伯 Shoaiba 电厂 88 万吨/d 多级闪蒸海水淡化项目作为典型案例，从项目概况、装置情况、设计参数等方面对案例进行了详细阐述。最后，分析了蒸馏海水淡化的研究进展及技术展望。

在冷冻法海水淡化部分，首先回顾了冷冻海水淡化的发展历程，介绍了冷冻法海水淡化的原理和淡化工艺，在对冷冻淡化技术进行分类的基础上综合分析了冷冻法海水淡化的优点和缺点，展望了冷冻淡化的发展方向。

3.1 蒸馏法

3.1.1 概述

海洋受太阳辐射产生蒸发，水蒸气上升为云，机缘成熟落地为雨雪，这就是大自然的蒸馏淡化过程。它时时刻刻就在我们身边发生，百姓日用而不知。有心人提出蒸发海水为淡水的设想，其时间可远溯至 2000 年前。17 世纪英国出现蒸馏海水淡化的专利，19 世纪中期开始出现小规模的蒸馏淡化装置，20 世纪 50 年代发明多级闪蒸，蒸馏淡化作为成熟技术开始在中东国家规模应用，之后多效蒸馏再度受到重视，大有取代多级闪蒸的趋势，热法技术与膜法技术共同成为海水淡化的主流技术。与膜法海水淡化技术相比，蒸馏法具有可利用电厂和其他工厂的低品位热、对原料海水水质要求低、装置的生产能力大、产水纯度高等特点，即使在污染严重、高生物活性的海水环境中也适用，是当前海水淡化的主流技术之一。基本的蒸馏过程见图 3-1。

蒸馏是一个传热过程，其关键问题是找到非常经济地在大量水和蒸汽间传递热量的方法。标准大气压下，蒸发 1kg 水需要 2256kJ 的能量。如果每 1000kJ 的燃料成本为 2 美元，

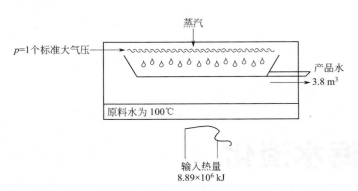

图 3-1   基本蒸馏过程

那么每小时蒸发 1kg 水的成本约为 4.5 美元。三种蒸馏过程可实现上述过程，包括多效蒸馏、压汽蒸馏、多级闪蒸。

3.1.2   蒸馏过程基本原理

本节介绍与热法淡化厂设计相关的热力学和动力学基本原理，具体如下。

3.1.2.1   温度

一般来说，蒸发温度越高越经济。提高蒸馏过程温度主要是扩大最高蒸发温度与进料水温度之间的总传热温差，亦即提高蒸发驱动力。总传热温差越大，设计过程中就可安排更多的蒸发器效数（MED）或级数（MSF）。对于单位能量输入而言，效数或级数越多，系统效率就越高，越能增加装置产水。但是增加效数或级数也增加装置的造价。

3.1.2.2   热力学第一、第二定律

热力学第一、第二定律是设计热法海水淡化厂的基础。第一定律指的是能量守恒，即进入系统的能量与离开系统能量的差值等于系统能量的增量（见图 3-2）。而第二定律强调传热过程的方向、限度和条件。

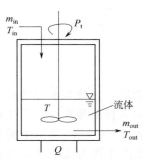

图 3-2   热力学第一定律
（开放系统）图

m_{in}—进入系统的流体流量；
T_{in}—进入系统的流体温度；
m_{out}—流出系统的流体流量；
T_{out}—流出系统的流体温度；
P_t—输入系统的功；
Q—输入系统的热量；
T—系统内流体温度

单位质量的流体所含的全部热能称为"焓"（H），由质量流量（m）、定压比热容（C_p）和热力学温度（T）组成。

$$H = mC_pT \tag{3-1}$$

系统流体的能量是输入焓和输出焓的焓差：

$$\Delta H = H_{out} - H_{in} = m_{out}C_pT_{out} - m_{in}C_pT_{in} \tag{3-2}$$

假定流出和流入的质量流量相等，忽略定压比热容随温度的变化，则推导出：

$$\Delta H = mC_p(T_{out} - T_{in}) = mC_p\Delta T \tag{3-3}$$

焓差也与系统增加的总能量相等：

$$Q + P_t = \Delta H \tag{3-4}$$

式中，Q 为从外界吸收的热量；P_t 为与环境交换的功。

大多数情况下，热法海水淡化厂可忽略外部能量（e_{ex}），但也有例外：对于热蒸汽压缩机，流体的流动能量起着重要的作用。对于一个有外部能量的稳态热力学第一定律描述如下：

$$Q + P_t = m_{out} h_{out} - m_{in} h_{in} + m_{out} e_{ex,out} - m_{in} e_{ex,in} \tag{3-5}$$

外部能源 E_{ex} 是运动能量和静止能量之和（这里的"H"是高度，不是焓）

$$E_{ex} = \frac{m v^2}{2} + m g H \tag{3-6}$$

当考虑了一定的外部能量：

$$e_{ex} = \frac{E_{ex}}{m} = \frac{v^2}{2} + g H \tag{3-7}$$

第一定律则变为：

$$Q + P_t = m(h_{out} - h_{in}) + m\left[\left(\frac{v^2}{2} + gH\right)_{out} - \left(\frac{v^2}{2} + gH\right)_{in}\right] \tag{3-8}$$

如果内外部能源的焓差为 0（$H_{out} - H_{in} = 0$，常见于蒸汽喷射器中），如下公式成立：

$$Q + P_t = m C_p (T_{out} - T_{in}) + m\left(\frac{v_{out}^2}{2} - \frac{v_{in}^2}{2}\right) \tag{3-9}$$

无相变时（即无蒸发或冷凝），焓差可用温差来代替。对于单个阶段来说，焓只能用产品水的定压比热容和温度来表示，焓随温度的变化见图 3-3。在环境压力下，水的焓值在环境温度和 100℃ 沸腾温度之间线性增加（定压比热容一定时），斜率是水的定压比热容。当水的温度到 100℃ 时，沸腾过程开始了。输入系统的能量用于使水从液相变为汽相，此过程中温度恒定。蒸汽比沸腾的水焓值更高，焓差叫"蒸发焓"。如果蒸汽被进一步加热，焓值又线性增加，则此斜率为蒸汽的定压比热容。

温度 T 与环境温度 $T_{环境}$ 之间焓差计算如下：

$$\Delta H = m C_{p.water}(T_v - T_{环境}) + m \Delta h_v + m \Delta C_{p.vapour}(T - T_v) \tag{3-10}$$

在蒸发装置中，蒸汽被冷凝为蒸馏水排出系统，一定量海水蒸发所需最少能源如下：

$$\Delta H = m_b C_{p.water}(T_v - T_{环境}) + m_b \Delta h_v \tag{3-11}$$

假设没有机械能输入系统，蒸发过程（图 3-4）的热力学第一定律 ［式（3-4）］ 为

$$Q = m_b C_{p.water}(T_v - T_{环境}) + m_b \Delta h_v \tag{3-12}$$

蒸发过程中，从外界传递的热量是海水预热至蒸发温度和蒸发所需热量的总和。在一定情况下可忽略机械能，如整个热法海水淡化的能量平衡，如果只对海水取水过程（主要设备为水泵）或蒸汽喷射器过程建立平衡，则热力学第一定律的重要组成部分是机械能，可忽略热量的传递。

例如，海水取水，假设 $Q = 0$，热力学第一定律：

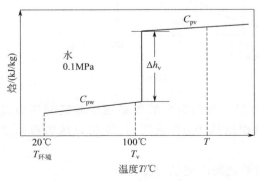

图 3-3 水的焓-温度曲线

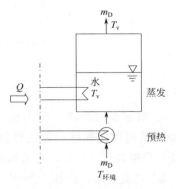

图 3-4 蒸发和预热流程图

$$P_t = \Delta H = m_{\text{out}} h_{\text{out}} - m_{\text{in}} h_{\text{in}} \tag{3-13}$$

热力学第二定律用图 3-5 来解释：假设均质流体的绝热盒子被放置在两个不同温度的容器内，当挡板被移除，流体会自动混合，混合过程完成后，盒子不同位置的温度均为平均温度，液体再也不会被重新分离，也就是说此过程是不可逆的。

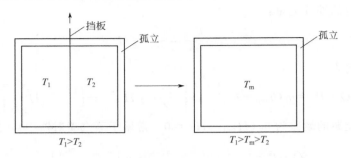

图 3-5　热力学第二定律不可逆过程

不受外界影响的情况下，大多数的自然过程是朝一定方向运动的，因此是不可逆的。例如，前面提到的机械能转化为热能、热能传递至环境的制动过程，此传热过程在热力学第二定律中也有描述：热量只能从高温到低温传递，温差为此过程的驱动力。这点对多效蒸馏的设计和成本起着决定性的作用。

3.1.2.3　沸腾和沸点升[1]

我们平常说"水的沸点是 100℃"，是指在一个大气压（标准大气压）下水沸腾的温度。水的沸点随着大气压强的变化而变化。在世界之巅的珠穆朗玛峰上烧水，只要烧到 73.5℃，水就被烧"开"了。图 3-6 为蒸发压力曲线或沸点曲线，非线性沸点曲线可为多效蒸发装置设计提供依据。

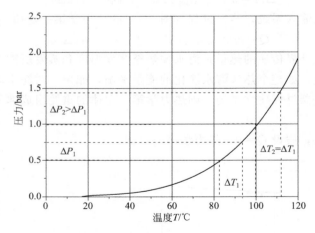

图 3-6　沸水蒸发压力曲线（1bar＝0.1MPa）

a. 随着温度升高，压力也升高，因此，高温工况的蒸发装置必须按照高的压力设计，需要大量高性能的材料，这样就会影响投资（温度从 100℃ 提高到 120℃，压力提高 2 倍；从 100℃ 提高到 180℃，压力提高 10 倍）；

b. 温度不同，则压力不同，因此影响蒸发效之间的流量和液位。

克劳修斯方程中给出了压力、温度和蒸发焓之间的关系：

$$\Delta h_{\mathrm{v}} = T(v'' - v')\frac{\mathrm{d}p}{\mathrm{d}T} \tag{3-14}$$

参数 v'、v'' 是水和饱和蒸汽的比容, 对于理想气体, 假设 v' 相对于 v'' 很小, 可以忽略, 于是得出

$$pv'' = \frac{p}{p'}RT \tag{3-15}$$

$$\Rightarrow \Delta h_{\mathrm{v}} = \frac{RT^2}{\mathrm{d}T}\frac{\mathrm{d}p}{p} = -R\frac{\mathrm{d}\ln p}{\mathrm{d}\left(\frac{1}{T}\right)} \tag{3-16}$$

由于蒸汽温度与压力曲线在双对数图中是一条负斜率直线, 斜率由蒸发焓和气体常数决定。图3-7给出了各种物质的蒸气压力曲线, 包括水。氯化钠的蒸发压力很小, 这就意味着即使单效也可将盐分从水中分离出来, 但多效蒸发可有效降低能耗。

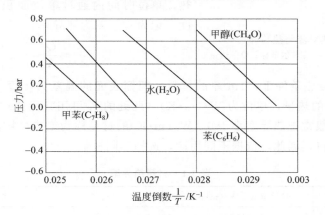

图 3-7　不同物质的蒸气压力曲线

水和海水的蒸发不同, 海水中所含盐分影响了蒸发过程: 蒸发压力降低, 沸点升高。沸点升 BPE 公式给出了两者沸点差。图3-8给出了沸点升随温度和盐度的变化曲线。

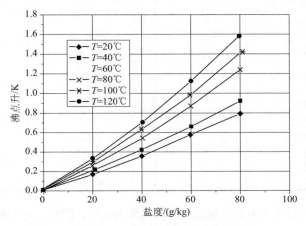

图 3-8　沸点升与温度和盐度的关系曲线

由上图可见, 含盐量为 $40\mathrm{g/kg}$ 的海水, 在压力为 $0.1\mathrm{MPa}$ 的情况下沸腾温度不是 $100℃$, 而是 $100.6℃$。

3.1.2.4　传热

理论上讲，基本传热方式有三种：传导传热、对流传热、辐射传热。这里不讨论辐射传热，因为这种传热形式在热法海水淡化中的作用可以忽略，这不是说辐射传热在海水淡化中不重要，太阳能海水淡化的能源就来自太阳辐射。

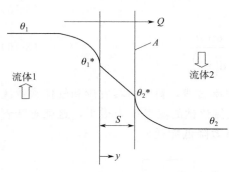

图 3-9 给出了一个典型的交叉流换热器的对流传热过程。均质流体在壁面两侧流动，按照热力学第二定律，间接热传导是热量由壁面一侧的高温流体穿过壁面传到另一侧的低温流体中的过程。

热量从热流体传递给壁面，再由壁面传递给冷流体的过程称为对流换热，通过壁面传热称为导热。单位时间内通过单位面积的热量称为热流密度，记为 q^n。λ 为热导率。

图 3-9　表面热对流与热传导

θ—热导率；S—厚度；y—笛卡尔坐标；Q—热量

$$q^n = \frac{Q}{A} = -\lambda \frac{\mathrm{d}v}{\mathrm{d}y} \tag{3-17}$$

λ 是指在稳定传热条件下，1m 厚的材料，两侧表面的温差为 1 度（K，℃），在 1s 内，通过 $1m^2$ 面积传递的热量，单位为 W/(m·K)（此处的 K 可用℃代替）。表 3-1 给出了不同材料的热导率。一般常把热导率小于 0.1W/(m·K) 的材料称为绝热材料，大于 10W/(m·K) 的材料称为导热材料，因此，依据不同用途，选择不同材料。

表 3-1　材料热导率

材料	热导率 λ/[W/(m·K)]	材料	热导率 λ/[W/(m·K)]
铜	444	$CuSn_6$	62.7
混凝土	2.1	$CuZn_{30}$	111.5
水	0.5	$G\text{-}CuSn_{10}$	66
木材	0.13	GG-20	46
铝	237	GGG-NiCr202	12.8
空气	0.0012	$NiCu_{30}Fe$	26.7
橡胶	0.16	$NiCr_{21}Mo$	11.1
PVC	0.16	$NiMo_{16}Cr_{16}Ti$	10
石膏结垢	0.6~2.3	St_{35}	54.6
二氧化硅结垢	0.08~0.18	$Ti_{99.6}$	16.3
AlMn	232	X_5CrNi_{189}	14
$CuNi_{10}Fe$	50	$X_{10}Cr_{13}$	26.7
$CuNi_{30}Fe$	29		

对于均质壁面，热导率为常数，壁面内温度曲线为线性，因此，每个表面的温度积分为：

$$q^n \int_0^s \mathrm{d}y = -\lambda \int_{\theta_1}^{\theta_2} \mathrm{d}v \tag{3-18}$$

$$q^n = \frac{\lambda_w}{s}(\theta_1^* - \theta_2^*) \tag{3-19}$$

根据公式（3-17），为了确定从流体 1 到壁面，从壁面到流体 2 的热流密度，必须得到表面的梯度

$$q'' = -\lambda_1 \frac{d\theta}{dy}\bigg|_{y=0} = -\lambda_2 \frac{d\theta}{dy}\bigg|_{y=s} \tag{3-20}$$

然而，壁面的温度梯度难以测定，但是流体的温度是容易测得的。系数 α 定义为简化系数，其与热导率的关系定义为

$$\alpha = \frac{-\lambda \dfrac{d\theta}{dy}}{\Delta v} \tag{3-21}$$

将其代入公式（3-20），得到

$$q'' = \alpha_1 \Delta\theta_1 = \alpha_2 \Delta\theta_2 \tag{3-22}$$

将式（3-22）和式（3-19）联立得到

$$q'' = \alpha_1(\theta_1 - \theta_1^*) = \frac{\lambda_w}{s}(\theta_1^* - \theta_2^*) = \alpha_2(\theta_2^* - \theta_2) \tag{3-23}$$

式中的整体温度是可测和已知的。总传热系数 k 将热流密度与这些温度进行联系：

$$q'' = k(\theta_1 - \theta_2) \tag{3-24}$$

通过归类转化和公式（3-23）的补充，最后确定公式包括

$$q'' = k\left(\frac{q''}{\alpha_1} + \frac{q''}{\lambda_w/s} + \frac{q''}{\alpha_2}\right) \tag{3-25}$$

和

$$\frac{1}{k} = \frac{1}{\alpha_1} + \frac{s}{\lambda_w} + \frac{1}{\alpha_2} \tag{3-26}$$

k 为总传热系数，其倒数是各独立传热系数之和。流体 1 到流体 2 的传热为

$$Q = kA(\theta_1 - \theta_2) \tag{3-27}$$

因此，如果总传热系数是已知的，这个方程可以通过确定热通量、传热面积、温度或温度差的数值进行求解。

3.1.2.5 蒸馏过程结垢[2]

（1）结垢的影响　当固体物质沉积在固体表面上就会产生污垢，在淡化厂结垢的主要原因有三个：硫酸钙 $CaSO_4$、氢氧化镁 $Mg(OH)_2$、碳酸钙 $CaCO_3$。

换热面是淡化装置中重要的传热部分，结垢后的换热面的传热系数低于金属，结垢会大幅度降低总传热系数。

（2）硫酸钙垢　硫酸钙结垢通过清洗很难除去。因此，硫酸钙结垢必须通过控制操作温度或通过控制钙或硫酸根离子量来控制。

一般来说，随着溶液温度的增加，盐的溶解度增大。然而，某些盐，如硫酸钙，具有逆溶解度。即随着温度的升高，其溶解度下降。硫酸钙具有三种不同的结晶形式，这取决于晶体的水合度，包括：无水硫酸钙 $CaSO_4$、0.5 水硫酸钙 $CaSO_4 \cdot 0.5\,H_2O$ 和二水硫酸钙 $CaSO_4 \cdot 2H_2O$（又称石膏）。其不同的溶解度如图 3-10 所示。

蒸馏过程中硫酸钙结垢是否发生，取决于浓水中硫酸钙达到的最大浓度。在某种程度上，这个最大的浓度可以通过添加药剂来提高。

（3）碳酸钙和氢氧化镁结垢　碳酸钙和氢氧化镁是碱性的软垢，可通过酸洗去除。通过预处理控制进料水的 pH 值和脱碳处理，可以防止结垢的形成。

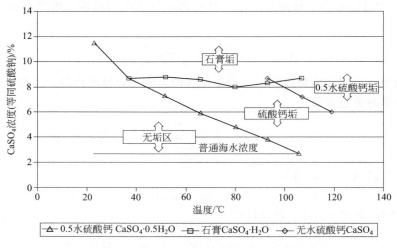

图 3-10 硫酸钙溶解度

3.1.2.6 蒸馏过程的腐蚀与侵蚀

淡化装置通常会受到腐蚀。影响腐蚀的因素有海水和浓水等，包括 pH、温度、氯离子浓度、溶解氧等。产品水对金属和混凝土也有一定侵蚀性，产品水侵蚀的因素包括 pH、温度、缺乏矿物质等。

进料水和浓水的过流部分使用耐腐蚀材料（如高性能不锈钢），通过适当的预处理措施，可有效降低腐蚀。

3.1.2.7 捕沫

无论对于何种蒸馏法海水淡化技术，都需要用到捕沫技术。对于蒸馏海水淡化过程，随着蒸发的进行，蒸汽从海水中蒸发出来。蒸汽的产生和流动，伴随着海水的流动和沸腾，会有部分雾沫随着蒸汽一起流动。如果不对蒸汽中的雾沫进行截留，它们将在蒸汽冷凝过程中混入蒸馏水，最终造成产品水含有一定的盐分。

捕沫技术就是把蒸汽中的大部分海水雾沫截留下来，保证最终冷凝的蒸汽中几乎没有盐分，使产品水的含盐量满足要求。

3.1.3 单效蒸馏

本节论述如下几项内容：
（1）单效蒸馏工艺过程数学建模；
（2）单效蒸馏过程的讨论和分析；
（3）总结不同形式蒸发器的特点。

3.1.3.1 单效蒸馏

单效蒸馏海水淡化系统的实际应用很有限，一般只用于船用海水淡化装置。这是因为单效蒸馏系统的造水比很低，通常小于 1，即系统的产水量少于蒸馏过程所需加热蒸汽的量。然而，对于单效蒸馏过程的研究却十分必要，它是构成其他单效蒸汽压缩系统及多效蒸馏系统的基础。

（1）工艺介绍 图 3-11 为单效蒸馏系统的原理图，主要设备为蒸发器和进料水预热器（即冷凝器）。蒸发器内部包括蒸发/冷凝传热管束、蒸发室、抽不凝气管路、布水系统和捕

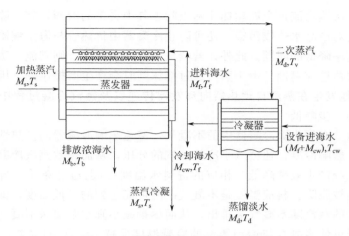

图 3-11 单效蒸馏海水淡化工艺流程

沫装置。进料水预热器为管壳式结构，采用逆流进料方式，预热过程中，蒸汽冷凝所释放出的潜热被转移到原料水进水（包括进料水 M_f 和冷却水 M_{cw}）中。

温度为 T_{cw}、盐度为 X_f 的原料水进水（$M_{cw} + M_f$）在冷凝器中被加热至温度为 T_f 时，冷却水 M_{cw} 被直接排回大海。在冷凝器中，冷却水只是用来除去蒸发器内由加热蒸汽带入系统的多余热量，这说明蒸发器无法完全利用加热蒸汽所提供的热量。在冷凝器内对进料水 M_f 进行预热将其温度由 T_{cw} 升高至 T_f 对于提高系统的热力学性能至关重要，这部分热量则来自于蒸发器内二次蒸汽 M_d 的冷凝。

蒸发器和冷凝器内的压力和蒸汽冷凝温度由以下因素决定：冷却水流量 M_{cw}，冷却水初始温度 T_{cw}，冷凝器有效换热面积 A_c，冷凝器总换热系数 U_c。

相应地，冷凝器拥有如下三方面功能：消除系统多余的热量；提高造水比；调整蒸发器的蒸发温度。

进料水 M_f 在进入蒸发器前经过化学处理和脱气处理。化学处理是为了防止蒸发器中的严重影响系统运行的发泡和结垢。进料水在 T_f 温度下由传热管束上部喷淋，以薄膜的形式沿传热管流动，温度升高至蒸发温度 T_b，T_b 的大小由阻垢剂等化学药剂的种类和加热蒸汽的状态决定。通过调整蒸发器中的蒸汽压力来对温度进行控制。蒸发产生的二次蒸汽流量为 M_d，由于沸点升（BPE），二次蒸汽的温度 T_v 小于蒸发温度 T_b。由于捕沫装置、管路及蒸汽凝结引起了温度损失，所以蒸汽冷凝的温度 T_d 低于海水蒸发的温度。单效蒸馏海水淡化工艺蒸发器和冷凝器中温度的变化见图 3-12。

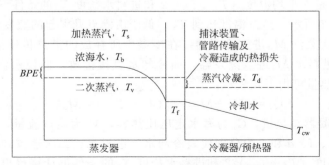

图 3-12 单效蒸馏海水淡化工艺蒸发器和冷凝器中温度的变化曲线

蒸发生成的二次蒸汽流过金属丝捕沫网以除去其中夹带的液滴，完全除去蒸汽中夹带的雾沫不仅可避免其对产品水造成污染，还可防止冷凝器中传热管与海水液滴接触所导致的结垢、腐蚀及传热速率降低的问题。此外，若蒸汽中有残余雾沫，则其流入蒸汽喷射器后，会对蒸汽喷嘴和扩散器造成腐蚀。由于蒸汽通过捕沫网时会产生摩擦压降，因此蒸汽的冷凝温度会低于 T_v，其他发生在蒸汽自预热器向蒸发器传递以及蒸汽冷凝过程中的压降，也会使蒸汽的冷凝温度进一步降低。

（2）数学模型　必须去除冷凝器中的不凝气，避免影响冷凝器的换热性能。不凝气会浪费部分传热面积，影响冷凝，还会减小冷凝蒸汽的分压，从而导致蒸汽冷凝温度降低，传热净驱动力下降，系统产水效率降低，相应的进料水温度 T_f 也随之降低。当不凝气温度达到料液温度时，才能被脱除。料液温度是不凝气冷凝可能达到的最低温度，据此原则，可通过设计尽量避免可凝的蒸汽随不凝气被排出，从而尽量减小真空泵输送不凝气体积。此外，通过采用逆流冷凝器可使冷凝水与饱和蒸汽的冷凝温度保持 3～5℃ 的温差，这将有效提高单效蒸馏的传热性能，减少冷却水用量。

单效蒸馏系统的数学模型由如下几部分组成：物料平衡、蒸发器和冷凝器能量守恒、沸点升和热动力损失、蒸发器和冷凝器的换热面积、系统性能参数归纳整理。

① 物料平衡　假设蒸馏得到的淡水中盐分被完全脱除，则液体总质量和总含盐量保持平衡，可得如下两个平衡公式：

$$M_f = M_d + M_b \tag{3-28}$$

$$M_f X_f = M_b X_b \tag{3-29}$$

式中，M 为质量流量，X 为盐度，下角标 b、d 和 f 分别代表排放的浓水、蒸馏水和进料水。将公式（3-28）代入公式（3-29）中可消去 M_f 从而得出 M_b 和 M_d 之间的关系，由下列公式表示：

$$M_b = M_d[X_f/(X_b - X_f)] \tag{3-30}$$

同理，消去 M_b 可得到 M_f 和 M_d 的关系式：

$$M_f = M_d[X_b/(X_b - X_f)] \tag{3-31}$$

② 蒸发器和冷凝器能量守恒　蒸发器的能量平衡使得加热蒸汽、二次蒸汽、进料水和浓水之间的能量实现平衡。来自蒸汽锅炉的饱和蒸汽以 M_s 的流速进入蒸发器，在将进料水的温度从入口温度 T_f 加热至蒸发温度 T_b 的同时，蒸汽冷凝，蒸发的二次蒸汽 M_d 所需的潜热为：

$$Q_e = M_f C_p (T_b - T_f) + M_d \lambda_v = M_s \lambda_s \tag{3-32}$$

式中，Q_e 为蒸发器的总热量，C_p 为海水的定压比热容，λ_s 为海水的蒸发潜热，T_b 为蒸发温度。比热容 C_p 是在平均温度 $(T_f + T_b)/2$ 和进料水盐度 X_f 的条件下计算得到的。如方程（3-32）和图 3-12 所示，蒸汽温度达到 T_v，低于由沸点升引起的蒸发温度。

蒸发器中的二次蒸汽 M_d 进入冷凝器，在冷凝中所释放的潜热传递给了流量为 $(M_f + M_{cw})$ 的原料水。进料水 M_f 进入蒸发器，而冷却水直接排放。假设蒸汽温度达到 T_v 时饱和，则冷凝器的总热量可由下式表示：

$$Q_c = (M_f + M_{cw}) C_p (T_f - T_{cw}) = M_d \lambda_v \tag{3-33}$$

式中，Q_c 为冷凝器总热量，C_p 为海水定压比热容，M 为质量流量，T 为温度，λ 为蒸发潜热。下角标 cw、f、d 和 v 为分别代表冷却水、进料水、二次蒸汽和冷凝蒸汽。海水比热容 C_p 是在平均温度 $(T_f + T_{cw})/2$ 和进料水盐度 X_f 的条件下计算得出的。系统总能量平衡由以下公式给出：

$$M_s\lambda_s = M_b C_p(T_b - T_{cw}) + M_d C_p(T_v - T_{cw}) + M_{cw} C_p(T_f - T_{cw}) \tag{3-34}$$

T_{cw}为公式（3-34）中的对比温度，比热容分别是在不同的平均温差和盐度条件下计算得到的。将公式（3-33）代入公式（3-34）中，可消去公式（3-34）右边最后一项，冷凝器能量平衡方程可简化为如下形式：

$$M_s\lambda_s = M_b C_p(T_b - T_f) + M_d C_p(T_v - T_f) + M_d\lambda_v \tag{3-35}$$

则冷凝蒸汽温度T_v可由蒸发温度和沸点升表示：

$$T_b = T_v + BPE \tag{3-36}$$

将公式（3-36）代入公式（3-35），得到公式（3-37）：

$$M_s\lambda_s = M_b C_p(T_v + BPE - T_f) + M_d C_p(T_v - T_f) + M_d\lambda_v \tag{3-37}$$

整理公式（3-37）可得到如下形式：

$$M_s\lambda_s = M_b C_p(T_v - T_f) + M_b C_p BPE + M_d C_p(T_v - T_f) + M_d\lambda_v \tag{3.38}$$

将公式（3-30）代入公式3-38，可消去排出浓水的流量M_b，得到如下公式：

$$M_s\lambda_s = M_d C_p(T_v - T_f) + M_d[X_f/(X_b - X_f)]C_p(T_v - T_f) + \tag{3-39}$$
$$M_d[X_f/(X_b - X_f)]C_p BPE + M_d\lambda_v$$

公式（3-39）可被简化为如下形式：

$$M_s\lambda_s = M_d\{[1 + X_f/(X_b - X_f)]C_p(T_v - T_f) + [X_f/(X_b - X_f)]C_p BPE + \lambda_v\} \tag{3-40}$$

整理公式（3-40），可得到由蒸馏水和加热蒸汽流量之比表示的形式，该比值称为造水比PR，如下式所示：

$$PR = \frac{M_d}{M_s} \frac{\lambda_s}{\lambda_v + C_p(T_v - T_f)\dfrac{X_b}{X_b - X_f} + \dfrac{X_f}{X_b - X_f}C_p BPE} \tag{3-41}$$

从公式（3-41）可知造水比是加热蒸汽温度、冷凝蒸汽温度、进料水盐度、浓水盐度、沸点升、海水蒸发潜热、冷凝蒸汽潜热和海水定压比热容的函数。

公式（3-33）可用于推导出比冷却水流量的表达式，具体推导过程如下：

$$M_{cw}C_p(T_f - T_{cw}) = M_d\lambda_d - M_f C_p(T_f - T_{cw}) \tag{3-42}$$

将公式（3-31）代入上式可将进料水质量流量M_f消去，得到如下形式的公式：

$$M_{cw}C_p(T_f - T_{cw}) = M_d\lambda_d - M_d[X_b/(X_b - X_f)]C_p(T_f - T_{cw}) \tag{3-43}$$

进一步整理上式，可得比冷却水流量的表达式如下：

$$sM_{cw} = \frac{M_{cw}}{M_d} = \frac{\lambda_d - [X_b/(X_b - X_f)]C_p(T_f - T_{cw})}{C_p(T_f - T_{cw})} \tag{3-44}$$

③ 蒸发器和冷凝器的换热面积 蒸发器有效换热面积A_e大小由下列因素决定：蒸发器总热量Q_e、蒸发器总传热系数U_e、加热蒸汽温度T_s与海水蒸发温度T_b之间的温差。

关系式如下：

$$A_e = Q_e/[U_e(T_s - T_b)] \tag{3-45}$$

将公式（3-32）代入上式中，得到如下公式：

$$A_e = \frac{M_f C_p(T_b - T_f) + M_d\lambda_v}{U_e(T_s - T_b)} \tag{3-46}$$

将公式（3-31）代入公式（3-46），消去公式（3-46）中进料水流量M_f，可得如下关系式：

$$A_e = \frac{M_d \dfrac{X_b}{X_b - X_f}C_p(T_b - T_f) + M_d\lambda_v}{U_e(T_s - T_b)} \tag{3-47}$$

整理公式（3-47），可得到蒸发器换热面积与蒸馏水流量之间的比值，即比换热面积，如下式所示：

$$\frac{A_e}{M_d}=\frac{\dfrac{X_b}{X_b-X_f}C_p(T_b-T_f)+\lambda_v}{U_e(T_s-T_b)}$$ (3-48)

公式（3-48）同样可以写成由沸点升表示的形式，如下所示：

$$\frac{A_e}{M_d}=\frac{\dfrac{X_b}{X_b-X_f}C_p(T_b-T_f)+\lambda_v}{U_e(T_s-T_v-BPE)}$$ (3-49)

由上式可知，BPE 的升高会减少温差驱动力，使比换热面积增加，换言之，BPE 代表了一个附加热阻。

不论是管内还是管外，蒸发器的换热面积 A_e 通常为与蒸发液体直接接触的面积。由传热管外表面积计算得到的蒸发器总传热系数 U_e 与蒸发器的各个热阻是相关的，由如下公式所示：

$$\frac{1}{U_e}=\frac{1}{h_i}\frac{r_o}{r_i}+R_{f_i}\frac{r_o}{r_i}+\frac{r_o\ln(r_o/r_i)}{k_w}+R_{f_o}+\frac{1}{h_o}$$ (3-50)

式中，h 是对流换热系数，R_f 是污垢热阻，k_w 是传热管材质的热导率，r 为传热管半径。下角标 i 和 o 分别代表传热管的内部和外部。

冷凝器中冷凝蒸汽与进料水之间的换热与冷凝器总热量、冷凝器总换热系数 U_c、冷凝器换热面积 A_c 和冷凝器对数平均温差 $(LMTD)_c$ 有关，由下式表示：

$$A_c=\frac{Q_c}{U_c(LMTD)_c}=\frac{M_d\lambda_d}{U_c(LMTD)_c}$$ (3-51)

如图 3-12 所示，冷凝器对数平均温差 $(LMTD)_c$ 可表示如下：

$$(LMTD)_c=\frac{T_f-T_{cw}}{\ln\dfrac{T_d-T_{cw}}{T_d-T_f}}$$ (3-52)

则冷凝器比换热面积可由下式表示：

$$\frac{A_c}{M_d}=\frac{\lambda_d}{U_c(LMTD)_c}$$ (3-53)

蒸发器和冷凝器的总换热系数均可由 El-Dessouky[3] 等人（1997）提出的关系式推导而来。

④ 系统性能参数归纳整理　单效蒸馏系统的性能已经在前节中介绍过，性能参数包括以下几部分：

—单位质量加热蒸汽生产的淡水量，即造水比 PR，如公式（3-41）所示；

—比换热面积 sA，如公式（3-48）、公式（3-54）所示；

—比冷却水流量 sM_{cw}，公式（3-44）所示。

造水比和比冷却水流量 sM_{cw} 可以用来衡量系统的运行成本。系统能耗占据了单位造水成本的 30%～50%，所以提高造水比可以降低系统的能耗。另一方面，比换热面积 sA 可用于衡量系统的投资成本。

上述系统参数由下列关系式表示：

$$PR=\frac{M_d}{M_s}=\frac{\lambda_s}{\lambda_v+C_p(T_v-T_f)\dfrac{X_b}{X_b-X_f}+\dfrac{X_f}{X_b-X_f}C_pBPE}$$ (3-54)

$$sA = \frac{A_e + A_c}{M_d} = \frac{\dfrac{X_b}{X_b - X_f} C_p (T_b - T_f) + \lambda_v}{U_e (T_s - T_b)} + \frac{\lambda_d}{U_c (LMTD)_c} \tag{3-55}$$

和

$$sM_{cw} = \frac{M_{cw}}{M_d} = \frac{\lambda_d - [X_b/(X_b - X_f)] C_p (T_f - T_{cw})}{C_p (T_f - T_{cw})} \tag{3-56}$$

公式（3-54）是造水比的近似计算公式，其中忽略了显热的影响，分母中的三项是按照其对造水比的影响程度排列的。当 C_p 为 $4kJ/(kg \cdot ℃)$、$T_v - T_f$ 为 $5℃$、$X_b/(X_b - X_f)$ 为 2.5 时，λ_v 的数值大于 2000kJ/kg，而第二项和第三项的数值则不超过 50 kJ/kg。因此，单效蒸馏的造水比可以忽略公式（3-54）分母中后两项的影响而简化为如下形式：

$$PR = \lambda_s / \lambda_v \tag{3-57}$$

公式（3-57）通常用于核对模型计算结果。

⑤ 性能图表　单效蒸馏系统的性能参数均是蒸发温度 T_b 的函数。而其他系统变量包括海水温度和盐度则受设备安装地点和季节情况的影响。装置的性能主要体现在造水比 PR、比换热面积 sA 和比冷却水流量 sM_{cw} 三方面。在以下所有的计算中，均假设加热蒸汽的温度高于海水蒸发温度7℃，海水蒸发温度高于进料水温度5℃。

图 3-13、图 3-14、图 3-15 分别显示了造水比 PR、比换热面积 sA 和比冷却水流量 sM_{cw} 与进料水温度、海水蒸发温度之间的关系。如图 3-13 所示，系统造水比与冷却水初始温度 T_{cw} 无关（四条线重合），这是因为进料水温度是根据海水的蒸发温度 T_b 来确定的，因此，进料水温度的变化只会影响冷却水的流量和冷凝器的换热面积。图 3-13 还给出了另一个重要的结论，即系统造水比基本不受蒸发温度的影响。此外，在图示的蒸发温度变化下，加热蒸汽和二次蒸汽潜热的比值基本保持恒定。

图 3-14 表示原料水入口温度和蒸发温度对比传热面积 sA 的影响。由图可知，海水蒸发 T_b 温度的升高和冷却水初始温度的降低均会降低蒸发器和冷凝器的比换热面积 sA，这是因为蒸发器中的换热系数得到了提高。当海水蒸发温度升高，蒸发器换热系数升高。由于海水沸腾温度的升高会导致冷凝器中蒸汽的冷凝温度升高，因此，冷凝器换热系数也随之增加。冷却水初始温度的降低会增加冷凝器换热驱动力，因此比换热面积降低。

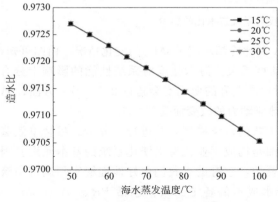

图 3-13　海水温度和蒸发温度对单效蒸馏
海水淡化工艺造水比的影响

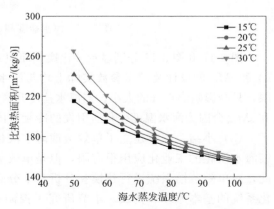

图 3-14　海水温度和蒸发温度对单效蒸馏
海水淡化工艺比换热面积 sA 的影响

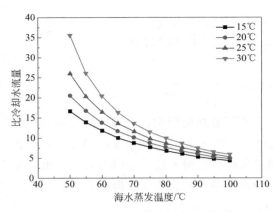

图 3-15　海水温度和蒸发温度对单效蒸馏
海水淡化工艺比冷却水流量 sM_{cw} 的影响

图 3-15 所示为原料水温度和海水蒸发温度对比冷却水流量 sM_{cw} 的影响。当海水蒸发温度升高时，单位流量进料水 M_f 吸收的热量也会随之增加，这就减少了冷凝器中需要除去的多余热量，减少了冷却水的用量。另外，提高海水蒸发温度，使二次蒸汽释放的潜热减少，会降低冷凝器的热负荷。不仅如此，冷却水初始温度降低，也会提高单位流量冷却水所吸收的热量。

图 3-16～图 3-18 所示为系统性能参数与海水温度和盐度的关系。图中计算结果均是在海水蒸发温度 T_b 为 75℃、浓水和进料水盐度比 (X_b/X_f) 为 1.667 的条件下得出的。而其他系统参数则与前述章节中保持一致。

如图 3-16 所示，系统造水比小于 1，在前面的讨论中可知，造水比与海水温度的变化无关，由图可知，系统造水比与海水盐度的变化也无关。这是因为，造水比只与加热蒸汽和冷凝器蒸汽潜热的比值及 T_b 与 T_f 的温差有关，且该温差保持恒定不变。

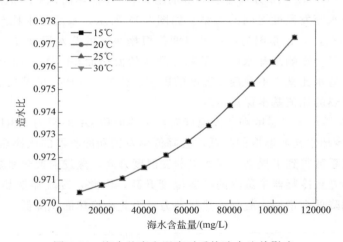

图 3-16　海水盐度和温度对系统造水比的影响

图 3-17 和图 3-18 分别显示了比换热面积 sA 和比冷却水流量 sM_{cw} 的变化情况。由图可知，sA 和 sM_{cw} 的设计及操作参数实际上均与海水盐度无关。海水盐度对系统性能的影响十分有限，只会影响沸点升的大小。当海水盐度升高时，沸点升的变化不会超过 2℃。另一方面，sA 和 sM_{cw} 会因为海水温度变化所引发的冷凝器传热驱动力的改变而受到影响。

（3）小结　本节建立了单效蒸馏海水淡化工艺的数学模型，并进行了分析。尽管单效蒸馏海水淡化的工业化应用很有限，但是单效蒸馏是构成工业化海水淡化系统的基本元素。因此，对单效蒸馏系统进行建模和分析是十分必要的，它有助于我们更好地理解实际运行中淡化系统的基本原理和构成。本节研究了控制产水成本的各个因素（包括 PR、sA 和 sM_{cw}）与各个设计参数和操作变量（海水蒸发温度、海水初始温度和海水盐度）之间的关系。在前述计算结果和讨论的基础上得出以下结论。

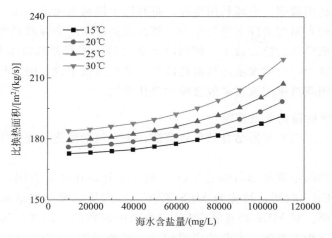

图 3-17 海水盐度和温度对系统比换热面积 sA 的影响

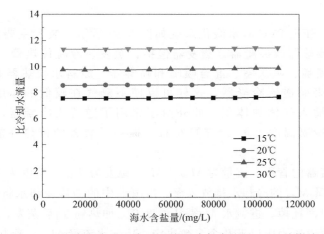

图 3-18 海水盐度和温度对系统比冷却水流量 sM_{cw} 的影响

① 单效蒸馏海水淡化工艺的造水比始终小于 1。

② 单效蒸馏海水淡化工艺造水比始终小于 1 是由于大量的热量随着浓海水和产品水被排放出系统。

③ 系统造水比与海水蒸发温度和初始温度的变化无关。因为造水比只与加热蒸汽和二次蒸汽的潜热之比有关。由于加热蒸汽和二次蒸汽的温度会同时发生变化以保证两者之间的关系保持恒定，例如 $T_s = T_b + 7℃$，因此，当海水蒸发温度发生变化的时候，加热蒸汽和二次蒸汽的潜热之比变化很微小。

④ 海水蒸发温度和初始温度的变化会影响比换热面积 sA 和比冷却水流量 sM_{cw}。海水蒸发温度的升高和装置进水入口温度的降低会提高蒸发器和冷凝器的总传热系数，使传热速率提高；不仅如此，海水初始温度降低还会导致冷凝器的换热驱动力和单位流量冷却水换热量增加，因此 sA 和 sM_{cw} 降低。

⑤ 系统性能参数与海水盐度的变化无关。海水盐度对系统性能的影响十分有限，受限于沸点升的变化。当海水温度和盐度升高时，沸点升的变化一般不会超过 2℃。

在单效蒸馏海水淡化系统的研究中发现，系统能量利用率低是一个突出的问题，因此需要提高系统的能量利用效率。合理利用能源，将有助于提高系统造水比。而且单效蒸馏海水淡化系统更适宜在较高温度条件下进行操作，较高的蒸发温度会降低系统比换热面积和比冷却水流量，这将降低设备的建设成本，例如降低蒸发器、冷凝器和海水泵的加工制造成本。此外，冷却水流量减少，会使水泵运行能耗降低，从而降低了设备的运行成本。这些结论也同样适用于其他利用蒸汽压缩或者多效蒸馏的淡化系统。

3.1.3.2　带有蒸汽喷射器的单效蒸馏

本节重点介绍与蒸汽喷射器结合的单效蒸馏，主要包括淡化过程描述、模型建立、性能评估等。

带有蒸汽喷射器的单效蒸馏（SEE-TVC）的工业化应用非常有限，但它经常会与多效蒸发淡化装置（MEE）联用，被称为 MEE-TVC。蒸汽压缩喷射器结构和操作简便、易于维护，因而用途广泛。对 MEE 装置和 MEE 与蒸汽喷射器的联用进行研究要以单效蒸发单元的建模、模拟和分析为基础。本节的内容包括：系统说明，SEE-TVC 的数学模型、求解方法和用于设计装置的性能函数，其中用于描述过程的数学模型由 El-Dessouky[3] 于 1997 年提出。

（1）系统说明　SEE-TVC 海水淡化系统如图 3-19 所示。装置主要包括：蒸发器、蒸汽喷射器、原料水换热器或冷凝器。蒸发器包括：蒸发、冷凝传热管，蒸发室和捕沫器。蒸汽喷射器包括：喷嘴、吸入室、混合喷嘴和喷雾器。原料水换热器是将进料水中不凝气脱离，通常采用表面逆流冷凝器，这样可以使不凝气在较低的温度下冷却，进而减少蒸汽损失，减小输入气体的体积。此外由于采用了逆流式冷凝器，出水口的温度可以保持在饱和蒸汽冷凝温度上下 3～5℃左右，提高了装置的传热性能，降低了冷却水流量。

原料水进入冷凝器的管程，流量为 $M_{cw}+M_f$、温度为 T_{cw}、盐度为 X_f，在冷凝器中其温度上升到 T_f。流量 M_{cw} 的冷却水排放入海。冷凝器中的循环冷却水将驱动蒸汽喷射器的动力蒸汽的多余热量消耗掉。进料水 M_f 需从温度 T_{cw} 加热到 T_f 后蒸发，蒸汽压缩温度以及蒸发器和冷凝器的蒸汽压力由以下几个参数决定：冷却水流量 M_{cw}；冷却水温度 T_{cw}；冷凝器有效换热面积 A_c；冷凝器总换热系数 U_c。

总体来说，冷凝器有三个主要作用：消耗系统余热；提高系统的造水比（PR）；调整蒸发器中的蒸发温度。

进料水 M_f 在进入蒸发器前经过化学处理和脱气处理。化学处理是为了防止蒸发器中的发泡和结垢会影响系统的运行。进料水在 T_f 温度下喷淋到传热管束上部，以薄膜的形式沿传热管流动，温度升高至蒸发温度 T_b，T_b 的大小由阻垢剂等化学药剂的种类和加热蒸汽的状态决定，温度控制则通过调整蒸发器中的蒸汽压力来实现。蒸发的二次蒸汽流量为 M_d，由于沸点升（BPE）产生的蒸汽温度 T_v 小于蒸发温度 T_b。产生的蒸汽随气流通过丝网捕沫器，去除夹带的盐雾液滴。如果蒸汽夹带水滴进入蒸汽喷射器，将会侵蚀喷射器射流喷嘴导致气流扩散。由于通过丝网捕沫器会产生摩擦损失，通过丝网后的饱和蒸汽温度小于 T_v。蒸汽通过捕沫器进入冷凝器后被分为两个部分：一部分是在冷凝器管外凝结的 M_c，另外部分吸入蒸汽喷射器。虽然图 3-19 中将两部分蒸汽分别表示，但是它们是经同一管路从蒸发器进入冷凝器的。由于不凝气会浪费部分传热面积，影响冷凝，为了避免冷凝器中蒸汽品位的降低而影响传热，必须将蒸发器内的不凝气去除。如果冷凝器的运行压力小于大气压，就需要类似于喷射器或真空泵的装置来去除装置中的气体。

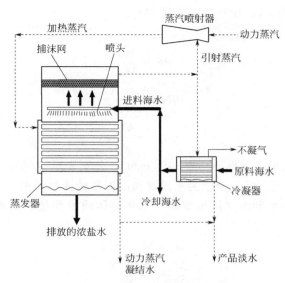

图 3-19 单效蒸汽压缩喷射器流程图

蒸汽喷射器中吸入的蒸汽在喷射器中的速度、压力的相应状态点及变化见图 3-20。喷射器将引射蒸汽 M_{ev} 的压力从 P_{ev} 提升至 P_s。装置通过改变动力蒸汽 M_m 的压力将引射蒸汽压缩至所需压力。动力蒸汽的流量为 M_m，通过喷嘴由状态 1 转化为状态 2，其静压能转化为动能。喷嘴是收敛/发散模型，以超声速喷射蒸汽。需要正确布置吸入室中的喷嘴，以控制方向和保证喷射均匀。引射蒸汽 M_{ev} 进入吸入室压力为 P_{ev}，并与动力蒸汽混合，两气流在文丘里扩散器的聚合面进行混合，混合气流通过文丘里扩散器的分流段自我压缩，横截面积增大，流速减小，混合动能转化为静压能。混合气流在 P_s 压力下由喷射器喷出，中间压力 P_m，引射压力 P_{ev}。

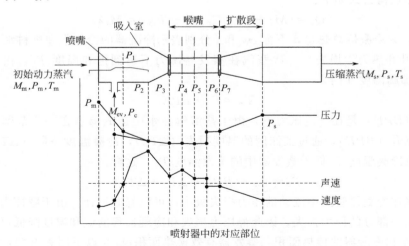

图 3-20 喷射器不同位置气流压力和速度的变化图

（2）数学模型　SEE-TVC 的数学模型由以下几个部分组成：性能参数、物料平衡、蒸发器和冷凝器能量平衡、沸点升和热力学损失、蒸发器和冷凝器的传热面积、蒸汽喷射器设计方程。

① 性能参数　SEE-TVC 性能由以下变量决定。造水比 PR（单位质量的动力蒸汽产生

的淡水量）、比换热面积 sA、比冷却水流量 sM_{cw}。

参数存在如下关系：

$$PR = \frac{M_d}{M_m} \tag{3-58}$$

$$PR = \frac{A_e + A_c}{M_d} \tag{3-59}$$

$$sM_{cw} = \frac{M_{cw}}{M_d} \tag{3-60}$$

式中，M 为质量流量，下标 c、cw、d、e 和 m 分别表示冷凝器、冷却水、蒸馏水、蒸发器和动力蒸汽，变量 A_e 和 A_c 分别为蒸发器和冷凝器的换热面积。

② 物料平衡　蒸馏水和浓水流量要通过求解整体质量和盐平衡来确定，两个平衡方程假设蒸馏水中不含盐：

$$M_f = M_d + M_b \tag{3-61}$$

$$\frac{M_d}{M_f} = \frac{X_b - X_f}{X_b} \tag{3-62}$$

式中，M 为质量流量，X 为盐度，下标 b、d 和 f 分别表示浓水、蒸馏水和进料水。

③ 蒸发器和冷凝器能量平衡　蒸发器中，饱和蒸汽从蒸汽喷射器喷嘴喷入蒸发器（$M_m + M_{ev}$），将进料水 M_f 的温度从 T_f 加热到 T_b。此外，提供蒸汽 M_d 所需的蒸发潜热：

$$Q_e = M_f C_p (T_b - T_f) + M_d \lambda_v = (M_m + M_{ev}) \lambda_s \tag{3-63}$$

式中，Q_e 是蒸发器总热量，C_p 是盐水在恒定压力下的比热容，λ_s 是海水的蒸发潜热。

冷凝器中，剩余的蒸发蒸汽 M_c 无法由蒸汽喷射器全部吸入，冷凝潜热转移到流量为 $M_f + M_{cw}$ 的原水中。（部分进料水 M_f 被引入蒸发室，其余部分为 M_{cw} 作为冷却水排放入海。）原水温度接近 25℃。假设冷凝温度为 T_c，由于沸点升和热力学损失，T_c 小于蒸发温度 T_b。

冷凝器热负荷公式如下：

$$Q_c = (M_f + M_{cw}) C_p (T_f - T_{cw}) = M_c \lambda_c \tag{3-64}$$

式中，Q_c 为冷凝器总热量，下标 cw 和 f 分别表示冷凝器的冷却水和进料水。

④ 沸点升和热力学损失　二次蒸汽在蒸发器压力下达到饱和温度 T_v，由于沸点升高了，T_v 小于沸腾温度 T_b：

$$T_b = T_v + BPE \tag{3-65}$$

沸点升（BPE）是在一定压力下，由于盐溶解在水中造成沸点在一定范围内升高的现象。由于沸点升（BPE），通过捕沫网的温度损失（ΔT_p），冷凝温度下降（ΔT_c），冷凝器外管束的蒸汽冷凝温度 T_c 低于蒸发器中的蒸发温度 T_b，这样：

$$T_c = T_b - (BPE + \Delta T_p + \Delta T_c) \tag{3-66}$$

假设蒸汽在冷凝器管路中流动的压力损失极小，可以忽略不计。由于摩擦力造成流动减速，可以补偿一部分的压力损失，因此静压力损失和冷凝过程的饱和温度降低可以忽略。

⑤ 蒸发器和冷凝器的传热面积　蒸发器有效换热面积 A_e 与以下因素有关：蒸发器总热量 Q_e、蒸发器总传热系数 U_e、加热蒸汽温度 T_s 和海水蒸发温度 T_b 差。

公式如下：

$$A_e = \frac{Q_e}{U_e (T_s - T_b)} \tag{3-67}$$

无论在管内蒸发还是管外蒸发，蒸发器换热面积 A_e 都与液体的蒸发相关。

冷凝器中冷凝蒸汽和原料水的热传递可以用总传热系数（U_c）、冷凝器传热面积（A_c）和对数平均温差（$(LMTD)_c$）来表示：

$$A_c = \frac{Q_c}{U_c(LMTD)_c} \tag{3-68}$$

$(LMTD)_c$定义为：

$$(LMTD)_c = \frac{T_f - T_{cw}}{\ln \dfrac{T_c - T_{cw}}{T_c - T_f}} \tag{3-69}$$

式（3-68）和式（3-69）中的总传热系数与外传热面积和热阻有关：

$$\frac{1}{U_e} = \frac{1}{h_i}\frac{r_o}{r_i} + R_{f_i}\frac{r_o}{r_i} + \frac{r_o\ln(r_o/r_i)}{k_w} + R_{f_o} + \frac{1}{h_o} \tag{3-70}$$

式中，h 表示传热面积，R_f表示污垢热阻，k_w表示传热管热导率，r 表示管径。下标 i 和 o 分别代表管的内、外表面。

⑥ 蒸汽喷射器设计方程　在 SEE-TVC 淡化装置建模过程中最关键的步骤是评估蒸汽喷射器的性能。需要的主要数据是单位质量的吸入蒸汽需要的动力蒸汽量（M_m）、动力蒸汽压力（P_m）、混合蒸汽压力（P_s）和引射蒸汽压力（P_{ev}）。文献中记载的分析蒸汽喷射器的方法有限，而且需要冗长的计算程序。此外，大部分的方法都需要大量使用依赖于喷射器参数的修正因子。为此，Power 在 1994 年建立了数据方法。Power 认为其方法最简单，且在动力蒸汽压力为 0.51MPa、压缩比小于 4 的条件下，相关的引射系数（R_a）是非常精确的，来源于众多数据计算的平均数据曲线与厂家的最佳范围数据误差在 10% 以内。El-Dessouky[3] 在 1997 年提出了评估蒸汽喷射器性能的关系式，引射系数 R_a 表达为：

$$R_a = 0.296\frac{(P_s)^{1.19}}{(P_{ev})^{1.04}}\left(\frac{P_m}{P_{ev}}\right)^{0.015}\left(\frac{PCF}{TCF}\right) \tag{3-71}$$

式中，R_a 是引射系数，定义为单位质量的吸入蒸汽需要的动力蒸汽量。P_m、P_s 和 P_{ev} 分别代表动力蒸汽压力、混合气流压力和引射蒸汽压力，PCF 为动力蒸汽压力校正系数，TCF 是引射蒸汽温度校正系数。下式为 PCF 和 TCF 的计算公式：

$$PCF = 3\times10^{-7}(P_m)^2 - 0.0009(P_m) + 1.6101 \tag{3-72}$$
$$TCF = 2\times10^{-8}(T_{ev})^2 - 0.0006(T_{ev}) + 1.0047 \tag{3-73}$$

式中，P_m 的单位是 kPa，T_{ev}的单位是℃。该式只适用于喷射器的流体为蒸汽、吸入蒸汽是水蒸气的条件。其有效范围如下：$R_a \leqslant 4$，$500℃ \geqslant T_{ev} \geqslant 10℃$，$3500\text{kPa} \geqslant P_m \geqslant 100\text{kPa}$，$P_s/P_{ev} \geqslant 1.81$。

设计中，有必要考虑热力损失，如沸点升（BPE）等。由于喷射器的能量需求，气液分离器的压力降造成的温度降低是增大的。这是因为，蒸汽被压缩不是简单地通过工作温度下降（$T_s - T_b$），而是通过工作温度下降加上热力损失，如 $\{T_s - [T_b - (BPE + \Delta T_p)]\}$，或（$T_s - T_{ev}$）。

（3）求解过程和参数

以下参数用来求解 SEE-TVC 模型：原水温度、进料水温度、原水盐度、浓水盐度、捕沫网厚度。

TVC 数据模型求解流程如图 3-21 所示，初始设置如下：

—浓水和进料水的流量，M_b，M_f，产水流量 M_d 经过公式（3-61）和公式（3-62）计算，定义为 1kg/s。

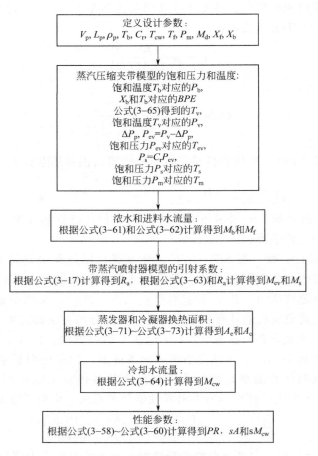

图 3-21　TVC 数据模型求解流程

　　—沸点温度升，BPE。

　　—饱和温度 T_v 由公式（3-65）计算，相关的饱和蒸汽压力 P_v 由饱和蒸汽表查得。

　　—捕沫网压力损失（ΔP_p），数据用来计算通过捕沫网的蒸汽压力 $P_{ev}=P_v-\Delta P_p$。

　　—饱和蒸汽温度 T_{ev}，根据饱和蒸汽压力 P_{ev} 求得。

　　—压缩蒸汽压力 P_s 通过压缩比 C_r 和引射蒸汽压力 P_{ev} 求得。计算饱和温度 T_s 也通过其相应的饱和蒸汽压力 P_s，根据饱和蒸汽表查得。

　　—蒸发器总热量 Q_e 由公式（3-63）计算得到。

　　—蒸发器总传热系数 U_e 根据相关数据估算。

　　—冷凝器总传热系数根据相关数据估算。

　　—引射系数 R_a 由公式（3-71）～公式（3-73）计算得到。

　　—动力蒸汽和引射蒸汽的质量流量 M_s 和 M_{ev}，通过在公式（3-63）中带入引射系数 R_a 和蒸发器热负荷 Q_e 计算得到。

　　—冷凝器总热量 Q_c 和冷却水流量 M_{cw}，通过冷凝器能量平衡公式（3-64）计算得到。

　　—蒸发器和冷凝器有效传热面积 A_e 和 A_c，通过公式（3-67）和公式（3-68）计算得到。

　　—装置性能参数 PR，sA 和 sM_{cw}，通过公式（3-58）～公式（3-60）计算得到。

　　—捕沫网编织密度。

——蒸发温度。

——压缩比。

——动力蒸汽压力。

（4）小结 虽然 SEE-TVC 装置不会工业规模应用，但对其进行建模、设计和分析可为其他更加复杂的多效蒸发-蒸汽喷射器联用系统提供理论基础。SEE-TVC 装置的数学计算包括蒸发器和冷凝器的物料和能量衡算。模型包括冷凝器和蒸发器的传热公式，以及蒸汽喷射器的经验公式。系统分析主要针对不同蒸发温度、动力蒸汽压力和压缩比所对应的造水比、比传热面积和比冷却水流量的函数变化。依据计算结果和讨论，可得如下结论。

① 造水比随着蒸发温度和压缩比的升高而降低，因为蒸发温度和压缩比的升高会导致动力蒸汽消耗增加。

② 动力蒸汽压力升高，造水比也随之增大，但是变化缓慢。因为在较高动力蒸汽压力下，引射蒸汽少量增加，同时动力蒸汽消耗减少。

③ 比传热面积和比冷却水流量对蒸发温度和压缩比的变化十分敏感。随着蒸发温度和压缩比的增加，这两个参数变小。这是由于蒸发器和冷凝器总传热系数的提高增强了传热速率。

④ 给定的比传热面积和比冷却水流量会限制动力蒸汽压变化的灵敏度。

总之，建议单效蒸汽喷射器淡化装置的蒸发温度取中间值，例如 70～80℃，采用较低的压缩比（约为 2）。

3.1.4 多效蒸馏

3.1.4.1 原理及技术特点

多效蒸馏又称多效蒸发，是一个典型的化工单元操作。因为一般蒸发过程的产品为浓缩液，而海水淡化的产品为蒸汽凝结成的淡水，类似从蒸馏塔顶获取有价值的轻馏分，因此多效蒸发在海水淡化领域习惯称多效蒸馏。其历史可追溯到制糖业兴起时对糖液的浓缩，要比多级闪蒸长得多。

（1）多效蒸馏的分类 多效蒸馏可根据流程和设备进行分类，分类的方法如下。

① 按流程分类 按流程分，多效蒸馏可分为顺流、逆流和平流流程。详见 3.1.4.2 节。

② 按蒸馏设备分类 蒸发设备的种类繁多，按海水淡化所采用的蒸发器形式可分类如下：

a. 按蒸发物料流动的类型可以分为强制循环蒸发器、自然循环蒸发器和膜式蒸发器，在膜式蒸发器中，按流动方向又可分为升膜式和降膜式蒸发器。

b. 在降膜蒸发器中，又可分为垂直管降膜蒸发器、水平管降膜蒸发器和板式蒸发器。

③ 按操作温度分类 按多效蒸馏的最高盐水沸腾温度 TBT（top brine temperature），又可以分为低温多效蒸馏和高温多效蒸馏。其中低温多效蒸馏海水淡化技术避免和减缓了高温蒸馏设备的腐蚀和结垢问题。由于盐水的蒸发温度低，使得使用廉价传热材料成为可能。由于廉价传热材料的使用，使得同样的投资规模可以安排更多的传热面积，因此，即使在低温操作段也可以达到较高的造水比，可达到 10 左右。

（2）低温多效蒸馏海水淡化的原理 所谓低温多效蒸馏海水淡化技术是指盐水的最高蒸发温度 TBT 不超过 70℃的海水淡化技术，其特征是将一系列的水平管降膜蒸发器或垂直管降膜蒸发器串联起来并被分成若干效组，用一定量的蒸汽输入通过多次的蒸发和冷凝，从而得到多倍于加热蒸汽量的蒸馏水的海水淡化技术。水平管低温多效蒸馏海水淡化工艺流程如图 3-22 所示。

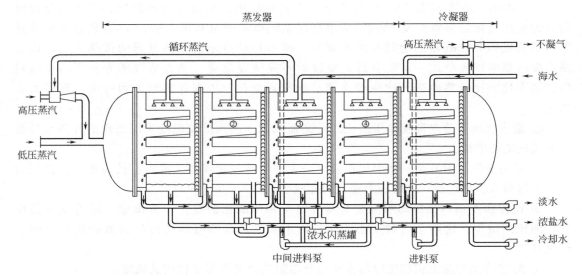

图 3-22　低温多效蒸馏海水淡化工艺流程图

　　海水首先进入冷凝器中预热、脱气，而后被分成两股物流，一股作为冷却水排回大海，另一股作为蒸馏过程的进料。进料水加入阻垢剂后被引入到蒸发器的后几效中。料液经喷嘴被均匀分布到蒸发器的顶排管上，然后沿顶排管以薄膜形式向下流动，部分水吸收管内冷凝蒸汽的潜热而蒸发。二次蒸汽在下一效中冷凝成产品水，剩余料液由泵输送到蒸发器的下一个效组中，该组的操作温度比上一组略高，在新的效组中重复喷淋、蒸发、冷凝过程。剩余的料液由泵往高温效组输送，最后在温度最高的效组中以浓缩液的形式离开装置。

　　生蒸汽被输入到第一效的蒸发管内并在管内冷凝，管外海水产生与冷凝量基本等量的二次蒸汽。由于第二效的操作压力要低于第一效，二次蒸汽在经过捕沫装置后，进入下一效传热管。蒸发、冷凝过程在各效重复，每效均产生基本等量的蒸馏水，最后一效的蒸汽在冷凝器中被海水冷凝。

　　第一效的冷凝液返回蒸汽发生器，其余效的冷凝液进入产品水罐，各效产品水罐相连。由于各效压力不同使产品水闪蒸，并将热量带回蒸发器。这样，产品水呈阶梯状流动并被逐级闪蒸冷却，回收的热量可提高系统的总效率。被冷却的产品水由产品水泵输送到产品水储罐。这样生产出来的产品水是平均含盐量小于 5mg/L 的纯水。

　　浓水从第一效呈阶梯状流入一系列的浓水闪蒸罐中，过热的浓水被闪蒸以回收其热量。经过闪蒸冷却之后的浓水最后经浓水泵排回大海。

　　不凝气在冷凝器富集，由真空泵抽出。

　　低温多效蒸馏因其技术优势及灵活的装置组合方式，可以利用各种形式的低位热源，可行的运行方式包括：与发电厂结合实现电水联产，利用柴油机的余热造水，与固体废物焚烧炉结合进行海水淡化，利用工业冷却水和工业废气造水，利用太阳能、地热造水。

（3）低温多效蒸馏技术特点　低温多效蒸馏可以用水平管，也可以是垂直管，蒸汽的冷凝和海水的蒸发分别在传热表面的两侧同步发生。低温多效蒸馏装置中蒸发器效数的选择受进料海水温度、效间温差和最高蒸发温度的限制，通常设计为 8～16 效，这可以保证系统有较高的造水比（每吨生蒸汽可生产的产品水吨数）。低温多效蒸馏过程操作温度较低，一定程度上减缓了设备的腐蚀及结垢问题，而且也使得使用廉价传热材料成为可能，同样的投资规模下可以安排更多的传热面积，以此提高系统的经济性。

低温多效蒸馏海水淡化技术主要有以下特点：

① 多效蒸馏的传热过程是沸腾和冷凝换热，是双侧相变传热，因此传热系数很高，对于相同的温度范围，多效蒸馏所用的传热面积要比多级闪蒸少；

② 进料海水预处理简单。海水进入低温多效装置前只需经过筛网过滤和加入少量阻垢剂即可，而多级闪蒸必须进行加酸脱气，反渗透对预处理的要求更高；

③ 多效蒸馏的操作弹性很大，负荷范围从 110% 到 40%，皆可正常操作；

④ 低温多效蒸馏通常与蒸汽喷射器结合，将中间某一效的低品位蒸汽压缩后重新输入第一效蒸发器，以提高装置造水比；

⑤ 操作温度低，蒸发顶端温度为 70℃，可避免或减缓设备的腐蚀和结垢，对材料要求较低；

⑥ 系统的热效率高，30 余度的温差即可安排 12 以上的传热效数，从而达到较高的造水比；

⑦ 系统的操作安全可靠，在低温多效蒸馏系统中，发生的是管内蒸汽冷凝而管外液膜蒸发，即使传热管发生了腐蚀穿孔而泄漏，由于汽侧压力大于液膜侧压力，浓盐水不会流到产品水中，充其量只会影响造水量；

⑧ 水质好，产品水含盐量一般不超过 5mg/L，反渗透淡化装置要达到相同的水质需要两级处理流程。

3.1.4.2　多效蒸馏常见进料工艺[4]

按流程分类，多效蒸馏的工艺流程主要有三种，顺流、逆流和平流。

① 顺流　顺流是指料液和加热蒸汽都是按第一效到第二效再到第三效的次序进料。

② 逆流　逆流是指进料流动的路线和加热蒸汽的流向相反。原料从真空度最高的末一效进入系统，逐步向前面各效流动，浓度越来越高。

③ 平流　平流是指各效都单独平行加料，不过加热蒸汽除第一效外，其余各效皆用的是二次蒸汽。按照各效浓水的流动方式，平流又分为平流/分组和平流/错流。

a. 平流/分组　此流程是逆流与平流的结合，特征是将一系列蒸发器串联起来并被分成若干效组，进料水并行进入由两效或多效蒸发器组成的末组蒸发器中，被加热到沸点，部分海水汽化蒸发，剩余部分的浓水汇集进入下一组蒸发器内重复加热、汽化蒸发过程。各效中生成的淡水和最终浓水依靠压差逐效闪蒸。

b. 平流/错流　此流程是指各效单独平行进料，前效产生的二次蒸汽进入下一效作为加热蒸汽，加热喷淋至传热管外的海水汽化蒸发。与平流/错流不同的是，前效产生的浓水进入下一效闪蒸，依次重复进行。

图 3-23 中为三种不同的加热蒸汽和蒸发盐水的流动方向，要依据盐溶解度的变化选择不同进料方式，而最高盐水温度和最大的盐水浓度决定了盐的溶解度。

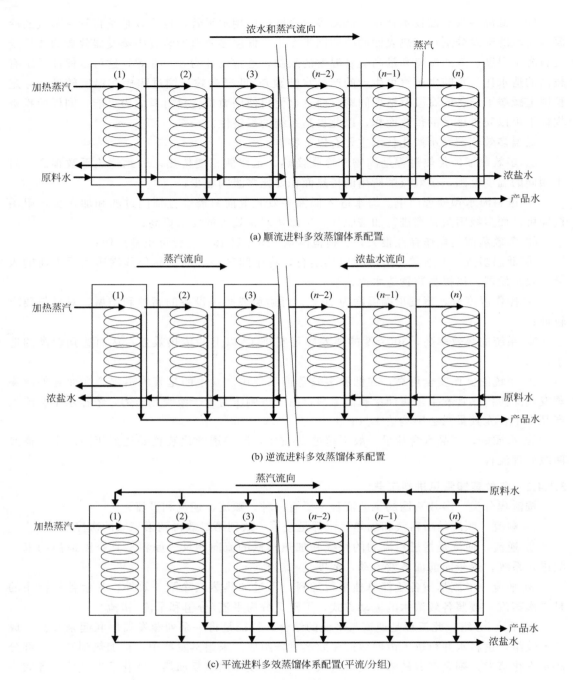

(a) 顺流进料多效蒸馏体系配置

(b) 逆流进料多效蒸馏体系配置

(c) 平流进料多效蒸馏体系配置(平流/分组)

图 3-23　多效蒸馏体系配置

图 3-24 显示了在硫酸钙的溶解度随浓度和温度的变化。该图给出了硫酸钙溶解度的上限，以及在三种多效蒸馏体系的温度-浓度分布的变化。这些数据和图表来源于海水和浓水，适用于系统预热器和蒸发器内海水流动状况。

（1）不带蒸汽喷射器的多效蒸馏平流进料工艺

① 过程描述　不带蒸汽喷射器的多效蒸馏平流进料工艺流程示意见图 3-25、图 3-26，效数从左到右（蒸汽流动方向）编号为 1 到 n，每效由传热管、蒸发室、喷淋系统、捕沫装

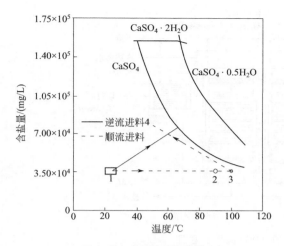

（a）平流/分组进料多效蒸馏体系中
最高盐水温度下硫酸钙的溶解度

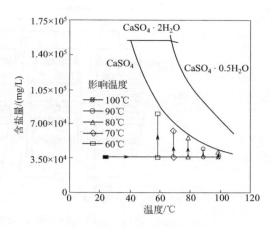

（b）平流/错流进料多效蒸馏体系中
最高盐水温度下硫酸钙的溶解度

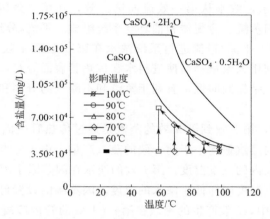

（c）逆流进料多效蒸馏体系中最高盐水温度下硫酸钙的溶解度

图 3-24 硫酸钙溶解度随多效蒸馏体系浓度和温度的变化

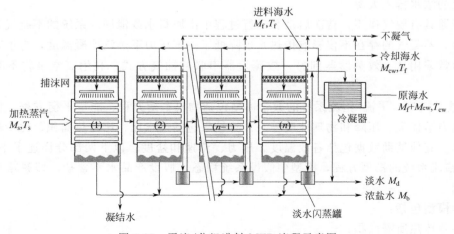

图 3-25 平流/分组进料 MED 流程示意图

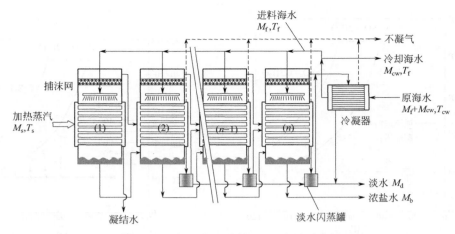

图 3-26　平流/错流进料 MED 流程示意图

置和其他部件组成，进料水由喷淋系统自上而下垂直喷淋到水平布置的传热管上。平流/错流进料系统如图 3-26 所示，浓水从第一效流向第二效，在第二效闪蒸并与二效浓水混合。每个系统均由蒸发器、闪蒸罐、冷凝器和抽真空系统组成。平流/分组和平流/错流进料系统包含 $n-1$ 个淡水闪蒸罐，平流/错流进料系统浓水在第 2 至第 n 效内闪蒸。两个系统均采用水平管降膜蒸发，可利用大流量喷嘴使进料水在传热管表面分布，具有较高的润湿率和均匀性，避免传热管干壁，结垢倾向低，有利于蒸汽和不凝气的分离和排出，具有较高的传热系数。

在平流/错流系统中，第 2 效到第 n 效的蒸汽是通过传热管表面蒸发和淡水闪蒸罐闪蒸产生，蒸发器每效产生的蒸汽量均小于前一效的蒸汽产量。由于沸点升高和非平衡温升使得闪蒸的蒸汽温度低于该效内的蒸发温度。第 i 效的淡水在闪蒸罐中闪蒸得到少量蒸汽，由于非平衡温升使闪蒸的蒸汽温度同样低于浓水的温度，闪蒸罐的设置可回收浓水和产品水中的热量。在平流/错流系统中，i 效产生的蒸汽在第 $i+1$ 效的管内冷凝，最后一效形成的所有蒸汽在冷凝器的壳程冷凝。

两种进料形式中，排出每一效的浓水 $CaSO_4$ 的浓度接近于溶解极限，见图 3-24（a），最后一效的浓水排入大海。

冷凝器具有脱气作用，首次启动和运行过程中由原料水或泄漏入系统的不凝气首先在冷凝器排出。不凝气的存在不仅影响传热，也降低了一定压力下蒸汽冷凝温度，为了减少蒸汽损失，通常采用从一效蒸发器到另一效蒸发器串联的抽气方式，利用真空泵将不凝气排入大气。

② 数学模型　平流/错流系统的数学模型包括物料平衡方程、能量平衡方程、传热系数估算、热力学损失、压降和物理性质等，计算结果包括造水比、比传热面积、比冷却水流量和转化率。其他辅助数据包括各效温度、压力、流速和盐度。以下两部分详述了平流/分组和平流/错流系统的模型方程，模型中假设系统稳态，假设产品水不含盐，即忽略蒸汽中夹带的液滴。

数学模型包括：

—各效传热所需面积；

—利用传热方程计算每效蒸发器用于海水预热和蒸发的传热面积；

—效间沸点升高、蒸发器和闪蒸罐的非平衡温升、经捕沫器后压降对应的温度降低、蒸汽流动和冷凝过程热力学损失；

—蒸发温度、传热管材料、特定传热面积下管束几何排列形式的影响分析；

—盐水物理性质的变化；

—蒸发器和冷凝器中不凝气对传热系数的影响。

a. 平流/分组低温多效蒸馏海水淡化的数学模型　平流/分组低温多效蒸馏数学模型包括物料平衡和能量平衡方程以及各效蒸发器、闪蒸罐和冷凝器的传热方程。该模型包括以下方程：

第 i 效总物料平衡

$$F_i = D_i + B_i \tag{3-74}$$

第 i 效的盐平衡

$$X_{F_i} F_i = X_{B_i} B_i \tag{3-75}$$

第 i 效的能量平衡

$$D_{i-1}\lambda_{i-1} + d'_{i-1}\lambda'_{i-1} = F_i C_p (T_i - T_f) + D_i \lambda_i \tag{3-76}$$

在式（3-76）中，第一项代表前一效蒸发器产生的二次蒸汽的热量（$i \geqslant 2$），因为第一效的热源来源于系统外部；第二项代表前一效闪蒸罐产生的蒸汽的热量（$i \geqslant 3$）；第三项代表用于进料水预热的热量，即从进料温度上升到蒸发温度的热量；最后一项表示效内用于产生蒸汽所需的热量。上述方程中，恒压下的热量取决于浓水的盐度和温度，潜热取决于蒸汽温度。

i 效蒸汽温度：

$$T_{v_i} = T_i - BPE_i \tag{3-77}$$

式中，T_v 指蒸汽温度。

蒸汽冷凝温度：

$$T_{c_i} = T_i - BPE_i - \Delta T_p - \Delta T_t - \Delta T_c \tag{3-78}$$

在方程（3-78）中，蒸汽冷凝温度 T_{c_i} 低于浓水沸点温度 T_i，这是由于浓水沸点升高、蒸汽经气液分离器压降造成的温度损失（ΔT_p）、流动过程中的摩擦损失（ΔT_t）和冷凝过程中损失（ΔT_c）造成的。

闪蒸罐闪蒸的蒸汽量（d'_i）：

$$d'_i = D_{i-1} C_p \frac{T_{c_{i-1}} - T''_i}{\lambda'_i} \tag{3-79}$$

$$T''_i = T_{v_i} + (NEA)_i \tag{3-80}$$

式中，$(NEA)_i$ 为非平衡温升，$(NEA)_i = 0.33 \dfrac{T_{c_{i-1}} - T''_i}{T_{v_i}}$，$T''_i$ 为淡水在闪蒸罐闪蒸冷却之后的温度[5]，第 i 效蒸发器传热面积：

$$D_{i-1}\lambda_{i-1} + d'_{i-1}\lambda'_{i-1} = F_i C_p (T_i - T_f) + D_i \lambda_i = A_{1i} U_{1i} (LMTD)_i + A_{2i} U_{2i} (T_{v_i} - T_i) \tag{3-81}$$

$$\alpha(D_{i-1}\lambda_{i-1} + d'_{i-1}\lambda'_{i-1}) = D_i \lambda_i = A_{2i} U_{2i} (T_{v_i} - T_i) \tag{3-82}$$

$$(LMTD)_i = (T_i - T_f)/\ln[(T_{v_i} - T_f)/(T_{v_i} - T_i)] \tag{3-83}$$

式中，A_{1i} 是用于海水预热的换热面积；A_{2i} 是用于蒸发的换热面积；U_{1i}、U_{2i} 是相应的传热系数；α 是输入蒸汽热量消耗分数。

冷凝器的能量平衡和传热面积：

$$(d'_n + D_n)\lambda_n = (M_{cw} + M_f)C_p(T_f - T_{cw}) \tag{3-84}$$

$$(d'_n + D_n)\lambda_n = U_c A_c (LMTD)_c \tag{3-85}$$

$$(LMTD)_c = (T_f - T_{cw})/\ln[(T_{v_n} - T_{cw})/(T_{v_n} - T_f)] \tag{3-86}$$

b. 平流/错流低温多效蒸馏数学模型 平流/错流低温多效蒸馏系统数学模型与平流/分组系统相似，包括如下方程：

第 i 效总物料平衡

$$F_i + B_{i-1} = D_i + B_i \tag{3-87}$$

第 i 效的盐平衡

$$X_{F_i}F_i + X_{B_{i-1}}B_{i-1} = X_{B_i}B_i \tag{3-88}$$

第 i 效的能量平衡

$$D_{i-1}\lambda_{i-1} + d_{i-1}\lambda_{i-1} + d'_{i-1}\lambda'_{i-1} = F_i C_p(T_i - T_f) + D_i\lambda_i \tag{3-89}$$

浓水闪蒸的蒸汽流量

$$d_i = B_{i-1}C_p \frac{T_{i-1} - T'_i}{\lambda_i} \tag{3-90}$$

$$T'_i = T_i + NEA_i \tag{3-91}$$

式中，T'_i 指浓水进入该效闪蒸冷却后的温度，由方程（3-90）可知，由于非平衡温升使得此温度低于效内浓水的温度。

第 i 效传热面积：

$$D_{i-1}\lambda_{i-1} + d_{i-1}\lambda_{i-1} + d'_{i-1}\lambda'_{i-1} = F_i C_p(T_i - T_f) + D_i\lambda_i$$
$$= A_{1i}U_{1i}(LMTD)_i + A_{2i}U_{2i}(T_{v_i} - T_i) \tag{3-92}$$

$$\alpha(D_{i-1}\lambda_{i-1} + d_{i-1}\lambda_{i-1} + d'_{i-1}\lambda'_{i-1}) = D_i\lambda_i = A_{2i}U_{2i}(T_{v_i} - T_i) \tag{3-93}$$

冷凝器的能量平衡和传热面积：

$$(d_n + d'_n + D_n)\lambda_n = (M_{cw} + M_f)C_p(T_f - T_{cw}) \tag{3-94}$$

$$(d_n + d'_n + D_n)\lambda_n = U_c A_c(LMTD)_c \tag{3-95}$$

淡水闪蒸罐闪蒸的蒸汽流量方程、各效蒸发器和冷凝器对数平均温差方程与平流/分组低温多效蒸馏系统相同，方程（3-87）～方程（3-95）中各符号也与方程（3-74）～方程（3-86）相同。

求解算法：

两个系统模型方程是非线性的，因此需要利用迭代算法进行求解，求解前首先定义如下参数：

——效数为 4、6、8 或 12；

——加热蒸汽温度范围为 60～100℃；

——原海水温度（T_{cw}）为 25℃；

——进料水温度（T_f）为 35℃；

——最后一效蒸发温度（T_n）为 40℃；

——原海水含盐量为 34000mg/L 或 42000mg/L；

——传热管管壁和传热管内外的污垢热阻总量为 731×10^{-6} m²·℃/W；

——传热管外径（δ_o）为 21.75mm，传热管内径（δ_i）为 19.75mm。

利用牛顿迭代法计算两个系统的模型方程：

——各效进料水、浓水、产品水流量；

——蒸汽流量；

——第 1 效到第 $n-1$ 效浓水温度；

——各效蒸发所需热量；

——各效预热和蒸发的传热面积。

根据牛顿法进行迭代，迭代误差为 1×10^{-4}，为便于求解，尽可能拆分每个方程，所有方程定义一个编号。例如，盐平衡方程为：

$$f(X_{F_i}, F_i, X_{B_i}, B_i) = 1 - (X_{F_i} F_i)/(X_{B_i} B_i) \tag{3-96}$$

③ 系统性能 以上两个系统性能根据原海水盐度、蒸发器效数、浓水最高温度进行分析。性能参数包括造水比、比冷却水流量、比传热面积和海水转化率，同时提出在系统操作条件下预热和蒸发的传热面积的影响因素分析，最后与顺流进料 MED 数学模型进行对比分析。

图 3-27 所示为加热蒸汽温度和海水盐度变化时，平流/分组进料 MED 系统性能。在较高的加热蒸汽温度下，造水比降低的影响因素如下：将进料水温度加热至蒸发温度所需显热量增加，因为进料温度 (T_f) 保持 35℃不变；转化率降低造成进料流量增大；在较高温度下加热蒸汽的潜热减小。

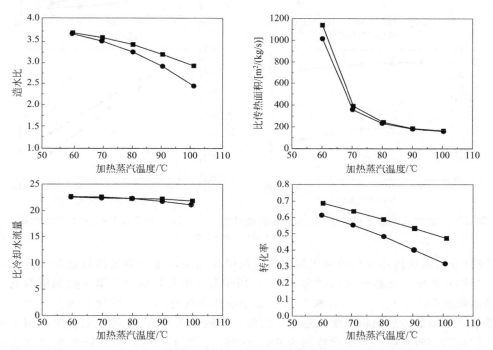

图 3-27 加热蒸汽温度和原海水含盐量变化对 4 效平流/分组进料系统的影响

原海水含盐量（mg/L）：■— 34000 ●— 42000

图 3-27 也给出了海水盐度对系统性能的影响。加热蒸汽温度较高时，系统造水比、比冷却水流量和转化率差别较大，这是受浓水排放盐度限制，降低了转化率，增大了进料水流量。结合公式（3-28）和公式（3-29）可见，在增加海水盐度的条件下各效蒸发器产生的蒸汽量减少，由此得到关系式 $D_i/F_i = (X_{B_i} - X_{F_i})/X_{B_i}$，在恒定温度（$X_{B_i}$ 不变）下增加 X_{F_i} 会减少产生蒸汽量。如图 3-27 所示，传热面积随海水盐度变化不明显，仅仅取决于热负荷、加热蒸汽温度、效间温差和总的传热系数。

由图 3-28 可见，增加蒸发器效数可提高造水比，增加传热面积。因为加热蒸汽的温度和最后一效浓水的温度是一定的，传热驱动力的降低和传热温差减小，使传热面积增大，多效系统增加蒸汽循环利用次数后造水比增加。第一效中，蒸汽放热，加热进料水使其达到饱和温度，蒸发得到少于加热蒸汽量的蒸汽。以后各效重复此过程，效数越多，以后各效产生的蒸汽量减少，所需冷却水量减少。浓水排放含盐量受限，转化率降低。如图3-28所示，8效平流/分组进料系统最低加热蒸汽温度为70℃，加热蒸汽温度越低，第一效和最后一效浓水的温度带越窄。因此，在沸点升和传热温差降低共同影响下导致传热窄点的出现，即第 i 效的蒸汽温度低于 $i+1$ 效浓水温度。

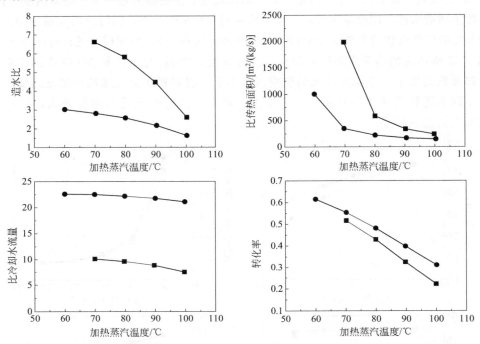

图 3-28　加热蒸汽温度和效数变化对海水含盐量为 42000mg/L 的平流/分组进料系统的影响
■— 8 效；●— 4 效

平流/分组系统传热面积的变化与加热蒸汽温度相关，也与蒸发器效数有一定关系。例如，一个四效系统，加热蒸汽温度为100℃，用于蒸发的传热面积从第一效到第四效分别占总传热面积的78%、92%、96%和98%；如果加热蒸汽为70℃，则变为95%～98%。增加蒸发器效数则增加传热面积的变化范围，例如，加热蒸汽为100℃的八效系统，用于蒸发的传热面积从第一效到第八效变化范围为68%～99%。综上所述，由于进料水温度达到饱和温度所需显热量增加，所以加热蒸汽温度越高，蒸发所需传热面积越小。

平流/分组 MED 和平流/错流 MED 系统中，转化率和比冷却水流量差别较大，造水比和比传热面积相差不多。如图3-29、图3-30所示，加热蒸汽温度增加，系统的转化率保持不变，但若进料水含盐量低，则转化率提高。因为离开系统最后一效浓水温度相同（40℃），转化率不随加热蒸汽温度改变。系统总的质量平衡和含盐量平衡关系式分别定义为 $M_F = M_B + M_D$ 和 $M_F X_F = M_B X_B$，组合起来为 $M_D/M_F = (X_B - X_F)/X_B$。从公式可见，因为 X_B 和 X_F 与加热蒸汽温度无关，所以转化率不随加热蒸汽温度改变。图3-30 显示转化率与蒸发器效数无关，同样结合上面的关系式可以得出，转化率只取决于 X_B 和 X_F，就这一点而言，X_B 是最后一效浓水温度（40℃）的一个函数，X_F 是一个独立参数。在较高的加热蒸汽温度和海水含盐量下，提高系统转化率会使比冷却水流量稍有增加，这意味着系统造水比有了一定的增加。

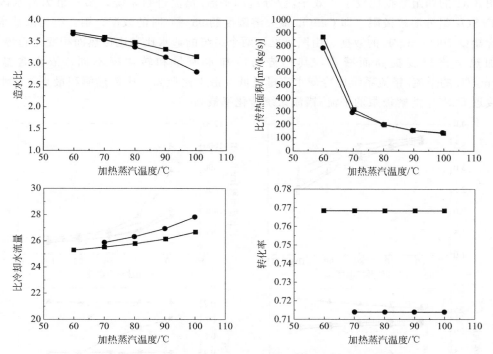

图 3-29 加热蒸汽温度和海水含盐量变化对 4 效平流/错流进料系统的影响

原海水含盐量（mg/L）：■ 34000；● 42000

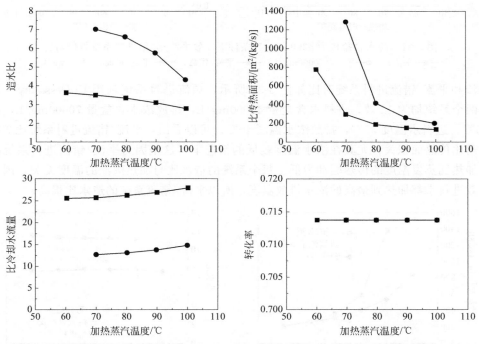

图 3-30 加热蒸汽温度和效数变化对海水含盐量为 42000mg/L 的平流/错流进料系统的影响

■ 4效；● 8效

图 3-31 的两组数据比较了 4 效平流/分组和平流/错流进料系统。第一组为海水浓缩到接近 $CaSO_4$ 组分溶解极限（即 $CaSO_4$ 最大溶解度的 95％）时的数据，第二组为浓盐水达到最大含盐量 70000mg/L 的数据。由图可见，两个系统的造水比和比传热面积变化趋势相似，均随加热蒸汽温度提高而减小，其趋势与冷却水流量和转化率不同。浓水含盐量在 70000mg/L 的平流/错流系统比冷却水流量最低、造水比最高、比传热面积最小，海水浓缩程度接近 $CaSO_4$ 溶解极限的平流/错流系统转化率最高。

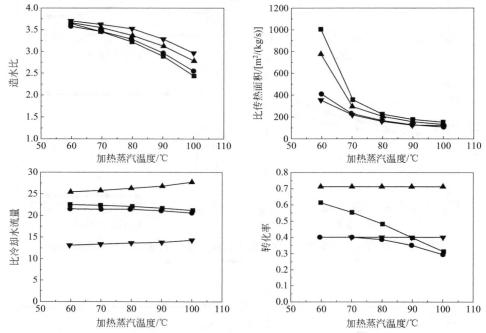

图 3-31　海水含盐量为 42000mg/L 条件下 4 效平流/分组进料系统性能对比
─■─ 平流；─●─ 平流，70000mg/L；─▲─ 平流/错流；─▼─ 平流/错流，70000mg/L

顺流和平流/错流进料系统对比如图 3-32 所示，顺流进料系统利用 El-Dessouky[6] 等人的数据。两个系统均为 12 效，进料水含盐量 42000mg/L，排放浓水含盐量 70000mg/L，原海水温度 25℃，进料水温度 35℃，排放浓水温度 40℃。可以看出，平流/错流进料系统比顺流进料系统所需比传热面积大，尤其在浓水温度较低的情况下，这是因为平流/错流进料系统把每效进料水加热到蒸发温度的传热驱动力低。每个系统的造水比与加热蒸汽的温度无关，因为不需要将每效进料水都加热到最高的浓水排放温度，所以平流/错流系统的造水比很高。

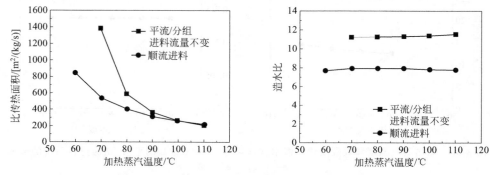

图 3-32　12 效平流/分组、顺流进料系统性能对比

④ 工业应用数据 表 3-2 为平流进料、顺流进料和传统多级闪蒸性能对比。如表所示，24 级多级闪蒸系统的造水比为 8，而 8 效 MED 系统造水比为 4.9～5.8。12 效系统造水比平均值为 8，随着效数从 8 增加到 12，MED 系统的比传热面积在 $200～500 m^2/(kg/s)$ 范围内变化，多级闪蒸的比传热面积为 $259 m^2/(kg/s)$。需要注意的是，顺流进料 MED 系统未发现商业应用，这里提出的只是方案设计。

表 3-2 MSF、顺流进料 MED、平流/错流进料 MED 对比

（海水含盐量 42000mg/L，加热蒸汽温度 90℃）

项目	MSF (El-Dessouky 等 1995 年数据[7])	顺流进料 MED (El-Dessouky 等 1998 年数据[6])	平流/分组进料 MED	平流/错流进料 MED
效数或级数	24	8	8	8
造水比	8	5.2	4.9	5.8
比传热面积	259	212	335	255
转化率	0.4	0.4	0.325	0.714
浓水排放含盐量/(mg/L)	70000	70000	62247	146776
比冷却水流量	2.4	2.6	8.9	13.7
比泵功率/(kW/m³)	8.3	4.12	7.78	9.85

⑤ 小结 对不同结构系统进行性能分析表明平流/错流进料 MED 系统性能最好。平流/分组进料 MED 系统性能与平流/错流进料 MED 系统性能相差不多，在设计、建设和运行上也相似。两个系统都适宜高温操作，这样可以大幅减少传热面积，但是低温运行造水比高、比冷却水流量小。因此需要综合考虑优化选择效率高、造价低的系统和操作运行条件。

(2) 带有蒸汽喷射器的多效蒸馏平流进料工艺 多效蒸馏海水淡化工业生产常采用平流进料工艺，平流进料具有布置简单、操作范围宽等特点，分为 MEE-TVC（耦合蒸汽喷射器）、MEE-MVC（耦合机械压缩机）系统。MEE-MVC 的市场份额低于 1%，MEE-TVC 具有较高的市场份额。下面以 MEE-TVC 为例，介绍带有蒸汽喷射器的多效蒸馏平流进料工艺。

① 流程描述 图 3-33 给出了 MEE-P/TVC 的工艺流程。如图所示，系统包括 n 效蒸发器和 $n-1$ 效闪蒸罐。每效包括蒸发室、捕沫器、冷凝器/蒸发器传热管、喷嘴。效数从左侧到右侧（热流方向）编号为 1 到 n。蒸汽流向从左至右，也是压力下降的方向，海水在垂直的方向进入。压缩蒸汽流入首效的传热管进汽侧，同时料进料水喷淋在壳程的传热管顶部，形成一层液膜。首效海水降膜喷淋吸收压缩蒸汽的潜热，海水温度上升到饱和温度，开始进行蒸发并产生少量蒸汽，这些蒸汽进入下一效传热管内进行冷凝，释放潜热给传热管外的海水，此过程不断重复进行，直至第 n 效。第 2 效到第 n 效的淡水流入相连的闪蒸罐内，其中淡水闪蒸产生少量的蒸汽后温度降低。闪蒸蒸汽和前一效的二次蒸汽一起进入下效的传热管进汽侧。末效产生的蒸汽进入冷凝器，冷却海水喷淋到传热管上冷凝末效产生的部分蒸汽。蒸汽喷射器引射剩余部分的蒸汽，并压缩到需要的压力和温度。从冷凝器出来的加热海水分成两部分：一部分作为进料水，分布到各效蒸发器；另一部分作为冷却海水排回大海。蒸汽喷射器内一定压力的蒸汽通过拉伐尔喷嘴以超声速射出，由压力能转化为速度能。在喷嘴出口处由于高速气流的引射作用形成低压，工作蒸汽与被抽气流在混合室进行混合，并进

行能量交换，混合气流在扩压管内得到减速增压。

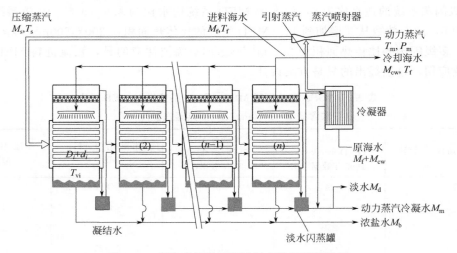

图 3-33　蒸汽喷射器平流进料多效蒸馏流程图

② 数学模型　下面讨论 MEE-PC（平流/分组多效蒸馏）系统中各部分的模型方程，假设各模型稳态运行、每效换热面积相同、环境的热损失忽略不计、淡水中不含盐。图 3-34 给出了第 i 效蒸发器和相关的闪蒸罐的系统变量原理图，图中包括各效进入和流出蒸发器和闪蒸罐的流量、含盐量和各流体的温度。

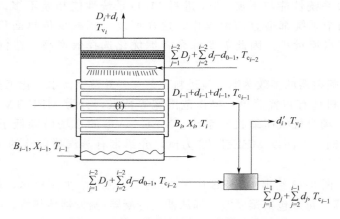

图 3-34　第 i 效蒸发器和闪蒸罐的变量

a. 各效平衡方程　每效的数学模型包括物料和能量平衡方程以及热传导方程。该模型包括如下方程：

$$F_i + B_{i-1} = D_i + B_i \tag{3-97}$$

第 i 效盐度平衡：

$$X_{F_i} F_i + X_{B_{i-1}} B_{i-1} = X_{B_i} B_i \tag{3-98}$$

方程（3-97）和方程（3-98）中，B、D 和 F 分别指浓水的流量、淡水流量和进水流量，X 是含盐量，下标 B、F 和 i 指的是浓水、进料水和效数。

排出的浓水含盐量：

$$X_b = 0.9(457628.5 - 11304.11 T_b + 107.5781 T_b^2 - 0.3604747 T_b^3) \tag{3-99}$$

该公式用于计算各效排出浓水的含盐量，浓水温度是其中的一个函数，通过含盐量/温度拟合的性能曲线得出，其中 $CaSO_4$ 的溶解度为 90%，排出的浓水含盐量的上限设定为 70000mg/L。

第 i 效的能量方程：

$$D_{i-1}\lambda_{i-1}+d_{i-1}\lambda_{i-1}+d'_{i-1}\lambda'_{i-1}=F_iC_p(T_i-T_f)+D_i\lambda_i \tag{3-100}$$

在上述公式中，d 是 $i-1$ 效产生的蒸汽量，d' 是闪蒸罐闪蒸出的蒸汽量，X 是潜热，C_p 是在常压下的比热容。T_i 是浓水沸腾的温度，T_f 是海水进料温度。

式（3-100）中的第一项对应的是前一效二次蒸汽在该效冷凝所产生的热量，这仅适用于第2效到第 n 效，因为首效引入外部热源的加热蒸汽来驱动系统。第3效到第 n 效中，式（3-100）第二项定义了在前一效浓水闪蒸形成的蒸汽冷凝所产生的热量。

式中第三项，仅适用于第3效到第 n 效，页是指前一效相连的闪蒸罐里蒸馏水闪蒸的蒸汽加入到该效内冷凝产生的热量。方程（3-100）第四项是进料流量，它的温度从进入该效的海水温度升高到蒸发温度。最后一项是该效热量消耗量。在上面的公式中，常压下的比热容取决于浓水的含盐量和温度，潜热取决于蒸汽的温度。

第 i 效蒸汽温度：

$$T_{v_i}=T_i-BPE_i \tag{3-101}$$

式中，BPE 指沸点升，T_v 指蒸汽温度。

$$T_{c_i}=T_i-BPE_i-\Delta T_p-\Delta T_t-\Delta T_c \tag{3-102}$$

方程（3-101）里，冷凝温度 T_{c_i} 低于浓水蒸发温度 T_i，由沸点升和捕沫器的压降所引起的温差 ΔT_p，流动过程的温差 ΔT_t 和冷凝温差 ΔT_i 计算得出。

该效浓水产生的蒸汽量：

$$d_i=B_{i-1}C_p\frac{T_{i-1}-T'_i}{\lambda_i} \tag{3-103}$$

和

$$T'_i=T_i+NEA_i \tag{3-104}$$

公式（3-103）中，T' 是指浓水冷却后进入该效的温度。潜热 λ_i 由该效蒸汽的温度 T_{v_i} 计算得出。NEA_i 是指非平衡公差（余量），由 Miyatake[5]（1973）得出的关联式计算得出。

$$(NEA)_i=\frac{33.0(T_{i-1}-T_i)^{0.55}}{T_{v_i}} \tag{3-105}$$

淡水闪蒸罐闪蒸的蒸汽量：

$$d'_i=D_{i-1}C_p\frac{(T_{c_{i-1}}-T''_i)}{\lambda'_i} \tag{3-106}$$

和

$$T''_i=T_{v_i}+(NEA)_i \tag{3-107}$$

式中，(NEA_i) 指非平衡温升，相当于 $(NEA)_i=0.33\dfrac{T_{c_i-1}-T_{v_i}}{T_{v_i}}$，指冷凝蒸汽冷却后进入闪蒸罐内的温度。

第 i 效的换热面积

$$D_{i-1}\lambda_{i-1}+d_{i-1}\lambda_{i-1}+d'_{i-1}\lambda'_{i-1}=F_iC_p(T_i-T_f)+D_i\lambda_i$$
$$=A_{1i}U_{1i}(LMTD)_i+A_{2i}U_{2i}(T_{c_i}-T_i) \tag{3-108}$$

$$\alpha(D_{i-1}\lambda_{i-1}+d_{i-1}\lambda_{i-1}+d'_{i-1}\lambda'_{i-1})=D_i\lambda_i=A_{2i}U_{2i}(T_{ci}-T_i) \qquad (3\text{-}109)$$

$$(LMTD)_i=(T_i-T_f)/\ln[(T_{ci}-T_f)/(T_{ci}-T_i)] \qquad (3\text{-}110)$$

式中，A_{1i} 是指每效进料水温度加热到蒸发温度时所需要的换热面积，A_{2i} 指进行蒸发的换热面积，U_{1i} 和 U_{2i} 是关联的总传热系数，$LMTD$ 是换热系数的对数，α 是小部分蒸汽生成所消耗的热量。

b. 冷凝器平衡方程 冷凝器平衡方程包括能量平衡方程和换热速率方程。

冷凝器能量平衡方程：

$$(d_n+d'_n+D_n)\lambda_n=(M_{cw}+M_f)C_p(T_f-T_{cw}) \qquad (3\text{-}111)$$

冷凝器换热速率方程：

$$(d_n+d'_n+D_n)\lambda_n=U_cA_c(LMTD)_c \qquad (3\text{-}112)$$

$$(LMTD)_c=(T_f-T_{cw})/\ln[(T_{vn}-T_{cw})/(T_{cn}-T_f)] \qquad (3\text{-}113)$$

式中，A_c、U_c 和 $(LMTD)_c$ 分别指传热面积、总传热系数和对数平均温差。

在有蒸汽喷射器的情况下，冷凝器的热负荷相对较低，这是因为在最后一效和相连的闪蒸罐产生的蒸汽一部分被蒸汽喷射器抽走。因此，最后一效产生的蒸汽由下式决定：

$$M_{ev}+M_c=(d_n+d'_n+D_n) \qquad (3\text{-}114)$$

式中，M_{ev} 和 M_c 分别指的是引射和未被引射的蒸汽量。蒸汽喷射器模型及设计过程详见 3.1.3.2 节，引射蒸汽的流速由喷射器的引射系数确定。

c. 求解算法 使用迭代法计算，该算法首先对以下参数进行设定：

—效数在 4～12 范围内变化；

—加热蒸汽温度变化范围为 60～100℃；

—海水温度（T_{cw}）为 25℃；

—海水含盐量为 34000mg/L 或 42000mg/L；

—冷却水温度或海水进料水（T_f）低于冷凝蒸汽温度（T_{cn}）5℃；

—末效蒸发温度（T_n）为 40℃；

—蒸汽恒压比热容 C_{pv} 为 1.884kJ/(kg·℃)。

图 3-35 为带蒸汽喷射器多效蒸馏系统的求解算法。如图所示，模型方程同时采用牛顿迭代法求解，计算如下：

—每效进料水、浓水和蒸馏水的流速、含盐量和温度；

—每效传热面积和蒸发显热；

—各效蒸发耗热量。

上述结果也可用于计算：

—冷凝器传热面积；

—冷却海水流量；

—蒸汽喷射器引射系数；

—动力蒸汽量。

③ 系统性能 加热蒸汽温度是蒸汽喷射器系统的一个重要参数。图 3-36 为 8 效 MEE-P/TVC（平流/分组进料的蒸汽喷射器多效蒸馏工艺）和 MEE-PC/TVC（平流/错流进料的蒸汽喷射器多效蒸馏工艺）的热效率变化，动力蒸汽压力为 1500kPa，压缩比为 4。如图所示，随盐水顶温的提高，造水比逐渐降低。同时，在盐水顶温较低时，带有蒸汽喷射器淡化系统的造水比比不带蒸汽喷射器的系统提升近 75%～100%。例如盐水顶温为 60℃时，用蒸

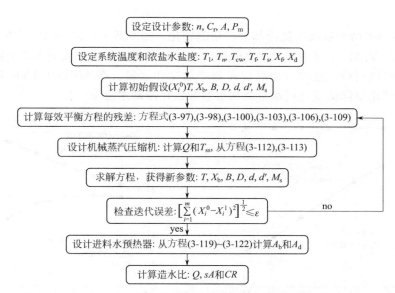

图 3-35 带有蒸汽喷射器的多效蒸馏系统的求解算法

汽喷射器造水比达到 12.2，而不带蒸汽喷射器的系统造水比为 7.3。

蒸汽温度升高，系统造水比降低，这是因为：a. 用于提供系统加热的压缩蒸汽潜热减少，如 60℃蒸汽潜热为 2470kJ/kg，110℃为 2105kJ/kg；b. 进料水预热所需热量增加，因为进料温度为 35℃且保持不变；c. 引射蒸汽温度一直低于 40℃，蒸汽压缩所需动力蒸汽量增加。

图 3-37 所示为 MEE-P/TVC 和 MEE-PC/TVC 系统的换热面积变化曲线，如图所示，加热蒸汽温度提高，换热面积迅速减小。这是因为：a. 总传热系数的增加使得浓水和冷凝蒸汽的物理性质变化，使其具有更高的热焓，从而提高流体的传热速率；b. 蒸发器效数不变，则每效的传热温差增大。

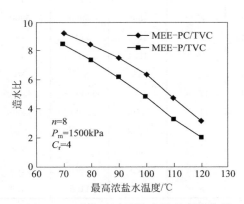

图 3-36 造水比随浓盐水温度变化曲线

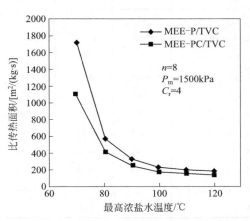

图 3-37 比传热面积随浓盐水温度变化曲线

如图 3-38 所示，MEE-PC/TVC 系统的转化率与最高盐水温度无关。而 MEE-P/TVC 的转化率随盐水顶温提高而降低。MEE-PC/TVC 系统进料水含盐量恒定为 42000mg/L，最大浓水含盐量为 70000mg/L。MEE-P/TVC 系统随加热蒸汽温度增加，转化率逐渐降低。

图 3-39 给出了两个系统中比冷却水流量的变化，如图所示，MEE-PC/TVC 系统中盐水顶温增加，比冷却水流量逐渐增大。这是因为：一定热负荷的增加或造水比的降低；恒定的转化率或恒定的进料量，这两种情况都需要增加冷却水量。在 MEE-P/TVC 系统中，盐水顶温较高时，转化率降低或进料水量增加也会导致比冷却水流量降低。

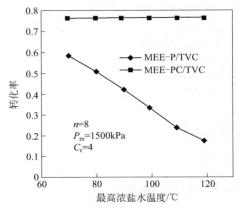

图 3-38　转化率随浓盐水温度变化曲线

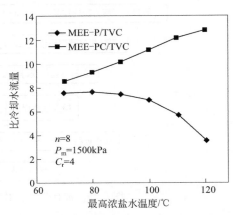

图 3-39　最高盐水温度与比冷却水流量随浓盐水温度变化曲线

④ 与淡化厂数据比较　表 3-3 比较了 4 效、6 效和 12 效多效蒸汽喷射器系统的模型预测和实际数据，建立的预测模型与实际淡化厂结果类似。表 3-3 中的结果表明，预测能耗值与实际能耗基本一致，相对误差小于 9%。因无法得到淡化厂实际传热面积，故未比较传热面积。

表 3-3　MEE-TVC 系统模型的预测结果与实测数据对比[4]

参数	Temstet	Model	Weinberg	Model	Michles	Model	Elovic Willocks	Model
n	12	12	6	6	4	4	12	12
M_d/(m³/d)	12000	12000	21000	21000	4500	4500	5900	5900
T_s/℃	70	70	62.9	62.9	62.7	62.7	71	71
T_n/℃	38.5	38.5	36.3	36.3	48.4	48.4	40①	40
T_{cw}/℃	29.5	29.5	26	26	33	33	30①	30
X_{cw}/(mg/L)	36000	36000	42000	42000	47000	47000	36000①	36000
X_{bn}/(mg/L)	51730	51730	52900	52900	71500	71500	52000①	52000
CR	0.33	0.33	0.33	0.33	0.33	0.33	0.31①	0.31
sM_{cw}	6.212	6.8	11.9	12.4	3.79	4.31	—	7.2
sA_c/[m²/(kg/s)]	—	—	1385	—	—	734	523	1283
PR	13.4	14.1	5.7	6.2	8.6	9.3	11.5	11.9

① 为估计数据。

末效加热蒸汽的温度、进料水量等参数都是预先设定的，其他设定参数包括进料水和排放浓水含盐量，该模型用以计算比传热面积、比冷却水流量和造水比。如图所示，该模型的预测与工业数据比较相符。模型预测与工业数据的相对误差值低于 15%。

⑤ 小结　本节系统分析了两种平流进料蒸汽喷射器多效蒸发体系，得出如下结论：

a. MEE-P/TVC 和 MEE-PC/TVC 系统的造水比较高，尤其在较低的盐水顶温下，比不带蒸汽喷射器系统提高 50%～100%；

b. 较高的盐水顶温，由于传热驱动力增加，比传热面积大大减小；

c. 系统能耗取决于进料温度与蒸发温度差、压缩蒸汽以及盐水温度等。

以上对平行/分组进料的建模和计算是针对多效蒸馏海水淡化系统中的一组蒸发器（包括若干效蒸发器）进行的，通常 MED 系统由若干组蒸发器组成，组间用效间泵及管路连接，海水平行进入组内各效蒸发器喷淋蒸发，剩余的浓水汇总，经效间泵打入下一个蒸发组，依此类推，每组建模计算过程同上。

3.1.4.3　多效蒸馏工艺设计

低温多效蒸馏海水淡化工程设计要根据拟建工程所处地理位置、气候条件、海水水质、海水水温、电力价格、热源品质、热源价格、产品水用途、产品水水质要求等条件综合确定工程的最佳工艺方案。

（1）取水设计　大规模的蒸馏法海水淡化一般和火电厂、核电厂或石化厂、化工厂等结合，由于具备海水取水条件，这些工厂一般都采用海水冷却，因此海水淡化厂的取水可以和这些厂的冷却水取水一并考虑，从冷却水母管上引出一个分支管线即可。管路的管径由海水取水量决定，海水取水管内的流速一般取 1.5～2.5m/s，管材一般使用非金属材质。

如果无海水取水设施可利用，则需设计单独的海水取水设施，取水方式有开放式取水、沙滩沉井取水等。

（2）海水的预处理　多效蒸馏对进料水水质要求不是太高，允许进料水的浊度不大于 20 度、游离油浓度不大于 1mg/L、游离氯浓度不大于 1mg/L。在低温多效的进料管路上安装网状过滤器，以除去有可能夹带进入设备的沙粒，管道过滤器的大小根据工程的取水量设计，可采用一用一备式，以方便过滤器的清洗。为了防止海生物进入蒸发器内在传热管上结垢，需要在海水取水管上设计海生物杀除装置，一般采用次氯酸钠发生器或加液态氯的方式，加氯的剂量保持在 2～3mg/L 为宜。

（3）低温多效蒸馏流程设计　低温多效蒸馏的流程有多种变化形式，流程的变化主要体现在海水的进料方式、流动方式及各效蒸发器的组合方式上，典型流程如下。

① 分组进料，用闪蒸罐闪蒸　此种流程具体蒸发过程如 3.1.4.2 节所述（图 3-25），只是蒸发器分为若干个蒸发组（一般为 2～3 组），原料水分组进料喷淋，原料海水首先进入到最后的蒸发组，平行进入到此组的各效蒸发器喷淋蒸发；此组蒸发器剩余的浓水汇总，经效间泵打入下一个蒸发组，依此类推。

此过程中所产生的产品水和浓水分别流入一系列的闪蒸罐中，每一个闪蒸罐连接到下一低温效的冷凝侧，这样产品水和浓水呈阶梯状流动并逐级闪蒸冷却，放出的热量提高了系统的总效率。被冷却的产品水和浓水最后分别用相应的水泵抽出。

② 平流进料，蒸发器室内闪蒸，设加热器逐级加热进料水　此种流程具体蒸发过程如 3.1.4.2 节所述，只是海水被冷凝器预热后，原料海水平行进入各效。在原料海水进入各效之前，海水在加热器中被该效的二次蒸汽预热，部分海水进入该效，剩余的海水再进入下一效预热后进入相应蒸发器，依此类推。

高温效的产品水和浓水分别流入低温效的管程和壳程进行闪蒸，用以提高系统的总效率，产生的蒸汽与该效二次蒸汽混合，一部分进入加热器预热上一高温效的进料水，另一部分进入下一低温效作为加热蒸汽。被冷却的产品水和浓水最后分别用相应的水泵抽出。

以上两种流程各有其优缺点，第一种分组进料与第二种的平流进料相比，由于对原料海水进行了重复利用，可降低原料水进料泵的耗电量，从而降低整套装置的电耗；但第一种流程进入每一组的各效蒸发器海水的温度与该效的蒸发温度温差不同，最高的可达 13℃ 左右，第二种平行进料由于每效都设有加热器，所以进料水温度与蒸发温度温差每效均为 4℃ 左右。

（4）低温多效蒸馏海水淡化工艺设计

① 海水进料量的计算　对低温多效海水淡化而言，浓缩倍数一般控制在 1.5～2.5 倍之间，主要根据海水的成分和总含盐量确定，浓缩后浓水的 TDS 至少应控制在 70000mg/L 以内。

以浓缩倍数为 β 倍计，则蒸馏装置的海水需要量为：

$$M_f = \beta M_d / (\beta - 1) \tag{3-115}$$

式中，M_f 为海水进料流量，kg/h；M_d 为装置的淡水生产能力，kg/h。

夏季运行时，由于进料海水的温度较高，为了将最末效蒸发器产生的蒸汽完全冷凝下来，所需的水量会大于蒸发过程的进料量，大于进料部分称为冷却水量 M_{cw}。

如果系统抽真空装置采用蒸汽喷射式真空泵或水射式真空泵，真空泵还需要消耗一部分海水作为冷却水或动力水。

从上面的分析可知，对多效蒸馏淡化装置而言，所需的海水进料量是随着季节的变化而变化的，因此大型多效蒸馏海水淡化工程应考虑季节余量并尽可能采用变频水泵以节省动力消耗。

② 造水比的选定　所谓造水比就是每吨加热蒸汽可生产的淡水量，用 PR 来表示。装置的造水比和装置的蒸发器效数及喷射器有关，造水比是根据工程的具体情况选定的，多效蒸馏可达到的造水比为 8～15。在有喷射器的情况下低温多效蒸馏的造水比一般在 9～15 左右，主要看提供给多效蒸馏装置的加热蒸汽压力，压力高时造水比亦高。在没有喷射器的情况下一般在 5～10 左右。装置的实际造水比应根据最终的设计计算数据确定。

③ 多效蒸馏淡化设备效数的确定　蒸发效数需根据装置要求的造水比来确定，对于多效蒸馏系统，如使用汽轮机排出的废热，装置产水量是各效产生蒸馏水量的总和。单从节能角度，应尽可能提高装置的效数以有效降低能量消耗。但增加装置效数带来的投资增加基本是线性的，从而抵消降低能耗的收益。多效蒸馏装置的单位能耗是效数的双曲线函数，当效数从一效增加到两效时，节能幅度最大。如选定造水比为 8，在没有蒸汽喷射器的前提下，多效蒸馏装置可设计为 11 效，如有蒸汽喷射器则设计为 6～7 效即可。

④ 加热蒸汽量的计算　在不带喷射器的情况下，装置加热蒸汽量就是进入第一效的蒸汽量，需要的加热蒸汽量为：

$$M_m = M_s = M_d / PR \tag{3-116}$$

式中，M_m 为加热蒸汽量，kg/h；M_s 为首效加热蒸汽量，kg/h；M_d 为产品水量，kg/h；PR 为装置的造水比。

如果带蒸汽喷射器，则进入第一效的加热蒸汽量大于装置的动力蒸汽量，因为喷射器可提高第一效的加热蒸汽量，计算如下：

假设一个 9 效的多效蒸馏设备，6～9 效海水蒸发量相等，为 M_{d6}，1～5 效海水蒸发量相等，为 M_{d1}，5 效蒸汽部分循环，循环量为 M_{ev}，加热蒸汽为 M_m，则

$$5 \times M_{d1} + 4 \times M_{d6} = M_d \tag{3-117}$$

$$M_{d1} - M_{d6} = M_{ev} \tag{3-118}$$

假设 $M_{ev}/M_m=0.5$，取 $M_d/M_m=PR$，则：

$$M_m=M_d/PR \tag{3-119}$$

$$M_{ev}=0.5M_d/PR \tag{3-120}$$

$$M_{d6}=(PR-2.5)\times M_m/9 \tag{3-121}$$

$$M_{d1}=(PR-2)\times M_m/9 \tag{3-122}$$

$$M_m\approx M_{d1}=(PR-2)\times M_m/9 \tag{3-123}$$

⑤ 各效温度分布和传热系数　为了计算方便，可设定各效的温度分布，一般取各效的传热温差为 3～5℃，具体根据装置的最高操作温度、最低操作温度和效数来确定。传热温差越大、总传热系数越高，所需传热面积就越小。但是，传热温差过大容易造成海水内的盐类（碳酸钙、硫酸钙等）结晶，形成垢层影响传热。蒸发器内部传热温差和总传热系数是决定 MED 装置淡化效率的重要指标。

传热系数的选取通常根据大量蒸馏海水淡化传热实验平台（图 3-40）及中试平台上的实验结果确定。一般情况下，蒸发温度不同，设计所采用的传热系数也不同。

⑥ 各效蒸发量及盐水浓度的计算　在上述计算公式的基础上可初步计算出各效盐水的进料量、蒸发量、进料浓度、浓水浓度及各效的温度，然后根据物料平衡方程、溶液的沸点升计算公式对整个流程进行详细计算，经过几次迭代后可将各效的温度、压力分布，各效的进料浓度和浓水浓度，各效的蒸发量，冷凝器的冷却水量，海水的总需求量等参数一一计算出来。

图 3-40　多功能蒸馏海水淡化传热实验平台

⑦ 各效传热面积的计算　传热面积的确定有两种惯例，一种是按等面积设计各效蒸发器，另一种是按设定温度分布来确定各蒸发器面积。第一种惯例比较适合不带喷射器的情况，第二种比较适合带喷射器的情况。

按第一种惯例设计，传热面积可按各效最大的传热面积确定，然后再返回"⑤各效温度分布"进行迭代计算。

按第二种惯例设计，可参照 3.1.5.2 节计算各效的传热面积。

各效的传热系数应根据实验数据或经验数据来确定，对水平管降膜低温多效蒸发而言，U_i 在 1500～3500W/($m^2·K$)之间。

⑧ 蒸发器筒体直径的确定　首先根据多效蒸馏淡化工程的场地情况确定每效蒸发器的长度和传热管参数，一般筒体长度为 3～9m，传热管管径一般采用 $\phi19mm$、$\phi25mm$、$\phi45mm$ 等几种规格，然后根据上面计算出的各效传热面积，选面积最大的一效计算传热管数量。根据该效的传热管数量确定管束的尺寸，进一步确定筒体的直径，该效的筒体直径可作为整个蒸馏设备的筒体直径。调整各效传热管长度和数量以满足各效传热面积需要。

（5）真空泵的选型　多效蒸发的真空泵选用蒸汽喷射器、水喷射器、水环式真空泵、往复式真空泵等均可。对大型多效蒸馏设备而言，蒸汽喷射式真空泵和水喷射式真空泵是较好的选择。

装置的不凝气量按下式估算：

$$V_g=V_a+V_b \tag{3-124}$$

式中，V_g 为装置的不凝气总量，kg/h；V_a 为进料水带进的不凝气总量，kg/h；V_b 为装置的不凝气漏入量，kg/h。

可分别查表得到常温常压下海水的溶解空气含量和装置操作温度及真空度下溶解空气含量，两者相减得 V_a；V_b 可根据文献 [8] 估算。

计算出装置所需的不凝气排放量后即可选择真空泵的种类及型号。

（6）水泵阀门的选型　水泵的流量根据主体设备设计中计算所得的工艺流量参数确定，保留合理的余量。泵的扬程也根据工艺要求确定。水泵的选型要考虑到装置所需的最大流量和最高扬程。由于季节的变化，海水的进料温度在不断变化，因此大流量的水泵如海水进料泵、冷却水排放泵等应尽可能设计成变频水泵，以适应季节变化。

水泵的选型必须考虑到海水的腐蚀性，常温下工作的水泵可选用 SS316L、铝黄铜等。在 40℃以上工作的海水水泵可选用 SS316L 或双相不锈钢 SS2205。

阀门的选型，在常温时根据所用管路材质可选用 PVC、UPVC、FRPP 等，温度较高时可选用 SS316L 或 SS2205。

（7）工艺管道设计　流体管道取决于流经介质种类、温度、压力、流量等，工艺管道设计计算依据如下：泵的进口流速 1.0～2.0m/s，出口流速 2.0～3.0m/s；过热蒸汽流速30～50m/s；饱和蒸汽流速 20～30m/s；液体自流速度 0.5m/s；真空效气体流速≤10m/s。

（8）产品水的处理　多效蒸馏所获得的产品水水质很好，含盐量可低于 5mg/L，如果产品水用于提供锅炉补给水，经过一级混床即可作为电厂的锅炉补给水。如作为生活饮用水，则应经过一级活性炭过滤并在产品水中加氯以保证供水水质；也可根据用户的要求，往产品水中加入一定的矿物质。

（9）工艺控制与电气系统设计要求　过程控制基础是维持进到蒸发器装置中的料液及蒸汽保持物料平衡，使海水进料、浓水、冷却水、产品水等工艺过程维持平衡条件，实现自动运行。

低温多效海水淡化装置的用电设备主要为各类流程水泵，电气系统设计需保证在所有的操作设备上和条件下设备的手/自动操作控制。

3.1.4.4　主要部件设计

（1）蒸发器设计　本节针对低温多效蒸馏常用的水平管降膜蒸发器的设计作详细说明。

图 3-41 为水平管降膜蒸发 MED 装置传热条件图，海水在管外流动，蒸汽在管内冷凝。蒸汽冷凝放出的热量通过管壁传递到管外的液膜中，并使液膜部分蒸发为蒸汽。

蒸汽在传热管内的冷凝现象与在管外的冷凝现象接近，除非管径很小，用于垂直平板或垂直管的努塞特液膜传热公式（Nusselt water skin theory），也是适用的。

$$\bar{\alpha}_{C,vertical} = 0.9428 \times \left[\frac{\Delta h_v \rho_{Film}^2 \lambda_{Film}^3 g}{\Delta T \eta_{Film} x}\right]^{\frac{1}{4}} \tag{3-125}$$

引入 x 坐标（管中心线）和管子内径 d_i，可得出以下结果：

$$\bar{\alpha}_{C,horizontal} = 0.77 \times \left(\frac{x}{d_i}\right)^{\frac{1}{4}} \bar{\alpha}_{C,vertical} \tag{3-126}$$

$$\Rightarrow \bar{\alpha}_{C,horizontal} = 0.726 \times \left[\frac{\Delta h_v \rho_{Film}^2 \lambda_{Film}^3 g}{\Delta T \eta_{Film} d_i}\right]^{\frac{1}{4}} \tag{3-127}$$

式中，$\bar{\alpha}_{C,vertical}$ 为垂直冷凝传热系数，W/(m²·K)；ρ_{Film} 为液膜密度，kg/m³；λ_{Film} 为热导率，W/(m·K)；η_{Film} 为黏度，kg/(s·m)；g 为重力加速度，m/s²；ΔT 为传热温差，

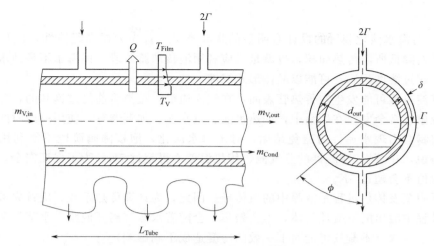

图 3-41　水平管降膜蒸发 MED 装置传热条件图

Q—传递的热量；T_{Film}—管外液膜温度；T_V—管内蒸汽温度；2Γ—进料液体负荷；d_{out}—传热管外径；$m_{V,in}$—进入传热管蒸汽流量；$m_{V,out}$—流出传热管蒸汽流量；m_{Cond}—蒸汽冷凝水流量；L_{Tube}—传热管长度；ϕ—未被冷凝水覆盖角度；δ—液膜厚度

K；x 为坐标位置，m；$\bar{\alpha}_{C,horizontal}$ 为水平冷凝传热系数，W/(m²·K)；ϕ 为未被冷凝水覆盖角度；β 为校正系数。

由于流动距离很短，液膜表面的扰动很小，可以忽略。蒸汽在管内流动造成的剪切力使管内冷凝水液膜变薄，但实际过程过于复杂，难以用数学方法表示。一般情况下，以上式作为传热计算的基础已经可以满足需求了。

另外，应考虑对冷凝液流向管底并向管外排放的影响。可假设在冷凝水覆盖的区域，没有传热发生，基于公式（3-127），对传热公式修正如下：

$$\bar{\alpha}_{C,horizontal} = \frac{\phi}{\pi}\beta\left[\frac{\Delta h_V \rho_{Film}^2 \lambda_{Film}^3 g}{\Delta T \eta_{Film} d_i}\right]^{\frac{1}{4}} \tag{3-128}$$

上式没有考虑不凝气的影响。对于不凝气的影响，管内冷凝与管外蒸发是基本相同的。一般情况下，认为不凝性气体不会在管内聚集。在传热管的末端，蒸汽的流速不会等于零，一部分蒸汽会流出传热管，如流向冷凝器或不凝气抽出系统。从这个角度看，肯定有蒸汽损失问题，应仔细设置蒸汽流动的路径。

蒸发过程发生在管外。下面介绍一下传热温差对传热系数的影响。如图 3-42 所示，图中的曲线可分为三部分。$a \sim b$ 表示随着热流密度的增加，传热系数是线性增加的，传热方式主要是热传导，即热量通过液膜，蒸发发生在液膜外表面。

如果传热温差增加，即热流密度增加，传热系数将快速增加（$b \sim c$）。此时可以看到小气泡在传热管表面产生，并溢出液膜表面，从而对液膜形成扰动，增加传热系数。这也就是所说的泡核沸腾。

在 $c \sim d$ 段，传热系数快速下降。此时气泡在传热管表面不能及时溢出，形成一个绝热的气泡层。此阶段也被称作膜状

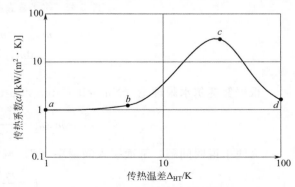

图 3-42　蒸发器系数与传热温差的关系

沸腾。

　　图 3-42 对海水淡化装置的设计有明显的指导意义。首先为提高经济性，应尽量提高传热系数，从而降低所需传热面积，也就是说应利用泡核沸腾阶段。但海水不是纯水，溶解有大量盐类，超过溶度积后，可能以晶体形式沉淀。

　　上述沉淀过程可能发生在传热管表面：在气泡边沿，盐类可能是过饱和的，并可能结晶沉淀。此现象经常会发生在生活中，如热水壶、电水壶、加湿器等，使用一段时间后，内部由于泡核沸腾会出现水垢。为避免结垢，对于海水淡化，泡核沸腾阶段不能利用，并应避开。也就是说，在蒸发/冷凝器的蒸发侧，传热温差不得超过 7K。为了保证安全，一般设计传热温差取值不会超过 5K。

　　蒸发器中蒸发传热过程是液膜中的热传导。因此，为计算传热系数，应首先考虑液膜厚度。蒸发过程中溢出的不凝性气体，不会聚集，会随着水蒸气离开液膜。水蒸气和不凝气的混合物进入下一效（不凝气可能对下一效的冷凝造成不利影响）。

　　图 3-43 中左图为垂直平板蒸发示意图。与管内冷凝相区别的是，传热表面被分布一层海水（通常使用喷头将海水分布到传热管表面）。液膜必须有足够的厚度，保证传热表面是完全润湿的，而且液膜流动状态是稳定的。忽略蒸发损失的淡水，可假定在 x 方向，液膜厚度是不变的。

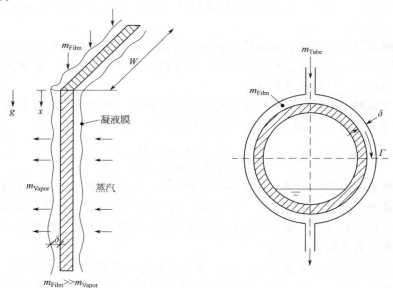

图 3-43　水平管表面液膜蒸发过程

$$m_{Film} \gg m_{Vapor}$$

$$\rightarrow \frac{dm_{Film}}{dx} = 0 \tag{3-129}$$

根据努赛尔水膜理论（Nusselt water skin theory）：

$$m_{Film} = \frac{\rho_{Film}^2 g w}{3 \eta_{Film}} \delta^3 \tag{3-130}$$

为便于说明问题，下面引入润湿率（Γ）概念，即单位宽度上的流量，如下式：

$$\Gamma = \frac{m_{Film}}{w} \tag{3-131}$$

对于水平管，接受喷淋的海水后，海水在重力的作用下，从管子的两侧流下，在此工况下润湿率可用下式表示：

$$\Gamma = \frac{m_{\text{Tube}}}{2L} \qquad (3\text{-}132)$$

将润湿率代入式（3-130），可得到液膜厚度：

$$\delta = \left(\frac{3\eta_{\text{Film}}\Gamma}{\rho_{\text{Film}}^2 g} \right)^{\frac{1}{3}} \qquad (3\text{-}133)$$

因此传热系数可用下式表示：

$$\alpha_{\text{Evap}} = \frac{\lambda_{\text{Film}}}{\delta} = \left(\frac{\lambda_{\text{Film}}^3 \rho_{\text{Film}}^2 g}{3\eta_{\text{Film}}\Gamma} \right)^{\frac{1}{3}} \qquad (3\text{-}134)$$

对于海水，上式中唯一的变量是润湿率。

下面引入两个无量纲数：努塞尔数和雷诺数，定义分别如下：

$$Re = \frac{\rho v d_{\text{h}}}{\eta} \qquad (3\text{-}135)$$

$$Nu = \frac{\alpha L}{\lambda} \qquad (3\text{-}136)$$

d_{h} 为水力直径：4 倍的截面积除以湿周，如下式：

$$d_{\text{h}} = \frac{4A}{U} = \frac{4 \times \frac{\pi}{4} d^2}{\pi d} = d \qquad (3\text{-}137)$$

对于平板流动，有下式：

$$d_{\text{h}} = \frac{4A}{U} = \frac{4\delta w}{w} = 4\delta \qquad (3\text{-}138)$$

引入湿周和润湿率概念，雷诺数的定义式可改写成：

$$Re = \frac{4\rho v \delta}{\eta} \qquad (3\text{-}139)$$

$$\Gamma = \frac{m_{\text{Film}}}{w} = \frac{\rho v \delta w}{w} = \rho v \delta \qquad (3\text{-}140)$$

$$\Rightarrow Re = \frac{4\Gamma}{\eta} \qquad (3\text{-}141)$$

式（3-134）可改写成：

$$\alpha_{\text{Evap}} = \left(\frac{4}{3} \right)^{\frac{1}{3}} \lambda_{\text{Film}} \left(\frac{\rho_{\text{Film}}^2 g}{\eta_{\text{Film}}^2} \right)^{-\frac{1}{3}} \left(\frac{4\Gamma}{\eta_{\text{Film}}} \right)^{-\frac{1}{3}}$$

$$\Rightarrow \frac{\alpha_{\text{Evap}} \left(\dfrac{\rho_{\text{Film}}^2 g}{\eta_{\text{Film}}^2} \right)^{-\frac{1}{3}}}{\lambda_{\text{Film}}} = \left(\frac{4}{3} \right)^{\frac{1}{3}} \left(\frac{4\Gamma}{\eta_{\text{Film}}} \right)^{-\frac{1}{3}}$$

$$\Rightarrow Nu = \left(\frac{4}{3} \right)^{\frac{1}{3}} Re^{-\frac{1}{3}} = 1.1 Re^{-\frac{1}{3}} \qquad (3\text{-}142)$$

项 $\left(\dfrac{\rho_{\text{Film}}^2 g}{\eta_{\text{Film}}^2} \right)^{\frac{1}{3}}$ 的量纲是［m］，可为认为是"特征长度"。

图 3-44 中表示了依据式（3-142）做出的努塞尔数和雷诺数的关系。当雷诺数较小时，

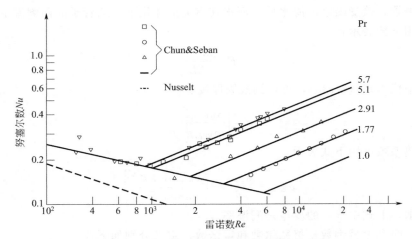

图 3-44　管外蒸发时努塞尔数和雷诺数的关系

可认为液膜是层流的，依据努塞尔液膜理论，两者的关系可用直线表示。当雷诺数增加时，流动状态将转变为层流/紊流（过渡态），最终转变为紊流。在层流区域，随着液膜厚度增加，努塞尔数下降，传热系数减小。随着雷诺数增加，液膜中扰动加强，传热系数增加。进一步的分析可引入普朗特数（Prandtl number），用于表示传热过程物理特性的影响。

　　虽然紊流有助于传热，但实际操作中，液膜一般都处于层流状态，具体原因如下：

　　a. 如在紊流状态下运行，则需要使大量海水分布到传热管表面，从而需要取用大量的海水，并进行相应的预处理，导致费用增加。

　　b. 如果使海水循环保持液膜厚度，需要额外安装效间泵，从而增加投资和运行费用（能耗、维护、修理）。

　　确定在层流下操作后，还需要解决最小液膜厚度问题。亚琛理工大学开展了管外布液实验。此实验并不是要寻找保持管子表面完全润湿（没有干点出现）的最小液膜厚度，而是寻找一个安全的运行条件。在一系列试验中，对不同液体（包括水、甘油），根据对流动形态的观察，测试出满足安全润湿条件的雷诺数，并绘制出雷诺数、Kapitza 数关系图，结果见图 3-45。

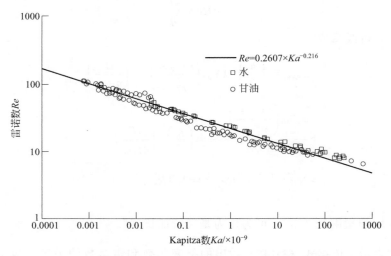

图 3-45　安全润湿状态下雷诺数与 Kapitza 数的关系

Kapitza 数只包含物理特性值，尤其包含有黏度和表面张力。下面使用的雷诺数与式 (3-141) 不同，不包括常数 "4"。

$$Ka = \frac{\eta^4 g}{\rho \sigma^3} \tag{3-143}$$

$$Re = \frac{\rho \upsilon \delta}{\eta} = \frac{\Gamma}{\eta} \tag{3-144}$$

$$\Gamma = \frac{m_{\text{Tube}}}{2L} \tag{3-145}$$

利用上述计算方法，就可以进行多效装置的设计。

应首先计算蒸发器管束表面接受的喷淋量，然后可以计算出顶端传热管的润湿率。之后，根据质量平衡（浓水量等于进料水量减去蒸发量），可得到底部传热管的润湿率，再使用每效的温度、含盐量等操作参数和物性参数，可计算出雷诺数和 Kapitza 数。

图 3-46 为一种工况的计算结果图。使用进料水计算出来的顶部传热管计算结果和使用浓水计算出来的底部传热管计算结果均在图中画出。尽管浓水的计算结果在曲线下面，但实际上没有干壁的风险，曲线不是表示最小液膜厚度，而是一个安全运行条件。

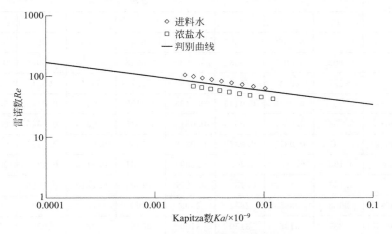

图 3-46 管束安全润湿判定计算图

上述计算过程应根据管束的布置方式进行，如润湿率的计算需要知道接受海水传热管的总长度。因此需要特别注意管束的布置方式：矩形布置（90°）还是三角形布置（45°或60°），需要根据不同的布置方式计算接受海水的管数。

如果传热面积已被确定，管束的布置形状改变（从竖条状改为扁平状），润湿率和液膜的流动状态会相应改变。图 3-47 是另一种工况的雷诺数与 Kapitza 的关系。可以看到，数据点都落到了曲线以下，液膜厚度不足，可能不稳定。在实际工程中，应避免出现此种情况。

确定润湿率后，传热系数可直接计算出来。

表 3-4 列出了顶端传热管和底端传热管的液膜厚度和相应的传热系数：液膜厚度约为 0.2mm，传热系数在 3200～2500W/(m²·K) 之间。

上述介绍，对于工艺计算，还存在一个实际问题：如何得到准确的传热面积？计算传热系数时需要知道润湿率，但是润湿率的计算又需要知道管束的几何数据。因此，需要使用迭代算法。

第一步：为每一效假定一个总传热系数。

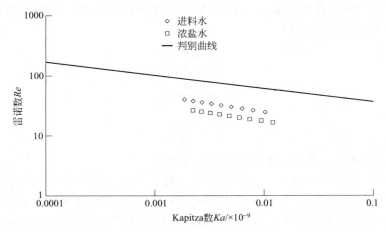

图 3-47　管束安全润湿判定计算图

表 3-4　蒸发管束的润湿率、液膜厚度和传热系数[1]

参数	单位	效数								
		1	2	3	4	5	6	7	8	9
$Ka_{F,i}$	10^{-9}	0.0019	0.0022	0.0027	0.0033	0.0040	0.0050	0.0063	0.0080	0.0102
$Ka_{B,i}$	10^{-9}	0.0022	0.0027	0.0032	0.0039	0.0048	0.0059	0.0074	0.0094	0.0120
$Re_{B,i,min}$	—	85.7	82.4	79.2	75.9	72.7	69.4	66.1	62.8	59.6
$\Gamma_{B,i,min}$	kg/(m·s)	0.4340	0.0440	0.0446	0.0453	0.0459	0.0465	0.0472	0.0479	0.0486
$\Gamma_{F,i}$	kg/(m·s)	0.0545	0.0545	0.0545	0.0545	0.0545	0.0545	0.0545	0.0545	0.0545
$\Gamma_{B,i}$	kg/(m·s)	0.0378	0.0378	0.0379	0.0379	0.0380	0.0381	0.0381	0.0382	0.0382
$\delta_{F,i}$	mm	0.1989	0.2022	0.2056	0.2093	0.2131	0.2173	0.2217	0.2264	0.2314
$\delta_{B,i}$	mm	0.1773	0.1802	0.1834	0.1867	0.1903	0.1940	0.1980	0.2023	0.2069
$\alpha_{F,i}$	W/(m²·K)	2933	2895	2854	2809	2760	2708	2652	2593	2531
$\alpha_{B,i}$	W/(m²·K)	3237	3196	3150	3100	3046	2988	2927	2861	2792

注：参数列下标 F，i 表示第 i 效的喷淋料液；B，i 表示第 i 效的浓盐水。

第二步：利用热力学方法计算换热面积。

$$A_i = \frac{Q_i}{k_i \Delta T_{HT,i}}$$

第三步：计算 Kapitza 数和雷诺数，核查润湿率是否安全。

第四步：利用式（3-142）或其他关系式计算传热系数。

第五步：对管材、管径、壁厚进行假定，计算总传热系数。

第六步：核查计算得出的传热系数，如果与第一步使用的不同，重复第二～五步。如果基本一致，进入下一步。

第七步：假定管束的排布方式（管长、水平和竖直方向的管数）。

第八步：用式（3-146）计算蒸发器进料量：

$$m_{Feed,i} = 2n_r L\Gamma_i \tag{3-146}$$

出于制造便利和经济效益的考虑，装置中的所有管束一般会采用相同设计。在此条件下，所有管束需要的润湿水量是相同的。实现此目的最简单的方式是：所有效水平放置，依次连接，并平行进料（图 3-48）。此种方式下，在产水量一定的前提下，浓缩倍数是固定的，如下式所示：

$$m_{\text{Feed}} = N m_{\text{Feed},i} \tag{3-147}$$

$$m_{\text{Feed}} x_{\text{Feed}} = m_{\text{Brine}} x_{\text{Brine}} \tag{3-148}$$

$$\Rightarrow CF = \frac{m_{\text{Feed}}}{m_{\text{Brine}}} = \frac{m_{\text{Feed}}}{m_{\text{Feed}} - m_{\text{Dist}}} \tag{3-149}$$

式中，x_{Feed} 为进料水浓度，%；x_{Brine} 为浓盐水浓度，%；m_{Feed} 为进料水流量，kg/h；$m_{\text{Feed},i}$——第 i 效进料水流量，kg/h；m_{Brine}——浓盐水流量，kg/h；m_{Dist}——淡水流量，kg/h；CF——浓缩因子。

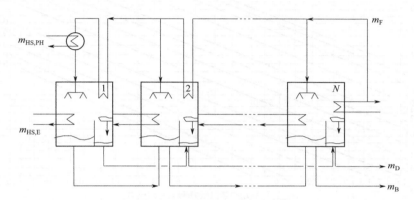

图 3-48　水平放置平行进料 MED 装置流程示意

$m_{\text{HS,PH}}$——预热蒸汽的流量；$m_{\text{HS,E}}$——首效蒸发器加热蒸汽的流量；m_{F}——进料量；m_{D}——产水量；m_{B}——浓水排放量

如果需要调节浓缩倍数、调整润湿率，可采用浓水循环的方式，但需要增加动力消耗，增加平均蒸发浓度，从而会带来一系列问题（沸点升增加、结垢风险增大）。因此 MED 装置一般不采取浓水循环的方式。对于 MVC 装置，通常设置浓水循环。

蒸发器进料水的流量确定后，需要使用喷淋装置布液，常用的布液方式是使用喷头喷淋。如果蒸发器传热不采用水平管束，布液装置的方式也需要相应改变。尤其是用板式蒸发器代替管式蒸发器。

（2）蒸汽喷射器设计　如果蒸汽源的温度压力较高，可使用蒸汽喷射器（TVC）装置提高多效蒸馏装置的热效率。在动力蒸汽的作用下，蒸汽喷射器从多效蒸馏装置的最后一效或中间某效抽取蒸汽，混合后输送到装置的第一效作为加热蒸汽。一般情况下，动力蒸汽由外界的蒸汽发生装置（如锅炉或汽轮机，以下统称锅炉）提供，冷凝后应返回锅炉。

蒸汽喷射器多效蒸馏装置的质量和热量平衡方程参见 3.1.3.2 节。

如果已知引射系数和装置的效数，蒸汽喷射器所需要的动力蒸汽可由 3.1.3.2 节中的公式（3-63）计算得出。动力蒸汽和引射蒸汽的质量流量 M_{s} 和 M_{ev}，通过在公式（3-63）中代入引射系数 R_{a} 和蒸发器负荷 Q_{e} 计算得到。动力蒸汽是由锅炉提供的，动力蒸汽的热量也就是蒸汽喷射器多效蒸馏装置所需求的热量。

蒸汽发生装置提供的动力蒸汽在蒸汽喷射器中与吸入蒸汽混合后，进入第一效蒸发器被冷凝为蒸馏水。第一效蒸发器凝结的蒸馏水的一部分返回锅炉，剩余部分进入后续效，最终作为"产品"水。锅炉进料水中添加的化学药品可能会进入产品水中，如果化学药品可能对人体健康造成不利影响，则最终的产品水就不适合饮用。如果存在上述情况，第一效的产品水就不能进入后续效，而应单独输送和利用。

通过文献或制造商的数据图，可得到给定压力条件下蒸汽喷射器的引射系数。图 3-49 就是一个 TVC 装置的性能曲线。

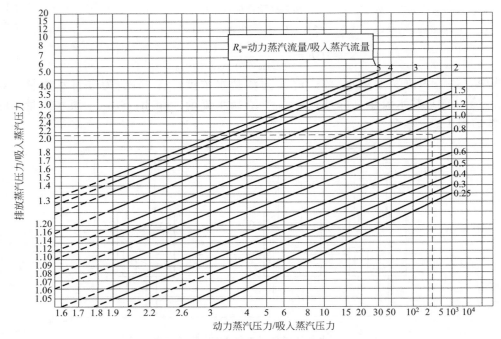

图 3-49　TVC 装置的性能曲线图示例

为了解释计算过程，举例计算如下。

计算条件：动力蒸汽压力 $P_m = 10\text{bar}$，饱和蒸汽；吸入蒸汽压力 $P_{ev} = 0.074\text{bar}$，$T_{ev} = 40℃$；排放蒸汽压力 $P_s = 0.2\text{bar}$，$T_s = 60℃$。

对于举例计算的数据：

$$\frac{P_s}{P_{ev}} = 2.7$$

$$\frac{P_m}{P_{ev}} = 135$$

从图 3-49 可以得到：

$$R_a = 0.8$$

喷射器工艺参数的计算也可根据相关文献进行，如《石油化工蒸汽喷射式抽空器设计规范》（SH/T 3118—2000）[9]，该规范给出了喷射器引射系数、喷嘴喉径和扩压室喉径等喷射器关键设计参数的计算方法。

（3）闪蒸罐设计　为了提高淡化系统的总效率，系统设计通常采用浓水和蒸馏水闪蒸的方式，使二者闪蒸出的蒸汽作为蒸发器加热蒸汽的一部分。从质量平衡角度，闪蒸蒸汽的作用是微不足道的，但是从能量平衡角度，却是非常关键的。

闪蒸罐的直径和长度的初步确定可采用 Fluent 软件数值模拟方法，最终尺寸结合闪蒸罐设备的布置确定。Fluent 软件中的多相流模型包括 Eulerian 模型、Mixture 模型以及 VOF（volume of fluid）模型。计算以 VOF 模型为基础，采用 UDF 方法对 Fluent 进行了二次开发与自定义，使其满足闪蒸罐内闪蒸过程的数值计算要求。其中，汽液两相流动采用连续性方程和 N-S 方程描述，并且采用精度较高的 k-ε 湍流模型进行封闭。

① 基本方程　流体在闪蒸罐内流动遵循的基本方程组，包括动量、质量和能量守恒方程和雷诺方程，以及为封闭雷诺方程提出的各种湍流模型等。通过对一定区域内基本方程组进行分析，就可以得到在特定情况下流体流动的规律。其通用形式：

$$\frac{\partial (\rho\Phi)}{\partial t} + \mathrm{div}(\rho \vec{u}\Phi) - \mathrm{div}(\Gamma_\Phi \mathrm{grad}\Phi) = S_\Phi \tag{3-150}$$

式中，Φ 为控制方程中的主要变量，它是广义变量（如速度，温度，浓度等）；$\vec{u}$ 为速度矢量；Γ_Φ 为相应于 Φ 的广义扩散系数；S_Φ 为广义源项。当 Φ、Γ 及 S_Φ 取不同的值时，可分别得到下列方程：

$\Phi=1$，$\Gamma_\Phi=0$，$S_\Phi=0$，得出连续性方程；

$\Phi=u_i$，$\Gamma_\Phi=\rho\nu$，$S_\Phi=-\dfrac{\partial P}{\partial x_i}+\rho F_i$，得出动量方程；

$\Phi=\bar{u}_i$，$\Gamma_\Phi=\rho\nu_{\mathrm{eff}}$，$S_\Phi=-\dfrac{\partial P}{\partial x_i}+\rho F_i$，得出雷诺方程；

$\Phi=T$，$\Gamma_\Phi=\dfrac{\mu}{P_r}+\dfrac{\mu_t}{\sigma_T}$，$S_\Phi=0$，得出对流传热方程。

以上为流体流动所遵循的基本方程组，但是对于闪蒸罐中并非只存在单一相，而是存在气液两相，即流动的液相和闪蒸生成的蒸汽，要想同时描述气液两相的流动情况，必须要将上述基本方程组改造为能够同时描述汽液两相流动的方程组。

采用模拟两相流通用的 VOF 方法来追踪气液相界面，设 α_q 为计算单元内第 q 相的体积分率，则气液两相界面可用体积分率 α_q 的连续方程式求算，基准相（气相）的体积分率由下式计算得到。

$$\frac{1}{\rho_q}\left[\frac{\partial (\alpha_q\rho_q)}{\partial t} + \nabla (\alpha_q\rho_q\vec{u}_q)\right] = S_{\alpha_q} + \sum_{p=1}^n (\dot{m}_{pq} - \dot{m}_{qp}) \tag{3-151}$$

$$\sum_{p=1}^n \alpha_q = 1 \tag{3-152}$$

式中，$S_{\alpha q}$ 为源项，其默认值为 0。$\dot{m}_{pq}$ 和 $\dot{m}_{qp}$ 分别代表从 p 相到 q 相和从 q 相到 p 相的质量传输。对于不可压缩流体，ρ_q 为常数。以上所有方程中的物性参数由系统的各相确定，如气液两相流中的 ρ 和 μ 可用式（3-153）和式（3-154）表示。

$$\rho = \alpha_L\rho_L + (1-\alpha_L)\rho_G \tag{3-153}$$

$$\mu = \alpha_L\mu_L + (1-\alpha_L)\mu_G \tag{3-154}$$

对于闪蒸罐中液相的闪蒸过程，采用质量传递方程描述：水降压闪蒸汽化，产生二次蒸汽，所以闪蒸罐中气液两相传递模型如下式所示：

$$\frac{\partial \alpha_L\rho_L}{\partial t} + \nabla \cdot (\alpha_L\rho_L u_L) = -S_{LG} \tag{3-155}$$

$$\frac{\partial \alpha_G\rho_G}{\partial t} + \nabla \cdot (\alpha_G\rho_G u_G) = S_{GL} \tag{3-156}$$

式中，S_{LG} 表示气液相间的传质源项。

采用有限体积法离散上述方程，利用压力耦合算法 SIMPLE 求解上述方程组。

② 模型建立与网格划分　闪蒸罐的结构示意见图 3-50。以淡水为例，淡水自进水口以一定速度流入闪蒸罐，闪蒸出的蒸汽由蒸汽出口回到淡化系统，闪蒸后淡水由出水口流出，

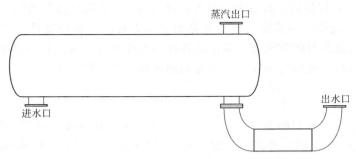

图 3-50　闪蒸罐的结构示意

进入下一效闪蒸罐继续上述过程。此处采用一套真实的海水淡化设备的某效淡水闪蒸罐作为研究对象，对其实际尺寸建立模型并划分网格，选择结构化网格对计算域进行网格划分，网格总数为 643170 个。

③ 边界条件　以某一效淡水闪蒸罐为例，对其实际尺寸建立模型并划分网格，输入边界条件如下：罐体内压力 24.4kPa（绝压）；进料流量 78.3kg/s；淡水进口温度 67℃；淡水出口温度 64.5℃；蒸汽出口温度 64.5℃。

该条件下模拟计算所得闪蒸罐的闪蒸量为 0.457kg/s，而理论闪蒸量为 0.486kg/s，闪蒸效率为 94.9%。图 3-51 为罐内相含率分布图，蓝色（图中显示为深色）代表闪蒸生成的蒸汽，红色（图中显示为浅色）代表闪蒸罐内的淡水。图 3-52 为闪蒸罐内汽液温度分布图。

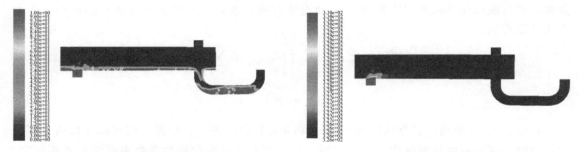

图 3-51　闪蒸罐内汽液相含率分布　　　　　图 3-52　闪蒸罐内汽液温度分布

浓水和蒸馏水闪蒸可使能量重复利用，有效提高了系统造水比。虽然闪蒸罐的设置会增加设备造价，但可提高系统产水量，另外闪蒸罐材质可采用廉价的耐腐蚀玻璃钢以降低造价。

（4）喷淋系统设计　根据工艺计算的海水给水流量、喷头排布方式和空间距离，确定喷淋管路的直径和长度，以及在管路上的喷头开孔间距和螺纹形式。由于喷淋管路的长度一般较长，因此在大型蒸发器中还需根据喷头的安装位置，合理安排喷淋管路的吊架。为了使传热管的液膜分布均匀，通常要求喷淋装置中各个喷头的流量和压力保持相同。

蒸发器内部总传热系数是决定 MED 装置淡化效率的重要指标。而管外液膜厚度是影响降膜蒸发过程总传热系数的重要因素之一。液膜厚度主要受喷淋密度影响，喷淋密度增大，将使传热管表面液膜厚度增加，从而增大传热阻力，降低蒸发效率；流量太小又会使传热管表面难以形成连续液膜，从而造成局部"干壁"，喷淋系统设计对于提高海水淡化系统的蒸发和产水性能有着重要的意义。

根据大量试验验证，喷淋密度设计为 $250\sim350L/(m\cdot h)$ 时，可保证达到设计传热系数、减小泵耗和缓解传热管表面结垢的目的。目前，国内外 MED 海水淡化装置的布液方式主要有两种——布液盘式和喷头布液。相对前者，喷头布液方式简单可靠，液孔不易堵塞，是大型 MED 海水淡化装置的首选布液方式。图 3-53 为喷淋试验平台，既能测量单个喷嘴的喷淋性能，也可进行不同喷嘴组合方式下的布液性能研究。图 3-54 为国内自行研制的 F 型喷嘴喷淋效果，均匀性较好。

图 3-53　喷淋试验平台

（5）捕沫装置设计　捕沫的方法很多，如撞击分离、重力沉降、离心分离（旋风分离，旋流板捕沫）、文丘里捕沫、电力沉降等，分别适用于不同的粒径范围。根据雾沫粒度分布，蒸馏淡化最常采用的是撞击分离的挡板、丝网捕沫器。各种捕沫器的操作原理不尽相同，但又有其共同点，从理论上讲无论研究哪一种捕沫方法，归根结底是研究粒子在气流中诸力作用下的平衡和运动规律，如重力沉降是研究粒子在重力、浮力和曳力作用下的平衡和运动规律[10,11]。

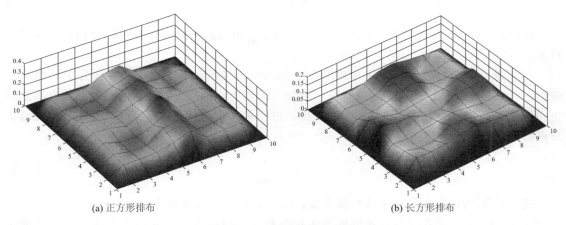

(a) 正方形排布　　　　　　　　　　　　　　　(b) 长方形排布

图 3-54　F 型喷嘴喷淋效果

蒸馏淡化设备中，由于工艺过程的差别，液滴的粒度分布是很广的，不少研究者对此进行了研究，但关于其分类和命名至今尚无统一标准。Perry 等的名著《化学工程师手册》中，以 $10\mu m$ 为界线，分成 2 类：雾沫（小于 $10\mu m$）；喷雾（大于 $10\ \mu m$）。

① 撞击式捕沫器　撞击式捕沫器是化工生产中使用最广泛的捕沫器，它有挡板、丝网、纤维 3 种，分别适用于不同的粒径分布范围。

现以携带液滴的气流横向绕流一根纤维柱（又称撞击目标）时的情形（图 3-55）来说明撞击捕沫

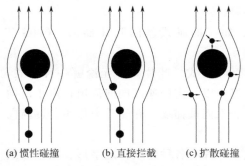

(a) 惯性碰撞　　(b) 直接拦截　　(c) 扩散碰撞

图 3-55　碰撞捕沫原理

的原理，若忽略气体绕目标流动时的涡流运动，则可认为速度越大，流线越贴近柱体表面。在撞击式捕沫器中，液滴被目标所捕捉是通过惯性碰撞、直接拦截、扩散 3 种机理完成的。对于某一特定情况，究竟何种机理占优势可用无因次分离数 N_s 进行判断。

a. 惯性碰撞　惯性碰撞是由于气流所夹带的液滴拥有足够的动量，足以使其脱离开气体流线，径直地撞击到目标表面而被捕捉 [图 3-55 (a)]。表征这一机理的无因次分离数为：

$$N_{sl} = \frac{K_u \rho_L d_p^2 u}{18 \mu d_b} \tag{3-157}$$

式中，K_u 为 Stokes-Cunningham 关联数，当 d_p 值远大于 $15 \mu m$ 时，取 1.0；ρ_L 为液滴密度，kg/m^3；d_p 为液滴直径，m；u 为气体流速，m/s；μ 为气体黏度，Pa·s；d_b 为目标直径，m。

由式 (3-157) 可见，分离数随液滴直径、密度和气流速度的增大而增大，其中 d_p 为二次方的关系；随气体黏度、目标直径的增大而减小。分离数愈大，捕沫效果愈好。

b. 直接拦截　当液滴直径较小时，因其没有足够大的动量，故会随气流绕目标流动，只有当液滴和目标的中心线间的距离小于液滴半径时，它才会被捕捉 [图 3-55 (b)]，表征这一过程的分离数为：

$$N_{sd} = \frac{d_p}{d_b} \tag{3-158}$$

式中，d_p、d_b 含义同上。从式 (3-158) 易于看出分离数的变化规律，策划有效的捕捉对策。

c. 扩散　对于粒径非常小（通常指小于 $1 \mu m$）的液滴，由于粒子和气体分子间的相互碰撞，它会显示出随机的布朗运动特性，即使气流处于静止状态，液滴的随机脉动也不会停止。依靠这种脉动产生液滴和目标间的碰撞，进而被捕捉 [图 3-55 (c)]，该机理的无因次分离数为：

$$N_{sb} = \frac{D_v}{u d_b} \tag{3-159}$$

式中，D_v 为液滴在气体中的扩散系数，m^2/s；u、d_b 含义同上。

式 (3-159) 表明提高气流速度将增大这类粒子的捕捉难度，就是说会降低设备的捕沫效率，这一规律和惯性碰撞正相反。

以上均是针对液滴同单根碰撞目标而言，不过它的原理对各种碰撞型捕沫器也同样适用，碰撞目标可以是平板表面、丝网床层、纤维床层等。

碰撞型捕沫器的计算和选型可参照相关标准，如《抽屉式丝网除沫器》 （HG/T 21586—1998）来进行。

② 挡板捕沫器　挡板捕沫器的基本型式有固定百叶窗式、叶片式。无论哪一种型式，捕沫机理均以惯性碰撞占优势，气体在曲折的倾斜通道中以一定的速度向前流出，由于流向多次被改变，致使液滴在惯性力作用下，撞击在挡板表面而被捕捉，并受重力作用，逐渐向下聚集到挡板底段并流出。

叶片式是由一定数量的锯齿形叶片平行排列而成。叶片有各种形状：之字形、正弦曲线形、翼形和之字形的各种变形，详见图 3-56，叶片参数见图 3-57。

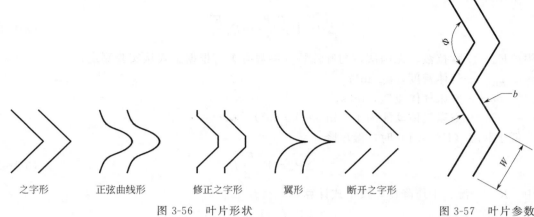

图 3-56 叶片形状   图 3-57 叶片参数

按气体在挡板通道中的流动方向划分，叶片式捕沫器有：垂直向上流动和水平流动两种。它们的捕沫机理是相同的，差别在于液流方向：前者气、液呈总体上的逆流，被叶片捕捉到的液滴，逐渐向下聚集到底段后返回浓水收集器；后者气、液呈错流。在叶片拐弯处设有集液沟，收集板面上的液滴后沿沟向下流出，从而防止了板面上液滴被气流再次带出。

挡板式捕沫器具有压降低、处理量大、抗堵塞能力强等优点，但其捕沫效率随雾滴直径的减小而明显下降。

表示该捕沫器的技术性能指标有：气流速度、操作压降、捕沫效率、防堵性能等。下面就这些指标的确定方法、变化规律和它们间的相互关系作简要介绍。

a. 气流速度　气流速度以空床气速 u 表示。也有用空床气体动能因子 F（$F=0.5u\rho G$）表示的。它是一个重要的技术参数，其取值大小会直接影响到设备的捕沫效率和压降损失，也是设备设计或核算生产能力的重要依据。

合适的气速范围由实验确定，并用 Souders-Brown 方程关联：

$$u = K \left(\frac{\rho_L - \rho_G}{\rho_G} \right)^{\frac{1}{2}} \tag{3-160}$$

式中，K 为 Souders-Brown 系数，m/s，对每一种几何结构的叶片通过实验测得，其值一般在 $0.09 \sim 0.3$ m/s 范围，气体水平流动时可取更大值；ρ_L、ρ_G 为液体、气体密度，kg/m^3。

在临界流速（u_c）以下，效率随气速的减小而下降；超过临界值、气速增大，效率急剧下降。临界点的出现，是由于产生了雾沫的二次夹带所致，即分离下来的雾沫再次被气流带走。其原因大致是：撞在叶片上的液滴由于自身动量过大而破裂、飞溅；气流冲刷叶片表面上的液膜，将其卷起、带走。

因此，为达到一定的捕沫效果，必须控制气速在一合适范围：最高速度不能超过临界气速；最低速度要确保能达到所要求的最低捕沫效率。此外，粒径与效率间存在关系，在同一流速下，效率随粒径的增大而提高。

气速一旦确定。即可根据捕沫器的截面积计算其生产能力，或从给定的生产条件，计算所需的截面积大小。

b. 操作压降　气体在叶片间通道的流动为高度湍流，故压降与流速的平方成正比。McNulty 和 Monat 推荐的压降计算式[12]如下。

干压降：

$$\Delta P = E_u \frac{\rho_G u^2}{2} = E_u \frac{F^2}{2} \tag{3-161}$$

式中　E_u——欧拉数，无因次，与叶片特性参数有关，根据上式从实验测定；

　　　ρ_G——气体密度，kg/m³；

　　　u——空床气体流速，m/s；

　　　F——空床气体动能因子，m/s·(kg/m³)⁰·⁵。

低于载点（$F \leqslant 3.1$）时，湿压降：

$$\Delta P_w = E_u \frac{F^2}{2} R \tag{3-162}$$

式中　R——湿、干压降比，按下式计算：

$$R = \left(\frac{1}{1 - \frac{2\delta}{b}} \right)^2 \tag{3-163}$$

式中　δ——叶片上液层厚度，mm；

　　　b——叶片间距，mm。

高于载点（$F > 3.1$），压降根据载点压降和产生二次夹带后的压降，采用线性内插法计算：

$$\Delta P_w = E_u \frac{3.1^2 \times F^2}{2} R + \frac{F - 3.1}{F_c - 3.1} \left[\Delta P_c - \frac{E_u \times 3.1^2 \times R}{2} \right] \tag{3-164}$$

式中　F_c——空床临界点动能因子，m/s·(kg/m³)⁰·⁵；

　　　ΔP_c——临界点压降，Pa。

c. 捕沫效率　捕沫效率有2种表示方法，即总效率 η_t 和粒级效率 $\eta(d_p)$。总效率是指被除下的颗粒占气体进口颗粒总数的质量分数；粒级效率是针对于某一粒度范围颗粒而言。它们间的关系为：

$$\eta_t = 1 - \int_0^w \frac{1 - \eta(d_p)}{W} dw \tag{3-165}$$

式中　d_w——液滴在给定粒度范围所占的质量；

　　　W——液滴的总质量。

对于气体向上流动，忽略了重力影响并作某些简化假定后，从牛顿第一定律导出粒级效率计算式：

$$\eta(d_p) = 1 - e^{-\frac{\rho_p d_p^2 un\theta}{515.7\mu_g b \cos 2\theta}} \tag{3-166}$$

式中　$\eta(d_p)$——直径 d_p 颗粒的粒级捕沫效率，以分率表示；

　　　ρ_p——颗粒密度，g/cm³；

　　　u——空床气体速度，cm/s；

　　　n——叶片流程数；

　　　θ——叶片倾角，(°)；

　　　μ_g——气体黏度，g/(cm·s)；

　　　b——叶片间距，cm。

从式（3-166）不难分析粒级效率随有关参数的变化规律。

表示捕沫效率的另一方法是液滴的渗过率，即未被分离的液滴占进口液滴的质量分率，数值上等于 1 减去捕沫效率。

3.1.4.5　材质的选择

目前，广泛采用的耐海水腐蚀材料有铜合金、钛、特种不锈钢以及非金属材料（如聚四氟乙烯、CPVC、玻璃钢）等。为了降低装置的制造成本，也可选用普通的廉价金属材料如 Q235 等，但需进行可靠的防腐处理。

多效蒸馏海水淡化装置主要包括蒸发器、蒸汽喷射器、真空泵、工艺泵、管路系统、闪蒸罐、鞍座和支架。其中，蒸发器为装置的主体，主要由壳体、传热管、管板、布液系统、支撑构件以及淡水箱构成。

（1）蒸发器壳体　蒸发器壳体是低温多效蒸馏海水淡化装置的主要组成部分，也是海水与蒸汽进行相变传热的主要场所，其内部容易发生腐蚀、结垢等问题，所以它的选材至关重要。目前，对于规模化的低温多效蒸馏海水淡化装置，其蒸发器壳体的制造材料主要为两种：一种为耐海水腐蚀的 316L 不锈钢等材料；另一种为可喷涂防腐层的碳钢材料。

由于不锈钢的价格远高于碳钢，因此从经济性角度考虑，对于蒸发器壳体可选用防腐涂层碳钢来替换。为了提高碳钢的耐腐蚀性，目前广泛采用的做法是碳钢表面喷涂防腐蚀涂料。国内研发的溶剂型 THD 防腐涂料已成功地应用于山东黄岛电厂 3000t/d 低温多效蒸馏海水淡化装置中，效果好于预期。若壳体采用防腐涂层的碳钢，需在蒸发器内部另外增设阴极保护装置，以达到协同防腐的目的。

（2）传热管　传热管是低温多效蒸馏海水淡化装置的核心部件，它对装置性能起着决定性作用，对装置成本有着重要影响。综合考虑技术条件、产品设计寿命和经济性等因素，蒸发器顶上三排传热管选用钛管，以防海水冲刷腐蚀，其他采用白铜、铝黄铜管或者耐蚀铝管。

（3）捕沫组件及管板　捕沫组件可以截留住蒸汽所夹带的海水液滴，起气液分离以保证产品水水质的作用。其形式主要有金属丝网和折流板式两种，材料一般采用不锈钢或工程塑料。

（4）喷嘴　喷嘴可采用不锈钢、铜合金或聚乙烯等材料。

（5）管路系统　蒸汽管道、抽不凝气管道及冷凝水排放管道不直接接触海水，但通过介质为蒸汽且温度较高，具有一定的腐蚀性，考虑成本及设计寿命等因素，蒸汽管道、抽不凝气管道的材料一般采用 304 不锈钢，其他介质的管道采用 316L 不锈钢或玻璃钢。

（6）鞍座及支架　装置鞍座及支架由于不直接接触海水及海水蒸汽，一般选用碳钢材料，考虑到海边空气中湿度和盐度一般较高，需在碳钢表面喷砂并涂覆防锈漆。

（7）蒸汽喷射器　蒸汽喷射器材质通常采用 304 不锈钢。

（8）闪蒸罐及加药系统　闪蒸罐主要分为浓水闪蒸罐和淡水闪蒸罐。闪蒸罐要求具有较高的抗腐蚀性和一定的机械强度，通常可选择不锈钢、玻璃钢或碳钢加防腐涂层来加以制造。药液储罐材质通常为 PE。

3.1.4.6　系统的三维设计

多效蒸馏海水淡化工程的设计内容涉及面广，涵盖了工艺、设备、土建、结构、给排水、电气、仪表、自控等专业。设计人员采用二维设计软件时，需要利用自己的三维空间想象力进行设备布置、土建、配管、钢结构、电缆桥架、给排水等设计，不仅绘图工作量比较大，设计质量和工作效率还易受到影响。因此，三维设计软件以其更直观、更准确、更高效的特点而越来越多地应用于海水淡化工程设计领域。

目前市场上的三维设计软件较多，如 Pro/Engineer、UG、SolidWorks、Inventor 等，多用于电子、模具、机械产品的设计，即使具有三维布管功能，应用起来也比较麻烦。而 PDMS（Plant Design Management System）是以管道设计为主的三维工厂设计管理系统软件，用在低温多效蒸馏海水淡化工程设计中，具有直观、强大的碰撞检查功能、单一数据源以保证数据准确等优点。PDMS 软件针对专业特点，划分了多个模块，主要模块包括：ADMINISTRATION 项目管理、PARAGON 元件库和等级库维护、DESIGN 三维设计、DRAFT 平竖面图生成、ISODRAFT 轴测图生成、SPOOLER 管段预制图。其中 DESIGN 三维设计包括：Equipment 设备建模、Pipework 管道建模、Structure 结构建模、Cable trays 桥架建模、HVAC 暖通建模、Hanger & Support 支吊架建模。下面以 25000t/d 低温多效海水淡化装置为例，详述设计流程，如图 3-58 所示。

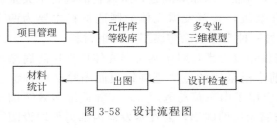

图 3-58　设计流程图

（1）创建项目　根据软件需求应先建立项目，在服务器中创建项目存放目录，按软件的规则在不同的子目录下放置各数据库文件，并输入项目信息。然后，进入项目管理模块（Admin），生成组（Team）和用户列表（User），通过 Team 来控制 User 的权限。最后根据需求，生成数据库（DB）和建立工作区（MDB），也可以拷贝和引用外部数据库。

（2）建立管道元件库和管道等级　管道元件库和等级在软件的 Paragon 模块中建立完成。管道元件库是创建三维管道模型的基础。软件原有的管道元件采用的标准为 ANSI（美国国家标准）、BS（英国标准）及 DIN（德国标准），且管材及管件的材质为碳钢、不锈钢、UPVC（硬聚氯乙烯）和 FRP（玻璃钢）等。根据具体项目，在使用原有的元件库的同时，还需要建立自己的管道元件库。

管道等级是联系元件库和设计数据库的纽带，将生成的元件在元件库中定义生成等级并放在等级库中，才能在设计时从庞大的元件库中方便准确地选择管道元件，从而提高工作效率。

（3）建立各个专业设计模型

① 建筑设计建模　前期准备工作完成后，开始进行设计工作。首先要进行车间建筑模型的创建。选 Structure 模块下的 Walls & Floors 子模块，创建车间地面、门窗、房间墙壁、排水沟等。

② 设备设计建模　进入项目 Design 模块后选择 Equipment 子模块，创建设备模型。对于泵、水箱设备采用了参数化设备模板（Parametric Equipment template）建模，也可以采用基本设备模板（Basic Equipment template）建模，但此方式生成模型后设备参数不可以修改。对于设备模板中没有的非标准化设备，如蒸发器、冷凝器、蒸汽喷射器、闪蒸罐等，通过搭积木方式（Primitive），将多个基本体组合起来生成设备模型。在设备建模过程中，考虑到设备的维修更换，可以定义设备保护空间。另外，设备的基础通过建立基本体来生成。设备建模完成后，依据工艺流程、各设备的特性及相关规范要求，将设备模型放置在合适的位置。

③ 结构设计建模　在项目 Structure 模块下的 Beams & Columns 子模块，创建设备支架。在设计中既要考虑设备也要考虑管路的固定和支撑。

④ 管道设计建模　进入 Design 后选择 Pipework 模块，以工艺流程图中的管段号命名

管路名称，根据管道中介质的流向定义管路的头尾，并输入管径、保温参数、管道等级、碰撞空间等参数后会自动生成管路的第一个分支。在软件中每条管路都默认由若干分支组成，可以通过点击 Modify Pipe 界面下的 New Branch 来创建分支。分支建立后，从管件列表中添加管路上的各元件（管件、阀门、仪表等）。在设计中相似的管路还可以利用拷贝命令创建，利用 Model Edit 功能和 Drag 命令来移动、旋转、定位管路。

（4）设计检查 在整套蒸馏海水淡化装置的三维模型建立完成后，对照工艺流程图，可以很方便地进行设计检查。首先检查设计内容是否完整；其次要对装置的设备布置和管道布置进行校审，判断是否满足设计要求；最后使用软件的一些功能进行详细设计检查，检查内容包括数据一致性检查、碰撞检查和 ISO 图检查。

① 数据一致性检查 进入 Design 模块中的 Pipework 子模块下，在菜单中选 Utilities＞Data Consistency，可以为任何一部分管道生成一份数据一致性检查报告，通过报告内容进行必要的修改。数据一致性检查内容包括：邻近管件之间的连接是否存在不可加工的间隙；连接类型是否匹配；连接管件是否处在同一方向；分支的头尾连接是否正确；管段长度是否小于预定义的最小值；弯管或弯头的角度是否在预定义的角度值之内等。一般每天工作结束前进行检查，每次检查一个管路，修改错误后再检查另一个。

② 碰撞检查 在 Design 模块下，首先设置碰撞检查所需的接触间隙值、重叠值和误差值，然后设置碰撞检查范围，最后运行碰撞检查。碰撞检查可以检查出管道与设备（仪表）之间、管道与管道之间、管道与土建结构之间、阀门保温及检修空间与设备之间等的各种碰撞，以便及时更正出现的错误。

③ ISO 图检查 进入 Design 模块中的 Pipework 子模块下，在菜单中选 Utilities＞Pipe Isometric，进行 ISO 图检查。如果管道连接有错误，在生成的图纸左上角会出现"FAIL"标示出图失败，此时就必须重新检查该管路并进行修改。

（5）生成施工图 进入 Draft 模块，定义线型、颜色、图框、出图内容、比例、标注标签等，生成不同专业需要的平竖面图或局部图，示例见图 3-59。

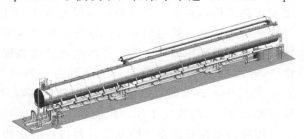

图 3-59 三维设计的低温多效蒸馏海水淡化装置

3.1.5 压汽蒸馏

压汽蒸馏（MVC）是将蒸发过程所产生的二次蒸汽，经压缩提高温度，再作为加热蒸汽使用的淡化过程，其主要目的是充分利用二次蒸汽中的焓值。

蒸发过程所产生的二次蒸汽具有较高的焓值，如果将其轻易地冷凝或排弃，将是能量的极大浪费。用机械压缩机将其稍加压缩，提高其压力后再输入到系统中去，蒸汽压力提高之后其饱和温度也随之相应提高，因此输入系统后可以作为加热热源使用，从而构成一个闭路循环，大量的热量在系统内循环，与蒸汽喷射器不同的是，MVC 不需外部提供热源，仅消耗电能，不需冷凝器和冷却水，因而适合在有电网的偏远地区使用。

人们在 20 世纪末预测的 MVC，比能耗与反渗透相当，但事实上反渗透技术由于膜性能提高很快以及能量回收技术的完善，其比能耗已经远低于 MVC，使 MVC 在海水淡化领域的应用受到极大的制约，未来 MVC 的应用领域主要集中于废水零排放处理。

3.1.5.1　单效压汽蒸馏 (SEE-MVC)

（1）工艺介绍　SEE-MVC 主要包括 5 部分，即蒸汽压缩机、蒸发器、原料水预热器、浓水和蒸馏水泵以及真空系统，图 3-60 为 MVC 工艺示意图。图中给出单效 MVC 装置，蒸发器中包含水平降膜传热管、喷嘴以及丝网捕沫器；原料水预热器为板式换热器。

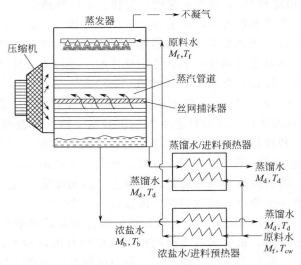

图 3-60　MVC 工艺示意图

　　原料水进入蒸发器时的流量为 M_f，温度为 T_f。原料水喷淋至水平管上降膜蒸发，薄膜蒸发提高了传热系数。蒸发前海水温度由 T_f 预热到 T_b，产生温度为 T_b 的二次蒸汽 (M_d)。二次蒸汽通过蒸汽管道后经丝网捕沫装置进入压缩机，捕沫装置可去除二次蒸汽中夹带的雾沫，否则会损害压缩机叶片。蒸汽通过捕沫装置后温度稍有降低并沿切向进入压缩机，温度由 T_b 升高到 T_s。压缩后的二次蒸汽为过热蒸汽，通过减温器将温度由 T_s 降至饱和温度 T_d，然后进入蒸发器水平传热管内，蒸汽在温度 T_d 冷凝，释放的潜热传递给传热管外的液膜。温差 T_s-T_b 决定了压缩机能耗。

　　用原料水换热器来回收从蒸发器排放的浓盐水和蒸馏水的热量，以此实现 MVC 的能量平衡。进入预热器的原料水温度 T_{cw} 比较低，流量为 M_f。蒸发器排放的浓水和蒸馏水的温度比较高，分别为 T_b 和 T_d。热量在三股流体之间进行交换，原料水温度升至 T_f，而蒸发器排放的浓水和蒸馏水的温度降至 T_o。

　　图 3-61 为 MVC 的温度分布图。在预热器中，原料水的温度由 T_{cw} 升至 T_f。同时，蒸发器排放浓水和蒸馏水的温度分别从 T_b 和 T_d 降至 T_o。在蒸发器内，原料水的温度由 T_f 升高至沸点 T_b。因为沸点升 T_b-T_v 的原因，二次蒸汽比相同压力下的饱和蒸汽温度 T_v 高。

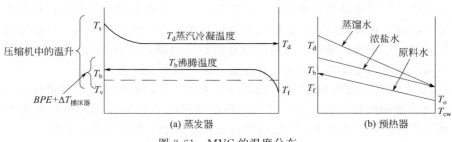

图 3-61　MVC 的温度分布

各股流体的温度变化范围如下：

—T_s-T_d的范围为 4～10℃；

—T_b-T_f的范围为 1～5℃；

—T_d-T_b的范围为 1～5℃；

—T_o-T_{cw}的范围为 1～5℃。

各温度变化维持在以上范围内，可实现：

—压缩机的能耗维持在实际可接受的范围之内；

—避免过多地增加蒸发器传热面积；

—预热器在合理的 LMTD 值下运行使传热面积最小。

（2）工艺模型　本节提出两种 MVC 模型：第一种模型包括若干简化假设，得到封闭形式的解，不使用迭代方法，这种模型应用简单，可用于设计和运行数据的快速评估；第二种模型取消了第一种模型中的假设，方程为非线性，需要通过迭代方法来得到性能参数。

① 简化 MVC 模型

a. 模型假设　该模型的假设如下：

—两台预热器的传热面积不同；

—蒸发器和预热器的总传热系数都是常数，但不相等；

—从两台预热器中出来后两股被加热流体的温度相同；

—所有流体的比热容都是常数，即 4.2kJ/(kg·℃)；

—二次蒸汽和冷凝蒸汽的潜热与温度有关；

—忽略沸点升的影响；

—蒸馏水中不含盐分；

—蒸发器中的传热驱动力为常数，且在数值上等于蒸汽冷凝温度与浓水蒸发温度的差值。

b. 模型方程　该模型分为 4 部分，包括：物料守恒；蒸发器、进料预热器的能量守恒；蒸发器和预热器的传热面积；性能参数。

（a）物料守恒　总质量和盐分守恒方程同 3.1.3.1 节中的方程（3-28）～方程（3-31）。

（b）蒸发器、进料预热器的能量守恒　为使进料水的温度由 T_{cw}升至 T_f，使用了两台预热器。原料水被分成两部分，即 αM_f 和 $(1-\alpha)M_f$。在第一台预热器中，原料水的 αM_f 部分与蒸馏水进行换热；在第二台预热器中，原料水的 $(1-\alpha)M_f$部分与蒸发器排放的浓水进行换热。

两台预热器的热负荷用进料水来表示的形式为

$$Q_h=M_f C_p(T_f-T_{cw}) \tag{3-167}$$

将式（3-31）中的进料水流量代入式（3-167）中，则有

$$Q_h=M_d C_p[X_b/(X_b-X_f)](T_f-T_{cw}) \tag{3-168}$$

式（3-167）也可以用蒸发器排放的蒸馏水和浓水的热负荷来表示，则为

$$Q_h=M_d C_p(T_d-T_o)+M_b C_p(T_b-T_o) \tag{3-169}$$

把式（3-30）中的浓水流量代入式（3-169）中，则式（3-169）变为

$$Q_h=M_d C_p(T_d-T_o)+M_d[X_f/(X_b-X_f)]C_p(T_b-T_o) \tag{3-170}$$

由式（3-168）和式（3-170）得

$$M_d C_p(T_d-T_o)+M_d[X_f/(X_b-X_f)]C_p(T_b-T_o)=$$
$$M_d C_p[X_b/(X_b-X_f)](T_f-T_{cw}) \tag{3-171}$$

对式 (3-171) 进行简化，得到预热器中加热流体的出口温度 T_o，即

$$T_o = (T_{cw} - T_f) + (X_f/X_b)T_b + [(X_b - X_f)/X_b]T_d \tag{3-172}$$

在蒸发器中，热量被传递给进料水，进料水温度由 T_f 升至 T_b，并且潜热被温度为 T_b 的二次蒸汽所吸收。这些热量是由温度为 T_d 的压缩蒸汽冷凝释放的潜热以及压缩蒸汽的过热度 $(T_s - T_d)$ 所提供。蒸发器的热负荷为

$$Q_e = M_f C_p(T_d - T_f) + M_d \lambda_b = M_d \lambda_d + M_d C_{p_v}(T_s - T_d) \tag{3-173}$$

式中，λ_b 为二次蒸汽在 T_b 时的汽化潜热，λ_d 蒸汽在 T_d 时的汽化潜热。

将式 (3-31) 中的进料水流量代入式 (3-173) 中，得

$$M_d[X_b/(X_b - X_f)]C_p(T_b - T_f) + M_d \lambda_b = M_d \lambda_d + M_d C_{p_v}(T_s - T_d) \tag{3-174}$$

对式 (3-174) 进行简化，得到进料水的温度 T_f，即

$$T_f = [(X_b - X_f)/X_b][(\lambda_b - \lambda_d)/C_p - (C_{p_v}/C_p)(T_s - T_d)] + T_b \tag{3-175}$$

(c) 蒸发器和预热器的传热面积　蒸发器的传热面积由热负荷、传热驱动力以及总传热系数来确定。蒸发器的热负荷等于温度为 T_b 的二次蒸汽吸收的潜热与进料水由 T_f 升至 T_b 所吸收热量的总和。传热驱动力等于蒸汽冷凝温度与海水蒸发温度的差值 $(T_d - T_b)$。

蒸发器的传热面积为

$$A_e = \frac{M_d \lambda_b + M_f C_p(T_b - T_f)}{U_e(T_d - T_b)} = \frac{M_d \lambda_d + M_d C_{p_v}(T_s - T_d)}{U_e(T_d - T_b)} \tag{3-176}$$

尽管预热器传热面积的计算方法与蒸发器类似，但是预热器两端传热的驱动力为冷热流体的对数传热温差，相应的方程为

$$A_d = \frac{M_d C_p(T_d - T_o)}{U_d(LMTD)_d} = \frac{\alpha M_f C_{pl}(T_f - T_{cw})}{U_d(LMTD)_d} \tag{3-177}$$

$$A_b = \frac{M_b C_p(T_b - T_o)}{U_b(LMTD)_b}$$

$$= \frac{M_d[X_f/(X_b - X_f)]C_p(T_b - T_o)}{U_b(LMTD)_b}$$

$$= \frac{(1-\alpha)M_f C_p(T_f - T_{cw})}{U_b(LMTD)_b} \tag{3-178}$$

$(LMTD)_d$ 为

$$(LMTD)_d = \frac{(T_d - T_f) - (T_o - T_{cw})}{\ln \dfrac{T_d - T_f}{T_o - T_{cw}}} \tag{3-179}$$

$(LMTD)_b$ 为

$$(LMTD)_b = \frac{(T_b - T_f) - (T_o - T_{cw})}{\ln \dfrac{T_b - T_f}{T_o - T_{cw}}} \tag{3-180}$$

(d) 性能参数　MVC 的运行性能由以下物理量来确定：比能耗，$kW \cdot h/m^3$；比传热面积 sA。

压缩机的比能耗为

$$W = \frac{\gamma}{\eta(\gamma-1)} p_v v_v \left[\left(\frac{p_s}{p_v} \right)^{\frac{\gamma-1}{\gamma}} - 1 \right] \tag{3-181}$$

式中，W 为比能耗，p 为压力，V 为比体积，η 为压缩机效率，γ 为等熵效率。需要注

意的是，压缩机进口压力 p_v 等于温度为 T_b 的二次蒸汽的压力，而压缩机出口压力 p_s 为温度为 T_s 的压缩蒸汽的压力。

比传热面积通过将式（3-176）、式（3-177）、式（3-178）三者求和，然后除以 M_d 得到，即

$$sA = \frac{A_e + A_d + A_b}{M_d} = \frac{\lambda_d + C_{p_v}(T_s - T_d)}{U_e(T_d - T_b)} + \frac{C_p(T_d - T_o)}{U_d(LMTD)_d} + \frac{[X_f/(X_b - X_f)]C_p(T_b - T_o)}{U_b(LMTD)_b}$$

(3-182)

c. 简化 MVC 模型的求解　简化 MVC 模型的求解是连续的，不需要迭代。求解过程如下：

—由式（3-166）、式（3-167）计算得到蒸发器排放浓水的流量 M_b 和进料水的流量 M_f；

—由式（3-175）计算得到进料水进入蒸发器时的温度 T_f；

—由式（3-172）计算得到加热流体流出预热器时的温度 T_o；

—由式（3-176）、式（3-177）、式（3-178）计算得到蒸发器和预热器的传热面积；

—由式（3-181）计算得到比能耗 W；

—由式（3-182）计算得到比传热面积 sA。

② 复杂 MVC 模型

a. 模型假设　该模型的假设如下：

—两台预热器的传热面积不同；

—从两台预热器中出来后两股加热流体的温度相同；

—浓水比热与温度和浓度有关；

—两台预热器的总传热系数都是常数，但不相等；

—二次蒸汽、冷凝蒸汽的汽化潜热与温度有关；

—蒸汽的比热容是常数；

—计算中包含沸点升的影响；

—蒸馏水中不含盐分；

—蒸发器中的传热驱动力为常数，在数值上等于蒸汽冷凝温度和海水蒸发温度的差值。

b. 模型方程　复杂 MVC 模型的基本方程与简化 MVC 模型类似，但复杂 MVC 模型的方程是非线性的，故能量守恒方程无法得到解析解。复杂 MVC 模型的方程如下。

（a）物料和盐分守恒

$$M_b = M_d[X_f/(X_b - X_f)]$$

(3-183)

$$M_f = M_d + M_b$$

(3-184)

（b）预热器能量守恒

$$M_f C_p(T_f - T_{cw}) = M_d C_p(T_b - T_o) + M_b C_p(T_b - T_o)$$

(3-185)

（c）蒸发器能量守恒

$$M_f C_p(T_b - T_f) + M_d \lambda_v = M_d \lambda_d + M_d C_{pv}(T_s - T_d)$$

(3-186)

（d）蒸发器传热面积

$$A_e = \frac{M_d \lambda_d + M_d C_{p_v}(T_s - T_d)}{U_e(T_d - T_b)}$$

(3-187)

（e）蒸馏水/进料预热器传热面积

$$A_d = \frac{M_d C_p(T_d - T_o)}{U_d(LMTD)_d} = \frac{\alpha M_f C_p(T_f - T_{cw})}{U_d(LMTD)_d}$$

(3-188)

$$(LMTD)_d = \frac{(T_d - T_f) - (T_o - T_{cw})}{\ln\dfrac{T_d - T_f}{T_o - T_{cw}}} \tag{3-189}$$

（f）浓水/进料预热器传热面积

$$A_b = \frac{M_b C_p (T_b - T_o)}{U_b (LMTD)_b} = \frac{(1-\alpha) M_f C_p (T_f - T_{cw})}{U_b (LMTD)_b} \tag{3-190}$$

$$(LMTD)_b = \frac{(T_b - T_f) - (T_o - T_{cw})}{\ln\dfrac{T_b - T_f}{T_o - T_{cw}}} \tag{3-191}$$

（g）性能参数

$$W = \frac{\gamma}{\eta(\gamma-1)} P_i V_i \left[\left(\frac{P_o}{P_i}\right)^{\frac{\gamma-1}{\gamma}} - 1 \right] \tag{3-192}$$

$$sA = \frac{A_e + A_d + A_b}{M_d}$$
$$= \frac{\lambda_d + C_{p_v}(T_s - T_d)}{U_e(T_d - T_b)} + \frac{H(T_d) - H(T_o)}{U_d(LMTD)_d} + \frac{[X_f/(X_b - X_f)]C_p(T_b - T_o)}{U_b(LMTD)_b} \tag{3-193}$$

c. 复杂 MVC 模型的求解　复杂 MVC 模型的求解过程如下：

—由式（3-183）、式（3-184）计算蒸发器排放浓水的流量 M_b 和进料水的流量 M_f；

—由式（3-185）、式（3-186）计算进料水进入蒸发器时的温度 T_f、加热流体流出预热器时的温度 T_o；

—由式（3-187）、式（3-188）、式（3-190）计算蒸发器和预热器的传热面积；

—由式（3-192）计算比能耗 W；

—由式（3-193）计算比传热面积 sA。

（3）MVC 运行性能　浓水的蒸发温度 T_b 在 60～105℃之间变化，温差（$T_d - T_b$）在 1～4℃之间变化。当蒸馏水流量为 1kg/s，压缩蒸汽与冷凝蒸汽的温差（$T_s - T_d$）为 3℃ 时，用复杂模型计算比能耗、蒸发器和两台预热器的比传热面积，结果如下。

MVC 比能耗的变化曲线如图 3-62 所示。在较低的蒸发温度时，比能耗随着冷凝蒸汽和蒸发浓水的温差的增加而增加。在较高的蒸发温度时，蒸汽比体积减小，比能耗降低。冷凝蒸汽与二次蒸汽的温差增加，压缩比增大。MVC 比能耗在 10～25kW·h/m³ 之间变化。在实际工程中，蒸发温度为 60℃时，MVC 的比能耗接近 15kW·h/m³，将该数值与图 3-62 中的数据进行比较可以推断出，此 MVC 装置运行在 3℃ 的（$T_s - T_d$）以及 1～2℃ 的（$T_d - T_b$）温差的条件下。

蒸发器比传热面积的变化曲线见图 3-63。在较高的蒸发温度时，比传热面积减小，且随着冷凝蒸汽与沸腾浓水的温差的减小而增加。较高的蒸发温度提高了传热速率，是因为液体密度和黏度减小，液体和金属壁面的传热系数增大。因总传热系数增加，所以比传热面积减小。冷凝蒸汽与蒸发浓水的温差是蒸发器传热管两侧的传热驱动力。降低冷凝蒸汽与沸腾浓水的温差使得传热驱动力减小，传热面积增加。蒸发器比传热面积对冷凝蒸汽与蒸发浓水的温差更加敏感，如图 3-63 所示，当浓水蒸发温度从 60℃增加至 105℃时，蒸发器比传热面积的变化在 8％之内。另一方面，当冷凝蒸汽与蒸发浓水的温差由 1℃增加至 4℃时，蒸发器比传热面积减至 1/4。在实际工程中，蒸发温度为 60℃时，蒸发器比传热面积在 400～600m²/(kg/s) 之间变化。将该数据与图 3-63 中的数据进行比较可以推断出，冷凝蒸汽与蒸发浓水的温差为 2℃。此结果跟前述图 3-62 数据对比得出的结论一致。

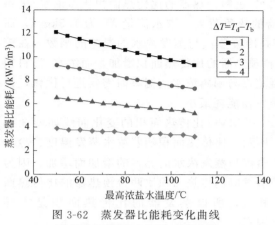

图 3-62 蒸发器比能耗变化曲线
（比能耗是最高浓水温度、冷凝蒸汽
与沸腾浓水温差的函数）

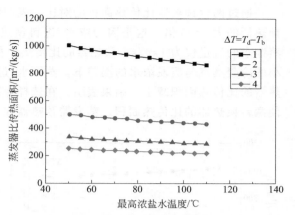

图 3-63 蒸发器比传热面积的变化曲线
（比传热面积是最高浓水温度、冷凝蒸汽
与沸腾浓水温差的函数）

蒸馏水/进料预热器的比传热面积变化曲线如图 3-64 所示。沸点温度越高 T_b 或管内外传热温差 (T_d-T_b) 越小，换热器比传热面积就越大。预热器热负荷通过传热温差 (T_d-T_b) 来反映。在更高的蒸发温度 T_b 时，该传热温差是增大的，因为 T_d 总比 T_b 高 $1\sim4℃$。冷凝蒸汽与蒸发浓水的温差降低会导致进料水温度 T_f 降低。这种降低是有必要的，可以为蒸发器提供更少量的能量，使凝结蒸汽与二次蒸汽之间所需的焓差更小。人们希望 T_f 的降低使 $(LMTD)_d$ 的值增加，然而，T_f 降低的同时伴随着 T_d 更大幅度的增加。结果，当冷凝蒸汽与蒸发浓水的温差降低时，$(LMTD)_d$ 的值也降低，以致预热器比传热面积增大。

浓水/进料预热器的比传热面积变化曲线如图 3-65 所示。比传热面积随着浓水蒸发温度 T_b 的增加而增加，随着冷凝蒸汽与蒸发浓水的温差 (T_d-T_b) 的增加而增加。预热器的热负荷是温差 (T_d-T_b) 的函数。浓水蒸发温度升高导致预热器热负荷增加。预热器比传热面积随着冷凝蒸汽与蒸发浓水的温差的增加而增加，这是由 $(LMTD)_b$ 值的降低引起的。如前所述，在 T_b 一定的条件下，(T_d-T_b) 增加导致进料水的温度 T_f 升高。因为浓水温度仍是常数，所以 T_f 升高导致预热器高温端的温差降低，预热器高温端的温差降低使得 $(LMTD)_b$ 的值减小，比传热面积增加。

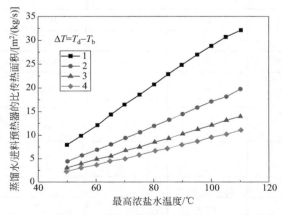

图 3-64 蒸馏水/进料预热器的比传热面积变化曲线
（比传热面积是最高浓水温度、冷凝蒸汽
与沸腾浓水温差的函数）

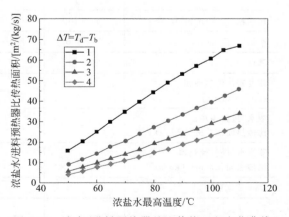

图 3-65 浓水/进料预热器的比传热面积变化曲线
（比传热面积是最高浓水温度、冷凝蒸汽
与沸腾浓水温差的函数）

通过两台预热器比传热面积的对比，表明浓水/进料预热器的比传热面积比蒸馏水/进料预热器的大 3～5 倍。这是因为浓水/进料预热器的热负荷大，浓水流量 M_b 为 1.5kg/s，而蒸馏水的流量仅为 1kg/s。预热器的比传热面积是冷凝蒸汽与蒸发浓水的温差的函数。在较小的冷凝蒸汽与蒸发浓水的温差下，蒸馏水/进料预热器的比传热面积增加，而浓水/进料预热器的比传热面积减小。结果表明，在选择冷凝蒸汽与沸腾浓水的温差时需要进行优化，以使两台换热器的比传热面积、蒸发器预热器和蒸发器能耗最小。

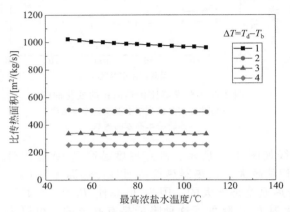

图 3-66　MVC 比传热面积的变化曲线
（比传热面积是最高浓水温度、冷凝蒸汽
与蒸发浓水温差的函数）

MVC 比传热面积的变化曲线如图 3-66 所示。比传热面积随着浓水蒸发温度、冷凝蒸汽与蒸发浓水的温差的增加而增加。因为蒸发器比传热面积比两台预热器的比传热面积大，所以蒸发器的比传热面积是主导因素。

（4）工程数据和实践　有关单效 MVC 运行特性的文献数据、工程技术报告有限，大部分文献关注的是产量、工厂设备利用率、比能耗等，鲜有传热面积、各股流体的温度等特性参数报道。

表 3-5 是关于单效 MVC 的文献数据的汇总。表格的最后一列为复杂 MVC 模型的估算值，模型估算时的浓水蒸发温度为 60℃，与实际工程一致。当温差（T_s-T_d）为 3℃时，模型估算的比能耗为 10.24kW·h/m³，与文献中的数据一致；当温差（T_d-T_b）为 2℃时，蒸发器的比传热面积与 1995 年 Veza 公布的数值一致，但小于 1985 年 Lucas 和 Tabourier 公布的数据。然而，未有文献记录进料预热器的比传热面积数据。

表 3-5　工业实际值与模型估计值的比较[4]

项目	Matz and Fisher 1981	Matz and Zimerman 1985	Lucas and Tabourier 1985	Veza 1995	模型估计值
比能耗/(kW·h/m³)	17～18	10	10	10～11	10.24
产量/(m³/d)	50～500	250～450	25～300	500	—
沸点/℃	40～50	50～70	—	59	60
蒸发器比传热面积/[m²/(kg/s)]				448.9	483
浓水/进料预热器比传热面积/[m²/(kg/s)]					206
蒸馏水/进料预热器比传热面积/[m²/(kg/s)]					50
T_d-T_b/℃	—	—	2	—	2
T_o-T_{cw}/℃	—	—	2～4	—	1.17
T_b-T_f 和 T_d-T_f/℃	—	—	2～3	—	0.3 和 2.3
T_s-T_b/℃	—	—	5	—	3

（5）小结　本节对 MVC 的运行性能进行数学建模分析，表明模型估算值与工程实际数据一致。比能耗的变化范围近似，浓水蒸发温度为 60℃时的变化范围为 $9 \sim 17 \mathrm{kW \cdot h/m^3}$。此外，数学模型估算的蒸发器比传热面积接近工程实际值，浓水蒸发温度为 60℃时的变化范围为 $400 \sim 600 \mathrm{m^2/(kg/s)}$。数学模型估算的温度数值也与公布的工程实际数据一致。

3.1.5.2　压汽蒸馏装置工艺计算

图 3-67 是机械蒸汽压缩装置的运行焓熵图。

喷淋到蒸发器的海水被部分蒸发（1→2），蒸发出来的蒸汽压力为对应的饱和压力。压缩机将蒸汽吸入，提高其温度、压力后排出（2→3）。在焓熵图中，压缩后蒸汽（状态 3）是过热的。

通过喷洒少量蒸馏水，蒸汽被消除过热，达到饱和状态（3→4）。此时蒸汽压力的饱和温度比蒸发器传热管外表面的温度高，从而蒸发出二次蒸汽。进入传热管内表面的蒸汽被冷凝（4→5）。

根据能量平衡，在蒸发器中，传热管内表面每凝结 1kg 淡水，在外表面上就会蒸发出约

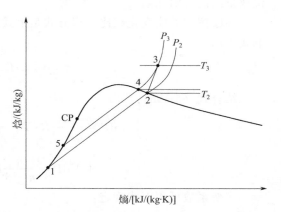

图 3-67　机械蒸汽压缩装置的运行焓熵图

1kg 蒸汽。另外，运行过程中，需要对海水进行预热。首先，通过设置换热器，用蒸馏水和浓盐水对原海水进行预热。考虑到换热器的传热端差，蒸馏水和浓盐水不足以将原海水加热到蒸发温度，因此还需要使用辅助电加热器对原料水进行加热。辅助电加热器也需要提供装置散热损失的热量，此部分热量大约为蒸发热的 1%。

一般情况下，需要对原料水进行循环使用。一方面可以节约换热器的传热面积，降低辅助加热器的能耗；另一方面可以保证传热管束的润湿。如果传热管表面没有被液膜完全覆盖，容易出现结垢现象，从而降低传热效率，甚至堵塞传热管的间隙。

机械蒸汽压缩机输入系统的能量如下：

$$P_t = m_D (h_3 - h_2) \tag{3-194}$$

假定压缩机中蒸汽为多变变化状态，对于压缩机进出口蒸汽的温度和压力，下式成立。

多变变化状态：

$$PV^n = \mathrm{const.}$$

式中，n 为多变指数。

对于理想气体：

$$PV = RT$$

$$\Rightarrow T_3 = T_2 \left[\frac{P_2}{P_3} \right]^{\frac{n}{n-1}} \tag{3-195}$$

对于单级 MVC 系统，存在以下关系：

$$T_2 \text{（压缩机进口温度）} = T_v \text{（蒸发温度）}$$

$$P_2 \text{（压缩机进口压力）} = P_v \text{（蒸发压力）}$$

$$P_3 \text{（蒸发器出口压力）} = P_c \text{（冷凝压力）}$$

冷凝压力由冷凝温度对应的饱和压力确定。冷凝温度可以分为两部分：蒸发温度和传热

温差。

$$T_c = T_v + \Delta T_{HT} \tag{3-196}$$

在稳态情况下，根据热力学第一定律，压缩机所做的功如下：

$$w_{123} = w_{\text{friction},23} + \int_2^3 V \mathrm{d}P + (e_{\text{out2}} - e_{\text{out1}}) \tag{3-197}$$

式中，w_{123} 为压缩机做功，kJ/kg；$w_{\text{friction},23}$ 为克服摩擦做功，kJ/kg；e_{out1}、e_{out2} 为单位质量内能，kJ/kg。

如摩擦和外能变化相比，积分式是上式的主体，根据式（3-197），多变状态的积分可用下式表示：

$$\int_2^3 V \mathrm{d}P = \frac{n}{n-1}(P_3 V_3 - P_2 V_2) \tag{3-198}$$

结合式（3-195）：

$$\int_2^3 V \mathrm{d}P = \frac{n}{n-1} R(T_3 - T_2) = \frac{n}{n-1} R T_2 \left(\frac{T_3}{T_2} - 1 \right)$$

$$\int_2^3 V \mathrm{d}P = \frac{n}{n-1} R T_2 \left[\left(\frac{P_3}{P_2} \right)^{\frac{n}{n-1}} - 1 \right] \tag{3-199}$$

多变系数可用下式确定：

$$\frac{n}{n-1} = \frac{k}{k-1} \eta_{\text{vc}}$$

式中，k 为多变系数（$T < 100℃$ 时，对于水，$k = 1.326$）；η_{vc} 为压缩机效率。

因此式（3-199）可改写为：

$$\int_2^3 V \mathrm{d}P = \frac{k}{k-1} \eta_{\text{vc}} R T_2 \left[\left(\frac{P_3}{P_2} \right)^{\frac{k-1}{k} \eta_{\text{vc}}} - 1 \right]$$

将摩擦损失计入压缩机效率，忽略外能变化，可以用下式计算压缩机能耗：

$$P_t = m_D (h_3 - h_2)$$

$$P_t = m_D \frac{k}{k-1} \eta_{\text{vc}} R T_2 \left[\left(\frac{P_3}{P_2} \right)^{\frac{k-1}{k} \eta_{\text{vc}}} - 1 \right] \tag{3-200}$$

根据以上公式及 3.1.3 节给出的公式，确定装置产量和蒸发/冷凝过程的操作温度、压力，就可以计算装置的能耗、传热面积、淡水产量等。

3.1.6 多级闪蒸

多级闪蒸是目前最常用的海水淡化方法之一，它是通过加热至一定温度的海水依次在一系列压力逐渐降低的容器中实现闪蒸汽化，然后再将蒸汽冷凝后得到淡水的过程[13]。它技术上成熟可靠，成本适中，适合大规模的海水淡化应用，在未来的海水淡化领域中仍将继续发挥重要的作用。

3.1.6.1 多级闪蒸原理与流程

多级闪蒸（multi-stage flash distillation，MSF）技术起步于 20 世纪 50 年代末，是针对最早的多效蒸发传热管结垢严重的缺点而发展起来的。该过程中原料海水先被加热，然后引入闪蒸室进行闪蒸，闪蒸室的压力控制在低于进料海水温度对应的饱和蒸气压下，当热海水进入闪蒸室后由于过热而急速部分汽化，从而使热海水温度降低，产生的蒸汽冷凝后即为淡水。多级闪蒸过程中加热面和蒸发面分开，这样使得传热面上的结垢减少，垢层的积累变得缓慢。因此，该技术开发出来后迅速替代了传统多效蒸馏，在中东产油国得到了广泛应用。

图 3-68 是多级闪蒸淡化工艺流程图。多级闪蒸装置主要由加热段、热回收段和排热段组成。图中的排热段一共有两级，实际工程中通常为两级或三级。而实际工程的热回收段级数通常较多，一般为 10～50 级。

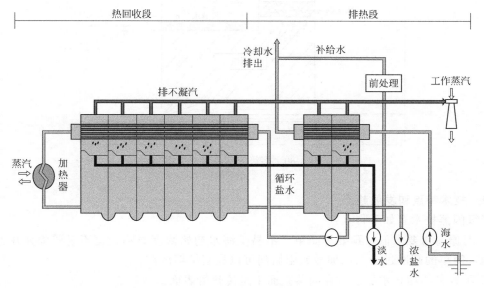

图 3-68　MSF 工艺流程示意图

海水首先进入排热段作为冷却水，利用冷凝过程中释放出来的热来预热进料海水，同时和辅助冷凝系统的水交换热量。为了有效利用热量，减少预处理原料海水量，一般将末级部分浓盐水与经预处理的原料海水混合后，一起进入排热段。

在排热段，盐水依次流经闪蒸室中传热管的管程，与各室闪蒸出来的蒸汽交换热量而得到进一步的加热，同时使蒸汽冷凝下来。换句话说，蒸汽冷凝释放出来的潜热用于加热盐水。

最后，从第一级闪蒸室（操作温度最高的闪蒸室）出来的盐水进入盐水加热器。在那里通过与锅炉提供的蒸汽换热，盐水的温度被提升到最高盐水温度（TBT）。

加热后的盐水进入热回收段的第一级闪蒸室。此时，由于盐水是过热的（其饱和蒸气压大于该闪蒸室的压力），一部分盐水发生闪蒸，产生的蒸汽经除沫器除掉夹带的少量液滴后，与闪蒸室上方冷却管接触被冷凝成蒸馏水。上一级闪蒸室出来的盐水和蒸汽都将进入下一级闪蒸室，在更低的压力下重复以上的过程。

图 3-69 是多级闪蒸中一个单级的剖面示意图。从图中可以清楚地看到，盐水在每一级的底部闪蒸，闪蒸的蒸气经过捕沫器除掉夹带的盐水后进入该级顶部的预热器冷凝同时加热管内的盐水，闪蒸蒸汽的冷凝水汇集到淡水盘上而后流到下一级。

多级闪蒸海水淡化工艺较适用于大型海水淡化工程，在中东地区的市场占有率很高。沙特阿拉伯在 Shuwaihat 建设的多级闪蒸海水淡化工程单机产量为 $75850 m^3/d$，是世界上单机最大的多级闪蒸海水淡化工程。对于多级闪蒸海水淡化工艺，较大的单机容量有助于降低工程的单位造价与运行成本。近年有望出现单机产量大于 $90000 m^3/d$ 的多级闪蒸淡化装置。

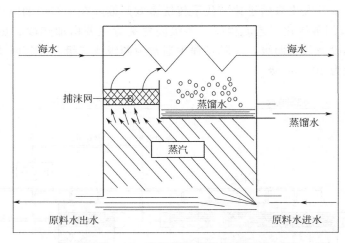

图 3-69　多级闪蒸单级剖面图

3.1.6.2　技术特点和发展趋势

多级闪蒸技术有如下特点：

① 对原海水要求低，预处理简单。不易受海水初始浓度影响，也不易受海水中悬浮颗粒影响，简单的筛网过滤，添加酸或阻垢剂可以控制结垢沉淀。

② 不容易结垢，水垢发生在闪蒸室而不是传热管表面。

③ 对设备耐腐蚀性要求较高，必须采用价格昂贵的铜合金、特种不锈钢及钛材来防止腐蚀，设备造价高。

④ 操作温度高，顶端盐水温度可达 110℃。

⑤ 能耗高，生产 1t 淡水的动力设备电耗约为 3.5 kW·h。

多级闪蒸操作温度高，动力消耗大，因此其装置投资和能耗均较高，目前主要集中在中东能源富裕国家使用。虽然近年来新装机容量呈下降趋势，但其保有量大，在 20～30 年之内不会被取代。未来 MSF 技术将会朝装置的大型化、低能耗发展。

3.1.7　蒸馏淡化装备

3.1.7.1　低温多效蒸馏海水淡化装备

低温多效蒸馏（简称低温多效）海水淡化装备主要由各效蒸发器和末端的冷凝器组成。常规装备是圆筒形结构，也有些企业，例如法国 Sidem 和韩国斗山重工将其装备设计成为矩形结构。蒸发器主要由筒体、传热管、管板、淡水箱及其支撑组件、喷淋系统、捕沫装置等部件组成。外部构件主要包括封头、加强筋、鞍座、接管等。其他辅助部件包括装置支架、平台、人孔、视镜、爬梯、扶手等。低温多效海水淡化装置部件示意见图 3-70。低温多效海水淡化装备属于负压容器，在真空状态下运行，设计压力为 -0.1MPa（表压），设计温度为 100℃。我国根据 GB 150—2011《压力容器》的外压容器设计要求，进行壳体和蒸汽管道的稳定性计算确定容器加强方式。国外公司大都采用美国 AMSE 标准进行设计。

蒸发器内部的核心部件是传热管，其数量及布置方式需根据工艺的设计要求确定，根据 GB 151—1999《管壳式换热器》对管板的厚度进行计算，确定管板的支撑形式及传热管的安装方式。传热管与管板的连接方式主要有胀接、焊接、胀焊、弹性胶圈连接等，不同的连

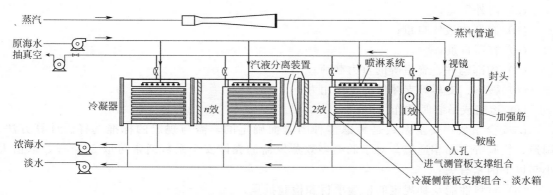

图 3-70 低温多效海水淡化装置部件示意图

接方式适用于不同的工况。装置的规模越大，单效所需传热管的长度越长，因此需要在蒸发器内设置中间支撑管板防止传热管的挠度变形。喷淋系统的支撑结构则需根据工艺确定的喷头布置进行设计。捕沫装置结构有整体式和分块式两种形式，其捕沫板的结构也有多种形式（包括 V 型、W 型等）。低温多效装置关键技术在于保证蒸发器的密封性能以保持运行真空度，相邻效蒸发器采用筒体法兰或焊接方式进行连接，采用法兰连接需设计相应结构的橡胶密封圈。

（1）低温多效海水淡化装置主体结构设计　首先确定壳体材料，然后选取壳体的设计参数，主要包括设计压力、设计温度、厚度及附加量、焊接接头系数和许用应力，然后进行强度和稳定性计算校核，最终确定壳体的厚度。

① 设计参数选取

a. 材料　壳体材料可使用不锈钢，如 SS316L。为了降低蒸发器壳体的制造成本，蒸发器的壳体、封头以及各类接管的制造材料可选用 Q235，通过涂敷防腐涂料来防止内部的海水腐蚀问题。

b. 设计压力　对于低温蒸馏海水淡化装置，其最高设计压力一般定为 -0.1 MPa（表压）。

c. 设计温度　一般低温多效海水淡化蒸发器的温度不超过 70℃，设计时选取 100℃ 作为其设计温度。

d. 设计厚度　壳体的厚度关系如图 3-71 所示。首先根据标准所规定的公式得到壳体的计算厚度。因钢材按照一定规格厚度生产，所以厚度加上钢材厚度负偏差后向上圆整至钢材标准规格厚度，即名义厚度。筒体或封头等部件在成形制造过程中，会有一定的加工减薄量，为确保封头和壳体成形后的厚度，还需考虑一定的加工裕量。加工裕量要根据具体制造工艺和板材的实际厚度，由设计者根据经验确定或与制造厂协商确定。此外，由于壳体要承受海水的腐蚀，壳体厚度还要增加一部分腐蚀裕量，对于碳钢和低合金钢压力容器该裕量一般不小于 1mm。

e. 设计载荷　根据低温多效蒸馏海水淡化的工况，壳体的设计载荷应考虑以下工况：

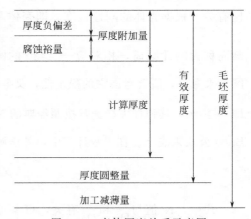

图 3-71　壳体厚度关系示意图

（a）内外压差；

（b）容器内液体自重；

（c）容器自重；

（d）内部构件、管道等的重力载荷；

（e）鞍座、支耳等支撑件的反作用力；

（f）运输或吊装时的作用力。

f. 安全系数　安全系数是考虑多种因素而确定的，需与规定的标准选择、计算方法、制造、检验等方面相适应。对于低温多效蒸发器的壳体安全系数通常可取 2.5～3。取值大小与以下因素有关：

（a）材料性能及其规定的检验项目和检验批量；

（b）考虑的载荷及载荷附加裕度；

（c）设计计算方法的精确程度；

（d）制造工艺装备和检验手段的水平；

（e）操作经验。

g. 焊接接头系数　在壳体的制造过程中，焊接是一项重要工艺，在焊接过程中会产生一些缺陷，如未焊透、裂纹、夹渣、咬边等，这些都会引起应力集中，往往会成为容器强度比较薄弱的环节。为弥补焊缝对容器整体强度的削弱，在强度计算中要引入焊接接头系数（Φ）。

（a）双面焊对接接头：

100%无损检测　　Φ=1.00

局部无损检测　　Φ=0.85

（b）单面焊对接接头：

100%无损检测　　Φ=0.9

局部无损检测　　Φ=0.8

② 圆筒形蒸发器结构设计

a. 外压圆筒计算　蒸发器筒体内部压力小于大气压力，即在真空条件下工作，因此筒体承受外压，壳体内壁承受压应力，外壁承受拉应力。对于外压筒体往往其压应力尚未达到屈服时就会出现扁塌现象而失效，因此在考虑筒体厚度时应按照外压弹性失稳计算。

圆筒弹性失稳的临界压力和失稳波数与圆筒直径、长度和厚度以及材料弹性模量和泊松比有关。根据壳体的刚性程度，即壳体厚度（δ）相对于直径（D_0）的大小，将 $\frac{D_0}{\delta}<20$ 的圆筒称为刚性圆筒，相对应 $\frac{D_0}{\delta}\geq20$ 的圆筒称为弹性圆筒。当 $\frac{D_0}{\delta}<20$ 时，不能完全用薄壁圆筒来考虑，既要考虑它的稳定性，又要考虑的它的强度问题。MED 装置一般属于弹性圆筒，即 $\frac{D_0}{\delta}\geq20$，其弹性失稳通常按照经典的 Mise 公式来表示。对于长圆筒的两波失稳，通常是由 Bress 公式来表示。在工程计算中，外压圆筒的临界压力都可以用以下简化公式计算：

$$p_{cr}=KE\left(\frac{\delta_e}{D_0}\right)^3 \tag{3-201}$$

式中，K 值与 $\frac{L}{D_0}$ 和 $\frac{\delta_e}{D_0}$ 有关，可参考 GB 150—2011 的标准规定；E 为材料的弹性模量。

临界应力表示为：

$$\sigma_{cr} = \frac{p_{cr}D_0}{2\delta_e} = \frac{1}{2}KE\left(\frac{\delta_e}{D_0}\right)^2 \tag{3-202}$$

b. 加强圈设计 为了在降低筒体材料厚度的同时保证筒体的结构强度，需要在筒体外部设置加强圈。

外压圆筒加强圈的设计，首先是将加强圈两侧圆筒计算长度之和的一半的距离内所承受的外压载荷作为加强圈所需承受的外压。根据 GB 150 的公式计算出加强圈与圆筒组合段所需的惯性矩 I。根据设计的加强圈，用一般的力学方法，计算出加强圈与圆筒组合段所需的惯性矩 I_s，需满足 $I_s \geqslant I$。在外压筒体加强圈设计时，应注意以下几点：

（a）加强圈的截面可以是工字钢、槽钢、角钢、T 型钢和扁钢等，根据需要选用，在可能的情况下首先选择截面简单的为好；

（b）加强圈一般设计在筒体的外侧，在布置加强圈时要考虑筒体上的开孔位置；

（c）加强圈因结构需要局部留有与壳体不贴和的区域间隙，其允许弧长应满足 GB 150 要求；

（d）加强圈与壳体焊接时，为减少焊接收缩，通常采用间断焊，加强圈两侧的间断焊缝可以错开也可以并排。不焊接的最大间距为 $8\delta_n$，δ_n 为筒体的名义厚度。间断焊接部分的每段长度大于或等于此最大间距。

c. 开孔接管及补强 根据低温多效蒸馏海水淡化的工艺要求，筒体上一般要开设海水给水接口、浓海水排出口、淡水出口、淡水闪蒸蒸汽入口、浓盐水闪蒸蒸汽入口、蒸汽入口（抽汽口）、人孔以及视镜等。

外压壳体开孔接管后，在开孔边缘一般存在着应力和应力集中的现象，使开孔附近区域的承压强度下降。对于外压筒体，开孔补强是为了防止失稳，即开孔截面要有足够的抗弯承载能力。按照 GB 150，壳体开孔如果满足以下全部要求，可不另行补强。

（a）设计压力小于或等于 2.5MPa；

（b）两相邻开孔中心的间距应不小于两孔直径之和的两倍；

（c）接管公称直径之和小于或等于 89mm；

（d）接管最小壁厚应满足表 3-6 的要求。

表 3-6 接管最小壁厚条件

接管公称外径/mm	25	32	38	45	48	57	65	76	89
最小壁厚/mm	3.5			4.0		5.0		6.0	6.0

对不能满足上述要求的筒体开孔，按照 GB 150 的规定要进行补强，开孔补强采用等面积补强法。在工程上，为保持开孔处的稳定，在孔边有效补偿范围内以及其一半的面积进行补强。

等面积的计算方法是补强的金属面积大于或等于所需的补强面积，可按下面的公式计算：

$$A = d\delta + 2\delta\delta_{et}(1 - f_r) \tag{3-203}$$

式中，A 为开孔削弱需补强的面积；d 为开孔计算直径，为接管内直径加 2 倍接管壁厚；δ 为开孔处壳体的计算厚度；$2\delta\delta_{et}$ 表示部分接管材料作为壳体材料面积使用；f_r 为接管材料与壳体材料需用应力之比，也称为强度削弱系数。

对于封头上的开孔补强，椭圆形和蝶形封头厚度应根据最大应力在过渡区而计算得到，因此在过渡区部分开孔补强所需面积计算时，应按封头计算厚度计入。但当开孔在中心部位，在椭圆封头的 $0.8D_i$ 范围内或蝶形封头的球面范围内时，补强所需的计算厚度应以中心部位球壳的计算厚度代入，对于标准椭圆封头以 0.9 倍当量球壳半径来计算。

海水淡化技术与工程

146 | 海水淡化技术与工程

筒体上的蒸汽接口往往尺寸较大，等面积开孔补强不再适用。大开孔补强，按 GB 150 的规定，应该采用应力分析的方法。对于大开孔补强，除采用应力分析法以外，也可参考国外的大开孔补强方法。例如，日本 JIS B8243 在大开孔采用等面积补强时，将所需补强面积增加 20％，而将 2/3 的补强面积集中在离孔边 $d/4$ 的范围内。德国采用压力面积法进行补强计算，其计算公式为：

$$\frac{p}{10}\left(\frac{A_\mathrm{p}}{A_0}+\frac{1}{2}\right)\leqslant\frac{K}{S} \tag{3-204}$$

式中，A_p 为受压面积；A_0 为承载面积；K 为材料的屈服点；S 为安全系数，$S\geqslant1.5$。

d. 筒体法兰和管法兰　筒体法兰连接系统是由法兰、垫片和连接螺栓三部分组成的一个部件。法兰设计必须与垫片和螺栓设计相关联。为此，法兰选用原则大致可按以下要求进行：

（a）首先根据低温多效蒸馏海水淡化的运行条件（压力、温度、物料），筒体法兰和管法兰宜优先选用 JB/T 4700～4707《压力容器法兰》和 HG 20592～20635《钢制管法兰、垫片、紧固件》中规定的标准法兰；

（b）容器标准法兰 JB/T 4700～4707 中甲型平焊法兰、乙型平焊法兰和长颈对焊法兰的垫片、螺柱、螺母材料的选择及工作温度范围应符合 JB/T 4700 中的规定；

（c）法兰标准 HG 20592～20635 中法兰垫片、紧固件选配按标准 HG 20614 和 HG 20615 选取；

（d）真空容器的真空度小于 600mmHg，法兰的设计压力应不低于 0.6MPa；真空度为 600～760mmHg，法兰的设计压力应不低于 1MPa；

（e）筒体法兰的密封面型式选择一般可参照标准 HG 20583 选用；

（f）考虑满足筒体法兰静密封的要求，应控制螺栓预紧或操作工况下不产生过大的变形而导致密封泄漏，应给予法兰较大的安全系数（2.5～3）。

此外，由于低温多效海水淡化装置为负压操作，采用具有良好的自密封性能的密封垫片可有效降低蒸发器法兰的厚度，降低法兰加工难度和制造成本。

③ 矩形蒸发器结构设计　一般大型矩形容器的设计采用钢板焊接成壳体，中间焊接钢板将壳体分割成不同的腔室，在壳体外部焊接加强圈以增加装置的刚性和稳定性。当尺寸很大，高度又相对较高时，还需要在容器内部采取相应的加强措施，如斜拉撑、加强筋等。

对于矩形截面容器的设计，GB 150 中仅规定了受内压载荷的计算方法，NB/T 47003.1—2009《钢制焊接常压容器》中的规定仅适用于直接与大气连通（或敞开式）且仅承受液体静压的矩形容器，对于外压载荷的计算，ASME Ⅷ 第二册《压力容器建造另一规则》中规定了其设计准则。外压矩形截面蒸发器的设计包括壳体和承受压力应力的包括加强筋、加强件和拉撑件在内的容器零件。

a. 外压壳体计算　各壳体可以有不同的壁厚。对于矩形截面蒸发器的设计，首先初步确定蒸发器图形和壁厚，在计算横截面上各位置的应力并将它和许用值相比较时，需要用迭代法进行。如超过许用值，则要改变图形和/或壁厚，并重新计算应力，直至得到所有许用应力要求都予以满足为止。

对截面上各处的薄膜和弯曲应力都进行计算。将薄膜应力用代数法叠加于弯曲应力之上，可得到在壳体或加强筋的最外表面和最内表面两个总应力值，在该截面上的总应力值应和许用应力相比较。

矩形蒸发器外部都带有加强筋，当加强筋和壳体许用应力相同时，应确定该组合截面内表面和外表面的总应力。在内表面和外表面处的总应力应和许用应力相比较，当加强筋和壳体许用应力不同时，应对组合截面中每一元件的内表面和外表面确定其总应力。

在中性轴以下的应力位置，用于计算应力的弯曲公式应看作作用于内表面处的应力公式；在中性轴以上的应力位置，用于计算应力的弯曲公式应看作作用于外表面处的应力公式。

b. 加强筋设计 加强筋置于蒸发器外侧，采用在加强筋每侧焊于蒸发器侧板的方法连接，见图 3-72。对于连续的加强筋，焊接可以是连续焊或间断焊。在加强筋上每一侧中断焊缝的总长度应不小于在壳体上要加强长度的一半。在加强筋两对向的焊缝可以是间隔相互交叉，也可以是间隔并排，在中断焊缝之间的距离应不大于所加强侧板厚度的 8 倍。为确信组合截面的性能，对非连续的加强筋，其焊缝必须能承受所引起的剪切。

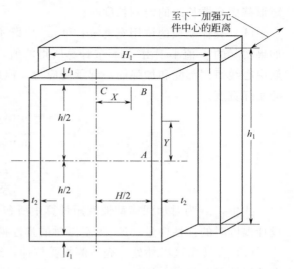

图 3-72 带加强筋的矩形截面蒸发器

（a）加强筋之间的最大距离计算。公式（3-205）列出了任何两加强筋中心线之间的最大距离。该式用于计算经加强的矩形截面容器应力的节距 p 值，取值应为在每一侧至下一加强筋距离总和的一半。

$$p = \min(p_1, p_2) \tag{3-205}$$

$$p_1 = t_1 \sqrt{\frac{SJ_1}{P}} \qquad 用于 H \geqslant p \tag{3-206}$$

$$p_1 = \frac{t_1}{\beta_1} \sqrt{\frac{SJ_1}{P}} \qquad 用于 H < p \tag{3-207}$$

其中

$$\beta_1 = \frac{H}{p_{b1}}$$

$$p_{b1} = t_1 \sqrt{\frac{2.1S}{P}} \tag{3-208}$$

$$J_1 = -0.26667 + \frac{24.222}{(\beta_{1max})} - \frac{99.478}{(\beta_{1max})^2} + \frac{194.59}{(\beta_{1max})^3} - \frac{169.99}{(\beta_{1max})^4} + \frac{55.822}{(\beta_{1max})^5} \tag{3-209}$$

$$\beta_{1max} = \min[\max(\beta_1, \beta_2), 4.0] \tag{3-210}$$

$$p_2 = t_2 \sqrt{\frac{SJ_2}{P}} \qquad 用于 h \geqslant p \tag{3-211}$$

$$p_2 = \frac{t_2}{\beta_2} \sqrt{\frac{SJ_2}{P}} \qquad 用于 h < p \tag{3-212}$$

$$\beta_2 = \frac{h}{p_{b2}} \tag{3-213}$$

$$p_{b2} = t_2 \sqrt{\frac{2.1S}{P}} \tag{3-214}$$

以上各式中，t_1 为短边侧板厚度；t_2 为长边侧板厚度；S 为设计温度时的许用应力；P 为设计内压力；J_1 和 J_2 为应力参数，均为常数；H 为矩形截面容器短边的内侧长度；h 为矩形截面容器长边的内侧长度。

（b）壳体侧板的许用宽度 w_1 和 w_2 应既不大于由式（3-215）或式（3-216）所得之值，如果实际的 p 值小于由（a）节计算所得的值，则实际不大于 p 值。w 值的一半应看作加强筋中心线每侧都能和加强筋一起承受应力，但此有效宽度不应重叠，有效宽度不应大于所用的实际宽度。

$$w_1 = \min(w_{\max}, p_1) \tag{3-215}$$

$$w_2 = \min(w_{\max}, p_2) \tag{3-216}$$

$$w_{\max} = \frac{t\Delta}{\sqrt{S_y}}\left[\frac{E_y}{E_{ya}}\right] \tag{3-217}$$

式中，w 为对加强横截惯性矩计算中所包括的板宽；S_y 为设计温度时屈服应力；E_y 为设计温度时的弹性模量；E_{ya} 为室温时的弹性模量；Δ 为有效宽度系数。

（c）在转角区以外处，壳体侧板受拉伸，组合截面（加强筋和壳体侧板共同起作用）的有效惯性 I11 和 I22 应按在（b）节中所计算的 w_1 和 w_2 计算。在（b）节中的公式并未包括局部高应力的影响。在图 3-72 结构的转角区，局部高应力明显超过计算得到的应力。在转角区，能够和组合截面一起起作用的壳体宽度仅是很小一部分，在该区的局部应力应采用 ASME Ⅷ 第二册《压力容器建造另一规则》第 5 篇或者 JB 4732—1995《钢制压力容器 分析设计标准》中应力计算的方法进行计算和校核。

c. 开孔补强和焊接接头系数　对于矩形蒸发器上的开孔补偿必须计及孔边的弯曲强度和薄膜强度，此外，开孔可以显著地影响相邻侧板的应力。通常采用 ASME Ⅷ 第二册《压力容器建造另一规则》第 5 篇或者 JB 4732—1995《钢制压力容器 分析设计标准》中应力计算的方法进行开孔补强计算和校核。

蒸发器应力计算应包括焊接接头系数和开孔所在处的孔排削弱系数。在计算中采用 E_m 和 E_b 两个系数以分别计及用于薄膜和弯曲应力的焊接接头系数和孔排削弱系数。其计算方法按照 ASME Ⅷ 第二册《压力容器建造另一规则》中 4.12.6 进行计算。

d. 应力计算准则　见表 3-7。

表 3-7　应力计算准则

薄膜和弯曲应力——最大应力处
$S_m^s = \dfrac{Php}{2(A_1 + t_1 p)E_m}$
$S_m^{sC} = -S_{bo}^{sC}\left(\dfrac{c_i}{c_o}\right) = \dfrac{Ppc_i}{24 I_{11} E_b}\left[-3H^2 + 2h^2\left(\dfrac{1+\alpha_1^2 k}{1+k}\right)\right]$
$S_{bi}^{sB} = -S_{bo}^{sB}\left(\dfrac{c_i}{c_o}\right) = \dfrac{Ph^2 pc_i}{12 I_{11} E_b}\left[\dfrac{1+\alpha_1^2 k}{1+k}\right]$
$S_m^1 = \dfrac{PHp}{2(A_2 + t_2 p)E_m}$
$S_{bi}^{1A} = -S_{bo}^{1A}\left(\dfrac{c_i}{c_o}\right) = \dfrac{Ph^2 pc_i}{24 I_{21} E_b}\left[-3 + 2\left(\dfrac{1+\alpha_1^2 k}{1+k}\right)\right]$
$S_{bi}^{1B} = -S_{bo}^{1B}\left(\dfrac{c_i}{c_o}\right) = \dfrac{Ph^2 pc_i}{12 I_{21} E_b}\left[\dfrac{1+\alpha_1^2 k}{1+k}\right]$

续表

薄膜和弯曲应力——确定位置处

$$S_{bi}^{sX} = -S_{bo}^{sX}\left(\frac{c_i}{c_o}\right) = \frac{Ppc_i}{24I_{11}E_b}\left[-3H^2 + 2h^2\left(\frac{1+\alpha_1^2 k}{1+k}\right) + 12X^2\right]$$

$$S_{bi}^{1Y} = -S_{bo}^{1Y}\left(\frac{c_i}{c_o}\right) = \frac{Ph^2 pc_i}{24I_{21}E_b}\left[-3 + 2\left(\frac{1+\alpha_1^2 k}{1+k}\right) + \frac{12Y^2}{h^2}\right]$$

合格准则——最大应力处	
$S_m^s \leqslant S$	$S_m^1 \leqslant S$
$S_m^s + S_{bi}^{sC} \leqslant 1.5S$	$S_m^1 + S_{bi}^{1A} \leqslant 1.5S$
$S_m^s + S_{bo}^{sC} \leqslant 1.5S$	$S_m^1 + S_{bo}^{1A} \leqslant 1.5S$
$S_m^s + S_{bi}^{sB} \leqslant 1.5S$	$S_m^1 + S_{bi}^{1B} \leqslant 1.5S$
$S_m^s + S_{bo}^{sB} \leqslant 1.5S$	$S_m^1 + S_{bo}^{1B} \leqslant 1.5S$

合格准则——确定位置处	
$S_m^s + S_{bi}^{sX} \leqslant 1.5S$	$S_m^1 + S_{bi}^{1Y} \leqslant 1.5S$
$S_m^s + S_{bo}^{sX} \leqslant 1.5S$	$S_m^1 + S_{bo}^{1Y} \leqslant 1.5S$

应力结果的符号说明	
S_m^s	短边中的薄膜应力
S_{bi}^{sB}，S_{bo}^{sB}	分别为短边中 B 点内表面和外表面的弯曲应力
S_{bi}^{sC}，S_{bo}^{sC}	分别为短边中 C 点内表面和外表面的弯曲应力
S_{bi}^{sX}，S_{bo}^{sX}	分别为短边中由 X 所确定点内表面和外表面的弯曲应力
S_m^1	长边中的薄膜应力
S_{bi}^{1B}，S_{bo}^{1B}	分别为长边中 B 点内表面和外表面的弯曲应力
S_{bi}^{sA}，S_{bo}^{sA}	分别为长边中 A 点内表面和外表面的弯曲应力
S_{bi}^{1Y}，S_{bo}^{1Y}	分别为短边中由 Y 所确定点内表面和外表面的弯曲应力
S_m^{st}	拉撑杆或拉撑板（视适用）中的薄膜应力

e. 设计计算程序

第一步：确定设计压力和设计温度。

第二步：确定初始的结构形状（即宽度、高度、长度）以及承压侧板的厚度。

第三步：确定加强筋的型式、间距和尺寸。

第四步：确定由内表面和外表面起的中性轴的位置。

如所计算的截面有加强筋，则采用材料力学的概念由组合板的横截面积和加强筋的横截面积确定 c_i 和 c_o。

如所计算的截面有阶梯孔则按开孔补强计算中的方法确定 c_i 和 c_o。

如所计算的截面并无加强筋，也无开孔，或开有等直径孔，则 $c_i = c_o = t/2$，此处 t 是侧板的厚度。

第五步：确定焊接接头系数和孔排削弱系数，并确定系数 E_m 或 E_b。

第六步：对蒸发器完成应力计算，并校核合格准则。如果准则都予满足，则设计完成。

如准则不满足，则修改板厚和/或加强筋尺寸并转入第二步重新计算，将此计算继续进行直至达到满足合格准则的设计为止。

（2）蒸发器内部构件设计

① 传热管

a. 排列方式　传热管的排列有以下 4 种形式，如图 3-73 所示：

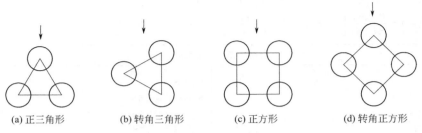

| (a) 正三角形 | (b) 转角三角形 | (c) 正方形 | (d) 转角正方形 |

图 3-73　传热管的排列方式

在低温多效蒸馏海水淡化装置中，特别是目前普遍采用的水平管蒸发器，传热管多采用正三角形或转角正方形排布，这样可保证料液全部喷淋到传热管上。

b. 安装　由于低温多效淡化工艺的要求，管板的换热管端（管头）须与管板平面平行，而管头在伸出管板平面后很难保证一致，因此就必须在换热器安装完成后，对管头平面进行后续加工，同时对管内外壁的毛刺进行清理，如图 3-74 所示。

② 管板　低温多效蒸馏海水淡化装置一般多采用整体式管板，根据工艺计算的传热管数量和间距，确定管板的整体尺寸（长×宽），其厚度则要根据 GB 151 规定的管板公式计算确定。一般来说，影响管板强度的因素很多，正确地对管板进行强度分析，合理选择管板的材料和设计厚度，对于减少管板加工制造的难度具有重要的意义。在计算过程中，对影响管板应力的实际因素可作以下几方面的考虑和简化。

a. 管束对管板的支撑作用　管束对管板在外载荷作用下的挠度和转角都有约束作用，管束的约束作用可以减少管板中的应力。如果管板的直径与管子直径相比足够大，而管子的数量又足够多，则离散的各个管子的支撑作用可以简化为均匀连续支撑管板的弹性基础。

b. 管孔对管板的削弱作用　实际在管板上密布着离散的管孔，管孔对管板的削弱作用有以下两个方面：

（a）对于管板整体的削弱作用，使管板整体的刚度与强度都减小了；

（b）管孔边缘有局部的应力集中。

c. 管板周边不布管区的折算方法　在管板周边部分，存在着一个较窄的不布管区，该区域一般是一个多边形而不是圆形的区域。该区域的存在使管板边缘的应力下降。为计算该区域对管板应力的影响，要将该不布管区按其面积简化为圆环形实心板，根据 GB 151 的计算方法进行计算。

在大型低温多效海水淡化装置中，管板与传热管可通过橡胶管圈的方式实现弹性连接，无需进行焊接或胀接工艺，所以可在一定程度上降低管板的厚度，见图 3-75。

管孔与换热管径向间隙的大小是影响管板与换热器管连接接头质量的关键性指标，而管口的尺寸及允许差又直接受控于换热管的精度。具体管孔的精度要依据传热管的材质确定。对于低温多效海水淡化装置一般多采用铝管、铜管和钛管，对于不同材质的传热管在确定管孔尺寸时应遵循如下原则：

（a）铝管外径的偏差与 GB 151 规定的高精度钢管相同，所以一般可采用钢管Ⅰ级的配合，铝管管径上的偏差稍严一些（小于 0.07mm）；

图 3-74 管头平面的现场加工

图 3-75 传热管与管板弹性密封胶圈连接

（b）GB/T 8890—2007 铜管都呈负偏差，管孔的名义尺寸及允许偏差一般要比钢的Ⅰ级更小；

（c）由于钛材较为昂贵，换热管壁厚薄，GB/T 3625 钛管外径、壁厚偏差都比高精度的钢管小，所以钛管的管孔与管的间隙比Ⅰ级钢管的要小。

为了便于参考不同传热管材质的管孔尺寸，表 3-8 列举了 GB 151 规定的国内Ⅰ级 Φ19 碳钢的管孔尺寸。

表 3-8 Φ19 碳钢的管孔尺寸

项目	管外径及偏差/mm	管孔直径/mm	管孔直径偏差/mm		最小径向间隙/mm	最大径向间隙/mm
			96%	4%		
GB 151 (GB/T 8163)	19±0.20	19.25	+0.15 0	+0.30 0	0.05	0.60

管板在打孔之前，须对管板的表面进行机加工处理，以保证其表面的平整度，防止打孔时跑偏。在加工管板平面时，要根据管板表面本身的尺寸精度和粗糙度，选择合适的加工机床，一般不能一次加工到规定的尺寸，而要划分阶段逐步进行，以消除或减小粗加工时因切削力和切削热等因素所引起的变形，从而保证管板的加工精度。为了与传热管弹性连接的安装方便，管板在钻孔后需进行倒角处理。

对于大型低温多效海水淡化装置，由于所使用的管板数量较多，因此可考虑采用大型加工设备如坐地镗床、铣床以及龙门刨床，对大批量的管板进行一次装夹，整体加工，可提高其加工效率，缩短加工周期。

③ 传热管支撑板 在大型低温多效蒸馏海水淡化装置中，各效传热管的长度往往不等，在前几效蒸发器中，由于蒸发的水量较大，换热管的长度较长，一般可在 8m 以上。为了避免传热管的挠度过大，影响布液的均匀性，同时防止管束的振动，增加其连接的刚性，需要在蒸发器两端蒸汽进气侧管板和淡水冷凝侧管板之间设置中间支撑板。

中间支撑板的间距需要根据传热管挠度的计算结果合理划分，同时还要兼顾喷淋系统的布液要求，尽量与喷头之间保持足够的距离，以减少对喷淋的影响。

（3）封头 蒸发器筒体的封头可选用球形、椭圆形、蝶形、球冠形、锥形和平盖形几种形式。一般来讲，球形、椭圆形等形式的封头承压效果好，且节省材料。但由于封头的直径较大，如果考虑到加工成本的因素，采用圆形平盖上加加强筋的方式往往会更加经济。带加

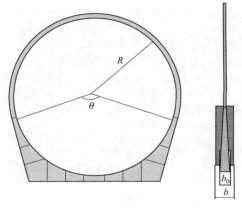

图 3-76　低温多效蒸发器上的鞍式支座

强筋的圆形平盖可按 HG/T 20582—2011《钢制化工容器强度计算规定》中的有关公式进行设计计算。加强筋需要有一定的刚性，计算加强筋与平板有效宽度内组合截面的惯性矩或抗弯截面系数，然后进行应力校核。

（4）鞍座　低温多效蒸发器的支座多采用鞍式支座，如图 3-76 所示。JB/T 4731—2005《钢制卧式容器》主要对双鞍座对称布置情况进行规定。对于长径比较大的蒸发器筒体，尤其是首效蒸发器筒体一般较长，传热管数量较多，为避免支座跨距过大而导致圆筒体产生严重变形及应力过大，可以考虑设置三个支座。但三个以上支座有可能因支座高度偏差及基础的不均匀沉降而产生支座处的附加弯矩和附加支座反力，因此应尽量避免使用两个以上鞍座。鞍座在安装时一般要求一端为固定式支座，其余为滑动式支座，以减少圆筒体因热涨、冷缩或圆筒体及物料质量引起的对支座产生的附加载荷。鞍座的位置应尽量靠近蒸发器内部管板的支撑处，以将内部载荷直接传递给鞍座，减少筒体的变形量。

置于对称分布的鞍座上蒸发器所受的外力主要包括设计载荷和支座反力。设计载荷主要是蒸发器的重量（包括筒体自重、内部附件和保温层重等）、内部物料以及水压试验充水重量。筒体受重力作用时，双鞍座蒸发器可以近似看作支撑在两个铰支点上受均布载荷的外伸简支梁。

（5）保温设计　为了减少蒸发器向外界环境散热的热损失，蒸发器筒体外部一般还要进行保温处理。常见的保温材料有岩棉、矿渣棉、玻璃棉、硅酸铝棉、复合硅酸铝镁等。在进行保温材料的选择时，应综合考虑材料的温度、热导率、强度、价格、不燃性、容量密度、吸水率、腐蚀、美观以及寿命等各个因素。目前普遍选用岩棉作为低温多效蒸馏海水淡化装置的保温材料。保温厚度的计算按经济厚度方法计算[14]。

a. 平面保温层厚度计算公式

$$\delta = 1.897 \times 10^{-3} \sqrt{\frac{f_n \lambda \tau (T - T_a)}{P_i S}} - \frac{\lambda}{\alpha} \quad (3\text{-}218)$$

式中　δ——保温层厚度，m；

　　　f_n——热价，元/GJ；

　　　λ——保温材料热导率，对于软质材料应取安装密度下的热导率，W/(m·K)；

　　　τ——年运行时间，h；

　　　T——设备的外表面温度，K 或℃；

　　　T_a——环境温度，K 或℃；

　　　P_i——保温结构单位造价，元/m³；

　　　S——保温工程投资贷款年分摊率，按复利计息：$S = \dfrac{i(1+i)^n}{(1+i)^n - 1} \times 100\%$；

　　　i——年利率（复利率）；

　　　n——计息年数；

　　　α——保温层外表面与大气的换热系数，W/(m·K)。

b. 圆筒面保温层厚度计算公式

$$\left. \begin{array}{l} D_o \ln \dfrac{D_o}{D_i} = 3.975 \times 10^{-3} \sqrt{\dfrac{f_n \lambda \tau \mid T - T_a \mid}{P_i S}} - \dfrac{2\lambda}{\alpha} \\[4mm] \delta = \dfrac{D_o - D_i}{2} \end{array} \right\}$$

式中　D_o——保温层外径，m；

　　　D_i——保温层内径，m。

对于圆筒外径大于1000mm时，按平面保温层厚度计算公式计算。

为了便于现场安装，保温材料通常都已制成各种型材和板材，不仅方便施工，而且还可加快安装进度。安装保温材料时可考虑使用自锁紧板、保稳钉、支撑环和捆扎或上述组合方式。如果装置与周边环境温差较大，在绝热结构中还应考虑在轴向设有伸缩缝，在径向设有弹性连接板以克服热胀冷缩现象的发生。

（6）支架　支架的设计与低温多效淡化工程中的工艺、设备和土建有着密切的关系，支架外形的几何尺寸通常是根据工艺、设备的要求确定，而支架的结构往往是由场址条件确定。此外，支架设计还应满足经济、安全的要求。

3.1.7.2　压汽蒸馏海水淡化装备

压汽蒸馏海水淡化装置主要由以下系统和部件组成：蒸发器、抽真空系统、进料水换热器、辅助冷凝器、压缩机系统以及支座、支架、平台。

蒸汽压缩机是压汽蒸馏海水淡化工艺回收冷凝潜热的驱动设备，压汽蒸馏海水淡化装置所需的能量基本上是从蒸汽压缩机压缩功获得，通常只需提供很少的补充热量。常用机械压缩机有离心式、轴流式、罗茨式以及螺杆式等。

其中离心式和轴流式均属于透平式压缩机，透平式压缩机主要由转子和定子两大部分组成。转子由叶轮、主轴、联轴器等零部件组成，构成转动部分。运行时，驱动机输入的机械能由转子传递给蒸汽。定子由机壳上的蜗壳及机壳所包含的静止零部件组成。定子的作用是导流汽流，使汽流按一定规律进入叶轮并从叶轮流出，定子在导流过程中，使汽流在压缩机内的一部分动能转变成压力能，进一步提高蒸汽压力。

罗茨式和螺杆式均属于容积式压缩机，工作时其转子在汽缸内作回转运动，周期性地改变转子与汽缸的相对位置，即改变其所包容的蒸汽体积。这两种容积式压缩机都是利用机械能，以改变机器内腔容积的方式，实现连续的吸气、压缩、排气、膨胀的过程。

3.1.7.3　多级闪蒸海水淡化装备

（1）多级闪蒸海水淡化装备组成　多级闪蒸海水淡化装置主要由加热段、热回收段和热排放段三个部分组成。热回收和热排放在相互串联的多个闪蒸室内完成。大型多级闪蒸装置大都设计成整体的方形设备，形如平顶房屋，见图3-77，也有做成二层甚至三层的。图3-78为一日产淡水近10000m³的双层多级闪蒸装置外形示意。该双层闪蒸装置总长约24m，宽8.4m，总高6.36m。又如20世纪70年代建设的香港海水淡化厂，单机日产30000m³，也是双层多级闪蒸装置，外廓尺寸为44.12m×16.85m×8.42m（长×宽×高）。

装置主要组成部分介绍如下。

① 盐水加热器　盐水加热器通常为1台双回路列管式热交换器，用来加热循环盐水。其组成包括碳钢壳体，316L不锈钢支撑管板；管板为整体带法兰式，采用复合钢板；管子为无缝管；管与管板的连接采用胀接密封焊接工艺。盐水加热器管内为循环盐水，壳侧为汽轮机低压抽汽。

图 3-77　多级闪蒸海水淡化装置

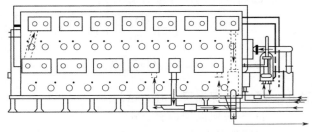

图 3-78　双层多级闪蒸装置（立面）

② 热回收段闪蒸室　闪蒸室是多级闪蒸装置的核心设备，从多级闪蒸的原理可知，闪蒸室的基本结构分为上、下两部分。下部为闪蒸，上部为冷凝。闪蒸室由壳体、冷凝管束、捕沫网、抽不凝气管路、淡水盘、节流孔等组成。

a. 闪蒸室壳体结构　闪蒸室的壳体，大都采用矩形结构，每级的长、宽、高根据其蒸发量、海水流量、冷却海水流速等因素确定，其值分别为数米。矩形壳体的优点是海水分布均匀，缺点是强度较差，相同操作条件下，箱形壳体比圆形壳体要厚，因此为减少壳体壁厚，在壳体的外部设置加强筋，以增强其强度和稳定性。

b. 冷凝管束　管子在管板上通常按正三角形排列，管束截面为长方形或圆形，冷凝管材质均为昂贵的耐蚀合金，如钛、铜-镍合金、铝黄铜等，管束投资约占总投资的 $30\%\sim50\%$。钛的防腐性能最好，但比较昂贵，只用在腐蚀最为严重的某些部位，如排热段列管。因排热段的冷却海水未经处理，含有气体及固体颗粒，固体颗粒冲刷管壁，腐蚀严重。而热回收段管束，大部分采用铜-镍合金或铝黄铜。

冷凝管束按其长度和安排的方向来分，又分为短管式、长管式和竖管式。其中短管式和长管式在国内外都有成功使用。

（a）短管式结构　短管式是各闪蒸室冷凝器分别独立，每级有单独一组管束，管束长度只有数米，管束与闪蒸海水的流向垂直，其结构如图 3-79 所示。

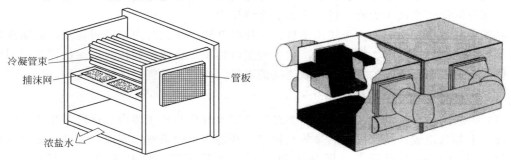

冷凝管束
捕沫网
管板
浓盐水

图 3-79　短管式结构

短管式结构的优点是制造、安装、维修、更换均较方便，缺点是级与级之间需连接管道、水室等，当级数增多时，由于扩大、缩小、改变流向等造成较大的流体压头损失。同时各级冷凝器彼此隔离，设备费用较高，从而妨碍了级数的增加和设备的大型化，因此，对于大型装置目前多考虑设计成长管式结构。

（b）长管式结构　长管式指同一管束连续贯穿许多级，管束与闪蒸海水流向平行，盐水不走 S 形。这样长管式中盐水的阻力损失大大降低，有利于降低造水电耗，对于大型装置，整个装置可以分成几个组，每一组设置一个长管束。长管式冷凝器结构见图 3-80。

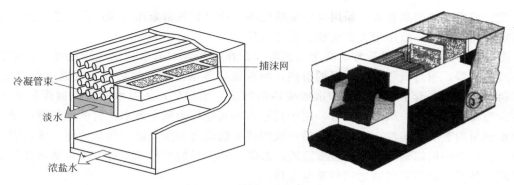

图 3-80　长管式冷凝器结构

长管式冷凝器制造、安装、维修、更换均较复杂，通过各级隔板处要求密封，技术要求高，存在如级与级间漏气量不易控制、传热管如发生穿漏或堵管后影响较大等缺点。

（c）竖管式结构　原理与短管式相同，各级分别设短管束，只是管束为竖直安装。这种结构有利于使用新型强化传热管（沟槽管、螺纹管等），设备紧凑，适用于中小型规模。

c. 捕沫网　用于分离闪蒸汽化的蒸汽所夹带的雾沫，以保证淡水的质量。捕沫网通常用金属丝编织成网，再将编织网压成一定形状叠成网堆，网堆高度约 120～200mm。因低温段蒸汽比容大，捕沫网负荷比高温段大，故捕沫网面积低温段应比高温段大。

网状捕沫网具有重量轻、制造简易、阻力损失较小等优点，被目前多级闪蒸装置普遍采用。

d. 抽不凝气管路　在每一级闪蒸室内都设有抽不凝气管路，并在管路出口处设置挡汽板，以防止大量的蒸汽被抽气管路抽走。

e. 淡水盘　淡水盘用来收集闪蒸室里冷凝管束冷凝下来的蒸馏水，固定于冷凝管束的下方、闪蒸室中部。各级闪蒸室的淡水逐级进行汇聚，并在最后一级由淡水管抽出。

f. 节流孔　多级闪蒸装置中，前一级的闪蒸室和下一级的闪蒸室之间既要保持温度、压力差，又要使大量的盐水顺利流过，因此级和级之间盐水通道（节流孔）的设计至关重要。节流孔的开度大小与节流孔的型式、尺寸、盐水水位及孔口两侧压力有关。常见节流孔的形状如图 3-81 所示。

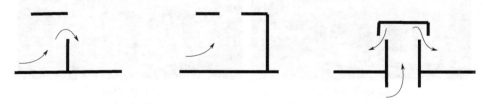

图 3-81　节流孔形状

对于节流孔的研究，尚处于半经验半理论阶段，节流孔的大小一般是根据操作经验进行调节。高流速海水通过节流孔时，由于流速和流向的骤然改变，压头损失很大，若孔道过小，有可能使水流不畅，造成壅积，使前级液面升高，从而破坏稳定操作。一般认为，节流孔稍大些为好。闪蒸室内闪蒸海水深度一般约数十厘米。

③ 热排放段闪蒸室　一般只设一段排热闪蒸室，每段容器分若干个闪蒸级，其他结构与热回收段闪蒸室相同。除具有同回收段一样产水的作用外，热排放段闪蒸室在一定的外来海水温度范围内，还可根据入口海水温度调整海水流量，给循环盐水补充温度稳定的海水，以利于设备的稳定运行。

（2）船用多级闪蒸装置　船用大容量蒸馏海水淡化装置常采用多级闪蒸工艺，产量基本在日产百吨以上，一般用于大型邮轮、巡洋舰等。

图 3-82 为船用多级闪蒸海水淡化工艺流程，在该装置中海水从末级冷凝器起，依次进入各级冷凝器，通过吸收蒸汽冷凝的潜热，海水温度逐渐上升。最后经过首级冷凝器之后，海水再由柴油机缸套中的循环冷却水或废热蒸汽进一步加热，使海水的最高温度达到 80℃左右。当海水进入第一级闪蒸室时，由于其腔内的真空压力低于海水此时的饱和蒸气压，因此海水迅速闪蒸形成蒸汽。由于装置后一级闪蒸室的压力和蒸发温度均低于前一级，因此海水可重复首级中的闪蒸过程实现逐级蒸发。最终，蒸发后的浓盐水通过浓水泵从末级闪蒸室中排出，各级中的不凝气通过喷射真空泵排出。

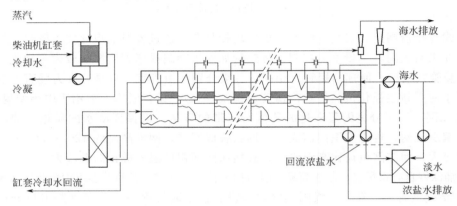

图 3-82　船用多级闪蒸海水淡化工艺流程

图 3-83 为船舶或海岛用多级闪蒸海水淡化设备，主要面向大型邮轮、巡洋舰或岛屿，产水量为 50～1000t/d。

(a) MSF600-6

(b) MSF740-6

(c) MSF740-7

(d) MSF1400-12

图 3-83　多级闪蒸海水淡化设备图

3.1.8 蒸馏淡化共性技术

3.1.8.1 电气、控制与仪表

（1）设计原则　蒸馏法海水淡化工程的电气、控制及仪表系统设计一般应遵循以下原则：

① 综合考虑工艺特点、工况条件、操作要求和自动化水平等因素，最大限度地满足生产机械和工艺过程对电气控制系统的要求；

② 根据用电设备的布置情况合理规划电力系统布线图，并根据工艺总体控制要求设计系统的输入输出控制点、控制器、控制柜及配线图；

③ 根据工艺要求设计总体控制方案，力求简单、经济，便于操作和维修，应保证系统通用性和可扩充性，满足今后产能增加和工艺改进的需要；

④ 控制系统应根据工艺操作要求设计全面的连锁保护功能，防止因突发情况或操作人员误操作造成的装置损坏；

⑤ 仪表选型品种规格力求统一，同时兼顾可靠性、便利性和经济性；

⑥ 配电、控制及仪表设备的防护等级根据现行有关规定执行。

（2）电气系统设计

① 负荷计算　负荷计算是供配电系统设计的前提和关键，涉及到变压器优选、电气设备选型、电缆导线截面选择和继电保护整定设计等许多方面。计算负荷通过统计计算求出，用来按发热条件选择供配电系统中各元件的负荷值，通常取半小时平均最大负荷作为"计算负荷"。负荷计算方法主要有需要系数法、利用系数法、二项式系数法、单位面积功率计算法、单位产品功率计算法等，我国目前普遍采用需要系数法和二项式系数法。

② 配电设计　低压配电设计包括供电电源选择、配电电压和接线方式确定以及电缆截面的优选等工作。设计过程中应根据海水淡化的用电负荷大小、供电线路长短等因素，确定供电回路、电压等级和供电方式。我国常用的电压等级分为 220V、380V、6kV、10kV、35kV、110kV 等。通常将 35kV 及以上的电压线路称为送电线路，10kV 及以下的电压线路称为配电线路；将额定电压在 1kV 以上的电压称为高电压，额定电压在 1kV 以下的电压称为低电压。

在海水淡化工程配电系统设计时，要求在保证电动机运行性能的前提下，达到节约能源和节省投资的目的。因此，蒸馏法海水淡化的流程泵通常采用变频器进行驱动和调节。但对于不同功率的电动机，还存在电压等级的合理选择问题。由于我国三相异步电动机常用的电压等级分为 220V/380V 和 6kV/10kV 等几种，故海水淡化工程的电气设计中，对于额定功率小于 160kW 的电动机一般采用 220V/380V 进行供电，而额定功率大于 160kW 的电动机则采用 6kV 或 10kV 进行供电。

③ 电线电缆选择及敷设　在选用电线电缆型号时，一般要考虑用途、敷设条件及安全性要求等方面。

a. 根据用途的不同，可选用电力电缆、架空绝缘电缆、控制电缆等；

b. 根据敷设条件的不同，可选用塑料绝缘电缆、铠装电缆、防腐电缆等；

c. 根据安全性要求，可选用不延燃电缆、阻燃电缆、无卤阻燃电缆等。

在确定电线电缆的使用规格（导体截面）时，一般应考虑发热、电压损失、经济电流密度、机械强度等综合指标。

a. 低压动力线因其负荷电流较大，一般先按发热条件选择截面，然后验算其电压损失和机械强度；

b. 低压照明线因其对电压水平要求较高，可先按允许电压损失条件选择截面，再验算发热条件和机械强度；

c. 对高压线路，则先按经济电流密度选择截面，然后验算其发热条件和允许电压损失；对于高压架空线路，还应验算其机械强度。

电线电缆敷设安装的设计和施工应按《电力工程电缆设计规范》（GB 50217—2007）等有关规定进行，并采用必要的电缆附件。供电系统运行质量、安全性和可靠性不仅与电线电缆本身质量有关，还与电缆附件和线路的施工质量有关。

④ 防雷与接地　除另有规定外，不同用途和不同电压的电力设备应使用一个总的接地体。凡规程中要求接地的设备和设施均应就近可靠接地，接地体材质、位置、焊接质量等均应符合施工规范要求，交流工作接地、直流工作接地、信号接地、安全保护接地及防雷保护接地宜共用一组接地装置，接地电阻应符合国家相关规定的最小值要求。接地电阻应及时进行测试，当利用自然接地体作为接地装置时，应在底板钢筋绑扎完毕后进行测试；当利用人工接地体作为接地装置时，应在回填土之前进行测试；若阻值达不到设计、规范要求时，应补做人工接地极。

（3）控制系统设计

① 控制方式选择　海水淡化控制系统一般采用就地手动操作和上位机自动控制相结合的两级控制模式，用于满足单体调试、设备检修及正常生产等不同阶段控制要求，并能实现无扰切换。现场设有单体设备启停、急停等操作按钮，在中央控制室监控计算机上设有自动/手动操作界面。在手动方式下，现场人员可根据操作人员的指令对现场设备进行单体启/停。在自动方式下，系统完全根据程序逻辑完成设备的启动、停止、调节以及保护，还可以根据运行状况对系统运行参数进行人工干预控制，满足整个海水淡化系统的变工况运行要求。

② 网络结构设计　网络结构又称网络拓扑，是指网络结点的互连方式。在控制系统中常用的网络结构又分为星型、环型和总线型三种，如图 3-84（a）、（b）、（c）所示。其中，星型网络以星的中心为主结点，其他为从结点，网上各从站间交换信息都要通过主站。环型网络通过点对点链路连接构成封闭环，数据沿环单向或双向传输。总线型网络结构依靠公共传送介质（称为总线）实现各站点的连接，所有站点通过硬件接口与总线连接。现场总线的突出特点在于它把集中与分散相结合的 DCS 集散控制结构，变成新型的全分布式结构，把控制功能彻底下放到现场，依靠现场智能设备本身实现基本控制功能。

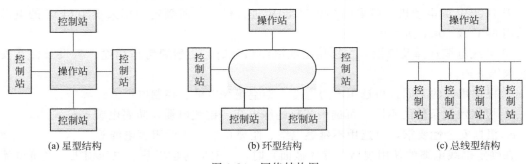

(a) 星型结构　　　　　(b) 环型结构　　　　　(c) 总线型结构

图 3-84　网络结构图

目前，大型蒸馏法海水淡化工程普遍采用国际流行的总线型开放式结构，充分体现分布控制和集中管理的现代理念，并在中央集控室与各现场控制站、远程 I/O 站之间优先选用 Profibus、Modus、ControlNet 以及工业以太网等成熟可靠的工业标准通信协议，以数字信号完全取代传统 DCS 的 4～20mA 模拟信号，且双向传输信号，具有结构简单、易于扩展且安装布线成本低等优点。同时，通信总线延伸到现场传感器、变送器、控制器和伺服机构，操作人员在控制室就能实现对现场设备的在线监视、诊断、校验和参数整定，节省硬件数量与投资。

③ 软、硬件配置 控制系统是实现装置稳定运行和节能降耗的重要保证，在硬件设计选型过程中应充分考虑可靠性、先进性和可扩展性，可以支持多网络集成，能够满足中、高控制性能要求。除应至少包括电源模块、CPU 控制器、模拟量模块、开关量模块、通信模块及 UPS 不间断电源等硬件设备外，系统还应配备用于上位机编程和组态功能的软件系统，普遍采用国际标准的编程方式，支持多种语言和多种方式混合编程。对于安全性要求较高的场合，宜采用双机热备冗余的 CPU 控制器、通信模块和电源模块。此外，还应综合考虑软件编程情况进行外围设备电路设计，包括绘制电气、控制系统原理接线图，编制控制程序和技术文件等。

由于国内蒸馏法海水淡化工程主要与热电厂联合，利用电厂低品位热作为加热蒸汽实现电水联产，其控制系统的设计也沿袭了电厂传统的控制思路，广泛采用由可编程逻辑控制器（PLC）和上位机监控系统组成的数据采集和监视控制系统（SCADA），实现整个海水淡化系统的集中监视、管理和自动控制，具备采集、显示、处理、存储、制表及打印等功能。工程中常用的 PLC 产品主要有美国 A-B 公司的 SLC-500/1000 系列、法国施耐德公司的 Quatum 系列、德国 SIEMENS 公司的 S7-300/400 系列等，如北疆电厂一期工程 4×2.5 万吨/天 MED 采用 A-B 公司的 Control Logix 1756 系列产品，热备冗余。黄骅电厂一期工程 2×1.0 万吨/天 MED 采用施耐德 Unitypro CPU 67160 系列产品，热备冗余。

④ 联锁保护设计 根据工艺要求设计海水淡化控制系统的控制回路和联锁报警。海水淡化工艺过程的控制信号以开关量居多，逻辑运算回路较少。控制过程以顺序逻辑控制为主，单回路负反馈闭环调节为辅，一般采用典型单回路 PID 控制算法，其控制结构如图 3-85 所示。过程控制的目标是使进入海水淡化装置的料液及蒸汽保持物料平衡，主要涉及温度、流量、液位等控制回路。其中，液位控制系统采用比例积分控制规律，控制器正作用。流量控制系统采用比例积分控制规律，控制器反作用。温度控制系统采用比例积分控制，控制器正作用。

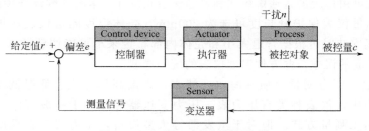

图 3-85 典型 PID 控制器结构图

中大型低温多效蒸馏海水淡化工程，工艺监控测点至少应包括：a. 浓盐水液位、温度；b. 冷凝水液位、温度、流量；c. 蒸馏水液位、温度、流量；d. 冷凝水电导率及 pH 值；e. 蒸馏水电导率及 pH 值；f. 蒸汽压力、温度及流量；g. 海水入口温度、流量；h. 热压缩器入口压力、温度；i. 蒸发器压力、温度；j. 各类流程泵出口压力等。

联锁保护措施则至少应包括：a. 针对正常运行过程中关键设备出现的故障情况（如进料水泵故障、中间水泵故障、蒸发器液位过高等），系统应根据故障类型和严重程度自动采取报警或紧急停车措施；b. 选用具备三断保护功能的常闭型蒸汽调节阀，用于停电、停汽、停水以及关键设备故障等突发情况下系统迅速切断蒸汽源；c. 在海水进料系统、产品水系统、抽真空系统、浓盐水系统、冷却水排放系统以及消除过热系统中分别增加若干常闭型气动开关阀，用于紧急停车状况下的系统保真空，缩短二次开机时间。

（4）仪表系统设计　蒸馏法海水淡化工程使用的在线检测仪表主要分为温度、压力、液位、流量等过程仪表和电导率仪、pH 计等分析仪表，涉及海水淡化主系统、辅助系统以及公用系统等。

① 温度仪表　进料蒸汽温度一般不超过 500℃（取决于源蒸汽温度），蒸发器内各级温度最高不超过 110℃，并成梯度下降，管路中海水等介质温度最高不超过 110℃。温度仪表测量方式大多数采用接触式，现场指示温度计一般采用双金属温度计，远传最常用的是热电阻（Pt100、三线制）、热电偶（K 分度），500℃以下大多选择热电阻，500℃以上选择热电偶。不同检测元件的温度范围见表 3-9。

表 3-9　不同检测元件的温度范围

检测元件名称	分度号	温度范围/℃
铂热电阻 $R_0=100$	Pt100	$-200\sim650$
镍铬-镍硅热电偶	K	$0\sim1000$
镍铬-康铜热电偶	E	$0\sim750$
铁-康铜热电偶	J	$0\sim600$
铜-康铜热电偶	T	$-200\sim350$
铂铑$_{10}$-铂热电偶	S	$0\sim1300$
铂铑$_{13}$-铂热电偶	R	$0\sim1300$
铂铑$_{30}$-铂铑$_6$ 热电偶	B	$0\sim1600$

在低温多效蒸馏海水淡化装置中除蒸汽管路外，其余管路和蒸发器内介质温度均不超过 100℃，仪表量程选择需区别于多级闪蒸装置。由于工艺管道的内径差异及蒸发器内部蒸汽分布不均匀，为保证检测稳定性，温度仪表的保护管插入深度也有着不同的要求。温度仪表的过程连接方式可由传统的普通螺纹式和普通法兰式设计为卡套式螺纹连接或卡套式法兰连接，管道温度测量仪表保护管长度可选为 200mm，壳体温度测量仪表保护管长度可选为 500mm，在现场安装时可根据管道大小和壳体内部布置来尽可能调整插入深度，减小由于插入深度不够造成的误差，并方便温度仪表的统一选型。

② 压力仪表　压力测量介质有海水、淡水、高温高压蒸汽、低温低压蒸汽等，测量范围有表压、绝压，仪表种类有压力表、压力变送器等。对于一般管路，压力仪表大多数采用导压管引压测量方式。但对于蒸发器等大型设备，压力仪表宜采用法兰取压测量方式。

压力表根据用途可分为普通压力表、氨压力表、氧气压力表、电接点压力表、远传压力表、耐震压力表、带检验指针压力表、双针双管或双针单管压力表等。在海水淡化工程中，就地压力仪表宜采用弹簧管式不锈钢耐震压力表，远传压力仪表采用电容式或扩散硅式压力变送器。考虑到蒸馏法海水淡化的高真空、盐雾结晶等工况因素，压力表的过流材质选用 SS316L 不锈钢，压力变送器的接液膜片选用哈氏合金以上的耐腐蚀材料。

由于蒸发器内部压力成梯度分布且为负压，选择压力变送器都为绝压变送器，壳体上就地压力表为真空度表，量程根据多级闪蒸装置、低温多效装置以及压气蒸馏装置的蒸发器内部工况来选择。工艺管路上的绝压变送器量程一般为 $0\sim0.6$ MPa（绝压），就地压力表的测量范围为 $-0.1\sim0.3$ MPa。

③ 液位仪表　工艺过程以浓盐水和淡水液位闭环调节为主，要求蒸发器海水液位在机组运行时维持在正常范围内。常用的液位仪表有直读式液位计（玻璃管液位计等）、差压式液位计、浮力式液位计、电磁式液位计和声波式液位仪表等。蒸发器液位测量一般采用双法兰远传变送器或磁翻板液位计，也可以通过旁通管使用射频导纳或雷达液位计。双法兰膜片材质选用哈氏合金，法兰盘材质为 SS316L 不锈钢，有效防止膜片的腐蚀。

蒸发器液位测量范围较小，一般波动范围保持在 600mm 以下。尤其是中小型低温多效装置的蒸发器，液位范围甚至不超过 300mm。从装置开机到正常运行过程中，蒸发器内的工况逐步变化，压力由常压（大气压）降到 0.02MPa（绝对压力）左右，所以选用的仪表必须适应此变化的工况。中大型装置的蒸发器可选用双法兰远传液位计，考虑到法兰盘尺寸，在小型装置中多通过旁通管采用射频导纳或雷达液位计。

④ 流量仪表　工程中需要监测流量的介质主要有加热蒸汽、蒸发器进料海水、产品水、浓盐水及冷却海水等，介质的温度、压力和腐蚀性有着较大的差异，目前没有一种流量计能完全满足工况需要。流量仪表按照原理可分为差压型、速度型、容积型和质量型四大类，其中每大类又有若干种类型。蒸汽流量一般采用孔板（差压式）或涡街（速度式）测量方式，水介质流量监测多为速度式，一般采用电磁流量计、涡轮流量计和超声波流量计。结合淡化装置的工况条件，大多数管道都会出现负压运行工况，要求选用的流量计衬里材料能耐真空，防止电极涂层在负压时脱落而造成电极损坏。

由于蒸馏法海水淡化产品水的电导率较小，一般变化区间在 $4\sim20\mu s/cm$，使用普通电磁流量计存在检测稳定性较差等问题，因此宜使用高精度电磁流量计。但考虑其成本较高，建议 DN50 以上的管道宜选用超声波流量计，DN50 以下的小管道宜选用桨轮式流量计（需保障足够长的直管段，且需要校正）。针对高温高压进料蒸汽和低压低温蒸汽要用不同的压力、温度信号补偿蒸汽密度，实现对蒸汽流量的准确测量。此外，部分压汽蒸馏装置浓海水管路上的电磁流量计应选用耐杂质冲刷的衬里材料，并在选型表里注明。

⑤ 分析仪表　在线分析仪表是自动、连续测量被测介质组成的工业仪表，在工艺操作中测量结果可作指示、记录、报警、控制之用。在淡化装置中一般设置工业电导率仪和 pH 计在线监测关键水质参数，通常采用流通式、沉入式、法兰式或管道安装，便携式分析仪表用作现场其他参数的采样测量。分析仪表的适用范围、精确度、测量范围、最小检测量和稳定性等技术指标，应满足工艺流程要求，且性能可靠，操作、维修简便。

低温多效蒸馏海水淡化装置中，在线分析仪表一般只设置在线电导率仪，无特殊要求不设 pH 计等其他分析仪表，需要监测电导率的介质主要为原料海水、效间蒸馏水和产品水。在线电导率仪的选型首先考虑所测介质对应的量程。例如，原海水的含盐量设计值为 35000mg/L 左右，换算成电导率为 $56000\mu s/cm$（25℃）左右，电导率仪量程宜选择 $0\sim100000\mu s/cm$；效间蒸馏水和产品水含盐量正常情况下低于 10mg/L，但是考虑到调试以及系统开机时的工况波动，造成产水含盐量不稳定，电导率量程宜选择 $0\sim1000\mu s/cm$。

3.1.8.2　装置加工制造

（1）蒸馏海水淡化装置主体加工

① 壳体的加工　对于大型蒸馏海水淡化装置的壳体，往往需要板材的面积较大，在加工时需要将若干个小面积的板材拼接成型。如图 3-86 所示，拼接接缝应尽量避开开孔位置，同时应保证接缝表面平整，不得出现咬边或留有焊渣、焊瘤和毛刺等。

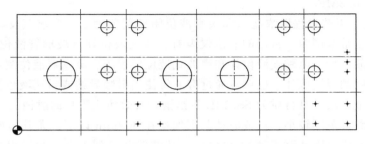

图 3-86　大型蒸馏海水淡化装置壳体板材的拼接

a. 钢板拼接　拼接应尽量采用对接接头，并且采用全熔透结构，不允许产生未熔透缺陷，对接接头应尽可能采用等厚度焊接。

b. 筒节成型　由于大型蒸馏海水淡化装置筒体的直径较大，需要大型卷板机将钢板滚卷成筒节。在卷板过程中，变形率的大小将直接影响到钢板所产生的冷加工硬化现象。根据实际生产经验，冷弯钢板时，最终的外圆周伸长率应控制在下列范围内：对于碳素钢、不锈钢，外圆周伸长率≤3%；对高强度低合金钢，外圆周伸长率≤2.5%。

在筒体卷制完成后，通过纵焊缝对其进行组焊。对于壁厚为 20～45mm，直径为 1000mm 以上的筒体，应保证弯卷过程的精度，以避免产生诸如图 3-87 所示的偏差。

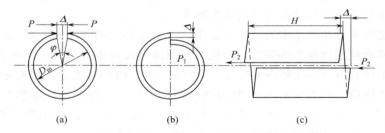

图 3-87　筒体在卷板过程中的偏差

各筒节在进行环焊缝焊接时，要考虑各筒节在制造时的直径误差和圆度误差。此外，现场组焊还必须考虑环缝的间隙，以满足最终的总体尺寸要求。在筒体焊接完后，要对其进行现场无损检测。组焊后可进行现场局部热处理。

c. 筒体法兰　在设计时为便于筒体装配，筒体法兰端面可设有定位基准，即采用凹凸面或榫槽面连接形式。这样既可确保在装配时筒体能方便、准确地达到所要求的位置，同时也易于保证各效筒体的同轴度。

法兰在焊接时，合理设计其坡口尺寸对于保障焊接质量尤为关键。如果坡口角度过大，一是增加了熔敷金属的耗量，二是增加了热输入量，对焊缝的组织结构会产生影响。因此，采用合理的坡口形式，能有效地防止由于焊条电弧不到位所形成未焊透或单边未熔合等质量缺陷。为了满足组焊后的圆度、直线度、平行度等工艺要求，必须要对端面处焊接坡口进行加工。通常，坡口角度可设计为 60°～65°，以保证打底焊条能合理运动，间隙控制在 2.5～3mm，其坡口形式如图 3-88 所示。

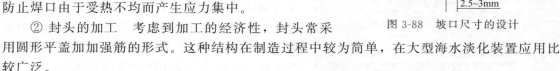

图 3-88　坡口尺寸的设计

d. 壳体加强筋　壳体上的加强筋在进行焊接时，由于焊口较长，应采取分段焊接或交错焊的形式，以防止焊口由于受热不均而产生应力集中。

② 封头的加工　考虑到加工的经济性，封头常采用圆形平盖加加强筋的形式。这种结构在制造过程中较为简单，在大型海水淡化装置应用比较广泛。

对于大型平盖封头，传统设计是将加强筋焊接在封头盖板上，然后再与效间筒节采用法兰连接，如图 3-89（a）所示。经工程实践摸索，对现有封头可采用加强筋、盖板和筒体进行集成制造，如图 3-89（b）所示，将封头盖板直接焊接在补强圈下，然后再在盖板上焊接装配加强筋，整个封头与效间筒节采用接圈焊接连接。通过集成设计，可使整个封头结构更加紧凑，而且显著提高了封头的耐压强度，装配方式也更加简单可靠。

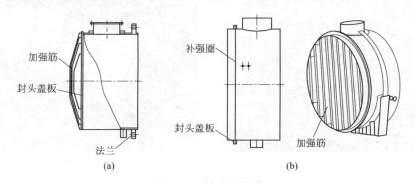

图 3-89　封头的设计

③ 内部构件加工　对于大型蒸馏海水淡化设备，内部构件往往具有相同或相似的属性，其主要体现在零件的结构形状、尺寸大小、精度等级、加工工艺以及材料选择等方面。如果采用成组技术将小批量的相似零件组成批量较大的零件族，再通过合理布置机床，安排加工工艺流程，便可进行成组加工以达到大批量生产所具有的高效率、低成本的目标。

a. 管板　管板的加工精度，特别是管孔间距和管径公差、垂直度、光洁度都极大地影响着设备的组装和使用性能。随着海水淡化装置的大型化，其管板尺寸也变得越来越大，管孔数量多、密，孔径小、深，对精度和光洁度要求高。蒸馏海水淡化设备管板材质常采用不锈钢材料，这类材料强度高，加工硬化性强，切削力大且易变形，给管板的加工带来很大难度。

传统的管板加工是先划线（划出的线成网格状，称网格线），然后打样冲点、钻孔、铰孔、倒角。现在用数控钻床加工，其加工精度高、一致性好、效率高。为保证上下管板同心度，可将上下管板叠起来一起钻孔。一般不能一次加工到规定的尺寸，而要划分阶段逐步进行，以消除或减小粗加工时因切削力和切削热等因素所引起的变形，从而稳定管板的加工精度。图 3-90 为已加工完后的管板。

管孔与传热管径向间隙的大小是影响管板与传热管连接接头质量的关键指标。管口的尺寸及允许偏差又直接受控于传热管的精度，而具体管孔的精度又要依据传热管的材质确定。

图 3-90　加工后的管板

b. 捕沫装置　在多效蒸馏海水淡化装置中，捕沫装置主要采用丝网式和折流板式两种捕沫元件，如图 3-91 所示。

丝网式捕沫装置具有体积小、分离效率高、造价低等特点，其主要由丝网块、压条、格栅和支承架构成。丝网块可由金属丝或非金属丝编制而成。丝网块结构包括盘形和条形。丝网块的安装可分为上装式、下装式两种，如图 3-92 所示。当装置人孔位置开设在丝网捕沫装置的上面，或无人孔而有设备法兰时，选用上装式；当人孔位置开设在丝网捕沫装置的下面，选用下装式。

(a) 丝网式

(b) 折流板式

图 3-91　捕沫装置

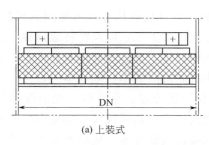

(a) 上装式

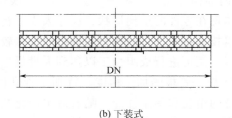

(b) 下装式

图 3-92　丝网式汽液分离器的安装形式

折流板型捕沫装置可采用如图 3-93（a）V 形结构和图 3-93（b）W 形结构。在图 3-93（a）中，V 形折流板可由沿插槽两面的斜口斜插安装。这种方式虽然结构上较为简单，但在安装折流板时需要将一排支架上的斜槽插口一同对齐才可放入，因此对折流板安装的精度要求较高，安装效率较低。在图 3-93（b）中，折流板采用了 W 形结构形式，该种折流板在安装时可通过 V 形定位块或定距管定位并可依次堆积，然后再通过顶部的拉杆将该组折流板限位固定。该种捕沫装置不仅定位可靠，操作简便，而且非常适宜进行模块化制造，因此降低了其加工成本，显著地提高了安装效率。

c. 内部防腐涂料的施工　如果装置及内部构件采用碳钢材料，其表面需采用涂料进行防腐处理，涂料本身的性能固然重要，但涂装表面的处理同样关键。焊口处最易发生腐蚀，而且其平整程度对涂料的涂刷质量影响很大。在装置中需对所有的焊口部位和存在尖角、毛刺的地方进行打磨处理，并剔除残留的焊渣和进行除油处理。最后，进行喷砂除锈，喷砂除锈的等级按《焊缝、边缘和其他区域的表面缺陷的处理等级》（GB 8923.3—2011）规定的Sa2.5级以上，喷砂完毕后要排砂清扫，并清除全部灰尘。此后，才可进行涂料喷涂，涂料厚度应达到 $450\mu m$ 以上。图 3-94 为经过防腐喷涂处理后的低温多效海水淡化蒸发器筒体。

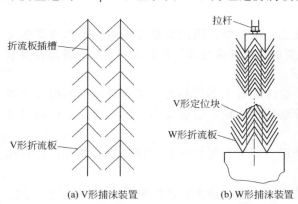

图 3-93　捕沫装置的设计　　图 3-94　喷涂防腐涂料后的低温多效蒸发器筒体

④ 鞍座的加工　鞍座材料一般为碳钢，其中垫板材料应与壳体材料相同。焊接采用电焊，鞍座本体的焊接均为双面连续角焊，鞍座与壳体采用连续焊，焊缝高度取较薄板厚度的0.5～0.7倍，且不小于5mm。

⑤ 装置保温加工　常见的保温材料有岩棉、矿渣棉、玻璃棉、硅酸铝棉、复合硅酸铝镁等。为了便于现场安装，保温材料通常都已制成各种型材和板材，可加快安装的进度。安装保温材料时可考虑使用自锁紧板、保稳钉、支撑环和捆扎或上述组合方式。如果装置周边环境温差较大，在绝热结构中还应考虑在轴向设有伸缩缝，在径向设有弹性连接板以克服热胀冷缩现象的发生。

（2）蒸馏海水淡化装置主体组装

① 蒸发器筒节的连接　蒸发器各效筒体之间的连接方式可采用法兰或焊接连接的方式，具体如下。

a. 法兰连接　控制筒体连接法兰面与筒体中心线的垂直度，在装置的加工制造过程中是极为关键的技术。如果筒体和法兰在焊接过程中的精度控制不够，就可能造成两效筒体无法连接，或无法保证装置的密封性能。

筒体卷制并焊接完成后，与各自法兰的焊接，在焊接过程中随时进行调整，以保证筒体中心轴线与法兰面的垂直度。为了保证密封性，需要考虑各效筒体法兰密封面处的平面度和粗糙度要求。在安装筒体法兰之后，需要对其进行时效处理，以消除焊接的内应力，最终达到密封面所需的尺寸精度及稳定性。

b. 焊接连接　蒸发器筒体间的焊接连接也可采用简单、可靠的接圈焊接方式，如图 3-95 所示。与传统法兰式连接相比，节圈焊接方式不仅结构和安装简单，而且还可以屏蔽筒节在卷制过程中所存在的诸如错边、间隙、端面平齐等制

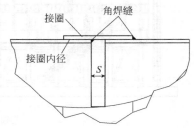

图 3-95　效间筒节的焊接连接

造缺陷，同时也可降低对于不同效间筒节间距、同轴度以及对筒节鞍式支座底板的安装精度，但拆卸、检修困难。在进行接圈现场焊接时，接圈可根据筒节的直径采用两段或多段拼接焊成，拼缝与筒体纵焊缝需错开不小于200mm的间距，并且焊接后进行焊缝渗透试验。

② 内部构件的组装　具体技术环节如下：

a. 管板的支撑架一般要求的刚度较大，需要的焊缝一般较厚，但如果焊缝过厚会造成焊接应力过大而产生裂纹，因此需要根据支撑架的尺寸大小和实际承受重量，选择合适的焊缝尺寸并进行探伤检测；

b. 在装置内部焊有垫板、定距管、加强筋、吊架等，因此需要首先将这些组件焊接完成后，才能装配与其相关的零部件如支架、管板、喷淋系统等，以防止对装配后各部件安装精度的影响；

c. 对于壁厚较薄的构件如淡水箱盖板、捕沫装置中的挡板等，要合理控制装配应力及焊缝尺寸，否则可能会由于焊接应力过大导致结构失稳，造成变形，影响部件结构的尺寸精度；

d. 对于需要有加强筋安装的构件，应合理安排装配与焊接的次序，以有效控制焊接结构的应力与变形；

e. 在装配焊接件之前，要考虑为螺栓连接件如管板、淡水箱盖板等预留足够的拆装空间。

③ 鞍座的组装　鞍座与筒体的安装过程如下：

a. 在筒体底部的中心线上找出支座安装的位置线，并以筒体两端环缝为基准划出弧形垫板的装配位置线；

b. 配垫板，压紧垫板，使其与筒壁贴紧，其间隙不大于2mm，进行点焊；

c. 在垫板上划出支座立板位置线；

d. 试装固定鞍座，当装配过大或不均时用气割进行修正，使之间隙不大于2mm，进行点焊；

e. 旋转筒体，用水平仪检测固定鞍座底板，使其保持水平位置；

f. 在装配另一鞍座时，要修正两鞍座的高度，使其保持等高。当装配间隙合适时，底板已找水平，螺栓孔间距满足要求后即可点焊固定；

g. 对两个鞍座的安装尺寸进行总体检测，合格后再进行焊接。

3.1.8.3　工程实施

（1）蒸馏淡化装置安装　蒸馏淡化装置的组成见图3-96。

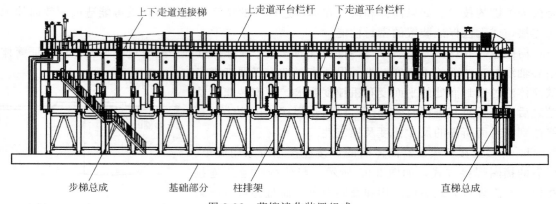

图3-96　蒸馏淡化装置组成

蒸馏淡化装置的总体安装步骤如下：

a. 安装环境清理，去除杂物，并检查预埋件地基周围和工作面有无异常现象。若发现对承载能力有影响的地方要及时处理好；清理清洁安装环境的卫生；

b. 分中弹线（弹墨线），校验预埋件的预埋位置是否符合设计要求，是否能保证在同一水平面上，是否能满足"立柱"之间安装位置公差的要求；

c. 以方便"吊装"、"组焊"、"安全稳定"为目的，搭扣好"钢管脚手架"；

d. 把最端部立柱"横向轴线"与立柱排架上部的"蒸发器"纵向轴线（圆心点）的"水平投影到地面上的交叉点"，作为本项目安装的"基准点"；

e. 安装"立柱排架"；

f. 仔细检查上部蒸发器的安装位置情况和各杆件的组焊情况，若良好，方可进行下一道安装工序；

g. 从"基准点"位置起，逐一吊装蒸发器。且立柱与蒸发器之间、蒸发器与蒸发器之间要用螺栓固牢；

h. 安装"直梯总成"、"下走道平台、栏杆"、"步梯总成"、"上走道平台、栏杆"、"上下走道连接梯"；

i. 蒸发器各管路连接；

j. 拆除"钢管脚手架"。

① 蒸发器安装 设备本体包括多效蒸发器、蒸发器封头和冷凝器，需现场总装在一起成为一个整体。安装前应首先检查蒸发器鞍座、吊耳等的牢固情况，具体的安装应遵循以下两个原则：

a. 需将蒸发器按顺序依次吊装，严禁向中间插入的安装操作，同时若需要对某一个单元进行调整，需将一侧的单元全部取下。因为蒸发器的体积较大，重量也很大，吊装时轻微的接触也可能导致严重的碰撞；

b. 蒸发器需先从中间开始吊装，然后向两侧依次顺序吊装。这样可以尽量避免累积误差。

在蒸发器进行安装时，各效的同心度误差不超过15mm，各效蒸发器就位后，预拧紧鞍座与支架的连接螺栓，然后找正其标高、水平位置和水平度，可采用在鞍座下增加垫片的方法。

② 设备管路安装

a. 玻璃钢管路安装技术要求 玻璃钢地面管道的安装方法通常有法兰连接、对接和承插粘接。架设支架最常用的有固定支架和滑动支架，特殊情况下可装设吊架和弹簧支（吊）架等，管径为80mm以上的支架包角为180°，并配有固定卡带。支架间距一般为：$\phi50$ 为1.5m；$\phi50\sim\phi150$ 为3m；$\phi200\sim\phi500$ 为4m；$\geqslant\phi600$ 为6m；具体情况由设计而定。管道支架形式的选择，主要应考虑：管道的强度、刚度、输送介质的温度、工作压力、管道热膨胀、管道运行后的受力状态及管道安装的实际位置状况等。管道支、吊架材料一般用A3普通钢制作并适当防腐，支架与管道间要垫 $3\sim5$mm 厚的橡胶板。

b. 金属管路安装注意事项 安装前构件表面不得接触酸类、油类和漆类，待"新焊"焊接处须表面清洁。在安装过程中，对各法兰之间的连接，由于中间有橡胶石棉垫片隔离密封，当拧动螺栓时，一定要互为力度一致，不可单边压紧。防止造成局部破损。

③ 水泵安装 水泵必须安装在牢固的基础上，基础由足够厚的高等级混凝土做成，水

泵的基础表面应平整光滑,不允许变形。安装的时候,全部设备在基础上按同一水平排列(轴/管道连接)。根据安装指导检查两个半联轴器间的距离。

水泵安装完成后进行电气连接,电气连接必须由有资格的电工完成,避免电源线与管路/水泵和电机壳体接触。

(2)蒸馏淡化系统调试运行　装置的调试运行分以下三个阶段进行。

① 第一阶段:各分系统的调试　各分系统的调试步骤及注意事项通常由设备供应商规定,内容包括系统的水压试验、气密性试验、分系统的调试、系统的修正和调整。

a. 水压试验　水压试验是将自来水加入整个系统中,让整个蒸发器及管路系统充满水,并加压至 0.125MPa,检查系统是否存在泄漏。重点检查蒸发器筒体法兰连接、各管口法兰以及管路的法兰连接。对所有泄漏点进行密封整改,直至整个系统无泄漏。

b. 气密性试验　在水压试验完成后,利用系统的真空系统进行气密性试验,利用真空的建立和保持达到调试、考察真空设备和检测装置密封性能的双重目的。在淡化装置启动时,抽真空装置的抽气能力宜使蒸发器在 40~60min 内达到启动条件。在初始真空度 90kPa 下,10~12h 内平均真空衰减速率宜小于 1.5kPa/h;在淡化装置运行时,抽真空装置的抽气能力应大于淡化装置在正常运行时原料海水所释放的不凝气量和淡化装置所渗漏的不凝气量之和。

c. 分系统的调试　进行泵类等设备单机测试、分系统或回路的测试以及各电动阀门、仪表、联锁控制及保护的测试。

② 第二阶段:系统的启动试车　系统试车程序和试车过程中特别注意的问题一般由成套设备供应商给出,供货商还需对装置在调试操作过程中可能遇到的故障特征及解决办法给予明确说明。

a. 准备　在启动前应进行的检查及准备包括:检查系统的蒸汽、水、电供应已到位,装置主开关、控制开关以及连接仪表的阀门等全部打开;配置进料水处理药液,包括阻垢剂、消泡剂等药剂。

b. 启动　系统启动分为两种启动方式,一种是手动启动,一种是自动启动。系统启动顺序为抽真空、供水、供汽。手动启动过程中需注意调节冷却水泵流量,控制冷凝器液位保持平衡;调节浓盐水泵流量,控制浓盐水闪蒸罐液位保持平衡。自动启动则将系统阀门调至自动启动所需状态,将控制按钮调至自动,按下启动按钮,系统开始自动运行。

启动试车过程中要密切关注装置出现的各种情况,对遇到的问题逐个地分析解决,直至系统稳定运行,达到额定出力。一般情况下,设备提供的操作说明书会列出装置在调试操作过程中可能遇到的故障特征,对于可能的原因和解决办法编制分类故障排除表,操作者可根据故障特征进行查阅并做出反应。

③ 第三阶段:停机　停机操作分为停机备用、长期停机、紧急停机三种模式。系统停机顺序为切断供淡化装置的蒸汽系统、抽真空系统、供水系统。

a. 停机备用　停机备用指海水淡化装置停产,但维持装置内的真空状态,适用于系统的临时停机,在 1 天内将重新开启。

b. 长期停机　长期停机是指装置长期停产或大修时的停机,不需要维持装置内的真空状态。

c. 紧急停机　如遇到紧急情况需要尽快停机,按照停机顺序停机,注意紧急停机时必须严格按照停机步骤先后操作,否则会对设备造成损害。

3.1.9 蒸馏淡化工程典型案例

3.1.9.1 北疆发电厂10万吨/日低温多效蒸馏海水淡化工程

（1）项目概况 北疆发电厂是由天津国投津能发电有限公司投资建设的以发电为主的循环经济项目。天津国投津能发电有限公司成立于2004年3月，由国投电力公司、天津市津能投资公司和天津长芦汉沽盐场有限责任公司分别以64%、34%和2%的比例共同出资组建。北疆发电厂规划装机容量为4×1000MW，一期工程建设2台超超临界燃煤机组，规划容量为配套建设日产20万吨淡水的海水淡化工程。已建海水淡化装置制水量为日产10万吨淡水。发电工程的三大主机由上海电气集团股份有限公司制造，配套的海水淡化项目分两期建设，一期建设规模10万吨/日，由4台25000t/d低温多效海水淡化装置组成（见图3-97），海水淡化设备由以色列IDE公司提供。

图3-97 北疆发电厂10万吨/日低温多效蒸馏海水淡化装置

每台装置由13效蒸发器和2台冷凝器构成。供给海水淡化装置的蒸汽压力在0.03～0.50MPa之间波动，对应的造水比（PR）见表3-10。装置长度为123m，高度约为18m，蒸发器内径为7.7m。

表3-10 动力蒸汽压力与造水比对应表

动力蒸汽压力/MPa	造水比（PR）
0.12	13
0.50	15
0.03	10.3

（2）水源情况及动力用汽条件 海水淡化装置采用2种水源，进料水采用原海水，冷凝器冷却水取自二次循环海水。

原海水取水采用高潮位取水的方式，在海挡外设置2座沉淀调节池，由一级沉淀调节池入口闸门调节进水水位，经二级沉淀调节池后，通过海水取水泵升压后，输送到电厂冷却塔系统及海水淡化装置的预处理系统。

海水淡化装置要求进料海水悬浮物浓度不高于25mg/L；温度变化范围为－2.1～+30℃，含盐量变化范围为27000～34000mg/L。

海水淡化装置冷凝器采用发电机组的二次循环海水冷却，冷却海水温度变化范围为 6～33℃，含盐量变化范围为 48600～66000mg/L，排水返回海水冷却塔循环使用。

海水淡化装置动力蒸汽为汽轮机的五段抽汽（中压缸排汽）和/或六段抽汽，蒸汽参数随汽轮发电机组的负荷变动而变化。淡化装置入口动力蒸汽压力范围为 0.03～0.669MPa（a）；蒸汽温度范围为 69～310℃。用于驱动蒸汽喷射压缩器，抽真空的蒸汽压力 0.6～1.2MPa（a），为过热蒸汽；每套装置抽真空蒸汽用量 2t/h。

设备运行时水温变化：原料水温度最高为 30℃，最低为−2.1℃；冷凝器冷却水温度最高为 33℃，最低为 6℃。

在上述条件下，该项目 1 台汽轮发电机组共安装 4 套日产 2.5 万吨淡水的低温多效蒸馏海水淡化装置。

（3）系统运行及控制方式　其工艺流程为：海水→海水取水泵→混合絮凝沉淀池→清水池→海水提升泵→MED-TVC→淡水箱/池→用户。

该工程海水淡化装置根据机组负荷的不同有不同的运行方式，1000MW 超超临界汽轮发电机组额定工况时的五段抽汽压力为 0.669MPa，温度 310℃，六段抽汽压力为 0.286MPa，温度 200℃，当负荷降低时，机组的抽汽参数会下降。海水淡化装置的蒸汽参数不大于 0.669MPa，当动力蒸汽压力在 0.669～0.5MPa 时，装置将自动使动力蒸汽进入高压 TVC，此时，海水淡化装置的造水比为 15。当动力蒸汽压力在 0.5～0.3MPa 时，装置将自动使动力蒸汽进入高压 TVC，此时，海水淡化装置的造水比等于或略小于 15。当动力蒸汽压力在 0.3～0.12MPa 时，装置将自动切换动力蒸汽进入低压 TVC，此时装置的造水比为 13。当蒸汽压力降低到小于 0.12 MPa 时，装置将自动切换动力蒸汽经减温减压后直接进入海水淡化装置的首效蒸发器，此时装置的造水比约为 10.3。

海水淡化装置的浓盐水排至盐厂，在额定工况条件下，排水盐的质量浓度不小于 66000mg/L，满足制取食用盐和其他用盐的要求。

该工程采用集中控制方式，在海水淡化站控制室进行监控。系统中设有必要的监测仪表，能够在要求的设计范围内根据进料水和出口水的温度、压力等参数的变化实现自动调节。同时，可以实现自动报警打印、微机控制、CRT 显示，可自动、半自动、就地手动及控制室键盘微机操作。海水淡化装置为露天布置，海水淡化系统水泵等附属设备及电控设备布置在海水淡化装置侧面管架下的房间内，并设置一个集中的控制室。

（4）海水淡化装置的预处理系统　根据海水淡化装置对进料水的水质要求，针对目前北疆发电厂原海水水质较差、污染较严重的情况，确定海水预处理工艺流程如下：

二沉池海水→海水取水泵→微砂加速絮凝沉淀设备→清水池→海水清水泵→MED 设备→污泥浓缩→污泥离心脱水机。

根据海水淡化装置进料水量的要求，预处理水量按 24 万吨/日考虑。该工程海水预处理设施分为 2 组，每组处理水量约为 5000t/h。

来自取水工程的海水通过配水井平均分配进入并列设置的两组混合絮凝沉淀池内。经混凝-注砂-熟化-沉淀处理后的水进入清水池，经清水泵提升后，送入海水淡化装置。

絮凝沉淀设备产生的污泥经过污泥池浓缩后，通过污泥输送泵送入离心脱水机进行处理，产生的泥饼外运。

在正常运行时，海水预处理系统的排水排至位于海水预处理加药间的集水池，当悬浮物含量满足循环冷却水系统要求时，通过回用水泵送入循环冷却水系统。海水预处理设备调试期间的不合格出水排至雨水排水系统。

（5）海水淡化装置性能参数

出力：在额定工况条件下，装置单机出力不小于25000t/d；负荷调节范围在40%～110%，超过上述出力范围时，最长允许运行时间为4h。

产品水质：固体溶解物总量（TDS）≤5mg/L。

造水比：高输入参数造水比不小于15.0，低输入参数造水比不小于13.0。

电耗：蒸汽压力0.50MPa时，保证电耗1.45kW·h/t；蒸汽压力0.12MPa时，保证电耗1.55kW·h/t。

噪声水平：装置不低于400t/h出力的稳定运行状态下，距设备外壳1m、距运行平台1.2m噪声水平不超过85dB（A）。

为防止设备结垢，设置了阻垢剂加药系统，在进料原海水中加入阻垢剂；为防止泡沫产生，设置消泡剂加药系统，可酌情使用。此外，系统还设置了酸洗装置。

3.1.9.2 印度尼西亚Indramayu电厂2×4500t/d低温多效海水淡化装置

（1）项目概况 印度尼西亚PLTU 1 Jawa Barat电厂项目的第1、2、3号机组（300～400MW）位于西爪哇省Indramayu Regency市Sukara区Sumuradem村，地处雅加达以东约180km。新建3×330MW中国生产亚临界燃煤湿冷机组。项目由中国政府贷款，印度尼西亚国家电力公司（简称PLN）投资建设，中国电工设备总公司（简称中电工）总承包。

工程燃用来自Sumatera和Kalimantan的煤炭，驳船运输进厂，厂内设煤码头。循环冷却系统采用海水直流冷却，冷却水取自爪哇海的海水。厂内设置海水淡化站，以海水淡化后的淡水作为生活用水和锅炉补充水源。

印度尼西亚Indramayu电厂2×4500t/d低温多效海水淡化装置是国内首次出口的拥有自主知识产权的最大海水淡化装置（见图3-98）。海水淡化装置由国家海洋局天津海水淡化与综合利用研究所承担设计，众和海水淡化工程有限公司承建，2011年9月通过了项目业主组织的性能考核，表明各项指标均达到了设计要求。2011年10月12日装置随同印度尼西亚爪哇省Indramayu 3×330MW燃煤电厂一同完成移交。

图3-98 印度尼西亚Indramayu电厂2×4500t/d MED海水淡化装置

（2）水源和汽源情况 海水淡化装置取水来自电厂北侧爪哇海的海水。海水悬浮物含量约为100～150mg/L，温度为30℃，含盐量变化范围为33000～34000mg/L。

初期运行，供给海水淡化装置加热的蒸汽为启动锅炉蒸汽。蒸汽压力为1.4MPa（绝压），蒸汽温度为350℃；机组启动和正常运行时抽真空的蒸汽汽源与加热蒸汽相同，蒸汽参数随机组的负荷变动而变化，蒸汽参数蒸汽压力为0.8～1.0MPa（绝压），蒸汽温度为350℃。

（3）装置情况 海水淡化装置为低温多效加蒸汽喷射器的蒸馏淡化装置形式。蒸汽压缩喷射器的运行具有自动控制和调节能力，可以保证在蒸汽压力波动的情况下MED装置安全稳定运行，并达到额定出力。

传热管与管板间采用弹性连接形式。管圈起到了电绝缘保护的作用，避免了金属间的电化学腐蚀现象。与焊接或胀接相比，弹性连接的管板管口处接触应力较小，可减小管板的厚度。此外，该连接方式对管孔的开孔精度要求较低，对孔径和管径的误差适应性强，可降低穿管安装难度，保证施工质量。

捕沫装置采用模块化制造，提高了加工效率，降低了制造和安装成本，而且定位可靠，安装便捷。

喷淋系统采用了由一条总线分别向两端输水的方式。此方式很好地解决了由于喷淋输水管路较长而使沿管线排列的各喷嘴压力和流量不一致的问题。喷嘴与喷淋管路采用管螺纹连接，喷嘴的口径采用 DN25、DN32、DN50 三种喷嘴，装置 1～7 效 DN25、DN32 喷嘴混合使用，冷凝器使用 DN50 喷嘴。实践证明，该喷淋系统可使传热管液膜分布均匀，提高了海水布液的均匀性。

装置材质如下：

a. 装置壳体和内部管板采用 316L 不锈钢；

b. 装置内部管束上三排采用钛材，其余采用铝黄铜；

c. 冷凝器内部管束全部采用钛材；

d. 所有与浓缩海水或浓盐水接触的管材采用玻璃钢或 316L。

装置设计参数如表 3-11 所示：

表 3-11　装置设计参数

项目	参数
MED 装置入口海水设计温度	30℃
MED 装置入口海水设计含盐量	3.3%～3.4%
MED 装置排出浓海水设计含盐量	6.4%
MED 装置入口设计蒸汽压力	0.8MPa（绝压）
MED 装置入口设计蒸汽温度	71℃

蒸汽压力 0.8MPa 的性能参数及验收结果如表 3-12 所示。

表 3-12　2×4500t/d 海水淡化工程装置主要性能指标

序号	参数名称	单位	设计值	保证值
1	单台设备出力	t/d	4500	4500
2	效数	效数	7	7
3	造水比		10	10
4	单台电耗	kW·h/t	1.78	1.80
5	单台汽耗	t/h	18.4	18.75
6	产品水水质	mg/L	10	10
7	产品水水温	℃	40	40
8	产品水压力	MPa	0.3	0.3
9	盐水排放水浓度	%	6.8	6.8
10	冷态启动时间	h	5	5
11	蒸馏效段每根换热管的每米长度的淋水流量	L/(m·h)	300	300

注：蒸汽压力为 0.8～1.4MPa（绝压），温度 350℃，原海水温度 30℃，含盐量 33000～34000mg/L 时的工况下，达到以上指标的保证值。

3.1.9.3 沙特阿拉伯 Shoaiba 电厂 880000t/d 多级闪蒸海水淡化装置

沙特阿拉伯 Shoaiba 3 海水淡化装置由韩国斗山重工业集团承建,是目前全世界工程规模最大的多级闪蒸(MSF)海水淡化装置(见图 3-99),日产水量为 88 万吨,装置所在电厂为 917MW 的热电厂(总投资 8.5 亿美元)。项目位于面向红海的沙特阿拉伯西部,于 2009 年竣工,产水为伊斯兰教的麦加圣地和麦地那圣地的约 300 万人提供饮用水。该项目在瑞士苏黎世举行的"2009 年全球水务奖"中荣膺"年度最佳热法海水淡化厂",工程概况见表 3-13。

图 3-99 沙特阿拉伯 Shoaiba 电厂 880000t/d 多级闪蒸海水淡化装置

表 3-13 沙特阿拉伯 Shoaiba 3 多级闪蒸海水淡化工程概况

项目类型	电厂/海水淡化厂	工程配置	标准
合同类型	IWPP	产水成本	0.57 美元/m³
交易模式	BOO	技术类型	MSF
特许权期限	20 年	产水量	880000t/d
合同范围	EPC	原海水类型	海水 TDS (20000~50000mg/L)
装置类型	电水联产	原海水含盐量	39000mg/L
安装地点类型	陆基	装置台数	12
用户类型	当地饮用水 TDS (10mg/L~<1000mg/L)	装置类型	水平组
工程状态	运行	GOR	8.86
工程总投资	25.6 亿美元		

2010 年,韩国斗山重工又签订了沙特 SWCC 公司的 Ras Al Khair 1 海水淡化淡化厂合同,包括 8 台最大单机规模 MSF 海水淡化装置(单机产水能力 91000t/d),再次刷新世界 MSF 单机规模记录(目前为 Shuweihat 2 海水淡化厂,单机规模 76000t/d)。韩国斗山重工已于 2011 年 12 月完成第一台装置的加工,海水淡化厂已于 2014 年建成产水。

3.1.10 蒸馏淡化技术展望

节约能源、降低成本、提高系统可靠性是全球海水淡化技术进步的永恒主题。在蒸馏海水淡化技术方面,经过近十年的努力,我国已形成与滨海电厂主流发电机组(300MW、600MW、1000MW)相匹配的 3000t/d、5000 t/d、10000t/d、15000t/d、25000t/d 等不同规模低温多效淡化工程成套技术,除了完成 6 台(套)MED 设备的出口之外,在国内还建成千吨级装置两套,1.25 万吨/日装置 5 套,正在建设 2.5 万吨/日装置;不仅在工程设计和运营管理方面积累了一定的经验,形成了具有自主知识产权的专有技术,还在工艺及关键部件等方面取得以下技术进步。

(1)新型传热材料开发应用。主要以铜传热管强化传热技术、廉价耐蚀铝合金管研发为主，开发出高效铜传热管和耐蚀铝合金传热管，降低蒸馏淡化装置成本，同时非金属传热材料在蒸馏淡化的应用研究取得进展。

（2）大型低温多效蒸馏装置关键部件优化。在蒸汽热压缩装置、布液系统、捕沫装置、系统密封等低温多效蒸馏淡化装置关键部件国产化技术创新研究方面取得重要进展。自主研制的蒸汽喷射泵实现定型生产并成功应用于工程项目。

（3）药剂与材料的开发与应用。开发出与国外技术指标相当的廉价环保阻垢剂，有助于改变国内阻垢剂依赖进口的局面；开发出的无溶剂型内防腐涂料可用于碳钢蒸发器内防腐处理，降低装置造价。

（4）仿真模拟及智能化控制技术。开展水平管降膜蒸发过程中传热过程数值模拟、低温多效蒸馏装置运行工况仿真技术、智能化控制技术、工程专业仪器仪表优化应用等技术研究，建成仿真培训平台，开发出智能化控制系统，建成仪器仪表选型、安装数据库。

（5）低温多效蒸馏海水淡化相关标准。提出低温多效蒸馏海水淡化标准体系，出台行业和国家标准近 10 项。

（6）大型低温多效蒸馏工程成套技术。形成大型低温多效海水淡化装置设计技术，完成加工制造及安装优化技术研究，形成环境影响评价方法，提出一体化设计及整体运输方案，具备实施大型 MED 工程的全套技术能力。

尽管如此，与发达国家相比，我国在蒸馏海水淡化技术研究水平及创新能力、系统设计及集成、关键设备（包括部件和材料等）生产、装备的单机和工程规模等方面还有不小的提升空间。今后一段时间内需要加强以下几方面的工作。

（1）探索电水联产的中国模式　中东地区的发电厂以燃气轮机联合循环为主，电水联产效率高、技术成熟经验丰富。我国沿海电厂以燃煤机组为主，大多出于满足自身用水需要进行海水淡化，联产方式是通过对现有抽凝汽轮机组进行适当改造，利用汽轮机中压缸抽汽进行海水淡化，将海水淡化单元嵌入到供电机组系统中，以达到降低制水成本，提高系统热效率，实现电厂淡水自给自足的目的，与中东的电水联产有较大的区别。由于设计之初不是从整体上将发电系统和产水系统一考虑，在整体系统运行的稳定性和效率上会有一定的缺陷。比如停机开机、负荷调节时两者能否不受影响，需不需要建立辅助设施；如何确定燃料成本的分摊比例；何种条件下整个系统能够在最优效率下运行等。因此需要根据我国沿海电厂的特点，进行燃煤电厂（或核电站）电水联产优化研究，建立电水联产的中国模式。

（2）集成现有技术成果，加强与材料工业的合作，取得制水效率的新突破　以降低造水成本、提高制水效率为目标，集成现有技术成果，提高蒸馏技术的最大操作温度至 90℃，可使传热系数增大到 3500kcal/（m²·h·℃）（1kcal＝4.18kJ，后同），明显高于常规低温多效蒸馏传热系数。除此以外，更高的操作温度可以安排更多的蒸发器效数，提高装置总造水比；从原料水进料方式、蒸汽热压缩技术、闪蒸等方面优化工艺，节约能源消耗、提高系统造水比；加强与材料工业的合作，采用铝合金等廉价传热材料降低装置造价，研制高性能密封材料和专用药剂。形成集节能工艺、核心部件和关键材料为一体的集成创新技术体系，将低温多效蒸馏淡化装置的造水比提高 60％以上。

（3）提升装置单机规模，形成大型化成套能力　扩大单套海水淡化设备和工厂的生产规模是降低海水淡化成本的重要途径，也是世界海水淡化产业发展的主要趋势。通过装置的大型化可降低设备的加工、建设和运行管理等费用，同时还可分摊公用设施投资、降低人工费用和维护成本。此外，单机规模扩大，还可提高系统效率，有效降低吨水投资。

国外建设的低温多效海水淡化装置单机规模已达 6.8 万吨/日（造水比 10），工程规模达到 80 万吨/日。而我国自主设计、建造完成的海水淡化装置的规模还较小，最大仅为 1.25 万吨/日，还落后于世界先进水平。迫切需要从小规模的水电联产海水淡化示范工程起步，尽快形成大型化装备成套能力，加快大型蒸馏淡化工程的建设，真正实现大规模、高效率（造水比高于 16），提升我国海水淡化产业竞争力，实现技术跨越，引领国际热法海水淡化的发展。

（4）开发适用的压汽蒸馏和其他热淡化技术，致力于废水的零排放　随着工业生产的飞速发展，工业废水和城市污水的排放量日益增加，其对国民经济和人体健康的影响，已是人类面临的严重问题。工业用水的重复使用率在发达国家占 90% 左右，而我国不足 10%，迫切需要开发废水回用乃至零排放的新技术。

压汽蒸馏属于热泵节能技术，是一种高效的废水处理方法，尤其对石油平台上各种采油废水水质具有很强的适用性。另外，该技术不需冷却水和加热蒸汽，对环境条件要求较低。美国 GE 公司将该技术用于油田废水处理后，得到了迅速推广，基本垄断了该方面的市场。我国虽在压汽蒸馏技术方面开展了研究，但在油田废水处理的研发和应用尚属空白，亟需迎头赶上，迅速占领国内市场。

膜蒸馏是一种用于处理水溶液的新型膜分离过程，将膜蒸馏技术与现有海水淡化技术相结合，对淡化过程浓排水进行深度浓缩，可显著提高回收率；在工业废水处理领域，处理放射性废水、含油废水将是未来水处理行业的一个新发展。膜蒸馏-结晶是膜蒸馏和结晶两种分离技术的耦合，可得到高纯度淡水的同时实现零排放。但在膜材料和制备工艺、膜蒸馏工艺集成等方面还不够成熟，需深入研究并促进产业化应用。

3.2　冷冻法淡化技术

3.2.1　冷冻法淡化发展历程

3.2.1.1　早期冷冻法淡化技术

早在 17 世纪中叶，A. M. Lorgna 就描述了通过五步连续冷冻的方法由海水来制取淡水的过程[15]。但早期的冷冻法制取淡水一般为自然冷冻法，因而受到气候、地域的影响，而且淡化水中含盐量较高。真正标志着冷冻法进入研究及推广应用阶段的是在 1945 年 Vacino 和 Visintin 的一篇报道[16]。随后，Steinbach、Nesselman、Nelson、Thompson 和 Curran 等人开展了相关研究[17~20]。至 1955 年，各种冷冻工艺相继出现。

由于冷冻法具有低能耗、污染少、腐蚀结垢轻以及适用原水浓度范围广等特点，因而在 20 世纪六七十年代冷冻法掀起了一个小小的高潮。然而，对冷冻法淡化技术的研究则是首先应用在了食品浓缩领域。冷冻浓缩是将溶液中的一部分水以冰的形式析出，并将其从液相中分离出去而使溶液浓缩的方法。早在 1961 年，Shapiro 第一个将冷冻浓缩法应用到浓缩有机化合物的实验中去[21]，Baker 分别于 1967 年、1969 年和 1970 年完成了与此技术相关的研究[22]。通过实验，Baker 证实了在冷冻过程中尽管仍有少量的单一化合物或是某种混合物会留在冰晶内，但溶液中几乎所有的化合物都保留在剩余浓缩液中。随着人们对冰晶生成的逐渐认识，冷冻浓缩技术的应用研究不断推进。Muller 在 1967 年对冷冻浓缩技术在不同应用领域的尝试进行了归纳总结，见表 3-14[23]。尽管如此，在当时该技术还未真正发展到工业应用阶段，究其原因，除了设备投资高、日常操作复杂、不宜控制等原因外，主要还是与人们对冰晶制取、固液分离等方面的技术研发不足有关。

表 3-14　冷冻浓缩的研究应用案例

浓缩目的	应用对象
降低采摘后运输及储存费用、降低容器费用	橙汁浓缩
提高现存物质的浓度，否则因含量太低无法分析或反应	海洋学家的实验室浓缩装置
生成结晶、回收不溶性有机或无机盐	用海水生产磷酸氨盐
海水制备纯水，用作饮用水或其他用途	海水淡化
提高可食用液体的糖含量至延缓腐败的程度	果品糖浆
制作较浓的液体使之可较为经济地干燥	速溶或可溶咖啡
在保藏过程中恢复已稀释保藏液的浓度制成新型液体产品	腌渍液的浓缩
将液体中某些成分的浓度提高到可利用程度	葡萄酒浓缩提高乙醇量
通过较早产生不溶物或悬浮物沉淀加速反应过程	冷冻浓缩降低啤酒的陈化时间
提高固性物浓度使之排除较为经济	浓缩污水

　　随着世界水资源的日益贫乏，利用冷冻法进行海水淡化在 20 世纪 70 年代受到了人们的广泛关注。仅以 1973 年在海德堡召开的 "第四届海水淡化国际会议" 为例，关于冷冻海水淡化技术的文章就有 12 篇之多[24]。在这一期间，许多海水淡化公司在各国政府的资助下纷纷研制出不同冷冻法海水淡化的工艺及装置。例如，美国盐水办公室在佛罗里达州 "Clear Water" 组织建设了一座冷冻海水淡化试验装置，系统地开展了对冷冻淡化工艺过程的研究，如图 3-100 所示[25]。以色列 IDE 公司研发出 Zarchin 海水冷冻淡化工艺，并在意大利建造了日产 10^5 gal（1gal ＝3.78541L）海水冷冻淡化装置。美国的 Colt 公司受美国盐水办公室的资助也研发出相同规模的海水冷冻淡化装置，其每 1000gal 的产水成本约为 1.35 美元，能耗约为 45kW•h，并出售给 Carolina-Caribbean 公司以支持在 Virgin 岛上开展的住房工程。

图 3-100　美国佛罗里达州 "Clear Water"
冷冻海水淡化装置

此外，Colt 公司和 AVCO 公司还先后建成了日产淡水 227m³ 的海水淡化装置。这些装置的成功运行进一步推动了冷冻法淡化技术的发展[26]。

　　20 世纪 70 年代末，冷冻淡化技术的研究相对进入了低潮。其主要原因是由于该工艺的制冷能耗相对较高、冰晶分离和净化较为困难，使得冷冻法海水淡化的成本偏高，产水口感不佳。因此，该技术缺乏市场竞争力，一直难以实现商业化。但尽管如此，国内外各研究机构对冷冻法淡化技术的研究却从未终止过。

3.2.1.2　现代冷冻法淡化技术

　　（1）LNG 冷能利用为海水冷冻淡化提供了发展动力　　近年来，随着石油、煤的日益枯竭，生态环境的不断恶化，全球能源结构已悄然发生变化。清洁、优质、高效的天然气已成为继石油、煤之后最具发展前景的一次能源和化工原料。随着我国经济的不断发展，天然气消费量呈现出快速增长的趋势，其年均增幅已达到 25％以上。预计到 2015 年，我国天然气消费量将达到 2600 亿立方米，其中从海上进口液化天然气（LNG）的资源量将达到 4200 万吨。大量的 LNG 需要通过分布于沿海的接收站来完成 LNG 的储存、汽化、分配、调峰等过程。在如此巨大的市场驱动下，我国 LNG 工业也得到了迅速发展，目前已在珠海、深圳、莆田、天津、上海、南通、青岛、宁波等沿海城市投运和在建了共计 18 座大型 LNG 接收站以保障国内天然气的供给需求。

在 LNG 接收站内，通常要利用海水将 LNG 加热蒸发成气态天然气，再通过管道或车辆输送供给下游用户使用。而 LNG 在汽化过程中会释放出大量的冷能，而这部分冷能通常会随着海水的排放而被直接舍弃掉，由此造成极大的能源浪费。据统计测算，如果将我国进口 LNG 的冷能充分加以利用，可从中获得总量近 216.5 亿千瓦时的能量。此外，实现 LNG 冷能利用还可避免冷海水排放所导致的周边海水温度异常的发生，以降低对海洋生态环境的影响。因此，从节约能源和环境保护的角度出发，LNG 产业需要寻求和发展冷能利用技术，而考虑到 LNG 接收站的场址条件、能源匹配、技术难度、设备投资等因素，利用 LNG 冷能实现海水冷冻淡化应是 LNG 冷能利用的最佳方式。

（2）冰蓄冷技术的发展为冷冻法淡化提供了应用基础　LNG 产业的发展为冷冻法海水淡化提供了优质的冷能来源，而与此同时，冰蓄冷行业的发展也为冷冻法海水淡化提供了技术上的保障。近年来，各种先进的动态制冰工艺及设备不断出现，使在传统冷冻淡化中的一些技术难题得到了解决。由动态制冰产出的冰不同于天然海冰，其形态是一种由微小冰晶和溶液所组成的两相混合流体，冰晶的尺寸一般在 0.05～1mm 之间，细小的冰晶悬浮于海水之上而呈泥浆状，如图 3-101 所示。

从海水淡化的角度来看，基于冰浆上述的物理特性，使动态制冰技术应用于海水淡化具有以下优势[27,28]：①细小的冰晶间可形成众多的"盐水通道"，便于冰晶间盐分的排泄，以及保证后续洗涤净化的效

图 3-101　利用动态制冰方法产出的冰浆

果；②冰浆具有较好的流动性，可由泵驱动直接通过管道实现传输和储存，易于实现工业自动化；③冰晶自身具有很大的换热表面积，因此具有良好的传热特性，可快速完成释冷和融化过程。

基于 LNG 产业的能源优势和动态制冰的技术优势，若能依托分布于沿海各地的 LNG 接收站，通过合理的技术集成和工艺整合，利用 LNG 的冷能进行海水冷冻淡化，再对所制取的冰晶进行分离、净化等工艺后，即可就地为沿海城市提供淡水供给。由此不仅可实现 LNG 冷能的利用，有利于建立完善的 LNG 产业链条，提高 LNG 企业的经济效益，而且也可节省在传统冷冻法中由于机械制冷所消耗的大量电能，提高海水冷冻淡化的技术竞争力，增强沿海地区的水资源保障能力。

（3）自然冷冻海水淡化技术重新获得发展契机　除 LNG 可为海水冷冻淡化提供冷能外，自然冷能则是大自然无偿提供给人类的一笔绿色的能源财富。过去由于科技发展水平和能源价格体制的限制，自然冷能没有得到重视和开发。近年来，由于世界大多数国家面临着能源短缺问题，人类社会面临着可持续发展的挑战，自然冷能的开发利用具有了十分重要的

意义。在这样的背景下，自然冷冻淡化技术又重新找到了发展的契机。

我国北方具有较为丰富的自然冷能资源，特别是环渤海地区，冬季气候寒冷，而且持续时间长，每年可有 4 个月左右的冰冻期，在暖冬时海冰覆盖面积不足渤海海域的 15%，冷冬时可覆盖渤海海域的 80% 以上。自然冷冻淡化正是利用北方寒冷地区的低温气候所形成的自然冷能作为直接能源，通过海水在自然低温下冷冻成冰，将其中的海盐沉降到底部，上层的清冰则经过收集、分离等工艺后用以提取淡水，达到海水淡化的目的[29]。

目前，人们利用卫星遥感、气象预报、海洋观测等相关技术，通过多年对渤海海冰的观测和总结，掌握了该海域天然海冰的生成规律，可根据当年的自然条件预测出海冰的出现时间、范围及总量。据初步估算，在一般年份渤海海冰的现有储量大约相当于 100 亿立方米的淡水[29]。表 3-15 列举出不同冰情下辽东湾海冰资源量的估算值。

表 3-15 不同冰情下辽东湾海冰资源量估算值

冰情	面积/十万平方米	厚度/米	资源量/亿立方米
轻年	11700	0.15	17.6
偏轻年	14300	0.2	28.6
常年	17200	0.33	56.8
偏重年	18300	0.45	82.4
重年	18300	0.5	91.5

渤海海冰作为淡水资源的可能性已经相关部门确认，如果能很好地解决海冰收集、固液分离、存储加工等技术问题，利用自然冷冻淡化技术在环渤海地区由海岸向内陆分期进行开发利用海冰作为淡水资源，将对于环渤海和黄海部分沿岸地区的可持续发展、缓解淡水资源紧缺起到重要的作用。

3.2.2 冷冻法淡化原理

3.2.2.1 冷冻淡化原理

冷冻法淡化技术的原理是基于无机盐和有机杂质在水中的分配系数比冰中的分配系数大一到两个数量级的性质来实现海水脱盐的。一般来说，当水中含无机盐或其他有机质，会降低其冰点。如果将水冷却到冰点以下，则纯净的水先结成冰，在这过程中水会将其所含杂质排斥在外而首先以固相形式析出，而无机盐或其他有机杂质会留在原液中，通过分离固、液相，融化冰晶，即可得到盐度较低的水和浓缩液，从而实现脱盐淡化。

从系统能量角度来看，分子系统所具有的内能包括分子的动能和势能两部分。分子的动能主要由分子的热运动决定，即与温度有关；而分子的势能主要由分子间的相互作用或相互位置决定，即与系统的体积有关；液相的水在不同的温度和压力下，会产生不同的缔合结构，其热运动也是随着温度的降低而逐渐减慢。而水形成冰的过程实际上就是从一种无序到有序的变化过程。由于水分子是一种极性分子，分子之间是靠氢键连接起来的；当分子呈固态时，分子之间按一定的规律排列，彼此之间有着相互的关联，吸引力强。由于物质在水的不同相中分配系数不同，且水能够形成强氢键，所以水结冰时为了达到最稳定的状态，水分子之间紧密结合而无机物等杂质会被挤出。当水的温度降到 0℃ 时，液相和固相处于平衡状态，分子系统具有相同的动能。

当水结成冰时，其分子间结构发生改变，势能发生变化，而这种变化是一种突变过程。

为了使这一变化能够实现，必须破坏这种平衡，也就是必须使液相温度降到冰点以下，造成液相的过冷，只有在这种情况下，液相才会转变为固相。在结冰过程不太快、温度变化缓慢的情况下，冰晶内部所含盐分很少。冰再经过洗涤、加热融化就可通过管道形式输送到所需要的地方。事实上，冷冻法所产淡水中带的盐分大部分是因为冷冻过快或未充分洗掉冰表面的盐水而造成的。

图 3-102 是 NaCl 水溶液的盐水相图。它揭示了在盐水体系中，盐水组成和温度之间的关系。图中盐水从点 1 冷却到点 2 将开始结冰。进一步冷却，随着冰块的不断长大盐水浓度会逐步

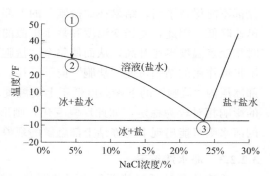

图 3-102 NaCl 水溶液的盐水相图

$$\left[t/℃ = \frac{5}{9}\ (t/°F - 32)\right]$$

提高到临界点 3，更进一步的冷却会得到冰、盐和浓溶液的混合物。当液体温度继续下降，随着大部分水逐渐结成冰，原液中盐的浓度会越来越高，到一定浓度后水和无机盐或其他有机质会一起结晶，最后会导致冰盐固溶体的出现，即水和盐一起以固体形式析出来。

在图 3-102 中，整个区域被分为 4 块：即溶液区、冰和盐的固溶体区、冰和盐水混合物区、盐和盐水混合物区。具体过程是得到纯净的冰还是结晶得到盐，将由盐水的起始浓度决定。从 NaCl 的盐水相图可知，冷冻海水可产生纯度相当高的冰，而盐水的浓度会逐渐提高，一直到共晶点 3，在该点氯化钠的浓度达到 23.3%。再冷冻将导致固溶体的生成。到达这一共晶点，淡化产量也到了极限，此时能回收原海水中 85% 的水。但是，在实际操作中一般只能取 20%。极限淡化产品百分比 = $[1-(3.5 \div 23.3)] \times 100\%$。

3.2.2.2　盐分排泄运动

纯冰晶就是淡水，卤水是海水冻结时因盐水分离作用所形成的高浓度盐水，它是海冰盐度的主体部分。海冰不同于淡水冰，它并不是单纯的冰晶，而是固体冰晶与卤水、气胞和少量固体杂质组成的混合物。海冰的微观结构模型如图 3-103 所示。冰晶按晶架结构紧密地排列在一起，卤水和空气被封闭于两个或多个冰晶体晶壁之间，形成了所谓的"盐水泡、盐囊或卤水胞"，呈球形或长筒形。这种液-固两相共生的混合体结构特征奠定了冰晶盐分迁移的基础。如果通过某种方法将冰体中的卤水除去，就可彻底实现脱盐的目的[30]。

淡水冰点温度约为 0℃，而海冰内部高浓度卤水在低温（0 ～ -30℃）条件下不冻结，始终保持液态。由于海冰冰体中的卤水不冻结，而且其密度明显高于纯冰晶，所以卤水就会受重力作用而产生向下移动的趋势。卤水的下移是沿着冰晶体之间的缝隙进行，如果冰晶体之间的缝隙沿重力方向由上至下相互连通，即多个卤水胞单元彼此打通相连形成所谓的"盐水通道"，卤水就可以在重力作用下排出冰体，而海冰就可以由微咸水转化为淡水。

通常卤水与冰晶之间要保持相态平衡，那么在"盐胞"上部的卤水盐度变大，在下部则会变小。因此，在"盐胞"内会产生盐分的垂直扩散，使盐度趋于一致。但如果卤水上部温度比下部温度低，盐度扩散使卤水的各部

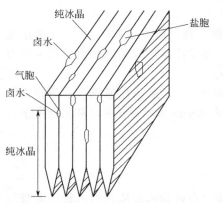

图 3-103　海冰微观结构示意图

分都不能保持平衡，结果在"盐胞"的上部，卤水产生相变，在析出纯冰的同时相变点的温度迅速降低。因此，受相变温度和盐水扩散的影响，下部卤水使其周围的纯冰产生融解相变，同时相变点温度迅速升高，从而使整个"盐胞"的卤水完成一次相态的相对平衡。这种温差和盐度扩散作用的结果可使"盐胞"向下迁移。反之，在温度升高出现相对的"冷中间层"时，上部冰层内"盐胞"的下端温度低于上端温度。当温差不大时，"盐胞"中的卤水因重力等因素的影响相对较为稳定，如此反复变化，则形成冰内盐分单向迁移；当温差较大时，"盐胞"中的卤水则可能出现下部冻结上部融解的现象，使"盐胞"慢慢向上移动。

3.2.2.3 海水浓缩率

冷冻法是从低温热源往高温热源放出热量的不可逆冷冻循环。理想不可逆冷冻循环所需能量与淡水收率（所得淡水量与海水中的水量之比）的关系如图 3-104 所示。图中实线是结晶析出的冰立即与海水分离的情况；虚线是对应于淡水收率时，浓海水与海水在一定的结晶

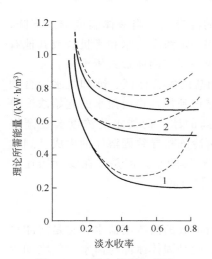

图 3-104 淡水收率与理论
所需能量的关系

析出操作温度下混合的情况；数字 1、2、3 表示过冷却度为 0℃、3℃、6℃时计算的能量值。从图 3-104 中可以明显地看出：实线淡水收率在 0.6 和虚线淡水收率在 0.4 时，所需理论能量最低。因此，在冷冻法海水淡化操作中，使海水浓缩倍数控制在 2 左右较为合理。

3.2.2.4 海水中杂质的去除

（1）冷冻法对有机分子的去除 爱喝冷饮的人都知道，如果啤酒或果汁饮料冰凉过头，有时摇晃一下就会结冰。仔细观察会发现，新结冰的针状晶体是无色的，而剩余的液体颜色加深。完全冻成冰的饮料融化时，先融化的液体颜色很深，随着融化时间的推移，最后只留下白白的冰。这些现象说明，当有机物的水溶液部分冷冻时，冰块几乎不带走有机物，而留在剩余的水中。

分子的扩散速度在冷冻法分离有机物的过程中起到很重要的作用[31,32]。为了达到分离目的，溶液中有机分子的扩散速度必须大于冰的前沿生长速度。否则，这些溶解物会和冰块一起冻起来或以液体形态包裹在冰块里头。所以，希望尽量去除大的有机分子，则冷冻速度不能太快。因为分子的扩散速度与分子量的平方成反比。好在有毒的有机物三氯甲烷等大都为较小的分子而容易分离，不会影响冷冻法在海水淡化中的应用。

（2）冷冻法中微生物的去除 冷冻结晶法可以去除微生物。研究表明[33,34]，冷冻法去除微生物，不是因为它杀死了细菌，而是它排除了细菌。冬季冷冻保存的冰块里头很少带有细菌。这可能和冰的结晶有规律地生长而挤出微生物有关。

（3）冷冻法中悬浮颗粒的去除率 多项研究结果显示[35~37]，冰晶在形成过程中存在一个临界冰结晶速度。如果冰的前沿增长速度低于该值，那么水中的悬浮颗粒可以被完全排除。

3.2.3 海水冷冻淡化工艺

3.2.3.1 概述

海水冷冻淡化工艺是通过海水在结冰时所含溶质被排斥在外而水以固相形式析出实现脱盐淡化，再将冰晶与海水浓缩液分离后，经净化、融化等一系列后处理工艺，即可得到含盐

量较低的淡水。其中，选择合适的冷能获取方式是冷冻淡化工艺的前提条件。根据冷源的特点选择适宜的制冷循环、制冷剂对于冷能的高效利用和制冰技术方案的确定具有重要的意义。而冰晶生成无疑是冷冻淡化工艺的核心环节，冰晶的生成速度、结构尺寸、含冰率等参数将直接决定冷冻淡化工艺的产水量、制冰效率以及脱盐效果等性能参数。但由于受结晶脱盐原理的约束，冰晶中会夹带有一定数量的"盐水胞"，导致产品水口感不佳，因此对冰晶进行有效的分离和净化是保证产水品质的关键环节。除此之外，根据产品水的用途和水质要求，还需要结合传统的淡化工艺对冰融水进行深度脱盐，最终满足产水的指标要求。为更好地了解海水冷冻淡化的工艺流程，本节将对上述工艺环节进行逐一阐述。

3.2.3.2 冷能制取方式

（1）热电制冷 热电制冷又称温差电制冷或半导体制冷。将半导体两级分别接到直流电源的正、负极上，通电后半导体一侧变热，另一侧变冷，这个现象称为帕尔帖效应，是热电制冷的依据。热电制冷的效果主要取决于两种材料的热电势。半导体材料具有较高的热电势，可以成功地用来做成小型热电制冷器。但半导体热电制冷的效率不高，半导体器件的价格又较高，而且必须使用直流电源，因此往往需要变压整流装置，增加了热电堆以外的体积，所以热电制冷不适合在需要制冷量较大的场合使用。但由于热电制冷通过改变电流方向就可以实现制冷、制热的相互转换，灵活性强、使用方便可靠，非常适合在结构空间要求较高或小型便携制冷设备中使用。

（2）气体膨胀制冷 如图 3-105 所示，气体膨胀式制冷是通过高压气体绝热膨胀时，对膨胀机做功，同时气体的温度降低以获得低温。空气膨胀制冷是一种没有相变的制冷方式，所采用的工质主要是空气。此外，根据不同的使用目的，工质也可以是 CO_2、O_2、N_2、He 或其他理想气体。构成这种制冷方式的循环系统称为理想气体的逆向循环系统。其循环型式主要有：定压循环，有回热的定压循环和定容循环。

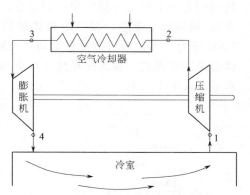

图 3-105　气体膨胀式制冷原理
（1、2、3、4 表示制冷剂在整个制冷工艺
过程中的节点状态：1→2 为等熵压缩；
2→3 为等压冷却；3→4 为等熵膨胀；
4→1 为等压吸热）

（3）液体汽化制冷 液体汽化制冷是利用液体汽化时的吸热效应而实现制冷的，是目前商业化应用的主要制冷方式。在一定压力下液体汽化时，需要吸收热量，该热量称为液体的汽化潜热。液体所吸收的热量来自被冷却对象，使被冷却对象温度降低，或者使它维持低于环境温度的某一温度。为了使上述过程得以连续进行，必须不断地将蒸汽从蒸发器中抽走，再不断地将液体补充进去。

液化天然气（LNG）的储运过程就是典型的液体汽化制冷过程，同时也是海水冷冻淡化理想的冷能来源。在 LNG 接收站中，LNG 需通过汽化器汽化成气态天然气后，再由管道输送至下游用户使用，如图 3-106 所示。而 LNG 在汽化过程中会释放出大量的冷能，其单位能值约为 830kJ/kg。由于 LNG 接收站多建设在沿海港口附近，因此汽化工艺多采用海水作为热源，而 LNG 所释放的冷能通常随着海水的排放而被直接舍弃掉了，由此造成了极大的能源浪费。此外，实现 LNG 冷能利用还可避免冷海水排放所导致的周边海水温度异常的产生，以降低对海洋生态环境的影响。

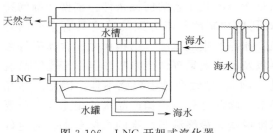

图 3-106 LNG 开架式汽化器

（4）LNG 冷能利用技术　LNG 冷能利用主要包括直接利用和间接利用两类。直接利用包括：冷能发电、空气分离、制造干冰和液化 CO_2、冷冻仓库、蓄冷空调、海水淡化、低温养殖等。间接利用包括：利用空分后的液氮、液氧、液氩进行低温破碎、污染物处理及冷冻食品等。

① 空气液化分离　通常的液化空气都是由电力驱动的机械制冷产生的，由制冷原理可知，随着温度的降低其消耗的电能将急剧增加。在一定的低温蒸发范围内，蒸发温度降低 1K，能耗要增加 10%。利用回收的 LNG 冷能和两级压缩式制冷机冷却空气制取液氮、液氧，与普通空分装置相比，利用 LNG 冷能可简化空分流程，制冷机很容易实现小型化，电能消耗也可减少 50% 以上，水消耗减少约 30%。这样就会大大降低空气液化分离的生产成本，具有可观的经济效益，现已在工程中大量应用。

② LNG 冷能发电　国际上正在开展利用海洋热能与 LNG 冷能的温差发电技术研究，见图 3-107。其中，二次媒体法是利用天然海水作为热源使传热介质（甲烷、乙烷、丙烷或氟里昂等）蒸发，推动汽轮机进行蒸汽动力循环对外做功；再利用 LNG 作为冷源，把冷能转换到介质上使之重新冷凝成为液态，由此不断循环往复，每吨 LNG 发电量可达 20kW·h 左右。通过技术改进，在二次媒体法的基础上又产生联合循环法。该方法是通过压缩提高 LNG 压力，然后通过冷凝器带动二次媒体的蒸汽动力循环对外做功，最后天然气再通过气体透平膨胀做功。联合循环法可以更加充分、高效地利用 LNG 的冷能，每吨 LNG 发电量可达 45kW·h 左右。

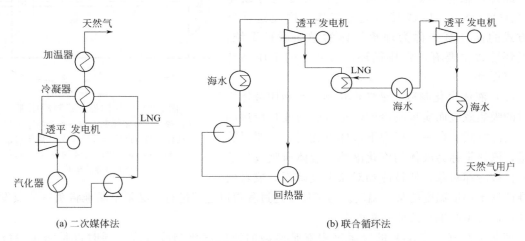

(a) 二次媒体法　　　　　　　　　　　(b) 联合循环法

图 3-107　LNG 冷能发电

③ 低温粉碎废弃物　轮胎、塑料、金属以及其他成分组成的合成物在常温下不易粉碎，但其都具有低温脆性，当温度降低到一定程度时，其冲击强度降低，只需要很小的动力就可以将其粉碎。因此，在废弃物粉碎领域，利用 LNG 冷能是一种很好的方法。利用 LNG 冷能先冷却液体氮，再用液氮冷冻废弃物，最后粉碎废弃物。金属也有与橡胶或塑料相近的低温脆化特性，利用这一低温脆化特性，用冷能来粉碎由金属、电子器件、塑料器件和橡胶等

构成的废弃汽车，然后再对废物进行回收利用。将粉碎废物与资源回收利用相结合，既能减轻环境污染，又能回收资源，具有良好的经济和环境效益。

从技术发展来看，日本、美国和欧洲等经济发达国家和地区都非常重视 LNG 冷能的回收利用，多年以来一直在上述领域进行探索研究，并已积累了丰富的实践经验。其中，日本是世界上最大的 LNG 进口国，占全世界 LNG 交易量的一半左右，同时也是对 LNG 冷能利用最好的国家之一。在日本目前的 23 个 LNG 接收站中，约有 20% LNG 的冷能被利用。其冷能除了与发电厂相配合使用外，还专门供给 26 台独立的冷能利用设备，详见表 3-16。

表 3-16　日本 LNG 冷能利用设备

设备名称	数量	性能描述
空气分离装置	7 台	采用氟里昂作为载冷剂，利用分馏塔生产液氧、液氮和液氩
干冰制造装置	3 台	产能均为 100t/d，产品的纯度可高达 99.99%，比传统方法节约 50% 以上的电耗
深度冷冻仓库	1 台	利用不同冷媒在不同的温度带下完成热交换，将 LNG 的冷能分别送入冷冻库、冷藏库及预冷装置，系统容量为 3.32×10^4t，成本比传统机械制冷降低 37.5%
独立发电装置	15 台	采用朗肯循环，装机容量一般在 400~9400kW 之间，冷能回收率可达 50% 左右

我国在 LNG 的生产及进口方面发展迅猛，在国际上占有的份额逐年上升，为发展 LNG 冷能利用产业提供了很好的市场基础。我国第一个 LNG 冷能综合回收利用项目于 2007 年在深圳大鹏湾投产，在 LNG 接收站附近配套建设了占地 100 多公顷的人工造雪场。福建莆田 LNG 接收站也启动了利用 LNG 冷能进行空气分离的项目，其日产液氧、液氮和液态惰性气体等产品 600 多吨。我国台湾省永安 LNG 接收站的冷能也用于空分和发电厂的进气冷却，LNG 冷能的利用率为 8%。综上，在全球能源高价格的外部环境下，LNG 冷能利用的经济性必将大大提高。我国 LNG 冷能利用产业虽然起步较晚，技术水平与国外发达国家差距较大，但在吸取国外经验的基础上，可充分利用后发优势，通过自主创新开发适合我国国情的 LNG 冷能利用技术。

3.2.3.3　冰晶生成

海水的冰点随其浓度的增加而降低，为了避免 $Na_2SO_4 \cdot 10H_2O$ 析出，同时能生成易于分离的冰晶，因此正常的操作范围应控制冰点在 $-1.95 \sim -4.2℃$ 之间（见图 3-108）。

为了使海水中的冰晶生成，必须使海水温度处于其冰点以下的过冷状态。冰晶的成长速度及其形状与过冷却度（过冷的海水温度与冰点之差）有关。

在以静止的海水面为冷却面时，冰晶将沿 a 轴方向成长为六花树枝状结晶。若对海水充分搅拌，同时给以 $0.1 \sim 1.0℃$ 范围的过冷却度，则析出的是一种粒状结晶，这一结晶的最长直径（D）与最短直径（D'）和厚度（h）的关系，平均为 $D'/D = 0.84$，$h/D = 0.53$。与平衡态时结晶比较（参看图 3-108），则 h/D 要小于 $c/a(=0.82)$，而 D'/D 则近似等于 $a'/a(=0.87)$。这一事实表明：粒状结晶在大气中于准平衡态下，有成长为正六角柱状结晶的倾向。经显微镜观察，冰晶直径在 $0.4 \sim 2$mm 之间，其中大部分是在 $0.6 \sim 0.8$mm 之间。

粒状结晶的成长速度，若以结晶直径（D）成长速度 $\dfrac{\mathrm{d}D}{\mathrm{d}\tau}$（单位为 cm/s）与过冷却度

（ΔT）的关系表示，经推导为：

$$\frac{\mathrm{d}D}{\mathrm{d}\tau}=2.83\times10^{-4}\Delta T \tag{3-219}$$

在水、2％食盐水及根据式（3-219）算得的海水中冰晶的直径成长速度与过冷却度的关系，如图 3-109 所示。从图中可以看出，在食盐水和海水中的冰晶成长速度要比水中的慢。这一事实表明，由于盐离子被排斥在结晶的界面之外，界面处盐浓度要高于溶液的盐浓度，因而在冰界面上的冰点温度也就低于相应浓度溶液的冰点温度。因结晶成长过程所伴随着的扩散传质，是受界面盐浓度的影响；而冰结晶放出潜热的热传递，则受界面的冰点温度与溶液温度之差的影响。盐浓度愈高，传热与传质速度愈慢。因此，冰结晶的成长速度随溶液盐浓度的增加而降低。

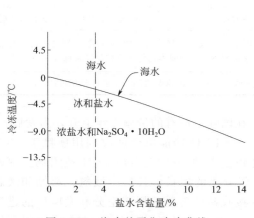

图 3-108　海水的平衡冷冻曲线

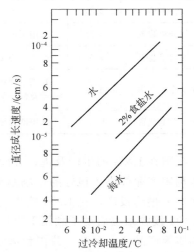

图 3-109　粒状冰结晶的直径成长速度
（横纵坐标中的 10^{-1}、10^{-2}、10^{-4}、10^{-5} 均表示前面数字的数量级）

为了使分离与洗涤操作容易进行，以析出粒状冰晶为宜，因而结晶罐内的过冷却温度应控制在 0.1～1℃。因为冰晶的成长速度，还与结晶的总表面积成正比关系。因而，结晶罐内晶体的含量、滞留时间及冷冻速度都会影响到冰晶的成长速度。

3.2.3.4　分离与净化

（1）冰晶分离　在冰晶生成后，冰与剩余的浓盐水组成了固液混合系统，需要将冰从海水中分离提取出来，以待进一步的净化。其分离方法主要包括常压过滤分离和减压过滤分离。依据分离方法的不同，得到的冰晶含盐量也不尽相同。

在减压条件下，冰层被压紧，冰晶间的空隙大大减少，因而冰晶融化后的淡水含盐量较低。实验结果表明减压过滤方法得到的冰晶含量比常压过滤方法得到的冰晶含量低得多，其分离后的冰晶的含盐量是海水含盐量的 1/10～1/4 左右。虽然经过滤后海冰的含盐量远远低于海水的含盐量，但仍然不能满足生产生活的需要，还需要对冰晶进行进一步净化。

（2）冰晶净化　根据"盐胞"理论，冰晶中的盐分是冰晶形成过程中包裹的盐水，随着冰温的逐渐降低，被包裹的海水中水分子继续结冰，"盐胞"中的海水被浓缩。"盐胞"中的盐度与冰温有关，Schwertfeger 给出了"盐胞"中盐水浓度与温度的关系公式[38]。两者的关系基本上是线性的，即温度越低，"盐胞"中盐水浓度越高。如果把冰晶击碎，"盐胞"也随之破碎，其中盐水就会流出，但是由于冰温较低，"盐胞"中盐水黏度较大，"盐胞"破碎后盐水都黏附在冰表面，如果能给以外力（离心力、重力、挤压、冲洗等）或降低盐水黏度，使盐水从冰表面脱掉，即可达到脱盐的目的。

① 离心法　离心脱盐的基本原理就是通过离心运动，对海冰和卤水的混合物体施加一个外力，使冰晶体、冰表面卤水以及冰内盐胞中的卤水产生受力差，使卤水受力大于其附着在冰表面的黏性附着力和盐胞管中的表面张力之和对其的约束，形成卤水在离心受力过程中的离心移动。通过连续施加离心力，达到卤水与冰晶体的分离。

对于天然海冰可通过冰体破碎，对海冰中的"盐胞"进行剖分，使被封闭在"盐胞"中的卤水与冰晶体分离，并通过冰体破碎颗粒的大小控制"盐胞"被打开的程度和形状，形成冰和卤水的固液两相混合物，以创造卤水移动的必要条件[39]。通过离心机对其施加一个离心力，在离心力的作用下将卤水和冰晶分离。通过控制冰温可以实现降低附着在冰表面卤水的黏性附着力和海冰脱盐的损失率。

② 浸泡法　浸泡法脱盐的基本原理是粉碎冰体使海冰中的"盐胞"被打开，再向冰中加入适量的浸泡水，经过一定时间的浸泡使冰中的卤水盐分转移到水中，达到盐分与冰晶体（或冰晶粒）相分离的目的。

由于海冰破碎时盐胞也随之被击碎，高浓度盐水迅速向低盐度浸泡液中扩散，最终达到平衡。影响浸泡脱盐的主要因素包括浸泡液用量、浸泡时间、浸泡液含盐量。浸泡法能将冰晶中 $60\%\sim70\%$ 的盐分脱掉。实践结果证明，浸泡液与海冰的质量比为 $4:1$，浸泡时间为 $2min$ 时盐度可达到平衡。当浸泡液含盐量达到 $9.9‰$，即高于海冰含盐量平均值 2.3 倍时，仍然具有脱盐效果[40]。

③ 挤压法　海冰的晶体结构内有许多孔隙存在，这些孔隙内通常含有空气和卤水。由于盐水的密度大于淡水，在重力作用下盐水将向下移动，通过"盐水通道"而离开海冰，所以海冰随着时间延长的含盐量将逐渐下降。这种盐水自身的下沉移动过程非常缓慢，对天然海冰来说，除了搁浅堆积冰以外，这种作用对其他冰型含盐量的影响不大。但如果对海冰的晶体施加一定的压力，将"盐胞"挤破加速盐水的下沉过程，就有可能在较短的时间内降低海冰的含盐量，从而达到冰晶净化的目的[41]。

④ 重力法　重力法是利用冰块自身的重力作用和环境温度变化产生的融冻作用把冰内的卤水排挤出来。在温度的影响下，冰中卤水的排出主要来自内部压力、温度迁移和重力（开口孔隙）作用[42]。

在重力法净化冰晶过程中，卤水通过相互连接的"盐胞"被挤压进下部海水，海冰的含盐量因此会降低。海冰内部的温差也能引起冰内"盐胞"的迁移，怎样迁移取决于海冰内部温度垂直分布的状态。温差和盐度扩散作用的结果可使"盐胞"向下迁移。对海冰下层结构的研究说明，下层海冰存在不同尺寸和数量的开口孔隙，冰内"盐胞"如果在迁移中与开口孔隙连通，冰内高含盐量的盐水在重力作用下就会向下迁移。这种通道如果贯通到海冰的上部，冰内盐水就会大量的流失，含盐量迅速降低。

⑤ 洗涤法　冰晶洗涤是一种置换过程，洗涤水置换了冰晶表面附着的、晶粒间隙内包藏的以及由于毛细管作用而吸持的浓盐水。在洗涤过程中，冰晶中形成的静水压引起盐胞内的卤水"冲洗效应"与重力引起的盐水流失相类似。一部分洗涤水可与"盐胞"或开口孔隙连通，开口孔隙和"盐胞"成为贯通导管，引起洗涤水与卤水流出，由于洗涤水的密度小于盐水密度，洗涤水浮在盐水上面，在重力作用下使洗涤水将盐水从"盐胞"中排出并取代盐

水位置。

根据上述原理，冰晶洗涤可分成三个阶段：第一阶段，冰晶中盐分被洗涤水大量置换，排出的洗涤水中含有大量的盐分，因而电导率较高。随后，电导率迅速降低，冰晶中盐分已基本置换完毕。最后，电导率趋于稳定，并与洗涤水初始的电导率一致，洗涤结束。洗涤的终点可用电导率的变化情况来判断。由于冰晶洗涤后的含盐量与洗涤水盐度有关，洗涤水盐度越低，冰晶含盐量越低，洗涤效率越高。因此，在实际操作中可预先用较高盐度的洗涤水洗涤，再用低盐度或淡水洗涤，这样可节省大量的淡水。

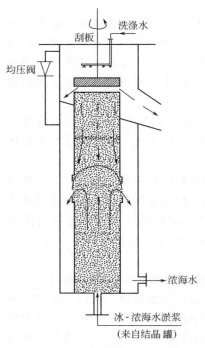

图 3-110　连续对流洗涤塔

洗涤效率较高的设备为连续对流洗涤塔，如图 3-110 所示。从塔的下部送入冰-浓海水淤浆，从塔的顶部喷下洗涤水，冰晶浮在塔的上部形成粒子层，浓海水由塔中部壁上的排水口排出，被洗净的冰晶在塔顶处被转动的刮板集中，送往融化槽。操作中应适当控制洗涤水的喷淋量、冰-浓盐水淤浆的进料量与冰晶的上升速度，既保证冰晶洗净，又使洗涤水（即产品淡水）用量最省。洗涤水的用量约为产生淡水的 2%～16%。

⑥ 组合法　根据制冰工艺的不同，可将上述方法优化组合，发挥各自的技术优势，以达到更佳的脱盐效果，其中包括浸泡离心法、洗涤离心法、挤压洗涤法等。

浸泡离心法是由于固态冰在液态水中浸泡时能使冰温升高，盐水的黏度变小，从而使盐水容易从冰表面脱掉。浸泡液的含盐量远远低于盐水的含盐量，根据平衡原理盐水中的盐分将向浸泡液中转移。这些都有利于盐分从冰表面脱掉，然后用高速离心的方法最终使固体与液体分离，达到脱盐的目的。

洗涤离心法是将破碎后的冰晶经淡水洗涤后，除去冰晶中及表面附着的盐水，再通过高速离心分离，将置换后的洗涤水去除，得到更为纯净的冰晶。

挤压洗涤法是通过泵将具有流动能力的冰晶沿竖直方向的洗涤塔向上输送，与此同时洗涤水从塔侧部对冰晶进行喷淋洗涤，在冰晶挤压、浓盐水重力和洗涤冲刷的综合作用下，完成对冰晶的净化过程。

3.2.3.5　冰晶融化

在冷冻淡化工艺中，冰晶的融化一般是通过与换热后温度较高的载冷介质、原料海水或者淡化产品水换热来实现的。在冰晶融化的同时，可以对载冷介质和原料海水起到预冷的作用，该方法通过冷量的回收降低了系统的能耗。根据不同的冷冻淡化工艺，冰晶的融化方式大致可分为直接融化和间接融化。

（1）直接融化　在冰晶直接融化过程中，通常使温度较高的淡化产品水直接进入储冰槽内循环流动，与冰晶直接接触，靠对流换热融化冰晶。为了提高冰晶的融化速率，在储冰槽底部通常设有机械搅拌装置，常见的形式为压缩空气搅拌管道，通过气泡的扰动作用提高换热效率。该方法融化效率高，能在短时间内将冰晶全部溶解，提高了系统的产水效率。

（2）间接融化　对于冰晶间接融化过程，通常是利用蓄冰槽内的换热器来进行换热融化。换热器一般采用管壳式换热器。按照换热器内加热管布置的不同，又可分为单一加热管融化和多排水平加热管融化。对于单一加热管，融化交界面与普通的冰层和相变换热材料的融化不同，融化边界是水平发展的。对于多排管，开始过程与单一加热管相同，但随着时间的推进，融化区域会连接在一起，融化传热速率将上升[43]。

融冰时，较高温度的载冷剂或原料海水在换热管内循环，冰晶从传热管表面向周围融化，由于冰层与管壁表面之间水层厚度逐渐增加，而水的导热系数只有冰的 25% 左右，会对融冰传热速率产生一定影响，因而该方法的换热效率较低，但是该方法在冰晶融化的同时，可以对载冷介质或原料海水起到预冷的作用，有效降低了系统的能耗。

3.2.3.6　冰融水深度脱盐

冰晶经过净化后，冰融水的盐分及其中的有机物、微生物和悬浮颗粒的含量已大为降低，虽然海水中约有 80%～90% 的盐分已被除去，但冰融水中仍含有少量的盐分。在一些水质要求较高的场合，还需要对冰融水进行深度脱盐。所谓深度脱盐实际是通过二次冷冻或结合反渗透、电渗析、蒸馏等传统淡化方法将冰融水中的盐分进一步除去，利用冰融水低含盐量、低温等特点发挥各自传统淡化的技术优势，最终得到合格的产品淡水。

二次冷冻法：在一次冷冻结晶的基础上，通过对冰融水进行二次冷冻达到进一步脱盐的目的。以人工冷冻海水淡化为例，试验数据显示，冰融水在经二次成冰后，其盐度可继续下降达 70% 以上，从而使产品水的总脱盐率达到 97% 以上，冰融水的盐度低于 1.1‰，从而接近生活用水的标准。

反渗透法：由于冰融水盐度较低，采用反渗透法对冰融水进行深度脱盐，则反渗透所需要的操作压力为 2～3MPa，回收率可达 60% 以上，膜组件的清洗周期和使用寿命均可得以延长，最终的产品水完全可满足国家饮用水水质要求。

电渗析法：冰融水由于离子浓度相对较低，用电渗析方法对其进行淡化可以节省大量电能，有效发挥该方法设备操作简单、水利用率高的优势。

蒸馏法：蒸馏法则可利用太阳能、工业余热等作为热源，通过传统的蒸馏或闪蒸工艺使冰融水蒸发成水蒸气，同时将水蒸气冷凝所释放的潜热用以加热融化冰晶，实现对工艺的有效整合和能源的高效利用。

3.2.3.7　冷冻淡化水的利用

根据淡化水的用途和水质要求，冷冻淡化水可以用于城市清洁、农业灌溉、工业用水等不同用途。

城市清洁：冷冻淡化水可以作为城市清洁用水，如冲厕、冲洗路面和清洗建筑物等环卫工作用水。

农业灌溉：利用咸水灌溉农田是扩大水资源比较经济有效的办法。根据我国北方沿海地区严重缺水状况，以及该区土壤特性和主要作物的耐盐性，冷冻淡化水的盐度和碱度都在该区作物生长的容许范围内，可直接用于灌溉农田。

工业用水：在一些对防腐要求不高或能很好解决对生产设备腐蚀的场合，冷冻淡化水可直接作为工业生产用水。对于水质要求较高的场合（如电厂锅炉用水），再对冷冻淡化水进行深度脱盐后，也可满足其使用要求。

3.2.4　冷冻法淡化技术分类

依据获取冷能的方式不同，冷冻法淡化技术可分为自然冷冻法和人工冷冻法两种。自然冷冻法是利用自然界的冷能进行海水冷冻淡化；而人工冷冻法则是利用人工制冷剂传递冷能来实现海水冷冻淡化。

3.2.4.1 自然冷冻淡化技术

在高纬度地区，利用冬天温度低这一自然环境条件使海水自然冷冻结冰，取冰融化而得到淡水，即为自然冷冻淡化。此法虽受季节及地区限制，但因无需消耗能量，而且产量很大，因此可因地制宜地加以采用。依据天然海冰的物理属性，自然冷冻淡化过程主要包括冰情预测、海冰收集、输送、储存以及深度脱盐等环节。如果能经济、有效地实现上述过程，该技术可能为解决北方地区的缺水问题找到新的出路。

图 3-111　渤海海面上的海冰照片

（1）我国渤海海冰的资源情况　从地理位置来看，渤海是属于偏北的内陆型海区，在冬季季风和寒潮天气的影响下，该海域会出现海水冻结现象，形成大范围的海冰，如图 3-111 所示。渤海结冰范围一般由浅滩向深海发展。在环境因素的作用下，流冰在海中漂移运动，造成渤海海冰的再分布。因此，各海区的冰情时空分布变化差异较大。总的来看，渤海的冰情北部比南部重，东部比西部重。随着年份的不同，冰情差异明显，有时出现轻冰年，有时出现重冰年。但即使轻冰年冰融化后的水量也相当于黄河的水量，而重冰年冰融化后的水量则是近黄河水量的 3 倍[44]。

据相关部门对整个渤海海冰资源量的估测表明：在一般情况下（常冰年），冬季渤海的辽东湾、渤海湾和莱州湾的最大自然储量约有 $1.0 \times 10^{10} \, \text{m}^3$；极端严寒的冬季（重冰年）整个渤海会出现冰封，海冰的最大自然储量将达到 $1.0 \times 10^{11} \, \text{m}^3$；即使在暖冬的年份（轻冰年），辽东湾也会有海冰产生，海冰的最大自然储量也有 $1.0 \times 10^9 \, \text{m}^3$。这些海冰的 60% 分布在距海岸 10km 范围之内，如果开采系数为 30%～40% 的话，轻冰年也有 $2 \times 10^8 \sim 3 \times 10^8 \, \text{m}^3$ 的海冰可以用于淡水的生产。

（2）影响海冰形成的主要因素　海冰形成和发展与海区状况和大气条件有关。其中大气条件主要包括气温、风和流、降雪量；海区状况主要包括海水的温度、密度、含盐量、水深等[44]。

① 气温的影响　大气降温是使海水温度降低的主要冷源。持续低于海水冰点水温和过冷水温的气温是海冰形成和发展的必要条件。

② 季风和寒流的影响　寒流和季风不仅加速海水温度降低，使海水中形成细小的初生冰晶；而且季风和寒流的方向是否有利于冰晶的聚集，也将直接影响海冰形成的快慢。

③ 降雪的影响　大量降雪可直接形成海冰晶核和间接助长海冰的发展，是海冰快速形成和发展的重要原因之一。

④ 水深的影响　水深对海冰的影响较为明显，由于浅水域热容量小，而深水处热容量大，因此海冰的冻结都是从沿岸浅水海域开始，逐渐向深水海域扩展。

⑤ 海水含盐量的影响　含盐量对海冰形成的影响很复杂。一方面，海水冰点随着含盐量的增大而降低，因此含盐量较低的河流入海口处往往先于其他海域结冰；另一方面，由于

海水结冰导致下层海水的密度和盐度均发生变化，从而引起与海水沿垂直剖面的对流，影响了海水的结冰速度。

⑥ 凝结核的影响 达到冰点的海水若含有大量凝结核会很快冻结，而凝结核较少时，则会出现海水过冷的现象，在过冷的海水中一旦有冰晶生成，冰晶就会成为凝结核而使海水快速冻结。

（3）海冰收集与储存 在不同的环境条件作用下海冰表现出不同的形态，因此海冰的采集也应根据海冰形态的变化采用不同的采集方案。表 3-17 列举出以下 5 种可能的海冰收集方式[29]。

表 3-17 海冰的收集方式

方法	操作方法
船网拉冰或者推冰	拉冰是利用类似于渔网的软式网具将海冰包围起来，由船拖运至预定的地点；当靠近岸处水深较浅不便于船舶行驶时，可改用推冰方法，在船头装上硬式网具来推动船前的海冰至预定的地点
海风在栅栏前聚冰	根据海区内海冰的运动方向，在岸边建立与之相垂直的由若干个柱子组成的栅栏拦截海冰，在栅栏前形成一个聚冰区域，再将其搬运至岸上
斜坡采冰	用船舶或其他机械把海冰块推（拉）到岸边预先建好的斜坡上，在环境驱动力（风、流）的作用下，海冰块会沿着斜坡向上爬升，爬到坡顶后跌入储冰区内
机械采冰	用采集机械（提升机、输送机）把海冰块送入陆地上的淡化厂中。这种采集机械可以装在岸上，也可装在船舶上
提取海水自然冷冻制冰	从海中直接把海水抽到陆地上预先挖好的储水坑中，在自然条件下让坑中的水结成海冰

收集后的海冰仍具有一定的含盐量，并且同一海冰的含盐量随着冰厚会发生变化。因此，还需要在淡化工厂内对海冰进行分离、净化和脱盐处理。对于尚未处理的海冰可利用已有水池、地上冰窖的方式进行存储。受外界环境温度的影响，海冰通过一定时间的堆放会发生反复的融冻现象。在微融和重力作用下，海冰可将其所夹带的盐分向下排泄，含盐量会不断下降，而自身会得到一定程度的净化。

原始海冰的垂直含盐量剖面在连续冻结形成的冰层内均呈"C"字型分布规律。随着微融过程的进行，盐水通道逐渐打开，盐胞发生自上而下的迁移，因此下层海冰的含盐量要高于上层海冰含盐量。海冰的最下一层由于结构规整、松散，冰晶间空隙较大，使盐水易于脱离海冰，因此最下一层海冰含盐量较上一层低。当海冰内部的盐分完全排出时，海冰从上至下各层的含盐量一致。通过对海冰微融过程的试验研究得出，影响微融脱盐效果的因素排列为海冰放置角度、微融温度和微融时间。适宜的海冰微融条件为：微融温度为 2.0℃，海冰放置角度为 180°，微融时间 20h，海冰的最大脱盐率为 81.4%。

（4）海冰融水深度脱盐 表 3-18 为渤海沿岸海冰融水的数值分析结果。根据该结果可以验证，海冰中仍有 20% 左右的盐分残留在冰晶中，如果要加以利用还需要对其进一步地脱盐处理。图 3-112 显示利用冰融水反渗透脱盐工艺[29]。

如图 3-112 所示，该工艺采用沉淀—袋式过滤—超滤—反渗透的处理流程。经试验证明，超滤作为预处理装置能够有效地去除融水中的悬浮物、胶体和细菌等物质，对融水的浊度脱除率几乎达到 100%，COD_{Mn} 脱除率最大达到 62.3%，SDI 值小于 3.0，符合反渗透系统的进水要求。在操作压力为 2.25MPa 时，反渗透对海冰融水的最大脱盐率可达 97.86%。回收率为 64.8%，出水 TDS 值为 216.7mg/L。

表 3-18　渤海沿岸海冰融水水质分析

项目	指标	项目	指标
Na$^+$	1300mg/L	Mg^{2+}	1900mg/L
Cl$^-$	3506mg/L	HCO$_3^-$	87.6mg/L
SO$_4^{2-}$	476mg/L	TDS	5400mg/L
Ca^{2+}	320mg/L	pH	8.1
K$^-$	680mg/L		

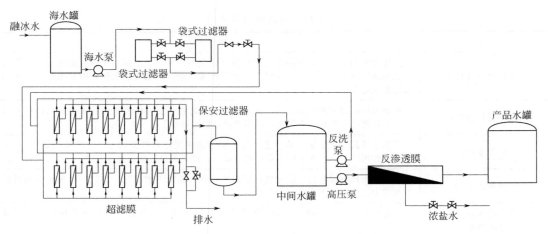

图 3-112　冰融水反渗透脱盐工艺流程示意

3.2.4.2　人工冷冻淡化技术

　　人工冷冻淡化技术按照制冰方式的不同可分为静态制冰和动态制冰两种方式。静态制冰即在冷却管外或制冰容器内结冰，冰本身始终处于相对静止的状态；而动态制冰方式中有冰晶、冰浆生成，且冰晶、冰浆处于运动状态。

　　（1）静态冷冻制冰　在静态制冰过程中，海水在传热壁面上通过自然对流和固体导热的方式静态地被冻结成冰并附着在传热壁面上。待海水达到设定的制冰率后，将冰晶从换热表面剥离，再将所得冰晶从浓盐水中分离、洗涤并融化，最终得到淡水。由于该种方法的装置结构简单，因此最先得到发展并应用。根据装置结构形式的不同，静态制冰技术主要有以下两种形式：盘管式和封装式（最为典型的为冰球），如图 3-113 所示。

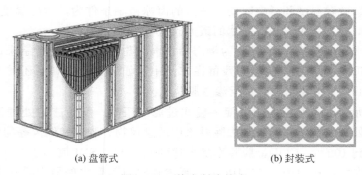

(a) 盘管式　　　　　　　(b) 封装式

图 3-113　静态制冰技术

（2）动态冷冻制冰　根据制冰工作原理，动态制冰技术则主要包括刮削法、真空式制冰法、过冷水法、流化床法、直接接触法 5 种典型方式[45~49]，各自的工作原理如表 3-19 所示。

表 3-19　各种动态冷冻制冰方法的工作原理

方法	工作原理
刮削法	海水在换热器内部通过换热壁面被冷却到低于冰点的过冷状态，刮刀以较快的回转速度旋转，靠近换热器换热壁面的过冷水或冰晶被及时刮离壁面，随即进入水侧的中心主流区形成冰浆
真空式制冰法	利用水的三相点来实现海水中水蒸发与结冰同时进行，蒸发过程可通过机械压缩或者以蒸汽作为驱动能源的热力压缩来驱动，压缩后的蒸汽在冷凝器内冷凝并完成工作循环
过冷水法	利用海水在冻结点温度以下仍能保持亚稳定的过冷特性，使海水在换热器中与冷却介质完成热交换，冷却后的海水通过外界扰动解除过冷状态并在蓄冰槽内迅速生成冰晶
流化床法	在工业用流化床换热器的基础上，利用制冷剂在管外蒸发，使管内海水在向上的紊流中冷却生成冰晶，其中大量直径为 1~5mm 的不锈钢珠频繁地撞击和破碎黏附于壁面的冰晶粒子，以此来避免冰晶在壁面的沉积并保持较高的传热速率
直接接触法	冷媒通过换热器获得制冷系统的冷量，再经喷嘴喷入制冰装置内的海水中，由喷射产生足够的扰动和快速冷却的效果，同时海水大量生成冰晶。利用各介质的密度差，冷媒、海水和冰完成自然分离，冷媒在回收后继续工作循环

在上述动态制冰方法中，刮削法、真空式制冰法和直接接触法的工艺及设备较为成熟，适宜作为海水冷冻淡化的技术途径，在国内外已开展了大量的研究及应用。因此，下面针对这三种技术进行详细介绍。

① 刮削法　刮削式冷冻淡化装置依据转子的类型，可分为旋转刮片式和行星转杆式两类，其各自的性能参数如表 3-20 所示。

表 3-20　刮削式制冰装置性能参数

项目	旋转刮片型	行星转杆型
公司	Sunwell（加拿大）	Mueller（美国）
冰晶粒径/μm	250~500	50~100
旋转装置	塑料刮片	不锈钢行星转杆
转速/(r/min)	450	850
蒸发器形式	管壳式，满液型	管壳式，满液型
制冷剂类型	R22，R404，R717	R22，R717，R134a
蒸发温度/℃	−19~−10	−10~−8

旋转刮片型装置一般采用管壳式热交换器，其工作原理如图 3-114 所示。管外侧制冷剂蒸发，海水在换热器内部通过换热壁面被冷却到低于冰点的过冷状态，管内部的旋转刮片以 450r/min 的高速旋转刮削壁面黏附的冰晶，并防止冰晶在冷却壁面大量沉积。由于刮刀扰动十分强烈，过冷状态下的海水非常容易在换热壁面上结晶，刮刀叶片面临被堵塞甚至被打碎的可能。

为有效地防止管内发生冰堵现象，要求刮刀式换热器的内表面非常光滑，而且刮刀叶片与换热壁面之间的接触必须紧密。换热器内还需通过搅动设备增加水的紊流程度，增大传热速率并生成均匀的冰晶。另一方面，换热器内表面和整个刮刀组件都是长期浸泡在海水中，并且处于高流速的不利腐蚀条件下，因此金属材料必须具有特殊的耐腐蚀性能。刮刀叶片一般采用塑料材料，在与金属换热避免长期高速摩擦的情况下，必须具有高耐磨的性能。

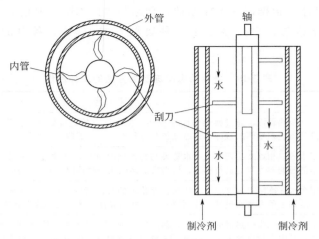

图 3-114　旋转刮片型制冰装置

我国的研究学者也提出一种利用转筒刮削式的冷冻海水淡化装置[50]，如图 3-115 所示。该装置的制冷部分与转筒刮削装置直接相连。低温低压制冷剂气体经压缩机压缩后，温度和压力升高，在辅助冷凝器、主冷凝器中放热并冷凝为液体，经节流阀降压后形成低温低压的制冷剂液体。在筒体内蒸发制冷而使筒体外表面的温度低于海水的冰点，制冷剂则变为气体再进入压缩机开始下一个循环。海水经预冷器降温至接近其冰点后，沿筒体表面逆向流动。由于筒体表面的温度低于海水的冰点温度，海水在筒体外表面被冻结形成冰层，海水则越来越浓，达到一定浓度后从浓海水出口处排出。由于转筒为顺时针旋转，筒体在浓海水出口处首先与海水接触，并在筒体表面开始形成冰层。随着筒体的转动以及与海水接触时间的增加，其表面的冰层越来越厚，到冷海水入口处冰层达到最厚。随筒体的继续旋转，筒体表面的冰层到达刮刀处，由刮刀将筒体表面的冰层刮下形成碎冰并进入主冷凝器。在主冷凝器中，碎冰被管内制冷剂冷凝放出的热量融化，融化后的淡化水从主冷凝器底部排出。

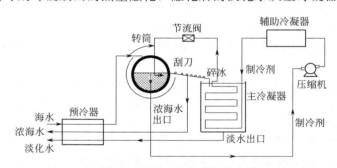

图 3-115　转筒刮削式冷冻海水淡化工艺示意图

后来，人们对旋转刮片型装置又进行了改进，通过合理控制刮刀的回转速度，使刮刀所起的作用为及时清除换热器壁面附近的过冷水，而非像一些传统制冰机那样用于刮除已经生长在换热壁面上的冰层。从壁面附近被刮出的过冷水随即进入水侧的中心主流区，并在主流区中由已经存在的冰晶颗粒促晶，过冷海水在解除过冷后迅速生成冰浆。因此，这种制冰方式既避免了因冰层热阻引起的传热恶化，而且还因为刮刀叶片的强烈扰动而大幅强化了对流换热的效果。

行星转杆型装置采用弹簧支撑的转杆装置，转杆在沿轨道转动的同时发生自转，其工作原理如图 3-116 所示。在垂直满液式管壳式换热器内，由旋转杆在下降的过冷海水上运动形成内部的下降膜，通过旋转杆搅动可防止形成的固态冰粘接在管道内表面，同时使海水变为微小的二元冰晶并汇集于槽底。由于水流可以起到润滑剂的作用，转杆跟壁面没有直接的摩擦接触，因而电机功率很小，系统能效较高。

行星转杆型与刮片型装置的制冰能力相当，但转杆型装置因驱动设备需要保持转杆 850r/min 的高转速，因而使系统较为复杂。转杆型装置在运行时还必须控制海水在壁面的温度、流速以及冰晶尺寸，同时需要防止换热管发生冰堵。该方式的优点为具有很高的传热速率和简捷的管壳式设计，装置价格低廉。

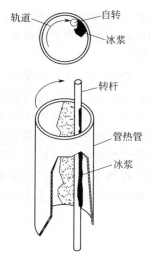

图 3-116　行星转杆型制冰装置

② 真空式制冰法　在真空式制冰法中，海水保持在三相点附近，在该状态下海水吸取自身蒸发潜热而冷却结晶。进入 20 世纪 80 年代以后，人们又成功解决了真空冷冻法中的蒸汽移走和冰晶洗涤等问题，为真空冷冻法淡化技术进入实用化铺平了道路。该技术由于具有传热效率高、无需大面积的金属换热器、设备投资少等优点，受到了各国研究机构的广泛重视，是被人们认为最简单、最有发展前途的一种冷冻淡化方法。以此工艺原理为基础，先后又出现了蒸汽压缩、蒸汽吸收、喷射吸收、固相冷凝、高压融化、多相转变等工艺流程。纵观这些工艺流程，它们的不同之处在于蒸汽的去除方式和冰晶融化方式，而根本目的则是为了充分利用冷量与热量[51]。

图 3-117 显示了 Colt 公司利用真空冷冻蒸汽压缩法建成的产量为 227m³/d 淡化装置。该方法是以水为制冷剂，利用水的三相点原理来实现海水中水蒸发与结冰同时进行。预冷海水首先被引入温度和压力控制在海水三相点附近的结晶器内，部分水蒸发，另一部分水结冰，产生的蒸汽［压力为 3mmHg（1mmHg＝133.322Pa）左右，低于水的三相点压力］被压缩成 5mmHg 压力的蒸汽（略高于水的三相点压力）；再与冰直接接触，使冰和蒸汽同时融化和冷凝。由于它不再需要外加制冷剂，所以流程、设备大为简化，而且水的汽化潜热约是凝固潜热的 7.5 倍，所以蒸发 1kg 水可以得到 7.5kg 冰，热效率较高。它的缺点是操作条

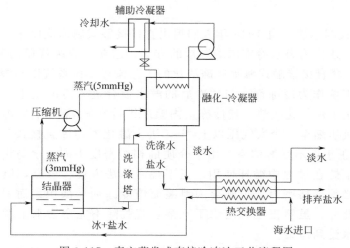

图 3-117　真空蒸发式直接冷冻法工艺流程图

件必须控制在海水的三相点附近，在实际装置中需要将大量的蒸汽及时压缩，而一般压缩机的机械性能和效率都很难达到要求。因此，受压缩机的局限，该工艺尚不能在大型淡化装置中应用。

随后，Colt 公司又开发出真空冷冻喷射吸收工艺。该方法是利用 NaOH 或 LiBr 溶液来吸收水蒸气。该方法可以适用于任何规模的装置，但吸收剂的再生无疑又增加了设备和投资的费用，而且还有可能引起设备腐蚀[51]。图 3-118 显示了一个日产淡水为 57m³ 的真空冷冻喷射吸收试验装置。该装置以浓度为 50% 的溴化锂水溶液为吸收剂，吸收冷冻器所产生的水蒸气而使海水不断汽化而冷冻结冰，稀释了的吸收剂经浓缩再生后循环使用。吸收剂再生时所得淡水，并入产品淡水中。由洗涤塔分离出的浓海水，一部分循环进入冷冻器内，以维持器内淤浆浓度在 1%~20%，其余部分经热交换后排出。

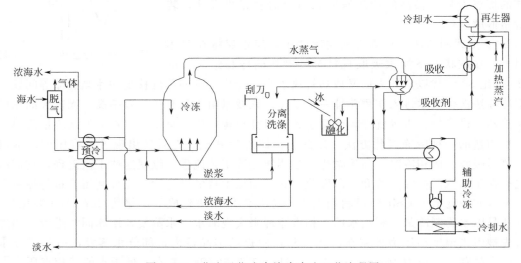

图 3-118　蒸汽吸收式直接冷冻法工艺流程图

真空冷冻法工艺均需要将整个系统控制在真空条件下，这不免给操作带来了困难。为此，研究人员又提出了常压下洗涤、融化冰晶的方法，将真空冷冻多相转变工艺系统分为两个区域，即冷冻结晶和蒸汽的转变在真空区域进行，而冰晶洗涤与融化则在常压下进行[51]。

③ 直接接触式制冰法　自 1946 年人们提出直接接触式制冰法以来，其不仅作为海水淡化的方法，而且还作为海水冷冻浓缩制盐的方法，已在工业级规模的装置中投入使用。图 3-119 显示了一套直接接触式海水冷冻淡化的工艺流程。该系统以不溶于水、沸点接近于海水冰点的正丁烷作为冷冻剂，与预冷后的海水混合进入冷冻室中。在压力稍低于大气压的情况下，正丁烷气化吸热，使冷冻室内温度维持在 -3℃ 左右，海水冷冻结冰。正丁烷蒸气经压缩机压缩至 1 个大气压以上[52]，进入融化器与冰直接接触，蒸气液化、冰融化，形成了水-正丁烷不互溶体系。由于介质的相对密度不同，水与正丁烷分离，水作为产品放出，正丁烷在过程中循环使用。正丁烷冷冻法方便、可靠，但由于正丁烷循环使用，要求系统必须严格密封，否则会因泄漏而使冷冻剂局部积累而引起爆炸，从而使投资费用增加。此外，虽然正丁烷与水不互溶，若脱除不完全，水中就不可避免地含有少量正丁烷而使水受到污染。

国家海洋局天津海水淡化与综合利用研究所在直接接触式海水冷冻淡化技术方面开展

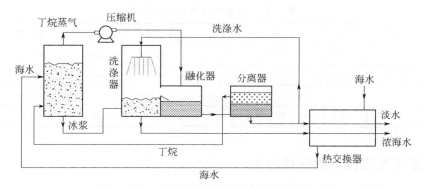

图 3-119 丁烷直接接触式海水冷冻淡化方法

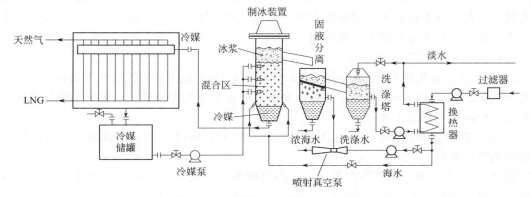

图 3-120 基于 LNG 冷能的直接接触式海水冷冻淡化系统

了大量的研究工作[53,54]。图 3-120 为该所自行设计的一套利用 LNG 汽化冷能进行直接接触式海水冷冻淡化的试验系统。该系统采用具有很低的凝固点、较高的沸点且与海水不相溶的氟化液作为中间传热冷媒。该冷媒在 LNG 汽化器冷却后，经冷媒泵升压泵入至制冰装置内部，海水从制冰装置底部两个对称布置的接管进入装置内。海水沿螺旋方向上升流动，冷媒通过喷嘴在流动的海水中雾化成微小的液滴，与海水完成直接接触换热过程，海水因过冷析出冰晶。利用冰、海水和冷媒的密度差实现三者的自然分离，海水在过冷后析出冰晶，并且粒径逐渐生长增大，随海水上升至制冰装置的顶部形成冰浆。冰浆沿制冰装置的卸冰槽依次进入分离器和洗涤塔中，经过固液分离和洗涤净化后，所制取的纯净冰晶被输送到融冰装置内完成释冷过程。在制冰装置中，冷媒则由于密度较大，在重力作用下沉降并聚集在装置底部，再通过管路传输至 LNG 汽化器，实现冷媒的回收和再利用。

经试验研究测试得出，在冷媒流量为 1.56kg/min、温度为 $-40 \sim -80^\circ C$ 时，该制冰装置的容积换热系数在 $116 \sim 125 kW/(m^3 \cdot K)$ 之间，海水的含冰率可保持在 40% 左右，冰晶脱盐率可达 90% 以上。将原海水与得到的冰融水含盐量对比分析后，得出水样中的总有机碳、硫酸盐、钙、镁、钾、氯化物、铁等各成分脱除率的变化情况，如表 3-21 所示。无机盐的脱除率基本可达到 90% 以上，海水中少量的铁、有机碳等成分的脱除率在 80% 左右。根据该水质检测结果，如果将此冰融水再经反渗透、消毒、矿化等一系列后处理工艺后，完全可以达到国家饮用水的水质要求。

表 3-21　海水中各成分的脱除率

海水成分	总有机碳	硫酸盐	钙	镁	钠	钾	氯化物	铁
水样Ⅰ	76.8%	92.1%	90.5%	93.5%	92.1%	91.6%	91.7%	80.4%
水样Ⅱ	79.6%	92.8%	91.8%	93.7%	90.7%	92.2%	91.7%	80.4%
水样Ⅲ	89.9%	92.1%	91.7%	93.3%	90.4%	92.2%	91.4%	80.4%
分子量		约130	约40	约24	约23	约39	约60	约56

3.2.5　冷冻法淡化技术优缺点分析

3.2.5.1　技术宏观分析

冷冻法自 1944 年提出以来，由于方法本身的若干特点，引起了人们的重视，并且得到了发展。目前世界上已有不少国家建立了冷冻法海水淡化中、小型试验工厂。但这一方法也存在若干缺点，目前还难以大规模应用。

（1）冷冻法海水淡化的优点

① 由于冰的融化热为 80kcal/kg（1kcal/kg＝4.18kJ/kg），仅是水的汽化热（在 100℃时为 540 kcal/kg）的 1/7，理论上过程本身所需能量要比蒸馏法低，且相对于水的沸点，自然状态下的海水更接近于冰点；

② 由于在低温下操作，海水对所用材料的腐蚀轻，所以可以应用软钢、塑料及铝合金等廉价的结构材料；

③ 由于排出的腐蚀生成物大为减少，因而减免了环境污染，例如对海洋生物有致命危害的铜就可大为减少；

④ 没有结垢问题，故可省掉除钙、镁的预处理；

⑤ 冷冻法所产生的冰晶可以作为冷能储存起来，在高峰用电时还可作为冷能释放出来，以满足生产和生活的需求；

⑥ 对原海水的水质要求低，适用的海域范围广。

（2）冷冻法海水淡化的缺点

① 从冷冻过程中除去热量要比加热困难得多；

② 为了除去妨碍冰结晶生成的热量，必须尽可能地扩大传热界面；

③ 含有冰结晶的悬浮体，输送、分离、洗涤困难。在输送过程中冰还有可能长大，堵塞管道；

④ 必须消耗部分产品淡水，用来洗涤净化冰晶，才能保证产品水质。

3.2.5.2　方法性能比较

（1）自然冷冻淡化技术性能分析　自然冷冻海水淡化所需的能源主要来自于自然界的冷能。冷能和风能、太阳能一样，是可再生的绿色能源，不产生污染，因此该技术具有节能环保的优势。海水在自然状态下形成海冰，无需大量的热交换设备，生成冰的设备费用可忽略不计。

尽管如此，由于海冰形成受天气、洋流、地域等因素的影响较大，每年可用于淡化的海冰产量不稳定，淡化厂在全年中也无法实现连续生产供水。此外，海冰采集需进行海上作业，需要专业的破冰、采集、运输设备，施工难度较大，且存在一定的危险性；采冰成本高且有较大的不确定性。此外，在海冰收集后还需要较大的场地空间对其进行储存；难以在海岸资源紧缺的地区应用。

（2）人工冷冻淡化技术性能分析

① 静态制冰性能分析　在静态式冷冻制冰中，冰层首先在换热壁面上形成，然后逐渐变厚，导致形成新的冰层所需的热量传递必须以导热的形式穿过越积越厚的冰层，从而严重恶化了水与制冷剂之间的传热效率，导致了该技术存在制冰能耗高、融冰速度慢、空间利用率低、投资成本高、场地适应性差等问题。这些问题随着用户要求的不断提高而日益凸现。因此，尽管静态制冰系统简单，易于操作、运行维护，并且已成为现今制冰系统中的主流技术，但是在全世界都提倡节约能源的今天，这种制冰方式并不适宜用于冷冻海水淡化。

② 动态制冰性能分析　在各种动态制冰方法中，刮削法的商业化程度较高，但其必须配置有外部电机驱动的旋转叶片或转杆，其结构及制造工艺复杂，故障率高。真空式制冰由于需要在负压条件下完成，对系统的密封性能要求很高，而且由于真空式制冰必须在水的三相点进行，因此系统需要较高的控制精度。过冷水为亚稳定状态，由于海水中所含杂质较多，导致其制冰过程难于控制，管道内容易发生冰堵，并且每单位冰水的流量由潜热和显热进行交换，一次循环最多仅有 2.5% 的过冷水可冻结成冰，因此大量的冰水流动所增加的水泵耗能使系统整体效率下降。流化床制冰系统要求必须严格控制水在壁面的温度、流速以及冰晶的尺寸，同时也必须防止换热管内发生冰堵现象，要同时达到这些控制要求，工艺上实现起来也较为困难。

直接接触式制冰法所形成的细小冷媒液滴可大大增加两相接触的表面积，海水与冷媒以散式流态化的形式进行直接接触换热，避免了在换热表面结冰而引起导热热阻的问题，强化了制冰装置内多相流动与换热，提高了制冰效率和制冰速度。通过喷嘴喷射冲击以及冷媒对冰晶生长的抑制作用，可避免冰晶互相搭接导致冰粒扩大，保证海水在设计温度点成冰且使冰粒分布均匀，减小了形成冰浆后冰粒发生聚集硬化堵塞管路或喷头的概率。所获取的细小冰粒与海水之间混合，可获得任意含冰率的流体冰，不仅可保障海水的脱盐效果，而且生成的泥浆状冰浆易于传输、分离和快速融化。

综上所述，从冷冻淡化的技术性能和经济性角度出发，采用直接接触式制冰法用于海水冷冻淡化具有较大的优势，是目前国内外研究的热点。尤其是随着近年来 LNG 产业的迅速发展，其可依托分布于沿海各地的 LNG 接收站，通过合理的技术集成和工艺整合，利用直接接触式制冰法将 LNG 冷能冷冻海水制取冰浆，再对冰浆进行分离、洗涤、融化等后续工艺，即可就地为沿海城市提供淡水供给，其技术和经济性优势显著，发展前景良好。

参考文献

[1] Joachim Gebel, Suleyman Yuce. An Engineer's Guide to Desalination. Essen, Germany: PowerTech Service GmbH, 2008.

[2] Desalting Handbook for Planners. RosTek Associates, Inc., Tampa, Florida, Desalination Research and Development Program Report No. 72.

[3] El-Dessouky H T. Modeling and simulation of thermal vapor compression desalination plant. Symposiumon Desalination of Seawater with Nuclear Energy. Taejon, Republic of Korea, 26-30 May, 1997.

[4] Hisham T El-Dessouky, Hisham M E. Fundamentals of salt Water Desalination. Elsevier Science B. V., 2002.

[5] Miyatake O, Murakami K, Kawata Y, et al. Fundamental Experiments with Flash Evaporation. Heat Transfer Jpn Res, 1973, 2: 89-100.

[6] El-Dessouky H T, Alatiqi I, Bingulac S, et al. State analysis of the multiple effect evaporation desalination process. Chem Eng Technol, 1998, 21: 15-29.

［7］ El-Dessouky H T，Shaban H I，Al-Ramadan H，Steady-state analysis of multi-stage flash desalination process. Desalination，1995，103：271-287.

［8］ 郭长生，谢丰毅，施承薇，等. 化学工程手册：第 2 卷，第九章，蒸发与结晶. 北京：化学工业出版社，1989：9-92.

［9］ SH/T 3118—2000　石油化工蒸汽喷射式抽空器设计规范.

［10］ HG/T 21586—1998　抽屉式丝网除沫器.

［11］ 董谊仁. 塔设备除雾技术. 化工生产与技术，2000，7（2）：6-11.

［12］ McNulty K，Monat J P，Hansen O V. Performance of commercial Chevron mist eliminators. Chemical Engineering Progress，1987，83：48-55.

［13］ Auf Den Druckverlust Uun Die Hydrodynamishce Stabilitat Von Uber schieusungsstellen Fur Grosse MSF—Anlagen. Mayinger F. Der Einfluss Geometrishcer Parameter. In：4th International Symposium on Fresh Water from the Sea. 1973.

［14］ GB 8175—2008　设备及管道绝缘设计导则.

［15］ Nebbia G，Menozzi G N. Desalination，1968，5：49.

［16］ Vacino E，Visintin B，Chimiea A D. Applieata，1945，35：181.

［17］ Steinbach A. Chemie-Ingenieur-Teehnik，1951，23：296.

［18］ Nesselman K. Forschung auf dem Gebiete des lngenieur wesens，1951，17：33.

［19］ Thompson T G，Nelson K H. Refrigerating Engineering，1954，62：44.

［20］ Curran H M. Ninth International Congress of Refrigeration. Paris：1951，9.

［21］ Shapiro J. Freezing out，a safe technique for concentration of dilute solutions. Science，1961，133：2063-2064.

［22］ Baker R A. Trace organic contaminant concentration by freezing-I. Low inorganic aqueous solutions. Water Research，1967，1：61-77.

［23］ 刘凌，薛毅，张瑾. 冷冻浓缩技术的应用与研究简介. 化学工业与工程，1999，16（3）：151-156.

［24］ Proceedings of fourth International Symposium of Fresh Water from the Sea. European Federation of Chemical Engineering. 1976.

［25］ Delyannis E，Belessiotis V. Desalination：The recent development path. Desalination，2010，264（3）：206-213.

［26］ Barduhn A J. The state of the crystallization process for desalting saline water. Desalination，1968，5：173-184.

［27］ 何国庚，吴锐，柳飞. 冰浆生成技术研究进展及实验初探. 建筑热能通风空调，2006，25（4）：22-27.

［28］ 罗硕成，杨红波，张绍志. 动态式制冰在现有空调系统上应用的研究. 制冷，2006，25（2）：40-43.

［29］ 史培军. 渤海海冰作为淡水资源的可行性研究报告. 国家海洋局海洋环境保护研究所，2002.

［30］ 杨国金. 海冰工程学. 北京：石油工业出版社，2000.

［31］ Conlon W M，Chang C N. Purified Water Dispensers for Refrigerator. 40th International Appliance Technical Conference，1989：173.

［32］ Taylor S. Ice-Water partition coefficients for RDX and TNT. USA Cold Regions Resaerch and Engineering Laboratory，CRREL Report 89-8，ADA 209 953. 1989.

［33］ Cox G F N. Brine drainage and initial salt entrapment in sodium chloride ice. USA Cold Regions Research and Engineering Laboratory，CRREL Report 345，ADA 021 765. 1975.

［34］ Martel C J. Development and design of sludge freezing beds. USA Cold Regions Research and Engineering Laboratory，CRREL Report 88-20，ADA 209 953. 1988.

［35］ Sedgwick W T. Principle of Sanitary Science and the public Health. New York：MacMillan，1903：251.

［36］ Corte A E. Journal of Geophysical Research，1962，67（3）：1085.

［37］ Uhlmann D R，Chalmers B，Jackson K A. Journal of Applied Physics，1964，35（10）：2986.

［38］ Schwertfeger P. The thermal properties of sea ice. Journal of Glaciology，1963，4（36）：789-807.

［39］ 陈伟斌，徐学仁，周传光. 离心转速对渤海灰白冰脱盐作用的实验研究. 海洋学报，2004，26（1）：25-32.

［40］ 徐学仁，陈伟斌，刘现明，等. 海冰淡化方法研究：浸泡脱盐法. 资源科学，2003，25（3）：33-36.

［41］ 解利昕，李凭力，王世昌. 海水淡化技术现状及各种淡化方法的评述. 化工进展，2003，22（10）：1081-1084.

［42］ Cox G F N，Weeks W F. Brine drainage and initial salt entrapment in sodium chloride ice. CRREL Research Report 345，Cold Regions Research and Engineering Laboratory，Hanover，New Hampshire，USA，1975：46.

［43］ Yamada M，Fukusako S，Morizane H. Melting heat transfer along a horizontal heated tube immersed in liquid ice. JSME Int J Series B，1993，36（2）：343-350.

[44] 丁德文，等.工程海冰学概论.北京：海洋出版社，1999.

[45] 陆柱，徐立冲.冷冻法脱盐技术的现状及发展趋势.水处理技术，1994，20（3）：140-145.

[46] 罗硕成，杨红波，张绍志.动态式制冰在现有空调系统上应用的研究.制冷，2006，25（2）：40-43.

[47] Subbaiyer S，Andhole T M，Helmer W A. Computer simulation of a vapour compression ice generator with a direct contact evaporator. A SHRAE Trans，1991，Part I：118-126.

[48] Yoshikazu T，Saito A，Okawa S. Ice crystal growth in supercooled solution. International Journal of Refrigeration，2002，25：218-225.

[49] Kim B S，Shin H T，Lee Y P，et al. Study on ice slurry production by water spray. International Journal of Refrigeration，2001，24：176-184.

[50] 刘冬雪，陈东，谢继红.连续式冷冻法海水淡化装置的结构分析.化工装备技术，2008，29（1）：66-69.

[51] 陆柱，徐立冲.冷冻法脱盐技术的现状及发展趋势.水处理技术，1994，20（3）：140-145.

[52] 王俊鹤，李鸿瑞，周迪颐，等.海水淡化.北京：科学出版社，1978.

[53] 谢春刚，孙靖.基于液态天然气冷能利用的海水冷冻淡化机理研究.低温与超导，2012，40（2）：11-15.

[54] 孙靖，谢春刚，冯厚军，等.海水在深冷环境下的冷冻淡化性能测试与研究.海洋技术，2012，31（2）：10-13.

第 **4** 章

>>> 反渗透和纳滤海水淡化 ▌▌▌▌▌

4.1 概述

4.1.1 发展概况

人类发现渗透现象至今已有 200 多年的历史，通常认为 1748 年 Abbe Nollet 发表的通过动物膜的实验为始点。之后，Vant Hoff 建立了稀溶液的完整理论。J. W. Gibbs 提供了认识渗透压及它与其他热力学性能关系的理论[1]。

1953 年年初，C. E. Reid 建议美国内务部，把反渗透（RO）的研究纳入国家计划。1956 年，S. T. Yuster 提出从膜表面撇出所吸附的纯水作为脱盐过程的可能性。1960 年，S. Loeb 和 S. Sourirajan 制得了世界上第一张高脱盐率、高通量的不对称乙酸纤维素（CA）反渗透膜[2~7]。

1970 年美国 Du Pont 公司推出由芳香族聚酰胺（a-PA）中空纤维制成的"Permasep"B-9 渗透器。主要用于苦咸水脱盐，之后又开发了 B-10 渗透器，用于海水一级脱盐。与此同时，Dow 和东洋纺公司先后开发出三乙酸纤维素中空纤维反渗透器用于海水和苦咸水淡化[8~10]，卷式反渗透元件由 UOP 公司成功地推出[11]。

虽然复合膜的研究从 20 世纪 60 年代中期就开始了，70 年代中期，pA-300 型复合膜也曾工业化生产过。但直到 1980 年 Filmtec 公司才推出性能优异的、实用的 FT-30 复合膜[12]；80 年代末高脱盐率的全芳香族聚酰胺复合膜工业化[13~16]；90 年代中期，超低压高脱盐全芳香族聚酰胺复合膜开发进入市场。

经过 60 多年的研究、开发和产业化，反渗透技术日渐成熟，广泛地用于海水和苦咸水淡化、纯水和超纯水制备、浓缩纯化以及水回用等领域，反渗透所以能如此成功，与其在膜、组器、设备和工艺等方面的创新性开拓是分不开的。

在最近的 20 多年中，通过对膜形成的界面聚合反应的控制，新单体、催化剂和添加剂的使用等，特别是界面聚合反应机制的优化，再加上微孔支撑层特性改进和对膜的表面性质进行各种化学修饰等，使 RO 膜的选择透过性、耐污染性和耐氧化性得到了进一步提高[17~24]，膜组件、抗污染的流道格网、端密封和压力容器等不断改进；高脱硼的膜组件和直径 16~18in（1in＝0.0254m）的 SWRO 膜元件已开始进入商业化应用[25,26]。

特别是近几年，纳米技术在膜材料科学中的应用，包括沸石掺杂的 RO 膜，取得重大突破，所以，沸石、碳纳米管、石墨烯和嵌段共聚物的混合基质膜及含水通道蛋白仿生脱盐膜等是未来 RO 膜的发展方向之一。总之，低成本、长寿命、高脱盐和渗透性的新型反渗透膜仍是反渗透技术发展的重点之一[26~28]。

纳滤（NF）膜的研究始于 20 世纪 70 年代中，80 年代中商品化，主要是芳香族聚酰胺复合纳滤膜和醋酸纤维素不对称纳滤膜等[13~15]。

纳滤膜可让溶液中低价离子透过而截留高价离子和数百相对分子质量的物质，所以它可用于海水软化，浓缩和净化许多化工产品、食品、生化和药物等物料，工艺简便、高效节能，经济和环境效益俱佳。

我国对反渗透的研究始于 1965 年，对纳滤的研究始于 20 世纪 80 年代末，虽然推出了一些膜产品并开展了较广泛的应用，但在膜品种和性能及应用的深度和广度上与国际先进水平相比仍有不小的差距[29,30]。

4.1.2 渗透和反渗透

能够让溶液中一种或几种组分通过而其他组分不能通过的这种选择性膜叫半透膜。当用半透膜隔开纯溶剂和溶液（或不同浓度的溶液）的时候，纯溶剂通过膜向溶液相（或从低浓度溶液向高浓度溶液）有一个自发的流动，这一现象叫渗透。若在溶液一侧（或浓溶液一侧）加一外压力来阻碍溶剂流动，则渗透速度将下降，当压力增加到使渗透完全停止，渗透的趋向被所加的压力平衡，这一平衡压力称为渗透压。渗透压是溶液的一个性质，与膜无关。若在溶液一侧进一步增加压力，引起溶剂反向渗透流动，这一现象习惯上称为"反（逆）渗透"[1,2]，如图 4-1 所示。

图 4-1 反渗透原理示意

从热力学可知，当在恒温下用半透膜分隔纯溶剂和一溶液时，膜两侧的压力为 p^n，则溶液侧溶剂的化学位 $\mu_1(p^n)$ 可表示为：

$$\mu_1(p^n) = \mu_1^0(p^n) + RT \ln a_1(p^n) \tag{4-1}$$

式中，$\mu_1^0(p^n)$ 为纯溶剂的化学位；R 为气体常数；T 为热力学温度；a_1 为溶液的活度。

从渗透平衡可以推出渗透压的公式为：

$$\pi = \frac{RT}{\overline{V}_1} \ln a_1(p^n) \approx n_2 RT \tag{4-2}$$

式中，$\overline{V}_1$ 为偏摩尔体积；n_2 为溶质质量摩尔分数（稀溶液）。

据用一超过渗透压无限小的压力使纯水体积 dV 从溶液侧向溶剂侧传递所做的功为 dW，可计算任何浓度的溶液分离所需的最低能量：

$$dW = -\pi dV \tag{4-3}$$

可以推出，常温下海水淡化的最低能耗为 $0.7 \text{kW} \cdot \text{h/m}^3$ 左右。

4.1.3　反渗透和纳滤膜及组器件[8,31]

反渗透膜主要分两大类：一类是醋酸纤维素膜，如通用的醋酸纤维素-三醋酸纤维素共混不对称膜和三醋酸纤维素中空纤维膜；另一类是芳香族聚酰胺膜，如通用的芳香族聚酰胺复合膜和芳香族聚酰胺中空纤维膜。

醋酸纤维素类膜的优点是制作较容易，价廉，耐游离氯，膜表面光洁，不易结垢和被污染等；缺点是应用 pH 范围窄，易水解，操作压力要求偏高，性能衰减较快等。醋酸纤维素类膜多用于地表水和废水处理方面。

芳香族聚酰胺类复合膜的优点是脱盐率高，通量大，应用 pH 范围宽，耐生物降解，操作压力要求低等；缺点是不耐氧化，氧化后性能急剧衰减，抗结垢和污染能力差等。芳香族聚酰胺类复合膜广泛应用于纯水和超纯水制备、工业用水处理等方面。

膜的外形有膜片、管状和中空纤维状。用膜片可制备板式和卷式反渗透器，用管状膜制备管式反渗透器，用中空纤维膜制备中空纤维反渗透器。目前广泛应用的是卷式和中空纤维反渗透器，板式和管式仅用于特种浓缩处理场合。

纳滤膜及其组器件与反渗透膜基本类同，另有无机纳滤膜和相应的组器件。

4.1.4　反渗透过程的特点和应用[10,32]

反渗透是一高效节能技术。它是将进料中的水（溶剂）和离子（或小分子）分离，从而达到纯化和浓缩的目的。该过程无相变，一般不需加热，工艺过程简便，能耗低，操作和控制容易，应用范围广泛。

该技术由于渗透压的影响，其应用的浓度范围有所限制，另外对结垢、污染、pH 值和氧化剂的控制要求严格。

反渗透的主要应用领域有海水和苦咸水淡化，纯水和超纯水制备，工业用水处理，饮用水净化，医药、化工和食品等工业料液处理和浓缩以及废水处理等。

4.1.5　纳滤过程的特点和应用[13~15]

纳滤膜的孔径在纳米级内，同时其中有些膜对不同价阴离子的 Donnan 电位有较大差别，其截留分子量在数百级，对不同价的阴离子有显著的截留差异，可让进料中部分或绝大部分的无机盐透过。这些特点，使纳滤在水软化、有机低分子的分级浓缩、有机物的除盐净化和浓缩等方面有独特的优点和明显的节能效果。

4.2　反渗透和纳滤的分离机理

4.2.1　反渗透的分离机理

4.2.1.1　溶解扩散模型[1]

该模型假设膜是完美无缺的理想膜，高压侧浓溶液中各组分先溶于膜中，再以分子扩散方式通过厚度为 δ 的膜，最后在低压侧进入稀溶液，如图 4-2 所示。

在高压侧溶液-膜界面的溶液相及膜相的水和盐的浓度分别为 c'_w、c'_s 和 c'_{wm}、c'_{sm}，在低压侧溶液-膜界面的溶液相及膜相的水和盐的浓度分别为 c''_w、c''_s 和 c''_{wm}、c''_{sm}，同时设溶液和膜面之间水和盐能迅速建立平衡关系并遵循分配定律：

$$\frac{c'_{wm}}{c'_w}=\frac{c''_{wm}}{c''_w}=K_w \tag{4-4}$$

$$\frac{c'_{sm}}{c'_w}=\frac{c''_{sm}}{c''_s}=K_s \tag{4-5}$$

式中，K_w 的 K_s 分别为水和溶质在膜与溶液间的分配系数。则任意组分（水或盐）的通量 J_i 主要取决于化学位梯度。

$$J_i=\frac{D_i c_i}{RT}\frac{\mathrm{d}\mu_i}{\mathrm{d}y}=-\frac{D_i c_i}{RT}\left[\left(\frac{\partial\mu_i}{\partial c_i}\right)_{p,T}\frac{\mathrm{d}c_i}{\mathrm{d}y}+\overline{V}_i\frac{\mathrm{d}p}{\mathrm{d}y}\right] \tag{4-6}$$

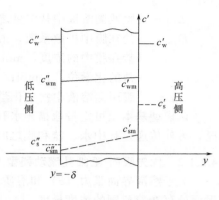

图 4-2 膜内及两侧溶液中的浓度剖面

式中 J_i——组分 i 的通量，$\mathrm{mol/(cm^2 \cdot s)}$；

D_i——组分 i 在膜内扩散系数，$\mathrm{cm^2/s}$；

c_i——组分 i 的浓度，$\mathrm{mol/L}$；

$\overline{V}_i$——组分 i 的偏摩尔体积，$\mathrm{m^3/mol}$；

$\mathrm{d}\mu_i/\mathrm{d}y$——化学位梯度；

$\mathrm{d}c_i/\mathrm{d}y$——浓度梯度；

$\mathrm{d}p/\mathrm{d}y$——压力梯度。

由上式可见，水和盐传质的推动力有两部分：浓度梯度和压力梯度。

对于水的传递，可进一步推导出：

$$J_w=-\frac{D_{wm}c_{wm}\overline{V}_w}{RT}\left[-\overline{V}_w\frac{\mathrm{d}\pi}{\mathrm{d}y}+\overline{V}_w\frac{\mathrm{d}p}{\mathrm{d}y}\right] \tag{4-7}$$

$$J_w=-\frac{D_{wm}c_{wm}\overline{V}_w}{RT\delta}(\Delta p-\Delta\pi) \tag{4-8}$$

$$J_w=-A(\Delta p-\Delta\pi) \tag{4-9}$$

式中 J_w——水的通量，$\mathrm{mol/(cm^2 \cdot s)}$；

D_{wm}——水在膜内的扩散系数，$\mathrm{cm^2/s}$；

c_{wm}——水在膜内的浓度，$\mathrm{mol/L}$；

$\overline{V}_w$——水的偏摩尔体积，$\mathrm{m^3/mol}$；

δ——膜的厚度，m；

Δp——膜两侧的压力差，MPa；

$\Delta\pi$——膜两侧溶液的渗透压差，MPa；

A——膜的水渗透性常数，$\mathrm{mol/(cm^2 \cdot s \cdot MPa)}$。

对于盐的传递，可进一步推导出：

$$J_s=-\frac{D_{sm}c_{sm}}{RT}\left[\left(\frac{\partial\mu_s}{\partial c_{sm}}\right)_{p,T}\frac{\mathrm{d}c_{sm}}{\mathrm{d}y}+\overline{V}_s\frac{\mathrm{d}p}{\mathrm{d}y}\right] \tag{4-10}$$

$$J_s=-\frac{D_{sm}c_{sm}\Delta\mu_s}{RT\delta}=-\frac{D_{sm}c_{sm}}{RT\delta}\left(RT\ln\frac{c'_s}{c''_s}+\overline{V}_s\mathrm{d}p\right) \tag{4-11}$$

$$J_s\approx\frac{D_{sm}K_s}{RT\delta}\Delta c_s\,(忽略压力推动项\overline{V}_s\mathrm{d}p) \tag{4-12}$$

$$J_s=-B\Delta c_s \tag{4-13}$$

式中 J_s——透过膜的盐通量，$\mathrm{mol/(cm^2 \cdot s)}$；

B——膜对盐的透过性常数，$\mathrm{cm/s}$；

Δc_{s}——膜两侧溶液中盐浓度之差，mol/cm^3；

D_{sm}——盐在膜中扩散系数，m^2/s；

c_{sm}——盐在膜中的浓度，mol/L；

μ_{s}——盐的化学位，J/mol；

$\Delta\mu_{s}$——膜两侧溶液中盐的化学位差，J/mol。

该模型基本上可定量地描述水和盐透过膜的传递，但推导中的一些假设并不符合真实情况，另外传递过程中水、盐和膜之间相互作用也没考虑。

4.2.1.2　优先吸附-毛细孔流动模型[2]

关于溶液界面张力（σ）和溶质（活度 a）在界面的吸附量 Γ 的 Gibbs 方程，预示了在界面处存在着急剧的浓度梯度：

$$\Gamma=-\frac{1}{RT}\left(\frac{\partial\sigma}{\partial\ln a}\right)_{T,A} \tag{4-14}$$

式中，A 为溶液的表面积。

Harkins 等计算了 NaCl 水溶液在空气界面上负吸附产生的纯水层厚度 t：

$$t=-\frac{1000a}{2RT}\left[\frac{\partial\sigma}{\partial(am)}\right]_{T,A} \tag{4-15}$$

式中，a 为溶质的活度；m 为溶液的质量摩尔浓度。

S. Sourirajan 在此基础上，进一步提出优先吸附-毛细孔流动模型和最大分离的临界孔径 $\phi(\phi=2t)$，如图 4-3 所示。

S. Kimura 和 S. Sourirajan 基于优先吸附毛细孔流动模型，对反渗透资料进行分析和处理，并考虑到浓差极化（见图 4-4）提出了一套传质方程式：

$$A=[PWP]/M_{w}\times S\times 3600\times p \tag{4-16}$$

$$J_{s}=\frac{D_{sm}}{K\delta}(c_{2}X_{s2}-c_{3}X_{s3}) \tag{4-17}$$

$$J_{w}=A[p-\pi(X_{s2})+\pi(X_{s3})] \tag{4-18}$$

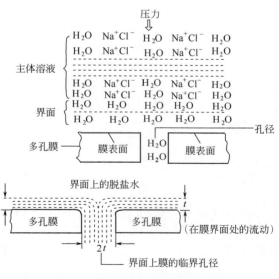

图 4-3　优先吸附-毛细孔流动模型

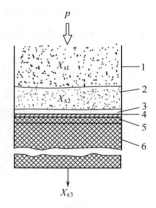

图 4-4　稳态操作下反渗透迁移示意
1—在操作压力（p）下的主体进料液；
2—浓缩边界溶液；3—被优先吸附的
界面流体；4—致密的微孔膜表面；
5—不太致密的微孔膜过渡层；
6—海绵状的微孔膜的疏松层

$$J_w = \left(\frac{D_{sm}}{K\delta}\right)\left(\frac{1-X_{s3}}{X_{s3}}\right)(c_2 X_{s2} - c_3 X_{s3}) \tag{4-19}$$

$$J_w = c_1 k \left(\frac{1-X_{s3}}{X_{s3}}\right) \ln\left[\frac{X_{s2}-X_{s3}}{X_{s1}-X_{s3}}\right] \tag{4-20}$$

式中　　　　　　A——纯水渗透性常数，$mol/(cm^2 \cdot s \cdot MPa)$；

[PWP]——膜面积为 S、压力为 p 时纯水透过量，g/h；

M_w——水的相对分子质量；

S——有效膜面积，cm^2；

p——所加压力，MPa；

K——水在膜与溶液间的分配系数；

D_{sm}——盐在膜中扩散系数，m^2/s；

π——渗透压，MPa；

c_1，c_2，c_3——料液、浓边界层和产水的浓度，mol/cm^3；

X_{s1}，X_{s2}，X_{s3}——料液、浓边界层和产水中溶质摩尔分数；

k——膜高压侧传质系数，cm/s。

　　该模型的提出有其理论依据，而传质公式是基于试验给出的，公式推导中的一些假设，仅限于一定的条件。由于以试验为依据，公式有其适用性。

4.2.1.3　形成氢键模型[33,34]

　　膜的表层很致密，其上有大量的活化点，键合一定数目的结合水，这种水已失去溶剂化能力，盐水中的盐不能溶于其中。进料液中的水分子在压力下可与膜上的活化点形成氢键而缔合，使该活化点上其他结合水解缔下来，该解缔的结合水又与下面的活化点缔合，使该点原有的结合水解缔下来，此过程不断地从膜面向下层进行，就是以这种顺序型扩散，水分子从膜面进入膜内，最后从底层解脱下来成为产品水。而盐是通过高分子链间空穴，以空穴型扩散，从膜面逐渐到产品水中的。如图 4-5 中的氢键模型是以醋酸纤维素膜所示意的。

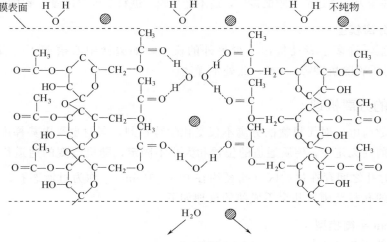

图 4-5　氢键模型示意

　　从聚合物的物理化学和水化学基础提出的这一模型，有一定的说服力。由温度升高引起的水通量增加，据阿累尼乌斯公式进行活化能计算表明该能量正在氢键能范围内。但该模型缺乏更多的关于传质的定量描述。

4.2.1.4 Donnan 平衡模型[35,36]

对于荷电膜脱盐，多用 Donnan 平衡模型解释。如图 4-6 所示，这里膜为固定负电荷型。

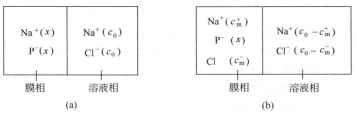

图 4-6　Donnan 平衡模型示意

据电中性原理：

$$c_m^+ = x + c_m^-$$ (4-21)

据膜和溶液中离子化学位平衡可得：

$$c_0^2 \gamma_0^2 = c_m^+ c_m^- \gamma_m^2 \quad （对大量液相）$$ (4-22)

$$\gamma_1^2 \left[c_0 - c_m^- \right]^2 = c_m^+ c_m^- \gamma_m^2 \quad （对有限液相）$$ (4-23)

式中　c_0、c_m^+、c_m^- 和 x——原液相、平衡后膜中液相及膜相荷电离子的浓度，mol/cm³；

γ_0，γ_1 和 γ_m——原液相、平衡后液相及平衡后膜相内离子的活度系数。

通常认为借助于排斥同离子的能力，荷电膜可用于脱盐，经研究发现，只有稀溶液，在压力下通过荷电膜时，有较明显的脱盐作用，最佳脱盐率为：

$$R = 1 - \frac{c_m^-}{c_0}$$ (4-24)

但随着浓度的增加，脱盐率迅速下降。二价同离子的脱除比单价同离子好，单价同离子的脱除比二价反离子好。

该模型以 Donnan 平衡为基础来说明荷电膜的脱盐，虽有所依据，但 Donnan 平衡是平衡态状况，而对于在压力下透过荷电膜的传质，还不能从膜、进料及传质过程等多方面来定量描述。

4.2.1.5 其他分离模型

除上述模型，许多学者还提出不少另外的模型，如脱盐中心模型[33]、表面力-孔流模型[15]、有机溶质脱除机理[37,38]等，此处不详述。

4.2.2 纳滤的分离机理[24]

纳滤膜多数荷电，对无机盐的分离不仅受化学势控制，同时也受电势梯度的影响，确切的传质机理目前尚无定论。传质通道的位置和大小不固定，随机改变的通道称作暂时孔。永久性孔❶与暂时孔之间存在过渡区（孔径约在 0.5～10nm），称为过渡态孔。纳滤膜的孔径处于过渡态孔的孔径范围。几个不成熟的机理如下。

4.2.2.1 Donnan 平衡模型[35,36]

基本原理见 4.2.1.4 节。

Bhattacharyya 和 Cheng 提出的 Dannan 平衡模型预示纳滤膜的截留率是膜荷电量、料液溶质浓度和离子电荷数的函数。该模型没有考虑扩散和对流的影响，而扩散和对流在荷电

---

❶ 孔的概念是相对的。永久性孔指通常情况下，可确定孔径及孔径分布的孔。

纳滤膜过程中也起着很重要的作用。

4.2.2.2　固定电荷模型

Teorell，Meyer 和 Sisvers 共同提出固定电荷模型（TMS 模型）[11,39]。该模型在离子交换膜、荷电反渗透膜和超滤膜中得到应用。模型建立在以下假设基础上，假设膜是均质的无孔膜，膜中的固定电荷是均匀分布的，同时也不考虑膜孔径等结构参数，认为离子浓度和电势能在传质方向有一定梯度。该模型与广义 Nernst-Planck 方程结合可以预测纳滤膜的离子截留率。

4.2.2.3　空间电荷模型

空间电荷模型（space-charge pore model，SC 模型）[30,33,34]，假设膜为贯穿性毛细管通道组成的有孔膜，电荷分布在毛细管通道的表面，离子浓度和电势能除在传质方向不均匀分布外，在孔的径向也存在电势和离子浓度的分布，这种分布符合 Poisson-Boltzmann 方程。孔径、毛细管表面电荷密度和离子浓度是空间电荷模型的三个重要参数。为了能够预测膜的截留性能，必须要有方法解开 Poisson-Boltzmann 方程，同时与 Nernst-Planck 方程相结合。

纳滤的其他机理此处不赘述。

4.3　反渗透膜和纳滤膜的制备

4.3.1　膜材料

4.3.1.1　主要膜材料及其发展概况

到目前为止，国际上通用的反渗透、纳滤膜材料主要有醋酸纤维素（CA）和芳香族聚酰胺（a-PA）两大类，另外在开发过程中也制备过其他一些材料的膜，如磺化聚醚砜等。为了简明，表 4-1 和表 4-2 分别以不对称膜和复合膜进行说明。

表 4-1　不对称膜的发展概况[8,12,29,40]

年　份	膜 材 料	备　　注
1960	CA	Loeb-Sourirajan 研制出世界第一张不对称膜
1963	CA	Manjikion 的改性膜
1968	CT-CTA	Saltonstall 研制的共混膜
1968	a-PA	美国 Monsanto，DuPont 公司发现其优异 RO 性能
1969	S-PPO	美国 General Electric 公司开发的废水处理膜
1970	B-9（a-PA）	Du Pont 公司推出的苦咸水脱盐中空纤维膜
1970	CTA	美国 Dow Chemical 公司的脱盐中空纤维膜
1971	PBI	美国 Celanese Research 公司开发的耐热膜
1972	S-PSF	法国 Phone-poulence，S. A 公司开发的耐热膜
1972	聚哌嗪酰胺	意大利 Credali 公司开发的耐氯膜
1973	B-10（a-PA）	Du Pont 公司推出的海水脱盐中空纤维膜
1970	PI	美国、德国等开发过聚酰亚胺 RO 膜
	PSA	前苏联、中国等开发过聚砜酰胺 RO 膜

注：CA—醋酸纤维素；CTA—三醋酸纤维素；a-PA—芳香族聚酰胺；S-PPO—磺化聚苯醚；PBI—聚苯并咪唑；S-PSF—磺化聚砜；PI—聚酰亚胺；PSA—聚砜酰胺。

表 4-2　典型复合膜发展概况[12,41]

年　份	膜 材 料	备　　注
1970	NS-100	聚乙烯亚胺与甲苯二异氰酸酯在 PSF 支撑膜上形成的复合膜
1972	NS-200	糠醇在酸催化下，在 PSF 支撑膜上就地聚合成膜
1975	PA-300	乙二胺改性聚环氧氯丙烷与间苯二甲酰氯界面聚合成膜
1977	NS-300	哌嗪与均苯三甲酰氯和均苯二甲酰氯界面聚合成膜
1980	FT-30	间苯二胺与均苯三甲酰氯界面聚合成膜
1980	PEC-100	糠醇和三羟乙基异氰酸酯在酸催化下就地聚合成膜
1983		
	NTR-7200	PVA 和哌嗪与均苯三甲酰氯界面聚合成膜
	⋮	
	NTR-7400	S-PES 涂层的 NF 膜
	⋮	
	UTC-20	与 NS-300 类同，哌嗪与均苯三甲酰氯和均苯三甲酰氯界面聚合成膜
	⋮	
	UTC-70	均苯三胺与 TMC 和 IPC 界面聚合成膜
	⋮	
	UTC-80	均苯三胺与 TMC 和 IPC 界面聚合成膜
1985	NF-40	同 NS-300，哌嗪与均苯三甲酰氯和均苯三甲酰氯界面聚合成膜
	⋮	
	NF-70	同 FT-30，间苯二胺与均苯三甲酰氯界面聚合成膜，膜更疏松
1986	FT-30SW	同 FT-30，间苯二胺与均苯三甲酰氯界面聚合成膜，膜表层更加致密
1995	ESPA 等	低压、节能，同 FT-30，间苯二胺与均苯三甲酰氯界面聚合成膜，膜表层形态不同
2005	TFN	纳米颗粒掺杂的复合膜

注：PSF—聚砜；PVA—聚乙烯醇；TMC—均苯三甲酰氯；IPC—间苯二甲酰氯；S-PES—磺化聚醚砜。

由上可以看出对膜材料要求是所成的膜要有高脱盐率和高通量，以满足经济脱盐的要求，要有足够的机械强度，以保证在所承受的压力下正常工作；另外据实际要求，膜材料还应有良好的化学稳定性，以耐水解、耐清洗剂侵蚀、耐强氧化消毒以及可在苛刻条件下应用；要有耐热性，以便能在较高温度下工作；要耐生物降解，以不会因生物的活动而丧失其优异性能；要耐污染，以可长期保持膜的性能，少清洗，长寿命……

4.3.1.2　膜材料的选择

反渗透膜材料的选择经历了由实验到认识的不断深化过程，最初是较盲目地大量地直接成膜试验，以后逐步从膜的传递机理、材料的结构和性能与膜性能之间的关系等来进行预测，下面是选择膜材料的几个方法。

（1）直接成膜评价　这是最初采用的方法，虽有一定可行性，但由于膜的好坏与制膜全过程有关，一步有误，就得不出正确结论。

（2）基于溶解扩散机理的选择　由 4.2 节的有关公式可知

$$J_w = -\frac{D_{wm} c_{wm} \overline{V}_w}{RT\delta}(\Delta p - \Delta \pi)$$

$$J_s = -\frac{D_{sm}K_s}{\delta}\Delta c_s$$

材料的 D_{wm} 和 c_{wm} 越大，所成的膜的通量越大；材料的 D_{sm} 和 K_s 越小，所成膜的脱盐率越高。表 4-3 给出了醋酸纤维素和芳香族聚酰胺两种材料的相关数据，可以看出芳香族聚酰胺比醋酸纤维素要好。

表 4-3　醋酸纤维素和芳香族聚酰胺的盐、水渗透性

性能	醋酸纤维素	芳香族聚酰胺
水的体积浓度 $c_{wm}/(g/cm^3)$	0.17	0.49
水的扩散常数 $D_{wm}/(cm^2/s)$	1.6×10^{-6}	1.5×10^{-6}
水的渗透性 P_w（$P_w=c_{wm}D_{wm}$）	2.6×10^{-7}	7.3×10^{-7}
NaCl 分配系数 K_s	0.039	0.20
NaCl 扩散常数 $D_{sm}/(cm^2/s)$	3.0×10^{-8}	1.0×10^{-8}
NaCl 渗透性 P_s（$P_s=K_sD_{sm}$）	1.0×10^{-10}	2.0×10^{-10}
P_w/P_s	2000	3000

（3）基于材料溶解度参数的选择[15]　溶解度参数是聚合物重要的物化性能之一，是聚合物结构中各个基团贡献的加和，表示总体效应，尽管有其局限性，但仍是选择膜材料的重要参数之一。其通用表达式为：

$$\delta_{sp}^2 = \delta_d^2 + \delta_p^2 + \delta_h^2 \qquad (4-25)$$

式中，δ_{sp} 为溶解度参数，$J^{1/2}\cdot m^{-2/3}$；δ_d、δ_p 和 δ_h 分别为其色散、偶极和氢键分量。

膜材料要求亲水特性和疏水特性的平衡。将膜材料的溶解度参数与被分离物质的溶解度参数结合起来选择膜材料，则针对性更好。如若要脱除 A 而使 B 透过膜，则在一定的限度内选择 Δ_{AM}/Δ_{BM}（Δ_{AM} 与 Δ_{BM} 分别为溶质 A 和 B 与膜材料溶解度参数之差）最大为好。

（4）基于优先吸附原理的选择[15]　在液相色谱柱中，粉末状膜材料为固定载体，用水为载液，是建立水溶液分离用膜材料选择的有效手段，据液相色谱理论，可以求得溶质在界面溶液和本体溶液间平衡分配常数 K_A' 和界面水的体积 V_s，配合吸附法，可进一步求得界面水层厚度 t_i，优异的膜材料应有较高的 t_i 值和较低的 K_A' 值。图 4-7 为一些溶质的 K_A' 值。表 4-4 给出了几种材料的 K_A' 和 t_i 值。优先吸附原理的缺点在于这里仅是从热力学平衡考虑，没有考虑传递动力学方面。

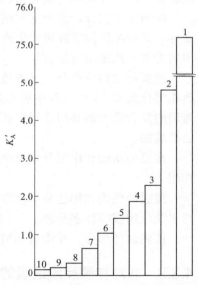

图 4-7　对 CA 膜，不同无机和有机溶质的 K_A' 值

1—苯酚；2—丙酮；3—乙醇；4—甲醇；5—苯；6—甲醛；7—乙二醇；8—NaBr；9—KBr；10—NaCl

表 4-4　几种材料的 K_A' 和 t_i 值（25℃）

参　数	CA	纤维素	PAH	PS
K_A'(NaCl)	0.333	0.649	0.525	—
$t_i\times10^{10}$/m	9.5	11.7	6.8	8.3

注：PAH—聚酰胺酰肼。

（5）基于分子结构的模拟[42]　刘清芝等用分子动力学模拟的方法，针对 8 种反渗透复

合膜展开研究，探讨了水和 NaCl 分子的扩散状态以及其在膜中的扩散系数。水分子与膜结构单体上亲水和疏水基团的长程相互作用，通过分子的运动状态得到很形象的描述。膜种类不同，水分子在其中的扩散系数也有明显的变化，通过对比发现，扩散系数的变化规律与实验所得到的膜的水通量一一对应。另外，在同一个膜体系中，NaCl 分子中的阴离子和阳离子的扩散系数并不相同，且有较大差别，在扩散过程中哪种离子起主导作用取决于膜的类型。

另外还有一些选择膜材料的方法，如根据极性和非极性参数来选择，根据材料亲合性参数的选择，根据材料介电常数、折光指数、水吸附性能等的选择等，在此不一一介绍。

4.3.2　膜的分类[3]

基于不同的出发点，膜的分类有许多方法，下面是主要的几种。

按膜传递机理分，有活性膜和被动膜。活性膜是在透过膜的过程中，透过组分的化学性质可改变；被动膜是指透过膜前、后的组分没有发生化学变化。目前所有的反渗透和纳滤膜都属于被动膜。

按膜的材料分，则按材料来命名，反渗透和纳滤有醋酸纤维素及其衍生物膜、芳香族聚酰胺膜、聚酰亚胺膜、磺化聚砜膜、磺化聚醚砜膜和磺化聚苯醚膜等。

按制膜工艺分，反渗透和纳滤有溶液相转化膜、熔融热致相转化膜、复合膜和动力形成膜等，如 CA 膜为溶液相转化膜，CTA 中空纤维膜为熔融热致相转化膜，目前卷式膜普遍用的为芳香族聚酰胺复合膜。

按膜的结构特点分，反渗透和纳滤有非对称膜和复合膜等，如溶液相转化的 CA 膜，热致相转化的 CTA 中空纤维膜都属非对称膜之列，因其表皮层致密，皮下层呈梯度的疏松；通用的复合膜大多是用聚砜多孔支撑膜制成，而表层致密的芳香族聚酰胺薄层是以界面聚合法形成的。

按膜的功能和作用分，反渗透和纳滤膜属渗透膜范畴，渗透压在膜的传递过程中起重大作用。

按膜的使用和用途分，反渗透和纳滤膜又可分为低压膜、超低压膜、苦咸水淡化用膜、海水淡化用膜等许多品种。

按膜的外形分，反渗透和纳滤膜可制成膜片、管状膜和中空纤维膜等形状。

4.3.3　非对称膜反渗透膜的制备和成膜机理[15]

第一张成功的海水淡化用反渗透膜，就是用溶液相转化法制得的非对称 CA 膜。非对称膜的出现，由于使致密层成数量级地减薄，使膜的传递速度剧增，到目前为止，CA、CTA 膜和复合膜的支撑膜仍是非对称膜。

非对称膜片的制备过程包括下面四个主要步骤：一是配制含有聚合物-溶剂-添加剂的三组分制膜液；二是将此制膜液展成一薄的液层，并让其中的溶剂挥发一段时间；三是将挥发后的液层浸入非溶剂的凝胶浴中，使之凝胶成聚合物的固态膜；四是将凝胶的膜进行热处理或压力处理，改变膜的孔径，使膜具有所需的性能。

下面分别对上述四个步骤中的一些机理进行简要讨论。

4.3.3.1　制膜液

膜是制膜液中聚合物脱溶剂相转化的产物。所以制膜液是膜的基础。

制膜液中聚合物的分布是由制膜液整个热力学状态决定的，这是制膜液组成和温度的函数。这种分布在制膜液中有超分子聚集体存在，每个聚集体又有自身的链段网络，这种网络和聚集体本身之间构成了制膜液所成膜中两类孔的起源。如图 4-8 所示，它们的大小、数目、分布和形态直接影响到膜的孔的状态。

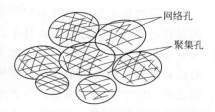

图 4-8 制膜液结构示意图

制膜液中聚合物的形态可根据溶液的黏度进行宏观研究，根据 Mark-Houwink 方程：

$$[\eta] = K_\eta \overline{M}_\eta^a \tag{4-26}$$

式中，$[\eta]$ 为特性黏数；K_η 为黏度常数；$\overline{M}_\eta$ 为黏均分子量；a 为指数项。制膜液中不同聚合物的聚集体的大小可根据 Rudin 和 Johnston 等价半径公式估算：

$$\overline{S} = \left[\frac{3V\varepsilon}{4\pi}\right]^{1/3} \tag{4-27}$$

式中 $\overline{S}$——聚合物的聚集体的等价半径；

V——未溶剂化的聚合物分子的体积；

ε——有效体积因数。

制膜液中聚合物聚集体的空间分布问题可用热力学统计方法进行表达（从略）。

制膜液中，膜材料的浓度一般在 $10\% \sim 45\%$，由于它是膜的本体，所以其浓度太低，膜的强度很差；而浓度太高，膜材料本身的溶解状态不佳。制膜液的组成多用三元相图表示，见图 4-9。

溶剂的作用是溶解膜材料成制膜溶液，在蒸发阶段能较快地蒸发（对反渗透不对称膜而言，对超滤膜无此要求）。在膜面处形成一致密层；可与水混溶，在凝胶阶段向凝胶浴扩散较快，使膜呈海绵状结构；所成溶液可常温下制膜，与膜中其他成分无化学反应，含量在 $50\% \sim 90\%$。另外选择溶剂时应考虑混合溶剂、溶剂的沸点、极性、密度、酸碱性、毒性和价格等。

添加剂的作用很重要，它可改变溶剂的溶解能力，即调节聚合物分子在溶液中的状态；在挥发阶段降低制膜液中的溶液的蒸气压，控制蒸发速率；在凝胶阶段，扩散速度较慢，以调节膜的孔结构和水含量。可见添加剂用量和性质对制膜液的结构、初生态膜的形成和膜的性能有极大的影响。添加剂应与制膜液中各组分相混溶，溶于水；添加剂应有较高的沸点。当然，混合添加剂的使用也是可考虑的，有时是很关键的。图 4-10 为添加剂用量对膜结构的影响。

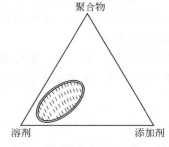

图 4-9 制膜液三元组成相图（示意）

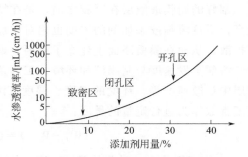

图 4-10 添加剂用量对膜结构的影响示意

制膜液的配制有两种不同的方法：混合-溶解法和溶解-混合法。前者是先将溶剂和添加剂混合，之后将膜材料溶入其中；后者是先用溶剂溶解膜材料，之后再与添加剂混合。前者因溶剂与添加剂先混合，溶解能力下降，所以制膜液中膜材料分子间氢键和超分子网状结构的趋势增大，黏度也增高（主要为结构黏度），属远离牛顿流体行为的宾汉流体，黏度随剪切速率的增加而明显减低。后者溶剂溶解膜材料的能力强，分子间氢键和超分子结构较少，属稍偏离牛顿流体行为的假塑流体。

几种典型的制膜液配方如表 4-5 所列。

表 4-5　典型制膜液配方（质量分数）/%[12,15]

组分	L-S 标准膜	316 型膜	甲酰胺改性膜	CA-CTA 苦咸水膜	CA-CTA 海水膜	芳香族聚酰胺膜
CA	22.2	17	25	12（10）	12	
CTA				8（10）	8	
芳香族聚酰胺						15
丙酮	66.7	69.5	45	35	35	
$Mg(ClO_4)_2$	1.0	1.45				2
H_2O	10	12.35				
甲酰胺			30			
二氧六环				55	55	
甲醇				9（5）	9	
顺丁烯二酸				3（0）	3	
$LiNO_3$						7
DMF						76
乙酰胺				（4）		

注：CA-CTA 苦咸水膜列中带括号的数字是另一配方的成分比例。

S. Sourirajan 利用三元相图分析了各组分变化对膜结构（孔径等）的影响，如图 4-11 所示。从图中可以清楚看到变化的各方向。当 N/S、N/P（S/P 不变）增加，S/P（N/P 不变）降低的时候，膜的孔径增加，而 S/P 增大时，孔数增多，即聚集的胶束少，而网络多，可成较多数目的小孔。

4.3.3.2　溶剂蒸发[15]

刮好的制膜液液层在凝胶之前，是在特定环境中，让溶剂适当挥发，则表层聚合物浓度最高，不良溶剂或添加剂的浓度也相对增加，这样溶剂从下部向表层扩散，添加剂有可能向下扩散，从而在膜横断面上建立了溶剂、聚合物和添加剂的浓度梯度。

溶剂蒸发速度与制膜液和环境、工艺条件有关，如溶剂的浓度、蒸气压、蒸发潜热、在皮层中扩散速度等，环境的温度、湿度、溶剂氛、空气流动速度等。S. Sourrajan 等用蒸发速度常数作为进行定量的量度：

$$(W_t - W_\infty) = (W_0 - W_\infty)\exp(-bt) \tag{4-28}$$

式中，W_t 为在 t 时刻的膜重；W_0 为 $t=0$ 时的 W_t 的值；W_∞ 为恒重时 W_t 的值；b 为该方程直线部分的斜率，称为蒸发速度常数，如图 4-12 所示。

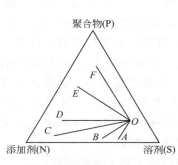

图 4-11 制膜液组成变化

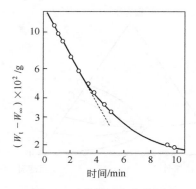

图 4-12 蒸发速度常数图

制膜液中高沸点的溶剂和添加剂使 b 值下降，低沸点的溶剂和添加剂可使 b 值升高。

环境温度和制膜液温度升高，则 b 值增大，其中制膜液温度影响更甚，且环境温度高于制膜液温度利于膜通量的增加。

环境中溶剂气氛浓度、湿度增加，b 值下降。环境中空气流动快、交换大，使 b 值上升。 b 值不能太低，这时挥发得慢，在一定时间内，表层聚合物浓度仍较低，表层不完整孔径仍较大。b 值也不能太高，这时挥发太快，一定时间内蒸发过度而表层变得致密，所以取适中的 b 值为好，这时在表层既生成更多的高分子网络，较小的聚集体尺寸，又不产生皮层不完整或皮层过于致密的情况。

图 4-13 为蒸发过程中制膜液组成变化示意。原液组成点为 A，这时溶剂为连续相，添加剂与聚合物分散体为分散相，蒸发后，溶剂减少，聚合物和添加剂含量相对增加，逐渐达 A' 点，此为聚合物饱和点。再继续蒸发，则发生分相。

实际工作中，可进行 b 值与溶剂和添加剂的沸点和蒸发潜热、制膜液温度、环境温度和湿度、环境气氛、空气流动等之间关系的研究，并将其与以后的热处理等关联后，最终进行所成膜的性能比较，从而可确定较佳的参数选择。

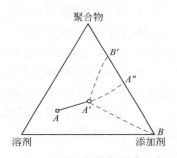

图 4-13 蒸发过程中制膜液组成变化

4.3.3.3 凝胶过程[12]

在凝胶阶段，膜浸入凝胶浴中，溶剂和添加剂从膜中被漂洗出来，聚合物沉淀出来成为固态膜，这种膜为初级（或第一）凝胶结构。

从热力学上看，这一过程当 $\Delta G < 0$ 和 $\left(\dfrac{\partial \mu_i}{\partial x_i}\right)_{P,T} < 0$ 时，溶液自发地分为平衡的两相，式中，ΔG 为混合自由能；μ_i 为组分 i 的化学位；x_i 为 i 组分的物质的量分数。

从动力学上看，扩散系数 D_i 表示如下：

$$D_i = B_i \left(\frac{\partial \mu_i}{\partial x_i}\right)_{P,T} = \frac{B_i RT}{x_i}\left(1 + \frac{\partial \ln f_i}{\partial \ln x_i}\right) \tag{4-29}$$

式中，f_i 为活度系数，B_i 为迁移率，当 $\dfrac{\partial \ln f_i}{\partial \ln x_i} < 1$ 或 $f_i x_i > 1$ 时，则发生相分离。

该过程可用三元相图来说明（图 4-14），图中 A 点为制膜液组成，浸入凝胶浴中后，组

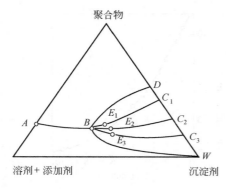

图 4-14 凝胶过程三元相图

成沿 AB 变化，B 为沉淀点，这时分离富固相组分 D 和富液相组分 W。实际膜变化是经固化点 E（E_1，E_2，E_3），最终到组成为 C（C_1，C_2，C_3）的膜。若沿 BC_1 沉淀，可得致密膜，在这一沉淀区内，溶剂进入沉淀浴的速度大于水进入膜相的速度；若沿 BC_2 沉淀，则得适度的膜，这时溶剂进入沉淀浴的速度略大于或等于水进入膜相的速度；若沿 BC_3 沉淀，则得多孔膜，这时溶剂进入沉淀浴的速度小于水进入膜相的速度。

实际工作中应认识如下一些问题。

① 凝胶过程是透过膜表层进行的双扩散过程，驱动力是化学位梯度而不是浓度（分相为富相和贫相即为此说明）。

② 凝胶速度不仅与制膜液和凝胶浴的组成及温度有关，且与各组分扩散速度有关，也与膜表层状况、凝胶浴流动状态等有关。

③ 膜中溶剂向外迁移的速度对膜的皮层形成和膜的性能十分重要，它的扩散速度应比添加剂快；最终溶剂和添加剂扩散到凝胶浴中多，而水进入膜相较少，所以膜中聚合物含量高。

④ 凝胶浴的组成或温度高，使沉淀加快，易得指状孔结构，反之为海绵状结构。

⑤ 良溶剂，聚合物沉淀慢，与其应力松弛也相适应，得海绵状结构；而不良溶剂，聚合物沉淀快，易成指状孔结构。添加剂也有类似影响。

⑥ 溶剂与凝胶剂混合热大，聚合物沉淀快，也易得指状孔结构，反之亦然。制膜液浓度高，易得海绵状结构；浓度低，易成指状结构。

⑦ 凝胶过程伴随着膜的收缩，这是由于聚合物聚集体、溶剂、添加剂以及沉淀剂体积变化的综合结果。

4.3.3.4 热处理[15]

将初级凝胶后所成的膜于一定温度的热介质中（通常为水或水溶液）加热一段时间，这一过程称作热处理。这时膜进一步收缩，孔径也相应减小，对反渗透来说，就有了选择性。这是第二级凝胶过程。

S. Sourirajan 等对膜的热处理进行了深入的研究，并进行了热力学的解释。

如上所述，不对称的未热处理的膜有两个孔径分布峰，第一个平均孔径在 $(7\sim10)\times10^{-10}$ m 左右，第二个平均孔径在 $(36\sim60)\times10^{-10}$ m 左右，如图 4-15 所示。

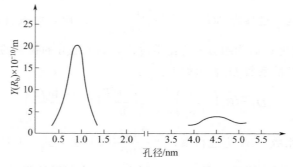

图 4-15 不对称的未热处理膜的孔径分布微分曲线

热处理之后，在第一孔径分布的孔仅仅稍微收缩，而在第二孔径分布的孔收缩很厉害，绝大多数也趋向第一分布的孔径范围。这就是膜有了选择性的原因，如图 4-16 所示。

从热力学观点看，孔径减小是外界对膜做功，能量储存于较小的孔中造成的。从化学角度看，温度升高，分子运动动能大了，可克服链段内旋转的势垒，链段可适度转动，其上的侧基可取向，进行精细调节，如羧基中氧原子被分子内氢键所固定，热运动可使部分氢键断开，使相邻分子更加靠近。

图 4-17 表明在一定温度下（如 T_1 和 T_2），给膜孔一定的热能（ε_1 和 ε_2）这样就引起孔径相应的变化，可以看出，在一特定的温度下，有一临界孔径（如 T_1 时的 d_u 和 T_2 时的 d_{2u}），小于该孔径的孔最终都收缩到孔径 d_u，这一过程中熵变的贡献是极大的。

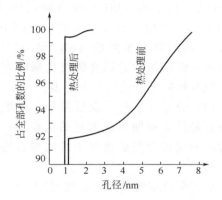

图 4-16 热处理和未热处理膜的
孔径分布积分曲线

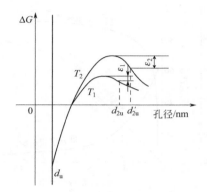

图 4-17 热处理对膜孔径的影响

热处理一般是在高于聚合物玻璃化温度（T_g）下进行的，这里的 T_g 为水增塑的膜材料的 T_g；不同制膜条件制备的不同类型的膜，热处理条件也不同；控制一定热处理温度和时间，膜的总孔数可以不变，只是孔径收缩，但收缩前后孔径大小的顺序不变；过高的热处理温度和过长的时间会使膜丧失渗透性；选择合适的增塑剂，可降低热处理的温度或缩短热处理时间；热处理也是使孔径分布变窄的一有效手段。

另外还有预压处理、反压处理等手段，在此不详述。

非对称纤维素反渗透膜，一定要经过上述 4 个主要步骤来制备；对一些低压膜，只要配方适合，可以不热处理；对于芳香族聚酰胺反渗透膜，由于经高温蒸发阶段，不需热处理；大多数超滤膜是非对称膜，不必经蒸发和热处理即可获得。正确把握上述成膜机理，就可根据各种实际需求，制出实用的各类膜来。

4.3.4 复合反渗透膜的制备和成膜机理[12,43]

制备复合膜的方法是很多的，如稀溶液中拉出法、水面形成法、稀溶液涂布法、就地聚合法、界面聚合法及等离子聚合法等。其中反渗透复合膜以就地聚合法和界面聚合法为多，而界面聚合法用得最广。

就地聚合是将聚砜支撑膜浸在一定浓度的预聚体中，取出滴干，于一定温度下反应一定的时间而成。界面聚合一般是将聚砜支撑膜先浸入一定浓度的单体 1 中，取出滴干，再将该膜浸入一定浓度的单体 2 中，反应很短的时间，取出干燥或涂以保护层，即可备用。

关于复合膜成膜机理，国外报道得很少，这里就界面聚合法从热力学和动力学有关的几方面的初步工作作一介绍。

（1）单体的选择 这里主要考虑单体的反应活性和官能度。众所周知，聚酰胺可用许多种聚合方法来获得，如内酰胺开环聚合，二元酸和二元胺直接熔融法，尼龙盐的熔融缩聚，酰氯与胺类的界面缩聚以及活性多元酯和酐类与二元胺的缩聚等。但要形成复合膜，酰氯与胺类界面缩聚法是最可取的，这可以从基团的活性比较看出：酰氯＞酸酐＞酸＞酯，伯胺＞仲胺，脂胺＞芳胺，所以为了常温下短时间内形成复合膜，最好选择酰氯与伯胺为单体。

为了获得耐久性好的复合膜，适度的交联是必要的，所以酰氯或多胺分子至少其中之一是三官能度的为好；为了提高膜的耐游离氯性能，可选用仲胺单体，但成膜工艺要苛刻些。

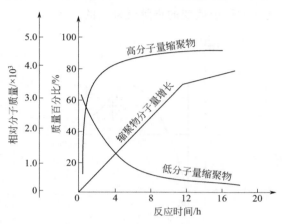

图 4-18 缩聚反应特点示意图

以均苯三甲酰氯（TMC）与间苯二胺（mPDA）和哌嗪（PiP）等当量反应为例，对 mPDA，平均官能度 $f=304$，对 PiP，$f=2.4$，从而可初步判断 TMC 和 mPDA 成网状和支链状结构的聚合物要比哌嗪容易得多，聚合物的分子量也会大得多。

（2）分子量控制 众所周知，缩聚反应的特点是反应初期生成大量的低聚物，之后随时间的延长而生成高分子量的聚合物，见图 4-18。

从缩聚反应的平均聚合度可知，

$$\overline{X_n}=\frac{1}{1-P}=\sqrt{\frac{K}{n_f}} \tag{4-30}$$

式中，P 为反应程度；K 为平衡常数；n_f 为小分子浓度。

$$K=\frac{(N_0-N)N_f}{N^2} \tag{4-31}$$

式中，N_0 为缩聚前一种单体官能团总数；N 为达到平衡时该单体官能团总数；N_0-N 为缩聚形成新键的数目；N_f 为小分子的数目。

要获得高的分子量，必须增大 P、K 并减小 N_f（n_f）。要提高 P，一般应延长反应时间、提高反应温度、尽量排除生成的低分子物、使用催化剂、选用高活性单体等。要提高 K，主要是选用高活性单体及提高反应温度（对吸热反应以及低放热反应的开始阶段）。要减小 N_f，常采用真空、高温、搅拌、薄层操作、共沸、通入惰性气体降低小分子的分压等。

从缩聚反应的第一步反应方程可知：

$$V_1=K'[c_1][c_2] \tag{4-32}$$

这里 K' 为反应常数，$[c_1]$、$[c_2]$ 分别为酰氯和多胺的浓度。反应初期正向反应速度很大，之后逐步趋于平稳；有不少因素可中止该反应，如非当量比、温度过低、低分子物的存在、水解和单官能团杂质的存在等，所以还必须对上述诸因素予以充分考虑，才能获得大分子产物。

复合膜的试验主要通过选择合适的多胺和酰氯及其溶剂、控制其浓度、保证环境和设备的洁净度、保证各种试剂的纯度、选择合适的催化剂和表面活性剂、调节多胺的 pH、控制反应时间和温度、控制后处理的温度和时间等手段来控制所成聚酰胺分子量的大小。

（3）界面缩聚成膜 界面缩聚反应是非均相反应。如图 4-19 所示，聚砜多孔膜吸收多胺水溶液为水相，酰氯类溶于有机溶剂中成有机相，水合的多胺由水相向界面连续地扩散与有机相中的酰氯在界面处发生缩聚反应，该反应有明显的表面反应特征。

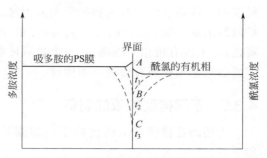

图 4-19　界面缩聚反应浓度变化示意
（t 为反应时间）

（4）最佳浓度比　缩聚反应中以生成最高分子量相对应的两种单体浓度比为最佳浓度比，对于膜的研究来说，可把能获得最佳膜性能的两种单体的浓度比定为最佳浓度比（各自的浓度为最佳浓度）。显然，不同的单体，其最佳浓度比是不同的。就均苯三甲酰氯和多胺来说，最佳浓度范围分别为：$0.1\% \sim 0.5\%$ 和 $0.5\% \sim 2.5\%$，二者的最佳质量分数浓度比范围为 $5 \sim 10$。

（5）最佳反应时间　由图 4-19 可以看到，随着反应的进行，在界面处两种单体的浓度逐渐减少，反应速度也会不断下降。开始两种单体的浓度最高，反应速度也最快：

$$V_0 = k_0 [c_{10}][c_{20}] \tag{4-33}$$

这里 $[c_{10}]$、$[c_{20}]$ 分别为酰氯和多胺的初始浓度，而后速度下降：

$$V_1 = k_1 [c_{11}][c_{21}] \tag{4-34}$$

接着反应速度受两种单体之一的扩散所控制：

$$V_2 = k_a [c_{12}][c_{22}] \tag{4-35}$$

当界面形成薄膜后，单体要透过膜进行扩散，反应速度就更慢：

$$V_3 = k_{dm} [c_{13}][c_{23}] \tag{4-36}$$

从反应规律讲，毫无疑问，反应时间越长，分子量越大；但对成膜来讲，应以膜的性能来衡量，即膜性能最佳情况下的反应时间为最佳反应时间，从试验可以得出 TMC 与多胺类反应，最佳反应时间范围为 $5 \sim 30s$。时间太长，膜性能反而下降，这不是由于分子量低所引起的，而大多可归因于膜的致密化，使渗透性大为降低。

（6）反应温度的影响　酰氯与多胺类的缩聚反应为放热反应，但热效应不大，从文献可知，ΔH 一般在 $-33 \sim 42kJ/mol$，从这点看，温度升高对大分子的形成不利，但影响不会很显著。温度高，水解快，对大分子形成也不利；另外，温度高，体系黏度低，各种分子运动扩散变快，反应速度快，小分子排出也快，这又有利于大分子的形成，试验表明温度从 $5 \sim 30℃$ 变化，对膜的性能影响不大，即温度的影响不明显，所以在室温下可获得性能优异的膜，难确定最佳温度。

（7）反应的 pH　作为水相，多胺水溶液呈弱碱性，它本身可作为酸接收剂，中和部分反应中放出的酸，但若浓度太低或碱性很弱，这一中和作用是十分不完全的，为解决这一问题，通常再溶解少量的无机碱，使 pH 上升到一合适的值，以促进正反应的进行，但 pH 太高又会使酰氯和新形成的聚合物水解，所以 pH 有一最佳范围，以膜的性能为标准来衡量，实验表明 pH 的最佳范围为 $8 \sim 11$。

（8）溶剂系统　界面缩聚中，水相为吸着多胺水溶液的多孔聚砜膜，水能较好地溶解多胺，可溶解碱类作为小分子副产物——酸的接收剂，同时对酰氯的溶解性极差。对于有机相，它与水的混溶性越差越好，即其界面张力小越好，还要对酰氯有一定的溶解性，本身有一定的挥发性等，以几种烃类试验表明，以正己烷、壬烷和十二烷等为有机相所成膜的性能最佳，是最可取的，但应解决易燃易爆问题。

（9）界面控制　如上所述，当界面形成超薄层后，扩散必成为主要的影响因素，以往文献表明，胺透过膜向有机相扩散大大超过反向的扩散，所以成膜后的反应速度基本上由胺的扩散所决定，即 $v_{dm} = k_{dm}[c''_2]$。这可很方便地用实验验证：在一玻璃管中，下放水相（浅黄色），上放有机相（透明），一天之后可看到有机相中有透过膜扩散过来的胺的淡黄色。这方面的定量工作还有待进一步探讨。

4.3.5 不同构型的膜的制备[27,29,44]

上述的各种膜可呈任何构型，如膜片、管膜和中空纤维膜等，其制备过程简要介绍如下。

(1) 膜片的制备 膜片不但用于板式组器中，而且主要用于制备卷式元器件。现在的膜片大多用涤纶织物增强，一般膜宽 1~1.5m，这都是在刮膜机上自动地、连续地制备的。简单的制膜过程如图 4-20 所示。缠绕在滚筒 A 上的涤纶织物经展平滚筒 B 和导向滚筒 C 后，到达大滚筒 E 和浇铸刀槽 D 之间，在这里一层膜液刮在织物上。成膜的厚度和均匀性就在此控制和调节；从这里到进入凝胶槽 F 之前为蒸发阶段，在这一阶段中，溶剂挥发形成膜的皮层；在 F 中的传动为凝胶阶段，这里溶剂和添加剂扩散到凝胶浴中，而浴中的水扩散到膜液中使之凝胶成膜；再向前运动则是热处理槽 G，在这里膜受热收缩，孔变小，选择性大大提高；若需要干膜，可使膜再向前进入干燥箱 H，最后干燥的增强膜收集在滚筒 I 上。

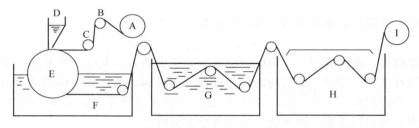

图 4-20 膜片制备示意图

(2) 管膜的制备 管膜有内压式和外压式之分，实际上都以管束式元件来应用。虽然管状膜堆积密度小，但是由于流动状态好，对进料预处理要求低，因而仍在许多领域中广泛应用。图 4-21、图 4-22 分别示意了内压式和外压式管膜的制备方法。

制内压式管膜（图 4-21），先选用内径均匀的玻璃管或不锈钢管，在管中放置一锥锤和一定量的制膜液后，使锥锤匀速地向上运动（或管子匀速地向下运动），则在锥锤与管内径的间隙处留下一层制膜液，这决定了膜的厚度。当该管浸入凝胶槽后，则膜液层便凝胶并收缩成最终所需的内压式管膜。

制外压式管膜（图 4-22），先选择合适尺寸的多孔管（PVC 或 PE 等），使它通过定向环和底部有一锥孔的制膜液贮桶，这样多孔管的外壁上就涂上了一层制膜液，落入凝胶槽中后，便凝胶为所需的外压式管膜。

(3) 中空纤维膜的制备 图 4-23 示意了中空纤维膜的简要制备过程。纺丝的料液从贮桶经计量泵、过滤器后，进入喷丝板，喷丝板的喷口呈环形，所以喷出的纤维是中空的。为了不使纤维瘪塌，由供气（液）系统向纤维的中空中供气（液）；喷出的纤维可直接进入凝胶浴，也可先经一挥发甬道，使部分溶剂蒸发或使纤维冷却（或受热）后进入凝胶浴；凝胶后的纤维经漂洗浴进行漂洗，再经干燥箱进行干燥后，收集在滚筒上。

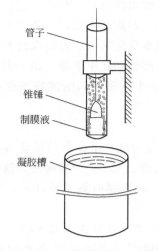

图 4-21 内压式管膜制备示意图

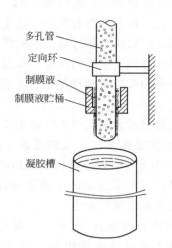

图 4-22 外压式管膜制备示意图

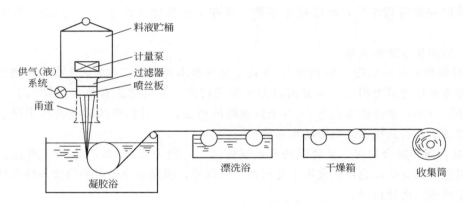

图 4-23 中空纤维膜制备示意图

（4）复合膜的制备 图 4-24 示意了用界面聚合法连续地制备复合膜的过程。聚砜支撑膜先通过第一单体槽，吸附第一单体后经初步干燥接着进入第二单体槽，在这里反应成超薄复合膜，再经洗涤去除未反应的单体，干燥后则得成品复合膜。

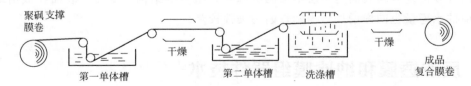

图 4-24 复合膜连续制备示意图

4.4 反渗透膜和纳滤膜结构和性能表征

不同结构的膜，其性能也各异，因此弄清膜的结构对指导制膜和了解膜的性能等是十分重要的。广泛应用的反渗透和纳滤膜多为不对称膜和复合膜。

（1）反渗透膜和纳滤膜结构表征　不同的膜，由于所用的材料、制备工艺和后处理等方面的不同，在结构上则各有差异，这主要有均相和异相、对称和不对称、致密和多孔、复合和一体之别，用扫描电镜可观测膜的横断面来确定。膜本身包括表层或超薄致密层、过渡层和支撑下层等，以及它们的厚度、孔径及其分布、孔的形状和孔隙率等，原子力显微镜适于薄膜表面形态和表层粗糙度的研究，正电子湮灭技术适于反渗透和纳滤膜表层纳米级孔的研究。

（2）反渗透膜和纳滤膜的性能表征

① 纯水渗透系数 L_p、反映系数 σ 和溶质渗透系数 ω　这 3 个参数是反渗透膜内在性能的参数。L_p 为单位时间、单位面积和单位压力下纯水的渗透量；σ 为膜两侧无流动时，一侧渗透压和另一侧外压之比，是膜完美程度的标志之一；ω 为膜两侧无流动时，溶质的渗透性，是膜完美程度的标志之一。

② 纯水渗透性常数 ［PWP］、脱盐率 f、水通量 F 和温度校正系数 TCF　这 4 个参数是在反渗透工艺设计中常用的。纯水渗透性常数 ［PWP］，表明膜对纯水的透过性，与 L_p 意义相近；脱盐率 f，表明膜的脱除性能；水通量 F，是在一定工艺条件下，单位膜面积、单位时间的渗透水量；温度校正系数，是在工作温度下的水通量与 25℃ 下的水通量之比。

（3）结构和性能的关系

① 对称和非对称结构　20 世纪 60 年代非对称膜出现之前，多为数十微米厚的致密对称膜，对渗透通量的阻力很大，对分离过程无实用价值。非对称膜有效表层仅 $0.1\sim0.3\mu m$，这样传递阻力小，使渗透通量有 2～3 个数量级的增加。非对称膜的缺点是在表层下有一会压密的过渡层，若其压密，则影响水通量。

② 复合与非复合结构　复合膜的有效层极薄，一般为 $0.1\sim0.3\mu m$ 厚，可以选择最优材料来制备，其支撑体也可优化而不易压密，所以复合膜是至今通量和脱盐等综合性能最好的，比非对称膜优异得多。

③ 荷电和非荷电　至今开发的反渗透和纳滤膜，大多数不同程度地带负电荷（少数带正电荷），这样在处理天然水时，不易被含量多的有机酸等污染，即使污染，也易于清洗。当然，亲水非荷电膜是优选的。

④ 表层粗糙度　20 世纪 60 年代开发的早期的复合膜是表层十分光洁平整的，呈二维结构；而后开发的复合膜表面是一层细微的突起物，呈三维结构，从而使表面积成倍地增加，与之对应的水通量也同样增加。当然，耐污染性较差。

4.5　反渗透膜和纳滤膜组器件技术[8,35,45~47]

反渗透组件是将膜组装成能付诸实际应用的最小基本单元，是反渗透装置的主要部件。组件可呈不同构型，组件的尺寸可大可小，以适应不同规模的装置要求和不同的应用。

对组件设计和制作的要求是：

① 膜高压侧的进水与低压侧的产水之间有良好的密封；

② 膜的支撑体（片状或管状膜）或膜本身（中空纤维膜）能承受高的工作压力差；防止进水与产水之间以及这些液体与外界之间的泄漏，避免进水与产水间过大的压差；

③ 膜流道是设计的关键考虑因素，根据水力学条件和膜的性能研究确定范围，应用中

再结合过程参数最佳化；要有好的流动状态，降低浓差极化度，以防止膜表面盐的积累和污染；

④ 有高的填充密度，膜便于更换，以降低设备费用；同时应扩大规模、高质量地制备和装配等。

根据膜的几何形状，至今商品化的组件主要有下面四种基本形式：板框式（PF）、管式（T）、卷式（SW）和中空纤维式（HF）。板式和管式是早期开发的两种结构形式，由于膜填充密度低、造价高、难规模化生产等，仅用于小批量的浓缩分离等方面。卷式和中空纤维式组件由于其填充密度高、易规模生产、造价低、可大规模应用等特点，是反渗透水处理中主要的结构形式。这四种组件形式的比较见表 4-6。

表 4-6　四种构型的膜组件比较

组 件	填充密度/(m²/m³)	投资费用	操作费用	流动控制	膜清洗
板框式	400～600	高	低	较好	较难
管式	25～50	高	高	好	易
卷式	800～1000	很低	低	较差	较难
中空纤维式	8000～15000	低	低	较差	难

表 4-7～表 4-15 分别列出了典型反渗透膜、纳滤膜、反渗透膜器件、纳滤膜器件和国产膜器件的性能（含某些厂家、尺寸和部分操作参数）。

表 4-7　反渗透膜的分离特性

膜 材 料	厂商	测试溶质	测 试 条 件	通 量 /[L/(m²·h)]	脱除率 /%
CA	UOP DDS Toray	NaCl	1500mg/L，1.5MPa，25℃	12.5	96
		甲醇	1000mg/L，1.5MPa，25℃	12.5	5
		乙醇	100mg/L，1.7MPa，25℃	12.5	10
		酚	100mg/L，1.7MPa，25℃	12.5	0
		脲	100mg/L，1.5MPa，25℃	12.5	26
交联芳香族聚酰胺	Film Tec Fluid Systems Hydranautics Toray Trisep	NaCl	35000mg/L，5.5MPa，25℃，R=10%	20.6	99.5
		NaCl	2000mg/L，1.6MPa，25℃，R=15%	38.2	98.0
			2000mg/L，1.6MPa，25℃，R=15%	61.6	99.2
			1500mg/L，1.6MPa，25℃，R=15%	53.0	>99.0
		甲醇	2000mg/L，1.6MPa，25℃	—	25.0
		乙醇	2000mg/L，1.6MPa，25℃	—	70.0
		脲	2000mg/L，1.6MPa，25℃	—	70.0
		酚	51mg/L，2.1MPa，pH7.4，R=83%	—	90.0
			85mg/L，2.1MPa，pH11.4，R=39%	—	99.0
PA-300 （聚醚酰胺）	UOP	NaCl	35000mg/L，6.9MPa	34.0	99.4
		乙醇	700mg/L，6.9MPa，25℃	34.0	90
		脲	1250mg/L，6.9MPa，25℃	34.0	80～85
		酚	100mg/L，6.9MPa，25℃，pH4.9	34.0	93
			100mg/L，6.9MPa，25℃，pH12	34.0	>99
PEC-1000 （聚呋喃醇）	Toray	NaCl	35000mg/L，25℃，5.5MPa	14.6	99.9
		甲醇	55000mg/L，25℃，5.5MPa	15.8	41
		乙醇	60000mg/L，25℃，5.5MPa	9.6	97
		脲	10000mg/L，25℃，5.5MPa	23.2	85
		酚	10000mg/L，25℃，5.5MPa	10.0	99.0

注：本表仅列出四种典型膜的分离特性，R 为回收率。

表 4-8 纳滤膜的分离特性

膜材料	厂商（牌号）	测试溶质	测 试 条 件	通 量 /[L/(m²·h)]	脱除率 /%
交联芳香族聚酰胺	Filmtec (NF-40HF)	NaCl	2000mg/L，25℃，0.9MPa	4.32	4
		MgSO₄	2000mg/L，25℃，0.9MPa		95
		葡萄糖	2000mg/L，25℃，0.9MPa		90
	(NF-70)	NaCl	2000mg/L，25℃，0.48MPa	36.0	80
		MgSO₄	2000mg/L，25℃，0.48MPa		>95
		葡萄糖	2000mg/L，25℃，0.48MPa		98
	Trisep	NaCl	2000mg/L，25℃，0.7MPa	40.2	85
		MgSO₄	500mg/L，25℃，0.7MPa	58.3	98
		蔗糖	500mg/L，25℃，0.7MPa	58.3	98
	Hydranautics (ESNA)	NaCl	500mg/L，25℃，0.5MPa	35.0	85
	Desalination (Desal-5)	NaCl	1000mg/L，25℃，1.0MPa	46.0	47
S-PES	Nitto (NTR-7410)	NaCl	5000mg/L，25℃，1MPa	500	15
		Na₂SO₄	5000mg/L，25℃，1MPa	500	55
		MgSO₄	5000mg/L，25℃，1MPa	500	9
	(NTR-7450)	NaCl	5000mg/L，25℃，1MPa	92	51
		Na₂SO₄	5000mg/L，25℃，1MPa	92	92
		MgSO₄	5000mg/L，25℃，1MPa	92	32
		蔗糖	5000mg/L，25℃，1MPa	92	93

表 4-9 反渗透膜器件性能

膜材料	厂 商	组件规格	溶质	测 试 条 件	产量 /(m³/d)	脱除率 /%
CA	Toray	SC-L200R [40×8]①	NaCl	500mg/L，1.5MPa，25℃，$R=15\%$	24.8	85
		SC-2200 [40×8]	NaCl	1500mg/L，3.0MPa，25℃，$R=15\%$	35.2	95
		SC-3200 [40×8]	NaCl	1500mg/L，3.0MPa，25℃，$R=15\%$	17.6	97
		SC-8200 [40×8]	NaCl	35000mg/L，5.5MPa，25℃，$R=10\%$	8.8	96
CA-CTA	Hydranautics	8060MSY CAB-1 CAB-2 CAB-3 [60×8]	NaCl	2000mg/L，2.9MPa，25℃，$R=16\%$	50.0 41.6 22.5	95.0 98.0 99.0
	Fluid Systems	8231SD [60×8]	NaCl	2000mg/L，2.9MPa，25℃，$R=16\%$	49.2	95.5
	Desalination	CE8040F [40×8]	NaCl	1000mg/L，2.8MPa，25℃，$R=10\%$	32.0	96.0
		CG8040F [40×8]	NaCl	1000mg/L，1.4MPa，25℃，$R=10\%$	26.67	84.0

续表

膜材料	厂商	组件规格	溶质	测 试 条 件	产量 /(m³/d)	脱除率 /%
CTA	东洋纺	HA5110 (φ140×420)②	NaCl	500mg/L，10MPa，25℃，R=30%	2.5	94
		HA5330 (φ150×1240)	NaCl	1500mg/L，3.0MPa，25℃，R=75%	24	94
		HA8130 (φ295×1320)	NaCl	1500mg/L，3.0MPa，25℃，R=75%	60	94
		HR8355 (φ305×1330)	NaCl	35000mg/L，5.5MPa，25℃，R=30%	12	99.4
		HM10255 (φ390×2915)	NaCl	35000mg/L，5.5MPa，25℃，R=30%	45	99.4
芳香族聚酰胺	Du Pont	B-9 0440 (φ102×1190)	NaCl	1500mg/L，2.8MPa，25℃，R=75%	15.9	92
		B-90880 (φ203×1280)	NaCl	1500mg/L，2.8MPa，25℃，R=75%	140	95
		B-10 6440T (φ117×1260)	NaCl	35000mg/L，6.9MPa，25℃，R=35%	6.8	99.2
		B-10 6880T (φ216×2050)	NaCl	35000mg/L，6.9MPa，25℃，R=35%	53	99.35
交联芳香族 聚酰胺	Fluid Systems	S-2822 [40×8]	NaCl	32800mg/L，25℃，5.5MPa，R=17%	19.0	99.4
		S-8832 [60×8]	NaCl	2000mg/L，25℃，1.55MPa，R=16%	49.0	99.5
		S-8821ULP [40×8]	NaCl	500mg/L，25℃，1.0MPa，R=10%	41.6	98.5
	Filmtec	S-SW301IR [40×8]	海水	35000mg/L，25℃，5.5MPa，R=8%	15	>99.2
		S-BW30-330 [40×8]	NaCl	20000mg/L，25℃，1.6MPa，R=15%	28	99.5
		TW30-4040 [40×8]	NaCl	2000mg/L，25℃，1.55MPa，R=15%	20.5	99
		BW30LE-440	NaCl	2000mg/L，25℃，1.07MPa，R=15%	34	98
	Hydranautics	8040-HSY-SWC₂ [40×8]	NaCl	32000mg/L，25℃，5.5MPa，R=10%	23.5	>99.2
		8040-HSY-SWC₁ [40×8]	NaCl	32000mg/L，25℃，5.5MPa，R=10%	18.9	>99.5
		8040-LHY-CPA₂ [40×8]	NaCl	1500mg/L，25℃，1.55MPa，R=15%	41.6	99.0
		8040-LHY-CPA₃ [40×8]	NaCl	1500mg/L，25℃，1.55MPa，R=15%	41.6	99.0
		8040-URY-ESPA [40×8]	NaCl	1500mg/L，25℃，1.05MPa，R=15%	45.4	99
		8040-UHA-ESPA [40×4]	NaCl	1500mg/L，25℃，1.05MPa，R=15%	9.8	99.0

续表

膜材料	厂商	组件规格	溶质	测 试 条 件	产量/(m³/d)	脱除率/%
交联芳香族聚酰胺	Trisep	8040-ACM₁ TSA [40×8]	NaCl	2000mg/L，25℃，1.55MPa，$R=15\%$	53	99.2
	Toray	SU-820 [40×8]	NaCl	35000mg/L，25℃，5.5MPa，$R=10\%$	16.0	99.75
		SU-720L [40×8]	NaCl	1500mg/L，25℃，1.5MPa，$R=15\%$	36.6	99.4
		SV-720 [40×8]	NaCl	1500mg/L，25℃，1.5MPa，$R=15\%$	26.0	99.5
	Desalination	SC-8040FXP [40×8]	NaCl	35000mg/L，25℃，5.5MPa，$R=10\%$	12.96	＞99.2
		SE-8040 [40×8]	NaCl	1000mg/L，25℃，2.8MPa，$R=10\%$	29.14	98.5
		SH8040F [40×8]	NaCl	1000mg/L，25℃，1.0MPa，$R=10\%$	29.18	96.0
		AG8040F [40×8]	NaCl	1000mg/L，25℃，1.4MPa，$R=15\%$	34.07	98.0

① [长×外径]，单位为 in，1 in＝25.4mm。
② (ϕ 直径×长)，单位为 mm。

表 4-10　复合膜的典型性能的提高

膜类型	测试条件			膜性能		
	海水浓度/(mg/L)	操作压力/MPa	温度/℃	水通量/[L/(m²·h)]	脱盐率/%	商品化时间
TW	2000	1.55	25	40	98	1980
BW	2000	1.55	25	40	98	1985
SW	35000	5.5	25	34	99.1	1985
高脱盐型	35000	5.5	25	34	99.5	1990
超低压型	500	1.55	25	59	98	1995
抗污染型	1500	1.55	25	50	98	1995
高脱盐型	35000	5.52	25	34～40	99.8	2000
极低压型	1500	1.05	25	45～55	98～99	2000
高脱盐型	35000	5.5	25	45～50	99.8	2010
超低压型	500	0.73	25	47	99.5	2010
抗污染型	2000	1.55	25	50	99.7	2010
极低压型	500	0.7	25	50～55	＞99	2010
NF	500	0.52	25	45～60	50～70	2000
NF	500	0.35	25	25～30	50～70	2010

表 4-11　纳滤膜器件性能

膜材料	厂商	组件规格	溶质	测试条件	产量/(m³/d)	脱除率/%
交联芳香族聚酰胺（含哌嗪的聚酰胺）	Filmtec	S-NF-70-400 [40×8]	MgSO₄	2000mg/L，0.48MPa，25℃	47	95
		S-NF-90-400 [40×8]	MgSO₄	2000mg/L，0.48MPa，25℃	39	>95
	Hydranautics	ESNA-4040-VHY [40×8]	NaCl	500mg/L，0.52MPa，25℃，$R=15\%$	6.4	>85
		8040-VHY [40×8]	NaCl	500mg/L，0.52MPa，25℃，$R=15\%$	30.3	>85
		8540-VHY [40×8.5]	NaCl	500mg/L，0.52MPa，25℃，$R=15\%$	34.1	>85
	Trisep	8040-TS-40-TSA [40×8]	NaCl	500mg/L，0.7MPa，25℃，$R=15\%$	41.7	40.0
		8040-TS-40-TSA [40×8]	MgSO₄	500mg/L，0.7MPa，25℃，$R=15\%$	41.7	98.0
		8040-TS-40-TSA [40×8]	蔗糖	500mg/L，0.7MPa，25℃，$R=15\%$	41.7	98.0
		8040-TS-80-TSA [40×8]	NaCl	2000mg/L，0.7MPa，25℃，$R=15\%$	30	85.
	Toray	SU-220 [40×8]	NaCl	500mg/L，0.75MPa，25℃，$R=15\%$	44.0	60.0
		SU-620 [40×8]	NaCl	500mg/L，0.75MPa，25℃，$R=15\%$	36.0	65.0
	Desal	DK8040F [40×8]	MgSO₄	1000mg/L，0.75MPa，25℃，$R=10\%$	30.28	96
		DL8040F [40×8]	MgSO₄	1000mg/L，0.75MPa，25℃，$R=10\%$	38.86	94
	Nitto	NTR-7250 [40×8]	NaCl	1500mg/L，1.5MPa，25℃，$R=15\%$	48	60
S-PES	Nitto	NTR-7450 [40×4]	NaCl	2000mg/L，1.0MPa，25℃，$R=15\%$	13	50
		NTR-7410 [40×4]	NaCl	2000mg/L，0.5MPa，25℃，$R=15\%$	25	10

表 4-12　国产反渗透膜器件性能

膜材料	组件型式	厂商	组件规格/mm	溶质	测试条件	产量/(m³/d)	脱除率/%
CTA	中空纤维	杭州水处理技术研究开发中心	$\phi220\times1300$（HRC-220）	NaCl	100mg/L，1.5MPa，25℃，Y=60%	＞30	＞90
CA-CTA	卷式	8271 厂	$\phi220\times1000$ CS040FF	NaCl	1000mg/L，2.8MPa，25℃	23～28	≥95
			C8040GF	NaCl	1000mg/L，2.8MPa，25℃	25～27	≥90
芳族聚酰胺	卷式	8271 厂	8040（复合膜）	NaCl	1000mg/L，2.8MPa，25℃	27	97
芳族聚酰胺	卷式	杭州水处理技术研究开发中心	8040	NaCl	32800mg/L，5.5MPa，25℃	22.7	99.7
			8040	NaCl	2000mg/L，2.8MPa，25℃	39.7	99.5
芳族聚酰胺	卷式	时代沃顿	8040	NaCl	32800mg/L，5.5MPa，25℃	22.7	99.7
			8040	NaCl	2000mg/L，1.55MPa，25℃	39.7	99.5

表 4-13　卷式元件常用规格尺寸

组件	尺寸/in			有效面积/ft²(m²)	干重/lb
	A	B	C		
2.5in	40	0.75	2.40	33（3.05）	5
4in	40	0.625	3.88	90（8.36）	12
8in	40	1.187	7.88	350（32.52）	35

注：1. A—长度；B—中心管外径；C—外径。

2. 1in=25.4mm，1lb=0.4536kg，1ft=0.3048m。

表 4-14　卷式元件进水产水和浓水的一些限制

项目	组件规格/in×in	进水水源			
		UF 产水	井水（SDI 0～2）③	表面水（SDI≤5）	海水（SDI<5）
最大产水流量/gpd(m³/d)	8×40	1200（45.5）	7700（29.1）	6500（21.6）	6000（22）
	4×40	3000（11.4）	2000（7.58）	1700（6.44）	1500（5.6）
	4×25	1900（7.19）	1200（4.54）	1000（3.79）	—
	2.5×40	1000（3.79）	600（2.27）	551（2.09）	500（2.09）
最大进水流量①/gpm(m³/h)	8×40	70.6（16）			
	4×40	16（3.6）			
	4×25	—			
	2.5×40	6（1.3）	6（1.3）	6（1.3）	6（1.3）

续表

项目	组件规格 /in×in	进水水源			
		UF 产水	井水 (SDI 0~2)③	表面水 (SDI≤5)	海水 (SDI<5)
最低浓水流量② /gpm(m³/h)	8×40	16 (3.63)			
	4×40	4 (0.91)			
	4×25	—			
	2.5×40	16 (0.36)			
最大产水浓水比 (单元件)	8×40	0.333 (1)	0.234 (1)	0.167 (1)	0.1 (1)
	4×40	0.333 (1)	0.234 (1)	0.167 (1)	0.1 (1)
	4×25	0.148 (1)	0.104 (1)	0.074 (1)	—
	2.5×40	0.333 (1)	0.234 (1)	0.167 (1)	0.1 (1)

① 对低压元件,最大进水流量应适当减小。
② 供参考,据实际情况确定。
③ SDI—污泥密度指数。
注:1in=25.4mm,1gpd=3.78L/d;1gpm=3.78L/min。

表 4-15　日本东洋纺公司部分中空纤维组件规格和性能

产品型号	高脱盐型			高通量型		低压型	
组件编号	HR5155	HR8355	HM9255	HA5230	HA8130	HA3110	HA5110
组件数目	1	1	2	1	1	1	1
组建直径/mm	153	305	360	150	295	90	140
组件长度/mm	444	1300	1665	840	1320	420	420
组件质量/kg	13	125	310	21	100	4	11
连接螺母① 进水	PT 1/2	PT 3/4	PT 1	PT 1/2	PT 3/4	PT 3/8	PT 1/2
连接螺母① 产水	PT 1/2	PT 3/4	2-PT 3/4	PT 1/2	PT 3/4	PT 1/8	PT 1/2
连接螺母① 浓水	PT 3/8	PT 3/4	PT 1	PT 3/4	PT 3/4	PT 3/4	PT 3/8
进水浓度 /(mg/L)	35000			1500		500	
进水压力/MPa	5.5			3.0		1.0	
进水温度/℃	25			25		25	
进水回收率/%	30			75		30	
产水量/(m³/d)	1.2	12	35	15	60	0.9	2.5
脱盐率/%	99.4	99.4	99.4	94	94	94	94
压力范围/MPa	<6.0	<6.0	<7.0	<4.0	<1.5	<1.5	<6.0
温度范围/℃	5~40			5~35		5~35	
浓水流速范围/(m³/d)	2~10	15~150	50~150	7.5~60	25~150	1~4	3~12
进水 SDI	4.0			4.0		4.0	
进水 pH	3~8			3~8		3~8	
进水余氯 /(mg/L)	0.2~1.0			0.2~1.0		0.2~1.0	

① PT 右侧的数字为螺母尺寸,单位为 in。

复合膜改进的主要方面有：支撑膜的改进，新的功能单体，界面聚合的参数控制（支撑膜的处理、单体、水和油相中的各组分、pH、接触时间、反应时间、热处理温度和时间等），后处理和化学改性，有机-纳米无机粒子杂化，仿生，等等。如新的功能单体有：氨基葡萄糖、5-异氰酸酯异酞酰氯、5-氧甲酰氯异酞酰氯、1,4-环己二胺、1,3,5-环己烷三甲酰和联苯多元酰氯等。有机-纳米无机粒子杂化是 2007 年开始研究的，UCLA 的 Hoek 课题组与 UCR 的 Yan 课题组合作首次提出纳米分子筛填充聚酰胺复合反渗透膜的概念，可使膜的通量大幅提高，而截留率没有下降[25]。

膜组件的进展主要有：Koch Membranes 开发了 18in，Dow Filmtec、Toray 和 Hydranautics 等开发了 16in 的组件，16in 的组件是原 8in 的组件的 4.3 倍；宽流道和抗污染的流道格网的开发，降低了组件的流动压降，提高了抗污染性；Dow Water Solutions 开发的 iLEC™端密封技术，与以前的密封相比，密封更方便和可靠，产品水侧压降小，水质好；高脱硼的膜组件使 SWRO 一级即可满足产水作为饮用水对硼的要求[26]。

4.6　反渗透和纳滤海水淡化工艺过程设计

4.6.1　系统设计要求[32,36]

（1）进水水质　水样是一定时间内所要分析水的水质代表。对水质要有一全面的把握，必须在不同时期收集水样，进行分析比较，了解其变化原因。这对反渗透系统的有效设计（预处理、产水量、回收率、脱除性能、压力、流速等）、正当的操作、避免错误地应用、诊断系统存在问题和准确评价系统性能等方面至关重要。

首先对水源进行研究，包括水量和水质及其变化，如市政供水为了防腐，一般 pH 值偏高；地表水的浊度、细菌及有机物是关键；井水成分一般相对稳定；地下水多半是高硬度和碱度等。取样时要有代表性，要有足够的量，选点要正确，容器要合适并且要有标签和记录，对分析内容、仪器、手续、现场分析项目（CO_2、pH 值、O_2、Cl^-、SO_4^{2-} 等）、样品保护等都要事先充分准备。

具体分析报告可有多种格式，见表 4-16。

（2）产品水质和水量　这一要求决定了系统的规模和所用工艺过程的选择，如单位时间的产水量，膜组件种类、数量和排列方式，回收率以及具体的工艺流程等。

（3）膜和组器的选择　目前大规模应用的膜是醋酸纤维素和芳香族聚酰胺两大类，应用的组器主要是卷式和中空纤维式组件。

CA-CTA 膜或 CTA 膜，价廉、耐游离氯、耐污染，多用于饮用水净化和 SDI 较高的地方。但 pH 范围窄（5.6 左右），易水解，通量和脱盐率下降较大。芳香族聚酰胺复合膜通量高、脱盐率高、操作压力低、耐生物降解、不易水解、pH 范围宽（2～11）、脱 SiO_2 和 NO_3^- 及有机物性能都较好，但不耐游离氯，易受 Fe、Al 和阳离子絮凝剂的污染，污染速度较快。

综合考虑组器的制备难易、流动状态、堆砌密度、清洗难易等诸方面，卷式元件用得最普遍，在海水淡化方面，中空纤维组件也用得较多。根据进水和出水水质，可初步选定膜元件，由产水量可初步确定元件的个数。

（4）回收率　一般海水淡化回收率在 30%～45%，纯水制备回收率在 70%～85%；而实际过程应根据预处理、进水水质等条件具体确定。根据节水的严格要求，对回收率也要求尽可能提高。

表 4-16　进水水质报告示例

项目名称：_____　　原水水源：_____　　　　收集时间：_____
接收时间：_____　　分析时间：_____　　　　分 析 人：_____

| pH 值 _____ | 浊度 _____ | 电导/(μS/cm) _____ | CO_2/(mg/L) _____ |
| 温度/℃ _____ | SDI _____ | H_2S/(mg/L) _____ | Fe/(mg/L) _____ |

阳离子	mg/L	mmol/L	阴离子	mg/L	mmol/L
Ca^{2+}			Cl^-		
Mg^{2+}			SO_4^{2-}		
Ba^{2+}			CO_3^{2-}		
Sr^{2+}			HCO_3^-		
K^+			NO_3^-		
Na^+			F^-		
NH_4^+			SiO_2		

| 总阳离子 | | | 总阴离子 | | |

| TDS/(mg/L) _____ | 渗透压/MPa _____ | 离子平衡 _____ | 离子强度 _____ |
| 总碱度/(mg/L) _____ | 总硬度/(mg/L) _____ | TOC/(mg/L) _____ | |

潜在结垢物	饱和度/%	细菌分析
$CaCO_3$		酵母和霉菌
$CaSO_4$		标准平板计数
$SrSO_4$		总大肠杆菌数
CaF		厌氧（H_2S）菌数
BaS		
SiO_2		
$BaSO_4$		

（5）产水量下降斜率（m）　通常据公式（4-37）进行计算

$$m = \frac{\lg \dfrac{Q_t}{Q_0}}{\lg t} \qquad (4\text{-}37)$$

式中，m 为产水量下降斜率；t 为运行时间，h；Q_0 和 Q_t 分别为运行 1h 和 t 时间后产水量。

通常 CA 类膜 $m = -0.05 \sim -0.03$，复合膜 $m = -0.02 \sim -0.01$。

即 CA 类膜产水量年平均下降 10% 左右，复合膜为 5% 左右。当然根据进料亦有变化。

（6）盐透过增长速率　通常 CA 类膜的年盐透过增长速率为 20% 左右，复合膜约为 10% 左右。当然不合适的预处理或不当的操作，会使盐透过增长速率增大。

（7）产水量随温度变化　通常根据以下公式进行计算

$$Q = Q_0 \times 1.03^{T-25}$$

式中，T 为温度，℃，即温度每变化 1℃ 使产水量变化 3% 左右。也可用温度校正因子（TCF）表示 [见式（4-61）]。

4.6.2　浓差极化[35,36,46,47]

4.6.2.1　浓差极化现象

在反渗透过程中，由于膜的选择渗透性，溶剂（通常为水）从高压侧透过膜，而溶质则被膜截留，其浓度在膜表面处升高；同时发生从膜表面向本体的回扩散，当这两种传质过程达到动态平衡时，膜表面处的浓度 c_2 高于主体溶液浓度 c_1，这种现象称为浓差极化。上述

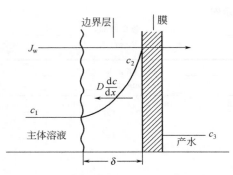

图 4-25　浓差极化理论模型

两种浓度的比率 c_2/c_1 称为浓差极化度。根据薄膜理论模型描述浓差极化现象，如图 4-25 所示。

4.6.2.2　浓差极化计算

浓差极化度可根据膜-溶液相界面层邻近膜一面传质的质量平衡的微分方程加以积分，然后将边界条件代入求得。主要表达式如下。

质量平衡的微分方程：

$$J_s = -D_s \frac{\mathrm{d}c}{\mathrm{d}x} + J_w c \tag{4-38}$$

据边界条件积分可得

$$c_2 - c_3 = (c_1 - c_3)\exp\frac{J_w}{k} = (c_1 - c_3)\exp\frac{J_w}{bU^a} \tag{4-39}$$

式中，U 为流速；a 为指数，不同 U 的 a 不同；J_s 为透盐速率；J_w 为水通量。

或

$$\pi_2 - \pi_3 = (\pi_1 - \pi_3)\exp\frac{J_w}{k} = (\pi_1 - \pi_3)\exp\frac{J_w}{bU^a}$$

当流速 $U \to \infty$ 时，几乎不存在浓差极化，此时膜高压侧的浓度才几乎是均一的，即 $c' = c_2 = c_1$ 或相应的渗透压 $\pi' = \pi_2 = \pi_1$；而在通常的反渗透过程中，流速 U 不能太高，因为随着流速 U 的提高，流道的阻力升高，能耗增加。这样，通常取适当的流速 U 操作，就会存在一定的浓差极化，即 $c' = c_2 > c_1$ 或 $\pi' = \pi_2 > \pi_1$。

4.6.2.3　浓差极化下的传质方程

（1）水通量

$$J'_w = A[\Delta p - (\pi_1 - \pi_2)] = A\left[\Delta p - (\pi_1 - \pi_2)\exp\frac{J_w}{bU^a}\right] \tag{4-40}$$

（2）脱盐率

$$r = \frac{A}{A + B/[\Delta p - (\pi_2 - \pi_3)]}$$

$$r = \frac{A}{A + B/\left[\Delta p - (\pi_1 - \pi_3)\exp\dfrac{J_w}{bU^a}\right]} \tag{4-41}$$

$$= \frac{c_2 - c_3}{c_2} = 1 - \frac{c_3}{c_2}$$

$$r_{\mathrm{obs}} = \frac{A}{A + B/[\Delta p - (\pi_1 - \pi_2)]} = \frac{c_1 - c_3}{c_1} = 1 - \frac{c_3}{c_1}$$

（3）真实脱盐率 r 与表观脱盐率 r_{obs} 的关系　由上述的浓差极化方程可以推出：

$$\lg\frac{1 - r_{\mathrm{obs}}}{r_{\mathrm{obs}}} = \lg\frac{1 - r}{r} + \frac{1}{2.303} \times \frac{J_w}{bU^a} \tag{4-42}$$

在半对数坐标纸上作 $\lg\dfrac{1 - r_{\mathrm{obs}}}{r_{\mathrm{obs}}} \sim \dfrac{J_w}{U^a}$ 图。在保持 J_w 不变情况下，测定不同 U 时的 r_{obs}，计算不同 U 时的 $\lg\dfrac{1 - r_{\mathrm{obs}}}{r_{\mathrm{obs}}}$，并与相应的 $\dfrac{J_w}{U^a}$ 作图，所得的图线为直线。将直线外推，其与纵坐标的截距为 $\lg\dfrac{1 - r}{r}$，从而可得真实的脱盐率 r；直线的斜率为 $\dfrac{1}{2.303b}$，其中流

速指数 $a=0.3$（滞流）或 0.8（湍流）。这样由直线的斜率可求出比例常数 b 及传质系数 k。

也可以求出反渗透工程上实际存在的浓差极化度 $\dfrac{c_2-c_3}{c_1-c_3}$。

$$\frac{c_2-c_3}{c_1-c_3}=\frac{\dfrac{1}{1-r}-r}{\dfrac{1}{1-r_{obs}}-1}=\frac{1-r_{obs}}{r_{obs}}\times\frac{r}{1-r} \tag{4-43}$$

通常由浓差极化度与能耗权衡，取浓差极化度为 $\dfrac{c_2-c_3}{c_1-c_3}=1.2$。那么，如果实验测定得到 $r_{obs}=0.950$ 时，r 为多少？根据式（4-43）和已知数得：

$$r=\frac{\dfrac{c_2-c_3}{c_1-c_3}\times\dfrac{r_{obs}}{1-r_{obs}}}{1+\dfrac{c_2-c_3}{c_1-c_3}\times\dfrac{r_{obs}}{1-r_{obs}}}=\frac{\dfrac{1.2\times0.95}{1-0.95}}{1+\dfrac{1.2\times0.95}{1-0.95}}=0.958 \tag{4-44}$$

4.6.2.4　浓差极化对反渗透的影响和降低浓差极化的途径

（1）浓差极化对反渗透的影响

① 降低水通量　根据存在或几乎不存在浓差极化的情况下导出的水通量方程可知，由于浓差极化时的溶液渗透压项由原先的 $(\pi_1-\pi_3)$ 变为 $(\pi_1-\pi_3)\exp\left(\dfrac{J_w}{bU^a}\right)$，而 $\exp\left(\dfrac{J_w}{bU^a}\right)>1$，因而此时的水通量 $J'_w<J_w$（几乎不存在浓差极化时的水通量）。

② 降低脱盐率　比较上述相应情况下的脱盐率方程式可知，同样因 $\exp\left(\dfrac{J_w}{bU^a}\right)>1$，使脱盐率由 r 降为 r_{obs}。

③ 导致膜上沉淀污染和增加流道阻力　由于膜表面浓度增加，使那些水中的微溶盐（$CaCO_3$ 和 $CaSO_4$ 等）沉淀，增加膜的透水阻力和流道压力降，使膜的水通量和脱盐率进一步降低。极化严重的话，导致反渗透膜性能急剧恶化。

（2）降低浓差极化的途径　反渗透过程中浓差极化不能消除只能降低。其途径为：

① 合理设计和精心制作反渗透基本单元——膜元（组）件，使流体分布均匀，湍流促进等；

② 适当控制操作流速，改善流动状态，使膜-溶液相界面层的厚度减至适当的程度，以降低浓差极化。通常取浓差极化度有一个合理的值，约为 1.2；

③ 适当提高温度，以降低流体黏度和提高溶质的扩散系数。

4.6.3　溶度积和饱和度

详见 4.7.1 预处理部分。

4.6.4　过程基本方程式[48～53]

（1）渗透压 π　渗透压 π 随溶质种类、溶液浓度和温度而变，表示方法和表达式很多。

①

$$\pi=\phi RT\Sigma M_i=\phi RTc_f=Bx_f \tag{4-45}$$

式中，c_f 为溶质总摩尔浓度；x_f 为溶质总摩尔分数；ϕ 为渗透压系数；M_i 为第 i 种溶质摩尔浓度；B 为溶质的摩尔渗透压系数。对稀溶液，ϕ 可取 0.93，对 π 近似估算，一些溶质的 B 值见表 4-17。

表 4-17 各种溶质-水体系的 B 值

溶 质	$B \times 10^{-3}$ (25℃)/(atm/mol 分数)	溶 质	$B \times 10^{-3}$ (25℃)/(atm/mol 分数)
尿素	0.135	K_2SO_4	0.306
甘油	0.141	NaCl	0.247
砂糖	0.1421	NaCl	0.255
$CuSO_4$	0.141	Na_2SO_4	0.307
$MgSO_4$	0.156	$Ca(NO_3)_2$	0.340
NH_4Cl	0.248	$CaCl_2$	0.368
LiCl	0.258	$BaCl_2$	0.353
$LiNO_3$	0.258	$Mg(NO_3)_2$	0.365
KNO_3	0.237	$MgCl_2$	0.370
KCl	0.251		

注：1 atm=0.1MPa。硫酸盐数据的一致性不好，浓度升高 B 减小。根据式（4-45），B 的单位是"压力单位/摩尔分数"。

②
$$\pi(MPa) \approx 0.714 TDS(mg/L) \times 10^{-4} \tag{4-46}$$

用此式可估算 π 的近似值。

③ 查表得渗透压，表 4-18 和表 4-19 所列分别为蔗糖和 NaCl 水溶液的渗透压和其他参数。

表 4-18 蔗糖水溶液体系 25℃时的数据

浓度 /(mol/100g)	摩尔分数 /×10⁻³	溶质的质量分数/%	渗透压 /MPa	溶液的密度 /(g/mL)	水的摩尔浓度 /(×10⁻²mol/mL)	运动黏度 /(×10⁻²cm²/s)	溶质的扩散系数 /(×10⁻⁵cm²/s)
0	0	0	0	0.9971	5.535	0.8963	1.610
0.1	1.798	0.5811	0.466	1.0011	5.535	0.9009	1.483
0.2	3.590	1.1555	0.911	1.0052	5.535	0.9054	1.475
0.4	7.154	2.2846	1.798	1.0130	5.534	0.9147	1.475
0.5	8.927	2.8395	2.255	1.0169	5.534	0.9193	1.475
0.6	10.693	3.3882	2.708	1.0208	5.534	0.9242	1.475
0.7	12.453	3.9307	3.17	1.0248	5.534	0.9290	1.475
0.8	14.207	4.4671	3.63	1.0286	5.533	0.9338	1.477
0.9	15.955	4.9976	4.10	1.0322	5.532	0.9389	1.480
1.0	17.696	5.5222	4.58	1.0357	5.530	0.9440	1.483
1.2	21.160	6.5543	5.54	1.0427	5.526	0.9567	1.488
1.4	24.600	7.5640	6.52	1.0505	5.526	0.9685	1.492
1.6	28.016	8.5522	7.54	1.0581	5.526	0.9802	1.497
1.8	31.408	9.5194	8.59	1.0653	5.524	0.9923	1.505
2.0	34.777	10.4665	9.65	1.0722	5.521	1.0044	1.513
2.2	38.122	11.3939	10.75	1.0790	5.517	1.0206	1.521
2.4	41.444	12.3022	11.87	1.0859	5.515	1.0365	1.530
2.6	44.743	13.1922	13.01	1.0927	5.512	1.0523	1.539
2.8	48.019	14.0642	14.21	1.0991	5.507	1.0683	1.548
3.0	51.273	14.9190	15.44	1.1056	5.504	1.0840	1.556
3.2	54.505	15.7568	16.69	1.1121	5.50	1.1047	1.565
3.4	57.715	16.5784	18.03	1.1185	5.497	1.1252	1.570
3.6	60.903	17.3840	19.28	1.1247	5.492	1.1457	1.575

续表

浓度 /(mol/100g)	摩尔分数 /×10⁻³	溶质的质量 分数/%	渗透压 /MPa	溶液的密度 /(g/mL)	水的摩尔浓度 /(×10⁻²mol/mL)	运动黏度 /(×10⁻²cm²/s)	溶质的扩散系数 /(×10⁻⁵cm²/s)
3.8	64.070	18.1743	20.64	1.1309	5.488	1.1660	1.580
4.0	67.216	18.9496	22.03	1.1369	5.484	1.1862	1.585
4.2	70.340	19.7103	23.44	1.1429	5.479	1.2108	1.589
4.4	73.443	20.4569	24.90	1.1490	5.475	1.2350	1.594
4.6	76.526	21.1897	26.39	1.1550	5.472	1.2591	1.593
4.8	79.589	21.9092	27.92	1.1608	5.476	1.2832	1.593
5.0	82.631	22.6156	29.48	1.1666	5.463	1.3070	1.592
5.2	85.653	23.3093	31.07	1.1723	5.458	—	1.592
5.4	88.655	23.9908	32.70	1.1778	5.453	—	1.591
5.6	91.638	24.6602	34.38	1.1832	5.447	—	1.590
5.8	94.601	25.3197	36.08	1.1887	5.443	—	—
6.0	97.545	25.9643	37.82	1.1941	5.438	—	—

表 4-19　NaCl 水溶液体系 25℃ 时的数据

浓度 /(mol/100g)	摩尔分数 /×10³	溶质的质量 分数/%	渗透压 /MPa	溶液的密度 /(g/mL)	水的摩尔浓度 /(×10⁻²mol/mL)	运动黏度 /(×10⁻²cm²/s)	溶质的扩散系数 /(×10⁻⁵cm²/s)
0	0	0	0	0.9971	5.535	0.8963	0.523
0.1	1.789	3.3097	0.24	1.0100	5.431	0.9615	0.509
0.2	3.590	6.4074	0.50	1.0222	5.330	1.0352	0.499
0.3	5.375	9.3127	0.75	1.0339	5.233	1.1151	0.490
0.4	7.154	12.0431	1.01	1.0453	5.140	1.2053	0.483
0.5	8.927	14.6138	1.27	1.0560	5.050	1.3033	0.477
0.6	10.693	17.0386	1.53	1.0665	4.965	1.4124	0.472
0.7	12.453	19.3295	1.80	0.0764	4.881	1.5330	0.467
0.8	14.207	21.4972	2.07	1.0862	4.802	1.6639	0.463
0.9	15.955	23.5515	2.35	1.0953	4.723	1.8083	0.459
1.0	17.696	25.5010	2.63	1.1042	4.469	1.9658	0.455
1.2	21.160	29.1162	32.0	1.1210	4.506	2.3270	0.448
1.4	24.600	32.3968	3.79	1.1367	4.373	2.7580	0.441
1.6	28.016	35.3872	4.39	1.1512	4.248	3.2701	0.434
1.8	31.408	38.1242	4.99	1.1649	4.131	3.8772	0.428
2.0	34.777	40.6387	5.62	1.1777	4.021	4.6023	0.421
2.5	43.096	46.1134	7.27	1.2063	3.771	7.0584	0.404
3.0	51.273	50.6636	9.01	1.2310	3.553	10.8171	0.387
3.5	59.312	54.5051	10.83	1.2524	3.362	16.5067	0.370
4.0	67.216	57.7917	12.70	1.2711	3.193	25.0529	—

④
$$\pi(\text{psi}) \approx K_0 \times (T+273) \times c_f \tag{4-47}$$

式中，K_0 为系数，$(2 \sim 4) \times 10^{-5}$；$T$ 为温度，℃；c_f 为进料浓度，mg/L。1psi = 1lbf/in = 6.895kPa。

⑤ 对 NaCl 水溶液，可根据式（4-48）计算：

$$\pi(\text{MPa}) = \frac{2.641 \times 10^{-4} c (T+273)}{1000 - \dfrac{c}{1000}} \tag{4-48}$$

式中，c 为 NaCl 溶液浓度，mg/L。

(2) 水通量 J_w

$$J_w = A(\Delta p - \Delta \pi) = A\,\text{NDP} \tag{4-49}$$

式中，A 为水的渗透性常数；NDP 为净驱动压力。

$$\text{NDP} = p_f - 0.5\Delta p - p_p - \pi_{avg} \tag{4-50}$$

式中，p_f 和 p_p 分别为进料和产水压力；Δp 为进出口压降；π_{avg} 为平均渗透压。

$$Q_p = AS\,\text{NDP} = AS\left(\frac{p_p + p_B}{2} - p_p - \frac{\pi_p + \pi_B}{2} - \pi_p\right) \tag{4-51}$$

式中，Q_p 为产水量；π_B 为盐水渗透压。

(3) 盐通量 J_s

$$J_s = B(c_s' - c_s'') = B\Delta c_s \tag{4-52}$$

式中，B 为盐的透过性常数；Δc_s 为膜两侧盐浓度差。

盐透量 Q_s：

$$Q_s = BS\Delta c_s = BS\left(\frac{c_p + c_B}{2} - c_p\right) \tag{4-53}$$

式中，S 为膜面积；c_B 为盐水浓度；c_p 为产水盐浓度。

(4) 产水盐浓度 c_p

$$c_p = \frac{J_s}{J_w} \tag{4-54}$$

(5) 盐透过率 S_p

$$S_p = \frac{c_p}{c_{fm}} \times 100\% = \frac{Q_s}{Q_p c_p} \tag{4-55}$$

式中，c_{fm} 为平均进料浓度。

(6) 脱盐率 SR 或 r

$$\text{SR} = r = 1 - S_p = 1 - \frac{c_p}{c_{fm}} = 1 - \frac{Q_s}{Q_p c_p} \tag{4-56}$$

(7) 回收率 R

$$R = \frac{Q_p}{Q_f} \times 100\% \tag{4-57}$$

$$Q_f = Q_r + Q_p$$

式中，Q_p 为产水流速；Q_f 为进料流速。

(8) 浓缩因子 CF

$$\text{CF} = \frac{1}{1 - R} \tag{4-58}$$

(9) 浓差极化因子 CPF

$$\text{CPF} = \frac{c_s}{c_b} = K_p \exp\frac{Q_p}{Q_{favg}} = K_p \exp\frac{2R_i}{2 - R_i} \tag{4-59}$$

式中，c_s 为膜表面盐浓度；K_p 为与元件构型有关的常数；R_i 为膜元件回收率。
对 1m 长的元件，18% 回收率时，CPF 取 1.2。

(10) 膜元件产水量 Q_p

$$Q_p = Q_{ps} \times \text{TCF} \times \frac{\text{NDP}_f}{\text{NDP}_s} = AS\,\text{NDP} \tag{4-60}$$

式中，Q_{ps} 为标准条件下的产水量；TCF 为温度校正因子；NDP_f 为现场条件下的净驱动压力；NDP_s 为标准条件下的净驱动压力；S 为膜面积。

（11）温度校正因子 TCF

$$TCF = \exp\left[K_t \left(\frac{1}{273+T} - \frac{1}{298} \right) \right] \tag{4-61}$$

式中，K_t 为与膜材料有关的常数。产水量的温度校正因子见表 4-20。

表 4-20　产水量的温度校正因子（TFC）[①]

温度/℃	校正因子		温度/℃	校正因子	
	CA 膜	TFC 膜		CA 膜	TFC 膜
5	0.590	0.534	23	0.956	0.943
6	0.609	0.552	24	0.978	0.971
7	0.628	0.571	25	1.000	1.000
8	0.647	0.590	26	1.024	1.030
9	0.666	0.609	27	1.046	1.060
10	0.685	0.630	28	1.068	1.091
11	0.705	0.651	29	1.092	1.122
12	0.725	0.672	30	1.115	1.155
13	0.745	0.693	31	1.139	1.188
14	0.765	0.716	32	1.161	1.221
15	0.786	0.739	33	1.186	1.256
16	0.806	0.762	34	1.210	1.292
17	0.827	0.786	35	1.235	1.328
18	0.848	0.810	36	1.260	1.364
19	0.869	0.836	37	1.286	1.403
20	0.890	0.861	38	1.313	1.441
21	0.912	0.888	39	1.339	1.479
22	0.934	0.915	40	1.366	1.520

① 仅供参考，不同公司、不同膜型号的值不同。

（12）产水盐度 c_p

$$c_p = c_f \times CF \times S_{ps} \frac{NDP_s}{NDP_f} \tag{4-62}$$

式中，S_{ps} 为标准条件下的 S_p。

（13）系统平均渗透压

$$\pi_{avg} = \pi_f \ln \frac{\dfrac{1}{1-R}}{R} \tag{4-63}$$

4.6.5　工艺流程及其特征方程[54,55]

反渗透装置是由其基本单元——组件以一定的配置方式组装而成。装置的流程根据应用对象和规模的大小，通常可采用连续式、部分循环式和循环式三类。

由反渗透装置的物料平衡和透过（产）水、浓水的浓度与进水浓度的关系式，可导出各种流程的特征方程。

4.6.5.1　连续式—分段式（浓水分段）

（1）流程简要说明　这种流程如图 4-26 所示。将前一段的浓水作为下一段的进水，最后一段的浓水排放废弃，而各段产水汇集利用。这一流程适用于处理量大、回收率高的应用场合。通常苦咸水的淡化和低盐度水或自来水的净化均采用该流程。

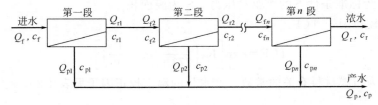

图 4-26　分段式反渗透流程

Q 和 c 分别为流量和浓度；下标 f、p 和 r 分别指进水、
产水和浓水；下标 $1, 2, \cdots, n$ 为段号

（2）特征方程

① 装置及其各段的进水流量 Q_f、Q_{fi}

通式：

$$Q_{fi} = Q_f \prod_{j=0}^{i-1}(1-R_i) = \frac{Q_p}{R}\prod_{j=0}^{i-1}(1-R_i) \quad (\text{设}\ i=1,2\cdots,n; R_0=0) \qquad (4\text{-}64)$$

通常采用二段式的流程，于是：

$$Q_{f1} = Q_f = \frac{Q_p}{R} \qquad (4\text{-}65)$$

$$Q_{f2} = (1-R_1)Q_f = (1-R_1)\frac{Q_p}{R} \qquad (4\text{-}66)$$

式中，$R = \dfrac{Q_p}{Q_f}$ 和 $R_f = \dfrac{Q_{pj}}{Q_{fj}}$ 分别为装置和第 j 段的回收率。

② 装置及其各段的浓水流量 Q_r，Q_{ri}

通式：

$$Q_{ri} = Q_f \prod_{j=1}^{i}(1-R_j) = \frac{Q_p}{R}\prod_{j=1}^{i}(1-R_j) \quad (\text{设}\ i=1,2\cdots,n; R_0=0, Q_r=Q_n) \qquad (4\text{-}67)$$

二段式：

$$Q_{r1} = \frac{Q_p}{R}(1-R_1) \qquad (4\text{-}68)$$

$$Q_r = Q_{r2} = \frac{Q_p}{R}(1-R_1)(1-R_2) \qquad (4\text{-}69)$$

③ 装置的回收率 R 与其各段回收率 R_i、R_j 的关系

通式：

$$R = \sum_{i=1}^{n} R_i \prod_{j=1}^{i-1}(1-R_j) \quad (\text{设}\ R_0=0) \qquad (4\text{-}70)$$

二段式：

$$R = R_1 + (1-R_1)R_2 \qquad (4\text{-}71)$$

④ 装置及其各段的产水浓度 c_p，c_{pi}

通式：

$$c_p = \frac{\displaystyle\sum_{i=1}^{n}\left[\prod_{j=0}^{i-1}(1-R_j)\right]\left[1-(1-R_i)^{1-r_i}\right]\prod_{j=0}^{i-1}(1-R_j)^{-r_j}}{\displaystyle\sum_{i=1}^{n} R_j \prod_{j=0}^{i-1}(1-R_j)} c_f \quad (\text{设}\ R_0=0) \qquad (4\text{-}72)$$

式中，r_j 和 r_i 分别为 i 段和 j 段组件以进、出口积分平均进水浓度计的脱盐率。

二段式：

$$c_p = \frac{1-(1-R_1)^{1-r_1}+(1-R_1)^{1-r_1}\left[1-(1-R_2)^{1-r_2}\right]}{R_1+(1-R_1)R_2} c_f \tag{4-73}$$

通式：

$$c_{pi} = c_f \frac{1-(1-R_1)^{1-r_1}}{R_1} \prod_{j=0}^{i-1}(1-R_j)^{-r_j} \quad (\text{设 } R_0=0) \tag{4-74}$$

二段式：

$$c_{p1} = c_f \frac{1-(1-R_1)^{1-r_1}}{R_1} \tag{4-75}$$

$$c_{p2} = c_f (1-R_1)^{-r_1} \frac{1-(1-R_2)^{1-r_2}}{R_2} \tag{4-76}$$

⑤ 装置及其各段的浓水浓度 c_r，c_{ri}

通式：

$$c_{ri} = c_r \prod_{j=1}^{i}(1-R_i)^{-r_j} \quad (\text{设 } i=1,2,\cdots,n; R_0=0; c_r=c_{rc}) \tag{4-77}$$

二段式：

$$c_{r1} = c_r(1-R_1)^{-r_1} \tag{4-78}$$

$$c_r = c_{r2} = c_r(1-R_1)^{-r_1}(1-R_2)^{-r_2} \tag{4-79}$$

4.6.5.2 连续式—分级式（产水分级）

（1）流程简要说明　分级式流程通常为二级。为了提高其回收率或产水水质，将浓度低于装置进水的第二级浓水返回至第一级进口处与装置进水相混合作为第一级进水；第一级产水作为第二级进水；第二级产水就是装置的产水；第一级浓水排放废弃。其流程如图 4-27 所示。

图 4-27 中，Q 和 c 分别为流体的流量和浓度；其下标 f、p 和 r 分别为进水、产水和浓水；数字 1 和 2 分别指第一级和第二级。

该流程通常用于下列情况。

① 原水含盐量特别高，一级反渗透难以得到稳定的产水水质如特别高浓度的海水淡化；

② 水源时常受海水倒灌的影响，仅以常规的一级分段式反渗透不适应这种情况，需考虑其临时变换成应急的二级反渗透的多功能流程；

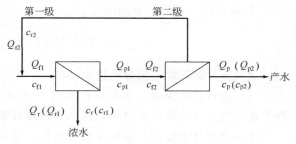

图 4-27　第二级浓水循环的二级反渗透流程

③ 当一级反渗透达不到最终产水的水质（如电导或电阻率）指标时，二级反渗透可以省去通常的离子交换而能达到上述水质指标，且简化了水处理系统的流程和操作。

（2）特征方程

① 装置的进水流量 Q_f

$$Q_f = \frac{1-R_1(1-R_2)}{R_1 R_2} Q_p \tag{4-80}$$

② 装置（第一级）的浓水流量 $Q_r(Q_{r1})$

$$Q_r = Q_{r1} = (1-R_1)\frac{Q_p}{R_1 R_2} \tag{4-81}$$

③ 第二级浓（循环）水的流量 Q_{r2}

$$Q_{r2} = \frac{(1-R_2)}{R_2}Q_p \tag{4-82}$$

④ 装置的回收率 R 与第一级、第二级的回收率 R_1、R_2 的关系

$$R = \frac{Q_p}{Q_f} = \frac{R_1R_2}{1-R_1(1-R_2)} \tag{4-83}$$

⑤ 装置的进水浓度 c_f

$$c_f = \frac{1-[1-(1-R_1)^{1-r_1}](1-R_2)^{1-r_2}}{[1-(1-R_1)^{1-r_1}][1-(1-R_2)^{1-r_2}]} \times \frac{R_1R_2}{1-R_1(1-R_2)c_p} \tag{4-84}$$

式中，r_1 和 r_2 分别为以第一级、第二级组件的进、出口平均浓度计的第一级和第二级组件的脱盐率。

⑥ 第一级进水浓度 c_{f1}

$$c_{f1} = \frac{R_1}{1-(1-R_1)^{1-r_3}} \times \frac{R_2}{1-(1-R_2)^{1-r_2}}c_p \tag{4-85}$$

⑦ 第一级产水浓度 c_{p1}（即第二级进水浓度 c_{f2}）

因为 $c_{p2} = c_p$

$$c_{p1} = c_{f2} = \frac{R_2}{1-(1-R_2)^{1-r_2}}c_{p2} \tag{4-86}$$

$$= \frac{R_2}{1-(1-R_2)^{1-r_2}}c_p$$

⑧ 装置（第一级）的浓水浓度 $c_r(c_{r1})$

$$c_{r1} = c_r = (1-R_1)^{-r_1}\frac{R_1}{1-(1-R_1)^{1-r_1}} \times \frac{R_2}{1-(1-R_2)^{1-r_2}}c_p \tag{4-87}$$

⑨ 第二级（循环）水的浓度 c_{r2}

$$c_{r2} = (1-R_2)^{-r_2}\frac{R_2}{1-(1-R_2)^{1-r_2}}c_p \tag{4-88}$$

4.6.5.3 部分循环式—部分透过水循环

（1）流程简要说明　这种流程如图 4-28 所示，部分透过水循环至装置进口处与其原始的进水相混合作为装置的进水，浓水连续排放废弃，部分透过水作为产水收集。

这一流程便于控制产水的水质和水量，适用于水源水质经常波动、在反渗透浓水中有可能出现微溶盐（如 $CaCO_3$ 和 $CaSO_4$ 等）沉淀和在无加温条件下要求连续额定产水量等小规模应用的情况。

Q 和 c 分别为流体的流量和浓度；下标 f、p 和 r 分别指原（进）水、透过水和浓水；下标 fm、pc 和 pp 分别指混合进水、循环透过水和产水。

（2）特征方程

① 装置的原（进）水流量 Q_r

$$Q_r = \frac{1}{R(1+K_f)-K_f}Q_{pp} \tag{4-89}$$

R 为以混合进水流量计算的回收率，其值为

$$R = \frac{Q_p}{Q_{fm}}$$

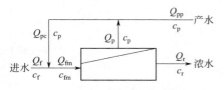

图 4-28　部分透过水循环的反渗透流程

式中，K_f 为透过水循环率，其值为 $K_f = \dfrac{Q_{pc}}{Q_f}$。

② 装置的进（混合）水流量 Q_{fm}

$$Q_{fm} = \frac{1+K_f}{R(1+K_f)-K_f} Q_{pp} \tag{4-90}$$

③ 装置的透过水循环量口 Q_{pc}

$$Q_{pc} = \frac{K_f}{R(1+K_f)-K_f} Q_{pp} \tag{4-91}$$

④ 装置的透过水流量 Q_p

$$Q_p = \frac{R(1+K_f)}{R(1+K_f)-K_f} Q_{pp} \tag{4-92}$$

⑤ 装置的浓水流量 Q_r

$$Q_r = \frac{(1+K_f)(1-R)}{R(1+K_f)-K_f} Q_{pp} \tag{4-93}$$

⑥ 装置的回收率 R_f

$$R_f = (1+K_f)R - K_f \tag{4-94}$$

式中，R_f 为以原（进）水流量计算的回收率，其值为 $R_f = \dfrac{Q_{pp}}{Q_f}$。

⑦ 装置的进（混合）水浓度 c_{fm}

$$c_{fm} = c_f \frac{R}{R(1+K_f)-K_f[1-(1-R)^{1-r}]} \tag{4-95}$$

式中，r 为以组件进水的平均浓度计的脱盐率。

⑧ 装置的透过（产）水浓度 c_p

$$c_p = c_{fm} \frac{1(1-R)^{1-r}}{R} = c_f \frac{1-(1-R)^{1-r}}{R(1+K_f)-K_f[1-(1-R)^{1-r}]} \tag{4-96}$$

⑨ 装置的浓水浓度 c_r

$$c_r = c_{fm}(1-R)^{-r} = c_f \frac{R(1-R)^{-r}}{R(1+K_f)-K_f[1-(1-R)^{1-r}]} \tag{4-97}$$

4.6.5.4 部分循环式—部分浓缩液循环

（1）流程简要说明　如图 4-29 所示，在反渗透过程中，将连续加入的原料液与反渗透部分浓缩液相混合作为反渗透进料液，其余的浓缩液作为产品液连续收集；其透过液连续排放或重复利用。

这一流程用于某些料（废）液连续除溶剂（水）浓缩的应用场合，如废液的浓缩处理等。

（2）特征方程

① 装置的原料液流量 Q_f

$$Q_f = \frac{1}{1-R(1+K_r)} Q_{rp} \tag{4-98}$$

式中，K_r 为浓缩液的循环率，其值为 $K_r = \dfrac{Q_{rc}}{Q_f}$。

② 装置的进料液流量 Q_{fm}

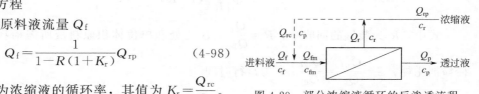

图 4-29　部分浓缩液循环的反渗透流程
（各符号的含义同图 4-28）

$$Q_{fm} = \frac{1+K_r}{R(1+K_r)-K_r} Q_{rp} \tag{4-99}$$

③ 装置的透过液流量 Q_p

$$Q_p = \frac{(1+K_r)R}{1-R(1+K_r)} Q_{rp} \tag{4-100}$$

④ 装置的浓缩循环液流量 Q_{rc}

$$Q_{rc} = \frac{K_r}{1-R(1+K_r)} Q_{rp} \tag{4-101}$$

⑤ 装置的浓缩液流量 Q_r

$$Q_r = \frac{(1+K_r)(1-R)}{1-R(1+K_r)} Q_{rp} \tag{4-102}$$

⑥ 装置的混合进料液浓度 c_{fm}

$$c_{fm} = c_f \frac{1}{1+K_r[1-(1-R)^{-r}]} \tag{4-103}$$

⑦ 装置的浓缩液浓度 c_r

$$c_r = c_{fm}(1-R)^{-r} = c_f \frac{(1-R)^{-r}}{1+K_r[1-(1-R)^{-r}]} \tag{4-104}$$

⑧ 装置的透过液浓度 c_p

$$c_p = c_{fm} \frac{1-(1-R)^{-r}}{R} = c_f \frac{1-(1-R)^{1-r}}{R} \frac{1}{1+K_r[1-(1-R)^{-r}]} \tag{4-105}$$

4.6.5.5 循环式—补加稀释剂的浓缩液循环

（1）流程简要说明　如图 4-30 所示，在运行过程中，连续向原料液中补加相当于透过液流量的稀释剂，浓缩液全部循环，透过液连续排放，直至反渗透进料液的浓度达到预定的值时，作为成品收集，透过液排放或再利用。

这一流程用于溶液中物质的分离，产品有较高的得率和纯度。

图 4-30 中，Q_0 和 c_{f0} 分别为原液的体积和浓度；Q_w、Q_{fm}、Q_p 和 Q_r 分别为稀释剂、进料液、透过液和浓缩液的流量；c_w、c_{fm}、c_p 和 c_r 分别为与上述料液相应的浓度。

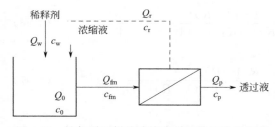

图 4-30　补加稀释剂的浓缩液循环的反渗透流程

（2）特征方程

① 进料（成品）液与原料液的浓度比率 $\dfrac{c_{fm}}{c_{f0}}$

$$\frac{c_{fm}}{c_{f0}} = \exp\left\{\frac{1}{R}[(1-R)^{1-r}-1]S\right\} \tag{4-106}$$

式中，R 为装置的回收率，$R = \dfrac{Q_p}{Q_{fm}}$；S 为处理单位体积原料液所需稀释剂的耗量，即稀释剂比耗，$S = \dfrac{Q_p t}{Q_0} = \dfrac{Q_w t}{Q_0}$；$t$ 为运行时间。

② 浓缩液的浓度 c_r

$$c_r = (1-R)^{-r}c_{fm} = c_{f0}(1-R)^{-r}\exp\left\{\frac{1}{R}[(1-R)^{1-r}-1]S\right\} \tag{4-107}$$

③ 透过液的浓度 c_p

$$c_p = c_{fm} \frac{1-(1-R)^{-r}}{R} = c_{f0} \frac{1-(1-R)^{-r}}{R} \exp\left\{ \frac{1}{R} \left[(1-R)^{1-r}-1 \right] S \right\} \tag{4-108}$$

④ 进料液流量 Q_{fm}

$$Q_{fm} = \frac{Q_0}{t} \frac{1}{(1-R)^{1-r}-1} \ln \frac{c_{fm}}{c_{f0}} \tag{4-109}$$

⑤浓缩（循环）液流量 Q_r

$$Q_r = Q_{fm}(1-R) = \frac{Q_0}{t} \frac{1-R}{(1-R)^{1-r}-1} \ln \frac{c_{fm}}{c_{f0}} \tag{4-110}$$

⑥ 稀释液、透过液的流量 Q_w、Q_p

$$Q_w = Q_p = Q_{fm}R = \frac{Q_0}{t} \frac{R}{(1-R)^{1-r}-1} \ln \frac{c_{fm}}{c_{f0}} \tag{4-111}$$

4.6.5.6 循环式—浓缩液循环

（1）流程简要说明　这种流程与图 4-30 相同。所不同的是补加的不是稀释剂而是原料液。其流量和浓度分别为 Q_f 和 c_{f0}。操作过程也与上述流程相同。这一流程用于溶质的浓缩和分离。

（2）特征方程

① 进料（成品）液与原料液的浓度比率 $\dfrac{c_{fm}}{c_{f0}}$

根据不同的运行时间反渗透过程的质量平衡可得下列微分式：

$$Q_0 \mathrm{d}c_{fm} = (c_{f0}Q_f - c_pQ_p)\mathrm{d}t \tag{4-112}$$

$$= Q_p(c_{f0} - c_p)\mathrm{d}t \quad (\because Q_f = Q_p) \tag{4-113}$$

反渗透的透过液、浓缩液的浓度与进料液浓度的关系：

$$c_p = \frac{1-(1-R)^{1-r}}{R} c_{fm} \tag{4-114}$$

$$c_r = (1-R)^{1-r} c_{fm} \tag{4-115}$$

将式（4-114）代入式（4-113），经变换和整理得：

$$\frac{\mathrm{d}\left(c_{f0} - \dfrac{1-(1-R)^{1-r}}{R} c_{fm} \right)}{c_{f0} - \dfrac{1-(1-R)^{1-r}}{R} c_{fm}} = \frac{1-(1-R)^{1-r}}{R} \frac{Q_p}{Q_0} \mathrm{d}t \tag{4-116}$$

将式（4-116）积分，并将边界条件（$t=0$ 时，$c_{fm}=c_{f0}$；$t=t$ 时，$c_{fm}=c_{fm}$）代入式（4-116）经整理后得：

$$\frac{c_{fm}}{c_{f0}} = \frac{R}{1-(1-R)^{1-r}} \left[1 - \left(1 - \frac{1-(1-R)^{1-r}}{R} \right) \exp\left(-\frac{1-(1-R)^{1-r}}{R} \frac{Q_p}{Q_0} t \right) \right] \tag{4-117}$$

② 浓缩液的浓度 c_r　由式（4-115）和式（4-117）得：

$$c_r = (1-R)^{1-r} c_{fm} = c_{f0}(1-R)^{-r} \frac{R}{1-(1-R)^{1-r}} \left[1 - \left(1 - \frac{1-(1-R)^{1-r}}{R} \right) \right.$$

$$\left. \exp\left(-\frac{1-(1-R)^{1-r}}{R} \frac{Q_p t}{Q_0} \right) \right] \tag{4-118}$$

③ 透过液的浓度 c_p　由式（4-114）和式（4-117）得：

$$c_p = \frac{1-(1-R)^{1-r}}{R}c_{fm} = c_{f0}\left[1-\left(1-\frac{1-(1-R)^{1-r}}{R}\right)\exp\left(-\frac{1-(1-R)^{1-r}}{R}\frac{Q_p}{Q_0}t\right)\right]$$

$$(4\text{-}119)$$

④ 原料液（透过液）的流量 Q_f（Q_p） 由式（4-117）得：

$$Q_f = Q_p = -\frac{R}{1-(1-R)^{1-r}}\frac{Q_0}{t}\ln\frac{1-\dfrac{1-(1-R)^{1-r}}{R}\dfrac{c_{fm}}{c_{f0}}}{1-\dfrac{1-(1-R)^{1-r}}{R}}$$

$$(4\text{-}120)$$

⑤ 进料液流量 Q_{fm}

$$Q_{fm} = \frac{Q_p}{R} = -\frac{1}{1-(1-R)^{1-r}}\frac{Q_0}{t}\ln\frac{1-\dfrac{1-(1-R)^{1-r}}{R}\dfrac{c_{fm}}{c_{f0}}}{1-\dfrac{1-(1-R)^{1-r}}{R}}$$

$$(4\text{-}121)$$

⑥ 浓缩液流量 Q_r

$$Q_r = (1-R)Q_{fm} = -\frac{1-R}{1-(1-R)^{1-r}}\frac{Q_0}{t}\ln\frac{1-\dfrac{1-(1-R)^{1-r}}{R}\dfrac{c_{fm}}{c_{f0}}}{1-\dfrac{1-(1-R)^{1-r}}{R}}$$

$$(4\text{-}122)$$

4.6.6　装置的组件配置和性能[54,55]

4.6.6.1　膜元（组）件的操作性能

膜的元（组）件的操作性能通常是指脱盐率和水通（流）量。

（1）膜元（组）件的脱盐率　在膜元（组）件中，膜的进水侧和产水侧的浓度沿流道不断发生变化，如图 4-31 所示。在此，c 和 Q 分别为流体的浓度和流量；其下标 f、p 和 r 分别是指进水、产水和排（浓）水；下标 $1,2,\cdots,n$ 表示沿流道的不同位置。

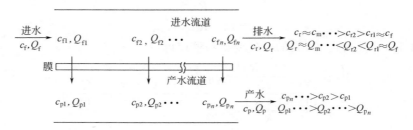

图 4-31　计算脱盐率的流道模型

由于进水中的水在压力下沿流道不断透过，其浓度由入口处的 c_f 变为出口处的 c_r，相应的产水浓度由入口处的 $(1-r)c_f$ 变为出口处的 $(1-r)c_r$。元（组）件的总产水浓度是沿流道不同位置的膜产水浓度的平均值，根据产水的质量平衡可得元（组）件总产水的浓度为：

$$\bar{c}_p = \frac{Q_{p1}c_{p1} + Q_{p2}c_{p2} + \cdots + Q_{pn}c_{pn}}{Q_p}$$

$$(4\text{-}123)$$

欲得到元（组）件真实的脱盐率 r，必须知道整个流道的积分平均浓度：

$$\bar{c}_f = c_f\frac{1-(1-R)^{1-r}}{(1-r)R}$$

$$(4\text{-}124)$$

和

$$\bar{c}_{\mathrm{p}}=c_{\mathrm{f}}\frac{1-(1-R)^{1-r}}{R}\qquad(4\text{-}125)$$

经变换可得：

$$r=1-\frac{\ln\left[1-\dfrac{\bar{c}_{\mathrm{p}}}{c_{\mathrm{f}}}R\right]}{\ln(1-R)}\qquad(4\text{-}126)$$

另外，组件的脱盐率与膜常数和平均有效压力的关系为：

$$r=\frac{A(\overline{\Delta p}-\overline{\Delta \pi})}{A(\overline{\Delta p}+\overline{\Delta \pi})+R}=\frac{1}{1+R/A(\overline{\Delta p}-\overline{\Delta \pi})}\qquad(4\text{-}127)$$

（2）膜元（组）件的水通量　在膜元（组）件中，膜两侧的压力和溶液的渗透压均沿流道不断地发生变化，不同位置膜的水通量亦不同，如图 4-32 所示。

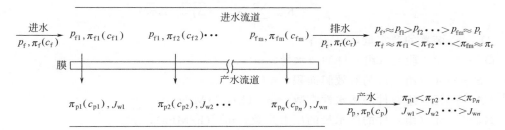

图 4-32　计算水通量的流道模型

图中，p、c 和 π 分别为压力（MPa）、浓度（mg/L）和渗透压（MPa）；符号的下标 f、p 和 r 分别指进水、产水和排水（浓水）；下标 $1,2,\cdots,n$ 指沿流道的不同位置。

若元（组）件的膜面积为 $S(\mathrm{m}^2)$，则其产水流量：

$$Q_{\mathrm{p}}=AS(\overline{\Delta p}-\overline{\Delta \pi})=K_{\mathrm{w}}(\overline{\Delta p}-\overline{\Delta \pi})\qquad(4\text{-}128)$$

式中，K_{w} 为元（组）件产水流速的压力系数。

4.6.6.2　装置组件的配置

装置内组件的配置原则是保持装置内各组件的平均流速（流量）大于或等于规格元（组）件在标准测试条件下的值，从而使装置的浓差极化度不大于其元（组）件的浓差极化度。这样，在其他操作条件如进水的组成和浓度、压力和温度等相同时，可由规格元（组）件的性能推知装置的性能。

为此，无论是分段式（浓水分段）还是分级式（产水分级）流程的装置均应逐段或逐级减少并联组件数，即所谓锥形排列。图 4-33 和图 4-34 分别为分段式（二段）和分级式（二级）的装置内各段或各级组件的分配比为 2∶1 的流程。

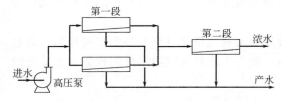

图 4-33　分段式（二段）锥形排列的装置

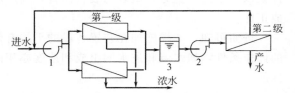

图 4-34　分级式（二级）锥形排列的装置
1,2—高压泵；3—中间水箱

4.6.6.3 装置的性能

装置的性能通常是指初始时的产水量和脱盐率。装置的上述性能取决于其规格元（组）件的性能、数量（仅对产水量而言）、配置以及操作参数。

水处理方面通常采用分段式或分级式流程的装置。前者的应用最为普遍，在此述及的为该流程装置的性能。

（1）产水量　装置的产水性能通常为产水量 Q_p

$$Q_p = \sum_{i=1}^{n} Q_{pi} \tag{4-129}$$

$$= SA \sum_{i=1}^{n} (\overline{\Delta p} - \overline{\Delta \pi}) \tag{4-130}$$

$$= K_w \sum_{i=1}^{n} N_{mi} (\overline{\Delta p_i} - \overline{\Delta \pi_i}) \tag{4-131}$$

式中　Q_p——装置的产水量，m^3/h；

　　Q_{pi}——第 i 段元（组）件的产水量，m^3/h；

　　S——元（组）件的有效膜面积，m^2；

　　A——元（组）件的透水性常数，$m^3/(h \cdot m^2 \cdot MPa)$；

　　K_w——元（组）件的产水量的压力系数，$m^3/(h \cdot MPa)$；

　　N_{mi}——第 i 段元（组）件数；

　　$\overline{\Delta p_i}$——第 i 段元（组）件的平均操作压力差，MPa；

　　$\overline{\Delta \pi_i}$——第 i 段元（组）件膜两侧溶液的平均渗透压差，MPa。

（2）脱盐率　将描述元（组）件脱盐性能的式（4-127）中的 A 以 $\dfrac{K_w}{S}$ 代之，可得装置的脱盐率方程

$$r = \cfrac{1}{1 + B / \cfrac{\cfrac{K_w}{S} \sum_{i=1}^{n} N_{mi}(\overline{\Delta p_i} - \overline{\Delta \pi_i})}{S \sum_{i=1}^{n} N_{mi}}} \tag{4-132}$$

式中　B——元（组）件的透盐性常数，m/h；

$S \sum_{i=1}^{n} N_{mi}$——装置的元（组）件总数。

由式（4-131）可知，装置的产水量 Q_p 取决于元（组）件的膜常数 K_w 和各段的元（组）件数 N_{mi} 与相应的平均有效压力（$\overline{\Delta p_i} - \overline{\Delta \pi_i}$）乘积的加和。就特定规格的元（组）件数以一定的配置方式组装的装置而言，其产水量与施加在各段元（组）件的平均有效压力成正比。

进而可知，如果施加在装置各段的平均有效压力与其规格元（组）件测试时相当，其他的操作条件，如水温和进水的组成和浓度亦相同，则可由规格元（组）件的性能推知装置的性能。

4.6.7　基本设计内容和过程[51~54]

一些大的膜公司都有各自的一整套软件，供工程设计用，要求既保证产水的产量和质

量，又保证浓水有一定流速和浓度范围，以减少污染和结垢，实现长期安全、经济的运行。

（1）给出设计限制范围　这包括不同进水时的平均水通量、水通量年下降百分率、不同膜类型的盐透过率、盐透过的年增长率、浓水中难溶盐的饱和极限、饱和指数的限度、元件最大进水和最低浓水流速等。

（2）设计的具体要求　设计的目的是给定系统参数，它将产生最有效的成本设计和经济操作。通常是在尽可能高的回收率下，生产所需的水质和水量。主要系统参数：操作压力、回收率、产水水质、产水水量、平均水通量、反渗透单元（膜元件数、排列方式和操作模式）等。

（3）基本设计过程

① 设定计量单位：包括压力、流速、通量、浓度、温度。

② 建立新的进水记录（工程名称、代号等），输入新数据：进水水质、水源类型、组成、离子浓度、pH、温度、浊度、SDI、H_2S、Fe、SiO_2、TOC、TDS、电导率、渗透压。

③ 数据计算和转换：计算渗透压、离子强度、结垢盐的饱和值，比较进水阴、阳离子当量平衡，误差在 10% 以内，存盘。

④ 根据进水，设置预处理，达到所要求的 SDI。

⑤ 输入回收率，确立难溶盐的浓度限制［浓水 pH、LSI（Langelier 饱和指数）、离子强度、HCO_3^-、CO_3^{2-}、CO_2、总碱度］，确定调 pH 或加防垢剂。

⑥ 选择膜元件类型，结合进水，确立盐透过的年增长率、水通量、水通量的年下降百分率等。

⑦ 输入产水流速，根据膜元件的面积和水通量可知膜的元件数、压力容器数等；据回收率等可初步给出压力容器排列和段（级）数。

⑧ 总计算程序为一重复计算，原则是进水压力满足回收率。先计算第一个元件的性能，其浓水为第二个元件的进水，计算第二个元件性能……将所有渗透水相加，与目标值比较，据此调节进水压力，直到收敛为所要求的压力和回收率，同时满足各限制范围要求。

⑨ 计算结果

a. 显示流量、压力、水通量、β 系数、产水水质、浓水饱和度；b. 超出设计限制时报警显示；c. 结果输出到打印机；d. 图形显示系统流程，操作压力、产水水质、回收率、温度等之间曲线；e. 给出能耗和系统经济成本，据泵的压力、流量、回收率、效率和电机效率，得出电机功率；据输入的投资、材料、劳务费用，再根据设计部分的有关资料（产水量、功耗、膜元件、试剂用量等），可计算产水的成本。

⑩ 设计最佳化和设计选择

a. 基本设计；b. 渗透水与部分进水混合；c. 渗透水节流；d. 设置级间泵；e. 部分浓水循环；f. 二级（二段）RO 系统；g. 后处理：pH 调节和脱气等。

（4）RO 系统设计的初步估算[51~55]　在无计算机软件的情况下，或为了先对项目有一简要的把握，可根据上述基本设计过程简要进行。

① 水源类型、水质、所需的预处理。

② 产水量、回收率、进水预处理。

③ 选择膜元件类型，计算所需元件的数量（加安全系数 0.8）。

$$N_e = \frac{Q_p}{q_{max} \times 0.8}$$

式中，N_e 为元件数目；Q_p 为产水量；q_{max} 为元件最大产水量。

④ 确定压力容器数，根据回收率等确定排列方式：

$$N_v = \frac{N_e}{n}$$

式中，N_v 为压力容器数目；n 为每个容器中元件数，通常其二段排列容器比为 $2:1$，三段排列容器比为 $4:2:1$。

⑤ 检验进水和最后浓水是否符合最高进水和最低排水量的要求。

4.7 反渗透和纳滤系统及运行

4.7.1 预处理系统[13,32,36,47,55～61]

进水的种类很多，有各种天然水、市政水和工业废水等，其成分复杂，在反渗透和纳滤过程中会产生沉淀、污染膜、损伤膜等，为了确保反渗透和纳滤过程的正常进行，必须对进水进行预处理。预处理的目的通常为：

① 除去悬浮固体，降低浊度；

② 抑制和控制微溶盐的沉淀；

③ 调节和控制进水的温度和 pH；

④ 杀死和抑制微生物的生长和除去氧化剂等；

⑤ 去除各种有机物；

⑥ 防止铁、锰等金属氧化物和二氧化硅的沉淀等。

只有认真地预处理，使进水水质符合反渗透和纳滤过程要求，过程才能正常进行，很少污染、很少清洗、很少事故、膜寿命长、产水水质好。若预处理达不到过程要求，则后果严重。

4.7.1.1 除去悬浮固体和胶体，降低浊度

悬浮固体包括淤泥、铁的氧化物和腐蚀产物、MnO_2、与硬度有关的沉淀物、$Al(OH)_3$ 絮凝物、SiO_2、微细沙石、硅藻、细菌、有机胶体等。其中胶体最难处理，大多数胶体是荷电的，其同性电荷排斥而稳定地悬浮于水中，稳定的胶体其 Zeta 电位多大于 $-30mV$，当这类胶体凝结在膜表面上时，则引起膜的污染，其凝结速率方程为

$$\frac{-dn}{dt} = K_2 n^2 \tag{4-133}$$

式中，K_2 为凝结速度常数；n 为胶体的浓度。

污染速度与胶体浓度的平方成正比。反渗透预处理中采用淤塞密度指数（SDI）来判断进水的好坏，SDI 就是胶体和微粒浓度的一种量度。它是进水在 207kPa 的压力下，通过 $0.45\mu m$ Millipore 滤膜的淤塞速率推算出来的。通常反渗透要求进水的 SDI<3。井水的 SDI<1，故不必进行胶体的预处理，地表水的 SDI 在 $10\sim175$，需认真进行针对性的预处理。

（1）SDI 的测定

① 设备建立

a. 如图 4-35 组装设备；

b. 连接该设备到工作管路上；

c. 调节压力到 207kPa，准备测试。

② 测试流程

a. 测定进水温度；

b. 开排气阀放空滤器中全部空气，之后关闭排气阀；

c. 在滤器下放置一只 500mL 带刻度量筒，准备收集滤过水；

d. 开球阀，测定收集 500mL（或 100mL）水样所需时间，并使水继续流动；

e. 15min 后（或 5min、10min 后），再测定收集 500mL（或 100mL）水样所需时间；若取 100mL 水样时间大于 60s，表明淤塞太大，不必测试了；

f. 再测水温，前后变化不得大于 1℃；

g. 卸掉装置。

③ 计算

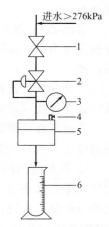

图 4-35　SDI 测定装置
1—阀门；2—压力调节器；
3—压力表；4—放气阀；
5—滤器；6—量筒

$$\text{SDI} = \frac{p_{30}}{T_t} = 100\left(1 - \frac{T_i}{T_f}\right) \Big/ T_f \qquad (4\text{-}134)$$

式中　p_{30}——在 207kPa 下的淤塞指数；

T_t——总的测试时间，通常取 15min；

T_i——最初收集 500mL 水样所需时间，s；

T_f——T_t 后（15min 后）收集 500mL 水样所需时间，s。

（2）除去悬浮物和胶体的方法

① 在线絮凝-多介质过滤　在原水中投加絮凝剂，经有效的混合，再通过压力式多介质滤器除去形成的微絮凝体，其效果取决于絮凝剂的种类、浓度、合适的混合和停留时间等，这应经现场试验，最终优化。同时应严格监控，据实际情况进行调整，压力式在线絮凝-过滤系统如图 4-36 所示。絮凝剂有 $FeCl_3$、明矾、聚合氯化铝和聚电解质，聚电解质有阳离子、阴离子或非离子型。使用铝剂应注意，其絮凝物在 pH 6.5～6.7 有最小的溶解度；聚阳离子絮凝剂优点在于形成的絮凝物少，在过滤时不会破碎，对 pH 的要求不太严格等，但应严格控制剂量，若过量会对膜造成不可逆的损伤。聚阳离子絮凝剂的美国产品有 Cyanamid's Magnifroc[R] 570 系列（570C，572C，573C，575C 和 577C），国产

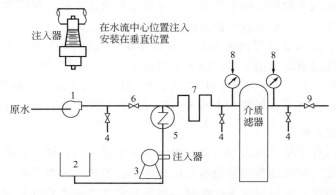

图 4-36　压力式在线絮凝-过滤系统
1—增压泵；2—加药槽；3—计量泵；4—取样阀；5—止回阀；
6—节流阀；7—混合器；8—压力计；9—流量控制阀

的有 ST 等。

当使 Zeta 电位接近于零时的投加量为最佳投药量，此时 SDI 最低。对铁剂和铝剂，通常投药量为 10～30mg/L，聚阳离子絮凝剂为 2～4mg/L。可以单独投加，也可用混合絮凝剂，如（5∶1）～（2∶1）的铝剂和聚阳离子絮凝剂。

过滤介质的选择也是很关键的，AG^R（一种无水硅酸铝）、海绿砂、砂-无烟煤（双介质）和多介质（可多达 5 种）等是效果良好的过滤介质。

典型的在线絮凝过程包括在原料水中投入絮凝剂，有效地混合以及直接通过压力式介质滤器除去形成的微絮凝体。过滤的细节参见常用的水处理手册。

② 微滤（MF）和超滤（UF）（参阅微滤和超滤有关部分）　MF 和（或）UF 法预处理的优点是：除去范围宽，包括胶体在内；可连续操作、性能优良、出水水质好，对高压泵和反渗透的保护性好；少用或不用药剂，物理消毒安全；投资、占地少、人工省等。连续微滤（CMC）多用孔径 0.2μm 的聚丙烯中空纤维组件，用两套可自动清洗的装置即可连续生产，浊度可从 32NTU 降至 0.3；COD 从 12.8mg/L 降至 3.3mg/L；大肠杆菌从 126/mL 降至 0/mL。

连续超滤，则用截留相对分子质量（MWCO）5 万的中空纤维组件制成的装置进行，水质比 CMC 的还好，浊度＜0.2NTU，SDI＜1，但水的回收率比 CMC 低。

4.7.1.2　微生物污染和防治

进水是生物污染来源之一，在传递过程中，微生物也向膜面迁移并吸附在膜上进行繁殖；过量的絮凝剂，如 SHMP，是营养物质，会促进微生物繁殖；氯会使腐殖酸分解，也变为营养物质；油和烃类也是易引起微生物生长的……

微生物污染会形成致密凝胶层，会吸附高浓度的离子，使浓差极化更严重，降低流动混合效果，同时由于酶的作用也会促进膜的降解和水解。该过程是缓慢的，表现在通量逐渐下降、脱除率逐渐下降和压降的逐渐增加。

浓水中总细菌数的迅速增加是微生物污染的特征之一，对完全失效膜进行剖析，分析细菌数量、品种以及 TOC、蛋白、ATP 和糖等可证实微生物污染的存在。

引起微生物污染的原因主要有：进水预处理不良、温度高、SDI 高、有机和无机营养物浓度高和残存大量细菌等；实际管路过长、透光、有死角、有裂缝、有非消毒部分等；操作中不经常检测、低流速、长期存放和使用已污染的试剂等。

杀菌消毒是防止微生物污染的主要方法，一般是用氯化杀菌，在反渗透单元前的系统中水的余氯应保持在 0.5～1mg/L 即可防止微生物繁殖。

对芳香族聚酰胺膜（复合膜或不对称中空纤维等），其耐氯性差，应以活性炭或（和）亚硫酸氢钠脱氯，使之满足使用要求，如使余氯浓度＜0.1mg/L 等。

醋酸纤维素类膜，在 0.2～0.5mg/L 的余氯和 pH＝6 的条件下，膜寿命可达 3 年之久，而在无游离氯的进水条件下，细菌在十多天内即可使膜完全失效，这点应特别注意。

4.7.1.3　微溶盐沉淀的控制

水垢是反渗透过程中最普遍的膜污染。由于水不断透过膜，使膜的进水中的那些微溶盐在浓水中超过其溶度积而沉淀析出导致水垢的产生。当苦咸水为水源时，碳酸钙和硫酸钙是最普遍存在的沉淀析出，而以海水为水源时，通常只考虑碳酸钙的沉淀析出。若微溶盐的浓度超过其溶度积时，可采取下列方法处理：①降低回收率，避免浓水超过溶度积；②离子交换软化除去钙（镁）离子，但对高碱度的水和大工程，此法不经济；③加酸除去进水中的碳酸根和重碳酸根；④添加防垢剂，如六偏磷酸钠（SHMP）或其他新型防垢剂，抑制硫酸钙等微溶盐的沉淀。

实际应用中，多用加酸和加防垢剂相结合的方法。

（1）碳酸钙沉淀的判断和防止 由于反渗透过程中膜对 CO_2 的透过率几乎为 100%，而对于 Ca^{2+} 的透过率很低，一旦进水被反渗透浓缩时，在膜的浓水中 pH 值升高和 Ca^{2+} 浓度增加；另外，pH 值上升又会使水中 HCO_3^- 的比例增加。这样，在反渗透过程中，在膜上会产生碳酸钙沉淀。其化学反应为：

$$Ca(HCO_3)_2 \longrightarrow CaCO_3 \downarrow + CO_2 \uparrow + H_2O$$

天然水源作为反渗透进水时，在浓水中多半发生碳酸钙沉淀的问题，需要加以判断和防止。通常有两种判断碳酸钙沉淀的方法。对苦咸水和城市自来水为反渗透水源时，采用 Langelier 饱和指数（LSI）法；而对于海水，采用 Stiff 和 Davis 稳定指数（S & DSI）法。

为了上述的判断和防止碳酸钙沉淀，需要作如下假设：浓水的温度等于进水的温度；浓水中的离子强度等于进水的离子强度乘以浓缩因子（CF）。

$$CF = \frac{1}{1-R} \tag{4-135}$$

式中，R 为以分数表示的组件或装置的回收率。该式是偏于保守的，这是因为某些离子透过膜，计算的 CF 值偏高。

浓水中的钙、钡、锶、硫酸根、硅和氟化物的浓度等于进水中的相应值乘以 CF。

浓水中的重碳酸根则以下列方程计算

$$[HCO_3^-]_r = CF[HCO_3^-]_f \tag{4-136}$$

$$CF = \frac{1 - RS_{P_{HCO_3^-}}}{1-R}$$

式中 $[HCO_3^-]_r$——浓水中 HCO_3^- 的浓度，mg/L（以 $CaCO_3$ 计）；

   CF——HCO_3^- 的浓缩因子；

   $[HCO_3^-]_f$——进水中 HCO_3^- 的浓度，mg/L（以 $CaCO_3$ 计）；

   $S_{P_{HCO_3^-}}$——在回收率为 R 时以分数表示的 HCO_3^- 的透过率。

HCO_3^- 是 pH 敏感离子，在不同的 pH 值下，其透过率 S_p 或脱除率 r 不同，图 4-37 所示为有关资料报道的 HCO_3^- 脱除率与进水 pH 值变化范围的现场数据。

二氧化碳和其他任何气体几乎全透过膜。因此，浓水中的二氧化碳浓度等于进水中的相应浓度。同样，透过（产）水中二氧化碳的浓度也是如此。

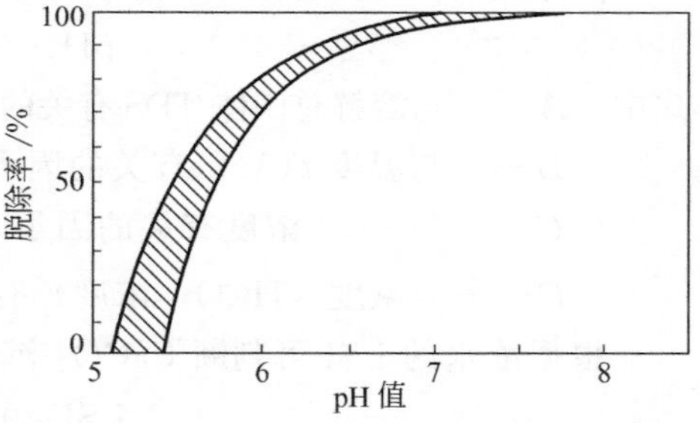

① Langelier 饱和指数判断法 Langelier 在 20 世纪 30 年代推导了计算饱和 pH（pH_s）的方程式（4-137）。在此 pH_s 时，$CaCO_3$ 既不溶解也不沉淀。

图 4-37 HCO_3^- 脱除率与进水 pH 值的关系

$$pH_s = \lg \frac{K_{sp}}{K_2} - \lg[Ca^{2+}]_s - \lg[HCO_3^-]_s \tag{4-137}$$

式中　K_{sp}——$CaCO_3$ 的溶度积；

　　　K_2——H_2CO_3 的第二离解常数；

　　$[Ca^{2+}]_s$——饱和状态时 Ca^{2+} 的浓度；

　$[HCO_3^-]_s$——饱和状态时 HCO_3^- 的浓度。

当 pH≤8.5 时，HCO_3^- 浓度近似等于甲基橙（总）碱度（图 4-38）。而平衡常数 K_{sp} 和 K_2 与温度和溶解总固体或离子强度有关。通常由式（4-137）派生出来的式（4-139b）和表 4-21 所列的有关因子来计算 pH$_s$。

Langelier 饱和指数的定义

$$LSI = pH_r - pH_s \qquad (4\text{-}138)$$

式中，pH$_r$ 为浓水的 pH，其值为：

$$pH_r = 6.30 + \lg R_r \qquad (4\text{-}139a)$$

$$R_r = \frac{[HCO_3^-]_r}{[CO_2]_r}$$

$[HCO_3^-]_r$ 以 $CaCO_3$ 计，mg/L；$[CO_2]_r$ 以 CO_2 计，mg/L。

pH$_r$ 可由式（4-139a）或图 4-39 得到。

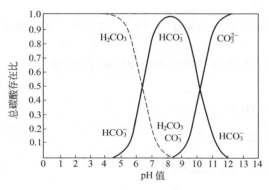

图 4-38　pH 值的变化与
CO_3^{2-}、HCO_3^-、H_2CO_3 的关系

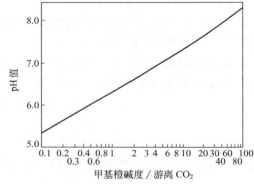

图 4-39　HCO_3^- 碱度与 CO_2 的
比率对 pH 值的影响

pH$_s$ 为 $CaCO_3$ 饱和时水的 pH 值，其值为：

$$pH_s = 9.3 + A + B - (C + D) \qquad (7\text{-}4\text{-}139b)$$

式中　A——与溶解总固体 TDS 有关的因子，$A = (\lg[TDS] - 1)/10$，$[TDS]$ 单位为 mg/L；

　　　B——与温度 t(℃) 有关的因子，$B = -13.2\lg(t + 273) + 34.55$；

　　　C——与 Ca^{2+} 浓度有关的因子，$C = \lg[Ca^{2+}_{作为CaCO_3}] - 0.4$，$[Ca^{2+}]$ 单位为 mol/L。

　　　D——与碱度（HCO_3^- 浓度）有关的因子，$D = \lg[碱度_{作为CaCO_3}]$，碱度单位为 mol/L。

根据浓水的 LSI 可判断 $CaCO_3$ 沉淀的可能性如下：

　　　　　LSI＞0　　　　　　　沉淀

　　　　　LSI＝0　　　　　　　饱和状态

　　　　　LSI＜0　　　　　　　溶解

若进水中添加防垢剂，如六偏磷酸钠（SHMP），可使浓水的 LSI≤1 时不会发生 $CaCO_3$ 沉淀，不然就得加酸调节 pH 使 LSI＜0。通常取 LSI＜-0.2（不加 SHMP）或 LSI＜0.5（加 10mg/L SHMP）。

表 4-21　计算 Langelier 饱和指数的因子——A、B、C 和 D

$A \sim TDS/(mg/L)$

50	0.07	1000	0.20
75	0.08	2000	0.23
100	0.10	3000	0.25
150	0.11	4000	0.26
200	0.13	5000	0.27
300	0.14	6000	0.28
400	0.16		
600	0.18		
800	0.19		

$B \sim t/°F$

		单位				
		0	2	4	6	8
10位数	30		2.60	2.57	2.54	2.51
	40	2.48	2.45	2.43	2.40	2.37
	50	2.34	2.31	2.28	2.25	2.22
	60	2.20	2.17	2.14	2.11	2.09
	70	2.06	2.04	2.03	2.00	1.97
	80	1.95	1.92	1.90	1.88	1.86
	90	1.84	1.82	1.80	1.78	1.76
	100	1.74	1.72	1.71	1.69	1.67
	110	1.65	1.64	1.62	1.60	1.58
	120	1.57	1.55	1.53	1.51	1.50
	130	1.48	1.46	1.44	1.43	1.41
	140	1.40	1.38	1.37	1.35	1.34
	150	1.32	1.31	1.29	1.28	1.27
	160	1.26	1.24	1.23	1.22	1.21
	170	1.19	1.18	1.17	1.16	

$C \sim [Ca^{2+}]$ （以 $CaCO_3$ 计，mg/L）
1～200 上表，210～990 下表

		单位								
		0	1	2	3	4	5	6	7	8	9
10位数	0				0.08	0.20	0.30	0.38	0.45	0.51	0.56
	10	0.60	0.64	0.68	0.72	0.75	0.78	0.81	0.83	0.86	0.88
	20	0.90	0.94	0.92	0.96	0.98	1.00	1.02	1.03	1.06	1.05
	30	1.08	1.09	1.11	1.12	1.13	1.15	1.16	1.17	1.18	1.19
	40	1.20	1.21	1.23	1.24	1.25	1.26	1.26	1.27	1.28	1.29
	50	1.30	1.31	1.32	1.33	1.34	1.34	1.35	1.36	1.37	1.37

$C \sim [Ca^{2+}]$ （以 $CaCO_3$，计 mg/L）
1～200 上表，210～990 下表

		单位								
		0	1	2	3	4	5	6	7	8	9
10位数	60	1.38	1.39	1.39	1.40	1.41	1.42	1.42	1.43	1.43	1.44
	70	1.45	1.45	1.46	1.47	1.47	1.48	1.48	1.49	1.49	1.50
	80	1.51	1.51	1.52	1.52	1.53	1.53	1.54	1.54	1.55	1.55
	90	1.56	1.56	1.57	1.57	1.58	1.58	1.58	1.59	1.59	1.60
	100	1.60	1.61	1.61	1.61	1.62	1.62	1.63	1.63	1.64	1.64
	110	1.64	1.65	1.65	1.66	1.66	1.66	1.67	1.67	1.67	1.68

续表

		单位									
		0	1	2	3	4	5	6	7	8	9
10位数	120	1.68	1.68	1.69	1.69	1.70	1.70	1.70	1.71	1.71	1.71
	130	1.72	1.72	1.72	1.73	1.73	1.73	1.74	1.74	1.74	1.75
	140	1.75	1.75	1.75	1.76	1.76	1.76	1.77	1.77	1.77	1.78
	150	1.78	1.78	1.78	1.79	1.79	1.79	1.80	1.80	1.80	1.80
	160	1.81	1.81	1.81	1.81	1.82	1.82	1.82	1.82	1.83	1.83
	170	1.83	1.84	1.84	1.84	1.84	1.85	1.85	1.85	1.85	1.85
	180	1.86	1.86	1.86	1.86	1.87	1.87	1.87	1.87	1.88	1.88
	190	1.88	1.88	1.89	1.89	1.89	1.89	1.89	1.90	1.90	1.90
	200	1.90	1.91	1.91	1.91	1.91	1.91	1.92	1.92	1.92	1.92

		单位									
		0	10	20	30	40	50	60	70	80	90
100位数	200		1.92	1.94	1.96	1.98	2.00	2.02	2.03	2.05	2.06
	300	2.08	2.09	2.11	2.12	2.13	2.15	2.16	2.17	2.18	2.19
	400	2.20	2.21	2.23	2.24	2.25	2.26	2.26	2.27	2.28	2.29
	500	2.30	2.31	2.32	2.33	2.34	2.34	2.35	2.36	2.37	2.37
	600	2.38	2.39	2.39	2.40	2.41	2.42	2.42	2.43	2.43	2.44
	700	2.45	2.45	2.45	2.47	2.47	2.48	2.48	2.49	2.49	2.50
	800	2.51	2.51	2.52	2.52	2.53	2.53	2.54	2.54	2.55	2.55
	900	2.56	2.56	2.57	2.57	2.58	2.58	2.58	2.59	2.59	2.60

$$D \sim \left[HCO_3^-\right] \ (\text{以 } CaCO_3 \text{ 计,mg/L})$$

1～200 上表,210～990 下表

		单位									
		0	1	2	3	4	5	6	7	8	9
10位数	0		0.00	0.30	0.48	0.50	0.70	0.74	0.85	0.90	0.95
	10	1.00	1.04	1.08	1.11	1.15	1.18	1.21	1.23	1.26	1.29
	20	1.30	1.32	1.34	1.36	1.38	1.40	1.42	1.43	1.45	1.46
	30	1.48	1.49	1.51	1.52	1.53	1.54	1.56	1.57	1.58	1.59
	40	1.60	1.61	1.62	1.63	1.64	1.65	1.66	1.67	1.68	1.69
	50	1.70	1.71	1.72	1.72	1.73	1.74	1.75	1.76	1.76	1.77
	60	1.78	1.79	1.79	1.80	1.81	1.81	1.82	1.83	1.83	1.84
	70	1.85	1.85	1.86	1.86	1.87	1.88	1.88	1.89	1.89	1.90
	80	1.90	1.91	1.91	1.92	1.92	1.93	1.93	1.94	1.94	1.95
	90	1.95	1.96	1.96	1.97	1.97	1.98	1.98	1.99	1.99	2.00
	100	2.00	2.00	2.01	2.01	2.02	2.02	2.03	2.03	2.03	2.04
	110	2.04	2.05	2.05	2.05	2.06	2.06	2.06	2.07	2.07	2.08

		单位									
		0	1	2	3	4	5	6	7	8	9
10位数	120	2.08	2.08	2.09	2.09	2.09	2.10	2.10	2.10	2.11	2.11
	130	2.11	2.12	2.12	2.12	2.13	2.13	2.13	2.14	2.14	2.14
	140	2.15	2.15	2.15	2.16	2.16	2.16	2.16	2.17	2.17	2.17
	150	2.18	2.18	2.18	2.18	2.19	2.19	2.19	2.20	2.20	2.20
	160	2.20	2.21	2.21	2.21	2.21	2.22	2.22	2.23	2.23	2.23
	170	2.23	2.23	2.23	2.24	2.24	2.24	2.24	2.25	2.25	2.25
	180	2.26	2.26	2.26	2.26	2.26	2.27	2.27	2.27	2.27	2.28
	190	2.28	2.28	2.28	2.29	2.29	2.29	2.29	2.29	2.30	2.30
	200	2.30	2.30	2.30	2.31	2.31	2.31	2.31	2.32	2.32	2.32

续表

单位		0	10	20	30	40	50	60	70	80	90
100 位数	200		2.32	2.34	2.36	2.38	2.40	2.42	2.43	2.45	2.46
	300	2.48	2.49	2.51	2.52	2.53	2.54	2.54	2.57	2.58	2.59
	400	2.60	2.61	2.62	2.63	2.64	2.65	2.65	2.67	2.68	2.69
	500	2.70	2.71	2.72	2.72	2.73	2.74	2.74	2.76	2.76	2.77
	600	2.78	2.79	2.79	2.80	2.81	2.81	2.82	2.83	2.83	2.84
	700	2.85	2.85	2.86	2.86	2.87	2.88	2.88	2.90	2.90	2.90
	800	2.90	2.91	2.91	2.92	2.92	2.93	2.93	2.94	2.94	2.95
	900	2.95	2.96	2.96	2.97	2.97	2.98	2.98	2.99	2.99	3.00

注：$t_{℃}=\dfrac{5}{9}(t_{℉}-32)$。

LSI 的计算见例 4-1。

【例 4-1】计算：TDS=400mg/L、$[Ca^{2+}]$=240mg/L($CaCO_3$)、$[HCO_3^-]$=196mg/L（$CaCO_3$ 计）、汞 pH=7.2 的水在 51℃（124℉）的 LSI。

解：根据上述已知条件查表 4-21 得：

A=0.16（由 A～TDS=400mg/L）

B=1.53（由 B～t=124℉）

C=1.98（由 C～$[Ca^{2+}]$=240mg/L）

D=2.29（由 D～$[HCO_3^-]$=196mg/L）

pH_s=9.30+0.16+1.53-(1.98+2.29)=6.72

LSI=7.2-6.72=0.48

② Stiff 和 Davis 稳定指数（S&DSI）法　对于高 TDS 的水，如海水，采用 20 世纪 50 年代 H. A. Stiff 和 L. E. Davis 提出的稳定指数（S&DSI）法判断 $CaCO_3$ 沉淀更为精确。其定义为：

$$S\&DSI=pH_r-pH_s \tag{4-140}$$

式中的符号意义和判断 $CaCO_3$ 沉淀的方法与 LSI 法相同。当进水的 pH 为 7.0～7.5，回收率约 30% 时，海水为水源的浓水通常 S&DSI<0。

知道了进水的 $[Ca^{2+}]$、$[HCO_3^-]$ 和 TDS 或离子强度，在一定的回收率下，浓水的相应值可将上述各项分别乘以浓缩因子 CF 得到，水的离子强度 I 计算方程为：

$$I=\frac{1}{2}\sum m_i Z_i^2 \tag{4-141}$$

式中　I——离子强度；

　　　m_i——离子 i 的质量摩尔浓度，$mol/100gH_2O$；

　　　Z_i——离子 i 的电荷。

质量摩尔浓度的计算方程：

$$m_i=\frac{c_i}{1000M_{wi}\dfrac{10^6-TDS_r}{10^6}}=\frac{c_i}{1000M_{wi}(1-TDS_r\times 10^6)} \tag{4-142}$$

式中　c_i——离子 i 的浓度，mg/L；

　　　M_{wi}——离子 i 的分子量；

　　TDS_r——进水中总溶解固体，mg/L。

　　浓水的饱和 $pH(pH_r)$ 为：

$$pH_r = pCa + pAlk + K \qquad (7\text{-}143)$$

式中　pCa——钙离子浓度的负对数；

　　　　$pAlk$——碱度（HCO_3^- 浓度）的负对数；

　　　　K——最高温度时离子强度常数。

　　上述 pCa、$pAlk$ 和 K 可分别由图 4-40 钙和碱度与 pCa 和 $pAlk$ 的变换以及图 4-41 Stiff 和 Davis K 与离子强度和温度的关系查得。

　　浓水的 $pH(pH_r)$ 由图 4-42 海水的进水 pH 与浓水 $pH(pH_r)$ 的关系得到。

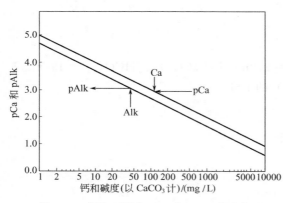

图 4-40　钙和碱度与 pCa 和 pAlk 的变换

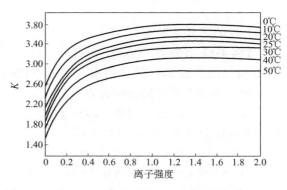

图 4-41　Stiff 和 Davis K 与离子强度和温度的关系

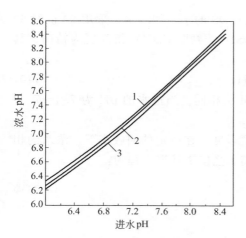

图 4-42　海水的进水 pH 与浓水
pH（pH_r）的关系
1—回收率≤15%；2—15%<回
收率<25%；3—回收率>25%

　　③ 防止碳酸钙沉淀的预处理——加酸法　加酸调节进水的 pH 值是使 LSI 或 S&DSI 小于 0、防止 $CaCO_3$ 沉淀的最普遍采用的方法。加酸使 CO_3^{2-} 转化为 HCO_3^- 然后转化为 CO_2（通常脱气去除）。硫酸或盐酸均可作为调节 pH 的药剂，前者价廉且硫酸根反渗透脱除率较高，故更为可取。但对某些水源，因硫酸带入的硫酸根导致钙、锶和钡的硫酸盐沉淀，在这种情况下，应以盐酸调节 pH。加酸后的化学反应如下：

$$H^+ + HCO_3^- \longrightarrow CO_2 \uparrow + H_2O$$

$$H_2SO_4 + 2HCO_3^- \longrightarrow 2CO_2 \uparrow + 2H_2O + SO_4^{2-}$$

$$HCl + HCO_3^- \longrightarrow CO_2 \uparrow + H_2O + Cl^-$$

　　a. 加酸量的计算　加酸量与进水组成有关。根据化学反应，采用与式（4-137）和式（4-138）的类似式可导出硫酸和盐酸加入量的计算式。

　　根据化学反应，每加入 $1mg/L$ H_2SO_4（100%）产生 $0.898mg/L$ CO_2（以 CO_2 计），同时减少 $1.0205mg/L$（以 $CaCO_3$ 计）的 HCO_3^-。这样，由式（4-138）的类似式

$$R_{f_0} = \frac{[HCO_3^-]}{[CO_2]} \tag{4-144}$$

写成

$$R_f = \frac{[HCO_3^-]_{f_0} - 1.0205[H_2SO_4]_f}{[CO_2]_{f_0} + 0.8980[H_2SO_4]_f} \tag{4-145}$$

式中　　R_f——加酸使进水 pH 由 pH_{f_0} 变为 pH_f 时的 R；

$[H_2SO_4]$——将进水 pH_{f_0} 调至 pH_f 时加入 $H_2SO_4(100\%)$ 量，mg/L。

式（4-144）中右端分子为加酸后的进水中 HCO_3^- 的残留浓度；分母为相应的 CO_2 浓度。

将式（4-145）写为类同式的指数式

$$R_f = 10^{pH_f - 6.30} \tag{4-146}$$

和

$$[CO_2]_{f_0} = [HCO_3^-]_{f_0} 10^{6.30 - pH_{f_0}} \tag{4-147}$$

代入式（4-145），得硫酸加入量：

$$[H_2SO_4]_f = \frac{[HCO_3^-]_{f_0}(1 - 10^{pH_f - pH_{f_0}})}{0.898 \times 10^{pH_f - 6.30} + 1.020} \tag{4-148}$$

根据反应，每加 1mg/L HCl（100%）产生 1.205mg/L CO_2（以 CO_2 计），同时减少 1.370mg/L（以 $CaCO_3$ 计）HCO_3^-。由上述同样处理，可得盐酸加入量，mg/L HCl（100%）

$$[HCl]_f = \frac{[HCO_3^-]_{f_0}(1 - 10^{pH_f - pH_{f_0}})}{1.205 \times 10^{pH_f - 6.30} + 1.370} \tag{4-149}$$

由式（4-148）和式（4-149）可知，只要知道原始进水中的 HCO_3^- 浓度 $[HCO_3^-]_{f_0}$ 和 pH 值（pH_{f_0}）及调整至设定的 pH 值（pH_f）就可计算硫酸或盐酸的加入量$[H_2SO_4]_f$ 或$[HCl]_f$。

b. Langelier 饱和指数（LSI）的计算　在通常水处理中，水源为苦咸水和城市自来水。因此，采用 LSI 法判断碳酸钙的沉淀可能性。根据上述 LSI 的定义

$$LSI = pH_r - pH_s$$
$$pH_r = 6.30 + \lg R_r$$

式中　　　　　　$$pH_s = 9.3 + A + B - (C + D)$$

（a）pH_r 的计算步骤

$$R_{f_0} = \frac{[HCO_3^-]_{f_0}}{[CO_2]_{f_0}} = 10^{pH_f - 6.30}$$

$$[CO_2]_{f_0} = [HCO_3^-]_{f_0}\frac{1}{R_{f_0}} = [HCO_3^-]_{f_0} 10^{6.30 - pH_{f_0}}$$

$$[HCl]_f = \frac{[HCO_3^-]_{f_0}(1 - 10^{pH_f - pH_{f_0}})}{1.205 \times 10^{pH_f - 6.30} + 1.370} \quad (\text{HCl 调节 pH})$$

$$= [H_2SO_4]_f = \frac{[HCO_3^-]_{f_0}(1 - 10^{pH_r - pH_{f_0}})}{0.898 \times 10^{pH_f - 6.30} + 1.020} \quad (\text{H}_2\text{SO}_4 \text{ 调节 pH})$$

$$[HCO_3^-]_f = [HCO_3^-]_{f_0} - 1.020[H_2SO_4]_f \tag{4-150}$$

$$[HCO_3^-]_f = [HCO_3^-]_{f_0} - 1.370[HCl]_f \tag{4-151}$$

$$[HCO_3^-]_r = CF[HCO_3^-]_f$$

式中

$$CF = \frac{1-R(S_{pHCO_3^-})}{1-R} = (1-R)^{-r}_{HCO_3^-}$$

$$[CO_2]_f = [CO_2]_{f_0} + 1.205[HCl]_f \quad (HCl \text{ 调节 pH}) \tag{4-152}$$

$$= [CO_2]_{f_0} + 0.898[H_2SO_4]_f \quad (H_2SO_4 \text{ 调节 pH}) \tag{4-153}$$

$$[CO_2]_r = [CO_2]_f$$

$$R_r = \frac{[HCO_3^-]_r}{[CO_2]_r} = \frac{[HCO_3^-]_r}{[CO_2]_f} \tag{4-154}$$

由图 4-39 pH-R_r 图线读取 pH_r 或由式（4-137）直接计算。

（b）pH_s 的计算步骤

$$TDS_f = \begin{cases} TDS_{f_0} - 0.302[HCl]_f & (HCl \text{ 调节 pH}) \tag{4-155} \\ TDS_{f_0} - 0.266[H_2SO_4]_f & (H_2SO_4 \text{ 调节 pH}) \tag{4-156} \end{cases}$$

$$TDS_r = CF(TDS_f) = \frac{1}{1-R} TDS_f \tag{4-157}$$

$$t_{\text{℉}} = \frac{9}{5} t_{\text{℃}} + 32 \tag{4-158}$$

$$[Ca^{2+}]_r = CF[Ca^{2+}]_f = \frac{1}{1-R}[Ca^{2+}]_f \tag{4-159}$$

$$[HCO_3^-]_r = CF[HCO_3^-]_f = \frac{1-R(S_{pHCO_3^-})}{1-R}[HCO_3^-]_f (1-R)^{-r_{HCO_3^-}}[HCO_3^-]_f \tag{4-160}$$

由表 4-21 的 $A \sim TDS$、$t \sim B$、$C \sim [Ca^{2+}]$ 和 $D \sim [HCO_3^-]$ 分别查得与上述 TDS_r、t、$[Ca^{2+}]$ 和 $[HCO_3^-]$ 相对应的 A、B、C 和 D。

（c）计算 LSI

$$LSI = pH_r - pH_s$$

c. 例题

【例 4-2】 有一种苦咸水，其水质分析的主要结果为 $[Ca^{2+}]_{f_0}$ 90mg/L（以 $CaCO_3$ 计）；碱度/$[HCO_3^-]_{f_0}$ 240mg/L（以 $CaCO_3$ 计）；总溶解固体 TDS_{f_0} 1490mg/L；pH_{f_0} 7.40；水温 t 21℃；反渗透装置回收率 R 75%。试问：（1）$CaCO_3$ 会否沉淀？（2）若发生 $CaCO_3$ 沉淀，加 H_2SO_4 或 HCl 后 pH 变为 $pH_f = 6.0$ 时的情况。

（a）$CaCO_3$ 沉淀趋势的判断

$$R_{f_0} = \frac{[HCO_3^-]}{[CO_2]_{f_0}} = 10^{pH_{f_0}-6.30} = 10^{7.40-6.30} = 12.59$$

$$[CO_2]_{f_0} = [HCO_3^-]_{f_0} 10^{6.30-pH_{f_0}} = 240 \times 10^{6.30-7.40}$$

$$= 19.06 (mg/L, \text{ 以 } CO_2 \text{ 计})$$

设 $S_{pHCO_3^-} = 0.06$

$$[HCO_3^-]_{r_0} = CF[HCO_3^-]_{f_0} = \frac{1-R(S_{pHCO_3^-})}{1-R}[HCO_3^-]_{f_0}$$

$$= \frac{1-0.75 \times 0.06}{1-0.75} \times 240 = 3.82 \times 240$$

$$= 916.8 (mg/L, \text{ 以 } CaCO_3 \text{ 计})$$

$$R_{r_0} = \frac{[HCO_3^-]_{r_0}}{[CO_2]_{r_0}} = \frac{[HCO_3^-]_{r_0}}{[CO_2]_{f_0}} = \frac{916.8}{19.06} = 48.10$$

$$pH_{r_0}=6.3+lgR_{r_0}=6.30+lg48.10=6.30+1.68=7.98$$

$$TDS_{r_0}=CF(TDS_{f_0})=\frac{1}{1-R}TDS_{f_0}=\frac{1}{1-0.75}\times1490$$

$$=5960(mg/L)$$

$$t=21(℃)=(9/5\times21+32)(℉)=70℉$$

$$[Ca^{2+}]_{r_0}=CF[Ca^{2+}]_{f_0}=\frac{1}{1-R}[Ca^{2+}]_{f_0}=\frac{1}{1-0.75}\times90$$

$$=360(mg/L,以\ CaCO_3\ 计)$$

$$[HCO_3^-]_{r_0}=CF[HCO_3^-]_{r_0}$$

$$=3.82\times240$$

$$=916.8(mg/L,以\ CaCO_3\ 计)$$

由表 4-21

$$A\sim TDS:TDS_{r_0}=6000 \qquad A=0.28$$

$$B\sim t:t=21℃=70℉ \qquad B=2.06$$

$$C\sim[Ca^{2+}]:[Ca^{2+}]_{r_0}=360 \qquad C=2.16$$

$$D\sim[HCO_3^-]:[HCO_3^-]_{r_0}=916.8 \qquad D=2.96$$

$$pH_s=9.3+A+B-(C+D)$$

$$=9.3+0.28+2.06-(2.16+2.96)=6.52$$

$$LSI=pH_{r_0}-pH_s=7.98-6.52=1.46>0\ (有\ CaCO_3\ 沉淀趋势)$$

（b）加 H_2SO_4 或 HCl 后 pH 变为 $pH_f=6.0$ 时 $CaCO_3$ 沉淀趋势的判断

$$[H_2SO_4]_f=\frac{[HCO_3^-]_{f_0}(1-10^{pH_f=pH_0})}{0.898\times10^{pH_f-6.30}+1.020}$$

$$=\frac{240(1-10^{6.0-7.4})}{0.898\times10^{6.0-6.30}+1.020}$$

$$=158.6(mg/L,H_2SO_4\ 100\%)$$

或

$$[HCl_f]=\frac{[HCO_3^-]_{f_0}(1-10^{pH_f-pH_0})}{1.205\times10^{pH_f-6.30}+1.370}$$

$$=\frac{240(1-10^{6.0-7.4})}{1.205\times10^{6.0-6.30}+1.370}$$

$$=116.7(mg/L,HCl100\%)$$

$$[HCO_3^-]_f=[HCO_3^-]_{f_0}-1.020[H_2SO_4]_f$$

$$=240-1.020\times156.8$$

$$=80.1(mg/L,以\ CaCO_3\ 计)$$

或

$$[HCO_3^-]_f=[HCO_3^-]_{f_0}-1.370[HCl]_f$$

$$=240-1.370\times116.7$$

$$=80.1(mg/L,以\ CaCO_3\ 计)$$

$$[HCO_3^-]_r=\frac{1-R(S_{pHCO_3^-})}{1-R}[HCO_3^-]_f=\frac{1-0.75\times0.45}{1-0.75}\times80.1$$

$$=2.65\times80.1=212.3(mg/L,以\ CaCO_3\ 计)$$

$$[CO_2]_f=[CO_2]_{f_0}+0.898[H_2SO_4]_f$$

$$=19.06+0.898\times156.8$$

$$=19.06+140.8$$

$$=159.9(mg/L,以\,CO_2\,计)$$

或
$$[CO_2]_f=[CO_2]_{f_0}+0.898[HCl]_f$$

$$=19.06+1.205\times116.7$$

$$=159.7(mg/L,以\,CO_2\,计)$$

$$[CO_2]_r=[CO_2]_f=159.9(mg/L,以\,CO_2\,计)$$

$$R_r=\frac{[HCO_3^-]_r}{[CO_2]_r}=\frac{[HCO_3^-]_r}{[CO_2]_f}=\frac{212.3}{159.8}=1.329$$

$$pH_r=6.30+lgR_r=6.30+lg1.329=6.30+0.124=6.42$$

$$TDS_f=TDS_{f_0}-0.266[H_2SO_4]_f\quad(加\,H_2SO_4)$$

$$=1490-0.266\times156.8=1490-41.7=1448(mg/L)$$

或
$$TDS_f=TDS_{f_0}-0.302[HCl]_f\quad(加\,HCl)$$

$$=1490-0.302\times116.7=1490-35.2$$

$$=1455(mg/L)$$

$$TDS_r=CF(TDS_f)=\frac{1}{1-R}TDS_f$$

$$=\frac{1}{1-0.75}\times1448=5792(mg/L)(加\,H_2SO_4)$$

或
$$TDS_r=CF(TDS_f)=\frac{1}{1-R}TDS_f$$

$$=\frac{1}{1-0.75}\times1455=5820(mg/L)(加\,HCl)$$

无论加 H_2SO_4 或 HCl，总溶解固体减少，但其值甚微，因此，$TDS_r\approx TDS_{r_0}\approx$ 6000mg/L。

由该数据和其他的上述有关数据从表 4-21 得

$$A\sim TDS:TDS_{r_0}\,6000\qquad A=0.28$$

$$B\sim t:t=21℃=70℉\qquad B=2.06$$

$$C\sim[Ca^2]:[Ca^{2+}]_r=[Ca^{2+}]_{r_0}=360(mg/L,以\,CaCO_3\,计)\qquad C=2.16$$

（下标 r_0 为没加酸时的 $[Ca^{2+}]$；r 为加酸后的 $[Ca^{2+}]$）

$$D\sim[HCO_3^-]:[HCO_3^-]_r=212(mg/L,以\,CaCO_3\,计)\qquad D=2.32$$

$$pH_s=9.3+A+B-(C+D)=9.3+0.28+2.06-(2.16+2.32)=7.16$$

$$LSI=pH_r-pH_s=6.42-7.16=-0.74<0$$

将原始的苦咸水加 H_2SO_4(100%) 157mg/L 或 HCl(100%) 117mg/L 可使水的 pH 调节至 $pH_f=6.00$，此时，$LSI=-0.74<-0.2$（不加污垢抑制剂时实际控制值），故不会发生 $CaCO_3$ 沉淀。

④ 防 $CaCO_3$ 结垢的另一计算方法如下。

a. 确定进水的总碱度 Alk、TDS、$[Ca^{2+}]$ 和 $[CO_2]$；

b. 确定浓水的总碱度 Alk、TDS、$[Ca^{2+}]$ 和 $[CO_2]$；

c. 由碱度/$[CO_2]$-pH 图（图 4-38）可得浓水 pH；

d. 由浓水碱度、浓水 $[Ca^{2+}]$、浓水 TDS 和温度，在 Langelier 饱和指数曲线图（图 4-43）上可分别求得 pAlk、pCa 和 c；

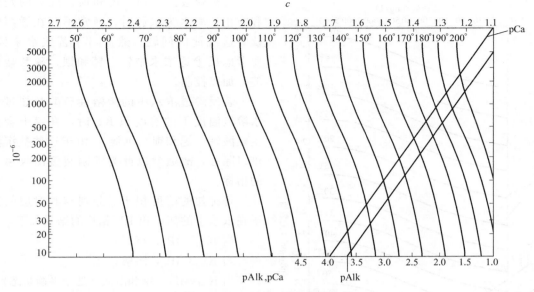

图 4-43　Langelier 饱和指数曲线

e. 据 $pH_s = pAlk + pCa + c$ 可求得 pH_s；

f. 据 $LSI = pH - pH_s$ 可判断 $CaCO_3$ 是否会沉淀。

【例 4-3】 已知进水 $TDS = 405mg/L$，$pH = 6.0$，总碱度（$CaCO_3$）$= 10mg/L$，$[Ca^{2+}]_{(CaCO_3)} = 65mg/L$，$t = 25℃$，$[CO_2] = 16mg/L$，回收率 $= 75\%$，计算 LSI。

解：浓水总碱度 $= \dfrac{10}{1-0.75} = 40(mg/L)$，$[CO_2] = 16mg/L$，$[Ca^{2+}] = \dfrac{65}{1-0.75} = 260$ (mg/L)，$TDS = \dfrac{405}{1-0.75} = 1620$。

由水总碱度 $/[CO_2]$，从图 4-42，可得浓水 $pH = 6.7$。

由水总碱度 $/[Ca^{2+}]$、TDS 和温度，从图 4-43 上可分别求得：

$$pAlk = 3.1，pCa = 2.6，c = 2.24$$

则 $pH_s = 3.1 + 2.6 + 2.24 = 7.94$

$$LSI = pH - pH_s = 6.7 - 7.94 = -1.24$$

⑤ 另外求 pH_s 的方法如下。

据碳酸钙在水中平衡时，其 pH_s 的简化表达式：

$$pH_s = (pK_2 - pK_s) + pCa + pAlk \quad (浓度单位为 mol/L)$$
$$= (pK_2 - pK_s) + p'Ca + p'Alk \quad (浓度单位为 mg/L)$$

其中 $(pK_2 - pK_s)$ 反映盐度和水温的影响，pCa 和 pAlk 反映 $[Ca^{2+}]$ 和 Alk 的影响。利用表 4-22 或图 4-44 可对 pH_s 进行计算。

表 4-22　$pK_2 - pK_s$ 的值

含盐量 /(mg/L)	$pK_2 - pK_s$					含盐量 /(mg/L)	$pK_2 - pK_s$				
	0℃	10℃	20℃	50℃	80℃		0℃	10℃	20℃	50℃	80℃
0	2.60	2.34	2.10	1.55	1.13	400	2.82	2.56	2.33	1.79	1.39
40	2.68	2.42	2.18	1.63	1.22	600	2.86	2.60	2.37	1.84	1.44
200	2.76	2.50	2.27	1.72	1.32	800	2.89	2.64	2.40	1.87	1.48

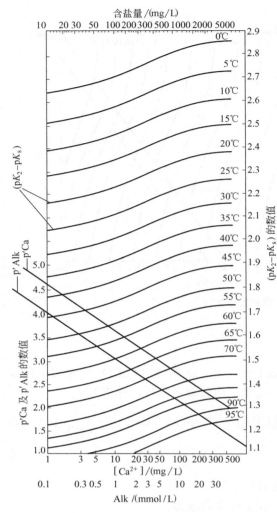

图 4-44 pH$_s$ 值计算图

Alk 为总碱度

（2）硫酸盐（钙、锶和钡）沉淀的判断和防止　海水为水源时，通常不存在微溶性硫酸盐沉淀的问题。然而对于苦咸水来说，要考虑反渗透浓水中钙（锶和钡）硫酸盐沉淀并加以控制。

若反渗透浓水中的微溶性硫酸盐超过该水溶液温度下的溶度积 K_{sp} 时，在膜上会产生硫酸钙（锶和钡）沉淀。由于这些盐沉淀难以除去，故通常以此为限制装置回收率 R 的指标。

每种盐的溶度积 K_{sp} 分别与其对应的离子在浓水中的离子积 IP$_r$ 相比的结果如下：

当 $K_{sp} > $ IP$_r$，沉淀；

当 $K_{sp} < $ IP$_r$，溶解；

当 $K_{sp} = $ IP$_r$，饱和溶液（处于平衡状态）。

为防止沉淀，有的膜制造公司推荐 IP$_r \leqslant 0.8K_{sp}$。

一般地说，微溶盐的溶解度随着溶液离子强度的增加而提高。就苦咸水通常存在的微溶盐而言，K_{sp} 值是离子强度 I 的函数。

离子强度的计算参见式（4-141），质量摩尔浓度的计算参见式（4-142）。

钙、锶和钡的硫酸盐的溶度积 K_{sp} 与离子强度 I 的关系分别参见图 4-45、图 4-46 和图 4-47。

① 硫酸钙沉淀的判断和防止　为判断硫酸钙沉淀的可能性及其防止，需进行如下计算。

a. 计算进水的离子积 IP$_f$。

$$IP_f = [M_{Ca^{2+}}]_f [M_{SO_4^{2-}}]_f \qquad (4-161)$$

$$[M_{Ca^{2+}}]_f = \frac{[Ca^{2+}]_f}{1000 M_{wCa^{2+}}} \qquad (4-162)$$

$$[M_{SO_4^{2-}}]_f = \frac{[SO_4^{2-}]_f}{1000 M_{wSO_4^{2-}}} \qquad (4-163)$$

式中　$[M_{Ca^{2+}}]_f$——进水中 Ca^{2+} 的摩尔浓度，mol/L；

$M_{wCa^{2+}}$——Ca^{2+} 的相对分子质量；

$[M_{SO_4^{2-}}]_f$——进水中 SO_4^{2-} 的摩尔浓度，mol/L；

$M_{wSO_4^{2-}}$——SO_4^{2-} 的相对分子质量。

b. 计算进水的离子强度 I_f　参见式（4-140）。

c. 由图 4-45 K_{sp} 与 I 的关系得到与 I_f 相应的 K_{sp}。

d. 计算不发生硫酸钙沉淀的最高浓缩倍数。

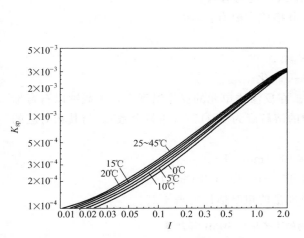

图 4-45 硫酸钙的 K_{sp} 与离子强度 I 的关系

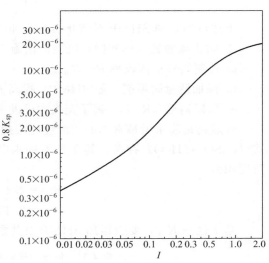

图 4-46 硫酸锶的 $0.8K_{sp}$ 与离子
强度 I 的关系（25℃）

$$CF_{max} = \sqrt{\frac{0.8K_{sp}}{IP_f}} \quad (\text{不加 SHMP}) \tag{4-164}$$

$$CF_{max} = \sqrt{\frac{1.2K_{sp}}{IP_f}} \quad (\text{加 10mg/L SHMP}) \tag{4-165}$$

e. 计算与 CF_{max} 相应的最高回收率。

$$R_{max} = 100 - \frac{100}{CF_{max}} \tag{4-166}$$

② 硫酸锶沉淀的判断和防止 苦咸水为水源时，反渗透浓水中有可能出现 $SrSO_4$ 沉淀。这是因为 $SrSO_4$ 的 K_{sp} 比 $CaSO_4$ 的要低得多。水源中含有 $10 \sim 15mg/L$ Sr^{2+} 足以引起浓水中 $SrSO_4$ 沉淀。其计算式和步骤同

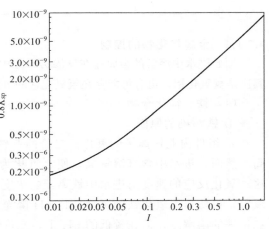

图 4-47 硫酸钡的 $0.8K_{sp}$ 与
离子强度 I 的关系（25℃）

$CaSO_4$，所不同的是式中的 IP_f 和 K_{sp} 是由 Sr 的浓度代替 Ca 的浓度、由图 4-46 代替图 4-45 得到的。另外当加入 10mg/L SHMP 时的最高浓缩倍数为：

$$CF_{max} = \sqrt{\frac{8.0K_{sp}}{IP_f}} \tag{4-167}$$

③ 硫酸钡沉淀的判断和防止 苦咸水中通常 Ba^{2+} 含量比 Sr^{2+} 低得多，与 Ca^{2+} 相比更是微不足道，但其 K_{sp} 极低，Ba^{2+} 的浓度低至 $0.05 \sim 0.10mg/L$ 时，反渗透浓水中还有可能出现 $BaSO_4$ 沉淀。有关计算式和计算步骤亦与上述相同，只是式中的 IP_f 和 K_{sp} 由 Ba^{2+} 的浓度和图 4-47 代替上述相应的浓度和图即可。另外当加入 10mg/L SHMP 时，最高浓缩倍数为：

$$CF_{max} = \sqrt{\frac{40K_{sp}}{IP_f}} \qquad (4-168)$$

上述可知，加 SHMP 对防止 $SrSO_4$ 和 $BaSO_4$ 更为有效。

④ 防止硫酸钙（锶和钡）沉淀的措施　其措施主要有：

a. 控制装置的回收率 $R < R_{max}$；

b. 添加适量防垢剂（如 SHMP）提高 R_{max}；

c. 采用钠型（R-Na）离子交换去硬度——软化。

硫酸钙是膜水垢最常见的微溶性硫酸盐。在反渗透单元的操作温度下，硫酸钙以石膏形式（$CaSO_4 \cdot 2H_2O$）存在。其在 25℃的水中的溶解度为 0.21%（质量分数）。与其相对应的溶度积为：

$$K_{sp} = 2.4 \times 10^{-4} \, mol^2/L^2$$
$$= 2.4 \times 10^6 \, mg^2/L^2 \text{（以 } CaSO_4 \text{ 计）}$$

基于这一 K_{sp}，要否添加 SHMP 及其添加量的粗略估计见表 4-23。

表 4-23　浓水中硫酸钙的离子积与 SHMP 添加量

$[Ca^{2+}]_r \, [SO_4^{2-}]_r/(mg^2/L)$（以 $CaSO_4$ 计）	SHMP/(mg/L)
$< 2.4 \times 10^6$	0
$2.4 \sim 5 \times 10^6$	$5 \sim 10$
$5 \sim 10 \times 10^6$	15

4.7.1.4　金属氧化物的控制

原始进水中溶解的金属盐在反渗透单元中会发生沉淀。这些盐中最通常的形式是氢氧化铁，其次是氢氧化铝，也有可能存在氢氧化锰的沉淀，但不太常见。在除铁过程中锰也被除去。

（1）铁、锰化合物

① 铁污染的原因

a. 组件内亚铁离子的氧化。二价的亚铁离子本身不会影响膜组件的性能，且脱除率很高。然而，进水中含有溶解氧，使之氧化为三价铁，尤其是在高 pH 下，在膜上形成沉淀。这一氧化反应的速度与进水中铁离子的浓度、氧的浓度和 pH 有关。控制进水的 pH 和消除氧气，可防止氢氧化铁的沉淀。将 pH 降至通常反渗透单元的 pH 范围（5～7），不会影响二价铁的溶解度，但在较低的 pH 下，二价铁的氧化速度大为降低。

b. 预处理和反渗透的设备和管系可能出现铁的腐蚀产物，如预处理系统的某些衬胶设备、泵和管阀件等的局部缺陷处和高压耐腐蚀泵和管道的某些死角、焊缝处的腐蚀产物等。

c. 水源至反渗透系统之间长距离铁（铸铁）管的腐蚀产物。

d. 铁腐蚀产物中的部分铁胶体（划归胶体处理）。

② 铁污染的防止

a. 根据进水 pH 和溶解氧含量确定进水二价铁含量的标准参见表 4-24。

表 4-24　进水二价铁含量控制标准

氧含量/(mg/L)	pH	允许的亚铁（Fe^{2+}）含量/(mg/L)
< 0.5	< 6.0	4
$0.5 \sim 5$	$6.0 \sim 7.0$	0.5
$5 \sim 10$	> 7	0.05

b. 亚铁离子（Fe^{2+}）浓度极高时的措施

（a）曝气、加氯（Cl_2 或 NaClO）或高锰酸钾（$KMnO_4$）将亚铁（Fe^{2+}）氧化为三价铁（Fe^{3+}），然后过滤除去；

（b）海绿砂滤器一步将 Fe^{2+} 氧化为 Fe^{3+} 同时将铁的沉淀滤去；

（c）铁含量不高，如 <1mg/L 时也可由钠型阳离子交换软化除铁，但铁含量 1mg/L 时，会使软化器中毒（污染）。

（2）铝化合物　某些城市自来水采用明矾（硫酸钾铝）作为絮凝剂。这类自来水有可能出现铝污染。铝离子是两性的，可作为酸也可作为碱，而在 pH 约 6.5~6.7 时的溶解度最小。在絮凝过程中，pH 过高或过低，其处理后的水中含有较高浓度的铝离子。这样的水作为反渗透的原始进水，不是在调节 pH 防止碳酸钙沉淀的过程中会出现氢氧化铝沉淀就是在反渗透过程中超过其溶解度。为防止出现上述情况，在以铝剂处理系统中，必须控制 pH 在 6.5~6.7，从而使铝的溶解度最低，防止铝对反渗透单元的污染。

4.7.1.5　SiO_2 沉淀的控制

（1）SiO_2 的溶解度　SiO_2 过饱和时会聚合产生不溶性的胶体硅或硅胶而污染膜。浓水中最高的 SiO_2 浓度是根据无定形 SiO_2 的浓度确定的。在纯水中，无定形 SiO_2 在 25℃时的溶解度为 100mg/L，其溶解度随温度呈线性变化，在 0℃时为 0mg/L，在 40℃时为 160mg/L，参见图 4-48 的实线。当 pH 为中性时，似乎只有溶解的硅酸，在碱性溶液中，无定形硅的溶解度大于酸性和中性溶液中的值，这主要是由于硅酸离子化的结果，图 4-49 所示的为上述 pH 与 SiO_2 溶解度的关系。SiO_2 的溶解度似乎与离子强度无关。然而 Fe、Al、Mn 的氢氧化物会吸附 SiO_2 及催化 SiO_2 复合体发生沉淀。国外的一个组件生产公司的经验指出，若无杂质催化作用，实际应用中 SiO_2 的溶解度与温度的操作线如图 4-48 中虚线所示，在此虚线范围内，不产生 SiO_2 沉淀。

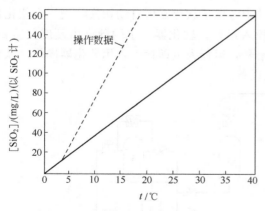

图 4-48　温度与 SiO_2 溶解度的关系

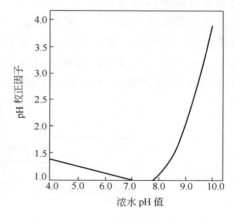

图 4-49　SiO_2 溶解度的 pH 校正因子

（2）SiO_2 沉淀的判断　不产生 SiO_2 沉淀的条件为：

$$[SiO_2]_r \leqslant [SiO_2]_{Lit}$$

$$[SiO_2]_r = CF[SiO_2]_f = (1-R)^{-1}[SiO_2]_f \tag{4-169}$$

$$[SiO_2]_{lit} = [SiO_2]_t CF_{pH} \tag{4-170}$$

式中　$[SiO_2]_r$——浓水中 SiO_2 浓度，mg/L；

$[SiO_2]_f$——进水中 SiO_2 的浓度，mg/L；

$[SiO_2]_{Lit}$——SiO_2 在水中的溶解度，mg/L；

$[SiO_2]_t$——SiO_2 在温度为 t 时水中的溶解度，mg/L；

CF_{pH}——SiO_2 在水中溶解度的 pH 校正因子（图 4-49）。

（3）SiO_2 沉淀的控制　对 SiO_2 无任何防垢剂和分散剂，主要控制方法如下：①降低回收率，使浓水中 SiO_2 含量小于其溶解度；②适当提高操作温度，以提高 SiO_2 在水中溶解度；③适当提高 pH；④上述三方面的组合选择；⑤石灰软化，可使 SiO_2 浓度降低一半左右。

4.7.1.6　有机物的去除

（1）有机物类型　进水中可能存在各种有机物，有挥发性的低分子化合物，如低分子的醇、酮和氨等；有极性和阴离子型化合物如腐殖酸、富瓦酸和丹宁酸等；有非极性和弱离解的化合物，如植物性蛋白等。这些有机物呈悬浮、胶体和溶解三种形态。这里仅涉及可溶有机物。

（2）有机物对膜污染的作用　有些低分子化合物如乙醇等，可透过膜，这样对膜没有影响；腐殖酸分子量大，不透过膜，也很少污染膜；而丹宁酸，易吸附在膜上，是强污染剂。

（3）有机物的去除方法　不同种类的有机物，据其特性，用不同的方法去除之，除上述用聚阳离子絮凝剂除去阴离子外，还可用下述一些方法：①低分子易挥发有机物，可用脱气法除去；②非极性、中高分子量的有机物可用活性炭吸附除去；③弱解离的大分子可用吸附树脂（又叫有机物清除剂）除去；④在某些情况下，可考虑用超滤来处理，去除一定分子量的有机物。

4.7.1.7　常见的预处理系统

按供水水源可分为地下水、地表水和海水等预处理系统。

（1）以地下水作为供水水源

① 美国泰特电厂的预处理系统（图 4-50）　该厂补给水源来自深井，压力 0.86MPa。软化器前的调压阀将水压降至 0.34MPa。软化器将总硬度降至 <1.7mg/L（以 $CaCO_3$ 计），从而防止反渗透系统中产生碳酸钙垢。系统设计中考虑了软化器可自动切换，当一台软化器水量达到一定值后，即自动再生，备用软化器投入运行。软化器出水的硬度由硬度仪监督，当超过标准时自动停下，同时控制盘发生报警信号，运行人员即投入备用软化器操作。软化水经 $3\mu m$ 保安过滤器后，由高压泵输入反渗透设备。

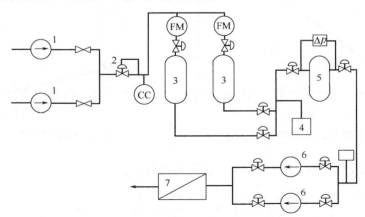

图 4-50　美国泰特电厂的预处理系统

1—深井水泵；2—压力调节阀；3—软化器；4—硬度监督仪；5—$3\mu m$ 过滤器；
6—升压泵；7—反渗透器；CC—时计校正；Δp—压差；FM—反馈机构

② 美国得克萨斯州某电厂预处理系统　补给水源来自砂层中深井，所采用系统如图 4-51 所示。

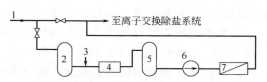

图 4-51　美国得克萨斯州某电厂预处理系统
1—井水；2—活性炭过滤器；3—加酸；4—混合器；5—微米过滤器；6—高压泵；7—反渗透器

（2）以地表水作为供水水源　以中东某电厂锅炉补给水预处理为例：其系统为凝聚、澄清、过滤、精密过滤，将原水制成清水，然后进行次氯酸钠灭菌、加酸调 pH、添加防垢剂等，以保证反渗透器的长期安全运行。系统流程如图 4-52 所示。

如反渗透器采用芳香聚酰胺膜，则反渗透器前应设活性炭过滤器，以除去游离氯，防止膜的氧化。

（3）以海水作为供水水源

① 日本某厂预处理系统（图 4-53）

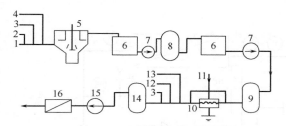

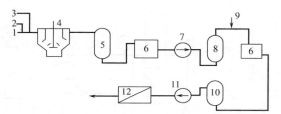

图 4-52　中东某电厂预处理系统
1—原水；2—FeCl₃；3—NaClO；4—助凝剂；5—凝聚澄清池；6—水箱；7—水泵；8—双滤料过滤器；9—精密过滤器；10—加热器；11—蒸汽；12—加酸；13—防垢剂；14—微米过滤器；15—高压泵；16—反渗透器

图 4-53　日本某厂预处理系统
1—海水；2—加氯；3—加凝聚剂；4—凝聚澄清池；5—过滤器；6—水箱；7—水泵；8—精密过滤器；9—加酸调 pH；10—微米过滤器；11—高压泵；12—反渗透器

② 含砂量较低的海水的预处理系统　见图 4-54。

（4）以深井水和地表水两种给水水质作为互为备用时的预处理系统　图 4-55 为天津大港电厂中空纤维组件预处理系统。

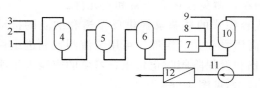

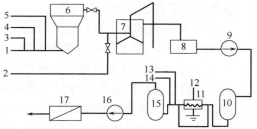

图 4-54　含砂量较低的海水的预处理系统
1—海水；2—加氯；3—凝聚剂；4—一级过滤器；5—活性炭过滤器；6—二级过滤器；7—水箱；8—加酸调 pH；9—加六偏磷酸钠防垢剂；10—微米过滤器；11—高压泵；12—反渗透器

图 4-55　天津大港电厂中空纤维组件预处理系统
1—地表水；2—地下进水；3—加氯；4—加石灰；5—加凝聚剂；6—凝聚澄清器；7—滤池；8—清水箱；9—清水泵；10—活性炭过滤器；11—加热器；12—蒸汽；13—加酸调 pH；14—加六偏磷酸钠防垢剂；15—5μm 过滤器；16—高压泵；17—反渗透器

4.7.2　反渗透和纳滤装置

反渗透和纳滤装置是该过程中的核心部分，这里要除去绝大部分的盐（纳滤除盐低），同时还能除去有机物、病毒、热原、细菌和微粒等。

装置的核心部分是反渗透和纳滤元、组件。这些元、组件可以是卷式（SW）、中空纤维式（HF）、板框式（PF）和管式（T）等。在水处理方面的应用，几乎都采用前两种元、组件。一台反渗透或纳滤装置的元、组件数少至一个，多至几个、几十个，甚至更多，装置内元、组件数的配置各有所异。

4.7.2.1 单组件反渗透或纳滤装置[36,55]

最简单的反渗透或纳滤装置包括一台升高进水压力的高压泵、一个组件和控制装置回收率的浓水流量调节阀。

图 4-56 所示的为设有产水高位槽冲洗回路的单组件反渗透或纳滤装置。经预处理后的进水经进水阀流过筒式微米级保安滤器后至高压泵，由高压泵加压的进水中透过膜的产水进入高（位）产水槽；未透过膜的浓水经流量控制阀排放。对高盐度的苦咸水或海水淡化，应设停机高位产水槽冲洗回路（参见停机系统）。

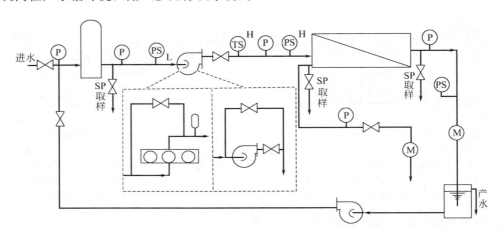

图 4-56　单组件反渗透或纳滤装置

P—压力显示；PS—压力传感器；TS—温度传感器；M—流量显示；L—低压侧；H—高压侧

装置的配套件及其功能如下。

① 进水阀　该阀在一旦停机时关闭，停止供水。

② 筒式滤器　$5\sim10\mu m$ 滤器用来除去较粗颗粒，避免损坏高压泵和膜元件。

③ 高压泵　通常采用节流式的多级离心泵或容积式的柱塞泵提供反渗透和纳滤的推动力。前者需设止回阀防止停机时回水冲击而损坏高压泵和元、组件，可用节流阀控制进组件的流量；后者需设缓冲器消除脉动压力对膜的损伤和设保险阀防止超压；若泵的容量大于实际需要值时，均可设旁通回路（十分之一总流量），参见图 4-56。

④ 压力开关　高压泵低压侧的吸入管和装置组件入口管、产水管分别设置低压开关和高压开关，从而防止供水不足对高压泵的气蚀、高压气体对膜元件的冲击毁坏和进组件压力过高及由此而引起的回收率过高对膜元件的损坏以及产水背压过高导致低压管阀件破裂。

⑤ 流量控制阀　调节浓水排放流量，控制装置的回收率。若采用针形阀，要防止阀门被堵。

⑥ 流量计和压力表　设置产水和浓水的流量计，以量度装置的产水量和借此控制装置

的回收率；在筒式滤器前、后设置压力表，后者可知高压泵吸入压力，前后两者的压差作为更换滤芯的依据；在组件进、出管和产水管设置压力表，分别控制操作压力，了解组件进、出口压差和产水管的背压。压力表宜采用充液（甘油或水）式，所有流量计和压力表应有一定的精度并定期校验。

⑦ 取样阀　在组件的进水、浓水和产水管处设置取样阀，以监测装置、组件的性能。

⑧ pH 上、下限切断开关　若加酸调节进水 pH 时需设置这一开关。

⑨ 高温切断开关　若进水设有加温设备则需设置高温切断开关。

此外，可供选择的监控仪器和仪表还有：①高压泵后设置进水温度连续记录仪；②高压泵之前的进水管设置 SDI 连续监测仪；③高压泵前面进水管设置进水 pH 连续记录仪；④高压泵之前设置具有自动切断功能的余氯监测器；⑤反渗透运行计时器；⑥若预处理中采用了软化，设置硬度报警器；⑦防止软化再生液进入装置，在高压泵前设置高电导切断开关；⑧在组件的进、出口处设置压差计；⑨产水和浓水电导高位报警器。

4.7.2.2　多组件反渗透或纳滤装置[36,55,56]

为满足对产水的不同量和质的要求，多数需采用多组件的装置。三种基本的配置组件的装置可解决多数水处理（淡化和净化）的问题。多组件装置的主要配套件如泵、阀门、流量计和压力表等与单组件的装置相同。

（1）多组件并联单段（级）反渗透或纳滤装置　这种装置是分段（浓水分级）式或分级（产水分级）式的特例，如图 4-57 所示。这一装置与图 4-56 所示的单级组件装置无多大的区别，所不同的是增加了并联组件数和增设了进、出并联组件的母管。对于中空纤维式装置，每个组件的浓水出口至母管之间需增设为防止并联组件间回收率相对变化的流量平衡管。这种装置常用于高浓度苦咸水和海水一级淡化和小规模的水净化。

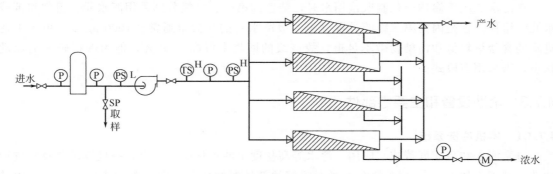

图 4-57　多组件并联单级反渗透或纳滤装置

（2）分段（浓水分级）式反渗透或纳滤装置　分段（二段）式装置通常适用于在反渗透产水满足水质要求的前提下提高回收率的应用场合。中空纤维式的二段式装置的回收率可达 75%。而二段式的卷式装置要达到这一回收率，通常若不采用浓水回流的流程，需采用六元件的组件或采用三段式的四元件的组件。图 4-58 所示为二段式反渗透装置。

这种装置是将多组件并联的第一段的浓水作为第二段的进水，第二段的产水与第一段的产水合并为装置的产水流入（高位）产水槽；第二段浓水经流量调节阀后排放。

这种装置通常适用于含盐量＜10000mg/L 的苦咸水淡化和通常为自来水的净化（去离子和其他杂质）所普遍采用。

（3）分级（产水分段）式反渗透装置　分级式装置常用于海水二级反渗透淡化和二级自

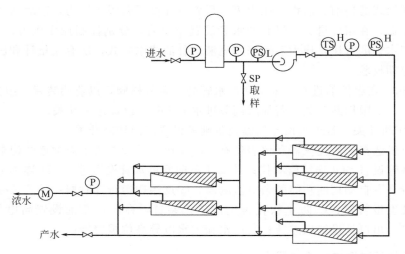

图 4-58　二段式反渗透装置

来水净化，如通常用含盐量≤500mg/L 的自来水制取 0.5～1MΩ（25℃）的纯水，不需离子交换再次除盐。

这种装置是将多组件并联的第一级的产水作为第二级的进水，第一级浓水排放；第二级的产水就是装置的产水；由于第二级浓水的含盐量低于装置的原始进水，将其返回与原始进水相混后作为第一级进水。这种装置与分段式（图 4-58）相似，所不同的是第一、二级间设置中间水箱和中间水泵，如图 4-34 所示。实际上可将其视为两个分段（或单段）式装置的串联。

在海水二级反渗透淡化制取饮用水时，装置的第一、二级分别采用海水元、组件和苦咸水元、组件。这是因为第二级的进水（第一级产水）的含盐量通常＜1000mg/L。由于上述进水的含盐量较低和污染物微不足道，故该级的回收率可高达 90%，但为保持较好的流动状态，需采用多段式。

4.7.3　辅助设备和主要零部件[55,56]

4.7.3.1　停机冲洗系统

（1）海水和高盐度苦咸水应用　海水等高盐度水的淡化应用场合，一旦停机要及时进行冲洗。其理由如下：① 静态的海水对不锈钢的部件腐蚀较甚；②通常加入的防垢剂产生的亚稳态过饱和微溶盐在四小时内会发生沉淀，需及时冲洗出去；③在停机时，反渗透停止，此时膜产水侧的化学位远高于进水侧的化学位而发生（自然）渗透，若无适当体积的产水补充，会使膜失水干燥损坏。

为此，需设高位低盐度的产水洗槽回路。其容量由装置的元、组件的规格、数量和冲洗回路中的管线和滤器的容积所确定。这些元、组件的冲洗水量由生产这些产品的有关公司提供，如 B-10 φ100mm(4in) 和 φ200mm(8in) 的冲洗水量分别为 11L 和 38L。对于冲洗回路中的管线和滤器的冲洗水量约 5 倍于其容积。

（2）通常纯水制备应用　由于长期运行，膜面会有一定的沉积物（处于疏松的状态），另外，总溶解固体浓度也会高得多，这时用预处理水低压冲洗，可冲走部分沉积物，并使膜表面溶质浓度趋于正常。一般冲洗 15～30min。

4.7.3.2 清洗、灭菌装置

详见 4.7.5 节有关内容。

4.7.3.3 能量回收装置[27,28,47,62,63]

(1) 反渗透淡化的能耗　通常以比能耗，即生产单位容积淡水所需的能量（kW·h/m³）来表示。它主要取决于操作压力 p 和回收率 R。p/R 就是反渗透淡化的比能耗。工程性反渗透淡化装置用于淡化海水时，比能耗为 $5\sim7$kW·h/m³（$p=5.96$MPa；$R=30\%\sim35\%$）；苦咸水淡化的相应值为 $1.0\sim2.0$kW·h/m³（$p=2.98$MPa；$R=75\%$）；反渗透过程中，相当部分能量因浓缩水的放空而没有利用，特别是海水淡化，约 $60\%\sim70\%$ 的能量没有利用，所以从节能和经济性等方面看，能量回收是十分重要的。

(2) 能量回收设备　包括涡轮机（包括冲击式水轮机）、各种旋转泵（即离心泵和叶片泵）、正位移泵、流动功装置（flow-work divice）、水力涡轮增压器（hydraulic turbo charger）、压力交换器和功交换器等。通常流动功装置适于小型装置的能量回收，而大型淡化厂多用涡轮机，特别是水力涡轮增压器、压力交换器和功交换器等。图 4-59～图 4-65 是常用的几种能量回收设备的原理和应用方式。根据其种类和容量的大小，回收能量亦各有所异，通常可回收 $50\%\sim95\%$。

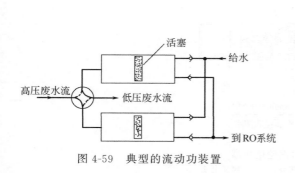

图 4-59　典型的流动功装置

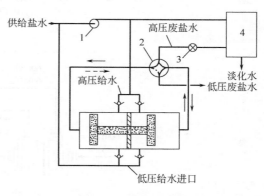

图 4-60　能量回收泵
1—主泵；2—回通阀；3—控制阀；4—RO膜

① 典型的流动功装置　见图 4-59。

② 能量回收泵　见图 4-60。

③ 水力能量回收透平　见图 4-61。

④ 水力涡轮增压器　见图 4-62。美国 Union Pump 和 Pump Engineering 公司有水力涡轮增压器产品，其型号和规格见表 4-25。

⑤ 压力交换器　压力交换器是近几年开发的新能量回收装置，[64,65]利用正位移的原理，直接传递脱盐浓海水的能量给进料海水，其净能量传递效率在 95% 左右。它是由一圆柱形转子、套筒和封盖等组成，转子中有多条与旋转轴平衡的导管，转子在套筒内旋转，两端是封盖，封盖上有高低压进出口，转子和端盖间有密封体，分为低、高压区；转子转动时，导管中先进入进料海水，它的进入使低压浓海水排掉，转过密封区，高压浓水进入导管，使原来进料海水获得高压排出。由于浓海水和进料海水在导管中运动之间有一隔层，几乎不混合，每一转仅 $1\%\sim3\%$ 的海水是混合的，如图 4-63 所示。

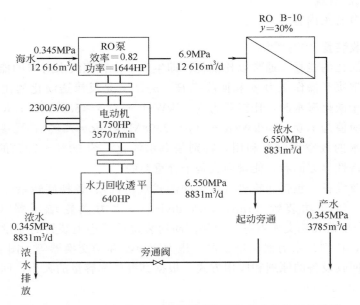

图 4-61　3785m³/d 海水一级反渗透装置的水力能量回收透平
1HP（马力）＝735.5W

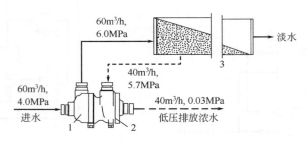

图 4-62　水力涡轮增压器
1—泵部分；2—涡轮部分；3—反渗透装置

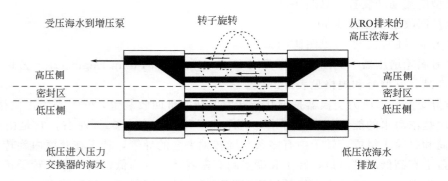

图 4-63　压力交换器工作原理示意

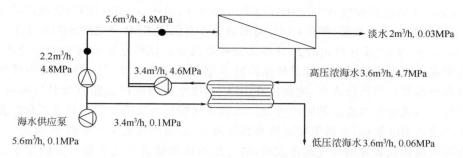

图 4-64 压力交换器回收能量示意

表 4-25 水力涡轮增压器的型号和规格

型 号	最小流量/(m³/d)	最大流量/(m³/d)	型 号	最小流量/(m³/d)	最大流量/(m³/d)
HTCII-25	98	218	HTCII-600	2861	4088
HTCII-50	218	354	HTCII-900	4088	5723
HTCII-75	354	490	HTCII-1200	5723	8175
HTCII-100	490	681	HTCII-1800	8175	11445
HTCII-150	681	1025	HTCII-2400	11445	19350
HTCII-225	1025	1428	HTCII-3600	19350	22890
HTCII-300	1428	2044	HTCII-4800	22890	32700
HTCII-450	2044	2861			

海水脱盐中,通过反渗透膜组件的压力损失约 $0.16 \sim 0.17 MPa$,通过压力交换器损失约 $0.13 \sim 0.14 MPa$,管道中损失约 $0.03 \sim 0.04 MPa$,所以通过压力交换器的获得高压的进料海水只要再增压 $0.30 \sim 0.33 MPa$,即可以达到高压进料海水所需的压力,如图 4-64 所示。

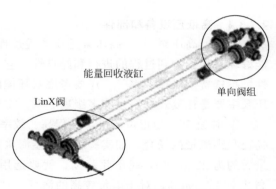

图 4-65 DWEER 能量回收系统

压力交换器适于各种类型和规模的海水与苦咸水脱盐中的能量回收,其压力范围在 $1.4 \sim 8.3 MPa$。表 4-26 所列的几种型号的压力交换器可供选用,当一只的容量不够时,可选用多只并联。

表 4-26 压力交换器的型号和规格

压力交换器的型号	流量范围/(m³/h)	压力交换器的型号	流量范围/(m³/h)
PX-15(PX-15B)	2.3~3.4	PX-120(PX-120B)	20.4~27.3
PX-25(PX-25B)	3.6~5.7	PX-140(PX-140B)	27.3~34.1
PX-40(PX-40B)	5.9~9.1	PX-200(PX-200B)	36~45
PX-60(PX-60B)	9.3~13.6	PX-220(PX-220B)	41~50
PX-90(PX-90B)	13.9~20.4	PX260(PX-260B)	50~59

注:无括号的表示海水用,压力最高 8.2MPa;括号内的型号有最后字母"B",表示为苦咸水用,压力最高 2.76MPa,详见公司说明。

⑥ 功交换式能量回收装置[63]　DWEER 是瑞士 Calder. AG 公司的功交换式能量回收装置,属活塞式阀控压力交换器(图 4-65)。类似装置还有德国 KSB 公司的 SalTec DT 压力交换器、德国 Siemag Transplan 公司的 PES 压力交换系统等。原理是采用两个大直径液缸,其中一个液缸中高压浓水推动活塞将能量传递给低压原海水向外排液,另一个液缸中供料泵压入低压原海水补液并排出低压浓水,两液缸在 PLC 和浓水换向阀的控制下交替排补海水,实现了浓水能量转换成原海水能量的回收过程。活塞式阀控压力交换器需配备增压泵以使初步升压的原海水进入 RO 系统,由活塞隔离浓水和原海水,能量回收效率一般高于 94%。

国内对能量回收装置的研究起步较晚,进行反渗透用能量回收装置研究的主要有中国科学院广州能源研究所、天津大学、杭州水处理技术研究开发中心和国家海洋局天津海水淡化与综合利用研究所等单位,研发方向均为双液压缸功交换式能量回收装置。申请了相关专利,使用电磁阀、气动和液动阀或四通功能阀进行高、低压水的切换,由 PLC 控制阀门的动作,平台试验表明,装置运行稳定,有效能量回收率>90%,压力波动<0.2MPa。

能量回收的类型及其安装形式见表 4-27。

表 4-27　能量回收的类型及其安装形式

能量回收的类型	安装形式
水力透平	接入管道系统,为进入往复泵的给水增压
推力透平(pelton)	机械地连接到电动机或水泵的轴上
反转泵(HPRT)	机械地连接到电动机或水泵的轴上
压力(功)交换器	安装在管道系统,直接为补给海水加压

4.7.3.4　高低压设备和部件

(1)　高压泵[27]　高压泵是反渗透过程中的关键部件,其选择对 SWRO 很重要,其性能好坏直接影响到过程的进行和经济性。它与选用其他设备、仪器等一样,必须考虑其可靠性、投资费、机械效率等,还要考虑对环境的影响 (噪声)。用于反渗透海水淡化工程的高压泵主要是往复式柱塞泵和多级离心泵。主要用泵的品种如下。

① 往复泵　为正位移泵,扬程高、效率高 (达80%以上),但流量不稳,主要应用于高扬程和小流量的场合,如实验室和小型海水淡化装置等场合下的应用。现今往复泵最大出水量大约为 227m³/h,超出此范围,就要选用多级离心泵。大容量的往复泵,其机械效率可高达 90%~94%,对于电价较高的海区,选用往复泵是经济的。往复泵除了效率比离心泵高之外,还有一个优点,即出水量比较恒定,不像离心泵,出水流量随压力增大而降低。但往复泵出水压力有脉冲,不像离心泵那样稳定。此外往复泵的噪声较大,为了稳定往复泵的压力和流量,在往复泵的进水口或排水管路上必须安装缓冲器 (或称稳压器)。目前国产的有宝鸡水泵厂、沈阳水泵厂、大连水泵厂的产品,进口的有 Union Pump 公司的产品等。

② 多级离心泵　结构简单、安装方便、体积小、重量轻、易操作维修、流量连续均匀,且可用阀方便地对流量进行调节,效率在 60%~85% 左右。在大型反渗透海水淡化工程中,目前所用高压泵产品主要是欧美产品,比如德国 KSB 公司 Multitec-RO 型和 HGM-RO 型节段式多级泵、瑞士 Sulzer 公司产品 MC 型和 MBN 型节段式多级泵、Sulzer 公司和美国滨特尔水处理有限公司 PWTD (N) 系列节段式多级离心泵,以及美国 Flowserve 公司的中开泵产品。目前,进入中国市场的进口海水淡化高压泵主要有德国 KSB、瑞士 Sulzer 和美国滨特尔水处理有限公司的产品。国产的有杭州南方特种泵厂、浙江科尔泵业股份有限公司、江

苏大学和杭州中杭泵业有限公司等的产品[66]。

水平中开式多级离心高压泵适用于流量大于 220m³/h 的场合，流量越大，泵的效率越高，效率可达 75%～85%，特点是轴向推力小，维护保养方便，但制造成本高；节段式多级离心高压泵用于中等流量（80～220m³/h）的场合，效率在 65%～80%，特点是结构简单、体积小、重量轻、价格相对便宜；不锈钢冲压泵只用于中小流量场合，通常流量小于 95m³/h，它的特点是效率不高，一般小于 70%，但体积小、重量轻、操作维护方便。

图 4-66 给出了这类泵的工作曲线，可供选泵用。

③ 高速泵　是一种高扬程、高转速（1万～3万 r/min）的泵品种，它体积小、质量轻、结构紧凑、占地面积小、流量连续均匀、维修方便等，但加工精度要求高，效率偏低（约 40%）。

另外有鱼雷泵等（略）。

（2）加药泵　现多用隔膜计量泵，以机械或电磁形式传动，也有用柱塞泵的。通常将药剂（酸、消毒剂、防垢剂或絮凝剂等）先配成一定浓度的大桶（100～200L）溶液，

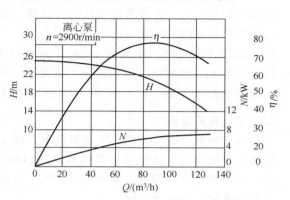

图 4-66　多级离心泵工作曲线示例

之后用加药泵计量注入 RO 或 NF 系统。可用如下公式计算：

$$Q_p = PC_{dp} PC_{vp} Q_{max} \tag{4-171}$$

$$\frac{Q_p V_0 c_0}{V_t} = c_{cf} Q_f \tag{4-172}$$

式中，Q_p 为泵的注入速度，L/d；PC_{dp} 为泵行程百分比；PC_{vp} 为泵速度百分比；Q_{max} 为泵的最大输出速度，L/d；V_0 为药剂体积；c_0 为药剂原浓度；V_t 为配药剂桶体积；c_{cf} 为进水中药剂浓度；Q_f 为进水流速，L/d。

（3）阀门　RO 系统中用的阀门品种较多，包括节流阀、截止阀、止回阀和取样阀等，有进水和浓水用的高（中）压阀门也有产水部分用的低压阀门，根据需求，可用手动、电动、气动或液动来控制。

高压泵进水装止回阀和闸阀，防止启动时流速太大和停运时回流对泵和膜组件造成不必要的损伤。浓水出口装节流阀，调节和控制回收率在一定范围。产水侧装止回阀，防止停运时产水回流对组件的损伤。进水、浓水和产水各设取样阀，供取样分析。

另外水泵应设放气阀，柱塞泵应设安全阀和稳压阀等。

（4）膜元件的承压壳体　卷式反渗透元件使用时要装入相应的承压壳体中。据不同的应用，可选用玻璃钢（FRP）、不锈钢和塑料等材料的壳体，如海水淡化可选 FRP 的壳体，医用纯水生产可选不锈钢的壳体，直径 5.08cm（2in）和低压用 10.16cm（4in）的元件可选用廉价的 PVC 壳体。壳体长度据实际需求设计选定，从单元件壳体直到可容 7～8 个元件的壳体，通常容 6 个元件的壳体用得最多。壳体应在 1.5 倍操作压力下进行安全性试验后，方可使用。高压进出口开在壳体侧面的两端，利于元件装卸和更换。在现场，壳体两端各应有至少 1.5m 的空间供操作和元件更换之用。

FRP 壳体在支架上要有靠垫并固定牢，防止振动使壳体与机架摩擦而造成损伤。

（5）有关材质　反渗透膜污染物的来源之一是这些设备和管阀件的铁腐蚀产物。为此，

对于溶液（水）过滤部件，必须采用耐腐蚀材料，应根据承受压力和接触的介质选用。

① 高压部件　凡高压的设备和管阀件等通常采用不同牌号的不锈钢，玻璃钢等耐压、耐腐蚀的非金属材料也常被选用，如组件的壳体。对于海水等含盐量很高的水的过流部件，通常采用 SS（SUS）316 不锈钢，而对于一般的苦咸水或自来水通常采用 SS（SUS）304 或 1Cr18Ni9Ti（国产）不锈钢。

不锈钢铸件、死角和焊缝等处往往也会出现腐蚀现象。应根据需要和可能进行相应的机械加工和氩弧焊，以改善腐蚀状况。另外，在管道设计时采用≥1.5m/s 的流速也是防止不锈钢管阀件腐蚀的措施。

② 低压部件　凡低压设备多半采用钢衬胶，也有采用 SS（SUS）304 不锈钢、1Cr18Ni9Ti、玻璃钢、聚乙烯等。大管径（>φ100mm）的低压管道常采用钢衬胶管而小管径的多半采用 ABS、U-PVC 和 PVDF 等塑料（接触流体为超纯水）。

4.7.3.5　有关仪表

（1）测量仪表　包括：①流量仪表，测定浓水和产水的流量；②压力仪表，测定保安滤器进出口的压力；测定反渗透组件进出口的压力；测定高压泵入口的压力；测定产水的压力；③水质仪表，测定进水的 SDI；测定进水的、产水的电导率；测定进水的 pH；测定进水的游离氯；测定进水的温度。

（2）控制仪表　包括：①低压开关，于高压泵前的进水设置，以免损坏泵；②高压开关，于高压泵后的进水设置，以免损坏膜元件；③高压开关，于产水侧设置，不应超过进水压力，保护膜元件；④水位开关，控制中间水箱高低液位，启、闭 RO 系统；⑤硬度在线检测仪，检测软化器出水是否失效；⑥氧化还原电位（ORP）仪，检测游离氯含量的高低；⑦高温开关，进水侧设置，以免温度过高损坏膜；⑧流量开关，浓缩水侧设置，防止回收率太高（浓水流量太小）；⑨电导率开关，产水侧设置，过高则排放，保护下流设备和过程；⑩高、低 pH 开关，进水侧设置，防止系统结垢或膜水解。

另外，根据客户要求可增设其他相关的测量和监控仪表。

4.7.4　设备的操作与维修[36,55,56]

4.7.4.1　元件装配和取换

（1）元件装配

① 装元件前，整个系统应清洗，确保无污染物，取下承压壳体的两个端板；

② 打开塑料封袋，取出元件；

③ 在每一个元件上游沟槽处放一盐水密封圈，其开叉对着上游；

④ 从承压壳体的上游放入第一个元件，元件的盐水密封在上游处，为了便于装第二个元件，第一个元件伸在承压壳体外约 15cm 长；

⑤ 记录元件号码和位置；

⑥ 在内连接管的 O 形密封环上涂少许甘油，转动使之均匀，并将该内连接管插入第一个元件上游的中心管中；

⑦ 使第二个元件下游与第一个元件的内连接管对齐，轻推并旋转，使之插入第二个元件下游的中心管；

⑧ 与承压壳体平行地推这两个元件进入壳体内，使第二个元件伸在承压壳体外约 15cm 长；

⑨ 记录第二个元件的号码和位置；

⑩ 重复上述装填过程，直到所需数目的元件装入壳体内；

⑪ 在第一个和最后一个元件的两外端插入甘油润滑的产水接头；

⑫ 将下游压力端板连接到产品水接头上并固定；

⑬ 将上游压力端板连接到产品水接头上并固定；

⑭ 在两个端板处，连接上所必要的管道。

（2）从承压壳体中取出元件

① 从两个端板上拆掉所有管件，从壳体上卸下两个端板；

② 从进水的上游向下游推出元件，从下游出口一个个取出元件来；为了从壳体中取出第二个至第六个（最后一个）元件，必要时可使用一推杆。

注：装、取元件时，手要干净或带干净手套，以防污染；要小心，不要产生元件震动，如跌落、与其他物品碰撞等；要仔细，不要划伤密封端面，如盐水和产水的密封沟槽和密封面等。

（3）更换元件　先取再装，同（2）和（1），故从略。

4.7.4.2　启动、记录和停运

（1）启动

① 检查进水水质是否符合要求；

② 在低压和低流速下排掉系统中所有的空气；

③ 检查系统是否渗漏；

④ 调节进水和浓水的节流阀，逐渐增大压力和流速到设计值；

⑤ 取浓水样品分析，确定有无结垢、沉淀和污染的可能；

⑥ 检查和试验所有在线传感器，设定联锁点、时间延时保护和报警等；

⑦ 系统达设计条件后，运行 1～2h 全排放，去掉残存的制膜试剂或杀菌保护试剂；

⑧ 系统稳定运行后，记录操作条件和性能参数；

⑨ 系统停运后，再启动，开始也应在低压下用预处理水冲洗，以冲走静置时膜表面上变疏松的沉淀物等。

（2）日常记录（表 4-28 供参考）　每天收集记录工厂操作参数和性能数据（自动记录更好）。包括：

① 流速，包括进水、渗透水和浓水；

② 压力，包括进水、渗透水、浓水和级间；

③ 进水温度；

④ 操作延续时间；

⑤ 清洗或非正常事件，如停车、预处理有问题等参数；

⑥ 启动时及以后每 3 个月的间隔，对进水、渗透水和浓水有一全化学分析；其中要包括以下离子的浓度：Ca^{2+}、Mg^{2+}、Na^+、Sr^{2+}、Ba^{2+}、Fe^{2+}、Al^{3+}、HCO_3^-、SO_4^{2-}、Cl^-、NO_3^-、SiO_2；对渗透水可不分析 Sr^{2+}、Ba^{2+}、Fe^{2+}、Al^{3+} 等离子；

⑦ 日常记录一定要有电导（进水、浓水和渗透水）、SDI、浊度、游离氯、pH 等参数；

⑧ 记录标准化，为了能准确评价工厂性能变化趋势，收集的数据必须标准化。

标准化的参考点可以是设计的启动条件，也可以是启动 50～100h 之后所取的实际数据，标准化可手工计算也可用计算机程序计算，公式如下：

$$Q_{ps} = \frac{\overline{(NDP)}_f}{(NDP)_t} \times \frac{\overline{(TCF)}_f}{(TCF)_t} Q_{pt} \tag{4-173}$$

表 4-28　RO 运行关键参数日常检测（供参考）

参　数	检　测　日　期				
沙滤器	进口压力、出口压力/kPa				
	压降/kPa				
	游离氯/(mg/L)				
活性炭器	进口压力、出口压力/kPa				
	压降/kPa				
	游离氯/(mg/L)				
软化器	进口压力、出口压力/kPa				
	压降/kPa				
	再生后流量/(m³/h)				
	出口硬度/(mg/L)				
保安滤器	进口压力、出口压力/kPa				
	压降/kPa				
RO 进水	SDI				
	水温/℃				
	游离氯/(mg/L)				
	pH				
	TDS/(mg/L)[电导率/(μS/cm)]				
浓水	流速/(m³/h)				
	压力/MPa				
	压降/kPa				
产水	流速/(m³/h)				
	TDS/(mg/L)[电导率/(μS/cm)]				
	压力/kPa				
	脱盐率%				
循环水	流速/(m³/h)				
	运行时间/h				

$$S_{ps} = \frac{\overline{(NDP)_f}}{\overline{(NDP)_t}} \times \frac{\overline{(TCF)_f}}{\overline{(TCF)_t}} \times \frac{(NDP)_t}{(NDP)_p} S_{pt} \tag{4-174}$$

$$\overline{NDP} = \frac{p_f + p_p}{2} - p_p - \overline{\pi_{f/b}} \tag{4-175}$$

$$\overline{\pi_{f/b}} = \pi_f \times \frac{\ln\left(\dfrac{1}{1-R}\right)}{R} \tag{4-176}$$

$$\pi_f = \frac{c_f}{100} \tag{4-177}$$

$$\pi_p = \frac{c_p}{100} \tag{4-178}$$

$$S_p = \frac{c_p}{c_f} \tag{4-179}$$

$$\overline{c_f} = \frac{\ln\left(\dfrac{1}{1-R}\right)}{R} \times c_f \tag{4-180}$$

　　式中，Q_{ps} 为标准化的渗透流速，L/min；S_{ps} 为标准化的透盐率，%；下标 f 为参考条件；下标 t 为非参考条件；$\overline{NDP}$ 为平均净驱动压力，MPa；$\overline{TCF}$ 为温度校正系数；p_r 为进水压力，MPa；p_p 为渗透水压力，MPa；R 为回收率，%；c_f 为进水浓度，mg/L；$\overline{c_f}$ 为平均进水浓度，mg/L；c_p 为渗透水浓度，mg/L；$\overline{\pi_{f/b}}$ 为平均进水-浓水渗透压，MPa；π_p 为渗透水的渗透压，MPa；π_f 为进水的渗透压，MPa；下标 p 表示透过液。

（3）停运

① 工厂一停运，马上用渗透水或预处理的进水冲洗整个系统，若预处理加 SHMP，则必须用无 SHMP 的水冲洗整个系统；

② 系统停车后，其他辅助系统也停车；

③ 停车后，不能有滴漏现象，也不能有从渗透侧对元件的背压；

④ 若停车时间在一周之内，每天向系统换新水以减少微生物生长即可；

⑤ 若停车时间长于一周，则应向系统添加消毒液。

4.7.4.3　查找故障

当系统性能超出所规定的范围，表明系统发生了问题，这时应查找故障，采取校正措施，减少进一步的损失。查找故障的主要方式是分析标准化的性能数据，找出可能的原因，再结合分析等手段加以证实，而后对症下药，采取有效的措施。这里有在线查找和非在线检查两种方式。

（1）在线查找　在线查找是系统在运行中，分析渗透流速、透盐率和各级压差的变化趋势，而后根据 RO 查找故障指南（表 4-29）进行评价。

表 4-29　RO 查找故障指南

症状			位置	可能原因	证实	校正措施
透盐率	渗透流速	压力降				
大增	降	大增	主要在第一级	金属氧化物污染	分析清洗液中金属离子	改进预处理,酸洗
大增	降	大增	主要在第一级	胶体污染	测进水 SDI,清洗液残物 X 射线分析	改进预处理,高 pH 下阴离子洗涤剂清洗
增	降	增	主要在最后一级	钙垢和 SiO_2	检查浓水的 LSI,分析清洗液中金属离子	增加酸和防垢剂添加量,降低回收率,酸洗
大增、中增	降	大增、中增	各级	生物污染	渗透水、浓水细菌计数,管路和压力容器黏液分析	预处理以 Cl_2 消毒,换保安滤器,以 $NaHSO_3$ 高剂量冲洗,甲醛消毒,低 pH 下连续供给低浓度 $NaHSO_3$
降或中增	降	正常	各级	有机污染	破坏性红外分析	改进预处理(絮凝),吸附树脂/活性炭处理,高 pH 下洗涤剂清洗
增	增	降	主要在第一级	游离氯侵蚀	进水分析 Cl^-,破坏性元素分析	检修加氯设备和脱氯设备
增	增	降	主要在第一级	膜被结晶物磨损	进水固体显微观测,元件破坏性检查	改进预处理,各种过滤器检测
增	增	—	各级	CA 膜酸水解和降解	进水 pH,膜表面元素分析	校正加酸设备,处理重金属离子
增	大增	降	无规律	O 形漏,端、侧密封胶漏	探管测试,真空检查,通胶体物质	修 O 形环,修或换元件
增	大降	降	各级	回收率太高	检查各流量和压力	降低回收率,校准传感器,增加数据分析

当发现有的压力容器溶质透过率太高时,可用探管试验,如图 4-67 所示,方法是以一细的长塑料管伸入元件的产品水管中,据管子伸入的长度可知该处水样的水质,探管试验的几点信息是:①接近内接头处溶质透过的大量增加通常表明 O 形环渗漏;②整个渗透管中溶质透过的大量增加表明黏合处或 O 形环渗漏;③溶质透过的适度增加表明需要清洗,也可能是在极端条件下操作或是膜降解导致的。

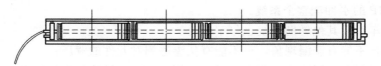

图 4-67 探管试验示意

据探管试验,可确定是否卸开压力容器,检查哪一个元件或 O 形环。

(2)非在线检查 当探管试验表明某一元件性能低下时,则该元件要从系统中取出进行真空衰减试验和单元件湿试验。

真空衰减试验是堵住元件产品水管一端,从另一端抽真空,没有胶粘线的元件要漏气,所以整体损伤的元件有一相应的真空衰减时间。

单元件湿试验是在元件测试装置上以 1000mg/L NaCl 于 1.38～2.76MPa 下,浓水流速对 20.32cm(8in)元件至少 132.5L/min,对 10.16cm(4in)元件至少 22.7L/min,回收率应小于 13%,看损伤元件的性能。

4.7.5 清洗、再生、消毒和存放技术[36,55,56]

反渗透技术经济性在很大程度上受膜污染的影响。无论预处理系统如何完美,日常操作如何严格,在长期运行中,膜的表面上会逐渐有各种污染物的沉积而引起膜的污染,造成系统性能(脱除率和产水量)的下降、组件进出口压差的升高;引起不定期的停产、事故多发及膜组件的更换等,从而使操作费用大增。所以防止膜污染是反渗透应用中最重要的方面之一。膜的定期清洗和消毒是防治膜污染的主要措施之一。

4.7.5.1 膜的清洗

(1)需要清洗的准则 ①装置的产水量下降 10%～15% 时;②装置的进水压力增加 10%～15% 时;③装置各段的压力差增加 15% 时;④装置的盐透过率增加 50% 时;⑤装置运行 3～4 个月时;⑥装置长期停运时,在用甲醛溶液保护之前。

出现上述情况之一时,应进行化学清洗。

(2)查找污染原因 ①操作的正常性(压力、流量、温度、浓度、pH 等);②机械原因(密封、泵、阀、管道、元件、滤器、仪表等);③试剂计量(加酸、凝聚剂、防垢剂、消毒剂等);④分析(进水水质变化、污染指数 SDI、总悬浮物 TSS、总有机碳 TOC 等);⑤污染物鉴别(元素、色、味、质量、清洗溶解小试、红外光谱 IR、扫描电子显微镜 SEM 等)。

(3)膜污染特征 不同的污染物,有其不同的表现,不同膜污染的特征见表 4-30。

(4)除去污染物的技术

① 机械清洗 包括正向渗透、高速水冲洗、海绵球清洗、刷洗、超声清洗、空气喷射等。

② 化学清洗 包括用酸、碱、螯合剂、消毒剂、酶、表面活性剂等。

表 4-30　不同膜污染的特征

污染物	原因	一般特征		
		盐透过率(S_p)	组件压力差(Δp)	产水量(V_p)
金属氢氧化物	$Mn(OH)_2$、$Fe(OH)_3$ 等沉淀,多在第一级	明显增加	明显增加,为主要表现	明显下降
水垢	浓差极化,微溶盐沉淀,多在最后一级	适度增加	适度降低	适度降低
胶体	SiO_2、$Al_2(SiO_3)_3$、$Fe_2(SiO_3)_2$ 等	适度增加	增加较明显,为主要表现	适度降低
生物污染	微生物(细菌)在膜表面生长、发生较缓慢	适度增加	适度增加	明显降低,为主要表现
有机物	有机物附着和吸附	较轻增加	适度增加	明显降低,为主要表现
细菌残骸	无甲醛保护而存放	明显增加	明显增加	明显降低

③ 组合清洗　机械清洗与化学清洗结合。

④ 化学清洗常用试剂

a. 酸　有 HCl、H_2SO_4、H_3PO_4、柠檬酸、草酸等。酸对 $CaCO_3$、$Ca_3(PO_4)_2$、Fe_2O_3、Mn_nS_m 等有效,对 SiO_2、硅酸盐和有机污染物等无效。其中柠檬酸常用,其缺点是与 Fe^{2+} 形成难溶化合物,这可用氨水调节 pH=4,使 Fe^{2+} 形成易溶的铁铵柠檬酸盐来解决。

b. 碱　有 PO_4^{3-}、CO_3^{2-} 和 OH^- 等,对污染物有松弛、乳化和分散作用,与表面活性剂一起对油、脂、污物和生物物质有去除作用;另外对 SiO_3^{2-} 也有一定效果。

c. 螯合剂　最常用的为乙二胺四乙酸(EDTA),与 Ca^{2+}、Mg^{2+}、Ba^{2+}、Fe^{3+} 等形成易溶的络合物,故对碱土金属的硫酸盐很有效。其他螯合剂有磷羧酸、葡萄糖酸、柠檬酸和聚合物基螯合剂等。

d. 表面活性剂　降低膜的表面张力,起润湿、增溶、分散和去污作用,最常用的为非离子表面活性剂,如 Triton X-100。但应注意目前复合膜与 Triton X-100 不相容。

e. 酶　蛋白酶等,有利于有机物的分解。

(5)　清洗剂选择原则和配方

① 选择原则　据检测分析污染物的结果,选择合适的清洗剂,同时要使清洗剂与膜类型有相容性,对系统无腐蚀等。表 4-31 所列为膜清洗剂一般选择原则。

表 4-31　膜清洗剂一般选择原则

污染物	清洗剂选择原则	污染物	清洗剂选择原则
钙垢	以各种酸,结合 EDTA 除去	生物污染物	高 pH 下以 BIZ 或 EDTA 清洗,用 Cl_2、$NaHSO_3$、CH_2O、H_2O_2 或过氧乙酸短期冲洗
金属氢氧化物	以草酸、柠檬酸、结合 EDTA 和表面活性剂处理	有机物	以 IPA 或其他专用试剂,结合表面活性剂处理
SiO_2 等胶体	在高 pH 下,以 NH_4F 类结合 EDTA 及特种洗涤剂 STP、BIZ 洗涤	细菌	用 Cl_2 或甲醛水溶液冲洗

注:STP、BIZ 为 Argo 公司的产品名。

② 一些商用配方　见表 4-32。

表 4-32　一些通用的清洗剂配方

配方	适用范围						
	CaCO₃	Ca、Ba、Sr的SO₄²⁻盐	金属氧化物	无机胶体	微生物(细菌)	有机物	备注
2.0%柠檬酸+0.1% Triton X-100+NH₄OH，使 pH=4~2.5	—		—	—			CA膜
盐酸（0.5%）或 pH=4	—						
2.0%柠檬酸+NH₄OH（或NaOH），使 pH=8~4		—					PA膜
2.5%柠檬酸+2.5% NH₄HF₂		—					
1.5%Na₂EDTA+NaOH，使 pH=7~8		—					
2.0%三聚磷酸钠+0.8% Na₂EDTA+0.1% Triton X-100+H₂SO₄，pH=7.5~8.0					—	—	CA膜
1.0% Na₃PO₄ 或三聚磷酸钠+1% Na₂EDTA+NaOH，使 pH=11.5~11.9					—		PA膜
H₃PO₄（0.5%）			—				
草酸（0.2%~1%）+NH₄OH，pH=2~4			—				
NaHSO₃（1%~4%）			—				
NaOH，pH=11~11.9				—	—	—	
0.1% Triton X-100+0.5%过硼酸钠+H₂SO₄，pH=7.5						—	CA膜
BIZ（0.5%~1.0%）					—		
2%三聚磷酸钠（或0.1%NaOH）+0.025%十二烷基硫（磺）酸钠+H₂SO₄，使 pH=7.5						—	
5~10mg/L Cl₂，pH=5~6					—		
1.0%甲醛					—		

③ 国外一些膜专用清洗剂及应用　见表 4-33。

表 4-33　国外膜专用清洗剂及用法

膜型	供应商	液体清洗剂品名	用法
PA膜酸性清洗剂（无机垢）	Argo Scientific King Lee American Fluid	dIPA 403 Bioclean 103A KL-1000 Diamite LPH Filtrapure™ Acid Cleaner	1lb/5gal 1lb/5gal 1lb/10gal 1gal/40gal 1lb/15gal
CA膜酸性清洗剂（无机垢）	Argo Scientific King Lee American Fluid	HPC 403 Bioclean 103A KL-3030 Diamite CPH Filtrapure™ Acid Cleaner	1lb/4gal 1lb/5gal 1lb/4gal 1gal/40gal 1lb/15gal

续表

膜　型	供应商	液体清洗剂品名	用　法
PA膜碱性清洗剂(有机垢)	Argo Scientific King Lee American Fluid	IPA 411 Bioclean 511 KL-2000 Diamite AFT Filtrapure™ TF	1lb/5gal 1lb/6gal 1lb/12gal 1gal/40gal 1lb/10gal
CA膜酸性清洗剂(有机垢)	Argo Scientific King Lee American Fluid	HPC 307 Bioclean 107A KL-7330 Diamite ACA Filtrapure™ CA	1lb/4gal 1lb/5gal 1lb/4gal 1gal/40gal 1lb/10gal
PA/CA膜铁清洗剂	Argo Scientific King Lee American Fluid	N/A KL-3000 Filtrapure™ Iron Remover	— 1lb/12gal 1lb/10gal
PA膜消毒	Argo Scientific King Lee American Fluid	Bioclean 882 Microtreat-TF Flocide^{R}375 Peracetic Acid	1gal/9gal 1gal/1000gal 1gal/400gal

注：1lb=0.4536kg；1gal=3.7854L。

（6）一般清洗手续　①以反渗透产水在50psi(1psi=6.895kPa，下同)下，以75％的最大流速，逐级冲洗元件15min；②配制清洗液，充分混合，调节pH和温度；③以75％最大流速泵清洗液到系统中，全部充满后，停泵关阀浸泡15min，之后循环45min，排放；④重复③的步骤到排出的清洗液色淡为止；⑤以进水循环45min并排放；⑥以50％最大流速，50psi下以产品水冲洗15min；⑦以最高流速，于50psi下，以产品水冲洗30min；⑧检查排水的pH、电导及无泡沫等，合格后则完成清洗。

4.7.5.2　膜的再生

由于表面的缺陷、磨蚀、化学侵蚀和水解等原因，膜在使用中性能会逐渐下降，为了延长膜的寿命，可对膜进行再生。一般再生前脱盐率应在80％以上，再生后可达94％以上。低于80％脱除率的膜，再生效果很差。目前只有醋酸纤维素类和芳族聚酰胺中空纤维有再生剂。醋酸纤维素膜的再生剂为聚醋酸乙烯酯或其共聚物，芳族聚酰胺中空纤维的再生剂为聚乙烯甲醚/丹宁酸。再生时，首先要彻底清洗膜组件，之后配制再生液，泵入系统中循环，测定脱除率、产水量和压降等，当达到所需脱除率后，以产品水冲洗，运行到性能稳定为止。

4.7.5.3　膜元件的消毒

（1）醋酸纤维素类膜的消毒　可使用的消毒剂有如下几种。

① 游离氯　允许0.1～1.0mg/L连续或间歇接触，也可用5mg/L的浓度冲洗1h（半个月一次）。若有腐蚀产物在进水中游离氯会引起膜降解，这时可用10mg/L的NH_4Cl代之。

② 甲醛　0.1％～1.0％的甲醛可用于消毒和元件的长期保存。

③ 异二氢噻唑　15～25mg/L的溶液可用来消毒和元件的保存。

（2）芳族聚酰胺复合膜用杀菌剂　对芳族聚酰胺复合膜，由于结构不同，所需要的消毒剂与醋酸纤维素膜的不同，简要地列出如下。

① 甲醛　元件至少运行24h后，才能用甲醛消毒，浓度也为0.1％～1.0％。

② NaHSO₃　为微生物生长抑制剂，可以 500mg/L，30～50min 的日常冲洗；也可用 1% 的浓度用于元件长期存放。Du Pont 公司用 1.8% 甘油＋1.5% NaHSO₄＋200～300mg/L MgCl₂ 保存组件。

③ 异二氢噻唑　15～25mg/L 的溶液，可用来消毒和元件的长期存放。

④ H₂O₂　用 0.2% 的 H₂O₂ 或含过氧乙酸的 H₂O₂ 来消毒，但应在无 Fe、Mn 存在的进水条件下，温度在 25℃ 以下。不能用于存放。日东电工推荐：0.5%～2% 的 H₂O₂ 清洗 2h。

4.7.5.4　膜元件的存放

（1）短期存放（5～30 天）操作　①定位清洗 RO 元件，放空内部气体；②用渗透水配制消毒液冲洗 RO 元件，出口处消毒液浓度达标；③全部充满消毒液后，关阀，使溶液留在壳体内；④据不同消毒剂，每 3～5 天重复②、③步骤；⑤重新使用时，先用低压进水冲洗，产水排放 1h，再高压下洗涤 5～10min，检查消毒剂是否残存。

（2）长期存放　同短期存放，应注意的是 27℃ 以下每月重复②、③步骤一次，27℃ 以上时，每 5 天重复②、③步骤一次。

（3）干存放　元件本来是干的，注意不要日晒，放在干冷处（20～30℃）。

4.7.5.5　清洗、消毒装置

反渗透装置与大多数其他水处理设备一样，需要进行定期清洗灭菌。因此，对于上规模的反渗透装置专设这一装置，而对小型的反渗透装置通常利用该装置的高压泵等配套设备，增设临时性的管路进行清洗等操作。

这一辅助装置包括：清洗槽、清洗泵和 5～10μm 筒式滤器等组成，如图 4-68 所示。清洗、灭菌的流程如图 4-69 所示。

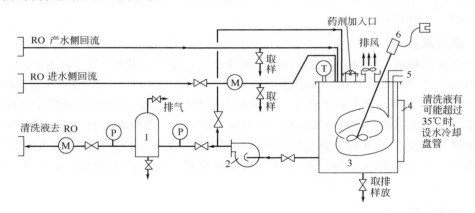

图 4-68　化学清洗、灭菌装置
1—5μm 过滤器；2—清洗泵；3—清洗槽；4—液位指示；5—水冷却盘管；6—搅拌器

（1）清洗槽　清洗槽应由耐腐蚀材料，如聚乙烯和玻璃钢等制作。其容积由一次清洗的元、组件的规格、数量和清洗回路的管件和滤器等的容积确定。每个不同规格的元、组件的清洗剂量由有关生产公司提供。有的公司规定清洗槽的容量除了上述清洗剂的容积之外，至少有 3min 清洗泵流量的容积。

清洗槽应设盖、通风扇、混合器和旁通回路，在某些情况下应设冷却盘管，避免因泵运转产生的热量使清洗液的温度超过膜的最高容许温度。

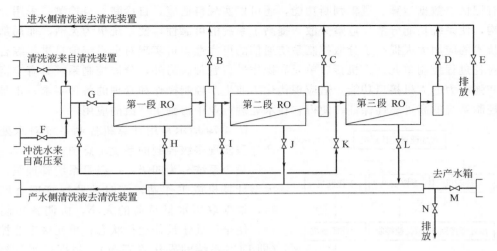

图 4-69 化学清洗、灭菌流程

（2）清洗泵 清洗泵通常是不锈钢的离心泵，其扬程和流量应分别大于被清洗装置的最大压差和元、组件正常操作的工作流量，其具体参数也由有关公司确定。

（3）5～10μm 筒式滤器 该滤器装于清洗泵的出口处，以除去清洗下来的沉淀物。表 4-34 给出了部分 RO 常用药剂及有关生产厂商。

表 4-34 部分 RO 常用药剂及有关生产厂商

药 剂	牌 号	厂 商	药 剂	牌 号	厂 商
阳离子絮凝剂	Magnifloc 570 系列	Cyanamid	膜清洗剂②	Permaclean 系列	Permacare
	Nalcolyte 8101	Nalco		Triclean 系列	Trisep
	ST	余姚化工厂		107,511,IPA,HPC……	Argo
	Filtermate	Argo		MT-5000,3100……	BF Goodrich
防垢剂①	Hypersperse 系列	Argo		KL-1000,2000……	KingLee
	Flocon 100,250	Plizer		Filtrapure™系列	American Fluid
	AF 系列	BF Goodrich	消毒剂③	Bioclean 系列	Argo
	Cyanamer P-35	Cyanamid		Permaclean 44,55	Permacare
	EL4010,5000…	Calgon		Triclean 882	Trisep
	Tripol 8510,9510…	Trisep		Microtreat-TF	KingLee

① 不同型号,不同作用。

② 不同型号,清洗不同污垢。

③ 不同型号,适于不同的膜。

4.7.6 计算机监控

4.7.6.1 概述

20 世纪自动控制技术的发展在工程和科学发展中起着极为重要的作用。随着自动控制理论的发展和新的自动控制技术的出现，特别是计算机工业的兴起与发展，使得包括水处理过程自动控制系统在内的过程控制系统跨入了计算机控制时代。数字计算机应用于工业自动化领域，它运算速度快，精度高，逻辑判断能力强，所以其控制功能比常规调节器要强得多，而集中分散计算机控制系统 DCS（distributed control system）系统作为计算机控制系统的后起之秀更为生产过程的自动控制提供了强有力的控制手段，它采用微机智能技术，不仅具有记忆、数据运算、逻辑判断功能，还可以实现自适应、自诊断、自检测。采用分级递阶结构，使系统功能分散，危险分散，提高了系统的可靠性，使系统更为灵活。而局部网络通信技术的应用大大提高了分散控制系统通信的可靠性，可实现对全系统信息进行综合管理以及对各过程控制单元、人机接口单元和操作进行管理。另外，分散控制系统具有丰富的软件包和强有力的人机接口功能，适应现代化工业生产控制操作和管理的各种要求，正是由于分散控制系统的高可靠性保证，使得它在水处理行业中得到了广泛的应用。

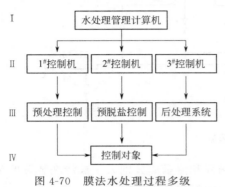

图 4-70 膜法水处理过程多级监控系统示意图

Ⅰ—厂级管理机；Ⅱ—单元级工业控制机；Ⅲ—功能群控级（可编程控制器 PLC）；Ⅳ—执行级

图 4-70 所示是用计算机控制系统对水处理生产过程实现多级控制的系统示意图。

整个系统分为四级：厂级是系统管理级，采用大型计算机或工作站，实时地监视管理全厂的运行，根据取用水量负荷的大小，协调各控制机运行，使全厂处于最佳运行状态；单元级工业控制机（即 DCS 系统的操作管理级），根据厂级计算机命令，对本单元机组各控制系统实现协调控制，保证本机组处于最佳运行状态；功能群控级包括了机组各局部控制系统或计算机控制系统（即 DCS 系统现场控制级），它们相互独立完成控制功能，又能接受单元机组级的监控信号；执行级为现场执行器。

4.7.6.2 制水系统

实现制水系统的自动控制是提高科学管理水平、减轻工人的劳动强度、保证水处理质量、减少能耗和药耗的重要措施。

目前我国大型纯水制造系统和电厂的锅炉补给水及海水淡化制水系统，普遍采用分散控制，集中监视的 DCS 控制系统，系统由工业控制机作为操作站，可编程控制器（即 PLC）为控制站组成的一个高可靠性和高效率的 DCS 控制系统，它主要对水质、流量、水温、水压、pH 等物理对象有关模拟信号进行实时采集、显示、存储、统计、制表和打印。

制水系统一般分三个部分。

（1）预处理系统　它包括多介质滤器、交换器、加药计量泵、活性炭滤器、软化器、超滤器、反渗透装置等，其组成主要视原水水源而定。

控制系统的执行阀通常采用气动阀、液动阀、多路组合阀来实现。气动阀需要气源，其特点是可靠性高；液动阀可直接利用系统中的水压来实现开关，其特点是方便；多路组合阀由于体积小，结构紧凑，所以小的制水系统尤其适用。

根据工艺条件的需要，滤器通常有单台或多台组成，滤器清洗是根据滤器的水头损失和污染指数、出水压力差作为系统的控制参数。当滤器运行一段时间后，水头损失逐渐增加，同时污染指数也将提高，当水头损失大于设定值时，计算机发出清洗命令，对于多台滤器将根据指令发出先后，进行顺序清洗，清洗步骤：①空气擦洗；②反洗（或水、汽同时进行）；③静置；④正洗。清洗完毕后自动恢复正常工作。

在中央控制室里，通过计算机对各步骤进行动态监视，当清洗到设定值时，计算机发出声光信号，以提示操作人员注意。

软化器也分为单台和多台控制，软化器的再生还原控制参数主要由周期时间、周期总水量、负荷终点来决定，当控制参数达到设定值时，计算机发出再生指令，对树脂进行再生还原，对多台软化器根据再生指令发出先后进行顺序再生，再生步骤：①反洗；②再生；③静置；④正洗。再生完毕后自动投入运行。图 4-71 为计算机控制再生的程序框图。

（2）预脱盐系统　它包括：反渗透、电渗析、离子交换等，其选择及组合视具体情况综合分析，评价优化，设定选择而定。

反渗透装置在制水工艺中作为预脱盐设备，它的运行好坏对系统影响较大，所以在系统设计中作为重点进行控制。由于工作压区在 1.3～1.6MPa，特别是海水淡化系统压力将达到 5.5～7.0MPa，所以必须设置保护措施，除了应设置 RO 高压泵的进口低压、出口高压和膜产水侧的高压保护外，还必须设置开机时的低压冲洗排气和停机时的浓水置换功能，对大型装置还必须设置自动升压程序控制，如 RO 泵采用变频调速升压等措施。

RO 高压泵进口低压、出口高压和膜产水侧的高压采用离散化的数字 PID 调节，使各压力维持在一定压力范围内。

（3）后处理系统　后处理系统的深度除盐工艺中大多采用混合床制水，主要是采用运行周期和同期总水量作为控制参数，同样是选择手动和自动再生，再生程序为：运行、反洗、再生、置换、混合反洗、正洗，各步骤都通过 PLC 进行程序控制清洗再生，并通过大屏幕显示器对各程序进行监控。

（4）制水系统的自动控制　制水系统的控制参数即压力、温度、流量、液位、水质等，工控计算机对它们进行监控、报警、记录，同时由 PLC 对温度、计量泵加药量进行 PID 自动调节。

此控制系统硬件设备包括现场测量显示仪表、信号变送器、执行器、计算机模拟量输入/输出通道模板、开关量输入/输出通道模块、可编程控制器（PLC）、工业控制计算机、打印机、显示器等。

系统软件包括操作员站软件和控制站软件，操作员站软件包括在 Windows 下的组态软件包和生成的组态软件，它包括数据显示模块、数据存储模块、打印模块等；控制站软件包括数据采集模块、滤波模块、控制回路模块、报警模块等。

操作站和控制站的 RS485 通讯进行数据传输。通过显示器可以清楚地显示出系统的总貌图、流程图、趋势图、参数整定图等。同时可实时及定时打印各生产报表。

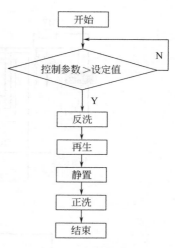

图 4-71　软化器再生程序控制流程

4.7.6.3　示例

下面以"500m³/d 反渗透海水淡化示范工程"为例（图 4-72），说明计算机在水处理过程中的应用。

此系统已应用在浙江舟山群岛的嵊山岛上，由于应用在海岛，所以对计算机的可靠性要求特别高，通过论证，选用操作员站为研华工业控制机，控制站为德国西门子公司的可编程控制器。

（1）系统配置

① 硬件：586 研华工业控制机，内存 32M，硬件 1.2G，软驱一只，大屏幕彩显一台，LQ-1600K 打印机一台。

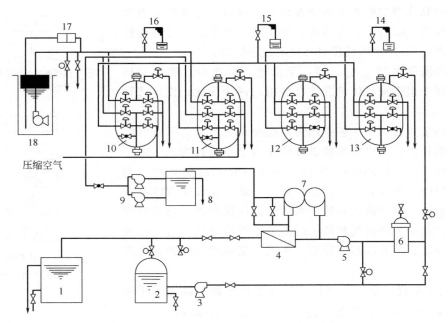

图 4-72　500m³/d 反渗透海水淡化示范工程流程

1—淡水箱；2—清洗箱；3—清洗泵；4—反渗透装置；5—高压泵；6—精密过滤器；7—能量回收装置；8—浓水箱；
9—反洗泵；10—机械滤器（1）；11—机械滤器（2）；12—活性炭滤器（1）；13—活性炭滤器（2）；
14—H_2SO_4 计量泵；15—$NaHSO_3$ 计量泵；16—$FeCl_3$ 计量泵；17—NaClO 发生器；18—海水槽

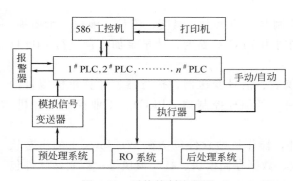

图 4-73　系统控制流程图

德国西门子 PLC：S4-214 PLC 两台，通讯适配器一根。

② 软件：操作站在 Windows 环境下组态软件包及组态软件，控制站为 PLC 214 的编程软件。

（2）系统控制流程图（图 4-73）

（3）系统信号量

① 模拟量信号

水温 0～50℃　　　信号为：4～20mA

进水电导 0～100000μS/cm　　　信号为：4～20mA

产水电导 0～1000μS/cm　　　信号为：4～20mA

进水流量 0～100m³/h　　　信号为：4～20mA

产水流量 0～50m³/h　　　信号为：4～20mA

排水流量 0～100m³/h　　　信号为：4～20mA

产水 pH 0～14　　　信号为：4～20mA

水位 0～3000mm　　　信号为：4～20mA

② 开关量输入信号　所有与工艺状态有关的触点信号都进入计算机，用于运行状态在屏幕上的显示。

③ 开关量输出信号　深井泵、高压泵、反渗透泵等电机通过计算机远程控制。

（4）控制过程　在 PLC 中的程序按照一定的算法运行，它包括数据采集、PID 算法运算、控制阀门及开关电机等；控制站工业控制机通过 RS485 通讯与控制站交换数据，当启动某一泵时，在计算机屏幕上就能显示泵的动态效果及所对应的水管水流方向，所有数据在屏幕上实时刷新，动态显示某一变量的实时曲线；当某一量超过允许范围时，计算机就发出声光报警，提示操作人员注意。

（5）报表打印　计算机在运行过程中可随时打印参数运行报表，同时还具有定时打印功能，每隔 1h 自动打印。

（6）存档功能　系统每隔一定时间自动将各工艺参数存入硬盘中，以便于日后查寻数据。

4.8　典型的反渗透和纳滤应用实例[32,48~50,62,67,68]

4.8.1　海水淡化

反渗透技术就是 20 世纪 50 年代为海水淡化而提出的，现在已成为海水淡化最经济的方法，是海水淡化的主要过程之一。自 20 世纪 60 年代开始美国在海港赖兹维尔比奇设立海水淡化试验场，日本自 20 世纪 70 年代中在海港茅崎也设立海水淡化试验场，反渗透法是其核心技术，这些试验场促进了海水淡化的产业化。

要从海水一级脱盐制取饮用水，膜组件应有高脱盐率（＞99%），能承受高驱动压力（5.5～8.0MPa）和较高的水通量。目前世界上海水淡化用组件主要是 Filmtec、Hydranautics、GE 和 Koch 等公司的卷式元件，及日本东洋纺公司的"Hollosep HM-9255"CTA 中空纤维组件。除小型装置外，一般海水淡化装置都备有能量回收装置，可回收 30% 以上的能量。下面是几个应用实例。

4.8.1.1　澳大利亚珀斯反渗透海水淡化工程[69]

珀斯反渗透海水淡化厂日产水量达到 144000m³（38Mgal/d），项目总投资 3.87 亿澳元，年运行费低于 1900 万澳元，单位制水总成本为 1.16 澳元/m³。

（1）工艺与设备　珀斯海水淡化工程的工艺流程如图 4-74 所示，由海水取水和预处理、一级反渗透海水淡化、二级反渗透苦咸水淡化、淡化水再矿化和杀菌、产品水储存和输配等工序组成。

① 海水取水和预处理　海水取自科伯恩海湾，海水盐度在 35000mg/L 到 37000mg/L 之间，水温在 16℃到 24℃。取水头部为直径 8m 圆柱构筑物，离岸 300m，海平面下 11m。构筑物高 5.5m，上半周边有高 2.2m 粗格栅。格栅的中心点位于海平面以下 5.5m。由一根内径 2.3m 的玻璃钢管与岸上设施相连，岸上设施包括筛机和筛分处置设备、集水井和取水泵站。

海水取水设施位于海平面以下，海水可以借助重力流入集水井。泵站取水泵输送海水进入海水预处理系统。海水取水量为每天 36.3 万立方米，考虑了反渗透系统 14.4 万立方米最终产水和机械过滤器反洗水量。海水取水口 1～2 周投加次氯酸钠，防止生物在取水系统繁殖。

预处理设施由大型卧式双滤料过滤器和保安滤器组成，共 24 台，安装在室外。每台卧式滤器的过滤面积为 52m²，由无烟煤和石英砂层组成，厚 1.15m，滤器的设计流速为 11.54m。

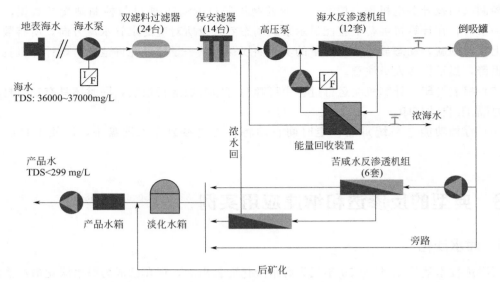

图 4-74 珀斯反渗透海水淡化厂工艺流程

在双滤料过滤器前的海水中投加三氯化铁混凝剂和助凝剂，经双滤料过滤器后的海水中投加亚硫酸氢钠、硫酸和阻垢剂。投加亚硫酸氢钠，中和前面工序间歇投加次氯酸钠所剩余的氧化性氯，以防止其进入反渗透膜，氧化破坏膜元件；投加硫酸降低海水的 pH 值，防止膜的结垢，同时在进入一级反渗透海水淡化系统前投加阻垢剂。

为进一步保护反渗透膜，免遭悬浮固体的物理损伤，在双滤料过滤器后设置了 6 台保安过滤器（5μm），每台保安过滤器的设计流量为 1250m³/h，相当于一系列反渗透海水淡化装置的进水量。保安过滤器安装在反渗透厂房内。

② 一级反渗透海水淡化　本案例海水淡化由两级反渗透组成，也就是说一级反渗透海水淡化出来的渗透液全部或部分转到二级反渗透进一步脱盐，使产水盐度低于 200mg/L，硼含量低于 0.5mg/L，确保最终产水符合饮用水水质标准。

共设置 6 个系列一级反渗透海水淡化设备，每个系列由两个膜堆组成。每个膜堆含有 162 根膜压力容器。每根压力容器组装 7 支 8in 海水反渗透膜元件，每个膜堆的总元件数量为 1134 支。

高压海水泵的最大流量为 1250m³/h，功率 2500kW，相当于供给一系列两个膜堆的海水量。每个膜堆配置 1 组由 14 台并联的美国能量回收公司生产的压力交换器组成的能量回收器和一台变频高压循环增压泵。

一级反渗透海水淡化系统的水回收率为 45%，合计产水 160000m³/d，产水的平均 TDS 低于 300mg/L。

③ 二级反渗透苦咸水淡化　共设置 6 系列二级反渗透苦咸水膜堆，分别配置了变频高压泵，最大流量为 1020m³/h。每个膜堆含有 104 根膜压力容器。每根压力容器组装 7 支 8in 苦咸水反渗透（BWRO）膜元件，每个膜堆的总元件数量为 728 支，采用 2 段（三一排列），水回收率为 95%。

二级反渗透产水的平均 TDS 低于 30mg/L。为了达到要求的产水水质，一级反渗透的淡化水与二级反渗透产水勾兑。

④ 淡化水再矿化和杀菌　淡化水进入市政供水系统前需要进行再矿化和杀菌处理。矿

化通过投加石灰和二氧化碳来实现，以提高产水的 pH 值、硬度和碱度。石灰耗量约 6.7t/d，配置了两个 100% 的石灰供给系统，每个系统的储量约 100m³。二氧化碳耗量约 2t/d，配置了两个 30t 的二氧化碳储罐。

矿化过程出水再进行氯化和氟化。氯化是对最终供水进行杀菌，耗量约每小时 6kg。水氟化是调节产水氟含量到天然水的水平，以保护牙齿免遭破坏，氟的耗量约为每小时 26.5L。

⑤ 产品水储存和输配 经矿化和杀菌的淡化水进入容积为 12500m³ 产水储槽，起缓冲作用，再通过产水输送泵站送出。产水储槽直径 54.4m，高 6.5m，相当于储存 2h 的产水量，外加 1000m³ 的消防用水。产水输送泵站由 4 台在位供水泵组和消防水泵组成，并配置了空压机和补偿阀门，供水能力为 144000m³/d。

（2）特色

① 利用可再生能源 珀斯反渗透海水淡化厂是全球利用可再生能源最大的海水淡化系统，位于珀斯以北 200km 的 Emu Downs 风电站装机 83MW，共有 48 台风机，每年可为电网贡献 272GW·h 电量，为珀斯反渗透海水淡化厂补充 180GW·h 电量。

② 降低能耗 工程采用美国能量回收公司的压力交换式能量回收器，每套海水反渗透设备配备 16 台 PX-220 能量回收器，能源回收效率大于 95%，节约了约 15%～20% 的能量。另外，采用二套海水反渗透设备配备一台大流量高压泵（Weirâ 公司），以提高海水高压泵的效率，从而降低吨产水能耗。海水淡化本体能耗为 2.32kW·h/m³，工程总能耗为 3.2～3.5 kW·h/m³。

③ 浓海水排放 为了降低浓海水对海洋环境的影响，排放口离岸 500m，设置了 40 个扩散喷嘴，促使浓海水在水体环境中扩散和稀释，确保在喷出点 50m 内混合海水的盐度低于 4%。最终，接受水体的盐度增加低于 1%。

4.8.1.2 沙特阿拉伯 5.68 万吨/日反渗透淡化厂简介

这是日本在沙特阿拉伯的 Jeddah 用东洋纺公司的 Hollosep 10255 F1 膜组件承建的淡化厂。

（1）流程（图 4-75）

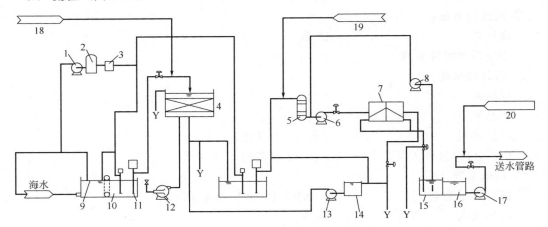

图 4-75 5.68 万吨/日 RO 淡化厂流程

1—加氯泵；2—氯储罐；3—氯发生装置；4—复层式过滤器；5—安全过滤器；6—高压泵；
7—RO 组件；8—清洗泵；9—移动式栅格；10—滤网洗涤泵；11—海水取水泵；
12—反洗用鼓风机；13—反洗用泵；14—反洗水槽；15—清洗槽；16—成品水槽；
17—成品水泵；18—絮凝剂注入设备；19—硫酸注入设备；20—添加石灰水设备

（2）主要设计参数

① 海水：TDS 43300mg/L，温度 24～35℃，总硬度 7500mg/L（以 $CaCO_3$ 计），SDI 4.68，pH8.16，甲基橙-碱度 120mg/L（以 $CaCO_3$ 计）。

② 海水提取：7400m³/h。

③ 高压供海水：6700m³/h；SDI<3，pH＝6.60，余氯 0.2mg/L。

④ 运行压力：6.90MPa。

⑤ 最高压力：7.0MPa。

⑥ 回收率：35%。

⑦ 产水量：2370m³/h（5.68 万吨/日，初始产量 5.88 万吨/日）。

⑧ 脱盐级数：1 级。

⑨ 脱盐率：99.2%～99.7%。

⑩ 能耗：8.2kW·h/m³ 淡水（无能量回收）。

（3）主要设备

① 海水取水系统：

海底取水管道	1 套
移动隔栅	2 台
海水取水泵	3 台（1 台备用）

② 预处理系统：

双层滤器	14 台
袋式保安滤器	12 台（2 台备用）
过滤水送水泵	3 台（1 台备用）
NaClO 发生装置	2 台（1 台备用）
$FeCl_3$ 注入装置	2 台（1 台备用）
H_2SO_4 注入装置	12 台（2 台备用）
反洗鼓风机	1 台
反洗用泵	1 台

③ 反渗透系统：

高压泵	10 台
中空纤维组件系列	10 列

④ 后处理系统：

反洗泵	1 台
产品水槽	1 只
产品水泵	3 台（1 台备用）
$Ca(OH)_2$ 液注入泵	2 台（1 台备用）

⑤ 供电系统：

高、中压配电	380kV，13.8kV 和 4.16kV
低压配电	480V
电力消耗	20MW

⑥ 控制系统：

集散式控制系统（DCS）

紧急用辅助操作盘（模拟式）

空气设备（控制用）

⑦ 其他：

　　冷却水设备

　　排水处理设备

　　分析室

（4）主要过程要求

① 预处理系统　于离岸 50m，水下 10m 处通过混凝土管道，以 7400m³/h 取原海水；以 1.7mg/L 的 NaClO 消毒，以 1.2～1.3mg/L 的 $FeCl_3 \cdot 6H_2O$ 来絮凝，再经由无烟煤和沙粒组成的双介质过滤器过滤和 10μm 的保安滤器过滤，进水 SDI 可达 2～3，同时以 40mg/L 的 H_2SO_4 来抑垢。

② 反渗透系统　为一级海水淡化，由 10 个同样大小的系列组成，每一系列由一台高压泵，148 个日本东洋纺的双芯 10255 型中空纤维组件组成；供水压力 7.0MPa，流量 676m³/h，浓水压力 6.8MPa，淡水产量 237m³/h，电导率 585μS/cm。

③ 后处理系统　总淡水产量 2370m³/h，加氢氧化钙 25mg/L 调节硬度和 pH，有残留游离氯 0.2mg/L 足以消毒，最终淡水 pH 为 8.5，电导率 585μS/cm，TDS 322mg/L。

（5）注意的问题

① 膜清洗　2～3 次/年；

② 泵、容器、管道和阀门　马达火花，轻微腐蚀，龟裂，附着物；

③ 污染，间歇加药　0.15～0.25mg/L 游离氯（每 8h 1 次，每次 1h）；0.52～1.5mg/L $NaHSO_3$（每 8h 1 次，每次 2h）；

④ 膜降解　CTA 膜无游离氯时易生物降解，在重金属离子共存时，CTA 膜易氧化降解，pH 过高或过低时，易水解。

4.8.1.3　小型反渗透淡化器

小型海水淡化器多用于舰船、海上钻井平台和缺水岛屿的用户等，以解决其饮用水问题，一般产量多在 1～3m³/d。对岛屿、大型船只和平台，可采用如下流程：

取水泵──→多介质过滤──→保安过滤──→高压泵──→淡化装置──→产品水
　　　　　　　　　　　　　　　　　　　　　　　　└──→浓水

而对于小型船只，可不用笨重的双层滤器，以求轻便、紧凑。

如上所述，脱盐用的小型组件可选用日本东洋纺的 Hollosep CTA 中空纤维组件（如 HR5155）以及美国 Filmtec、Hydranautics 和 Fluid Systems 等公司的卷式元件（如 FT30SW-2540）。

这种小型装置多选用柱塞式高压泵（带缓冲器和安全阀），应保证泵的出口流量恒定。

对小型船只用装置，可经一次或两次精密过滤（10μm，0.5～1μm），或一次精密过滤加超滤等，这取决于所处理海水的具体状况。

对岛屿和大型船只、平台用的装置，应加强预处理。对 CTA 中空纤维预处理的流程可为：杀菌──→絮凝──→双层过滤──→精密过滤。对芳香族聚酰胺膜，可用杀菌──→絮凝──→双层过滤──→活性炭──→精密过滤……的流程，或采用絮凝──→双层过滤──→紫外杀菌──→精密过滤的流程等。

表 4-35 给出几种小型反渗透海水淡化装置的设计和性能参数。

石油钻井平台用小型海水淡化装置示例如下。

表 4-35　几种小型反渗透海水淡化装置的设计和性能参数

进水流量 /(m³/d)	设计产量 /(m³/d)	操作压力 /MPa	回收率/%	泵功率/kW	脱盐率/%	所用组件类型
0.2	0.6	5.6	10～20	0.75	99	SW-30
0.4	1.3	5.6	10～20	1.5	99	SW-30
0.6	2.0	5.6	10～20	1.5	99	SW-30

① 取水　该平台有自备的取水设备，是将海水直接抽到平台下部的贮水箱中，该海水取自渤海湾黄海入海口处，泥砂含量较高而含盐量较低，主要成分为氯化钠、硫酸镁、硫酸钙和重碳酸钙，其含量为 Cl^- 11 524mg/L，Na^+ 6488.4mg/L，SO_4^{2-} 2119.2mg/L，Mg^{2+} 1272.0mg/L，Ca^{2+} 840mg/L，HCO_3^- 140mg/L，TDS=22 400mg/L，pH=8。

② 预处理　由于进料泥砂含量大，浊度 200NTU，预处理采用二级砂过滤，在第二级前投加阳离子高分子絮凝剂。处理结果，第一级砂沉出口浊度 25NTU，第二级砂沉出口浊度<2NTU，然后再经精密过滤进入柱塞式高压泵。

③ 膜组件　采用 Filmtec SW-2540 膜元件两个串联，进水流量 0.6m³/h，设计产量 2.0m³/d。

④ 回收率　14%～18%，进水最大压力 6.9MPa。

⑤ 最大产水量　3.0m³/d，高压泵功率 1.5kW，一台运转，另一台应急备用。

⑥ 小型装置的过程控制　对流量控制是靠柱塞泵的恒定流量控制并用进水流量计监视，产水靠调节出口阀手工调节。出水水质设电导计监测显示。

⑦ 维修　主要是泵、电机的维修保养；清洗是在设计的淡水储箱中进行，可根据不同的污染物，选择药剂配方进行清洗。

4.8.2　苦咸水淡化[6,31,32,48～50,67,70,71]

虽然 RO 是为海水淡化而提出的，但最早的应用是苦咸水淡化，随着膜性能的不断提高，使用越来越广，遍及美国、日本、中东、非洲等地，规模越来越大，成本也越来越低。现在，反渗透法苦咸水淡化已成为最经济的淡化方法，据国际上 1995 年统计，产量已达 5×10^6 m³/d，对解决一些地区的工业用水和市政用水起了关键的作用。通常的反渗透组件，大多适于苦咸水淡化，如卷式元件有 Filmtec 公司的 FT-30BW 型，Hydranautics 的 8040 LHY-CPA2；中空纤维组件有东洋纺公司的 Hollosep 和 HA8130 等。苦咸水淡化的回收率一般在 75% 左右，当然，据进水水质和预处理等工艺的差异而有所增减。

4.8.2.1　15000m³/d 苦咸水淡化厂

这是美国 Hydranautics 公司在加利福尼亚州阿灵顿谷地承建的厂，将高 NO_3^-（90mg/L）和高 SiO_2（40mg/L）含量的地下水经 RO 处理后供市政用水，长远目标是使该谷地的地下水复苏。

（1）主要设计工艺和参数

进水：TDS 1200mg/L，NO_3^- 90～100mg/L，SiO_2 44mg/L。

进水压力：1.10～1.41MPa。

RO 系列数：3。

每系列排布（两段）：33:11（共 44 支 6 元件的承压壳体）。

每系列元件数：264。

元件型号：8040 LSY-CPA2。

元件通量：第一段 $7.5 \times 10^{-6} m^3/(m^2 \cdot s)$，第二段 $5.7 \times 10^{-6} m^3/(m^2 \cdot s)$，平均 $7 \times 10^{-6} m^3/(m^2 \cdot s)$。

回收率：77%。

产水水质：TDS＜500mg/L，NO_3^-＜40mg/L。

产水水量：15000m³/d。

预处理：pH调节、防垢剂、精密过滤。

后处理：脱气。

高压泵能耗：0.343kW·h/m³（带能量回收）。

造水成本：0.267美元/m³。

（2）过程特点

① 产水节流控制产量以保持能量回收处恒定的浓水压力。由于产量随膜的压密、污染、清洗、进水的盐度和温度而变，产水节流调产量可保证其他部分的压力和流速稳定。

② 据逐个元件计算，在第二段的第5个元件处会有 SiO_2 饱和，但只在元件内停留10s，经分析如此短时间不会有 SiO_2 结晶析出（因原水无悬浮物作为晶核）。为了保险和证实之，在第二级最后出水接一 0.1m(4in) 元件，证实无 SiO_2 析出，但若停机时，浓水没被进水置换而放置，则有 SiO_2 析出。

③ 尽管进水中只有 0.1mg/L 的 Fe^{3+}，但却发现 $Fe(OH)_3$ 沉淀较多，经分析是由于酸性阻垢剂引起的反应所致，改用分散剂后，无 $Fe(OH)_3$ 沉淀，元件压差降减小。

15000m³/d 的 RO 水与 7500m³/d 只经活性炭处理的地下水混合作为市政用水，此时水质为 TDS＜500mg/L，NO_3^-＜40mg/L。

4.8.2.2　中型苦咸水淡化实例

以某煤矿自备小型电厂锅炉进水处理为例介绍如下。

① 取水　原水为煤矿坑井水，经水泵抽取后泵入平流式沉淀池，经混凝反应，澄清后，进入无阀滤池过滤（常规处理）。原水水质不同季节变化较大，一年中最高数据如下：Ca^{2+} 118.43mg/L，Mg^{2+} 19.63mg/L，Na^+ 425.38mg/L，HCO_3^- 494.9mg/L，SO_4^{2-} 730.86mg/L，Cl^- 91.39mg/L，总含盐量 1880.56mg/L；该水质主要成分为重碳酸盐、硫酸钠和氯化钠。

② 预处理　原水经常规处理后，再经过机械过滤器和氢离子交换，进行了部分 Ca^{2+} 交换后使水 pH 下降，再经精密过滤后进入反渗透装置。设计中亦考虑了投加隐蔽剂，视具体水质而投加。

③ 膜组件　本项目采用 Filmtec 30-BW330 膜元件，每个组件装 3 个元件，组件呈 2:2:1:1 排列，共 18 个膜元件，高压泵为格兰富立式泵，进水流量 25m³/h（泵出口加流量回调）产水 15m³/h，设计回收率 60%。

④ 过程控制　进水流量是靠泵后的回流调节阀控制及采用感应式流量计监测显示，对压力超过设定值，供水不足或断水以及泵电机过载，采用压力控制器来实现装置自动停机并报警。进水、产水质量设数字电导计监测显示。

⑤ 后处理　经反渗透处理后的水，通过除二氧化碳器除去水中的二氧化碳及氧，然后用氨水调 pH 为中性后进入脱盐水罐中，备用。

该工程除了对电机、泵等机械设备维修外，备有更换的膜元件，专门设置了清洗设备进行清洗维护。

4.8.2.3　小型苦咸水淡化装置

① 取水　水源为地下苦咸水，抽水到地面贮水池，水质为：Ca^{2+} 120mg/L，Mg^{2+} 96mg/L，Na^+、K^+ 706mg/L，HCO_3^- 553.2mg/L，SO_4^{2-} 1296.96mg/L，Cl^- 758.9mg/L，含盐量 3531.0mg/L；经图表分析的"常规化合物"主要成分为 Na_2SO_4、$Ca(HCO_3)_2$、$MgSO_4$、NaCl，具有西北地下苦咸水的典型特点。

② 预处理　由于地下水很清洁，预处理采用煤砂双层滤料过滤后，再经 $5\mu m$ 精过滤，不投加药剂。

进水流量恒定为 $1.67m^3/h$，产水 $0.5m^3/h$，回收率设定为 30%。

③ 膜组件　采用 Filmtec 30-BW4040 元件两个串联，泵采用柱塞式往复泵，进水最大压力 4.1MPa，高压泵功率 2.2kW。

④ 过程控制　主要是设计时靠柱塞式往复泵恒定了进水流量并设进水流量计监视，产水靠调节出口阀控制，出水设台式电导仪随时测定。

4.9　反渗透和纳滤过程的经济性

4.9.1　成本考虑的基础

决定反渗透水处理成本的关键因素是反渗透系统的投资成本和操作成本。由于反渗透应用范围广（从海水淡化到超纯水制备），进料组成差别大，产品质量要求不一，工厂规模大小悬殊（从 $0.2\times10^6m^3/d$ 的海水淡化厂到每小时几升的实验装置），采用工艺和设备也有差异，商业环境（能源、劳力等）和时期不同，同时工艺技术变化仍十分快，所以很难有一成熟的标准成本方程式来进行计算。因此只能对一定的应用、一定的规模提供有一定准确性的方法供参考，下面大部分资料为 1994 年前的，现在有不少的变化，成本下降较大，仅在最后给出几个当前的例子。设计者可据实际情况，进行适当的修正，使经济性评价更实际，更准确。成本评价包括的范围如图 4-76 所示。

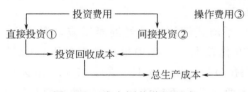

图 4-76　成本评价范围示意

① 直接投资包括现场开发、水的成本、用具、设备和土地等。

② 间接投资包括额外建筑、偶然事故等。

③ 操作费用包括能耗、膜替换、劳力、备件、试剂、过滤器等。

为了具体、实际和有代表性，通常选择一常用的海水淡化、苦咸水淡化和低压反渗透三种应用情况，中等规模的容量，计算其成本。对于大型和小型的工厂可适当选择规模因子来估算，如以 $3800m^3/d$ 的产量为代表，用规模因子 n 来估算 $380\sim190000m^3/d$ 的工厂成本。

$$规模校正系统直接投资成本=基本系统直接投资成本\times\left(\frac{实际系统规模}{基本系统规模}\right)^n$$

例如，海水、苦咸水和低压反渗透的 n 值可分别取 0.95、0.87 和 0.85。高的 n 值表示随规模增大，节省不显著，这也表明小型装置的经济性。

4.9.2　直接投资成本

（1）现场开发　现场开发包括建筑物、路、墙以及其他与安装有关的建设，通常估价为

26.42 美元/(m³·d)；若在已有的工厂内安装反渗透系统，这部分费用可不计。

（2）供、排水成本 这里指的供、排水是进水供应和浓水排放。

对进水供应的影响因素有供应系统（水井、管路）的复杂性，贮槽的多少和进水回收率的高低等；浓水排放取决于排放方式（排海、地上分散、排入污水沟、注井、蒸发结晶等）及路程的长短。表 4-36 所列为一较宽范围的估算。

表 4-36 供、排水成本估算范围

应 用	代表性成本/[美元/(m³·d)]	范围/[美元/(m³·d)]
海水淡化	23.80	13.20～264.20
苦咸水淡化	23.78	13.20～132.20
低压 RO	22.84	13.20～118.90

（3）共用设备 共用设备指与动力供应有关设备和外部排放管路等，大概估算见表 4-37。

表 4-37 共用设备成本估算

应 用	代表性成本/[美元/(m³·d)]	范围/[美元/(m³·d)]
海水淡化	42.27	26.42～118.90
苦咸水淡化	29.06	13.20～79.20
低压 RO	15.85	7.93～26.42

（4）系统设备 这是投资的主要部分，包括预处理系统、膜组件（含膜元件更换）、反渗透系统（含泵、管路、电气、控制、能量回收、元件压力容器和底座等），运输安装及与工程设计有关的费用等。因实际情况而变动，如进水易结垢等，预处理费用会偏高；膜元件更换周期短，膜元件费用则偏高；运输距离远、转运次数多，则运输安装费用就高。估价范围和各部分占的百分比见表 4-38。

表 4-38 系统设备成本估算

应 用		海水淡化	苦咸水淡化	低压 RO
设备费	代表性成本/[美元/(m³·d)]	882.43	409.51	198.15
	范围/[美元/(m³·d)]	660.50～1188.90	198.15～528.40	105.68～290.62
设备费占比/%	预处理	15	20	15
	膜组件	15	15	20
	RO 系统	60	55	55
	运输安装	5	5	5
	设计等	5	5	5

（5）土地 一般可不计，在特别贵的情况下可予以考虑，因一般情况下是建设在土地很便宜的地方。

（6）其他 这包括特殊要求的场合，如超纯水制备中，后处理很复杂，应另加考虑。

4.9.3 间接投资成本

相对说来，间接投资是次要的，且有很大的不确定性。这包括额外费用（临时设施、建筑、合同人费用、现场指导、系统安装等）和偶然事故等，一般前者约占总直接投资的 12%，后者占 10%。

4.9.4 操作成本

（1）能耗 这是最大的单项成本，包括低压供水、预处理、高压供水、仪表等的能耗费用，其中主要为高压泵的能耗，代表性的成本见表 4-39。

表 4-39 能耗的成本

应 用	代表成本/(美元/m³)	范围/(美元/m³)	应 用	代表成本/(美元/m³)	范围/(美元/m³)
海水淡化	0.42	0.11～1.75	低压 RO	0.05	0.04～0.08
苦咸水淡化	0.11	0.08～0.25			

（2）膜更换 这是操作费用中另一关键因素。膜寿命多取 3～7 年，若操作失误或进水突变引起元件损坏，则对总成本影响较大。通常代表性成本和范围如表 4-40 所示。

表 4-40 膜更换的代表性成本和范围

应 用	代表成本/(美元/m³)	范围/(美元/m³)	应 用	代表成本/(美元/m³)	范围/(美元/m³)
海水淡化	0.11	0.05～1.70	低压 RO	0.05	0.05～0.50
苦咸水淡化	0.05	0.05～1.30			

膜元件更换费用（美元/m³）公式如下：

$$（膜更换成本）_{单级} = 0.723 M_0 M_P^{-1} M_L^{-1}$$

$$（膜更换成本）_{二级} = 0.723 \times (100/F_{RI}) M_0 M_P^{-1} M_L^{-1}$$

式中，M_0 为元件费用，美元/只；M_P 为组件产量，gal/d（1gal/d = 4.38×10^{-8} m³/s）；M_L 为元件寿命，a；F_{RI} 为回收率，%。

（3）劳力 这也是关键操作费用之一。由于各地劳力价格不一和反渗透工厂所需操作人数又不同，因而变化很大。代表性成本及范围见表 4-41。其计算公式为：

$$劳力成本 = 0.0287 L_b S W_s P_{LC}^{-1} (L_{OH} + 100)$$

式中，劳力成本单位为美元/m³，L_b 为单位小时劳力费用，美元/h；S 为每天几班，n/d（n 为班数）；W_s 为每班工人数；P_{LC} 为工厂产量；L_{OH} 为额外劳力份额，%。

表 4-41 劳力的代表性成本及范围

应 用	代表成本/(美元/m³)	范围/(美元/m³)	应 用	代表成本/(美元/m³)	范围/(美元/m³)
海水淡化	0.08	0.04～0.20	低压 RO	0.05	0.03～0.12
苦咸水淡化	0.08	0.04～0.20			

表 4-41 中的代表性成本计算基础见表 4-42：

表 4-42 劳力成本计算基础

项 目	海 水 淡 化	苦 咸 水 淡 化	低 压 RO
班次/(班/d)	1	1	1.3
工人数/(人/班)	2	2	1.0
劳力费用/(美元/h)	14.5	14.5	14.5
额外劳力份额/%	30	30	30

（4）备件 这主要指维修更换件，如泵、阀的部件、控制系统的部件等，但不包括试剂、过滤器和膜组件的消耗和更换，所以这部分很低，对海水和苦咸水淡化可取 0.02 美元/m³，对低压 RO 可取 0.01 美元/m³。

（5）试剂　因进水的不同，试剂变动较大，设计中应特别注意。若添加量太大，不仅成本高，且预处理部分也要加大，不经济，应另选别的途径。一般代表性的成本见表 4-43，其依据的试剂价格列在表 4-44 中。

表 4-43　试剂的代表性成本

应　用	代表成本/(美元/m³)	范围/(美元/m³)	应　用	代表成本/(美元/m³)	范围/(美元/m³)
海水淡化	0.04	0.01~0.16	低压 RO	0.02	0.01~0.05
苦咸水淡化	0.04	0.01~0.14			

表 4-44　主要试剂单价及其产水的成本

试　剂	单价/(美元/kg)	产水成本/(美元/m³)	试　剂	单价/(美元/kg)	产水成本/(美元/m³)
消泡剂	2.54	0.003	NaOH	0.51	0.005
H_2SO_4	0.58	0.01	$NaSO_3$	0.13	0.005
防垢剂	4.38	0.01	Cl_2	0.33	0.003
SHMP	0.77	0.005			

注：SHMP 为六偏磷酸钠。

（6）5~25μm 滤器　据进水的不同，其使用寿命变化很大，从而其成本也随之变化，通常代表性的值见表 4-45。

表 4-45　滤器更换成本

应　用	代表成本/(美元/m³)	范围/(美元/m³)	应　用	代表成本/(美元/m³)	范围/(美元/m³)
海水淡化	0.01	0.01~0.14	低压 RO	0.005	0.003~0.03
苦咸水淡化	0.01	0.005~0.05			

（7）其他　对一些具体的应用，还应考虑非正常的成本，如超纯水生产中要求离子交换床（IXB）、紫外线（UV）消毒和脱 CO_2 等。

4.9.5　投资回收成本

总投资成本是决定项目可行性的关键，而生产成本取决于投资占的比例。投资回收成本（美元/m³）基于利率和设备寿命，计算如下：

$$投资回收成本 = \frac{总投资成本 \times 1000i\left(1+\dfrac{i}{100}\right)^r}{3.785 \times 365(100-D_t)\left[\left(1+\dfrac{i}{100}\right)^r - 1\right]} \tag{4-181}$$

式中，i 为年利率，%，通常取 12%；r 为寿命，年，通常取 15 年；D_t 为停运时间百分比，%，通常取 15%。

4.9.6　评价成本的方法

（1）一般方法　通常的评价方法是用各部分的校正方程式以每一部分进行校正的成本为基础而求得。

$$校正的投资成本[美元/(m³·d)] = LD + SD + WS + U + EQ$$

式中，LD、SD、WS、U 和 EQ 分别为校正的土地、现场开发、供水、设施和设备成本。

$$校正的操作成本(美元/m³) = O_E + O_M + O_L + O_A + O_C + O_F$$

式中，O_E、O_M、O_L、O_A、O_C、O_F 分别为校正的能耗、膜更换、劳力、备件、试剂

和滤器等的成本。

这样总成本的评价顺序如下：

开始 $\longrightarrow$ 代表性成本 $\left\{\begin{array}{l}\text{投资成本}\longrightarrow\text{校正值}\longrightarrow\text{规模因子校正}\\\text{操作成本}\longrightarrow\text{校正值}\end{array}\right\}\longrightarrow$ 总生产
（确定应用类型）　　　　　　　　　　　　　　　　　　　　　　　成本

（2）反渗透代表性成本评价示例　表 4-46 所示为代表性成本的综合，对每一具体的应用，可以此表为依据，再考虑校正值以及相应的规模大小的校正，则可得出最终的生产成本。

表 4-46　RO 代表性成本综合

成 本 范 围	应 用		
	海水淡化	苦咸水淡化	低压 RO
1. 投资成本/[美元/(m³·d)]			
（1）直接投资			
现场开发	26.42	26.42	24.42
水	23.78	23.78	52.84
设施	42.27	29.06	15.85
设备	882.43	409.51	198.15
土地	—	—	—
总直接成本	974.90	488.77	291.26
（2）间接投资			
临时建筑	126.98	58.65	35.19
偶然事件	97.49	48.88	29.33
总间接投资	224.47	107.53	64.52
总投资	1169.37	596.30	355.78
2. 操作费用/(美元/m³)			
能耗	0.42	0.11	0.04
膜更换	0.11	0.05	0.05
劳力	0.08	0.08	0.05
备件	0.02	0.02	0.01
试剂	0.04	0.04	0.02
滤器	0.01	0.01	0.01
其他	—	—	—
总操作费用	0.68	0.31	0.18
投资回收成本	0.56	0.28	0.17
总生产成本	1.24	0.59	0.35

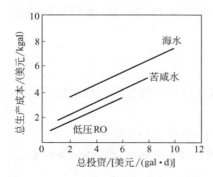

图 4-77　总投资与总生产成本的关系
（1 gal＝3.7854L，下同）

4.9.7　敏感性分析

敏感性分析是研究投资和操作费用中各项的变化对总生产成本的影响程度，以指导投资和各种操作，使之效益最佳。

（1）投资成本的敏感性研究　图 4-77 所示为总投资与总生产成本的关系，可以看出，总投资相同的变化，对苦咸水和低压 RO 的总生产成本的影响比海水的大。图 4-78 表明总投资与工厂产量的关系。

（2）总生产成本与工厂产量的关系　图 4-79 表明总生

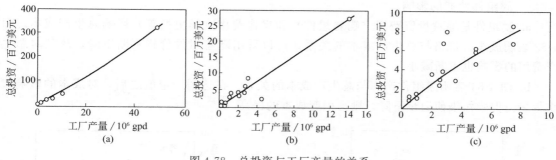

图 4-78　总投资与工厂产量的关系
(1gpd=3.7854L/d，下同)

产成本与工厂产量的关系，可以看出，随着产量的增大，总生产成本对产量变得不太敏感。

（3）操作费用敏感性研究

① 能耗的影响　能耗是操作费用中关键参数之一，它是电能、操作压力和回收率的函数。

a. 电能价格　图 4-80 表明电能价格与总生产成本的关系。可以看出海水淡化对电力价格很敏感，因此采用能量回收或与发电结合来降低成本。

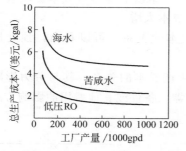

图 4-79　总生产成本与工厂产量的关系

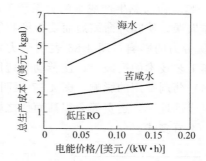

图 4-80　电能价格与总生产成本的关系

b. 操作压力　图 4-81 表明操作压力与总生产成本的关系，可以看出压力对海水淡化的影响比对苦咸水和低压 RO 的更大，这与能耗与压力成正比相一致。

c. 回收率　图 4-82 表明回收率与总生产成本的关系。一般地，海水最佳回收率范围在 $30\%\sim45\%$，苦咸水在 $60\%\sim85\%$，而低压 RO 可取 $70\%\sim90\%$。

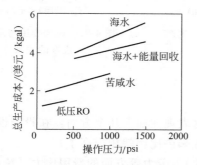

图 4-81　操作压力与总生产成本的关系
(1psi=6.895kPa)

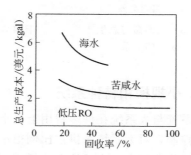

图 4-82　回收率与总生产成本的关系

② 膜组件性能的影响

a. 膜组件是通过投资费用（购膜组件）和操作费用（膜更换等）影响总生产成本。图4-83 表明膜组件价格与总生产成本的关系，可以看出随着组件价格不断下降，故其对总生产费用的影响也不断减小。

b. 图 4-84 表明膜组件产率与总生产成本的关系。在达到一定值之后，对成本的影响就小得多。但膜污染使通量下降，则会引起成本的提高。

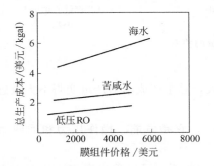

图 4-83 膜组件价格与总生产成本的关系

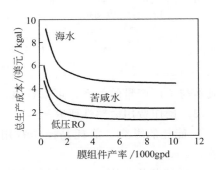

图 4-84 膜组件产率与总生产成本的关系

c. 膜寿命与总生产成本的关系示于图 4-85 中，一般 3 年以上寿命对成本影响较小，但若操作失误，使膜寿命缩短而要常换膜组件，显然可使成本大增。

③ 劳力的影响　图 4-86 表明劳力费用与总生产成本的关系。可以看出，预处理的改进，膜工艺技术的突破等，使劳动力费用大大降低。

（4）药剂费用的影响　图 4-87 表明药剂费用与总生产成本的关系。其与劳力影响很相似。但遥远地区，运费等会很高而使之敏感，其他如滤器、备件或其他费用的影响方式与上类同，不再多述。

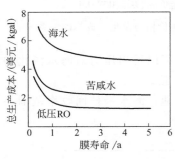

图 4-85 膜寿命与总生产
成本的关系

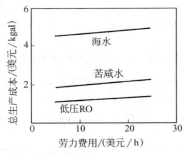

图 4-86 劳力费用与总生产
成本的关系

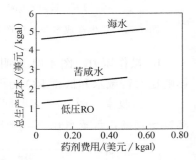

图 4-87 药剂费用与总生产
成本的关系

4.9.8 小规模和特种系统

小系统与大系统在许多费用上是十分不同的。这表现在如下几个方面：在投资设备费中的仪表控制，对大系统来讲占比例很小，但对小系统来讲比例就相当高了。

在操作费用中，小系统在能耗（一般无能量回收）、劳力等方面的费用比大系统高得多。小系统的膜更换成本比大系统也高得多，用直径 0.1m（4in）元件的小系统更甚。

通常低压 RO 小装置价格在 300～1000 美元，家用 RO 从 80～800 美元，小型船用 RO

装置根据大小和复杂程度可达 10000 美元以上。

另外有管式和板式装置，以循环方式用于高负荷或高黏度的场合，比常规的 RO 系统要贵得多。

4.9.9 RO 代表性成本示例

（1）浙江省舟山六横 20000m³/d 反渗透海水淡化工程生产成本（表 4-47）

表 4-47　20000m³/d 海水淡化系统吨产品水生产成本表

项目名称	年支出金额/万元	吨产水费用/元
电费	1458.6	2.21
药剂费	180.18	0.273
膜与材料费	369.94	0.561
维修费	68.98	0.105
工资及福利费	100	0.152
其他费用	50	0.076
合计		3.377

注：膜与材料费包括微孔滤芯和反渗透膜元件更换费，反渗透膜元件寿命按 3 年更换计算。

（2）马耳他 20000m³/d 海水淡化厂生产成本（表 4-48）

表 4-48　马耳他 20 000m³/d 海水淡化厂生产成本

项　目	成本/(美元/m³)	占比例/%	项　目	成本/(美元/m³)	占比例/%
电费	0.43	40	消耗品	0.01	1
膜更换	0.11	10	操作费用	0.65	60
人工	0.05	5	固定投资费	0.43	40
备件	0.04	3	总成本	1.08	100
药剂	0.01	1			

注：此为 1985 年计算值，现膜等价格低得多，成本也要低得多。

（3）苦咸水脱盐　20m³/h，75% 回收率，70% 运行时间；电价 0.08 美元/(kW·h)；水泵效率 60%，其马达效率 94%，压力 1.6MPa；防垢剂 7mg/L，1.5 美元/lb；保安滤器滤芯，2 美元/支，每月换一次；元件，产水 1m³/h，1000 美元/支；用水和废水，0.065 美元/m³；清洗剂，400 美元/年；劳力，8 人时，20 美元/人时。在以上条件下操作费用见表 4-49。

表 4-49　苦咸水脱盐操作费用

项目名称	操作费用/(美元/kgal)	项目名称	操作费用/(美元/kgal)
能耗	0.34	用水和废水①	1.16
试剂	0.12	清洗	0.01
滤芯	0.02	维修劳力	0.077
膜更换	0.27	总计	1.997

① 此例中此项占主要地位。

4.10　展望

反渗透技术近 40 年的飞跃发展是膜科学技术的重大进步之一。自 20 世纪 50 年代提出，20 世纪 60 年代研究开发获突破，20 世纪 70 年代中空纤维式和卷式元件工业化，20 世纪 80 年代复合膜工业化，到 20 世纪 90 年代低压膜的工业化，同时带动了超滤和纳滤技术的发展。反渗透已成为海水淡化、苦咸水淡化、纯水和超纯水制备的最经济的手段。尽管反渗透发展如此之快，应用如此之广，但其潜力还没有充分发挥，有待进一步加以开发。

首先是膜材料和制膜工艺，现在的膜材料仍局限在纤维素衍生物和芳香族聚酰胺范围内，在耐水解、耐生物降解、耐氯和其他氧化剂、耐热和耐污染等方面还有大量的研究开发工作可做；当然进一步提高水通量、脱盐率和降低操作压力也是要进一步努力的方向，从节能角度讲，这一方面尤为重要。

第二，组器技术上，随着膜性能的改进，要充分发挥其性能，就必须进行组器用材的合理选择、组器结构的优化和大型化、组器制备技术的提高和完善（自动化和智能化等）。

第三，相应的过程的工艺开发，这主要指开发适应新的高性能膜组器应用的预处理工艺，如新的防垢、消毒、防污染的工艺技术、药剂和设备等，这是反渗透成功应用所必不可少的。

第四，扩展应用领域，随着膜性能的改进，除现有的应用领域外，应充分发挥 RO 的分离和浓缩作用，扩大到废水和污水回用、非水溶液体系（如有机溶剂体系）、废热、专一分离和浓缩等领域，使反渗透在促进经济发展、改善人民生活质量、环境保护和资源再利用等方面的可持续发展中发挥更大的作用。

参考文献

[1] Merten U. Desalination by Reverse Osmosis. Cambridge. MA：MIT Pr，1966.

[2] Sourirajan S. Reverse Osmosis. New York：Academic，1970.

[3] Kesting R. Synthetic Polymeric Membranes. Nueva York，EUA：McGraw-Hill，1971.

[4] Cacey R，Loeb S. Industrial Processing with Membranes. New York：Wiley-Interscience，1972.

[5] Lonsdale H，Podall H. Reverse Osmosis Membrane Research. New York：Plenum，1972.

[6] Spieger K. Laird A. Principles of Desalination. New York：Academic Press，1980.

[7] Loeb S，Sourirajan S. Sea water demineralization by means of an osmotic membrane. Advances in Chemistry Series，1963（3）：117.

[8] Sourirajan S. Reverse Osmosis and Synthetic Membranes. Ottawa，Canada：NRCC Press，1977.

[9] Turbak A. Synthetic Membranes：Vol 1 and 2，ACS symposium series No. 153 and 154. Washington D C：ACS，1981.

[10] Lonsdale H K. Synthetic Membranes：Science，Engineering and Applications. Publishing Co，1986.

[11] Baker R W，Cussler E L，et al. Membrane Separation Systems：Recent Developments and Future Directions. Park Ridge NJ：Noyes Data Corporation，1991.

[12] Uoyd Douglas R. Material Science of Synthetic Membranes. ACS symposium series No. 269. Washington DC：ACS，1985.

[13] Porter Mark C. Handbook of Industrial Membrane Technology. Park ridge，NJ：Noyes publications，1990.

[14] Winston Ho W S，Sirkar Kamalesh K. Membrane Handbook. New York：Van Nostrand reinbold，1992.

[15] Sourirajan S. 反渗透和超滤膜材料学，膜．膜分离科学与技术．1984，4（4）：1-66.

[16] Cadotte J E，King R，et al. Interfacial synthesis in the preparation of reverse osmosis membranes. Journal of Macromolecular Science：Part A-Chemistry，1981（15）：724-755.

［17］ Lifen Liu，Sanchuan Yu，Yong Zhou，et al. Study on a novel antifouling polyamide-urea reverse osmosis composite membrane (ICIC-MPD) Ⅲ. Analysis of membrane electrical properties. Journal of Membrane Science，2008 (310)：119-128.

［18］ Haifeng Wang，Lei Li，Xiaosa Zhang，et al，Polyamide thin-film composite membranes prepared from a novel triamine 3，5-diamino-N-(4-aminophenyl)-benzamide monomer and m-phenylenediamine. Journal of Membrane Science，2010 (353)：78-84.

［19］ Xinyu Wei，Zhi Wang，Zhe Zhang，et al. Surface modification of commercial aromatic polyamide reverse osmosis membranes by graft polymerization of 3-allyl-5,5-dimethylhydantoin. Journal of Membrane Science，2010 (351)：222-233.

［20］ 吴宗策，赵小阳，何耀华，等. 一种耐氧化复合反渗透膜. CN 200610051219. X.

［21］ Byeong-Heon Jeong，Eric M V Hoek，Yushan Yan，et al. Rapid communication，interfacial polymerization of thin film nanocomposites：A new concept for reverse osmosis membranes. Journal of Membrane Science，2007 (294)：1-7.

［22］ 张林，瞿新营，董航，等. 一种含纳米沸石分子筛反渗透复合膜的制备方法. CN 101940883A，2010.

［23］ 具滋永，洪成杓. 具有高的脱硼率的复合聚酰胺反渗透膜及其制备方法. CN 101053787，2007.

［24］ 王晓琳，丁宁. 反渗透和纳滤膜及其应用. 北京：化学工业出版社，2005.

［25］ Kah Peng Lee，Tom C Arnot，Davide Mattia. A review of reverse osmosis membrane materials for desalination——Development to date and future potential. Journal of Membrane Science，2011 (370)：1-22.

［26］ Baltasar Peñate，Lourdes García-Rodríguez. Current trends and future prospects in the design of seawater reverse osmosis desalination technology. Desalination，2012 (284)：1-8.

［27］ 高从堦，陈国华. 海水淡化技术和工程手册. 北京：化学工业出版社，2004.

［28］ John P MacHarg. The evolution of SWRO energy-recovery systems. Desalination ＆ Water Reuse，2001，21 (11)：49-53.

［29］ 高以垣，叶凌碧. 膜分离技术基础. 北京：科学出版社，1989.

［30］ 石松，高从堦. 我国膜科学技术发展概况. 第一届全国膜和膜过程学术报告会文集，大连.

［31］ Souriajan S，Matsuura T. Reverse Osmosis/Ultrafiltration Process Principles. Ottawa，Canada：NRCC Press，1985.

［32］ Parckh B. Reverse Osmosis Technology. New York：Marcel Dekker，1988.

［33］ Reid C E，Breton E J. Water and ion flow across cellulosic/membranes. Journal of Applied Polymer Science，1959 (1)：133-143.

［34］ Reid C E，Kuppers J R. Physical characteristics of osmotic membranes of organic polymers. Journal of Applied Polymer Science，1959 (2)：264-272.

［35］ Hoffer E，Kedem O. Hyperfiltration in charged membranes：the fixed charge model. Desalination，1967 (2)：25-39.

［36］ Hoffer E，Kedem O. Negative rejection of acids and separation of ions by hyperfiltration. Desalination，1968，5 (2)：167-172.

［37］ 朱长乐，等. 薄膜过程. 北京：化学工业出版社，1987.

［38］ Amjad Z. Reverse Osmosis. New York：Van Nostrand Reinhold，1992.

［39］ Riurterh R，Albzrrht R. Membrane Process. New York：John Wiley-Sons，1989.

［40］ 松浦刚. 合成膜的基础. 东京：喜多见书房. 1991.

［41］ 徐荣安. 国产反渗透-离子交换纯水系统的开发试验. 91' 全国纯水技术研讨会论文集. 无锡：1997：1-4.

［42］ 刘清芝，等. 水和盐分子在反渗透膜内扩散过程的分子模拟. 高等学校化学学报，2009 (3)：568-572.

［43］ 高从堦，鲁学仁，鲍志国，等. 聚酰胺反渗透复合膜成膜机理初探. 水处理技术，1993，19 (1)：15-19.

［44］ 朱长乐等. 膜科学技术. 杭州：浙江大学出版社，1992.

［45］ R. 劳顿巴赫，等编. 膜分离方法. 黄怡华等译. 北京：化学工业出版社，1981.

［46］ 冯伯华，等. 化学工程手册：第四卷. 北京：化学工业出版社，1989.

［47］ 冯敏. 工业水处理技术. 北京：海洋出版社，1992.

［48］ 木村尚史，等. 膜分离技术手册. 东京：IPC，1992.

［49］ 刘双进. 污水处理新技术. 北京：海洋出版社，1984.

［50］ 邵刚. 膜法水处理技术. 北京：冶金出版社，1992.

［51］ Filmtec FT-30 Membrane Elements design Guideliness Design Options. Filmtec，1993.

［52］ Use of computer Program for RO System Design. Hydranautics，1996.

[53] Computer generated performance projection software Version 3. 24. Trisep Corparation，1996.

[54] 萧刚 . 反渗透系统设计研究 . 净水技术，1996（3）：22-27.

[55] 胡振华 . 反渗透水处理技术 . 杭州：国家海洋局杭州水处理技术研究开发中心，1997.

[56] Byrne W. Reverse Osmosis：a Practical Guide for Industrial Users. New York：Tall oaks Publishing Inc，1995.

[57] Butt F H，Rate F，Rabaman F. Baduruthamal，Evaluation of SHMP and advanced scale inhibitors for control of $CaSO_4$，$SrSO_4$，and $CaCO_3$ scales in RO desalination. Desalination，1997（109）：323-332.

[58] Redondo J A，Lomax L. Experiences with the pretreatment of raw water with high fouling potential for reverse osmosis plant using FILMTEC membranes. Desalination，1997（110）：164-182.

[59] Chida K. Reverse osmosis plants operation and maintenance experience in the Middle Eastern region. Desalination，1997（110）：59-63.

[60] Taniguchi Y. An overview of pretreatment technology for reverse osmosis desalination plants in Japan. Desalination，1997（110）：21-35.

[61] Abdel-Jawad M，Ebrehim S，Al-Atram F，et al. Pretreatment of the municipal wastewater feed for reverse osmosis plants. Desalination，1997（109）：211-223.

[62] Lozier J，Oklejas E，Sillbernagel M. The hydraulic turbocharger™：a new type of device for the reduction of feed pump energy consumption in reverse osmosis systems. Desalination，1989（75）：71-83.

[63] Andrews，William T. A twelve-year history of large scale application of work-exchanger energy recovery technology. Desalination，2001（138）：201-206.

[64] Vernresque C，Bablon G. The integrated nanofiltration system of the Méry-sur-Oise surface water treatment plant（37 mgd）. Desalination，1997（113）：263-266.

[65] Bertrand S，Lemaitre I，Willimann E. Performance of a nanofiltration plant on hard and highly sulphated water during two years of operation. Desalination，1997（113）：274-281.

[66] 胡敬宁，肖霞平，周生贵，等 . 万吨级反渗透海水淡化高压泵的优化设计 . 排灌机械，2009（1）：25-29.

[67] 清水博主编 . 中垣正幸主审 . 膜处理技术大系，东京：口夕·于夕/夕风于石株式会社,1991.

[68] Dianne E W，Christopher J D F，Anthony G F. Optimisation of membrane module design for brackish water desalination. Desalination，1985（52）：249-265.

[69] Miguel A S，Richard L S. Low Energy Consumption in the Perth Seawater Desalination Plant，IDA World Congress-Maspalomas，Gran Canaria-Spain. October 21-26，2007，MP04-111.

[70] Martin John W. In：Proceedings of IDA World Conference on Desalination and Water Reuse. Washington DC：1991. Brackash Water Desalination，1-14.

[71] Lozier J E Oklejas，Silbernagel M . The hydraulic turbocharger™：a new type of device for the reduction of feed pump energy consumption in reverse osmosis systems. Desalination，1989（75）：71-83.

第5章

电渗析海水淡化

5.1 概述

在直流电场的作用下，离子透过选择性离子交换膜而迁移，从而使电解质离子自溶液中部分分离出来的过程称为电渗析。

电渗析（ED）技术是开发较早并取得重大工业成就的膜分离技术之一。初期的研究可以追溯到两个世纪以前。大多数历史性的报道，都是从 1748 年法国学者 A. Noller 首次发现水能通过膀胱膜自然地扩散到乙醇溶液的实验开始的。这项实验发现和证实了水能透过动物膜的渗透现象。1854 年 Graham 发现了渗析现象。1863 年 Dubrunfaut 制成了第一个膜渗析器，成功地进行了糖与盐类的分离。1903 年 Morse 和 Pierce 把两根电极分别置于透析袋内部与外部的溶液中，发现带电的杂质能更迅速地从凝胶中除去。1924 年 Pauli 采用化工设计的原理，改进 Morse 的试验装置，力图减轻极化，增加传质速率。虽然他们都是采用非选择性透过膜，但这些开拓性的工作，为以后实用电渗析的开发起到了启迪性的作用。1940 年 Meyer 和 Strauss 提出了具有实用意义的多隔室电渗析装置的概念。特别是 1950 年 Juda 和 McRae 研制成功了具有高选择透过性的阳、阴离子交换膜以后，便奠定了电渗析技术的实用基础。

世界上第一台电渗析装置于 1952 年由美国 Ionics 公司制成，用于苦咸水淡化，接着便投入商品化生产。随后美国、英国均制造并应用电渗析装置淡化苦咸水，制取饮用水与工业用水，并陆续输送到其他国家。日本在 20 世纪 50 年代末就注重这一技术的开发，研究方向主要在于海水浓缩制盐。由于性能优良的单价离子选择性透过膜的研究成功与工艺技术的精湛，使日本在电渗析海水浓缩制盐技术方面至今保持领先地位，目前年产食盐 160 万吨。1970 年后，日本亦将电渗析用于苦咸水淡化。1974 年在野岛建造了日产饮用水 120t 的海水淡化装置。1972 年美国 Ionics 公司推出了频繁倒极电渗析装置，每 10~15min 电极极性调换一次，提高了装置的运行稳定性。近年来美国 Ionpure Technology 公司又生产了连续去离子电渗析装置，即在电渗析淡化隔室中填充离子交换树脂或离子交换纤维，直接连续地制取高纯水，而树脂不用再生。现在世界上研究电渗析的国家有美国、日本、俄罗斯、英国、法国、意大利、德国、加拿大、以色列、荷兰、中国和印度等。在技术上，美国和日本领先。日本年产离子交换膜大约 $3.5 \times 10^5 \mathrm{m}^2$。20 世纪 70 年代以后，前苏联发展也很快，年产离子交换膜大约 $2.5 \times 10^5 \mathrm{m}^2$，其中 85% 为异相离子交换膜。

在电渗析天然水脱盐和海水浓缩技术日臻完善的同时，特殊离子交换膜的研制又成了新的热点。美国 DuPont 公司于 1966 年研制出全氟磺酸离子交换膜，即 Nafion 膜，用于氯碱工业。日本旭化成公司随后又研制出全氟羧酸离子交换膜，并于 1975 年建成了年产 4 万吨烧碱的离子交换膜生产装置。

将阳离子交换膜和阴离子交换膜结合为一体称双极膜。在直流电场的作用下，双极膜可以解离水，在阴膜一侧得到 OH^-，在阳膜一侧得到 H^+。这样可将水溶液中的盐直接转化为酸和碱。由于双极膜过程洁净、高效、节能，应用前景广阔，十多年来对双极膜及过程的研究备受重视，对阴、阳膜中间界面层的研究已获重大突破，膜电压明显降低。目前虽然出现了小型试用双极膜装置，但就膜性能与应用工艺的稳定性来说，仍处于开发阶段。

我国电渗析技术的研究始于 1958 年。在 20 世纪 60 年代初，以国产聚乙烯醇异相膜装配的小型电渗析装置便投入海上试验。1965 年，在成昆铁路上安装了第一台苦咸水淡化装置。1967 年聚苯乙烯异相离子交换膜投入生产，为电渗析技术的推广应用创造了条件。20 世纪 70 年代以后，电渗析技术发展较快，在离子交换膜、隔板、电极等主要装置部件与本体结构的研究方面都有所创新，装置在向定型化、标准化发展，在系统工程设计和装置的运行管理方面也积累了比较丰富的经验。1976 年在上海金山石化建成了日产初级纯水 6600t 的电渗析制水车间，1980 年在西沙建成了日产淡水 200t 的电渗析海水淡化站。我国离子交换膜的年产量稳定在 $4.0 \times 10^5 m^2$，约占世界脱盐用离子交换膜的 1/3。

电渗析比反渗透能耗高，在世界海水、苦咸水脱盐市场约占有 4% 的份额。节能一直是电渗析的研发方向，新研制的离子交换膜厚度可做到 0.1mm 以下，隔室间填充混合离子交换树脂，提高了离子传递速率，降低了液层电阻，海水和高浓度废水处理试验显示，能耗可与反渗透相比。目前电渗析技术在高纯水制备、特种化工分离、废水资源化、海水浓缩制盐等方面的作用无法替代，呈现出扩大应用的良好局面，在节能减排和资源循环利用中正在发挥越来越大的作用。

5.2 基础理论

5.2.1 电渗析原理

渗析是指溶液中溶质通过半透膜的现象。自然渗析的推动力是半透膜两侧溶质的浓度差。在直流电场的作用下，离子透过选择性离子交换膜的现象称为电渗析（ED）。

离子交换膜是由高分子材料制成的对离子具有选择透过性的薄膜。主要分阳离子交换膜（CM，简称阳膜）和阴离子交换膜（AM，简称阴膜）两种。阳膜由于膜体固定基带有负电荷离子，可选择透过阳离子；阴膜由于膜体固定基带有正电荷离子，可选择透过阴离子。阳膜透过阳离子，阴膜透过阴离子的性能称为膜的选择透过性。

电渗析过程最基本的工作单元称为膜对。一个膜对构成一个脱盐室和一个浓缩室。一台实用电渗析器由数百个膜对组成。

图 5-1 简明地示出电渗析器工作原理。

电渗析器的主要部件为阴、阳离子交换膜，隔板与电极三部分。隔板构成的隔室为液流经过的通道。淡水经过的隔室为脱盐室，浓水经过的隔室为浓缩室。若把阴、阳离子交换膜与浓、淡水隔板交替排列，重复叠加，再加上一对端电极，就构成了一台实用电渗析器。

若电渗析器各系统进液都为 NaCl 溶液，在通电情况下，淡水隔室中的 Na^+ 向阴极方向

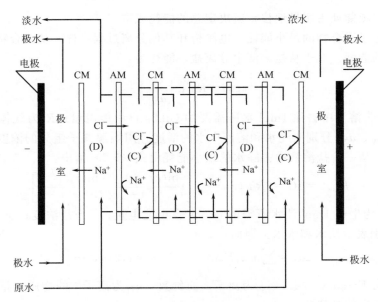

图 5-1 电渗析器工作原理示意
D—脱盐室；C—浓缩室

迁移，Cl^- 向阳极方向迁移，Na^+ 与 Cl^- 就分别透过 CM 与 AM 迁移到相邻的隔室中去。这样淡水隔室中的 NaCl 溶液浓度便逐渐降低。相邻隔室，即浓水隔室中的 NaCl 溶液浓度相应逐渐升高，从电渗析器中就能源源不断地流出淡化液与浓缩液。

淡水水路系统、浓水水路系统与极水水路系统的液流，由水泵供给，互不相混，并通过特殊设计的布、集水机构使其在电渗析内部均匀分布，稳定流动。

从供电网供给的交流电，经整流器变为直流电，由电极引入电渗析器。经过在电极溶液界面上的电化学反应，完成由电子导电转化为离子导电的过程。

用夹紧板紧固在一起的膜堆部分称为电渗析器。电渗析器要进行工作，必须有水泵、整流器等辅助设备，还必须有进水预处理设施。通常把电渗析器及辅助设备总称为电渗析装置。

就过程基本原理而言，电渗析技术至少有以下四方面的用途。

① 从电解质溶液中分离出部分离子，使电解质溶液的浓度降低。如海水、苦咸水淡化制取饮用水与工业用水；工业用初级纯水的制备；废水处理等。苦咸水淡化是目前电渗析技术最成熟、应用最广泛的领域。

② 把溶液中部分电解质离子转移到另一溶液系统中去，并使其浓度增高。海水浓缩制盐是这方面成功应用的典型例子。化工产品的精制、工业废液中有用成分的回收等也属于这方面的应用。

③ 从有机溶液中去除电解质离子。目前主要用于食品和医药工业，在乳清脱盐、糖类脱盐和氨基酸精制中应用得比较成功。

④ 电解质溶液中同电性具有不同电荷的离子的分离和同电性同电荷离子的分离。使用只允许一价离子透过的离子交换膜浓缩海水制盐，是前者工业化应用的实例；后者工业化应用的实例有酸回收的氢离子优先渗透膜和碱回收的氢氧离子优先渗透膜等。

5.2.2 电渗析能耗

电渗析过程的能耗包括：①传递离子组分的能耗；②输送溶液通过电渗析装置的动力能

耗。两项中哪一项能耗占主导地位，就决定总的能耗成本。

（1）分离分子混合物的最小能耗　电渗析和其他分离过程一样，从混合物中分离各种化合物需要最小的能耗。对于从盐溶液中分离盐，能耗为：

$$\Delta G = RT \ln \left(\frac{a_{\mathrm{w}}^{0}}{a_{\mathrm{w}}} \right) \tag{5-1}$$

式中，ΔG 为溶液中去除 1mol 水所需要的 Gibbs 自由能电量；R 为气体常数；T 为绝对温度，K；a_{w}^{0}、a_{w} 分别为纯水和溶液中水的活度。用溶解离子组分的浓度表示一价盐溶液中水的活度，从一价盐溶液中去除水的最小能耗由式（5-2）给出：

$$E_{\mathrm{theo}} = \Delta G = 2RT(c_{\mathrm{f}} - c') \left[\frac{\ln(c_{\mathrm{f}}/c'')}{(c_{\mathrm{f}}/c'') - 1} - \frac{\ln(c_{\mathrm{f}}/c')}{(c_{\mathrm{f}}/c') - 1} \right] \tag{5-2}$$

式中，ΔG 为生产 1mol 淡水所需的 Gibbs 自由能电量；c 为盐浓度；下角 f 为供给液；"$'$" 和 "$''$" 分别表示淡水和浓水。因而：

$$\Delta G = \sum_i n_i z_i F \Delta \psi \qquad 当 \ i = 1, 2, 4, \cdots$$

式中，F 为 Faraday 常数；z_i 为离子 i 的价数；n_i 为离子 i 的物质的量，mol；$\Delta \psi$ 为浓、淡水浓度产生的电位差。

（2）离子迁移的实际能耗　一个电渗析隔室的总电压降部分为浓差电位，其他部分电位用于克服隔室的欧姆电阻。欧姆电阻是由离子从一种溶液迁移到另一种溶液时与水和膜摩擦而产生的，其能耗是不可避免的（以发热的形式）。克服欧姆电阻的电位降显著高于浓差电位。因此，电渗析的实际能耗比最小理论能耗高得多。动力能耗是用来提取、输送供给液进入预处理设备并通过电渗析膜堆。这三项中哪一项能耗占主导地位取决于过程参数和供给液浓度，从而它就决定了整个能耗成本。

从溶液中去除盐所必要的实际能耗与通过膜堆的电流和电极间的电压成正比。

$$E_{\mathrm{prac}} = I^2 N R_{\mathrm{e}} t \tag{5-3}$$

式中，E_{prac} 为实际能耗；I 为通过膜堆的电流；N 为膜对数；R_{e} 为一组膜堆的电阻；t 为时间。

电流与透过离子交换膜从供给液迁移到浓水的离子数成正比。

$$I = \frac{zFQ_{\mathrm{f}} \Delta c}{\eta} \tag{5-4}$$

式中，Q_{f} 为供给液的体积流量；Δc 为供给液与淡水的浓度差；η 为电流效率。将以上两式相结合，给出电渗析的能耗，它是电流、膜堆电阻（即隔室中膜和溶液的电阻）、电流效率和脱盐率的函数。

$$E_{\mathrm{prac}} = \frac{I N R_{\mathrm{e}} t z F Q_{\mathrm{f}} \Delta c}{\eta} \tag{5-5}$$

式（5-5）表明，电渗析的能耗与从溶液中去除的盐量成正比。它也是膜对电阻的函数。电阻是每张膜和隔室中溶液电阻的和。由于溶液的电阻与其离子的浓度成反比，因此在多数的情况下，隔室的总电阻取决于淡水的电阻。随着脱盐过程的进行，淡水浓度降低，而电阻增加。假定淡水的浓度比供给水和浓水的浓度低得多，则能耗为：

$$E_{\mathrm{prac}} = \frac{I N b V \lg(c_{\mathrm{f}}/c')}{\eta} \tag{5-6}$$

式中，V 为淡水总体积；b 为常数。一个由阳、阴离子交换膜，淡水，浓水构成的电渗析膜对，其淡化苦咸水的膜对电阻在 $5 \sim 500 \Omega \cdot \mathrm{cm}^2$ 范围内。对于其他应用场合，膜对电阻会更高或更低。在要求浓度极低的应用中，淡室电导可通过用离子导电网加以改善。

（3）动力能耗 电渗析系统的运行，需要 2～3 个泵来输送淡水、浓水和极水。其能耗取决于水溶液的体积和压力，可表达为：

$$E_p = k_d Q_d \Delta p_d + k_c Q_c \Delta p_c + k_e Q_e \Delta p_e \tag{5-7}$$

式中，E_p 为动力能耗；k 为与泵效率有关的常数；Q 为体积流量；Δp 为压力损失；下标 d、c、e 分别代表淡水、浓水、极水。

浓淡室的压力损失取决于流速和隔室设计。当溶液的盐浓度相当低时，循环液通过系统的能耗变得相当重要甚至起决定作用。

其他能耗是在电极的化学反应过程。在多隔室膜堆中，除浓缩电渗析电极能耗较高之外，电极能耗一般小于总能耗的 1%，因而可以忽略。

5.2.3 Donnan 平衡理论

（1）Donnan 平衡理论的描述[1,2] Donnan 提出的平衡理论早期用于解释离子交换树脂和电解质之间离子相互平衡的关系。离子交换膜实际上就是片状的离子交换树脂，所以这一理论经常被用于解释膜的选择透过性机理。

将固定活性基离子浓度为 $\bar{c}_R$ 的离子交换膜置于浓度为 c 的电解质溶液中，膜相内与固定交换基平衡的反离子会解离，解离的离子扩散到液相，同时溶液中的电解质离子也扩散到膜相，发生离子交换过程。图 5-2 所示为阳膜置于溶液的情况，$\bar{c}_R$ 为膜相固定活性基离子的浓度。离子扩散迁移的结果，最后必须达到一个动态平衡的体系，即膜内外离子虽然继续不断地扩散，但它们各自迁移的速度相等，而且各种离子浓度保持不变，这个平衡就称为 Donnan 平衡。Donnan 平衡理论研究膜-液体系达到平衡时，各种离子在膜内外浓度分配关系。

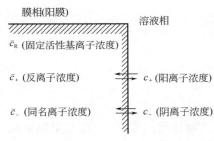

图 5-2 阳膜的 Donnan 平衡

如果只考虑电解质，当离子交换膜与外液处于平衡时，膜相的化学位 $\bar{\mu}$ 与液相的化学位 μ 相等。

$$\mu = \bar{\mu}$$

假设膜-液之间不存在温度差与压力差，液相和膜相中电解质的活度分别为 a 和 $\bar{a}$，则：

$$\mu_0 + RT \ln a = \bar{\mu}_0 + RT \ln \bar{a} \tag{5-8}$$

对电解质来说，定义：

$$a = (a_+)^{v_+} (a_-)^{v_-}$$

式中，v_+ 为 1mol 电解质完全解离的阳离子数；v_- 为 1mol 电解质完全解离的阴离子数。Donnan 平衡式可写成：

$$(a_+)^{v_+} (a_-)^{v_-} = (\bar{a})^{v_+} (\bar{a})^{v_-} \tag{5-9}$$

为了分析简化，假设膜相和液相中的活度系数都为 1，并以浓度代替活度，对 1 价电解质而言：

$$v_+ = v_- = 1$$

则：

$$c^2 = (c_+)(c_-) = (\bar{c}_+)(\bar{c}_-) \tag{5-10}$$

膜相内离子浓度满足电中性的要求，对阳膜：

$$\bar{c}_+ = \bar{c}_- + \bar{c}_R \tag{5-11}$$

从式（5-10）、式（5-11）解，可得：

$$\bar{c}_+ = \left[\left(\frac{\bar{c}_R}{2}\right)^2 + c^2\right]^{\frac{1}{2}} + \frac{\bar{c}_R}{2} \qquad (5-12)$$

$$\bar{c}_- = \left[\left(\frac{\bar{c}_R}{2}\right)^2 + c^2\right]^{\frac{1}{2}} - \frac{\bar{c}_R}{2} \qquad (5-13)$$

由于离子交换膜的活性基浓度可高达 $3\sim5mol/L$，显然，$\bar{c}_+ > \bar{c}_-$。即对阳膜来说，膜内可解离的阳离子浓度大于阴离子浓度。

（2）Donnan 平衡对膜选择性的解释　为了解释膜的选择透过性，这里首先引入离子迁移的概念。离子在膜中的迁移数 $\bar{t}$ 和离子在自由溶液中的迁移数 t 的概念相同。它是反映膜对某种离子选择透过数量多寡的一个物理量。与膜的固定活性基所带电荷相反的离子称反离子，与膜的固定活性基所带电荷相同的离子为同名离子。某种离子在膜中的迁移数是指该种离子透过膜迁移电量占全部离子（反离子和同名离子）迁移总电量之比。假定膜内阴、阳离子的淌度相等时，迁移数可用该种离子浓度来表示（也可用它们所迁移的电量来表示）。仍以上述体系为例，即有阳离子在阳膜中的迁移数：

$$\bar{t}_+ = \bar{c}_+ / (\bar{c}_+ + \bar{c}_-)$$

阴离子在阳膜中的迁移数：

$$\bar{t}_- = \bar{c}_- / (\bar{c}_+ + \bar{c}_-)$$

$$\frac{\bar{t}_+}{\bar{t}_-} = \frac{\bar{c}_+}{\bar{c}_-}$$

$$\frac{\bar{t}_+}{\bar{t}_-} = \frac{\left[\left(\frac{\bar{c}_R}{2}\right)^2 + c^2\right]^{\frac{1}{2}} + \frac{\bar{c}_R}{2}}{\left[\left(\frac{\bar{c}_R}{2}\right)^2 + c^2\right]^{\frac{1}{2}} - \frac{\bar{c}_R}{2}}$$

显然 $\bar{t}_+ > \bar{t}_-$，即对阳膜来说，阳离子在膜内的迁移数大于阴离子在膜内的迁移数。若当 $\bar{c}_R \gg c$ 时，对于阳膜：

$$\frac{\bar{c}_+}{\bar{c}_-} \to \infty \qquad \bar{t}_+ \gg \bar{t}_-$$

以上推导可以得出如下结论：

① 离子交换膜的固定活性基浓度越高，则膜对离子的选择透过性能越好；

② 离子交换膜外的固定溶液浓度越低，膜对离子的选择透过性能也越好；

③ 由于 Donnan 平衡，总有同名离子扩散到膜相中，离子交换树脂膜对离子的选择透过性不可能达到 100%；

④ 电渗析脱盐或浓缩过程得以实现，实质上是借助于电解质离子在膜相与溶液相中迁移数的差。

5.3　离子交换膜

5.3.1　离子交换膜分类

离子交换膜是离子交换树脂的片状形式。它是由带固定电荷的高度溶胀的凝胶体组成。离子交换膜有两种：阳离子交换膜，带固定负电荷；阴离子交换膜，带固定正电荷。常用淡化用膜，阳膜的固定基团为磺酸基，阴膜的固定基团为季铵基，固定基团连接在由苯乙烯和二乙烯苯缩聚形成的高分子聚合物母体上，如图 5-3 所示。

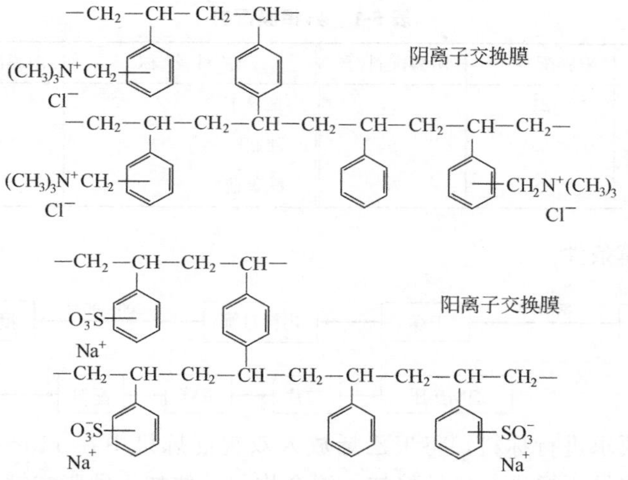

图 5-3　基于聚苯乙烯和聚二乙烯苯的阴离子、阳离子交换膜

固定离子电荷的种类和密度决定膜的选择渗透性和电阻，对膜的机械性能有显著影响，特别是膜的溶胀度受固定离子电荷密度的影响很大。在阳离子交换膜中，常使用下列基团作为固定电荷：

$$—SO_3^-,—COO^-,—PO_3^-,—AsO_3^-,—SeO_3^-$$

在阴离子交换膜中常使用下列基团作为固定电荷：

$$—NH_3^+,—NH_2^+R,—N^+R_3,=P^+R_3,—S^+R_2$$

磺酸基 $—SO_3^-$ 几乎能在整个 pH 值范围内解离，而羧基 $—COO^-$ 在 pH$<$3 的范围内不解离。季铵基$—N^+R_3$ 在整个 pH 值范围内完全解离，而伯胺基 $—NH_3^+$ 解离很弱。因而离子交换膜有弱酸弱碱、强酸强碱型之分。商业化的阳离子交换膜主要含 $—SO_3^-$ 或 $—COO^-$ 基；阴离子交换膜主要含 $—N^+R_3$ 基。

离子交换膜可以分为两类，即均相膜和异相膜。异相膜是由离子交换树脂制备的，把离子交换树脂与成膜聚合物混合，再通过例如干铸或压延等方法可制成膜。这类膜电阻相对较高，且机械强度较差，特别是在高度溶胀情况下。在聚合物中引入离子基团可获得均相膜，电荷在膜上是均匀分布的，为减少过度溶胀，这些聚合物要进行交联，并且膜体使用增强材料。

5.3.2　离子交换膜的制备

（1）异相膜的制备　把粉状树脂与黏合剂以一定比例混合制成片状的膜，黏合剂采用热塑性的高分子聚合物，通常是线性的聚烯烃及其衍生物，也可用可溶于溶剂的聚合物，如聚氯乙烯、过氯乙烯、聚乙烯醇等。天然与合成橡胶也可作为黏合剂。根据黏合剂的性能，可采用不同方法制膜：①将粉状离子交换树脂和黏合剂及其他辅料混合后通过延压和模压方法成膜；②将离子交换树脂粉分散在作为黏合剂的聚合物溶液中，浇铸成膜后，蒸去溶剂；③将离子交换树脂粉分散在仅部分聚合的成膜聚合物中，浇铸成膜，最后完成聚合过程。

除表 5-1 中配方成分外，还可以根据应用对象的不同要求，适当添加防老剂、抗氧化剂等成分。在配方中，聚乙烯起黏合剂作用；树脂粉为膜的基体；聚异丁烯起黏合和增柔作用，赋予膜弹性；硬脂酸钙作脱模剂和稳定剂；酞菁蓝为染料，使阴膜带上天蓝色，以区别于阳膜的本色。

表 5-1　异相膜配方

原 料 名 称	阳膜配料/%	阴膜配料/%	原 料 名 称	阳膜配料/%	阴膜配料/%
聚乙烯	21	23	聚异丁烯	4.2	5.8
阳离子交换树脂粉	73.7	0	硬脂酸钙	1.1	1.2
阴离子交换树脂粉	0	70	酞菁蓝		0.2

工艺流程和成膜条件：

首先，按配方要求进行称料，将聚乙烯放入双辊混炼机中在 110～120℃下混炼，一旦塑化完全，即加入聚异丁烯进行机械接枝。混合均匀，便加入硬脂酸钙，最后进树脂粉，反复混炼均匀，接着可在延压机上拉成所需要厚度的膜片。最后，将两张尼龙网布分别覆盖在膜片的上下，送入热压机中，于 10.0～15.0MPa 压力下热压约 45min，即成实用的膜。

（2）半均相膜制备[3]　半均相膜的制备是首先用黏合剂吸浸单体进行聚合，然后导入活性交换基团制成含黏合剂的热塑性离子树脂，最后经如同上述异相膜那样的工艺加工成膜。

离子交换树脂非常分散地均匀分布在黏合剂中，形成互相缠绕的结构，不易脱落，另一方面，可以省去磨粉工序，简化制膜工艺，而且避免粉尘对环境污染和树脂的损失。聚氯乙烯半均相膜制备工艺流程如图 5-4 所示。

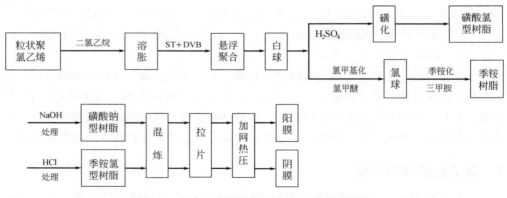

图 5-4　聚氯乙烯半均相膜制备工艺流程示意
ST—苯乙烯；DVB—二乙烯苯

（3）均相膜的制备　均相膜的制造实际上是直接使离子交换树脂薄膜化，也就是使离子交换树脂的合成与成膜工艺的结合。均相膜的制造大致有 4 个过程：①膜材料的合成反应过程；②成膜过程；③引入可反应基团；④与反应基团反应形成荷电基团。这 4 个过程可或先或后，或几个过程合并在一起，在制膜过程中可以让溶剂挥发成膜，也可以单体聚合。

具体制备均相膜时，大致有如下几种方法。

① 从单体聚合或缩聚反应开始制膜。如配料中把已有荷电基团的苯酚磺酸与苯酚、甲醛按一定比例配制进行部分缩聚反应，把它吸浸于多孔支衬材料中或涂布于网布，再进一步缩聚形成阳离子交换膜。如图 5-5 所示。

图 5-5　苯酚磺酸阳膜的制备工艺流程示意

制备甲基丙烯酸环氧丙酯阴膜时[4]，在配料中加入环氧反应基团，配成的料液刮于尼龙网布上，上下衬以涤纶纸，在油压机上加热聚合形成基膜，把聚合反应过程、成膜过程、引入反应基团过程三步合成一步，制成的基膜浸入三甲胺溶液，就可得到阴膜。

涂浆法制备均相膜时，把苯乙烯（单体）、二乙烯苯（交联剂）、聚氯乙烯树脂（黏合剂）、邻苯二甲酸二辛酯（增塑剂）、过氧化苯甲酰（引发剂），按一定比例配成糊状液均匀刮到氯纶网布上，按一定条件加热制成基膜。如图 5-6 所示。聚氯乙烯树脂在其中仅起黏合剂作用，与形成的聚乙烯二乙烯苯聚合物形成缠绕结构，并且与聚氯乙烯网也互相黏合。

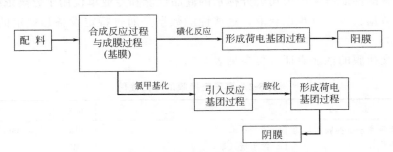

图 5-6　涂浆法均相离子膜的制造工艺流程示意

对阳膜的制造，因基膜中的苯环本身有反应基团，可发生磺化反应，引入磺酸基团。对阴膜的制造，基膜在无水 $SnCl_4$ 中，与氯甲醚进行甲基化反应引入 —CH_2Cl 反应基团，再进行胺化反应形成正的荷电基团。

② 制成膜状体后导入离子交换基团。本身有反应基团的高聚物通过成膜过程制成膜基材，再经活化反应导入离子交换基团，直接制成离子交换膜。例如纤维素、聚乙烯醇，它们结构中含有类似仲醇性质的多羟基，所以能进行酰化和酯化反应使离子交换基团直接导入膜内。又如聚苯乙烯、聚氯乙烯、氯化聚醚、聚乙烯亚胺、丁苯乳胶、氯醇橡胶等先制成聚合物薄膜，由于膜内存在特定官能团，因此也可直接导入离子交换基团于结构内，成为离子交换膜。如氯磺化聚乙烯薄膜碱化制得阳膜，氨化和甲基化制得阴膜。

③ 高分子聚合物中导入离子交换基团再成膜[5]。直接把含有交换基团的高分子溶液一步法直接制成离子交换膜。如聚砜或聚醚砜经磺化后制成磺化聚砜和磺化聚醚砜，把磺化后聚醚砜溶于二甲基甲酰胺中，涂于网布上，待挥发去溶剂即成阳膜。

④ 在惰性高分子衬底基膜上制成均相膜。还有一类均相膜，以惰性高分子膜为基体，基膜可以是聚偏氟乙烯、聚氯乙烯、聚乙烯、聚丙烯等线性高聚物，经有机溶剂溶胀后，吸入带功能基团的单体。经聚合后，聚合物与膜基材料的分子链间互相形成缠绕结构，因其交换基团分布比较均匀故这类膜也称均相膜，如高压聚乙烯薄膜，溶胀后浸吸苯乙烯和二乙烯苯等单体，用过氧化苯乙酰作引发剂聚合，聚合物与膜基形成一体，经磺化反应过程可制得

阳膜，经氯甲基化和胺化制得阴膜。

此类膜也可用聚偏氟乙烯为基膜，含浸单体后经辐照聚合使膜与聚合物为一体。如图 5-7 所示。

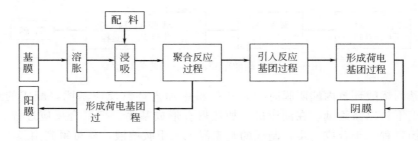

图 5-7　含浸均相膜的制造工艺流程示意

5.3.3　离子交换膜的性能

离子交换膜的性能有生产公司公开标示的商品性能和专业单位用于分离浓缩的传质性能两部分，后者数据较少，且难以获取，这些性能数据是通过特定设备和规定的方法测定的，可参考文献 [6，7]。

（1）离子交换膜的性能表征　可参见表 5-2。

表 5-2　离子交换膜的主要性能

性能分类	意　义	膜　性　能	符号	单　位
交换性能	表征离子交换膜质量的基本指标	交换容量	A_R	mol/kg（干）
		含水量（率）	W	%
机械性能	表征离子交换膜的尺寸稳定性和机械强度	厚度（包括干膜厚、湿膜厚） 线性溶胀度（干膜浸泡在电解质溶液中在平面两个面上的溶胀度）	t_m	mm %
		爆破强度 拉伸强度（干膜和湿膜的平行拉力） 耐折强度 平整度	E_W B_s	MPa kgf/cm²①
传质性能	控制电渗析过程的脱盐效果、电耗、最大浓缩度、产水率等指标的性能因素	离子迁移数	t	%
		水的浓差渗透系数	K_w	mL/(cm²·h·N)
		水的电渗系数	β	mL/(mA·h)
		盐的扩散系数	K_s	mol/(cm²·h·N)
		液体的压渗系数	L_p	mL·cm²/(h·cm²·kg)
电学性能	影响电渗析过程能耗的性能指标	膜的面电阻	R_s	Ω·cm²
化学稳定性	膜对应用介质、温度、化学清洗剂以及存放条件的适应性能	耐碱性 耐酸性 耐氧化性 耐温性		
特种性能	特殊应用的要求以及使用过程中的要求	对特种分离膜，要求对某些离子有一定的分离比，即同电荷离子的选择透过比、耐污染性	T_i^j	

① 1kgf/cm²＝98.0665kPa。

（2）离子交换膜的商品性能 一般商品膜常提供以下几项性能指标。

① 交换容量 指每千克干膜所含活性基团的物质的量，其单位为 mol/kg，是离子交换膜的关键参数。一般交换容量高的膜，选择透过性好，导电能力也强。但是由于活性基团一般具有亲水性，因此当活性基团含量高时，膜内水分和溶胀度会随之增大，从而影响膜的强度。有时也会因膜体结构过于疏松，而使膜的选择性下降。一般膜的交换容量约为 2~3mol/kg。

② 含水量 指膜内与活性基团结合的内在水，以每克湿膜所含水的质量分数表示。膜的含水量与膜交换容量和交联度有关，如上所述，随着交换容量提高，含水量增加，交联度大的膜由于结构紧密，含水量也会相应降低。

提高膜内含水量，可使膜的导电能力增加，但由于膜的溶胀会使膜的选择透过性下降。一般膜的含水量约为 20%~40%。

③ 膜电阻 离子交换膜的重要特性之一，它直接影响了电渗析器工作时所需要的电压和电能消耗。实际应用中，膜电阻常用面电阻（单位膜面积的电阻）表示，其单位为 Ω/cm^2，为比较膜的特性，也常用电阻率（$\Omega \cdot cm$）或电导率（S/cm）来表示。对膜电阻的要求因用途而异。一般讲，在不影响其他性能的情况下电阻越小越好，以降低电能消耗。

通常规定在 25℃下，于 0.1mol/L KCl 溶液或 0.1mol/L NaCl 溶液中测定的膜电阻作为比较标准。

④ 选择透过度 离子交换膜对离子的选择透过性一般用反离子迁移数和反离子对膜的选择透过度表示。

膜内离子迁移数即某一种离子在膜内的迁移量与全部离子在膜内迁移量的比值。或者也可用离子迁移所携带电量之比来表示。

某种离子在膜中的迁移数可由膜电位计算：

$$\bar{t}_g = \frac{E_m + E_m^0}{2E_m^0} \tag{5-14}$$

式中 E_m^0——在一定条件（一般是 25℃，膜两侧溶液分别在 0.1mol/L KCl 和 0.2mol/L KCl）下，理想膜的膜电位，可由奈恩斯特公式计算；

E_m——在以上条件下的实测膜电位。

膜的选择透过度 P 为反离子在膜内迁移数实际增值与理想增值之比。

$$P = \frac{\bar{t}_g - t_g}{\bar{t}_g^0 - t_g} = \frac{\bar{t}_g - t_g}{1 - t_g} \tag{5-15}$$

式中 $\bar{t}_g$——反离子在膜中迁移数；

t_g——反离子在溶液中的迁移数，可从有关手册查到；

$\bar{t}_g^0$——反离子在理想膜中的迁移数，即 100%。

用以上方法计算所得到的反离子迁移数和选择透过度，在一定程度上能客观地反映离子交换膜选择透过性的优劣。

一般要求实用的离子交换膜选择透过度大于 85%，反离子在膜中的迁移数大于 0.9，并希望膜在高浓度电解质中仍有良好的选择透过性。

⑤ 机械强度 膜的机械强度是膜具有实用价值的基本条件之一，其指标为爆破强度和抗拉强度。

爆破强度是指膜受到垂直方向压力时，所能承受的最高压力。以单位面积上所受压力表示。

　　抗拉强度是指膜受到平行方向的拉力时，所能承受的最高拉力，以单位面积上所受的拉力表示。

　　膜的机械强度主要决定于膜的化学结构、增强材料等。增加膜的交联度可提高其机械强度，而增高交换容量和含水量会使强度下降。一般实用膜的爆破强度应大于 0.3MPa。

　　（3）膜的传质特性数据　在电渗析过程中离子在电场力的作用下通过膜，除电迁移外，还有其他一些传质过程。传质特性参数定量地描述了各个过程的强度。

　　离子交换膜的传质特性参数包括迁移数 $\bar{t}_+$（或 $\bar{t}_-$）、水的电渗系数 β、水的浓差渗透系数 K_w、盐的扩散系数 K_s。这些传质特性参数是评价膜的重要指标。

　　表 5-3 列出几种膜的传质特性参数数据[8]。根据这些数据可对电渗析过程的电流效率、脱盐率、浓缩效果和耗电量等进行估计。

表 5-3　几种膜的传质特性参数数据

膜名牌号	$\bar{t}_g$	$K_s/[\text{mmol}/(\text{cm}^2\cdot\text{h}\cdot\text{N})]$	$K_w/[\text{mL}/(\text{cm}^2\cdot\text{h}\cdot\text{N})]$	$\beta/[\text{mL}/(\text{mA}\cdot\text{h})]$
Selemion CMG	0.95	0.008	0.019	0.0035
Selemion AMG	0.98	0.005	0.009	0.0025
Selemion CMV	0.95～0.97	0.006～0.008	0.13～0.019	0.0034～0.0036
Selemion AMV	0.95～0.97	0.005～0.007	0.010～0.013	0.0028～0.0030
Selemion ASV	0.97～0.98	0.004～0.005	0.007～0.009	0.0024～0.0026
Selemion ASR[1]	0.991	0.00065（12℃）	0.0116（11℃）	0.0027（12℃）
Selemion CMR[1]	0.987	0.0026（12℃）	0.0129（11℃）	0.0029（14℃）
PE 3361[1]	≥0.95	0.0146	0.024	0.0057
PE 3362[1]	≥0.95	0.0065	0.024	0.0043

① 杭州水处理技术研究开发中心实测。未注明者温度为 25℃。

5.3.4　商品化离子交换膜

　　国产商品化离子交换膜性能见表 5-4，国外商品化离子交换膜性能见表 5-5。

表 5-4　国产商品化离子交换膜性能

膜名称	牌　号	厚度/mm	含水量/%	交换容量[1]/(mol/kg)	面电阻/(Ω/cm²)	选择透过性/%	化学稳定性	爆破强度/MPa	主要用途
苯乙烯异相膜	3361（阳）3362（阴）	0.4～0.5	35～50 35～45	≥2.0 ≥1.8	≤12 ≤13	≥92 ≥90	一般	>0.3	水脱盐，一般化工分离，中等酸、碱性废水处理
聚氯乙烯半均相膜	KM（阳）AM（阴）	0.25～0.45	35～45 25～35	1.3～1.8	<15	≥90	一般	>0.1	通用电渗析处理，一般化工分离、提纯，一般酸、碱废水处理
聚砜型均相阴膜	S203	0.2～0.3	20～35	1.1～1.5	<8	>90	耐酸性很好	>0.5	渗析法回收废酸

续表

膜名称	牌号	厚度/mm	含水量/%	交换容量[①]/(mol/kg)	面电阻/(Ω/cm²)	选择透过性/%	化学稳定性	爆破强度/MPa	主要用途
过氯乙烯均相阴膜	M813-4 M813-6	0.2~0.3 0.2~0.3	43 53	1.49 1.80	<15 <3		耐酸性	≥0.3	渗析法回收废酸
聚苯醚均相阳膜	P102	0.2~0.4	28~35	1.5~1.8	<10	98	耐酸耐温	≥0.6	电解隔膜
乙丙橡胶均相阳、阴膜	KM AM	0.45~0.50	33~34 26	2.5~3.0 2.5~2.6	5~6 13	96 83	较好	≥0.5	脱盐，化工过程、废水处理
四氟乙烯均相阳、阴膜	NF-1（阳） NF-2（阴）	0.15~0.25	25~30	1~2	<20	98	极好	≥0.5	废水处理，化工提取，电池隔膜

① 以干膜质量计。

表 5-5 国外商品化离子交换膜性能[9]

公司	膜	类型	结构性能	交换容量/(mol/kg)	底衬	厚度/mm	含水量	膜面电阻/(Ω/cm²)	选择透过性(1.0/0.5mol/L KCl)/%
日本 Asahi 化学工业有限公司	K100	阳	苯乙烯/DVB	1.4	有	0.24	24	2.1	91
	A111	阴	苯乙烯/DVB	1.2	有	0.21	31	2~3	45
日本 Asahi Glass 有限公司	CMV	阳	苯乙烯	2.4	PVC	0.15	25	2.9	95
	AMV	阴	丁二烯	1.9	PVC	0.14	19	2~4.5	92
	ASO	阴	一价离子透过	2.1		0.15	24	2.1	91
	DMV	阳	渗析			0.15		—	—
	Flemion	阳	全氟化						
美国 Ionac 公司	MC 3470	阳		1.5	Tergal	0.6	35	6~10	68
	MA 3475	阴		1.4	Tergal	0.6	31	5~13	70
	MC 3142	阳		1.1		0.8		5~10	—
	MA 3148	阴		0.8	Tergal	0.8	18	12~70	85
	61AZL386	阳		2.3	改性丙烯	0.5	46	约6	—
	61AZL389	阳		2.6	改性丙烯	1.2	48	—	—
	61CZL386	阳		2.7	改性丙烯	0.6	40	约9	—
	103QZL386	阳		2.1	改性丙烯	0.63	36	约6	—
	103PZL386	阴		1.6	改性丙烯	1.4	43	约21	—
	204PZL386	阳		1.9	改性丙烯	0.57	46	约8	—
	204SXZL386	阴		2.2	改性丙烯	0.5	46	约7	—
	204U386	阴		2.8	改性丙烯	0.57	36	约4	—
美国 Du Pont 公司	N117	阳	全氟化	0.9	无	0.2	16	1.5	—
	N901	阳	全氟化	1.1	PTFE	0.4	5	3.8	96
美国 Pall RAI 公司	R-5010-L	阳	LDPE	1.5	PE	0.24	40	2~4	85
	R-5010-H	阳	LDPE	0.9	PE	0.24	20	8~12	95
	R5030-L	阴	LDPE	1.0	PE	0.24	30	4~7	83
	R-5030-H	阴	LDPE	0.8	PE	0.24	20	11~16	87
	R-1010	阳	全氟化	1.2	无	0.1	20	0.2~0.4	86
	R-1030	阴	全氟化	1.0	无	0.1	10	0.2~0.4	81
德国 Rhone-Poulenc Chemie GmbH 公司	CRP	阳		2.6	Tergal	0.6	40	6.3	65
	ARP	阴		1.8	Tergal	0.5	34	6.9	79

续表

公　司	膜	类型	结构性能	交换容量/(mol/kg)	底　衬	厚度/mm	含水量	膜面电阻/(Ω/cm²)	选择透过性(1.0/0.5mol/L KCl)/%
日本 Tokuya-ma Soda 有限公司	CL-25T	阳		2.0	PVC	0.18	31	2.9	81
	ACH-45T	阴	低 H^+ 迁移	1.4	PVC	0.15	24	2.4	90
	ACM	阴	耐化学	1.5	PVC	0.12	15	4~5	—
	AMH	阴	一价离子透过	1.4	—	0.27	19	11~13	—
	CMS	阳	一价离子透过	>2.0	PVC	0.15	38	1.5~2.5	—
	ACS	阴	耐污染	>1.4	PVC	0.18	25	2~2.5	—
	AFN	阴	渗析	<3.5	PVC	0.15	45	0.4~1.5	—
	AFX Neosepta-F	阴	全氟化	1.5	PVC	0.14	25	1~1.5	

5.4　电渗析器

5.4.1　电渗析器的主要部件

目前世界上淡化应用的电渗析器都是压滤型的。在海水浓缩制盐与稀有金属的富集提取方面也部分采用水槽形电渗析器。

图 5-8 示出了压滤型电渗析器的结构。这是我国自己设计、生产的最常用的结构形式。本节关于电渗析器结构与参数的讨论，都指这种形式的电渗析器。

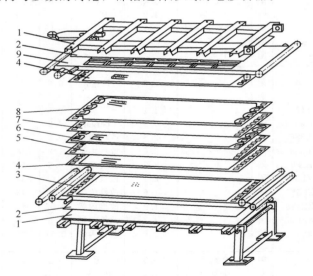

图 5-8　压滤型电渗析器结构

1—夹紧板；2—绝缘橡皮板；3—电极（甲）；4—加网橡皮圈；5—阳离子交换膜；
6—浓（淡）水隔板；7—阴离子交换膜；8—淡（浓）水隔板；9—电极（乙）

离子交换膜、隔板和电极是构成电渗析器的三种主要部件。

（1）电渗析器隔板

① 隔板的作用

a. 支撑膜面，将阴、阳离子交换膜隔开，以形成膜堆内部淡水和浓水的流经通道；

b. 隔板网搅拌液流，减小膜-液界面的扩散层厚度，提高极限电流密度；

c. 隔板与膜上的布水孔叠加形成膜堆布、集水内管，使液流均匀分布到淡、浓水室；

d. 隔板框与离子交换膜一起构成隔室的密封周边，保证隔室内部液流不外漏。

② 隔板的种类　按液体流动方向是否沿流程变化可分为无回路隔板（图 5-9）和有回路隔板（图 5-10）两种。前者液流在流道上方向不变，后者则要改变若干次方向。有回路隔板流程长，水头损失大，流量小，适用于小产量的一次脱盐电渗析器；无回路隔板流程短而流道宽，水头损失小，适用于各种脱盐工艺流程。世界上这两种隔板均有生产。美国的 Ionics 公司生产的电渗析器为曲折式有回路隔板（图 5-11），水流阻力很小，适用于高流速应用。西欧和日本的产品多数是无回路隔板。目前我国生产网式无回路隔板。

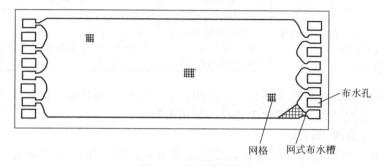

图 5-9　无回路隔板

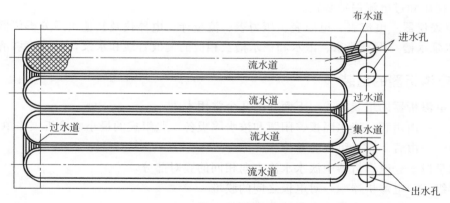

图 5-10　有回路隔板

隔板由非导体和非吸湿材料制成。这类材料要有一定的弹性，保证有良好的密封性能和绝缘性能。常用材料有天然或合成橡胶、聚乙烯、聚氯乙烯和聚丙烯等。均相离子交换膜较薄，弹性差，以选配天然橡胶或合成橡胶隔板为宜。异相离子交换膜较厚，弹性好，通常配以聚氯乙烯或聚丙烯等隔板。国产聚丙烯隔板由 95％聚丙烯加 5％的聚乙烯制成。

（2）电渗析电极　天然水脱盐的电极反应通常如下：

阳极反应：$2Cl^- - 2e^- \longrightarrow Cl_2$

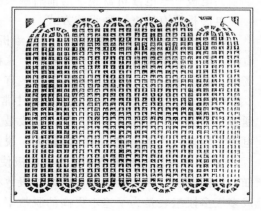

图 5-11　曲折式有回路隔板（Ionics 公司）

$$2H_2O-4e^- \longrightarrow O_2\uparrow+4H^+$$

阴极反应：$2H_2O+2e^- \longrightarrow H_2\uparrow+2OH^-$

所以，阳极水 pH 值降低，且具有很强的氧化腐蚀性；阴极水 pH 值升高，且易形成沉淀结垢。

电极材料要求导电性能好、机构强度高、电化学性能稳定、价格低廉、加工方便。常用电极材料的电化学性能和适用水质见表 5-6。

表 5-6　常用电极材料的电化学性能和适用水质[10,11]

电极材料	有害离子	有益离子	适用水质	公害
二氧化钌		Cl^- 浓度高有利	限制较小	无
石墨	SO_4^{2-} 和 HCO_3^- 引起氧化损耗	Cl^- 浓度越高损耗越小	广泛	无
不锈钢	Cl^- 有穿孔腐蚀作用	NO_3^-、HCO_3^-	Cl^- 浓度 $<100mg/L$ 的 SO_4^{2-} 和 HCO_3^- 水型	无
铅	Cl^-、HCO_3^-	SO_4^{2-} 浓度越高越好	少 Cl^- 的 SO_4^{2-} 水型	Pb^{2+}

铅电极在天然水脱盐过程应尽量避免采用。二氧化钌电极具有广泛的应用范围，但是阳极反应以释氧为主的场合，仍可优先选择不锈钢电极。

（3）电渗析器的附属设备

① 直流电源　直流电源可由整流器或直流发电机供给。国内大都采用三相桥式无级调压硅整流器，交流电输入通过隔离变压器，直流输出设有正、负极开关或自动倒极装置。整流器设有稳压和过电流保护装置。

② 仪表仪器　电流表、电压表、压力表、流量计、电导仪及其他水质分析仪器。

③ 水泵水槽　设有淡水、浓水和极水槽及相应的输液管线和水泵，设置膜堆清洗系统。

5.4.2　电渗析器的组装

（1）电渗析器的组装方式　下面介绍几个常用术语。

膜对——由阴膜、淡水隔板、阳膜和浓水隔板各一张组成的最小电渗析工作单元。

膜堆——由若干膜对组成的总体。

水力学段——电渗析器中淡水水流方向相同的膜对部分。

电学级——电渗析器中一对电极之间的膜堆。

端电极——置于电渗析器夹紧装置内侧的电极。

共电极——电渗析器膜堆内前后两级共同的电极。

电渗析器有以下三种组装方式。

① 一级一段电渗析器　即一台电渗析器仅含一段膜堆，也就是仅有一级，使用一对端电极，通过每个膜对的电流强度相等。这种形式的电渗析器产水量大，多用于大、中型制水场地。在我国一级一段电渗析器多组装有 200～360 个膜对。

② 一级多段电渗析器　通常一级中常含 2～3 段。这种电渗析器仍用一对电极，膜堆中通过每对膜的电流强度相同。级内分段是为了增加脱盐流程长度，提高脱盐率。这种形式的电渗析器单台产水量较小，压降较大，脱盐率较高，适用于中、小型制水场地。

③ 多级多段电渗析器　使用共电极使膜堆分级。一台电渗析器含有 2～3 级、4～6 段，如二级四段、二级六段。也可以级、段数相同，如二级二段、三级三段。将一台电渗析器分成多级多段组装是为了追求更高的脱盐率，多用于单台电渗析器便可达到产水水量和水质要求的场合，小型海水淡化器和小型纯水装置多用这种组装形式。

若用一台整流器供电，则电渗析器各级之间电压降相等，每级各段之间电流强度相等。做到各级、段的操作电流都比较接近极限电流，需要通过试验数据的分析计算和调整各级、各段的膜对数来解决。

级内分段要用浓、淡水倒向隔板来改变浓、淡水在膜堆的流动方向，如图 5-12 所示。

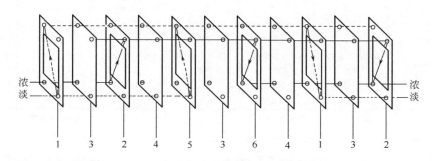

图 5-12 电渗析内水流倒向示意
1—淡水隔板；2—浓水隔板；3—阳膜；4—阴膜；5—三孔淡水改向隔板；6—三孔浓水改向隔板

（2）电渗析器的安置方式 安置方式有立式（膜堆竖立）和卧式（膜堆平放）两种。有回路隔板的电渗析器都是卧式安置的，无回路隔板的大多数是立式安置的。一般认为立式的电渗析器具有水流流动和压力都比较均匀、容易排除隔板中的气体等优点，但卧式组装方便，电流密度比立式安装要稍低一点。

为防止设备停止运行时内部形成负压，可在电渗析器出口管路上安装真空破坏装置。

5.4.3 国产电渗析器的规格和性能

国产电渗析器规格和性能见表 5-7～表 5-9。

表 5-7 DSA 型电渗析器规格和性能

项 目	DSA I			DSA II			
	1×1/250	2×2/500	3×3/750	1×2/200	2×2/400	3×3/600	4×4/800
膜装膜对数/对	250	500	750	200	400	600	800
产水量[2]/(m³/h)	35	35	35	13.2	13.2	13.2	13.2
脱盐率[2]/%	≥50	≥70	≥80	≥50	≥75	87.5	93.75
工作压力/kPa	<50	<120	<180	<50	<75	<150	<200
外形尺寸/mm	2550×1370×1100			2300×1010×520			
安装形式	立式	立式	立式	立式	立式	立式	立式
本体质量/t	2	2×2	2×3	1	1×2	1×3	1×4
标准图号	91S430（一）			91S430（二）			
隔板尺寸/mm	800×1600×0.9			400×1600×0.9			
离子交换膜	异相阳、阴离子交换膜			异相阳、阴离子交换膜			
电极材料[1]	钛涂钌（石墨、不锈钢）			钛涂钌（石墨、不锈钢）			

① 不锈钢电极只允许用在极水中氯离子浓度不高于 100mg/L 的情况下。
② 表中电渗析脱盐率和产水量的数据是指在 200mg/L NaCl 溶液中，25℃下测定的数据。

表 5-8　DSB 型电渗析器规格和性能

项　　目	DSB Ⅱ		DSB Ⅳ			
	1×1/200	2×2/300	1×2/200	2×2/300	3×4/300	3×6/300
膜装膜对数/对	200	300	200	300	300	300
组装形式	一级一段	二级二段	一级一段	二级二段	三级四段	三级六段
产水量[2]/(m³/h)	8.0	6.0	8.0	6.0	3.0	1.5~2.0
脱盐率[2]/%	≥75	≥85	≥50	≥70~75	≥80~85	90~95
工作压力/kPa	<100	<250	<50	<100	<200	<250
外形尺寸/mm	600×1800×800	600×1800×800	600×1000×800	600×1000×1000	600×1000×1000	600×1000×1000
安装形式	立式	立式	立式	立式	立式	立式
本体质量/t	0.56	0.63	0.28	0.35	0.35	0.38
标准图号	91S430（三）			91S430（四）		
隔板尺寸/mm	800×1600×0.5			400×1600×0.5		
离子交换膜	异相阳、阴离子交换膜			异相阳、阴离子交换膜		
电极材料[1]	不锈钢（石墨、钛涂钌）			不锈钢（石墨、钛涂钌）		

① 不锈钢电极只允许用在极水中氯离子浓度不高于 100mg/L 的情况下。
② 表中电渗析脱盐率和产水量的数据是指在 200mg/L NaCl 溶液中，25℃下测定的数据。

表 5-9　DSC 型电渗析器规格和性能

项　　目	DSC Ⅰ			DSC Ⅳ		
	1×1/100	2×2/300	4×4/300	1×1/200	2×2/200	3×3/240
膜装膜对数/对	100	300	300	100	200	240
组装形式	一级一段	二级二段	四级四段	一级一段	二级二段	三级三段
产水量[2]/(m³/h)	25~28	30~40	18~22	1.8~2.0	1.5~2.0	1.4~1.8
脱盐率[2]/%	28~32	45~55	75~80	50~55	70~80	85~90
工作压力/kPa	80	120	200	120	160	200
外形尺寸/mm	940×9600×2150	1550×9600×2150	1600×9600×2150	960×620×900	960×620×1210	960×620×1350
安装形式	立式	立式	立式	卧式	卧式	卧式
本体质量/t	1.1	2.3	2.5	0.2	0.3	0.4
标准图号	91S430（五）			91S430（六）		
隔板尺寸/mm	800×1600×1.0			400×805×1.0		
离子交换膜	异相阳、阴离子交换膜			异相阳、阴离子交换膜		
电极材料[1]	石墨（钛涂钌、不锈钢）			石墨（钛涂钌、不锈钢）		

① 不锈钢电极只允许用在极水中氯离子浓度不高于 100mg/L 的情况下。
② 表中电渗析脱盐率和产水量的数据是指在 200mg/L NaCl 溶液中，25℃下测定的数据。

5.5　极化和极限电流密度

5.5.1　极化现象

当水在淡水室中流动时，由于膜和水之间有摩擦力，从而形成一层滞留层（或称界面层）。在直流电场作用下，由于离子通过膜的迁移速度要比它在溶液中的迁移速度快得多，结果使淡水室一侧膜表面滞留层中的离子浓度小于溶液中的浓度，施加的电流强度越大，滞留层中的离子浓度就降低得越多，当电流提高到某一程度，滞留层中浓度趋近于零，于是就发生大量水分子电离，产生 H^+ 和 OH^- 来负载电流，这就是所谓极化现象，浓度分布如图5-13所示。膜表面产生极化现象时的电流密度称为极限电流密度。

实际上，电渗析过程阳膜先极化，阴膜后极化。阳膜极化表现为电阻增加，阴膜固定基团对水解离有催化促进作用，阴膜极化后即发生水解离现象。当测出淡水侧或浓水侧 pH 发生变化，可能极化已剧烈到一定程度。

离子在膜中的迁移数大大高于在溶液中的迁移数，主体溶液中的离子向滞留层扩散是主要的离子补充方式，因此极化受扩散控制。应用技术以优化水力学条件、提高扩散速率来提高极限电流密度。

电渗析超极限电流运行即提高了离子通量，也就是提高了脱盐率，比如用纯水配制NaCl溶液做实验很容易证实这一结果。但是在实际工程应用中，由于料液组分复杂，超极限电流运行很难做到稳定运行。我国在长期的应用实践中，仅有用自来水作进水又经过软化前处理的低压锅炉给水工程采用过超极限电流 $5\%\sim10\%$ 的应用案例，其他天然水脱盐都要求低于极限电流操作。

超极限电流运行会带来严重后果：

① 使部分电能消耗在水的电离过程中，降低了电能效率；

② 当水中有 Ca^{2+} 和 Mg^{2+} 存在时，使膜上过快地生成沉淀，沉淀首先出现在浓缩室（图5-14），从而增大了膜电阻，增加了耗电量，降低出水水质，缩短膜的使用寿命；

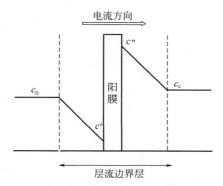

图 5-13 阳膜两侧边界层中的浓度分布
c_0、c_c——淡化室、浓缩主体溶液浓度；
c'、c''——淡化室、浓缩室膜-液界面溶液浓度

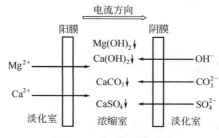

图 5-14 极化沉淀示意

③ 极化严重时，料液发生中性紊乱，淡水呈酸性，浓水呈碱性。

在电渗析器的运行过程中应当防止发生极化，以免频繁清洗。

5.5.2 极限电流密度及极限电流系数

对界面层极限电流表达式，目前并不一致。例如，有的文献认为，正离子在膜内的迁移量 $\dfrac{I}{F}\bar{t}_+$，等于溶液界面层内正离子的电迁移量 $\dfrac{I}{F}t_+$ 加上正离子的扩散量 $D_+\dfrac{c_0-c_1}{\delta}$：

$$\frac{I}{F}\bar{t}_+ = \frac{I}{F}t_+ + D_+\frac{\Delta c}{\delta}$$

式中，t_+ 为正离子在溶液中的迁移数；$\bar{t}_+$ 为正离子在膜内的迁移数。

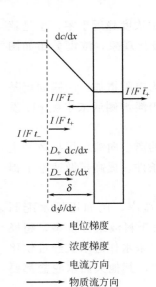

→ 电位梯度
→ 浓度梯度
→ 电流方向
→ 物质流方向

图 5-15 电流和离子在
界面层的迁移

如图 5-13 所示，当 $c' \to 0$，$\Delta c = c_0$ 时，由上式得极限电流为：

$$i_{\lim} = \frac{FD_+}{\bar{t}_- - t_+} \times \frac{c_0}{\delta} \tag{5-16}$$

但此式没有考虑负离子对正离子的电吸引作用。D_+ 为单种正离子的扩散系数，而电解质作为整体的扩散，电中性条件迫使两种离子具有相同的扩散速度。因电吸引的作用，将对扩散较快的离子起阻滞作用，对较慢的离子起加速作用。

现以 I-I 价（即正离子、负离子皆为 1 价）电解质为例进行推导，如图 5-15 所示，浓度 $c_+ = c_- = c$。

在溶液的界面层中正离子移向膜面，其通量为 $\vec{J}_{s+}$

$$\vec{J}_{s+} = D_+ \left(\frac{dc}{dx} + \frac{Fc\psi}{RT\,dx} \right) \tag{5-17}$$

对于负离子，电场力使其迁移方向与因浓差造成的物质流移动方向相反，故

$$\vec{J}_{s-} = D_- \left(\frac{dc}{dx} + \frac{Fc\psi}{RT\,dx} \right) \tag{5-18}$$

对膜来说，正离子在膜内向右迁移，平衡时

$$\vec{J}_{m+} = \vec{J}_{s+}$$

负离子在膜内向左迁移，表示 $\overleftarrow{\vec{J}}_{m-} = -\vec{J}_{s-}$。

在膜内

$$\frac{\vec{J}_{m+}}{\overleftarrow{\vec{J}}_{m-}} = \frac{\bar{t}_+}{\bar{t}_-}$$

所以

$$\frac{\vec{J}_{s+}}{-\vec{J}_{s-}} = \frac{\bar{t}_+}{\bar{t}_-}$$

此式代入式（5-17）和式（5-18），分别得到

$$\vec{J}_{s-} = -\vec{J}_{s+} \frac{\bar{t}_-}{\bar{t}_+} = D_- \left(\frac{dc}{dx} - \frac{Fc}{RT} \times \frac{\psi}{dx} \right)$$

$$\frac{dc}{dx} + \frac{\vec{J}_s \bar{t}_-}{D_- \bar{t}_+} = \frac{Fc}{RT} \times \frac{\psi}{dx}$$

$$\vec{J}_{s+} = \vec{J}_{m+} = D_+ \left(\frac{dc}{dx} + \frac{dc}{dx} + \frac{\vec{J}_{s+} \bar{t}_-}{D_- \bar{t}_+} \right)$$

$$= 2D_+ \frac{dc}{dx} + \frac{D_+ \bar{t}_-}{D_- \bar{t}_+} \vec{J}_{s-}$$

移项后得：

$$\vec{J}_{s+} \left(1 - \frac{D_+ \bar{t}_-}{D_- \bar{t}_+} \right) = 2D_+ \frac{dc}{dx}$$

因为溶液中离子的扩散系数与迁移数成正比：

$$\frac{D_+}{D_-}=\frac{t_+}{t_-}$$

故

$$\vec{J}_{s+}=\vec{J}_{m+}=\frac{2D_+}{1-\dfrac{t_+\bar{t}_-}{t_-\bar{t}_+}}\times\frac{\mathrm{d}c}{\mathrm{d}x}$$

又可化为

$$\vec{J}_{m+}=\frac{2D_+t_-\bar{t}_+}{t_-\bar{t}_+-t_+\bar{t}_-}\times\frac{\mathrm{d}c}{\mathrm{d}x}$$

$$=\frac{2D_+\bar{t}_+t_-}{(1-t_+)\bar{t}_+-t_+(1-\bar{t}_+)}\times\frac{\mathrm{d}c}{\mathrm{d}x}=\frac{2D_+\bar{t}_+t_-}{\bar{t}_+-t_+}\times\frac{\mathrm{d}c}{\mathrm{d}x} \tag{5-19}$$

同理可导出

$$\overset{\leftarrow}{J}_{m-}=\frac{-2D_-t_+\bar{t}_-}{\bar{t}_--t_-}\times\frac{\mathrm{d}c}{\mathrm{d}x} \tag{5-20}$$

$\vec{J}_{m+}$ 与 $\overset{\leftarrow}{J}_{m-}$ 两矢量方向相反。

对于Ⅰ-Ⅰ价电解质的扩散系数:

$$D_{\pm}=\frac{2D_+D_-}{D_++D_-} \tag{5-21}$$

因为

$$\frac{D_-}{D_++D_-}=\frac{1}{\dfrac{D_+}{D_-}+1}=\frac{1}{\dfrac{t_+}{t_-}+1}=\frac{t_-}{t_++t_-}=t_- \tag{5-22}$$

所以 $D_{\pm}=2D_+t_-$

同理 $D_{\pm}=2D_-t_+$

将式 (5-22) 代入式 (5-19) 得:

$$\vec{J}_{m+}=-\frac{D_{\pm}\bar{t}_-}{\bar{t}_--t_-}\times\frac{\mathrm{d}c}{\mathrm{d}x}$$

因为 $I=F(\vec{J}_{m+}+\overset{\leftarrow}{J}_{m-})$

所以

$$I=\frac{FD_{\pm}\bar{t}_+}{\bar{t}_+-t_+}\times\frac{\mathrm{d}c}{\mathrm{d}x}+\frac{-FD_{\pm}\bar{t}_-}{\bar{t}_--t_-}\times\frac{\mathrm{d}c}{\mathrm{d}x}$$

$$=\frac{FD_{\pm}\bar{t}_+}{\bar{t}_+-t_+}\times\frac{\mathrm{d}c}{\mathrm{d}x}+\frac{-FD_{\pm}\bar{t}_-}{(1-\bar{t}_+)-(1-t_+)}\times\frac{\mathrm{d}c}{\mathrm{d}x}$$

$$=\frac{FD_{\pm}\bar{t}_++\bar{t}_-}{\bar{t}_+-t_+}\times\frac{\mathrm{d}c}{\mathrm{d}x}=\frac{FD_{\pm}}{\bar{t}_+-t_+}\times\frac{\mathrm{d}c}{\mathrm{d}x} \tag{5-23}$$

从而导出阳膜的极限电流表达式:

$$i_{\lim}=\frac{FD_{\pm}}{\bar{t}_+-t_+}\times\frac{c_0}{\delta} \tag{5-24}$$

式 (5-24) 形式上与式 (5-16) 相似。但极限电流公式的扩散系数应该是电解质的扩散系数 $D_{\pm}$,而不是单种离子的扩散系数 D_+ 和 D_-,因为不同的 D 计算结果将不一致,尤其对非Ⅰ-Ⅰ价电解质。同理可导出阴膜的极限电流公式:

$$i_{\lim}=\frac{FD_{\pm}}{\bar{t}_--t_-}\times\frac{c_0}{\delta} \tag{5-25}$$

电解质扩散系数的计算可用式（5-26）[12]：

$$D_{\pm} = \frac{(z_+ + |z_-|)D_+D_-}{z_+D_+ + |Z_-|D_-} \tag{5-26}$$

式中，z 为离子的价数。

以 NaCl 溶液的极限电流密度为基准来比较其他溶液体系的极限电流密度的大小，用极限电流系数 $\overline{\Phi}$ 表示，定义 $\overline{\Phi} = \frac{(i_{\lim}/c)_i}{(i_{\lim}/c)_{NaCl}}$，下标 i 代表 NaCl 以外的其他电解质。以阳膜为例来比较极限电流密度实测值 $\overline{\Phi}$ 与理论计算值 $\overline{\Phi}$。

$$\overline{\Phi}' = \frac{\dfrac{FD_{i\pm}c_0}{(\overline{t}_+ - t_{i+})\delta}}{\dfrac{FD_{NaCl\pm}c_0}{(\overline{t}_+ - t_{NaCl+})\delta}}$$

式中，$D_{i\pm}$ 是指该电解质的扩散系数，其不同于该电解质中阳离子的扩散系数 D_+ 或阴离子扩散系数 D_-。

假定阳膜的 $\overline{t}_+ = 1$，则：

$$\overline{\Phi}' = \frac{D_{i\pm}}{D_{NaCl\pm}} \times \frac{t_{NaCl-}}{t_{i-}} \tag{5-27}$$

$D_\pm$ 根据式（5-26）计算，并与 NaCl 的 $D_\pm$ 比较得出 $\dfrac{D_{i\pm}}{D_{NaCl\pm}}$。表 5-10 所示为不同体系的极限电流系数。

表 5-10　不同体系的极限电流系数

盐	t_+	t_-	$\dfrac{D_{i\pm}}{D_{NaCl\pm}}$	$\overline{\Phi}$	$\overline{\Phi}_0$
NaCl	0.396	0.604	1	1	1
KCl	0.4906	0.5094	1.24	1.51	1.47
NH$_4$Cl	0.4913	0.5087	1.24	1.50	1.47
LiCl	0.336	0.664	0.85	0.76	0.77
CaCl$_2$	0.438	0.562	0.83	0.81	0.82
MgCl$_2$	0.410	0.59	0.78	0.73	0.80
Na$_2$SO$_4$	0.386	0.614	0.76	0.71	0.75
MgSO$_4$	0.399	0.601	0.53	0.45	0.53
(NH$_4$)$_2$SO$_4$	0.480	0.52	0.95	0.70	1.10
NaNO$_3$	0.412	0.588	0.97	0.93	0.97
NaBr	0.39	0.61	1.01	1.02	1.00

理论计算与文献测定值基本符合，其中 (NH$_4$)$_2$SO$_4$ 体系误差较大，因为溶液中 NH$_4^+$ 与 SO$_4^{2-}$ 部分形成 $[(NH_4)_3SO_4]^+$ 络合离子，所以它的扩散系数计算以及电迁移的性能都有变化。

5.5.3　影响极限电流的因素

（1）温度的影响[13]　电解质溶液温度每升高 1℃，电阻率大约下降 2%～2.5%，大多数电解质溶液每升高 1℃，其黏度约下降 2.5%，所以通常每升高 1℃，扩散系数也增加 2%～2.5%。此外，扩散层厚度随温度上升而变薄。严格说来，水温对极限电流密度的影响并非线性关系。然而大量的研究结果表明，在电渗析系统固定的情况下，水温和极限电流密度按线性关系处理可以满足工艺设计的要求，其经验公式可表示为

$$i_{\lim} = A + Bt$$

式中　A——水温 0℃时的极限电流密度，mA/cm^2；

　　　B——极限电流密度的温升系数；

　　　t——水温，℃。

（2）溶液体系的影响

① 对于成分不同的电解质体系（如对于 A^+、B^+、Y^- 三种离子组成的混合体系）的极限电流可用下式表达：

$$i_{\lim} = \frac{c_0(X_A D_{AY} + X_B D_{BY})F}{(\bar{t}_Y - t_Y)\delta}$$

式中　X_A，X_B——溶液中 AY 和 BY 的摩尔分数；

　　　D_{AY}，D_{BY}——溶液中 AY 和 BY 的扩散系数；

　　　t_Y，$\bar{t}_Y$——阴离子 Y 在溶液中和膜中的迁移数；

　　　　　δ——界面层的厚度；

　　　　　c_0——本体溶液中电解质的浓度。

图 5-16 所示为以 NaCl、KCl 为混合电解质的实验结果。

② 对于碳酸氢盐型水质，如 $NaHCO_3$，其 $t_+ = 0.530$，$t_- = 0.47$，$\frac{D_i}{D_{NaCl}} = 0.78$（$D_i$ 为 NaCl 以外电解质的扩散系数），计算出极限电流密度系数为 0.89，实测值为 0.30，碳酸盐型的极限电流密度最低。

在 $NaHCO_3$ 溶液中，阴离子基本上是以 HCO_3^- 的形态存在的。随着外加电流密度的升高，当脱盐室阴膜侧扩散层内阴离子的浓

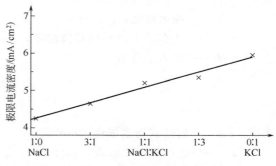

图 5-16　NaCl 和 KCl 的组成比与极限
电流密度间的关系

度降到相当低时，由于 CO_3^{2-} 的淌度比 HCO_3^- 大 60%，并且所带电荷为 HCO_3^- 的 2 倍，因此容易发生类似于水解离的 HCO_3^- 的解离现象：

$$HCO_3^- \longrightarrow H^+ + CO_3^{2-}$$

解离出的 CO_3^{2-} 代替 HCO_3^- 传递电荷。由于碳酸氢根离子的解离常数（数量级为 10^{-8}）比水解离常数（数量级为 10^{-10}）大得多，所以在脱盐室阴膜面上水解离之前就发生了碳酸氢根离子的解离。故此电流密度可称为碳酸氢根解离极限电流密度。

HCO_3^- 较 H_2O 分子提前发生解离的这种特性导致浓缩室阴膜面容易析出 $CaCO_3$ 沉淀。透过阴膜的全碳酸（$CO_2 + CO_3^{2-} + HCO_3^-$）量急剧增加，相应浓缩液中 Ca^{2+} 与 CO_3^{2-} 离子积急剧增大，超过溶度积，故析出 $CaCO_3$ 沉淀。但此时并没有发生水解离现象。因此用电渗析法处理应严格控制在 HCO_3^- 解离极限电流密度以下，绝不可按氯化钠水型那样控制在水解离极限电流密度下操作。

③ 存在促进水解离的离子或物质的体系。如海水电渗析经常发现淡室出口处阳膜表面有 $Mg(OH)_2$ 沉淀。

实验证明，在 $MgCl_2$ 体系中当阳膜极化形成 $Mg(OH)_2$ 沉淀后，淡室里再改通 0.1mol/L NaCl 溶液进行实验，pH 的变化显著要比原 NaCl 溶液提前出现，再在淡水室通过 EDTA 溶液，清除 $Mg(OH)_2$ 沉淀，然后再通过 0.1mol/L NaCl 溶液，此时阳膜的水解离现象又恢复正常[14]，所以 Mg^{2+} 是导致离子交换膜水解离加剧的催化剂。

在阳膜表面形成 $Mg(OH)_2$ 两性氧化物

$$Mg(OH)_2 \rightleftharpoons Mg(OH)^+ + OH^-$$

$$Mg(OH)^+ + H_2O \rightleftharpoons Mg(OH)_2 + H^+$$

它具有加速水解的作用，降低水解离的活化能，即降低了水解离的阈值电位。类似的阳离子还有 Mn^{2+}、Cr^{3+}、Ni^{2+} 等。若设法预先从溶液中除去这些离子和及时消除膜上出现的 $Mg(OH)_2$ 等沉淀，就可延缓或防止水解离的发生和发展。

5.5.4 极限电流密度经验式

推算极限电流密度主要有 Wilson 与 Mason-Kirkham[15] 两种方法，这两种方法提出的计算式都以试验数据为基础进行整理。Wilson 法为我国所习用。

1960 年 Wilson 提出了如下极限电流密度经验式[16]：

$$i_{\lim} = kvc_m \tag{5-28}$$

式中　$i_{\lim}$——极限电流密度，mA/cm^2；

　　　v——淡水流速，cm/s；

　　　c_m——淡水进出口平均对数浓度，mol/L；

　　　k——水力学常数。

$$c_m = \frac{c_{di} - c_{do}}{\ln \dfrac{c_{di}}{c_{do}}}$$

式中　c_{di}——脱盐式进水浓度，mol/L；

　　　c_{do}——脱盐式出水浓度，mol/L。

由于推导过程中做了很多假设，实践中发现有较大的偏差。我国电渗析工作者，习惯用电渗析的进水浓度、淡水水流速度直接与极限电流强度 $i_{\lim}$ 相关联。这样从已知的进水浓度与所要求的产水量便可以直接算出极限电流强度，经验式写成：

$$i_{\lim} = kc_{di}^m v^n$$

式中，m 为浓度指数（一般为 0.95~1.00）；n 为流速指数（一般为 0.5~0.7）。

对于定型设计的电渗析器，选定离子交换膜后，上式中各常数主要随原水离子组分和温度的不同而异。原水水型、水温确定后，在一定原水浓度和流速范围内，k、m、n 为定值。

电渗析进水离子组分不同，对极限电流有很大的影响，可将天然水划分为四种水型。

Ⅰ-Ⅰ价水型。一价 Na^+、K^+ 阳离子和一价 Cl^- 阴离子分别占天然水中阳离子、阴离子总浓度的 50% 以上。

Ⅱ-Ⅱ价水型。二价 Ca^{2+}、Mg^{2+} 阳离子和二价 SO_4^{2-} 阴离子分别占天然水中阳离子、阴离子总浓度的 50% 以上。

碳酸氢盐水型。HCO_3^- 占天然水中阴离子总浓度的 50% 以上。

不均齐价型。不同于上述三种水型的混合离子天然水。

另外，为了获得基准数据，采用人工配制的 NaCl 型水质进行电渗析极限电流试验。NaCl 水型为纯水中加入 NaCl 制成。

这样，不同的水型可以采用不同的极限电流表达式。

例如，对于我国最常用的 DSA Ⅱ-1×1/200 型电渗析器（表 5-7），在 25℃下，极限电流的计算式为：

NaCl 水型

$$I_{lim}^{NaCl} = 0.5446 c_m v^{0.66} \tag{5-29}$$

碳酸氢盐水型

$$I_{lim}^{HCO_3^-} = 0.2893 c_m^{0.958} v^{0.658} \tag{5-30}$$

式中，I_{lim} 为极限电流强度，A；c_m 为淡水进出口平均浓度，mmol/L；v 为淡水流速，cm/s。

NaCl 水型

$$I_{lim}^{NaCl} = 0.00593 c_{di} v^{0.66} \tag{5-31}$$

碳酸氢盐水型

$$I_{lim}^{HCO_3^-} = 0.0047 c_{di}^{0.958} v^{0.658} \tag{5-32}$$

式中，c_{di} 为淡水进水浓度，mg/L。

水温对极限电流有明显的影响。在我国海水淡化电渗析器采用异相膜的情况下，电渗析极限电流温度校正经验式为：

$$f = 0.987^{T_0 - T} \tag{5-33}$$

式中　f——极限电流温度校正系数；

T_0——测定极限电流时的水温，℃，采用本节的经验式或数据时取 25℃；

T——设计运行的水温，℃。

根据用 NaCl 水型作出的极限电流表达式，再用极限电流水型系数进行校正，可以得出用于各种水型的极限电流计算式，这是目前国内经常采用的推算极限电流的方法。

用上述四种天然水型与人工配制的 NaCl 水型的溶液进行大量的极限电流试验，然后把数据校正到相同的温度，就可以统计计算出不同水型天然水的极限电流水型系数，见表 5-11。

表 5-11　常温下的极限电流水型系数参考数据

水型	NaCl	Ⅰ-Ⅰ 水型	Ⅱ-Ⅱ 价型	不均齐价型	碳酸氢盐型
水型系数 ϕ	1.00	0.95	0.66	0.70	0.59

这样推算极限电流的经验式可写成下式，误差一般在±5％以内：

$$I_{lim} = k c_m v^n f \phi \tag{5-34}$$

5.5.5　极限电流测定方法

我国推荐采用 V-A 曲线法测定电渗析器的极限电流。为了排除膜堆因配水不均产生局部极化，一般建议将电渗析器组装成一级一段膜堆，含 100 对膜。采用实际应用的一级一段膜堆进行测试也是可行的。多级多段组装的电渗析器，用整台测试难以获得准确的数据，必须分级试验。为排除电极电压波动的影响，试验前要在膜堆与电极之间插入厚度为 0.2mm

的铜片，使铜片与离子交换膜接触的有效面积不少于 $0.5cm^2$，以利于导电。这样所测取的电压为膜堆中所有膜对的总电压降。若使用新的离子交换膜，注意充分转型是很重要的。经过浸泡的离子交换膜，还需在试验水质下通水、通电 $2\sim4h$，每对膜施加电压在 $0.5V$ 以下，并每小时倒换电极极性一次。测试时，还需重新配制所要求的原水。

　　将被测溶液泵入电渗析器。待溶液浓度和温度恒定、流量稳定，且淡水、浓水和极水进口压力平衡的情况下，可通电并记录数据。使用无级可调整流器。初始电压选在每对膜 $0.1\sim0.2V$，以后每次升高电压的量控制在 $0.1V$ 左右。两次调压的时间间隔为淡水流在隔室停留时间的 3 倍。在其间准确、快速地记录施加电压、相应的电流强度和流量、压力等数据。在适当的电压区间，采取水样进行分析。至每对膜电压降在 $2V$ 左右时，即停止试验。

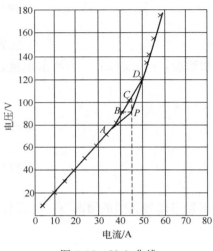

图 5-17　V-A 曲线

　　利用所记录的电压、电流数据，在算术坐标上作 V-A 曲线，如图 5-17 所示。将图中各点连接成曲线，作曲线的切线 AP 和 DP 交于 P 点，由 P 点作平行于 x 轴和 y 轴的直线交曲线于 B、C 两点，C 即为标准极化点，与 C 对应的电流强度即为极限电流。

　　图 5-17 中，曲线 AD 段，为极化过渡区。在 A 点已开始极化，所以在海水淡化或高硬水脱盐范围中，也有的把 A 点或 B 点选作极点化。有时作出的 V-A 曲线没有明显的 AD 段极化过渡区，这时可直接取两直线的交点为极化点。

5.6　电渗析淡化工艺过程设计

5.6.1　基础计算式

　　（1）流速和流量　一个淡水隔室的流量为：

$$F_d = 10^{-3}tWv$$

式中　　t——淡水隔板厚度，cm；

　　　　W——淡水隔板宽度，cm；

　　　　v——淡水流速，cm/s；

　　　　F_d——一个淡水隔室的淡水流量，L/s。

　　若一段膜堆组装 N 对膜，则膜堆总流量为：

$$Q = 3.6NF_d$$

　　从已知的电渗析器的组装形式与产水量，可以用式（5-35）分段计算淡水隔室的水流速度：

$$v = \frac{10^6Q}{3600NtW} = \frac{278Q}{NtW} \tag{5-35}$$

式中　　Q——一段膜堆的淡水流量，m^3/h；

　　　　N——一段膜堆的组装膜对数。

（2）脱盐率

$$\varepsilon = \frac{c_{di} - c_{do}}{c_{di}} \times 100\% \tag{5-36}$$

式中，ε 为脱盐率；c_{di}、c_{do} 分别为电渗析器进口、出口浓度，取相同浓度单位。

（3）电流效率　电流效率 η 为电流通过膜堆产生的盐分实际迁移物质的量（mol）与通过膜堆的电化摩尔质量数之比。

$$\eta = \frac{ZQ(c_{di} - c_{do})F}{NI}$$

式中　Z——离子电价；

　　　Q——淡水流量，L/s；

c_{di}、c_{do}——淡水系统进、出电渗析器的浓度，mol/L；

　　　I——电流，A；

　　　N——组装膜对数；

　　　F——法拉第常数。

我国在工程应用中，习用如下计算式：

$$\eta = \frac{26.8ZQ(c_{di} - c_{do})}{NI} \tag{5-37}$$

式中，Q 为淡水流量，m^3/h；其他符号释义同上。

电流效率不直接取决于膜堆电阻和电压降。影响电流效率的主要因素有：

① 膜的选择透过性；

② 因浓差引起的电解质透过膜的扩散，这与膜的性能和设计所取浓、淡水浓度比有关；

③ 因浓差引起水透过膜的渗透和电渗失水；

④ 极化状态下引起的 H^+ 和 OH^- 迁移；

⑤ 电流通过布水槽的内漏和通过膜缘的外漏以及液流通过布水槽的内漏或膜堆漏水。

所以电流效率不仅是重要的设计计算数据，也是检查膜堆性能的重要参数。

（4）直流耗电

$$W = \frac{UI}{Q} \times 10^{-3} \tag{5-38}$$

式中　W——直流耗电，$kW \cdot h/m^3$；

　　　U——施加膜堆直流电压，V；

　　　I——施加电流，A；

　　　Q——电渗析产水量，m^3/h。

5.6.2　四种脱盐流程

电渗析脱盐流程有以下四种形式。

（1）一次式脱盐流程　一次式是指使用单台电渗析器就能达到制水产量与质量要求的一种简单流程形式。这种系统的优点是可以连续供水，辅助设备少、动力消耗少。膜堆多采用一级多段或多级多段组装。这种流程形式对产水量和脱盐率的调节能力很少，所以多在产水量小而脱盐率要求较高的情况下采用。如一次式小型海水淡化装置或制造纯水和高纯水时用电渗析预脱盐就采用这种流程。

（2）多级连续式脱盐流程　多级连续式脱盐流程，如图 5-18 所示。淡化给水经多台单级或多台多级串联的电渗析器后，一次脱盐达到预定的脱盐要求，直接排出成品水。该法具有连续出水、管道简单等优点。动力消耗在总电耗中占比例较小。缺点是操作弹性小，在给水含盐量变化时适应性差。该流程是国内最常用形式之一，常采用定电压操作。根据产水量、原水及产品水水质等要求，可采用单系列多台串联或多系列并联的流程，适用于中、大型脱盐场地。

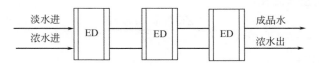

图 5-18　多级连续式脱盐流程

（3）部分循环式脱盐流程　部分循环式脱盐流程如图 5-19 所示，即电渗析器出口的脱盐水部分地返回到电渗析器淡水进水槽，使淡水进水浓度降低，从而可以减少串联的级（段）数。当淡水给水浓度或成品水水质要求有较大的波动时，该流程可以通过调节补充水流量、成品水回流量和操作电流密度等来适应其变化。

显然，电渗析器中的淡水流量不等于产水量，可根据具体设计项目的要求选定合适的回流比。此脱盐流程比一次连续式灵活，在进水浓度明显波动的情况下，仍能达到产品水质的要求。但配管复杂，动力耗电比一次式要大。这种流程常采用定电流操作，电流强度取决于进水浓度和流速。

（4）循环式脱盐流程　循环式脱盐流程如图 5-20 所示。它是将一定量的原水注入淡水循环槽内，经电渗析器多次反复脱盐。当循环脱盐到预定的成品水水质指标后，输送至成品水槽。它适用于脱盐深度大，并要求成品水水质稳定的小型脱盐站。该流程适应性较强，既可用于高含盐量水的脱盐，也适用低含盐量水的脱盐，特别适用于给水水质经常变化的场合，它始终能提供合格的成品水。例如流动式野外淡化车、船用脱盐装置等多采用此流程。其次，小批量工业成品料液的浓缩、提纯、分离和精制也常用之。但它需要较多的辅助设备，动力消耗大，且只能间歇供水。实际装置一般采用定电压操作，即以脱盐终止时极限电流所对应的电压作为操作电压，可保证在整个脱盐过程操作电流密度低于极限电流密度。

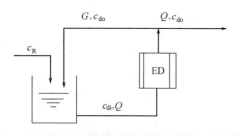

图 5-19　部分循环式脱盐流程

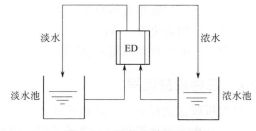

图 5-20　循环式脱盐流程

5.6.3　流程设计计算

（1）一次式脱盐流程　对于一级一段组装的电渗析器，可以从给定的产水量计算所组装的膜对数 N。

$$N=\frac{100Q}{tWv} \tag{5-39}$$

式中　Q——淡水流量，L/s；

t——隔水室流道厚度，cm；

W——隔水室流道宽度，cm。

也可以从产水量和水质计算膜对数 N。

$$N=\frac{z(c_{di}-c_{do})QF}{\eta iA_p} \tag{5-40}$$

式中　z——离子电价；

Q——淡水流量，L/s；

c_{di}，c_{do}——淡水系统进、出膜堆的浓度，mol/L；

F——法拉第常数；

η——电流效率；

i——操作电流密度，mA/cm²；

A_p——单张膜的有效通电面积，cm²。

（2）多级连续式脱盐流程　对于多级连续式脱盐流程来说，如果串联的一级一段电渗析器组装的膜对数相等，隔室流速相同，则在极限电流下每级的脱盐率基本不变，在计算上可视为常数处理。

若单级的脱盐率为 ε_p，要求脱盐系统的脱盐率为 ε，则串联级数 n 可按下式计算：

$$n=\frac{\lg(1-\varepsilon)}{\lg(1-\varepsilon_p)} \tag{5-41}$$

（3）部分循环式脱盐流程　部分循环式脱盐流程如图 5-19 所示，进入电渗析器的液流浓度 c_{di} 不等于原水的浓度 c_R，且随回流量 G 的增加而降低；电渗析器的流量也不等于产水量 Q。部分产水回流的目的在于提高脱盐系统的脱盐率 ε，使其大于电渗析器的脱盐率 ε_p，降低产水浓度的 c_{do}。从物料平衡可给出如下计算式。

电渗析器进水浓度：

$$c_{di}=\frac{c_RQ+c_{do}G}{Q+G} \tag{5-42}$$

回流量：

$$G=Q\frac{\varepsilon-\varepsilon_p}{\varepsilon_p(1-\varepsilon)} \tag{5-43}$$

以上各式的流量取相同单位，同样各种浓度也取相同单位。

（4）循环式脱盐流程　循环式脱盐流程中，随着淡水循环槽浓度的变化，系统主要工艺参数不是常数，为了简化计算，采用对数平均电流密度 i_m 作为一个批量的操作电流，并假定电流效率不变，则所需膜对数计算式为：

$$N=\frac{(c_{di}-c_{do})QF}{\eta i_mA_p} \tag{5-44}$$

其中

$$i_m=\frac{i_1-i_n}{\ln\dfrac{i_1}{i_n}}$$

式中，i_1、i_n 分别表示循环起始和终止电流密度。

在讨论各种脱盐流程所需膜对数时，没有考虑膜的物化性能在应用过程中的下降，也忽略了盐的浓差扩散和电渗失水。当处理高浓度原水时，这是不容忽略的，产水量中应考虑水迁移项。

5.7 电渗析淡化工程设计

5.7.1 工程参数(水量)计算

（1）电渗析装置产水量　电渗析装置的产水量由式（5-45）确定：

$$Q_p = r_1 r_2 r_3 Q_p' \tag{5-45}$$

式中　Q_p——电渗析设计产水量，m^3/h；

Q_p'——用水高峰期的电渗析平均产水量，m^3/h；

r_1——安全稳定运行系数，取 $r_1 = 1.1 \sim 1.3$；

r_2——温度系数，采用表 5-12 的经验数据，适用于低浓度苦咸水；

r_3——自用水量，包括膜堆清洗、倒极、泄漏等用水，取 $r_3 = 1.05$。

表 5-12　温度系数经验数据（设 20℃时 $r_2 = 1$）[17]

20℃的脱盐率/%	温度系数							
	5℃	10℃	15℃	20℃	25℃	30℃	35℃	40℃
51.5	1.36	1.2	1.08	1	0.90	0.84	0.77	0.71
59	1.23	1.14	1.06	1	0.94	0.87	0.80	0.75
83	1.13	1.08	1.04	1	0.97	0.93	0.90	0.87
93	1.08	1.05	1.03	1	0.98	0.97	0.95	0.94

除非采用部分连续循环式系统设计以外，对于一个较佳的固定系统设计，电渗析装置产水量的调节能力是不大的。一般可限定 $\dfrac{Q_p'}{Q_p} \leqslant 1.25$，否则难于保证出水水质或水量。对于用水量波动大的现场，应考虑设计备用系列或备用台。如饮料行业，用水高峰期持续时间较长，应直接以高峰期用水量进行电渗析产水量的设计。

（2）预处理水量　原水需经一级或多级预处理才能进入电渗析器。预处理水量的设计可按下式确定。

$$Q_0 = (Q_p + Q_c + Q_e)a \tag{5-46}$$

式中　Q_0——总预处理量，m^3/h；

Q_p——电渗析产水量，m^3/h；

Q_c——电渗析浓水排放量，m^3/h；

Q_e——电渗析极水排放量，m^3/h；

a——预处理设备自用水量系数，一般取 $a = 1.05 \sim 1.10$。

极水的排放量与极水组分、极框设计和运行条件有关，一般可取淡水产量的5%～20%。

（3）原水回收率　电渗析装置的原水回收率若从预处理量进行计算更为合适。由于预处理自用水量相差较大，习惯上常以进入电渗析器的各路水量为依据进行计算，原水回收率 K 可写成：

$$K = \frac{Q_p}{Q_p + Q_c + Q_e} \times 100\% \qquad (5-47)$$

（4）浓水排放量 脱盐用电渗析器浓、淡水隔板的设计相同，也就是说在电渗析器中浓水与淡水的流量相等。若将浓水全部排放，则原水回收率仅有 40% 左右。提高原水收率的关键是减少浓水排放量。

在工程设计上通常采用浓水部分循环的方式来减少浓水排放量。一种方式是将浓水出水部分返回浓水池，部分作高浓度废水排放，运行时维持浓水池浓度基本不变，浓水排出量恒定，补充到浓水池中经预处理的原水量与浓水排放量相等。采用这种方式时，极水通常为一个独立的系统，并对极水采用酸化等措施。另一种方式是浓水部分循环，但不直接排放浓水废水，而是将浓水废水部分返回浓水池，部分返回极水池，用浓水作极水，最后以极水废水排放。采用这种方式时极水多采用较高的速度，若极水排放量不够，仍需从极水池排出少量浓水。

如图 5-21 所示，浓水池中的浓度 c 由式（5-48）计算：

$$c = \frac{(Q_1 \varepsilon + Q_2 + Q_3) c_0}{Q_2 + Q_3} \qquad (5-48)$$

式中　c——浓水池浓度，mg/L；

　　c_0——原水浓度，mg/L；

　　ε——电渗析脱盐率；

　　Q_1——浓水循环量，m^3/h；

　　Q_2——极水排放量，m^3/h；

　　Q_3——多余浓水排放量，m^3/h。

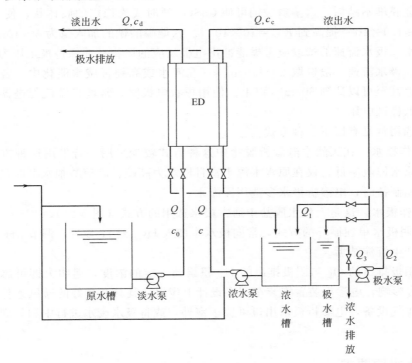

图 5-21　浓水部分循环系统示意

显然

$$Q=Q_1+Q_2+Q_3$$

$$Q_2+Q_3=Q-Q_1$$

式中，Q_2+Q_3 为浓水排放总量，Q_3 有时可取为 0。

若定义浓缩倍率

$$B=\frac{c_c}{c_0} \tag{5-49}$$

式中　c_c——浓水出水浓度，mg/L；

c_0——原水浓度，mg/L。

则

$$B=1+\frac{Q\varepsilon}{Q_2+Q_3} \tag{5-50}$$

提高浓缩倍率，也就是提高原水利用率的关键在于减少浓水排放量。浓水排放量由电渗析浓水系统所允许的最高浓度所限定。天然水中的 Ca^{2+}、HCO_3^- 在电渗析过程得到进一步的浓缩，达到一定的浓度会在离子交换膜面产生沉淀结垢。一般用兰格利尔饱和指数（Langelier Saturation Index，LSI）作为浓水浓度的控制指标。若 LSI 为正值，则水溶液为结垢型的；LSI 为负值，表明水溶液不结垢或腐蚀倾向。常规电渗析系统，浓水 LSI 不大于 0。EDR 系统 LSI 可允许高达 2.2。在电渗析系统中，可通过增加浓水排放量来减小 LSI。在预处理中去除 Ca^{2+}、Mg^{2+}、HCO_3^- 或向浓水系统加入化学药品，如防垢剂和酸等，也可以降低 LSI。

处理高硬度高硫酸根型的天然水时，要十分注意控制 $CaSO_4$ 沉淀。$CaSO_4$ 难以酸洗去除。在预处理步骤中去除部分 Ca^{2+} 和 SO_4^{2-} 或在浓水流中加入六偏磷酸钠可以在较小浓水排放量下保证膜堆不结垢。六偏磷酸钠可使 $CaSO_4$ 暂时成为稳定的胶体状，使 $CaSO_4$ 的溶度积由 $K_{sp} \leqslant 1.9 \times 10^{-4}$ 提高到 $K_{sp}=10 \times 10^{-4}$。六偏磷酸钠的加入量为 $5 \sim 10mg/L$。

（5）极水　极水流速的选取应考虑能冲出电极反应的产物，并保持极水压力与浓、淡水压力相平衡。极水流速一般选取 $20 \sim 40cm/s$，在海水或高硬苦咸水淡化中，若极水不加酸化措施，流速甚至可以达到 $50cm/s$ 以上。使用板状电极时，常增设湍流促进器。减小极框的厚度可降低极区电压。

极水的选用常见有以下三种方式。

① 原水作极水。在天然水电渗析脱盐中这种方式较少采用。若采用这种方式，则预处理水量大，原水回收率低，仅在原水水源丰富且原水为高硬、高硫酸根水型时采用。海水淡化、海水浓缩制盐时，电渗析极水多选用原海水。

② 浓水作极水。这是天然水脱盐中通常极水选用的方式（图 5-21）。

③ 采用阴极水单独循环的方式，常向极水中加入 HCl 或 H_2SO_4，调节 pH 为 $2 \sim 3$，以防止阴极室产生沉淀结垢。

电渗析阳极排出的 O_2 与阴极排出的 H_2 积累到一定的浓度，遇明火即可爆炸，加之考虑 Cl_2 的有害影响，电渗析装置安装车间在设计上应保证其具有良好的通风条件，中、大型场地应安装排气设备，电渗析极水出口可置于室外，或将极水废水进行中和处理或采用废气吸收措施。

5.7.2　进水水质要求

为防止膜堆污染及隔室堵塞，保证电渗析系统安全稳定运行，我国提出了如下电渗析器进水水质指标[17]：

①　水温　5~40℃；

②　耗氧量　<3mg/L（KMnO₄ 法）；

③　游离氯　<0.2mg/L；

④　铁　<0.3mg/L；

⑤　锰　<0.1mg/L；

⑥　浊度　<3NTU（1.5~2.0mm 隔板 ED）；

　　　　　<0.3NTU（0.5~0.9mm 隔板 ED）；

⑦　淤塞密度指数　SDI<3~5（ED）；

　　　　　　　　　SDI<7（EDR）。

使用淤塞密度指数测定仪（也称污染指数测定仪）来测定 SDI，承压罐内采用孔径 $0.45\mu m$、直径 47mm 的微孔滤膜。在测试系统中通入氮气，保持在恒压 0.21MPa 下过滤原水，记下初始滤出 50mL 所需时间 t_0，保持继续滤水，待 10min（含 t_0）以后，再继续滤出 500mL 水样的时间为 t_{10}，用式（5-51）计算 SDI：

$$SDI = \left(1 - \frac{t_0}{t_{10}}\right) \times \frac{100}{10} \tag{5-51}$$

5.7.3 预处理系统

预处理方式的选择应考虑原水的来源。地下水处理比较简单，一般可用砂滤器过滤。地表水的处理比较复杂。一般应采用加氯、凝聚、澄清、过滤流程。澄清器的出水口游离氯应维持 0.1~0.5mg/L。地表水和地下水预处理后，当采用 0.5~0.9mm 隔板电渗析器时，在进入电渗析器以前通过 10~20μm 的精密过滤器。

国内外报道的部分原水预处理系统汇集于下，供选用参考。

（1）地下水→一级过滤→电渗析　作为一级过滤器的是砂滤器或双介质过滤器。地下水多采于深层，比较洁净。

（2）地下水→一级过滤→二级过滤→电渗析　作为一级过滤器的是砂滤器或无阀滤池，作为二级过滤器的是精密滤器、微孔管过滤器等。这种系统用在地下水水质较浑、悬浮物较多的情况。

（3）自来水或净化污染水→活性炭→过滤→电渗析　这种系统主要用于含有少量有机物的原水，活性炭用于除去原水中的有机物，之后的过滤器可以是精密过滤器，防止活性炭细微颗粒等机械杂质进入电渗析器。美国、日本等以次一级生化处理厂出水为原水的电渗析处理系统也按此系统进行试验。

（4）地下水→曝气$\xrightarrow{\text{加 Cl}_2}$活性炭→滤筒式过滤器→电渗析　这种系统用来除去水中的 H_2S，加氯都是起这个作用。活性炭用来除去微量的 H_2S、胶体硫以及游离氯。

（5）地下水→曝气$\xrightarrow{\text{加石灰}}$混聚、沉淀→过滤→电渗析　这种系统用来除去水中的硬度及铁。曝气可除去水中的 H_2S 及铁。加石灰凝聚、沉淀并过滤来除去水中的暂时硬度。它用于原水水质较差的情况下，含铁及暂时硬度高的水。

（6）地下水→曝气$\xrightarrow{\text{加石灰}}$混聚、沉淀→过滤→活性炭→滤筒式滤器→电渗析　这种系统是由系统（5）发展而来的，可用来除去水中的 H_2S、胶体硫和硫化铁。美国 Ionics 公司曾报道某地苦咸水含 H_2S 量 190mg/L，也能用曝气、通氯或加石灰去除。

（7）地下水 $\xrightarrow{\text{加石灰和苏打}}$ 凝聚、沉淀→过滤→电渗析　这种系统用来除去水的硬度和铁、锰。一般认为，这种系统在处理地下水中具有典型性，工程投资较低。

（8）地下水→弱酸阳离子交换→强酸阳离子交换→电渗析　此系统用离子交换作为预处理，除去水中的大部分硬度和部分碱度。由于大部分阳离子全部转化为 Na^+，电渗析的极限电流可以提高，在电渗析器内不产生水垢。在地下水进入离子交换之前，设有沉淀池以除去水中的细沙等杂质。

（9）河水 $\xrightarrow{\text{加 }Cl_2}$ 凝聚、沉淀→过滤→活性炭→滤筒式滤器→电渗析　此种系统用于受工业污水污染的水源。加 Cl_2 杀灭微生物和细菌，凝聚、沉淀和过滤除去水中的大部分悬浮物及胶体，活性炭吸附除去水中的有机物，精密过滤除去细小悬浮物。

（10）河水→拦污栅→自动转筛 $\xrightarrow{\text{加 }Cl_2}$ 沉淀→凝聚、沉淀→过滤→电渗析　此种系统用于很脏的地面水，除含大量悬浮物和胶体物质外，并含有许多漂浮杂质，这些杂质借栅筛、沉淀、凝聚沉淀过滤等除去，水中的有机物加 Cl_2 使其氧化分解。

目前天然水淡化直接使用超滤或微滤作原水预处理的报道很少，其中产水成本是考虑的因素之一。较洁净的无机物废水可直接用微滤作预处理，这种料液一般不需要氧化杀菌。小型电渗析装置为减少体积或占地面积，可用微滤或超滤器作预处理。反渗透海水淡化以超滤作预处理的应用实例，可为在电渗析系统中的应用提供技术和经济数据。

5.7.4　场地布置

脱盐场地包括由电渗析器组成的脱盐部分、原水吸取和预处理部分、水的输送管路和储水池以及配电、控制和整流器等必需的生产运行设备；此外，从运行管理和维护考虑，还应设有酸（盐、碱）清洗系统、水质分析台以及设备安装、维护和备件、药品储备的场所。场地的总体布置，就是使这些部分在占地面积小、操作管理方便、运行安全可靠、投资费用少等前提下合理地组合在一起。目前国内尚未形成统一的场地设计规范，以下仅提出场地布置的一些建议。

（1）电渗析脱盐部分　这一部分由主体设备电渗析器组成。小型场地可将电渗析器、预处理设备及后处理设备（包括离子交换器）合建在同一室内。产水量小于 $200\sim500m^3/d$ 的，多采用多级多段组装的电渗析器。中、大型场地可建造专门安装电渗析器的运转室，适于选一级一段组装的大型电渗析器。

电渗析器之间和电渗析器与其他设备和构筑物之间应保持一定的距离，以方便操作管理和维修。这个距离以电渗析器压紧以后和本体直接相连部件的外缘部分计起。电渗析器之间的距离可分两种情况考虑。一种情况是在固定支架上就地安装。对于立放电渗析器来说，系列内各台之间的距离应尽量缩小，能方便两台之间接管的连接就可以了。两台电渗析器若取直管连接，距离可取 $0.4\sim0.6m$，若取弯管连接，即保证每台电渗析器膜堆内部水流都自下而上，则距离可取 $0.9\sim1.1m$。系列之间的距离可取电渗析器的高度（不含支座高度）的 $1.5\sim2.0$ 倍，以便于翻转放平。平放电渗析器系列之间和系列各台之间都可取为电渗析器宽度的 $2.0\sim3.0$ 倍。另一种情况是电渗析器在专用场地上安装，然后吊装就位，不论是立放或平放的电渗析器只要和周围的电渗析器保持大约 $0.8\sim1.0m$ 的距离就可以了。人们经常提到的立式放置的电渗析器占地面积小就是指的这种情况。一般取系列之间的距离大于系列内相邻两台之间的距离。

若车间墙壁上不设置管道、阀门，或仅设置高位管架，作为通行检修的通道，电渗析器与墙内壁的距离可取 1.0～1.3m，非通行通道不应小于 0.4m。

小型场地多种设置布置在同一房间内时，电渗析器、水箱、整流器之间的距离不应小于 2.0m，水泵也应考虑尽量与运转室隔开。

电渗析器的进水压力必须保持稳定，应设有专门的供水泵或高位水池供水，进水管路应安装阀门、流量计和压力表。

采用定期调换电极极性的运转方式时，多台或多系列并联的电渗析器，宜采用在母管上装置调向阀门。电渗析器起始运行压力一般控制不超过 0.20MPa。为了深度脱盐而采用多台串联时，若进水压力过高，可设置中间水箱以接力供水。直接采用中间升压泵的设计要慎重，必须同时设置运行故障的报警和控制系统。采用 400mm×1600mm 的电渗析器，一般一个串联组含电渗析器为 3～4 台，采用 800mm×1600mm 电渗析器时，一般一个串联组为 2～3 台。

为防止电化腐蚀和漏电，在预处理设备进水阀门以前的管路可采用金属管，进水阀门以后与电渗析器相连接的管路应采用工程塑料管和衬胶管。电渗析器进水前段应设置冲洗排水阀。开泵时此阀门应开启状态，以排除管道中的存水，避免将水锈带入电渗析器。我国许多中、小型场地，在预处理设备出水阀以后，通常采用 UPVC 或 ABS 管路。小型电渗析器的本体连管大都采用增强塑料软管。

与电渗析器进、出水口直接相连的管段，采用可伸缩的软管或曲绕接头，可避免因拆装错位给安装接管带来的麻烦。为防止设备停运时膜内部形成负压使设备变形，在电渗析器出口的最高位置设有真空破坏阀。另外，电渗析器不准有背压。

应设置酸（盐、碱）洗设备和管路系统以及反冲洗管路系统。有的场地在反冲洗时，采用同时加入空气的方法。

要考虑电渗析器备用数量。组装 3～5 台的场地可备用一台电渗析器及部分部件。对于大型场地，特别是如发电厂等供水不得中断的场地，也可考虑安置一备用系列。

中、大型场地可设置校验台，供水管路可与主供水管路连在一起，出水管路可返回原水池。将经过维修或拆洗重新组装好的电渗析器先就位于校验台位置，进行压力、流量、脱盐率、电流效率等主要参数的实验检查，认为合格后再吊装到运行位置投入应用。

（2）预处理 从取水开始，设备应尽量按多级预处理及脱盐流程的顺序进行布置，力求节约管路、布置紧凑。无阀滤池、大型机械过滤器和不需要经常维修的设备宜建在室外，在寒冷地区要采用防冻措施。在炎热地区，室外塑料接管不得曝晒，可设置在地沟内。规模小的预处理设备可建在室内，可采用与电渗析脱盐部分同层楼面或不同层楼面的布置形式。若采用不同层楼面布置，预处理设备应布置在底层。为防止外来的金属离子进入电渗析器，钢壳过滤器普遍要用衬胶处理。所建水池也要采用防腐蚀和防渗漏措施，常采用瓷砖或塑料板衬里、喷涂树脂的方法。储水槽可用不锈钢或工程塑料制作，钢板焊接而成的必须采取防腐措施。

（3）管道系统 场地管道系统的布置应考虑安装、检修方便和生产运行安全，并注意整齐和美观。中、小型场地，所用管径小，管道数量小，通常采用设支架沿墙明敷的方式。这种方式安装、检修都较方便，造价也低。对于中、大型场地，可设置管沟敷设，这种方式管道集中，排列整齐，但检修不够方便。

有的中、大型场地，由于产水量大，管道数量多，加之采用自控或部分自控措施，倒极用管路和气动控制管路繁杂，可设置管廊集中布置。这种布置投资较大，但电渗析运转室显得整齐。

（4）配电部分　这一部分主要包括整流器和配电控制柜。这些设备应集中安置在环境干燥和通风、采光良好的控制室内。电渗析运转时，由于存在不可避免的膜堆少量渗漏水或拆洗部件的大量冲洗水，使得整个环境湿度较大。控制室内通常布置配电或控制设备，所以防潮、防溅水问题必须特别注意。

除少部分用于海岛和舰、船的电渗析装置用直流发电机发电以外，电渗析所用直流电一般来自整流器。国内已建成的场地普遍采用无级调压的三相桥式全波硅整流器。在采用可控硅整流器时，应注意可控硅的导通角与整流器额定电压之间的关系。即在设计可控硅整流器时，其额定电压、额定电流值应与电渗析器的所需值基本一致。交流电输入整流器应通过隔离变压器，使所连接的电渗析器与外部动力电网不形成电流回路，以保证用电安全。整流器的输出应有正、负极开关，或自动调换极性的装置，还应装有稳流和过流保护装置。

电渗析器的供电是一个非常重要的问题。它由电渗析本体在该应用条件的极限参数所制约，供电电流都低于极限电流值。使用多台并联电渗析器可采用分台供电的方式。多台串联的电渗析器，因每台的参数不同，应采用分台供电的方式。多系列多级串联的电渗析器，如整流器容量允许，也可同一整流器连接两台进水浓度相同的电渗析器。

脱盐场地在所有设备安装完毕以后，要进行调试。为满足对电渗析器做极限电流的需要，应设置一台大容量的整流器，其输出的电压电流比正常应用时的操作电压电流大两倍左右。设置校验台的场地，这台大容量的整流器可与校验台连接。

5.8　电渗析系统和运行

5.8.1　操作参数的选取与调整

电渗析淡化装置运行中常见的故障是极化沉淀。极化沉淀会造成严重后果：电流效率降低、膜面结垢使膜堆电阻升高、进水阻力增加、产水量和水质下降、膜使用寿命缩短，甚至沉淀结垢堵塞部分进水隔室，使运行被迫停止。所以从系统设计到运行管理始终把防止极化沉淀放在首位考虑，以保证装置稳定经济运行，其关键措施是合理设计原水预处理系统和正确选取电渗析装置操作参数。电渗析的操作电流密度要低于极限电流密度，操作电流密度一般取极限电流密度的70%～90%。对于高硬度或高碱度的原水，可取其下限；对于稀释的海水型的原水可取其上限。采用 EDR 装置，允许采用接近极限电流密度的操作电流密度。起始操作电流的选取最为重要，它是判断参数变化和装置发生故障与否的根据，以现场实用原水对装置测定的极限电流量为准。

随着电渗析装置运行时间增长，操作参数会发生缓慢变化，表现为膜堆电阻增加、进水压力上升等，这属于正常现象。设计和操作都合理的系统，应做到电渗器一年不拆洗、离子交换膜使用寿命在 3 年以上。这需要及时调整操作参数，并进行必要的就地清洗。不管是手动运行还是自动控制运行，操作参数变化后的调整可依照如下的原则。

（1）电流上升时
① 淡水系统浓度上升，而浓水系统浓度不变，电压无需调动；
② 浓水系统浓度上升，而淡水系统浓度不变，则需降低电压，使电流恢复到额定值；
③ 浓、淡水系统浓度不变，流量上升，电压一般不用调动；
④ 浓、淡水系统浓度及流量均无变化，而脱盐率下降，可能是浓、淡水互漏或膜破裂、要停机检修。

（2）电流下降时

① 浓水系统浓度下降，而淡水系统浓度不变，电流下降不超过 10%，一般电压无需调动，超过此范围，可将电流调到额定值；

② 淡水系统浓度下降，而浓水系统浓度不变，电压无需调动；

③ 浓、淡水浓度均无变化，而流量下降且不超过额定值的 5%～10%，可无需调动，超过此范围，应将流量调到额定值；

④ 浓、淡水系统的浓度和流量均无变化，而脱盐率持续下降，可能膜堆发生了局部极化，应首先采取就地清洗措施，若效果不大，应拆槽清洗。

（3）进水压力升高时　如脱盐率不变，可继续运行，如压力升高 30%～50%，且脱盐率下降，流量调不到额定值，要就地清洗或拆槽清洗。

就地清洗是指用清洗液在膜堆内循环清洗的方式，电渗析器不移位、不拆槽，分酸洗和碱洗两种方法，在流程上需预先设计清洗管线、循环槽和泵。

① 酸洗是消除沉淀的有效方法。酸洗周期根据除盐率下降的具体情况而定，一般为 1～4 周一次。国内酸洗一般采用浓度为 1%～2% 的盐酸，若浓度大于 3%，会使离子交换膜受损。酸洗一般采用循环酸洗法，浓水、淡水与极水室酸洗分开进行，防止电极大块沉积物冲进膜堆。酸洗系统设有酸洗槽和耐腐泵。酸洗时间一般为 1～2h 或酸洗到进出电渗析器的酸液 pH 值不变为止。酸洗后用清水冲洗到进出水的 pH 值相等。清洗结束后，把淡水、浓水和极水阀门缓慢打开，调整到额定值，然后再升高电压到工作电压，淡水经检验合格后即可继续供水。

② 对有机污染物和有机沉淀物进行碱洗或盐碱洗。盐碱洗液由浓度为 9% 的 NaCl 和 1% 的 NaOH 组成，碱洗时间 30～60min，升温效果更好，如 30～35℃。结束后应用清水冲洗到进出水 pH 值基本不变为止。

若同时要酸洗，必须在碱洗后，用清水清洗合格后才能进行。碱洗和酸洗可用同一系统分别进行，一般不必另设装置。若酸洗、盐碱洗效果达不到预定要求，应把电渗析器拆开清洗，重新组装使用。

5.8.2　控制沉淀物生成

电渗析进水达到进水水质指标，并在极限电流以下操作，仍有可能产生沉淀析出。膜浓水侧扩散层中的浓度高出主体溶液两个数量级，沉淀首先在浓缩扩散层中产生。常用以下方法控制沉淀：①控制原水回收率，即控制浓缩液最高浓度。海水淡化原水回收率一般为 40%～50%，苦咸水为 75% 左右。这种方法影响了原水利用率，好处是降低了膜两侧的浓度差，利于提高电流效率；②浓水、极水以 HCl 酸化，调整 pH 为 4～6，这是硬度、碱度较高的苦咸水淡化通常采用的方法，特别是 HCO_3^- 水型的原水；③加入阻垢剂，防止沉淀。

如果在前处理中部分去除硬度和碱度离子可获得更好的效果，如下两例。

【例 5-1】[18]　建于利比亚班加西市 19200m^3/d 电渗析脱盐装置采用如下流程：井水→弱羧酸阳离子交换→电渗析→后处理→生活用水。

鉴于原水暂时硬度和 SO_4^{2-} 含量较高，为了提高原水回收率，又不使浓水室中产生沉淀结垢，在原水进入电渗析器前，采用弱羧酸阳离子树脂预软化，其有以下优点。

① 羧酸树脂与阳离子的交换顺序是 $Ca^{2+}>Fe^{2+}>Mg^{2+}>Na^+$，交换过程主要除去 Ca^{2+} 和少量的 Mg^{2+}，并除去 HCO_3^- 碱度。HCO_3^- 转化为可溶性 CO_2。

$$2RH+Ca^{2+}+2HCO_3^- \Longrightarrow R_2Ca+2H_2O+2CO_2$$

这样原水中总离子含量就减少了，减少的量相当于原水中碱度的量。又因为树脂主要除去 Ca^{2+}，这样就减少了形成 $CaSO_4$ 沉淀的条件，可使浓水浓度提高到一个较高的程度。

② HCO_3^- 比 Na^+、Cl^- 迁移性能要差，预先除去迁移性能较差的离子，可允许电渗析使用较高的操作电流密度，获得较高的脱盐率。

③ 弱的羧酸树脂再生容易，稍有过量的酸存在，就可以有效地再生，再生费用较低。

【例 5-2】[19]　建于意大利布林迪西市 $5000m^3/d$ 电渗析脱盐装置采用如下流程：原水→弱酸树脂→强酸树脂→电渗析→强酸树脂→弱碱树脂→脱 CO_2→生活用水。其特点是电渗析脱盐段操作电流密度高，整个系统操作灵活，适当改变运转流程，可将不同的原水淡化为合格的饮用水。

电渗析前置离子交换段为原水预处理段。原水首先进入羧酸阳离子交换器以除去全部 HCO_3^- 和部分 Ca^{2+}、Mg^{2+}，接着进入 Na^+，使原水中的主要成分变为 NaCl。两种树脂的用量比取决于原水中碱度与硬度的比。羧酸阳离子树脂用少量的酸就可以转换成 H^+ 型，再生羧酸树脂的用酸量低于过去常用的向电渗析浓水加酸调节 pH 的量。磺酸树脂用电渗析浓水中的 NaCl 再生成 Na^+ 型。原水经过前置离子交换以后，含盐量大约降低了 10%，而且降低的全部为硬度和碱度离子，因此下段电渗析过程中阴膜上的极化沉淀将大大减轻。Ca^{2+}、Mg^{2+} 置换成 Na^+ 也降低了过程电阻，即减少了脱盐过程的功率消耗，同时允许电渗析在较高的操作电流密度下运转，以获得较高的脱盐率。

5.8.3　EDR 运行方式

美国 Ionics 公司将其开发的 $10\sim30min$ 自动倒换电极极性并同时自动改变浓、淡水水流流向的电渗析称为 EDR[20,21]（Electrodialysis Reversal）。国内外目前大型电渗析苦咸水淡化装置、初级纯水制备装置几乎都采用 EDR，它比 $2\sim4h$ 定期调换电极极性操作方式对克服极化沉淀更为有效，EDR 具有如下优点。

① 每小时 $3\sim4$ 次破坏极化层，可以防止因浓度极化引起的膜堆内部沉淀结垢。

② 在阴膜朝阳极的面上生成的初始沉淀晶体，在没有进一步生长并附着在膜面上以前，便被溶解或被液流冲走，不能形成运行障碍。

③ 由于电极极性频繁倒换，水中带电荷的胶体菌胶团的运行方向频繁倒换，减轻了黏泥性物质在膜面上的附着和积累。

④ 可以避免或减少向浓水流中加酸或防垢剂等化学药品。

⑤ 运行过程中，阳极室产生的酸可以自身清洗电极，克服阴极面上的沉淀。

⑥ 比常规倒极电渗析操作电流高，原水回收率高，稳定运行周期长。

5.8.3.1　EDR 装置工艺流程

EDR 装置和常规倒极电渗析管路设计相同。因频繁倒极时，需要同时调换浓、淡水的水流系统，所以水流要以电磁阀或气动阀控制。图 5-22 所示为多级连续式 EDR 装置流程示意。经前级处理的原水，由给水泵打入 $10\mu m$ 的过滤器，再分配给浓水、淡水和极水系统。淡水系统水流为串联连续式。浓水系统水流为循环式，一部分水量排放，循环部分的水量在浓水泵前进入浓水系统，与原水相混合，倒极期间的不合格淡水返回原水池。运行时，电渗析阳极出水和阴极出水混合后排入极水箱，在极水箱中混合后排放。阳极过程产生的氯气和氧气及阴极过程产生的氢气也被极水带入极水箱，在极水箱上安装小型脱气机，将这些气体排出室外。

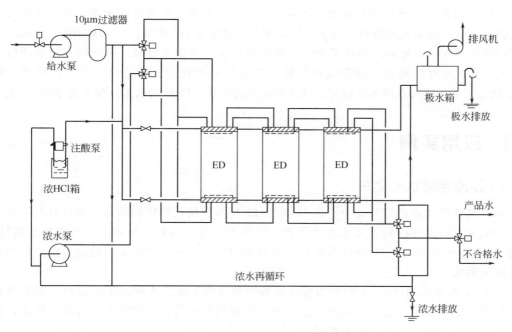

图 5-22　多级连续式 EDR 装置流程示意

5.8.3.2　提高原水回收率的措施

（1）浓水循环　EDR 装置以倒极周期内不产生附着在膜面上的沉淀为最高浓度控制指标，所以浓水允许的最高浓度比常规倒极电渗析要高，大部分浓水可以循环使用。标准的 EDR 装置不采用加化学药品来防止沉淀的方法。增加倒极频率可允许更高的浓水浓度，从而得到更大的原水回收率，一般 EDR 的原水回收率可达 80%～85%。在处理 $CaSO_4$ 或 HCO_3^- 含量过高的水时，向浓水系统加入六偏磷酸钠或酸，对控制沉淀结垢非常有效，并可使原水回收率提高到 90%。

（2）分级倒极　EDR 倒极期间，膜堆的脱盐水流和浓缩水流要进行交换，原浓水室的浓水要降低到产品水要求才能排入淡水池，这期间不合格的淡水要返回原水池中。20 世纪 70 年代 EDR 应用初期，是将 EDR 装置串联的各级同时倒换电极极性。以标准的 EDR 系统来说，15min 倒换一次电极，倒换时间 90s，即在运行中有 1/10 的时间不能生产合格淡水。20 世纪 80 年代初以后，EDR 装置采用分级倒极，其程序是从装置进水阀门开始依次进行调向。对于每一级来说，进水阀门换向、倒换电极极性、出水阀门换向分别进行控制；对于系统来说，以第一级进水阀门换向后，水流流至哪一级，哪一级才进行换向。即在这样短的倒极时间内，最后一级或几级的容水量仍能作合格淡水排出，缩短了排放不合格淡水的时间，也降低了不合格淡水的浓度，使之不再作废水排放，返回到原水池中，从而提高了原水的回收率。当然，这需要较高的自控技术才能实现。

（3）调整倒极频率　EDR 装置自动倒极频率是可以调整的。工业用大型 EDR 装置的倒极周期一般在 15～30min 之间。我国研制的小型纯水 EDR 装置，倒极周期在 15～60min 之间，在多数应用现场，延长运行周期也能保证装置稳定运行，这就缩短了产生不合格淡水的时间，提高了原水的回收率。

EDR 装置在自身清洗阴极沉淀方面有突出的特点。电极极性倒换以后，新的阳极为原来的阴极。阳极过程产生的酸有助于溶解附着在电极和极室中的沉淀物质。为了使阳极水酸性更强，应使阳极水大部分时间处于不流动状态，以增加 H⁺浓度，使 pH 值低于 2～3。阳极产生的气体会在极室聚集，增加了电极过程电阻，这就增加了电极区电压降。为减轻这一问题，使阳极水短时间流动，冲击这些气体，以液流带出极室。极室可以设计得很薄，厚度 3mm 就可以了。阴极水流速较高，便于冲击出沉淀物。EDR 的极水用量为原水的 5% 左右。

5.9 应用实例

5.9.1 沙漠苦咸水淡化车

杭州水处理技术研究开发中心在 1986 年 11 月与兰州石油机械研究所联合开发了车载式日产 40t 淡水沙漠电渗析苦咸水淡化装置。该装置采用二系列批量循环式电渗析脱盐技术，适用于 10000～20000mg/L 的沙漠高盐度苦咸水淡化，适于处理沙漠石油钻井队生活用水或钻井泥浆用水。

图 5-23 所示为 DHS40-1 型电渗析沙漠苦咸水淡化车脱盐部分的工艺流程。苦咸水经供水泵从抽水罐中抽出，送入加热沉降罐，经沉降加热后由苦咸水循环泵送入电渗析器，经电渗析器淡化后将淡化水送入淡水贮罐。

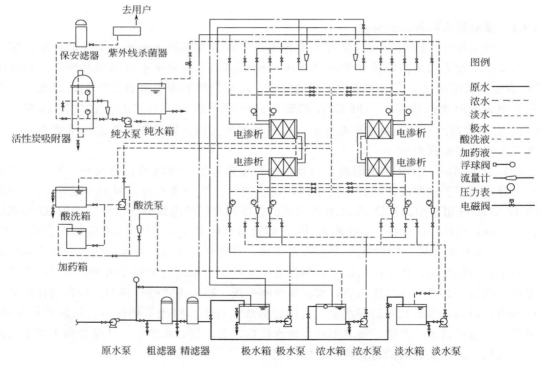

图 5-23　DHS40-1 型电渗析沙漠苦咸水淡化车脱盐部分的工艺流程

脱盐部分设备集装于恒温机房撬装内，包括两套 4 台电渗析器、浓水箱、极水箱、淡水箱、酸洗箱、泵、可控硅整流器及操作控制台。整个系统安装在 9 个撬座上，外加一个苦咸水吸水槽。撬装坚固，便于在沙漠地区运输。整个系统可在沙漠中全年全天候操作。

该装置采用针对沙漠高浓度苦咸水淡化研制的 400mm×1200mm 高电流密度电渗析器，每台一级二段 250 对膜组装。

沙漠钻井苦咸水淡化装置于 1986 年 11 月 8 日通过鉴定，并交付使用。此后有十余套装置投入现场应用，新疆沙漠钻井苦咸水与淡化水水质分析结果见表 5-13。

表 5-13　新疆沙漠钻井苦咸水与淡化水水质分析结果

分 析 项 目	苦咸水/(mg/L)	淡化水/(mg/L)	脱除率/%
钠（Na）、钾（K）	10 773.57	164.96	98.5
钙（Ca）	1891.30	9.62	99.5
镁（Mg）	634.85	4.13	99.3
氯化物（Cl）	20 841.77	201.50	99.0
重碳酸盐（HCO_3）	349.81	54.92	84.3
硫酸盐（SO_4）	1035.85	67.78	93.5
总矿化度	35 528.55	503.01	98.6
pH 值	7.4	6.9	

5.9.2　海水淡化装置

淡水日产量为 200t 的海水淡化装置于 1981 年 6 月在我国西沙某岛建成并投入运行，结束了采用轮船向该岛运输淡水的历史。流程设计为：海水→预处理→电渗析→脱棚树脂→次用水。淡化装置的主要特点是：

① 电渗析部分采用一次式连续脱盐流程，即 10 台电渗析器串联，将 3500mg/L 的海水脱盐至 500mg/L，吨水耗电 16kW·h；

② 电渗析器的运行稳定性依靠选用合理的操作参数控制，运行过程不加任何化学药品；

③ 根据饮用水卫生要求，安装了脱硼离子交换设备，将淡水含硼量由 4.7mg/L 降至 0.5mg/L 以下，是当时世界上唯一配有脱硼设备的海水淡化装置。

5.9.2.1　脱盐流程

西沙日产 200t 淡水电渗析海水淡化装置流程[22]如图 5-24 所示。

在海边设置取水井，用海水泵将原海水打入无阀滤池，使滤出水浊度<2mg/L，然后进入海水池，进入电渗析器前还要经过纤维布过滤器。无阀滤池采用细砂和无烟煤双层滤料，主要技术参数见表 5-14。

表 5-14　无阀滤池主要技术参数

项　目	参　数	项　目	参　数
过滤面积/m³	2.1×2.1	反冲洗周期/h	72
产水量/(m³/h)	40	反冲洗时间/min	4
滤速/(m/s)	10	反冲洗强度/[L/(m²·s)]	15
填料高度/mm	400（石英砂粒度 0.5～1.0mm）	进水浊度/(mg/L)	<25
	300（石英砂粒度 1.2～1.6mm）	滤出水浊度/(mg/L)	<2

西沙地处南海，常年水温高，礁盘上的海水存有大量珊瑚虫、菌藻、微生物以及多种有机和无机悬浮物。这些杂质的存在，对电渗析的运行稳定性会产生不利的影响。为了杀灭和除去这些物质，提高滤出水的质量，特设置了一套将阳极水引入海水取水井的系统，利用阳极水中含有的次氯酸杀灭这些海洋生物。

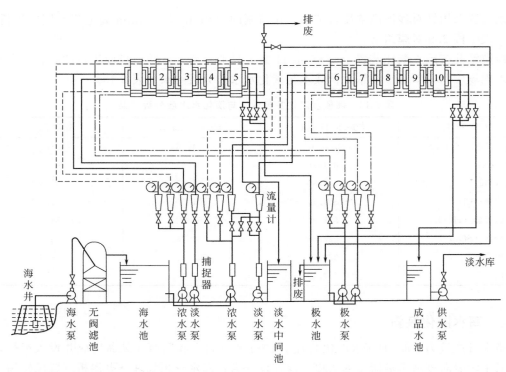

图 5-24 西沙日产 200t 淡水电渗析海水淡化装置流程

电渗析脱盐部分采用 10 台电渗析器串联流程。电渗析器的主要技术数据见表 5-15。1～5 台为第一串联组，6～10 台为第二串联组。在两组之间设置淡水中间水池。启动第一组水泵后，浓、淡水泵把海水池的海水分别通过纤维布过滤器、浓淡水流量计而进入第一组串联的 1～5 级电渗析器。第一组的极水泵把极水池的极水分别通过两个并联的流量计，一路串联流经 1～5 级的阳极室，一路串联流经 1～5 级的阴极室，然后回流至极水池。当第 5 级淡水出口浓度为 4000mg/L 时，即把淡水放入淡水中间池，产水量约为 9.2m³/h。第 5 级出口的浓水、极水回流到极水池，循环使用，多余水量溢出。启动第二组水泵后，第二组的淡水水源用第一组流入淡水中间池的淡水（半成品），浓水仍然用海水池的海水，分别通过第二组串联的 6～10 级电渗析器。当第 10 级淡水出口流量为 8.4m³/h，浓度≤500mg/L 时，即达到脱盐要求，流入成品水池。

表 5-15 电渗析器的主要技术参数

类 型	压滤式，立式装置	类 型	压 滤 式
组装形式	一级一段	隔板细节	外型 0.4m×1.60m，有效面积 0.484m²
组装膜对数	Ⅰ组 300 对，Ⅱ组 200 对	膜间距	0.93mm
隔室流速	Ⅰ组 2.87cm/s，Ⅱ组 4.0cm/s	离子交换膜	异相阳、阴离子交换膜
隔板形式	PP 材料，无回路填双层纺织网	电极材料	丝状钛涂钌

在流程设计参数和操作参数的选取中，充分考虑了节约能耗和安全稳定运行两个重要因素。淡化器均采用一级一段组装，现场水温在 25～30℃，淡水隔室流速在 4～6cm/s 时，单级脱盐率在 40% 以上［按极限电流（图 5-17 上 A 点）取值］。脱盐范围在 35000～500mg/L 时，脱盐流程只需 8 台电渗析器即可。由于操作电流要低于极限电流，实际串联的台数要多

一些，选取 10 台串联流程。根据电渗析海水脱盐的特点，可分为两个脱盐浓度段。第一段 35000~8000mg/L，极限电流很高，不会产生操作电流大于极限电流的问题，称为非极化控制段。在脱盐过程中，这一段的耗电量占总耗电的 70% 以上。电渗析膜堆电阻不变时，电渗析消耗的功率与操作电流的平方成正比，所以适当增加膜对数，采用较低的电流密度运行，可以大大降低过程耗电。第二段 8000~500mg/L，由于耗电比例较少，应求得较高的脱盐率，采用较高的操作电流比较有利，但受到各级极限电流的控制，故称为极化控制段。在 10 台电渗析器串联流程中，第一串联组的 5 台电渗析器采用 300 对膜组装，第二串联组的 5 台电渗析器采用 200 对膜组装，就是基于以上考虑。

西沙海水淡化装置已运行多年，运行数据见表 5-16。

表 5-16 西沙海水淡化装置运行数据

组别	台别	电流/A	电压/V	压力/MPa				流量/(m³/h)				含盐量/(mg/L)		水温/℃
				淡水	浓水	极水	框水	淡水	浓水	极水	框水	进口	出口	
第一组	1	155.0	162	0.107	0.097	0.103	0.105	10.4		7.5×2	0.7×2	30876	24277	32
	2	158.0	162									24277	16583	
	3	148.0	162									16583	9711	
	4	75.0	110									9711	6275	
	5	55.0	110									6275	3860	
第二组	6	36.0	75	0.124	0.105	0.110	0.110	9.0	7.2×2	7.5×2	0.9×2	3900	2700	34
	7	27.0	75									2700	1650	
	8	17.0	70									1650	1091	
	9	9.5	60									1090	710	
	10	7.0	60									710	450	

5.9.2.2 脱硼

海水中的硼主要以正硼酸的形式存在。大洋海水含硼量平均为 4.6mg/L。近海水由于受地表水影响含硼量较低，如青岛大公岛海域含硼量为 3.9mg/L。H_3BO_3 电离常数的文献值是 $k_1=7.3\times10^{-10}$，$k_2=1.8\times10^{-13}$。由于电离度很小，所以在电渗析过程中难以去除（表 5-17，表 5-18）。从表 5-18 可以看出，西沙海水淡化站电渗析淡化水含硼 4.6mg/L。除硼、溴在我国饮水卫生标准中未提出外，其他微量元素都符合饮水卫生标准。

表 5-17 电渗析进出水水质

项目	原水浓度/(mg/L)	淡水浓度/(mg/L)	浓水浓度/(mg/L)	项目	原水浓度/(mg/L)	淡水浓度/(mg/L)	浓水浓度/(mg/L)
Na^+	3080	1230	48600	NO_3^-	208	93	3560
Ca^{2+}	31	10	640	TDS（180℃）	9330	3840	148000
Mg^{2+}	18	7	39	pH	9.0	8.4	8.7
K^+	3.1	1.1	58	Se^{2+}	0.34	0.14	5.2
Cl^-	1460	660	21600	St^{2+}	0.30	0.1	3.8
HCO_3^-	73	48	437	B	15	14	18
SO_4^{2-}	4250	1640	69600				

表 5-18　西沙电渗析海水淡化水质卫生检验数据

项　目	硼/(mg/L)	溴/(mg/L)	氟/(mg/L)	砷/(mg/L)	铅/(mg/L)	锌/(mg/L)
海水	4.75	65.7	1.2	未检出	—	0.145
电渗析浓水	4.85	107.8	1.4	—	0.1	1.130
电渗析淡水	4.60	1.6	0.4	—	—	0.125

　　对于电渗析淡化水饮水卫生问题，国内外都进行过许多实验研究。1972 年前苏联对奥木斯克区国营农场居民进行调查，这些居民长期饮用含硼 4.56mg/L 的井水，结果发现居民的胃液酸度下降，儿童大便中的肠激酶活性显著降低。1975 年前苏联对海洋调查船上饮用电渗析淡化水两个月的 8 名人员进行检查，未发现被试验者的健康受到不良影响。1978 年上海第二军医大学曾在海岛进行了一次调查，对饮用含硼量 2.23～3.32mg/L 的电渗析淡化水的 26 名人员进行各项健康检查，发现被试验者平均每人每升尿液中含硼量增加 5.74mg，其他检查指标未发现与调查前有明显差异。他们认为电渗析淡化水可作为饮用水短期应用（3 个月以内），长期饮用必须脱硼。联合国卫生组织规定了饮用水中含硼量不超过 1.0mg/L，我国饮水标准虽没有硼的指标，为对饮水者健康负责，仍研制了一套脱硼装置，使淡化水的硼含量从 4.6mg/L 降到 0.5mg/L 以下[23]。

　　电渗析淡化水脱硼采用 564 型硼特效树脂，设计为单床顺流再生脱硼系统（图 5-25）。

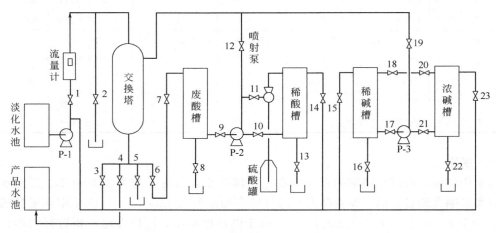

图 5-25　单床顺流再生脱硼系统流程

1—流量计进水阀；2—反洗水排出阀；3—反洗水进口阀；4—产品水出口阀；5—正洗水排出阀；6—废酸排出阀；7—废酸槽进口阀；8—废酸槽排污阀；9—废酸进泵阀；10—稀酸进泵阀；11—稀酸回流阀；12—酸泵出口阀；13—稀酸槽排污阀；14—稀酸槽配水阀；15—稀碱槽配水阀；16—稀碱槽排污阀；17—稀碱进泵阀；18—稀碱回流阀；19—碱泵出口阀；20—浓碱回流阀；21—浓碱进泵阀；22—浓碱槽排污阀；23—浓碱槽配水阀；P-1—潜水泵；P-2—酸泵；P-3—碱泵

　　564 型树脂理化性能如下：

酸、碱交换容量	2.4～2.7mmol/g（干树脂）	湿真密度	1.07g/mL
硼交换容量	3.3mg(B)/mL（湿树脂）	含水量	55％左右
比表面积	16m²/g（干树脂）	粒度范围	16～50 目
表观密度	0.74mg/L（湿树脂）		

　　引进离子交换塔的吸附原液为电渗析淡化水，含硼量为 4.6mg/L，温度 25～29℃。pH 值为 7.5，总含盐量 400～600mg/L。电渗析淡化水由水泵以 8m³/h 的流量打入固定床离子交换塔顶部，顺流而下，经过离子交换树脂层，水中的硼被树脂吸附，脱硼产品

水流入储水池。以 0.5mg/L 为穿透点,每隔
5h 从流出液中取样分析含硼量,当交换塔流出
液中的硼浓度达 0.5mg/L 时,停止进水,进行
再生操作。

图 5-26 所示为第一周期(新树脂未加处理
直接使用)和第二周期的吸附曲线。可见达到
含硼 0.5mg/L 穿透点时,处理水量可达 625 床
体积。

负载树脂要用强酸才能解离硼醇络合物,
洗脱硼,并恢复醇基的取代能力。由于树脂含

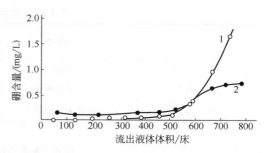

图 5-26 吸附硼的曲线
1—第一周期;2—第二周期

有氨基,用酸再生时每个氨基得到一个质子,所以还必须用碱中和氨基上的质子,恢复自由
氨基的形式,才能恢复树脂对硼的交换能力。1L 564 树脂需要 50g H_2SO_4 和 40g NaOH 再
生,洗脱液中硼的最高浓度接近 2g/L。再生过程酸、碱液和冲洗水总量不超过 10 床体积,
产水率达 98% 以上。

负载树脂的再生按如下顺序进行。先将 1mol/L 硫酸打入离子交换塔,接着以 $3m^3/h$ 的
流量引入电渗析淡化排出硫酸,流出液的酸度较高部分收在废酸槽中,其余排放废液池,当
流出液的 pH 值为 2~3 时,停止进水,将 1mol/L NaOH 溶液送入离子交换塔,使树脂恢
复游离氨基,同时中和树脂床中的残余酸。接着以 $3m^3/h$ 流量的电渗析淡化水排除残余碱,
接收一部分流出液用于下次配碱,大部分排入废液池与废酸中和后排入海中,当流出液的
pH 值达 8 时,停止进水,再生结束。在再生过程中,每隔 2min 取一份样品,分析其含硼
量和酸碱度。

为了保护海岛不受酸、碱性废水的污染,尽量做到中和排放。将硫酸淋洗废液接收储
存,待下一周期淋洗再生前将其通过树脂床。氢离子被树脂中和后以中性溶液排入大海,这
样还可节省部分的再生硫酸。再生时的碱液流出液,高浓度部分接收储存,用于配制下一周
期再生用的碱液,其余部分排入废水池与废酸中和后排入海中。

5.9.3 海水浓缩制盐[24,25]

电渗析浓缩海水-蒸发结晶制取食盐是目前电渗析处于第二位的应用。由于该工艺占地
面积少,不受气候条件的影响,且产品纯度高,在日本取代盐田法已有 40 年,并推广到澳
洲、南美和中东不少国家应用。现在日本用电渗析法年产食盐 $1.5 \times 10^6 t$,其他国家产
$4.0 \times 10^5 t$,浓缩制盐 1 价离子选择性膜产量约 $2.5 \times 10^5 m^2/a$。

我国沿海盐田面积正逐年减少,随着海水淡化装机容量迅速扩大,浓水处置受到重视,
出于保护海洋环境、发展循环经济和保证海盐产量的考虑,电渗析浓缩制盐技术、装备的开
发已成为备受关注的课题。

5.9.3.1 浓缩制盐流程与运行数据

(1)盐质量和经济指标 1960 年日本以海水浓缩制盐为目标开展电渗析技术的研究,
1972 年日本国会通过了废除盐田法制盐法案以后,电渗析法全部取代了盐田法。膜性能的
提高和工艺的改进,特别是 1 价离子选择性膜研制成功,使耗电和盐的纯度大大提高,表 5-
19 和表 5-20 为三代膜的制盐数据。

表 5-19　电渗析制盐耗电和盐纯度

年份	离子交换膜	浓缩耗电（以 NaCl 计）/(kW·h/t)	浓水中（Na^+＋K^+）占阳离子的比例/%
1960—1965	通用膜	370～380	70～75
1966—1987	1 价离子交换膜	270～290	＞90
1988 至今	1 价离子交换膜	155	93～96

表 5-20　海水与电渗析浓缩水分析结果[26]

组分	Cl^-	SO_4^{-2}	Ca^{2+}	Mg^{2+}	K^+	Na^+	总计
海水浓度/(mol/L)	0.535	0.053	0.019	0.104	0.009	0.456	0.588
比率/%	91.0	9.0	3.2	17.7	1.5	77.6	100
浓水浓度/(mol/L)	3.71	0.009	0.045	0.091	0.097	3.486	3.719
比率/%	99.9	0.1	1.2	2.5	2.6	93.7	100

（2）浓缩制盐工艺流程　工业应用中的制盐工艺都是直接取用海水。海水经杀菌、除藻、降低浊度三级预处理后进入电渗析器浓缩，浓水再经蒸发、干燥制成食盐。工场自备锅炉，供涡轮发电机和蒸发罐蒸汽，电力供电渗析装置运转。电渗析膜堆和蒸发罐都是多级串联，参看图 5-27。

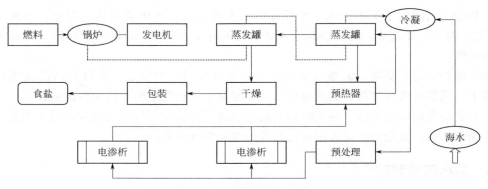

图 5-27　电渗析制盐流程

5.9.3.2　多膜堆浓缩型电渗析器

为减少占地面积、节省设备造价，采用多膜堆压滤型电渗析器。规格见表 5-21。

表 5-21　海水浓缩电渗析器设计性能

项目	单位	旭化成 HM-Ⅲ	旭硝子 CS-5	德山曹达 TSX-200
膜对数/膜堆	对	300	300	176
膜堆/台	堆	9	8	
膜对数/台	对	2700	2400	
膜有效面积	m^2	1.4	1.8	
电流密度	mA/cm^2	30	30	30

续表

项目	单位	旭化成	旭硝子	德山曹达
		HM-Ⅲ	CS-5	TSX-200
稀释液流速	cm/s	4	5	6
温度	℃	25	25	25
NaCl 产量	t/(d·台)	50	55	90
NaCl 浓度	g/L	200	200	200
电流效率	%	89	87	92
直流耗电（以 NaCl 计）	kW·h/t	150	149	150

5.9.3.3 浓缩装置运行情况[27]

工业用电渗析装置的操作电流密度在 $30 \sim 40 mA/cm^2$，隔室流速 $4 \sim 6 cm/s$。海水浓缩 6 倍，浓水浓度 $165 \sim 170 g/L$（Cl^- 浓度为 $108 \sim 116 g/L$），淡水系统的脱盐率在 $20\% \sim 30\%$。电渗析系统的电流效率 $80\% \sim 84\%$，以 Na^+ 计电流效率为 $73\% \sim 74\%$、Cl^- 电流效率与系统电流效率相当。每吨食盐电渗析直流耗电 $160 \sim 180 kW·h$，系统总耗电在 $280 kW·h$ 的水平。

5.9.3.4 最高浓缩基础计算式

取由一张阳膜和一张阴膜组成的浓缩室来分析离子迁移情况，如图 5-28 所示。图中数字"1"的含义是：阴离子与阳离子迁移数之和为 1。

先讨论由电迁移引起的浓缩室浓度升高 dm_e（mol）。通过 96500C 电量，Na^+ 和 Cl^- 迁入浓室的量：

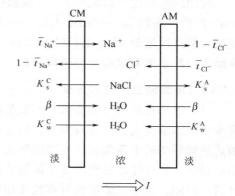

图 5-28 透过膜的传质过程

$\bar{t}_{Na^+}$—阳膜离子迁移数；$\bar{t}_{Cl^-}$—阴膜离子迁移数；β—水的电渗析系数；K_s^C—阳膜盐的扩散系数；K_s^A—阴膜盐的扩散系数；K_w^C—阳膜水的渗透系数；K_w^A—阴膜水的渗透系数

$$Na^+: \bar{t}_{Na^+} - (1 - \bar{t}_{Cl^-}) = \bar{t}_{Na^+} + \bar{t}_{Cl^-} - 1$$

$$Cl^-: \bar{t}_{Cl^-} - (1 - \bar{t}_{Na^+}) = \bar{t}_{Cl^-} + \bar{t}_{Na^+} - 1$$

通过电流密度为 i（mA/cm^2）时，在 dt 时间浓室 NaCl 浓度的升高：

$$dm_e = (\bar{t}_{Na^+} + \bar{t}_{Cl^-} - 1)\frac{i\,dt}{F} \tag{5-52}$$

由浓、淡室浓度差 Δc 引起浓差扩散，使浓室浓度降低的量为 dm_e（mol）

$$dm_d = -(K_s^A + K_s^C)\Delta c\,dt = -K_s\Delta c\,dt \tag{5-53}$$

则

$$dm = dm_e + dm_d$$

$$= \left[(\bar{t}_{Na^+} - \bar{t}_{Cl^-} - 1)\frac{i}{F} - K_s\Delta c\right]dt \tag{5-54}$$

可由下式计算电流效率：

$$\eta = [(\bar{t}_{Na^+} - \bar{t}_{Cl^-} - 1)] - K_s\Delta c\frac{F}{i} \tag{5-55}$$

伴随电迁移过程，单位膜面积水的电渗析量 dV_e（cm^3）为：

$$dV_e = \beta i\,dt \tag{5-56}$$

由浓差引起的水的渗透量 $dV_d(cm^3)$ 为：

$$dV_d = K_w \Delta c \, dt \qquad (5\text{-}57)$$

水向浓室的总迁移量 $dV(cm^3)$ 为：

$$dV = dV_e + dV_d = (\beta i + K_w \Delta c) \, dt \qquad (5\text{-}58)$$

按下式可求出浓室最高浓度 c：

$$c = \frac{dm_e + dm_d}{dV_e + dm_d}$$

$$= \frac{[(\bar{t}_{Na^+} + \bar{t}_{Cl^-} - 1)]\dfrac{i}{F} + K\Delta c}{\beta i + K_w \Delta c} \qquad (5\text{-}59)$$

不同膜的 $\bar{t}$、K_s^A、K_s^C、K_w^A、K_w^C 及 β 数据查表 5-3。

从表 5-3 可看出，异相膜因浓差扩散引起的电解质扩散系数为均相膜的 1~2 个数量级、水的渗透系数为 1 个数量级，离子选择透过性也低，构成了影响浓缩浓度的显著因素。

利用最高浓度计算式和表 5-3 的数据，可以计算最高浓度，给设计提供依据。例如浓缩 NaCl 溶液，假设 $\Delta c = 0.3mol/L$，$i = 35mA/cm^2$，以 SelemionASR 和 SelemionCMR 配对使用，最高浓度为 210g/L，以 PE3361 和 PE3362 配对使用，最高浓度为 150g/L，这个计算结果与海水浓缩试验数据非常接近。

5.9.3.5　浓缩制盐的技术要求

（1）浓缩用膜的性能要求　不管是电渗析海水浓缩制盐还是料液特定成分的富集回收，都希望浓水浓度高、电流效率高，但这受到膜传质性能和操作电流密度的限制。以水合离子形式迁移形成的电渗失水，不同膜相差不大。由浓差引起的电解质扩散系数和水的渗透系数相差很大。这些伴随过程降低了浓缩倍数和电流效率，且随着操作电流密度和膜两侧浓差的升高而加剧。与中、低浓度料液脱盐相比，浓缩过程对膜的传质特性参数要求更高，一般异相离子交换膜难以与均相膜媲美。

膜电阻是影响电渗析耗电的重要因素。一般电渗析处理 30~50mmol/L 的电解质溶液膜堆中膜的电阻与溶液的电阻相当。海水浓缩电渗析过程膜的电阻高于溶液电阻，降低膜的电阻是降低耗电的关键。异相膜的电阻大约是均相膜的 3 倍，是导致高耗能的重要因素。

目前常用的海水浓缩用均相膜材料，阴离子交换膜有两种类型：一种是 4-乙烯吡啶和二乙烯苯的共聚物，另一种是氯甲基苯乙烯与二乙烯苯的共聚物。氯甲基基团用胺试剂处理。阳离子交换膜是苯乙烯-磺酸盐和二乙烯苯的共聚物。

选用 1 价离子选择性透过膜可以提高盐的纯度[28]，但是首要作用是防止浓室沉淀，保证电渗析稳定运行。海水是由多种元素组成的复杂体系。大洋海水中含有的可沉淀离子浓度大约为：Ca^{2+} 0.41 g/kg、Mg^{2+} 1.29g/kg、SO_4^{2-} 2.71g/kg、HCO_3^- 0.14g/kg。海岸由于受河流或降雨的影响，可沉淀离子浓度可能略低。在日晒制盐中，若浓缩 1 倍，海水浓度在 6.5%~7.0%，Fe^{3+} 基本完全沉淀，$Mg(OH)_2$、$CaCO_3$ 沉淀过半，若浓缩到 18%，则钙、镁盐几乎全部沉淀，$CaSO_4$ 沉淀析出开始加剧。这些沉淀析出现象在电渗析浓缩制盐过程中同样发生，使用普通膜的电渗析因沉淀结垢无法运转。就是开发高回收率反渗透海水淡化过程也面临同样的问题。国外专用海水浓缩制盐的 1 价离子选择透过膜，即只允许 1 价阳离子选择透过的阳膜和只允许 1 价阴离子选择透过的阴膜配伍，实现了工业化。其是在朝向脱盐隔室的阳膜面和阴膜面分别涂着与膜固定基团相反电荷的高分子材料，形成对多价反离子较强的静电排斥作用，以阻止多价离子通过膜，防止其在浓缩室沉淀析出，同时提高了盐的纯度。作用原理如图5-29所示。

（2）电极　提高操作电流密度可以得到更高的浓水浓度，同样阳极氧化腐蚀也更为剧烈，脱盐常用的电极难负其重，采用耐腐蚀材料并辅以增加电极表面积解决了这一问题。国外常用钛镀铂材料做阳极，不锈钢做阴极。

（3）隔板　初期电渗析浓室隔板厚 1mm、淡室隔板厚 2mm，淡水室的过水流量是浓水室的 4 倍。为加速浓室的浓缩速率、降低膜堆电压，在研发过程中逐渐减小隔板厚度。目前应用的浓缩制盐电渗析器，浓室隔板厚 0.5mm，淡室隔板 0.75mm。这对海水预处理提出了更高的要求。

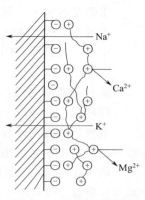

图 5-29　1 价离子阳膜选择透过机理

5.9.4　浓缩、脱盐组合工艺

电渗析与其他膜过程组合，可以充分利用海水资源，降低生产成本。

5.9.4.1　反渗透-电渗析-电解组合

反渗透海水淡化水回收率在 45% 左右，浓水浓度约为海水的 1.8 倍，进入电渗析浓缩，可直接制得用于制盐的 18%～20% 的浓盐水，精制去除 Ca^{2+}、Mg^{2+}、SO_4^{2-} 等杂质离子，配制成浓度 25% 的盐水，进入电解槽。若电渗析浓水再经多效蒸发也可制得固体盐。反渗透-电渗析组合制盐流程见图 5-30。有报道称，用反渗透排出的浓水经电渗析制盐工艺的能耗为用海水的 80%，且两种工艺的最佳经济电流密度都是 $30mA/cm^2$[29]。

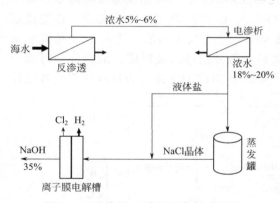

图 5-30　反渗透-电渗析组合制盐流程

5.9.4.2　电渗析-离子交换膜电解组合

1986 年，日本德山曹达公司为科威特石油化学公司建成了海水综合利用工厂[30]，第一步电渗析浓缩海水制盐，接着使用单阳离子交换膜电解槽生产氯气和 NaOH，流程示意如图 5-31。

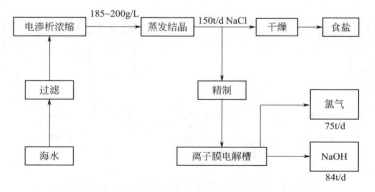

图 5-31　制盐-电解工厂流程示意

浓缩型电渗析装置的参数如下。

型号：TSW-200

阳离子交换膜：CIM　　　　　　阴离子交换膜：A-10KS

浓缩室：0.5mm　　　　　　　　脱盐室：0.75mm

膜有效通电面积：2m²　　　　　膜堆膜对数：1488 对

膜堆数：4 个　　　　　　　　　总膜对数：5952 对

电渗析装置的运转状况为：操作电流密度 33～35mA/cm²，隔室流速 6cm/s，海水温度 23～35℃，电渗析浓缩水浓度 185～200g/L，直流耗电 185～220kW·h/t（以氢氧化钠计）。

离子膜电解用于氯碱工业有许多优点：无污染，能耗低，出槽 NaOH 纯度高，浓度可达 40%（质量分数）左右，且氯气、氢气纯度高。但是，对进电解槽的饱和盐水质量要求也很高，需要二次的精制。原海水经预处理后，加入 NaOH 和 NaHCO₃，使 Ca^{2+}、Mg^{2+} 含量不超过 10mg/L，即完成第一次精制。第二次精制以螯合树脂吸附，使 Ca^{2+}、Mg^{2+} 含量低于 20～30μg/L。由于浓缩型薄隔板电渗析器有严格的浊度去除和杀菌灭藻要求，流出的浓水进入电解槽不需要再进行预处理。制盐要求的离子交换膜对 1 价离子有很好的选择透过性，降低了浓水中 Ca^{2+}、Mg^{2+} 的含量，简化了一次精制流程，节省了 NaOH 和 NaHCO₃ 的用量。

5.9.4.3　反渗透-电渗析集成海水综合利用系统

1995 年日本大矢晴彦等 6 位著名专家提出了一个集成系统海水综合利用与技术创新提案[31]。该提案着重解决开发高压反渗透海水淡化的技术问题。当高压反渗透将海水回收率提高到 75%～80% 时，浓缩水中 CaCO₃、Mg(OH)₂、CaSO₄ 等沉淀结垢加剧，首先将原海水进入多价离子吸附塔，将碱土金属离子去除 60% 以上。反渗透浓水进入 I-I 离子交换膜电渗析器，进行 1 价与多价离子浓缩、分离后，再分别进入吸附塔。最后分别得到产水、食盐、单价离子化合物、多价离子化合物。图 5-32 为以 1kg 海水为基准计算的各操作

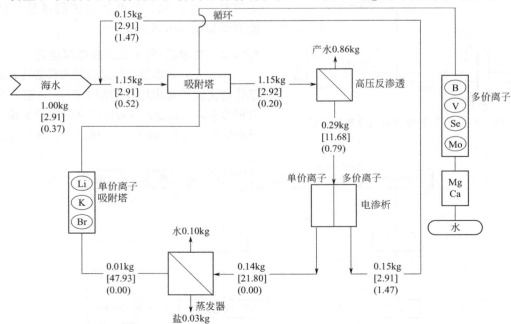

图 5-32　回收率 75% 高压 RO 各操作单元质量衡算

（方括号中的数值表示单价离子的浓度，圆括号中的数值表示多价离子的浓度，均为质量分数）

单元质量衡算图，其假设离子交换膜对1价离子的分离率为100%。原海水经反渗透、电渗析浓缩后，单价离子浓度升高了约一个数量级，见表5-22；单价离子与多价离子进入吸附塔前都升高了2~3个数量级，见表5-23，为分离提取创造了条件。

表5-22　电渗析单价离子浓缩浓度/%（质量分数）

化合物	水	NaCl	KCl
原海水浓度		2.67	0.07
浓缩浓度	78.2	20.0	0.524

表5-23　两种吸附塔进液离子浓度/%（质量分数）

组分离子	Li	K	Br	B	V	Se	Mo
原海水浓度	1.7×10^{-5}	0.037	6.3×10^{-3}	4.5×10^{-4}	2.0×10^{-7}	3.9×10^{-8}	9.8×10^{-7}
进吸附塔浓度	2.7×10^{-2}	6.1	1.0	0.074	3.2×10^{-5}	6.4×10^{-6}	1.6×10^{-4}
塔　型	1价离子吸附塔			多价离子吸附塔			

该集成系统指出了日本海水综合利用的开发方向，并可用于内陆苦咸水的综合利用，提出了特种1价离子与多价离子吸附剂、耐19~20MPa的高压反渗透膜与装置等开发方向。

5.9.4.4　电渗析-反渗透制取高矿化度饮用水

日本近年来开发了一种电渗析制取高矿化度淡水的技术[32]。电渗析装置采用海水浓缩制盐的1价阳离子选择性透过膜，阴膜采用普通离子交换膜。进水取用深海海水，可在200m以下，富含矿物质和稀有元素。在电渗析过程中所有阴离子都可透过阴膜，仅单价阳离子透过阳膜，脱盐水中自然含有与原海水相近的多价阳离子，分析数据见表5-24。将这种水与反渗透淡化水混合以调整硬度，简化了淡化水的后处理步骤。这种水已成功进入饮料市场和食品工业。据称日本建成了15套这样的装置，韩国和我国台湾也将建立这种装置。

表5-24　电渗析脱盐水与原海水分析结果

组分	Na^+	K^+	Ca^{2+}	Mg^{2+}	Cl^-	SO_4^{2-}	PO_4^{3-}	NO_3^-	TDS	总硬度
原海水/(mg/L)	9540	489	318	1120	18800	2790	0.086	<1	33057	5404
电渗析脱盐水/(mg/L)	108	2	212	1100	2940	4013	0.185	—	8536	5056

5.10　电渗析淡化的经济性

5.10.1　产水成本

通常以技术成熟、应用广泛的淡化工程来讨论电渗析的过程经济性问题。电渗析产水成本包括两大部分：一是总投资费用；二是运转费用和维护费用。

（1）总投资费用　包括直接投资包括装置费、附属设备及管件费、安装调试费、人员培训费以及取水设施、土地和厂房建设费等；间接投资费包括设计费、建设期资金利息、税金（进口关税及增值税）、不可预见费等。

以淡化技术制取饮用水或工业用水已成为一种新兴水工业。在计算总投资时，国际上已改变过去将总投资费按工程使用年限平均分摊的计算方法，而采用年投资回收分摊的方法进行计算。年投资回收分摊＝总投资×年投资偿还率。年投资偿还率 A 以下式计算：

$$A = \frac{(1+i)^n i}{(1+i)^n - 1}$$

式中　n——投资回收年限，一般取 15；

　　　i——利率，取决于银行利息和对通货膨胀的预测。

（2）运转费用和维护费用　包括耗电费、膜更换费（取膜寿命 3~5 年）、预处理和膜清洗化学药品费、年维修费、工人工资和管理费、流动资金利息等。则

$$产水成本 = \frac{年投资回收分摊 + 年运转费 + 年维修费}{年总产水量}$$

5.10.2　经济操作电流密度

电渗析操作电流密度，不仅直接影响运转费用，也直接影响装置费用。可分 3 种情况。

（1）与膜面积成函数关系的装置投资 $f(A)$　给定进水浓度、产水浓度和产水量，所需膜面积与操作电流密度成反比。

（2）与电耗成函数关系的运转费用 $f(E)$　电渗析直流耗电量与操作电流密度成正比。

（3）与产水量成函数关系的设备费 $f(Q)$　这部分投资与操作电流密度无关。如土地、厂房、预处理设施费用，输液设备和费用，人工费等。

总投资费用为上述三项函数之和

$$I_c = f_1(A) + f_2(E) + f_3(Q)$$

根据上述讨论，可将总投资费用改写成：

$$I_c = f_1\left(\frac{1}{i}\right) f_2(i) + f_3$$

总投资费用 I_c 对电流密度求导

$$\frac{\mathrm{d}I_c}{\mathrm{d}i} = \frac{f_1}{i^2} + f_2 = 0$$

经济电流密度 i_{opt} 为

$$i_{\mathrm{opt}} = \left(\frac{f_1}{f_2}\right)^{\frac{1}{2}} \tag{5-60}$$

可用作图的方法获得经济操作电流密度。分别作 $f_1(A)$ 与 i，$f_2(E)$ 与 i，$f_3(Q)$ 与 i 的曲线图（图 5-33），即可求得。在经济操作电流下运转，产水成本核算最低。

5.10.3　几种淡化过程的比较

离子交换、电渗析、反渗透和蒸馏法等几种脱盐过程的制水成本都是进水浓度的函数。Strathmann 给出了上述几种脱盐过程费用比较曲线（图 5-34）。该图示出，对于浓度低于 400~500mg/L 以下的溶液脱盐，离子交换是最经济的过程，但脱盐过程的费用随进水浓度的提高而急剧增加。进水浓度在 500~5000mg/L 左右时，电渗析脱盐是最经济的过程；当浓度高于 5000mg/L 左右时，反渗透脱盐过程的费用较低。进水浓度对蒸馏过程费用影响较小，当浓度高达 100000mg/L 时，多级蒸馏成为最经济的过程。电渗析耗电参考数据见表 5-25。

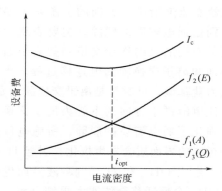

图 5-33　总投资费与操作电流密度的关系

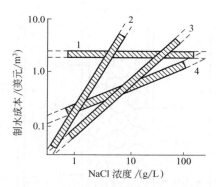

图 5-34　几种脱盐过程费用比较曲线
1—蒸馏；2—离子交换；
3—电渗析；4—反渗透

表 5-25　电渗析耗电参考数据

水　源	脱盐范围/(mg/L)		耗电（20℃)/(kW·h/m³)		
	原　水	产　水	直　流	动　力	合　计
海水	35 000	500	12.0	4.0	16.0
苦咸水	5000～10 000	500	2.5～4.0	2.5～3.0	5.0～7.0
苦咸水	1000～5000	500	0.3～2.5	0.5～2.5	0.8～5.0
自来水	500～1000	200～300	0.2～0.5	0.4～0.6	0.6～1.0
自来水	500	20～50	0.1～0.2	1.1～1.5	1.2～1.7

国外资料报道，苦咸水脱盐制取饮用水（盐浓度 500mg/L），制水成本为 0.2～0.5 美元/m³。采用国产电渗析装置的制水成本要低于这个数据。在相同设计要求下，进口装置的费用为国产装置的 3～4 倍。这是电渗析装置能占领国内市场的主要原因。

5.11　电去离子(EDI)技术

电去离子（electrodeionization，EDI），也称连续去离子（continuous deionization，CDI）。它是在电渗析器的隔室中填充离子交换剂，在直流电场的推动下，将电迁移、离子交换和电化学再生三种作用结合成一体的连续去离子过程，用于 RO 透过水的深度除盐制备高纯水。EDI 装置 1986 年问世以后，与离子交换制备纯水相比，不用酸、碱再生离子交换树脂，环境友好，已成为广泛应用的高纯水制备技术。

5.11.1　工作原理

如图 5-35 所示，在电渗析淡水隔室的阴离子交换膜和阳离子交换膜之间填充离子交换剂（树脂颗粒、纤维或编织物）是 EDI 具有深度脱盐功能的关键。由于进水浓度低，溶液电阻率高，极限电流密度小，普通电渗析难以制得纯水。填入离子交换剂的结果，改变了主体溶液中离子迁移途径。紧密排列的离子交换剂以架桥方式形成了离子迁移通道，离子交换剂的导电能力比所接触的溶液要高 2～3 个数量级，结果使淡水室体系的电导率大大增加，降低了膜对电阻，提高了电渗析的极限电流密度。

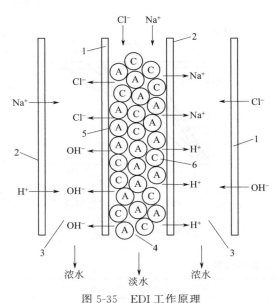

图 5-35　EDI 工作原理
1—阴离子交换膜；2—阳离子交换膜；3—浓水室；
4—淡水室；5—阴离子交换剂；6—阳离子交换剂

在淡水流道沿进水方向的上游是主要脱盐段，特别是强电解质的脱除。主要表现为盐离子在离子交换剂上的连续交换和盐离子通过离子交换剂和离子交换膜的电迁移过程。离子交换剂仍为盐基型，可看作是离子交换膜的延续。在淡水流道沿进水方向的下游为离子交换剂再生段，强化了弱电解质的脱除。所施电位梯度使膜和树脂的界面层会发生极化，引起 H_2O 大量解离，生成 OH^- 和 H^+。膜/液界面生成的 H^+ 和 OH^- 全部迁移至浓水室再结合水；树脂固/液界面生成的 H^+ 和 OH^- 一部分迁移至浓水室，另一部分再生淡水室中的阴、阳离子交换剂，保持其交换能力。全部再生的离子交换剂能促进弱电解质的组分的解离，加之主体溶液中强电解质浓度的大大降低，或者说弱电解质浓度的相对升高和 pH 值的改变，强化了弱电解质的解离和离子交换剂的吸附能力。电场力大于吸附力，弱电解质离子同样通过电迁移而脱除。在这一段，离子交换剂瞬间从盐基性向 H^+ 和 OH^- 型变化。

EDI 工作的主过程包括电迁移、离子交换和电化学再生三种作用。电迁移是指在外加直流电场的作用下，水中电解质离子通过离子交换膜和离子交换剂进行的电迁移；离子交换是指离子交换剂对水中电解质离子的交换作用；电化学再生是指极化生成 H^+ 和 OH^- 对离子交换剂进行的再生作用。这样三个过程相互推动，实现连续去除溶液中离子的目的，过程无需间歇，控制适当的工作条件时，EDI 装置就能连续生产 $5\sim17M\Omega\cdot cm$ 高质量的纯水。

工作原理表明，EDI 具有以下特性。

① 可连续稳定地生产高纯水。脱盐率可达 $95\%\sim99\%$，水回收率可达 $90\%\sim94\%$。

② 不需酸、碱再生。EDI 实质上是利用电能再生树脂的电渗析，不需要像普通离子交换系统那样进行酸、碱再生，也省去了废水的中和处理，减少废水排放量，环境友好，被称为绿色技术。

③ 有效地去除弱电离组分。EDI 能够去除溶液中 $80\%\sim90\%$ 的溶解硅酸，且不需调节 pH 值。

④ 进水质量要求高。常以反渗透产水作进水，目前大多应用工艺的进水浓度低于 $50mg/L$。

⑤ 电流效率很低。大部分 H^+、OH^- 在淡水室和浓水室重新结合成水。电流效率一般在 $10\%\sim20\%$ 左右。

⑥ 会发生同普通电渗析脱盐一样的沉淀结垢和膜污染问题，处理方式基本相同。

5.11.2　EDI 膜堆

一个淡水隔室和一个浓水隔室组成的最小基本工作单元称为一个膜对，其由交替排列的一张阴膜、一张阳膜、一张浓水隔板和一张淡水隔板组成。若干膜对外加一对电极构成的工作单元称为膜堆。由于淡水隔板要填充离子交换树脂，淡水隔板要比浓水隔板厚得多。不同型号的 EDI 膜堆，淡水隔板的厚度在 3~10mm，浓水隔板 1~2mm。减薄浓水隔板的厚度为了降低膜对电阻，并减少浓水流量，提高水回收率。近年来，为了提高产水质量的稳定性和降低膜堆电压，对膜堆进行了两方面的改进：一是将淡水隔板厚度减薄到 4mm 以下，增加了单位膜堆体积的容膜面积，降低了电流密度，提高了脱盐的稳定性；二是在浓水隔板填充离子交换树脂，甚至也填充到电极室，提高了膜堆电导性能，操作电压可降低 40%~60%。

离子交换树脂要进行严格的处理才能填充到 EDI 隔室中。一般控制阳树脂：阴树脂＝1：(1.0~1.5)。有两种填充方式，混合填充和分层填充。混合填充方便，是 EDI 膜堆早期多采用的方法。分层填充是按进水方向，阳树脂、阴树脂的顺序填充，离子迁移通道比较顺畅。目前这两种填充方式的膜堆都有商品出售，有学者认为，填充离子交换纤维是今后的发展方向。

离子交换膜是膜堆的核心部件。通用的水脱盐用膜因电解质浓差扩散系数和水渗透系数太大而不适用于 EDI。应用中淡水系统的操作压力要比浓水、极水系统高 0.03~0.05MPa，会加剧水透过膜的压差渗漏，增加水透过量。因此要求膜体更致密均匀，电解质扩散系数和水的渗透系数要小，显然均相膜比异相膜要好。用于 EDI 的国产低渗透离子交换膜多是在通用异相膜基础上通过提高交联性能改进的，要求产水电阻 5~15 MΩ·cm 的用户应用比较成功，要求产水电阻达到 15~18MΩ·cm 的用户多采用进口设备。不同产品低渗透离子交换膜性能可参考表 5-26。

表 5-26　商品低渗透离子交换膜性能参考数据

样品	含水率/%		交换量/(mmol/g)		面电阻/Ω·cm²		选择性透率/%		爆破强度/MPa		水渗透系数/[mL/(h·cm²·MPa)]		盐扩散系数/[mmol/(cm²·h·mol/L)]	
	阳膜	阴膜	阳膜	阴膜	阳膜	阴膜	阳膜	阴膜	阳膜	阴膜	阳膜	阴膜	阳膜	阴膜
行业标准	45~55	35~45	≥2.2	≥2.0	≤15	≤20	≥90	≥92	≥0.5	≥0.5	≤0.1	≤0.1	≤0.008	≤0.006
普通膜	51.22	41.79	2.89	2.37	8.77	9.16	84.40	90.68	0.40	0.35	0.028	0.172	0.00623	0.00547
低渗透膜1	50.24	40.01	2.59	2.40	9.61	10.87	90.56	97.57	0.595	0.583	0.017	0.017	0.00940	0.00596
低渗透膜2	51.44	41.10	2.247	2.292	9.648	18.51	87.30	93.97	0.586	0.586	0.172	<0.1	0.01001	0.00421
低渗透膜3	46.78	34.17	2.06	2.11	12.07	10.07	85.20	93.97	0.72	0.82		0.026	0.00489	0.00387
低渗透膜4	50.08	35	2.634	2.364	7.56	7.56	90.05	96.99	0.552	0.517	0.827	<0.1	0.01072	0.00809
进口低渗透膜	42.66	35.98	2.09	1.68	30.82	24.92	81.8	85.98	—	—	—	—	—	—

注：表中数据引自刘红斌、王建友．EDI 技术的应用及面临的问题．电驱动膜联谊会报告．2009 年 12 月。

5.11.3　进水水质及树脂再生

5.11.3.1　EDI 进水水质要求

填充床电渗析能否保持长期稳定地生产高质量的纯水与进水水质有很大关系，进水包括淡水室进水和浓水室进水。用反渗透的出水作为其进水，并保证在过程中不混入其他杂质，一般都能达到 EDI 进水水质要求。我国行业标准 HY/T 120—2008 规定的电去离子膜堆进水指标见表 5-27，表 5-28 列出来几个国外厂商提出的进水标准，要求基本一致。

表 5-27　EDI 装置的进水水质指标

项目	指标	项目	指标
电导率	≤30μS/cm（25℃）	余氯	≤0.05mg/L
硬度（以 CaCO$_3$）计	≤0.5mg/L	铁、锰、硫化氢	≤0.01mg/L
TOC	≤0.5mg/L	pH 值	6～9
SiO$_2$	≤0.5mg/L	SDI$_{15min}$	≤1.0
CO$_2$	≤5mg/L	温度	10～38℃
油脂	不得检出		

表 5-28　国外 EDI 装置进水水质指标

项目	E-CELL	Ionpure	Electropure	旭硝子
TEA（包括 CO$_2$，以 CaCO$_3$ 计)/(mg/L)	<25			
电导率/(μS/cm)	<40	<40	12～30	
硬度（以 CaCO$_3$ 计)/(mg/L)	<0.5	<0.1	<1.0	<0.3
SiO$_2$/(mg/L)	<0.5	<1.0	<0.5	<0.3
TOC/(mg/L)	<0.5	<0.5	<0.5	<0.5
余氯/(mg/L)	≤0.05	≤0.02	≤0.05	≤0.05
总 CO$_2$/(mg/L)			<5	
Fe、Mn、H$_2$S/(mg/L)	<0.01	<0.01	<0.01	<0.01
pH 值	5.0～9.0	4.0～10.0		5.0～9.0

5.11.3.2　离子交换树脂再生

① 电化再生　EDI 电化再生包括两点：正常运行过程中内部离子交换树脂的自动再生；高电流密度下的强极化离子交换树脂的再生。

当设备在超极限电流下运行时，膜液界面同普通电渗析一样会发生极化现象。电解质离子在隔室迁移传导过程中，树脂内的迁移数大，而树脂间滞流层的液体浓度很低，水中电解质离子无法及时补充上来，也发生极化现象，由水本身电离为 H$^+$ 和 OH$^-$ 来充当传递电流的介质。极化生成的 H$^+$ 和 OH$^-$ 可以再生离子交换剂。

强极化离子交换树脂再生。当进水水质有波动或操作条件有变化而致使产水水质下降时，如恢复进水水质和操作条件后仍无法使产水水质好转，则可加大操作电压，使通过膜、离子交换树脂的电流增加，超过正常运作的操作电流，产生更多的 H$^+$ 和 OH$^-$，离子交换树脂将会比较彻底地再生，使产水水质基本恢复到原有水平。

② 化学再生　当电化再生达不到预期效果时，进行膜堆清洗，或解体进行如离子交换树脂相同的酸、碱再生。

5.11.4　EDI 工艺设计

5.11.4.1　EDI 装置

EDI 装置出厂都带有应用说明书，描述结构和应用要求。单膜堆产水量多在 2～7m^3/h，一套装置可组装数个至数十个并联膜堆。膜堆应用直流电源，每个膜堆单独供电，设有电流表、电压表。淡水、浓水、极水与总配水管相连，单独进、出 EDI 膜堆。各个水流系统设有流量计、压力表、电导仪。当对硅有特殊要求时，可设置硅表。应设置控制系统，如启、闭的自动系统，电路故障报警系统，流量、压力过低报警装置，液位报警装置，产品水超标报警装置等。

EDI 装置设计中要考虑膜堆及系统的清洗，设置化学清洗管线、接口和清洗槽。判定膜和离子交换树脂受有机污染或无机物结垢的程度，配置不同的清洗液进行不定期清洗。

EDI 装置的进水操作压力一般在 0.2～0.5MPa。膜堆外壳接地电阻不大于 4Ω。膜堆性能保证期不少于三年。

图 5-36 为 EDI 流程示意图。为提高 EDI 系统的水回收率，通常采用浓水循环、浓水作极水、仅极水排放的流程。极水室一般厚度 3mm 左右，排放量很小。多余的浓水要回流到 RO 进水。图中示出在浓水系统中加盐是为了增加溶液的导电能力。特别在运行初期，10～20mg/L 的进水电阻很大，加盐可以降低操作电压、提高电流密度。现在采用浓水室填充离子交换树脂的 EDI，大多已不再采用加盐措施。

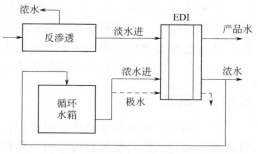

图 5-36 EDI 流程示意

要求 EDI 装置的水回收率在 90%～95%。回收率 Y 以进入 EDI 装置的总水量计算：

$$Y = [Q_p/(Q_p + Q_c + Q_e)] \times 100\%$$

式中　Q_p——EDI 产水量，m^3/h；

　　　Q_c——EDI 浓水排放量，m^3/h；

　　　Q_e——EDI 极水排放量，m^3/h。

EDI 膜堆的直流耗电为 0.06～0.12kW·h/m^3，系统耗电为 0.2～0.4 kW·h/m^3。

5.11.4.2　RO-EDI 纯水系统设计[33]

EDI 组合系统制备高纯水，因取用原水组分、浓度相差很大，用户要求产水水质也不尽相同，可根据情况选用不同的工艺系统。

① 　→ RO → 水箱 → 升压泵 → EDI → 后处理

取用自来水为原水，用一级 RO 的产水作 EDI 的进水是最常用的工艺系统。工艺简单、投资较少，用于原水硬度、碱度和硅含量较小的原水，一级 RO 的产水可满足 EDI 的进水要求。

② 　→ RO → 水箱 → 脱气 → EDI → 后处理

此流程可用于原水碱度较高的场合。由于 RO 不能脱除 CO_2，若 RO 产水 CO_2 含量大于 5mg/L，需增加脱碳装置。常用鼓风脱气或膜脱气将 EDI 进水中的 CO_2 含量降低，膜脱气可将 CO_2 含量降低到 2mg/L 以下。CO_2 含量的降低，可以防止 EDI 膜堆浓室的碱性结垢，提高运行稳定性。

③ 　→ 一级RO →[NaOH]→ 二级RO → 水箱 → 升压泵 → EDI → 后处理

原水浓度较高，一级反渗透脱盐水碱度、硬度、电导率和硅含量中的一项或几项指标达不到 EDI 进水要求时，可用二级反渗透，如用地下水或苦咸水作原水。沿海电厂用海水制取高压锅炉补给水，都采用二级反渗透流程。二级反渗透进水加入 NaOH，将 CO_2 转变成

HCO_3^-，通过二级反渗透去除。EDI 脱除 HCO_3^- 的能力较差，这降低了 EDI 的负荷，又可防止膜堆浓室碱性结垢。系统采用二级反渗透时，一般 EDI 运行稳定性提高。

系统末端的后处理与常规高纯水制备工艺一样，包括精制混床、紫外线杀菌、微孔膜过滤等，作用是深度除盐、杀菌、去除微粒，保证纯水的质量和稳定性。

5.12 双极膜过程

双极膜（bipolar membrane，BPM）过程是一种新兴电渗析过程。与普通电渗析过程要防止水解离相反，双极膜过程要强化离子交换膜的水解离作用，可将盐直接转化为酸和碱。目前该工艺尚无规模应用的实例，仍处于开发和试用阶段，其在废水处理和食品、医药、化工产品制备等方面已展现出广阔的应用前景。

5.12.1 原理

阴、阳离子交换层复合形成双极膜，目前研制和生产的双极膜大都在两种荷电层中间设置水解离催化层。双极膜过程水解离作用见图 5-37。在直流电场驱动下，双极膜中的盐分离子很快耗尽，迫使水解离，依靠生成 H^+ 和 OH^- 来负载电流，这样便分别向相邻两室提供了 H^+ 和 OH^-，用于酸、碱制备。双极膜应有较好的水渗透性，以便从外部溶液渗透到水解离层。

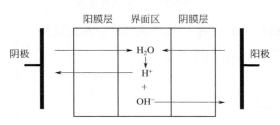

图 5-37 双极膜过程水解离示意

双极膜过程与 EDI 一样，实质上都是建立在用电能解离水的过程，巧妙地利用了 H_2O 解离生成的 H^+ 和 OH^-。

双极膜与单级膜组合使用才能构成实用的双极膜电渗析。用盐（MX）同时生产酸（HX）和碱（MOH）的三隔室双极膜电渗析是典型的组装形式，如图 5-38 所示。

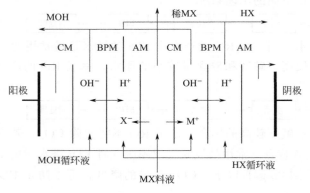

图 5-38 三隔室双极膜电渗析示意
BPM—双极膜；CM—阳离子交换膜；AM—阴离子交换膜

双极膜过程的优势如下：

① BPM 过程直接解离水生成 H^+ 和 OH^-，其理论水解离电压为 0.828V，良好的双极膜的实验数据表明，实际水解离电压与理论值相差并不大，电解水的理论分解电压为 2.19V；与电解相比，水解离没有氧化、还原反应，不生成气体，因此双极膜水解离是替代

盐水电解生成酸和碱有很大潜力的节能过程；

② 根据需要，膜堆可灵活组装成两隔室、三隔室或四隔室工作单元，重复组装工作单元不需要电极；

③ 双极膜过程多生产较高附加值的产品，运行费用较低，装置安装空间小。

双极膜性能及其过程工艺仍在不断提高。膜价格昂贵及产品纯度低是制约应用的重要问题。提高双极膜和配伍单级膜的选择透过性，降低浓差扩散系数和水渗透系数，提高电流效率和产品纯度、浓度，是目前关注的主要问题。研制大型膜堆，研制低价长寿命电极，开发高效的料液预处理工艺，可进一步提高经济效益。这些问题的优化，可推动双极膜过程的工业应用。

5.12.2 双极膜

5.12.2.1 性能要求

双极膜的阳膜层和阴膜层应具备单级膜的优良性能，而高的水渗透性及界面层结构是不同于单级膜的特定要求。

（1）选择透过性高 在双极膜过程中，在双极膜内界面区域水解离产生的 H^+ 透过阳膜层进入酸室、产生的 OH^- 进入碱室。如图 5-39 所示，实际上少量阴离子会通过双极膜迁移到碱室，阳离子会通过双极膜进入酸室，膜离子选择透过性越小，则透过量越大，这降低了期望产品的纯度。H^+ 和 OH^- 透过双极膜的迁移则降低了电流效率，所以离子的选择透过性越高，双极膜的性能越好。

（2）水渗透性大 H^+ 和 OH^- 来源于界面区水解离。若水的渗透性小，界面区干枯则限制了水的解离，达到过程极限。水渗透性越大，水扩散进入界面层的流率越大，即使在较高电流密度下，亦有水可供解离，过程极限电流密度高。

（3）化学稳定性强 双极膜两侧处于酸和碱的环境，要求对酸和碱具有化学稳定性。对处理料液应具有较宽的适应性，如耐氧化性、还原性、污染性。

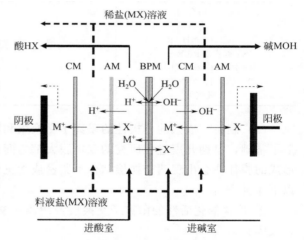

图 5-39　双极膜过程离子迁移示意

（4）稳定性强 这包括形稳性和热稳性。在不同介质的溶胀性要小，特别要控制好阳膜层和阴膜层溶胀性的一致，应用中保持膜面平整。要求膜在较高温度下不发生官能团的转化、催化剂的损失以及膜体结构的破坏。

（5）较低的膜电阻 降低膜电阻可降低过程能耗。界面区域发生催化增强的水解反应，降低水解活化能主要靠选取合适的催化剂来解决，构建较佳界面区结构扩大催化面积。降低膜电阻还涉及膜材料特别活性基的选用。

5.12.2.2 结构与制备

（1）结构 双极膜具有阳离子选择层、阴离子选择层和两层之间界面层（界面区域）的三层结构。离子交换层允许水解离产物选择性透过，界面区域通常认为是水解离的区域。目前研制的双极膜在界面区域放置催化剂，通过催化剂降低水解离电位。界面层可以是两层之间的附加层，也可以是阳膜层或阴膜层的一部分。两膜层结合紧密、催化剂结合牢固，保证双极膜具有足够的机械强度和形稳性。

界面层优化包括催化剂选取、界面结构和厚度等诸多方面。界面结构大体可分为三类：其一，阴离子交换层和阳离子交换层膜体平面光滑，界面层形成平面结构，这种结构界面接触面积小；其二，阴离子交换层或阳离子交换层具有粗糙的平面，或经人工打磨形成粗糙的平面，另一交换层填平这些平面，形成褶皱或不规则的锯齿形界面，这样发生水解离的面积扩大了，可显著增加水解离速率；其三，若两种交换层材料在界面相混甚至形成活性基团相互包围，会形成混合界面，在这种界面层中，水解离生成的 H^+ 和 OH^- 可能在迁移过程中相互碰撞重新在界面结合成水。另外，界面层比电阻很高，要求尽量减薄。

商品双极膜选用的催化剂并不公开。如表 5-29 所示，文献报道的催化材料有多种[34]：比如溶解度极低的络合状态 Cr^{3+}、Fe^{3+} 的氢氧化物，解离度低的弱碱性叔胺基与弱酸性磷酸基等。无机催化剂直接附着于界面，弱碱或弱酸基团与离子交换层固定基团键合，形成离子交换基团。

表 5-29　文献报道的双极膜催化材料[37]

材料	pK_a	备注
Cr^{3+}（络合的）		OH^- 处理后
Fe^{2+}（络合的）		用于阳离子交换层
—NR_2/—NH^+R	约 9～10	固定于阴膜层的叔胺基团
Sn 离子或 Ru 离子		
R—PO_3H^-/—PO_3^{2-}	7	固定于阳膜层的磷酸基团
R—COOH/—COO^-	4.8	
吡啶	5.2	

（2）制备　成熟的单极性的阳离子交换膜和阴离子交换膜的制备方法为双极膜的制备打下了基础，早期开展过程研究的双极膜大都为商品阳离子膜和阴离子膜直接热压而成。这样形成的膜往往会出现两交换层结合不紧密或无机催化剂流失等问题。目前改进的制备方法有以下 4 种[35]：

① 将含催化活性的阳离子交换层或阴离子交换层在常温或较高温度下与另一层加压复合成膜；

② 将阳离子交换层和阴离子交换层与含催化活性材料的中间层在常温或较高温度下与另一层加压复合成膜；

③ 将具有催化活性组分的阴离子交换制膜液浇铸在阳离子交换层上成膜，或者将具有催化活性组分的阳离子交换制膜液浇铸在阴离子交换层上成膜；

④ 将含催化活性的阳离子交换材料和阴离子交换材料共挤出成膜。

5.12.3　水解离

（1）水解离　就水解离而言，双极膜界面层和单极膜膜液界面发生的水解离在实质上是相同的，都是水薄膜在高电位降驱动下的电动现象，水解离理论电位为 0.828V。在未加电压下，水解离是一个平衡反应。在施加电压下，双极膜界面层生成的 H^+ 和 OH^- 分别通过阳膜层和阴膜层迁移，水解离持续发生，成为一个实用过程。

多年来对单级膜电渗析极化的研究着重阐明极化和水解离机理。基本明确了浓差极化在阳离子交换膜上比在阴离子交换膜上更容易发生，超极限电流时，阴离子交换膜却容易发生水解离现象。如果将阳离子交换膜（磺酸基团）或阴离子交换膜（季铵基团或及季吡啶基团）放置在 NaCl 或 MgCl$_2$ 溶液中，进行超极化实验，水解离发生情况如下[36]：

① 阳离子交换膜放置在 NaCl 溶液中，阳膜中的磺酸基团发生弱的自动催化水解离，在膜的脱盐面形成水解离层；

② 阴离子交换膜放置在 NaCl 溶液中，阴膜中的季铵基团或及季吡啶基团发生强烈的自动催化水解离，在膜的脱盐面形成水解离层；

③ 阳离子交换膜放置在 MgCl$_2$ 溶液中，在膜上形成 Mg(OH)$_2$ 层，发生强烈的自动催化水解离，在 Mg(OH)$_2$ 层里面形成水解离层；

④ 阴离子交换膜放置在 MgCl$_2$ 溶液中，在膜上未形成 Mg(OH)$_2$ 层，由其引起的强烈自动催化水解离不发生。阴膜中的季铵基团或及季吡啶基团仍发生强烈的自动催化水解离，在膜的脱盐面形成水解离层。

这些研究结果，为双极膜水解离机理解释和过程强化提供了基础。如果将双极膜置于 NaCl 溶液中，在阳离子交换层和阴离子交换层之间的界面区域形成水解离层，阳膜层中磺酸基团和阴膜中季铵基团的自动催化作用将加速水解离反应，且在阴膜层表面比阳膜层表面上发生的水解离要强烈得多。在这种状态下，双极膜内的水解离反应是受阴膜层基团控制的，是基于季铵降解成具有催化活性的叔胺或仲胺。

目前大多数研究者都赞成用催化剂来降低双极膜的水解离电位。当界面区域含有催化剂时，水解离活化能降低了，在相同的电位降下，水解离速率将增加几个数量级。催化剂分为增强阳膜层或阴膜层水解离的催化剂。某些固定于膜层上的弱酸或弱碱具有催化作用，其解离平衡常数很小，接近水的解离反应平衡常数（pK$_a$=7）。

（2）双极膜中水的迁移　在正常双极膜过程中，中间界面区域水解离消耗的水与膜外向中间层渗透的水达到平衡，即通量 $J_{H_2O}=J_H=J_{OH}$。双极膜界面层中电解质的浓度几乎接近于零，膜外酸、碱的浓度可达 0.5～2.0mol/L，对于水如何反渗透到界面层的机理尚未形成比较统一的认识。提高膜材料的亲水性可以提高水的渗透性能。业已明确，阴膜层的渗水量比阳膜层大。运行电流密度的提高，必然伴随着水渗透量的增加，当电流密度进一步提高，水解离消耗水的速率增加，达到 $J_H=J_{OH}>J_{H_2O}$ 时，即水向膜内的渗透量不足于水的解离量，双极膜的一部分会变得逐渐干燥、甚至不导电。因此，双极膜外部向中间层渗水的速率是水解离过程的限制步骤。

（3）极限电流密度　与通常电渗析脱盐一样，双极膜过程也不允许超越极限流密度，但其极限电流密度 i_{lim} 的定义与脱盐不同。双极膜的极限流密度由膜外向中间界面层的水渗透速率限定，当水的渗透速率不及水解速率时即达到极限电流密度。双极膜的极限电流密度用 V-A 曲线测定。图 5-40 为强电解质双极膜典型V-A 曲线。

双极膜 V-A 曲线图分三个区域：1 为盐离子迁移区，盐分来源于双极膜的平衡反离子及盐分的泄漏，电压降和电流都很小时，盐分很快就耗尽，电压降上升，电流密度基本不变；继续提高电压，当电流密度急剧升高时，进入2 水解离区。在该区整个界面层区域发生强烈的水解离，并保持水的渗透速率和水解离速率平衡，电压降上升很

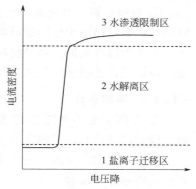

图 5-40　双极膜 V-A 曲线

小，电流密度很快升高并基本保持不变。这一区域看作是可利用的工作区域；电压再升高，电流密度升高缓慢，即进入 3 水渗透限制区，膜电阻快速增加，持续通电因过热会损坏双极膜。

对于性能较好的双极膜，在强电解质中实验，极限电流密度超过 $300mA/cm^2$，应用中一般不会超过极限电流密度值。解离度较小的有机盐回收有机酸通常选用 $20\sim30mA/cm^2$ 的操作电流密度，高浓度的强电解质盐制备酸、碱选用 $150\sim200mA/cm^2$ 的操作电流密度。

通过 V-A 曲线可以检查双极膜的性能。若水解离区曲线平缓，电流密度不能迅速上升，2 区、3 区中曲线变化缓慢，很可能催化效果不良或中间结合层有缺陷。

5.12.4 膜堆

5.12.4.1 基本设计要求

双极膜膜堆与普通电渗析膜堆设计的要求基本相同，关键在于材料选取和流体力学设计[38]。用于复分解的电渗析膜堆也设计成三个隔室一个基本工作单元，水流系统与三隔室双极膜膜堆完全一致。但是因应用条件差别很大，处理料液浓度高，操作电流密度在普通脱盐、浓缩电渗析的 5 倍以上，双极膜膜堆设计也具有特定的要求。

① 膜的选用　双极膜工作单元由双极膜和单极膜构成，不仅要选用性能好的双极膜，还要选用适宜的单极膜与之配伍。一般产品纯度主要取决于双极膜的性能，而产品浓度则由单级膜控制。目前商品化的双极膜种类较少，选用阳膜层对 OH^- 和阴膜层对 H^+ 阻挡作用强的双极膜可提高电流效率和产品纯度。高选择性、低电阻、低渗水性的单极膜较多，可选用耐酸或耐碱的阴膜或阳膜置于膜堆的酸室或碱室。

② 隔板设计　隔室布水均匀性、强化传质的液流湍流度，膜堆密封及漏电控制均靠隔板材料和设计解决。隔板材料不仅绝缘性好、不渗水，还要有一定弹性。普通电渗析常用的隔板材料可直接用于双极膜隔板材料，如 PP、PVC、PET、PVDF 及合成橡胶等。国外有的设计在膜堆相邻隔室之间放置三元乙丙橡胶制成的垫圈以加强密封，此材料也可制作隔板。薄隔板（$0.5\sim1.0mm$）不仅可以降低膜堆电阻，还能缩短升高产品浓度流程。薄隔板、短流程、高流速可能是膜堆设计发展的方向。

③ 漏电控制　高操作电流密度下漏电问题就更加突显。布水槽和布、集水内管是主要漏电通道。往往控制均匀配水与控制漏电相矛盾，可取其平衡。暗布水槽比槽沟式布水槽密封性能好，防漏电性能也好。大型隔板因有效通电面积大，电阻小，膜堆漏电也小。两电极之间单元池数减少，漏电也小。阴、阳极极水串联，增加了漏电通道。

④ 电极材料　高电流密度使阳极氧化腐蚀加剧，对阳极材料的耐腐蚀性要求更高。钛镀铂、钛镀钌仍适于作阳极材料。钛镀钌电极配方中含有 Ti、Ir 和 Ru 成分，可改变组分以适用于选用的电极液。阴极材料可选用电渗析常用的不锈钢材料。高电流密度使电极产物增加，极框设计要利于排气和冷却电极。

5.12.4.2 隔室组合

① 三隔室池　如图 5-41 所示，由三个隔室组成一个基本工作单元，可同时生成酸、碱，得到两种产品，三隔室是双极膜膜堆的典型设计。

② 两隔室池　两隔室池如图 5-42 所示，只能生产一种产品，酸或者碱，另一室流出碱和盐或酸和盐的混合物。

应用中两隔室膜堆可改进。如图 5-42（a），可连用两张阳膜（CM），盐溶液首先进入

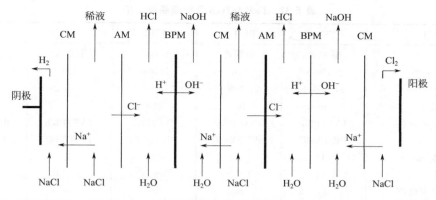

图 5-41 三隔室双极膜膜堆示意（NaCl 溶液）

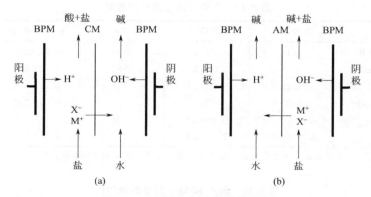

图 5-42 两隔室双极膜膜堆示意

两阳膜间渗析室，再进入酸室；选用含有阻 OH^- 性能的涂有羧酸层的阳膜，羧酸层朝向碱室；适当提高原料液的流速。这样可以提高酸盐混合液的酸浓度，同样生成酸的两隔室膜堆也可改进，但是增加了膜堆的电压降。

5.12.4.3 商品化膜堆

几种商品化膜堆的规格和性能见表 5-30～表 5-34。

表 5-30 ElectroCEII 公司双极膜膜堆规格

项目	试验用	中试/工业用	项目	试验用	中试/工业用
类型	板框式	板框式	垫圈材料	EPDM 氟化橡胶	EPDM 氟化橡胶
膜面积	55 cm²	0.4 m²	垫圈厚度/mm	1	1
单元池隔室数	2 或 3	2 或 3	pH 范围	1～14	1～14
典型单元池数	8	20～25			

表 5-31 Electrosynthesis 公司实验室用双极膜膜堆规格

项目	实验室用	项目	实验室用
类型	板框式	垫圈材料	EPDM 氟化橡胶
膜面积	100 cm²	垫圈厚度/mm	0.75
单元池隔室数	3、4 或 5	pH 范围	1～14
典型单元池数	20	最高允许温度/℃	50

表 5-32　FuMA-Tech 双极膜膜堆规格

项目	ED-0	ED-1/2	ED-2	2525	5050
类型	板框式	板框式	板框式	板框式	板框式
膜面积/cm²	180	900	4160	324	1750
池隔室数	2、3 或 4	2、3 或 4	2、3 或 4	3 或 4	3
单元池数	30	100	200	100	200
隔板、垫圈材料	PVC/PET	PVC/PET	PVC/PET	PVC/PET	PVC/PET
	PE/PVDF	PE/PVDF	PE/PVDF	PE/PVDF	PE/PVDF
垫圈厚度/mm	1	1	1	1	1
pH 范围	1~14	1~14	1~14	1~14	1~14
最高允许温度/℃	50	50	50	50	50

表 5-33　几种商品化双极膜性能

膜种类	厚度/mm	电压降/V	效率/%	标准尺寸/m	备　注
FuMA-Tech　FT-FBI	0.18	<1.2	>99	0.50×200	氨基酸生产
FuMA-Tech　FT-BM	0.45	<1.8	>92	0.50×100	超纯水制备
Aqualytics FT-AQL-SI	0.25	<1.1	>99	0.50×200	无机盐解离
Aqualytics FT-AQL-P6	0.20	<1.1		0.50×200	有机酸生产
BPM（Belgium）	0.20~0.30	0.9~1.2	>98		
Neosepta　PB-1	0.20~0.30	1.2~2.2		0.50×200	

注：表 5-30~表 5-33 引自徐铜文，傅荣强译. 双极膜手册. 北京：化学工业出版社，2004：82.

表 5-34　国产 BPM-1 型双极膜性能

外观	厚度/mm	交换容量（干膜）/(mmol/g)	含水量/%	电压降[①]/V	爆破强度/MPa
阳膜层黄色 阴膜层浅灰色	0.16~0.23	阳膜层 1.4~1.8 阴膜层 0.7~1.1	35~40	0.9~1.8	>0.25

① 膜电压降在 25℃，Na₂SO₄ 溶液，电流密度 10~100mA/cm² 条件下测定。

5.12.5　过程工艺

（1）电流效率　定义电流效率 η 为生产一定量的酸或碱理论通电量与实际通电量的比值。应用中电流效率用下式计算：

$$\eta = \frac{z26.8Q(c_{初} - c_{终})}{NIt} \tag{5-61}$$

式中，z 为生成酸或碱的化合价；Q 为酸室或碱室的体积，L；$c_{初}$、$c_{终}$ 为酸或碱的初始和最终浓度，mol/L；N 为膜堆组装工作单元数；I 为操作电流强度，A；t 为通电时间。

应用中希望有较高的电流效率，可以节省电耗。不同装置及不同处理料液的电流效率一般在 65%~95% 之间。

影响电流效率的因素首先是双极膜和单极膜的选择透过性。由于 Donnan 平衡的影响，理想的膜选择透过性也达不到 100%，膜外电解质浓度越高，膜的选择透过性越低（参见5.2.3 节）。如图 5-43 所示，质子通过阴膜的迁移和氢氧根通过阳膜的迁移降低了酸或碱的浓度。在处理高浓度强电解质的情况下，膜堆电流的内漏和外漏往往是降低电流效率的主要

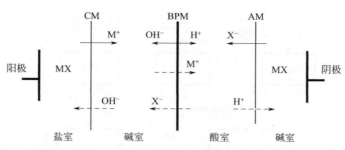

图 5-43 反离子和同名离子迁移示意

CM—阳离子交换膜；AM—阴离子交换膜；BPM—双极膜

因素。双极膜的极限电流密度比单极膜高得多。在盐料液循环过程中，由于浓度降低或流体力学条件变差，双极膜两侧的单级膜也可能出现极化现象。图 5-41 中若左侧盐室 CM 极化，H^+ 向邻近碱室迁移，右侧盐室 AM 极化，OH^- 向邻近酸室迁移，同样降低了电流效率。在合理的操作参数下，电流效率与料液温度、电流密度无直接关联。

（2）工艺流程　和普通电渗析一样，双极膜转化过程可采用三种工艺流程（流程和计算参看 5.6 节）。

① 一次式流程　即通过单台电渗析达到转化要求。为达到较高的盐转化率，膜堆内可分为多级多段。这种流程可连续地得到期望的产品，一旦安装固定，对产品产量和浓度调节能力很小，适于小、中规模应用的情况。

② 多级连续式流程　由多台电渗析串联形成连续进料、合格产品出料流程。产品的浓度取决于串联的级数。这种流程适用于中、大型规模应用。

③ 循环式流程　即原料液和产品液在膜堆内循环。这种流程也称间歇式流程，设计成一个批量转化好以后，再投放下一个批量。其调节能力较大，控制操作时间可得到不同的产品浓度。实验室和小型半工业化试验大都采用这种流程，在工业上适于中、小规模应用。

（3）预处理　反渗透、电渗析脱盐工艺已形成了膜堆进水水质要求及预处理设计规范，新进入工业应用领域的双极膜过程制订此类标准或规范对推广应用十分必要。普通电渗析、EDI 存在的膜污染和结垢问题在双极膜过程中同样出现，致使运行周期短、设备损坏快。水解离会生成氢氧根，膜堆进水除去可沉淀离子的要求基本与 EDI 相同，所以双极膜膜堆的进水要求可参考电渗析和 EDI 的进水要求。比如国外用 NaCl 水溶液转化成 HCl 和 NaOH，先将料液调节为 pH 11～11.5，在沉淀过程中加入活性炭（0.6kg/m³），控制 Ca^{2+} 和 Mg^{2+} 最大残余浓度为 30mg/L，并降低有机致垢物，然后再经过阳离子交换树脂吸附，使 Ca^{2+} 浓度降低到 0.2mg/L、Mg^{2+} 降低到 0.1mg/L，再经过超滤后进入双极膜膜堆。

5.12.6　应用

双极膜过程的应用已扩展到废水资源化、化学品生产、生物技术等诸多领域，不过多数仍处于实验室试验或中、小型工业试验阶段。

（1）钢铁浸洗废液回收酸和碱[39]　不锈钢件生产过程中，通过酸洗步骤去除表面氧化物薄膜。酸洗要使用 3%～5%（质量分数）HF 和 6%～10%（质量分数）HNO₃ 的混合酸液，含有氟化物和硝酸盐的废液是被限制排放的。美国宾夕法尼亚州的华顿钢厂 1986 年率先实施了处理此种工业废液的工业化试验，采用双极膜电渗析（BPMED）和电渗析（ED）组合流程，以期实现酸、碱回收，达到物料循环应用，流程示意见图 5-44。

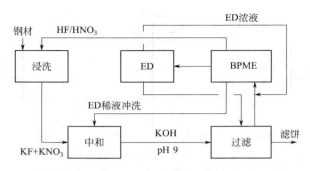

图 5-44 酸洗液回收工艺

经浸洗工序，浸洗槽中酸浓度降低，盐类生成，废液中含 1.8%（质量分数）的 HF、9%（质量分数）的 HNO_3、3.6%（质量分数）的 FeF_3 和 Cr 与 Ni 的含氟络合物，进入中和池。采用三隔室 Aquatech 双极膜膜堆进行水解离，产生的 KOH 流向中和槽中和剩余的酸，生成金属氢氧化物和 KF，料液 pH 值为 9。将金属氢氧化物在过滤工序用压滤机进行固液分离形成滤饼，经干燥返回炼钢炉，经过微滤后的料液进入双极膜膜堆。双极膜膜堆生成的 HF 和 HNO_3 的浓度为 0.3～1.0mol/L，返回浸洗槽，KOH 的浓度 1.5mol/L。电渗析的作用是将解离后的盐溶液浓缩后重返双极膜膜堆，0.02～0.04mol/L 的稀释液用于冲洗滤饼。

膜堆组装膜面积 $3×150m^2$，处理能力 $27m^3/d$。运行表明，HF 回收率约 90%，HNO_3 回收率约 95%，双极膜使用寿命 2 年，单极膜 3 年。工程总投资 295 万美元，年收益 87 万美元，投资回报期 3.5 年。这一最大投资规模的工业性实验装置最终关闭，与膜的选择性降低和电流效率下降有关。

（2）人造丝工艺回收酸和碱[40] 在人造丝工艺中，需用碱溶解纤维素，中和后产生大量的硫酸钠。硫酸钠经过结晶纯化，去除 Ca^{2+}、Mg^{2+} 和 Zn^{2+} 等可沉淀离子，经过滤进入三隔室双极膜膜堆进行水解离，可同时制备硫酸和氢氧化钠，氢氧化钠返回溶纤工序，硫酸和硫酸盐返回纺丝浴，图 5-45 示出了处理流程。硫酸钠转化可用三隔室或两隔室膜堆，此应用中，两隔室膜堆仅关注回收氢氧化钠的纯净度。报道的电流效率可达 82%～90%，双极膜可用二年，估算用两隔室膜堆比三隔室年回报率约高 50%。烟道气脱硫生成亚硫酸氢钠和亚硫酸钠，氧化成硫酸钠以后，转化工艺基本相同。生产 1t NaOH，系统用三隔室膜

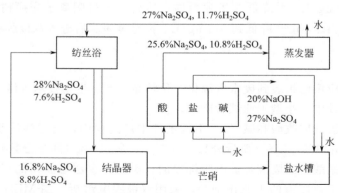

图 5-45 人造丝工艺酸碱回收流程

堆耗能 $1400kW\cdot h$，用两隔室膜堆耗能 $1120kW\cdot h$。

（3）有机盐转化[41]　在生物制药和食品工业中，利用双极膜水解离技术将有机盐转化为有机酸或碱，因附加值高成为争相研究的热点。国内较早进行了利用葡萄糖盐转化为葡萄糖酸的研究，利用进口的 Fuma-Tech 双极膜、国产阴膜和阳膜组装成 $200mm\times400mm$ 三隔室膜堆，测试结果：葡萄糖酸钠转化率 98.6%，电流效率 71.5%，能耗（以酸计）$1.03kW\cdot h/kg$，成本（以酸计）2.81 元$/kg$[42]。

2002 年，Eurodia Industrie 在德国建立了从醋酸钠回收醋酸的双极膜电渗析装置，膜总面积 $450m^2$，年回收醋酸 1700t。醋酸钠废液浓度 $210g/L$，流量 $1.5m^3/h$，转化率 91.5%，回收醋酸浓度 $3mol/L$，NaOH 浓度 $1.5mol/L$。

双极膜转化有机盐要注意三个问题。首先，多数被处理的有机盐电离度很低，膜堆操作电流密度一般在 $30\sim50mA/cm^2$，转化速率慢，组装膜面积大，设备投资高。运行过程保持循环盐液流浓度基本恒定，才可以恒电压或恒电流操作，盐液流浓度过低将降低过程效率。其次，来自复杂生产过程的料液，组分复杂，工程采用的预处理步骤是膜能否稳定生产的关键。料液不同，可选用不同的预处理方式，比如机械过滤、微滤膜过滤除去微粒和大分子物质、超滤除酶，螯合树脂除去 Ca^{2+}、Mg^{2+} 等。膜污染是处理有机料液的突出问题，严重降低了膜的应用性能。虽然离子交换膜的污染机理与防治方法相同，用于食品或医药的双极膜过程，由于特定的卫生要求，用于普通电渗析膜堆清洗的药剂在此类应用中未必完全适合，这成为过程工艺开发的一个重要环节。

（4）在海水淡化中的应用　在海水淡化中，盐酸用于酸化反渗透进水流，防止浓水结垢。在二级反渗透流程中，二级进水加氢氧化钠，CO_2 转化成 HCO_3^- 被脱除。在产水后调质步骤，也可能用到氢氧化钠。系统清洗可能同时用到盐酸和氢氧化钠。酸、碱运输和储藏都不方便，特别是偏远海岛和舰船。海水中主要成分是氯化钠，以淡化装置浓水为原料，通过双极膜水解离制备盐酸和氢氧化钠是资源循环利用的一个较好方案。浓水出水洁净，省去了海水预处理步骤，酸、碱作为药剂配水应用，对产出的酸、碱浓度和纯度要求不高，同时淡化系统酸、碱用量较少，这都为双极膜装置的配备带来了方便。

设计成三隔室双极膜膜堆，以浓水为进料液，同时生成盐酸和氢氧化钠。设计要求和操作参数与强电解质转化相同。

这是一个尚在开发中的技术，不仅需要适宜的膜堆设计，还要解决几个工艺方面的问题。目前反渗透海水淡化浓水浓度在 $55000\sim62000mg/L$，基本上是海水成分的浓缩，大约含 $490\sim690mg/L$ Ca^{2+}、$1650\sim2200mg/L$ Mg^{2+}、$3700\sim4600mg/L$ SO_4^{2-}，直接进入双极膜膜堆将会产生严重的无机物沉积，必须在工艺上采取措施。采用纳滤、钠离子交换或投加石灰乳的方法去除绝大部分 Ca^{2+}、Mg^{2+}、SO_4^{2-} 等可沉淀离子，再用螯合树脂吸附，将可沉淀离子降低到无运行障碍的程度，通过运行考查确定膜堆安全进水指标。若淡化场地应用组合流程，如纳滤-反渗透流程，或有采用单价离子交换膜浓缩制盐的配套装置，取其浓水，则进水软化处理要方便得多，并且由于进料液浓度的提高，产品酸、碱的浓度也能提高。利用自身生成的盐酸酸化盐水流、极水流，并作膜堆清洗液。

反渗透海水淡化用碱量很少，若弃用硫酸改用盐酸，日产 1 万吨的反渗透海水淡化系统，用 30% 的 HCl 大约 $14kg/h$。也可考虑设计成以生成 HCl 为主的二隔室双极膜膜堆，碱和盐的混合液用于沉淀膜堆盐液流中的可沉淀离子，如图 5-46 所示。双极膜过程转化浓盐水生成酸碱的方法，也可用于海水综合利用。目前双极膜价格昂贵，膜堆未形成标准设计，工艺需要优化，通过实验研究不仅要提高制造技术和工艺技术，还要提出经济对比数据。

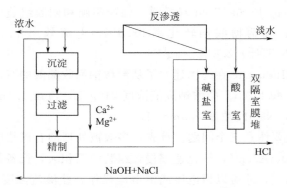

图 5-46　反渗透浓水转化 HCl 流程示意

参考文献

[1] Donnan F G. The Theory of Membrane Equilibrium in Presence of a Non-dialyzble Electrolyte. Z Electrochem，1911，17：572.

[2] Donnan F G，Guggenhein E A. Exact Thermodynamics of Membrane Equilibrum. Z Physik Chemie，1932，A162：346-360.

[3] 化工部晨光化工研究院. 海水淡化，1980（2）：60-62.

[4] 张沛，葛道才. 海水淡化，1977（2）：6-8.

[5] 晨光化工研究院. 海水淡化，1977（2）：1-2.

[6] 张维润，等. 电渗析工程学. 北京：科学出版社，1995：81-89.

[7] 中华人民共和国行业标准. 电渗析技术异相离子交换膜. HY/T 034.2—1994. 北京：海洋出版社，1995.

[8] 莫剑雄. 净水技术，1989（2）：9-14.

[9] Winwton Ho W S，Sirkar K K. Membrane Handbook. New York：Van Nostrand Reinhol，1922：242-243.

[10] 曲敬绪，等. 不锈钢在一些溶液中的阳极行为. 水处理技术，1981，7（3）：13-16

[11] 莫剑雄，等. 对电渗析器用铅电极的探讨. 水处理技术，1982，8（2）：19-25

[12] 安德罗波夫. 理论电化学. 北京：高等教育出版社，1982：142.

[13] 张维润，石松. 电渗析技术资料选编. 北京：中国建筑工业出版社，1977：153-161.

[14] 田中良修. 日本海水学会志，1976，29（5）：209.

[15] Mason E A，Kirkham. Design of electrodialysis equipment. Chem Eng Symposium Seriers. 1959，55（24）：173-198.

[16] Wilson J R. Demineralization by Electrodialysis，Butterworths. London：Scientific Publication，1960.

[17] 中华人民共和国行业标准. 电渗析技术. 脱盐方法. HY/T 304.4—1994. 北京：海洋出版社，1995.

[18] Solt G S. Design of the world's largest electrodialysis installaion. Proc. 3ʳᵈ Inter. Symp. On Fresh Water from the Sea，1970，2：267-280.

[19] Balice V，et al. The 5000m³/d combined ion exchange-electrodialysis desalination plant at bridisis. Proc. 4ᵗʰ Inter. Symp. On Fresh Water from the Sea，1973，3：151-168.

[20] Katz W Z. The Electro dialysis Reversal（EDR）Process. Desalination，1979，28（1）：31-34.

[21] Katz W E. Desalination by ED and EDR-State-of-the -Art in 1981. Desalination，1982，42（2）：129-132.

[22] Song Shi，et al. Design and field trials of a 200m³/d sea water desalination by electrodialysis. Desalination，1983，46：191.

[23] 宋德政，等. 西沙 200m³/d 脱硼装置的设计和运行. 水处理技术，1986，12（1）：24-26.

[24] Tanaka Y. Ion-exchange membrane electrodialysis program and its application to multi-stage continuous saline water

desalination. Desalination，2012，301：10-25.

［25］ Tanaka Y. Ion-exchange membrane electrodialysis for saline water desalination and its application to seawater concentration. Industrial and Engineering Chemistry Research，2011，50（12）：7494-7503.

［26］ Isamu Azuma，Masto Hamada. 水处理技术，1995，21（6）：349.

［27］ 日本电化学协会编. 电化学便览. 日本：丸善株式会社，1993：255.

［28］ Kim Y，Walker W S，Lawler D F. Competitive separation of di-vs. mono-valent cations in electrodialysis：Effects of the boundary layer properties. Water Research，2012，46（7）：2042-2056.

［29］ Tanaka Y，Ehara R，Itoi S，et al. Ion exchange membrane electrodialytic salt production using brine discharged from a reverse osmosis seawater desalination. J Membr Sci，2003，222：71-86.

［30］ 富田笃志. 离子交换膜的工业应用. 日本：电渗析与膜分离技术研究会编，1995：125-133.

［31］ 大矢晴彦，等. 日本海水学会志，1996，50（6）：389-394.

［32］ Isamu Azuma. 青岛国际水工业论坛论文集，2005：110-111.

［33］ Huang D，Luo J. Application of EDI in the production of pharmaceutical water. 2011 International Conference on Electric Technology and Civil Engineering，ICETCE 2011-Proceedings，art. no. 5775824，2011：3916-3919.

［34］ Strathmann H. Ion-Exchange Membrane Separation Process. Membrane Science and Technology Series 9. Amsterdam：Elsevier，2004：200-205.

［35］ Wilhelm F W. Bipolar membrane prepration. In：Kemperman A J B（ed）. Bipolar membrane technology. Netherland：Enschede Twene University Press，2000.

［36］ 田中良修著. 离子交换膜基本原理及应用. 葛道才，任庆春译. 北京：化学工业出版社，2004：123.

［37］ Kemperman A J B 著. 双极膜手册. 徐铜文，傅荣强译. 北京：化学工业出版社，2004：82.

［38］ 张维润，等. 电渗析工程学. 北京：科学出版社，1995：154-193.

［39］ Mani K N，Chlanda F P，Byszewski C H. Aquatech membrane technology for recover of acid/base values from saltstreams. Desalination，1988，68：149-166.

［40］ Mani K N. Electrodialysis water splitting technology. J Membr Sci，1991，58：117-138.

［41］ De Groot M T，de Rooij R M，Bos A A C M，et al. Bipolar membrane electrodialysis for the alkalinization of ethanolamine salts. Journal of Membrane Science，2011，378（1-2）：415-424.

［42］ 黄川薇，李应生，徐铜文. 双极膜生产葡萄糖的规模化研究. 中国科技大学学报，2008，38（6）：656-659.

第 6 章

核能、太阳能和风能海水淡化

海水淡化是能量密集型产业，在已经规模化应用的海水淡化技术中，无论是蒸馏法还是反渗透法，都需要消耗大量的热能或电能，这些能源主要来自于煤、石油、天然气等不可再生的常规能源。然而常规能源储量非常有限，在可预见的未来将会消耗殆尽或由于利用成本较高而无法使用；此外常规能源的利用还会产生大量的温室气体和有害气体，使海水淡化在缓解淡水资源短缺的同时，也带来额外的能源压力和环境隐患。因此，开发、利用以可再生能源为主的新能源海水淡化技术意义重大。

新能源是指常规能源以外的各种能源形式，大都直接或者间接地来自于太阳辐射或地球内部深处所产生的热能，包括太阳能、风能、生物质能、地热能、核能和海洋能等，以及由可再生能源衍生出来的生物燃料和氢所产生的能量。相对于常规能源，新能源普遍具有污染少、储量大的特点，对于解决当今世界严重的环境污染问题和资源枯竭问题具有重要意义。目前与海水淡化结合的新能源技术主要包括核能、太阳能和风能，本章将就这三种新能源技术与海水淡化的结合进行介绍。

6.1 核能海水淡化

核能作为一种安全、可靠、清洁、高效的能源，是目前唯一现实可行、可大规模发展的能源。截止到 2012 年，全世界共有 433 个核反应堆分布在 30 个国家，其中绝大多数集中在美国、日本和西欧等发达国家和地区[1]。我国作为最大的发展中国家，20 世纪 80 年代开始利用核电，到 2013 年 3 月份在大陆沿海总共建成 7 个核电厂 18 台核电机组，装机总量达 1500.4 万千瓦。核电站规模和数量的迅速增加，随之而来的核电站余热利用问题变得日益重要。

早期，只是为满足核电站的工艺需要，安装了小规模的海水淡化装置，以便给核反应堆的冷却系统供应淡水，而大部分余热直接排放。如果能够充分利用电站余热进行海水淡化，对于提高电站运行的经济性、解决淡水资源短缺均有重要意义。自 20 世纪 90 年代以来，核能海水淡化技术就得到了国际原子能机构（International Atomic Energy Agency，IAEA）和世界许多国家的广泛重视，并且全世界对利用核能来产生淡水的兴趣不断增加。核反应堆易于与现有海水淡化工艺耦合、可实现反应堆废热的经济利用以及不产生温室气体或其他有害气体等诸多优点，不断激发核能在海水淡化领域应用的想象力[2]。尤其在沿海淡水资源缺乏，同时常规能源匮乏或者大量运输常规燃料有困难的地区，利用核能淡化海水是一个很好的选择，具有良好的发展前景。

核能在海水淡化中的应用主要是以核电站或低温核反应堆与海水淡化装置耦合的形式实现的，包括利用反应堆直接产生的蒸汽和核电站汽轮机抽汽进行的蒸馏淡化，以及利用核电所进行的膜法淡化等。目前组成核能海水淡化的三项技术——核反应堆、海水淡化和它们的耦合系统都已非常成熟，也有丰富的实践经验，可以应用到工程中。但核能海水淡化之所以只在小规模范围内有限应用，大规模应用还停留在可行性研究阶段，主要是从生产安全的角度考虑，因为一旦核反应堆出现事故，引起的危害相当严重。核能海水淡化的安全主要取决于核反应堆的安全性、核电站与淡化系统间接口的安全性，必须保证淡化装置对蒸汽需求的变化不引起核电站的危险，同时必须保证淡化水不会受到放射性物质的污染。

6.1.1 核能海水淡化系统

6.1.1.1 核能海水淡化系统结构

按照 IAEA 的定义，核能海水淡化系统是以核反应堆产生的能量驱动海水淡化装置生成淡水的系统，主要包括核电站、海水淡化厂和两者之间的耦合部分。核电站主要由反应堆、一级回路系统、二级回路系统及其他辅助系统和设备组成。核电站中一级回路和二级回路相互分开，一级回路带有放射性物质，二级回路则没有。据此通常将核电站分为核岛和常规岛两大部分，核岛是指核电站安全壳内的核反应堆及与反应堆有关的各个系统和设备，常规岛是指那些和常规火电厂相似的系统和设备部分。核能海水淡化是在此基础上增加了一个回路，连接二级回路和海水淡化工厂，实现能量交换[3]。核能海水淡化三级回路能量交换示意如图 6-1 所示。

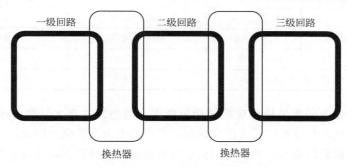

图 6-1 核能海水淡化三级回路能量交换示意

以压水堆为例，一级回路冷却剂水在冷却回路中循环，将堆芯的热量带到蒸汽发生器。冷却水的循环靠冷却剂泵、主泵来完成，并使用一台稳压器使一级回路的压力维持恒定。在蒸汽发生器中，热量通过蒸汽发生器的管壁从一级回路传到二级回路，使进入蒸汽发生器的水在一定压力下汽化，产生的蒸汽送到汽轮机，汽轮机带动发电机组发电，把核能转化为电能。汽轮机发过电之后形成低品位的蒸汽，通过换热器，将热量从二级回路传到三级回路，用于海水淡化。当然，也可以利用核反应堆的电能进行海水淡化，此时核能淡化与传统的海水淡化区别不大，主要是能源的供应方式有所不同。

6.1.1.2 核能海水淡化用反应堆

反应堆是核能海水淡化的关键设备，是一个能够维持和控制核裂变链式反应，从而实现核能-热能转换的装置，它由堆芯、冷却系统、慢化系统、反射层、控制与保护层系统、屏蔽系统、辐射监测系统等组成。反应堆的结构形式多样，可根据燃料形式、冷却剂类型、中子能量分布形式等因素建造成各种类型。目前商用规模的核电站反应堆主要有压水堆

(PWR)、沸水堆（BWR）、重水堆（HWR）和快中子堆（LMFBR）等。原则上讲，任何类型的核反应堆都可以用于核能海水淡化，无论是作为能源的电力供应还是热的供应，都不存在技术上的难题，尤其在与反渗透淡化方法结合的场合。然而，为保证核能海水淡化的安全性，反应堆的选择还是大有文章。

最早与海水淡化结合的核反应堆是哈萨克斯坦 Aktau 核电站的 LMFBR 反应堆，核电站与矿物燃料电站共同向一台凝汽轮机和 3 台背压汽轮机供应蒸汽，来自背压汽轮机的低压蒸汽（0.6MPa）用作多效蒸馏淡化装置的热源。该系统自 1973 年投产运行到 1999 年退役累计运行超过 10 万小时。其后，各种商业核反应堆均有与海水淡化装置结合的例子，如表 6-1 所示[4]。

表 6-1　反应堆类型及耦合海水淡化工艺

堆型	地址		海水淡化工艺	运行时间或状况
LMFBR	哈萨克斯坦（Aktau）		MED, MSF	1973-1999 年
PWR	日本（Ohi, Takahama, Ikata, Genkai）		MED, MSF, RO	运行超过 170 堆年
	美国（Diabolo Canyon）		RO	1992 年至今
	中国（辽宁红岩河）		RO	2010 年至今
	俄罗斯		MED, RO	规划
	韩国和阿根廷等		MED, RO	设计
BWR	日本（Kahiwazaki-Kariva）		MSF	获得替代水源，未运行
HWR	印度	Kalpakkam	MSF/RO	2003 年至今
		Trombay	MED, MVC	2004 年至今
		Kudankulam	MVC	2012 年至今
	巴基斯坦（Karachi）		MED	2010 年至今

通过蒸汽循环发电的大型核反应堆初始投资大、对电网冲击大，而中小型核电站规模灵活、易于实现模块化，并且可以最大限度地利用产生的电力和热能。因此，许多国家都将小型智能核反应堆作为研发的重点，并在小型核电站与海水淡化结合方面开展了大量的研究工作。

韩国以 330MW 小型 PWR 反应堆与 MED 装置耦合，实现淡水产量 40000m³/d，发电量 90MW，而核燃料更换时间可长达 3 年。阿根廷也设计出 100MW 可用于水电联产或完全用于海水淡化的 PWR 反应堆，并拟与沙特阿拉伯合作，建设示范工程。俄罗斯 2007 年开始建造全球首座浮动式海上核电站，该电站将建在一艘长 144m、宽 30m 的驳船上，装载 2 座 35MW 的 KLT-40S 型二回路轻水反应堆（LWR），可实现产水 120000m³/d。我国基于一个 5MW 的中试装置，也开发出适用于海水淡化的小型 NHR-20 型 PWR 反应堆。

2000 年美国、法国、日本、英国等核电发达国家组建了第四代核反应堆国际论坛（GIF），并制定了第四代核反应堆研发计划，提出在 2030 年左右向商业市场提供能够很好解决核能经济性、安全性、废物处理和防止核扩散等问题的第四代核反应堆。2002 年在日本召开的 GIF 研讨会上，公布了超高温气冷堆（VHTR）、超临界水冷堆（SCWR）、熔盐堆（MSR）、气冷快中子堆（GFR）、钠冷快中子堆（SFR）和铅冷快中子堆（LFR）六种第四代核反应堆设计概念。其中 VHTR 反应堆提供了一个广泛热处理应用空间和高效发电解决方案，同时保留了模块化高温气冷反应堆的所有安全性能，因此被认为在核能海水淡化方面具有广阔的应用前景，将会成为主流发展方向。

6.1.1.3 核能海水淡化工艺选择

海水淡化工艺选择主要取决于海水水质、产品水水质要求，以及经济性和可靠性等方面。根据利用能源的不同，核电站与海水淡化的耦合可分为两类：一类是利用热能，即利用核电站抽凝式汽轮机的抽汽或背压式汽轮机的排汽驱动蒸馏淡化装置，如多级闪蒸（MSF）和低温多效（MED）等；另一类是利用核反应堆发出的电能驱动海水淡化装置，如反渗透（RO）、机械压缩蒸馏（MVC）等。

利用核电站热能进行海水淡化需在 MSF 和 MED 之间综合分析。单从生产成本角度考虑，MSF 工艺远远高于 MED；此外，MED 能够保证产品淡水不含放射性物质，因为在MED 工艺中产品淡水侧的压力大于核反应堆产生的蒸汽压力，蒸汽中可能含有的放射性物质不易渗透到产品淡水中，而 MSF 工艺两侧的压差正好相反，如果蒸汽中含有放射性物质，就会有扩散或渗透到产品水中的危险。MED 工艺与核电站的连接方式如图 6-2 所示。

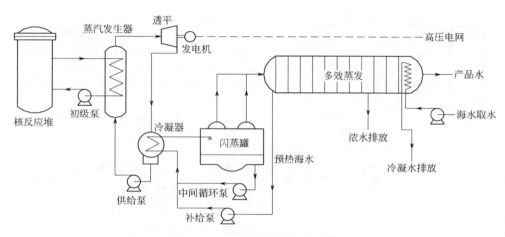

图 6-2　MED 工艺和核电站连接

MED 工艺的长期、稳定、连续运行存在不容易控制的缺点，这会造成装置频繁停启，而核电站需要在较高的负荷下长期稳定运行才能保证其安全和效率，与核反应堆连接的海水淡化装置需与核反应堆运行规律一致，才会避免不必要的安全隐患，提高系统整体效率。从这一角度考虑，如果淡化装置处于次要地位，应适当考虑运行方面比较安全的 MSF 工艺。MSF 工艺与核电站通过隔离带传热介质连接如图 6-3 所示。

RO 工艺在核能海水淡化方面，相对于 MED 和 MSF 具有得天独厚的明显优势：造水成本低、不需对核反应堆进行改造、对核反应堆运行影响小、不存在放射性物质污染产品水的隐患，但其产品水水质不如 MED 和 MSF，在某些情况下不能满足工艺要求，如特殊的工艺用水和锅炉补水要求产品水含盐量在 20mg/L 以下的情况。

由于核电站能同时提供电能和蒸汽，当核能海水淡化需要满足不同的淡水用途时，可以将 MSF 或 MED 工艺与 RO 工艺耦合联合进行海水淡化，利用核反应堆产生的冷却水和废蒸汽，或利用蒸馏淡化排放的浓盐水预热进料海水。蒸馏法产生的高品质淡水用于特殊工艺需求，而 RO 工艺产生的淡水可供居民生活使用，在满足用水需求的同时，最大限度地降低海水淡化成本。MSF-RO 混合技术与核电站连接如图 6-4 所示。

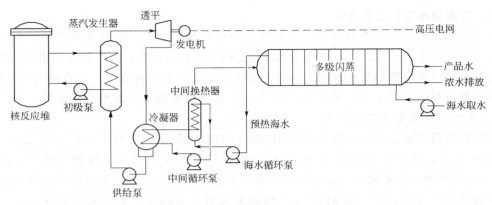

图 6-3　MSF 工艺和核电站通过隔离带传热介质连接

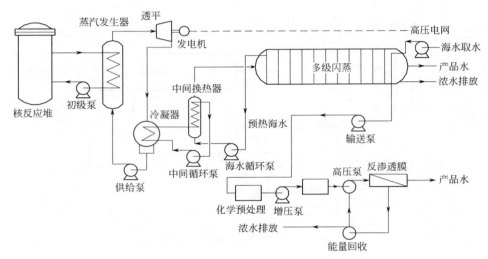

图 6-4　MSF-RO 混合技术与核电站连接

6.1.2　核能海水淡化工程设计

目前核能海水淡化主要采用"水-电联产"的形式，将核电站与海水淡化装置耦合，在发电的同时生产淡水。还有一种是专门为海水淡化装置提供热源的核供热堆，此类堆芯不发电，只提供蒸汽，运行压力、温度低，安全性能高，投资较少，与高温核反应堆相比有其独特的优势。

6.1.2.1　热电联产核反应堆耦合海水淡化

在热电联产的核电站，蒸汽可以从发电厂二级回路适当的位置引出，为海水淡化装置提供热能，但是必须设置保护层防止放射性物质的渗漏。热电联产有并联式和串联式两种形式。

在并联布置的情况下，核反应堆产生的一部分蒸汽驱动蒸汽轮机发电，而另一部分蒸汽输送到海水淡化厂。这种安排虽然可以增加两种能源之间的可伸缩性，但是总的能耗仍然是单独海水淡化和发电的总和。

在串联布置的情况下，蒸汽首先通过背压式汽轮机发电，然后送到淡化装置。这种方式的总能耗比并联式联产方式少。从热力学角度分析，这种串联式联产方式有利于将绝大部分蒸汽的热能通过汽轮机转变为机械能或电能，然后再用于海水淡化。通过提高汽轮机的背压，可以提高输送到淡化装置的蒸汽温度，但是会降低发电量。所以在串联式组合中，必须优化汽轮机背压以提高整个系统的经济效益。

6.1.2.2 供热核反应堆耦合海水淡化

淡化装置和单纯供热核反应堆连接时，主要考虑的是用于海水淡化的蒸汽参数，这对不同的蒸馏法淡化技术有着十分重要的影响，分述如下。

（1）高温多效蒸馏工艺（HT-MED） 饱和压力为 $0.20 \sim 0.37MPa$（$120 \sim 140℃$）的蒸汽可以用于 MSF 或 HT-MED 工艺，获得较高的造水比。为了防止过度结垢现象，最高盐水温度有如下限制：对盐水循环型 MSF 工艺为 $121℃$，对盐水不循环的 MSF 工艺为 $135℃$，对 HT-MED 工艺为 $130℃$。这些温度限制视具体情况会有所不同，如海水水质等。除此之外，必须对进料海水进行加酸、高温阻垢剂的预处理工序，以保证淡化装置的稳定运行。

在 MSF 工艺中，盐水加热器起到防止放射性物质渗漏到淡水中的第二屏障的作用，其内的盐水压力一般都维持在比加热用的蒸汽高的水平，所以如果盐水加热器出现裂痕，盐水往加热器壁外的蒸汽一侧泄漏，而不是蒸汽往盐水渗漏。当盐水加热器的裂痕存在，反压同时消失的时候，蒸汽中可能附带的放射性物质会泄漏到产品水中。现在核能海水淡化领域的多数专家从产品水成本因素考虑，倾向于采用 MED 工艺，而不是 MSF 工艺，所以分类时归结为高温多效蒸馏工艺。

（2）低温多效蒸馏工艺（LT-MED） 低压 $0.03 \sim 0.04MPa$（$69 \sim 76℃$）蒸汽能够有效用于 LT-MED 淡化装置，运行时盐水最高温度能够达到 $60 \sim 70℃$。因为在低温、低压下操作，在这种条件下核反应堆和蒸馏法海水淡化装置的连接比较安全。

在核反应堆与 MED 和 MSF 工艺连接的场合，必须设置隔离带，高品质的淡水在密封环境，盐水在敞开的循环系统中。核反应堆与 MED 和 MSF 通过中间设置的隔离带连接的工艺流程如图 6-5 和图 6-6 所示。

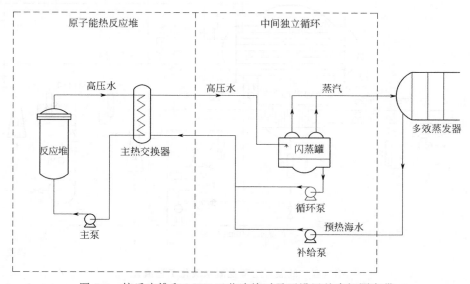

图 6-5 核反应堆和 MED 工艺连接时需要设置的中间隔离带

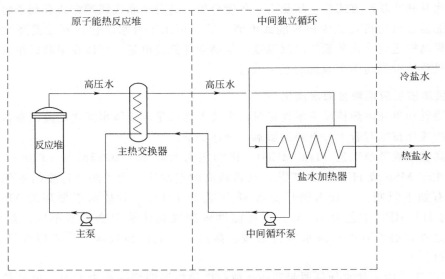

图 6-6　核反应堆和 MSF 工艺连接时需要设置的中间隔离带

在隔离带中，介质从核反应堆得到的热量传递给盐水，使盐水温度升高。隔离带的介质可以是高压热水，也可以是开水。但是高压热水的隔离带设备投资和操作费用都很高，所以开水-闪蒸循环系统从经济上是更可行的方案。

（3）低压蒸发工艺（LTE）　核反应堆产生的热能可以用于海水的低温真空蒸发进行淡化，海水在 94.7kPa 的真空下蒸发（对应温度约 40℃），这接近于典型火力发电厂的排热温度，低温真空蒸发海水淡化工艺流程如图 6-7 所示。

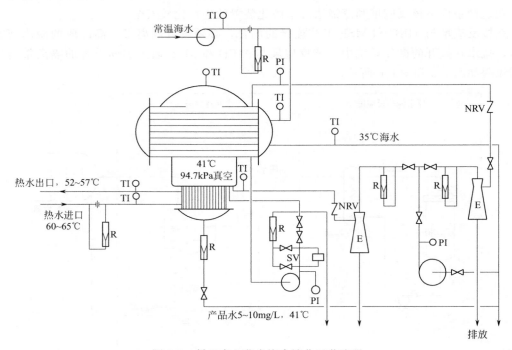

图 6-7　低温真空蒸发海水淡化工艺流程

R—转子流量计；TI—温度变送器；PI—压力变送器；NRV—止回阀；SV—三通管；E—蒸汽喷射器

这种工艺可以不对进料海水进行任何化学处理，并可以使用廉价的材料制造蒸发壳体（如碳钢环氧衬里）。由于蒸发温度低，它的总传热系数也低，淡化的效率也不高。尽管如此，这种工艺仍适用于产能规模要求较低的场合，如沿海城市的工厂自用水或商业中心用水。

6.1.2.3 核能海水淡化的安全设计

核能淡化具有投资巨大、设计运行寿命长和涉及核安全等特点，并且目前尚未有超大规模海水淡化成功经验可以借鉴，因此安全设计是开展核能海水淡化项目的前提。

（1）设计安全要求 核能淡化厂的安全主要取决于核反应堆的安全、核电站与淡化系统之间的安全结合。如选择蒸馏法海水淡化工艺，必须保证在淡化装置蒸汽用量变化的情况下，不会引起核电站的危险。对隔离带和淡化系统的放射性水平，必须配备监控防范的措施。在 PHWR 反应堆中，加热蒸汽和产品水中氚的含量要定期检测，必须采用足够保险的手段保证不存在放射性物质向产品淡水的渗漏。

（2）设计使用年限 核能淡化的设计年限应该使核反应堆和淡化装置的使用年限相当。核电站的核心部分的寿命长达 40 多年。一般淡化装置的设计寿命是 25 年左右，实际使用寿命主要受选材的限制，核电和海水淡化的使用寿命并不匹配。为此，应考虑在核电的寿命期内重置一次海水淡化设备，也可通过更换部分设备或材料，延长海水淡化装置的使用寿命。

（3）系统操作弹性 在一个电厂中，水电要求的比例随一天不同时间和年度季节的变化而变化，只有通过调整汽轮机的蒸汽量才能满足不断变化的电力需求。因此，水电联产的核能海水淡化必须考虑一定程度的操作弹性，以免当汽轮机或淡化装置产量变化或停机时造成核能海水淡化系统的失稳，引发安全事故。

（4）可靠性与实用性 当蒸馏淡化装置的蒸汽供应由核能提供时，淡化装置的可靠性要求是装置设计中必须满足的。电力或淡水供应的突然中断对核能淡化的整个系统来说，不仅有严重的安全隐患，而且直接影响着装置的经济性能。可靠性要求的满足必须在核能海水淡化设计阶段解决。这种安全要求可以通过不同的途径加以解决。

6.1.3 核能海水淡化经济性

经济性是核能海水淡化能否推广应用的关键因素。IAEA 自 1992 年就开始协调相关国家开展核能海水淡化经济可行性等方面的研究，并与传统化石燃料提供能源的海水淡化工艺进行了详细的比较研究。1995 年通过并达成共识，在阿尔及利亚、埃及、利比亚、摩洛哥和突尼斯 5 个严重缺水的北非国家，实施核能海水淡化在经济上是可行的[4]。

为简化核能海水淡化的可行性论证，IAEA 推出了海水淡化经济评估软件 DEEP（Desalination Economic Evaluation Program），用于估算评价不同供能技术对海水淡化经济性的影响。DEEP 的前身 CDEE（Co-generation/Desalination Economic Evaluation）由 IAEA 与美国通用原子能公司（General Atomics）联合开发，经不断改进升级，最新版本为 2011 年发布的 DEEP4.0，图 6-8 为 DEEP4.0 初始界面。

DEEP 程序考虑的是由简化的核反应堆和淡化厂组成的简易流程和其电子制表软件（电子数据表）。包括工厂规模、成本、计算方法在内的诸多因素，可用于计算发电和产品淡水的平均成本、成本构成、能耗和各个可选模型净输出电力，能够分析比较不同类型的电厂、不同燃料（核能、石油、煤炭）和不同海水淡化工艺（MED、MSF、RO 以及混合工艺）的系统经济性。此外，程序还能够对汽轮机配置、备份热源、中间回路、水的输送费用和碳排放税等变量进行分析比较。

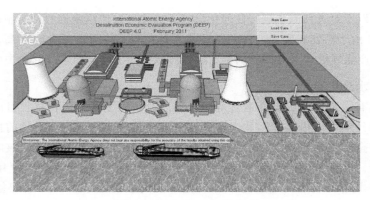

图 6-8　DEEP4.0 初始界面

以 10000m³/d 低温多效海水淡化工艺为例,利用 DEEP 软件对 MED 与不同燃料电站结合的经济性进行评估。保持 IAEA 的默认参数不变,程序能够直接计算出造水成本和发电成本,并能够为这些成本组成提供详细的报告。为对比分析,可以在程序界面选择电站类型、海水淡化工艺,增加考虑中间循环、辅助锅炉和水输送因素,调节工艺参数。不同电站与 MED 工艺耦合的主要成本计算结果列于表 6-2。

表 6-2　采用不同燃料的电站耦合 MED 主要组成成本

燃料类型	燃料成本 /(美元/kW·h)	电力成本 /(美元/kW·h)	淡化厂资本成本 /[美元/(m³/d)]	产水成本 /(美元/m³)
核能	0.013	0.057	1470	0.883
煤炭	0.043	0.076	1470	1.031
油/气	0.198	0.229	1470	2.005

经 DEEP 计算表明,能源类型对海水淡化厂的经济性影响较大。与化石燃料相比,核能优势明显,随着煤炭、石油、天然气储量的逐渐减少和其价格的不断上涨,核能海水淡化的优势将更加显著。

6.1.4　核能海水淡化工程现状和新动向

发展核能海水淡化是世界各国进行海水淡化能源多元化的共同选择。早在 20 世纪 70 年代,日本和哈萨克斯坦就实现了核能和海水淡化联合工程的商业化运行,目前核能海水淡化主要集中于哈萨克斯坦、日本和印度。此外,韩国、俄罗斯、以色列、沙特阿拉伯和印度尼西亚等国家也先后加入核能海水淡化研究和应用的行列[5]。

哈萨克斯坦 Aktau 核能海水淡化厂位于里海东海岸 Mangyshlak 半岛的一个干旱地区,该电厂由基于 BN-350 快堆的核电站和矿物燃料电站组成,可为多效蒸馏淡化装置提供热源,发电能力为 135MW,产水能力为 80000m³/d,安全运行了 27 年,超过 60% 的能量用于产热和海水淡化。

日本是利用核能海水淡化技术最为广泛的国家,目前已经拥有 10 个核能海水淡化厂,如爱媛县 Ikata 核电站、福井市 Ohi 和 Takahama 核电站以及福冈县的 Genkai 核电站[6],表 6-3 为日本正在运行的核能海水淡化工厂的主要技术参数。日本核反应堆多采用 PWR 反应堆,已经积累了 170 多堆年的运行经验。在海水淡化技术上,初期主要采用 MSF,后来由于海水淡化技术的发展,多采用 MED 和 RO。

表 6-3　日本正在运行的核能海水淡化工厂的主要技术参数

厂名	厂址	用途	开始运行 反应堆/淡化	净输出 /MW	淡水产能 /(m³/d)	工艺和类型
Ikata-1，2	Ehime	发电/淡化	1977—1982/1975	566	2000	PWR/MED，MSF
Ikata-3	Ehime	发电/淡化	1994/1992	566	2×1000	PWR/MSF
Ohi-1，2	Fukui	发电/淡化	1979/1973—1976	1175	3×1300	PWR/MSF
Ohi-1，2	Fukui	发电/淡化	1991—1993/1990	1180	2×1300	PWR/RO
Genkai-4	Fukuoka	发电/淡化	1997/1988	1180	1000	PWR/RO
Genkai-4	Fukuoka	发电/淡化	1995—1997/1992	1180	1000	PWR/MED
Takahama	Fukui	发电/淡化	1985/1983	870	1000	PWR/RO

印度从 20 世纪 70 年代就积极开展核能海水淡化研究。2002 年在印度东北部的 Kalpakkam 建立了 Madras 核电站，如图 6-9 所示，该核能海水淡化厂由两座 170MW 的 PHWR 发应堆与 1800m³/d 反渗透和 4500m³/d 多级闪蒸海水淡化耦合组成。2013 年 5 月，印度南部 Tamil Nadu 装机容量为 1000MW 的 Kudankulam 核电站 1 号机组反应堆正式投产运行，该电站配有 4 台单机容量为 2560m³/d 的 MVC 海水淡化装置。

图 6-9　印度 Kalpakkam 的 Madras 核电站外景图

巴基斯坦在 2010 年建立了一座 4800m³/d 的 MED 核能海水淡化厂，该厂与位于卡拉奇附近的 125MW PHWR 反应堆核电站相耦合，同时，该电厂还配有 454m³/d 的 RO 淡化厂。

我国也正在积极开展核能海水淡化技术的研究及应用工作。2010 年 6 月，由中国广东核电集团有限公司、中电投核电有限公司和大连市建设投资公司共同投资建设的国内首个核能海水淡化厂——辽宁大连红沿河核电站海水淡化厂正式投入运营。该系统采用 RO 工艺，产水量为 10080m³/d，用于红沿河核电一期工程 4 台百万千瓦级核电机组生产、生活用水。此外，我国核供热堆技术水平较高，特别适合与蒸馏海水淡化相结合，实现单目的造水。IAEA 认为我国发展的核供热堆与 MED 淡化工艺相耦合，是近期能实现的核能海水淡化优选技术方案之一。在我国政府和 IAEA 大力推动和支持下，我国与摩洛哥王国联合开展在摩洛哥的坦坦（Tan-Tan）地区建设核能海水淡化示范厂的可行性研究。IAEA 组织专家对该项目经过评审，认为核供热堆与 MED 工艺相耦合的核能海水淡化技术是先进、可行的，具有良好的固有安全特性和非能动安全性，并且能够保证产品水水质。

一些不掌握核技术的国家，由于海水淡化产能日益增加，能源需求持续增加，纷纷就核能海水淡化技术开展研究与合作。如印度尼西亚与韩国合作，研究小型核反应堆耦合 MSF 海水淡化技术应用的可行性；利比亚与法国合作，开展核能海水淡化技术研究，拟建设核反应堆耦合 MED-RO 示范工程；摩洛哥计划与中国合作，在大西洋沿岸的 Tan-Tan 建立一个 10MW 热核反应堆，为 $8000m^3/d$ 的 MED 工艺提供热能；卡塔尔在海水淡化需求日益增长的情况下，也在考虑积极开展核能海水淡化技术研究和工程示范。

6.2　太阳能海水淡化

　　太阳能是各种可再生能源中最重要的基本能源，具有储量无限、存在普遍、采运方便和利用环保等特点。太阳能应用潜力巨大，到达地球陆地表面的太阳辐射能约为 $17×10^4$ 亿千瓦，相当于目前全世界一年内消耗总能量的 3.5 万倍以上；我国太阳能资源十分丰富，全国各地太阳年辐射总量为 $3340\sim8400MJ/m^2$，平均值为 $5852MJ/m^{2[7]}$。在交通不便且缺乏市电的地区，应用太阳能提供热能或电能的技术已相对成熟，随着太阳能利用技术水平的提高，应用成本将进一步降低，为大规模利用太阳能奠定了基础。

　　利用太阳能进行海水淡化受到人们的普遍关注，各种新型的太阳能海水淡化技术不断涌现。纵观太阳能海水淡化技术的研究历史，利用太阳能进行海水淡化首先是从太阳能获取低价的能量，第二是根据获得的能量选择合适的海水淡化方法，另外是界面系统使该过程最佳化。太阳能海水淡化可分为直接法和间接法，直接法是将太阳能利用部分和脱盐部分集于一体的方法；间接法是将太阳能利用部分和淡化部分分开的方法。一般来说，直接法占地面积较大，且效率低，在早期的海水淡化中应用较多，目前开发的太阳能海水淡化系统以间接法为主。

6.2.1　太阳能利用技术

　　海水淡化领域应用的太阳能技术主要包括两种：一种是将太阳辐射能直接转换为电能的光伏发电技术；另一种是将太阳辐射能转换为可利用热能的光热技术，主要包括太阳能集热器和太阳池。

6.2.1.1　太阳能光伏发电

　　太阳能光伏发电系统是利用以光生伏打效应原理制成的光伏电池，将太阳辐射能直接转换为电能的发电系统，它由太阳能电池方阵、控制器、直流/交流逆变器等部件组成。太阳能光伏发电系统可以作为独立电源使用，如边远地区的家用供电系统、太阳能照明系统、太阳能水泵系统等；还可与其他发电系统组成混合发电系统，如风-光混合系统、风-光-油混合系统等。最具发展前景的光伏发电系统是与电网联合的并网光伏发电系统，该系统将光伏电池发出的直流电通过逆变器馈入电网，能够实现对电网调峰、提高电网末端的电压稳定性，具有改善电网功率因数、有效消除电网杂波等优点。并网太阳能光伏发电系统如图 6-10 所示。

6.2.1.2　太阳能光热利用

　　(1) 太阳能集热器　太阳能集热器是将太阳辐射能转化为热能，并传递给在其内部流动的流体（如水、空气和导热油等）的部件，太阳能集热器可分为非聚光型和聚光型。

　　① 非聚光型太阳能集热器　非聚光集热器分为平板型集热器和真空管集热器两种形式。平板型太阳能集热器是世界太阳能市场的主导产品，广泛应用于生活用水、游泳池、工业用水等领域，主要由吸热板、透明盖板、隔热层和外壳等部分组成，其结构如图 6-11 所示。

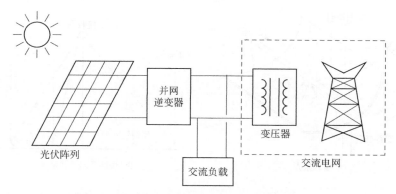

图 6-10　并网太阳能光伏发电系统示意图

平板型集热器工作时，透过透明盖板的太阳辐射被吸热板吸收并转换为热能，并将热能传递给吸热板内的工质，工质温度升高作为集热器的有用能量输出；同时高温集热板通过传导、对流和辐射向环境散热，成为集热器的热损失。

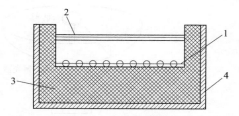

图 6-11　平板型太阳能集热器结构示意图
1—吸热板；2—透明盖板；3—隔热层；4—外壳

为了减少集热器的热损失、提高集热温度，20世纪 70 年代美国欧文斯（Owens）公司首先研制开发出真空管集热器。目前应用最为广泛的真空管集热器为热管式真空管集热器，它由热管、金属吸热板、玻璃管、金属封盖、弹簧支架、蒸散型消气剂和非蒸散型消气剂等部分构成，其结构如图 6-12 所示。

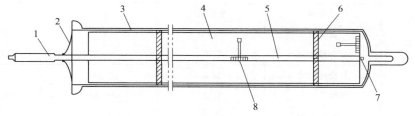

图 6-12　热管式真空管集热器结构示意图
1—热管冷凝段；2—金属封盖；3—玻璃管；4—金属吸热板；
5—热管蒸发段；6—弹簧支架；7—蒸散型消气剂；8—非蒸散型消气剂

热管式真空管集热器工作时，太阳辐射穿过玻璃管后投射在金属吸热板上，吸热板将其转换为热能，再传导给热管蒸发段内的工质，工质蒸发上升到热管冷凝段后，在较冷的内表面上凝结，释放出冷凝潜热给集热器内的换热流体。凝结后的液态工质依靠自身重力流回到蒸发段，重复上述过程[8]。

② 聚光型太阳能集热器　聚光型太阳能集热器由聚光器、跟踪装置和接收器等部分组成，聚光器以反射或折射的方式把到达光孔上的太阳辐射集中到接收器上，接收器内的介质把收集到的太阳辐射转换成热能带走。根据聚光方式不同可分为槽式、线性菲涅尔式、碟式和塔式四种类型。四种聚光型太阳能集热器的结构如图 6-13 所示。

相对于非聚光型太阳能集热器，聚光型太阳能集热器的集热温度较高，可以产生高温、高压的过热蒸汽，驱动汽轮机发电。不同类型太阳能集热器及其性能参数列于表 6-4。

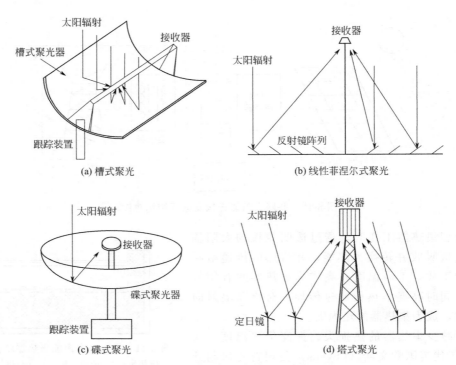

图 6-13　聚光型太阳能集热器结构示意图

表 6-4　不同类型太阳能集热器及其性能参数[9]

跟踪方式	集热器类型	接收器	聚光比	集热温度/℃
不跟踪	平板型	平板式	1	30～80
	真空管	平板式	1	50～200
	复合抛物面	管式	1～5	60～240
一维跟踪	复合抛物面	管式	5～15	60～300
	线性菲尼尔	管式	10～40	60～250
	槽形抛物面	管式	15～45	60～300
	圆柱形抛物面	管式	10～50	60～300
二维跟踪	槽形抛物面	点式	100～1000	100～500
	定目镜阵列	点式	100～1500	150～2000

（2）盐度梯度太阳池　盐度梯度太阳池简称太阳池，是利用具有一定盐浓度梯度的池水作为集热器和蓄热器的太阳能热利用系统，它具有结构简单、价格低廉和适于大规模使用的特点，是一种很有竞争力和发展前景的太阳能收集和存储系统。太阳池通常由三个区组成，最上层是含盐量少且很薄的对流区（UCZ），中间层为无对流盐梯度区（NCZ），最下层是含盐浓度高却均匀一致的储热区（LCZ）[10]。太阳池剖面及温度、盐度变化曲线如图 6-14 所示。

当太阳辐射照射到最上部的 UCZ 层，由于水的透光性太阳辐射向深处传播，一部分能量被沿途的 NCZ 层盐水吸收，理论上受热的水会因密度减小而上升，然而由于 NCZ 层的水浓度随着深度而增大，自然对流被抑制，并将太阳辐射能存储于 LCZ 层，这就是太阳池的工作原理。

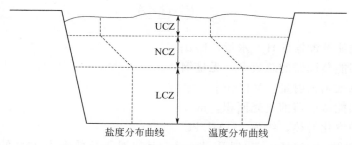

图 6-14　太阳池剖面及温度和盐度变化曲线

6.2.2　直接法太阳能海水淡化

直接法太阳能海水淡化是受云雨变换这一自然现象启示，最早为人类所了解的海水淡化方法，该方法直接使用从太阳辐射获得的热量，加热海水使其蒸发，蒸汽冷凝形成淡水。按是否配备辅助加热、冷凝等设备，直接法太阳能海水淡化又可分为被动式太阳能蒸馏器和主动式太阳能蒸馏器两种。

6.2.2.1　被动式太阳能蒸馏器

（1）被动式太阳能蒸馏器工作原理　被动式太阳能蒸馏器是指装置中不存在利用电能驱动的动力元件，也不存在利用太阳能集热器等部件进行主动加热的海水淡化装置。盘式太阳能蒸馏装置是最原始的太阳能蒸馏器之一，最简单的单级盘式太阳能蒸馏器结构形式如图 6-15 所示。

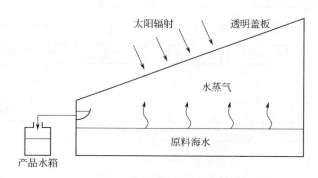

图 6-15　单级盘式太阳能蒸馏器结构示意图

单级盘式太阳能蒸馏器包括一个密闭水槽和一个透明盖板。当有太阳照射到蒸馏器上时，大部分太阳辐射透过透明盖板，小部分被盖板反射或吸收。透过盖板的太阳辐射，一部分从水面反射，其余的通过水槽中的黑色衬里被海水（2～3cm 深）吸收，使其温度升高（可达 60～70℃）并部分蒸发。因盖板吸收的太阳辐射较少，且直接向大气散热，故盖板的温度低于水槽中的水温。水槽内的海水在水面和玻璃盖板之间将会通过辐射、对流和蒸发进行换热，水槽中蒸发的水蒸气会在盖板下表面冷凝而放出汽化潜热，凝结水在重力作用下沿盖板流下，汇集在集水槽中，成为产品淡水。

（2）被动式太阳能蒸馏器性能估算　被动式太阳能蒸馏器产水量的影响因素很多，其中包括太阳辐照度、天空温度、风速、环境温度等气象参数，也有水深、衬里涂料、侧边/底部热损失等设计参数。被动式太阳能蒸馏器的产水量可由式（6-1）进行估算[11]：

$$Q = \frac{E \times G \times A}{\lambda} \quad\quad\quad (6\text{-}1)$$

式中　Q——太阳能蒸馏器的日产水量，L/d；

　　　E——太阳能蒸馏器的总效率，无量纲；

　　　G——日总太阳辐射量，MJ/m^2；

　　　A——太阳能蒸馏器的集光面积，m^2；

　　　λ——水的汽化潜热，约为 2.3MJ/kg。

以日总太阳辐射 $18.0MJ/m^2$（$5kW\cdot h/m^2$）计，对于总效率为 30% 的盘式太阳能蒸馏器，单位面积的产水量约为 2.3L/d。

（3）被动式太阳能蒸馏器分类　盘式太阳能蒸馏器虽然方法古老、简单，但易于利用自然能源，操作费用较低，很适宜在环境温度高、日照时间长的地区进行海水淡化或苦咸水淡化，故此法仍然受到人们一定的重视。比较理想的盘式太阳能蒸馏器太阳能利用效率约为 35%，产水量一般在 $2\sim4L/(m^2\cdot d)$。为提高盘式太阳能蒸馏器的性能系数、增大单位面积产水量，国内外众多学者在新材料选取、热性能改善等方面进行了大量研究，通过适当改进提高蒸发和冷凝性能，增加得热量、降低热损失，并提出了多种形式的被动式太阳能蒸馏器。被动式太阳能蒸馏器分类如图 6-16 所示[12]。

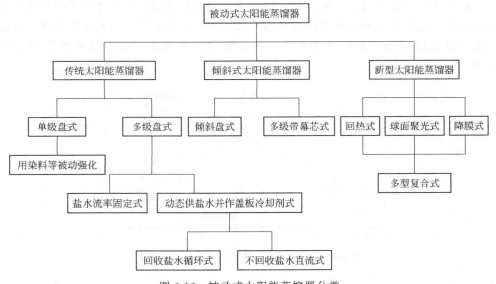

图 6-16　被动式太阳能蒸馏器分类

（4）被动式太阳能蒸馏器的主要问题　众多新型太阳能蒸馏器的提出，对于改善其性能起到了一定的积极作用，然而其热效率依然没有得到大幅度的提高，产水量只比原来提高了 5%～10%[13]。综合分析传统被动式太阳能蒸馏器单位面积产量过低的原因，不难发现它的三个严重缺陷：一是蒸汽的凝结潜热未被重新利用，而是通过盖板散失到环境中；二是太阳能蒸馏器内部的自然对流换热模式，大大限制了其热性能的提高；三是太阳能蒸馏器中待蒸发的海水热容量太大，限制了运行温度的提高，从而减弱了蒸发的驱动力。

6.2.2.2　主动式太阳能蒸馏器

为克服被动式太阳能蒸馏器的主要缺陷、提高系统性能，Soliman 最先提出了主动式太阳能蒸馏器的思想。主动式太阳能蒸馏器可通过如下方案实现：提高太阳能蒸馏器的运行温度，如辅以太阳能集热器等装置；增大海水与冷凝盖板之间的温差，如采用水或空气快速移除盖板处水蒸气的冷凝潜热、利用夜间的低温环境和太空辐射制冷技术；回收蒸汽的冷凝潜热，如增加外凝结器。根据所采用的技术方案不同，主动式太阳能蒸馏器可以分为以下三种形式。

（1）辅以太阳能集热器加热的太阳能蒸馏器　为提高太阳能蒸馏器的运行温度，Rai 等首次提出采用平板式太阳能集热器为盘式太阳能蒸馏器提供热量的设计方案[14]，装置结构如图 6-17 所示。蒸馏器部分与传统盘式太阳能蒸馏器相同，太阳能集热器由于较高的集热效率，可将蒸馏器中的海水加热至较高的温度。

Tiwari 等[15]对辅以平板太阳能集热器加热的太阳能蒸馏器进行了实验研究，结果表明装置的产水量可提高 2～3 倍左右。但需要指出的是，太阳能集热器的辅助加热并不一定会提高装置的总效率，Tiwari 实验装置的总效率仅有 20％左右，只有合理配备集热面积，系统的总效率才能提高。

（2）有盖板冷却的主动式太阳能蒸馏器　太阳能蒸馏器运行温度随环境温度变化，运行温度最高时也恰恰是环境温度最高时，从而降低了海水与盖板之间的温差。Singh 等在太阳能蒸馏器的透明盖板上增加了一层透明盖板，并在两透明盖板间通以冷却水，以对下透明盖板进行冷却（如图 6-18 所示）。研究结果表明，在有盖板冷却的情况下太阳能蒸馏器的总效率可达 45％～52％[16]。Varol 等为利用夜间的低温环境冷却透明盖板，在辅以太阳能集热器的太阳能蒸馏器系统中增设了储热水箱，实验结果表明白天和夜间的产水量基本相同，即产水量能够提高一倍左右。

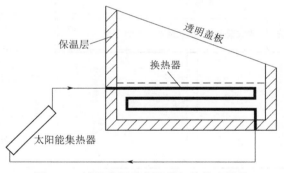

图 6-17　辅以太阳能集热器加热的太阳能蒸馏器结构示意

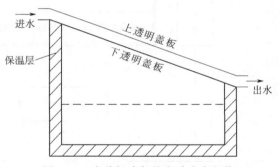

图 6-18　有盖板冷却的主动式太阳能蒸馏器结构示意

此外，还可以通过改变盖板和水槽中的黑色衬里的材料物性，充分利用太空辐射冷能，实现海水与透明盖板之间的大温差，增大传热传质驱动力、提高系统产水量，国内已有单位开展相关研究。

（3）有主动外凝结器的太阳能蒸馏器　被动式太阳能蒸馏器中，水蒸气在盖板的冷凝过程为自然对流的传热传质过程，限制了装置性能的改进。为了强化水蒸气的蒸发和凝结过程，Mohamad 等设计了外带凝结器的主动式太阳能蒸馏器[17]，装置结构如图 6-19 所示。

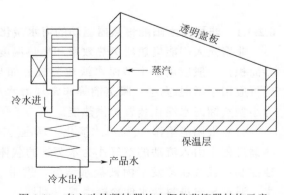

图 6-19　有主动外凝结器的太阳能蒸馏器结构示意

在该装置中，外凝结器凝结水量占总凝结水量的比例以 ξ 来表示。当 $\xi=1.0$ 时，一般天气条件下系统的效率可达 37% 以上，在晴好天气条件下可达 45%～47%。

上述几种为比较典型的主动式太阳能蒸馏器，除此之外，基本都是这几种形式的变形或耦合，此处不再详细介绍。

6.2.3　间接法太阳能海水淡化

间接法太阳能海水淡化系统可以分为两个独立的子系统，太阳能子系统用于收集太阳能并将其转换为热能或电能，如光伏发电、太阳能集热器和太阳池等；海水淡化子系统应用太阳能子系统产生的热能或电能生产淡水，如多级闪蒸（MSF）、低温多效（MED）、反渗透（RO）、膜蒸馏（MD）、电渗析（ED）、机械压缩蒸馏（MVC）和增湿-去湿（HDH）等，也可应用太阳能子系统驱动热泵系统，如蒸汽压缩式热泵（TVC）、吸收式热泵（ABHP）、吸附式热泵（ADHP）等，为海水淡化装置提供热能。按照太阳能利用技术的不同，间接法太阳能海水淡化可按图 6-20 所示分类。

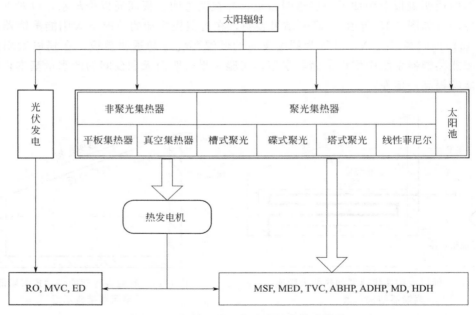

图 6-20　间接法太阳能海水淡化技术分类

6.2.3.1　非聚光太阳能集热器驱动的海水淡化

非聚光太阳能集热器集热效率和集热温度都比较低，应用于海水淡化装置需要较大集热器面积，一般应用于小型海水淡化装置，如与太阳能蒸馏器结合（见 6.2.2.2 节）。此外，还可应用于增湿-去湿、膜蒸馏等非常规海水淡化装置，或者与封闭式蒸汽压缩热泵相结合为小型蒸馏海水淡化装置提供热能。

（1）太阳能增湿-去湿海水淡化　增湿-去湿淡化方法由传统太阳能蒸馏器发展而来，在蒸馏过程中引入流动的空气作为水蒸气的载体，并将蒸发室与冷凝室分离，使其温度可以单独控制；载气在蒸发室内被盐水增湿，携带一定量的水蒸气进入冷凝室去湿、冷凝得到淡水，通过预热进料盐水使冷凝潜热得到回收。典型太阳能增湿-去湿海水淡化系统如图 6-21 所示。

　　增湿-去湿与传统蒸馏法和膜法淡化技术均有不同，其特点为：①装置规模灵活，投资小，便于分散使用；②操作压力为常压，操作温度在 70～90℃ 之间，易于与太阳能集热器等低品位热源结合；③汽化过程在气液界面而非传热面进行，设备的结垢倾向较小，从而降低了进料海水的预处理要求。

　　(2) 太阳能膜蒸馏海水淡化　膜蒸馏技术具有传质速度快、在低于溶液沸点和常压下进行，可以利用低品位能源（太阳能、地热、废热）的特点。因此利用太阳能集热器驱动膜蒸馏成为当今研究的一个新热点。利用太阳能集热器为直接接触式膜蒸馏提供热能的装置如图 6-22 所示。

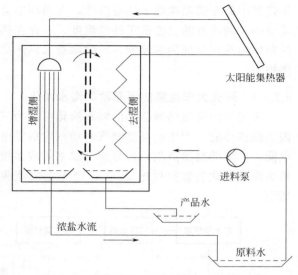

图 6-21　太阳能增湿-去湿海水淡化系统示意

　　太阳能膜蒸馏存在的主要问题是太阳能系统与膜蒸馏系统耦合匹配，实现系统最优设计的问题。在整个系统设计前，必须对各单独系统进行性能研究，从而找出整个系统合适的工作条件，在此基础上进行系统集成优化，实现海水淡化过程，并达到节能、环保等目的。

　　(3) 太阳能辅助热泵海水淡化　利用太阳能集热器直接或间接为热泵蒸发器提供热量，即组成了太阳能热泵技术。将太阳能热泵与海水淡化装置结合，在为海水淡化装置提供热量的同时回收浓盐水的显热和水蒸气冷凝潜热，就组成了太阳能热泵海水淡化系统，系统框图如图 6-23 所示。

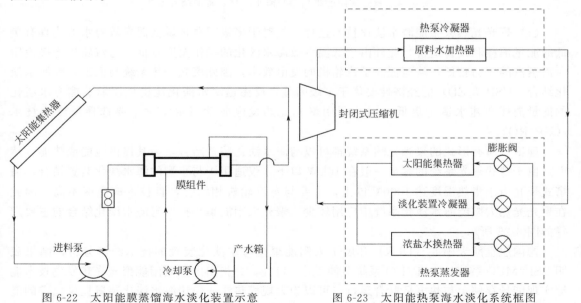

图 6-22　太阳能膜蒸馏海水淡化装置示意　　　　图 6-23　太阳能热泵海水淡化系统框图

　　太阳能热泵海水淡化系统与直接利用太阳能集热器加热海水相比，具有如下特点：①直接利用集热器加热海水是让海水在太阳能集热器中循环，而太阳能热泵海水淡化系统是通过制冷剂的循环流动，除可以获得太阳能外，还可以获得环境空气热能；②一般来说，太阳能集热器中的介质温度高于环境温度，在循环中会造成一定的热量损失，太阳能热泵海水淡化系统中，制冷剂的温度低于环境温度，不存在热量损失；③可将海水淡化装置的冷凝器、换热器作为热泵系统的蒸发器，回收浓盐水、产品水等物流的热量，减少对外排热造成的可用能损失。

6.2.3.2 聚光太阳能集热器驱动的海水淡化

聚光太阳能集热器驱动的海水淡化可分为三种形式：产生的高温蒸汽为低温多效或多级闪蒸提供热能；产生的高温蒸汽驱动汽轮机发电，为反渗透、机械压缩蒸馏、电渗析等提供电能；产生的高温蒸汽一部分为低温多效或多级闪蒸海水淡化提供热能，另一部分驱动汽轮机为海水淡化装置提供电能[18]，聚光太阳能集热器与海水淡化装置的结合方式如图 6-24 所示。

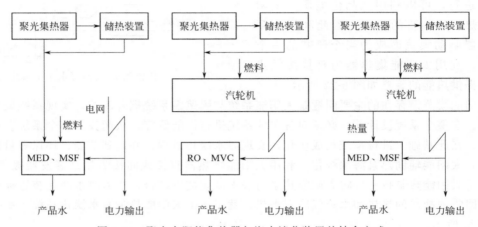

图 6-24　聚光太阳能集热器与海水淡化装置的结合方式

（1）聚光光热太阳能海水淡化技术选择　相对于多级闪蒸来说低温多效海水淡化具有更低的能量消耗和设备造价，此外由于低温多效海水淡化的操作温度较低，与汽轮机连接使用所需蒸汽的压力较低，从而提高了汽轮机的发电效率，因此聚光光热系统与低温多效海水淡化结合（CSP/MED）的经济性要优于多级闪蒸；反渗透海水淡化比机械压缩蒸馏海水淡化的能量消耗和吨水造价更低，因此利用聚光光热发电驱动海水淡化主要选择反渗透技术（CSP/RO）。

理论上所有形式的聚光光热系统都可以与海水淡化装置结合，为其提供电能或热能。然而，由于碟式聚光系统的容量一般在 10kW 以下，仅适用于与小型的海水淡化装置结合；而塔式聚光由于集热温度达 1000℃以上，主要与蒸汽轮机相结合，且技术成熟度不高，因此在聚光光热太阳能海水淡化系统中应用较少。聚光太阳能集热技术与海水淡化结合的主要选择如图 6-25 所示。

德国航空航天中心（DLR）开展了太阳能聚光海水淡化装置的技术经济分析，结果表明 CSP/MED 系统比 CSP/RO 系统节能 4%～11%，并指出由于太阳能聚光光热发电技术能够实现能量存储、与热电厂联合运行，可以为大规模热法或膜法海水淡化装置提供稳定的能量，并且太阳能聚光海水淡化系统的日产水量能够达到几十万吨。

（2）聚光光热太阳能海水淡化技术发展概况　早在 1988 年，西班牙阿尔梅里亚太阳能测试平台（SPA）在其太阳能热淡化项目中就建立了聚光光热驱动的低温多效海水淡化装置（如图 6-26 所示）。

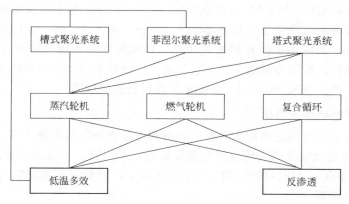

图 6-25　聚光太阳能海水淡化技术选择

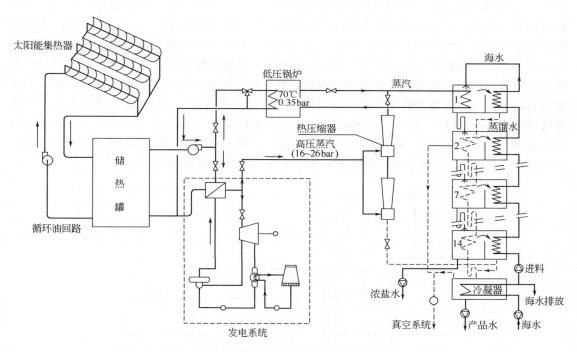

图 6-26　SPA 太阳能聚光光热海水淡化装置流程（1bar＝0.1MPa）

该系统包括一个集热面积为 $2672m^2$ 的槽式聚光集热器、一个 14 效的低温多效海水淡化装置、一个透平发电机和一个容量为 $115m^3$ 的储热箱，装置产水量为 $72m^3/d$。实验研究表明，装置的造水比可达 14，吨水成本约为 2 美元。由于装置存在很大的热量浪费，后来又对其进行了改造，用一台双效溴化锂吸收热泵代替冷凝器，从而系统的性能得到明显改进，装置造水比达到 24。

由于光热发电的成本过高，而且光热发电站必须依赖规模经济，至少建设 50MW 级以上规模的项目才具投资价值，导致聚光光热太阳能海水淡化技术进展缓慢。然而随着高精度聚光控制技术、储热技术的发展，目前光热发电价格与光伏发电成本相当，如果考虑储热装置，光热发电的综合价格比光伏发电还要便宜些。因此将聚光光热系统与海水淡化相结合又逐渐引起了人们的广泛关注。卡塔尔环境与能源研究所（QEERI）、西班牙 SPA 和卡塔尔电力自来水总公司（KAHRAMAA）已达成合作协议，于 2013 年 1 月开始建立一个聚光太阳能驱动的低温多效海水淡化装置，集热器长为 320m、宽为 156m，电力输出功率为 2MW，产水量为 600m³/h。国内也正在开展相关研究，国家海洋局天津海水淡化与综合利用研究所和上海骄英能源科技有限公司将在三亚联合建立由线性菲涅尔聚光光热系统驱动的低温多效海水淡化装置，产水量为 30m³/d，目前正在进行装置的加工。

6.2.3.3 太阳池驱动的海水淡化

太阳池的运行温度可以达到盐水的沸点，特别是在太阳辐射资源丰富、地面热损失小的地区。Hull 等在以色列建立的太阳池运行温度可达 113℃[19]。大部分商业应用的 MSF 最高盐水温度为 90～110℃，MED 的最高盐水温度为 70℃，因此可将太阳池与蒸馏海水淡化装置结合，为其提供热源。

德克萨斯大学于 1985 年在 EI Paso 建立了世界上第一个工业应用的太阳池，其面积为 3000m²，深度约 3.25m，其中 UCZ 层为 0.7m，NCZ 层为 1.2m，LCZ 层为 1.35m。UCZ 层为质量含量 1%～4% 的盐水，LCZ 层为质量含量为 26% 的浓盐水。1992 年开始对太阳池驱动的多级多效（MEMS，multi-effect，multi-stage）海水淡化装置进行测试研究，装置如图 6-27 所示[20]。测试装置包括三效四级闪蒸单元，采用喷射泵代替真空泵，蒸发器和冷凝器外壳采用玻璃钢，热交换管束用不锈钢或钛管。对不同盐水浓度和温度、不同流速、不同排放水温度和浓度等各种操作参数下的系统性能进行了研究[21]。实验研究结果表明，当冷却塔进水为 11～36℃、30～130L/min 时，系统淡水产量为 3.785L/min（24～34℃），最高盐水温度为 63～80℃，闪蒸范围为 16～37℃，真空度为 560～610mmHg（74.66～81.33kPa），实验还发现采用太阳池表面水作为冷却水能够省电 10% 左右。

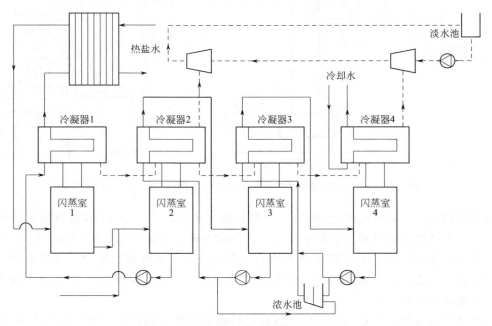

图 6-27　太阳池多级多效海水淡化装置

由于太阳池能够提供大量的低温热能，又具有较长时间的储热能力，因此与淡化装置结合能够保障海水淡化装置的稳定运行；此外浓盐水可作为太阳池的浓盐水来源，避免浓盐水排放造成的热污染。然而应用太阳池进行海水淡化也有其固有的弊端：①在池底布置换热器进行取热，由于换热系数较小，所需换热面积较大且难以维修，增加了系统的建造和维护费用；②淡水产量为$1m^3/d$的系统所需的太阳池面积超过$500m^2$，系统占地面积较大，增加了系统的初始投资；③太阳池只能接受落到水平面上的阳光，因此在高纬度地带，太阳池的性能将显著降低。

6.2.3.4 太阳能光伏驱动的海水淡化

1982 年美国 Water Serv 公司报道了世界第一个太阳能反渗透海水淡化工程，采用太阳能光伏发电驱动反渗透海水淡化装置，解决干旱地区的生产用水。此后光伏驱动的反渗透海水淡化技术得到了广泛的研究，这得益于光伏发电成本的逐步降低。

在光伏反渗透海水淡化系统中，光伏电池产生的电能直接或通过逆变器之后，用于驱动高压泵来为反渗透海水淡化装置提供所需的能量，光伏反渗透技术的产水量一般在 $0.10\sim75.71m^3/d$ 之间。光伏反渗透系统的示意如图 6-28 所示，系统主要包括太阳能装置、取水装置、预处理装置、高压泵和反渗透膜组，除此之外，一般还包括逆变器、蓄电池和能量回收等辅助装置[22]。尽管在光伏驱动的反渗透设计方面累积了大量的经验，迄今为止尚没有明确的设计标准。

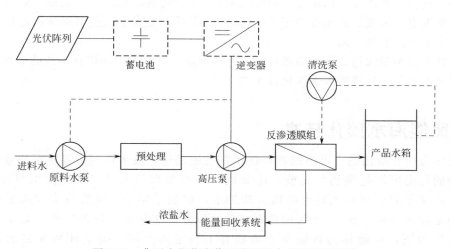

图 6-28 典型太阳能光伏反渗透海水淡化系统示意

由于光伏发电和反渗透技术均为模块化产品，易于扩展，因此光伏驱动的反渗透海水淡化应用最广泛，已有很多商业化应用的小型装置。其研究热点主要集中在以下几个方面：能量回收装置，蓄电池，与风能、柴油发电技术的耦合系统，其他淡化方法耦合反渗透淡化技术。太阳能光伏发电驱动反渗透海水淡化由相互独立的光伏发电系统和反渗透海水淡化系统耦合而成，耦合系统的技术适应性不是主要的发展障碍，但在技术经济性方面还有很大的提升空间。

太阳能光伏发电系统除驱动反渗透海水淡化之外，还可用于驱动机械压缩蒸馏和电渗析等，但系统的经济性能较差。Helal 等对比了 $100m^3/d$ 的并网光伏驱动的机械压缩蒸馏和反渗透，通过建立的数学模型对两种技术的可行性、成本效率等进行了分析，研究结果表明光伏驱动的反渗透吨水造价仅为机械压缩蒸馏的 51%。利用光伏技术驱动海水淡化装置最主要的问题就是较高的电池造价和电能存储，随着光伏电池造价的进一步降低、电能存储的技术进步，利用太阳能光伏技术驱动海水淡化将得到更为广泛的应用。

6.2.4　太阳能海水淡化发展展望

太阳能海水淡化提供了一种有效的淡水解决方案，特别是对于淡水资源缺乏、没有电力供应的海岛等偏远地区，具有良好的发展前景。然而太阳能海水淡化在技术经济等方面仍然与传统海水淡化技术存在一定的差距，今后研究中需要关注以下几方面的问题。

（1）当前绝大多数太阳能海水淡化系统是由相互独立的太阳能子系统和海水淡化子系统组成，导致系统造价相对昂贵、能源利用效率较低。因此需进一步开展太阳能子系统与淡化子系统耦合技术研究，通过两者紧密集合、相互渗透，提高太阳能利用效率，降低系统造价和运行成本。

（2）海水淡化装置的稳定运行对于其经济性具有重要的影响，为保证装置稳定运行需要有稳定的能量输入。太阳能利用受地域、气候和季节影响较大，存在间歇性、不稳定性等问题，开展高效储能技术、太阳能/化石能源/海水淡化耦合技术、太阳能与其他可再生能源耦合技术的研究，对于保证海水淡化装置的稳定运行、降低造水成本具有重要意义。

（3）太阳能利用效率较低，与大中型海水淡化装置结合需要较大的占地面积，因此开展高效太阳能利用技术研究（如聚光太阳能技术）、开发完整海水淡化产业链（如联合海水淡化、太阳能发电、取暖、海盐生产等系统综合），降低占地成本、提高单位占地面积的经济效益，不失为好的发展方向。

随着技术的不断改进、常规能源价格的不断提高，可以肯定地说在不久的未来太阳能海水淡化将是有效的、经济的海水淡化技术之一。

6.3　风能海水淡化技术

风能作为一种清洁的可再生能源，近年来发展迅速，逐步得到世界各国的重视。人类利用风能的历史可以追溯到公元前，比如风车和水车都是人类早期使用的风能原动机，欧洲在七百多年前就利用风能碾磨粮食和抽水，但数千年来，风能技术发展缓慢，没有引起人们足够的重视。自 1973 年世界石油危机以来，在常规能源告急和全球生态环境恶化的双重压力下，风能作为新能源才重新有了长足的发展。据统计数据显示，截止到 2011 年年底，全球风电累计装机容量达到 238GW，仅我国装机累计就已达 62.36GW，居全球第一[23]。

随着世界各国在风能技术开发方面投入的加大，风能利用逐步成熟，已成为一项技术可靠、产业化程度较高的可再生能源技术，可作为海水淡化的替代能源。特别是远离电网和近期内电网还难以达到的岛屿地区，面临水资源和能源短缺的双重压力，利用风能替代传统能源，开发风能海水淡化解决生产、生活水资源和能源，有着十分重要的意义。风能用于海水淡化，在世界多个国家已经取得了较多的研究成果，国际上利用风能进行海水淡化的国家主要有西班牙、希腊、墨西哥、挪威、澳大利亚、荷兰、德国等。

6.3.1　风能海水淡化技术形式

根据风能的能源转化利用方式不同，风能海水淡化主要有以下两种技术途径：一种是直接利用风能产生的机械能驱动后续的淡化装置，后续的淡化工艺可以是 RO 或 MVC，即直接风能海水淡化；另一种是利用风能产生电能，再利用电能驱动后续的淡化装置，后续的淡化工艺可以是 RO、MVC 或 ED，即间接风能海水淡化。风能海水淡化技术形式如图 6-29 所示。根据风能产生的电能是否并入市政电网，间接风能淡化又可分为并网型风能海水淡化、非并网型风能海水淡化两种。

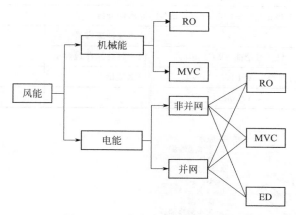

图 6-29 风能海水淡化技术形式

6.3.2 直接风能海水淡化

直接风能海水淡化也称耦合式风能海水淡化，就是直接将风力的机械能用于海水淡化，也就是利用风力涡轮的旋转能直接驱动 RO 淡化单元的高压泵或 MVC 的压缩机进行淡化。直接风能海水淡化与间接风能海水淡化方法比较，其优点是省去了"机械能-电能-机械能"之间的转换[24]，简化了系统结构，其技术形式如图 6-30 所示。

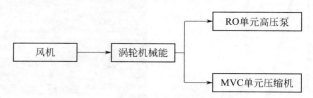

图 6-30 直接风能海水淡化技术示意

从目前的研究现状来看，直接风能淡化还不够成熟，存在的问题较多。主要因为风能受自然条件的影响，存在较大的波动性，而以这种方式利用风能，海水淡化装置的运行将直接受到风能波动的冲击，难以保证稳定、安全运转。该方向的研究大多处于概念设计、实验阶段，仅有少量的实例报道。关于风能直接驱动 MVC 的实例还未见报道，以下介绍一个风能直接驱动 RO 淡化的实例。

2007 年，荷兰 Delft 大学启动了一个名为"Drinking with the wind"的研究计划[25]，开展了将风能直接用于海水淡化的研究工作，设计了一种依靠风能的机械能驱动反渗透淡化装置的高压泵来实现淡化的系统，该系统未利用任何电能。在风速为 7m/s，装置的产水规模为 5m³/d；当风速达到 12m/s，最大产水规模可达 10m³/d。装置基本参数如表 6-5 所示，图 6-31 是该装置的原理示意图，图 6-32 是该装置高压泵系统图。

从图 6-31 可以看出，装置运行时，原水首先通过原水管道进入到放置在 10m 高度处的原水缓冲罐，为高压泵提供约 1bar（0.1MPa）的进水压力，防止高压泵吸空。风机通过机械传动轴与柱塞式高压泵相连，提供运行压力，高压泵通过传动轴与能量回收装置连接，降低系统的能耗需求。产生的淡水被输送到 10m 高度处的淡水罐中，最后流入到可满足储存

表 6-5　Delft 大学风能海水淡化装置基本参数

项目	参数	项目	参数
规模	5m³/d（7m/s）～10m³/d（12m/s）	原水缓冲罐容量	30L
回收率	20%	淡水缓冲罐容量	100L
反渗透膜	4 只，海德能 SWC1-4040	淡水最终储存罐容量	25m³
高压泵/能量回收	丹弗斯，APP1.5/APM1.2	原水流量	2m³/h
产水 TDS	≤175mg/L		

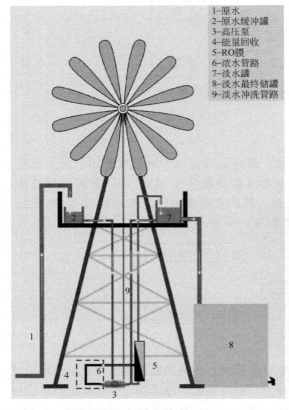

1—原水
2—原水缓冲罐
3—高压泵
4—能量回收
5—RO膜
6—浓水管路
7—淡水罐
8—淡水最终储罐
9—淡水冲洗管路

图 6-31　Delft 大学风能海水淡化装置运行原理示意　　图 6-32　Delft 大学风能海水淡化装置高压泵系统

5 天淡水量的淡水最终储存罐。当系统停机时，淡水罐的淡水冲入到装置中，冲洗留置在膜和高压泵中的浓盐水，防止膜、高压泵受污染损坏。

6.3.3　间接风能海水淡化

　　间接风能海水淡化也称作分离式风能海水淡化，就是利用风机发电，再利用电能来驱动后续的淡化单元，后续淡化单元可以是 RO、MVC 或 ED 等。由于目前风电技术较为成熟，各部件和控制系统的产业化程度较高，因此在风能海水淡化工程中一般优先选用间接风能海水淡化技术，以减少风险，提高系统的兼容性、稳定性。间接风能海水淡化系统中的风电可以并入常规电网，也可以独立为海水淡化装置供电。按照风电是否并入常规电网，间接风能海水淡化分为并网型风能海水淡化和非并网型风能海水淡化两种。

6.3.3.1 并网型风能海水淡化

并网型风能海水淡化是风机所发风电通过技术处理并入常规市政电网后再给海水淡化装置供电的一种风能海水淡化技术。并网型风能海水淡化原理如图 6-33 所示。

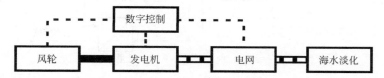

图 6-33 并网型风能海水淡化原理示意图

（1）并网风电特点 并网风电是目前大规模风电利用的主要方式，是风电应用最经济的方式；风电并网后，经过电网的整合，能够为终端负荷提供稳定的电能供应，避免了由自然条件影响而导致的供能波动。然而风能具有不稳定性和波动性等缺点，存在着电压不稳定、相位差、频率差难以控制等问题。应用变速恒频风力发电机组能够在一定程度上解决电网稳频、稳压和稳相的要求，但随着风力机功率的提高、风力机的结构尺寸加大，控制难度增大，降低了系统可靠性；风电并网系统低电压穿越能力、抗干扰能力较差，抵御电网故障能力弱，电压跌落时会造成电网电压和频率崩溃，给工业生产带来巨大损失；风电大规模并入电网会使电网的可靠性降低，进而影响电网的调度和运行方式。

（2）并网风能海水淡化工程实例 虽然并网风电存在一些技术问题，但仍是风能海水淡化的主要模式，以下介绍一个典型的并网型风能海水淡化工程实例。

澳大利亚 Perth 海水淡化厂，是目前世界上最大的并网风能反渗透海水淡化厂，位于西澳大利亚，于 2006 年 11 月建成，采用二级反渗透工艺，一级产水 160000m³/d，二级产水 143700m³/d，项目建成后成为 Perth 市最大的独立水源，为该市提供 17％的水资源。Perth 海水淡化厂基本参数如表 6-6 所示。

表 6-6 Perth 海水淡化厂基本参数

项目	参数	项目	参数
建成时间	2006 年 11 月	二级单套膜壳数量	124
应用工艺	二级反渗透	能量回收装置	ERI，PX220，一级单套反渗透配 16 台，共 192 台
一级产水规模	160000m³/d	一级产水平均 TDS	150～200mg/L
二级产水规模	143700m³/d	二级产水平均 TDS	10～20mg/L
一级设计回收率	45％	运行平均温度	20.2℃
二级设计回收率	90％	原海水平均 TDS	36500mg/L
一级套数	12 套	产水平均 pH	6.8
一级单套膜壳数量	162	吨水能耗	3.2～3.5kW·h/m³
二级套数	6 套		

Perth 海水淡化的动力来源于一个风电并入的电网系统，风电场是位于 Perth 北部 200km 的 Emu Downs 风场，共有 48 台风机，总装机容量为 83MW，每年可为电网贡献 272GW·h 的电力，每年为 Perth 海水淡化厂提供约 180GW·h 的电力。Perth 海水淡化厂工艺流程如图 6-34 所示。

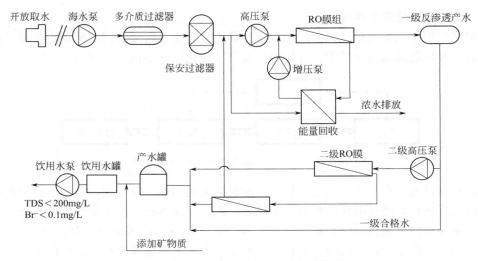

图 6-34　Perth 海水淡化厂工艺流程简图

6.3.3.2　非并网型风能海水淡化

非并网型风能海水淡化，即风场、风机所发风电通过必要的技术处理，直接为海水淡化装置供电的一种海水淡化技术，该技术形式也是风能海水淡化研究的主要方向和热点。非并网型风能海水淡化原理如图 6-35 所示。

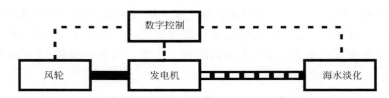

图 6-35　非并网型风能海水淡化原理示意图

（1）非并网风电特点　非并网风电能够规避风电并网电压差、相位差、频率差等难以控制的问题，避免风电并网对电网系统的影响；提高风能利用效率，简化风力发电机结构和风电并网运行所需的辅助设备，风电经简单配置就可以直接应用于特定产业。然而非并网风电也存在一定的不足之处，风电不并入电网，电能供给将直接受到自然条件的影响，风电供给波动性较大；风电终端负荷将直接面对风电供能的波动，对终端负荷的性能提出了更高的要求，只能适用于一些特定场合、产业。

（2）非并网风能淡化工程实例　在非并网风能海水淡化技术研究方面，取得的研究成果较多，按照淡化工艺不同，可分为风能-电能-RO、风能-电能-MVC、风能-电能-ED 三种工艺，其中以风能-电能-RO 应用最为广泛，现分别对这三种工艺进行介绍。

① 风能-电能-RO　RO 是发展成熟的海水淡化技术，系统具有能耗低、模块化程度高、规模弹性大和操作简单等特点。在"风能-电能-RO"工艺中，可以通过关闭和启动部分反渗透处理单元、功能模块来适应风能的波动性和风力发电量的变化。在该方向上各国取得的研究成果也较多，是目前风能海水淡化的主要研究方向。以下介绍一些典型实例。

21 世纪初，在欧盟的资助下，Gran Canaria 岛上兴建了一座非并网风能海水淡化厂，对比研究了 3 种不同的海水淡化技术（RO、MVC 和 ED）对风电波动的适应性问题。其中非并网风能 RO 淡化装置共采用 8 组 RO 膜单元，每套 RO 膜单元产水能力为 $25m^3/d$，由 2 台 230kW 的风机供电，系统在不进行能量回收的情况下耗电量为 $7.5kW\cdot h/m^3$[26]。Gran Canaria 岛风能 RO 海水淡化装置性能参数如表 6-7 所示。

表 6-7 Gran Canaria 岛风能 RO 海水淡化装置性能参数

项目		参数	项目		参数
RO 单元	膜组数	8	RO 单元	给水压力	6.5Mpa
	单组产水量	$25m^3/d$		吨水电耗	$7.5kW\cdot h/m^3$
	单组膜壳数	3		给水 TDS	36000mg/L
	每只膜壳内 RO 膜数	3		产水 TDS	490mg/L
	RO 膜类型	SWC4040，海德能	风机	风电功率	$2\times230kW$
	高压泵	CAT，Model2537		叶片数量	3
	系统回收率	30%		发电机类型	同步

该系统一个重要的特点是不需要柴油发电机、电池、抽水蓄能等常规储能装置或设备来平衡和消除风电波动性的影响，只配备一定转动惯量的飞轮来抑制风机输出功率的波动。在系统运行过程中，当风速较大，风电输出功率过剩时，则优先通过加速飞轮蓄能；其次是调整风机迎风角以降低发电输出功率，若风电输出功率仍过大，则关闭其中一台或多台风机；当风速降低时，首先通过变桨增加风机输出功率，若输出功率仍偏小，则利用飞轮储能进行弥补，若风机输出功率仍不能维持 RO 系统的正常运行，则关闭其中一组 RO 系统，若还不能实现功率平衡，则继续关闭更多组 RO 系统，直至所有 RO 系统均已停止运行。系统工艺流程如图 6-36 所示。

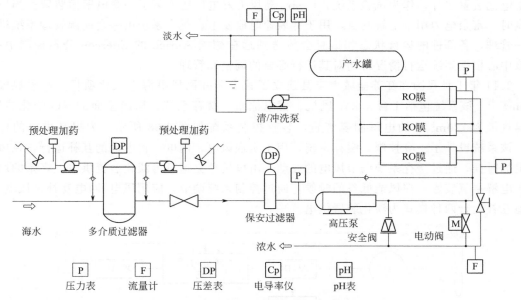

图 6-36 Gran Canaria 岛风能海水淡化装置工艺流程

挪威 Utsira 岛非并网风能海水淡化系统建于 2004 年，由德国 Enercon 公司设计，系统由 4 组 RO 膜单元组成，每组产水能力为 $7.5\sim15m^3/h$，最大产水能力为 $1440m^3/d$。系统核心设备是 Enercon 公司自主设计的能量回收装置，产水耗能为 $2\sim2.8kW\cdot h/m^3$[27]。Utsira 岛风能海水淡化工艺流程如图 6-37 所示。

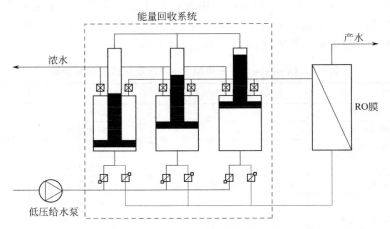

图 6-37　挪威 Utsira 岛风能海水淡化工艺原理简图

　　Utsira 岛风能海水淡化系统包括风力发电机、柴油发电机、主同步装置、飞轮蓄能装置、蓄电池。柴油发电机用于风速过小而供电不足时保证电厂的正常供电，主同步装置和飞轮蓄能装置的作用是尽可能地减少柴油发电机组的启动。在一般情况下，主同步装置和飞轮蓄能装置可保证系统的稳定运行，不需柴油发电机组投入工作。对于引起风机功率快速波动的阵风，飞轮储能装置可以起到稳定电网的作用。蓄电池装置主要用于平衡长周期的供电用电不匹配。当用水（或用电）低谷时，多余的电用来为蓄电池装置充电；而当用水（或用电）高峰时，仅靠风力发的电不能满足供电要求，蓄电池装置会自动放电进行功率补充。除了蓄电池装置之外，作为试验系统，Utsira 岛风力发电厂还安装了一套电解槽装置。当风电过剩时，富余电力用于电解制氢，用于低风速时段发电。整个系统由一套能源管理系统进行统一管理，各部件的运行状态和信息会传送到远在德国 Aurich 的 Enercon 公司控制中心，由该中心根据系统运行情况自动对其进行必要的调整和管理。

　　2011 年 1 月我国在江苏盐城大丰县建立了首个非并网风电海水淡化项目，产水规模为 100m³/d。该系统包括 1 台 30kW 风机、蓄电池组、缓存系统、塔筒里面的 RO 淡化装置、一套规模为 120m³/d 的电解制氢装置，装置控制系统如图 6-38 所示。为提高供电的稳定性，该系统设计了一套控制、缓存系统，用于实现风电、网电、蓄电池的互补运行，在风电充足的时候，通过缓存系统调节风电的波动，由风机独立运行为淡化装置供电，多余的风电用于电解制氢装置；在风能低谷的时候，通过控制系统调节，应用风电/网电互补、风电/蓄电池互补运行两种模式为淡化装置供电。

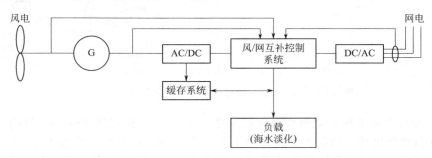

图 6-38　江苏盐城风能海水淡化装置控制系统示意图

除上述详细介绍的典型工程之外，表 6-8 统计了部分目前正在运行的风能-电能-RO 海水淡化项目。

表 6-8　风能-电能-RO 海水淡化部分项目统计

地点	产水能力 /(m³/d)	装机容量	建成时间 /年
Ile du Planier，France	12	4kW	1982
Island of Suderoog，Germany	6～8.88	6kW	1983
Middle East	25	11kW	1986
Island of Helgoland，Germany	960	1.2MW＋柴油机	1988
Tenerife，Spain；JOULE	60～108	30kW	1997
Syros island，Greece；JOULE	60～900	500kW＋网电	1998
Keratea，Greece PAVET Project	3.12	0.9kW＋4kW 光伏＋蓄电池	2001
Loughborough Univ，UK	12	2.5kW，无蓄电池	2001
Patras，Greece	27	35kW	2002
Pozo Izquierdo，Spain	19.2	15kW＋蓄电池	2003
Island of Utsira，Norway	1440	2×600kW＋柴油机	2004
Milos island，Greece	2×1008	850kW＋网电	2007
Heraklia Island，Greece	79.2	30kW＋蓄电池	2007
中国福建	2×10	12×3kW	2011
中国青岛	5	60kW＋蓄电池	2009

② 风能-电能-MVC　MVC 淡化工艺发展较早，但由于其单元能耗现已远高于 RO 技术，近年来在实际工程中已较少使用，市场份额逐渐减少，新建海水淡化工程项目基本不采用该工艺。与 RO 工艺的高压泵相比，MVC 系统的压缩机更能够适应风能变化的能量供给，且产水水质较好，单从这方面来看 MCV 更适合与风力发电系统结合。然而，对于非并网风电系统，风速的变化使 MVC 单元需要经常地启动、关闭和长时间处于待机状态。由于 MVC 启动较慢，且长时间停机容易导致结垢，时常需要进行耗时的清洗维护。因此，综合来看，风能-电能-MVC 对于一些短期使用或有特殊要求的场合可以考虑应用，但从长期角度，该工艺的优势不明显。这是风能-电能-MVC 的研究实例少、文献报道少的主要原因。

世界上首个风能-电能-MVC 淡化示范项目是 1990 年建在德国 Borkum 岛的一套小型淡化系统，采用额定功率为 45kW 的风机驱动 MVC 装置，最大产水规模为 48m³/d[28]，表 6-9 为该装置的基本参数。

表 6-9　Borkum 岛淡化装置基本参数

项目		参数	项目		参数
MVC 单元	尺寸/m	2×3×9.25	风机单元	最大输出电功率/kW	60
	淡水产量/(m³/h)	0.3～2		额度输出功率/kW	45
	给水流量/(m³/h)	0.6～4		叶片直径/m	12.5
	压缩机功率/kW	4～32		叶片面积/m²	123
	压缩机最大运行转速/(r/min)	6400		轮毂高度/m	24
	电加热器功率/kW	0～30		最小起动风速/(m/s)	3
				发电机类型	异步电机

在 Borkum 岛上取得成功经验的基础上，该项目团队于 1995 年在德国 Rügen 岛上又投资建造了另外一套风能-电能-MVC 淡化装置，最大产水规模为 360m³/d，风机最大功率 300kW，装置基本参数如表 6-10 所示。

表 6-10　Rügen 岛淡化装置基本参数

项目		参数	项目	参数
MVC 单元	尺寸/m	4×3×13	最大输出电功率/kW	300
	淡水产量/(m³/h)	2～15	叶片直径/m	33
	给水流量/(m³/h)	4～20	叶片面积/m²	855
	压缩机功率/kW	25～250	轮毂高度/m	40
	压缩机最大运行速度/(r/min)	4800	最小起动风速/(m/s)	3.5
	电加热器功率/kW	0～150	发电机类型	异步

（风机单元为第 4、5 列项目名称）

考虑到风能的波动性，Rügen 岛风能海水淡化系统中特别设计了一套能源控制系统，能够实现风电与网电的切换，以确保在任意时刻均能提供充足的电能满足装置的能源需求。当风能高峰时，压缩机最大速度运行，过多电能用来加热海水，海水的蒸发温度和蒸发压力均相应提高，使系统可生产出更多的淡水，从而实现将风机所产生的过多电能用于淡化过程。当风能不能维持 MVC 装置运行时，采用部分电网的电能，以满足淡化工艺的电能需求[29]，装置工艺流程如图 6-39 所示。

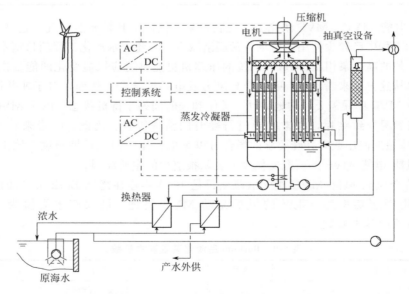

图 6-39　Rügen 岛风能海水淡化装置工艺流程图

③ 风能-电能-ED　ED 工艺原理简单，主要用在含盐量不太高的苦咸水淡化工程中。由于能耗较高，用于海水淡化工程经济性较差，成本较高，新建的海水淡化工程项目已基本不采用该工艺。ED 工艺主要依靠直流电的作用，从原理上该工艺能够适应波动性的风能，也能够适应快速启停；但为防止结垢，必须倒电极运行，直流电和交流电的切换易造成电谐波扰动，导致装置的能耗较高[30]。另外，ED 对有机物、胶体、细菌等不带电荷的物质无脱除能力，原水需要有较严格的预处理，否则出水品质较差。在风能-电能-ED 淡化技术方面，

也有学者做了相关研究。

21世纪初，西班牙 Gran Canaria 岛建立了一套风能-电能-ED 淡化实验系统，系统运行总负载为 93kW，最大产水量为 192m³/d，系统基本参数如表 6-11 所示。系统采用了由 Ionics 公司生产的 Aquamite V-Ⅱ 标准的 ED 模块，采用两组 ED 单元。考虑到风能可变的能量输入，系统为膜堆的每一个电极配备了直流驱动器，对供水泵和浓水泵均分别安装了变频器[31]，系统工艺流程如图 6-40 所示。

表 6-11　Gran Canaria 岛风能-电能-ED 淡化实验系统基本参数

项目	参数	项目	参数
输入动力	380V，3 相，50Hz	最大原水流量	243m³/d
满负荷电流	140A	最大产水量	192m³/d
总负载	93kW	浓盐水流量	51m³/d
直流驱动器 1 输出	132V_DC，46A_max	单位能量消耗	1.22～2.32kW·h/m³
直流驱动器 2 输出	91V_DC，16A_max	风电蓄电池对数量	340
ED 单元的数量	2	风电蓄电池对配置	95//75//95//75
ED 模块	Ionics 公司，Aquamite V-Ⅱ标准模块	每堆阳离子膜数	340
液压组件	4	每堆阴离子膜数	336
电器组件	2	每堆极膜数	680
原水电导	4500μS/cm		

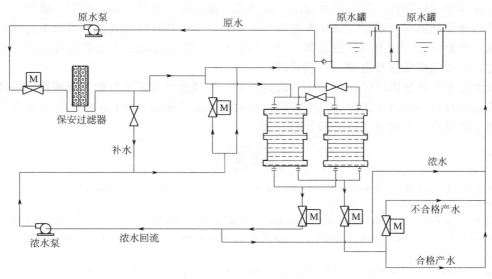

图 6-40　Gran Canaria 岛风能-电能-ED 淡化系统工艺流程图

6.3.4　存在的技术问题及对策

6.3.4.1　技术问题

各国针对风能海水淡化技术的研究，已经开展了很多，取得了一定的研究成果，但是多数仍停留在小型装置阶段，目前还存在以下技术问题。

（1）风能与淡化单元动力的不匹配性　风能受自然属性的约束，其供能特点具有不稳定性和波动性,对以传统稳定电能为动力的淡化工艺正常运行和设备性能提出了很大的挑战。

(2)淡化工艺自身的局限性　就目前与风能结合的淡化工艺来看,主要为 RO、MVC、ED 三种工艺。RO 是当今海水淡化的主流技术,工艺较为成熟且设备成本日趋降低,较适合与风能结合;然而,传统的 RO 淡化工艺设计理念都是基于稳定供能,频繁地开启/关闭,将对膜组件的性能和寿命带来很大影响。MVC 和 ED 工艺能耗较高,新建淡化工程已很少应用,只适用于特定场合的小型海水、苦咸水淡化系统。

(3)市场竞争优势欠佳　将风能与淡化工艺相结合,系统初期投资较高,以风能 RO 淡化系统为例,风机和 RO 的固有成本要占到系统总成本的 80% 以上。因此,风能海水淡化工程需要较长的投资回收期,在一定程度上降低了风能淡化技术的市场竞争优势。

6.3.4.2　技术对策

(1)增加蓄能手段或蓄能措施　风力发电的波动性给海水淡化系统带来了冲击和挑战,最直接的解决方案就是增加蓄能设施以提高供电系统的稳定性,维持海水淡化单元的正常运行,如增设蓄电池、高速飞轮蓄能等。

(2)增设混合、互补能源系统　建设风能海水淡化系统的时候,根据工程实际条件,可以考虑增加互补能源系统,以保证淡化装置的稳定运行,如柴油发电机、太阳能光伏发电、网电等。

(3)优化淡化系统工艺设计　针对淡化工艺的局限性,进行风能海水淡化工程建设时,应充分考虑淡化工艺的优化,可采取如下手段:采用模块化设计,应对风能波动时通过不同功能模块的切换来保证系统的稳定性;将系统设计为多组运行,通过控制不同功能模块的启停,适应风能的波动性;增设蓄水设施、提高蓄水池体积保证供水量的稳定;设备选型设计时,可选择能够适应变水量、变功率的设备,如高压泵可选择柱塞式泵;可为淡化动力设备增设调节控制单元(调节阀、驱动器、变频器等),采取主动调控措施增强淡化系统的自适应能力,对淡化单元进行有效的负载管理。

风能海水淡化技术已经取得了一些研究成果,我国也出现了小型的工程项目。虽然风能海水淡化仍存在一些技术问题,但随着风力发电和海水淡化技术的共同进步,风能海水淡化技术的不断成熟,未来必将得到长足的发展。

参考文献

[1] Bouaichaoui Y, Belkaid A, Amzert S A. Economic and safety aspects in nuclear seawater desalination. Procedia Engineering, 2012, 33 (1): 146-154.

[2] Khamis I. A global overview on nuclear desalination. International Journal of Nuclear Desalination, 2009, 3 (4): 311-328.

[3] Khamis I, Kavvadias K. Nuclear desalination: practical measures to prevent pathways of contamination. Desalination, 2012, 321 (7): 55-59.

[4] Megahed M M. An overview of nuclear desalination: history and challenges. International Journal of Nuclear Desalination, 2003, 1 (1): 2-18.

[5] Al-Mutaz I S. Coupling of a nuclear reactor to hybrid RO-MSF desalination plants. Desalination, 2003, 157 (1): 259-268.

[6] Minato A, Hirai M. Present and future activities of nuclear desalination in Japan. International Journal of Nuclear Desalination, 2004, 1 (2): 259-270.

[7] 罗运俊,何梓年,王长贵. 太阳利用技术. 北京:化学工业出版社,2005.

[8] 何梓年,李炜,朱敦智. 热管式真空管太阳能集热器及其应用. 北京:化学工业出版社,2011.

[9] Soteris Kalogirou. The potential of solar industrial process heat applications. Applied Energy, 2003, 76 (4): 337-361.

[10] Syed A S, Ted H S, Peter R F. Modeling and testing a salt gradient solar pond in Northeast Ohio. Solar Energy,

1981，27（5）：393-401.

[11] Carolina S E. Evaluation of the implementation of the solar still principle on runoff water reservoirs in Budunbuto，Somalia. Amsterdam：VU University，2012.

[12] 郑宏飞，何开岩，陈子乾. 太阳能海水淡化技术. 北京：北京理工大学出版社，2005.

[13] Moustafa S M A，Jarrar D I，EI-Mansy H I. Performance of a self-regulating solar multistage flash desalination system. Solar Energy，1985，35（4）：333-340.

[14] Rai S N，Tiwari G N. Single basin solar still coupled with flat plate collector. Energy Conversion and Management，1983，23（3）：145-149.

[15] Tiwari G N，Dhiman N K. Performance study of a high temperature distillation system. Energy Conversion and Management，1991，32（3）：283-291.

[16] Singh A K，Tiwari G N. Thermal evaluation of regenerative active solar distillation under thermosyphon mode. Energy Conversion and Management，1993，34（8）：697-706.

[17] Mohamad A Q，Bassam A K，Othman N O. Experimental study and numerical simulation of a solar still using an external condenser. Energy，1996，21（10）：851-855.

[18] Houda B J A. Combined Solar Power and Desalination Plants：Techno-Economic Potential in Mediterranean Partner Countries. German Aerospace Center（DLR），2010

[19] Hull J R，Nielsen J，Golding P. Salinity-gradient solar ponds. Florida：CRC Press Inc，1988.

[20] Lu Huanmin，John C W，Andrew H P. Desalination coupled with salinity-gradient solar ponds. Desalination，2001，136（1）：13-23.

[21] Lu Huanmin，John C W，Herbert Hein. Thermal desalination using MEMS and salinity-gradient solar pond technology. US：Department of the Interior，2002.

[22] Andrea G，Rami M. Solar-driven desalination with reverse osmosis：the state of the art. Desalination and Water Treatment，2009，7：285-296.

[23] 李俊峰，蔡丰波，乔黎明，等. 中国风电发展报告 2012. 北京：中国环境科学出版社，2012.

[24] 宿俊山，高季章. 利用风为能源的海水淡化. 水利水电技术，2009，9（40）：25-31.

[25] Evgenia Rabinovitch. Drinking with the wind：Small scale SWRO installation mechanically driven by wind energy. Delft University of Technology，2008.

[26] Jose A. Carta，Jaime Gonzalez，Vicente Subiela. The SDAWES project：an ambitious R&D prototype for wind-powered desalination. Desalination，2004，161（1）：33-48.

[27] Kay Paulsen，Frank Hensel. Introduction of a new energy recovery system optimized for the combination with renewable energy. Desalination，2005，184（1）：211-215.

[28] Mohamed A Eltawil，Zhao Z M，Yuan L Q. Renewable energy powered desalination systems：technologies and economics state of the art. Twelfth International Water Technology Conference. Alexandria，Egypt，2008.

[29] Ulrich Plantikow. Wind-powered MVC seawater desalination operational results. Desalination，1999，122（2）：291-299.

[30] Markus F，Fredrik M，Fernando D. Feasibility study on wind-powered desalination. Desalination，2007，203（1）：463-470.

[31] Jose M Veza，Baltasar P，Fernando C. Electrodialysis desalination designed for wind energy（on-grid tests）. Desalination，2001，141（1）：53-61.

第 **7** 章

>>> ‖ **集成海水淡化技术与过程优化** ‖‖‖‖

海水淡化已成为解决世界范围内淡水缺乏、保障安全供水的重要途径，但其本质是一种以能换水的水资源增量技术，相对传统淡水水源（如江、河、湖泊及可开采地下水等）的处理，较高的产水能耗是制约海水淡化进一步推广应用的瓶颈。因此，如何降低产水能耗来降低造水成本是国内外淡化领域的研究重点。采用多种淡化技术耦合或与发电厂共建的集成模式，以及发电-海水淡化-综合利用的深度集成模式，通过方法间的优势互补和系统间的能量分配优化，提高整体能源利用效率，是海水淡化在全球的常用做法，也是降低淡化成本、获得较优综合效益的有效途径，应用前景广阔。而且，从环境友好和可持续发展角度考虑，集成海水淡化技术更具优势。

本章首先介绍了海水淡化方法本身及不同方法之间的集成方式，分析了集成耦合的技术原理、特点及其工艺流程，总结了各种集成方式研究进展及应用情况。然后介绍了海水淡化厂与发电厂共建，利用电厂未上网电和做过功的低压蒸汽生产淡水的电水联产系统；分析了三种主要类型汽轮机与淡化系统联产的技术特性，给出了电水联产三种典型流程以及系统经济性分析方法，包括蒸汽价格、电水联产成本分摊以及电水比的确定方法，并简要评述了我国发展电水联产海水淡化技术的注意事项。

最后，介绍并分析了海水淡化-浓盐水综合利用深度集成的工艺特点、技术优势及其研究、工程应用情况，分析了其对淡化废弃浓盐水的资源回收及减少环境影响的重要作用，简要介绍和评述了日本、美国等发达国家海水淡化与综合利用技术的新动态。

本章的目的主要是通过介绍国内外各种集成海水淡化模式，为相关技术研究及工程设计工作者开阔思路，提供借鉴，以促进海水淡化向技术节能化、资源高效利用化方向发展。

7.1 方法本身的集成与方法之间的集成

海水淡化技术主要分为热法和膜法，两类方法已成功商业化使用多年。这些工艺仍在继续改进，热法淡化重点在设备的耐腐蚀性、结垢控制及降低能量消耗、制造成本等方面进行改进；反渗透法重点提高膜的可靠性，提高水通量，降低操作压力，开发具有更好性能的新膜和减缓膜衰减的新方法。不同种类的海水淡化方法都有其优点与不足，因而对现有的淡化技术方法进行组合应用，可以更好地发挥各方法的优势，取得更好的实际效果。

7.1.1　方法本身的组合

海水淡化方法经组合后，比较容易获得最佳工艺参数，提高分离和浓缩效果。主要工艺如下。

7.1.1.1　多段多级反渗透

反渗透是利用反渗透膜的选择性，以膜两侧静压差为动力，克服溶剂的渗透压，允许溶剂通过而截留离子物质，对液体混合物进行分离的膜过程。该方法已被广泛应用于海水与苦咸水淡化、纯水和超纯水制备、工业废水处理等领域。为了满足对最终产品水的量与质的要求，一般反渗透装置都采用多组件系统。反渗透装置是由各组件以一定的配置方式组装而成的，其主要配件的要求与单组件一致。目前主要有三种配置方法：并联单段式、多段式、多级式。

（1）并联单段式反渗透　这种配置在海水一级淡化、高浓度苦咸水淡化和小规模水净化过程中较为常用，主要流程如图 7-1 所示。使用该配置的装置与普通单级组件装置相比差别不大，仅仅是增加了并联组件数，并增设了进出并联组件的管道[1]。

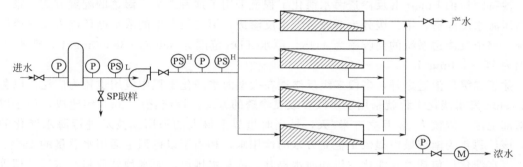

图 7-1　并联单段式反渗透流程

（2）多段式反渗透　这种配置一般用于在反渗透产水满足水质要求的前提下，处理量大、提高回收率的应用场合，如含盐量小于 1000mg/L 的苦咸水淡化、低盐度水、自来水净化（去离子和其他杂质）等过程。在实际应用中，一般采用两段式。主要流程如图 7-2 所示。

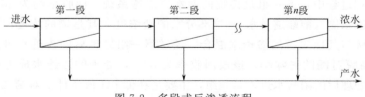

图 7-2　多段式反渗透流程

这种装置是将第一段的浓水作为第二段的进水，第二段浓水经流量调节阀后排放废弃；将第一段的产水与第二段的产水汇集在一起，作为整套装置的产水流入（高位）产水槽。该工艺可有效提高海水淡化回收率，不仅适用于新建的反渗透海水淡化工程，而且可以在以前的一级海水淡化工程基础上增设第二段，进一步提高产水量。位于美国佛罗里达州的 Tampa Bay 海水淡化工程采用了这种配置方式。该淡化厂是目前西半球最大规模的反渗透饮用水系统，整个系统的回收率约为 50%。

一般而言，中空纤维反渗透膜的两段式装置回收率可以达到75%。与卷式反渗透膜相比，更容易实现高回收率。

（3）多级式反渗透　这种配置一般用于海水二级反渗透淡化和二级自来水净化，如通常含盐量小于500mg/L的自来水制取0.5～1MΩ（25℃）的纯水，不需离子交换再次除盐。其主要流程如图7-3所示。对于海水淡化工程而言，一般采用一级。如对产水水质有特殊要求，会考虑使用二级反渗透淡化，以提高海水淡化的回收率或产水水质。

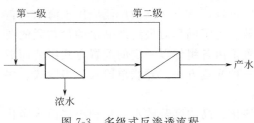

图 7-3　多级式反渗透流程

多级式反渗透装置是将多组件并联的第一级产水作为第二级的进水，第二级的产水是装置的产水；第一级产生的浓水排放；由于第二级浓水的含盐量低于装置的原始进水，因此可以将其返回至第一级进口处，与装置原水相混合作为第一级进水。在这种装置中，第一级的回收率一般为35%～45%，而第二级反渗透的回收率则可以高达90%。

沙特阿拉伯Fujairah反渗透海水淡化工程就采用了这种二级反渗透的配置方式，第一级为高压海水反渗透，第二级分为两段苦咸水反渗透，第二级产生的浓水循环进入反渗透给水系统。整个反渗透系统的回收率为41%。原水TDS范围为38000～38500mg/L，产水TDS范围为75～120mg/L。

除了二级反渗透之外，多段多级反渗透在大型海水淡化工程中应用也较为广泛。以色列Ashkelon海水淡化工程就采用了多段多级反渗透的方式。该淡化厂2005年建成，位于以色列南部地区，规模为33万立方米/天，是当时世界上最大的采用膜技术进行海水淡化的工厂。该厂每年为南部城市提供1亿立方米的饮用水，相当于以色列生活用水总量的15%。

海水淡化厂包括海水淡化主机和海水提升、浓盐水排放、原水预处理和产水后处理等设施，此外还建有一个专门的联合循环燃气轮机（联合循环）发电厂，提供80MW的电力，其中56MW供海水淡化项目使用。其处理工艺主要包括5个部分，工艺流程如图7-4所示。

考虑到产品水水质要求氯化物含量小于20mg/L，硼含量小于0.4mg/L，该淡化厂采用四组反渗透的设计方式，由第一组的32个反渗透装置、第二组的8个装置、第三组的2个装置和第四组的2个装置组成，共采用了25600支海水膜和15100支苦咸水膜。

在反渗透处理过程中，第一组是传统的海水反渗透系统，回收率约为45%。部分渗透水来自压力容器的进水侧（前端透过水）。这部分水的盐浓度尤其是硼的浓度，低于整个渗透水的浓度，可以直接与其他阶段的渗透水混合。经过第一组处理后的渗透水进入第二组，在高pH值条件下提高膜对硼的去除率，该段回收率为85%，处理的渗透水成为最终出水的一部分。经过第二组处理后的浓盐水进入第三组，主要是在低pH值条件下对第二组处理的浓盐水进行软化，该段回收率也为85%左右。由于处于酸性环境中，因此在高回收率和高浓度时也可避免膜表面结垢。但是由于pH值低，硼去除率较低，部分硼会随渗透水进入下一组，因此该段形成的渗透水还不能被视作成品水，而必须经过第四组处理。第四组的回收率可达到90%，此处采用高pH值以去除浓水中的硼，经过第四阶段处理后的水即可与成品水混合。

7.1.1.2　多级连续式电渗析

电渗析是在直流电场的作用下，利用离子交换膜的选择透过性，带电离子透过离子交换膜定向迁移，从水溶液和其他不带电组分中分离出来，从而实现对溶液的浓缩、淡化、精制

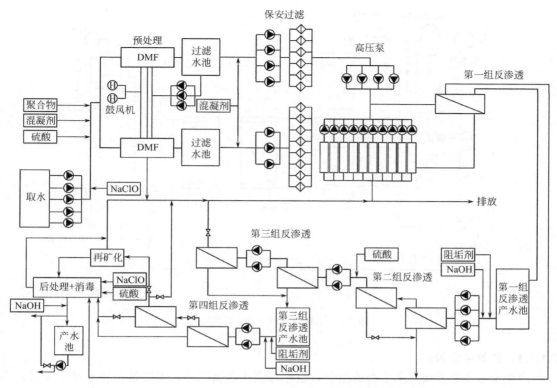

图 7-4　Ashkelon 反渗透海水淡化厂工艺流程

和提纯等。电渗析技术在膜分离领域占有重要地位，目前已在化工脱盐、海水淡化、食品医药和废水处理等领域中广泛应用。

电渗析脱盐流程主要包括一次式、多级连续式、部分循环式和循环式这四种形式，其中多级连续式是国内最常用的形式之一，常采用定电压操作，具有连续出水、管道简单等优点。淡化给水经过多台单级或多台多级串联的电渗析装置，一次脱盐达到预定的脱盐要求，直接排出成品水。根据产水量、原水及产品水水质等要求，可以采用单系列多台串联或者多系列并联的流程，比较适用于中、大型脱盐场地。

近些年来电渗析技术发展较快，种类很多，常见的主要包括填充床电渗析、倒极电渗析、高温电渗析、无极水电渗析、无隔板电渗析、双极性膜电渗析等方式，其中倒极电渗析技术（electrodialysis reversal，EDR）在国内外大型苦咸水淡化装置、初级纯水制备装置中较为常用。图 7-5 为多级连续式 EDR 装置的工艺流程示意图。EDR 由美国 Ionics 公司开发，在运行过程中每隔一定的时间正负电极倒换一次，并自动改变淡水和浓水的水流流向，因此又称为频繁倒极电渗析。

在多级连续式 EDR 装置中，给水泵将经过前级处理的原水打入 $10\mu m$ 的精滤，再分配给浓、淡和极水系统。淡水系统水流为串联连续式。浓水系统的水流为循环式，一部分水量排放、循环部分的水量在浓水泵前进入浓水系统，与原水相混合，倒极期间的不合格淡水返回原水池。在运行期间，电渗析阳极出水和阴极出水经混合后排入极水箱，在极水箱中混合后排放。阳极过程产生的氯气和氧气及阴极过程产生的氢气也被极水带入极水箱，在极水箱上安装小型脱气机，将这些气体排出室外。该装置可有效提高系统的回收率，延长运行周期，增强系统可靠性。

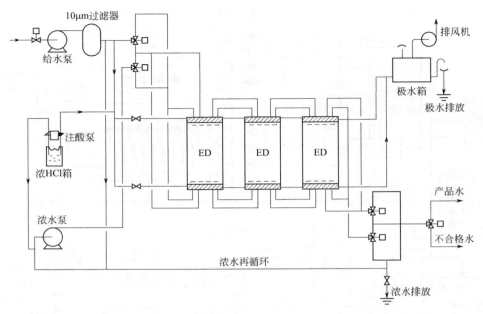

图 7-5　多级连续式 EDR 工艺流程

7.1.1.3　多效多级闪蒸

　　图 7-6 为多个多级闪蒸本身的组合，也称为多效多级闪蒸，主要是指海水经蒸发后，再返回到前一效进行热交换，重复蒸发过程。

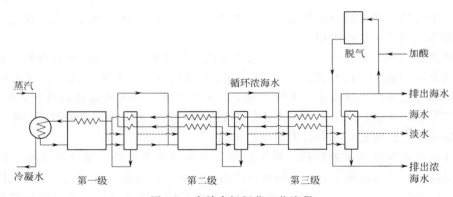

图 7-6　多效多级闪蒸工艺流程

　　该方法的优点是海水浓缩率高。在多级闪蒸中，浓缩率一般仅为 1.4 左右，海水循环量大，能量利用率较低。由于浓缩率过高时会导致硫酸钙沉淀析出，所以海水浓缩率很难进一步提高。进行多效组合后，则可以对各效的浓度和温度进行控制，以防止硫酸钙的析出。如果使第一效的浓缩率降低，那么相对应的操作温度就可以比单效时高。在操作温度由前往后逐效降低时，再逐步提高浓缩率，就可以避免硫酸钙的析出[2]。

　　多效多级闪蒸组合的另一个优点是热量利用率较高。一般而言，多级闪蒸法的造水比约为 8～10，而多效组合的造水比则可达到 20 以上。如果在预处理过程中除去硫酸钙，则最高操作温度可达 175℃，热量利用率可进一步提高。

　　由于多效多级闪蒸的浓缩率和热交换效率较高，因此可使整个淡化过程中补给海水的预处理费用降低约50%，预热面积减小约20%。

7.1.2 方法之间的组合

各种淡化方法之间的组合有多种形式。根据海水淡化工程的能源条件及费用，选择不同的淡化方法进行集成，是降低海水淡化成本、提高海水淡化效率的有效手段。

近些年来，大型海水淡化工程发展的趋势之一就是将几种淡化技术集成在一起使用。海水淡化方法间的集成主要有以下几种情况：①膜法与热法的集成，如反渗透与多级闪蒸的组合、反渗透与多效蒸发的组合等；②预处理方法与淡化技术的集成，如全膜法预处理与反渗透、多级闪蒸的集成等；③膜法与膜法的集成，如反渗透与电渗析的集成；④热法与热法的集成，如多级闪蒸与多效蒸发的集成，多级闪蒸与蒸汽压缩的集成等。目前研究最多并在实际生产中得以应用的是膜法与热法的集成，主要为反渗透与多级闪蒸（低温多效）的集成，其他集成方案的研究、应用较少。

7.1.2.1 热膜耦合

蒸馏法和膜法是海水淡化技术中最主要的两种方法，其中蒸馏法以低温多效蒸馏和多级闪蒸为主，膜法则以反渗透为主。蒸馏法所需要的能量可以通过热能、电能、太阳能、风能等不同的方式来提供，故其与不同的能源之间存在耦合的可能性。反渗透法消耗的能量主要为压力能，并最终可归结为电能，因此反渗透存在与不同发电过程进行耦合的可能性。蒸馏法与膜法之间也存在耦合的可能性，一方面，蒸馏法与膜法的物流、能流可以相互匹配；另一方面，排放的浓盐水可互为进水，共用一套预处理和排放系统且二者可与电厂相结合[3]。

目前，多级闪蒸和反渗透是两种主要的已经规模化生产的海水淡化技术，多级闪蒸淡化方法应用较早，其优点是技术成熟、可信度高，缺点是能耗大、安装成本高；而反渗透海水淡化技术的商业化应用较晚，但发展非常迅速，该方法的特点是生产、安装比较灵活，能耗相对较低，除了需要精细预处理之外，还有许多优点，如：

① 结构的模块化设计易于满足装置的容量要求；
② 在环境温度下操作，腐蚀危害小；
③ 有助于水电联产，并与能量循环系统耦合；
④ 与多级闪蒸相比，反渗透生产的淡水成本有希望降得更低；
⑤ 反渗透海水淡化的特征是具有高的截盐率（高达99%）和回收率（高于40%）；
⑥ 一级海水反渗透生产的淡水含盐量一般可低于500mg/L，其成本很有竞争力。

反渗透与多级闪蒸的组合工艺原理如图7-7所示。海水首先进入多级闪蒸装置，在排热段中作为冷却水冷却闪蒸得到的蒸汽，之后，海水被分为两股，一股进入多级闪蒸的热回收段，继续升温；另一股进入反渗透装置，作为进水。多级闪蒸装置利用电厂汽轮机排放的蒸汽为热源，同时多级闪蒸装置和反渗透装置均可使用电厂的未上网电为动力设备供能，这样可以使能量得到合理利用。

鉴于反渗透技术的优点，反渗透和多级闪蒸过程的集成可使淡化水的成本进一步降低[4]。许多学者研究表明反渗透能够与多级闪蒸进行成功的结合，实现较好的产水水质和较低的产水成本。反渗透与多级闪蒸相结合不仅可以降低产水的成本，而且还具有如下的优点：

① 共用一个海水取水系统，降低取水系统的投资费用；

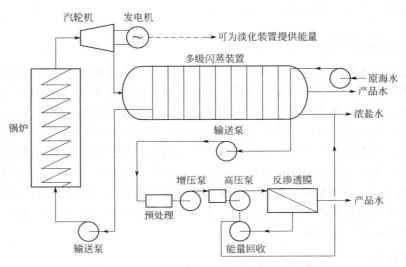

图 7-7　反渗透与多级闪蒸的组合工艺流程

② 多级闪蒸装置的产水可以和反渗透产水混合，满足不同水质需求；

③ 反渗透与多级闪蒸装置的组合操作能够较好地控制反渗透的进水温度，进而提供膜的水通量，两个装置组合可以使用一个公共的后处理系统，浓盐水统一排放；

④ 反渗透排出的浓盐水可以作为多级闪蒸装置的进水，因为反渗透进水已经进行了严格的预处理，以此降低多级闪蒸运行过程中的腐蚀和结垢问题。

目前，世界上已经建成了一些反渗透与多级闪蒸相结合的海水淡化工程。

韩国斗山集团在阿联酋 Fujairah 建造了世界上首座反渗透和多级闪蒸技术混合使用的海水淡化工厂，总规模为 454000m³/d。整个工程由 5 套多级闪蒸系统与 1 套反渗透系统组成，原水均来自于阿曼海湾。其中，多级闪蒸系统与发电场配套建设，可充分利用电厂的蒸汽，淡化水产量占总产量的 62.5%；反渗透系统产水量为总产量的 37.5%。这种配置方式的一大特点在于产水量灵活可调。反渗透部分由一级海水反渗透系统和二级两段苦咸水反渗透系统组成，前者回收率约为 43%，后者回收率约为 90%。为了增强系统的灵活性与可靠性，每一级反渗透均配有独立的管道和水泵。反渗透系统产品水与多级闪蒸系统产品水混合成为整个海水淡化工程的产水。该工程两年运行数据显示，整个工程的产品水水质良好，混合产水的 TDS 变化范围为 75～120mg/L。

印度的 BARC 地区反渗透与多级闪蒸联合海水淡化厂，每天生产 6300m³ 的淡水，其中多级闪蒸产水 4500m³/d，反渗透产水 1800m³/d。多级闪蒸的性能比达到了 9，反渗透采用二级设计。在费用方面，多级闪蒸的投资费用为 506 万美元，产水费用为 1.41 美元/m³；反渗透的投资费用为 303 万美元，产水费用为 1.21 美元/m³。

当原有海水淡化工程需要扩建时，常常采用不同淡化技术组合的方式。沙特阿拉伯是海水淡化技术应用起步较早且发展迅速的国家之一，目前其境内有很多工程均采用反渗透与多级闪蒸的组合，将二者的产品水混合在一起作为系统整体产水。如 Jeddah 海水淡化厂则是在原有的多级闪蒸与发电相结合的基础上又建设了反渗透一期和二期工程；Yanbu 水电联产海水淡化工程进行扩建时，将 4 个 4500m³/d 多级闪蒸淡化厂与 1 个 12800m³/d 反渗透淡化厂组合在一起；Al-Jubail 淡化厂在水电联产的基础上又增建了一个规模为 9000m³/d 的反渗透海水淡化厂。

目前，商业化的结合型海水淡化厂只是应用淡化方法间的简单组合概念，没有进行完全意义上的集成研究。因此，运用系统工程的理论和方法研究反渗透与多级闪蒸技术的集成是一项重要的课题。多级闪蒸和反渗透的集成的设计应遵循以下思路：考虑反渗透与多级闪蒸两种海水淡化过程的产品水混合、利用多级闪蒸排热段的排放海水对反渗透的进水进行预热或者将排放的冷却海水直接作为反渗透进水、利用反渗透预处理精度高的特点将反渗透排放的浓盐水与多级闪蒸的循环盐水混合作为多级闪蒸的进水等。

7.1.2.2　纳滤与反渗透或多级闪蒸的组合

近年来，随着膜技术的发展，海水淡化预处理技术也得到了较大的改善，与传统的预处理技术相比，膜法预处理在减少化学药剂使用量、降低反渗透膜组件的清洗频率、减少多级闪蒸和反渗透系统的结垢特性、降低生产成本、减少环境影响等方面有其独特优点。因此，膜法预处理已在工业化生产中得到了推广和应用，并有逐步取代传统预处理方法的趋势。

纳滤膜技术是近十几年来发展起来的一种新型的膜分离技术，目前已在海水淡化预处理中有所应用。纳滤类似于反渗透与超滤，均以压力差为驱动力。纳滤膜的"膜孔"介于超滤膜和反渗透膜之间，膜的表面一般荷负电，其特点是可以截留相对分子质量为200~1000的有机物，并对二价和多价离子具有很高的截留率，而对一价离子的脱除率适中，且操作压力较低，在0.4~2.0MPa之间。纳滤技术不能将海水的盐度降至饮用水标准，但可有效去除海水中的二价离子如Ca^{2+}、Mg^{2+}等，从而降低水的硬度[5]。以纳滤水作为反渗透、多级闪蒸的进水，则分别构成纳滤-反渗透和纳滤-多级闪蒸集成淡化系统；以纳滤-反渗透淡化系统的反渗透排放浓盐水作为多级闪蒸的进水，则构成纳滤-反渗透-多级闪蒸集成淡化系统。

（1）纳滤与反渗透的组合　将纳滤与反渗透结合，可以避免海水中离子浓度、TDS、浊度和微生物含量较高的问题。这种组合可使海水淡化能耗降低约25%~30%，减小产品水的造水成本；同时还可减少化学试剂消耗，降低海水淡化对海洋环境的污染。

表7-1为沙特阿拉伯盐水转化公司（Saline Water Conversion Corporation，SWCC）完成的在不同进水压力下纳滤产水、纳滤和反渗透浓缩液离子浓度的试验数据。

表7-1　不同进水压力下纳滤产水、纳滤和反渗透浓缩液的离子浓度

项目	海水	纳滤产水						反渗透浓缩液	纳滤浓缩液
	离子浓度	离子浓度①	R/%①	离子浓度②	R/%②	离子浓度③	R/%③	离子浓度③	离子浓度③
Ca^{2+}/(mg/L)	481	93	80.7	50	89.6	52	89.2	96	0
Mg^{2+}/(mg/L)	1608	193	87.7	96	94.0	143	91.1	253	2200
总硬度/(mg/L)	7800	1049	86.5	520	93.3	720	90.8	1280	10800
SO_4^{2-}/(mg/L)	3200	206	93.3	72	97.7	230	92.8	414	4950
HCO_3^-/(mg/L)	128	46	63.3	30	76.6	24	81.3	42	133
Cl/(mg/L)	22780	16692	26.7	12320	46.3	9460	57.7	19570	29350
Na^+/(mg/L)	12860	94261	26.7	6904	46.3	5442	57.7	—	—
TDS/(mg/L)	44046	27720	37.3	20230	54.0	16400	62.8	30640	63640
pH	8.2	7.85	—	7.92	—	6.38	—	7.08	7.46

注：纳滤进水压力：① 1.8MPa；② 2.2MPa；③ 3.1MPa。

SWCC 提出了纳滤预处理与海水淡化进行集成的设计理念，并进行了示范性建设。将纳滤产水作为反渗透的进水，一方面可利用纳滤出水的低盐度，降低海水的渗透压，从而降低操作压力和泵的能耗及对材质的要求；另一方面可利用纳滤出水的低硬度和低浊度，降低系统的结垢和污染倾向。

图 7-8 为 SWCC 的 $20m^3/d$ 纳滤海水淡化集成系统实验流程，原料海水不用氯化，只需经过轻度絮凝，而后加入 $FeCl_3$ 使水中含 $0.4mg/L$ 的 Fe^{3+}，而后进入双介质过滤器、细砂过滤器、筒式过滤器，水质达到 $SDI \leqslant 5$ 后进入纳滤-反渗透、纳滤-多级闪蒸和纳滤-反渗透-多级闪蒸这三种海水淡化集成系统。在该流程中纳滤和反渗透膜元件排列分别如图 7-9 和图 7-10 所示。

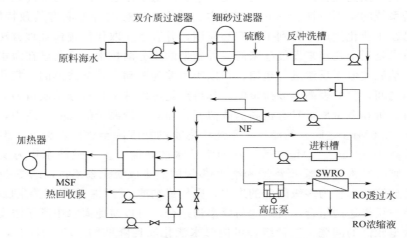

图 7-8　SWCC 纳滤集成海水淡化系统实验装置流程

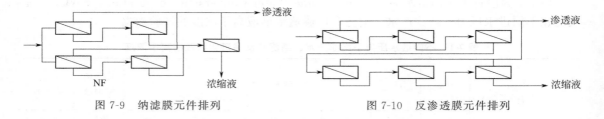

图 7-9　纳滤膜元件排列　　　　　　图 7-10　反渗透膜元件排列

在 SWCC 进行的纳滤-反渗透集成海水淡化实验中，采用 $4in \times 40in$（$1in = 2.54cm$，下同）的纳滤膜元件。与无纳滤预处理的反渗透相比，集成过程的反渗透回收率在 $4.0MPa$ 压力下为 48%，为相同压力下前者的 3 倍，在 $5.6MPa$ 压力下为 50% 左右，为相同压力下前者的 2 倍。结果表明采用纳滤预处理，操作压力可有较大幅度的降低，回收率可有较大幅度的提高。

在纳滤-反渗透示范性工程中，采用的纳滤和反渗透膜元件尺寸均为 $8in \times 40in$，选择了 8 种商品纳滤膜元件，采用 6 个纳滤膜元件分装成 3 个膜器，采用两个反渗透膜元件。纳滤和反渗透膜器均为串联（即其浓盐水逐级流入下一个膜元件），结果表明，8 种纳滤膜的 SO_4^{2-} 截留率均大于 97%，而 Ca^{2+}、Mg^{2+} 的截留率则因膜的种类而异，一般为 $50\% \sim 90\%$。

在反渗透进水流量均为 $3m^3/h$，操作压力为 $5.0MPa$ 的条件下，该示范性工程的系统回收率与传统反渗透系统回收率实测数据相比较，前者为 70%，而后者仅为 33%。回收率随操作压力增大而增大，在进水流量为 $3m^3/h$ 时，集成淡化系统的反渗透回收率在 3.0MPa 下为 37%，当压力升高到 6.5MPa 时回收率提高到约 80%。

在中试成功的基础上，SWCC 将 Umm Lujj 反渗透淡化装置改造成 NF-SWRO 海水淡化集成系统。该反渗透淡化装置的单套装置处理能力为 $360m^3/h$ 海水，采用二级反渗透。第一级反渗透操作压力为 6.4MPa，回收率为 30%；第二级反渗透的操作压力为 2.8MPa，回收率为 85%。改造后的纳滤-反渗透流程见图 7-11。

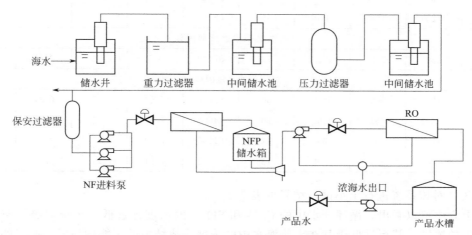

图 7-11　改造后的纳滤-反渗透海水淡化集成系统的工艺流程

由于 NF 处理过的 SWRO 进水中 TDS 浓度已经很低，因此只采用一级反渗透即可达到出水水质要求，第二级反渗透的高压泵则可以用于纳滤过程。纳滤装置的操作压力为 2.0MPa，回收率为 50%。反渗透装置的操作压力为 6.6MPa，回收率为 75%。由于纳滤产水的回收率最高可以达到 90% 以上，所以 SWRO 在 75% 回收率下操作不会有结垢的问题。采用纳滤与反渗透集成技术后，产水成本有较大幅度的降低。

（2）纳滤与多级闪蒸的组合　除了与反渗透进行组合之外，纳滤也可以与热法海水淡化技术进行组合。NF 与蒸馏法集成可以利用纳滤产水低硬度的特点，解决蒸馏海水淡化流程的结垢问题。原则上可将其作为任何一种蒸馏海水淡化法的进水。

SWCC 用纳滤产水作为多级闪蒸的进料补充水进行了纳滤-多级闪蒸集成淡化试验，在 $20m^3/d$ 的小试装置上连续运行了 1200h，多级闪蒸最高操作温度为 120℃，试验过程不加入任何防垢剂、酸或防泡剂，没有观察到结垢现象。在相同的操作条件下，与传统的多级闪蒸相比，采用纳滤进行预处理后，化学品的消耗量大大降低，减少了对环境的污染，且纳滤-多级闪蒸系统循环盐水中的 Ca^{2+} 和 SO_4^{2-} 的浓度大幅度降低，因此结垢的可能性也大大降低。多级闪蒸的最高盐水温度可能提高到 120～160℃。预测将最高盐水温度从 120℃ 提高到 150℃，单位产品水的能耗将由 230kJ/kg 降到 168.7kJ/kg。

由此可见，纳滤与多级闪蒸的集成不仅可以提高蒸馏法进水的水质，减少结垢的可能性，还可以提高最高操作温度和系统的造水比，进而降低淡化水的成本[6]。

（3）纳滤与反渗透、多级闪蒸的深度集成　由于纳滤可以将海水中的大部分二价离子去除，因此，即使是纳滤-反渗透排放的浓盐水，其各项指标也优于传统蒸馏海水淡化法的进料海水，如表 7-2 所示，所以可将纳滤-反渗透的浓盐水作为多级闪蒸的补充进水，构成纳滤-反渗透-多级闪蒸集成系统。

表 7-2　纳滤-多级闪蒸、纳滤-反渗透-多级闪蒸与传统多级闪蒸系统性能参数对比

名称	循环盐水数据						性能参数		
	TBT	Ca^{2+}	SO_4^{2-}	总硬度	电导率	pH	进料	产水	回收率
	℃	mg/L				$\mu S/cm$	m^3/h		%
(A) 纳滤-多级闪蒸									
加酸	120	160	390	26	59000	8.19	1.5	0.97	65
不加酸	120	168	410	65	62000	8.63	1.5	0.97	65
(B) 纳滤-反渗透-多级闪蒸									
不加酸	120	232	1020	72	87400	8.5	1.5	0.97	65
(C) 海水多级闪蒸									
加酸	120	882	5830	30	92000	7.99	1.5	0.97	65
加酸	90	661	4460	20	74000	7.57	1.5	0.59	39
加酸	120	561	3330	14	61000	7.50	4.0	0.92	23
加酸	90	581	400	18	66000	7.51	2.1	0.94	45

　　SWCC 对该系统进行了小试，结果见表 7-2。

　　从上表中可以看出，循环盐水中的 Ca^{2+} 和 SO_4^{2-} 的浓度远远低于传统多级闪蒸装置循环盐水中的浓度，甚至远低于其在天然海水中的浓度，故结垢的可能性很低，所需的加酸量也很少，仅为使用天然海水时的 18% 或更低。温度提高有利于纳滤的操作，可将多级闪蒸的排热段冷却排放海水作为纳滤的进水，用于冬季调节进入纳滤装置的海水温度，使其满足纳滤进水的温度要求，同时增加纳滤的水回收率，由此构成纳滤-反渗透-多级闪蒸循环的海水淡化集成系统。

7.1.2.3　反渗透与电渗析的组合

　　将反渗透与电渗析技术集成在一起，可以实现对海水的综合利用。1995 年日本大矢晴彦等 6 位著名专家提出了集成系统海水综合利用与技术创新提案，该提案着重解决开发高压反渗透海水淡化的技术问题。当高压反渗透将海水回收率提高到 75%～80% 时，浓缩水中 $CaCO_3$、$Mg(OH)_2$、$CaSO_4$ 等沉淀结垢加剧，需先将原海水进入多价离子吸附塔，将碱土金属离子去除 60% 以上。反渗透浓水进入 I-I 价离子交换膜电渗析器，进行 1 价与多价离子浓缩、分离后，再分别进入吸附塔，最终分别得到产水、食盐、单价离子化合物、多价离子化合物。

　　除了海水利用之外，反渗透与电渗析的组合还可用于其他水处理领域。中国科学院上海原子核研究所提出"超滤-反渗透-电渗析"组合（简称 URE 流程）工艺，并将其用于处理低水平放射性废水，取得了较好的处理效果。具体工艺流程为：放化实验室排出的低放度水进入沉降槽，静止澄清一定时间后，上清液放入超滤原水槽，经超滤处理后，渗透液进入中间槽，同时启动反渗透装置和电渗析装置。三个单元均采用循环式操作。超滤作为预处理除去大部分有机物和大分子物质，以保证反渗透的进水效果，提高电渗析的浓缩效果。反渗透装置用于进一步脱盐和去污，渗透液可以直接排放或者流入混床进行下一步处理。电渗析装置起到浓缩作用，超滤和电渗析处理的最终浓缩液留待固化处理。

7.1.2.4　反渗透与电容去离子技术的组合

　　电容去离子技术是 20 世纪 90 年代发展起来的新型膜分离技术，主要用于高纯水的制

备，第一台商品化设备于 1987 年推出。电容去离子技术既保留了电渗析可以连续工作及离子交换树脂可以深度除盐的优点，又克服了电渗析浓差极化造成的不良影响和离子交换树脂需用酸碱再生而造成的环境污染，所生产的高纯水水质好[7]。

反渗透-电容去离子脱盐系统是近些年发展起来的水处理新型脱盐系统，其工艺流程见图 7-12。反渗透-电容去离子脱盐系统出水水质可以满足锅炉用水对电阻率、硅等硬性指标要求，是一种环保型的脱盐系统。与传统离子交换相比，具有出水水质稳定、连续经济运行、实现无人值守、不污染环境、占地面积小等优点。

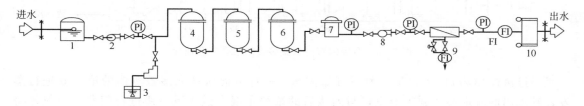

图 7-12　反渗透与电容去离子方法的组合工艺流程
1—原水箱；2—增压泵；3—投药装置；4—多介质过滤器；5—活性炭过滤器；6—软化器；
7—保安滤器；8—高压泵；9—反渗透装置；10—电去离子装置

军事医学科学院卫生装备研究所研制了一种小型反渗透-电容去离子纯化水装置，并将其应用于分析检测、生物技术、化工等多个行业和领域。该装置以自主研制的电容去离子膜堆为核心，采用超滤、反渗透、电容去离子等多种膜技术加以集成。装置操作简便，体积小，自动化程度高，性能稳定。Millipore 公司研制的 Elix5 紫外反渗透-电容去离子系统，产量为 3~100L/h，可以连续不断的生产高质量的纯水，消除了传统纯水生产过程中质量不稳定的现象。

反渗透-电容去离子工艺还可应用于电厂除盐水系统，满足锅炉管道对除盐水的高品质要求。反渗透系统采用两级处理，产水经过水泵压力提升后进入二级除盐设备——电容去离子系统。该系统设计包括了两个成熟的水净化技术——电渗析和离子交换树脂除盐，采用较低的能源成本就能去除溶解盐，且不需要化学再生；它能产生好几个兆欧电阻率的高质量纯水，且能够连续稳定大流量地生产。电容去离子系统可以替代原混合离子交换器制备高质量纯水，把原酸碱再生系统改为电再生，操作更为简单而且无需考虑环保的要求，此外电容去离子系统浓水可以直接回用至前级反渗透，节省大量的用水。电容去离子出水进入脱盐水池经过脱盐水泵压力提升并输送至工艺使用点，并且利用加氨装置提高出水 DH 值，使系统产水完全满足工艺及锅炉给水水质要求。

研究者对一次蒸馏法、二次蒸馏法与反渗透-电容去离子法生产的纯水质量进行对比发现，反渗透-电容去离子法生产的纯水中总有机碳（TOC）含量明显低于一蒸水和二蒸水中的 TOC 含量。反渗透-电容去离子法去除有机物的能力较强，主要是因为该方法不受水沸点的限制。将这种集成技术应用于纯水处理过程，不仅可以节省维护成本，而且生产的水较蒸馏纯化法纯度更高。

7.1.2.5　多级闪蒸与低温多效蒸馏的组合

图 7-13 为多级闪蒸与低温多效之间的组合工艺流程。该装置规模为 9500m³/d，采用 15 效蒸馏与 50 级多级闪蒸组合。海水作为多效蒸馏末效的冷却水，然后一半排出，另一半在进行预处理之后进入到多级闪蒸的最后一级，再逐级预热，从 18.3℃升温至 119.2℃。在第

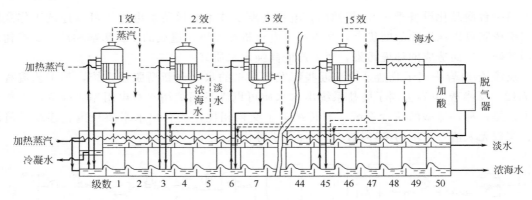

图 7-13 多级闪蒸与低温多效的组合工艺流程

一级经过蒸馏加热到 126.6℃，然后开始闪蒸。一部分海水送入多效蒸馏的第一效进行蒸发，其流出的海水再回到闪蒸室，与闪蒸后的浓海水混合送入下一级进行闪蒸。一般是每 3~5 级闪蒸与 1 效相结合。将多效蒸馏取得的淡水用于预热海水后，再和多级闪蒸所取得的淡水混合，即可得到产品淡水。

这种组合的特点是将低温多效中各效浓海水送入多级闪蒸相适宜的闪蒸室做预热处理后，进行循环操作的一种方法，其优点在于热利用率较高。

7.1.2.6 压汽蒸馏与多效蒸馏或多级闪蒸的组合

在多效蒸馏和多级闪蒸系统中，为了获得产品淡水，需将海水作为冷却水，用以冷凝海水蒸发产生的部分二次蒸汽，从而使大量汽化潜热通过冷却水排向环境，不仅造成能源浪费，而且对环境造成热污染。压汽蒸馏技术利用压缩机抽取二次蒸汽，提升其压力（饱和温度）后作为海水淡化过程的加热热源使用，以此达到反复利用汽化潜热的目的，由此构成了压汽蒸馏-多效蒸馏系统和压汽蒸馏-多级闪蒸系统[8]。图 7-14 为压汽蒸馏与多效蒸馏之间的组合，图 7-15 则为压汽蒸馏与多级闪蒸之间的组合。这类集成工艺的特点是采用能源利用效率更高的压缩机，可提高蒸汽利用效率，获得更高的造水比，实现能源的高效利用，达到节能环保的目的。

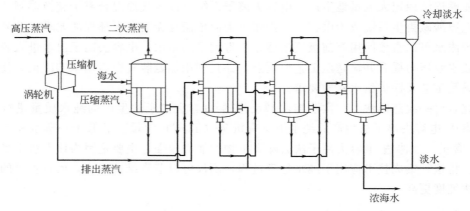

图 7-14 压汽蒸馏与多效蒸馏的组合工艺流程

7.1.2.7 喷雾蒸发与反渗透或低温蒸馏的组合

近些年来，喷雾技术在海水淡化领域的应用研究受到广泛关注。喷雾蒸发淡化技术是基

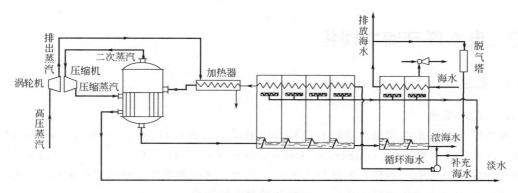

图 7-15　压汽蒸馏与多级闪蒸的组合工艺流程

于低温相转换过程的淡化方法，装置规模灵活、设备投资适中，可方便地利用低位热能如太阳能、地热、工厂废热等，具有较大的应用潜力[9]。

喷雾蒸发淡化的工艺原理是将海水通过喷头呈雾状喷入蒸发室内，同时蒸发室内有空气流通；悬浮在气流中的水滴体积很小，直径一般在 $100\mu m$ 以内，比表面积很大，便于与周围空气进行热量传递，海水中的水分迅速蒸发成为水蒸气，海水由此被浓缩；蒸发过程结束以后，水蒸气被空气流带出蒸发室，随后再被冷凝为淡水并予以回收[10]。喷雾蒸发淡化的优点在于海水的浓缩倍率很高，盐分甚至可以结晶析出，理论上可将海水浓缩 20 倍以上，因此尤其适合于高浓盐水。但是其能耗较高，因而在海水淡化领域应用受限。近年来的研究趋势是将喷雾技术与传统的蒸馏法和膜法淡化技术耦合起来，其主要设计思路是将喷雾蒸发淡化技术用于蒸馏法或膜法淡化过程排放浓盐水的二次淡化，从浓盐水中继续生产淡水，剩余的盐浆还可用于提取化学元素资源；这样既可缓解蒸馏法或膜法淡化过程中的浓盐水排放难题，又有利于降低海水化学资源的提取成本，提高整个过程的综合经济效益。

美国 Aquasonics 公司于 2001 年推出了"快速喷雾蒸发"海水淡化方法，利用一组内径为 0.2~1.5mm 的喷头将进水以 200~300m/s 的流速喷入蒸发室，海水被分散为粒径 30~$100\mu m$ 的雾滴，并在热空气流中迅速变成水蒸气，水蒸气被一组特殊的挡板截留，而盐分则成为固体颗粒沉积下来[11]。Aquasonics 公司将该技术应用于浓缩反渗透排放浓盐水，成本核算表明，应用喷雾蒸发淡化技术节省了 50% 以上的建设投资和运营费用，而且回收率可高达 80%，而其他淡化方法的回收率一般仅为 40%~50%；如果结合低成本热源，造水成本可望低于每吨 0.51 美元；分离出的盐分可制成工业用盐，其经济价值比制取的淡水高数倍。

另有研究表明，可以将喷雾蒸发和多效蒸馏技术耦合起来，利用低位热能加热后的空气去气化蒸发室内雾化的海水，然后用蒸发室排出的水蒸气的冷凝潜热作为多效蒸馏过程的热源，并以多效蒸馏过程产生的浓海水作为喷雾蒸发过程的进水，实现能源和资源的综合利用。基于一套规模 $3m^3/d$ 的实验装置的经济分析表明，喷雾蒸发与多效蒸馏集成工艺比普通多效蒸馏工艺的淡水产量增加了约 30%。该装置产出的淡水含盐质量浓度为 5mg/L 左右，与普通的蒸馏法产品水水质基本一致。由此可见，喷雾技术适应性强，海水浓缩倍率高，将其与其他海水淡化方法集成在一起，可以提升整个淡化过程的回收率，降低淡化水综合成本。

7.2 电水联产海水淡化

7.2.1 概述

7.2.1.1 基本概念

电水联产是将发电和制水进行有机整合的系统，也称双目的工厂（dual purpose plant，DPP）或者联合水电工厂（integrated water and power plant，IWPP）[7,12]。简而言之就是将海水淡化厂与发电厂共建，通过公用设施、电力、蒸汽等资源之间的优化配置及共享，达到系统能效和经济效益的最大化，实现发电和制水的双赢。

电水联产系统的示意见图 7-16，电厂和淡化厂之间资源的交互和耦合主要表现在以下三个方面。

第一个是水循环系统。电厂和淡化厂共用海水取排水设施。海水可以先进入电厂冷却塔（或者直接进入淡化装置），冷却塔排出的具有一定温度的温排水，进入淡化装置；淡化装置排出的浓海水，与电厂排放海水共用排放设施排海。

第二个是电力系统。不管是蒸馏法淡化装置还是反渗透淡化装置都需要流体输送设备，如取水泵、循环泵、高压泵等，电水联产系统可以利用价格较低的电厂未上网电为淡化装置供能，相比采用并网电能，可以节约运行成本。

第三是蒸汽系统。对于蒸馏法淡化装置，电厂汽轮机做功后低品质的乏汽进入淡化装置用于制水，淡化装置的产水又可循环用作电厂锅炉及其他公用设施的补水；对于膜法淡化系统，特别是在北方的冬季，电厂的海水冷却水排水温升可达 8～10℃，作为原料水，可保证 RO 系统的稳定运行。

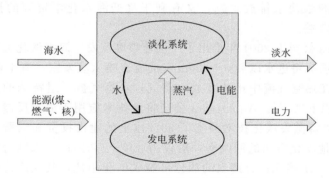

图 7-16　电水联产系统示意图

7.2.1.2 电水联产的优点

电水联产系统通过将发电系统和淡化系统结合，实现了系统间热量的高效传递和利用，淡化装置能充分利用发电系统产生的余热来制水，发电装置又可用淡化装置产水进行补水。电水联产系统实现了电力和淡水的联产、联供，是降低淡化水成本的重要途径。具体表现如下：

- 可以与电厂的海水冷却水取水工程统筹建设，节省取水工程的建设费用；
- 可以与电厂的冷却水排水工程共享排水口，在节省投资的前提下减少分开排放对海洋的污染；
- 由于提高了进水温度而降低反渗透海水淡化的电耗；

- 因使用未上网的电和电厂的低压蒸汽而降低海水淡化的能耗成本；
- 蒸馏淡化装置可作为汽轮机的凝汽器，一者节约发电系统投资，二者提高系统的整体热效率。

7.2.1.3 电水联产的缺点

电水联产系统的优势明显，但也有一定的局限性，主要表现在以下几方面：

- 具有规模效应，只有达到一定规模才能实现系统的双赢；
- 对汽轮机与淡化装置之间的匹配要求高，如设计不合理，易造成蒸汽的浪费；
- 已建电厂如果要上马蒸馏淡化装置，需要对汽轮机进行适当改造，平衡发电和产水的综合经济效益是其关键；
- 最好电厂规划建设时就综合考虑淡化部分并选择合适的汽轮机，如果电厂运行后再上马淡化工厂，整体效益会打折扣。

7.2.2 电水联产系统

电水联产系统可以分成两大部分，其一是发电系统，其二是淡化系统。

7.2.2.1 发电系统

发电系统主要包括锅炉、汽轮机、发电机、凝汽器等设备。与常规发电系统相比，电水联产系统最大的区别在于其汽轮机与淡化系统之间的耦合。因此，本节重点对汽轮机进行介绍。

（1）汽轮机原理 汽轮机是能将蒸汽热能转化为机械功的外燃回转式机械，来自锅炉的蒸汽进入汽轮机后，依次经过一系列环形配置的喷嘴和动叶，将蒸汽的热能转化为汽轮机转子旋转的机械能。蒸汽在汽轮机中，以不同方式进行能量转换，便构成了不同工作原理的汽轮机。

（2）汽轮机主要形式 按热力特性汽轮机可以分为凝汽式、背压式、抽汽式等类型[13]。

① 凝汽式汽轮机是蒸汽在汽轮机本体中膨胀做功后排入凝汽器的汽轮机。这种汽轮机的排汽压力低于大气压力，且排汽全部进入凝汽器，被循环水冷却凝结为水，再由凝结水泵抽出，经过各级加热器加热后作为给水送往锅炉。

由于汽轮机的排汽在凝汽器内受冷凝结为水的过程中，体积骤然缩小，因而原来充满蒸汽的密闭空间形成真空，这降低了汽轮机的排汽压力，使蒸汽的理想焓降增大，从而提高了装置的热效率。汽轮机排汽中的非凝结气体（主要是空气）则由抽气器抽出，以维持必要的真空度。

降低凝汽式汽轮机的排汽压力，虽可提高热效率，但因排汽比容增大，汽轮机末级通流面积和叶片需要相应增大，加大了制造成本，提高了加工难度。因此，最佳排汽压力需通过技术经济综合分析确定。目前一般凝汽式汽轮机排汽压力取为 $0.004\sim0.006MPa$。

② 背压式汽轮机是指排汽压力大于大气压力的汽轮机。排汽可用于供热或供给原有中、低压汽轮机以代替老电厂的中、低压锅炉。后者又称为前置式汽轮机，它不但可以增加原有电厂的发电能力，而且可以提高原有电厂的热经济性。供热用背压式汽轮机的排汽压力视不同供热目的而设定；前置式汽轮机的背压常大于 $2MPa$，视原有机组的蒸汽参数而定。排汽在供热系统中被利用之后凝结为水，再由水泵送回锅炉作为给水。一般供热系统的凝结水不能全部回收，需要补充给水。

背压式汽轮机发电机组发出的电功率由热负荷决定，因而不能同时满足热、电负荷的需要。背压式汽轮机一般不单独使用，而是和其他凝汽式汽轮机并列运行，由凝汽式汽轮机承担电负荷的变动，以满足外界对电负荷的需要。由于供热背压式机组的发电量决定于热负荷大小，宜用于热负荷相对稳定的场合，否则应采用调节抽汽式汽轮机。

背压式汽轮机的排汽压力高，蒸汽的焓降较小，与排汽压力很低的凝汽式汽轮机相比，发出同样的功率，需要更多的蒸汽，因而背压式汽轮机每单位功率所需的蒸汽量大于凝汽式汽轮机。但是，背压式汽轮机排汽所含的热量绝大部分被热用户所利用，不存在冷源损失，所以从燃料的热利用系数来看，背压式汽轮机装置的热效率较凝汽式汽轮机为高。

③ 抽汽式汽轮机是由汽轮机中间级抽出一部分蒸汽供给用户，即在发电的同时还供热的汽轮机。根据用户需要可以设计成一次调节抽汽式或二次调节抽汽式。

一次调节抽汽式又称单抽汽式汽轮机。由高压部分和低压部分组成，相当于一台背压式汽轮机与一台凝汽式汽轮机的组合。新汽进入高压部分做功，膨胀至一定压力后分为两股，一股抽出供给热用户，一股进入低压部分继续膨胀做功，最后排入凝汽器。抽汽压力设计值根据热用户需要确定，并由调压器控制，以维持抽汽压力稳定。单抽汽式汽轮机的功率为高压、低压部分所产生功率之和，由进汽量和流经低压部分蒸汽量所决定。调节进汽量可以得到不同的功率。因此，在一定范围内，可同时满足热、电负荷需要。单抽汽式汽轮机在供热抽汽量为零时，相当于一台凝汽式汽轮机；若将进入高压缸的蒸汽全部抽出供给热用户，则相当于一台背压式汽轮机。

二次调节抽汽式汽轮机又称双抽汽式汽轮机。可以同时满足不同参数的热负荷。整个汽轮机分为高压、中压、低压3部分。新汽进入高压部分做功，膨胀到一定压力，抽出一部分蒸汽供给热用户；另一部分进入中压部分继续膨胀做功后，再抽出一部分供暖，其余蒸汽经过低压部分排入凝汽器。汽轮机各缸均单独设置配汽机构，分别控制各缸进汽量。双抽汽式汽轮机在高、低压缸流量均接近设计值时具有较高的发电经济性。由于热负荷的变化，有时流经各缸的流量差别很大，在某些工况下发电经济性较低。因此，调节抽汽式汽轮机应根据主要热负荷情况进行设计，合理分配各缸流量，以保证长期运行中有较高经济性。合理选定抽汽压力对机组经济性有明显影响，在满足热用户前提下，应尽量降低抽汽压力。

（3）适于用电水联产的汽轮机 背压式汽轮机的热耗率最低，凝汽式汽轮机的热耗率最高，抽汽式汽轮机热耗率介于两者之间；而汽耗率则是背压式汽轮机最高，凝汽式最低，抽汽式仍然在两者之间。热耗率低，表明汽轮机组的热效率高；汽耗率高，则表明汽轮机组中供热份额大。凝汽式汽轮机不对外供热，只用于发电，热效率较低；背压式汽轮机的热效率最高，但因为供热负荷的变化直接影响发电量的变化，只能用于热负荷十分稳定（或变化范围相当小）的场合；抽汽式汽轮机可以纯发电也可以通过抽气向外界供热，它的电热相互调整性比较好，可以根据外界负荷的变化作出相应的调整，保证机组经济运行。

综上，可以看出凝汽式汽轮机蒸汽循环过程封闭，且末端排汽温度和压力较低，不适合用于电水联产系统；背压式汽轮机排汽温度和压力较高，可以与淡化装置结合，将淡化装置作为凝汽器，这种电水联产方式对淡化装置和汽轮机之间的匹配有较高要求，而且淡化装置的运行负荷直接会影响到汽轮机发电效率，调节性较差，比较适合用电和用水都非常稳定，波动小的场合；抽凝式汽轮机可以抽取不同品质的蒸汽，与淡化装置的结合较为灵活，可以根据淡化装置的规模、负荷运行变化进行调节，发电系统可不依赖淡化装置的运行而稳定发电，比较适合用水波动较大的场合。

7.2.2.2 淡化系统

电水联产具有规模效益，因此用于电水联产的海水淡化都是主流的淡化工艺和装备，主要有多级闪蒸、低温多效和反渗透。除了发电系统和淡化系统之间接口以外，用于电水联产的淡化系统与常规淡化系统没有本质区别。关于 MSF、MED 和 RO 淡化系统的介绍详见本书第 3 章、第 4 章中内容。

7.2.2.3 电水联产典型工艺

广义上，电水联产的应用模式可分为以下三大类：

一是电厂＋蒸馏淡化；

二是电厂＋反渗透淡化；

三是电厂＋蒸馏淡化＋反渗透淡化。

（1）电厂＋蒸馏淡化 这种模式是最传统，也是应用最多的电水联产方式。电厂为蒸馏淡化装置提供蒸汽，淡化装置产水又部分作为电厂锅炉补水及生产用水。这里的蒸馏淡化早期以 MSF 装置为主，近年来 MED 有后来居上之势。

火电厂汽轮机与蒸馏淡化装置结合有以下三种方式（见图 7-17）。

① 利用从汽轮机抽取蒸汽的潜热，作为淡化的热源进行海水淡化。这种结合方式以发电为主，生产一定量的淡化水供给锅炉及电厂其他部分使用。能够进行负荷调节，适用于用电和用水波动较大的情况。这种结合方式采用的汽轮机都是抽凝机组。

② 高压蒸汽用于发电，排出的低压蒸汽用于淡化。这种方法适合大规模生产淡水。其特点是热利用效率高，淡化水的成本较低。此法最适合用于连续用电以及水电负荷变化比较小的场合，缺点是不能达到互相调节的目的，这种结合方式采用的是背压机组。

③ 上述两种方式的结合。综合了前两种方式的优点，既能够大规模生产淡水，又能够相互调节控制，操作弹性大，能够适应水、电用量随季节变化而变动的情况，也能用于昼夜用电量不同时的相互调节。

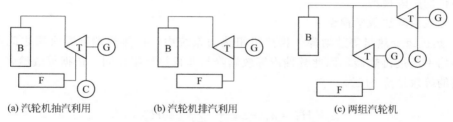

(a) 汽轮机抽汽利用　　　　(b) 汽轮机排汽利用　　　　(c) 两组汽轮机

图 7-17 汽轮机发电-蒸馏法海水淡化组合方式

B—锅炉；C—冷凝器；F—蒸馏淡化；G—发电机；T—汽轮机

（2）电厂＋反渗透淡化 随着反渗透技术的成熟，投资成本和吨水能耗的不断降低，将反渗透淡化装置与电厂共建也成为一种发展趋势。特别是对于已有电厂来说，这种方式可以不用对汽轮机进行任何改造，淡化单元与发电单元相对独立，调节更简单。用电高峰时，尽可能多地输出电力；用电低谷时，可利用廉价的电力制水，降低制水成本。

这种模式下，电厂和海水淡化厂可以共用取排水设施；反渗透工厂可以利用电厂的温排水作为进水，保证反渗透淡化工艺对进水温度的要求；反渗透单元可以利用电厂的未上网电进行淡化，作为电力调峰。

（3）电厂＋蒸馏淡化＋反渗透淡化 这种模式是对前两种模式的整合。通过蒸馏淡化和反渗透淡化单元的整合，结合了蒸馏淡化稳定产水和反渗透淡化可根据电力调峰需要来调节产水量的特点，实现电水联产系统电力和淡水的可调节供应，灵活应对不同季节、不同时段的需求。

7.2.3 电水联产经济性

7.2.3.1 蒸汽价格的确定

对于电水联产项目，确定合理的蒸汽价格是核算项目经济性的主要基础。目前用于电厂蒸汽价格的计算方法主要有循环函数法、矩阵法和等效焓降法等。这些方法各自有一整套计算模型，它们针对同样的物理对象，解决同样的问题，计算结论基本一致。由于等效焓降法更易于使用，下面着重介绍此方法。

（1）等效焓降理论简介　等效焓降是一种新的热工理论，在 20 世纪 60 年代后期，它首先由原苏联学者库兹涅佐夫提出，并在 70 年代逐步完善、成熟，形成了完整的理论体系。在我国，由西安交通大学林万超教授等加以引进完善并推广应用[14,15]。

等效焓降法是依据热力学第一定律，由能量平衡和质量平衡方程对热功转换过程及其变化进行推导，得出两个有用的表征抽汽品质的参量，即等效焓降和抽汽效率，用以分析蒸汽动力装置和热力系统的经济性。对于确定的热力系统，汽水诸参数均为已知时，等效焓降和抽汽效率也随之确定，并可通过公式计算，成为一次性参数给出。

等效焓降法既可用于整体热力系统的计算，也适用于热力系统局部定量分析。它摒弃了常规热平衡法的缺点，不需要全盘重新计算就能查明系统变化的经济性。对于某一工况下的热力系统而言，抽汽的品质不随热力系统局部的改变而改变。借助于这些品质参数可以对热力系统的局部进行定量分析，从而避免了热力系统局部发生变化后，需要对整个热力系统重新进行烦琐的计算，只要考虑变动以后的各抽汽份额以及功率的变化，通过局部计算就可以得到全局的经济性变化结果。

等效焓降法的特点是：局部运算的热工概念清晰，与一般热力学分析完全一致，因此，易于掌握；其次，计算简捷而又准确，与真实热力系统相符，便于建立精度高、通用性强、易于程序化的矩阵模型。

（2）等效焓降法数学模型

① 再热机组变热量等效焓降　再热机组热力系统中，再热热端到凝汽器之间的任何回热抽汽，均不通过再热器，因此其抽汽等效焓降与非再热机组相同。依据等效焓降理论，非再热机组的等效焓降 H_j^e 为：

$$H_j^e = h_j - h_k - \sum_{r=j+1}^{Z} \frac{A_r}{q_r} H_r^e \tag{7-1}$$

式中，h_j 为加热器 j 的抽汽焓；h_k 为汽轮机的排汽焓；q_r 为加热器 r 的 1kg 抽汽在该加热器中的放热量；A_r 根据加热器的型式取 τ_r 或 γ_r，其中 τ_r 为 1kg 凝结水在加热器 r 的焓升，γ_r 为上级加热器的 1kg 疏水在加热器 r 的放热量；Z 为加热器的个数。

再热机组再热冷端到新蒸汽之间的回热抽汽的等效焓降 H_j^e 为：

$$H_j^e = h_j - h_k - \sum_{r=j+1}^{Z} \frac{A_r}{q_r} H_r^e + \Delta q_{rh} \tag{7-2}$$

式中，Δq_{rh} 为 1kg 蒸汽在再热器中的吸热量。

回热抽汽的抽汽效率 η_j 为：

$$\eta_j = \frac{H_j^e}{q_j} \tag{7-3}$$

新蒸汽的等效焓降 H_0^e 为：

$$H_0^e = h_0 - h_k - \sum_{r=1}^{Z} \tau_r \eta_r + \Delta q_{rh} \tag{7-4}$$

热力系统的循环吸热量 q_0 为：

$$q_0 = h_0 - \bar{t}_{fw} + \alpha_{rh} \Delta q_{rh} \tag{7-5}$$

汽轮机装置效率 η_0 为：

$$\eta_0 = \frac{H_0^{\text{e}}}{q_0} \tag{7-6}$$

式中，h_0 为新蒸汽的排汽焓；$\bar{t}_{\text{fw}}$ 为锅炉进口给水焓值；α_{rh} 为再热蒸汽占进口新鲜蒸汽的份额。

抽汽效率是等效焓降法的核心，是等效焓降法能使局部定量简单、准确的根本所在，其抽汽效率矩阵模型为：

$$
\begin{bmatrix}
q_0 & \tau_1 & \tau_2 & \tau_3 & \tau_4 & \tau_5 & \tau_6 & \tau_7 & \tau_8 \\
 & q_1 & r_2 & r_3 & r_4 & r_5 & r_6 & r_7 & \tau_8 \\
 & & q_2 & r_3 & r_4 & r_5 & r_6 & r_7 & \tau_8 \\
 & & & q_3 & r_4 & r_5 & r_6 & r_7 & \tau_8 \\
 & & & & q_4 & r_5 & r_6 & r_7 & \tau_8 \\
 & & & & & q_5 & r_6 & r_7 & \tau_8 \\
 & & & & & & q_6 & r_7 & \tau_8 \\
 & & & & & & & q_7 & \tau_8 \\
 & & & & & & & & q_8
\end{bmatrix}
\begin{bmatrix}
\eta_0 \\ \eta_1 \\ \eta_2 \\ \eta_3 \\ \eta_4 \\ \eta_5 \\ \eta_6 \\ \eta_7 \\ \eta_8
\end{bmatrix}
=
\begin{bmatrix}
h_0 - h_{\text{k}} + \Delta q_{\text{rh}} \\
h_1 - h_{\text{k}} + \Delta q_{\text{rh}} \\
h_2 - h_{\text{k}} + \Delta q_{\text{rh}} \\
h_3 - h_{\text{k}} \\
h_4 - h_{\text{k}} \\
h_5 - h_{\text{k}} \\
h_6 - h_{\text{k}} \\
h_7 - h_{\text{k}} \\
h_8 - h_{\text{k}}
\end{bmatrix}
\tag{7-7}
$$

或者为

$$[A][\eta] = [\Delta h]$$

式中，q_0 为将锅炉视为混合式加热器的吸热量，系数矩阵 A 由热力系统的结构和参数决定。

② 变热量等效焓降分析模型

如图 7-18 所示，焓值为 h_{T}，份额为 α_{T} 的抽汽进入海水淡化系统放热凝结，其凝结水从加热器 j 后返回回热系统，依据等效焓降法有工质携带热量进出系统计算法则，这部分抽汽的做功损失 ΔH 为：

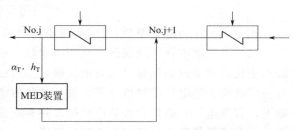

图 7-18 MED 装置在汽轮机系统中的位置

$$\Delta H = \alpha_{\text{T}}\left[h_{\text{T}} - h_{\text{k}} - (\bar{t}_{\text{T}} - \bar{t}_{\text{j}+1})\eta_{\text{j}} - \sum_{r=Z}^{j+1}\tau_r\eta_r\right] \tag{7-8}$$

式中，$\bar{t}_{\text{T}}$ 为加热抽汽凝结水焓；$\bar{t}_{\text{j}+1}$ 为加热器 j+1 出口水焓。

抽汽做功损失计算矩阵模型为：

$$\Delta H = \alpha_{\text{T}}(h_{\text{T}} - h_{\text{k}}) - [\eta_{\text{T}}][A_{\text{r}}][\alpha_{\text{f}}] \tag{7-9}$$

式中，η_{T} 为系数矩阵。

$$
A_{\text{r}} =
\begin{bmatrix}
0 & & & & & & & \\
 & 0 & & & & & & \\
 & & 0 & & & & & \\
\vdots & \vdots & \vdots & \vdots & & & & \\
\tau_{\text{j}} & \tau_{\text{j}} & \tau_{\text{j}} & \cdots & (\bar{t}_{\text{T}} - \bar{t}_{\text{j}+1}) & & & \\
\vdots & \vdots & \vdots & \vdots & & \vdots & & \\
\tau_8 & \tau_8 & \tau_8 & \tau_8 & \tau_8 & \tau_8 & \tau_8 & 0
\end{bmatrix}
\quad
\alpha_{\text{f}} =
\begin{bmatrix}
0 \\ 0 \\ 0 \\ \vdots \\ \alpha_{\text{T}} \\ \vdots \\ 0
\end{bmatrix}
$$

③ 新蒸汽流量不变条件下的局部定量分析　当新蒸汽流量 D_0 保持不变条件时，采用制水耗电损失量（electricity loss for water production，ELWP）来计算制水的能量成本，其定义为用于海水淡化的抽汽返回汽轮机作功的发电量与淡水产量的比值。ELWP 的计算式如下：

$$\text{ELWP} = \frac{\Delta H}{\alpha_T \times PR \times 3.6} \quad (7\text{-}10)$$

式中，PR 为热法海水淡化装置的造水比，可以通过热法海水淡化系统模型求解。

汽轮机组装置效率降低的变化 $\Delta \eta$ 为：

$$\Delta \eta = \frac{\Delta H}{H_0^e - \Delta H} \times 100\% \quad (7\text{-}11)$$

④ 汽轮机组功率不变条件下的局部定量分析　当保持蒸汽透平功率不变时，新蒸汽的等效焓降和流量都变化，因此依据热力系统出现局部变动前后功率不变，得功率方程为：

$$P_0 = D_0 H_0^e = (D_0 + \Delta D_0) \times (H_0^e + \Delta H) \quad (7\text{-}12)$$

经功率方程推导得出汽轮机组发电标煤耗的增加值 Δb 为：

$$\Delta b = b \times \frac{\Delta D_0}{D_0} + b \times \frac{\Delta H}{H_0^e + \Delta H} \quad (7\text{-}13)$$

式中，ΔD_0 为新蒸汽流量的变化；b 是汽轮机组发电标煤耗。

制水燃料成本 C_W 为：

$$C_W = \frac{\Delta b \times P_0 \times \text{cost}}{PR \times \Delta D \times 3.6} \quad (7\text{-}14)$$

式中，cost 为标煤单价；P_0 为机组的功率；ΔD 为加热抽汽流量。

（3）蒸汽成本计算的误区　对于电水联产项目蒸汽价格的确定，存在一种误区，即通过海水淡化消耗蒸汽的热量（或焓值）确定蒸汽的价格，这就是所谓的热量法。热量法是我国目前广泛用于热电厂的热价计算方法。这种方法从能量的角度出发，在热力学第一定律的基础上，将热电厂总热耗量按热电厂生产热和能的用热数量比例来分配，即将热电厂的全厂总热耗量分成供热热耗量和发电热耗量两项。基于这样的热耗量的划分方法，继而可以得到反映热电厂供热、发电燃料成本的相关指标。

发电厂提供给海水淡化的蒸汽一般为低温低压蒸汽，虽然其焓值较高但发电的潜能较小，可利用的比例小。因此，按照此方法计算出的蒸汽成本偏高。

7.2.3.2　电水联产的成本分摊

电水联产工厂向外界提供淡水和电力。为核算淡水和电力的成本，需要对电水联产工厂的成本进行分摊。具体的分摊方法有很多种，下文对部分方法进行介绍[16]。

（1）电力信贷法　电力信贷法是应用最广泛的方法。它是基于假定联产工厂与单目的海水淡化厂使用同等型号的一次热源，首先计算出参比单目的工厂的净发电量（E）和发生的总费用（C），从中得出每度可售电力的单位价格（$C_{kWh} = C/E$）。然后计算联产工厂的产水量（W）、净可售电量（E_2）以及它的总费用（C_2）。由于在联产工厂中海水淡化消耗能量，因此 $E_2 < E$，$C_2 > C$。淡化水支出的这部分费用可在净可售电成本（$C_2 - E_2 \times C_{kWh}$）中收回。因此可得出淡化水的成本为：

$$C_{water} = (C_2 - E_2 \times C_{kWh}) \times W \quad (7\text{-}15)$$

而可售电力的成本与参比的单目的电厂是一样的。

（2）边际水成本法　该法与前一方法的差异在于它是将联产工厂与普通的参比工厂进行

比较，它假定联产工厂具有同等的净可售电量。因此，联产工厂的一次能源就比参比工厂的一次能源要大。结果，由于规模效益得出的水成本就低一些。它将规模扩大和资源共享的好处都分给了淡化厂。

（3）基于㶲分摊的成本分摊法　㶲是能量的一种计量方法，它是将一个系统从目前的热力学状态带到与环境稳定平衡的状态下，可实现机械功的上限。机械的㶲和电的㶲比热量的㶲高，而高温蒸汽的㶲比低温蒸汽的㶲高。

尽管传统上可以用热力学第一定律进行分析，但利用㶲逼近可以更加精确地评估系统的性能。能量既不能自生也不能自灭，因此它是不可耗竭的。㶲分析描述了系统的潜能是如何用于做机械功和这种潜能是在什么地方散失的。

在㶲成本分配方法中，联产工厂的总成本 C_2 被分成如下成本因子：

① 直接发电成本 C_E，被单独分配给发电；

② 为海水淡化厂产水的生产成本 C_S，被单独分配给造水；

③ 生产电和蒸汽的公用成本，C_{com}；

④ 其余的产水成本，C'_W。

$$C_2 = C_E + C_S + C_{com} + C'_W \tag{7-16}$$

对于 C_2 贡献率较大的 C_{com} 是根据电和水的㶲消耗量来分担的。

在㶲分配的方法中，所有规模和资源共享的好处是在电与水中间当量分摊的；而在电力信贷法中，水得到的好处更多一些；在边界水成本法中，水得到的好处最多。

7.2.3.3　电水比

电水比，是指对于一个电水联产厂，发电能力与产水能力的比值。对于一座由"火电厂＋蒸馏海水淡化厂"方式的电水联产厂，其电水比主要由热法淡化装置的造水比决定。

一般情况下，多级闪蒸（MSF）和多效蒸馏（MED）海水淡化装置的造水比为 8~9，蒸汽热压缩多效蒸馏海水淡化装置（MED-TVC）的造水比相对偏高，通常可达到 12 或更高[1,17]。对于联合循环发电机组，其电水比通常为 17~23；对于锅炉-背压机发电机组，其电水比为 2~4，其他类型机组的电水比通常介于两者之间。

如果对于电水联产厂，其主要需求为电力，可优先选用联合循环发电机组；如果主要需求为淡水，可优先选择锅炉-背压机发电机组。

上述结论不适用于反渗透海水淡化厂，反渗透技术的能源需求与蒸馏技术不同，只需要使用电能，基本不需要消耗蒸汽。

7.2.4　典型案例

7.2.4.1　富查伊拉(Fujairah)电水联产项目

富查伊拉项目是阿联酋较大的电水联产项目之一，项目位于 KhorFakkan 以南 5km，Fujairah 城以北 20km，其采用热膜耦合淡化工艺。项目分两期建设：一期建成于 2003 年，淡化规模为 45 万立方米/天（MSF＋RO），发电规模为 660MW；二期发电 2000MW，产水能力为 60 万立方米/天（MED＋RO），2011 年建成。

（1）取水设施　海水取水口离海岸线 320m，距海底和海平面均为 6m。海水取水系统包括三条长 500m、直径为 1.2m 的浸没管，它同时为发电厂、MSF 和 RO 取水。

（2）一期项目

① 发电模块　发电厂采用联合循环技术，包括 4 台燃气轮机，4 台热循环蒸汽发生器和

2 台背压蒸汽轮机。总发电量为 660MW，其中 160MW 供内部使用，包括输水泵等，只有 500MW 输送到国家电网中。电厂燃料为阿曼 Sultanate 的天然气，柴油作为备用燃料。

② 淡化模块 一期工程采用 MSF + RO 的热膜耦合工艺，淡化规模为 45 万立方米/天，包括 5 台单机规模为 5.6 万立方米/天的 MSF 装置和两个规模约为 7.5 万立方米/天的 RO 淡化车间。

MSF 装置由韩国斗山重工集团设计生产，每台装置由 16 级热回收段和 3 个排热段组成。当原海水温度低于 22℃时，从多级闪蒸排热段出来的热海水将供给反渗透工厂，以保证反渗透的正常产水。

每个 RO 淡化车间有 9 个一级海水反渗透膜堆和 4 个二级苦咸水反渗透膜堆，两级反渗透的设计，主要是为了满足产水饮用的水质指标要求。

（3）二期项目

① 发电模块 当地对水的需求，随季节变化不大；对电的需求取决于季节，在夏季由于空调的使用，用电量较大。考虑到这种情况，富查伊拉二期项目采用了三台联合循环燃气轮机机组，其中一个是阿尔斯通 KA26-1 多轴机组，另外两个是 KA26-2 多轴联合循环机组，均配有余热锅炉，用以调节蒸汽量。在运行过程中通过科学的调配，可以实现 900MW（冬季）～2000MW（夏季）的电力灵活供应。

② 淡化模块 淡化单元由 12 台规模为 3.8 万立方米/天的低温多效蒸馏海水淡化装置和一个 15 万立方米/天反渗透海水淡化车间组成。低温多效蒸馏海水淡化装置所需要的蒸汽由两台凝汽式汽轮机和背压式汽轮机抽汽提供。

项目中 MED 和 RO 的制水比例设计，主要是考虑到地区电力和淡水的季节需求变化。低温多效蒸馏部分所占的比例较大，利用联合循环电厂的蒸汽生产淡水；反渗透部分的比例较小，不消耗蒸汽，只使用电力。上述各种海水淡化工艺的组合，使电厂的发电能力随季节变化的过程中，淡水的生产能维持恒定。

7.2.4.2 沙特 Marafiq 电水联产项目

Marafiq 项目是电水联产的一个典型，项目位置在波斯湾西海岸沙特朱拜拉附近，发电装机规模为 2750MW，淡化水产水规模为 80 万立方米/天。3 套机组与淡化设备联建，1 套为独立发电机组。项目于 2010 年 6 月投产，当时是世界最大的淡化厂，见图 7-19。

（1）发电模块 电厂有 4 套联合循环机组，其中前 3 套机组的配置为"3 台 GE 307FA 燃气轮机+1 台背压式汽轮机"，3 台背压汽轮机全部为淡化装置供汽；第 4 套机组配置为"3 台燃气轮机+1 台纯凝汽轮机"，采用钛管的海水冷却凝汽器。燃气轮机排放的尾气进入余热锅炉（工作压力 10MPa）回收热量，产生的蒸汽进入背压汽轮机做功发电，汽轮机排汽输入淡化单元。

（2）淡化模块 Marafiq 项目中的海水淡化部分由 27 台淡化装置组成，每台装置均采用 MED+TVC 工艺，由 Sidem 公司设计。淡化装置的蒸汽由前 3 套发电机组提供，每个机组可为 9 台 MED 淡化装置供汽。发电机组中背压汽轮机的排汽（130℃，

图 7-19 沙特 Marafiq 电水联产项目

0.27MPa）进入淡化单元。该淡化流程中采用 TVC 装置，通过引射低温蒸汽使系统的造水比达到 9.8。

（3）后处理 为了提高淡化产品水的口感，同时也为了减少其对输送管网的腐蚀，需要对淡化产水进行一定的后处理调质。Marafiq 项目中的后处理是先添加 CO_2 来进行 pH 的调节，然后产水被送入石灰石床用来改善其硬度和口感。

7.2.4.3 北疆电厂

北疆电厂是目前国内最大的电水联产项目，项目位于天津市滨海新区汉沽功能区。总体规划建设 $4×1000MW$ 燃煤发电超超临界机组和 40 万立方米/天海水淡化装置。项目分两期建设，一期工程建设 $2×1000MW$ 发电机组和 20 万立方米/天海水淡化装置（见图 7-20）。北疆电厂列入国家循环经济第一批试点单位，其最大的特色是采用"发电-海水淡化-浓海水制盐-土地节约整理-废弃物资源化再利用"的循环经济项目模式。项目基本情况如下。

（1）取水单元 海水取水为高潮位取水方式，在海档外设置 2 级沉淀调节池，由一级沉淀调节池入口设置阀门调节进水水位。电厂冷却水采用循环冷却方式。淡化取水分两路，一路是由海水补充水取水泵直接供至海水淡化站，另一路是电厂循环水系统冷却水排水供给。两路水源可根据实际季节、水温、水量的变化进行切换或混合。

图 7-20 天津北疆电厂电水联产项目

（2）发电模块 北疆电厂发电机组为 1000MW 超超临界机组，由上海电气集团股份有限公司制造，锅炉为超超临界变压运行直流锅炉，炉型为单炉膛、双切圆燃烧、一次中间再热、平衡通风、半露天布置、固态排渣、全钢构架、全悬吊结构Ⅱ型煤粉炉。锅炉采用微油点火装置。

海水淡化装置从发电机组的中压缸底部抽汽，抽汽压力为 0.3～0.55MPa，电厂蒸汽除了供海水淡化外，还预留了为汉沽区供热、真空制盐的供应量。

（3）淡化模块 海水淡化装置由以色列 IDE 公司供应。一期 20 万立方米/天海水淡化装置分两个阶段建设，第一阶段的 10 万立方米/天淡化装置已于 2009 年投入运营，第二阶段 10 万立方米/天淡化装置于 2012 年开始安装。

北疆电厂海水淡化采用低温多效蒸馏淡化工艺，单机规模为 2.5 万立方米/天。每台装置由 13 效蒸发单元和 2 个冷凝单元构成。根据淡化装置接收到的蒸汽品质情况，造水比为 10～15。

7.2.5 发展趋势

海水淡化是以能源换水源的过程，电水联产作为一种能源的高效利用模式，已逐渐成为规模化海水淡化的主要应用方式，未来也仍将是大型海水淡化工程建设的主要模式[18,19]。我国海水淡化产业还未进入大规模应用阶段，电水联产的应用经验还有欠缺，很多方面还要持续研究与实践。发达国家尤其是中东地区的发电厂以燃气轮机联合循环居多，这种发电模式特别有利于与海水淡化厂耦合，将背压汽轮机的蒸汽供给蒸馏淡化装置，同步生产大量的优质淡水。我国的滨海发电厂目前以燃煤机组居多，并且多采用抽凝汽轮机。因此，与海水淡化厂结合就存在抽汽口的选择与优化问题。海水淡化作为电厂的附属设施时，由于蒸汽的抽取量很小不会影响到电厂的发电量和发电效率。一旦海水淡化厂承担为城市供水的任务，供给海水淡化厂的蒸汽参数就需要优化，以避免大量的抽汽影响发电。因此，中国的电水联产不能照搬国外的经验，必须结合我国国情走自主创新之路。

7.3 海水淡化与综合利用

7.3.1 海水综合利用技术基础

除海水淡化外，我国海水综合利用技术还包括海水直接利用和海水化学资源提取，其对缓解沿海城市淡水资源短缺、发展海洋经济的作用非常重要。经过半个多世纪的发展，海水综合利用已成为发达国家的规模产业，工业冷却水、大生活用水等海水直接利用技术为解决部分国家和地区的水资源短缺发挥了重要作用[20]。

7.3.1.1 海水直接利用

海水直接利用主要包括海水冷却（海水直流冷却、海水循环冷却）、大生活用海水（主要为海水冲厕）、海水脱硫、海水灌溉和海水源热泵等[20]。

(1) 工业冷却用水　据统计，工业冷却用水在城市用水中占有相当比例。用海水代替淡水作为工业冷却用水，是解决沿海地区淡水资源紧缺问题的重要途径之一，也是国际上的成熟做法。截至 2011 年，全世界冷却用海水量已经超过 7000 亿立方米/年以上；其中美国沿海地区火电、核电等行业的冷却用海水量达到 1000 亿立方米/年以上，占世界海水冷却总用水量的近 20%；日本利用海水作为冷却水多达 3000 亿立方米/年，占工业冷却水总用量的 60%；欧洲各国海水直接利用量约为 3000 亿立方米/年，英国几乎所有的核电站都以海水作为直流冷却水。海水直流冷却在我国沿海地区也得到了广泛应用，直接利用量已近 600 亿立方米/年，在广东、浙江、山东、辽宁、福建等沿海省份应用较广，其中绝大部分为海水直流冷却。

随着《国际环境保护（无公害）公约》的出台，直流冷却技术需进一步改进和完善，并逐渐向无公害方向发展。循环冷却技术的取水量和排污量较直流冷却均减少 95% 以上，有利于保护环境，应用前景广泛。海水循环冷却技术在国外已经进入规模应用阶段，单套系统海水循环量已达 15 万立方米/小时。我国自"九五"开始进行海水冷却塔关键技术研究，"十五"、"十一五"期间开发了 L47、L60、L77、L92 型逆流式机械通风海水冷却塔，并先后应用于天津碱厂、深圳福华德电厂、浙江国华宁海电厂二期 2×1000MW 扩建工程和天津北疆电厂一期 2×1000MW 工程，单套最大循环水量达到 10 万立方米/小时[20]。

(2) 海水脱硫　海水脱硫是一种以天然海水作为吸收剂脱除烟气中二氧化硫的湿法脱硫技术，具有工艺简单、投资和运行费用低、脱硫效率高、无需添加人工化学脱硫剂等优点，已在美国、英国和挪威等国家运行。目前国外已投运或在建有近百台海水脱硫装置用于发电厂和冶炼厂的烟气脱硫，发电机组总容量超过 20000MW，单机最大容量达 700MW。

我国海水脱硫工程应用初期以引进技术为主，从 1996 年开始，深圳西部电厂陆续建成 6 套 300MW 燃煤机组海水脱硫装置。随后于 1999—2009 年间，又先后引起技术与设备，投建福建漳州后石电厂（6×600MW）1～4 号机组、华电青岛电厂 4 台 300MW 机组、华能日照电厂 2×350MW 机组和广东华能海门电厂百万千瓦机组海水脱硫系统。

在引进吸收国外先进技术的基础上，我国东方锅炉集团攻克自主海水脱硫关键技术，于2006 年完成嵩屿电厂 $4\times300MW$ 机组海水脱硫系统工程的设计与建设，投入实际运行。海水脱硫技术适合我国综合技术水平与运行管理水平的要求，在我国条件适合的海域推广应用潜力巨大。

（3）大生活用海水　利用海水作为大生活用水（如海水冲厕）代替城市生活用淡水，可节约 35％的城市生活用水，社会和经济效益显著。香港是目前世界上唯一使用海水作为主要冲厕用水的城市，经过半个多世纪的研究与实践，已较好地解决了海水净化、管道防腐、海洋生物附着、系统测漏以及污水处理等方面的技术问题，每天为香港居民供应冲厕海水达67 万立方米，年节水量约 2.6 亿立方米。同时，香港制定了海水冲厕有关的法规和政策，形成了一套完整的管理系统。近年来，香港水务署对海水冲厕系统技术仍在进行持续改进。例如，开展的弹性座封闸阀应用研究，可减少海水供应系统的跑冒滴漏；在沙田供水厂进行斜管澄清池应用研究，以改善海水澄清池出水水质；在坚尼地城海水供应站开展变速水泵应用研究，优化泵水模式，提高水务设施的电机效率等。

"九五"、"十五"期间，我国开始海水冲厕技术研究，完成大生活用海水系统给水、药剂、后处理工艺研发及海水生化处理技术研究，在青岛胶南市"海之韵"住宅小区建成了国内首个大生活用海水示范工程，服务面积 46 万平方米。"十一五"期间，通过对单项技术的有机集成和整体优化，在青岛多个住宅小区进行了示范与推广。

（4）海水灌溉　国外用海水大面积灌溉种植作物已取得较好的成果。例如，沙特早在国家经济第六个发展计划（1995—2000）中就将"海水灌溉农业"置于国民经济的重要位置；以色列与阿尔及利亚等国将将海水和淡水以一定的配比混合作为作物灌溉水；美国已培育出用海水灌溉的可作为饲料的海蓬子 SOS-7 号和 SOS-11 号；印度用海水灌溉 860 万平方公顷海滨沙丘，收获了 200 万～250 万吨谷物。我国也进行过海蓬子、大米草等耐盐植物的栽培实验，以及虹豆、西红柿和水稻等经济作物和粮食品种的耐盐实验，海水灌溉农业的发展将有效遏制沙漠化不断侵占耕地的恶劣形势[21]。

7.3.1.2　海水化学资源提取

海水中的主要成分，以盐的形式表示，见表 7-3。海水总含盐量约为 3.5％，其总体积约为 3760 万亿立方米，如果把这些盐都取出来铺在地球表面，则可铺 45m 厚的一层。这种说法虽无实际意义，但足可说明海水中溶解的物质数量很多，海水是一巨大的物质宝库。

表 7-3　含盐 3.5％海水中主要盐类的含量

盐类	含量/％	海盐相对含量/％	盐类	含量/％	海盐相对含量/％
NaCl	2.72	77.6	K_2SO_4	0.086	2.5
$MgCl_2$	0.38	10.8	$CaCO_3$	0.012	0.34
$MgSO_4$	0.17	4.8	$MgBr_2$	0.0076	0.22
$CaSO_4$	0.13	3.7			

海水化学资源提取正越来越受到人们重视，不仅由于该技术大有可为，同时还因为有些资源陆地缺乏，必须取之于海水。例如，全球 99％的溴资源储存在海水中；钾在海水中的总储量达 $550\times10^{12}t$，是世界陆地总资源量（1480×10^8t）的 3700 多倍；锂的储量 2400×10^8t，为陆地总储量（1700×10^4t）的 14000 多倍；铀、重水、金、锶、锂等微量成分，相对含量虽少，但绝对含量却很多。

　　在我国，据45种主要矿产对国民经济保证程度的分析，进入21世纪有1/2不能满足需要，而到2020年多数资源将出现枯竭的局面，仅有9种可满足需要，矿产资源供给将出现全面紧张。因此，开展海水化学资源利用技术研究，对保障国民经济快速、健康发展有着重大的战略意义。然而，作为一种电解质和非电解质以及多种生命体共存的稀薄、复杂溶液体系，海水属于非常规矿物资源，绝大多数元素的含量均在千分之一以下，采用常规化工技术分离将导致极高的能耗，很难过经济关；此外，海水中多为碱土金属和卤族元素，由于这些元素构成盐类的溶解度十分相近，给高效分离带来极大难度[22]。

　　我国海水制盐及盐化工作为传统海洋产业，经过多年发展，逐渐形成自海水晒盐为始，再以晒盐后的卤水为原料依次提取不同产品的海水综合提取流程（如图7-21所示），为国民经济发展和人民生活水平提高做出了贡献。从海水中提取的主要产品包括：石膏（$CaSO_4\cdot2H_2O$）、芒硝（$Na_2SO_4\cdot10H_2O$）、食盐（$NaCl$）、氯化钾（KCl）、氯化镁（$MgCl_2$）、碳酸镁（$MgCO_3$）、溴（Br_2）等。

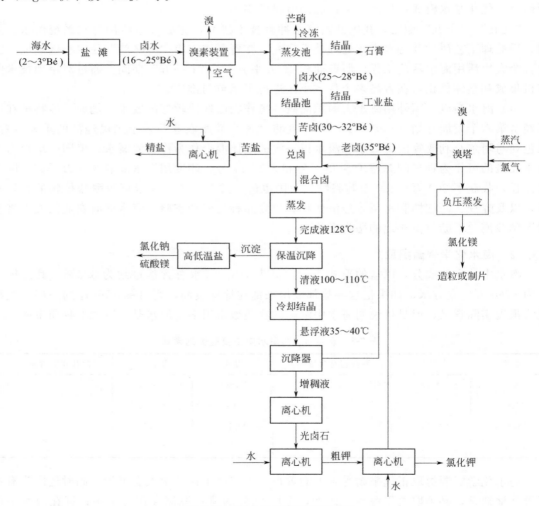

图7-21　海水化学资源提取流程

（°Bé 为波美度，相对密度大于1和小于1的液体，°Bé 定义不同，各国也有区别。密度 d 与°Bé 的关系：

$$重波美度为\ d=\frac{144.3}{144.3-°Bé}\ ；轻波美度为\ d=\frac{144.3}{144.3+°Bé}）$$

海水经纳潮引入盐滩，在储水池及蒸发池中蒸发浓缩，在 16.7°Bé 以前氢氧化铁和碳酸钙全部析出（一般不予回收）；海水浓缩至 16～25°Bé 时，送往溴素装置，进行空气吹出提溴，提溴后的海水通过蒸发结晶制石膏，或当北方冬季气温降至 -2℃ 以下时，还可析出芒硝；当海水继续浓缩到 25～28°Bé 时，工业盐在结晶池中大量析出，为避免带出过多杂质，卤水浓度通常控制在 30°Bé 以下，这时工业盐析出约 80%。在海水晒盐过程中，各类盐析出顺序如表 7-4 所示。

表 7-4　海水在 21℃ 浓缩时盐类的析出顺序

顺序	析出盐类	析出浓度/°Bé	顺序	析出盐类	析出浓度/°Bé
1	氢氧化铁	6	4	氯化钠	28
2	碳酸钙	<16	5	硫酸镁	32
3	硫酸钠	20	6	氯化镁、氯化钾	35 以上

晒盐以后的卤水，称为苦卤。苦卤与含氯化镁为主的老卤兑卤混合，由于氯离子浓度提高，使氯化钠进一步析出；混合卤再经 128℃ 蒸发和保温沉降后，得到高低温盐（主要成分为氯化钠，其次为硫酸镁），分离后得到相应盐结晶。

清液继续冷却至 35～40℃ 时，光卤石（氯化镁与氯化钾的混合盐）结晶析出。由于氯化镁在水中溶解度很大，所以在光卤石中加入约 50% 的水后，氯化镁即大部分溶解而制得粗钾，粗钾进一步提纯后制得精制氯化钾盐。提取氯化钾后的老卤中，溴的含量已提高到 0.65%～0.75%，主要以溴化镁和溴化钠的形式存在，可用氯气氧化、蒸汽蒸馏提取，废液可用于生产氯化镁。

通过近 30 年的科技攻关，以国家海洋局天津海水淡化与综合利用研究所、河北工业大学为主体的众多科研单位，相继攻克了硼酸镁晶须合成及百吨级示范应用技术，开发了气态膜法原海水提溴技术和十吨级、百吨级成套设备，浓海水制取浆状氢氧化镁关键技术和百吨级中试生产线，研发了海水中钾的高选择性富集和钾肥的高效、节能分离关键技术等成果[22,23]。并在此基础上，根据海水化学资源利用技术的成熟度，结合产品的市场需求状况，又着手开展海水资源综合利用新工艺的研究。

7.3.1.3　实施海水淡化与综合利用的必要性

海水淡化后排出的浓海水，含盐量通常是原海水的 1.5～2 倍，对于淡水产能 10 万立方米/天的海水淡化厂，每日排出的浓海水超过 10 万立方米。若采用直接排海，在浓水排放海域稀释能力较弱时，可能影响该海域生物的生理功能，如酶、代谢、生殖、光合作用等，同时也会造成海水分层，影响光的透射和光合作用，干扰食物链[24]。此外，淡化厂排放的浓盐水含有多种在海水淡化预处理过程中使用的化学药剂［$NaClO$、$FeCl_3$、H_2SO_4、HCl、$(Na_3PO_3)_6$、$NaHSO_3$ 等］、添加剂、膜清洗过程中使用的弱酸清洁剂（如柠檬酸、多磷酸钠和 $EDTA$ 等）和苛性碱，以及设备、管道锈蚀产生的重金属等，这些化学物质随浓盐水一起排放，也有可能对海洋生态系统造成一定程度的影响。

开发海水淡化与综合利用耦合工艺，消除大规模发展海水淡化可能引起的环境问题，以实现更好地利用海水服务社会、造福人类的目的，是国内外海水淡化技术研究的热点之一。

7.3.2 海水淡化与综合利用耦合工艺现状

7.3.2.1 海水淡化-浓水梯级利用

将海水淡化浓盐水再次用于特定行业的工业生产环节，如用于热电机组的烟气脱硫或者作为钢铁企业炼铁、炼钢、连铸、热轧等单元煤气清洗、火焰切割、喷雾冷却、精炼除尘的浊循环冷却水，是实现海水梯级利用、提高资源利用效率的方法之一[25,26]。

海水烟气脱硫实质上是利用海水的碱度进行脱硫处理，其原理可表示为：

$$SO_2(g) \longrightarrow SO_2(l);$$

$$SO_2(l) + H_2O \longrightarrow HSO_3^{2-} + H^+;$$

$$HSO_3^{2-} + \frac{1}{2}O_2(g) \longrightarrow SO_4^{2-} + H^+;$$

$$HCO_3^- + H^+ \longrightarrow CO_2 + H_2O$$

海水淡化浓盐水的碱度是新鲜海水的 1.5～2 倍，应更有利于进行脱硫反应。但也有研究发现，室温条件下新鲜海水的脱硫效率反而略高于淡化浓盐水，这说明碱度并不是影响海水脱硫率的唯一决定因素，淡化浓水较高的盐含量可能不利于其对二氧化硫的吸收[25]。该实验室结果还有待于工业规模的实证。

首钢京唐钢铁公司的 $2 \times 300MW$ 燃煤-燃气混烧供热发电机组采用海水直流冷却技术，并配套投建了 $4 \times 12500 m^3/d$ 低温多效海水淡化装置，为企业钢铁生产及发电系统供应淡水。为减少电厂海水取用量，采取将淡化浓盐水与电厂直流冷却海水混合，进行烟气脱硫处理的方法，一定程度上实现了海水的梯级利用[27]。目前，该公司正开展淡化浓盐水的化工制盐技术研究，为实现海水淡化浓盐水资源开发利用探索更优化的耦合模式。

7.3.2.2 海水淡化-浓水制盐、碱耦合工艺

海水淡化浓海水的温度及纯净程度均高于原海水，使用浓海水制盐，不仅可将海水"一水多用、吃干榨尽"，减少淡化浓水的排放甚至实现零排放；同时，淡化浓水进行海水化学资源综合利用，较之海水直接晒盐的方案更为经济合理，也是充分利用淡化副产品的途径之一[28]。

（1）海水淡化-盐田制盐耦合工艺　副产的浓海水为海水制盐提供了优质原料，以 20 万立方米/天海水淡化装置为例，其一年排出的浓海水量约为 9125 万立方米，工艺计算年产盐量 147 万吨。用浓海水晒盐，将增加资源供给，降低盐田占地，缓解浓海水排放可能造成的环境压力，有一定的经济效益和社会效益。

海水淡化浓海水制盐技术在国外已有较长时间的应用。如，以色列盐业集团（The Israel Salt Co.）利用浓海水进行制盐已有 10 多年的历史。在埃拉特（Eilat），该公司将 $10000 \ m^3/d$ 反渗透淡化厂的浓盐水输送至盐场晒盐，使盐场年产量由原来的 11.8 万吨增加到 15 万吨，且产品盐质量符合相关标准规定；在澳洲的吉塔姆盐公司（Cheetham Salt）也有 10 个盐池接收 Acquasol 淡化厂的浓海水，年产盐量为 80 万吨[20]。

随着我国海水淡化产业迅速发展，进行海水淡化-浓盐水盐田制盐耦合工艺的技术与应用研究已成为当前海水淡化与综合利用研究的重要环节。如天津北疆电厂，作为我国首批循环经济试点项目，采用"发电-海水淡化-浓海水盐田制盐-盐化工-废物资源化再利用"的"五位一体"循环经济项目模式进行建设[29]。目前，北疆电厂已建成一期 4 套 $2.5 \times 10^4 m^3/d$

低温多效海水淡化装置，利用电厂发电余热淡化海水；产品水除供电厂生产、生活使用外，也尝试为周边汉沽区居民供水；淡化后浓盐水则引入天津汉沽盐场晒盐，提高盐场制盐效率；制盐母液进入盐化工生产流程，生产溴素、氯化钾、氯化镁、硫酸镁等化工产品，其海水综合利用流程如图 7-22 所示。同时，天津汉沽盐场如全部采用浓海水制盐，可以置换出约 $22km^2$ 的盐田用地，通过收拾平整开发，可为滨海新区开发开放提供宝贵的土地资源。

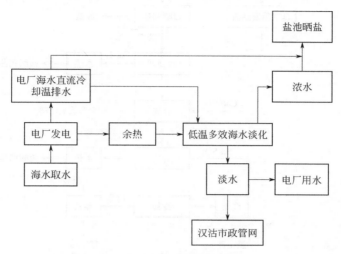

图 7-22　北疆电厂海水综合利用流程

随着我国海水淡化及综合利用技术的发展，不断积累涉及电厂发电生产、海水淡化、盐化工行业海水综合利用系统的运行经验，将为开发高效率海水淡化与综合利用工艺流程以及高附加值淡化副产品奠定基础，从而实现发电、生产淡水、制盐、气态膜法提溴、水热法制硫酸钙晶须、卤水制氢氧化镁等新技术、新工艺的有机结合和高效联产（见图 7-23），以充分发掘海水淡化与综合利用的潜力，促进我国海洋循环经济发展和相关行业的产业升级。

（2）海水淡化-电渗析制盐/化盐制碱工艺　盐滩晒盐的突出优点是设备简单，节省能量，但也存在生产速度慢、占地面积大（每 $100m^2$ 的盐田，每年仅可产盐约 1t）、易受气候条件影响、卤水不易集中等问题。采用工厂化制盐（海水强制浓缩）工艺取代传统盐田制盐方式，是解决上述问题的重要方法之一。目前，工厂化制盐主要有电渗析法海水制盐和多效真空蒸发制盐两种工艺。

电渗析法（ED）是随着海水淡化工业发展而产生的一种制盐方法，它通过选择性离子交换膜技术浓缩海水制卤，而后真空蒸发制盐，其工艺流程如图 7-24 所示。海水经预处理、电渗析浓缩、结晶和分离四个工序而制得食盐。经电渗析器浓缩的海水，其氯化钠含量提高到 16%～18%，浓盐水的结晶与分离操作与常规方法相同。随着Ⅰ-Ⅰ价离子交换膜研制成功，可以有效控制 2 价离子的透过，不仅大大提高了盐水纯度，还可延长后续蒸发结晶罐的清洗周期（半年清洗一次）。

日本因人力资源成本和滩晒用地成本较高，决定了其海水制盐由日晒法向工厂化制盐转变。自 20 世纪 70 年代，完成了海水淡化及淡化后浓海水制盐的技术攻关，形成了海水淡化-浓海水电渗析（ED）制卤-浓缩卤水真空蒸发制盐的工业化改造，实现了海水淡化与浓海水制盐的产业化链接[30]。当前，日本已成为世界上唯一用电渗析法完全取代盐田法制盐的国家，工厂化海水制盐年产量在 150 万～200 万吨[22]。

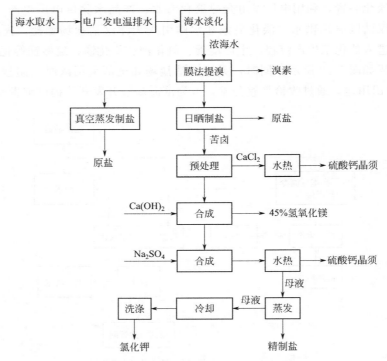

图 7-23　海水淡化与综合利用耦合工艺流程

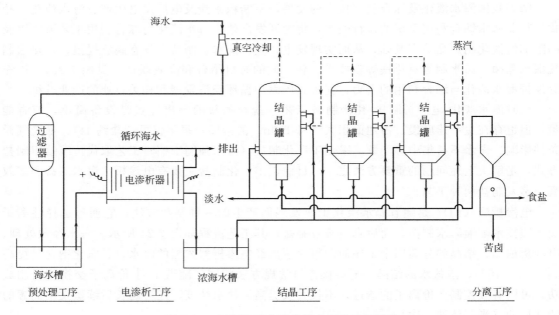

图 7-24　电渗析-真空蒸发海水制盐工艺流程

　　在科威特，SWRO 淡化厂的浓水也采用 ED-真空蒸发技术制盐，得到的盐产品作为氯碱工业原料，实现了海水的综合利用[31]。2010 年，我国青岛碱业股份有限公司 $2\times10^4\,\mathrm{m^3/d}$ 反渗透海水淡化项目建成投产。在该系统中，55％的海水淡化浓盐水直接进入青岛碱业的盐水车间，经预处理后作为氨碱法生产纯碱的原料，每年可减少近 6 万吨生产用盐采购，基本可以抵消海水淡化装备的运行投入，形成国内首家"热电联产-海水淡化-浓海水化盐制碱一体化"的海水综合利用发展模式（见图7-25）[24]。

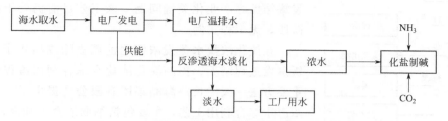

图7-25　青岛碱业股份有限公司海水综合利用模式

　　国际上随着膜法制碱技术的快速发展，其代替目前制碱工艺的趋势也不可逆转；而这种膜法制碱工艺需要使用高纯、高浓缩氯化钠溶液作为原料，因此在电渗析膜法制碱前，需增加成本较高的盐水纯化过程。基于这一原因，部分学者已经开始研究如何采用海水淡化、苦咸水淡化的浓水，代替膜法制碱高纯浓盐水的工艺技术。西班牙加泰罗尼亚理工大学联合苏伊士环境公司CETaqua研究所开展了SWRO浓水的电渗析纯化、浓缩技术研究，结果显示，采用对多价离子选择性好的离子交换膜可制得纯度较高的NaCl浓缩液，在电流密度$0.3 \sim 0.4 kA/m^2$条件下，可制得浓度达252g/L的氯化钠浓溶液（多价离子含量较少），单位能耗$0.2 \sim 0.3 kW \cdot h/kg$ NaCl。该项技术的未来目标是将海水淡化浓排水继续浓缩到NaCl含量200g/L，其能耗低于$0.12 kW \cdot h/kg$ NaCl[32]。

　　（3）**海水淡化-浓水蒸发浓缩制盐**　除利用电渗析法进行海水浓缩外，还可利用7.1.2.6节所述的压汽蒸馏与多效蒸馏的组合工艺实现海水浓缩，制取饱和卤水。图7-26所示为每小时生产5t工业盐的压汽蒸馏与多效蒸发组合制盐工艺流程。蒸汽驱动涡轮机直接带动压缩机，由涡轮机排出的低压蒸汽，作为多效蒸发的热源，浓海水加入第5效蒸发器中，经初步加热脱气后，进入蒸汽压缩装置，而后再分别进入各效，将海水浓缩或直接制得工业盐结晶。此法技术上的难点是如何防止装置结垢，采用多种抑垢方式减少污垢的附着、延长清洗周期显得尤为必要，如加酸预处理避免碳酸钙垢的析出，投加晶种法控制硫酸钙垢的析出，优化浓缩工艺确保盐液不在加热管内沸腾浓缩等。

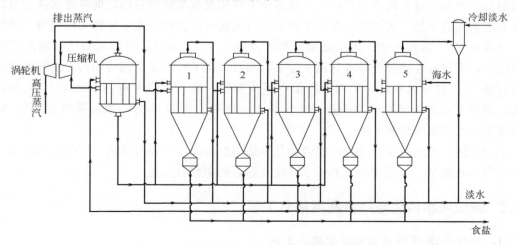

图7-26　压汽蒸馏与多效蒸发组合制盐工艺流程

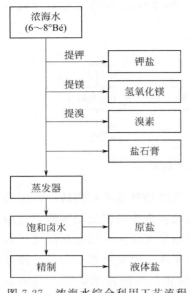

图 7-27　浓海水综合利用工艺流程

由于多效蒸发浓缩海水工艺尚无生产先例，需要设计出持续浓缩海水的多效蒸发装置进行中试试验，以解决蒸发罐结垢等产业化关键问题。该工艺目前仍处于技术攻关阶段，无工程实例。

在淡化浓盐水蒸发浓缩之前就去除成垢离子，也是延缓蒸发过程结垢、提高淡化浓盐水综合利用流程经济性的重要方法。天津长芦海晶集团有限公司提出了一种淡化后浓海水综合利用工艺，主要包括纳取浓海水和提钾、提镁、蒸发浓缩和提溴、提取盐石膏、浓海水制盐、浓海水精制生产液体盐，其工艺流程如图 7-27 所示[33]。淡化浓海水经过工艺处理后，饱和卤水中 Ca^{2+} 降低了 85.21%～94.29%、Mg^{2+} 降低了 51.22%～63.98%、SO_4^{2-} 降低了 85.57%～93.82%、Br^- 降低了 75%、K^+ 降低了 70%、Na^+ 提高了 3.06%～5.86%、Cl^- 提高了 7.96%～9.38%。由于卤水成分发生变化，降低了卤水蒸发阻抗，提高了海盐的产量和质量，生产的饱和卤水经过精制可生成液体盐，直接供应碱厂制烧碱。

（4）其他海水淡化-耦合制盐工艺研究　提高淡化系统的回收率（提高海水浓缩倍率），也是有效减少海水用量和浓水排放量、降低淡化系统能耗的重要方法之一。然而，该方法也将显著增加热法、膜法海水淡化系统的结垢倾向，导致系统频繁清洗除垢，增加运行维护费用。

采用纳滤预处理技术，首先去除原海水中的钙、镁成垢离子，可有效降低海水淡化系统运行的结垢倾向，提高多效蒸馏的最高蒸发温度或反渗透膜法淡化的操作压力，实现高浓缩倍率海水淡化，是当前海水淡化技术的研究热点之一。但纳滤海水预处理系统较高的投资成本，阻碍了该项技术的大规模工程应用。

如果将海水化学资源提取手段引入海水淡化的原料水预处理系统，先将其中的成垢离子提取制盐，而后再进入海水淡化系统，在理论上可实现技术研发目标，促进海水淡化与真空制盐系统的无缝衔接。天津滨环化学工程技术研究院有限公司开发了一种无机阳离子吸附材料，具有对 Ca^{2+} 选择性好、离子吸附容量大（2mol Ca^{2+}/kg）、受海水中重金属离子影响小等优点，不仅可有效降低海水钙离子含量，而且避免了传统方法同时除钙、镁导致的成本偏高问题[34]。经中试验证，采用液体槽中平衡吸附，海水除钙率可达 82%，使用 20% 的 $MgCl_2$ 溶液就可实现吸附剂的平衡反交换再生，再生率可达 90%；如果采用 20% 的 NaCl 溶液洗脱，则再生率达到 80%。

虽然上述工艺与海水淡化过程耦合的技术适用性和经济性还有待进一步研究和评估，但其不失为一种新型、有实现潜力的海水淡化与综合利用耦合工艺。

7.3.3　新型海水淡化与综合利用耦合工艺

7.3.3.1　污水处理-反渗透海水淡化耦合工艺

随着海水淡化技术的发展，各种淡化工艺节能技术及装备已经广泛运用在热法、膜法海水淡化厂，明显降低了系统产水能耗。未来，通过节能技术及装备的革新来显著降低淡化系统产水能耗已较为困难[35]。因此，开发新型耦合工艺以降低海水淡化系统能耗，同时减少其对周边海域的环境影响，成为当前海水淡化与综合利用工艺的重要发展方向之一。

废水再生与海水淡化是当前两大主要水资源增量技术。日本国家研究开发项目"百万吨级水处理系统（Mega-ton water system）"中，将废水再生与海水淡化耦合技术列为重要研究内容[36]。鉴于 SWRO 海水淡化系统能耗与原水盐浓度直接相关，考虑将盐度相对较低的反渗透废水处理系统排水与原海水混合，以降低海水含盐量，实现在较低操作压力下的低能耗反渗透海水淡化（工艺流程如图 7-28 所示）。而且，在该耦合系统中，可以通过调控反渗透海水淡化过程的操作参数，使浓排水盐度与原海水相当，从而减少大型海水淡化厂浓水直接排海可能产生的环境影响问题。

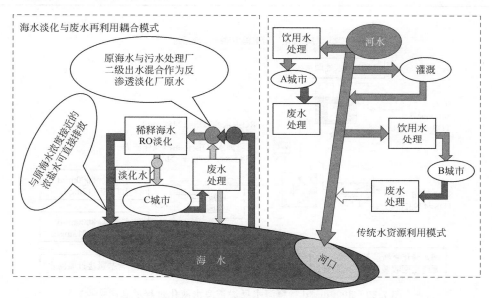

图 7-28　河流流域水资源利用模式与新型海水淡化-废水再利用耦合模式的比较[37]

日本日东电工公司采用数值模拟技术，研究了海水淡化与污水再生耦合技术对降低海水 RO 淡化系统产水能耗的影响[37]。在如图 7-29 所示的 RO 海水淡化过程中，当海水与 MBR 技术处理的污水以 1∶1 比例混合、淡化回收率 50％条件下，RO 系统操作压力可降低到 3.9MPa 以下，产水电耗可降低至 $1.5kW\cdot h/m^3$（配备能量回收装置），远低于相同产水规模的 RO 海水淡化系统能耗，模拟计算结果见表 7-5。淡化浓水接近原海水含盐量，避免了浓水直接排海可能产生的环境影响。

表 7-5　常规 SWRO 系统与稀释海水 RO 系统模拟计算结果比较

系统参数	常规 SWRO 系统	稀释海水 RO 系统	
淡化水源	海湾地区海水	海水与 MBR 处理污水 1∶1 比例混合	
处理污水用量/(m³/d)	0	8889	8000
海水用量/(m³/d)	17780	8889	8000
预处理过程	DMF 或 UF/MF	UF/MF	

续表

系统参数	常规 SWRO 系统	稀释海水 RO 系统	
RO 产水容量/(m³/d)	8000	8000	
原水 TDS/(mg/L)	44000	22494	
淡化浓水 TDS/(mg/L)	79764	41901	44809
25℃条件下的 RO 系统操作压力/MPa	6.5	3.6	3.9
产水 TDS/(mg/L)	202	103	112
系统回收率/%	45	45	50
产水能耗/(kW·h/m³) 无能量回收	5.34	2.92	2.76
产水能耗/(kW·h/m³) 有能量回收	3.3	1.46	1.50

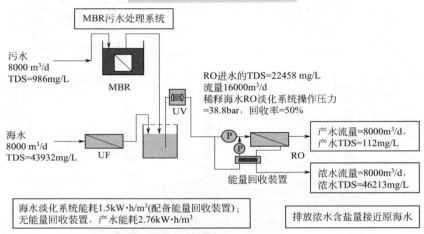

图 7-29　8000m³/d 稀释海水反渗透海水淡化过程示意图[37]
（MBR 处理污水与原海水 1∶1 混合）

　　2011 年，日本在北九州投建了污水回用耦合海水淡化试验装置（系统工艺流程如图 7-30 所示），其中污水反渗透处理容量 1500m³/d，最大产水 1000m³/d，反渗透浓水与经过预处理的海水以 1∶1 比例混合，输送至海水反渗透淡化系统，最大产水量 400m³/d[36,38]。该试验装置于当年实现为 Kyushu 电力公司 Shin-Kokura 热电厂稳定供水，产水水质超过日本饮用水水质标准要求。在该系统工艺流程中，反渗透海水淡化装置由于采用稀释后的海水作为水源，其高压泵操作压力由 5.5MPa 降低到 3.5MPa，降幅超过 30%；系统运行能耗由 4.3kW·h/m³ 下降到 2.9kW·h/m³，节能 32%[36]。

　　该工艺将富含有机质的污水反渗透浓排水与原海水混合，进行淡化处理，因此，如何抑制海水反渗透膜的生物污堵就成为影响该系统稳定运行的关键问题之一。H. Takabatake 等人发现，投加 DBNPA（2,2-二溴-3-次氮基丙酰胺）可有效抑制生物污堵的形成，而杀生剂用量与混合原水温度有关。通过优化杀生剂用量与原水温度，在有效降低造水成本的同时，可保障系统长期稳定运行[38]。此外，采用高级氧化技术（如 LED 紫外辐照辅助 H_2O_2 氧化降解）也是提高系统杀生性能、保障产水水质的可选方法之一，该技术同时可避免投加氯胺消毒剂可能产生的难去除消毒副产物 N-亚硝基二甲胺（NDMA，N-nitroso-dimethylamine），但目

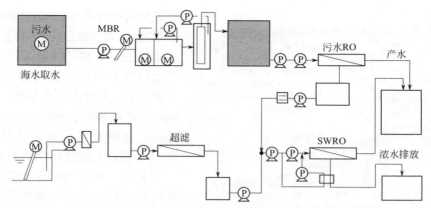

图 7-30　海水反渗透-污水处理耦合试验装置工艺流程示意图

前尚未经过中试验证[37]。

7.3.3.2　正渗透污水浓缩耦合反渗透海水淡化工艺

为降低 SWRO 海水淡化能耗，美国科罗拉多矿业大学 T. Y. Cath 课题组提出了正渗透（forward osmosis，FO）耦合 SWRO 的海水淡化技术。该方法是采用预处理海水作为汲取液，利用正渗透膜的渗透稀释作用（osmotic dilution，ODN），将低盐度废水浓缩，同时得到稀释海水，并以此作为后续反渗透系统原料液，获得淡化产品水；之后，又将反渗透浓水作为汲取液，通过正渗透技术将废水二次浓缩，同时得到盐度与原海水相当的反渗透浓水[39]。整个耦合工艺过程如图 7-31 所示。

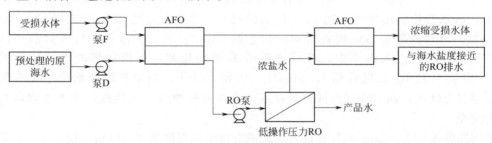

图 7-31　FO-SWRO 耦合海水淡化工艺流程图

由于 SWRO 系统的进料海水被稀释，极大降低了盐水渗透压，从而可以采用更低的驱动压力生产淡水，使整个耦合海水淡化系统的能耗下降。因此，从稀释海水角度考虑，在海水流量与污水流量一定的条件下，提高 FO 模块污水回收率可更大程度降低海水含盐量和渗透压 π，从而有利于减小后续 SWRO 模块的驱动压力 P，降低产水能耗 E_{RO}。如图 7-32 所示，在 100% 的 FO 理论极限回收率下，可使 RO 淡化产水能耗降低 46%[40]。

然而，提升 FO 污水回收率势必要采用更多的 FO 膜，这将增大 FO-SWRO 耦

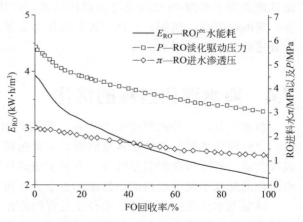

图 7-32　15℃下 FO 回收率对 RO 产水能耗的影响（陶氏化学 ROSA 软件计算结果）

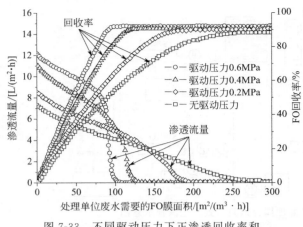

图 7-33　不同驱动压力下正渗透回收率和
渗透流量的模拟计算结果

合系统的投资成本。如在海水、污水含盐量分别为 35g/L、1.2g/L 时，对正渗透过程的模拟计算显示，更高的 FO 污水回收率对应于更大的 FO 膜用量，见图 7-33。从经济角度考虑，只有在 FO 模块投资成本低于 SWRO 模块的节能效益时，该耦合工艺方案才具有应用价值[39]。因此，在设计开发 FO-SWRO 耦合工艺时，其系统效益投资比（SWRO 模块节能效益与 FO 模块投资的比值，BCR）是需要重点考虑的问题。

适当提高 FO 驱动压力，可在一定程度上提升 FO 污水回收率和膜渗透流量，在较少 FO 膜用量下实现高 FO 污水回收率，因此，其是提高 FO-SWRO 系统经济性的有效方法之一。如图 7-33 所示，FO 模块在不加驱动压力时，要实现以 50% 回收率每小时处理 1m³ 污水的目标，需要使用 89m² 的 FO 膜，但如果采用 0.6MPa 的驱动压力，仅使用不到 50m² 的 FO 膜，即可达到相同的处理效果[40]。

此外，FO-SWRO 系统也具有较好的耐污能力和较高的产水安全性。沙特 V. Yangali-Quintanilla 等以 Jeddah 的 Al Ruwais 废水处理厂二级出水（TDS=2430mg/L）和红海海水（TDS=40.5g/L）为原水，采用浸没式 FO 模块（膜组件浸入废水中）耦合低压反渗透（LPRO）海水淡化模块进行为期 14 天的试验研究。系统在连续运行 10 天后 FO 膜通量仅下降 28%，经清洗除垢后可恢复至初始状态的 98.8%[41]。正渗透膜可有效防止污水中的低分子量有机物混入海水中，经液相色谱-有机碳检测，渗透稀释海水的化学需氧量（DOC）仅从 1.12mg/L 提升到 1.19mg/L，生物大分子、腐殖质以及低分子量有机酸等都难以穿过 FO 膜，而 RO 膜组件对低盐度海水中有机物的二次拦截，可有效保障反渗透产水的安全。

美国耶鲁大学 M. Elimelech 等认为这种耦合技术不仅降低了 RO 海水淡化能耗，延缓了 RO 膜污堵，而且多重膜拦截可有效保障产水免遭废水污染，增加了饮用水来源，是一种新型低能耗废水浓缩-海水淡化综合利用技术，应用前景广阔。然而，该技术的推广应用也存在一定的局限性，例如，公众对再生水作为居民饮用水源的接受程度、海水淡化厂周边需要有合适的低盐度受损水源等[35]。

7.4　海水淡化过程的优化

海水淡化是一种能源密集型工业，需要消耗大量能源来实现海水或者盐水中的溶盐脱离。目前使用比较广泛的是常规能源，主要包括煤、石油和天然气等。然而，大量消耗常规能源会增加环境污染和温室气体，不利于全球环境保护和生态的可持续发展。因此，降低海水淡化的能耗不仅可以提高该技术的竞争力，而且也是保持社会可持续发展的需要。

降低海水淡化过程能耗的途径主要有两方面：第一，开发新的海水淡化工艺和设备，包括淡化方法、淡化设备和材料等，近年来，由于不断改进能量回收技术，海水淡化的能耗，特别是反渗透海水淡化的总能耗已从 40 年前的 26.4kW·h/m³ 下降到 4kW·h/m³ 以下，并有可能进一步下降到 $3kW\cdot h/m^3$。现有大、中型海水反渗透淡化工程，其高压部分的能耗已降到 $2.2kW\cdot h/m^3$ 左右。第二，海水淡化系统的优化，即将现有的淡化方法和技术进行集成与优化，使资源能够进行最合理的配置，能源的利用达到最高效率点，实现海水淡化过程的零排放。因此，考虑到环境友好和可持续性发展的要求，海水淡化技术的集成与优化必将成为越来越有前途的技术。

海水淡化系统的优化，就是将过程的所有影响因素进行统筹考虑，确定系统中物流、能流可能的匹配关系，建立海水淡化过程的数学模型，选定合适的目标函数（通常是年度总费用最小或生产成本最低），采用有效的优化算法在特定条件下进行求解，确定最优的海水淡化流程结构和相关参数。因此，有必要对过程建模和优化方法作简单介绍。

7.4.1　过程模拟

所谓过程模拟就是采用能反映过程本质和内在联系，且能够再现其本质和特性的模型来研究和设计该过程的方法，分为稳态模拟和动态模拟，而稳态模拟通常是动态模拟的基础和出发点。化工过程稳态模拟是化工流程模拟研究中开发得最早和应用最为普遍的一种重要技术，它包括：过程处于稳态的操作条件下，作全过程的物料衡算和能量衡算来模拟整个过程所处的状态，也包括过程的技术经济评价以及单元设备尺寸的设计计算等。

化工过程稳态模拟问题的最基本形式可以认为是求解一组由模型方程（包括过程单元模型和物性模型）、流程连接方程和指定变量约束组成的大规模非线性方程组，过程模拟方法的不同主要区别在如何同时求解这些方程。随着计算机工具的发展，稳态模拟系统按其模型的构造和求解方法分类，主要有序贯模块法、联立方程法和联立模块法。

（1）序贯模块法　序贯模块法是开发最早、应用最广泛的方法。它是以单元模块为基本计算单元，通过单元模块的依次调用来逐个求解系统模型。有了单元模块之后，各个单元设备只要已知它的各股输入物流的有关量，就能调用相应的单元模块，解出所有输出物流的各个变量。其主要优点是该方法与实际过程系统的一致性强、直观形象，便于模拟软件的建立、维护和扩充，计算过程出现问题时，易于诊断和确定问题的具体位置。所以，该方法在目前的化工过程商品化流程模拟软件中普遍流行。但是，序贯模块法也存在如下的问题：计算效率低，尤其是当流程中有循环结构、有外加的设计说明或解决优化问题时计算效率很低，这是由序贯模块法本身的特点所决定的；序贯模块法难于解决在线优化问题，一方面是由于解决不同类型问题（流程模拟、数据调和、参数估计、操作优化）的灵活性不足，另一个最大问题就是难于满足在线优化的实时性要求。

（2）联立方程法　联立方程法与序贯模块法不同，其基本思想是在描述整个流程系统时，将所有的模型方程联合起来形成一个大的非线性方程组，这些过程方程都用相同的求解策略同时求解，流股连接方程、单元操作方程和物性方程间的差别完全消失了。从原则上看给定输出变量计算设备设计参数与给定设备参数计算输出变量对联立方程法求解并没有什么不同，只要未知变量数目与方程式数目相同，一样一次就可解算出来。该方法的优点是：用相同的程序可以解决过程设计、流程模拟、数据调和、参数估计和操作优化等不同类型的问题；计算效率高，它仅保留了一层大的优化迭代圈，描述流程的所有方程都同时计算，同步收敛，无需进行流股断裂；计算速度可比序贯模块法提高一至二个数量级；能用于化工过程的在线优化。其局限性在于：求解大型非线性方程组的算法有困难且对初值的要求比较严格；不能继承现有大量丰富的单元操作模块，特别在如何处理物性模型时还需要探讨和深入研究；计算失败后难于诊断错误所在。

（3）联立模块法　　联立模块法是吸收序贯模块法和联立方程法的长处，把两者结合起来的一种流程模拟方法。其特点是：作为序贯模块法主要部分的单元操作模型仍然保留，根据这些严格单元模型的计算结果建立每一个单元类型的近似线性关系模型，也就是找到特定条件下输出流股值与所有输入流股值之间的近似线性关系。一旦得到简化模型，则将这些单元简化模型和描述流程拓扑结构的流股连接方程收集起来，与设计约束等一起形成大型方程组，用联立方程法求解，解出连接流股的工艺参数，如果与原来设定值偏离较大，则进入内圈的严格单元模型重新进行迭代，修正简化模型参数，再转入外圈的联立方程法求解，直到整个流程收敛为止，因此，联立模块法实际上是一种双层法。它的优点是：继承了联立方程法容易处理循环流股和设计约束等优点，同时又保留了序贯模块流程模拟所积累的大量单元操作模块；通过构造双层结构，即交替求解联立方程（简化单元模型）与严格的单元操作模型，将问题求解的难度分摊，既提高了计算效率，又降低了联立方程的维数，克服了对初值要求比较苛刻的不足。其存在的问题是：存有多层迭代；用简化模型代替严格的单元模型来求解优化问题时，其解与严格模型的优化结果是否一致存有争论。

7.4.2　化工过程优化方法简介

7.4.2.1　化工过程优化

化工过程优化是在化工过程模拟的基础上发展起来的，所谓过程优化就是在过程系统性能、特点所给定的约束条件下，找出使过程系统的性能指标或目标函数达到最小（或最大）的设备参数或工艺变量。

化工过程优化的一般步骤为：

① 分析问题　　深入分析过程对象的特点、相互影响的因素和内在的关系、确定优化的目标；

② 建立优化数学模型　　确定和选择相应的决策变量，建立目标函数和约束条件的数学模型；

③ 模型的分解与简化　　若优化问题的模型过大，可依据工程经验或过程模拟分析，将优化模型分解或简化；

④ 选择适宜的优化方法；

⑤ 求解优化问题，求出满足约束条件下的最优目标函数值和相应的最优解；

⑥ 优化结果分析；

⑦ 优化结果的验证。

7.4.2.2　最优化方法

最优化方法大致分为两类：确定性搜索算法和随机性搜索算法。确定性搜索算法根据优化问题有无约束条件可分为无约束最优化和有约束最优化。若目标函数和约束条件的函数形式均为线性的，则称为线性规划问题；目标函数或约束条件的函数中至少有一个非线性的，则称为非线性规划问题。无约束非线性规划问题的最优化方法有最速下降法、共轭梯度法、牛顿法及阻尼牛顿法、变尺度法、序贯单纯形法、鲍威尔法等。线性规划问题的最优化方法有单纯形法、两步法、对偶单纯形法等。有约束非线性问题约束问题的方法有拉格朗日乘子法、惩罚函数法、序贯二次规划法、可行方向法、复合形法等。随机性搜索算法包括遗传算法、模拟退火算法、粒子群优化算法和免疫算法等。对于确定性搜索算法文献中已有大量的介绍和应用，此处不再赘述。下面仅简单介绍两种常用的随机性搜索算法：遗传算法和模拟退火算法。

（1）遗传算法（genetic algorithm，GA）

遗传算法是由美国的 J. Holland 教授于 1975 年在他的专著《自然界和人工系统的适应性》中首先提出的，它是一类借鉴生物界自然选择和自然遗传机制的随机化搜索算法。

遗传算法在优化求解过程中采用的搜索机制是模拟自然选择和自然遗传过程中发生的繁殖、交叉和基因突变现象，在每次迭代中都保留一组候选解，并按某种指标从解群中选取较优的个体，利用遗传算子（选择、交叉和变异）对这些个体进行组合，产生新一代的候选解群，重复此过程，直到满足某种收敛指标为止。遗传算法的计算流程图如图 7-34 所示。

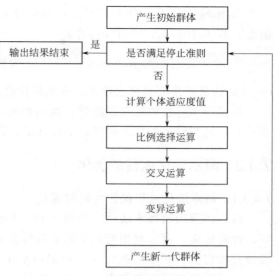

图 7-34　遗传算法的计算流程图

基本遗传算法由下面几部分组成：编码（产生初始种群）；适应度函数；遗传算子（选择、交叉、变异）；运行参数。

遗传算法具有以下几个特点：

① 遗传算法是直接在解空间进行随机的群体搜索，搜索过程是从空间的一个点集（种群）到另一个点集（种群）的搜索，适合大规模并行计算，且有能力跳出局部最优解；

② 遗传算法是一种启发式搜索，而不是盲目穷举；

③ 遗传算法适应性强，擅长全局搜索，适应度函数不受连续、可微等条件的约束，适用范围广。

遗传算法本质上是对染色体模式所进行的一系列运算，即通过选择算子将当前种群中的优良模式遗传到下一代种群中，利用交叉算子进行模式重组，利用变异算子进行模式突变。通过这些遗传操作，模式逐步向较好的方向进化，最终得到问题的最优解。

基本遗传算法（SGA）已经在许多优化问题中得到应用并显示出良好的性能，但就其本身而言，也存在一些不足。主要表现在以下几个方面：①遗传过程中存在过早收敛现象；②遗传过程的计算量大且精度不高；③参数选择具有盲目性。因此，为保证遗传算法在求解过程中能获得全局最优解，应该根据具体问题对基本遗传算法的编码方式、遗传算子进行改进，同时合理地确定各项参数，包括种群规模、交叉概率、变异概率、拉伸因子和收敛判决等，基本思路应该使相关参数在遗传进化过程中具有自适应性，消除人为经验带来的盲目性。

（2）模拟退火算法　模拟退火算法（simulated annealing algorithm，SA）是源于对固体退火过程的模拟，采用 Metropolis 准则，并用一组称为冷却进度表的参数控制算法进程，使算法在多项式时间里给出一个近似最优解。

SA 应用于求解最优化问题的具体算法为：将状态对应于待优化的参数 x，对能量 E 相当于目标函数 J，视退火温度 T 与 Boltzmann 常数为控制随机搜索程度的参数 B，计算步骤如下：

① 设定初始态 x_a，并计算其目标函数 J_a，$J_a = J(x_a)$；

② 采用 Metropolis 算法寻找新解 x_b，计算 $J_b = J(x_b)$ 及能差 $\Delta J = J_a - J_b$；

③ 比较 J_a 与 J_b。若 J_a 大于 J_b，则接受 x_b 为当前态。重复操作 Metropolis 算法，寻找当前态。若 J_a 小于 J_b，进行④操作；

④ 改变控制参数 $p_t = \exp \dfrac{J_a - J_b}{t}$，$t$ 为控制参数，重复②操作；

⑤ 满足停止准则算法终止，寻到最优解。

模拟退火算法的特点是高效、通用和灵活。但是由于模拟的直接性和简单化，算法也存在一些不足与弊病，如 t 的初值不好确定、算法不能保证最终解是全局最优解等。

7.4.3 海水淡化过程的优化

7.4.3.1 海水淡化过程优化的研究现状

（1）多级闪蒸海水淡化 多级闪蒸（MSF）技术具有适应原水水质能力强，产水水质好，性能稳定，可以利用低品位的能源等优点，所以得到了迅速发展和广泛的应用[42]。但其设备投资大、能量消耗大（约 $80 \mathrm{kW \cdot h/m^3}$），淡水成本高，因此，如何对 MSF 系统进行优化设计以降低其生产成本一直是学者关注的问题，并在这方面进行了不间断的研究[43]。

MSF 过程的模型已在许多文献中进行了阐述，包括如下几类：一是简捷模型[44~46]，该方法对于快速的分析和评价过程的特性非常有利，如性能比（造水比）、冷凝器的传热面积和不同物流的流动速率等；二是严格的稳态模型[47~52]，该方法主要用于评价系统的一些设计特性，如每一级闪蒸的淡水量、热力学损失、传热系数等；三是动态模型[53~56]，该方法研究 MSF 系统的瞬时行为，同时对过程的控制系统进行优化；四是热经济模型[57,58]，主要是对系统的单位生产费用进行优化。

M. S. Tanvir, I. M. Muitaba[59] 在 gPROMS 系统中对多级闪蒸海水淡化过程进行了优化和设计，考虑了季节变化和淡水需求变化对系统结构及性能的影响，以年费用最小为目标，将优化设计描述成一个混合整数非线性规划问题。Mohamed Abduljwad, Usama Ezzeghni[60] 研究了贯通型 MSF 系统的优化问题，建立了严格的数学模型，以最大造水比作为优化目标，同时探讨了淡水需求量变化时和海水温度变化对系统性能的影响。

Hisham El-dessouky 等[61] 分析了贯通型（OT-MSF）、简单混合循环型（M-MSF）和带盐水循环（BR-MSF）的多级闪蒸过程基本组成结构及性能特征，并对系统进行了综合，给出了多级闪蒸系统设计、建模的基本方法。Marina Rosso 等[62] 建立了多级闪蒸过程的稳态模型，考虑了闪蒸室的结构、物性随温度和浓度的变化、非理想性的差异等基本的物理化学现象，获得的结果不仅可以用于过程设计，而且能够支持动态模型的建立。Ahmed M. Helal 等[63] 以总传热面积最小为优化目标，比较了长管型（LT-OT-MSF）和横管型（CT-BR-MSF）两种闪蒸结构的性能。Nicolas Scenna, Sergio Mussati[64] 提出了一种考虑 MSF 系统实用性的过程优化方法，目标是满足过程的最优操作条件和最优的设备分布，给出了过程的模型和费用数据，同时指出系统维护和可靠性对于生产过程的操作、提高生产效率都是非常重要的。

（2）反渗透海水淡化 反渗透技术在海水淡化方面具有较大的优势，已经受到学者的关注和研究。目前，多数反渗透厂的优化和设计方法都是基于传递现象的数学模型[65~67]，在 El-Halwagi[68] 最早提出反渗透网络的结构表达之后，一些学者应用反渗透网络模型对不同条件下的反渗透厂进行了研究[69~74]，并提出了一些更接近实际、且经济可行的新模型，采用费用最小为优化目标，获得最优的网络结构和操作条件。

Young M. Kim 等[75]从海水取水、预处理系统、反渗透网络建模、能量回收系统、后处理系统、浓盐水排放和环境影响等各方面对反渗透海水淡化的优化设计进行了总结，并指出了存在的问题和未来的研究方向。Kamal M 等[76]研究了稳态条件下反渗透卷式膜组件用于海水淡化过程的优化设计问题，运用溶解扩散理论进行建模，考虑了膜污染因素的影响，并对模型的性能进行了预测。

Mingheng Li[77,78]从热力学第一定律的角度推导出了反渗透的特征方程，用于描述一级或多级反渗透系统，并对含有能量回收和不含能量回收装置的不同流程结构的理论限制和实际条件进行分析，给出了降低能量消耗的思路及三种降低能耗的措施，对反渗透系统的设计和操作具有指导意义。

Zhu[79]对反渗透系统的清洗、维护及设计进行了研究，将膜组件的清洗和维护转换成每年的定期规划问题进行求解。胡仰栋、卢彦越等[80~84]对反渗透海水淡化系统的优化设计进行了研究，采用状态空间法构造了反渗透系统的超结构模型，同时提出了膜清洗和更换的策略，以总操作费用最小为目标，运用 GAMS 软件进行了优化；同时给出多水源进料、多水质需求的反渗透系统的最优流程结构和操作参数。Francois Vince 等[85]研究了反渗透海水淡化厂的多目标优化问题，运用灵活的超结构方法系统生成反渗透系统的流程结构，采用经济、技术和环境性能等多个目标对系统进行评价，其中经济性包括投资和操作费用，技术性包括能量需求、水回收率等，环境性能采用生命周期评价。结论为反渗透系统的最优设计依赖于经济条件。

（3）热膜耦合海水淡化系统　热膜耦合海水淡化系统（主要是 MSF 和 RO 的组合）是将热法海水淡化和膜法海水淡化进行结合，对于降低海水淡化过程生产费用、提高生产系统的灵活性等方面都有较大的优势，许多学者对此进行了理论上的研究。

E. Cardona 等[86]探讨了 MSF 与 RO 集成系统的节能性，认为将 RO 的盐水排放物作为MSF 的进水，可以减小预处理单元的规模，且对膜组件的要求可以降低，同时还可以提高产水效率。B. M. Misra 等[87]分析了 MSF 和 RO 进行集成的可行性和优点，同时提出了将MSF 排放的盐水作为 RO 的进水的集成策略，将 TDS 和温度作为优化设计的变量进行综合考虑，使各物流、能流间实现最佳匹配。A. M. Helal[88~90]等通过对 7 个不同生产工艺流程的比较指出：RO 与 MSF 的简单组合与单一的 RO 工艺相比，生产费用将降低 13％；两级RO 的水生产费用最低，而 RO 与 MSF 的集成可以获得更好的经济性和操作特征。

Marian G. Marcovecchio 等[91]采用集成的方法分析了 RO 与 MSF 结合所有可能的组合流程，提出了综合和优化这些流程的超结构模型，同时探讨了不同海水进料浓度对过程的影响，给出了不同海水浓度下的流程选择方案。I. S. Al-Mutaz 等[92]在分析多级闪蒸和反渗透集成操作的基础上，建立了集成系统的优化模型，将压力、反渗透回收率、多级闪蒸级数和传热面积等参数作为优化变量，以最小的水费用为目标，并采用了多种费用计算方案讨论优化参数对系统的影响。Javier Uche，Luis Serra[93]对西班牙的 MSF 与 RO 组合生产的工况进行了经济分析，指出淡化方案的选择受限于生产规模和能源价格，并提出了新的全局循环概念以降低产水的费用。Ibrahim S. Al-Mutaz[94]，H. Ludwig[95]，Osman A. Hamed[96]从实际设计、操作运行、RO 与 MSF 的产水比、节能、环保和产水水质等方面对 RO/MSF 组合生产的现状进行了总结，并对其应用前景进行了展望。

（4）水电联产海水淡化　水电联产海水淡化是指海水淡化过程与发电厂的组合操作，也称为"双目的厂"，可以充分利用电厂的余热为热法海水淡化提供加热能源、为反渗透系统提供电能，既实现了能量的梯次利用，又提高了生产系统的灵活性。因此，水电联产已经受到了广泛关注，并有大量的应用。

Seyed Reza Hosseini 等[97]探讨了气体透平发电和多级闪蒸海水淡化组合的水电联产系统的优化设计问题，提出了基于有效能、经济和环境影响的多目标优化模型，结果指出在水电产量保持不变的情况下，产品费用和环境费用降低的同时总能量效率提高。Ali M. El-Nashar[98]在水电联产系统优化过程中考虑了设备配合、协调性和可靠性，设备的可靠性采用状态-空间法表达，传递的物流以热经济理论中的有效能表示，提出了水电联产中费用分布的策略。Asam Almulla 等[99]以阿联酋 Layyah 双目的厂为例，对包含有多级闪蒸、反渗透和发电的三结合生产系统进行了详细的技术、经济分析，包括集成的可行性及优点、集成面临的挑战、解决的策略等，指出 RO 与双目的厂能够有效地集成，且集成体系能够有效地降低生产费用和成本。Javier Uche 等[100]开展了热电厂与多级闪蒸结合的双目的厂的热经济优化研究，将系统的全局优化分解为不同生产单元的局部优化，其优点是局部优化可以节省计算时间、降低模型的难度，该方法对于工厂的管理、提高费用效率和系统设计具有重要意义。Thibaut Rensonnet 等[101]模拟和分析了多种水电联产的流程结构，包括 GT＋RO、复合循环与 RO（CC＋RO）、CC＋MED 和两种不同的 CC＋MED＋RO 结构，对满负荷运行和部分负荷运行的工况进行了全面的热力学模拟，结果表明复合循环比气体透平更有利，RO 的效率和收益比 MED 高，最后给出了最优的操作策略。Sergio Mussati 等[102,103]提出了双目的厂海水淡化系统结构的优化方法，表达为一个非线性规划模型，并给出了求解策略：先以简化模型进行求解，获得的结果作为严格模型的初值，该方法便于模型的收敛并能够确保获得最优解。

Eduardo Manfredini Ferreira 等[104]，以总费用最小为目标对双目的海水淡化厂进行优化设计，系统结构中考虑了背压式透平、凝汽式透平和抽汽式透平三种发电型式和反渗透、多级闪蒸和多效蒸发三种海水淡化方式，运用超结构方法表达了不同发电型式和淡化方法的组合，以能量守恒方程、质量守恒方程和设备的技术约束条件为基础建立系统模型。

7.4.3.2 海水淡化过程的优化[105]

（1）多级闪蒸海水淡化系统的优化

① 多级闪蒸海水淡化的流程结构　多级闪蒸海水淡化的流程如图 7-35 所示，多级闪蒸淡化装置包括三部分：盐水加热器，热回收段和热排放段。后两部分都是由多个闪蒸级单元组成，一般情况下，热回收段的闪蒸级的个数多于热排放段。热排放段的作用是通过引入大量的原料海水将淡化装置中产生的淡水、浓盐水进行降温，使其排出时的温度尽可能地接近环境的温度，以降低对环境的影响；热回收段的作用是对循环进入淡化装置的海水进行逐级预热，回收闪蒸蒸汽的热量，同时提高海水的温度，降低盐水加热器中蒸汽的用量。

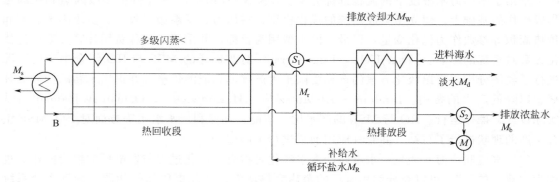

图 7-35　多级闪蒸海水淡化流程

② 多级闪蒸过程中的主要参数

a. 顶温（top brine temperature，TBT）　顶温即最高盐水温度，对多级闪蒸海水淡化系统的性能和设备结垢程度等有非常大的影响。热力学分析表明当顶温超过 160～170℃时，进一步升高顶温已无助于提高过程的热工效率。顶温愈高结垢的危险性愈大。对于酸法防垢系统盐水顶温一般以 120℃为限，对于药剂法则要根据防垢剂的性能而定。如磷酸盐系列其顶温限于 90℃，而聚马来酸酐系列，则可到 120℃或稍高。顶温进一步提高即使结垢问题能够得到解决，还存在如材料与防腐问题、热源价格问题、设备性能问题等。如果采用较低的顶温，结垢的可能性就会降低，但经济性有可能会降低。最终决定温度的是经济原因。

b. 循环盐水流量（recirculating brine flowrate，RBF）　循环盐水流量是影响装置效率的重要操作因素之一。循环盐水量增加可以增加淡水产量，但也有可能降低性能比。另外，循环盐水量也决定了盐水在冷却管内的流速。该流速对水垢的形成、沉积和去除有很大影响。

循环盐水量降低，会使产水量降低，同时由于级间流量降低使得结垢和设备腐蚀加剧。如果循环盐水量增大，设备的操作费用就会升高，同时盐水水位升高，闪蒸空间减小，雾沫夹带量增加，使得淡水被污染。

因此，多级闪蒸海水淡化系统中，循环盐水量有一定的取值范围。最低循环盐水量应保证产水量要求和防止结垢的发生。最高循环盐水流量应保证淡水纯度。通常，实际操作中，使装置的循环盐水量接近最大值。

c. 造水比　造水比也称性能比，对多级闪蒸海水淡化系统，造水比是衡量系统性能的最重要参数之一，它不仅影响设备的投资费用，而且对运行费用也有较大的影响。造水比是指多级闪蒸海水淡化装置的淡水总产量与盐水加热器中所消耗的蒸汽量的比值，定义式为：

$$PR = \frac{M_d}{M_s} \quad\quad\quad (7\text{-}17)$$

式中，PR 为造水比；M_d 为淡水产量；M_s 为消耗蒸汽量。

③ 多级闪蒸系统的数学模型　多级闪蒸过程的每一个闪蒸级都包括盐水蒸发、淡水蒸发、海水预热、循环盐水流动等环节。因此，依据能量平衡、动量平衡和物料平衡的关系，在考虑如下假定的基础上，建立多级闪蒸过程的数学模型。

a. 系统是绝热的，忽略系统对环境的热损失；

b. 闪蒸淡水中的盐含量为零；

c. 盐水热容、沸点升高、汽化潜热等都是温度和盐度的函数；

d. 总传热系数是温度、流速、管径、材料等的函数；

e. 考虑闪蒸过程的热力学损失，包括泡点升高、非平衡损失和温度损失；

f. 各闪蒸室服从等温降分配；

g. 回收段各级的传热面积相等，排放段各级的传热面积相等。

单级闪蒸单元主要包括：热盐水的闪蒸，蒸汽和循环盐水的换热，以及蒸汽和产品淡水的储存。基于此，在模拟过程中，将实际的单级闪蒸单元分解为四部分，即闪蒸室、预热器、蒸汽室和产品槽，如图 7-36

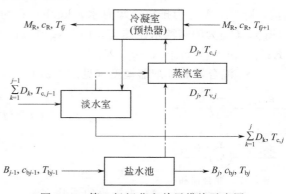

图 7-36　第 j 级闪蒸室单元模块示意图

所示。图中，实线代表液体，虚线代表气体。

- 闪蒸室模型

物料衡算：
$$B_{j-1} + \sum_{k=1}^{j-1} D_k = B_j + \sum_{k=1}^{j} D_k \tag{7-18}$$

盐衡算：
$$c_{bj}B_j = c_{bj-1}B_{j-1} \tag{7-19}$$

能量衡算：
$$D_j\lambda_{vj} = B_{j-1}C_{pb}(T_{bj-1} - T_{bj}) \tag{7-20}$$

淡水衡算：
$$\sum_{k=1}^{j} D_k = \sum_{k=1}^{j-1} D_k + D_j \tag{7-21}$$

$$D = \sum_{k=1}^{N} D_k \tag{7-22}$$

式（7-18）～式（7-22）中，B 为盐水流量，kg/h；D 为闪蒸淡水量，kg/h；c_b 为盐水浓度，mg/L；T_b 为循环海水冷凝温度，K；C_p 为比热容，kJ/(kg·℃)；λ_v 为潜热，kJ/kg；$j=1$，2，…，N，N 为闪蒸级数；k 表示第 k 级。

- 回收段预热器模型

$$D_j\lambda_{cj} + C_{pd}(T_{cj-1} - T_{cj})\sum_{k=1}^{j-1} D_k = M_R C_{pf}(T_{fj} - T_{fj+1}) \tag{7-23}$$

$$M_R C_{pR}(T_{fj} - T_{fj+1}) = U_{rj}A_r(LMTD)_{rj} \tag{7-24}$$

$$(LMTD)_{rj} = \frac{T_{fj} - T_{fj+1}}{\ln\dfrac{T_{cj} - T_{fj+1}}{T_{cj} - T_{fj}}} \tag{7-25}$$

式中，$j=1$，2，…，M，M 为热回收段级数。

- 排热段预热器模型

$$D_j\lambda_{cj} + C_{pd}(T_{cj-1} - T_{cj})\sum_{k=1}^{j-1} D_k = (M_f + M_{cw})C_{pf}(T_{fj} - T_{fj+1}) \tag{7-26}$$

$$(M_f + M_{cw})C_{pf}(T_{fj} - T_{fj+1}) = U_{cj}A_c(LMTD)_{cj} \tag{7-27}$$

$$(LMTD)_{cj} = \frac{T_{fj} - T_{fj+1}}{\ln\dfrac{T_{cj} - T_{fj+1}}{T_{cj} - T_{fj}}} \tag{7-28}$$

式（7-23）～式（7-28）中，M_R 为循环盐水流量，kg/h；U_r，U_c 为热排放段和热回收段总传热系数，W/(m²·℃)；A_r，A_c 为热排放段和热回收段预热器传热面积，m²；$(LMTD)_r$ 和 $(LMTD)_c$ 为热排放段和热回收段预热器对数平均温差，K；M_f 为补给海水流量，kg/h；M_{cw} 为排放冷却海水，kg/h；λ_c 为潜热，kJ/(kg·℃)；C_{pf} 为海水比热容，kJ/(kg)；C_{pd} 为闪蒸淡水比热容，kJ/(kg·℃)；T_f 为海水温度，K；T_c 为闪蒸淡水冷凝温度，K；$j=m+1$，$m+2$，…，N。

- 混合器和分配器模型（见图7-37）

$$M_R = B_n + M_f - M_b \tag{7-29}$$

$$c_R = (B_n c_{bn} + M_f c_f - M_b c_{bn})/M_R \tag{7-30}$$

$$M_f = M_d + M_b \tag{7-31}$$

$$c_f M_f = c_{bn}M_b \tag{7-32}$$

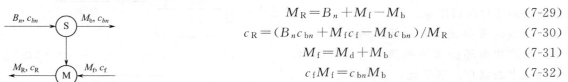

图 7-37 混合器和分配器示意图

式（7-29）～式（7-32）中，B_n 为最后一级排放的浓盐水量，kg/h；M_b 为排放的浓盐水量，kg/h；c_f 为补给水浓度，mg/L；c_{bn} 为排水盐水浓度，mg/L；M_d 为总淡水产量，kg/h；c_R 为循环盐水浓度，mg/L。

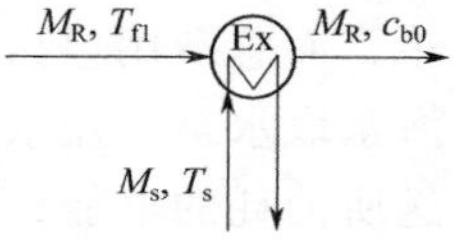

- 盐水加热器模型（见图 7-38）

$$M_s\lambda_s = U_h A_h (LMTD)_h \tag{7-33}$$

$$(LMTD)_h = \frac{T_{b0} - T_{f1}}{\ln \dfrac{T_s - T_{f1}}{T_s - T_{b0}}} \tag{7-34}$$

$$M_s\lambda_s = M_R C_{ph}(T_{b0} - T_{f1}) \tag{7-35}$$

图 7-38 盐水加热器
示意图

定义循环比

$$R = M_R / M_d \tag{7-36}$$

式（7-33）～式（7-36）中，R 为循环比；M_s 为加热蒸汽量，kg/h；λ_s 为蒸汽潜热，kJ/kg；U_h 为预热器总传热系数，W/(m²·℃)；A_h 为预热器面积，m²；T_{b0} 为第一级闪蒸盐水温度，K；T_{f1} 为第一级循环盐水温度，K；$(LMTD)_h$ 为预热器对数平均温差，K。

同时，每一级的温度应满足以下约束：

$$T_j^{brine} \geqslant T_{j+1}^{brine} \qquad j = 1 \cdots N \tag{7-37}$$

$$T_j^F \geqslant T_{j+1}^F \qquad j = 1 \cdots N \tag{7-38}$$

$$T_j^{con} \geqslant T_j^F \qquad j = 1 \cdots N \tag{7-39}$$

- 闪蒸室的设计方程

闪蒸室的长度通过闪蒸蒸汽在盐水表面的释放速度来决定，如下式所示：

$$L_j \times BL_j = \frac{V_{vap,j}}{\rho_v u} \tag{7-40}$$

式中，L_j 为闪蒸室长度，m；BL_j 为闪蒸室宽度，m；$V_{vap,j}$ 为第 j 级闪蒸室闪蒸蒸汽的量，kg/s；ρ_v 为闪蒸蒸汽的密度，kg/m³；u 为闪蒸气体的流速，m/s。

级间节流口的高度由下式计算：

$$HG_j = \frac{B_j}{C_d \times BL_j}(2d\Delta p)^{-1/2} \tag{7-41}$$

$$\Delta p_j = p_{v,j-1} - p_{v,j} + \rho_{b,j}(HL_{j-1} - HL_j) \tag{7-42}$$

式中，C_d 为孔流系数，0.6；$d = 10^5 \rho_{b,j}$，HG 为节流口高度，m；Δp 为压降，Pa；p_v 为蒸汽压力，Pa；ρ_b 为盐水密度，kg/m³；B 为盐水流量，kg/h。

盐水预热器的管子数

$$N_j^{tube} = \frac{4B_j}{\pi d_i^2 \rho_{b,j} u_{b,j}} \tag{7-43}$$

式中，d_i 为管子的内径，m；$u_{b,j}$ 为盐水在管内的流速，m/s；N_j^{tube} 为第 j 级管子数。

当换热管为等边三角形排列时，在垂直方向上的管子数为：

$$N = 0.481(N_j^{tube})^{0.505} \tag{7-44}$$

盐水预热器的壳体直径与垂直方向上的管子数和管间距有关，以下式表示：

$$D_s = \sqrt{2}NP_t \tag{7-45}$$

式中，P_t 为管间距，m；D_s 为壳体直径，m。

闪蒸室的表面积：

$$A_j^{stage} = 2L_j \times BL_j + 2(HG_j + D_{s,j})L_j + BL_j \times (HG_j + D_{s,j}) \tag{7-46}$$

计算过程中所用到的物性参数，如比热容、黏度、汽化潜热等与温度、浓度、压力等参数有关，物性的计算采用文献 [103] 中的关联式。

④ 多级闪蒸系统的优化模型　优化目标是全年的总费用（total annual cost，TAC）最小，而总费用包括投资费用和操作费用两部分。投资费用包括盐水加热器、N 个闪蒸级、海水取水泵、盐水循环泵及相关管路的费用；操作费用包括加热蒸汽、预处理费用、流体输送所消耗的电能、管理费用及人工成本等。对于一个生产企业而言，管理费用和人工成本往往可以看作一个常数。由于多级闪蒸过程流体输送所需要的压力虽然不是很高，但是原料海水和循环盐水的量较大，进行海水和盐水的输送所消耗的电能在操作费用中一般不能忽略。因此，操作费用应考虑加热蒸汽、预处理费用和海水的输送费用等。

a. 投资费用

（a）海水取水费用

$$CC_{swip} = 996 \times (24 \times W_{feed})^{0.8} \qquad (7\text{-}47)$$

式中，W_{feed} 为反渗透的进料量，m^3/h。

（b）闪蒸器与盐水加热器的费用

$$CC_{area} = 50 \times [A_r N_r + A_c N_j + A_h + A^{stage} \times (N_r + N_j) \times 25] \qquad (7\text{-}48)$$

式中，A_r、A_c、A_h、A^{stage} 分别为热回收段单级预热器面积、热排放段单级预热器面积、盐水加热器面积和单级闪蒸室的表面积，m^2；N_r、N_j 分别为热回收段级数和热排放段级数。

总投资费用包括取水和多级闪蒸装置的直接投资费用和间接投资费用，间接投资费用约为直接投资费用的 20%，则总投资费用为：

$$TCC = 1.2 \times (CC_{swip} + CC_{area}) \qquad (7\text{-}49)$$

b. 操作费用：

（a）加热蒸汽费用

$$CO_{steam} = 0.0045 W_s (T_s - T_{ref}) f_c / 85 \qquad (7\text{-}50)$$

式中，W_s 为蒸气流量，kg/h；T_s、T_{ref} 分别为蒸气温度和参考温度，K；f_c 为负荷因子。

（b）预处理费用

$$CO_{chemical} = 0.024 W_{feed} f_c \qquad (7\text{-}51)$$

（c）空闲费用

$$CO_{spare} = 0.082 W_d f_c \qquad (7\text{-}52)$$

（d）投资利息　投资利率按 8% 计算，则

$$CO_{capital} = 0.08 TCC \qquad (7\text{-}53)$$

（e）操作与维护费用

$$CO_{om} = 0.126 W_d f_c \qquad (7\text{-}54)$$

（f）消耗的电能费用

$$CO_{power} = 0.109 W_d f_c \qquad (7\text{-}55)$$

总操作费用为

$$AOC = CO_{steam} + CO_{chemical} + CO_{spare} + CO_{capital} + CO_{om} + CO_{power} \qquad (7\text{-}56)$$

考虑工厂寿命为 25 年，折现率为 8%，则投资回收因子为

$$CRF = \frac{(i+1)^n - 1}{i(i+1)^n} \qquad (7\text{-}57)$$

式中，n 为工厂寿命；i 为折现率。

年度总费用为：$\qquad TAC = AOC + TCC / CRF \qquad (7\text{-}58)$

目标函数如下：　　　　　　　　　　　　　Min. TAC。

约束条件为：

（a）上述的能量衡算方程、物料衡算方程、闪蒸室的设计方程以及闪蒸淡水的总量应等于设计要求的淡水产量；

（b）浓盐水排放温度高于进料海水温度 10℃；

（c）浓盐水排放浓度小于 70000mg/L；

（d）盐水在管内的流速为 1～3m/s；

（e）蒸汽在末级闪蒸室的速度小于 6m/s；

（f）加热蒸汽温度高于顶温 10℃。

（2）反渗透海水淡化系统的优化[106]　　反渗透海水淡化系统优化设计目标是确定系统的最优结构，最优操作条件和系统中压力容器类型及个数、膜元件类型和个数以及高压泵选型等，同时给出系统的主要技术参数（如脱盐率、回收率、浓差极化度等）和操作参数，获得系统的主要经济指标如投资成本、运行成本、运行能耗等。

反渗透法是一种靠压力能驱动的海水淡化技术，是基于渗透原理而提出来的。所以，对于反渗透海水淡化而言，采用高压泵将海水加压后送入反渗透膜，淡水就从反渗透膜的一侧渗透到另一侧，从而实现盐水分离，得到淡化水。若不断把浓缩后的海水抽走，并源源不断补充原料海水，这一生产淡水的过程就可以不断进行，这就是反渗透法生产淡化水的原理。

反渗透系统的建模方法分为两种：一种是机理模型，假设膜是一种特定的结构，然后依据水和盐通过膜传递方程建立模型，机理模型主要有溶解扩散模型、优先吸附-毛细管流动模型、形成氢键模型等；另一种是非机理模型，该模型对膜的结构没有做任何的假设，而是将膜分离过程看作一个黑箱。目前使用较多的是 K-S 模型（溶解扩散模型），它将反渗透膜看作是一种微孔结构，采用的是优先吸附-毛细管流动机理，是现有模型中最简单的，也是最可靠的模型。本节的反渗透模型均采用 K-S 机理模型。

反渗透系统的优化设计是指在满足产水量和产水水质要求的前提下，确定反渗透淡化系统的流程结构、膜组件的类型、个数及组合方式和进料量、操作压力等，使系统的总费用最小，即淡化水成本最低。

a. 膜元件的数学模型（图 7-39）

水通量：　　　　　　　　$J_w = A_w(\Delta P - \Delta\pi)$ 　　　　　　　（7-59）

盐通量：　　　　　　　　$J_s = B_s(c_w - c_p)$ 　　　　　　　　（7-60）

式中，J_w、J_s 分别为单位时间单位膜面积的水通量和盐通量，kg/(m²·s)；A_w、B_s 分别为水的渗透性常数和盐的传质系数；ΔP 为过膜压差；$\Delta\pi$ 为渗透压差；c_w、c_p 分别为膜表面的浓度和产品水的浓度。

$$c_p = \frac{J_s}{J_w}$$ 　　　　　　（7-61）

$$\Delta P = P_{RO} - P_b - P_{drop}$$ 　　　　　　（7-62）

$$\Delta\pi = \frac{2RT\rho}{M_s}(c_w - c_p)$$ 　　　（7-63）

$$c_w = c_p + \left(\frac{c_{RO} + c_b}{2} - c_p\right)\exp(J_w/k_s \times 1000)$$ 　　（7-64）

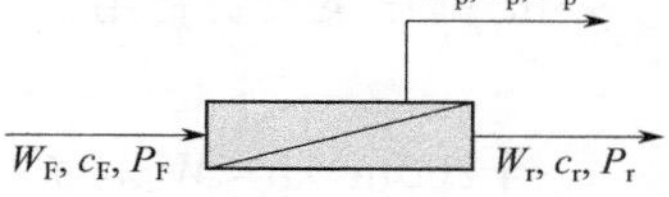

式中，k_s 为传质系数。

图 7-39　膜分离模型示意

$$P_{drop} = \lambda \left(\frac{W_{FRO} + W_b}{2\rho} \right)^{\omega} \qquad (7-65)$$

式中，λ、ω 为常数。

水的渗透性常数随膜类型、操作条件等变化而变化，膜生产厂家所提供的通常是在给定的测试条件下的数值。使用过程中水渗透性常数的变化可以采用如下的经验方程进行修正：

$$A_w = A_w^{ref} \times TCF \times F_{foul} \qquad (7-66)$$

式中，A_w 为水的渗透性常数，$kg/(m^2 \cdot s \cdot Pa)$；$A_w^{ref}$ 为温度为 298K 无污染时的水的渗透性常数；TCF（temperature correction factor）为温度校正因子；F_{foul} 为污染因子，其取值为 0.8～1.0。

温度对 A_w 的影响采用 Arrhenius 关系式进行表示：

$$TCF = e^{\frac{\varepsilon}{R}\left(\frac{1}{T_0} - \frac{1}{T}\right)} \qquad (7-67)$$

式中，T 为水的温度，K；T_0 为参考温度，298K；ε 为膜的活化能，J/mol；R 为气体常数。

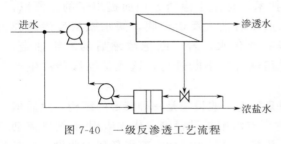

图 7-40　一级反渗透工艺流程

b. 单级反渗透的系统模型　反渗透海水淡化过程包括海水预处理系统、高压泵、能量回收系统和膜组件系统，以单级带有能量回收的反渗透系统为例（如图 7-40 所示），原料海水经取水泵进入预处理系统，预处理后的海水经高压泵进入反渗透膜组件，产生的淡水作为产品收集起来，浓盐水全部或部分进入能量回收系统，经能量回收后排放，回收的能量提供给高压泵，以达到节能的目的。

总物料衡算：

$$W_{FRO} = W_p + W_b \qquad (7-68)$$

盐衡算：

$$W_{FRO} c_{RO} = W_p C_p + W_b c_b \qquad (7-69)$$

$$W_p = Num_{RO} \times S \times (J_w + J_s) \qquad (7-70)$$

式中，S 为单个膜组件的面积，m^2；Num_{RO} 为膜组件的个数；W_{FRO}、W_p、W_b 分别为反渗透系统的进料量、淡水量和排放浓盐水量，kg/h；c_{RO}、c_P、c_b 分别为进料海水浓度、淡水浓度和排放浓盐水浓度，mg/L。

以总年度费用最小为目标对反渗透系统进行优化设计，生产费用包括投资费用和操作费用两部分。

（a）投资费用　包括取水及预处理设备、高压泵、能量回收及膜组件的投资费用。

i. 取水及预处理的投资费用

$$CC_{swip} = 996 \times (24 \times W_{feed})^{0.8} \qquad (7-71)$$

式中，W_{feed} 为反渗透的进料量，m^3/h。

ii. 高压泵投资费用　当 $W_{feed} = 450 m^3/h$ 时，

$$CC_{hpp} = 393000 + 10710 P_f \qquad (7-72)$$

当 $200 m^3/h < W_{feed} < 450 m^3/h$ 时，

$$CC_{hpp} = 81 \times (P_f \times W_{feed})^{0.96} \qquad (7-73)$$

当 $W_{\text{feed}} < 200\text{m}^3/\text{h}$ 时，

$$CC_{\text{hpp}} = 52 \times (P_{\text{f}} \times W_{\text{feed}}) \tag{7-74}$$

式中，P_{f} 为进料压力，kPa。

iii. 能量回收装置的投资费用　对于能量回收系统而言，投资费用与通过能量回收装置的流量和物流的压力有关，故费用模型可用下式表示：

$$CC_{\text{ers}} = [393000 + 10710 \times (2P_{\text{b}} - P_{\text{f}})] \times W_{\text{b}}/450 \tag{7-75}$$

式中，P_{b} 为排放浓盐水的压力，kPa。

iv. 膜组件费用

$$CC_{\text{memb}} = Num \times UP \tag{7-76}$$

式中，UP 为单个膜组件的价格。

总投资费用应包括直接投资费用和间接投资费用，一般情况下，间接投资费用为直接投资费用的20%，所以，总投资费用可表示为：

$$TCC = 1.2 \times (CC_{\text{swip}} + CC_{\text{hpp}} + CC_{\text{ers}} + CC_{\text{memb}}) \tag{7-77}$$

（b）操作费用　包括取水及预处理系统、高压泵系统、能量回收系统、空闲费用和维护费用等，具体如下：

i. 取水及预处理的操作费用

$$OC_{\text{swip}} = P_{\text{swip}} \times W \times D_{\text{energy}} \times PLF/\eta_{\text{swip}} \tag{7-78}$$

式中，P_{swip} 为取水泵的出口压力，Pa；D_{energy} 为单位能量费用；PLF 为生产负荷因子；η_{swip} 为取水泵的效率。

ii. 高压泵的操作费用

$$OC_{\text{hpp}} = P_{\text{hpp}} \times W \times D_{\text{energy}} \times PLF/\eta_{\text{hpp}} \tag{7-79}$$

式中，P_{hpp} 为取水泵的出口压力，Pa；D_{energy} 为单位能量费用；PLF 为生产负荷因子；η_{hpp} 为高压泵的效率。

iii. 能量回收系统的操作费用

$$OC_{\text{ers}} = \eta_{\text{ers}} \times W_{\text{b}} \times (2P_{\text{b}} - P_{\text{f}}) \tag{7-80}$$

式中，η_{ers} 为能量回收系统的效率。

iv. 闲置费用

$$OC_{\text{spare}} = 0.033 \times W_{\text{P}} \times PLF \tag{7-81}$$

v. 维修保养费用

$$OC_{\text{OM}} = 0.126 \times W_{\text{P}} \times PLF \tag{7-82}$$

vi. 膜更换费用

$$OC_{\text{memb}} = Num \times UP \times \xi \tag{7-83}$$

式中，ξ 为每年膜组件的更换率。

总操作费用

$$AOC = OC_{\text{swip}} + OC_{\text{hpp}} + OC_{\text{ers}} + OC_{\text{spare}} + OC_{\text{OM}} + OC_{\text{memb}} \tag{7-84}$$

投资回收因子可用下式表示：

$$CRF = \frac{(i+1)^n - 1}{i \times (i+1)^n} \tag{7-85}$$

式中，i 为折现率；n 为投资回收期；CRF 为投资回收因子。

年总费用为：

$$TAC = TCC/CRF + AOC \tag{7-86}$$

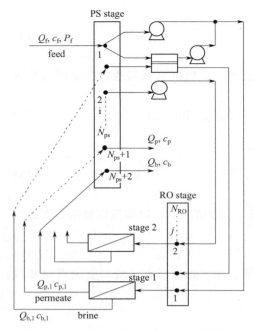

图 7-41　反渗透系统的超结构模型

目标函数：min：TAC
约束条件：方程（4-7）～方程（4-17）

$$c_P \leqslant 500 \text{mg/L}$$
$$c_F < c_b \leqslant 70000 \text{mg/L}$$
$$W_P \geqslant W_{P\min}$$
$$P_f > \Delta\pi + P_{\text{drop}}$$

（c）反渗透系统的超结构模型　图 7-41 即为超结构模型，它包括了所有可行的反渗透结构，排除了一些不合理的结构，使得模型的求解更容易。该反渗透网络由 N_{ps} 个增压级和 N_{RO} 个反渗透级构成。总共有 $N_{ps}+2$ 个物流节点，2 指的是最终离开反渗透网络的盐水和淡水。N_{ps} 个物流节点中的每一个节点表示有一股物流经过高压泵增压后，直接进入一个反渗透单元，或者物流不需要增压，直接进入反渗透单元。每一个反渗透级由多个平行的压力容器构成，在相同的操作条件下工作。离开反渗透级的每一股盐水和淡水都可以进入 $N_{ps}+2$ 个物流节点。描述这个超结构的完整数学模型如下：

$$Q_{ps,1} = Q_f + \sum_{j=1}^{N_{RO}} Q_{b,j} \times x_{b,1,j} + \sum_{j=1}^{N_{RO}} Q_{p,j} \times x_{p,1,j} \tag{7-87}$$

$$Q_{ps,1} \times c_{ps,1} = Q_f \times c_f + \sum_{j=1}^{N_{RO}} Q_{b,j} \times x_{b,1,j} \times c_{b,j} + \sum_{j=1}^{N_{RO}} Q_{p,j} \times x_{p,1,j} \times c_{p,j} \tag{7-88}$$

$$P_{ps,1} = P_f \tag{7-89}$$

$$Q_{px} = \sum_{j=1}^{N_{RO}} Q_{b,j} \times x_{b,px,j} \tag{7-90}$$

$$Q_{px} \times c_{px} = \sum_{j=1}^{N_{RO}} Q_{b,j} \times x_{b,px,j} \times c_{b,j} \tag{7-91}$$

$$Q_{ps,i} = \sum_{j=1}^{N_{RO}} Q_{b,j} \times x_{b,i,j} + \sum_{j=1}^{N_{RO}} Q_{p,j} \times x_{p,i,j} \qquad i = 2,3,\cdots,N_{ps} \tag{7-92}$$

$$Q_{ps,i} \times c_{ps,i} = \sum_{j=1}^{N_{RO}} Q_{b,j} \times x_{b,i,j} \times c_{b,j} + \sum_{j=1}^{N_{RO}} Q_{p,j} \times x_{p,i,j} \times c_{p,j} \qquad i = 2,3,\cdots,N_{ps} \tag{7-93}$$

$$x_{b,px,j} + \sum_{i=1}^{N_{ps}+2} x_{b,i,j} = 1 \qquad j = 1,2,\cdots,N_{RO} \tag{7-94}$$

$$\sum_{i=1}^{N_{ps}+2} x_{p,i,j} = 1 \qquad j = 1,2,\cdots N_{RO} \tag{7-95}$$

式中，$Q_{ps,1}$、$c_{ps,1}$ 表示第一个增压级的物流的流量和浓度；Q_f、c_f 表示反渗透网络的进料流量和进料浓度；Q_{px}，c_{px} 表示进入功压交换器的高压浓盐水的流量和浓度，在第一个增压级中，有近似相等流量的物流进入压力交换器和高压浓盐水进行能量交换；下标 ps，i 表示第 i 个增压级，RO，j 表示第 j 个反渗透级，b，j 表示离开第 j 个反渗透级的盐水，

p,j 表示离开第 j 个反渗透级的淡水；$x_{b,i,j}$、$x_{p,i,j}$ 表示离开第 j 个反渗透级进入第 i 个增压级的盐水和淡水的物流分率；P_f、$P_{ps,1}$ 分别表示反渗透网络进料水的压力和第一个增压级的入口压力。

假设只有压力相等的高压物流才能相互混合，以下是物流混合必须满足的约束条件：

$$(P_{ps,i}-P_{b,j})\times Q_{b,j}\times x_{b,i,j}=0 \qquad i=1,2,3,\cdots,N_{ps};j=1,2,\cdots,N_{RO} \tag{7-96}$$

$$(P_{ps,i}-P_{p,j})\times Q_{p,j}\times x_{p,i,j}=0 \qquad i=1,2,3,\cdots,N_{ps};j=1,2,\cdots,N_{RO} \tag{7-97}$$

式中，$P_{ps,i}$ 表示第 i 个增压级的入口压力，$P_{b,j}$，$P_{p,j}$ 分别表示第 j 个反渗透级的盐水和淡水的压力。

离开第 i 个增压级的物流直接进入第 j 个反渗透级，它们满足如下关系：

$$Q_{RO,j}=Q_{ps,i} \qquad j=i,j=1,2,3,\cdots,N_{RO} \tag{7-98}$$

$$c_{RO,j}=c_{ps,i} \qquad j=i,j=1,2,3,\cdots,N_{RO} \tag{7-99}$$

$$P_{RO,j}=P'_{ps,i} \qquad j=i,j=1,2,3,\cdots,N_{RO} \tag{7-100}$$

式中，$Q_{RO,j}$、$c_{RO,j}$、$P_{RO,j}$ 分别表示第 j 个反渗透级入口物流的流量、浓度和压力。$P'_{ps,i}$ 表示第 i 个增压级的出口压力。反渗透单元模型前面已经给出，通过这个模型可计算第 j 个反渗透级出口物流的流量、浓度和压力。

一个反渗透级由多个压力容器组合而成，每个压力容器包含 1~8 个首尾相连的膜元件。根据膜元件的性能特点和反渗透系统的设计需求，可用如下式子来确定每个压力容器中选择的膜元件型号：

$$A_j=\sum_{k=1}^{4}Z_{j,k}\times A_k \qquad j=1,2,3,\cdots,N_{RO} \tag{7-101}$$

$$B_j=\sum_{k=1}^{4}Z_{j,k}\times B_k \qquad j=1,2,3,\cdots,N_{RO} \tag{7-102}$$

$$\sum_{k=1}^{4}Z_{j,k}\leqslant 1 \qquad j=1,2,3,\cdots,N_{RO} \tag{7-103}$$

假定在同一个反渗透级中，每个压力容器采用的膜元件都是相同的。膜的特性：纯水渗透性常数 A 和盐的传质参数 B 保持不变。$Z_{j,k}$ 是二元变量，当第 j 个反渗透级的压力容器采用第 k 种型号的膜元件时，它的值取 1，否则取 0。

整个反渗透网络满足如下物料平衡关系，以及最小产品水流量需求和最大产品水浓度的约束。

$$Q_f=Q_b+Q_p \tag{7-104}$$

$$Q_f\times c_f=Q_b\times c_b+Q_p\times c_p \tag{7-105}$$

$$Q_b=\sum_{j=1}^{N_{RO}}Q_{b,j}\times x_{b,j}+Q_{px} \tag{7-106}$$

$$Q_b\times c_b=\sum_{j=1}^{N_{RO}}Q_{b,j}\times x_{b,j}\times c_{b,j}+Q_{px}\times c_{px} \tag{7-107}$$

$$Q_p=\sum_{j=1}^{N_{RO}}Q_{p,j}\times x_{p,j} \tag{7-108}$$

$$Q_p\times c_p=\sum_{j=1}^{N_{RO}}Q_{p,j}\times x_{p,j}\times c_{p,j} \tag{7-109}$$

$$Q_p\geqslant Q_{pmin} \tag{7-110}$$

$$c_{\mathrm{p}} \leqslant c_{\mathrm{pmax}} \tag{7-111}$$

式中，Q_{b}、c_{b} 分别表示离开反渗透网络的盐水的流量和浓度；Q_{p}、c_{p} 分别表示产品水的流量和浓度；$x_{\mathrm{b},j}$、$x_{\mathrm{p},j}$ 分别表示离开反渗透网络的盐水和淡水的物流分率；Q_{pmin}、c_{pmax} 分别表示需求的最低产水量和最大产水浓度。

反渗透膜系统的优化设计模型由优化目标函数、函数等式约束、函数不等式约束及变量不等式约束等部分组成。反渗透淡化系统最优设计问题最终可以表达为一个混合整数非线性规划（MINLP），它以总的年费用最小作为目标函数，满足过程热力学、单元操作、设计要求的约束。反渗透系统总的年费用（TAC）包括年操作费用（OC）和年投资费用（CC）。年操作费用包括能耗费用（E）和膜组件的维护费用（OC_{m}）。年投资费用指的是每年分摊的最初的膜组件、高压泵、能量回收设备的投资费用。目标函数的表达如下：

$$TAC = (CC_{\mathrm{in}} + CC_{\mathrm{hpp}} + CC_{\mathrm{px}} + CC_{\mathrm{bp}} + C_{\mathrm{m}}) \times 1.411 \times 0.08 + OC_{\mathrm{in}} + OC_{\mathrm{hpp}} + OC_{\mathrm{bp}} + OC_{\mathrm{m}} \tag{7-112}$$

$$CC_{\mathrm{hpp}} = 52 \times (\Delta P \times Q_{\mathrm{hpp}})^{0.96} \tag{7-113}$$

$$CC_{\mathrm{px}} = 3134.7 \times Q_{\mathrm{px}}^{0.58} \tag{7-114}$$

$$Q_{\mathrm{ps},1} = Q_{\mathrm{hpp}} + Q_{\mathrm{px}} \tag{7-115}$$

$$C_{\mathrm{m}} = \sum_{j=1}^{N_{\mathrm{RO}}} C_k \times m \times n_j + \sum_{j=1}^{N_{\mathrm{RO}}} C_{\mathrm{pv}} \times n_j \tag{7-116}$$

$$OC_{\mathrm{hpp}} = \frac{P \times Q \times C_{\mathrm{e}} \times f_{\mathrm{c}}}{3.6 \times \eta_{\mathrm{hpp}} \times \eta_{\mathrm{motor}}} \tag{7-117}$$

$$\eta_{\mathrm{px}} = \frac{\sum (P \times Q)_{\mathrm{out}}}{\sum (P \times Q)_{\mathrm{in}}} \times 100\% \tag{7-118}$$

式中，CC_{in}、CC_{hpp}、CC_{bp}、CC_{px} 分别表示进料水采水泵、高压泵、增压泵、压力交换器的投资费用；OC_{in}、OC_{hpp}、OC_{bp} 分别表示这些泵的能耗费用。第一个高压泵的工作流量近似等于第一个增压级的入口流量减去进入压力交换器的高压浓盐水的流量，所需压力交换器的额定流量近似等于进入的高压浓盐水的流量。C_{m} 表示总的膜组件的费用；C_k 表示第 k 种型号的膜元件费用；C_{pv} 表示每个压力容器的费用；n_j 表示第 j 个反渗透级中压力容器的个数；1.411 为计算实际投资的系数；0.08 为每年资本支出率；C_{e} 表示电费；f_{c} 为工作负荷因子；η_{hpp}、η_{motor}、η_{px} 分别表示高压泵、电机和功压交换器的效率。

投资费用考虑了系统中采用的高压泵、能量回收装置的数量和功率大小，每个反渗透级采用的膜组件的规格和数量。这些设备的存在与否可以通过操作变量的取值来间接决定，例如反渗透单元的进料流量，增压级和反渗透级的入口压力等。在计算这个数学规划问题时，先给出一个较大的增压级数和反渗透级数作为初值，在得到最优解时，物流分率的值决定了最终的结构。操作变量的最优解间接决定了系统中的设备是否存在。

该模型的求解可以利用 GAMS 软件进行，也可以采用随机性优化算法。利用 GAMS 求解时，选用 DICOPT 求解以上混合整数非线性规划（MINLP），这种解法将问题分解为一系列的非线性规划（NLP）和混合整数规划（MIP）子问题，然后分别调用 conopt 和 bdmlp 进行求解。另外可以给变量赋不同的初值，从多个初始点出发进行迭代，求出多个局部极小值解，然后进行比较，其中最小者即为全局极小值解。

7.4.3.3 热膜耦合海水淡化系统的优化

热法海水淡化和膜法海水淡化技术有其各自的特点、应用范围和一定的局限性。而热膜耦合海水淡化系统（主要是 MSF 和 RO 的组合）可以发挥各自的特长、充分合理利用能量，在降低生产费用、提高生产的灵活性等方面都有较大的优势，对于降低海水淡化的成本、获取综合效益、提高淡化系统的性能和产量无疑是一个最好的选择。

（1）多级闪蒸和反渗透的耦合性　海水淡化方法间的集成有多级闪蒸与多效蒸发、多级闪蒸与蒸汽压缩、反渗透与多级闪蒸、反渗透与电渗析等多种方式。而目前工业化应用最多的两种淡化方法是多级闪蒸和反渗透，因此，选用多级闪蒸和反渗透方法的集成为例，介绍热膜耦合海水淡化系统的优化问题。多级闪蒸海水淡化消耗的能量主要为热能，即将海水加热到一定温度进行蒸发，实现水与盐的分离。反渗透（RO）海水淡化消耗的能量主要为压力能，而压力能往往是通过机械能转化而来的，如增压泵，这些机械能又主要是靠电能来驱动，故反渗透的能量提供最终可归结为电能。

多级闪蒸与反渗透海水淡化之间的耦合性，体现在如下方面：一是将多级闪蒸中经过预热后排放的冷却水作为反渗透的进水，或者是用排放的浓盐水来预热反渗透的进水，回收废热能，使反渗透进料水的温度升高，提高反渗透过程的膜通量，即提高淡水产量，从而降低反渗透过程的能耗；二是将反渗透排放的浓盐水作为多级闪蒸的进料水，由于反渗透的原料进水已经进行了精细化的预处理，这样的进水可以降低多级闪蒸中结垢的可能性，并可以使多级闪蒸操作的顶温（TBT）大大提高，从而提高造水比，降低多级闪蒸的能耗；三是多级闪蒸和反渗透系统共用一套预处理系统和排放系统，减少海水取水量，从而降低预处理费用和设备投资费用，同时还可以降低对环境的影响，此举也符合可持续发展的要求。

（2）多级闪蒸和反渗透系统集成的优点　众所周知，按比例增加多级闪蒸、反渗透的各自装置容量会导致生产成本的减少。如果将多级闪蒸和反渗透进行集成，发挥各自的优势和特点，将使海水淡化成本进一步降低。因此，多级闪蒸和反渗透的集成潜力较大，具体体现在如下几个方面。

① 多级闪蒸和反渗透系统可以共用一套取水系统、预处理系统和后处理系统，减少取水、预处理和后处理设施的投资和操作费用。

② 多级闪蒸装置的产品水可以和反渗透系统的产品水相混合，满足客户对不同水质产品的需求。

③ 通过多级闪蒸装置产生的高纯蒸馏水和反渗透装置产水的混合，可以降低对反渗透系统的操作要求，即可以采用一级反渗透系统或低压反渗透膜生产，简化了流程结构，同时反渗透膜的寿命可以得到延长。

④ 反渗透与多级闪蒸装置的集成可以较好地控制反渗透的进料水温度，利用多级闪蒸排热段的排放冷却水作为进料或者是用排放的浓盐水进行预热来控制，使反渗透系统具有适宜的进水温度并保持稳定，一方面可以提高反渗透系统的产水量，另一方面提高了装置操作的稳定性。研究表明：当反渗透的进料水温度每升高 $1℃$，反渗透膜的通量就增大 $2\%\sim3\%$，通过预热之后进料水的温度通常能提高 $8\sim9℃$，水产量增加了 $20\%\sim30\%$。

⑤ 多级闪蒸和反渗透系统共用一套取水系统，可以提高水的回收率，同时降低取水量。海水取水量减少降低了取水泵、取水管路、增压泵等投资费用和操作费用，对总生产费用的降低有着重要的影响。

⑥ 多级闪蒸与反渗透集成可使系统的操作更加灵活，因为反渗透的启动和关停比较方便，可以通过反渗透的灵活操作调节生产的需要，同时对整套系统的运行影响较小。

尽管反渗透与多级闪蒸组合有许多好处，到目前为止，只有很少的多级闪蒸和反渗透的混合装置建成使用，并且大容量的反渗透或多级闪蒸淡化装置仍在独立运行。即使已有的混合装置，多级闪蒸和反渗透系统也只是一种简单的组合，并非完全意义上的技术集成，其原因在于对集成系统的耦合规律认识不清楚，尤其是对集成系统中的物流、能流、信息流的关联特性及内在规律没有深刻的理解，缺乏用于指导多级闪蒸和反渗透集成进行优化设计的通用规则和方法。

（3）热膜耦合海水淡化系统的数学模型　热膜耦合海水淡化系统主要体现为两种流程结构：一种是将多级闪蒸的排放冷却海水作为反渗透的进水来实现多级闪蒸和反渗透的耦合生产，另一种是将反渗透的排放浓盐水作为多级闪蒸的进料海水，两种流程结构如图 7-42 和图 7-43 所示。

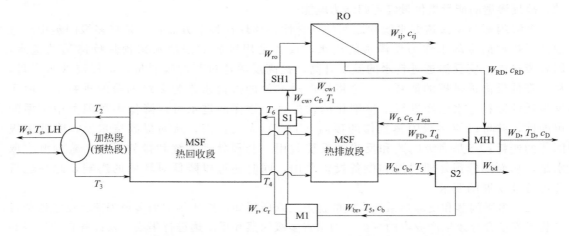

图 7-42　多级闪蒸冷却水作为反渗透进水的热膜耦合海水淡化流程（案例 1）

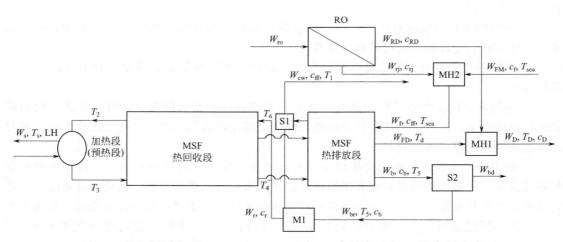

图 7-43　反渗透排放浓盐水作为多级闪蒸进水的热耦合产海水淡化流程（案例 2）

① 数学模型　在热膜耦合海水淡化系统中，由于多级闪蒸和反渗透存在着物流的交换等，因此其系统模型除包括多级闪蒸和反渗透的独立模型外，还需要补充一些方程。关于多级闪蒸和反渗透的数学模型已在前面的章节中进行了详细的介绍，此处仅给出系统的补充方程。

第一种流程多级闪蒸和反渗透的物流连接中涉及了分配器和混合器单元，其物料衡算方程如下。

分配器 SH1 物料衡算： $\qquad W_{cw} = W_{cw1} + W_{ro}$ （7-119）

混合器 MH1 物料衡算： $\qquad W_D = W_{FD} + W_{RD}$ （7-120）

混合器 MH1 盐衡算： $\qquad W_D c_D = W_{RD} c_{RD}$ （7-121）

混合器 MH1 焓衡算： $\qquad W_D T_D = W_{FD} T_d + W_{RD} T_1$ （7-122）

多级闪蒸与反渗透产水量比值： $\qquad y = \dfrac{W_{FD}}{W_{RD}}$ （7-123）

第二种流程中没有分配器 SH1，增加了混合器 MH2，则混合器的物料衡算如下。

混合器 MH2 物料衡算： $\qquad W_f = W_{FM} + W_{rj}$ （7-124）

混合器 MH2 盐衡算： $\qquad W_f c_{ff} = W_{FM} c_f + W_{rj} c_{rj}$ （7-125）

② 经济模型　在多级闪蒸和反渗透集成的海水淡化系统中，影响年度总费用或淡水成本的因素有多级闪蒸系统的投资费用、操作费用和反渗透系统的投资费用、操作费用。多级闪蒸的年度总费用和反渗透的年度总费用的计算前面已经介绍，此处不再详细列出。集成海水淡化系统的年度总费用应为多级闪蒸和反渗透系统费用的总和，随着二者产水量的变化，集成系统的总费用也相应变化，优化的目的是使集成海水淡化系统的总费用最小，这需要权衡反渗透和多级闪蒸系统的结构及操作条件，确定集成海水淡化系统的最优结构。结合两种淡化方法的费用模型，集成海水淡化系统的经济模型如下：

$$TAC_{MSF-RO} = TAC_{MSF} + TAC_{RO}$$ （7-126）

③ 优化模型　多级闪蒸和反渗透集成海水淡化系统的优化模型可以描述如下：

目标函数： $\qquad$ Min $\qquad TAC_{MSF-RO}$ （7-127）

约束条件包括多级闪蒸系统的物料衡算、能量衡算、设计方程、流速范围、闪蒸室的流动强度及排放浓盐水的浓度和温度限制；反渗透系统的物料衡算、能量衡算、设计方程、膜组件的最大操作压力、最大进料量和单个膜元件的通量、浓盐水的浓度等。

上面仅就两种热膜耦合流程给出了数学模型及优化模型，除此之外，还可以利用分离级的概念，将多级闪蒸和反渗透看作一个分离级或多个分离级，根据分离级间的物流分配和混合特征，构建热膜耦合海水淡化系统的超结构模型。

系统的优化可以运用优化软件 GAMS 求解，或者采用随机优化算法-遗传算法进行求解。在运用遗传算法进行求解时，应对编码方式和相应的遗传算子进行改进，因为模型中既有整型变量也有实型变量，整型变量有多级闪蒸的级数、膜组件的个数，实型变量有多级闪蒸的循环比、反渗透系统的取水量、操作压力和多级闪蒸与反渗透的产水比等。

7.4.3.4　水电联产系统的优化

水电联产海水淡化系统即发电厂与淡化厂合建的"双目的"运行方式，充分利用汽轮机低压蒸汽或核能发电的废热作为海水淡化热源，可以大大降低制水成本（水价可下降 50% 甚至更多）已经得到众多学者的一致认可，并在工业化生产中得到了广泛应用。

（1）水电联产的可行性分析　所谓联产是指使用同一种一次能源生产两种或多种有用的能源、资源形式的组合，其目的是在一次能源消耗最小的前提下，获得最大的经济效益和最小的环境影响。就海水淡化与发电厂联产而言，无论是多级闪蒸还是反渗透技术所需的热能和电能都是由一次能源（煤或天然气）产生的，而发电厂则是利用一次能源在发电的同时还会副产蒸汽（热能），其中的电可以用于驱动反渗透，热能可以驱动多级闪蒸产生淡水，即由一次能源同时生产水和电两种资源。水电联产的目的一是降低发电厂和海水淡化厂的生产成本，提高能源的利用效率；二是协调水电联产双目的厂的水电比，使发电和产水的运行负荷曲线处于比较平稳的状态，避免低负荷、低效率运行。

众所周知，发电厂的运行负荷随着季节的变化而变化，夏、冬季节用电负荷大，发电厂处于高负荷运行，而春秋季节的电量需求相对较小，发电厂的运行负荷也相对较低；除季节影响之外，每天的不同时段对电量的需要也不同，白天用电量大，而夜间用电量较小。因而，为鼓励节约用电和弥补用电的峰、谷差别，电价也是波动的。通常夜间的电价相对便宜，白天电价相对较高。水的需求随着季节和每天不同时段也呈现出与电量需求相似的变化规律。

发电厂通过消耗一次能源产生高压蒸汽，利用透平发电，产生的电通过电网输送给不同的用户。发电厂在发电的同时，还副产大量的中低温蒸汽，而多级闪蒸海水淡化技术需要的正是这种低温热源产生淡水，因此，多级闪蒸海水淡化与发电厂进行集成具有较高的经济性和可行性。反渗透系统的驱动力主要是电力，由于电力的供应存在峰、谷的变化，当外部电力需求较小时，过剩的电量可以用来造水，采用储水系统进行储存，缓解水电需求的高峰矛盾。因此，无论是多级闪蒸还是反渗透与发电厂进行集成操作，即双目的厂的生产模式，可以降低燃料和能量消耗、提高运行效率，从经济上和技术上都是可行的。具体讲，双目的厂具有如下的优势：

① 改善水电比的操作范围，提高双目的厂的自我调节能力和生产能力，这对受电水比影响较大的国家和地区是非常有利的；

② 由于反渗透装置是电驱动的，且其具有启动和关闭时间短、操作灵活的特点，将 RO 与发电和多级闪蒸系统进行耦合，提供了季节性和时段性过剩电能利用的可能性，保障了电厂始终在高效率下运行，降低能耗和成本；

③ 由于 RO 的能耗低于 MSF，RO 与 MSF 和电厂集成操作具有了降低比燃料消耗量的能力；

④ 电厂、MSF 和 RO 三者可以共用一个取水系统，降低原料海水的取水系统的投资费用和运行费用，提高水电联产系统的运行效率、降低发电和产水的成本；

⑤ 电厂的低压蒸汽可以为 MSF 提供热源，在发电的同时保障 MSF 系统的产水所需的能量；

⑥ 电厂的低压蒸汽可以用于海水淡化的预处理过程除去水中的空气和剩余的氯，减少腐蚀的危害以及海水淡化的能量需求率；低压蒸汽对 RO 的进料海水进行预热，提高水通量，降低膜组件的投资费用和操作费用。

虽然发电厂、MSF 和 RO 三者进行集成具有较大的优势，但是，目前世界范围内的应用实例并不多。原因是将发电厂、MSF 和 RO 进行深度、有效的集成是一个复杂的问题，主要表现为：一是如何使 RO 淡化厂适合现有的热电厂及 MSF 淡化厂，RO 淡化厂的规模如何设计和控制。因为水需求规模与集成厂的经济有效运行之间的匹配存在困难，淡化水可以储存，但是储存费用随着容量的增大而增大。二是在水电联产的集成生产环境下 RO 如何操作。上述问题如果不能很好地解决，即使将发电厂、MSF 和 RO 三者结合在一起，要么是简单的组合，要么就是三者之间的协调性比较差，难以体现出三者集成的优势。

因此，对于发电厂、MSF 和 RO 三集成的双目的厂生产系统而言，如何进行设计是一个重要的研究课题。下面介绍水电联产系统的数学模型和优化模型。

（2）水电联产海水淡化系统的流程　以多级闪蒸、反渗透和火电厂组成的水电联产系统为例，其中发电厂采用了常用的三级透平发电，且透平均采用背压式，集成系统的结构流程如图 7-44 所示。

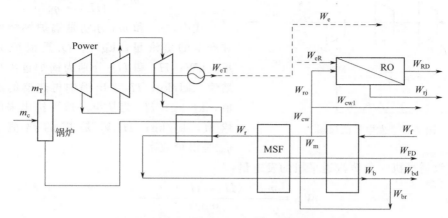

图 7-44　水电联产海水淡化系统流程示意图

该流程主要包括锅炉（Boiler）、蒸汽透平（Steam turbine）、多级闪蒸（MSF）和反渗透（RO）四个部分。

燃料在锅炉中燃烧，热量传递给锅炉给水，产生高温、高压的蒸汽，蒸汽进入蒸汽透平后，推动透平做功产生电能，透平排出的乏汽作为热源提供给多级闪蒸进行海水淡化，经多级闪蒸的盐水加热器冷凝后返回到锅炉循环使用；透平产生的电能一部分供给反渗透产生淡水，剩余的输送到外部电网。

海水淡化厂的流程为：原料海水首先进入多级闪蒸的排热段预热，预热后一部分作为 MSF 的补给水进入盐水循环系统，一部分作为反渗透的进料水，多余的海水排放。MSF 与 RO 的产水混合作为总的淡水产量，MSF 和 RO 排放的浓盐水混合由公共的排放系统处理。

海水淡化系统采用热膜耦合海水淡化技术，即反渗透的进水取自多级闪蒸的排放冷却海水。多级闪蒸与反渗透产水量之和为整个系统的总产水量。

（3）水电联产海水淡化系统的数学模型　水电联产海水淡化系统主要包括多级闪蒸、反渗透、发电厂三部分，由于系统各部分本身及系统整体的复杂性，为了推导出水电联产系统的数学模型，需要对整个系统以及各部分系统做适当的简化和假定。对多级闪蒸和反渗透系统的假设已在前面进行了详细说明，此处主要说明发电厂和水电联产系统的简化和假设，具体如下：

a. 发电厂采用煤为燃料；

b. 蒸汽透平全部为背压式透平机；

c. 蒸汽透平的循环介质是水；

d. 多级闪蒸、蒸汽透平、锅炉都是绝热的；

e. 发电厂、多级闪蒸、反渗透都是稳态操作的；

f. 采用一级反渗透操作；

g. 物流的物性由进出口温度的算术平均值计算得到。

发电厂的流程如图 7-45 所示，包括了锅炉和三级透平，其系统模型如下。

① 锅炉　锅炉需要提供的热量：

$$Q_t = m_T(H_1 - H_5) + m_T(H_r - H_2) \tag{7-128}$$

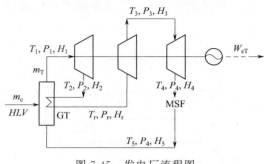

图 7-45　发电厂流程图

锅炉需要消耗的燃料：

$$m_c = \frac{Q_t}{HLV \cdot \eta_{bo}} \tag{7-129}$$

式中，m_c 和 m_T 分别是锅炉燃烧所需的煤和产生的蒸汽量，kg/h；Q_t 是锅炉提供的热量，kW；H_1 和 H_5 分别为锅炉进出口蒸汽的焓值，kJ/kg；H_r 为出锅炉再热器的蒸汽的焓值，kJ/kg；H_2 为从第一透平机出来的蒸汽的焓值，kJ/kg；HLV 是煤的热值，kJ/kg；η_{bo} 是锅炉效率。

② 蒸汽透平机　各蒸汽透平机的发电量：

$$W_{e1} = \frac{m_T \cdot (H_1 - H_2) \cdot \eta_h}{3600} \tag{7-130}$$

$$W_{e2} = \frac{m_T \cdot (H_r - H_3) \cdot \eta_m}{3600} \tag{7-131}$$

$$W_{e3} = \frac{m_T \cdot (H_3 - H_4) \cdot \eta_l}{3600} \tag{7-132}$$

总发电量：

$$W_{eT} = W_{e1} + W_{e2} + W_{e3} \tag{7-133}$$

式中，W_{eT}、W_{e1}、W_{e2}、W_{e3} 分别为电厂的总发电量以及第一、二、三透平机的发电量，MW；H_2、H_3、H_4 为出第一、二、三透平机的蒸汽焓值，kJ/kg；η_h、η_m、η_l 分别为第一、二、三透平机的工作效率。

多级闪蒸和反渗透海水淡化的系统模型在前面已做了详细说明，此处不再赘述。与电厂结合后，水电联产系统的数学模型除包括三部分子系统的数学模型之外，还应满足以下几个方面的要求。

① 由于采用背压式透平，全部蒸汽都用于多级闪蒸的加热蒸汽，即：

$$m_s = m_T \tag{7-134}$$

② 多级闪蒸的加热蒸汽与第三透平机排出的蒸汽温度相等，即：

$$T_s = T_4 \tag{7-135}$$

③ 电厂的总电量包括外供和海水淡化系统消耗两部分之和，即

$$W_{eT} = W_{eR} + W_e \tag{7-136}$$

式中，W_{eR} 为海水淡化技术消耗的电量，MW；W_e 为电厂外供的电量，MW。

④ 总产水量为多级闪蒸和反渗透产水量之和，即：

$$W_D = W_{RD} + W_{FD} \tag{7-137}$$

另外，引入表示多级闪蒸产水量和总产水量比值的参数 y，即：

$$y = \frac{W_{FD}}{W_D} \tag{7-138}$$

（4）水电联产海水淡化系统的经济模型　水电联产海水淡化系统的经济模型主要包括发电厂、多级闪蒸、反渗透以及系统整体的经济模型，此处仅介绍发电厂和系统的经济模型。

① 发电厂的经济模型　发电厂的系统费用主要包括设备费用、燃料费用、操作费用三部分。

设备费用：

$$C_{pc} = 0.0963 \times W_{eT} \times 10^6 \tag{7-139}$$

$$C_{pf} = \frac{100 \times m_c \times 24 \times 360}{1000} \tag{7-140}$$

$$C_{po} = 70.66 \times W_{eT} \times 1000 \tag{7-141}$$

$$C_{pa} = C_{pc} + C_{pf} + C_{po} \tag{7-142}$$

式中，C_{pc}、C_{pf}、C_{po}、C_{pa}分别是发电厂的设备费用、燃料费用、操作费用以及总费用，美元/a。

② 水电联产系统的经济模型　水电联产系统的费用为电厂、MSF 和 RO 三个生产单元的费用之和，每一生产单元的费用又由投资费用和操作费用组成。那么，水电联产系统的年度总费用可用下式表示：

$$TAC = C_{power} + C_{MSF} + C_{RO} \tag{7-143}$$

式中，TAC 为联产系统的年度总费用；C_{power}、C_{MSF}、C_{RO} 分别为发电厂、多级闪蒸和反渗透生产单元的费用，包括投资费用和操作费用。

（5）优化模型　水电联产的运行模式是将发电厂产生的电能和余热用于海水淡化，一方面利用了电厂的余热和低价的电能产生淡水，降低海水淡化的成本；另一方面由于电厂的余热或乏汽被有效利用，提高了电厂的热利用效率，降低了电厂的生产成本。两者结合可以使发电、淡化水的费用降低。因此，本章的优化问题为在满足外部需求的前提下，水电联产系统的年费用最小。

目标函数：$$\text{Min} \qquad TAC \tag{7-144}$$

约束条件：除电厂、MSF 和 RO 生产单元的物料衡算、能量衡算方程外，还需满足设备条件、操作条件等。

$$W_{e\_Grid} \geqslant W_{e\_demand}$$

$$W_d \geqslant W_{d\_demand}$$

$$C_{bd} \leqslant 70000 \text{mg/L}$$

$$C_d \leqslant 500 \text{mg/L}$$

$$T_{bd\_MSF} - T_{seawater} \leqslant 10℃$$

水电联产系统的操作策略主要有三种方式，以满足电量需求为主、满足水量需求为主和同时满足水电需求。三种操作模式的数学模型是一致的，可归结为混合整数非线性规划问题（MINLP）。优化过程所给定的条件不同，即输入变量不同，所获得的输出结果也不同。

参考文献

［1］高从堦，陈国华. 海水淡化技术与工程手册. 北京：化学工业出版社，2004.

［2］Mohammad A K A1-Sofi，Ata M Hassan，et al. Optimization of hybridized seawater desalination process. Desalination，2000，131：147-156.

［3］Marian Turek. Seawater desalination and salt production in a hybrid membrane-thermal process. Desalination，2002，153：173-177.

［4］Ennio C，Salvatore C，Antonio P. Energy saving with MSF-RO series desalination plants. Desalination，2002，153：167-171.

［5］Hassan A M，A1-Sofi M A K，AI-Amoudi A S，et al. A new approach to membrane and thermal seawater desalination

processes using nanofiltration membranes. Desalination，1998，118：35-51.
[6] 苏保卫，王志，王世昌．采用纳滤预处理的海水淡化集成技术．膜科学与技术，2003，23：54-58.
[7] Osman A Hamed. Overview of hybrid desalination systems-current status and future prospects. Desalination，2005，186：207-214.
[8] 伍联营．基于遗传算法的海水淡化及其集成系统优化设计研究 [D]. 青岛：中国海洋大学，2012.
[9] 侯经纬，成怀刚，伍联营，等．基于低温蒸馏-喷雾蒸发集成工艺的海水淡化．化学工程，2010，38：94-97.
[10] 高从堦，高学理，王铎，等．低位热能喷雾蒸发-多效蒸馏海水淡化方法及装置．CN 200710016189. 3. 2008-01-30.
[11] US Aquasonies Corp. Method for solid-liquid separation in water-based solutions. US 6299735. 2001-10-09.
[12] Ali M. El-Nashar. Cogeneration for power and desalination-state of the art review. Desalination，2001，134：7-28
[13] 中国动力工程学会．火力发电设备技术手册（第二卷，汽轮机）．北京：机械工业出版社，1999.
[14] 杨洛鹏．电水联产低温多效蒸发海水淡化系统的热力性能研究 [D]. 大连：大连理工大学，2007.
[15] 闫水保．循环函数法、矩阵法与等效焓降法之间的联系．汽轮机技术，2009，8：249-251.
[16] 阮国岭．海水淡化工程设计．北京：中国电力出版社，2012.
[17] 惠绍堂．海水淡化与循环经济．天津：天津人民出版社，2005.
[18] Gina M Zak，Nicholas D Mancini，Alexander Mitsos. Integration of thermal desalination methods with membrane-based oxy-combustion power cycles. Desalination，2013，311：137-149.
[19] Sergio Mussati，Pio Aguirre，Nicolas Scenna. Dual-purpose desalination plants. Part I. Optimal design. Desalination，2002，153：179-184.
[20] 侯纯扬．中国近海海洋-海水资源开发利用．北京：海洋出版社，2012.
[21] 沈明球，周玲，郝玉．我国海水综合利用现状及发展趋势研究．海洋开发与管理，2010，27（7）：23-27.
[22] 袁俊生，纪志永，陈建新．海水化学资源利用技术的进展．化学工业与工程，2010，27（2）：110-116.
[23] 张雨山，黄西平，孙强．开发海水资源综合利用技术促进环渤海地区经济发展．海洋开发与管理，2008，25（1）：39-44.
[24] 高从堦．海水利用对海洋环境的影响及对策//高从堦等编．2011 海水淡化及水再利用国际研讨会（中国·天津）论文集．天津：2011.
[25] 吴国友，解利昕，李凭力，王世昌．海水及浓盐水烟气脱硫试验研究．化学工业与工程，2010，27（2）：167-172.
[26] 金亚飙．浅议钢铁企业反渗透浓水的处置和应用．冶金环境保护，2008，8：31-32.
[27] 吴礼云．首钢京唐钢铁公司海水综合利用工程与循环经济浅析//张建红等编．冶金循环经济发展论坛论文集．北京：2008.
[28] 阮国岭．海水淡化产业的中国特色．高科技与产业化，2011，186（11）：40-43.
[29] 于海森，李长如，赵鹏．海洋主要产业循环经济模式应用于推广研究——以天津北疆电厂循环经济项目为例．海洋经济，2011，1（2）：46-51.
[30] Tanaka Y，Ehara R，Itoi S，Goto T. Ion-exchange membrane electrodialytic salt production using brine discharged from a reverse osmosis seawater desalination plant. J Membr Sci，2003，222：71-86.
[31] Pereira S，Peinemann K-V. Membrane Technology in the Chemical Industry（2nd ed.）. Weinheim，Germany：Wiley-VCH Verlag，2006：274-280.
[32] Casas S，Aladjem C，Cortina J L，et al. Seawater reverse osmosis brines as a new salt source for the chlor-alkali industry：Integration of NaCl concentration by Electrodialysis. Solvent Extr Ion Exch，2012，30（4）：322-332.
[33] 张德强，魏炳举，李萌，等．淡化后浓海水综合利用工艺．CN 101234767A. 2008-08-06.
[34] 罗坚，于雪琴，陈明玉，蒋凯亮．一种离心机平衡吸附海水脱钙的处理方法．CN 102942272-A. 2013-02-27.
[35] Hoover L A，Phillip W A，Tiraferri A，et al. Forward with Osmosis：Emerging Applications for Greater. Environ Sci Technol，2011，45：9824-9830.
[36] Masaru K，Masayuki H. Mega-ton Water System：Japanese national research and development project on seawater desalination and wastewater reclamation. Desalination，2013，308：131-137.
[37] Shintani T. New concept of dilute seawater RO treatment for urban water resources// Shintani T，Sunano S，Ando M，et. al. The International Desalination Association World Congress on Desalination and Water Reuse. Tianjin，China：2013.
[38] Takabatake H. Key factors for SWRO biofouling in seawater desalination system integrated with sewage reclamation system//Takabatake H，Cheon J，et al. The International Desalination Association World Congress on Desalination

and Water Reuse. Tianjin，China：2013.

［39］ Cath T Y，Hancock N T，Lundin C D，et al. A multi-barrier osmotic dilution process for simultaneous desalination and purification of impaired water. J Memb Sci，2010，362：417-426.

［40］ Blandin G. Energy modeling of assisted forward osmosis（AFO）/reverse osmosis（RO）hybrid system：impact of pressure and temperature//Blandin G，Verliefde A，Le-Clech P. The International Desalina-tion Association World Congress on Desalination and Water Reuse. Tianjin，China：2013.

［41］ Yangali-Quintanilla V，Li Z Y，Valladares R，et al. Indirect desalination of Red Sea water with forward osmosis and low pressure reverse osmosis for water reuse. Desalination，2011，280：160-166.

［42］ Emad Ali. Understanding the operation of industrial MSF plants Part Ⅰ：Stability and steady-state analysis. Desalination，2002，143：53-72.

［43］ Sergio M，Pio A，Nicolas J S. Optimal MSF plant design. Desalination，2001，138：341-347.

［44］ Soliman M A. A mathematical model for multistage flash desalination plants. J Eng Sci，1981，7：2-10.

［45］ Darwish M A. Thermal analysis of multi stage flash desalination systems. Desalination，1991，85：59-79.

［46］ El-Dessouky H T，Alatiqi I，Ettouney H M. Process synthesis：the multi-stage flash desalination system. Desalination，1998，115：155-179.

［47］ Omar A M. Simulation of M. S. F. desalination plants. Desalination，1983，45：65-76.

［48］ Helal A M，Medani M S，Soliman M A，et al. Tridiagonal matrix model for multi-stage flash desalination plants. Comp. Chem Engin，1986，10：327-342.

［49］ Husain A，Woldai A，AI-Radif A，et al. Modelling and simulation of a multistage flash（MSF）desalination plant. Desalination，1994，97：555-586.

［50］ El-Dessouky H，Shaban H I，Al-Ramadan H. Steady-state analysis of multi-stage flash desalination process. Desalination，1995，103：271-287.

［51］ Rosso M，Beltramini A，Mazzotti M，et al. Modeling multistage flash desalination plants. Desalination，1997，108：365-374.

［52］ Ettouney H M，El-Dessouky H T，Al-Juwayhel F. Performance of the once through multistage flash desalination. Proc Inst Mech Eng，Part A，Power and Energy，2002，216：229-242.

［53］ Fumagalli B，Ghiazza E. Mathematical modelling and expert systems integration for optimum control strategy of MSF desalination plants. Desalination，1993，92：281-293.

［54］ Husain A，Hassan A，Al-Gobaisi D M K，et al. Modelling，simulation，optimization and control of multistage flashing（MSF）desalination plants Part I：Modelling and simulation. Desalination，1993，92：21-41.

［55］ Mazzotti M，Rosso M，Beltramini A，et al. Dynamic modeling of multistage flash desalination plants. Desalination，2000，127：207-218.

［56］ Falcetta M F，Sciubba E. Transient simulation of a real multi-stage flashing desalination process. Desalination，1999，122：263-269.

［57］ Kamal I. Thermo-economic modeling of dualpurpose power/desalination plants：steam cycles. Desalination，1997，114：233-240.

［58］ Fiorini P，Sciubba E. Thermoeconomic analysis of a MSF desalination plant. Desalination，2005，182：39-48.

［59］ Tanvir M S，Muitaba I M. Optimisation of design and operation of MSF desalination process using MINLP technique in gPROMS. Desalination，2008，222：419-430.

［60］ Mohamed A，Usama E. Optimization of Tajoura MSF desalination plant. Desalination，2010，254：23-28.

［61］ Hisham El-dessouky，Imad A，Hisham E. Process synthesis：the multi-stage flash desalination system. Desalination，1998，115：155-179.

［62］ Marina R，et. al. Modeling multistage flash desalination plants. Desalination，1996，108：365-374.

［63］ Ahmed M H，Mufeed O. The once-through MSF design. Feasibility for future large capacity desalination plants. Desalination，2004，166：25-39.

［64］ Nicolas S，Sergio M. MSF design taken into account availability. Desalination，2008，222：673-681.

［65］ Lonsdale H K，Merten U，Riley R L. Transport properties of cellulose acetate osmotic membranes. J Appl Poly Sci，1965，9：1341-1362.

［66］ Pusch W. Determination of transport parameters of synthetic membranes by hyperfiltration experiments 2. Membrane transport parameters independent of pressure and/or pressure difference. Physical Chemistry Chemical Physics，1977，81 (9)：854-864.

[67] Evangelista F. A short cut method for the design of reverse osmosis desalination plants. Ind Eng Chem Process Design Develop，1985，24 (1)：211-223.

[68] El-Halwagi M M. Synthesis of reverse osmosis networks for waste reduction. AICHE J，1992，38：1185-1198.

[69] van Dijk J C，de Moel P J，van den Berkmortel H A. Optimizing design and cost of seawater reverse osmosis systems. Desalination，1984，52 (1)：57-73.

[70] El-Halwagi M M. Synthesis of reverse-osmosis networks for waste reduction. AIChE J，1992，38 (8)：1185-1198.

[71] Voros N，Maroulis Z B，Marinos-Kouris D. Optimization of reverse osmosis networks for seawater desalination. Comp Chem Eng，1996，20 (1)：S345-S350.

[72] Maskan F，Wiley D E，Johnston L P M，et al. Optimal design of reverse osmosis module networks. AIChE J，2000，46 (5)：946-954.

[73] Nemeth J E. Innovative system designs to optimize performance of ultra-low pressure reverse osmosis membranes. Desalination，1998，118：63-71.

[74] Zhu M，El-Halwagi M M，Al-Ahmad M. Optimal design and scheduling of flexible reverse osmosis networks. J Membr Sci，1997，129：161-174.

[75] Young M Kim，Seung J Kim，Yong S Kim，et al. Overview of systems engineering approaches for a large-scale seawater desalination plant with a reverse osmosis network. Desalination，2009，238：312-332.

[76] Kamal M Sassi，Iqbal M Mujtaba. Optimal design and operation of reverse osmosis desalination process with membrane fouling. Chemical Engineering Journal，2011，171：582-593.

[77] Mingheng Li. Reducing specific energy consumption in Reverse Osmosis (RO) water desalination：An analysis from first principles. Desalination，2011，276：128-135.

[78] Li M. Minimization of energy in reverse osmosis water desalination using constrained nonlinear optimization. Ind Eng Chem Res，2010，49：1822-1831.

[79] Zhu M，El-Halwagi M M. Optimal design and scheduling of flexible reverse osmosis networks. Journal of Membrane Science，1997，129：161-174.

[80] 胡仰栋，卢彦越，徐冬梅，等. 反渗透海水淡化系统中膜组件的清洗策略. 化工学报，2005，56 (3)：499-505.

[81] Yan-yue Lu，Yang-dong Hu. Optimum design of reverse osmosis seawater desalination system considering membrane cleaning and replacing. Journal of Membrane Science，2006，282：7-13.

[82] Yan-yue Lu，Yang-dong Hu. Optimum design of reverse osmosis system under different feed concentration and product specification. Journal of Membrane Science，2007，287 (2)：219-229.

[83] 卢彦越，胡仰栋. 反渗透海水淡化系统的优化设计. 水处理技术，2005，31 (3)：9-14.

[84] 卢彦越，胡仰栋. 考虑膜清洗的反渗透海水淡化系统的优化设计. 中国海洋大学学报，2004，137 (增)：175-178.

[85] Francois V，Francois M，Emmanuelle A，et al. Multi-objective optimization of RO desalination plants. Desalination，2008，222：96-118.

[86] Cardona E，Culotta S，Piacentino A. Energy saving with MSF-RO series desalination plants. Desalination，2003，153 (1-3)：167-171.

[87] Misra B M，Tewar P K，Bhattacharjee B. Design details of a hybrid MSF-RO desalination plant. IDA Conference. Manama，Bahrain：2002.

[88] Helal A M，El-Nalshar A M，Al-Katheeri E，et al. Optimal design of hybrid RO/MSF desalination plants Part I：Modeling and algorithms. Desalination，2003，154：43-66.

[89] Helal A M，El-Nalshar A M，Al-Katheeri E，et al. Optimal design of hybrid RO/MSF desalination plants Part II：Results and discussion. Desalination，2004，160：13-27.

[90] Helal A M，El-Nalshar A M，Al-Katheeri E，et al. Optimal design of hybrid RO/MSF desalination plants Part III：Sensitivity analysis. Desalination，2004，169：43-60.

[91] Marian G M，Sergio F M，et al. Optimization of hybrid desalination processes including multi stage flash and reverse osmosis systems. Desalination，2005，182 (1-3)：111-122.

[92] Al-Mutaz I S，Soliman M A，Daghthem A M. Optimum design for a hybrid desalting plant. Desalination，1989，76：177-187.

［93］ Javier U，Luis S，Antonio V. Hybrid desalting systems for avoiding water shortage in Spain. Desalination，2001，138 (1-3)：329-334.

［94］ Ibrahim S Al-Mutaz. Hybrid RO MSF desalination：present status and future perspective，International Forum on Water-Resources，technologies and management in the Arab World. Sharjah，United Arab Emirates，2005：8-10.

［95］ Ludwig H. Hybrid system in seawater desalination-practical design aspects，present status and development perspectives. Desalination，2004，164 (1)：1-18.

［96］ Osman A H. Overeiw of hybrid desalination systems-current status and future prospects. Desalination，2005，186：207-214.

［97］ Seyed R H，Majid A，Seyed E S. Cost optimization of a combined power and water desalination plant with exergetic，environment and reliability consideration. Desalination，2012，285：123-130.

［98］ El-Nashar Ali M. Optimal design of a cogeneration plant for power and desalination taking equipment reliability into consideration. Desalination，2008，229：21-32.

［99］ Asam A，Ahmad H，Mohamed G. Integrating hybrid systems with existing thermal desalination plants. Desalination，2005，174：171-192.

［100］ Javier U，Luis S，Antonio V. Thermoeconomic optimization of a dual purpose power and desalination plant. Desalination，2001，136：147-158.

［101］ Thibaut R，Javier U，Luis S. Simulation and thermoeconomic analysis of different configuration of gas turbine (GT) -based dual-purpose power and desalination plants (DPPDP) and hybrid plants (HP). Energy，2007，32：1012-1023.

［102］ Sergio M，Pio A，Nicolas S. Dual-purpose desalination plants. Part I. Optimal design. Desalination，2002，153：179-184.

［103］ Sergio M，Pio A，Nicolas S. Dual-purpose desalination plants. Part II. Optimal configuration. Desalination，2002，153：185-189.

［104］ Eduardo M F，Jose A P B，Mauricio A Z. Optimization annlysis of dual-purpose systems. Desalination，2010，250：936-944.

［105］ 伍联营. 基于遗传算法的海水淡化及其集成系统优化设计研究 ［D］. 青岛：中国海洋大学，2012.

［106］ 卢彦越. 反渗透膜法海水淡化过程最优化设计的研究 ［D］. 青岛：中国海洋大学，2007.

第**8**章

>>> **其他海水淡化技术** ▌▌▌▌▌

8.1 电(容)吸附法脱盐

电（容）吸附法脱盐是利用双电层充放电对溶液中的离子进行分离的一种新颖的脱盐方法，英文缩写为 CDI（capacitive deionization），也称电吸附（electrosorb technology）。其基本原理是基于电化学中的双电层理论，利用带电电极表面的电化学特性来实现水中离子的去除、有机物的分解等目的[1,2]。早在 20 世纪 60 年代就开始了这方面的研究工作，为了提高处理容量，必须采用双电层容量较大的多孔电极，目前研究报道的主要有多孔炭[3,4]、炭气凝胶[3]和金属等电极。该法具有设备简单、无污染、节能、操作方便等特点。在苦咸水和废水处理方面已有工业化应用的报道。

8.1.1 脱盐原理

电吸附原理见图 8-1，原水从一端进入由两电极板相隔而成的空间，从另一端流出。原水在阴、阳极之间流动时受到电场的作用，水中带电粒子分别向带相反电荷的电极迁移，被该电极吸附并储存在双电层内。随着电极吸附带电粒子的增多，带电粒子在电极表面富集浓缩，最终实现与水的分离，使水中的溶解盐类、胶体颗粒及其带电物质滞留在电极表面，获得淡化的出水[5,6]。

在电吸附过程中，电量的储存/释放是通过离子的吸脱附而不是化学反应来实现的，故而能快速充放电，而且由于在充放电时仅产生离子的吸脱附，电极结构不会发生变化，所以其充放电次数在原理上没有限制。

当电极表面电位达到一定值时，双电层离子浓度可达溶液体相浓度的成百上千倍，离子在直流电场的作用下被储存在电极表面的双电层中，直至电极达到饱和，此时，将直流电源去掉，并将正负电极短接，由于直流电场的消失，储存在双电层中的离子又重新回到通道中，随水流排出，电极也由此得到再生。

连接在金属、石墨等集电极上的一对电极，在外加直流电压并让含有离子的原水流

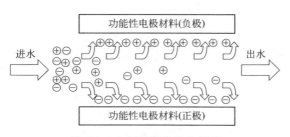

图 8-1　电容吸附法脱盐原理

过时，通过静电力分别把液体中的正、负离子成分吸向负、正极板（充电：a）。此时外加电压的值，必须控制在电极表面上水不发生电解（理论分解电压为 1.23V）的状态。实际上，考虑到电极内部及接续部分的阻抗所造成的电压降部分，端子间的外加电压为 2V 左右。在吸附达到饱和状态的适当的时刻，让两极短路或者反过程接续（放电：b）时，吸附的离子成分便发生脱附。这样，通过反复地进行充电、放电的周期性操作，脱盐装置入口（原水）的离子浓度是固定不变的，而出口浓度却呈周期性变化的状态。把出口的流路按照通电的状态进行相应的切换时，便能够轮流地得到除去了离子的清净液体与从电极表面上回收的离子成分的浓缩液。

电吸附装置基本结构与电偶层电容器没有什么本质上的不同，是把电极、隔离物、集电极三者重叠在一起之后，卷起来（卷筒型）或者层积起来（层积型）制成的。与电偶层电容器之间的最大区别在于，此结构要不断地让溶液从电容器中通过，可以叫作"通液型电容器（flow through capacitor）"。由于通常要让水流过，在电偶层电容器中一般使用的铝材等会溶解出来，因而在电吸附装置中不能使用这些材料。电吸附装置既要保持作为高容量电容器所必要的结构，又需要在容易通水方面下一些功夫。

8.1.2　脱盐特性

利用小型装置可研究典型的脱盐特性。首先，为了调查电极活性炭的 BET 法比表面积的影响，使用了在比表面积不同的各种粉末活性炭中加入了作为粘接剂的 PTFE（聚四氟乙烯）以后，成型成厚度约 1mm、长宽各 50mm 的薄片状成型物（每片重 1.5g）[7]。改变流速，让 10mmol/L 的氯化钠溶液通过，用内插法求得离子除去率为 90% 时的流速，离子除去率随流速提高而下降。将不同时刻富集柱流出液的电导率（或浓度）对时间或流出体积作图，即得到流出曲线。外加直流电压与出口浓度随时间变化的关系如图 8-2 所示。由图可知，外加直流电压为 2V 左右时，能获得充分的脱盐效率。即使让通液速度在 2～10mL/min（SV：2.4～8L/h）范围内变化，脱盐率与累积通液量之间的关系仍然几乎未变。由此可见，捕捉离子的速度很快。让盐浓度在 1～1000mmol/L 范围内变化时，在电极上捕捉的离子总量相同，但高浓度时，脱盐率急剧下降。所以，与使用离子交换树脂的场合一样，为了获得充分的脱盐率，必须规定处理液的盐浓度在 100mmol/L 以下。

为了调查除去速度与浓度之间的关系，使不同初浓度（250mg/L、500mg/L）的氯化钠溶液进行让液体循环的间歇操作。结果表明，盐浓度对经过时间的关系是以对数坐标呈直线性地衰减，而且直线的斜率与浓度无关，为定值。这表示除去离子是按一次反应进行的，从直线的斜率所求得的速度常数 k 的数值为 0.047。这意味着离子的除去率与原水的浓度无关，在一定时间内能获得一定的值。

在使用活性炭纤维的场合，使用 286 片切成外径 90mm、内径 25mm 的电极片，以及同样尺寸的石薄片（厚 0.8mm）与尺寸略大一些的尼龙隔离物，将它们适当地相互层积构成液型电容器。图 8-3 是表示出口浓度的变化与通液量之间关系的一个典型的例子。离子浓度从一通电以后开始激烈地减少，经过除去率达 90% 左右处以后逐渐增加。停止通电后，一旦让两个端子短路，被捕捉在电极上的离子则排出，离子浓度经过峰值接入口浓度 4 倍的最大值以后，逐渐减少。通过反复地再通电、短路，出口浓度便发生周期性的变化。通过在装置的出口设置阀门，在监测浓度的同时，适当地进行分取，便能够分成净水与浓缩水两部分。

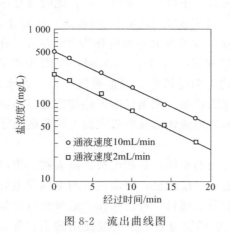

图 8-2　流出曲线图

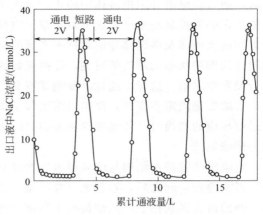

图 8-3　出口浓度的变化与通液量之间的关系

由此可见，影响去除率的主要因素有：①电压，在其他条件下同的情况下，电压越高，去除率就越高，富集率也越高（即脱附液的浓度也越高）；②盐浓度，盐去除率与原水中的盐浓度有密切关系，即在低盐浓度领域，去除率随盐浓度升高而增大，但在高浓度领域，去除率随盐度升高而呈下降趋势；③阴离子，$NaCl$ 和 Na_2SO_4 的去除效果是不同的，Na_2SO_4 比 $NaCl$ 更容易去除，这可能是因为阴离子的体积或电荷数不同所引起的；④流量，在较低的流量下可以获得较高的去除率[8,9]。

充电富集有两个性能指标：①富集容量，可以根据富集的盐的摩尔数（或当量数）与富集柱中填充的活性炭体积求出富集容量，设法提高富集容量是今后研究的主要方向；②电能消耗，通过充电富集电流曲线的积分和适当的计算，可得到去除单位摩尔盐量消耗的电能，由电流曲线可知，充电富集达到饱和时仍有很大的电流，表明系统中存在短路电流或电解电流，占比例比充电电流还大。因此，消除短路电流或电解电流是降低充电富集法能耗的关键之一[7,10~13]。

8.1.3　电吸附装置和工作过程

8.1.3.1　电吸附电极材料

电极材料的选用是电吸附脱盐技术的关键，直接决定其脱盐效率和能力。研究指出，作为性能优良的双电层电极必须具备 4 个条件：高的比表面积；良好的导电性；好的极化能力；与反应液不发生任何化学反应。目前广泛使用的电极材料有活性炭、活性炭纤维、炭气凝胶、碳纳米管和化学修饰电极[14~28]。

8.1.3.2　电吸附装置

常州的爱思特净化设备有限公司近几年开发了电吸附装置并进行了试验和推广应用[29,30]。

电吸附装置的核心是电吸附模块，它通常由电极、集电极、隔离体、固定端板、紧固件及电引线和配套管路管件等组成。多对电极、集电极和隔离体通过固定端板、紧固件固定组成电吸附处理单元，又称电吸附模块，如图 8-4 所示。

8.1.3.3　电吸附系统及其工作过程

电吸附系统由电吸附模块、水池、水泵、前置过滤器、后置过滤器、管阀系统、电源系统、检测仪表及电气控制系统等组成，如图 8-5 所示。由于电吸附模块的水流阻力很小，所需压力一般小于 0.2MPa，普通的离心泵即可满足使用要求。前置过滤器主要用于去除泥沙、悬浮物等。一般情况下，电吸附模块对原水中余氯、有机物、高价离子没有特别限制，通常要求原水浊度小于 5NTU，悬浮物含量低于 5mg/L。电吸附装置采用模块化结构，可针对各特定的应用场合，根据需要将模块作任意组合以实现处理目标，在需要大流量时可将模块并联，而在需要大的处理深度时可将模块串联。

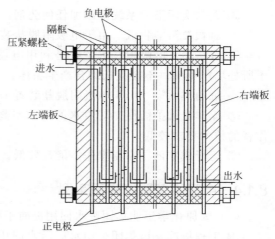

图 8-4 爱思特净化设备有限公司的电吸附模块

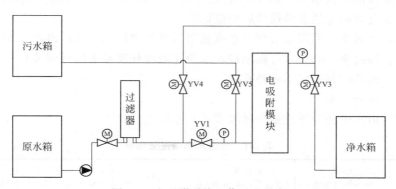

图 8-5 电吸附系统工作过程示意

电吸附系统制水运行时，工作进出水阀门（YV1 和 YV3）开启，直流电源接通，电吸附模块开始工作，出口水的电导率随时间逐渐降低。随着运行时间的延长，电极表面的离子吸附趋于饱和，此时出水电导率将升高，模块需进行再生。再生时，电吸附模块阴阳两极短接，工作进出水阀门（YV1 和 YV3）关闭，排污进出水阀门（YV4 和 YV5）开启，工作过程中富集在电极表面的离子从电极表面解吸下来，随水流经过排污阀冲走，再生排水的电导率瞬时高峰值可达原水电导率值的 5～10 倍，甚至更高。再生时间一般为运行时间的 1/2～1/6。当再生排水电导与原水电导相当时，则可认为再生结束，系统进入第二个运行周期。

8.1.3.4 电吸附装置的技术特点

（1）电吸附装置的应用范围[31~36] 电吸附技术广泛应用于水中无机离子和有机污染物的去除、物质的分离浓缩等领域。在去除水中无机离子方面，包括水的除盐、去硬，海水和苦咸水的淡化及净化，废水处理等；在去除水中有机分子或离子方面，包括芳香族化合物，如苯胺、邻苯二酚、间苯二酚和吡啶等；在物质的分离浓缩方面的应用主要集中在生物分子方面，如酪氨酸、色氨酸和苯丙氨酸等氨基酸的吸附分离，及牛血清白蛋白的分离和浓缩等。

（2）电吸附系统的技术特点

① 耐受性好 核心部件使用寿命长，保守估计大于 5 年。

② 水利用率高 一般情况下水的利用率可以达到 75% 以上。

③ 无二次污染 系统不添加任何药剂，浓水可直接达标排放，无需进一步处理。

④ 对颗粒污染物低 由于电吸附脱盐装置采用通道式结构，因此不易堵塞。

⑤ 抗结垢 电吸附技术主要是利用电场作用将阴、阳离子分别去除，因此，阴、阳离子所处场所不同，不会互相结合产生垢体。

⑥ 抗油类污染 由于电吸附脱盐装置采用特殊的惰性材料为电极，可抗油类污染。

⑦ 操作及维护简便 对原水的要求不高。系统采用计算机控制，自动化程度高，对操作者的技术要求较低。

⑧ 运行成本低 常压操作，能耗较低，其主要的能量消耗在于使离子发生迁移。

8.1.4　电吸附装置的应用实例[28,32]

（1）太原化学工业集团废水回用提质工程

① 工程概况 该集团公司水厂污水回用水质提升工程，深度处理的目的是将其现在回用水工程出水或其他类似水源中的 COD_{Cr}、氨氮、油以及无机盐含量降到合理的水平，使再生水满足集团公司制定的水质提质后的指标。

设计水源：公司水厂回用水工程出水或城市污水处理厂二级处理出水。

产水要求：除盐率＞65%（可根据进水水质及处理程度要求进行调节）。

产水用途：循环冷却系统工业补充水。

系统出力：400m³/h。

预计提质后出水中盐分等主要指标如表8-1所示。

表 8-1　进出水水质主要指标

项目	原水 （调节池现出水）	目标水 （提质后出水标准）	项目	原水 （调节池现出水）	目标水 （提质后出水标准）
pH	7.34	6.5～9	总 Fe/(mg/L)	0.372	＜0.3
TDS/(mg/L)	643.03	＜200	总硬度/(mg/L)	354.93	＜40
Ca^{2+}/(mg/L)	91.19	＜50	总碱度/(mg/L)	255.03	＜200
Mg^{2+}/(mg/L)	34.14	＜25	硫酸盐/(mg/L)	181.35	＜150

② 工艺流程 工艺流程如图8-6所示。

电吸附脱盐系统分 A、B 两组，共用电吸附原水池、再生水池和产品水池，系统中的 A/B 两组交替生产和再生。电吸附技术的工艺流程从原理上主要分为工作流程和再生

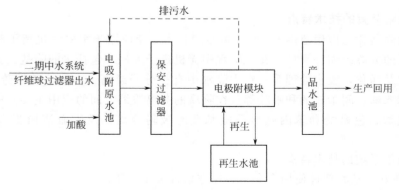

图 8-6　工艺流程

流程。

工作流程：原水池中的水通过提升泵进入保安过滤器，固体悬浮物或沉淀物在此道工序被截流，随后水再被送入电吸附（EST）模块，此时模块开始通电工作，水中溶解性的盐类被吸附，水质被净化，出水即是电吸附的产品水。

再生流程：也称反洗流程，就是模块的反冲洗过程，冲洗经过短接放电静置的模块，使电极再生，反洗流程可根据进水条件以及产水率要求选择一级反洗、二级反洗、三级反洗或四级反洗。

③ 小结 该回用水及提质工程的核心工艺采用常州爱思特净化设备有限公司电吸附专利技术。电吸附提质后的 1 万吨/天回用水达到化工生产工艺用水标准，可用作工艺用水、锅炉补充水等。该套电吸附装置可将污水含盐量由 1000mg/L 降至 250mg/L，悬浮物由 10mg/L 降至 3mg/L，浊度由 10NTU 降至 1NTU，氨氮由 10mg/L 降至 5mg/L，COD_{Cr} 由 25mg/L 降至 10mg/L。装置投产后，每年可削减污染物排放 COD_{Cr} 9293t，BOD 54854t，氨氮 1560t，有效改善区域水体质量，同时有利于缓解严重缺水城市的供水压力。

该工艺具有预处理简单、电耗药耗和运行费用低、设备使用寿命长、运行管理简单、适用范围广的特点，除盐率大于 75%，水的回收率可达 75% 以上，电耗 $1kW \cdot h/m^3$，制水成本低，每吨优质再生水的成本为 1.35 元。

（2）兖州煤业矿井水利用工程

① 项目背景 此工程采用电吸附脱盐技术对兖州煤业股份有限公司济宁三号煤矿矿井水进行深度脱盐处理，工程设计规模 8000m^3/d，处理后的水用于济三电力有限公司循环水补充水。

② 工艺流程 如图 8-7，电吸附工艺流程主要分为两个步骤：工作流程和再生流程。

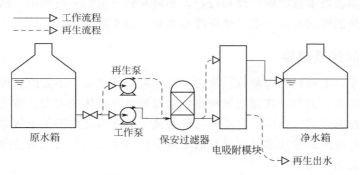

图 8-7 电吸附系统工艺流程

工作流程：原水通过提升泵被打入保安过滤器，固体悬浮物或沉淀物在此道工序被截流，水被送入电吸附模块，水中溶解性的盐类被吸附，水质被净化。

再生流程：冲洗经过短接静置的模块，使电极再生。

③ 系统基础资料及主要构成 此项目设备主要由电吸附模块、水池、水泵、前置过滤器、后置过滤器、管阀系统、电源系统、检测仪表及电气控制系统等组成。由于电吸附模块的水流阻力很小，所需压力一般小于 0.1MPa，所以对泵的要求不高，普通的离心泵即可满足使用要求。前置过滤器主要用于去除泥沙、悬浮物等。一般情况下，电吸附模块对原水中余氯、有机物、高价离子没有特别限制，通常要求原水浊度小于 5NTU，悬浮物含量低于 5mg/L。电吸附装置采用模块化结构，可针对各特定的应用场合根据需要将模块作任意组合以实现处理目标，在需要大流量时可将模块并联，而在需要大的处理深度时可将模块串联。

④ 带载调试情况　目前该项目正处于带载调试阶段，它将满足兖矿集团济三电厂循环冷却水补充水水质要求。图 8-8 是调试阶段的一些进出水电导率的变化情况。

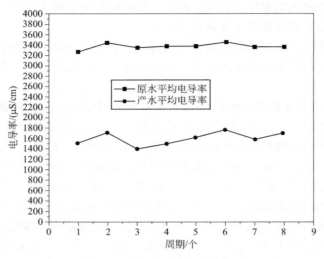

图 8-8　进出水电导率变化情况

由上可知，项目调试阶段运行基本稳定，在原水平均电导率为 $3367\mu S/cm$ 的情况下，产水电导率的平均值为 $1590\mu S/cm$，去除率为 52.7%，大于项目设计的去除率达到 45% 以上的基本目标。

⑤ 小结　正处于带载调试阶段的电吸附脱盐项目，解决了矿井水的深度处理问题，也是电吸附脱盐这项新技术首次落户煤炭行业，必将起到一定的示范作用，从目前的调试情况来看，其出水完全能够满足济三电厂循环冷却水补水的水质要求。

8.1.5　存在的问题及展望

降低初期成本，电极材料应便宜。除去率比现有的技术低，不能除去像二氧化硅那样离子化程度弱的物质等。而且，掌握电极种类、电极寿命、液体的温度、浓度和 pH 值等工艺条件、充放电的控制方式（电压、电流）与除去离子的能力之间的关系等非常重要。

展望今后，电吸附脱盐技术对于已有的除离子技术来说，与其说去竞争，还不如期望它从相互补充的方面去发展。

8.2　正渗透

1748 年，法国人 Jean-Antoine Nollet 发现了渗透现象。二百年后，1949 年美国加利福尼亚大学洛杉矶分校开始研究海水淡化半渗透膜；20 世纪 60 年代，Loeb 和 Sourirajian 发明了非对称膜的制备方法，开启了反渗透（reverse osmosis，RO）海水淡化的产业化历程。经过半个世纪的时间，反渗透技术从实验室走向产业化，成为当前关键的海水淡化技术。而作为反渗透的基础，正渗透一直没有得到广泛重视。Loeb 在开发反渗透研究的同时一直在研究正渗透过程，并且提出了利用渗透能发电的概念[3~6]。直到能源危机爆发，正渗透过程作为一种潜在的低能耗的脱盐技术，成为膜技术领域一个新的研究热点，全球范围内，研究正渗透膜材料和应用技术的科研单位逐渐增加[7,8,37]。正渗透技术究竟是一个前景广阔、商业潜力巨大的新兴膜技术，还是昙花一现的研究热点，还没有权威和明确的结论。因此，撰写本节的目的是为正在从事正渗透技术研究和即将投入到该领域的科研人员提供一个初步的介绍，抛砖引玉，与大家探讨正渗透技术的关键问题、优势和劣势。同时期待更多优秀的年轻科研人员和相关企业能够参与到该技术的研发中来，迅速推动正渗透技术的发展。

正渗透膜技术重新回到研究舞台不是偶然的。全球性的能源、环境和水资源危机是该技术发展的根本原因。然而，期望正渗透技术迅速成为替代现有反渗透技术、水力发电技术或者其他技术是不现实的。正渗透技术可能需要与多种现有成熟的技术或者其他新兴技术结合，才能发挥潜力。因此，本节介绍的内容不能够任意地扩大化作为问题的唯一解决方案。期待读者能够通过深入科学研究探索出正渗透技术的新应用。

本节将从正渗透的基本原理开始，介绍正渗透的主要问题，包括膜材料和汲取体系，以及与两个主要关键问题相关的内浓差极化。最后将膜材料和汲取溶液体系的主要进展作一概述。内容将极力避免大量的公式推导，对公式推导有兴趣的读者可参考相关文献。在总结部分，将对正渗透技术的前景作一展望。

8.2.1 正渗透原理

正渗透（forward osmosis，FO）也称为渗透，是一种自然界广泛存在的物理现象，以水为例，FO 过程中水透过选择性半透膜从水化学位高的区域（低渗透压侧）自发地传递到水化学位低的区域（高渗透压侧），如图 8-9（a）所示。水和盐水两种渗透压不同的溶液被半透膜隔开，那么水会自发地从水侧通过半透膜扩散到盐水侧，使盐水侧液位提高，直到膜两侧的液位压差与膜两侧的渗透压差相等（$\Delta p = \Delta \pi$）时停止。而反渗透过程，如图 8-9（c）所示，是在盐水侧施加压力克服渗透压（$\Delta p > \Delta \pi$）使得水从盐水侧扩散到水侧。当盐水侧施加压力小于渗透压（$\Delta p < \Delta \pi$），水依然从水侧扩散到盐水侧，该过程称为减压渗透（pressure retarded osmosis，PRO），如图 8-9（b）所示。

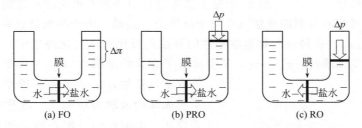

图 8-9　正渗透（FO）、减压渗透（PRO）及反渗透（RO）工作原理

该过程的推动力是溶剂在两种溶液中的化学位差或者是溶液的渗透压差[38]。在理想溶液体系中，渗透压可以通过范特荷夫（van't Hoff）公式计算：

$$\pi V = iRT \tag{8-1}$$

式中，$i > 1$，是校正系数，与溶质分子电离成的离子数量相关；π 是溶液的渗透压；V 是其体积；R 是理想气体常数；T 是溶液的绝对温度。由渗透压公式得到盐水侧的渗透压高（例如 0.5mol/L 的盐水渗透压约为 25atm），则在渗透压的作用下，水会从低渗透压侧扩散到高渗透压侧。

在盐水侧施加一定的水力压力 Δp，当 $\Delta p > \Delta \pi$ 时，纯水就在压力推动下透过膜从盐水侧扩散到淡水侧，此过程称为反渗透［如图 8-9（c）所示］。反渗透过程水通量表达式见下[39]：

$$J_w = A(\Delta p - \Delta \pi) \tag{8-2}$$

式中，J_w 为水通量；A 为膜的水渗透常数；$\Delta \pi$ 是膜两侧的渗透压差；Δp 为操作压力。当 $\Delta p < \Delta \pi$ 时，水在渗透压的推动下透过膜从淡水侧扩散到盐水侧，此过程称为减压渗透（PRO）[如图 8-9（b）所示]，当 $\Delta p = 0$ 时，水在渗透压的推动下透过膜从淡水侧扩散到盐水侧，此过程称为正渗透（FO）[如图 8-9（a）所示]。在正渗透海水淡化过程中，需要高通量和高截流率的正渗透膜（注意不是反渗透膜）；同时需要高渗透压的汲取溶液，使得纯水在膜两侧的渗透压差（$\Delta \pi$）的推动下，从海水一侧渗透到汲取溶液一侧；而要得到纯净的水还需要对汲取溶液进行分离。作为正渗透的特殊应用，减压渗透则是部分利用渗透压做功或者转化成电能的过程。

正渗透过程本身的优点包括：①在正渗透过程中水自发扩散传递过膜，能耗与传统分离技术相比非常低；而传统的反渗透过程，需要克服渗透压，因此需要提供外部压力，从而消耗了大量能量；②正渗透过程中没有外加压力，而且膜材料亲水，膜污染低；可应用于传统反渗透技术无法应用的分离过程，譬如印染废水、垃圾渗透液的深度处理以及膜生物反应器中。由于膜污染的趋势降低，可降低膜清洗的费用以及化学清洗剂对环境的污染。然而，正渗透过程也有缺点，即内浓差极化。

8.2.2 浓差极化

理论上，正渗透过程可以采用具有非常高的渗透压的汲取溶液，从而实现正渗透比反渗透更大的水通量，然而研究发现实际正渗透通量远远小于理论预期，通常低于 20%[40,41]。研究发现，FO 过程的内浓差极化和外浓差极化是造成实际通量远低于理论通量的根本原因。

（1）外浓差极化　在膜过滤操作中，原料液在压力差的推动下，对流传递到膜表面，被截留的溶质聚积在膜表面附近，从而使溶质在膜表面的浓度远高于其在主体溶液浓度，这种现象称为外浓差极化[9~12,42]。图 8-10 是正渗透过程中外浓差极化的示意图。图中假设对称性膜结构，当进料溶液与膜的皮层（类似于反渗透）接触，由于溶剂透过膜，溶质在分离层表面聚集（$c_m > c_b$），这种情况称为浓缩性的外浓差极化。该极化现象中，进料侧膜表面的溶液渗透压高于主体溶液，$\pi_m > \pi_b$，从而降低了有效的汲取力 $\Delta \pi_{eff}$。类似地，当膜皮层与汲取溶液接触，由于水的渗透而不断稀释，降低了膜表面的汲取溶液浓度，这称为稀释性的外浓差极化。浓缩性的外浓差极化和稀释性的外浓差极化会降低主体溶液渗透压差，造成通量的下降，降低过程效率。外浓差极化现象在膜过程中是普遍现象，解决办法是增加膜表面流速，达到湍流从而减少边界层厚度来减轻外浓差极化的负面作用，也可通过降低水通量的方法来减低膜表面溶质的浓度变化来减少。

（2）内浓差极化　内浓差极化是正渗透过程特有的现象。图 8-11 列举了对称膜材料和非对称膜材料在 FO 过程中发生浓差极化的不同。理想情况下，致密的对称型膜材料不透过溶液体系中

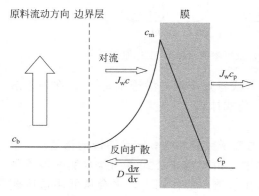

图 8-10　外浓差极化示意
（实线表示溶质在不同位置的浓度，
虚线表示浓差极化边界层）

的物质，浓差极化仅发生在膜的外表面。然而，实际的膜材料均是非对称结构，如图 8-11 所示。下面分两种情况来分析：①如果膜材料的致密层面向汲取溶液［active layer facing draw solution，AL-DS，如图 8-11（b）所示］，当水和溶质在多孔层中扩散，沿着致密皮层的内表面就会生成一层极化层（$c_{F,i}>c_{F,m}$，渗透压 $\pi_{F,i}>\pi_{F,m}$），称为浓缩性的内浓差极化[45]，因为发生在多孔层内，因此改善外部水力学状态对内浓差极化影响甚微；②如果膜材料的致密层面向进料溶液［active layer facing feed solution，AL-FS，如图 8-11（c）所示］，当水渗透过皮层，稀释多孔支撑层中的汲取溶液（$c_{D,i}<c_{D,m}$，渗透压 $\pi_{D,i}<\pi_{D,m}$），这称为稀释性的内浓差极化。

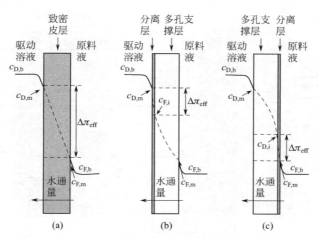

图 8-11　正渗透过程中不同膜方向的浓差极化示意图
c 表示溶质浓度，$\Delta\pi_{eff}$ 表示有效汲取力
（a）对称致密膜，发生外浓差极化；（b）非对称膜，多孔支撑层对进料侧，发生浓缩性内浓差极化；
（c）非对称膜，多孔支撑层对汲取侧，发生稀释性内浓差极化

内浓差极化现象的特点是：发生在膜孔内部，导致膜两侧有效的渗透压降低，导致表观渗透通量大大低于理论通量；受膜结构的控制，无法通过外部流动的改变而减小。

（3）汲取溶质的逆向扩散　在正渗透过程中，以纯水为进料，以盐水为汲取液，研究发现汲取液被透过水稀释的同时，汲取液中的盐类也透过膜进入到了进料中。该过程称为盐的逆向扩散（solute reverse diffusion）[2,43]，盐的传递决定了膜材料的截流率，盐的通量可以表示为下列方程：

$$-J_s=B\Delta c \tag{8-3}$$

式中，J_s 为盐的通量；B 为膜的盐特性扩散系数。方程（8-3）的物理含义简单：在正渗透过程中，盐的反向渗透通量正比于膜两侧的浓度差，或者压力差。$-J_s$ 中的负号是考虑到盐的扩散方向与水的扩散方向相反。方程（8-2）和方程（8-3）描述了正渗透过程水和盐的传递过程，但是如果考虑到支撑层结构所造成的内浓差极化，引入支撑层对盐的传质阻力 K。

$$K=\frac{t\tau}{D\varepsilon} \tag{8-4}$$

式中，D 是盐在主体溶液中的传质系数；t、τ 和 ε 分别为支撑层的厚度、弯曲因子和孔隙率。K 的定义是对膜支撑层结构的宏观评价，K 值越大表明盐在多孔支撑层中扩散的更加困难，内浓差极化越严重。研究正渗透发电 PRO 过程中，Gerstandt 等[44]提出了膜结构参数 S：

$$S=\frac{t\tau}{\varphi} \tag{8-5}$$

式中，t、τ 和 φ 分别是膜的厚度、孔的弯曲系数和孔隙率。所研究的膜为界面聚合非对称膜，其结构为一层薄的致密皮层（又称活性层）和一层多孔支撑层。研究发现，膜结构参数 S 越小，PRO 膜性能越好。在正渗透膜处理过程中，汲取液溶质透过半透膜向进料液一侧的反向扩散是不可避免的。汲取溶质逆向扩散会导致滤饼增强的渗透压（CEOP），而CEOP 是导致膜污染和浓差极化的重要原因。具有较小水合半径的汲取溶质更易于造成滤饼增强渗透压，如图 8-12 所示[13]。

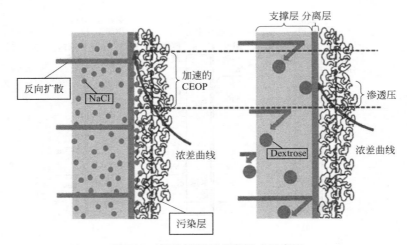

图 8-12　汲取溶质反扩散影响示意图

除此之外，多价态离子会加剧内浓差极化。在此基础上提出相对反扩散流量，即溶质反扩散通量与正向水通量之比。这是除水通量和盐截留率之外的第三个评价膜性能的指标。该比率越大，说明膜的选择性越差，FO 效率越低。该比率主要由膜活化皮层的结构决定，与汲取溶液的浓度和支撑层结构无关[43]。由此可见，制备具有高选择性活化层的 FO 膜材料是发展 FO 技术的关键之一。

8.2.3　正渗透膜材料

理想的正渗透膜材料应具备的基本特征包括：拥有对溶质有高截留率的致密皮层；较好的亲水性，水通量高且耐污染；支撑层尽量薄；机械强度高；耐酸、碱、盐等腐蚀的能力。

FO 的膜材料主要分为以下两类：界面聚合复合膜材料、浸没相转化膜。

（1）界面聚合复合 FO 膜　在 FO 研究初期，研究人员主要采用反渗透膜材料作为正渗透膜材料。研究发现，由于反渗透膜有较厚的支撑层，内浓差极化严重，因此膜的水通量比理论值要低得多。典型的反渗透膜包括一层非常薄的界面聚合皮层（不超过 1 μm）和超滤膜支撑以及无纺布支撑层构成。界面聚合皮层是截留溶质的主要部分。超滤膜支撑是通过相分离技术形成，一般为聚砜材料。无纺布支撑层提供强度。Loeb 等[45]发现Toray CA-3000 非对称膜在去除纤维支撑层后，水通量提升了 6 倍。McCutcheon 等[46]也发现去除纤维支撑层的 GE 膜（纤维素类反渗透膜，GE Osmonics）通量提高了很多。HTI 公司使用聚酯网代替纤维支撑层；Wang 等[47,48]将正渗透膜做成中空纤维膜形式，利用中空纤维膜的自支撑特性；Peinemann 等[49]使用聚醚酰亚胺（PEI）中空纤维膜作为支撑层制备复合正渗透膜。上述工作表明，无纺布支撑结构是内浓差极化的主要原因。

另外，用于正渗透的膜材料应具有较好的亲水性，例如 HTI 公司的 FO 膜。McCutcheon 等[46]比较系统地研究了多孔支撑层的化学性质-亲水性对水通量的影响。发现，SW30 XLE 膜（复合反渗透膜，去纤维支撑层，Dow Filmtec）在未经过 RO 预处理前水通量非常低；而多孔支撑层较为亲水的 CE 膜（去除纤维支撑层）的通量和 HTI 公司的 FO 膜相当，通量较高。可能原因是 SW30 XLE 膜的多孔支撑层亲水性较差，不能完全润湿，造成严重的内浓差极化。因此，支撑层必须具有较好的亲水性，能够完全被水润湿。Tang 等[50]研究发现：厚度为 $77\mu m$、接触角为 $64.2°$ 的乙酸纤维素非对称膜（去除纤维支撑层，GE Osmonics，Minnetonka，MN）比厚度为 $35.5\ \mu m$，接触角为 $76.0°$ 的聚酰胺复合膜（去除纤维支撑层，GE Osmonics，Minnetonka，MN）的水通量更高，其可能原因就是膜材料的亲水性的不同。新加坡国立大学研究人员[51]在聚砜基膜中加入具有亲水性的新型磺化聚醚酮（SPEK）材料作支撑层，通过界面聚合制备出高性能复合薄膜，研究表明，加入 SPEK 后的聚砜基膜能形成完整的海绵状结构，且能提高膜的亲水性、降低膜的结构参数。结果表明内浓差极化能通过调整亲水材料在基膜中的含量而显著地降低。在最优条件下热处理 TFC-FO 膜也能提高膜性能和机械强度。目前对正渗透皮层的研究较少，一般孔径的大小和孔径分布与膜的水通量与溶质截留率直接相关[47,48]，Peinemann 等[49]使用甲酸对复合膜表面的聚酰胺层进行后处理，通过控制孔径的大小和分布，在不降低截留率的条件下提高水通量。膜表面的电荷性质也会影响膜的性能。表面电荷对膜分离性能的表现与 Donnan 现象相关。Warczok 等[52]采用正渗透技术，使用 MPT-34（管式纳滤膜，Koch membrane）、MPF-34（平板纳滤膜，Koch membrane）、Desal5-DK（平板纳滤膜，GE Osmonics）和 AFC99（管式反渗透膜，PCI Membrane）对糖溶液进行浓缩，汲取溶液为 NaCl 溶液。实验发现，Desal5-DK 和 AFC99 膜显示负电性，MPT-34 和 MPF-34 膜显示正电性。结果表现为 Desal5-DK 和 AFC99 膜对 Cl^- 的截留率较高。他们认为膜表面的正电荷使膜表面的 Cl^- 浓度升高，促进了离子透过，降低了截留率。Wang 等[47]利用聚苯并咪唑（polybenzimidazole，PBI）的自身荷电性（self-charged），使膜表面带正电荷，对二价阳离子有较高的截留率，但由于膜的孔径较大，对单价离子的截留率不高。

在复合正渗透膜的制备中，研究者们试验了 50 多种支撑材料。Peinemann 等[49]使用强度较高的聚醚酰亚胺中空纤维膜作为支撑层，通过水相单体间苯二胺（m-phenylene diamine，MPD）与油相单体均苯三甲酰氯（trimesoylchloride，TMC）进行界面聚合成膜。在制备复合膜的过程中，他们采用有机溶剂（例如全氟化合物液体）取代气体去除多余的间苯二胺，而有机溶剂可被有机酸去除，从而在确保膜完整性的同时不降低膜性能。另外还考察了甲酸后处理对膜性能的影响。甲酸可以使膜表面的聚酰胺（PA）水解，变成小分子的聚合物从膜中脱离出溶解在水中，提高膜的水通量，同时水解产生的酸和胺基团可以重新排列结合在一起，使膜通量提升的同时，截留率维持在 95% 以上，其性能可达到 5 W/m^2。

（2）乙酸纤维素类 FO 膜 20 世纪 90 年代，Osmotek（现在的 Hydration Technologies Inc，HTI）公司以乙酸纤维素类高分子为基础，开发出最为重要的商品化 FO 膜。其材料可能是三乙酸纤维素或三乙酸纤维素与其衍生物的混合物[53]。三乙酸纤维素（cellulose triacetate，CTA，结构如图 8-13 所示）比乙酸纤维素或者二乙酸纤维素的化学性质更稳定。

HTI 公司的 FO 膜采用相转化法制备，聚酯网格作为支撑镶嵌在多孔支撑层内。其皮层类似于反渗透膜，多孔支撑层孔径约为 0.5 nm，可以去除细菌、病毒、重金属和悬浮颗粒等有害物质[54]。膜材料亲水，膜皮层和多孔支撑层接触角分别为 62°和 63.6°，膜厚度约为 50 μm。其运用已经从早期的水袋（hydration bag）和海水淡化发展到了航天工业水循环利用和膜生物反应器中。该种膜材料具有很好的抗污染性、水回收率，通量可以达到 43.2L/(m²·h)，性能优于目前其他正渗透膜。

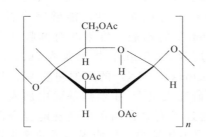
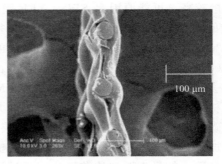

图 8-13　三乙酸纤维素（CTA）结构式与 HTI 公司的 FO 膜的 SEM 截面照片[55]

　　Statkraft 公司为 PRO 海水发电技术制备了非对称乙酸纤维素膜和复合正渗透膜（如图 8-14 所示)[44,48]。根据 GKSS 专利，采用相转变法制备的非对称乙酸纤维素膜，其性能可达到 1.3W/m²，但距离理想值 5W/m² 还有较大差距。

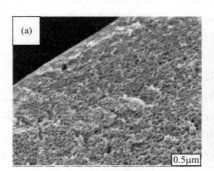
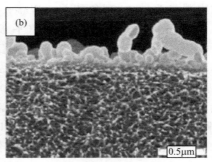

图 8-14　非对称乙酸纤维素膜（a）与复合正渗透膜（b）截面 SEM 照片[44]

　　国内中国科学院上海高等研究院膜材料课题组利用浸没沉淀法制备了基于 CTA 的正渗透膜材料，该材料具有接近双皮层结构特性。同 HTI 膜相比，其通量和盐截留效果均有一定的优势。其膜结构和水通量见图 8-15。可见该膜由致密皮层和大孔支撑层组成。同 HTI 的膜材料相比，该膜具有 2 倍于 HTI 的通量和接近的盐截留率[56]。

　　（3）PBI 中空纤维正渗透膜　Wang 等[47]采用相转化法制备了基于聚苯并咪唑（PBI，结构式如图 8-16 所示）材料的非对称中空纤维 FO 膜。膜表面带正电荷（pH＝7.0），具有较好的亲水和抗污染性。PBI 材料具有很好的化学和热稳定性，可用于反渗透膜、纳滤膜和离子交换膜的制备。同时，中空纤维膜具有自支撑性，膜强度高，填充膜面积大。PBI 中空纤维 FO 膜由皮层和多孔支撑层构成，皮层位于中空纤维膜外层，其皮层平均有效孔径约为0.32nm。PBI 中空纤维 FO 膜对正价离子和较大尺寸的二价离子有较大的截留率（如 Mg^{2+}和 SO_4^{2-} 的截留率可达到 99.99%），而对 NaCl 的截留率在 97% 左右。在 $MgCl_2$ 作为汲取溶液的情况下，通量可达到 9.02kg/(m²·h)（操作条件 PRO，2mol/L 的 $MgCl_2$，22.5℃），

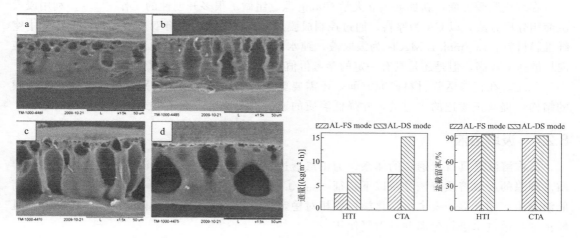

图 8-15 高研院制备的 CTA FO 膜截面电镜图以及通量和盐截留率与 HTI 比较

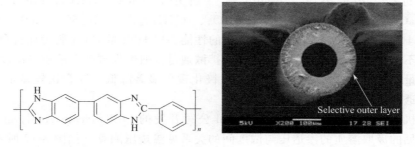

图 8-16 聚苯并咪唑（PBI）结构式和 PBI 中空纤维正渗透膜的 SEM 截面照片[47]

截留率可达到 99.79%。膜内层多孔。厚度为 68 μm，存在严重的内浓差极化。其后，Wang 等[48]对膜的结构进行了优化，首先降低膜的厚度至 40μm，皮层平均有效孔径约为 0.41nm，减少内浓差极化的影响和水的传质阻力，正渗透渗透率从 11.2L/($m^2 \cdot bar \cdot h$)提升到了 36.5L/($m^2 \cdot bar \cdot h$)（操作条件 PRO 模式，5mol/L 的 $MgCl_2$，23℃），对 $MgCl_2$ 截留率降低到了 97% 左右。Wang 等采用化学改性的方法，使用对二氯苄（p-xylylene dichloride）对 PBI 进行交联，调节膜的孔径，得到高通量和高截留率的正渗透膜。经过 2h 的化学改性后，NaCl 截留率提高到了 99.5% 以上，渗透率为 32.4L/($m^2 \cdot bar \cdot h$)（操作条件活性分离层对汲取液，5mol/L 的 $MgCl_2$，23℃），可用于废水的处理和脱盐。

（4）膜材料最新进展 为提高正渗透膜材料的性能，降低内浓差极化的影响，提高正渗透过程的水通量，新的研究方向包括界面聚合复合膜[14~20,49,51]，层层沉积复合膜，双皮层膜等。同 HTI 膜相比，这些膜材料的正渗透通量较高，且盐的逆向扩散速率较低，具有一定的发展前景。

在界面聚合膜方面，南洋理工大学 Fane 等报道的界面聚合中空纤维膜[17]，以具有双皮层的聚砜中空纤维膜为基膜，通过界面聚合，制备了类似 RO 膜结构的正渗透膜，以 0.5mol/L 的 NaCl 为汲取溶液，研究发现该膜材料水通量高达 32.0L/$m^2 \cdot h$ 的溶质逆向扩散仅为0.11g/L。特别是在 AL-FS 操作模式下，其盐的逆向扩散速率仅为 0.13g/L，低于 HTI 膜的 0.15g/L，显示该膜相对较好的膜性能。

在双皮层膜方面，新加坡国立大学 Chung 课题组做了很多开创性的工作[21~24]，利用浸没沉淀相分离方法，以 CA 为原料，通过控制成膜过程，获得接近具有双皮层结构的平板和中空纤维膜材料。以 2mol/L $MgCl_2$ 为汲取液，纯水为进料，其通量为 17.1L/(m^2·h)，且盐的逆向扩散速率较高，但是还是具有一定的参考价值，对开辟正渗透膜的制备方向具有意义。

总之，在正渗透膜材料研究方面，还需要更多的研究和投入，特别是如何优化正渗透膜的结构，提高正渗透的水通量，并降低溶质的逆向扩散速率，是正渗透研究的关键问题。

8.2.4　汲取溶液

汲取溶液是具有渗透压的体系，为正渗透过程提供推动力。汲取溶液的溶质叫作汲取溶质。理想的汲取溶质应该具备以下特征[38]：①在水中具有较高的溶解度，以便能产生较高的渗透压；②无毒，安全；③化学性质相对稳定并不与正渗透膜发生化学反应；④能方便且经济地与透过水进行分离并且重复使用。

按照汲取溶质的化学组成，目前已经研究开发的汲取溶质包括无机盐、有机小分子、高分子和纳米粒子类等，下面将对以上各类汲取溶质的研究状况进行详细的论述。

（1）无机盐类汲取溶质　Achilli 等[57] 研究了 NaCl、NH_4Cl、$MgCl_2$、$NaHCO_3$、Na_2SO_4、$CaCl_2$、KCl、$KHCO_3$、NH_4HCO_3、$(NH_4)_2SO_4$、K_2SO_4、KBr、$Ca(NO_3)_2$、$MgSO_4$ 等 14 种无机盐作为正渗透汲取溶质的性能。以 HTI 的 CTA 膜为评价介质，比较了以上盐类在不同浓度下的纯水通量和盐逆向扩散通量。研究发现汲取溶质的浓度越低，正渗透的纯水通量和盐逆向扩散通量，且内浓差极化现象显著降低。综合比较显示 $MgCl_2$ 较适合作为正渗透的汲取溶质。

对于无机盐体系的渗透压，可使用 OLI 公司开发的 OLI Stream Analyzer 2.0 进行计算。一些常见的汲取溶质的渗透压与浓度间的关系见渗透压测算（如图 8-17 所示）。综合比较显示在同样浓度条件下，$MgCl_2$ 的渗透压较高。与实际 Achili 等的研究结果一致，说明该理论计算的数值较可靠。

Phuntsho 等[25,58]利用无机化学肥料作为汲取溶质，以海水为进料液，提出了化肥汲取正渗透过程（FDFO）。其出发点为以肥料为汲取溶质，利用化肥的高渗透压，将海水中的淡水汲取到汲取液侧，实现利用正渗透过程获得淡水并用于农业灌溉。他们研究了 11 种化肥分别作为汲取溶质和组合汲取溶质对正渗透汲取效率和盐的逆向扩散的影响。实验结果表明大部分可溶的肥料能够产生远高于海水的渗透压（约 28atm）。结果表明 KCl、$NaNO_3$ 和 KNO_3 汲取液在水通量方面表现最佳，而 $NH_4H_2PO_4$、$(NH_4)_2HPO_4$、$Ca(NO_3)_2$ 和 $(NH_4)_2SO_4$ 汲取液的溶质反向扩散是最低的。初步估计 1kg 肥料可以从海水或盐水中提取 11~29L 水。研究发现，多组分组合有利于提高正渗透的效率，并降低尿素的逆向扩散。

无机盐分子作为汲取溶质的一个优势在于其能够提供相对较高的渗透压，化学性质相对稳定。但是汲取溶质回收通常是利用反渗透实现，

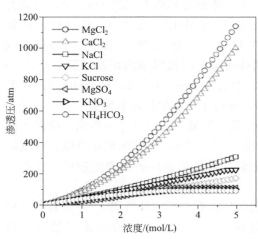

图 8-17　计算的 25℃条件下不同溶液
渗透压随浓度的变化[38]
(1atm＝101325Pa)

因此能耗较高。与此相对应，热敏性无机盐类的回收则相对容易，因此在无机盐汲取溶质中热敏性无机盐类汲取溶质的研究备受关注。

（2）热敏性（可挥发性）无机汲取溶质　Batchelder[59]率先提出在正渗透海水脱盐中使用易挥发性溶质，如将二氧化硫溶解在纯水或海水中作为汲取液，用天然纤维素为膜将海水中的水提取出来，当汲取溶质被完全稀释后，通过加热或汽提法除去挥发性溶质得到可直接饮用的纯水。Glew[60]扩展了这一想法并建议使用水和其他气体（如二氧化硫）或液体（如脂肪醇）的混合物作为正渗透过程的汲取液，该混合物可将汲取液侧水活性（水化学势）降低到某点从而将大量的水从海水中吸引过来。Glew是第一位提出在整个FO过程中循环利用汲取液溶质的学者。

McGinnis[61]提出利用溶质溶解度对温度的敏感性，如硝酸钾和二氧化硫体系作为汲取溶液。海水及饱和硝酸钾溶液分别加热后进入FO装置中，稀释后的汲取液被送入另外一个腔内用海水冷却，同时加热海水到进料温度。汲取液被冷却后一大部分KNO_3从溶液中沉淀下来，降低了渗透压。紧接着稀释后的KNO_3溶液进入另一个FO单元作为料液，而用溶解后的SO_2溶液作为汲取液，与SO_2溶液相比，稀释后的KNO_3溶液具有更低的渗透压，从而使水透过半透膜而KNO_3被截留。SO_2可通过一系列标准方法除去而最终获得饮用水，该法使得所有溶质都得到了循环利用，同时降低了废物排放。McGinnis等[41,55,62]随后提出的FO脱盐工艺，在实验室规模试验中以商业化正渗透膜为半透膜，氨和二氧化碳气体为汲取溶质，通过调节汲取液和料液浓度从浓盐料液中获得大量的饮用水［纯水通量为$3.6\sim36.0L/(m^2 \cdot h)$］，稀释后的汲取液可通过加热将碳酸氢铵分解为氨和二氧化碳而将汲取溶质和水分离，这种方法产生的FO汲取液渗透压超过250atm，同时对NaCl截留率较高（95%～99%）。通过温和地加热碳酸氢铵分解为氨和二氧化碳从而将其与水分离，得到的气体可循环回收作为汲取溶质。虽然碳酸氢铵体系在回收方面体现了一定优势，但是该体系是强碱性的，并且存在非常高的盐逆向渗透，因此内浓差极化现象非常严重，实际通量低于理论通量的20%。

Frank[63]提出使用中间盐或可沉淀的可溶性盐（如硫酸铝）作为汲取液溶质，使用乙酸纤维素为半透隔膜。以硫酸铝为例（图8-18），纯水从咸水或海水侧透过膜到汲取侧，被稀释的汲取液流向下一单元与沉淀剂氢氧化钙作用，形成氢氧化铝及硫酸钙的沉淀。沉淀物通过标准方法除去而获得新鲜的产品水。沉淀过程中过量的氢氧化钙可通过加入硫酸或二氧化碳，分别生成硫酸钙或碳酸钙沉淀。这一步需要再将固体除去而获得pH中性的产品水。

总之，热敏性（挥发、沉淀）汲取溶质在汲取溶质的回收方面展现了一定的优势，但是相对而言，目前已经使用的可热分解的汲取溶质的回收方面尚存在一定的问题，如过程相对复杂，如需要加热处理得到汲取溶质，而纯净水的获得还需要进一步的膜蒸馏或其他过程。

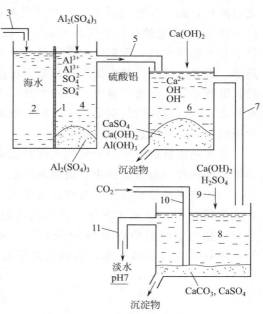

图8-18　可沉淀中间盐作为正渗透汲取液时的FO工艺

1—半透膜；2—第一储槽；3—进水管；4—第二储槽；5，7—导流通道；6，8—储槽；9，10，11—水管另外，该类汲取溶液的 pH 值相对较高（如 NH_4HCO_3 体系）或相对较低（如 SO_2 体系），长期使用，对膜的化学稳定可能造成影响，因此限制该类汲取体系的应用。

（3）有机小分子汲取溶质　有机小分子，特别是糖类、葡萄糖、果糖、蔗糖、乙二醇、甘油等作为汲取溶质也得到了较广泛的关注。特别是小分子糖类，如葡萄糖，由于安全无毒，已经被应用于紧急救援水袋中。由于正渗透膜只允许水透过膜，因此利用该水袋可以在野外环境和污水中获得含糖饮料。

Kravath 等[64]以乙酸纤维素为选择透过膜，将葡萄糖或果糖溶液作为汲取液进行海水淡化，在渗透压作用下海水透过透析膜从而稀释糖汲取液，直到稀释到可摄入程度，可作为短期饮用。这种方法适用于海上急救情况下使用，但是不适宜大规模的水处理[65,66]。使用葡萄糖和果糖的混合液用来进行海水脱盐，在海水的 FO 过程中使用一种浓缩的果糖溶液作为汲取液来产生一种有营养的饮料。Yaeli 等[67]同样使用糖作为汲取液溶质且结合 FO 和低压 RO 于一个连续的工艺中，将海水淡化与稀释汲取液回收于一体来获取饮用水。但这个过程中的回收率受到蔗糖较低的渗透效率的影响而不尽人意。

Petrotos[26~28,68]用 NaCl、$CaCl_2$、$Ca(NO_3)_2$、葡萄糖、蔗糖和聚乙二醇 400 来浓缩番茄汁，实现低能耗浓缩工艺同时提高了浓缩产品的质量。研究了不同过程参数对浓缩效率的影响，结果表明氯化钠效率最高，同时不同渗透剂的渗透通量值与相应的渗透压差不相关，但与渗透剂的黏度相关，说明在正渗透过程中使用低黏度的渗透剂具有重要意义。

另外，葡萄糖、氨基酸等小分子在血液透析中也被用来作为汲取剂。血液透析（hemodialysis），简称血透，通俗的说法也称之为人工肾、洗肾，是血液净化技术的一种。血液透析是指溶质通过半透膜，从高浓度溶液向低浓度方向运动。血液透析包括溶质的移动和水的移动，即血液和透析液在透析器内借半透膜接触和浓度梯度进行物质交换，使血液中的代谢废物和过多的电解质向透析液移动，透析液中的钙离子、碱基等向血液中移动达到净化血液的目的，并达到纠正水电解质及酸碱平衡的目的。血液透析所使用的半透膜厚度为 $10\sim20\mu m$，膜上的孔径平均为 3nm，所以只允许相对分子质量为 1.5 万以下的小分子和部分中分子物质通过，而相对分子质量大于 3.5 万的大分子物质不能通过。因此，蛋白质、致热源、病毒、细菌以及血细胞等都是不可透出的；尿的成分中大部分是水，要想用人工肾替代肾脏就必须从血液中排出大量的水分，人工肾只能利用渗透压和超滤压来达到清除过多的水分之目的。现在所使用的人工肾即血液透析装置都具备上述这些功能，从而对血液的质和量进行调节，使之近于生理状态。

通常葡萄糖的使用会导致病人腹膜感染，另外也容易引起一过性糖尿病，因此，研究葡萄糖替代物作为血液透析中，汲取溶质也是目前生物医药行业的一个重要问题[29~34]。

（4）有机小分子盐类　有机小分子盐类也是汲取溶质研究的一个发展方向。新加坡国立大学研究了 2-甲基咪唑作为正渗透汲取溶质的性能[69]，如图 8-19 所示，研究发现有机小分子盐与它们的中性对应分子相比，正渗透通量较高，且溶质的逆向渗透速率较低。但是回收是通过热蒸去水，消耗的热量太大，能耗较高。

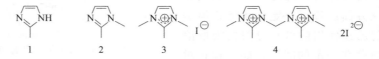

图 8-19　基于 2-甲基咪唑的 4 种汲取溶质的分子结构

笔者课题组研究了乙二胺盐酸盐（EDA）、乙二胺四乙酸钠盐（EDTA）、二乙基三胺五乙酸钠盐（DTPA）、乙二醇双（2-氨基乙醚）四乙酸（EGTA）等有机分子（分子结构见图8-20）的对应盐类的渗透压与浓度间的关系，并研究了其正渗透行为。

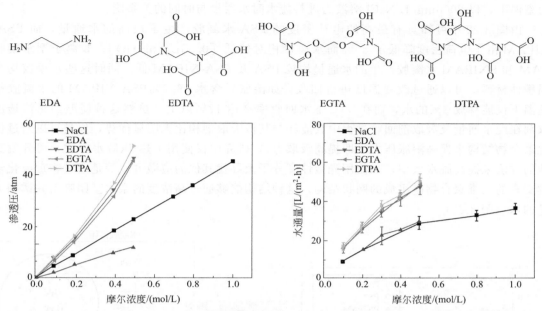

图 8-20　EDA、EDTA、EGTA、DTPA 的分子结构式，渗透压与浓度间的关系，以及正渗透通量
（膜材料为界面聚合中纤维膜[68]，操作模式为 AL-DS）

Bowden 等[35]研究了乙酸盐类的汲取溶质的汲取效率，相比于无机盐类分子，有机盐类分子具有生物可降解性，可用于膜生物反应器，无须回收再利用，因此虽然该类汲取溶质的渗透压远低于 NaCl 和 $MgCl_2$，仍具有一定的研究价值。

（5）高分子汲取溶质　目前已经测试的高分子汲取溶质包括蛋白质分子、聚电解质、高分子凝胶以及聚乙二醇等。在蛋白质汲取溶质方面，Oriad 等[70]测试了天然的无毒的磁性铁蛋白（magnetoferritin）在正渗透中的应用。稀释的磁性铁蛋白通过磁场能够从水体中迅速分离，其分离过程如图 8-21 所示，从而进一步提高产品水的可靠性，降低 FO 过程的能耗。Mikhaylova 等[71]将牛血清白蛋白（BSA）固定在氨基修饰的磁性纳米粒子上，并通过人体内的纤维原细胞进行培养，观察细胞吞噬及细胞的破损情况。血液中的白蛋白能够维持血液的渗透压平衡。所以 BSA 是一种潜在的新型正渗透汲取液，将其与磁性纳米粒子相结合，有可能开发出一种新型的智能化的正渗透汲取液。

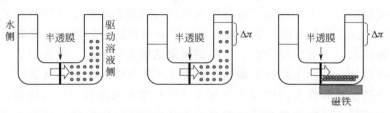

图 8-21　磁性铁蛋白作为汲取溶质进行正渗透的过程示意图

Li[72]等研究了四种温敏性聚合物水凝胶作为新型的正渗透汲取剂，通过改变温度进行回收。研究了四种聚合物水凝胶作为新型的正渗透汲取剂，包括两种离子型聚合物凝胶：聚

丙烯酸钠（PSA）和 PSA-NIPAM（由等摩尔的聚丙烯酸钠和异丙基丙烯酰胺共聚得到），及两种非离子型聚合物水凝胶：聚丙烯酰胺（PAM）和聚异丙基丙烯酰胺（PNIPAM）。结果表明电荷密度对聚合物凝胶的溶胀压（即通过膜提取水的能力）有较大的影响，图 8-22 为室温下，以 2000mg/L NaCl 溶液为进料盐水时水通量与时间的关系图。

由图 8-22 中可知具有最高的电荷密度的 PSA 水凝胶产生了最高的水通量，而 PSA-NIPAM 由于电荷密度降低了 50% 而水通量相对较低 [0.55L/(m²·h)]。非离子型水凝胶 PAM 和 PNIPAM 水凝胶产生的水通量均较 PSA 及 PSA-NIPAM 低。同时这些水凝胶均为温敏性材料，可以通过改变温度进行回收，如溶胀后含水 66.7% PSA-NIPAM 的水凝胶在室温下仅能释放 3% 的水，而在 50℃ 下水回收率高达 17% 以上。虽然这种新型的正渗透汲取剂在纯水通量及汲取剂回收过程中其能耗与其他汲取剂相比无明显优势，但是可以通过优化聚合物结构来提高溶胀压力（即提高汲取力），研究中仅使用了热-压脱水方式，可开发其他的方法来提高脱水效率，如使用光敏性高分子及寻找其他的应激方式等是通过物理或化学键交联的三维聚合物链组成的网状结构，这种结构能够通过高浓度的亲水基团吸引并诱捕大量的水（图 8-23）。

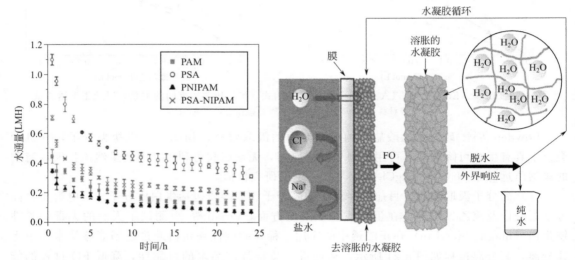

图 8-22　以聚合物水凝胶及 2000mg/L NaCl 溶液为料液的 FO 过程 24h 的水通量

图 8-23　聚合物水凝胶-正渗透脱盐工艺示意图

这个过程包括水在退溶胀的聚合物水凝胶的溶胀压力作用下透过选择性膜以及膨胀聚合物水凝胶在不同的刺激条件下的退溶胀过程。

聚合物水凝胶的另一个优点是其智能性（可以在环境的刺激下经历可逆的体积变化或溶液-胶体间的相转变）。许多物理化学刺激方式已经应用在这些智能的水凝胶系统，尤其是把它们从亲水变为憎水，从而释放出水。这些刺激包括温度、电场、溶剂组成、光、压力、声及磁场等，同时包括化学及生物化学刺激，如 pH、离子和特殊分子识别等。通过使用快速的应激响应聚合物水凝胶作为汲取媒介会在水循环利用方面具有一系列优势。通过上述的刺激方法可以用温和的方式释放出高纯度的水而不会出现 FO 汲取剂在高温下降解的现象，以一种相对低能耗的方式进行汲取剂回收。

此外，也有研究报道使用聚乙二醇和高分子聚电解质[36,73,74]（包括 PAA、磺化聚苯乙烯等）用作正渗透汲取溶质，该类分子的特性是由于高分子的分子体积较大，不容易透过膜，因而不存在溶质分子的逆向扩散问题。

（6）纳米粒子汲取溶质 未加修饰的磁性粒子作为汲取液，其渗透压较低。提高粒子的渗透压，需要对粒子表面进行改性，增加大量可离解的基团。Adham 等[75]采用氨基化硅烷偶联剂 APTES 以及 PEG 的三乙氧基硅烷衍修饰磁性粒子，使其表面具有大量的亲水基团。经过测试，可以产生较高的渗透压，质量分数为 45% 时，测量的渗透压达到 25psi（1psi=6894.76Pa）。新加坡国立大学研究人员[76~78]通过使用高水溶性有机物及用聚合物对磁性纳米粒子表面进行改性来产生一定的渗透压，利用复合纳米粒子的磁性进行汲取溶质的回收及循环利用。Ling 等以乙酰丙酮铁为原料，以三甘醇、2-吡咯烷、聚丙烯酸为改性剂，通过热分解法在 275℃ 左右回流得到表面具有不同官能团的复合磁性纳米粒子，并系统地进行了将其作为正渗透过程汲取液的研究（图 8-24）。研究发现，该类纳米粒子的比饱和磁化强度接近于零，因此，虽然具有较高的渗透压，但是无法通过磁场进行回收。另外，使用热分解方法制备磁纳米粒子能耗较高，且规模化生产可能受到限制，因此开展其他纳米粒子的合成方法更有意义。

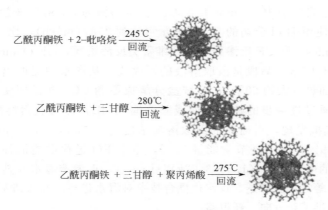

图 8-24　实验室规模的 FO-磁分离装置示意图

共沉淀法制备超顺磁纳米粒子具有方法简单、粒径分布均匀、可规模化生产等优点。同时共沉淀法制得的纳米粒子表面改性较容易，通过硅烷化即可获得表面功能团。笔者通过共沉淀法和表面硅烷化制备了羧基改性的雌性纳米粒汲取溶质，研究发现该类汲取溶质的比饱和磁化强度达到 44.4emu/g（图 8-25）。在磁场的作用下可方便回收，对于开发新型可回收汲取溶质具有非常高的价值[78]。

8.2.5　正渗透的应用

FO 具有低能耗、低污染、高回收等特点，其应用范围非常广泛，涉及工业生产和日常生活的各方各面。正渗透技术在海水脱盐、发电、工业废水处理、食品工业、航天工业、制药工业中的应用得到了进一步发展，还凭借抗污染、低能耗的特点不断向传统的生产工艺中渗透，与其他技术相互融合，形成创新的工艺技术。本节将对 FO 在主要几个领域的应用进行介绍。

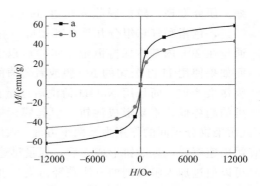

图 8-25　超顺磁纳米粒子的磁滞回线
a—未改性磁纳米粒子；b—改性磁纳米粒子

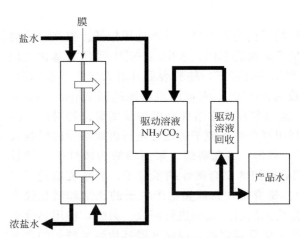

图 8-26　新型的正渗透海水脱盐系统[64]

（1）海水淡化　在海水淡化方面，尽管早在 20 世纪六七十年代就有人提出使用正渗透的想法，但由于膜和汲取溶液等核心问题没有解决，因此没有得到广泛的重视。近几年来，Yale 大学的研究人员[41,55,79,80]利用正渗透技术对海水脱盐进行了系统化的研究，开发了一种新型的正渗透海水脱盐系统（如图 8-26 所示[55]）。他们将整个系统分成前段和后段两部分，前段是正渗透段，将海水中的淡水从高化学势侧"拉"到低化学势侧。该系统的汲取液是混合铵盐溶液，这种汲取溶液既具有较高的渗透压，又能方便地与水分离。

研究表明，50℃时进料溶液为 0.5mol/L NaCl，汲取溶液为 6mol/L 铵盐，膜两侧的渗透压差高达 22.5MPa，使用 HTI 公司的 FO 膜通量可达到 25L/(m^2·h)，比 AG（聚酰胺复合反渗透膜，GE Osmonics）和 CE 反渗透膜（纤维素类反渗透膜，GE Osmonics）提高了 10 多倍，盐的截留率大于 95％。后段是汲取溶液的回收段，从海水中提取出来的水将铵盐溶液稀释，可通过适度加热（大约 60℃），将铵盐分解成氨和 CO_2 并循环使用，剩余的液体就是稀盐水。稀盐水通过进一步的柱状蒸馏或膜蒸馏（MD）即可获得纯净水。McGinnis 和 Elimelech[79]通过模拟发现，当稀释的汲取溶液浓度为 1.5mol/L 时，FO 过程比多级闪蒸（MSF）节省能量 85％，比 RO 节省能量 72％，整个 FO 过程电能消耗为 0.25kW·h/m^3，低于目前脱盐技术的电能消耗（1.6～3.02kW·h/m^3），正渗透海水脱盐技术正逐步走向产业化[81]。Elimelech 等还用正渗透、反渗透耦合技术对海水进行脱盐处理后用于农业灌溉，为 FO 的应用和发展提供了新方向、新思路。

（2）废水、垃圾渗出液和活性污泥的处理　垃圾渗出液是一个复杂的溶液，其中含有机复合物、重金属、有机或无机氮和大量的溶解性固体（TDS），其处理是世界性的难题。Osmotek 建造了一个中试规模的正渗透系统来研究垃圾渗出液的浓缩，处理后 TDS 水平要低于 100mg/L[82]。废水处理设备产生的淤泥中含有高浓度氨、磷酸盐、有机氮、重金属、TOC、TDS、色素和 TSS，因此对其进行浓缩也非常困难。Holloway 等[83]利用正渗透技术的抗污染特点，将正渗透过程与反渗透过程相结合，使用 HTI 公司的 FO 膜对淤泥进行浓缩。研究发现，磷的脱除率超过 99％，氨和总克氏氮（TKN）的脱除率分别将近 87％和 92％，色素和气味组分几乎全部脱除。在 FO 操作条件下（膜的皮层与淤泥接触），膜的水通量在 20h 内基本保持恒定，实验后以 NaOH 进行短时间的清洗后水通量几乎完全恢复。而如果使用 HTI 公司的 FO 膜或者普通的 LFC-1 反渗透膜在反渗透操作下进行淤泥的处理，膜污染严重，而且用 NaOH 清洗后通量恢复率非常低。可见正渗透过程较反渗透过程膜污染的趋势低，不易形成滤饼。引起膜污染的因素有水力的（渗透阻力和剪切力）和化学的（污染物分子间的作用力）两个方面[83]。在滤饼形成之前，水力的和化学的因素都会影响膜污染速率，一旦滤饼形成之后，通量迅速降低，改变水力环境将不再影响通量。研究发现，可以通过加入阻聚剂的方法减轻污染，也可以使用化学清洗或者渗透反洗的方法去除，回复率达到 95％以上[83]。正渗透的抗污染性和高回复率使得其可运用在操作条件比较苛刻的环境下。

由于执行了更严格的水处理标准，废水的深度处理越来越受到人们的重视。目前采用的膜生物反应器（MBR）以及较传统的废水处理技术，其生物浓度高，水通量稳定，占地面积小，淤泥排放量小，可完全过滤除去悬浮固体。然而 MBR 过程膜污染严重，导致水通量降低，膜材料需要经常清洗和更换，另外 MBR 的能耗也较传统的废水处理技术高。为克服这些缺点，Cornelissen 等[84,85]将正渗透技术引入 MBR，将活性污泥处理和 FO 膜分离，以及与 RO 后处理结合起来，称为渗透膜生物反应器（OsMBR）。如图 8-27 所示，OsMBR 利用正渗透过程的抗污染性能，使用 FO 膜取代微滤/超滤膜进行污染物的分离，水透过膜稀释汲取溶液，稀释的汲取溶液通过

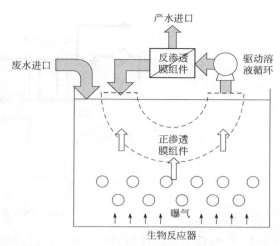

图 8-27　正渗透膜生物反应器
的流程图[84]

RO 单元进行浓缩并循环使用。有数据显示[42]，使用 HTI 公司的 FO 膜直接对废水进行过滤，稳定的水通量可达 9L/(m²·h)（温度 23℃±1℃，汲取溶液为 50g/L 的 NaCl，PRO 操作）。FO 膜对有机碳的截留率达到 98%，对氨氮的截留率达到 90%；而整体的 OsMBR 系统对有机碳的截留率可达到 99%，对氨氮的截留率达到 98%。由于膜对溶质不可能完全截留，实验中发现，长时间运行后生物反应器中的盐浓度保持不变（膜的污染有可能提高了盐的截留率），通过膜材料进入到生物反应器中的盐分对生物过程并没有阻碍或毒性作用。OsMBR 系统有很好的抗污染性，因此需要较少的清洗过程，其净通量（net flux）可达到 8.9 L/(m²·h)，非常接近其初始通量。如果膜材料的性能和过程进一步优化，正渗透技术作为一种有效降低膜污染和降低成本的废水前处理技术将得到广泛应用。

（3）能源　早在 1954 年，Pattle 就提出将纯水和盐水混合可以发电的观点[86]。目前，转化盐度梯度能的技术主要有三种：减压渗透（PRO）、反相电渗析（RED）和蒸汽压缩（VC）。其中，基于膜过程的 PRO 和 RED 近些年颇受关注[37]。在海水发电方面，早在 20 世纪 70 年代，以色列的 Loeb 就提出了建立减压渗透（PRO）发电站的构想。图 8-28 描述了 PRO 发电站的简易流程，淡水沿着膜的一侧流动，在渗透压的作用下渗透到膜的加压一侧与海水混合，被稀释的海水被分成两股流体，一部分通过带动涡轮机产生电能，另一部分通过压力交换器为流入的海水加压。PRO 发电站可建筑在地表或者地下 50～150m 处。它的优点众多：无 CO_2 的排放，输出稳定，占地面积少，对环境的影响小，操作灵活，建造面积可大可小，成本可降低到 0.058 美元/(kW·h)[85]。欧洲的 Statkraft 公司采用卷式膜组件 PRO 发电站，组件两层膜之间距离较窄（0.4～0.8mm），并且加入网状细丝作为湍流促进器，可提高液相的混合速度，减少扩散层厚度，提高 PRO 操作效率。操作时从压力的角度考虑，膜的皮层与海水接触比较有利，因为这样压力可将膜压靠在支撑层上。如果膜的皮层与淡水侧接触，就存在皮层脱离支撑层的危险，当膜的皮层与海水接触时，淡水中的污染物可能会导致膜的污染，因此需要进行预过滤。Statkraft 公司从 1997 年开始对 PRO 技术的研究，其合作伙伴有 SINTEF（挪威）、Forchungszentrum GKSS（德国）、Helsinki University of Technology（芬兰）和 ICTPOL（葡萄牙）。Statkraft 公司对 PRO 技术进行了深入和系统的研究，制备出的复合正渗透膜性能为 3.5W/m²（单位膜面积的电功率，表

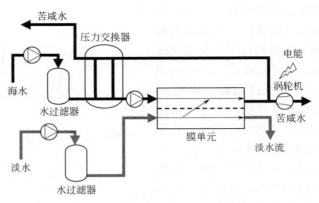

图 8-28　减压渗透发电站简易流程

示 PRO 操作下膜的性能)[44]，非常接近预期值 $4 \sim 6W/m^2$。

2009 年在挪威的 Tofte 建成了世界上第一座渗透压发电站。2011 年，Yale 大学 Ngai Yin Yip 等设计的聚砜复合薄膜用于 PRO 功率密度最高可达到 $10W/m^2$[87]。Yale 大学的 McGinnis 等[62]开发出新的封闭式的 PRO 循环系统，称为渗透热泵（osmotic heat engine，OHE，如图 8-29 所示）。在较低温度下，通过循环利用 NH_3-CO_2 汲取溶液，将渗透能产生的高水压转化为电能，能够将低价值的废热源或环境友好的低温热源（地热、太阳能等）转化成电能。目前渗透热泵的转化效率为 $5\% \sim 10\%$，还需要进一步分析和优化膜的能量密度、热交换面积以及热源的质量、数量和最终的能量输出的关系。

（4）水袋（hydration bag）　美国的 HTI 公司开发出了可在战争或紧急救援情况下使用的水净化设备，称为水袋（hydration bag）[38]，是目前正渗透膜技术少有的几种商业化产品之一。以产品之一 X-Pack（如图 8-30 所示）为例，其构造为双层袋状结构，内层为选择透过性的膜，外层为防水材料将内层膜包裹保护，并作为装水的容器。内层膜装入可饮用的汲取溶液（糖类或浓缩饮料）和渗透加速剂，将源水装入内层与外层的夹层中，洁净的水就可以透过内层膜稀释汲取溶液供人们饮用。水袋质量轻，携带方便，造价便宜。目前 HTI 公司还开发了可重复使用的螺旋式滤水器组件，效率更高，可达到 $0.7L/h$[88]。在大多数情况下，$100g$ 的汲取溶液可生产 $3 \sim 5L$ 的饮料，这足够维持一个人一天的需要。Wallace 等[89]

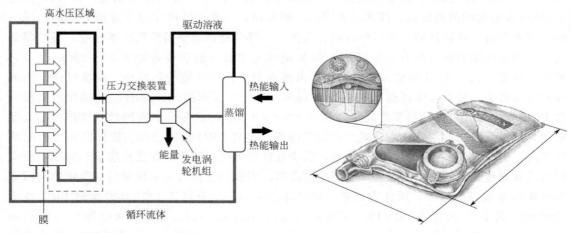

图 8-29　渗透热泵简易流程图[72]　　　　　　图 8-30　水袋 hydration bag 示意图[38]

提出了计算水袋中水通量的热力学方程，还测试了 dioralyte（一种腹泻药）作为汲取溶液的性能：充满 0.4L 水袋需时 67.5min。FO 在个人或者小型团体的应用具有相当大的市场和应用前景。随着市场对该产品的认识进一步扩展，FO 应该会在个人饮用水市场得到更广泛的发展。

（5）航天工业中的运用　正渗透技术是美国航空航天局太空水回用系统的候选技术之一。人类长期的太空任务需要一个可靠、耐用、轻便且能耗低的废水处理系统。太空任务中，三个可回收的主要废水来源是：废水、尿和湿空气冷凝水。NASA 和 Osmotek 设计出了中试规模的 FO 系统，称为 DOC 系统[90,91]。NASA 的 DOC 系统包含反渗透和两个预处理系统。如图 8-31 所示，第一个子系统（DOC♯1）只使用 FO 过程，主要用来截留离子和污染物（如表面活性剂）；第二个子系统（DOC♯2）使用正渗透（FO）和渗透蒸馏（OD）的结合过程，主要用于脱除尿素——很容易扩散透过 FO 膜。系统通量高达 $10\sim25L/(m^2\cdot h)$，远高于普通 RO 膜 $[0.5\sim2L/(m^2\cdot h)]$，水回收率大于 95%，能耗 $54\sim108kJ/L$。但 DOC♯2 仍然存在通量不平衡和通量较低的问题，FO 过程（CTA Osmotek）的通量为 $17.4L/(m^2\cdot h)$，而 OD 过程（TS22 和 PP22 膜）远小于 $1L/(m^2\cdot h)$，因此要平衡 FO 过程和 OD 过程的通量。

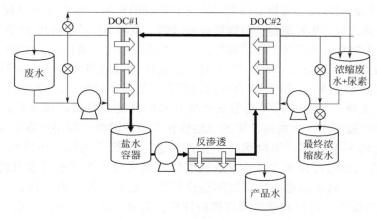

图 8-31　NASA DOC 测试单元的流程

为解决这个问题，Cath 等[90]将膜蒸馏（MD）的概念引入过程，开发了 FO-MD 系统（其中汲取力只有温度梯度）以及 FO-MOD 系统（其中汲取力有温度梯度和浓度梯度）。研究表明，两种系统的汲取力主要是温度梯度，浓度梯度的影响微弱，高温下的原理还不清楚；FO-MOD 操作下，膜两侧的温差仅有 $3\sim5℃$，通量可提高 25 倍。

（6）浓盐水再浓缩　正渗透过程具有抗污染、较高的水回收率的特点，通过选择合适的汲取溶液，可进行浓盐水的再浓缩，甚至使盐析出，减少排放[81]。理想的正渗透脱盐过程目标是实现零液体排放，这点对于在内陆地区建设脱盐工程尤为重要。Tang 等[50]利用这一特点来浓缩矿物，使用去除皮层的 CA 膜，操作条件为 1mol/L 的 NaCl-5M 果糖的情况下，18h 内 NaCl 回收率可达到 75.7%，在进料侧的容器壁上发现了白色的矿物沉淀物，说明采用正渗透技术进行矿物浓缩是可行的。Martinetti 等[92]研究了如何利用正渗透技术对反渗透过程产生的浓盐水进行再次浓缩。处于内陆地区的南加利福尼亚地区的 Eastern Municipal Water District（EMWD）准备建设第三座反渗透脱盐设备，但这会加大其运输系统和浓盐水处理系统的压力和费用，因此必须提高 EMWD 的水回收率。目前的技术如纳滤、电渗或者热处理由于高污染和高能耗等问题不能被广泛采用。研究人员采用正渗透技术可将整个系统的水回收率提高到95％以上，接近了零液体排放，大大减轻了反渗透系统的压力。

（7）食品和医药方面的应用 正渗透技术的另一个特点是操作低温低压。结合低能耗、低污染特点，其已经广泛应用到了液体食品的浓缩领域，有利于食品的包装、运输和储存，还可降低水的活度，提高产品的稳定性[93]。过去常使用的方法有热处理法，包括真空蒸发浓缩和冷冻浓缩，但真空蒸发对热敏性的物质不利，有可能破坏食品的口感和营养，而且能耗较高。冷冻浓缩虽然不会破坏热敏性物质，但能耗更高，运用范围狭窄。反渗透法也因为膜易污染、浓缩程度不高等问题，使用价值不高。最近研究的方法主要有正渗透、膜蒸馏和渗透蒸馏，它们因为低能耗、低污染等特点有望取代传统的工艺[68]。

另外，正渗透过程中所使用的膜一般具有纳米或微米级的孔，物质在其中的传递通过扩散实现。利用这一特点，可以通过控制膜孔的大小来改变物质的扩散速度，制造出扩散控制的药物运输系统延长药物释放的时间，从而定点、定量地将药物传输到体内。药物运输系统是一个由半透膜包裹的药物腔，腔内填装药剂，利用微米或纳米尺寸的膜孔控制药物释放，而且纳米尺寸的膜可抑制免疫反应。微米尺寸的运输系统可包含电路系统，用来控制和测量药物的扩散速率和其他参数[94]。Garg 等[95]研究了聚合物浓度、致孔剂的浓度、凝胶浴的温度对半透膜的结构，如孔隙率的影响以及对药物心得安的渗透和释放的影响，整个释放过程（16h）释放量与时间成直线关系。为了更好地延长药物释放的时间，美国 Alzet 公司从20世纪70年设计了渗透泵，依靠一个狭窄的孔提供更慢的释放速率，可连续释放药物长达1年时间[7]。

（8）其他新过程 Khaydarov 等[96]选用二乙醚作为汲取溶液，结合太阳能对海水进行脱盐，其能耗可降至 $1kW \cdot h/m^3$，现存在的问题是膜的寿命较短（2～3个月），可能原因是与二乙醚发生了反应。Tinge 等[97]使用正渗透技术的低能耗特点，将其运用到己内酰胺的生产中，使用生产过程中产生的高浓度的硫酸铵作为汲取溶液，利用正渗透原理进行产品的脱水，取代传统的蒸发过程。不仅优化了生产工艺，降低了能耗，还节约了大量水资源。Warczok 等[52]将正渗透过程和食品的渗透脱水结合起来用来连续地对水果进行脱水，但效率较低。Benko 等[98]将正渗透和精密的测量仪器结合起来，设计出一种快速检测 RO 膜和 NF 膜降解程度的设备，可更有效地筛选膜的储存、防腐、清洗的方法和药品。也可用来检测膜在不同操作条件下的完整性。

近期，FO 作为代替化学处理的膜清洁方法成为新的研究方向，还有用于渗析液再生的潜能，以化肥液作为汲取液还可直接用于肥料灌溉[67]。FO 与微生物燃料电池相结合用于废水回用和海水淡化[99]。

实现以上的这些应用需要两个条件：具有选择透过性的膜材料和高渗透压的汲取溶液。研究人员发现，将传统的反渗透膜用于正渗透过程，其实际性能远远小于预期值[100～102]。造成这一现象的主要原因是正渗透过程中浓差极化，尤其是内浓差极化[7]。报道显示在使用商品化的 HTI 公司的正渗透膜（FO 膜）的情况下，浓差极化可降低正渗透效率达80％[41]。膜的结构参数（如多孔层厚度、孔的弯曲系数和空隙率）与内浓差极化密切相关[103]。此外膜材料本身的物理化学性质（如亲水性，电荷性）也会影响膜的性能。目前正渗透膜材料的研究主要集中在研制低内浓差极化的、高通量、高截留率、高强度的膜材料。正渗透的另一个关键因素——汲取溶液，也在不断发展中。McGinnis 等[41,55]在其研究中发现，氨水和 CO_2 气体可制成高浓度的热敏性氨盐汲取溶液，具有较高的渗透压，并可利用低温热源（废热、太阳能等）通过加热的方法循环使用。目前，笔者课题组正在研究一种潜在的汲取溶质——磁性纳米粒子，能够通过磁场从水体中迅速分离。

8.2.6 膜污染

膜污染是所有膜过程中必然需要面对和解决的问题，膜污染会降低产品的处理量、增加清洗成本、降低膜寿命，但尽管如此，膜污染在 FO 过程中要远远低于 RO 过程。膜污染主要有有机污染和无机污染两类，美国的 Elimelech 团队[104,105]在 FO 膜污染方面取得了重要的研究成果：①有机污染与分子间相互作用非常相关，说明污染物分子间相互作用是影响有机膜污染与膜清洁的关键因素；②膜污染是由化学作用力和流体动力学相互作用所控制的；③膜材料对有机膜污染和膜清洁有重要影响；④FO 有机和无机膜污染基本上都可以通过冲洗的方法实现可逆过程，并不需要化学清洗，减小环境污染。

近期，新加坡 Tang[106]课题组利用显微镜观察研究膜污染过程，引入临界通量的概念，即膜污染可被观察到时的通量。显微镜观察膜污染仅限于生物污染或胶体污染中较大的污染物，且当临界通量发生时，膜表面已经部分被可观察到的污染物所覆盖，而并不像预期的仅被一点污染物所覆盖[107]。

在海水淡化过程中，溶解二氧化硅的聚合是膜无机污染的主要原因，二氧化硅的聚合也会加剧有机膜污染的发生，无机污染物比有机物污染更难于通过冲洗的方式除去[108]。

另一方面，膜污染会直接影响溶质截留率，有机污染物会使膜表面呈现电负性和亲水性以及膜表面对亲水化合物的吸附能力，这样膜表面对离子型亲水化合物和疏水中性化合物的截留能力就会增强[109]。这正是一些实际应用中，膜组件运行一段时间后截留率反而比运行初期更高的原因。

8.2.7 小结

FO 作为一种实现可持续发展的关键技术已经在能源、海水淡化、废水处理、水源净化、食品工业以及医药领域表现出巨大的应用潜力。本章详细介绍了正渗透的基本原理，正渗透发展存在的问题，特别是关于正渗透过程中的内浓差极化现象，并对正渗透过程中内外浓差极化现象的模型进行了总结，对正渗透两个关键因素汲取溶液和膜材料的发展现状进行了比较系统的归纳和比较，对于未来的发展趋势进行了评述。作为一种新兴的膜技术，正渗透已经在海水淡化、发电、废水处理、航天工业以及制药工业中得到了广泛关注。但是，正渗透技术的应用大多还处于实验室阶段，距离工业化应用和代替反渗透成为主流的水处理技术还有一段很长的路程。由于正渗透过程中内浓差极化现象严重，在海水淡化和食品工业中，正渗透过程的通量较低。如何解决膜材料的设计与制备并开发出低成本、易回收的汲取溶质，是正渗透技术得以商业化的关键之一。虽然正渗透膜材料抗污染，但是抗污染的物理和化学原理尚不明确，需要进行深入的研究。另外，根据实际需求设计相应的正渗透膜材料和过程将为 FO 技术的成熟提供基础。与反渗透相比，FO 能耗低，截留率高，但内外浓差极化较为严重。同时，正渗透技术在新能源方面已经达到中试阶段，很可能在不久的将来，PRO 成为一个具有强有竞争力的绿色能源技术。

总之，正渗透的研究尚处于起步阶段，但是正渗透的低能耗、耐污染以及环境友好的特性使其发展受到愈来愈多地关注，已被誉为新一代、低能耗海水淡化技术。同时，由于正渗透过程对进料液的要求相对较低，还具有渗透能，因此其应用范围不仅仅局限于海水淡化、污水处理，在生物制品浓缩、医药行业以及能源领域均有广泛的应用前景。因此，正渗透技术虽处于起步阶段，但是具有巨大的发展空间，需要进一步的研究推进其不断革新和拓展。期待正渗透技术能够在未来解决困扰人类的水资源和能源问题。

8.3 膜蒸馏

8.3.1 膜蒸馏简介

膜蒸馏（membrane distillation，MD）是膜技术与蒸馏过程相结合的膜分离过程，它以疏水微孔膜为介质，在膜两侧蒸汽压差的作用下，料液中挥发性组分以蒸汽形式透过膜孔，从而实现分离的目的。膜蒸馏有机地结合了蒸馏的特点和膜过程的特点，在膜蒸馏过程中既有常规蒸馏中的蒸发、传质、冷凝过程，又有分离物质扩散透过膜的膜分离过程，因此被称为膜蒸馏。与其他常用分离过程相比，膜蒸馏具有分离效率高、操作条件温和、膜与原料液间相互作用弱及对膜的力学性能要求低等优点。

膜蒸馏是在 20 世纪 80 年代初期逐渐发展起来的脱盐技术，是膜技术与传统蒸发技术相结合的新型脱盐技术。同常规蒸馏一样，膜蒸馏也是以汽-液平衡为基础，依靠蒸发潜热实现相变的。通常膜蒸馏所用膜是不能被待处理溶液润湿的疏水性微孔膜，传质过程的驱动力是膜两侧的温差所引起的传递组分的蒸汽分压差。在传质过程中，膜本身并不直接参与分离，仅作为两相间的屏障，分离过程的选择性由汽-液平衡决定。

膜蒸馏过程是动量、热量和质量相互耦合同时传递的过程。在一定的条件下，当具有一定温度的热料液被输送至疏水膜的表面时，热料液与膜的一侧直接接触，该侧通常被称为"料液侧"或者"热侧"；而膜的另一侧直接或间接地与冷媒接触，该侧通常被称为"渗透侧"或者"冷侧"。由于膜的疏水性，热侧的料液不能透过膜孔，但料液中的易挥发组分可以在膜表面的汽-液界面蒸发，并在膜两侧易挥发组分蒸汽分压差的驱动下透过膜孔，传递至冷侧，而非挥发组分则被疏水膜阻挡在热侧，从而实现了混合物的分离或提纯，膜蒸馏过程的原理如图 8-32 所示。

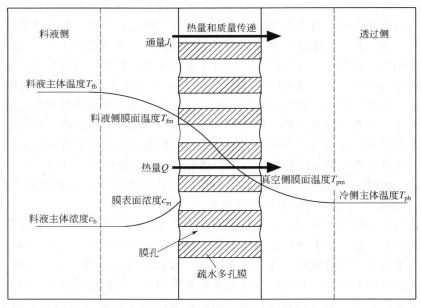

图 8-32　膜蒸馏过程的原理

根据挥发性组分在膜渗透侧冷凝方式的不同，膜蒸馏一般可分为以下 4 种不同的结构和操作方式（如图 8-33 所示），即：直接接触式膜蒸馏（direct contact membrane distillation，DCMD）、气隙式膜蒸馏（air gap membrane distillation，AGMD）、气扫式膜蒸馏（sweeping gas membrane distillation，SGMD）和真空式膜蒸馏（vacuum membrane distillation，VMD）。

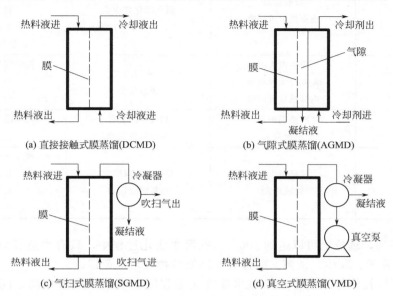

图 8-33 4 种不同的膜蒸馏结构和操作方式

在直接接触式膜蒸馏过程中，料液侧的高温原料液与渗透侧的低温冷凝/冷却液都与膜直接接触，在膜两侧温差引起的蒸汽分压差的驱动下，蒸汽从料液侧透过膜进入渗透侧的冷凝液中冷凝。直接接触式膜蒸馏过程简单，操作也比较简单，所需的附属设备最少，因而多应用于透过组分为水的料液的脱盐过程，例如：海水或者苦咸水淡化、含盐水溶液（或者果汁）浓缩等。

气隙式膜蒸馏与直接接触式膜蒸馏过程的不同之处在于渗透侧增设的空气间隙，以此来增大过程热传导阻力。空气间隙使膜与冷却液分开，蒸汽需要通过气隙到达冷凝板表面才能冷凝下来。空气间隙的存在同时增大了过程的传质阻力，气隙式膜蒸馏的渗透通量相对较小。这种操作方式在去除水溶液中微量易挥发性组分和提升过程能量利用率方面占有优势。

在气扫式膜蒸馏过程中，渗透侧为非凝聚的吹扫气体。这种形式在一定程度上克服了气隙式膜蒸馏过程中静止空气隙产生较大传质阻力的缺点，同时也保留了较高的热传导阻力的优点。气扫式膜蒸馏适用于除去水溶液中的微量易挥发性组分等。

在真空式膜蒸馏过程中，通过减压的方式来维持渗透侧蒸汽的分压低于料液侧的饱和蒸汽分压，透过膜的蒸汽被抽出组件外进行冷凝。这种操作方式容易获得较大的膜两侧蒸汽分压差，气体传质阻力小，渗透通量较大。因而能够广泛地应用于脱盐、废水回收和稀溶液中的易挥发性组分的脱除等方面。

4 种膜蒸馏的主要的优缺点和应用领域如表 8-2 所示。

与常规蒸馏相比，膜蒸馏具有一系列的优点，如截留率和蒸馏效率高、填装系数大、设备简单及应用广泛等，最主要的是由于膜蒸馏无需在溶液沸点温度以上进行，而只需保持膜面两侧一定的压差，因此完全可能充分利用廉价的工业废热或余热。膜蒸馏初期研究是以海水淡化为目的，在脱盐方面具有下列特点：

表 8-2 4 种膜蒸馏主要的优缺点和应用领域

膜蒸馏种类	优点	缺点	应用领域
DCMD	膜通量高 内部热量可回收	导热损失大 温度极化效应高 产品水污染风险大	海水淡化和水处理 核工业 食品工业 纺织工业 化学和制药工业
AGMD	导热损失小 温度极化效应低 内部热量可回收	传质阻力大 膜通量小	海水淡化和水处理 食品工业 化学工业
SGMD	导热损失小 膜通量大	扫气控制复杂 热量回收困难	海水淡化和水处理 化学工业
VMD	导热损失小 膜通量大	膜孔湿润风险大 热量回收困难	海水淡化和水处理 食品工业 纺织工业 化学工业

① 截留率高，理论上可以达到 100％。在海水淡化过程中，只有水蒸气可以透过膜孔，各种离子、大分子、胶体、细菌、病毒等非挥发性物质均被截留。

② 膜抗污染性能好。由于膜的疏水性能一定程度上减弱了盐水和膜之间的相互作用，与常规压力驱动的膜过程（例如：微滤、超滤、纳滤和反渗透等）相比膜蒸馏具有较好的抗污染性能。

③ 操作条件温和。膜蒸馏过程通常是在低温（低于沸点）和常压下运行，对设备与材料的耐温、耐压和机械性能要求低，膜蒸馏设备具备低成本的特点。

④ 抗腐蚀性强。由于膜和膜组件由高分子材料制成，避免了常规金属蒸发设备的腐蚀问题。

⑤ 适用体系广泛。膜蒸馏不但可以用来淡化苦咸水和海水，也可以有效地处理海水淡化浓海水。甚至可以将浓海水浓缩至接近饱和或饱和状态，出现膜结晶现象。膜蒸馏是目前唯一能从溶液中直接分离出结晶产物的膜过程。

⑥ 可以有效地利用低品位热源。由于膜蒸馏过程是在较低温度下进行的，许多低温热源可被利用，比如：太阳能、地热、工业废热余热等廉价能源。

8.3.2 传热传质机理

膜蒸馏过程通过疏水性多孔膜的传热和传质是同时进行的。传质通过膜孔发生，而热量传递通过膜基体和膜孔产生。热传导既包括伴随通过膜孔的蒸汽或气体通量而传递的潜热，还包括通过膜材料和充有气体的膜孔传递的显热。由于膜的疏水性，只有水蒸气或挥发性组分才能通过膜孔，从料液侧进入渗透侧。传热传质过程中，在料液侧和渗透侧膜表面附近均存在流体边界层，从而引起所谓的"温度极化"和"浓差极化"现象。

8.3.2.1 热量传递

膜蒸馏传热过程基本可以分为以下 4 个步骤：①热量从料液主体传递到热侧膜表面；②热量通过膜和膜孔内气体的热传导损失；③热量以潜热形式伴随质量传递从热侧膜表面传递到冷侧膜表面；④热量从冷侧膜表面传递到冷侧主体。如图 8-34 所示。

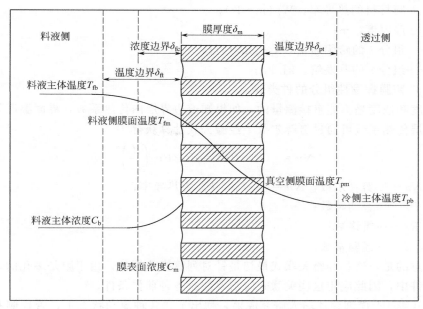

图 8-34　膜蒸馏过程中热量传递

（1）温度极化　由于温度边界层的存在，料液侧膜表面处的温度低于料液主体的温度，渗透液侧膜表面的温度高于渗透液主体的温度，这种现象称为"温度极化"。温度极化的存在使得在膜两侧流体主体温差没有全部用于料液汽化，是影响膜蒸馏过程热效率的重要因素，故定义了温度极化系数 TPC（temperature polarization coefficient）用以衡量膜蒸馏过程驱动力的利用程度：

$$TPC = \frac{T_{fm} - T_{pm}}{T_f - T_p} \tag{8-6}$$

式中　T_{fm}——料液侧膜面温度，℃；

　　　T_{pm}——真空侧膜面温度，℃；

　　　T_f——料液主体温度，℃；

　　　T_p——渗透液主体温度，℃。

温度极化系数的理想值等于 1，但通常会低于 1。当 TPC＜0.2 时，说明 MD 过程热效率低，过程受边界层内的传热控制，膜组件设计不合理；当 TPC＞0.6 时，说明 MD 过程热效率高，过程受跨膜传质控制，TPC 很大程度上依赖于膜特性。因此设计优良的 MD 系统要求其中的流体力学状况达到最佳，边界层的传热情况达到最佳。膜材料还要有优异的 MD 特性，即 TPC 应接近于 1。但温度极化系数通常在 0.4～0.7 之间，即实际温差的 30%～60%会消耗在热边界层。温度极化是造成膜蒸馏通量下降的一个重要原因。研究表明，温度极化最高可以使驱动力下降 80%左右[110]。当在较好的混合条件下操作时，温度极化现象会大大降低，这可通过优化组件流道设计、改善膜在组件内的分布、安装湍流网等方式实现。

（2）传热模型　膜蒸馏过程中热量传递主要由两部分组成：一部分是在跨膜传质过程中挥发组分在热侧汽化，透过膜并在冷侧冷凝过程中传递的潜热；另一部分是通过膜基质和膜孔的导热损失。因此通过膜的热量传递总和可以表示成以下形式[111]：

$$Q_m = \frac{k_m}{\delta}(T_{fm} - T_{pm}) + \sum_{i=1}^{s} J_i \Delta H_{v,i} \tag{8-7}$$

式中　k_m——膜材料的热导率，$W/(m \cdot K)$；

δ——膜厚度，m；

J_i——组分 i 的跨膜通量，$kg/(m^2 \cdot s)$；

$\Delta H_{v,i}$——组分 i 的蒸发焓，kJ/kg；

s——跨膜挥发性组分的种类数。

界面温度和浓度是不能直接测量的，如果知道边界层内传热系数，界面温度就可以估算出来。边界层传热系数可通过努赛尔数半经验公式计算获得[112]。

$$Nu = f(Re, Pr) = a Re^b Pr^c \left(\frac{d}{L}\right)^d \tag{8-8}$$

式中　　Nu——努赛尔数，$Nu = hd/k_m$，k_m 为热导率；

Pr——普朗特数；

Re——雷诺数；

a，b，c，d——经验常数。

需要注意的是，这些经验关联式最初是针对列管换热器的，由于膜是多孔的，且不规则地分布在组件中，因此应用这些关联式时需要注意各种前提条件。

Mengual 等[113]详细综述前人研究成果，列出了在各种流动状态下，管程侧和壳程侧边界层的传热关联式。文献［114］专门针对气隙式膜组件给出了热边界层内传热系数的经验关联式：

$$h_f(h_p) = 0.098 Re^{0.59} Pr^{0.33} \frac{\lambda}{d_e} \tag{8-9}$$

挥发性组分为单组分水时，料液侧膜表面温度 T_{fm} 和真空侧膜表面温度 T_{pm}，可由下式获得：

$$T_{fm} = \frac{\frac{k_m}{\delta}\left(T_p + \frac{h_f}{h_p}T_f\right) + h_f T_f - J_w \Delta H_{v,w}}{\frac{k_m}{\delta} + h_f\left(1 + \frac{k_m}{\delta_p}\right)} \tag{8-10}$$

$$T_{pm} = \frac{\frac{k_m}{\delta}\left(T_f + \frac{h_p}{h_f}T_p\right) + h_p T_p - J_w \Delta H_{v,w}}{\frac{k_m}{\delta} + h_p\left(1 + \frac{k_m}{\delta h_f}\right)} \tag{8-11}$$

根据传热对传质的贡献，膜蒸馏系统热效率 η（%）表达式如下：

$$\eta = \frac{Q_v}{Q_v + Q_c} \times 100 = \frac{\sum\limits_i J_i \Delta H_{v,i}}{k_m(T_{fm} - T_{pm}) + \sum\limits_i J_i \Delta H_{v,i}} \times 100 \tag{8-12}$$

渗透液带出的汽化潜热占总传热量的 50%～80%，而剩余热量是由热传导引起的热损失。在低于料液沸点的条件下，MD 的操作温度越高，膜基质热传导引起的热损失影响越小。提高操作温度是使穿过膜的热损失最小化的一种方法。研究表明，SGMD 导热损失占总传热量的 9.5%～28.6%，而 DCMD 热损失则高达 58.9%～82.3%。

8.3.2.2　质量传递

（1）浓差极化　在膜蒸馏过程中，当料液流过膜表面时，非挥发性物质被截留，而挥发性物质（通常为水）以蒸汽的形式透过膜，导致非挥发性物质在膜表面处的浓度高于其在料液主体中的浓度，这种现象被称为"浓差极化"。

假定溶质完全被膜截留，通过对料液侧的边界层内的溶质（非挥发性组分）进行物料衡算，可导出浓差极化系数 CPC（concentration polarization coefficient）的表达式：

$$\text{CPC} = \frac{c_{m,f}}{c_{b,f}} = \exp(J_w/k_s) \tag{8-13}$$

式中 $c_{m,f}$——料液侧膜界面处溶质浓度，g/L；

$c_{b,f}$——主体料液溶质浓度，g/L；

k_s——溶质穿过边界层的传质系数，$k_s = D/\delta$（D 为分子扩散系数，m^2/s；δ 为浓度边界层厚度，m）。

传质系数 k_s 可通过舍伍德数（Sh）经验关系式进行计算。舍伍德数经验关系式通常表示为下列形式：

$$Sh = f(Re, Sc) = \alpha Re^\beta Sc^\gamma \left(\frac{d}{L}\right)^\varepsilon \tag{8-14}$$

式中 Sh——舍伍德数，$Sh = k_s d/D$（d 为水力直径，m）；

Re——雷诺数，$Re = \rho v d/\mu$，ρ 为流体密度，kg/m^3；v 为流体速度，m/s；μ 为流体黏度，$kg/(m \cdot s)$；

Sc——施密特数，$Sc = \mu/(\rho D)$；

L——料液通道长度，m。

舍伍德数经验关联式根据实验条件有多种形式，具体请参阅文献 [115]，这里不再详述。

理论上，浓差极化会削弱浓度边界层内的传质推动力，从而使 MD 过程的跨膜通量减小，如果挥发性组分的蒸气压随溶质浓度的升高下降不明显，浓差极化对跨膜通量的影响可以忽略。在热推动膜蒸馏过程中，浓差极化对过程性能的影响一般来说比较有限[116]。浓差极化对膜蒸馏过程影响的另一方面是对多孔性疏水膜疏水性的破坏，当膜表面处溶质浓度高至一定程度将会导致膜被润湿。

（2）跨膜传质 一个疏水介质内，假定表面扩散可以忽略，传质过程受到黏性阻力（由传递到膜上的动量降低引起）、努森扩散阻力（由分子与膜壁的碰撞形成）或一般扩散（由扩散分子之间的碰撞引起）的影响。通过多孔介质的气体和蒸汽传输研究已比较广泛，基于气体动力学的理论模型可用来预测在不同形式膜蒸馏过程中的膜性能。现有的传质机理模型主要是努森流模型、黏性或泊肃叶流模型、普通的分子扩散模型和尘气模型。在给定实验条件下的膜孔内的传质机理可由克努森数 Kn（Knudsen number）揭示[111]，它是分子传递的平均自由程（λ）与膜孔尺寸（L）的比值（$Kn = \lambda/L$）。克努森数可以估计出传质过程是以某种机理为主，还是几种机理共存，或者介于这几种不同机理之间。

单组分分子的平均自由程（λ_i）可通过下式计算：

$$\lambda_i = \frac{k_B T}{\sqrt{2}\pi \bar{p} \sigma_i^2} \tag{8-15}$$

式中 k_B——玻耳兹曼常数，$1.380 \times 10^{-23} J/K$；

T——绝对温度，K；

$\bar{p}$——膜孔内的平均压力，Pa；

σ_i——分子碰撞直径（水蒸气，2.641Å）。

挥发性组分气体为二元组分（i 和 j）时，分子平均自由程可由下式计算：

$$\lambda_i = \frac{k_B T}{\pi \bar{p} [(\sigma_i + \sigma_j)/2]^2 \sqrt{1 + M_j/M_i}} \qquad (8\text{-}16)$$

式中，M_i、M_j 分别是组分 i 和 j 的摩尔质量，g/mol。

当膜孔尺寸远小于气体分子平均自由程时，扩散分子与膜壁的碰撞多于扩散分子之间的碰撞，膜孔内传质以努森扩散为主导；反之，扩散分子之间的碰撞多于气体分子与膜壁的碰撞，黏性流占主导；当膜孔径与气体分子平均自由程相当时，膜孔内传质是努森扩散与黏性流共同主导。实际上由于膜存在孔径分布，膜蒸馏过程中的传质机理要更加复杂。

在 DCMD 中，在大气压力下 50℃时，水蒸气平均自由程大约为 $0.14\mu m$，大约等于膜孔尺寸。在 VMD 中，分子平均自由程会比较大，因为渗透侧压力比较低。因此，即使采用同一种膜材料，在不同的膜蒸馏形式中质量传递的物理特性也不相同。况且，膜孔尺寸不是统一的，不同的传质机理会同时存在。在 AGMD 中，单组分蒸气跨膜传输可采用分子扩散理论描述，该模型考虑到了膜孔和气隙内停滞的气膜。AGMD 多组分传质可用斯特凡扩散（Stefan diffusion）、二元类型关系式［如分子扩散菲克方程（Fick's equation）以及斯特凡-麦克斯韦方程（Stefane Maxwell equation）］来描述，但这些理论模型未考虑孔径尺寸。尘气模型（DGM）考虑了所有的膜参数，可用于描述同时存在的 Knudsen 扩散、分子扩散和黏性流动模型，可更好地预测 AGMD 多组分传质特性[117]。

在膜蒸馏的理论研究中，一般把膜材料假设为具有非相互连接的统一圆柱孔的膜，很少考虑膜的孔径分布，特别是在 DCMD、VMD 和 SGMD 研究中[118]。但蒙特卡罗模拟（Monte Carlo simulation）在 DCMD 和 VMD 理论分析中考虑了具有孔径分布的相互连接圆柱孔的三维网络膜结构，其渗透通量的预测值和实验值吻合较好[119]。在 DCMD 中，膜孔内存在空气，会阻碍传质，从而导致通量下降，因此开发了脱气 DCMD。需要指出的是，对于膜孔尺寸较小的膜，努森流动占据主导地位，脱气仅能使 DCMD 通量略微增加；而对于膜孔尺寸较大的膜，脱气会使 DCMD 通量大幅增加。

对于在膜孔内进行的跨膜传质过程，由于其复杂性和影响因素的多样性，在某些情况下人们更愿意采用简单的经验关联式来描述跨膜通量（不考虑传递机理）。膜蒸馏过程中，挥发性组分通过膜的传递可用通量（J_i）正比于驱动力的唯象方程描述：

$$J_i = B \Delta p_i \qquad (8\text{-}17)$$

式中　B——膜蒸馏系数或传质系数，mol/（$m^2 \cdot s \cdot atm$），它是膜性能（孔径、厚度、孔隙率、曲折度和表面能等）、跨膜传质蒸气性质（摩尔质量和扩散系数）以及操作温度的函数；

　　　Δp_i——膜两侧表面之间的蒸气压梯度，kPa，主要取决于温差。

其他的较重要的参数为流体力学条件和膜组件结构。这些参数影响膜表面的温度极化、浓差极化，进而影响驱动力。

8.3.3　膜材料

8.3.3.1　概述

膜蒸馏是建立在利用多孔疏水膜进行蒸馏这一概念基础之上的，对于膜的基本要求是必须具有多孔性和疏水性。MD 膜可以是单层疏水膜（即传统的和最常用的膜）、双层复合的疏水-亲水多孔膜、三层复合的亲水-疏水-亲水或疏水-亲水-疏水的多孔膜。常用膜的孔径尺寸一般在 $0.01 \sim 1.0\mu m$ 之间，空隙率越高越好，膜通量一般随孔径和孔隙率的增大而增大；

此外，膜还应具有良好的热稳定性和化学稳定性，并且机械强度大，热导率低。因此，MD膜选择应在低热导率和高渗透通量之间进行平衡，降低导热损失就应选择较厚的膜，而提高渗透通量就应选择孔径尺寸大、孔隙曲折度低、孔隙率高、厚度更薄的膜。

在MD过程中，膜本身仅作为一个物理屏障，维持在膜孔入口形成的汽-液界面，并不直接参与分离，分离过程的选择性由汽/液平衡决定，并且不受膜传输现象控制，所以不可能通过对膜进行优化来改善其选择性。然而通量可以改善，这方面最关键的参数是孔结构和孔隙率。

疏水性是MD膜的一个关键要求，因此MD膜一般用表面能较低的材料制成，如聚碳酸酯、聚酯、聚乙烯、聚丙烯和卤化聚乙烯和碳氟化合物等。此外，亲水性膜或疏水性较差的膜经过适当的憎水性处理后也可用于膜蒸馏过程，如硝酸纤维素、醋酸纤维素和三醋酸纤维素等略有亲水性的多孔滤膜被涂上有机硅防水材料也可变成不可浸润的多孔膜，用于膜蒸馏。总之，理想膜材料制造的MD微孔膜应具有较高的孔隙率（即70%～80%）和均匀的孔径分布，并且不宜被所用的液体浸润或不可浸润。

MD是20世纪60年代后期出现的，但作为海水淡化工艺并没有获得像反渗透技术那样的商业地位，一定程度上是因为缺少完全符合MD过程特性要求的膜，特别是在合理的价格之内。理想MD膜应具备的特性包括：对液体和非挥发性组分可以忽略不计的渗透性（即疏水性高、表面能低、最大孔径尺寸小、孔径分布范围小），高孔隙率（即通量高和热导率低），对通过膜基质的导热热阻大（通过膜基质的导热在MD中属于热损失，因为没有相应的传质产生），适宜的厚度（即渗透通量与膜厚成反比、机械强度与膜厚成正比），膜孔内吸湿性低（即在膜孔没有冷凝发生），并且寿命长。

膜的孔径、孔隙率、曲率、厚度等结构参数是影响跨膜传质系数的重要因素。跨膜通量与膜结构参数之间的关系通常可以表示为[112]：

$$J \propto \frac{r^{\alpha}\varepsilon}{\tau\delta_{m}} \tag{8-18}$$

式中　r——膜孔平均孔径（努森扩散，$\alpha=1$；黏性流动，$\alpha=2$），m；

　　　ε——膜孔隙率；

　　　τ——膜曲折因子；

　　　δ_{m}——膜厚度，m。

MD技术的发展主要是在20世纪80年代早期新的更适合的膜出现之后，例如疏水性更好的聚四氟乙烯（PTFE）膜。PTFE是制备MD膜的理想材料，因为在众多聚合物之中，它具有优异的疏水性、耐化学性和热稳定性。它的根本缺点在于其难加工性。目前商用的PTFE膜通常是通过复杂的挤压、轧制、拉伸或烧结流程制备。聚丙烯（PP）膜的制备可用熔融挤出-拉伸技术或热致相分离法，但采用热致相分离法时，PP溶解所使用的溶剂不常见，还需要在高温下进行。聚偏氟乙烯（PVDF）在常温下即可在多种溶剂中溶解，因此PVDF多孔膜可以通过相分离方法（如相转化）较为容易地生产，只需简单地将铸膜液浸在凝固浴（非溶剂，一般为水）中即可，膜的孔隙率可通过浇注溶液中的添加剂来控制（如成孔剂）或通过不同的非溶剂介质替代凝固浴中的水来控制。聚偏氟乙烯-六氟丙烯（PVDF-HFP）和聚偏氟乙烯-四氟乙烯（PVDF-TFE）之类的共聚物可利用相转化技术制备膜蒸馏平板膜或中空纤维膜。此外，采用不同的表面修饰技术如接枝、涂覆或混成氟化表面改性大分子等对亲水性聚合物进行改性，改性后亲水聚合物也可用于MD系统。近来，有研究尝试采用静电纺丝方法制备纳米纤维膜，并应用于MD海水淡化。总之，在聚合物膜的制备和改性方面的相关研究取得了显著的成果，MD 膜通量的提高也大大增加了 MD 工艺的可靠性。

商业化的 PP、PVDF、PTFE 微孔疏水膜有管状膜、毛细管膜（中空纤维膜）或平板膜三种类型，在 MD 实验中均有应用。这些膜最初是为微滤（MF）应用开发的，但这些合成膜的形态结构基本能满足 MD 膜的应用要求。表 8-3 和表 8-4 总结了 MD 常用的商业膜及其主要特征参数[145]。对于给定的 MD 的操作条件和待处理溶液，MD 膜的选择需要在高通量、高截留率和低热导率之间寻找平衡。国内外一些供应商生产的中空纤维膜微观结构（扫描电镜图）如图 8-35～图 8-37 所示。

表 8-3　MD 常用的商业平板膜

膜商标	制造商	材料	膜厚/μm	膜孔/μm	孔隙率/%	LEP$_w$/kPa
TF200	Gelman	PTFE/PP[①]	178	0.20	80	282
TF450				0.45		138
TF1000				1.00		48
Taflen		PTFE	60	0.8	50	—
GVHP	Millipore	PVDF	110	0.22	75	204
HVHP			140	0.45		105
FGLP		PTFE/PE[①]	130	0.2	70	280
FHLP			175	0.5	85	124
FALP			150	1.0	85	48.3
Gore		PTFE	64	0.2	90	368
			77	0.45	89	288
		PTFE/PP[①]	184	0.2	44	463
Enka		PP	100	0.1	75	
			140	0.2		
Celgard2500	Hoechst Celanese Co.		28	0.05	45	—
Celgard2400			25	0.02	38	
Metricel	Gelman		90	0.1	55	
Vladipore	—		120	0.25	70	—
3MA	3M Corporation	PP	91	0.29	66	—
3MB			81	0.40	76	
3MC			76	0.51	79	
3MD			86	0.58	80	
3ME			79	0.73	85	
Teknokrama		PTFE	—	0.2	80	—
				0.5		
				1.0		
G-4.0-6-7[②]	GoreTex Sep GmbH	PTFE	100	0.20	80	463

① 平板膜为 PTFE，膜支撑为 PP 或 PE。
② 卷式膜组件，过滤面积 4m²。

表 8-4   MD 常用的商业毛细管膜

膜商标	制造商	膜材料	膜厚/μm	膜孔/μm	孔隙率/%	LEP$_w$/kPa
Accurel® S6/2 MD020CP2N①	AkzoNobel Microdyn	PP	450	0.2	70	140
MD020TP2N	Enka Microdyn		1550	0.2	75	
Accurel® BFMF 06-30-33②	Enka A. G. Euro-Sep		200	0.2	70	
Celgard X-20	Hoechst Celanese Co.		25	0.03	35	—
Sartocon®-Mini SM 3031 750701W③	Sartorius	Polyolefine	—	0.22		
POREFLON	Sumitomo Electic	PTFE④	550	0.8	62	
TA001	Gore-tex	PTFE⑤	400	2（最大孔径）	50	

① 管壳式毛细管膜组件：过滤面积，0.1m²；毛细管内径，1.8mm；毛细管长度，470mm。
② 管壳式毛细管膜组件：过滤面积，0.3m²；毛细管内径，0.33mm；毛细管长度，200mm。
③ 板框式膜组件：尺寸，138/117/7mm；过滤面积，0.1m²。
④ PTFE 中空纤维：内外径，0.9/2mm。
⑤ PTFE 中空纤维：内径，1mm。

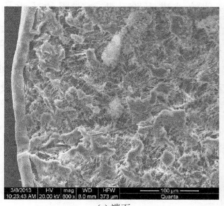
(a) 端面

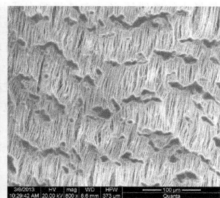
(b) 内表面

图 8-35   国外 PTFE 中空纤维膜扫描电镜

(a) 外表面

(b) 内表面

图 8-36   国内 PTFE 中空纤维膜扫描电镜

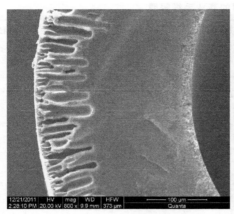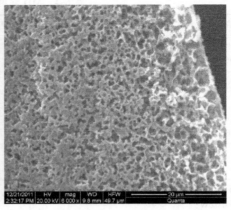

图 8-37　国内 PVDF 中空纤维膜扫描电镜（端面）

8.3.3.2　膜材料选择

根据 MD 过程特性，MD 膜选择至少要满足以下需求：

① 膜可以是单层或多层构成，但至少有一层是疏水性材料，并且具有多孔特性；

② 孔径尺寸范围从几纳米到几微米。孔径尺寸分布要尽可能地窄，料液不可进入膜孔。膜孔透水压力（LEP）越高越好。

LEP 是最小的跨膜压力，它是蒸馏水或其他溶液进入膜孔需要克服的疏水力。一旦膜孔润湿发生，将会导致通量下降，盐截留率恶化。LEP 是 MD 膜的重要特征。低表面能或高疏水性（水或溶液的接触角较大）材料具有较高的透水压力，并且最大膜孔尺寸越小，透水压力就越高。但另一方面，较小的最大孔径意味着较小的平均孔径，因此膜渗透率较低。所以，在高透水压力和高生产效率之间需要进行平衡，即要选择合适的孔径大小及分布。膜最大允许孔径与操作条件之间的关系可通过拉普拉斯方程获得，如下所示[112]：

$$P_{\text{liquid}} - P_{\text{vapor}} = \Delta P_{\text{nterface}} < \Delta P_{\text{entry}}(LEP) \tag{8-19}$$

$$LEP = \frac{-2\Theta\gamma_{\text{L}}\cos\theta}{r_{\max}} \tag{8-20}$$

式中　γ_{L}——液体表面张力，N/m；

　　　θ——液固接触角；

　　$r_{\max}$——最大孔径，m；

　　　Θ——膜孔几何因子。

但上式并未考虑操作温度和料液浓度，两者对表面张力和接触角都有影响。

③ 曲折因子（即孔隙结构直圆柱孔法线与膜表面法线的偏差的测量值）应比较小。MD 膜透率与曲折因子成反比。在 MD 研究中，为了预测跨膜通量，膜的曲折因子经常被假设为 2。

④ 单层膜或多层膜中的疏水层的孔隙率（MD 蒸汽通量通过的空隙体积分数）应尽可能的高。MD 膜渗透率与孔隙率成正比，孔隙率高的膜可以为蒸发提供较大的空间。因此，不论哪类 MD 方法，膜的孔隙率越高则其渗透通量越大。

⑤ 单层膜的厚度应该有一个最佳值，因为膜厚度与通过膜的传热传质速率成反比。对多层膜而言，疏水层的厚度应尽可能薄。传质速率高对 MD 过程是有益的，而传热速率高却会造成更大的热损失。因此，需要适当地调整膜的厚度，以平衡传质和传热。

多层膜的一个优点是，疏水层尽可能薄以获得较高的传质速率，同时膜的总厚度（疏水层＋亲水层）尽可能地厚以降低传热速率，如图 8-38 所示。

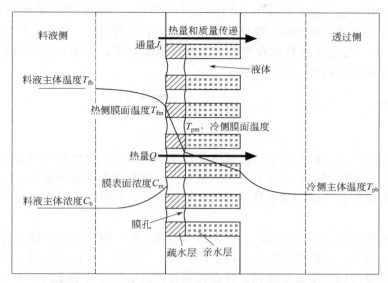

图 8-38　DCMD 疏水-亲水复合膜传热传质机理示意图

⑥ 膜材料的热导率应尽可能地低。大部分疏水性聚合物的热导率差别不大，均在同一数量级内。商业膜的热导率一般为 0.04～0.06W/(m·K)。采用高孔隙率的膜可能会使导热率降低，因为陷入膜孔的气体的导热系数要比大多数所使用的膜材料小一个数量级。另外，采用由疏水层和亲水层合成的双层或多层复合膜，降低热导率也是可行的，但疏水层必须尽可能薄。使用亲水层的目的是为了增大导热热阻，并且使膜有足够的强度，以防止其变形和破裂，但亲水层不能显著地增加传质阻力。

⑦ 虽然 MD 污垢作用不像压力驱动的膜分离过程那么强烈，但 MD 接触进料液的膜表面亦应该由高抗污染的材料制备。当疏水层与料液接触时，膜表面改性可以提高抗污能力，可以在膜表面涂覆抗污染材料薄层。当然，这还取决于进料溶液的前处理。

⑧ 整体 MD 膜应具有良好的热稳定性。在温度高达 100℃时，MD 膜仍需要有长期的稳定性。

⑨ 膜材料应该对各种料液都具有优异的耐化学性。即使被清洗后，膜依然要保持良好的耐酸碱性。一般而言，膜在 MD 过程中仅作为气液界面的支撑，并不改变与它接触的水溶液的气液平衡。

⑩ 商业用途的膜应具有稳定的 MD 性能（渗透性和选择性）和较长的寿命。

⑪ 商业 MD 膜还要价格适宜。

可以看出，MD 膜必须同时满足若干条件。上述所列举的 11 个特性或要求很大程度上决定了 MD 膜的形貌和微观结构及是否有较高的膜通量、截留率和热效率（即热传导低）。总之，MD 膜的主要要求是膜必须具有较低的传质阻力，不能被接触的水溶液润湿，在 MD 操作中膜孔内只允许蒸汽和不凝气体出现。通常水是料液的主要成分，膜必须是疏水的，因此它必须由低表面能的高分子材料或无机材料制备。在一定范围内，MD 膜的渗透通量随着孔隙率和孔径的增大而增大，这意味着膜孔尺寸应允许足够高的透水压力，膜厚度和膜孔曲折度要小。

一般根据与涉及液体的相容性好、成本低、制造和装配容易、操作温度高和热导率低等标准来选择适宜的膜材料。根据所用材料的特性，不同的膜制备技术可用于满足上述要求，如烧结、拉伸、相转化、热致相分离（TIPS）、干/湿法或湿法纺丝、电纺丝或通过物理或化学技术的膜表面改性（如涂层、接枝和等离子体聚合）等技术。例如，PVDF 膜通过相转化法制备，PP 膜一般用拉伸和热致相分离方法制备，PTFE 膜通过烧结或拉伸工艺制备。上述技术中，相转化是最受欢迎的一种方法。

8.3.4 膜组件

8.3.4.1 概述

膜组件是膜蒸馏过程的载体，因此膜组件性能对膜蒸馏过程特性有决定性影响。MD 膜是膜组件性能的决定性因素，膜材料及膜的结构参数等直接影响膜蒸馏过程的通量以及稳定性。此外，组件结构也是影响膜组件性能的关键因素，组件结构的优劣直接影响膜分离过程的经济性能。

目前商用的膜组件主要有板框式、管壳式和卷式三种。板框式膜组件制造简单，通用性强，膜的拆卸、检查、清洗或更换都比较方便，同一个膜组件可以用来测试不同的膜，但填装密度不高，主要应用于实验室研究。管壳式和卷式膜组件装填密度高，单位体积设备能提供更大的膜面积，但膜是组件不可分割的一部分，其安装是永久性的，不易更换。板式膜一般用于板框式和缠绕式膜组件，毛细管膜和中空纤维膜一般用于管壳式膜组件。毛细管膜也有用于板式膜组件的。在高黏度流体的膜蒸馏中使用过管状膜制备的膜组件，然而在工业规模的应用中，人们更倾向于使用装填密度高的中空纤维膜组件。如，海水淡化要求有较高的产水量，因此实际应用中大多采用螺旋卷绕式和中空纤维式组件。各种膜组件特点比较见表 8-5[120]。

表 8-5 不同类型膜组件比较

项目	管式	板框式	螺旋卷式	毛细管式	中空纤维式
填装密度	低	----------------------------→			极高
成本	高	----------------------------→			低
污染情况	轻	----------------------------→			严重
清洗	易	----------------------------→			不易
膜更换	是/否	是	否	否	否

膜组件长度是组件达到指定效果所必需的一个重要参数，在组件设计中需要予以重点考虑。用于传统多级分离装置长度计算的公式在膜蒸馏组件设计中也是适用的，即：

$$L = HTU \times NTU \tag{8-21}$$

式中　HTU——传质单元高度，m；

　　　NTU——传质单元数。

膜组件水平放置时，用传质单元长度 LTU 来代替 HTU。LTU 用下式计算[12]：

$$LTU = v/Ka \tag{8-22}$$

式中　v——流体速度，m/s；

　　　K——整个组件的平均总传质系数，m/s；

　　　a——单位体积内的传质界面面积，m^2/m^3。

上式表明，由于膜组件提供了巨大的传质面积，故其传质单元长度 LTU 比传统的传质设备小得多。

膜组件是 MD 的核心部分，决定着 MD 过程特性。不同膜蒸馏形式的膜组件选择通常由经济因素和操作条件决定。膜组件选择的重要标准包括：较高的膜组件性能（即高通量和高截留率），较高的膜面积与组件体积比（即较高的膜装填密度），较低的膜组件轴向温度降和压力降，较高的料液和渗透液传热系数，较高的膜孔液体入口压力（LEP），优异的密封性、热稳定性和耐化学性，较低的通过膜材料的热传导。总之，针对具体应用的最佳膜组件设计应能够有效控制温度极化和浓度极化效应，同时具有较强的抗膜污染性能。设计膜组件应该使其具有经济性、方便清洗、适合长期操作、产水能力强、膜可更换等特点。

自从 20 世纪 60 年代 MD 系统出现以来，MD 膜组件的设计也同时随着膜材料的发展不断进步，特别是 80 年代早期随着高性能膜材料的出现，多种形式的膜组件快速发展起来。但几乎所有设计开发的膜组件都是用于实验室学术研究，而非工业应用。无工业化的 MD 膜组件严重限制了 MD 工艺的工业化。

8.3.4.2 板式膜组件

板框式膜组件是将平板膜、支撑与隔板装配形成不同规格的膜盒，再将多个膜盒叠在一起并用两个端板固定，组装在合适的外壳中。板式膜组件平板膜可以很容易地更换、改变、检查或清洗。采用平板膜的不足之处是需要支撑来固定平板膜，特别是当膜与流体接触面积比较大时。合适的支撑应有足够的强度以防止膜的破裂和变形，同时传热传质阻力应比较小。根据膜片数量的多少，板框式膜组件的膜填料密度在 $100\sim400\mathrm{m}^2/\mathrm{m}^3$ 之间比较适宜。

Rodgers[121] 申请了多效直接接触式膜蒸馏专利，设计开发了板框式膜组件，板式疏水膜被不渗透的波纹传热膜隔离。图 8-39 是西班牙研究者开发的膜组件，用于直接接触式膜蒸馏[122]。该组件由两个对称的带矩形通道的端板及夹在两板之间的夹层平板膜组成。每个隔离空间有 9 条通道，通道尺寸是 55mm 长，7mm 宽，0.4mm 深。Khayet 等[123] 在 SGMD 中使用了更加复杂的板式膜蒸馏组件，如图 8-40 所示。

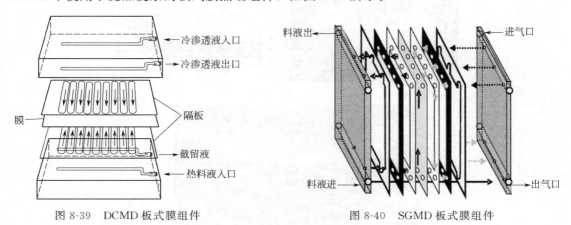

图 8-39 DCMD 板式膜组件　　　　　　图 8-40 SGMD 板式膜组件

瑞典 Scarab Development AB 公司基于 AGMD 技术，开发了不同型号的板框式膜组件 [图 8-41（a）]，采用的平板膜为 PTFE 材料，孔隙率 80%，膜厚 0.2mm，气隙宽度 2mm，膜面积 $2.3\sim2.8\mathrm{m}^2$，膜通量 $7\sim20\mathrm{L/(m^2\cdot h)}$（依据温度变化）[124]。每个膜盒由两张平行膜、注塑塑料框架、热料液进出流道和两个冷凝壁组成。多个膜盒串联构成组件，相邻两个膜盒的冷凝壁形成冷却水通道。膜盒为塑料材质，框架为 PP 材料，框架支撑为不锈钢（AISI 316，SS2343），所有的垫片为三元乙丙橡胶（EPDM FDA）或有机硅材料。据报道，该膜组件价格与 RO 膜组件相比很有竞争力。该公司还建设了一个由 5 支膜组件组成的 AGMD 中试装置，产水量 $1\sim2m^3/d$，如图 8-41（b）所示。但该装置水动力条件比较差，以致穿过膜组件的压力降上升，给能耗带来不利影响。

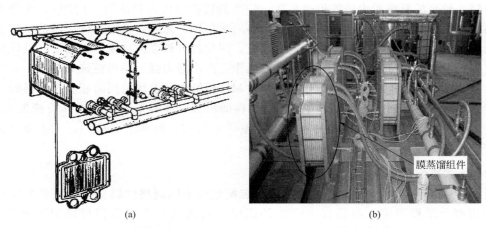

图 8-41　Scarab AB 推出的 AGMD 板框式膜组件和中试装置

此外，毛细管膜也可被组装在板框式膜组件中，并且无需支撑。错流模式组装可以提高传热系数，降低温度极化效应。不同的面框和面板组装形成矩形膜组件通道，构成整个装置，如图 8-42 所示。单支组件填装的改性聚丙烯纤维膜的数目 $180\sim2652$ 根，填料体积分数 $12\%\sim22\%$，膜表面积 $113cm^2\sim0.66m^2$（基于纤维膜内径）[125]。膜组件内部尺寸：长 $6.4\sim25.4cm$，宽 $2.5\sim8.57cm$，高 $1.8\sim4.45cm$。在 DCMD 和 VMD 应用中，该膜组件水蒸气通量大大增强，组件产水能力比较高。

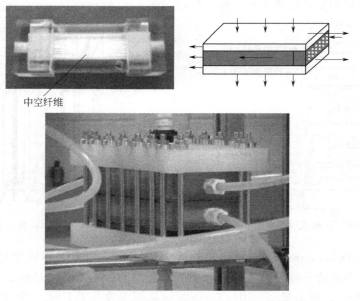

图 8-42　DCMD 填装毛细管膜的错流板框式膜组件

此外，板式膜组件常采用通道隔板或螺旋湍流转子来改变流体特性和增大湍流区，以降低温度和浓度极化效应。

8.3.4.3 管壳式膜组件

管壳式组件是将管式膜、毛细管膜或中空纤维膜封装在不锈钢、玻璃或增强塑料为材质的外壳中构成的，如图 8-43 所示。这种类型的膜组件不需要支撑，膜是组件整体的一部分，不便更换。从工业和商业角度来看，由于单位体积的膜表面积比较高，中空纤维膜组件更具吸引力。但是一旦膜孔润湿，整个膜组件对 MD 应用就毫无用处了。Enka AG（Akzo）公司推出了世界上第一只商业上可用的膜蒸馏组件，采用 PP 膜和管壳式设计[126]。现在管壳式膜组件在 DCMD、SGMD 和 VMD 中的应用已比较多。

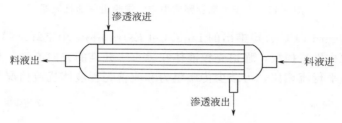

图 8-43 管壳式中空纤维膜组件

管状膜直径的变化通常是在 $1\sim2.5cm$ 之间，在管壳式膜组件中装填密度约 $300m^2/m^3$。这类组件一般用于高黏性流体或进料流率比较高时使用。毛细管膜的内径小于管状膜，通常在 $0.2\sim0.3mm$，即在膜组件中可以装配更多的毛细管膜，装配密度可达到 $600\sim1200m^2/m^3$。而中空纤维膜内径更小，在 $50\sim100\mu m$ 之间，管壳式膜组件可以装配成千上万根中空纤维膜，装配密度可达 $3000m^2/m^3$。

在管壳式组件中，料液一般通过膜组件管侧循环。当然，料液也可以在壳侧流动。料液在壳侧平行流动的组件也被称为传统的并行流组件。如果壳侧边界层阻力高的话，传质系数会显著降低。这种情况下，组件内的流动形式可设计为交错流，交错流可扰动边界层，提高传质系数，但其压力降也有所上升。膜组件也可采用折流板设计，带折流板的流体流动结合了逆流和交错流的特点。随着折流板数目的增加，传热传质效率会提高，但沿膜组件的压降也会增加。此外，如果纤维膜相互缠绕或编织（见图 8-44）而不是顺直或用织物固定布置，则纤维膜外侧的扰流更强，流动更均匀，使膜组件壳侧的传热传质系数提高[127]。相互缠绕或编织的纤维束可起到静态混合器的作用，增强传热传质效果明显。

在中空纤维膜组件中，折流板、隔板、特殊的纤维几何结构或缠绕和编织形成的波浪形几何结构均能够强化传热传质的作用。采用折流板和隔板设计时，传热效率和传质效率同时提高，通量提高 $18\%\sim33\%$。采用中空纤维膜相互缠绕或编织几何形状设计时，膜通量可增大 36%[111]。在膜组件中插入折流板（如图 8-45 所示）可使流体产生不稳定性，形成的漩涡可以提高膜边界层（即温度和浓度边界层）与主体料液之间的混合，这比简单地增大泵的流速产生湍流的效果更好。

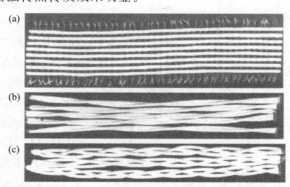

图 8-44 平行（a）、交叉（b）和编制（c）布置的中空纤维膜

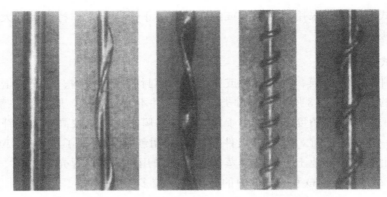

图 8-45　用于毛细管膜或中空纤维膜组件的扰流器

图 8-46 是 Celgard LCC 公司推出的 Liqui-Cel Extra-Flow 中空纤维膜组件[128]，其特征在于壳程设立了中央折流挡板，强迫壳程液体在垂直于纤维的方向流动，从而强化传质，并且流动阻力小。与平行流相比，可减少传质阻力和改善壳程液体扰流情况。

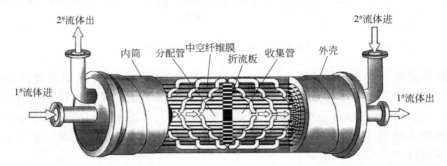

图 8-46　Celgard LLC 公司推出的 Liqui-Cel Extra-Flow 中空纤维膜组件

在管壳式膜组件中，进料水溶液沿膜组件冷却会降低 MD 的驱动力。为了克服这个问题，膜组件应设计为逆流流动或湍流流动。在一般情况下，毛细管管内和管外流速应超过 0.1m/s。

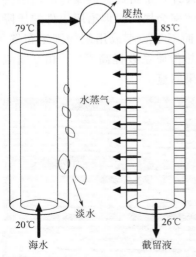

图 8-47　用于中试的 Memstill 流程和膜组件原理

与其他类型组件相比，中空纤维膜组件具有装填密度高、结构紧凑等优点，但是中空纤维膜组件可能会由于纤维变性、纤维的不均匀分布、纤维直径的多分散性和停滞区的存在等引起流量分布不均，以致使传质系数下降。据报道，对于一个填充率 0.4 的组件，与填充均匀的理想组件相比，纤维膜随意装填的影响可能会导致通量下降 58%。通过提高填充率，这种影响可被最小化。

Meindersma 开发了一种改进的逆流 AGMD 膜组件（图 8-47），该组件耦合了多级闪蒸和多效蒸馏模式，形成所谓的"Memstill Technology"。与大小规模的 RO、MSF 和 MED 相比，Memstill 工艺都是成本最低的解决方案，其计算产水能耗约为 73.75MJ/m³，计算产水价格最低为 0.26 美元/m³[129]。2007 年，TNO 和 Keppel Seghers 基于 Memstill 技术在圣诺哥垃圾焚化厂（Senoko Refuse

Incineration Plant) 建设了一个产水 2t/d 的中试装置,采用的是 M26 型膜组件,其工艺流程和膜组件如图 8-48 所示。

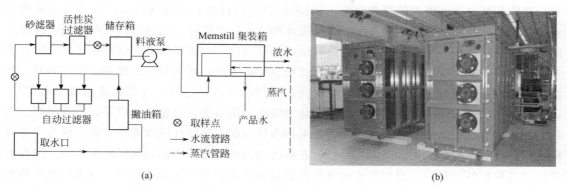

图 8-48 Memstill 中试工艺流程 (a) 和膜组件设备 (b)

8.3.4.4 螺旋卷式膜组件

卷式膜组件是用平板膜螺旋缠绕形成的,即将料液与渗透液流道间隔、平板膜和膜支撑封在一起并围绕带有穿孔的中心收集管卷成筒状,如图 8-49 所示。根据组件长度,膜的装填密度一般在 $300\sim1000m^2/m^3$。Gore & Associated 公司开发出了卷式膜组件和 Gore-Tex 膜,Gore-Tex 膜是 PTFE 平板膜,厚度 $50\mu m$[130],膜孔径 $0.5\mu m$。现在已有商用的螺旋缠绕组件应用于 DCMD 和 AGMD 实验测试,如有研究者将带有热回收的螺旋缠绕 AGMD 组件应用于太阳能海水淡化。德国 Fraunhofer ISE 开发的卷式膜组件采用的是 PTFE 膜(孔径 $0.2\mu m$,厚度 $35\mu m$,孔隙率 80%),高度 $450\sim800mm$,组件直径 $300\sim400mm$,有效面积 $7\sim12m^2$[131]。该组件的所有部件均由高分子材料制备(PP,PVC,PE 或合成树脂)。需要指出的是,在 AGMD 中,这种膜组件的气隙通道较长,额外增加了传质阻力,以致膜通量下降较大。Bier 采用与 Fraunhofer ISE 类似的膜组件进行自主太阳能 AGMD,料液循环流率 $0.8\sim1.7m^3/h$ 时,产水量 $40\sim85L/h$。

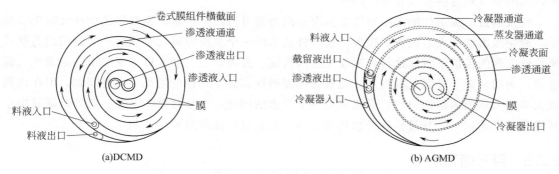

图 8-49 用于 DCMD 和 AGMD 的螺旋卷式膜组件

8.3.4.5 膜组件设计要求

膜组件应具有较高的传质传热率、较低的温度和浓差极化影响、较轻的污染,以保持较高的膜渗透性。目前还没有工业规模的 MD 膜组件可用,这也是 MD 工艺应用受限制的原因之一。大多数商业化的管壳式膜组件以及螺旋卷式膜组件都是为其他分离技术而开发的,而不是针对膜蒸馏,并且膜组件的可靠性仍然是一个严重的问题。各类膜蒸馏形式都对料液侧和渗透侧强加了一定的流体动力学条件。

理想的膜蒸馏组件除了要满足上述膜材料的要求之外，还应满足下述需求：膜组件应具有较高的装填密度（即大的膜表面积），膜两侧较高的料液和渗透液流率，在交叉流动模式或横向流动模式中具有较强的湍流以降低温度和浓度极化效应，在主体料液与膜界面料液之间具有较高的传热传质效率。在料液边界层内的传质速率必须足够高，以防止过度的浓差极化，因为浓差极化过高，膜表面容易积累盐结晶和矿物质，导致膜的润湿和结垢。同时，料液和渗透液在沿膜组件长度方向上必须维持均匀的温度，这可以通过强化传热效率来实现。此外，外壳应具有较高的耐压、耐温和耐化学特性，膜与灌封树脂黏合良好，没有裂缝。膜组件还要便于检验、更换和缺陷修复，如果出现膜浸润，膜组件应能够被干燥。膜寿命是有限的，因此有必要考虑更换膜的可能性。在膜的填装中还必须考虑到热膨胀的影响，即具有良好的热稳定性。最后，膜组件还应该保证通过整个组件的流体流动均匀，避免形成死角和旁流通道。

膜组件在长度方向上的压力降要低，防止过高的跨膜静压力可能导致膜孔进水。中空纤维膜的装填密度可能是压力降升高的原因之一。对于管壳式膜组件，纤维束的合理设计，不但要防止纤维束堵塞，还要避免大的压头损失，以降低压力降。MD 膜组件不仅要提供良好的流动条件，而且还要保证较低的环境热损失，如果可能的话，自身带有良好的热回收系统（即内部热交换器）。尽可能使用塑料设备以减少或避免腐蚀问题。

在板框式膜组件的料液侧和渗透侧流道中设置挡板，会使传热系数增大，但同时也可能减小膜的表面积，亦即降低组件生产率。平板膜支撑必须有足够的强度以防止膜变形或破裂，但它不能显著地增加传热和传质阻力。

计算流体动力学（CFD）技术可以用来研究膜组件间隔和通道几何形状的影响，以及设计怎样的间隔形状来减少温度极化、浓差极化和膜污染。螺旋卷式膜组件的热流体动力学模拟初步结果揭示了间隔形状如何显著地影响膜组件通道内的温度梯度，已可以用于设计 MD 组件的最佳间隔[132]。这项研究已被用于 MD 料液侧流道，以确定速度、压力和温度分布，探讨间隔形状对这些参数分布的影响。

仅仅通过增加组件的大小来增加膜设备出力是可行的。但是，膜组件比例放大时仍需谨慎，避免因组件放大造成效率损失。膜组件放大的一个主要障碍在于没有一个通用的关联式来预测壳程的传质系数，这与壳程发生的因沟流、旁流、混合和入口区现象引起的非均匀流有关。例如，对于管壳式膜组件，壳侧流体流通在实验室规模的组件中不是问题，但在比例放大到更大规模的组件中，它可能成为一个严重的问题，会导致效率下降。此外，随着中空纤维膜长度的增加，其最佳直径也是增大的，但它也可能导致泵耗增加。

8.3.5 膜蒸馏工艺

8.3.5.1 膜蒸馏工艺流程

膜蒸馏系统一般由膜组件、料液侧回路、渗透侧回路/支路以及辅助设施组成，其中膜组件是膜蒸馏系统的核心。由于挥发性组分在膜渗透侧冷凝，则不同膜蒸馏形式的工艺流程的区别仅在于渗透侧回路/支路的不同。四种膜蒸馏方式中，直接接触式膜蒸馏工艺系统最简单，其他三种相对复杂。以气隙式膜蒸馏和真空式膜蒸馏为例，单级膜蒸馏工艺流程如图 8-50 和图 8-51 所示。

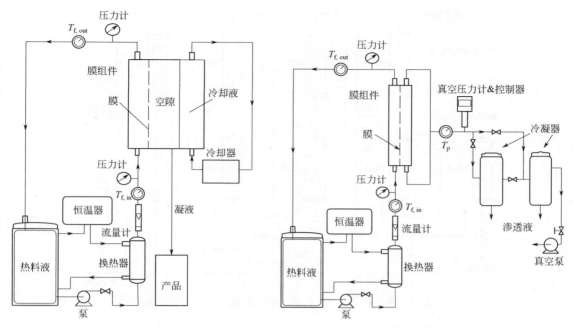

图 8-50 气隙式膜蒸馏工艺流程图　　　　　图 8-51 真空式膜蒸馏工艺流程图

工艺操作条件是影响膜蒸馏性能的主要因素之一。比较重要的操作条件包括料液温度、料液浓度、料液流率、渗透侧冷凝方式、渗透侧温度、跨膜温差、不凝性气体等。对于不同的膜蒸馏形式，相同的操作条件对其影响是不相同的。

热效率是衡量膜蒸馏系统能耗的一个重要指标。至今为止，以上四种膜蒸馏方式都存在能耗高、效率低、可靠性低等一些问题。如直接接触式膜蒸馏虽然工艺设备简单，但由于冷热源直接接触，使设备运行能耗较高，并且容易产生疏水膜亲水化渗漏问题；真空式膜蒸馏虽然膜通量较大，但对系统要求较高。气隙式膜蒸馏和气流吹扫式膜蒸馏则通量较低。单级膜蒸馏热效率比较低，以造水比表征的热效率一般在 $0.2 \sim 1.0$ 之间[133]，大部分的热量通过热传导损失。如何从工艺上实现热量的回收和重复利用是目前膜蒸馏研究和应用的一个新热点。多效蒸发技术是将前一级蒸发过程所产蒸汽作为后一级蒸发过程的加热蒸汽，实现热源（蒸汽）的汽化潜热以蒸发-冷凝方式多次传递的化工单元操作[134]。将多效蒸发引入膜蒸馏过程，实施膜蒸馏过程的多效化，是实现膜蒸馏热量回收的一种重要方式。在多效膜蒸馏过程中，料液逆流经过膜组件内部或外部的换热器被逐级预热，再顺流经过多效膜蒸馏组件，被逐级蒸发降温，成为低温浓料液排出；每级膜组件蒸发的蒸汽在级间压力差或吹扫气的作用下顺流通过多级换热器，被凝结降温，作为产品凝液排出；蒸汽的蒸发潜热则通过换热器，传导给待处理料液，实现了蒸汽冷凝与原料液预热过程的耦合。多效膜蒸馏过程相当于微观化的多级闪蒸过程，传递的热量被梯级利用，热效率高，造水比可达 $6 \sim 15$。与多级闪蒸相比，多效膜蒸馏过程中无沸腾操作，可以有效避免物沫夹带，产水品质更高。采用管壳式膜组件的多效膜蒸馏工艺流程如图 8-52 所示，采用板框式膜组件的多效膜蒸馏工艺流程如图 8-53 所示。

对多效膜蒸馏浓缩效果评价的最主要依据是其浓缩分离过程的参数，即膜蒸馏通量 J、造水比 GOR（gained-output-ratio）和截留率 R。实验膜通量可由下式计算：

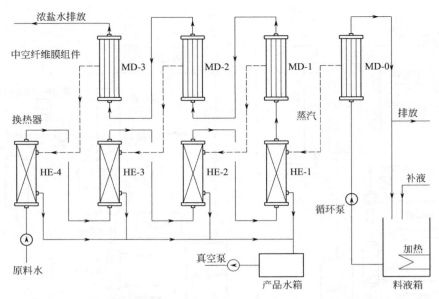

图 8-52 多效膜蒸馏工艺流程（管壳式膜组件，中空纤维膜）

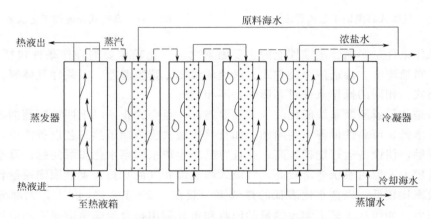

图 8-53 多效膜蒸馏工艺流程（板框式膜组件，板式膜）

$$J = \frac{W}{St} \tag{8-23}$$

式中 S——膜蒸馏有效膜面积，m^2；

　　t——实验过程的时间，s；

　　W——在时间 t 内膜组件中蒸馏出的液体质量，kg。

　　造水比可由下式计算：

$$GOR = \frac{JS\Delta H}{qc_p(T_2 - T_1)} \tag{8-24}$$

式中 J——膜蒸馏通量，$kg/(m^2 \cdot s)$；

　　ΔH——蒸出液的冷凝热，kJ/kg；

　　S——膜组件的有效膜面积，m^2；

　　q——进料液的流量，kg/s；

T_1——料液经外部换热器加热前温度，℃；

T_2——料液经外部换热器加热后温度，℃。

造水比 GOR 的物理意义是当 1kg 加热蒸汽的冷凝潜热（或由其他热源提供相当于 1kg 加热蒸汽的冷凝潜热的热量）用作多效膜蒸馏的热源时从料液中所能蒸发的水（透过液）的千克数。

截留率 R 可表示为：

$$R = \frac{c_f - c_p}{c_f} \qquad (8\text{-}25)$$

式中 c_f——原料液盐浓度，g/L；

c_p——蒸出淡水盐浓度，g/L。

8.3.5.2 工艺参数的影响

（1）进料温度 进料温度是膜蒸馏过程中一个重要的工艺参数，在不同的膜蒸馏形式中均对膜通量有明显的影响。进料温度范围一般为 $60\sim90$℃[112]，更低的进料温度也有应用，但并不常见。一般而言，不论哪种膜蒸馏形式，随进料温度的增长，膜通量成指数增长[135]。因为膜蒸馏的驱动力随膜两侧蒸汽压力的变化而变化，进料温度升高，则料液通道的蒸汽压力升高，从而使跨膜蒸汽压力升高。

有研究表明，进料温度较高时，膜蒸馏特性会更好，因为随着进料温度的升高，虽然温度极化效应会有所增强，但膜蒸馏内部蒸发效率和从料液到渗透侧交换的总热量会随之升高[135]。然而必须指出的是，非常高的进料温度，比如高于 90℃，可能会引起膜的选择性下降和严重的结垢问题。

（2）冷却剂温度 渗透侧温度升高，则膜两侧的温度梯度减小，很可能导致渗透通量下降。但如果冷热两侧保持恒定的温差，冷却剂温度对渗透通量的影响往往小于料液温度，因为蒸汽压力与料液温度呈指数增长关系。在四种膜蒸馏形式中，通常 AGMD 冷侧温度对渗透通量的影响最小，因为气隙中的传热系数比热侧和冷侧的换热系数小得多。

（3）进料浓度 进料浓度对膜通量的影响取决于分离过程本身（即挥发性及非挥发性溶质）。当非挥发性溶质存在时，在所有膜蒸馏形式中，进料浓度最可能的影响是导致渗透通量下降。这主要归因于以下几个方面：盐效应导致蒸汽压力降低，膜表面的浓差极化（在膜表面形成边界层）和温度极化增强。然而，进料浓度增大的影响一般从轻微到中度。

另一方面，当水溶液中含有挥发性组分（如酒精）时，溶质浓度增大的影响取决于所涉及的挥发性化合物的热力学特性以及它与水的相互作用，一般会使渗透通量增大[134]。

（4）进料流量 大多数研究认为，进料流率增大的影响是使通量增大，因为料液通道内湍流增大，混合效果增强，温度和浓度极化效应减弱，膜组件料液侧传质传热系数增加。湍流增强使膜表面的温度更接近主体料液温度。然而，料液流率对产量的影响尚不及料液温度影响的一半[136]，但在更高的料液温度下，特别是跨膜温度梯度又比较大时，流率增大的作用是很明显的[130]。一般情况下，产量和进料流率呈线性关系，但到一定极限，流率对通量没有影响。

（5）冷却剂流量 在 DCMD 和 SGMD 中，渗透侧流体流速增大，膜组件渗透侧传热增强，有利于减弱温度极化和浓差极化效应，使渗透侧膜表面温度更接近主体温度。由于膜两侧温差增大，则膜通量增大。在 AGMD 中，渗透侧流体流速增大的影响几乎可以忽略不计，因为气隙传热占主导地位。

（6）跨膜温差　膜蒸馏的驱动力是跨膜蒸气压力，在 DCMD、AGMD 和 SGMD 中，它由膜组件料液侧和渗透侧之间的温差维持[135]。膜通量与冷热两侧的温差呈线性增长关系。膜通量与温差呈线性关系的斜率在大温差时有减小的趋势。这种趋势是与受料液流率影响的温度极化和浓差极化效应相关联的。

（7）不凝性气体的影响　伴随蒸汽的不凝气包括溶解在料液中的气体和其他气体（二氧化碳）。这些气体陷入膜孔，往往施加额外的传质阻力，引起通量的衰减。当料液和渗透侧流体脱气后，膜孔内的空气分压比不脱气时低，分子扩散阻力会减小。Schofield 等人提出两种脱气方法[137]：一种方法是在进入膜组件前脱除料液/渗透侧流体中的气体，但这会增大跨膜压差并且可能会导致孔隙润湿；另一种方法是降低料液侧/渗透侧压力。实验研究表明，第二种方法脱气能提高膜的渗透性，虽然温度极化有所增强，但膜通量是增大的，净效应可使膜通量提高 40%。Schofield 等人还评估了脱气对具有不同孔径（$0.1\sim0.5\mu m$）的商业膜通量的影响。对大孔径的膜而言，脱气可以在很大程度上提高通量，而对小孔径的膜而言，通量的增加微不足道。

8.3.6　膜蒸馏的应用

基于膜蒸馏过程的上述特点，除了被应用于海水、苦咸水淡化之外，还被应用于化学物质的浓缩和回收、水溶液中挥发性溶质的脱除和回收、果汁和液体食品的浓缩和废水处理过程中。

（1）海水、苦咸水淡化　膜蒸馏过程的开发最初完全是以海水淡化为目的。虽然反渗透作为海水和苦咸水淡化的主流膜分离技术，从 20 世纪 60 年代就进入了实用阶段，但其设备和工艺条件也是在之后的应用中不断得到改进与完善的。反渗透过程需要较高的操作压力，对设备要求较高，并且难以处理盐分过高的水溶液，例如浓海水等。膜蒸馏在浓盐水处理方面具有反渗透所不具备的优点，人们在膜蒸馏用于海水、苦咸水尤其是海水淡化浓海水脱盐方面进行了大量的研究工作。研究表明，膜蒸馏的膜通量能够达到反渗透的水平甚至有所超过，减压式膜蒸馏用于海水脱盐具有较好的发展前景。

膜蒸馏是个热耗较高的膜过程，目前只在有廉价能源可利用的情况下进行海水、苦咸水淡化才具有实际意义，比如 Hogan 等[138]采用太阳能加热海水进行膜蒸馏脱盐；地热资源的利用也是膜蒸馏脱盐的重要方向。因此，采用膜蒸馏技术制备淡水首先应考虑热源问题。在膜蒸馏的热量高效利用方面，目前研究较多的是在系统设计中加入热量回收单元。在早期文献中 Schofield 等[137]曾详细计算过热量回收对造水成本的影响，并设计了能量回收的工艺流程；阎建民等[114]也提出了带有汽化潜热回收的膜组件设计。由于渗透压对膜蒸馏过程的影响相对较小，因此采用 RO 与 MD 集成的膜过程脱盐是很有应用前景的。

（2）化学物质的浓缩和回收　由于膜蒸馏可以处理高浓度的水溶液，因而在化学物质水溶液的浓缩方面具有很大的应用潜力。例如，Tomaszewska 等[139]进行了硫酸、柠檬酸、盐酸和硝酸的浓缩，非挥发性酸截留率可达 100%，挥发性酸在浓度高时有透过现象。Rincon 等[140]用直接接触式膜蒸馏浓缩甘醇类水溶液，截留率也接近 100%。孙宏伟等[141]用膜蒸馏方法浓缩透明质酸，Thiruvenkatachari 等[142]采用气隙式膜蒸馏分离水和硝酸，Lewandowicz 等[143]在燃料乙醇生产中用膜蒸馏回收乙醇，都取得很好的结果。由于膜蒸馏可以在较低的温度下运行，对生物活性物质和温度敏感性物质的浓缩和回收具有一定实用意义，比如冯文来等[144]用膜蒸馏的方法浓缩蝮蛇抗栓酶、Christensen 等[145]采用直接接触膜蒸馏浓缩乳清蛋白等都得到了较好的结果，余立新等[146]论述了采用各种方法浓缩温度敏感的天冬氨酸甲酯的可能性，认为膜蒸馏是最合适的方法。

膜蒸馏技术是目前唯一一种能够从溶液中直接分离出结晶产品的膜过程。产生膜蒸馏-结晶现象的必要条件除了溶质须是易结晶的物质外，膜两侧必须存在足够大的温差，使膜蒸馏过程与诸多干扰因素相比一直处于主导地位。

（3）水溶液中挥发性溶质的脱除和回收　膜蒸馏过程是以膜两侧挥发性物质的蒸气分压差为传质驱动力的，可以从水溶液中脱除甲醇、乙醇、丙酮、氯仿等，以及同时脱除乙醇和丙酮、卤代挥发性有机化合物等。当只重视脱除的效果时，常采用直接接触式膜蒸馏；如果同时考虑回收这些挥发组分时，则采用气隙式、减压式、气扫式膜蒸馏，比如 Jin 等[147]用疏水的 PPESK 中空纤维膜减压膜蒸馏从水溶液中脱除了 2,4-二氯苯酚。膜蒸馏脱除溶液中挥发性溶质的原理成功地被用于气体分析，Ferreira 等[148]将膜蒸馏装置与质谱仪联机，用质谱仪测定脱除气体的量，对水溶液中溶解的氧、丙烷、乙醇的测定结果表明，质谱信号与水溶液中溶质浓度呈线性关系，为挥发性溶质的在线测试奠定了技术基础。

共沸物的分离通常是通过共沸蒸馏和萃取蒸馏来实现的，是一个比较复杂的化工单元操作。采用膜蒸馏处理可打破固有的汽-液平衡关系，得到较好的分离效果，如甲酸/水恒沸混合物的分离、丙酸/水恒沸混合物的分离等。许多应用集中于从水溶液中脱除酸性挥发性溶质和盐酸的回收方面，如采用直接接触式膜蒸馏从金属酸浸液中回收 HCl、减压膜蒸馏从金属氯化物的水溶液中回收 HCl、从盐酸和硫酸的水溶液中分离 HCl 等。

（4）果汁、液体食品的浓缩　由于膜蒸馏过程可在相对比较低的温度下运行，并具有很高的脱水能力，特别是渗透膜蒸馏可以在室温下运行，对果汁、食品的浓缩是其他任何膜过程都无法比拟的。Petrotos 等[68]介绍了膜蒸馏和渗透膜蒸馏技术浓缩液体食品的优点：节能、保持食品原有的风味（包括色、香、味等），其中果汁浓缩的研究工作较多，如膜蒸馏浓缩苹果汁、减压膜蒸馏浓缩葡萄汁、渗透蒸馏浓缩葡萄汁和橘汁、集成膜过程浓缩柠檬汁和胡萝卜汁。这些工作有的仍处在实验室研究阶段，有的已经具有示范生产的规模。Vaillant 等[149]报道了采用渗透蒸馏浓缩果汁的工业示范装置，在 30℃ 下可以将果汁 TSS（总可溶固体）浓缩至 0.60g/g，通量仍保持 0.5 kg/(m^2·h)，连续 28 h 渗透通量没有衰减，浓缩后果汁外观和维生素 C 含量基本保持原来水平。

（5）废水处理　膜蒸馏是环境友好型分离技术，在工业废水处理方面具有很好的应用前景。从工业废酸液中回收 HCl 是在处理含挥发性酸性物质废水方面的典型应用。Zakrzewska 等[150]在处理低放射性废水方面比较了各种处理方法，他认为膜分离方法具有显著的优越性，其中膜蒸馏能够把放射性废水浓缩到很小的体积，并具有极高的截留率，很容易达到排放标准，显示膜蒸馏方法在处理放射性废水方面的突出优点。Gryta 等[151]采用超滤/膜蒸馏集成处理含油废水和采用膜蒸馏技术处理阴阳离子树脂再生废水；有学者采用减压膜蒸馏处理含 Cr（Ⅵ）的模拟废水和含苯酚的模拟废水；Pal 等[152]采用商业化的膜进行太阳能膜蒸馏脱除地表水中的砷；天津大学李保安等[153]在利用膜蒸馏集成技术处理多种工业废水方面已进行了中试、工程试验和部分工业应用。这些都表明膜蒸馏在废水处理应用领域中潜力巨大，特别是在高盐废水处理方面。

8.3.7　存在的问题及展望

膜蒸馏技术发展至今，在许多方面都取得了显著的进展，但仍然没有得到规模化工业应用。鉴于膜蒸馏技术在海水和苦咸水淡化（特别是高浓度含盐水处理过程）、食品及果汁浓缩、废水处理、有机物脱除等方面的潜在优势，开发成熟的膜蒸馏技术已成为共识和共同期待的目标。

目前，膜蒸馏技术还有以下几个方面的问题，使其未能实现大规模应用：

① 对膜蒸馏过程缺乏全面深入系统的研究并以此指导高效实用膜蒸馏系统的研发；

② 至今未实现通量高、性能稳定、抗污染好、使用寿命长、价格低廉的膜蒸馏膜的商业化；

③ 与过程特点相结合的膜组件的开发、设计和研究相对滞后；

④ 膜组件、膜蒸馏系统放大过程中的问题（比如通量衰减等）还没有得到有效解决，缺乏长时间运行经验；

⑤ 与膜蒸馏过程相耦合的热量回收工艺的研究滞后；

⑥ 缺乏大规模技术集成化的经验；

⑦ 过程的能耗评估及经济性能评价体系的建立相对滞后。

尽管膜蒸馏技术与装备在大规模产业化的过程中还存在一些问题，但是人们对它的关注不但没有减小，反而越来越多，主要集中在以下三个方面：

① 过程节能技术的开发。相对而言膜蒸馏过程是一个高热耗的技术，在有热源的地方或者具有可供利用的废热的条件下，膜蒸馏才具有成本优势。因此，以节能降耗为目标，开发膜蒸馏过程的热量回收工艺是目前膜蒸馏技术研究的热点之一。实践表明，只有热量回收工艺与膜蒸馏过程工艺的特点及膜组件的设计特点相结合，才能高效解决其高热耗的问题，使膜蒸馏成为节能又环保的技术。

② 膜组件的设计与优化。膜组件是膜蒸馏过程中的核心部件，膜组件的开发设计关系着膜蒸馏过程的性能指标。膜组件的开发和利用要和膜蒸馏过程的工艺乃至膜蒸馏过程的热量回收工艺耦合，才能最大程度上发挥其效用。

③ 膜蒸馏过程与其他过程的耦合。任何一项技术在应用上都有其优势与缺点，在对某一特定水质进行处理时，集成发挥不同技术的优势有利于高效和经济地实现水处理的目标。例如，在海水淡化过程中，膜蒸馏可以与反渗透技术耦合，进一步浓缩反渗透产生的浓海水，一方面可以得到更多的淡水，另一方面可以得到高浓度卤水甚至固体盐。

8.4 其他淡化技术

8.4.1 水合物法海水淡化

（1）水合物法原理　天然气、液化气或某些低级脂肪烃类气体，如甲烷、乙烷、丙烷、乙炔及氟里昂等，一般难溶于水，但同水混合时，能形成气体水合物（以下简单水合物）。这样，当这些气体（通常称作水合剂）同海水混合时，在保持生成水合物的温度和压力情况下，即形成不含盐分但含 5%～15%（摩尔分数）水合剂的水合物，并以类似于冰的结晶从海水中析出[154]。经分离和洗涤后，提高温度，使该水合物结晶融化、分离即得淡水。例如丙烷能生成一种笼合物，其中每个烃分子就带有 17 个水分子。

（2）水合物法优缺点　水合物法具有冷冻法的一切优点：能耗低，不产生沉淀，腐蚀较轻等。此外，还有比冷冻法优越之处，即操作温度较冰结晶温度为高，根据所用水合剂不同，操作温度在 0.7～13.4℃ 之间，因而较冷冻法能量损耗也更少。若能选择某种水合物，使其在中等压力及高于环境温度的条件下形成水合物结晶，则可省去辅助冷冻系统，而直接用冷水除去热量，这是该法的努力方向。

水合物法的缺点是结晶粒子，并形成压缩性的结块，使结晶的分离、洗涤困难；所得淡水中尚残存微量水合剂，淡水水质也较差。

由于低能耗和设施紧凑的优点，在水合物脱盐方面不断有新的设计和专利。能耗仅消耗在冷却进料盐水、水合物分解、压缩水合物形成气体以及在操作压力下将盐水打入反应器，这一过程能耗大约在 $5kW \cdot h/m^3$ 淡水。

由于水合物法别具特点，如选用氯甲烷和 R-8 作水合剂时，甚至可利用表层海水和深层海水的温差，使海水淡化费用降低，将来当有发展前途。

8.4.2 嵌镶离子交换膜压渗析

嵌镶膜是用阳离子高聚物电解质同阴离子高聚物电解质互相交错、组合而成的膜，因其构型如同嵌镶的图案，故称为嵌镶膜[155]。自 20 世纪 70 年代以来，嵌镶膜正在以崭新面貌出现成为压渗析设备的主要部件。压渗析之所以吸引着人们注意，是因为它有超过电渗析和反渗透的潜力，但是，目前尚未制得有实用价值的嵌镶膜[1]。

盐水通过嵌镶膜，盐水中的 Na^+ 与 Cl^- 就如同下阶梯一样，分别通过各自的通道迁到膜的下界面层，并立即电中和，再经扩散离开膜面，结果在膜的下面变为浓水，膜上面变成淡水，因为嵌镶膜中的两个离子交换基团，能分别为 Na^+ 和 Cl^- 的迁移提供通量，所以脱盐效率高。

8.4.3 冰山取水淡化[156,157]

地球上水资源仅 2% 为淡水，而其中仅 1% 为液态，99% 为固态的冰和雪，南极占后者的 90%。南极每年产生冰山达数万个，部分被向北的海流带入大洋中溶化，南极每年产生的冰大于溶化的冰山，不会使冰山耗尽，使地球失去平衡，现在地球上许多地区缺水严重，取冰山之水有需求。

取南极冰山，不违反南极条约，并可促进海洋学、气象学、冰山学、流体力学、海洋生物、海洋环境、海洋建造业等的发展和合作。

南极取冰山仅是融化的地点不同，不像脱盐工厂对环境有负影响（盐度和温度升高），且取水成本不比其他淡化法高。

1977 年 10 月 2~6 日在美国衣阿华州立大学召开了国际首次冰山用于淡水生产、气候改良及其他应用的会议，会议上对用南极冰山供水的需求，用冰山进行微环境改善（用于养殖），用来发电和换热以及娱乐等方面都有一些文章进行评论，有些涉及技术可行性，如冰山的勘测、特性、运输等，也有的提到法律问题和对环境的影响，但经济可行性还很难下结论，由于这是一个涉及范围大的工程问题，难于少数人去完成，另外由于日后对环境问题的重视、脱盐技术的进步，对冰山利用的兴趣渐淡。

8.4.4 应急救生离子交换药剂

目前离子交换法在海水淡化方面的唯一实际应用是利用应急救生的离子交换药剂由海水制取少量饮用水，以解决飞机失事和船舶遇难落水人员的应急用水。此法在军事上具有一定意义。

应急救生离子交换药剂的主要成分是银式泡沸石，以及无水氢氧化钡、强酸性氢型阳离子交换树脂、活性炭和石墨等。将上述组分混压制成块，置于一个带有过滤装置的塑料袋内，即成应急救生离子交换药剂制成品。应急使用药剂时，先使适量海水与药剂在塑料袋内振荡接触，海水中的主要成分（Na^+、Mg^{2+}、Ca^{2+}、Cl^-、SO_4^{2-} 等离子）都成为不溶性的沉淀物，这些沉淀物经塑料袋内的过滤装置分离除去后，滤过水便是可供饮用的淡水。

8.4.5　溶剂萃取法

溶剂萃取法用于海水淡化有两条途径：一是利用萃取剂除去海水中的盐而得淡水，鉴于海水组成的复杂性，至今还不能应用少数几种溶剂很简便地达到这一目的；二是用萃取剂萃取出海水中的水，再使溶剂与水分离而得淡水。后者是目前实际采用的方法。

分离萃取的溶剂与水，主要是利用水在溶剂中的溶解度随温度改变而变化的特性。即在溶解度大的温度范围内进行萃取，再改变至另一溶解度小的温度范围内，使水从溶剂中分离出来。另一种分离溶剂与水的方法，是加入某些盐析剂（如丙烷等），使水与溶剂的结合能减弱，而将水从有机相中分离出来。

参考文献

[1] Yoram O. Capacitive deionization (CDI) for desalination and water treatment-past, present and future (a review). Desalination, 2008, 228 (1): 10-29.

[2] Suh C, Lee S. Modeling reverse draw solute flux in forward osmosis with external concentration polarization in both sides of the draw and feed solution. J Membr Sci, 2013, 427: 365-374.

[3] Loeb S. Large-scale power production by pressure-retarded osmosis, using river water and sea water passing through spiral modules. Desalination, 2002, 143 (2): 115-122.

[4] Loeb S. Energy production at the Dead Sea by pressure-retarded osmosis: challenge or chimera? Desalination, 1998, 120 (3): 247-262.

[5] Loeb S. High flow porous membranes for separating water from saline solutions. US 3133132. 1964-05-12.

[6] Loeb S, Norman R S. Osmotic Power Plants. Science, 1975, 189 (4203): 654-655.

[7] Cath T Y, Childress A E, Elimelech M. Forward osmosis: Principles, applications, and recent developments. J Membr Sci, 2006, 281 (1-2): 70-87.

[8] Chung T S, Zhang S, Wang K Y, et al. Forward osmosis processes: Yesterday, today and tomorrow. Desalination, 2012, 287: 78-81.

[9] Elimelech M, Bhattacharjee S. A novel approach for modeling concentration polarization in crossflow membrane filtration based on the equivalence of osmotic pressure model and filtration theory. J Membr Sci, 1998, 145 (2): 223-241.

[10] Gruber M F, Johnson C J, Tang C Y, et al. Computational fluid dynamics simulations of flow and concentration polarization in forward osmosis membrane systems. J Membr Sci, 2011, 379 (1-2): 488-495.

[11] Jung D H, Lee J, Kim D Y, et al. Simulation of forward osmosis membrane process: Effect of membrane orientation and flow direction of feed and draw solutions. Desalination, 2011, 277 (1-3): 83-91.

[12] Li G, Li X M, Liu Y, et al. Forward Osmosis and Concentration Polarization. Prog Chem, 2010, 22 (5): 812-821.

[13] Lay W C L, Chong T H, Tang C Y, et al. Fouling propensity of forward osmosis: investigation of the slower flux decline phenomenon. Water Sci Technol, 2010, 61 (4): 927-936.

[14] Arena J T, McCloskey B, Freeman B D, et al. Surface modification of thin film composite membrane support layers with polydopamine: Enabling use of reverse osmosis membranes in pressure retarded osmosis. J Membr Sci, 2011, 375 (1-2): 55-62.

[15] Chou S, Wang R, Shi L, et al. Thin-film composite hollow fiber membranes for pressure retarded osmosis (PRO) process with high power density. J Membr Sci, 2012, 389: 25-33.

[16] Han G, Zhang S, Li X, et al. Thin film composite forward osmosis membranes based on polydopamine modified polysulfone substrates with enhancements in both water flux and salt rejection. Chem Eng Sci, 2012, 80: 219-231.

[17] Wang R, Shi L, Tang C Y, et al. Characterization of novel forward osmosis hollow fiber membranes. J Membr Sci,

2010，355（1-2）：158-167.

[18] Wei J，Liu X，Qiu C Q，et al. Influence of monomer concentrations on the performance of polyamide-based thin film composite forward osmosis membranes. J Membr Sci，2011，381（1-2）：110-117.

[19] Wei J，Qiu C Q，Tang C Y，et al. Synthesis and characterization of flat-sheet thin film composite forward osmosis membranes. J Membr Sci，2011，372（1-2）：292-302.

[20] Yip N Y，Tiraferri A，Phillip W A. High Performance Thin-Film Composite Forward Osmosis Membrane. Environ Sci Technol，2010，44（10）：3812-3818.

[21] Fang W，Wang R，Chou S，et al. Composite forward osmosis hollow fiber membranes：Integration of RO-and NF-like selective layers to enhance membrane properties of anti-scaling and anti-internal concentration polarization. J Membr Sci，2012，394-395：140-150.

[22] Su J C，Chung T S，Helmer B J，et al. Enhanced double-skinned FO membranes with inner dense layer for waste water treatment and macromolecule recycle using Sucrose as draw solute. J Membr Sci，2012，396：92-100.

[23] Tang C Y，She Q H，Lay W C L，et al. Modeling double-skinned FO membranes. Desalination，2011，283：178-186.

[24] Wang K Y，Ong R C，Chung T S. Double-Skinned Forward Osmosis Membranes for Reducing Internal Concentration Polarization within the Porous Sublayer. Ind Eng Chem Res，2010，49（10）：4824-4831.

[25] Phuntsho S，Shon H K，Majeed T，et al. Blended Fertilizers as Draw Solutions for Fertilizer-Drawn Forward Osmosis Desalination. Environ Sci Technol，2010，46（8）：4567-4575.

[26] Petrotos K B，Quantick P，Petropakis H. A study of the direct osmotic concentration of tomato juice in tubular membrane-module configuration. I. The effect of certain basic process parameters on the process performance. J Membr Sci，1998，150（1）：99-110.

[27] Petrotos K B，Quantick P C，Petropakis H. Direct osmotic concentration of tomato juice in tubular membrane-module configuration. II. The effect of using clarified tomato juice on the process performance. J Membr Sci，1999，160（2）：171-177.

[28] Petrotos K B，Tsiadi A V，Poirazis E，et al. A description of a flat geometry direct osmotic concentrator to concentrate tomato juice at ambient temperature and low pressure. J Food Eng，2010，97（2）：235-242.

[29] Bietti G B，Virno M，Pecorigi J. Propylenglycol-New Osmotic Agent for Ophthalmic Uses. Doc Ophthalmol，1973，34：77-92.

[30] Demartinez E A F，Reale M I. Use of Polyethylene-Glycol Molecular-Weight 6000（Peg-6000）as an Osmotic Agent for Simulating Water-Stress in the Laboratory in Corn（Zea-Mays-L）.1. Effects on Different Aspects of Growth and Selection of the Most Convenient Concentration. Phyton-International Journal of Experimental Botany，1987，47（1-2）：103-108.

[31] Depaepe M，Lameire N，Ringoir S. Continuous Ambulatory Peritoneal-Dialysis with Glycerol as Osmotic Agent-a Study of Fluid and Solute Transfer. Artificial Organs，1984，8（1）：117-118.

[32] Lindholm B. Glycerol as Osmotic Agent in Peritoneal-Dialysis. Peritoneal Dialysis Bulletin，1985，5（1）：87-87.

[33] Mujais S，Tapiawala S N，Yip P，et al. Glucoregulatory Hormones and Choice of Osmotic Agent in Peritoneal Dialysis. Peritoneal Dialysis International，2010，30（6）：626-632.

[34] Ray S S，Thomas A. Intravenous glycerol-sodium ascorbate combination as osmotic agent to reduce intraocular pressure. Indian J Ophthalmol，1977，25（2）：27-30.

[35] Bowden K S，Achilli A，Childress A E. Organic ionic salt draw solutions for osmotic membrane bioreactors. Bioresource Technology，2012，122：207-216.

[36] Ge Q C，Su J C，Amy G L，et al. Exploration of polyelectrolytes as draw solutes in forward osmosis processes. Water Res，2012，46（4）：1318-1326.

[37] Zhao S F，Zou L D，Tang C Y，et al. Recent developments in forward osmosis：Opportunities and challenges. J Membr Sci，2012，396：1-21.

[38] Tzahi C，Childress Y，Elimelech A，et al. Forward osmosis：Principles，applications，and recent developments. J Membr Sci，2006，281（1-2）：70-87.

[39] Wijmans J G，Baker R W. The solution-diffusion model：a review. J Membr Sci，1995，107（1-2）：1-21.

[40] Gray G T，McCutcheon J R，Elimelech M. Internal concentration polarization in forward osmosis：role of membrane

orientation. Desalination, 2006, 197 (1-3): 1-8.

[41] McCutcheon J R, McGinnis R L, Elimelech M. Desalination by ammonia-carbon dioxide forward osmosis: Influence of draw and feed solution concentrations on process performance. J Membr Sci, 2006, 278 (1-2): 114-123.

[42] Achilli A, Cath T Y, Childress A E. Power generation with pressure retarded osmosis: An experimental and theoretical investigation. J Membr Sci, 2009, 343 (1-2): 42-52.

[43] Phillip W A, Yong J S, Elimelech M. Reverse Draw Solute Permeation in Forward Osmosis: Modeling and Experiments. Environ Sci Technol, 2010, 44 (13): 5170-5176.

[44] Gerstandt K, Peinemann K V, Skilhagen S E, et al. Membrane processes in energy supply for an osmotic power plant. Desalination, 2008, 224 (1-3): 64-70.

[45] Loeb S, Titelman L, Korngold E, et al. Effect of porous support fabric on osmosis through a Loeb-Sourirajan type asymmetric membrane. J Membr Sci, 1997, 129 (2): 243-249.

[46] McCutcheon J R, Elimelech M. Influence of membrane support layer hydrophobicity on water flux in osmotically driven membrane processes. J Membr Sci, 2008, 318 (1-2): 458-466.

[47] Wang K Y, Chung T S, Qin J J. Polybenzimidazole (PBI) nanofiltration hollow fiber membranes applied in forward osmosis process. J Membr Sci, 2007, 300 (1-2): 6-12.

[48] Wang K Y, Yang Q, Chung T S, et al. Enhanced forward osmosis from chemically modified polybenzimidazole (PBI) nanofiltration hollow fiber membranes with a thin wall. Chem Eng Sci, 2009, 64 (7): 1577-1584.

[49] Veríssimo S, Peinemann K V, Bordado J. Thin-film composite hollow fiber membranes: An optimized manufacturing method. J Membr Sci, 2005, 264 (1-2): 48-55.

[50] Tang W L, Ng H Y. Concentration of brine by forward osmosis: Performance and influence of membrane structure. Desalination, 2008, 224 (1-3): 143-153.

[51] Han G, Chung T S, Toriida M, et al. Thin-film composite forward osmosis membranes with novel hydrophilic supports for desalination. J Membr Sci, 2012, 423-424: 543-555.

[52] Warczok J, Ferrando M, Lopez F, et al. Reconcentration of spent solutions from osmotic dehydration using direct osmosis in two configurations. J Food Eng, 2007, 80 (1): 317-326.

[53] McCutcheon J R, Elimelech M. Influence of concentrative and dilutive internal concentration polarization on flux behavior in forward osmosis. J Membr Sci, 2006, 284 (1-2): 237-247.

[54] Cohen D, Ross C. Mixing moves osmosis technology forward. Chemical Processing, 2004, 67 (10): 29-32.

[55] McCutcheon J R, McGinnis R L, Elimelech M. A novel ammonia--carbon dioxide forward (direct) osmosis desalination process. Desalination, 2005, 174 (1): 1-11.

[56] Li G, Li X M, He T, et al. Cellulose triacetate forward osmosis membranes: preparation and charaterization. Desalin Water Treat, 2013, 51 (13-15): 2656-2665.

[57] Achilli A, Cath T Y, Childress A E. Selection of inorganic-based draw solutions for forward osmosis applications. J Membr Sci, 2010, 364: 233-241.

[58] Phuntsho S, Shon H K, Hong S, et al. A novel low energy fertilizer driven forward osmosis desalination for direct fertigation: Evaluating the performance of fertilizer draw solutions. J Membr Sci, 2011, 375 (1-2): 172-181.

[59] Bathchelder G W. Process for the demineralization of water. US 3171799. 1965-03-02.

[60] Glew D N. Process for liquid recovery and solution concentration. US 3216930. 1965-11-9.

[61] McGinnis R L. Osmotic desalination process. US 6391205. 2002-05-21.

[62] McGinnis R L, McCutcheon J R, Elimelech M. A novel ammonia-carbon dioxide osmotic heat engine for power generation. J Membr Sci, 2007, 305 (1-2): 13-19.

[63] Frank B S. Desalination of sea water. US 3670897. 1972-06-20.

[64] Kravath R E, Davis J A. Desalination of sea water by direct osmosis. Desalination, 1975, 16 (2): 151-155.

[65] Kessler J O, Moody C D. Drinking water from sea water by forward osmosis. Desalination, 1976, 18 (3): 297-306.

[66] Moody C D, Kessler J O. Forward osmosis extractors. Desalination, 1976, 18 (3): 283-295.

[67] Yaeli J. Solns. processing esp. desalination of seawater | by natural-and reverse-osmosis under pressure, for waste soln. purificn. two-stage process. US 5098575A. 1992-03-24.

[68] Petrotos K B, Lazarides H N. Osmotic concentration of liquid foods. J Food Eng, 2001, 49 (2-3): 201-206.

[69] Yen S K, Mehnas Haja N F, Su M, et al. Study of draw solutes using 2-methylimidazole-based compounds in forward

osmosis. J Membr Sci，2010，364（1-2）：242-252.

[70] Oriad T，Haggerty P D. Foward osmosis using a controllable osmotic agent. US WO2006047577. 2006-05-04.

[71] Mikhaylova M，Kim D K，Berry C C，et al. BSA Immobilization on Amine-Functionalized Superparamagnetic Iron Oxide Nanoparticles. Chem Mater，2004，16（12）：2344.

[72] Li D，Zhang X Y，Yao J F，et al. Stimuli-responsive polymer hydrogels as a new class of draw agent for forward osmosis desalination. Chem Commun，2011，47（6）：1710-1712.

[73] Ge Q C，Wang P，Wan C F，et al. Polyelectrolyte-Promoted Forward Osmosis-Membrane Distillation（FO-MD）Hybrid Process for Dye Wastewater Treatment. Environ Sci Technol，2012，46（11）：6236-6243.

[74] 何涛. 一种正渗透汲取溶液的微细粒子及其应用. CN 101891281B. 2012-08-08.

[75] Adham S. Dewatering Reverse Osmosis Concentrate from Water Reuse Applications Using Forward Osmosis. WateReuse Foundation. 2007.

[76] Ge Q C，Su J C，Chung T S，et al. Hydrophilic Superparamagnetic Nanoparticles：Synthesis，Characterization，and Performance in Forward Osmosis Processes. Ind Eng Chem Res，2010，50（1）：382-388.

[77] Ling M. Hydrophilic magnetic nanoparticle，useful as a draw solute in forward osmosis，comprises a magnetic core composed of metal compound and/or ferric oxide，and hydrophilic polymers covalently bound to the magnetic core. WO2011099941A1.

[78] Li X M，Xu G J，Liu Y，et al. Magnetic Fe_3O_4 Nanoparticles：Synthesis and Application in Water Treatment Nanoscience & Nanotechnology-Asia，2011，1（1）：14-24.

[79] McGinnis R L，Elimelech M. Energy requirements of ammonia-carbon dioxide forward osmosis desalination. Desalination，2007，207（1-3）：370-382.

[80] Garcia-Castello E M，McCutcheon J R，Elimelech M. Performance evaluation of sucrose concentration using forward osmosis. J Membr Sci，2009，338（1-2）：61-66.

[81] Elimelech M. Yale constructs forward osmosis desalination pilot plant. Membrane Technology，2007，2007（1）：7-8.

[82] Lin S Y，Lin K H，Li M J. Influence of excipients，drugs，and osmotic agent in the inner core on the time-controlled disintegration of compression-coated ethylcellulose tablets. J Pharm Sci，2002，91（9）：2040-2046.

[83] Holloway R W，Childress A E，Dennett K E，et al. Forward osmosis for concentration of anaerobic digester centrate. Water Res，2007，41（17）：4005-4014.

[84] Cornelissen E R，Harmsen D，de Korte K F，et al. Membrane fouling and process performance of forward osmosis membranes on activated sludge. J Membr Sci，2008，319（1-2）：158-168.

[85] Achilli A，Cath T Y，Marchand E A，et al. The forward osmosis membrane bioreactor：A low fouling alternative to MBR processes. Desalination，2009，239（1-3）：10-21.

[86] Pattle R E. Production of Electric Power by mixing Fresh and Salt Water in the Hydroelectric Pile. Nature，1954，174（4431）：660.

[87] Yip N Y，Tiraferri A，Phillip W A，et al. Thin-Film Composite Pressure Retarded Osmosis Membranes for Sustainable Power Generation from Salinity Gradients. Environ Sci Technol，2011，45（10）：4360-4369.

[88] Herron J. Direct Osmotic Hydration Devices. US WO20030533482003-07-03.

[89] Wallace M，Cui Z，Hankins N P. A thermodynamic benchmark for assessing an emergency drinking water device based on forward osmosis. Desalination，2008，227（1-3）：34-45.

[90] Cath T Y，Adams D，Childress A E. Membrane contactor processes for wastewater reclamation in space：II. Combined direct osmosis，osmotic distillation，and membrane distillation for treatment of metabolic wastewater. J Membr Sci，2005，257（1-2）：111-119.

[91] Cath T Y，Gormly S，Beaudry E G，et al. Membrane contactor processes for wastewater reclamation in space：Part I. Direct osmotic concentration as pretreatment for reverse osmosis. J Membr Sci，2005，257（1-2）：85-98.

[92] Martinetti C R，Childress A E，Cath T Y. High recovery of concentrated RO brines using forward osmosis and membrane distillation. J Membr Sci，2009，331（1-2）：31-39.

[93] Dova M I，Petrotos K B，Lazarides H N. On the direct osmotic concentration of liquid foods. Part I：Impact of process parameters on process performance. J Food Eng，2007，78（2）：422-430.

[94] LaVan D A，McGuire T，Langer R. Small-scale systems for in vivo drug delivery. Nat Biotechnol，2003，21（10）：1184-1191.

［95］ Garg A，Gupta M，Bhargava H N. Effect of formulation parameters on the release characteristics of propranolol from asymmetric membrane coated tablets. Eur J Pharm Biopharm，2007，67（3）：725-731.

［96］ Khaydarov R A，Khaydarov R R. Solar powered direct osmosis desalination. Desalination，2007，217（1-3）：225-232.

［97］ Tinge J T，Krooshof G J P，Smeets T M，et al. Direct osmosis membrane process to de-water aqueous caprolactam with concentrated aqueous ammonium sulphate. Chem Eng Process，2007，46（6）：505-512.

［98］ Benko K，Pellegrino J，Mason L W，et al. Measurement of water permeation kinetics across reverse osmosis and nanofiltration membranes：Apparatus development. J Membr Sci，2006，270（1-2）：187-195.

［99］ Garcia-Castello E M，McCutcheon J R. Dewatering press liquor derived from orange production by forward osmosis. J Membr Sci，2011，372（1-2）：97-101.

［100］ Mehta G D，Loeb S. Internal polarization in the porous substructure of a semipermeable membrane under pressure-retarded osmosis. J Membr Sci，1978，4：261-265.

［101］ Mehta G D. Further results on the performance of present-day osmotic membranes in various osmotic regions. J Membr Sci，1982，10（1）：3-19.

［102］ Xiao D Z，Li W Y，Chou S R，et al. A modeling investigation on optimizing the design of forward osmosis hollow fiber modules. J Membr Sci，2012，392-393：76-87.

［103］ McCutcheon J R，Elimelech M. Modeling water flux in forward osmosis：Implications for improved membrane design. AIChE J，2007，53（7）：1736-1744.

［104］ Mi B，Elimelech M. Chemical and physical aspects of organic fouling of forward osmosis membranes. J Membr Sci，2008，320（1-2）：292-302.

［105］ Mi B，Elimelech M. Organic fouling of forward osmosis membranes：Fouling reversibility and cleaning without chemical reagents. J Membr Sci，2010，348（1-2）：337-345.

［106］ Wang Y N，Wicaksana F，Tang C Y，et al. Direct Microscopic Observation of Forward Osmosis Membrane Fouling. Environ Sci Technol，2010，44（18）：7102-7109.

［107］ Zhao S F，Zou L D，Mulcahy D. Effects of membrane orientation on process performance in forward osmosis applications. J Membr Sci，2011，382（1-2）：308-315.

［108］ Li Z Y，Yangali-Quintanilla V，Valladares-Linares R，et al. Flux patterns and membrane fouling propensity during desalination of seawater by forward osmosis. Water Res，2012，46（1）：195-204.

［109］ Jin X，She Q H，Ang X L，et al. Removal of boron and arsenic by forward osmosis membrane：Influence of membrane orientation and organic fouling. J Membr Sci，2012，389：182-187.

［110］ Martínez-Díez L，Vazquez-Gonzalez M I. Temperature and concentration polarization in membrane distillation of aqueous salt solution. J Membr Sci，1999，156（2）：265-273.

［111］ Khayet M，Matsuura T. Membrane Distillation：Principles and Applications. Elsevier，2011.

［112］ Lawson K W，Lloyd D R. Review：membrane distillation. J Membr Sci，1997，124：1-25.

［113］ Mengual J I，Khayet M，Godino M P. Heat and mass transfer in vacuum membrane distillation. Int J Heat Mass Tran，2004，47（4）：865-875.

［114］ 马润宇，袁其朋，阎建民. 气隙式膜蒸馏传递过程的研究. 高校化学工程学报，2000，14：109-114.

［115］ Drioli E，Criscuoli A，Curcio E. 膜接触器——原理、应用及发展前景. 北京：化学工业出版社，2009.

［116］ Lagana F，Barbieri G，Drioli E. Direct contacet membrane distillation：modeling and concentration experiments. J Membr Sci，2000，166：1-11.

［117］ Guijt C M，Meindersma G W，Reith T，et al. Air gap membrane distillation：1. Modeling and mass transport properties for hollow fiber membranes. Sep Pur Tech，2005，43：233-244.

［118］ Phattaranawik J，Jiraratananon R，Fane A G. Effect of pore size distribution and air flux on mass transport in direct contact membrane distillation. J Membr Sci，2003，215：75-85.

［119］ Imdakm A O，Matsuura T. A Monte Carlo simulation model for membrane distillation processes：Direct contact（MD）. J Membr Sci，2004，237：51-59.

［120］ Mulder M. Basic Principles of Membrane Technology. The Netherlands：Kluwer Academic Publishers，1997.

［121］ Rodgers FA. Stacked microporous vapor permeable membrane distillation system. US 3650905. 1972-03-21.

［122］ Ortiz de Za′rate J M，Rinco′n C，Mengual J I. Concentration of bovine serum albumin aqueous solutions by membrane distillation. Sep Sci Technol，1998，33：283-296.

[123] Khayet M，Godino M P，Mengual J I. Thermal boundary layers in sweeping gas membrane distillation processes. AIChE J，2002，48：1488-1497.

[124] Liu C. Polygeneration of electricity，heat and ultrapure water for the semiconductor industry. Heat & Power Technology. Department of Energy Technology，Royal Institute of Technology，Stockholm，Sweden：2004

[125] Li B A，Sirkar K K. Novel membrane and device for direct contact membrane distillation-based desalination process. Ind Eng Chem Res，2004，43：5300-5309.

[126] Catalogue of Enka AG presented at Europe-Japan Joint Congress on Membranes and Membrane Processes. Stresa，Italy：1984.

[127] Schneider K，Holz W，Wollbeck R. Membranes and modules for transmembrane distillation. J Membr Sci，1988，39：25-42.

[128] Sirkar K K. Membrane separations：newer concepts and applications for the food industry，in Bioseparation Processes in Foods. Bioseparation processes in foods，1995：353-356.

[129] Hanemaaijer J H，Medevoort J V，Jansen A E，et al. Memstill membrane distillation：A future desalination technology. Desalination，2006，199：175-176.

[130] Gore D W. Gore-Tex membrane distillation. Proceedings of the 10th Annual Convention of the Water Supply Improvement Association. Honolulu，USA：1982.

[131] Koschikowski J，Wieghaus M，Rommel M. Solar Thermal-driven desalination plants based on membrane distillation. Desalination，2003，156：295-304.

[132] Cipollina A，Miceli A D，Koschikowski J，et al. CFD simulation of a membrane distillation module channel. Desalin Water Treat，2009，6：177-183.

[133] Gilron J，Song L，Sirkar K K. Design for cascade of cross flow direct contact membrane distillation. Ind Eng Chem Res，2007，46（8）：2324-2334.

[134] Sayyaadi H，Saffari A. Thermoeconomic optimization of multi effect distillation desalination systems. Appl Energ，2010，87（4）：1122-1133.

[135] El-Bourawi M S，Ding Z，Ma R，et al. A framework for better understanding membrane distillation separation process. J Membr Sci，2006，285：4-29.

[136] Alklaibi A M，Lior N. Membrane-distillation desalination：status and potential. Desalination，2004，171（2）：111-131.

[137] Schofield R W，Fane A G，Fell C J D. Gas and Vapor Transport Through Microporous Membrane. Membrane Distillation. J Membr Sci，1900，53：159-171.

[138] Hogan P A，Fan A G，Morrison G L. Desalination by solar heated membrane distillation. . Desalination，1991，81：81-90.

[139] Tomaszewska M，Gryta M，Morawski A W. Study on the concentration of acids by membrane distillation. J Membr Sci，1995，102：113-122.

[140] Rincon C，Ortiz de Zarate J M，Mengual J I. Separation of water and glycols by direct contact membrane distillation. J Membr Sci，1999，158：155-165.

[141] 孙宏伟，郑冲，谭天伟 . 膜蒸馏方法分离浓缩透明质酸水溶液的实验研究 . 水处理技术，1998，24（2）：92-94.

[142] Thiruvenkatachari R，Manickam M，Kwon T O，et al. Separation of Water and Nitric Acid with Porous Hydrophobic Membrane by Air Gap Membrane Distillation（AGMD）. Sep Sci Technol，2006，41：3187-3199.

[143] Lewandowicz G，Bialas W，Marczewski B，et al. Application of membrane distillation for ethanol recovery during fuel ethanol production. J Membr Sci，2011，375：212-219.

[144] 冯文来，吴菌，王世昌 . PVDF 管式复合微孔膜及其膜蒸馏浓缩蝮蛇抗栓酶的研究 . 膜科学与技术，1998，18（6）：28-31.

[145] Christensen K，Andresena R，Tandskov I，et al. Using direct contact membrane distillation for whey protein concentration. Desalination，2006，200：523-525.

[146] Yu L X，Liu M L. Membrane distillation：why to choose it，Proceedings of the International Workshop on Membrane Distillation. Beijing University of Chemical Technology，2002：72-75.

[147] Jin Z，Yang D L，Zhang S H，et al. Removal of 2，4-dichlorophenol from wasterwater by vacuum membrane

distillation using hydrophobic PPESK hollow fiber membrane. Chinese Chem Lett，2007，18：1543-1547.

[148] Ferreira B S，Keulen F V，Fonseca M M R. A microporous membrane interface for the monitoring of dissolved gaseous and volatile compounds by on-line mass spectrometry. J Membr Sci，2002，208：49-56.

[149] Vaillant F，Jeanton E，Dornier M. Concentration of passion fruit juice on a industrial pilot scale using osmotic evaporation. J Food Eng，2001，47：195-202.

[150] Zakrzewska T G，Harasimowicz M，Chmielewski A G. Concentration of radioactive components in liquid low-level redioactive waste by membrane distillation. J Membr Sci，1999，163：257-264.

[151] Gryta M，Karakrulski K. The application of membrane distillation for the concentration of oil-water emulsions. Desalination，1999，121：23-29.

[152] Pal P，Manna A K. Removal of arsenic from contaminated groundwater by solar-driven membrane distillation using three different commercial membranes. Water Res，2010，44（19）：5750-5760.

[153] 王丽，宋莎莎，赖振国，等. 膜蒸馏在高盐度水处理方面的研究与应用. 青岛：2011青岛国际海水淡化与水再利用大会，2011：135-144.

[154] 王俊鹤，李鸿瑞，周迪颐. 海水淡化. 北京：科学出版社，1978.

[155] 王振塈. 离子交换膜——制备，性能及应用. 北京：化学工业出版社，1986.

[156] Victor P E. Water supply and weather modifications from transferred iceberg from Antarctica to countries of the world's "thirst belt". Desalination，1979，29（1-2）：7-15.

[157] Day J M. Icebergs used and theory with suggestions for the future. Desalination，1979，29（1-2）：25.

第 **9** 章

>>> **海水淡化产水的后处理** ▐▐▐▐▐

海水淡化产品水是一种新水源，明显区别于传统淡水水源，虽然可以满足现行 GB 5749—2006《生活饮用水卫生标准》[1]中的相关规定，但有其自身的特性。海水淡化产水是软水，其总溶解性固体、硬度等指标显著低于自来水，如果不经过处理而直接进入市政供水管网，则会对管网造成损害，甚至发生红水现象，释放出重金属离子从而污染供水水质。因此，在进入市政输配水管网之前必须进行后处理，以增加淡化水的化学稳定性。此外，由于淡化工艺对水中的矿物质脱除得比较彻底，导致有益人体健康矿物质的缺乏，需要在其后处理步骤中添加。因此，借鉴海水淡化国际经验，海水淡化产水在进入市政管网前必须进行后处理以解决其与市政供水管网的兼容性。

本章从海水淡化水的特性、淡化水对管网的腐蚀和淡化水的饮用安全性等方面，阐述了海水淡化产水后处理的必要性，介绍了淡化水后处理所涉及的基本化学原理和术语，重点介绍后处理技术，尤其是矿化技术及主流矿化方法的技术经济比较，并给出了矿化设计实例分析。除矿化技术之外，还介绍了后处理的其他相关步骤，如 pH 值调节、投加缓蚀剂、投加氟化物、消毒、淡化水的储存和输送。最后，介绍了海水淡化产水的脱硼和深度脱盐。

9.1 淡化水后处理的必要性

9.1.1 海水淡化水的特性

9.1.1.1 蒸馏淡化水的特性

蒸馏法海水淡化的产水纯度很高，总含盐量仅为 5～20mg/L，各项指标均优于生活饮用水标准的有关规定。国内两个典型蒸馏淡化厂所产蒸馏淡化水的组成见表 9-1，其总含盐量都小于 10mg/L。

蒸馏淡化水中含有的离子组分非常有限。一般认为，造成蒸馏淡化水中仍有部分离子残留的主要原因是蒸馏装置中的捕沫网不能完全截留液滴，致使部分液滴进入到淡水箱。

蒸馏海水淡化厂生产的淡水中会有极少量重金属残留，其残留重金属的原因不仅来自海水本身，也有淡化厂系统方面的原因，如蒸发器、冷凝器、水泵等设备和管路系统的腐蚀。蒸馏淡化水中铜的含量可达 0.01～0.1mg/L[3]，因此，设计建造海水淡化厂时必须慎重选材。

表 9-1　国内两个蒸馏淡化厂的淡化水组成[2]

项目	单位	检测结果		项目	单位	检测结果	
		MSF 装置	MED 装置			MSF 装置	MED 装置
总大肠菌群	CPU/100mL	未检出	未检出	铝	mg/L	<0.025	<0.025
菌落总数	CPU/100mL	<100	<100	铁	mg/L	<0.002	<0.002
色度	铂钴色度单位	<5	<5	铜	mg/L	0.030	<0.002
pH		6.5	6.7	氯化物	mg/L	0.53	0.73
TDS	mg/L	<10	<10	硫酸盐	mg/L	0.10	0.15
总硬度	以 $CaCO_3$ 计，mg/L	<1	1.02	硫化物	mg/L	<0.01	<0.01
挥发酚类	以苯酚计，mg/L	<0.002	<0.002	硼	mg/L	<0.020	<0.020
钠	mg/L	0.29	0.42	氟化物	mg/L	<0.01	<0.01

此外，蒸馏淡化水的成分还会受到海水预处理的影响，在海水预处理过程中，混凝剂、阻垢剂、消泡剂、pH 调节剂等化学药剂的添加也可能在淡化水中形成部分残留。

正常情况下，蒸馏淡化水中残留的危害人体健康的有机物含量非常低。然而，不能完全排除淡化设备维修或停运对产品水的可能污染。有机物污染蒸馏淡化水的一个重要途径是氯杀菌过程，海水中含有的微量有机物被氧化、分解或氯化，进而在一定程度上转变成挥发性有机物。淡化装置运行过程中，挥发性的氯化苯、溴化苯及卤化芳香化合物等有机物可能同时被蒸发出来，在后续操作中又进一步与蒸汽凝结，最终残留在蒸馏淡化水中。

由于 MED 淡化装置（最高温度可达 70℃）和 MSF 淡化装置（最高温度＞100℃）的操作温度较高，细菌和病毒在此环境下一般很难存活。然而，微生物依然可以进入淡化系统或者出现在主体工艺之后的其他处理单元。比如，在淡化水的存储和输配过程中，微生物就很有可能再次滋生繁殖。

9.1.1.2　反渗透淡化水的特性

与蒸馏淡化不同，反渗透淡化不是对海水中各离子组分的等比例脱除，而是对其进行选择性脱除的过程。反渗透淡化水离子浓度相对较高，反渗透膜对钙离子、镁离子、硫酸根离子等高价离子的截留率比单价离子高，产水的缓冲能力相对较弱；此外，由于反渗透膜的选择透过性，淡化水中的二氧化碳含量较高。因此，反渗透淡化水具有更强的腐蚀性。

反渗透海水淡化厂产品水的典型组成见表 9-2。

反渗透淡化水的离子组成很大程度上取决于以下因素：

① 膜的性能（脱盐率）；

② 反渗透膜通量；

③ 操作压力；

④ 原水含盐量；

⑤ 运行时间和膜污堵状况。

另外，反渗透淡化水的组成还取决于工艺参数。反渗透系统的回收率和操作温度是对淡化水氯化物浓度和含盐量影响较大的两个参数。淡化水的含盐量会随进水温度、系统回收率的升高而增加。若想获得含盐量更低的淡化水，可增设二级反渗透淡化工艺。

表 9-2　国内某反渗透海水淡化厂的淡化水组成[4]

项目	单位	检测结果		项目	单位	检测结果	
		第一次	第二次			第一次	第二次
色度	倍	0	0	溶解性总固体	mg/L	334	308
浑浊度	NTU	0	0	氟化物	mg/L	0.02	0.0196
臭味		无	无	氰化物	mg/L	未检出	未检出
肉眼可见物		无	无	砷	μg/L	<0.5	未检出
pH		7.3	7.2	硒		未检出	未检出
总硬度	（以碳酸钙计）mg/L	22.2	34.12	汞	μg/L	<0.01	未检出
铁	mg/L	<0.03	0.0421	镉	μg/L	<0.01	未检出
锰	mg/L	<0.02	<0.02	铬（六价）	mg/L	<0.004	未检出
铜	mg/L	<0.02	<0.02	铅	μg/L	2.0	未检出
锌	mg/L	<0.02	<0.02	银	mg/L	未检出	未检出
挥发酚类	（以苯酚计）mg/L	<0.002	<0.002	硝酸盐	（以氮计）mg/L	未检出	未检出
阳离子合成洗涤剂	mg/L	未检出	未检出	细菌总数	个/L	0	0
硫酸盐	mg/L	9.9	17.3	总大肠菌群	个/L	0	0
氯化物	mg/L	229	202				

　　反渗透淡化水中也含有一定的二氧化碳和碱度，其中，反渗透淡化水的碱度要明显高于蒸馏淡化水。根据水中碳酸盐的平衡关系，碳酸根离子、碳酸氢根离子和二氧化碳的平衡浓度随 pH 值的变化而变化。反渗透膜基本不能脱除海水中的二氧化碳，这些二氧化碳透过膜元件到达产水侧后，会重返水中转化成碳酸氢根离子。芳香族聚酰胺膜对碳酸氢根离子的截留率会随着进水 pH 值的升高而显著下降。

　　（1）反渗透淡化水中的重金属　海水淡化反渗透膜对高价离子有较高的截留率，而重金属大多数呈二价或三价态，例如 Fe^{2+}，由于重金属的离子半径较大，反渗透膜对其截留率可达 99% 以上，因此，当淡化水用作饮用水时，基本不存在重金属的危害问题。

　　（2）反渗透淡化水中的有机物　和离子态无机化合物一样，有机物分子大都可以被反渗透膜截留，其截留率主要受分子荷电性及其微观尺寸的影响。

　　（3）反渗透淡化水中的微生物　理论上讲，细菌和病毒等微生物能被反渗透膜完全截留。实际上，由于反渗透膜在生产过程中不可避免地会带有缺陷，不能保证所有微生物均被膜截留。

9.1.2　淡化水对管网的腐蚀

　　近几十年来，海水淡化得到广泛地应用，在这个过程中，人们逐渐认识到淡化水的腐蚀性。如果淡化水不经处理直接进入管网，不但会损坏管网的完整性，减少管网寿命，增加运行和维护成本，还会向水中释放重金属离子，如铅、铜、锌等，使管网水质劣化。1999 年，美国给水工程协会估计美国自来水产业（US water utilities）在今后 20 多年将耗资 325 亿美元对损坏的管网进行升级改造。这也许可以用来解释为什么大多数后处理技术研究主要集中在控制淡化水的腐蚀性。

　　（1）腐蚀的危害和影响因素　由于缺乏碳酸盐碱度，海水淡化厂所产淡化水的化学稳定性极差，其缓冲能力相当有限，pH 值易大幅波动。同时，由于淡化水中钙的含量也很有限，使得起保护作用的碳酸钙很难沉积在管壁上，这进一步加剧了管路系统的腐蚀。对于目前正在使用的管路系统，缺乏碳酸盐碱度可能会导致先前已经沉积下来的碳酸钙薄膜重新溶解。

腐蚀会对市政供水的诸多方面造成不良影响，包括供水成本、居民对淡化水的接受程度、消毒效率以及由重金属产生的卫生健康等问题。在常规水处理中，由于物理、化学或生物的作用会发生水对输配管网的腐蚀，在淡化水供水中，这种腐蚀同样也会发生。金属表面腐蚀的化学反应会受到众多水质指标的影响，这些参数包括：pH 值、碱度、钙、硬度、氯、硅、磷酸盐和温度等。表 9-3 概括了各个水质指标对腐蚀的影响。虽然很多其他水质参数也能对腐蚀过程产生影响，如溶解性总固体、溶解氧、硫化氢、硫酸盐和生物活性等，但因这些指标不是淡化水的特征组分，因此不做讨论。

表 9-3　影响淡化水腐蚀性的因素[5]

因素	产生的影响
pH 值	低 pH 值（通常指＜7.0）可能增加腐蚀速率； 高 pH 值（通常指＞8.0，但不是过高）可能降低腐蚀速率
碱度	改善淡化水的稳定性和防止 pH 值变动； 可能有助于保护膜的沉积
钙	以碳酸钙膜的形式沉积在管壁上，在金属材料和水之间形成物理屏障； 浓度过高可能降低管路的输水能力
硬度	如果钙和碳酸盐的浓度够高，且具备碳酸钙沉积的适合 pH 值条件，硬水的腐蚀性通常比软水低； 通冷水时碳酸钙不会沉积到镀锌铁管上，但钙硬度可能有助于在金属表面缓冲 pH 值以防止腐蚀
氯	高浓度的氯会增加铁管、铅管和镀锌钢管的腐蚀速率
硅	当以溶解态存在时，可反应形成保护膜
磷酸盐	可反应形成保护膜
温度	可影响保护膜的溶解性及腐蚀速率

（2）常用的腐蚀指数　淡化水的稳定性可用表示其碳酸钙沉淀倾向的指数以及引起腐蚀的特种化合物的特性参数等来表征。基于碳酸钙溶解平衡的腐蚀（稳定性）指数包括：Langelier 饱和指数（LSI）、Ryznar 稳定指数、碳酸钙沉淀势（CCPP），以及侵蚀指数（AI）。Larson 比率（LR）虽不能预测碳酸钙沉淀倾向，但它揭示了氯化物和硫酸盐的摩尔浓度与重碳酸盐碱度、浓度之间的定性关系。

① Langelier 饱和指数　基于碳酸钙溶解平衡的稳定性指数很多，Langelier 饱和指数是应用最早也是最广泛的指数，该指数是未经调质的淡化水与碳酸钙刚好饱和的淡化水 pH 值之差。其定义为[6]：

$$LSI = pH - pH_s \tag{9-1}$$

式中　pH——水的实际 pH 值；

　　pH$_s$——水在碳酸钙饱和平衡时的 pH 值，称之为饱和 pH 值。

Langelier 饱和指数从热力学平衡角度出发，认为在某一水温下，水中溶解的碳酸钙达到饱和状态时，存在一系列动态平衡。以化学质量平衡为基础，此时水的 pH 值是个定值。当 LSI＜0 时，水中碳酸钙未饱和，有腐蚀倾向；当 LSI＞0 时，水中碳酸钙过饱和，有结垢倾向；当 LSI＝0 时，水质稳定。pH$_s$ 值受很多因素的影响，主要与水的重碳酸盐碱度、钙离子浓度和水温有关，此外还受到水中含盐量、钙的缔合离子对及其他能形成碱度的成分等多种因素的影响。

② 碳酸钙沉淀势 Langelier 饱和指数只能给出有关水质化学稳定性的定性概念。对于结垢性或者腐蚀性的水来说，究竟每升水中应该沉淀或溶解多少碳酸钙才能使水质稳定，饱和指数是无能为力的。碳酸钙沉淀势则能给出碳酸钙的沉淀或溶解量的数值。CCPP 的定义为[7]：

$$CCPP=100([Ca^{2+}]_i-[Ca^{2+}]_{eq})\tag{9-2}$$

式中，Ca^{2+} 的浓度单位为 mol/L，下标 i 和 eq 分别代表水中原有的和与碳酸钙平衡后的钙离子浓度值；CCPP 的单位为 mg/L（以 $CaCO_3$ 计），100 为单位换算因子。

用于判断水质化学稳定性的 CCPP 数值范围如表 9-4 所示。

表 9-4 CCPP 值判断腐蚀和结垢倾向

CCPP	水质化学稳定性	CCPP	水质化学稳定性
0~4	基本不结垢或很轻微结垢	0~-5	轻微腐蚀
4~10	轻微结垢	-5~-10	中度腐蚀
10~15	较严重结垢	>-10	严重腐蚀
>15	严重结垢		

③ Ryznar 稳定指数[8] Ryznar 针对 Langelier 饱和指数在实际应用上的不足，在大量实验的基础上提出半经验指数，即 Ryznar 稳定指数 RSI，其定义为：

$$RSI=2pH_s-pH\tag{9-3}$$

式中，RSI 为 Ryznar 稳定指数；pH、pH_s 的意义和 Langelier 指数中的 pH、pH_s 相同。

用 Ryznar 稳定指数判断水质化学稳定性详见表 9-5。

表 9-5 RSI 值判断腐蚀和结垢倾向

RSI	水质化学稳定性	RSI	水质化学稳定性
4.0~5.0	严重结垢	7.0~7.5	轻微腐蚀
5.0~6.0	轻度结垢	7.5~9.0	严重腐蚀
6.0~7.0	基本稳定	>9.0	极严重腐蚀

以 Ryznar 稳定指数判断水质化学稳定性，在一些情况下较饱和指数更接近实际，但它仍以 Langelier 饱和指数为基础，使用时也存在一定局限性。实际应用时，通常将 Langelier 饱和指数与 Ryznar 稳定指数配合使用，来判断水质的化学稳定性。

④ 侵蚀指数 侵蚀指数 AI 是用来鉴定水质对石棉水泥管侵蚀性的稳定性指数。AI 实际是 LSI 的一个简化形式，表示为[9]：

$$AI=pH+(Hard \cdot Alk)\tag{9-4}$$

式中，Hard 和 Alk 分别表示水样的钙硬度和总碱度，单位均为 mg/L（以 $CaCO_3$ 计）。当 AI<10 时，水对石棉水泥管具有高度侵蚀性；当 AI=10~12 之间时，水对石棉水泥管具有中等程度侵蚀性；当 AI>12 时，水对石棉水泥管无侵蚀性。

⑤ Larson 比率 Larson 在分析大量铁管腐蚀速率数据时，发现水体中碳酸氢根离子的存在对于缓解腐蚀起着重要作用。由此认为水体的腐蚀性取决于水中腐蚀性组分对于缓蚀性

组分的比例，并于 1957 年提出了 Larson 比率的概念。Larson 比率被定义为[10]：

$$LR = ([Cl^-] + 2[SO_4^{2-}])/[HCO_3^-] \qquad (9-5)$$

上式中，$[Cl^-]$、$[SO_4^{2-}]$、$[HCO_3^-]$ 的单位均为 mol/L。Larson 比率考虑到了 $[Cl^-]$ 和 $[SO_4^{2-}]$ 等无机阴离子对腐蚀的影响。水体中含盐量的增加会提高水的电导率，加快腐蚀进程；$[Cl^-]$ 和 $[SO_4^{2-}]$ 等无机阴离子半径小，容易穿透破坏金属表面的钝化膜，促进腐蚀。Larson 比率值与腐蚀倾向的对应关系见表 9-6。

表 9-6　Larson 比率值判断腐蚀倾向

LR	水质化学稳定性	LR	水质化学稳定性
<0.2	无腐蚀	0.5～1.0	一般腐蚀
0.2～0.4	腐蚀小	>1.0	严重腐蚀
0.4～0.5	轻微腐蚀		

LR 值越低，水的腐蚀性就越小。为降低水的腐蚀性，Delion 认为 LR 不能超过 0.2～0.3[11]，Imran 则建议 LR 小于 0.5[12]。

9.1.3　淡化水饮用安全性

与健康紧密联系的淡化水水质指标主要有硬度、氟化物和硼。海水淡化对水中杂质和绝大多数离子有极高脱除率，同时也脱除了对人体健康有益的成分，如硬度和氟化物。另外，由于反渗透膜对硼的脱除率相对较低，产水中硼含量相对偏高。表 9-7 是中国、世界卫生组织（WHO）和欧盟饮用水水质标准中，这三项水质指标极限值的对比。

表 9-7　中国、WHO 和欧盟饮用水水质标准对比[1,13,14]

水质指标	中国	WHO	欧盟
总硬度（以碳酸钙计）/(mg/L)	≤450	—	—
氟化物/(mg/L)	≤1.0	≤1.5	≤1.5
硼/(mg/L)	≤0.5	≤2.4	≤1.0

对比表 9-1 和表 9-2 可知，蒸馏法海水淡化产品水这三项水质指标含量都很低，反渗透法海水淡化产品水硬度、氟化物含量较低，硼含量较高。下面分别对这三项水质指标进行说明。

（1）硬度　不同方法生产的淡化水含盐量略有不同，蒸馏法含盐量很低，一般在 1～20mg/L，膜法受进水含盐量和反渗透膜脱盐率的影响，一般在 10～500mg/L。尽管膜法淡化水的含盐量不低，但由于膜对二价离子脱除率很高，产水中钙、镁离子含量很低，约为 1～3mg/L，而蒸馏法产水中各种离子含量都极低，硬度通常小于 1mg/L（以碳酸钙计），因此两种方法生产的淡化水硬度都很低。

世界卫生组织（WHO）研究认为，饮用硬水有可能会降低患某种心血管病概率，但还没有确凿证据说明水硬度或钙、镁含量与心血管病之间的联系[5]，因此没有给出指导值。我国《生活饮用水卫生标准》只给出总硬度的上限值（450mg/L，以碳酸钙计），欧盟也都没有规定硬度的健康指导值。硬度、钙、镁对健康的影响还没有得到全球公认，世界卫生组织研究认为，钙、镁最低限值分别应为 20mg/L 和 10mg/L[15]。另外，饮用硬度过高（>400～500mg/L，以碳酸钙计）的水会增加患胆囊、结石和关节等方面的疾病的概率。近年来，随着我国地下水位的下降，某些地区地下水总硬度呈上升趋势。

海水淡化水如果用于饮用，宜适当增加硬度。增加硬度有多种途径，最简单的是条件允许时与当地硬度偏高的水掺混，在增加淡化水硬度的同时适当降低当地水的硬度。

（2）氟化物 人体需要的大多数元素都可以从食物中摄取，但氟是例外。WHO研究表明，氟含量过低会增加患龋齿病的概率，WHO规定饮用水中氟的下限为0.5mg/L。但氟浓度过高也会造成健康问题，当浓度在0.9～1.2mg/L之间则可能引起中度牙齿氟中毒。WHO和欧盟规定氟含量的上限值为1.5mg/L。我国《生活饮用水卫生标准》没有给出下限值，只规定氟的上限值为1.0mg/L。全国主要城市自来水氟含量调查显示，其中75%氟含量低于0.3mg/L，15%在0.3～0.5mg/L之间[16]，这说明我国很多城市自来水氟含量也相对偏低。

海水中氟化物含量偏低，一般约为1.3mg/L，经淡化后含量更低，蒸馏法产水中几乎不含氟，反渗透法产水中约含0.01～0.02mg/L。沙特利雅得城市供水的66%由海水淡化水提供，地下水氟含量为0.23～1.6mg/L，与淡化水混合后90%的管网水样氟含量约为0.24mg/L[17]。因此，在无特殊要求时，海水淡化水用于饮用可适当增加氟含量，与当地自来水情况持平。

（3）硼 海水中硼含量较高，标准海水中硼含量约为4.6mg/L，最高可达6mg/L。蒸馏淡化水硼的含量很低，在0.02mg/L以下。但是由于膜对硼的脱除率较低，一级海水反渗透产水的硼含量较高，约1.0mg/L。我国对饮用水中硼的限值规定为0.5mg/L，WHO为2.4mg/L，欧盟和日本为1.0mg/L。

硼具有除草效果，很多植物对高于0.5mg/L的硼较敏感，含硼较高的水不利于部分农作物的灌溉。柑橘类对硼的耐受度最低，为0.40～0.75mg/L；蔬菜对硼的耐受度高得多，约为1～4mg/L。以色列以种植柑橘为主，因而对硼含量要求较严格，规定反渗透海水淡化产水硼含量最高为0.4mg/L[18]。反渗透产水硼含量较高更多的是农业问题，而不是健康问题。

美国环保署（EPA）发布《饮用水健康导则：硼》，提出硼的成人终生健康指导值为5mg/L，WHO也将硼的限值从0.5mg/L提高到2.4mg/L[19]。因此，如果海水淡化水不用于灌溉，可能不再需要除硼，但这还有赖于相关标准的修改和完善。

9.2 基本化学原理

9.2.1 碳酸盐系统

碳酸盐系统是淡化产品水中存在的主要的弱酸系统，碳酸盐系统是一个双-质子弱酸系统，包括3种形式：$H_2CO_3^*$，HCO_3^- 和 CO_3^{2-}。三种浓度的总和为总溶解无机碳（c_T）。

实际上，水相中有4个碳酸盐物种，因为 $H_2CO_3^*$ 是一个假想的物种，代表两个"真实"物种的总和：H_2CO_3 和 CO_2（aq）的平衡反应如下：

$$CO_{2(aq)} + H_2O \rightleftharpoons H_2CO_{3(aq)} \quad K = 1.7 \times 10^{-3} \tag{9-6}$$

由式（9-6）的平衡常数可知，CO_2（aq）浓度比 H_2CO_3（aq）浓度大3个数量级。通常只考虑两个物种浓度的总和，即 $H_2CO_3^* = CO_2$（aq）$+ H_2CO_3$，而不考虑单个浓度。根据自身平衡常数，H_2CO_3 和 HCO_3^- 都能向水中释放质子。建立了一个理论平衡常数 $K_{H_2CO_3^*/HCO_3^-} = 10^{-6.35}$ 来说明虚拟物种 $H_2CO_3^*$ 释放质子的倾向：

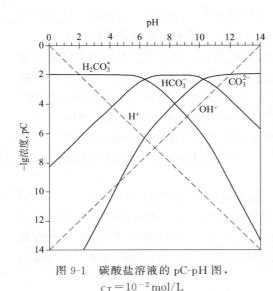

图 9-1　碳酸盐溶液的 pC-pH 图，
$c_T = 10^{-2}\,mol/L$

$$H_2CO_3^* \rightleftharpoons HCO_3^- + H^+ \quad K_{C_1} = 10^{-6.35}$$

$$(9-7)$$

碳酸系统的第二级去质子化反应为：

$$HCO_3^- \rightleftharpoons CO_3^{2-} + H^+ \quad K_{C_2} = 10^{-10.33}$$

$$(9-8)$$

图 9-1[20] 描述了碳酸盐系统物种分布与 pH 值的关系。当 pH<5，优势物种为 $H_2CO_3^*$；当 7.5<pH<9.5 时，优势物种为 HCO_3^-。

9.2.2　水相-气相的相互作用

气态二氧化碳是碳酸盐系统的重要组成部分。二氧化碳气体扩散进入（或脱出）水相与溶解 CO_2（aq）达到平衡，溶解二氧化碳是物种 $H_2CO_3^*$ 的主要组成。亨利定律表达了气体和溶解物种之间的平衡：

$$CO_{2(aq)} \rightleftharpoons CO_{2(g)} \quad H = \frac{P_{CO_2(g)}}{(CO_{2(aq)})} \qquad (9-9)$$

式中，H 为二氧化碳的亨利常数，30.2L·bar/mol；$P_{CO_2(g)}$ 代表二氧化碳分压，bar，1bar=0.1MPa；（　）代表活度，mol/L。

大气中二氧化碳的分压约为 3.7×10^{-4} bar。根据亨利定律，达到两相平衡时，溶解二氧化碳的浓度是常数，25℃下为 0.54mg/L。

水与大气接触时，当水中溶解二氧化碳过饱和时，水会释放二氧化碳气体；当溶解二氧化碳不饱和时，水会从气相向液相吸收二氧化碳。当溶液释放出二氧化碳时，pH 值增加而总溶解无机碳降低；当溶液吸收二氧化碳时，pH 值降低而总溶解无机碳增加。

9.2.3　H_2CO_3 碱度

饮用水中"碱度"一词通常指 $H_2CO_3^*$ 碱度，定义为以 $H_2CO_3^*$ 作为参考物种水对质子的接受能力。该碱度值通常通过强酸滴定到 pH 值接近 4.5。碱度的数学表达式如下:[21]：

$$\text{碱度}_{(H_2CO_3^*)} = 2[CO_3^{2-}] + [HCO_3^-] + [OH^-] - [H^+] \qquad (9-10)$$

碱度单位表示为 meq/L，[　] 代表浓度为 mmol/L。

碳酸盐系统每个物种的浓度是总溶解无机碳、pH 值及碳酸盐系统平衡常数 K_{C_1} 和 K_{C_2} 的函数。碱度是总溶解无机碳和 pH 值的函数。给定 pH 值，总溶解无机碳较高则碱度较高。

9.2.4　缓冲能力

缓冲能力定义为向水中添加强碱或强酸时水抵抗 pH 值变化的能力。天然水的缓冲能力 β，根据已知的碱度值（或总溶解无机碳）和 pH 值，按下列公式计算[22]：

$$\beta = \frac{dC_b}{dpH} = \frac{2.303c_T K_{C_1}(H^+)}{[K_{C_1} + (H^+)]^2} + \frac{2.303c_T K_{C_2}(H^+)}{[K_{C_2} + (H^+)]^2} + 2.303[(H^+) + (OH^-)] \quad (9-11)$$

式中，dC_b 为添加到溶液中的不同量的强碱或强酸；dpH 为加入 dC_b 的量强碱或强酸后引起 pH 值的变化。

由公式（9-11）可知，就碳酸盐系统而言，对于给定的总溶解无机碳值，当 pH 值接近系统的 pK 时（即 pH＝6.3 和 10.3），达到较高的缓冲能力。此外，对于给定的 pH 值，总溶解无机碳浓度较高（对应较高的碱度值），水的缓冲能力较强，能在一定程度上抵抗 pH 值的波动。

9.2.5　pH 值

pH 值是活性氢离子浓度的负对数，可以大体指示溶液的酸性或碱性性质。但是仅 pH 值不能为给定水样的酸碱特性提供足够信息，因为如果水的缓冲能力非常低，即使达到要求的 pH 值，也会由于下游的各种化学反应，导致 pH 值发生很大变化。因此，为了确定水的酸性或碱性，需要知道碱度或总溶解无机碳浓度信息。

9.2.6　碳酸钙溶解度

热力学方面，碳酸钙的溶解，可用固/水界面发生的平行反应来描述[23]：

$$CaCO_3 + H^+ \xrightarrow{k_1} Ca^{2+} + HCO_3^- \tag{9-12}$$

$$CaCO_3 + H_2CO_3^* \xrightarrow{k_3} Ca^{2+} + 2HCO_3^- \tag{9-13}$$

$$CaCO_3 \xrightarrow{k_4} Ca^{2+} + CO_3^{2-} \tag{9-14}$$

通过将水中钙离子浓度和 CO_3^{2-} 活度的乘积（表示为 Q）与 $K_{sp(CaCO_3)}$ 比较，可判断水对碳酸钙固体的饱和情况。当 $Q>K_{sp}$，水对碳酸钙过饱和；当 $Q<K_{sp}$，水对碳酸钙不饱和。

对大多数未经处理的淡化水，离子强度的影响和离子对的形成可以忽略不计，因此，可以不用活度而直接使用浓度。因此，碳酸钙溶解/沉淀的倾向可以被认为是钙离子浓度和碳酸氢根离子浓度的函数。碳酸氢根离子浓度是 pH 值和总溶解无机碳的函数。低 pH 值对应高碳酸钙溶解倾向，总溶解无机碳非常低，碳酸钙溶解向水中释放钙离子和碳酸根离子，碳酸根离子与氢离子反应分别形成碳酸氢根离子和 $H_2CO_3^*$。因此，只有溶解了足够量的碳酸钙，pH 值的增加值足够高，碳酸根离子浓度才会显著增加，导致 Q 值显著增加，溶解倾向才会下降。因此，投加强酸降低淡化水的 pH 值，是提高淡化水碳酸钙溶解倾向的常用方法。促进碳酸钙溶解的另一种方法是将二氧化碳气体溶于水。此外，二氧化碳溶解增加了总溶解无机碳，有助于提高水的溶解能力，只有相当数量的碳酸钙溶解，pH 值和碳酸根离子浓度不断增加，才会最终耗尽溶解势。

从化学计量的角度看，碳酸钙溶解导致水中钙离子和总溶解无机碳以 1∶1 的摩尔比增加。水中的钙离子和碱度也是按 1∶1 的比例增加，单位为 meq/L。

9.3　后处理

为了满足淡化水作为生活饮用水的要求，需要对蒸馏和反渗透产水进行后处理，主要步骤如下：①矿化；②pH 调节；③投加腐蚀抑制剂；④加氟化物；⑤消毒。

下面将分别介绍后处理相关各个步骤。

9.3.1 矿化技术

9.3.1.1 直接投加化学药品法

直接加药，指向水中直接注入化学物质。这些化学品可能是以悬浮液的形式溶解在溶液中，或以浓缩液体的形式转化为二氧化碳气体并溶于水。多数直接加药处理不但向水中增加了硬度，还增加了碱度。

直接投加化学药品的主要优点是简单方便、投资成本相对较低、占地相对较小、可灵活调节产品水水质，可以达到较宽的水质范围。表 9-8 总结了"直接加药"后处理单元常用的化学品，及溶解 1mol 化学品水中相应离子的增加量和其他水质参数的变化结果。显然，通过选择合适的化学品加药量，可达到较宽的水质范围。然而，这种方法的缺点包括：由于化学品购置成本高或现场制备化学品的成本高而导致运行成本高[24]，且会不可避免地添加不必要的离子。实践中淡化水经常投加的化学品组合及相关的水质变化后面将详细介绍。直接投加的这些化学品中的每一种，都可用作任何其他后处理方法的补充方法。

表 9-8 "直接加药"法使用 1mol 单个化学品，Na^+、Cl^-、c_T、碱度和 Ca^{2+} 的增加量[20]

溶解 1mol 药剂	增加量				
	Na^+	Cl^-	c_T	Alk	Ca^{2+}
	Equiv	Equiv	mol	Equiv	Equiv
CO_2^*	0	0	1	0	0
$NaHCO_3$	1	0	1	1	0
Na_2CO_3[①]	2	0	1	2	0
$Ca(OH)_2$[①]	0	0	0	2	2
$CaCl_2$[①]	0	2	0	0	2
NaOH	1	0	0	1	0

① 1mol 药剂＝2 当量。

（1）石灰＋二氧化碳 石灰能增加水的硬度和碱度，但不会增加碳酸盐碱度，因此，这种方法不利于增加水的缓冲能力。此外，为了提高熟石灰的溶解效率，必须先对水进行酸化，因此，在添加熟石灰之前先将二氧化碳溶于水。熟石灰以浆液的形式投加，二氧化碳以液体的形式应用，在水中转化为 $CO_2(aq)$。该方法存在几个缺点[25]：①从工程角度看，使用熟石灰浆液比较复杂，尤其是当淡化水温度较高时，这是因为石灰的溶解度随着温度的升高而降低；②采用该方法会较大幅度增加淡化水的浊度；③该方法难以使产水维持恒定 pH 值。该方法的优点是不会将不需要的离子引入水中。尽管存在上述缺点，这种方法还是被广泛地应用。图 9-2 为坦帕湾反渗透海水淡化厂石灰加药系统的照片。

（2）石灰＋碳酸钠或石灰＋碳酸氢钠 不使用二氧化碳而采用碳酸钠或碳酸氢钠作为总溶解无机碳的来源，将导致产水 pH 值升高，石灰的溶解倾向随之逐渐减小。但是值得注意的是，即使在相对较低的碱度和钙离子浓度下，仍将导致 pH 值过高，因此该方法不可行。这种方法更适合含有一定初始碱度和 $CO_2(aq)$ 浓度相对较高的给水，这种水的特点是 pH 值相对较低[26]。在这种情况下，水的缓冲能力较大，具有较强的溶解石灰的能力。将该方法与基于二氧化碳的石灰溶解法进行比较表明，若采用两种方法达到相同的总溶解无机碳浓

(a) 石灰加药系统(左上角)

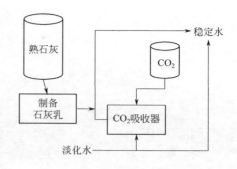

(b) 二氧化碳和石灰直接加药工艺流程图

图 9-2　坦帕湾反渗透海水淡化厂

度和钙离子浓度，使用二氧化碳得到的产品水的碱度较低。此外，使用碳酸钠或碳酸氢钠则会导致产品水中的钠离子浓度升高。

（3）氯化钙＋碳酸氢钠　该工艺是基于化学品的简单溶解，并不需要处理浆液或气体。因此，从工程角度看，比前两种方法简单。不过，氯化钙通常比石灰贵，该方法还会向水中引入不想要的氯离子和钠离子。当钙离子浓度低时，需要提高 pH 值以达到 CCPP（或 LSI）的正值。

9.3.1.2　掺混法

将淡化水与海水或苦咸水掺混，是一种增加淡化水中所需离子浓度的方法，这种方法成本很低，但会向水中引入其他不想要的物质。所有引入的盐的浓度与掺混水的组成和稀释的比例有关，在控制产水水质方面存在一定的局限性，因此，对于生活用水或农业用水，不建议采用掺混法。如果淡化水用于灌溉，掺入海水或苦咸水会使硼、氯离子浓度和钠离子浓度升高。地下水与淡化水掺混，可以作为后处理的补充工艺。通常认为，掺混主要向水中引入硬度和碱度，掺混法作为后处理工艺，一般还需 pH 值调节。例如，阿布扎比市，几乎所有饮用水都来自海水淡化水，其后处理方法是将淡化水与海水按 500：1 的比例混合，然后投加氢氧化钠来提高最终的 pH 值。

9.3.1.3　石灰石溶解法

与"直接加药"不同，石灰石的溶解过程发生在反应器中，反应器的目的是通过石灰石的溶解向水中引入钙离子和碳酸根离子，而不是过滤。为了促进碳酸钙的溶解，在将淡化水引入溶解反应器之前，必须先降低淡化水的 pH 值。在溶解反应器中，由于动力学的限制，实际上并没有达到热力学平衡，离开石灰石溶解反应器的淡化水，其 CCPP 值始终略为负值。因此，虽然碳酸钙的溶解在一定程度上提高了 pH 值，但还必须进一步提高 pH 值，这不仅是为了使水达到更合适饮用的 pH 值，还主要是为了提高 CCPP 值，即生产出能在管网内保持化学稳定性的水。图 9-3 展示了以色列阿什卡隆反渗透海水淡化厂的石灰石投加系统，图 9-4 为以色列海德拉反渗透海水淡化厂二氧化碳＋石灰石溶解工艺流程。

（1）酸化剂　硫酸和二氧化碳常用于降低淡化水的 pH 值。一般来说，如果没有廉价的二氧化碳来源（如经过处理的电厂废气），使用硫酸的成本更低、操作更简单，因此，以色列阿什卡隆 Ashkelon（$1.3 \times 10^8 \mathrm{m}^3/\mathrm{a}$）海水淡化厂后处理选用了硫酸作为酸化剂[27]。使用硫酸的优点是可以达到很高的碳酸钙溶解势，在这种条件下石灰石溶解速度很快，当淡化水

图 9-3　以色列阿什卡隆反渗透海水
淡化厂的石灰石投加系统

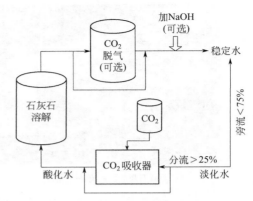

图 9-4　以色列海德拉反渗透海水淡化厂
二氧化碳＋石灰石溶解工艺流程

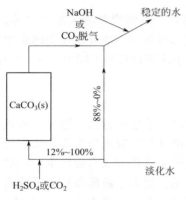

图 9-5　基于石灰石溶解的后处理
工艺流程

流经反应器时能溶解相当多的石灰石，这样就可以使大部分未经处理的淡化水经旁路绕过反应器，然后与反应器的出水混合，这样就大大降低了反应器的建设成本，同时减小了占地面积，详见图 9-5。

从水质角度看，采用硫酸和二氧化碳的主要区别[21]：硫酸＋石灰石溶解工艺，钙离子和碱度的比值在 2∶1 以上，而二氧化碳＋石灰石溶解工艺，钙离子和碱度的比值为 1∶1。

（2）调整最终 pH 值　经过石灰石溶解反应器之后，淡化水的 pH 值仍略低于 7.0，此时通常需要投加氢氧化钠来调节 pH 值。不过，在某些情况下，也可以通过控制脱除二氧化碳进行。但是只有在水离开溶解反应器时对大气中的二氧化碳仍明显过饱和的情况下，才可以通过脱除二氧化碳气体来提高 pH 值。因为该技术的基础是排放过量的二氧化碳，使其接近二氧化碳的水相-气相平衡。因此，这种方法只有在采用二氧化碳作为酸化剂时才可应用。通常，二氧化碳脱除步骤之后，pH 值和 CCPP 值仍不够高。这种情况下，需要投加氢氧化钠进一步提高 pH 值。

（3）二氧化碳气体排放　采用二氧化碳作为酸化剂的石灰石溶解反应器，其运行压力通常高于大气压，这种反应器损失到大气中的二氧化碳是最少的。采用硫酸作为酸化剂的石灰石溶解反应器通常是开放式的，因为开放式的反应器成本更低，且更容易维护。在这种反应器中，溶解了相当数量的石灰石后，水的 pH 值低，总溶解无机碳浓度相对较高，水对大气中的二氧化碳高度饱和。在反应器的出口，总溶解无机碳浓度较高，但 pH 值也较高。因此，溶解的二氧化碳的浓度较低，不过，此时二氧化碳仍然存在过饱和。因此，采用硫酸作为酸化剂的开放式石灰石溶解反应器，会向大气中排放二氧化碳气体。二氧化碳气体的排放降低了水的酸度，使 pH 值升高。因而，减少了其后调整 pH 值所必需的氢氧化钠的用量，这样不但提高了碱度，而氢氧化钠的用量也较低。

9.3.1.4　矿化方法结合

通过上述两种或多种处理方法相结合，可以提高后处理在水质、工艺成本、工程等方面的灵活性和处理效率。后处理方法组合的几个例子，具体如下。

（1）二氧化碳＋石灰石，然后投加石灰：以色列 Hadera $1.3 \times 10^8 \mathrm{m}^3/\mathrm{a}$ 海水淡化厂实施[28]。

（2）二氧化碳＋石灰石，然后与苦咸水掺混或与海水掺混：以色列 Eilat[29]。

（3）直接加药与掺混海水或苦咸水相结合。

（4）二氧化碳＋石灰石，然后使用碳酸氢钠或碳酸钠调整 pH 值（即直接加药），最后，处理后的水再与不到 1% 的海水掺混：如 Gabbrielli 的建议[30]。

（5）二氧化碳＋半煅烧白云石，然后与 0.5% 的海水掺混，这样，只有 100mg/L 的氯离子和 60mg/L 的钠离子被引入产品水。该方法是 Gabbrielli[30]建议的，在得不到后处理用的碳酸盐岩的情况下使用。该工艺方案没有要求直接加药。

9.3.1.5 矿化方法比较

（1）水质 各种后处理工艺得到的水质相似，都含有一定量的钙离子和碱度，只是其他水质指标存在一定的差异。假定各种后处理工艺最终都达到相似的钙离子浓度，以下从水质方面对不同后处理工艺进行评价。

① 氯离子和钠离子增加 如果采用掺混法将淡化水与海水混合使钙离子达到 30mg/L，则成品水中最终增加了 2400mg/L 总溶解性固体，氯离子含量将增加 1200mg/L，钠离子含量将增加 700mg/L，这不符合世界卫生组织发布的饮用水水质标准的相关规定，因此，淡化水和与海水掺混法不可行。如果采用直接添加氯化钙使钙离子达到 30mg/L，则氯离子含量将增加 50mg/L，直接添加碳酸氢钠和碳酸钠，每增加 1mmol/L 的碱度将导致钠离子含量增加 23mg/L。石灰石溶解法导致总溶解性固体含量的增加量几乎可以忽略不计，此外，用氢氧化钠调整最终 pH 值导致钠离子含量的增加值也非常小。而如果采用脱除二氧化碳气体的方法来调整最终 pH 值，则总溶解性固体含量的增加值可以忽略不计。

② 硫酸根离子增加 所有采用硫酸作为酸化剂的后处理方法，都将导致水中硫酸根离子含量的增加。显然，用二氧化碳溶解石灰石不会增加硫酸根离子。直接投硫酸镁也会导致相当浓度的硫酸根离子含量的增加。此外，掺混海水使成品水达到所要求的钙离子浓度（80mg/L，以碳酸钙计），将导致硫酸根离子增加 60mg/L（以硫计）以上。当采用苦咸水与淡化水掺混时，硫酸根离子的增加量取决于苦咸水的组成。

③ 镁离子增加 大部分后处理工艺不会增加成品水中的镁离子含量。添加镁离子可以通过以下方法：一是直接投加氯化镁或硫酸镁；二是白云石溶解；三是石灰石溶解与树脂交换相结合。其中，直接加药技术可以无限制增加镁离子含量；白云石溶解工艺，增加的镁离子含量取决于白云石的溶解量；石灰石溶解与树脂交换相结合工艺，增加的镁离子含量取决于海水水质及石灰石溶解过程所溶解的钙离子浓度。

（2）实际应用

① 缓冲能力 采用不同的后处理方法，最终得到的成品水所能达到的缓冲能力的差别较大。后处理工艺按增加缓冲能力从大到小排列如下：a. 二氧化碳＋石灰石溶解，随后投加氢氧化钠；b. 二氧化碳＋石灰石溶解，随后进行二氧化碳脱气处理；c. 石灰＋二氧化碳；d. 硫酸＋石灰石溶解，随后投加氢氧化钠；e. 硫酸＋白云石溶解，然后加氢氧化钠；f. 直接加药：氯化钙＋碳酸氢钠；g. 掺混海水；h. 投加氯化钙和碳酸钠。

② 灵活性 淡化水与其他水源掺混，在实践中缺乏灵活性，因为它不能精确地控制一个以上的水质参数，而其他工艺的灵活性则较高。尽管如此，每种工艺实际能达到的水质还

是存在一些限制。表 9-9 给出了几种后处理工艺的 3 个主要产水水质限制。注意，用苦咸水为树脂加载镁离子时镁离子/钙离子比例受苦咸水自身镁离子/钙离子比例限制。显然，能提供接近苦咸水的镁离子/钙离子比例并不可行。

表 9-9 各种后处理方法终水水质比较[20]

	后处理工艺	Ca^{2+}/Alk (eq/eq)	TH/Alk (eq/eq)	Mg^{2+}/Ca^{2+} (eq/eq)
1	CO_2+CaCO_3+NaOH	略大于 1	略大于 1	不相关
2	CO_2+CaCO_3+脱除 CO_2	$=1$	$=1$	不相关
3	$H_2SO_4+CaCO_3+NaOH$	≈ 2	≈ 2	不相关
4	H_2SO_4+白云石$+NaOH$	取决于岩石中的比率（>1）	≈ 2	如岩石中的比率（<1）
5	H_2SO_4+方解石$+$白云石$+NaOH$（串联运行）	取决于溶解的方解石和白云石比率（≈ 2）	取决于 NaOH 用量（>2）	取决于溶解的方解石和白云石的比率（<1）
6	$Ca(OH)_2+Na_2CO_3$	很灵活	很灵活	不相关
7	$CaCl_2+NaHCO_3/Na_2CO_3$	很灵活	很灵活	不相关
8	$CO_2+Ca(OH)_2$	1	1	不相关
9	掺混海水	8	49	5
10	掺混苦咸水	取决于苦咸水组成		

③ 处理水的比例 在比较后处理工艺时，处理水的比例是一个重要参数，这取决于石灰石的溶解。从运行成本和投资成本角度分析，后处理装置采用旁路模式运行具有成本效益。分流的最小比率与以下两个参数有关：一是矿化器给水的酸化程度，二是产水水质要求，特别是对钙离子含量和碱度的要求。如果对钙离子含量和碱度的要求比较低，运行装置设计分流百分比可以较小。

一般而言，向水中投加 $1mol/L$ 的二氧化碳所得到的碳酸钙溶解势，比向水中投加 $1mol/L$ 的硫酸所得到的碳酸钙溶解势小得多，且应用二氧化碳要求更高的压力，由此可得出结论，硫酸＋石灰石溶解法所需的分流百分比较低。

Ras Laffan 淡化厂后处理装置设计溶解 $220mg/L$ 碳酸钙，采用二氧化碳气体作为酸化剂。因此，为了得到碱度大于 $80mg/L$（以碳酸钙计）的产水，设计分流比例至少需要达到 37%[31]。De Souza 等人提到，采用二氧化碳使产水中增加 $45mg/L$ 碱度，则分流比例甚至能达到 $10\%\sim20\%$。因此，如果使碱度达到 $80mg/L$ 以上，分流比例大约需要达到 $17\%\sim35\%$[32]。以色列 $1.3\times10^8 m^3/a$ Ashkelon 淡化厂后处理采用 H_2SO_4 作为酸化剂，运行采用的分流比例为 $18\%\sim25\%$。

④ 可靠性 Kettunen 和 Keskitalo[33] 指出：“石灰石溶解法在芬兰受到青睐，因为它能提供恒定的碱度，且不存在投加过量的风险。”此外，通过检验发现，即使石灰石溶解反应器内的水力停留时间从 $0.7h$ 变化到 $5h$，引起的产水 pH 值的变化只有轻微的差异。早在 1981 年人们就认识到，石灰石溶解法能确保“特别的灵活性和可靠性。此外，表征水的稳定性（即 Ca，碱度和 pH 值）的基本参数均可以调整到安全值”。另一方面，还认识到投加石灰可能存在操作和投加方面的问题。

9.3.1.6 矿化设计实例

在淡化水后处理系统中，矿化单元设计是否合理会直接影响产品水的浊度，作为矿化处理单元的核心——矿化池的设计显得极为重要，尤其是对于大型海水淡化工程项目。目前，国内尚没有矿化池的设计实例，可借鉴的经验非常有限。为此，选择国外某石灰石矿化池的设计案例进行介绍，以供参考[34]。

（1）矿化处理工艺 本例中采用二氧化碳溶解石灰石的矿化处理工艺，矿化池进水方式为上流式，处理规模为$100000m^3/d$反渗透海水淡化水。

海水淡化水的Langelier饱和指数为负值，当其通过由石灰石碎粒组成的床体时会提高淡化水的pH值、碱度和硬度。只要石灰石矿化池内的接触时间足够，淡化水就能达到碳酸钙平衡，因而，Langelier饱和指数可接近于0。

实际应用中，通常用空床接触时间（empty bed contact time，EBCT）来描述石灰石矿化池的停留时间，由石灰石床体高度除以流速获得，单位为min。

（2）矿化池构造特点 上流式石灰石矿化池主体结构为混凝土池，从下到上依次分为6个部分：配气系统、配水区、石灰石床体、溢流区、石灰石进料区、石灰石储料仓（见图9-6）。

① 配气系统由安装在矿化池底部混凝土基础板处的PVC管路组成，这些管路与混凝土池外部的集气管和鼓风机相连。

② 配水区所处位置接近于混凝土池底部，由300mm厚的渗透平台组成。渗透平台是由996mm×996mm的渗透平板相互拼接而成的均匀渗透层。平板与平板以及平板与池壁之间用树脂密封，为保证布水的均匀性和合理性，每块平板的侧壁有三个较大的开孔，并在其上表面均匀分布81个孔眼。

③ 石灰石床体区位于渗透平台的上部，由直径为1.5～2.5mm的石灰石碎粒组成，床体高度由具体应用条件决定，一般为1～2m。

④ 石灰石床体表面约在溢出口下方800mm以下，此距离降低了高表面流速条件下石灰石流失的可能性，通常把这部分区域叫作溢流区。

⑤ 石灰石进料区处于溢流区上部，由996mm×996mm的进料板及其钢支架组成。每块板上均匀分布有9个通道，通过这些通道将石灰石碎粒分布于床体表面，由于颗粒分批缓和沉降不会引起浊度上升。石灰石通过重力作用落至床体并由水化学的需求进行动态调节。

⑥ 进料结构本身使得石灰石装卸平台成为一个内置料仓，内置料仓中的石灰石依靠重力作用由投加管到达下部的石灰石床体。池体设置有专门的物料进出口，可用起重机来装卸袋装物料，料仓的储存容量一般可满足系统几周的用量。

（3）矿化池进出水水质（见表9-10）

表 9-10 矿化池进出水水质

项目	进水	出水	项目	进水	出水
温度/℃	28.5	—	Ca^{2+}（以Ca计）/(mg/L)	0.4	26.2
TDS/(mg/L)	100	≤200	碱度（以$CaCO_3$计）/(mg/L)	0.8	—
pH	<7	7.8	HCO_3^-/(mg/L)	—	79.9
Langelier饱和指数	−6.53	−0.1	浊度/NTU	—	<0.5
CO_2	29.2	1.5			

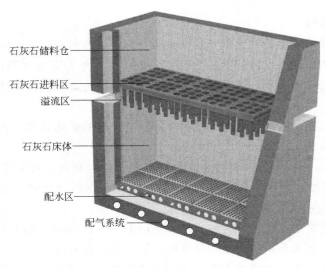

图 9-6　上流式石灰石矿化池的三维构造视图

（4）主要设计参数（见表 9-11）

表 9-11　石灰石矿化池设计参数

项目	数值	项目	数值
处理水量/(m³/d)	100000	水的溢出高度/m	2.65
大池数量/个	4	石灰石床的水头损失/m	0.62
每个大池内的石灰石单元数/个	5	石灰石单元要求的总水头/m	3.27
石灰石单元总数/个	20	内置料仓高度/m	1.35
石灰石单元表面积/m²	10	内置料仓体积/m³	270
石灰石床体的总表面积/m²	200	有效体积所占比例/%	70
石灰石床体高度/m	1.55	石灰石存储体积/m³	189
石灰石床体总体积/m³	310	料仓中的石灰石质量（干）/t	283.5
石灰石粒径/mm	2～2.5	石灰石消耗量（99%纯度，以 $CaCO_3$ 计）/(g/m³)	65.2
石灰石碎粒的密度（干）/(t/m³)	1.5	石灰石日消耗量（99%纯度，以 $CaCO_3$ 计）/(t/d)	6.52
石灰石床体总重（干）/t	480.5	石灰石添加周期/d	44
EBCT/min	4.1	气洗周期/(次/年)	≥2
上升流速/(cm/min)	34.7	每次气洗时间/s	10～15

（5）石灰石的特性参数（见表 9-12）

表 9-12　所用石灰石的主要特性

项目	数值	项目	数值
纯度/%	99.1	氧化铁含量/%	<0.1
SiO_2 含量/%	0.3	水分含量/%	0.14
Al_2O_3 含量/%	0.1	硬度（摩氏）	3
MgO 含量/%	0.2	密度/(g/cm³)	2.7
SO_3 含量/%	0.1		

注：表中含量均为质量分数。

（6）上流式石灰石矿化池的设计特点

① 通过连续进水的设计工艺保持石灰石床体高度恒定，石灰石碎粒分批缓和进入床体并由床体内部的水化学反应动态调节石灰石用量。

② 由于石灰石的添加在与过滤床表面隔离开来的内置料仓内进行，消除了添加操作导致的出水浊度升高问题。

③ 采用模块化的设计方法，使得正常操作条件下可无间断地对单个模块进行气洗。由于单个模块处理的水量仅占处理总量的很小一部分，流失的石灰石细粒会被大量的净水溶解，因此，不存在浊度升高问题。

（7）成本分析　建设一个产水量 10 万吨/天的海水淡化厂，石灰石矿化系统的投资成本约为 3200 万元，吨水运行和维护成本约 0.25 元，具体见表 9-13。

表 9-13　石灰石投资和运行成本

项目	数值	项目	数值
处理水量/(m³/d)	100000	石灰石日成本/(元/d)	6520
石灰石矿化系统投资成本/万元	3200	石灰石年成本/(元/a)	2.38×10^6
石灰石日消耗量（99%纯度）/(t/d)	6.52	吨水石灰石成本/(元/m³)	0.0652
石灰石估价/(元/m³)	1000	石灰石矿化吨水运行成本/(元/m³)	0.25

矿化成本对用于淡化水调质的化学品的单位成本非常敏感，随地点不同可能变化很大。因此，这里提供的成本信息，仅供参考。

9.3.2　pH 调节

海水淡化系统生产的淡化水一般均显酸性。通常需要调节淡化水的 pH 值，可以通过投加氢氧化钠或石灰等实现，以达到控制腐蚀和满足饮用水水质标准的要求。但是，有时淡化水中会含有大量二氧化碳气体，这样在调整 pH 值时需要消耗大量的碱，因此，会在调整 pH 值前进行脱气处理，以减少后续步骤中碱的消耗量。

9.3.2.1　脱气

二氧化碳可以在填料塔内通过空气吹扫脱除，脱气塔的设计通常按最差情况考虑。

如果采用井水作为混合水源，应设置在脱气步骤之前，因此脱气塔的设计应按混合后的流量设计，而不应只按淡化水的流量设计。

脱二氧化碳气是一种典型的后处理工艺。一些天然的地下水含有较高浓度的二氧化碳，一些设计加酸以防止碳酸钙结垢的淡化厂生产的淡化水也会额外释放出二氧化碳，具体反应如下：

$$HCO_3^- + H^+ \longrightarrow H_2O + CO_2 \uparrow$$

脱除溶解气体最常用的技术是使用填料塔强制或诱导通风。诱导通风往往更安静一些，但因为风机和电机处于气流中，因此材料的选择非常关键。

图 9-7 为典型的强制通风塔[35]。设计时需考虑的主要因素有：进入塔内的二氧化碳浓度、离开塔时要求的残留浓度、淡化水的流速、有效脱气要求的空气流速、填料类型、淡化水高效分配需要填料上方有足够空间、空气高效分配需要填料下方有充足空间、材料选择。

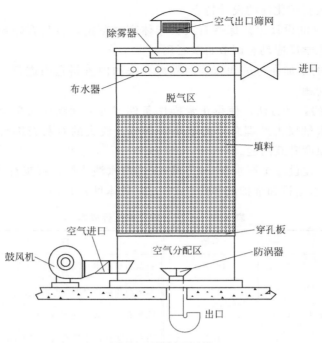

图 9-7　强制通风塔

9.3.2.2　调整 pH 值

由于目前市场上可供选择的化学药剂品种繁多，如何选择将取决于已知药剂的性能及其价格。氢氧化钠和碳酸钠价格虽高，但使用方便，多用于小型海水淡化厂。石灰虽使用不太方便，但价格相对便宜，在大型海水淡化厂应用广泛。

淡化水的 pH 值与碱度（mg/L，以 $CaCO_3$ 计）和 CO_2 浓度（mg/L，以 CO_2 计）比值之间的关系见图 9-8。如果加碱把淡化水的 pH 值提高到 8.2，从图中可查出，碱度与 CO_2 含量的比值（R）约为 100∶1。

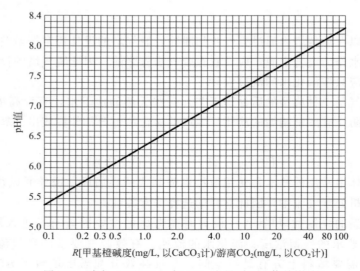

图 9-8　碱度（HCO_3^-）与 CO_2 含量对 pH 值的影响

以加入 98% 的 NaOH 为例，其加碱量 x 可按下式计算：

$$R = (A + 1.23x)/[c(CO_2) - 1.08x] \tag{9-15}$$

式中，A、$c(CO_2)$ 分别为加碱前的碱度（mg/L，以 $CaCO_3$ 计）和加碱前的 CO_2 浓度（mg/L）。

如果加的是其他碱，而不是氢氧化钠，则公式中的系数不是 1.23 和 1.08（见表 9-14），例如 1mg/L 93% 的 $Ca(OH)_2$，则碱度增加 1.26mg/L，CO_2 减少 1.11mg/L，硬度增加 1.26mg/L[36]。

表 9-14　单位加碱量对碱度、CO_2、Ca^{2+} 浓度的影响

碱		碱度增加量（以 $CaCO_3$ 计）/(mg/L)	CO_2 减少量（以 CO_2 计）/(mg/L)	Ca^{2+} 增加量（以 $CaCO_3$ 计）/(mg/L)
种类	百分率/%			
NaOH	98	1.23	1.08	—
Na_2CO_3	99.16	0.94	0.41	—
CaO	90%	1.61	1.41	1.61
$Ca(OH)_2$	93%	1.26	1.11	1.26

注：pH 值为 8.3。

淡化水的 pH 值不是一个独立的水质参数，它与水的碱度、钙离子浓度、CCPP、离子强度等有着密切关系。如果淡化水后处理流程中包括矿化、消毒等单元，则对淡化水 pH 值的调节要综合考虑。

9.3.3　加缓蚀剂

腐蚀抑制剂被广泛用于降低淡化厂产品水的腐蚀性。磷酸盐和硅酸盐主要是通过在管壁上形成保护膜，从而减少金属的溶解达到控制腐蚀的目的。正磷酸盐则是与管道金属离子直接反应生成钝化层。而硅酸盐则是在管壁上形成玻璃状的膜。通常，这些抑制剂是在已经发生腐蚀之后才添加。在这种情况下，通常投加正常浓度的三倍剂量，持续几周以后才开始有保护膜形成。开始加药时应该是连续的，要求进行水循环以使腐蚀抑制剂能完全分配到管网系统的所有部件。采用添加腐蚀抑制剂而不使用添加碱度的方法，通常更适用于当配水系统管道材质是非金属时（如聚氯乙烯，玻璃纤维或高密度聚乙烯管）。在这种情况下，使用腐蚀抑制剂可避免一些可能存在的问题，例如，由于投加石灰或其他以钙为基础的矿物质而导致产品水浊度增加，这样还可以减少化学调质的总体成本。

9.3.4　加氟

氟是能通过饮用水对人体健康产生重大影响的化学元素。淡化技术对氟的脱除率很高，因此淡化水中氟的含量很低，当水中的氟含量 <0.5mg/L 时，会显著增加龋齿病的发病概率。一般认为，水中氟化物的含量为 0.5～1.0mg/L 时是相对适宜的。目前，美国、世界卫生组织等国家和组织对饮用水中氟化物的含量已经做了规定，要求其下限值为 0.5mg/L。我国颁布的《生活饮用水卫生标准》（GB 5749—2006）尚没有给出下限值，只规定饮用水中氟的上限值为 1.0mg/L。因此，后处理还需向淡化水中添加必要的氟化物[37]，常用的添加剂包括氟化钠（NaF）、氟硅酸钠（Na_2SiF_6）等。

9.3.5　消毒

9.3.5.1　概述

为了保护人体健康，防止水致传染病的传播，必须对饮用水中的致病微生物加以控制。消毒工艺是指将水体中的病原微生物灭活，使之减少到可以接受的程度。人体内致病微生物主要包括病菌、原生动物胞囊、病毒等。

水中微生物大多黏附在悬浮颗粒上，原水经过混凝、沉淀和过滤处理后，水中浊度被大幅度降低，同时也除去了大多数细菌和病毒。但为了确保水质满足饮用水细菌学指标的要求，还需要进行消毒处理。给水消毒与生活中的灭菌不同，并非消灭所有微生物，只是力求消灭致病微生物。我国《生活饮用水卫生标准》（GB 5749—2006）对微生物指标进行了规定：每 100mL 水样中，总大肠菌群、耐热大肠菌群和大肠埃希氏菌不得检出，而菌落总数最高限值为 100 CFU/mL。

水的消毒方法很多，可大致归纳为物理法和化学法。物理法消毒主要是利用加热、紫外线辐射等物理手段破坏微生物体内的酶系统或 DNA 进行微生物灭活。但由于成本较高、操作困难、不具备持续杀菌能力等原因在应用上受到了一定限制。化学法是目前使用最广泛、效果最可靠的一种消毒方法。它是通过向水中投加化学药剂破坏微生物细胞壁和体内的酶系统对微生物进行灭活和控制。

理想的消毒剂需要具备的主要特点[38]如下。

（1）不但杀菌效率高，而且具有持续杀菌能力。消毒剂杀菌只有高效，才能保证在用量有限的条件下短时间内灭活微生物。此外，由于许多微生物具有在环境不适宜的条件下形成芽孢或胞囊的能力，一旦环境改善后会再度萌发和繁殖，因此消毒剂的持续杀菌能力非常重要。

（2）安全、不产生有毒副产物。消毒剂用于杀菌的投放浓度必须对人体不产生危害，也不产生其他的有毒副产物。液氯消毒经济、有效、使用方便，有上百年的应用历史。但自 20 世纪 70 年代人们发现受污染水源经氯化消毒后会产生三氯甲烷（THMs）等致癌物，对消毒所产生的有毒副产物的评价便引起了人们广泛重视。目前，虽然液氯仍是应用最广泛的一种消毒方法，但其他消毒方法也日益受到重视。

（3）容易生产，储运方便，成本低廉。原则上，两种淡化工艺的产水基本都不含有微生物，但是，在水的储存或管网配送中淡化水可能受到二次污染。因此，出于安全考虑，不管是热法还是膜法生产出来的淡化水，都必须进行消毒。淡化水后处理消毒的一般原则类似于饮用水的消毒。目前用于饮用水消毒最常用的消毒剂是各种形式的氯（如液氯、次氯酸钠等），因为氯作为消毒剂的效率是公认的，而且氯在消毒过程中在淡化水中产生的消毒副产物的前体浓度也较低。其他的消毒剂如氯胺或二氧化氯可作为次要消毒剂，而臭氧或紫外线照射，可以与氯胺结合使用，以控制微生物在特定情况下的再生长。这些工艺成本相对较高，效果也不是很好，但没有残留效应。下面就常用的几种消毒剂进行介绍。

9.3.5.2　氯化

氯化是应用最广泛的消毒方法，液氯和次氯酸钠是最常使用的两种氯化化学药剂。淡化过程通常已经除去了病毒和其他的有害微生物，加氯的主要目的是提供足够的消毒，这取决于两个关键因素：淡化水温度和接触时间。通常，氯化消毒的加药量为 $1.5\sim2.5mg/L$。尽管氯气在全世界得到广泛的应用，使用液氯还常需考虑使用安全，因为存在氯气意外泄漏的可能性。因此，液氯消毒设备必须配备气体检测、污染和处理设备，以提供足够的公众健康保护。浓度为5%～15%的次氯酸钠溶液，其使用、处理和储存比氯气安全。淡化厂现场使用的次氯酸钠，可以购买商业产品，也可以使用溴化物含量低的氯化钠在现场生产。但是，电解海水生产次氯酸盐的方法并不适合，因为海水的溴化物浓度高，会产生大量的溴酸盐，还可能产生溴化消毒副产物。下面详细介绍氯化消毒的原理、加氯量、加药点及加氯设备。

（1）原理 氯易溶于水中，在清水中，发生下列反应：

$$Cl_2 + H_2O \rightleftharpoons HOCl + H^+ + Cl^- \tag{9-16}$$

次氯酸（HOCl）部分分解为氢离子和次氯酸根离子：

$$HOCl \rightleftharpoons OCl^- + H^+ \tag{9-17}$$

HOCl 和 OCl$^-$ 的比例取决于水的温度和 pH。图9-9表示在0℃和20℃时，不同 pH 条件下 HOCl 和 OCl$^-$ 的含量。pH 高时，OCl$^-$ 较多，当 pH>9，OCl$^-$ 接近100%；当 pH<6，HOCl 接近100%；当水接近中性，pH 在7.5～8之间时，[HOCl]=[OCl$^-$]。

水中存在的 HOCl 与 OCl$^-$ 总量称为游离性氯或自由性氯，简称游离氯。这两者的相对分布很重要，因为 HOCl 的杀菌效率大约是 OCl$^-$ 的40～80倍。

在水中 HOCl 和 OCl$^-$ 都有氧化能力，一般认为主要是通过 HOCl 起消毒作用。这是因为 HOCl 是很小的中性分子，只有它才能扩散到带负电的细菌表面，并穿透细胞壁到细菌内部，氧化破坏细菌的酶系统而使使细菌灭活。而带负电性的 OCl$^-$ 难以接近细菌表面，杀菌能力得不到充分发挥。实践也表明 pH 越低，消毒作用越强，也证实了 HOCl 是消毒的主要因素。

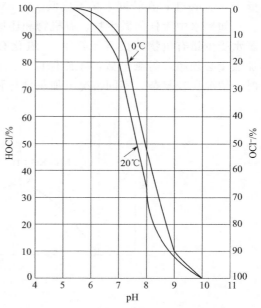

图 9-9 不同 pH 值和水温时，水中 HOCl 和 OCl$^-$ 的比例

以上讨论并没有考虑水中氨氮的存在，实际上很多地表水中由于受有机物的污染而含有一定的氨氮。氯加入这种水中之后，将产生如下反应：

$$Cl_2 + H_2O \rightleftharpoons HOCl + H^+ + Cl^-$$

$$NH_3 + HOCl \rightleftharpoons NH_2Cl + H_2O \tag{9-18}$$

$$NH_2Cl + HOCl \rightleftharpoons NHCl_2 + H_2O \tag{9-19}$$

$$NHCl_2 + HOCl \rightleftharpoons NCl_3 + H_2O \tag{9-20}$$

可见，水中存在着次氯酸 HOCl、一氯胺 NH$_2$Cl、二氯胺 NHCl$_2$ 和三氯胺 NCl$_3$，它们在平衡状态下的含量比例决定于氯、氨的相对浓度、pH 和温度。一般来讲，pH>9，一氯胺占优势；当 pH=7时，一氯胺和二氯胺同时存在，近似相等；当 pH<6.5时，主要成分为二氯胺；而三氯胺只有在 pH<4.5时才存在。

从消毒作用而言，氯氨的消毒也是依靠 HOCl 作用。从平衡反应方程式（9-18）～式（9-20）可知，只有 HOCl 消耗得差不多时，反应才会向左移动，继续释放消毒所需要的 HOCl。因此，有氯胺存在时，消毒作用比较缓慢，需要较长的接触时间。根据实验结果，用氯消毒时5min 可以灭活细菌达99%以上，而用氯氨消毒时，相同条件下，5min 内仅达60%，需要延长接触时间到十几个小时，才能达到 99% 以上的杀菌效果。

比较三种氯胺的消毒效果，二氯胺消毒效果最好，但有臭味；三氯胺消毒作用极差，且有恶臭味。一般自来水的 pH 接近于中性，因此三氯胺基本上不会产生，且它在水中溶解度很低，不稳定，易气化，所以三氯胺的恶臭味并不会引起严重问题。

根据氯在水中的存在状态又称为自由性氯（如 HOCl，OCl⁻）和化合性氯（如各种氯胺）。下面就加氯量进行讨论。

（2）加氯量 水中加氯量包括需氯量和余氯量。需氯量指灭活水中微生物、氧化有机物和还原性物质所消耗的部分氯。为了抑制水中残余病原微生物的再度繁殖，管网中尚需要维持少量余氯。《生活饮用水卫生标准》（GB 5749—2006）规定：出厂水接触 30min 后余氯不低于 0.3mg/L；在管网末梢不应低于 0.05mg/L。

如果水中无任何微生物、有机物和还原性物质，需氯量为零，此时加氯量等于余氯量。若水受少量有机物污染（无氨氮），氧化有机物和灭活细菌要消耗一定的氯量，即需氯量。加氯量必须超过需氯量后，才能保证一定的余氯量。当水中的污染物主要是氨和氮化合物时，情况比较复杂，不同情况下加氯量与剩余氯量之间的关系如图 9-10 折点加氯曲线所示。

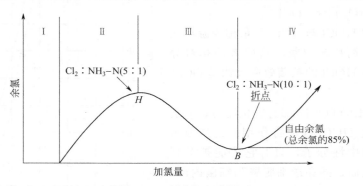

图 9-10 折点加氯曲线

图中，纵坐标代表余氯量，横坐标代表加氯量。Ⅰ区表示水中所加的氯全部被消耗掉，余氯量为零。Ⅱ区表示有化合性余氯存在，主要为一氯胺。有一定持续消毒能力。Ⅲ表示水体中的化合性余氯与新生成的 HOCl 发生了歧化反应，生成不具有消毒能力的其他物质，余氯反而减少，最后达到折点 B 时化合性余氯降低至最低值。超过 B 点后进入Ⅳ区后，此时水中已经没有消耗氯的杂质，出现了自由性余氯。这一阶段消毒效果最稳定。

$$2NH_2Cl + HOCl \longrightarrow N_2 + 3HCl + H_2O \qquad (9-21)$$

消毒处理时，需要根据原水水质和消毒的目的以确定投加氯量的多少。对于给水处理来说，当原水游离氨小于 0.3mg/L 时，通常加氯量控制在折点后。通常将加氯量超过折点需要量称为折点氯化。当原水游离氨高于 0.5mg/L 时，加氯量控制在峰点前；原水游离氨含量在 0.3～0.5mg/L 时，加氯量比较难掌握，可由具体实验确定。

（3）加氯点 在给水处理工艺中加氯点通常有滤后加氯、滤前加氯和管网中加氯三种。消毒为整个海水淡化处理流程的最后一步，加氯通常在其他后处理单元之后进行，淡化水中消耗氯的绝大多数物质已被去除，所以往淡化水中投加氯时，其投量很少。在海水取水时可同时投加氯，起到抑制海洋微生物繁殖的作用；在加混凝剂时同时加氯，可氧化水中的有机物，提高混凝效果；用硫酸亚铁作为混凝剂时，可以同时加氯，将二价铁氧化成三价铁，促进硫酸亚铁的凝聚作用，这些氯化法称为预氯化。

当城市管网延伸很长，管网末端的剩余氯难以保证时，需要在管网中途补充加氯。这样既能保证管网末梢的余氯，又不致使水厂附近管网中的余氯过高，管网中途加氯的位置一般都在加压泵站或水库泵站中。

（4）加氯设备　氯气是有毒气体，人在氯气浓度为 $30\mu L/L$ 的环境中即能引起咳嗽，在 $40\sim60\mu L/L$ 的环境中呼吸 30min 即有生命危险。浓度达到 $100\mu L/L$ 可使人立即死亡。因此，在使用氯气时应十分注意安全。

由于氯气在 $6\sim8atm$（$1atm=101325Pa$）下变成液氯，运输、保存相对方便和安全，水厂中使用的氯气均为这种瓶装液氯。在使用前进行加热和减压挥发成气态氯后由加氯机安全、准确地输送至加氯点。干燥的氯气和液氯对钢瓶无腐蚀作用，但遇水或受潮则会严重腐蚀金属。因此，必须严格防止水和潮气进入氯瓶。图 9-11 为投加氯气布置图。

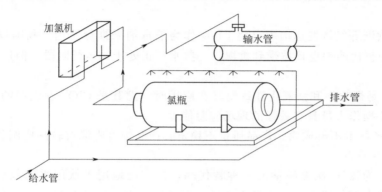

图 9-11　投加氯气布置图

9.3.5.3　氯胺

氯胺化处理是应用较广的消毒选项，这种消毒方法是通过按顺序向产品水中投加氯和氨以形成氯胺。与游离氯相比，氯胺的降解速率慢得多，因此，氯胺也为人们所喜爱，尤其是当产品水输送至温度高、停留时间长、余氯损失可能性大的大型配水系统时。与氯化相比，氯胺化处理会产生较低浓度的不同类型的消毒副产物。在某些情况下，它可能对亚硝酸盐或亚硝基二甲胺的形成起一定作用。由于淡化海水有机物含量非常低，使用氯胺消毒来自海水淡化的水，并不像消毒来源于苦咸水或天然淡水的饮用水那样有利，因此没有广泛应用于实践。但是，如果淡化水需要与氯胺消毒的其他水源混合，则有必要对淡化水进行氯胺化处理。如果经氯化的淡化水与产自天然地表水的经氯胺消毒的饮用水混合，两种水的混合可能加速混合水中余氯的降解。为避免这种降解，建议在淡化水中投加的氯胺剂量，应高于计划用于混合的天然淡化水中氯胺的浓度。

9.3.5.4　二氧化氯

ClO_2 在常温下是一种黄绿色气体，具有刺激性。其溶解度是氯的 5 倍，且不与水发生反应。ClO_2 既是消毒剂，又是氧化能力很强的氧化剂。据有关专家研究，ClO_2 对细菌的细胞壁有较强的吸附和穿透能力，能有效地破坏细菌体内酶系统，对细菌、病毒等有很强的灭活能力。与氯气相比，ClO_2 具有以下优点：

① ClO_2 不与水中有机物作用生成三氯甲烷等有机氯化物。甚至本身能氧化去除 THMs 前驱体。

② ClO_2 不水解，故消毒作用受水体的 pH 值影响小。

③ 消毒能力较氯气强，在相同条件下，投加量较 Cl_2 少。

④ ClO_2 在水中衰减速度较 Cl_2 慢，少量的余氯即能在管网中保持很长时间的持续消毒能力。

ClO_2 本身和其副产物 ClO_2^- 对人体血红细胞有损害。但是，作为给水处理消毒剂时，一般投量在 $1.0\sim2.0mg/L$，这一浓度不会对人体产生危害。ClO_2 极不稳定，气态和液态 ClO_2 均易爆炸，故需要现场制备，即时使用。制取 ClO_2 的方法较多，在给水处理中可采用氯酸盐法或亚氯酸盐法制取。

在实际应用时，制取的产品中总会出现一些氯气。因此必须严格控制反应条件注意产品中氯气的含量，否则在消毒时仍会产生三氯甲烷等氯化副产物。有关试验表明，ClO_2 与 Cl_2 混合物与水中的有机物反应，只有当 ClO_2 含量高于 90% 时，才能彻底抑制有机氯化物的产生。

目前，在欧洲等经济发达国家已将 ClO_2 作为消毒剂来推行使用。我国以 ClO_2 作为传统消毒剂 Cl_2 的替代药剂也日益受到重视，一些水厂正处于试运行阶段，但广泛推广使用仍存在以下问题：

① ClO_2 的易爆炸性和强氧化性致使其在应用时，尤其是 ClO_2 发生器的操作，对技术要求较高，需要操作人员具有较强的现场应急能力；

② 目前制备技术不够成熟，产品质量不稳定，产品中经常混有较高比例的 Cl_2；

③ 制备成本偏高。

二氧化氯作为氯气/次氯酸钠的一种替代品，被广泛地用于饮用水的预氧化和后消毒。与其他的氯化消毒剂相比，二氧化氯不会形成大量的三卤甲烷 TTHM 和可吸附有机卤化物 AOX，并且即使淡化水与其他含溴化物的水源混合，也不会形成溴酸盐。二氧化氯的主要副产物是无机物：亚氯酸盐、氯酸盐及一些有机氧化产物。为了尽量减少氯酸盐的形成，有必要通过设计合理的 ClO_2 发生器来改善，这种 ClO_2 发生器能生产高纯度二氧化氯溶液，达到非常高的转化率。亚氯酸盐是主要的 ClO_2 残留/副产物。在水处理过程中，经过化学还原反应，大约 60% 的 ClO_2 转换为亚氯酸盐离子。但是，对淡化水来说，在输配水管网中维持二氧化物残留量相当低（$0.4mg/L$，约为余氯要求的四分之一），因此亚氯酸盐残留比世界卫生组织的预计限值（$0.7mg/L$）低得多。

9.3.5.5 臭氧

臭氧（O_3）由三个氧原子组成，在常压下呈淡蓝色，是一种具有较强刺激性气味的气体。臭氧的密度为空气的 1.7 倍，易溶于水，在空气或水中极不稳定，易分解为氧气和具有很强氧化能力的新生态氧 $[O]$，使用时需要现场制备。臭氧对人体健康有一定影响，空气中臭氧浓度达到 $15\sim20mg/L$ 即有致命危险，故在水处理中散发出的臭氧尾气需要处理。

臭氧既是消毒剂，又是氧化能力极强的氧化剂。在水中投加臭氧消毒或氧化又称臭氧氧化。作为消毒剂，对顽强的微生物如病毒、芽孢等有强大的杀伤力。臭氧的强大杀菌能力还可能是臭氧对细胞壁具有较强渗透性，或由于臭氧破坏细菌有机体结构而导致细菌死亡。臭氧在水中很不稳定，易消失，持续消毒能力差，故在臭氧消毒后，还需要投加少量的氯、二氧化氯或氯胺。

臭氧作为氧化剂的主要特点是：不会产生三卤甲烷等副产物，杀菌和氧化能力均比氯强。但近年来臭氧化的副作用也开始引起人们的关注，有人认为，水中有机物经过臭氧氧化后，有可能将水中大分子物质变成数量更多的分子较小的中间产物，这些中间产物和后加入的氯反应后，致突变反而增强。目前，臭氧主要与活性炭联合用于水的深度处理。

臭氧被广泛地用于消毒天然淡水的产水。但是，淡化水的臭氧化可能形成过量的可吸附有机卤化物 AOC 和溴酸盐。此外，与来自其他地表水源的饮用水相比，由于淡化水中溴化物含量相对高，还会形成溴酸盐。

9.3.5.6　紫外线消毒

紫外线杀菌的机理目前尚没有统一的认识，较普遍的观点是，细菌体内的 DNA 吸收大量紫外线能量后，可导致结构破坏而被杀死。实验表明波长为 260nm 左右的紫外线杀菌能力最强。同时，紫外线也能促使有机物的化学键断裂后分解。

紫外线的光源由紫外灯管提供。其消毒的主要优点是不会产生三卤甲烷等副产物，处理后的水无色无味。主要缺点是消毒能力受水中悬浮物含量限制，且不具有持续消毒能力。另外，紫外线照射穿透能力有限，不适合处理大流量的给水。

紫外线（UV）照射淡化厂产水是一种可行的消毒替代选择。与其他用紫外线消毒的地表水源相比，淡化水用紫外线消毒需要的剂量通常较低，这是因为淡化水的浊度较低且致病菌含量也较低。紫外线消毒的另一个优点是不会向淡化水中添加任何化学药剂，因此，消毒副产物含量低。但是，它同样没有消毒残留来控制微生物的再生长，其后还需投加氯或氯胺。

9.3.5.7　消毒方法比选

常用消毒方法的选择比较见表 9-15。

表 9-15　常用消毒方法的选择比较[39]

方法	化学式	优缺点	适用条件
液氯	Cl_2	优点： ① 具有余氯的持续消毒作用； ② 成本较低； ③ 操作简单，投量准确； ④ 不需要庞大的设备 缺点： ① 原水有机物高时会产生有机氯化物； ② 原水含酚时产生氯酚味； ③ 氯气有毒，使用时需注意安全，防止漏氯	液氯供应方便的地点
次氯酸钠	NaClO	优点： ① 具有余氯的持续消毒作用； ② 操作简单，比投加液氯安全、方便； ③ 使用成本虽较液氯高，但较漂白粉低 缺点： ① 不能储存，必须现场制取使用； ② 目前设备尚小，产气量少，使用受限制； ③ 必须耗用一定电能及食盐	小型水厂或管网中途加氯
氯胺	NH_2Cl $NHCl_2$	优点： ① 能减低三卤甲烷和氯酚的产生； ② 能延长管网中剩余氯的持续时间，抑制细菌生成； ③ 减轻氯消毒时所产生的氯酚味或减低氯味 缺点： ① 消毒作用比液氯进行得慢，需较长接触时间； ② 需增加加氨设备，操作管理麻烦	原水中有机物多及输配水管线较长时

续表

方法	化学式	优缺点	适用条件
二氧化氯	ClO_2	优点: ① 不会生成有机氯化物; ② 较自由氯的杀菌效果好; ③ 具有强烈的氧化作用,可除臭,去色,氧化锰、铁等物质; ④ 投加量少,接触时间短,余氯保持时间长 缺点: ① 成本较高; ② 一般需现场随时制取使用; ③ 制取设备较复杂; ④ 需控制氯酸盐和亚氯酸盐等副产物	有机污染严重时
臭氧	O_3	优点: ① 具有强氧化能力,为最活泼的氧化剂之一,对微生物、病毒、芽孢等均具有杀伤力,消毒效果好,接触时间短; ② 能除臭、去色,及去除铁、锰等物质; ③ 能除酚,无氯酚味; ④ 不会生成有机氯化物 缺点: ① 基建投资大,电耗高; ② 臭氧在水中不稳定,易挥发,无持续消毒作用; ③ 设备复杂、管理麻烦; ④ 制水成本高	有机污染严重、供电方便处可结合氧化用作预处理或与活性炭联用
紫外线	UV	优点: ① 杀菌效率高,需要的接触时间短; ② 不改变水的物理、化学性质,不会生成有机氯化物和氯酚味; ③ 已具有成套设备,操作方便 缺点: ① 没有持续的消毒作用,易受重复污染; ② 电耗较高,灯管寿命还有待提高	工矿企业集中用户用水,管路过长的供水不适用

如果淡化水中的溴化物浓度较高(来自海水或其他苦咸水),将导致溴化消毒副产物的形成。如果使用臭氧消毒,溴化物的存在会引起溴酸盐增加,如果用氯胺消毒淡化水,当溴化物浓度>0.4mg/L 会降低氯胺的稳定性。

9.3.6 储存和配送

在淡化水的储存和配送过程中保持水质,并不仅是淡化水所面临的挑战,对传统水资源的储存和配送来说,这也是必须面对的问题。水在配送过程中会滋生微生物,这在缺乏有效消毒剂残留及水温高时会经常遇到。水在配送中常见的微生物物种有军团菌、嗜水气单胞菌、假单胞菌、类鼻疽伯克氏菌和非典型分枝杆菌,其中包括一些条件致病菌株。这些细菌的传播路径包括吸入和接触(洗澡),引起的感染主要发生在呼吸道、皮肤损伤或在大脑中。目前没有证据表明这些微生物与摄入饮水引起任何胃肠道感染有关,但军团菌在 25~50℃温度范围内会大量繁殖。因此,水温是控制策略的一个重要组成部分,只要有可能,水温应避开 25~50℃的温度范围[5]。

在热水系统中,存储水的温度应保持在 55℃以上,整个管道系统也应保持相似的水温以防止微生物生长。然而,当热水温度维持在 50℃以上代表着水可能存在结垢的风险。当热水或冷水配送系统的水温不能避开 25~50℃的温度范围时,则需要特别关注消毒及控制生物膜生长。配水系统中淤泥、水垢、铁锈、藻类或黏泥的沉积和聚积，会促进军团菌的生长。如果系统能够保持清洁和流动性，则军团菌不太可能过多地生长。还应考虑选择能抑制微生物生长和生物膜发展的管道工程材料。世界卫生组织提供了很多关于这方面的信息。

储存和配送过程中维持水质取决于若干因素，包括：

① 支持浮动或附着细菌生长的可生物降解的有机物和微量营养素的量；

② 限制铁、铅和铜释放的化学平衡；

③ 残留氧化剂的维持；

④ 是否有可附着的表面及其特性，特别是管道和水库的表面及是否存在腐蚀；

⑤ 维护管道和水库的完整性；

⑥ 生长条件，如停留时间、水力条件和温度。

世界卫生组织的自来水安全指南为降低风险设立了框架，以限制与自来水配送相关的健康风险，这些原则同时也适用于淡化水。对水质的关注应从微生物再生长、消毒副产物的形成和控制管道腐蚀方面考虑。

由于水温高会增加消毒剂的化学反应活性，因此维持整个输水系统中的有效消毒残留有一定难度。对于停留时间过长和水温高的配水系统，使用氯胺可形成对游离氯的有利替代。不过，当存在亚硝化细菌时，氯胺会发生硝化。

9.4　脱硼和深度除盐

9.4.1　脱硼

（1）硼在海水中的存在形式[40]　硼在水中有 4 种存在形式，分别为 H_3BO_3、$H_2BO_3^-$、HBO_3^{2-}、BO_3^{3-}，硼在自然水体中主要以非离子化的硼酸（H_3BO_3）分子形式存在，而硼酸是三元弱酸，当 $7 < pH < 11$ 时，在水中会发生一级电离反应：

$$H_3BO_3 \Longleftrightarrow H^+ + H_2BO_3^-$$

由反应式可知，水中氢离子的浓度，即 pH 值，决定了可逆电离反应的方向，随 pH 值的升高（[H^+] 减少），反应向正方向进行，反之，则向反方向进行。图 9-12 为不同 pH 值下硼酸的各种存在形式及比例[41]。

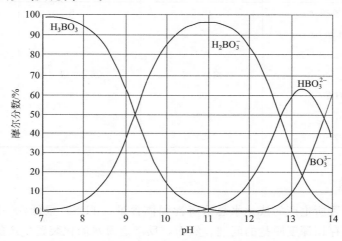

图 9-12　不同 pH 值下硼酸的各种存在形式及比例

海水的 pH 值一般在 7.5～8.4 之间，由图 9-12 可知，海水中约 90％的硼为 H_3BO_3，其余 10％为 $H_2BO_3^-$。当海水 pH 值在 9.2 左右时，二者各占 50％。海水中硼含量较高，标准海水中硼含量约为 4.6mg/L。根据地理位置不同，海水中硼的浓度一般在 4～6mg/L 之间变化。

（2）不同海水淡化方法产水的硼含量　蒸馏法海水淡化产水中各种离子浓度都很低，硼也不例外，其含量在 0.02mg/L 以下。反渗透法海水淡化（SWRO）产水硼含量较高，一般在 0.7～1.8mg/L 之间，这主要是因为反渗透膜在较低 pH 值时对硼的脱除率较低。

（3）脱硼方法、影响脱硼的因素及工程应用

① 脱硼方法　目前脱硼效果较好的方法主要有：反渗透（二级）、硼选择性离子交换树脂、强碱性阴离子交换树脂。这三种方法都可以将硼降低到 0.3mg/L 以下，目前国际上大型反渗透海水淡化工程应用中，最常见的脱硼方法是采用部分或全部二级反渗透工艺。

② 影响反渗透海水淡化产水硼含量的因素　主要有两方面：一是给水水质因素，二是反渗透工艺因素。各因素与反渗透海水淡化产水硼含量的关系详见表 9-16。

表 9-16　影响反渗透海水淡化产水硼含量的因素[42]

影响淡化水硼含量的因素		脱硼率随影响因素变化
给水水质因素	pH 值	pH 值↑，脱硼率↑
	温度	温度↑，脱硼率↓
	离子强度	离子强度↑，脱硼率↑
反渗透工艺因素	通量	通量↑，脱硼率↑
	回收率	回收率↑，脱硼率↓

③ 国外大型海水淡化工程脱硼情况比较　一级产水硼含量很难达到 0.5mg/L 以下，采用部分二级工艺，调节二级给水 pH＞10，产水硼含量可达标。表 9-17 为万吨级以上反渗透海水淡化工程脱硼情况。

表 9-17　国外大型反渗透海水淡化工程脱硼情况[43～45]

海水淡化厂	澳大利亚 Gold Coast	新加坡 SingSpring	日本 Okinawa
规模/（万立方米/天）	12.5	13.6	4
海水中的硼/（mg/L）	5	4～5	4.51
产水中的硼/（mg/L）	＜1	＜0.5	0.84～1.32
工艺	部分二级	部分二级	一级
二级给水 pH 值	10.2	＞10	—
二级回收率	85％	90％	—
系统脱硼率	＞80％	＞88％	＞71％

9.4.2　深度脱盐

蒸馏法淡化装置所生产的淡化水总溶解性固体含量（TDS）很低，一般可达 5mg/L 以下，因此，基本不存在深度脱盐的问题。然而，反渗透海水淡化装置生产的淡化水的总溶解性固体含量相对较高，一级反渗透海水淡化产水的总溶解性固体含量范围为 200～500mg/L，

这主要取决于给水水质（如总溶解性固体含量、离子成分），还取决于给水压力、给水温度、反渗透膜的性能（如脱盐率）以及反渗透的系统回收率等[46]。

早期纯水的需求主要来自于发电、医药、化工、造纸等行业，水质要求相对较低。随着科学技术的飞速发展，电子、电力、制药、食品、化工、轻工、航空航天和冶金尤其是高密度集成电路制造工艺对高等级纯水的制备和检测技术提出了更严格的要求。

海水经过反渗透后，99%以上的离子已经被除去，为进一步提高水质、制造出超纯水，除去溶解在水中的微量元素，还必须对反渗透产品水进行深度脱盐（电阻率＞2MΩ·cm）处理。离子交换技术是传统的深度脱盐技术，可除去反渗透淡化水中剩余的盐分，使之达到特定工艺用水要求。反渗透与离子交换联合除盐系统工艺，与系统给水水质、反渗透装置产水水质及要求的系统出水水质有关。常见的处理工艺如下[36,46,47]：

① 反渗透产品水→除碳器→阳离子交换器→阴离子交换器→混合离子交换器→除盐水；

② 反渗透产品水→混合离子交换器→除盐水。

采用离子交换工艺需要注意的事项如下。

① 避免离子交换树脂受到污染　阳离子交换树脂易受铁、铜和铝的污染，阴离子交换树脂易受有机物污染，这两种树脂均易受胶体污染。如果反渗透系统设计合理，反渗透膜能有效地去除胶体物质、铁、铜、铝和高分子有机物等杂质。

② 避免离子交换膜氧化　强氧化剂能使离子交换树脂降解，因此，淡化水在进入离子交换系统之前不能加氯。一些使用聚酰胺复合膜的反渗透系统，用碘作给水的消毒剂，部分碘能透过反渗透膜，因此，淡化水在进入离子交换系统之前必须除碘，可采用活性炭过滤器或亚硫酸钠除去。

除了离子交换这种传统的深度脱盐技术之外，后来出现了电去离子技术，它巧妙地将电渗析和离子交换技术相结合，利用两端直流电压使水中带电的阴阳离子透过阴阳离子交换膜，从而达到纯化水的目的。同时，水分子在电场作用下产生氢离子和氢氧根离子，这些离子对离子交换树脂进行连续再生，因此无需酸和碱再生。在一定的工艺条件下，出水电阻率可达15~18MΩ·cm。

当对水的水质要求极高时，还会采用电去离子和离子交换联合除盐的工艺，具体如下：

反渗透产品水→电去离子设备→混合离子交换器→除盐水。

参考文献

[1] GB 5749-2006. 生活饮用水卫生标准.

[2] 刘艳辉，冯厚军，葛云红. 海水淡化产品水的水质特性及用途分析. 中国给水排水，2009，25（14）：88-92.

[3] Joachim G，Süleyman Y. An Engineer's Guide to Seawater Desalination. Essen：VGB PowerTech Service GmbH，2008.

[4] 潘献辉，等. 天津反渗透海水淡化示范工程（1000m³/d）. 中国给水排水，2009，25（2）：73-77.

[5] World Health Organization. Desalination for Safe Water Supply [R]. 2007.

[6] Langelier W F. The analytical control of anti-corrosion water treatment. American Water Works Association，1936，28（10）：1500-1505.

[7] Merrill D T，Sanks R L. Corrosion Control by Deposition of CaCO₃ Films：A practical Approach for Plant Operators. American Water Works Association，1977，69（11）：592-597.

[8] 崔小明. 水质稳定性指数判定法简析. 净水技术，1998，64（2）：21-24.

[9] Shock M R，Buelow R W. The behavior of asbestors-cement pipe under various water quality condition：Part 2，theoretical considerations. American Water Works Association，1981，73（12）：636-651.

[10] Larson T E，Skold R V. Corrosion and tuberculation of cast iron. American Water Works Association，1957，49

(10): 1294-1302.

[11] Delion N, Mauguin G, Corsin P. Importance and impact of post treatments on design and operation of SWRO plants. Desalination, 2004, 165: 323-334.

[12] Imran S A. Effect of water quality on red water release in iron drinking water distribution systems [D]. Orlando: University of Central Florida, 2003: 55-56.

[13] Guidelines for Drinking-water Quality, third edition [S]. Geneva: World Health Organization, 2006.

[14] Council Directive 98/83/EC on the quality of water intended for human consumption [S]. The Council of the European Union, 1998.

[15] Kozisek F. Health significance of drinking water calcium and magnesium [EB]. National Institute of Public Health, http://www.szu.cz/topics/environmental-health/health-significance-of-drinking-water-calcium-and-magnesium, 2003.

[16] 王滨滨, 郑宝山, 等. Research on relationship between fluorine in tap water and that in urine of Chinese residents. 中国地球化学学报: 英文版, 2004, 23 (4): 373-379.

[17] Abdulrahman I A. Fluoride content in drinking water supplies of Riyadh, Saudi Arabia. Environmental Monitoring and Assessment, 1997, 48 (3): 261-272.

[18] Amos B, Gideon O. Post-treatment design of seawater reverse osmosis plants: boron removal technology selection for potable water production and environmental control. Desalination, 2005, 178: 233-246.

[19] Guidelines for Drinking-water Quality, fourth edition [S]. Geneva: World Health Organization, 2011.

[20] Liat B, Nikolay V, Ori L. Fundamental chemistry and engineering aspects of post-treatment processes for desalinated water—a review. Desalination, 2011, 273: 6-22.

[21] Liat B, Roni P, Ori L. Quality criteria for desalinated water and introduction of a novel, cost effective and advantageous post treatment process. Desalination, 2008, 221: 70-83.

[22] Ori L, Liat B. Quality criteria for desalinated water following post-treatment. Desalination, 2007, 207: 286-303.

[23] Pokrovsky O S, Golubev S V, Schott J. Dissolution kinetics of calcite, dolomite and magnesite at 25 degrees C and 0 to 50 atm pCO (2). Chemical Geology, 2005, 217: 239-255.

[24] Fritzmann C, Löwenberg J, Wintgens T, et al. State-of-the-art of reverse osmosis desalination. Desalination, 2007, 216: 1-76.

[25] Glade H, Meyer J H, Will S. The release of CO_2 in MSF and ME distillers and its use for the recarbonation of the distillate: a comparison. Desalination, 2005, 182: 99-110.

[26] Withers A. Options for recarbonation, remineralisation and disinfection for desalination plants. Desalination, 2005, 179: 11-24.

[27] Bruno Sauvet-Goichon. Ashkelon desalination plant—A successful challenge. Desalination, 2007, 203: 75-81.

[28] Dreizin Y, Tenne A, Hoffman D. Integrating large scale seawater desalination plants within Israel's water supply system. Desalination, 2008, 220: 132-149.

[29] Glueckstern P, Priel M, Kotzer E. Blending brackish water with desalted seawater as an alterative to brackish water desalination. Desalination, 2005, 178: 227-232.

[30] Gabbrielli E. A Tailored Process for Remineralization and Potabilization of Desalinated Water. Desalination, 1981, 39: 503-520.

[31] Migliorini G, Meinardi R. 40 MIGD potabilization plant at Ras Laffan: design and operating experience. Desalination, 2005, 182: 275-282.

[32] De Souza P F, Du Plessis G J, Mackintosh G S. An evaluation of the suitability of the limestone based sidestream stabilization process for stabilization of waters of the Lesotho highlands scheme. Water SA-Special Edition, Wisa Proceedings, 2002, South Africa.

[33] Kettunen R, Keskitalo P. Combination of membrane technology and limestone filtration to control drinking water quality. Desalination, 2000, 131: 271-283.

[34] Manuel Hernández-Suárez. Short guideline for limestone contactor design for large desalination Plants (Rev. 3) [R], 2005.

[35] Ian C Watson. Reverse osmosis water treatment systems design guidelines manual. Oman: middle East Desalination Research Central, 2006.

[36] 冯逸仙，杨世纯. 反渗透水处理系统工程. 北京：中国电力出版社，2005，202-203.

[37] 葛云红，等. 海水淡化水进入市政管网需考虑和解决的问题. 中国给水排水，2009，25（8）：84-87.

[38] 赵奎霞，等. 水处理工程. 北京：中国环境科学出版社，2008.

[39] 上海市政工程设计研究院. 给水排水设计手册第三册城镇给水：第二版. 北京：中国建筑工业出版社，2004.

[40] 葛云红，冯厚军. 硼的问题对反渗透海水淡化发展的影响预期. 中国给水排水，2011，27（24）：17-19.

[41] Faigon M，Hefer D. Post-treatment design of seawater reverse osmosis plants：Boron rejection in SWRO at high pH conditions versus cascade design. Desalination，2008，223：10-16.

[42] Markus B，William E M，et al. Boron removal in sea water desalination. In：IDA world congress proceedings. Bahrain：2003.

[43] Nelly Cannesson. The Gold Coast desalination project，much more water than an RO plant. In：IDA world congress proceedings. Tianjin：2008.

[44] 童金忠，等. 新加坡新泉海水淡化厂案例分析. 中国脱盐，2007，4：29-33.

[45] 日本造水促进协会. 日本冲绳县北谷海淡厂海水淡化工程经验. 中国脱盐，2006，5：29-33.

[46] 阮国岭. 海水淡化工程设计. 北京：中国电力出版社，2012.

[47] 周正立. 反渗透水处理应用技术及膜水处理剂. 北京：化学工业出版社，2005.

第 10 章

海水淡化后浓海水综合利用

随着大规模海水淡化工程的实施，其副产的大量浓海水利用问题引起了人们的广泛关注。浓海水不但含盐量高，而且含有海水预处理时的一些化学物质，如果排放不当，将会对土壤、地表水、海洋环境等造成污染。目前虽未见中小规模海水淡化工程对环境有明显影响的报道，但在大型海水淡化工程中，特别在封闭海域，高盐度浓海水的直接排放对生态环境的影响是显而易见的。盐（氯化钠）、镁、钾和溴是四大主要浓海水化学资源，也是化学工业的基础原料及重要产品，因此大量排放具有较高浓度和稳定性质化学资源的浓海水也造成资源浪费。

由于海水淡化后浓海水中化学物质的浓度提高了约一倍，为浓海水进行综合利用提供了方便，可降低海水资源综合利用过程中提取化学物质的能量消耗，易于实现工艺联产，从而减少海水淡化的造水成本。因此对浓海水的资源化利用，不仅可以解决其排放对海水水质的影响，还可使化学物质变废为宝，从而提高海水淡化效益、保护生态环境。根据国家发展循环经济、加强海洋环境保护的要求，随着海水淡化规模化、产业化的发展，浓海水利用技术的开发已成为重要课题。

实现海水综合利用需要一系列高新技术，需重视具有自主知识产权的关键技术、关键材料和关键设备的研发，以期实现海水淡化与浓海水利用技术同步发展。目前，浓海水综合利用技术发展迅速，有的技术已实现了产业化。

10.1　浓海水综合利用进展

根据国务院《关于加快海水淡化产业发展的指导意见》的目标，2015 年全国的海水淡化规模将达到 220 万～260 万立方米/天。根据现行的海水淡化工艺，每生产 $1m^3$ 淡水将副产浓缩海水 1.0～$2.0m^3$。若将副产浓海水资源的 80% 加以利用，则可形成约 120 万吨钾肥、12 万吨溴素、250 万吨镁盐材料和 1500 万吨精盐的产业链。当 2020 年海水淡化 600 万～800 万立方米/天的目标实现时，浓海水资源化利用新兴产业的产值将达到 400 亿元以上。因此，海水资源综合利用，特别是浓海水资源化利用，不仅可获得很好的综合经济效益，而且将为解决国内急缺的钾、溴、锂等矿物的来源以及保护海洋环境做出重要贡献，其前景非常广阔。

浓海水是指海水淡化过程产生的浓缩海水。对于不同的海水淡化工艺（热法或膜法）的淡化厂，其产生的浓海水组成差异较大。国内一些海水淡化厂副产的浓海水组成见表 10-1[1]。

表 10-1 浓海水物理性质及化学组成

样品编号	浓度/°Bé	温度/℃	pH	化学组成/(g/L)							淡化工艺
				Na^+	K^+	Ca^{2+}	Mg^{2+}	Br^-	Cl^-	SO_4^{2-}	
C-01	5.4	12	8.7	14.82	0.59	0.76	1.75	0.094	22.86	3.52	热法
C-02	4.9	17	8.5	14.25	0.52	0.65	1.66	0.088	21.97	3.52	热法
C-03	4.7	24	8.5	13.17	0.48	0.74	1.57	0.082	20.32	3.17	热法
C-04	6.0	21	7.5	17.84	0.65	0.77	2.22	0.094	30.87	4.79	膜法
C-05	6.1	20	7.1	18.77	0.71	0.69	2.41	0.091	34.28	4.82	膜法

由表 10-1 可知，膜法海水淡化工艺副产浓海水的浓缩率较高，在 1.6～1.8 倍；热法海水淡化的浓缩率较低，在 1.2～1.5 倍。

10.1.1 海水制盐

盐是最基础的化工原料，又是人们日常生活的必需品。常用的海水制盐技术主要有两种，即盐田法和电渗析法。盐田日晒法是古老的制盐方法，也是国内目前仍普遍沿用的方法。制盐的过程包括纳潮、制卤、结晶、采盐、贮运等步骤。我国盐田法海水制盐历史悠久，2012 年海盐产量达 3100 万吨，居世界首位。

多年来，我国在"深、新、长制盐结晶工艺"、池板防渗、塑膜苫盖和盐用机械化方面有了很大进步。但是，盐田日晒法制盐技术受环境影响很大，海水的盐度、季节变化、地理位置、降雨量、蒸发量等因素都会直接影响盐的产量，并且这种方法占用的土地资源很大，尤其是随着滨海地区经济高速发展，土地资源日益紧张，盐田法海水制盐的进一步发展将受到制约。

电渗析法是随着膜分离技术发展而产生的一种新的制盐方法，该法通过选择性离子交换膜电渗析浓缩制卤，真空蒸发制盐。可以充分利用海水淡化所产生的大量含盐量高的浓海水为原料来生产盐。与盐田法相比，电渗析法节省了大量的土地，而且不受季节影响，且节省人力。例如，生产 15 万吨盐，盐田法占地近 500 公顷，电渗析法仅需 20～30 公顷；电渗析法所需人员只有盐田法的 1/10～1/20。日本是目前世界上唯一用电渗析法完全取代盐田法制盐的国家，工厂化海水制盐年产量为 150 万吨。

10.1.2 海水提钾[2]

钾为植物生长的三大要素之一。据统计，世界平均氮磷钾肥的施用比例为 1：0.5：0.4，钾肥的总消费量在 6000 万吨/年（实物量）。由于陆地钾矿分布不均匀，全球陆地可溶性钾矿的储存和生产 90%集中在加拿大、俄罗斯、乌克兰、德国、以色列、约旦、美国等 7 个国家，而绝大多数国家钾矿贫乏，依赖进口，因此世界众多沿海国家致力于海水钾资源的开发。

自 1940 年挪威科学家 Jilland 提出第一个海水提钾专利至今，已有化学沉淀法、溶剂萃取法、膜分离法、离子交换法和综合流程法等五种技术路线的百余个专利方法。除实验室的研究以外，工业化中试还进行过两次：1949 年荷兰与挪威投资 200 万美元进行千吨级二苦胺沉淀法提取硝酸钾中试；1969 年日本政府投资 70 亿日元进行"海水淡化及副产物利用大型开发研究"，以日产淡水 10 万吨多级闪蒸为主进行综合利用，最后以电解法提取液体钾碱。上述海水提钾方法及工业化的中间试验均取得了阶段性成功，但因海水的组成复杂、浓度稀薄，造成高效分离提取钾盐技术难度大，特别是经济上不易过关，所以均未能实现工业化。因此，海水提钾过经济关、实现工业化是一项世界性的技术难题。

我国政府高度重视海水钾资源的开发，在国家科技部和地方科技部门的长期培育下，经过近 30 年的不懈攻关，具有我国原创性自主知识产权的沸石离子筛法海水提钾技术已取得了技术经济的重大突破。特别是"十五"期间，在国家重点科技攻关项目和省市重大科技项目的支持下，河北工业大学等单位通过产学研联合攻关，研制成功"改性沸石钾离子筛"核心技术，突破了海水中钾的高选择性、高倍率富集和钾肥的高效、节能分离等一系列关键技术难题，已取得发明专利 12 项。开发出沸石离子筛法海水提取钾肥高效节能技术，并成功地完成了百吨级中试和万吨级工业试验，获得了产业化技术。研究结果表明，改性沸石对海水中钾的交换容量达 25mg/g，钾的富集率达 200 倍，钾肥产品质量达进口优质钾肥标准，生产成本则较进口钾肥降低 30%，从而在国际上率先实现了海水提钾过技术经济关。

上述成果分别通过了国家科技部、河北省科技厅和天津市科委组织的验收鉴定。目前，应用上述技术成果的万吨级海水提钾工程正在山东、河北等地企业实施，且先后获得 1998 年国家技术发明三等奖、2010 年河北省技术发明一等奖和 2011 中国国际工业博览会创新奖。

10.1.3　海水提溴

溴素是重要的精细化工原料，广泛地应用于阻燃剂、制药、制冷、电子化学品等行业，全世界溴素的产量在 40 万～50 万吨/年，其中约 20% 来自海水，其余来自盐湖水和地下井卤。溴素是第一个直接从海水中发现并成功分离提取的元素。目前，从海水提取溴素的工艺技术有空气吹出法、溶剂萃取法、吸附法和沉淀法等。其中，工业化工艺主要是由美国 DOW 化学公司开发的空气吹出法。

我国溴素年产量在 12 万～15 万吨，其中以山东地区的地下卤水为原料利用空气吹出法生产的溴素占全国溴素生产量的 90% 以上，剩余的部分则是以海水制盐过程中的中度卤水为原料采用空气吹出法或水蒸气蒸馏法进行生产。但是，随着近年来的过度开发，地下卤水含溴品位急剧下降，将无法保证我国溴素及相关产业的可持续发展，因此，直接开发海水或淡化后浓海水中溴素资源已提上日程。

由于海水中溴浓度较低，采用空气吹出法直接从海水提溴则存在着吹出塔设备庞大、电耗高等问题。为此，近年来国内外相继提出了聚乙烯管式膜法、表面活性剂泡沫解吸法、离子交换吸附法、液膜法、气态膜法等新的提溴工艺方法，以期取代空气吹出法。

10.1.4　海水制镁[3]

镁及镁化物是重要的工业原料，在合金材料、耐火材料、建筑材料和环保材料等行业具有广泛用途。镁在海水中含量仅次于钠，储量极丰，如果镁盐不能合理开发利用便无法实现可持续开发的海水综合利用。在国外，利用沉淀法由海水制取氢氧化镁、高纯氧化镁技术经过几十年的发展，已形成数百万吨的产业化规模。在我国，海水中镁资源的开发利用仅限于利用海盐苦卤生产氯化镁和硫酸镁，年产量在 40 万～50 万吨。

从发展趋势看，功能性镁化物的开发愈来愈受到重视。首先，氢氧化镁作为工业废气、废液处理的环保型碱性中和剂，在发达国家得到广泛应用，美国、日本等国家的使用量均已达百万吨以上。我国环保型氢氧化镁浆的开发刚刚起步，随着人们环保意识的增强和国家环保法规的健全，市场潜力巨大。其次，氢氧化镁作为新型无机阻燃剂，由于其特有的抑烟、无二次污染等特色，愈来愈得到重视，市场开发前景广阔。

10.1.5　海水提锂[4]

锂是自然界中最轻的金属，被公认为推动世界进步的能源金属。锂及其盐类是国民经济和国防建设中具有重要意义的战略物资，也是与人们生活息息相关的新型绿色能源材料，特别在化学电源、新合金材料、核聚变发电等高技术领域具有广阔的发展前景。目前全世界锂的消耗量约为30万吨/年，并以每年7%～11%的速度持续增长。然而，世界上陆地锂资源总量约为1700万吨（折合金属锂），远不能满足锂的远景市场需要。相比之下海水锂资源总量约2400亿吨，资源量非常巨大，因此，近些年来国内外科研工作者开始探索海水提锂的技术，并取得了一定的进展。

日本、美国等工业发达国家已从事多年海水提锂的研究，并取得了显著的进展。在海水提锂研究中主要应用溶剂萃取法和吸附剂法。由于海水中锂浓度仅为0.17mg/L，吸附剂法被认为是最有前途的海水提锂方法。目前研究出的锂吸附剂包括：无定型氢氧化物吸附剂、层状吸附剂、复合锑酸型吸附剂、离子筛型氧化物吸附剂等。其中，尖晶石型锰氧化物离子筛由于具有很好的吸附性能和较大的锂吸附量而被认为最具有开发前景。日本行政法人财团海洋资源与环境研究所合成的吸附剂（前驱体为锂锰氧化物$Li_{1.6}Mn_{1.6}O_4$）对锂的最高吸附量可达40mg/g，已研制出吸附法海水提锂流程方案和装置，并完成了海水提锂批量扩大试验。韩国地质资源研究院利用高性能吸附剂建成了用于海水提锂的分离膜储存器系统，基体吸附剂的单位吸锂量可达45mg/g，且可无限制地反复使用。

国内的海水提锂研究刚刚起步，许多单位开展了锂离子筛的研制工作，在锂吸附量方面已接近国际先进水平。今后应注重离子筛在海水提锂中的应用研究，以尽快形成海水提锂技术，为实现海水提锂工业化奠定基础。

10.1.6　海水提铀[5]

铀是核工业原料。随着世界核能事业的发展，对铀的需求也与日俱增。进入21世纪，全世界平均每年消耗约7万吨U_3O_8，而陆地铀的总储量只有300万吨U_3O_8，即使把低品位的铀矿及其副产品铀化物以及所有库存、废铀重新处理等也计算在内，总量也不会超过500万吨U_3O_8，仅够人类使用几十年。

从20世纪70年代开始，英国、美国等国开始进行从海水中提取铀的研究，而后日本在1973年也开始这方面的工作，分别提出了几种海水提铀的方法和途径，并进行了应用试验。目前从海水中提取铀的方法主要有：吸附法、共沉淀法、泡沫浮选法、生物法、离子交换法和液膜萃取法等。其中，吸附法是目前研究最热门的方法。吸附法海水提取铀是由吸附、脱附、浓缩、分离等工序组成，其最重要的是要研制高性能的吸附剂。对铀吸附剂的要求是吸附量大、吸附效率高，价廉而耐用，在海水的条件下易回收，并且容易洗脱。吸附剂一般可分为两类，即以肟胺基化合物螯合吸附剂为代表的有机类和以水合氧化钛络合吸附剂为代表的无机类。日本利用肟胺基树脂进行了海水吸附铀放大试验，在200天内得到了3.5g/kg（以吸附剂为基准）的海水铀，相当于磷酸稀土铀矿含量的5倍，并最终得到了2.2g的重铀酸铵沉淀。目前，日本正在进行纤维状和球状肟胺基螯合吸附材料的开发，并开始海水提铀工艺技术与设备的研究。

我国是铀矿资源不甚丰富的国家。据近年我国向国际原子能机构陆续提供的一批铀矿田的储量推算，我国铀矿探明储量居世界第 10 位之后，不能适应发展核电的长远需要。因此，为了保证国家的能源和国防安全，开发海水提铀技术势在必行。我国曾于 20 世纪 70～80 年代开展过大量的吸附法海水提铀研究工作，但至今未能取得突破性进展，还需进一步加强研发力度。

10.1.7　海水提重水

重水（D_2O）是核裂变反应必需的辅助原料，也是制造重氢的基本原料。压水堆是我国核电发展的主流技术，而重水堆因其独特的堆芯设计和运行特点，在技术上具有一定的竞争优势。立足于这些技术优势，通过对重水堆技术的开拓创新，可使重水堆具备"一堆多产"的能力，并且具备与压水堆"互补运行"的特点。近年来，秦山三核的技术人员立足于重水堆的技术优势，不断开拓创新重水堆技术，取得可喜成绩。此外，随着可控核聚变技术的日趋成熟，重水的需求量将日益扩大。

重水主要赋存于海水中，总量可达 250 万亿吨。重水现在已是核反应堆运行不可缺少的材料，因此从海水中提取重水将成为重点发展的方向。

10.2　浓海水提钾

10.2.1　概况

10.2.1.1　钾的概况

1807 年，戴维进行了电解碳酸钾实验，获得了一些富有金属光泽、类似水银的珠粒状新物质：将其投入水中，水被剧烈分解，放出氢气，氢气和它一起燃烧，产生紫色火焰，形成苛性碱溶液。戴维以 potash（碳酸钾）命名它为 potassium（钾）。钾的拉丁名 *kalium* 是从 kali（阿拉伯文中海草灰中的碱）来的，因而化学符号为 K。由于单质钾的密度很小（15℃时，钾的相对密度是 0.865），所以当时没有人相信它是金属，因为它的密度比水还小，在 1811 年，由盖吕萨克和泰纳尔证实了钾是一种元素。钾的化学性质比钠还要活泼，暴露在空气中，表面覆盖一层氧化钾和碳酸钾，使它失去金属光泽，因此金属钾应保存在煤油中以防止氧化。我国科学家在命名此元素时，因其活泼性在当时已知的金属中居首位，故用"金"旁加上表示首位的"甲"字而造出"钾"这个字。

钾在地壳中的含量为 2.59%，占第七位。钾在自然界中只以化合物形式存在，如氯化钾、硫酸钾、碳酸钾、硝酸钾、磷酸二氢钾等。在云母、钾长石等硅酸盐中都富含钾；在天然海水中，除了氯、钠、镁、硫、钙之外，钾的含量占第六位，为 0.39‰。在动植物体内也含有钾，正常人体内约含钾 175g，其中 98% 的钾贮存于细胞液内，是细胞内最主要的阳离子。已发现的钾的同位素共有 16 种，包括 ^{35}K 至 ^{50}K，其中只有 ^{39}K 和 ^{41}K 是稳定的，其他同位素都带有放射性。

钾肥是三大农肥之一，可有效增强农作物的抗寒、抗旱、抗病能力，增加农作物的产量，提高农作物的质量。钾盐也是重要的化工原料，在工业、医药卫生、国防等领域均有广泛用途[6,7]。

可用来提取钾盐的资源主要包括陆地钾矿资源（详细信息见表 10-2）和盐湖钾资源（详细信息见表 10-3）与海洋钾资源[8]。其中，已探明陆地钾矿资源总量约 95 亿吨（以

K_2O 计，后同），储量基础约 2500 亿吨，主要存在于钾盐矿（KCl）、光卤石（KCl·$MgCl_2$·$6H_2O$）、杂卤石（$2CaSO_4$·K_2SO_4·$2H_2O$）、钾长石 $[K(AlSi_3O_8)]_2$ 及盐湖中，而且分布极不均匀，90%以上集中在加拿大、俄罗斯、白俄罗斯和德国四国；海洋钾资源总量约 660 万亿吨，数目巨大。因此，沿海缺钾国家一直致力于海水钾资源的提取利用研究，特别是伴随海水淡化产业的发展，以浓海水为原料的化学资源提取利用发展方兴未艾[9,10]。

表 10-2　各种陆地钾矿资源组成

序号	矿物名称	水溶性	化学组成	密度/(kg/m³)	硬度	理论 K_2O 含量（质量分数）/%
1	钾石盐	可溶	KCl＋NaCl	1970～1993	2	52.44
2	光卤石	可溶	KCl·$MgCl_2$·$6H_2O$	1618	1.22	17.0
3	硫酸钾石	可溶	K_2SO_4	2070～2590	2.23	54.0
4	钾盐镁矾	可溶	KCl·$MgSO_4$·$3H_2O$	2082～2138	2.52	18.9
5	无水钾镁矾	可溶	K_2SO_4·$2MgSO_4$	2830	3.5～4	18.8
6	钾镁矾	可溶	K_2SO_4·$MgSO_4$·$4H_2O$	2201	2.5～3	21.3
7	软钾镁矾	可溶	K_2SO_4·$MgSO_4$·$6H_2O$	2028	2.5	19.42
8	钾芒硝	可溶	$3K_2SO_4$·Na_2SO_4	2697	3～3.5	43.2
9	杂卤石	不溶	K_2SO_4·$MgSO_4$·$2CaSO_4$·$2H_2O$	2.720	3	15.6
10	霞石	不溶	K_2O·Al_2O_3·$2SiO_2$	2580～2500	5.5～6.0	30.1
11	钾长石	不溶	K_2O·Al_2O_3·$6SiO_2$	2570	6.0	16.9
12	白榴子石	不溶	K_2O·Al_2O_3·$4SiO_2$	2450～2500	5.5～6.0	22
13	明矾石	不溶	K_2O·$3Al_2O_3$·$4SiO_2$·$6H_2O$	2560～2750	3.5～4.0	11.4

表 10-3　典型盐湖钾资源分布情况

序号	盐湖名称	所属地
1	大盐湖	美国
2	赛尔斯湖	
3	温多费湖	
4	卡拉加兹湖	俄罗斯
5	印吉尔湖	
6	古德纳夫湖	加拿大
7	马可力德湖	澳大利亚
8	查尔汗盐湖	中国

10.2.1.2　钾产品性状与用途

（1）氯化钾

① 物理化学性质　氯化钾是一种白色或暗白色的立方晶体；分子式 KCl，相对分子质量 74.55；密度 1.988g/cm³（30℃）；熔点 776℃；比热容 0.163kcal/(kg·℃)（1kcal＝4.18kJ，后同）；硬度 2.0（矿物）；溶解热（吸热）4.404kcal/mol（溶于无限多摩尔的 H_2O 中）；晶系属立方晶系，轴角 $\alpha=\beta=\gamma$，轴长 $X=Y=Z$；在水中的溶解度随温度的升高而迅速增大。

② 用途　主要用作肥料，其次作为化工原料用于制造其他化工产品，广泛应用于化学玻璃、医药、纺织、造纸、火柴、炸药、烟火等行业。

③ 质量标准　氯化钾的质量标准执行 GB 6549—2011，其技术要求如表 10-4 所示。

表 10-4　工农业用氯化钾技术要求

项目		指标					
		Ⅰ类			Ⅱ类		
		优等品	一等品	合格品	优等品	一等品	合格品
氧化钾（K_2O）的质量分数/%	≥	62.0	60.0	58.0	60.0	57.0	55.0
水分（H_2O）的质量分数/%	≤	2.0	2.0	2.0	2.0	4.0	6.0
钙镁合量（Ca+Mg）的质量分数/%	≤	0.3	0.5	1.2	—	—	—
氯化钠（NaCl）的质量分数/%	≤	1.2	2.0	4.0	—	—	—
水不溶物的质量分数/%	≤	0.1	0.3	0.5	—	—	—

注：1. 除水分外，各组分质量分数均以干基计。
2. Ⅰ类中钙镁含量、氯化钠及水不溶物的质量分数作为工业用氯化钾推荐性指标，农业用不限量。

（2）硫酸钾

① 物理化学性质　硫酸钾是一种无色斜方或六方晶体，具有四种同质多晶体，其转变温度为 300℃、350℃、449℃和 585℃；分子式 K_2SO_4，相对分子质量 174.24；密度 2.662g/cm^3；相对密度 2.950（30℃）；熔点 1069℃；沸点 1689℃；具有辣味，吸湿性小，不易结块；易溶于水，不溶于乙醇、丙酮和二硫化碳。

② 用途　硫酸钾是一种优质的无氯钾肥和重要的化工原料。作为钾肥，特别适用于烟草、柑橘、亚麻等忌氯作物，硫酸钾可提高土壤的硫含量，改善土壤的作用，是制造复合肥料的主要原料之一；作为化工原料可用于制造其他钾盐，并应用于玻璃、染料、医药等行业。

③ 质量标准　现在农业用硫酸钾的质量标准执行 GB 20406—2006，其技术要求如表 10-5 所示。

表 10-5　农业用硫酸钾的要求

项目		粉末结晶状			颗粒状		
		优等品	一等品	合格品	优等品	一等品	合格品
氧化钾（K_2O）的质量分数/%	≥	50.0	50.0	45.0	50.0	50.0	40.0
氯离子（Cl^-）的质量分数/%	≤	1.0	1.5	2.0	1.0	1.5	2.0
水分（H_2O）的质量分数/%	≤	0.5	1.5	3.0	0.5	1.5	3.0
游离酸（以 H_2SO_4 计）的质量分数/%	≤	1.0	1.5	2.0	1.0	1.5	2.0
粒度（粒径 1.00～4.75mm 或 3.35～5.60mm）/%	≥	—	—	—	90	90	90

（3）硝酸钾

① 物理化学性质　硝酸钾（KNO_3）俗称火硝，126℃以下时呈正交晶体，126℃以上时呈菱面晶体。无臭、无毒、味咸并有清凉感，密度 2.019g/cm^3（16℃），熔点 334℃。在空气中不易潮解，加热至约 400℃时分解放出氧转变成亚硝酸钾，继续加热则生成氧化钾和氮氧化物气体。易溶于水，能溶于液氨和甘油，不溶于无水乙醇和乙醚。它是强氧化剂，与

有机物接触能引起燃烧爆炸，并放出有刺激气味的有毒气体，与碳粉、硫黄加热时能发出强光并燃烧，与还原剂和钛、锌等金属粉末接触能引起燃烧或爆炸。

② 用途　农业上硝酸钾是一种双元、高品位（含钾 $44\%\sim45\%$，含氮 13.5%，总养分量达 60%）的无氯钾肥，可单独使用或以掺混肥、复合肥、液体肥料的形式使用，不挥发，不会在土壤中积累盐类。工业上硝酸钾是一种重要的无机化工原料，用作催化剂、选矿剂等；在电镀中用作纯化原料和助剂；陶瓷工业用于制造瓷釉彩药；医药工业上用于生产青霉素钾盐、利福平等药物；食品工业中用作发色剂、护色剂、抗微生物剂、防腐剂。此外，可制造黑色火药（如矿山火药、引火线、爆竹等原料），以及用于制造汽车灯玻壳、光学玻璃显像管玻壳等。

③ 质量标准　农业用硝酸钾的质量标准执行 GB/T 20784—2013，其技术要求如表 10-6 所示。

表 10-6　农业用硝酸钾的要求

项目		优等品	一等品	合格品
氧化钾（K_2O）的质量分数/%	≥	46.0	44.5	44.0
总氮（N）的质量分数/%	≥	13.5		
氯离子（Cl^-）的质量分数/%	≤	0.2	1.2	1.5
游离水（H_2O）的质量分数/%	≤	0.5	1.2	2.0
外观		白色或浅色的结晶粉末或颗粒，无肉眼可见（机械）杂质		

（4）磷酸二氢钾

① 物理化学性质　磷酸二氢钾（KH_2PO_4），相对分子质量 136.09，为无色或白色带光泽的斜方晶体，密度 $2.338g/cm^3$，易溶于水，不溶于甲醇和乙醇，其水溶液呈酸性反应。磷酸二氢钾有一定的潮解性，晶体熔点为 252.6℃，加热至 400℃时熔成不透明的玻璃状物质偏磷酸钾（KPO_3）。磷酸二氢钾晶体具有压电性质和铁电性质并在居里点（-151℃）失去铁电性质。

② 用途　工业上用作缓冲剂、培养剂，制偏磷酸钾的原料；农业上用作高效磷钾复合肥，具有显著增产增收、改良优化品质、抗倒伏、抗病虫害、防治早衰等优良作用，并且具有克服作物生长后期根系老化吸收能力下降而导致的营养不足的作用。此外，食品级可用作食品改良添加剂，酿造酵母的培养剂、强化剂、膨松剂、发酵助剂。

③ 质量标准　中华人民共和国化工行业标准（HG 2321—92）中规定了工业用、农业用磷酸二氢钾的技术要求、试验方法、检验规则以及包装、标志、贮存和运输。该标准适用于工业、农业用的磷酸二氢钾。其主要用途：工业上用于医药、缓冲剂、培养剂等；农业上作为肥料。

外观为白色结晶或粉末，农业用磷酸二氢钾允许带微色；同时，应符合表 10-7 的要求。

（5）碳酸钾

① 物理化学性质　碳酸钾分子式 K_2CO_3，相对分子质量 138.19，为白色粉末状或细颗粒状结晶，密度 $2.428g/cm^3$。易溶于水，其水溶液呈碱性。不溶于乙醇及醚，有很强的吸湿性，易结块。长期暴露在空气中存放时，易吸收二氧化碳转变为碳酸氢钾。碳酸钾的水合物，有一水盐、二水盐、三水盐。碳酸钾与氯气作用生成氯化钾，但比碳酸钠反应困难；与 SO_3 作用时，形成 $K_2S_2O_7$。

表 10-7 磷酸二氢钾的技术指标

指标名称		工业		农业	
		一等品	合格品	一等品	合格品
磷酸二氢钾含量（以干基计）/%	≤	98.0	97.0	96.0	92.0
水分/%	≤	2.5	3.0	4.0	5.0
pH 值		4.3~4.7		4.3~4.7	
水不溶物/%	≤	0.5	0.5	—	—
氯化物（Cl）/%	≤	0.20	—	—	—
铁（Fe）/%	≤	0.003	—	—	—
砷（As）/%	≤	0.005	—	—	—
重金属（以 Pb 计）/%	≤	0.005	—	—	—
氧化钾（K_2O 以干基计）/%	≤	33.9	33.5	33.2	31.8

② 用途 主要用于玻璃、印染、肥皂、搪瓷等行业，也可用于电子工业显像管玻壳的制造、化肥生产脱碳、钾盐制造，用作分析试剂、助熔剂等，食品中可作膨松剂。此外，可用于分析试剂、基准试剂及熔融硅酸盐和不溶性硫酸盐的助熔剂。

③ 质量标准 GB/T 1587—2000 规定了工业碳酸钾的分类、要求、实验方法、检验规则、标志、标签、包装、运输和储存。该标准适用于工业碳酸钾，该产品主要用于合成气脱碳、电子管、玻璃、搪瓷、印染、电焊条、胶片显影、无机盐和显像管玻壳的原料。工业碳酸钾分为两种类型，Ⅰ 型为一般工业用，Ⅱ 型主要用于制造显像管玻壳，具体指标如表 10-8 所示。

表 10-8 碳酸钾质量标准

项目		指标			
		Ⅰ 型			Ⅱ 型
		优等品	一等品	合格品	
碳酸钾（K_2CO_3）含量/%	≥	99.0	98.5	96.0	99.0
氯化物（以 KCl 计）含量/%	≤	0.01	0.10	0.20	0.03
硫化合物（K_2SO_4 计）含量/%	≤	0.02	0.10	0.15	0.04
铁（Fe）含量/%	≤	0.001	0.003	0.010	0.001
水不溶物含量/%	≤	0.02	0.05	0.10	0.04
灼烧失量/%	≤	0.6	1.00	1.00	0.8

注：灼烧失量指标仅适用于产品包装时检验用。

10.2.2 从苦卤中提取钾盐

目前，以海水为初始原料，较为成熟的提钾工艺主要有两类：一类是依托传统盐化工企业，首先通过日晒浓缩制盐，再以海盐苦卤为原料进行钾盐的生产；另一类为新兴海洋化工产业，直接以海水或浓海水为原料，借助离子筛材料实现对钾素的富集，再通过蒸发浓缩、分离等工序实现钾盐的生产。

10.2.2.1 苦卤概况

苦卤是海水制盐的副产物，我国每年生产海盐在 6000 万吨左右，每产 1t 原盐相应排出 30°Bé 的苦卤为 0.8m³ 左右；扣除渗透和输送过程等损失，我国每年的苦卤产量约为 3000 万立方米，这就成为提取钾盐的重要资源。

（1）苦卤的化学组成 "苦卤"这一名称是由制盐母液中含有大量的具有苦味的镁盐而来的。在海盐苦卤中含有丰富的无机盐类，含量较多的有氯化镁、氯化钠、氯化钾、硫酸镁、硫酸钠、溴化镁，少量的钙盐、锂盐、碘化物等，因此苦卤是上述这些盐类的混合溶液。苦卤中各种盐类的含量随苦卤的浓度、晒盐的方式方法、储存条件和气候的影响而变化。一般来说，苦卤的浓度较高时，单位体积内 NaCl 含量降低，而 KCl、$MgCl_2$、$MgSO_4$ 的含量则随浓度的升高而增加。另外，当苦卤经过越冬储存时，因在低温下有部分 $MgSO_4$·$7H_2O$ 结晶析出，如果及时分离，会使苦卤成分发生变化，同时浓度也会降低。北方的盐场在冬季也有利用低浓度的卤水冻制芒硝，这种卤水在制盐后新产生的苦卤中 SO_4^{2-} 的含量也大为降低。一般盐化厂所使用的苦卤浓度多在 30°Bé 左右，其化学组成如表 10-9。

表 10-9 苦卤的化学组成 ［浓度（25℃）为 28～33°Bé］

化学成分	$MgSO_4$	$MgCl_2$	NaCl	KCl	$MgBr_2$
含量/(g/L)	50～90	120～200	70～150	20～28	2～3

（2）苦卤的物理化学性质

① 苦卤的比热容 一般卤水的比热容小于纯水的比热容，而且随着浓度的升高而减小，随着温度的提高而增大，见表 10-10。

表 10-10 苦卤的比热容与浓度的关系

温度/℃	相对密度	比热容/[kJ/(kg·℃)]
29.0	1.2243	3.026
29.0	1.2790	2.792
20.5	1.2990	2.763

② 苦卤的黏度 苦卤的黏度对苦卤的流动、输送、传热等均有很大的影响，在计算设计中是不可缺少的物理常数，是苦卤的重要物理性质，下面将有关数据列入表 10-11～表 10-14。

表 10-11 苦卤的黏度和浓度的关系（25℃）

浓度/°Bé	29	30	31	32	33
黏度/Pa·s	$3.525×10^{-3}$	$3.720×10^{-3}$	$4.06×10^{-3}$	$4.830×10^{-3}$	$5.930×10^{-3}$

表 10-12 卤水的黏度与浓度的关系（120℃）

浓度/°Bé	20	22	24	26	28
黏度/Pa·s	$0.145×10^{-3}$	$0.446×10^{-3}$	$0.483×10^{-3}$	$0.51×10^{-3}$	$0.539×10^{-3}$
浓度/°Bé	30	32	34	36	38
黏度/Pa·s	$0.560×10^{-3}$	$0.592×10^{-3}$	$0.618×10^{-3}$	$0.645×10^{-3}$	$0.676×10^{-3}$

表 10-13 苦卤的黏度与温度的关系（苦卤浓度为 31～32°Bé）

温度/℃	20	30	40	50	60	70
黏度/Pa·s	$3.9×10^{-3}$	$3.15×10^{-3}$	$2.75×10^{-3}$	$2.40×10^{-3}$	$2.10×10^{-3}$	$1.80×10^{-3}$
温度/℃	80	90	100	110	120	
黏度/Pa·s	$1.55×10^{-3}$	$1.35×10^{-3}$	$1.05×10^{-3}$	$0.80×10^{-3}$	$0.55×10^{-3}$	

表 10-14 卤水的黏度与温度的关系（浓度 36～37°Bé）

温度/℃	50	60	70	80	90
黏度/Pa·s	3.75×10^{-3}	3.3×10^{-3}	2.9×10^{-3}	2.55×10^{-3}	2.21×10^{-3}
温度/℃	100	110	120		
黏度/Pa·s	1.86×10^{-3}	1.55×10^{-3}	1.25×10^{-3}		

从表 10-11 和表 10-12 可以看出，苦卤的黏度随着浓度的提高而显著增大；从表 10-13 和表 10-14 可以看出，苦卤的黏度随着温度的升高而显著降低。

③ 苦卤的沸点　苦卤是一种含有多种无机盐类的水溶液，并且盐类在水中是以离子状态存在着，水的一部分表面或多或少地被这些难以挥发的离子所占据，因此，在单位时间内逸出液面的水分子就相应地减少，使苦卤的蒸气压比纯水蒸气压要低。显而易见，苦卤的沸点总要高于纯水沸点，这就是所谓溶液沸点升高。苦卤的沸点与苦卤的浓度和外界压力有关。一般苦卤的沸点随苦卤浓度的升高而升高，随苦卤浓度的降低而降低；随外界压力的升高而升高，随外界压力的降低而降低。在实际生产中，卤水进行高温蒸发时，常处于过饱和过热状态，故较难测定其准确的沸点，下面根据有关资料及生产实践数据，给出各种不同浓度、压力下苦卤的沸点（供参考），见表 10-15 和表 10-16。

表 10-15 常压下苦卤的沸点与浓度的关系

苦卤浓度/°Bé（20℃）	5	10	15	20	25	26	27	28
苦卤沸点/℃	100.4	101.6	103.2	105.1	107.4	107.7	108.2	108.8
苦卤浓度/°Bé（20℃）	29	30	31	32	33	34	35	36
苦卤沸点/℃	109.7	111.0	112.9	115.3	118.7	121.4	125	129

表 10-16 苦卤的沸点与外界压力的关系（苦卤浓度的 30.5°Bé）

压力/mmHg	760	560	460	360	260	160	60
纯水沸点/℃	100	91.7	85.4	79.0	71.6	60.7	41.0
30.5°Bé 苦卤沸点/℃	110.3	101.5	96.3	88.0	82.5	73.0	54.0
沸点升/℃	10.3	9.8	10.9	9.0	10.9	12.3	13.0

注：1mmHg=133.322Pa。

④ 苦卤的 pH 值　一般卤水都是中性溶液，如 30°Bé 苦卤其 pH 值大约在 7.0～7.4 之间。当苦卤加热蒸发时，pH 值随着苦卤浓度的增高而减小，这表明苦卤由中性逐渐转化为酸性，这种变化主要是在加热时有部分盐类（如氯化镁）发生水解导致的。表 10-17 所列数据表明，当苦卤进行高温蒸发时，不仅母液的 pH 值降低，而且馏出液的 pH 值也相应降低，即酸性增大，这现象在我们设计和选材时应引起足够重视。此外，对苦卤综合利用时，对原料 pH 值的要求，也值得注意。

（3）苦卤浓度的表示方法　在盐业上通常用波美度（°Bé，Baume 的缩写）来表示卤水的相对密度，波美度的测量用波美计，它测定简易，应用方便。波美计的制造标准通常是在 15℃条件下，以纯水规定为 0°Bé，相对密度为 1.8429 的硫酸定为 66°Bé，其间划上 66 等分而制成，波美度与相对密度（d）在 15℃条件下的换算公式是：

$$d=\frac{144.3}{144.3-°Bé}$$

表 10-17　苦卤蒸发至不同温度时馏出液与母液的 pH 值

母液温度/℃	馏出液 pH 值	母液 pH 值	母液温度/℃	馏出液 pH 值	母液 pH 值
112.0	6.89	5.86	123.5	5.73	4.65
113.0	7.84	5.78	124.5	5.25	4.38
114.0	8.75	5.65	125.5	4.90	—
115.0	8.25	5.85	128.0	4.50	4.50
116.0	7.94	5.85	131.0	4.16	4.05
117.0	7.55	5.46	135.5	3.74	3.75
118.0	6.95	5.21	138.5	3.59	—
119.0	6.75	5.65	142.0	3.53	—
120.0	6.54	5.00	146.0	3.50	—
121.0	6.30	4.77	153.0	3.35	—
122.0	6.06	4.71			

当然在实际生产、科学实验、分析化验等工作中，还有质量百分浓度、摩尔浓度等浓度表示方法。

10.2.2.2　兑卤法生产氯化钾[8,11]

苦卤中不仅含有较丰富的钾盐，而且还含有很多种其他无机盐类，要想从苦卤中把钾盐分离出来，就必须利用钾盐的种种特性，来达到与其他盐类分离的目的。有关资料介绍主要的分离方法有：无机沉淀法、有机沉淀法、离子交换法、电渗析法、吸附法、蒸发浓缩法等。国内外真正应用到生产上的只有蒸发浓缩法（即兑卤法），其他方法都处在研究和试验阶段。为此先从理论上论证蒸发浓缩法生产氯化钾的可能性和可行性，并确定其原则性流程。

苦卤是一种含有多种无机盐的复杂溶液。由于这些盐类大都是强电解质，所以它们在苦卤中主要是以离子的形式存在。这些盐类在苦卤中溶解度的大小，不仅受温度的影响，而且还要受溶质之间相互作用的影响，另外这些离子与水分子的亲合能力也不一样，因此，苦卤蒸发的析盐过程是个较复杂的过程。当苦卤蒸发到不同阶段时，各种盐类可能以单一的结晶析出，也可能以各种复盐的形式结晶析出，还可能结合不同数目的水分子，以水合物的形式析出。如果我们不把结晶析出的盐类分离出去，在蒸发过程中有时它还会溶解而以另一种盐的形式重新结晶析出，对于这样的复杂过程，用简单的溶解度概念进行分析是很不够的。目前用"相图"这一理论来分析这些复杂的过程（或是多种固相盐类的加水溶解过程）能很直观地反映出来，更便于我们分析问题和解决问题。但相图是研究平衡过程的，况且其数据还不齐全，因此，我们在应用相图这一理论工具的同时，须重视生产实践和实验的结果。下面我们就分别应用相图这一理论根据科学实验结果来探讨不同条件下，从苦卤中分离主要盐类的可能性并确定其原则工艺流程。

苦卤中主要含有 $NaCl$、$MgSO_4$、KCl、$MgBr_2$、$CaSO_4$ 等，因为 $MgBr_2$ 和 $CaSO_4$ 含量较少，为便于分析问题、简化问题，我们忽略这两种盐的含量，这时体系就变成了 Na^+、K^+、Mg^{2+} ∥ SO_4^{2-}、Cl^- — H_2O 的五元交互体系。因此，可以利用上述五元交互体系的平衡相图来分析苦卤在不同温度下蒸发时的析盐规律。例：有一苦卤的组成如表 10-18 所示。

表 10-18 苦卤的组成

苦卤浓度 /°Bé	苦卤相对密度 d	化学组成/(kg/m³)			
		NaCl	KCl	MgCl₂	MgSO₄
30.6	1.266	96.62	22.54	179.55	79.58

换算成耶涅克指数苦卤的组成如表 10-19 所示。

表 10-19 苦卤的组成（用耶涅克指数表示）

K_2^{2+}	Mg^{2+}	SO_4^{2-}	Na_2^{2+}	H_2O
4.50	75.8	19.70	24.59	1469

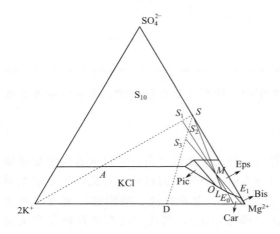

图 10-1 0℃ Na⁺、K⁺、Mg²⁺∥SO₄²⁻、Cl⁻—H₂O 体系相图（简化干基图）

Eps—MgSO₄·7H₂O；Pic—K₂SO₄·MgSO₄·6H₂O；
Car—KCl·MgCl₂·6H₂O；Bis—MgCl₂·6H₂O；
S₁₀—Na₂SO₄·10H₂O

（1）苦卤在低温等温蒸发过程的析盐规律 将此体系点标在 0℃的五元平衡相图上，进行等温蒸发，见图 10-1。体系点为 M 点，处在 NaCl、MgSO₄·7H₂O 共饱面区域内。具体描述如下：

① 苦卤是析出 NaCl 后的母液，在低温下对 NaCl 饱和，故蒸发的第一阶段是 NaCl 继续析出，在简化干基图上反映不出这一阶段。

② 从 M 点的位置判定，第二个饱和的固相是 Eps，第二阶段是 NaCl、Eps 共析，固相点为 S，液相沿过程向量的方向从 $M→L$。

③ L 是液相线 OE_0 的一点，从 OE_0 线上的过程向量分析可知，第三阶段是 NaCl、MgSO₄·7H₂O、KCl 三盐共析，液相沿共饱线从 L 向 E_0 运动，总固相沿 SA 连线移动，当液相到达 E_0 点时，固相到达 S_1 点。

④ E_0 点为四固（KCl、NaCl、MgSO₄·7H₂O、Car）一液平衡点，且是不相称零变点，蒸发时必然有固相要溶解，由过程向量分析得：KCl 溶解，Car 和 MgSO₄·7H₂O 析出，此时液相点在 E_0 点不动，固相点在 S_1S_2 连线上移动，当固相点达到 S_2 时 KCl 全部溶完。

⑤ E_0E_1 为 NaCl、Car、MgSO₄·7H₂O 的共饱线，由过程向量分析可知，这一阶段为 NaCl、Car、MgSO₄·7H₂O 共析，液相点沿共饱线从 E_0 向 E_1 移动，总固相在 S_2D 连线上移动，当液相点到达 E_1 时，固相点到达 S_3。

⑥ E_1 为 NaCl、MgSO₄·7H₂O、Car、MgCl₂·6H₂O 四固一液平衡点，且是相称零变点，在这一过程中，NaCl、MgSO₄·7H₂O、Car、MgCl₂·6H₂O 共析，液相点在 E_1 点不动，并在 E_1 点蒸干，固相点由 S_3 移到 M，与系统点重合。

整个低温蒸发过程归纳见表 10-20。

结论：苦卤在低温蒸发到某一阶段后，虽有 KCl 结晶析出（伴随着大量 NaCl 和 MgSO₄·7H₂O 析出），继续蒸发时 KCl 溶解，苦卤中的 KCl 主要是以光卤石的形式析出。

表 10-20 0℃时苦卤等温蒸发析盐规律

蒸发阶段	一	二	三	四	五	六
体系点	M	M	M	M	M	M
液相点	M	$M \to L$	$L \to E_0$	E_0	$E_0 \to E_1$	E_1（消失）
固相点	—	S	$S \to S_1$	$S_1 \to S_2$	$S_2 \to S_3$	$S_3 \to M$
过程情况	NaCl 析出	NaCl＋Eps 析出	NaCl＋Eps＋KCl 析出	NaCl＋Eps＋Car 析出，KCl 溶解	NaCl＋Eps＋Car 析出	NaCl＋Eps＋Car＋Bis 析出

（2）苦卤常温等温蒸发时的析盐规律 将此体系标在 25℃的五元平衡相图上，看其在蒸发过程的析盐规律，图 10-2 只绘出 25℃简化干基图的局部放大图，苦卤系统点（体系点）为图中 M 点，处在 NaCl、Eps 共饱面区域内。

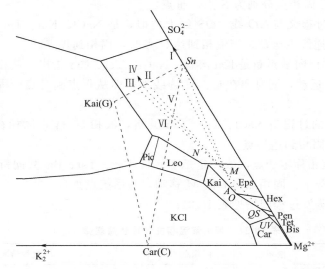

图 10-2 25℃ Na⁺、K⁺、Mg²⁺∥SO²⁻、Cl⁻—H₂O 体系简化干基图局部放大图

Kai—KCl·MgCl₂·3H₂O；Car—KCl·MgCl₂·6H₂O；Bis—MgCl₂·6H₂O；Leo—K₂SO₄·MgSO₄·4H₂O；
Pic—K₂SO₄·MgSO₄·6H₂O；Eps—MgSO₄·7H₂O；Hex—MgSO₄·6H₂O；
Pen—MgSO₄·5H₂O；Tet—MgSO₄·4H₂O
Ⅰ点—OM 线的延长线与 SnG 线的交点；Ⅱ点—QM 线的延长线与 SnG 线的交点；
Ⅲ点—SM 线的延长线与 SnG 线的交点；Ⅳ点—UM 线的延长线与 SnG 线的交点；
Ⅴ点—UM 线的购延长线与 SnC 线的交点；Ⅵ点—VM 线的延长线与 SnC 线的交点

① 苦卤在常温下对 NaCl 已饱和，故蒸发第一阶段 NaCl 应继续析出，在简化干基图上反映不出这一阶段。

② 从 M 点的位置判定第二个饱和固相是 Eps，第二阶段是 NaCl、Eps 共析，固相点为 Sn，液相沿过程向量的方向从 M 至 A。

③ A 是液相线 NO 上的一点，从 NO 线上的过程向量分析可知，第三阶段是 NaCl、Eps、Kai 共析，液相点沿液相线从 A 向 O 运动，总固相在 SnG 连线上运动，当液相到达 O 点时，固相到Ⅰ点。

④ O 点是 NaCl、Eps、Kai、Hex 四盐共饱点，是第二种不相称零变点，蒸发时必有固相溶解。由于 Eps、Hex 的过程向量在一直线上，方向相反，已使向量和为零，其他向量即为多余，故在此发生的过程是 Eps 脱水变为 Hex，而 Kai、NaCl 不参与；在这一阶段中液

相点在 O 点不动，总固相既要在 SnG 连线上，又要在 OM 线上，故在 Ⅰ 点不动，过程一直进行到 Eps 全部转变为 Hex，消失一相，剩下 NaCl、Kai、Hex 三固相与液相平衡为止。

⑤ OQ 线的平衡固相为 NaCl、Kai、Hex，由于固相点 Sn 及 G 在 OQ 线延长线的同一侧，故根据过程向量分析，蒸发时 Hex 溶解，NaCl 和 Kai 析出。液相从 O 到 Q，总固相仍在 Sn、G 连线上运动，当液相到达 Q 时，总固相到 Ⅱ 点。

⑥ Q 点的平衡固相为 NaCl、Kai、Hex、Pen，其过程情况类似于 O 点，是 Hex 脱水变为 Pen，而 NaCl、Kai 不参与，并一直进行到 Hex 消失为止，过程中液、固相点均不动，仍分别为 Q 及 Ⅱ 点。

⑦ QS 线上的过程与 NO 线上的类似，是 NaCl、Kai、Pen 共析，液相从 Q 到 S，固相从 Ⅱ 到 Ⅲ。

⑧ S 点上的过程又与 O、Q 点相似，是 Pen 脱水变为 Tet，NaCl、Kai 不参与，直到 Pen 消失，液相点、固相点分别为 S 点、Ⅲ 点。

⑨ SU 线上的过程又与 NO 线、QS 线上类似，是 NaCl、Kai、Tet 共析，液相从 S 到 U，固相还在 SnG 连线上运动，当液相到达 U 点时，固相到 Ⅳ 点。

⑩ 在 U 点的过程向量判断是 Kai 溶解，NaCl、Tet、Car 析出；液相点在 U 点不动，固相点应在 SnC 线上运动，同时要在 U、M 连线上，即从 Ⅳ 点到 Ⅴ 点。固相到达 Ⅴ 点时，说明 Kai 已溶完。

⑪ 在 UV 线上的过程是 NaCl、Tsr、Car 共析，液相 $U\rightarrow V$，固相在 SnC 连线上移动，当液相到达 V 时，固相到达 Ⅵ 点。

⑫ 由于 V 点是相称零变点，故一定是 NaCl、Car、Tst、Bis 共同析出，液相在 V 点时并不一定在这一点蒸干，固相点由 Ⅵ 向 M 移动，与系统点重合。

整个苦卤常温蒸发过程归纳见表 10-21。

表 10-21　苦卤常温蒸发过程析盐规律（25℃）

阶段	体系点	液相点	固相点	过程情况
一	M	M	—	NaCl 析出
二	M	$M\rightarrow A$	Sn	NaCl、Eps 共析
三	M	$A\rightarrow O$	$Sn\rightarrow$ Ⅰ	NaCl、Eps、Kai 共析
四	M	O	Ⅰ	Eps 脱水变为 Hex，NaCl、Kai 不参与直至 Eps 消失
五	M	$O\rightarrow Q$	Ⅰ→Ⅱ	Hex 溶解，NaCl、Kai 析出
六	M	Q	Ⅱ	Hex 脱水变为 Pen，NaCl、Kai 不参与至 Hex 消失
七	M	$Q\rightarrow S$	Ⅱ→Ⅲ	NaCl、Pen、Kai 共析
八	M	S	Ⅲ	Pen 脱水变为 Pen、NaCl、Kai 不参与至 Pen 消失
九	M	$S\rightarrow U$	Ⅲ→Ⅳ	NaCl、Tet、Kai 共析
十	M	U	Ⅳ→Ⅴ	Kai 溶解，NaCl、Tet、Car 析出至 Kai 溶完
十一	M	$U\rightarrow V$	Ⅴ→Ⅵ	NaCl、Tet、Car 析出
十二	M	V（消失）	Ⅵ→M	NaCl、Tet、Car、Bis 共析至蒸干

结论：苦卤在常温蒸发时没有 KCl 析出，只有钾盐镁矾和光卤石两种盐析出，而且随着蒸发过程的继续进行析出的钾盐镁矾又完全溶解。

（3）苦卤高温蒸发过程析盐规律　将此体系标在 110℃ 的五元平衡相图上，见图 10-3（局部图）体系点为 M，处在 NaCl、MgSO$_4$·H$_2$O 共饱面区域内。现将整个高温蒸发过程归纳入表 10-22。

表 10-22 苦卤高温蒸发过程析盐规律（110℃）

阶段	体系点	液相点	固相点	过程情况
一	M	M	—	NaCl 析出
二	M	$M \rightarrow L$	S	NaCl、$MgSO_4 \cdot H_2O$ 共析
三	M	$L \rightarrow E_1$	$S \rightarrow S_1$	NaCl、$MgSO_4 \cdot H_2O$、Car 共析
四	M	E_1（消失）	$S_1 \rightarrow M$	NaCl、$MgSO_4 \cdot H_2O$、Car、Bis 共析

结论：苦卤在高温等温蒸发过程中，没有 KCl 析出，只有 $KCl \cdot MgCl_2 \cdot 6H_2O$（光卤石）一种含钾复盐析出。

综上所述，由低温（0℃）、常温（25℃）以及高温（110℃）几种温度下的相图分析可知：在不同温度下进行等温蒸发，其析盐规律各不相同；KCl 只有在 0℃蒸发时与其他盐一起析出，而在其他情况下均以含钾复盐的形式析出，其复盐有 Kai、Car 两种，但最后都转化成光卤石。

（4）苦卤制取氯化钾的工艺过程 以苦卤为原料，采用兑卤法生产氯化钾的工艺过程包括原料卤水的处理、蒸发浓缩、高温固液分离、冷却结晶、分解洗涤五个工序，工艺过程示意见图 10-4。

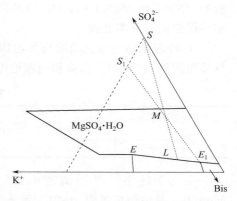

图 10-3 苦卤 110℃等温蒸发析盐规律分析

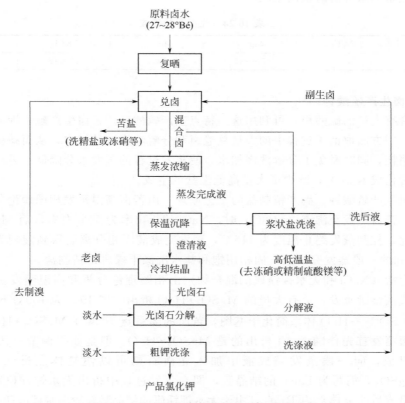

图 10-4 兑卤法生产氯化钾的工艺流程示意

① 原料卤水的处理　一般晒盐后的苦卤浓度多在 28°Bé 左右，为了提高苦卤的浓度，降低杂质盐（如 NaCl 和 $MgSO_4$）的含量，一般采用盐田复晒、化学法、冷冻法的手段对卤水进行处理。

② 兑卤　处理后苦卤的浓度一般可达 $30 \sim 33°$Bé，$MgCl_2/KCl$ 比值约为 0.7，$MgSO_4/MgCl_2$ 比值约为 0.45，为了避免后续高温蒸发浓缩时部分钾盐的提前析出以及降低蒸发完成液的固液比，需要进行兑卤操作，使苦卤 $MgCl_2/KCl$ 比值升高、$MgSO_4/MgCl_2$ 比值降低。

③ 蒸发浓缩与保温固液分离　为了除去兑卤后卤水中的大量水分，同时使大部分杂质盐类（NaCl 和 $MgSO_4 \cdot H_2O$）结晶析出，达到进一步富集有用成分的目的，需进行蒸发浓缩与保温固液分离处理。

④ 冷却结晶　蒸发浓缩与保温固液分离后，所得澄清液中 KCl 和 $MgCl_2$ 浓度比较高，具体组成见表 10-23。依据相同理论可知，要制备光卤石需采用冷却结晶的方法。

表 10-23　澄清液组成

浓度（100℃）/°Bé	化学组成（质量分数）/%			
	$MgSO_4$	$MgCl_2$	KCl	NaCl
$36 \sim 36.2$	$1.8 \sim 2.6$	$31 \sim 32$	$2.8 \sim 3.7$	$1.5 \sim 1.7$

⑤ 分解洗涤　从澄清液中析出的光卤石除含有 KCl、$MgCl_2$ 外，还含有 NaCl 和 $MgSO_4$，具体组成见表 10-24。要从光卤石中产出符合质量标准的 KCl 产品，必须将其中的杂质盐（NaCl、$MgCl_2$ 和少量的 $MgSO_4$）除去。光卤石是一种在 $-21 \sim 167.5℃$ 内稳定的复盐，其特点是加水分解时析出 KCl。

表 10-24　光卤石的组成

成分	NaCl	$MgCl_2$	$MgSO_4$	KCl	H_2O
组成/%	$5 \sim 8$	$30 \sim 32$	$0.8 \sim 1.2$	$18 \sim 22$	$34 \sim 42$

10.2.2.3　苦卤生产硫酸钾[8,11]

苦卤中含有大量的硫酸根，可利用这一特点生产硫酸钾。苦卤生产硫酸钾与兑卤法生产氯化钾相比，一方面取消了过程中的大量兑老卤和分解洗涤液的过程，从而减少了老卤回头造成的热量消耗，同时避免了分解洗涤加水，使蒸发过程的蒸发水分降低；另一方面使苦卤中的 SO_4^{2-} 转化成 K_2SO_4，减少了大量高低温盐的生成。

(1) 苦卤生产硫酸钾、副产精制盐的工艺原理　由苦卤高温蒸发相图理论分析和高温蒸发试验可知，苦卤蒸发至沸点（116℃）时，NaCl 的析出率为 50% 左右，而 $MgSO_4$ 基本上未析出。因此，控制蒸发终止温度为 116℃，蒸发完成液固相分离后得到液相为对 $MgSO_4 \cdot H_2O$ 基本饱和的一段蒸发完成液，固相用饱和盐水洗涤干燥可得精制盐。

制取混合盐（NaCl 和无水钾镁矾的混合物）由相图理论分析和高温蒸发试验可知，对一段蒸发完成液继续蒸发，会有大量的 $MgSO_4 \cdot H_2O$ 析出。图 10-5 为 100℃下 Na^+、K^+、$Mg^{2+} /\!/ Cl^-$、SO_4^{2-}—H_2O 体系简化干基图，苦卤的体系点 P 落在 $MgSO_4 \cdot H_2O$ 的结晶区内，说明苦卤蒸发首先伴随 NaCl 析出的是 $MgSO_4 \cdot H_2O$。但是如果调节一段蒸发完成液（P 点）的组成，向一段蒸发完成液中加入光卤石则可以使复体点进入无水钾镁矾（$K_2SO_4 \cdot 2MgSO_4$，简写为 Lan）的结晶区，即在蒸发过程中析出无水钾镁矾和 NaCl 的混合物；调整组成后的复体点为 P_1 点，由于无水钾镁矾的结晶颗粒较一水硫酸镁大得多，对蒸发和沉降分离十分有利。蒸发终止沸点控制在保温温度下，澄清液中的光卤石接近饱和且使硫酸根充分析出，然后蒸发完成液进行保温固液分离，得到的液相为澄清液；分离得到的固相为 NaCl 和无水钾镁矾的混合物，其组成点为 S_1。

一段转化利用 25℃下 Na$^+$、K$^+$、Mg^{2+} // Cl$^-$、SO$_4^{2-}$—H$_2$O 体系相图（图 10-6），将二段蒸发经固液分离后的固相 S_1 加入二段转化的母液 II（L_2），得到混合后的体系点 Q_1'（Q_1' 落在 K$_2$SO$_4$·MgSO$_4$·6H$_2$O 的结晶区内）进行一段转化，分离后得到的固相为 P_1（NaCl 和 K$_2$SO$_4$·MgSO$_4$·6H$_2$O 的混合物），液相为 L_1（母液I）。

粗矾的分离在 25℃下 Na$^+$、K$^+$、Mg^{2+} // Cl$^-$、SO$_4^{2-}$—H$_2$O 五元体系相图（图 10-6）中没有 K$_2$SO$_4$ 的结晶区，但在 K$^+$、Mg^{2+} // Cl$^-$、SO$_4^{2-}$—H$_2$O 四元体系相图（图 10-7）中却有 K$_2$SO$_4$ 的结晶区，可见 NaCl 的存在妨碍着 K$_2$SO$_4$ 的形成，因此必须把粗矾中的 NaCl 彻底除去。利用浮选分离或颗粒分级技术可以解决这个问题。

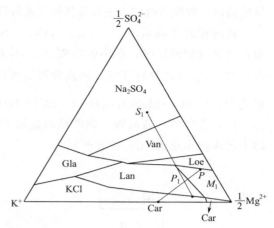

图 10-5 100℃下 Na$^+$、K$^+$、Mg^{2+} // Cl$^-$、SO$_4^{2-}$—H$_2$O 体系简化干基图
Gla—钾芒硝，硫酸钾石（Na$_2$SO$_4$·2K$_2$SO$_4$）；
Lan—无水钾镁矾（K$_2$SO$_4$·2MgSO$_4$）；
Van—无水钠镁矾（3Na$_2$SO$_4$·MgSO$_4$）；
Loe—钠镁矾（6Na$_2$SO$_4$·7MgSO$_4$·15H$_2$O）；
Car—光卤石（KCl·MgCl$_2$·6H$_2$O）

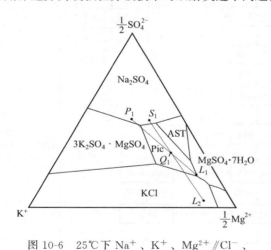

图 10-6 25℃下 Na$^+$、K$^+$、Mg^{2+} // Cl$^-$、SO$_4^{2-}$—H$_2$O 体系简化干基图
Pic—软钾镁矾（K$_2$SO$_4$·MgSO$_4$·6H$_2$O）；
AST—白钠镁矾（Na$_2$SO$_4$·MgSO$_4$·4H$_2$O），也可用 BI 表示

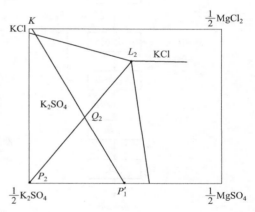

图 10-7 K$^+$、Mg^{2+} // Cl$^-$、SO$_4^{2-}$—H$_2$O 四元体系 25℃相图（干基图）

浮选分离基本原理是根据各种晶体表面的亲水性不同，利用空气泡沫带出疏水性强的化合物晶体；在浮选过程中加入捕收剂，能选择性地使某种晶体表面产生疏水性。对于含有 K$^+$ 的晶体混合物，国内外广泛应用的阳离子表面活性剂为有机胺类，它对 K$^+$ 晶体有特殊的捕收效果。根据实际情况，可选用十八伯胺，它在盐酸或醋酸水溶液中以盐酸或醋酸十八胺的形式存在，当它在溶液中与含 K$^+$ 晶体接触时，极性端会吸附在晶体上，非极性端则指向溶液，这时在晶体表面就形成了一层疏水膜，当气泡走过时，晶体就会随气泡一起浮出水面，将气泡收集后，分离得到所需要的物质软钾镁矾；浮选的尾渣加苦卤洗涤后得到工业盐。由于浮选物种夹带少量的 NaCl，为提高硫酸钾的质量和收率，必须用母液II洗去浮选物中的 NaCl，制得较高质

量的精矾。颗粒分级技术主要是依据无水钾镁矾与氯化钠的粒度差异进行分离。

硫酸钾的制取从 Na^+、Mg^{2+} ⫽ Cl^-、SO_4^{2-} — H_2O 四元体系 25℃相图（图 10-7）中可知：精矾（软钾镁矾，图中的组成点位 P_1' 点）与 KCl（K 点）在常温下进行混合（其组成点位 Q_2）发生复分解反应，固液分离后可得到固相 K_2SO_4 和母液 L_2（母液Ⅱ），其反应方程式为：$K_2SO_4 \cdot MgSO_4 \cdot 6H_2O + KCl + H_2O \xrightarrow{\text{常温}} K_2SO_4 + 母液Ⅱ$。

（2）苦卤生产硫酸钾、副产精制盐的工艺流程　苦卤综合利用制取硫酸钾、副产精制盐的工艺流程示意图如图 10-8 所示。

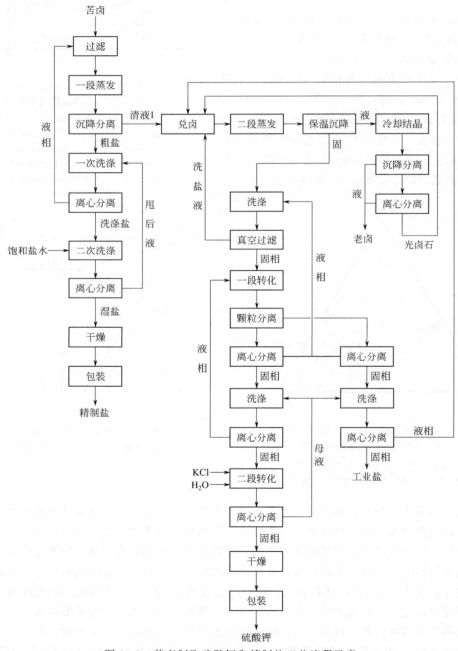

图 10-8　苦卤制取硫酸钾和精制盐工艺流程示意

10.2.2.4 苦卤提取氯化钾案例

（1）工艺流程图 1万吨/年苦卤提取氯化钾工程工艺流程参见图10-4。

（2）主要设备一览表

1万吨/年苦卤提取氯化钾工程主要设备见表10-25。

表 10-25 天津某盐化工厂1万吨/年苦卤提取氯化钾工程主要设备一览表

序号	设备名称	设备台数	规格/mm	功率/kW	质量/kg	
					单机质量	工作质量
1	苦卤池	1	60000×30000×3000			
2	苦卤自吸罐	2	ϕ800×1200		310	1110
3	苦卤泵	1	IH100-65-200	22		
4	苦卤泵	2	IH-2-100-80-160	15		
5	苦卤泵	1	IH-80-65-160	7.5		
6	浓厚卤槽	2	ϕ5500×2200		5200	93000
7	浓厚卤泵	3	IH-2-65-50-125	4		
8	浓厚卤泵	1	IH-80-65-125	7.5		
9	旋流器	2	ϕ3600×5500		5000	58000
10	二效盐泵	1	小三爪泵	7.5		
11	二效盐搅拌槽	1	U800×5000×1200	4	1500	8500
12	副生卤预热器	1	ϕ600×6000，F=70m²		2000	4300
13	冷凝水泵	1	4N6A	11		
14	冷凝水罐	1	ϕ1500×1500		1300	4500
15	苦卤预热器	2	ϕ600×5000，F=50m²		1700	3600
16	浓厚卤预热器	2	ϕ600×5000，F=50m²		1700	3600
17	负压降温器	2	ϕ1600×3000		3000	15000
18	疏水罐	2	ϕ800×1500		500	1600
19	一效循环泵	2	500ZWB-70	37		720
20	一效蒸发罐	1	ϕ2800×5800		11500	125600
21	转料泵	4	IH-80-65-160	15		
22	效间预热器	2	ϕ600×6000，F=70m²		2000	4300
23	二效循环泵	2	500ZWB-70	37		720
24	二效蒸发罐	2	ϕ2800×5800		11000	125100
25	回收罐	2	ϕ1000×1500		360	1560
26	液封桶	2	ϕ800×1000		200	700
27	二效冷凝器	2	ϕ1100×6100		4300	13000
28	负压降温器冷凝器	2	ϕ450×2000		500	1150
29	液封池	1	5750×1500×2300			
30	母液槽	1	ϕ6000×2200			
31	母液泵	2	IS150-125-315	30		

续表

序号	设备名称	设备台数	规格/mm	功率/kW	质量/kg	
					单机质量	工作质量
32	冷凝水槽	2	φ6000×2200		5600	71300
33	冷凝水泵	1	65FSB-32L	5.5		
34	一段结晶器	1	φ2800×5800		14450	114650
35	一段冷凝器	1	φ1100×6100		4300	13000
36	液封池	1	5750×1500×2300			
37	二段二级冷凝器	1	φ250×1500		200	420
38	二段二级辅喷	1	φ100		20	30
39	二段一级冷凝器	1	φ400×2200		300	860
40	二段一级辅喷	1	φ200		30	40
41	二段主喷冷凝器	1	φ1500×5100		3650	18000
42	二段主喷	1	φ747×7625		1348	4600
43	二段结晶器	1	φ2400×5800		9300	95000
44	排料泵	2	IH100-80-160	18.5		
45	光卤石沉降器	2	φ14000×2400	7.5	52000	640000
46	光卤石浆槽	2	φ1300×1300		600	4600
47	光卤石浆泵	2	小三爪泵	7.5		
48	苦卤槽	1	φ5500×1500		4650	50000
49	缓冲桶	1	3800×1800		1300	10500
50	保温沉降器	1	φ15000×2800	7.5	55000	895000
51	清液桶	1	φ1500×2450		1500	4100
52	高温盐浆泵	1	大三爪泵	11		
53	高温盐浆立式搅拌槽	1	φ3000×1000	4	1800	12000
54	水环式真空泵	2	SZ-4	75	975	1950
55	汽水分离器	2				
56	真空转鼓过滤机	2	G5-1.75	1.5	4000	8000
57	回收液罐	1	φ1400×1600		1045	4500
58	回收液泵	1	大三爪泵	11		
59	配料泵	1	小三爪泵	7.5		
60	配料槽	1	U800×6500×1200	4		
61	六零钾甩后液泵	1	IH-2-65-50-125	4		
62	甩后液槽	1	10000×2000×1500		6100	34000
63	六零钾离心机	1	WG-800	31.1	3200	3500
64	六零钾包装斗	1	650×600/350×250		80	150
65	钾回收清液槽	1	φ4400×4000	7.5	7100	18240
66	副生卤沉降器	1	φ12000×2400	4	34500	460000
67	副生盐搅拌槽	1	U800×3500×1200	4	1050	6000

续表

序号	设备名称	设备台数	规格/mm	功率/kW	质量/kg	
					单机质量	工作质量
68	副生盐泵	1	小三爪泵	7.5		
69	副生卤槽	1	$\phi 6000 \times 2200$		5600	93300
70	副生卤泵	2	IH80-65-125	7.5		
71	钾回收沉降器	1	$\phi 6000 \times 1500$	4	8200	150000
72	钾回收浆槽	1	$\phi 1300 \times 1300$		600	4600
73	钾回收泵	1	小三爪泵	7.5		
74	细晶溶解槽	1	$\phi 2000 \times 6560$	5.5	3160	40000
75	细晶浆泵	2	小三爪泵	7.5		
76	控速结晶器	1	$\phi 4500 \times 5320$	11	14200	100000
77	粗钾转料泵	2	小三爪泵	7.5		
78	氯化钾浓缩机	1	$\phi 6000 \times 3000$	3	9800	150000
79	粗钾浆泵	2	小三爪泵	7.5		
80	粗钾母液槽	1	$\phi 3500 \times 2000$		2000	22000
81	粗钾母液泵	1	IH-2-65-50-125	4		
82	光卤石离心机	2	IW630-N	15	2000	2150
83	光卤石调浆槽	2	$U800 \times 3500 \times 1200$	4	1050	6000
84	光卤石调浆泵	1	大三爪泵	11		
85	光卤石甩后液泵	1	IH-2-65-50-125	4		
86	光卤石离心机	1	WG1200-5B	46.5	7800	8500
87	干燥钾包装斗	1	$650 \times 600/350 \times 250$		80	150
88	粗钾离心机	1	P60	52	4860	5000
89	精钾浆泵	1	小三爪泵	7.5		
90	精钾搅拌槽	1	$U800 \times 3500 \times 1200$	4	1050	6000
91	粗钾甩后液泵	1	IH-2-65-50-125	4		
92	精钾离心机	1	P60	52	4860	5000
93	精钾甩后液泵	1	IH-2-65-50-125	4		
94	精钾包装斗	1	$650 \times 600/350 \times 250$		80	150
95	磅秤	3	TGT-500			
96	钾回收清液泵	2	IH80-65-125	7.5		
97	离心机	1	P40	18.5	2600	2700

10.2.3　从(浓)海水中提取钾盐

海水中钾资源储量达 550 万亿吨，自 20 世纪 30 年代挪威化学家 Kiellan 研究发明了二苦胺海水提钾法以来，人类在该项研究中经历了半个多世纪的艰苦探索，虽然取得一些突破性的进展，但离工业化的要求仍有一定的距离，其主要原因是海水中钾离子含量仅 0.38g/L，浓度较低，再加上多种共存元素的干扰，给分离提取带来了极大的难度[13,14]。

目前国内外海水提钾富集方式主要包括：化学沉淀法（包括二苦胺法、硫酸钙复盐法、磷酸盐法、高氯酸盐法、氨基三磺酸钠法、硫代硫酸铋钠法、四苯硼酸钠法等）、溶剂萃取法（包括聚环醚、大环聚醚、有机酸和酚的混合物等）、膜富集法、离子交换富集法（分有机：羧酸型阳离子交换树脂、磺酸型阳离子交换树脂、冠醚型醇酸树脂系列；无机：磷酸锆、钛盐系列离子交换法、沸石分子筛系列离子交换法)[15~18]、离子筛法。沉淀法是早期富集方法，膜法和离子交换富集法是目前国内外研究较为活跃的方法。膜富集法是近几年发展的一项新技术，该法在海水淡化和制卤、废水处理等领域获得突破性的进展，但在钾分离富集方面至今尚不理想，尚处于探索阶段；离子交换富集法中以无机离子交换剂富集法研究较多；离子筛法是近期开发的一种新分离技术[19~21]。

10.2.3.1 离子筛法海水提钾

（1）基本原理

① 钾富集 吸附剂对钾的选择性吸附主要与离子的水合半径有关。由于 K^+ 的水合半径（0.38~0.53nm）较 Na^+（0.56~0.79nm）、Ca^{2+}（0.96nm）、Mg^{2+}（1.08nm）小，因而容易进入骨架组成内进行离子交换，而 Mg^{2+} 水合半径最大，其交换能力最差[22~25]。以离子交换剂（R-Na$^+$）为载体，富集过程主要涉及吸附和洗脱两个过程，吸附过程反应式一般为：

$$R\text{-}Na^+ + K^+ \Longrightarrow R\text{-}K^+ + Na^+$$

洗脱过程依据洗脱剂的不同，反应式也不同，一般多为：

$$R\text{-}K^+ + Na^+ \Longrightarrow R\text{-}Na^+ + K^+$$

或

$$R\text{-}K^+ + NH_4^+ \Longrightarrow R\text{-}NH_4^+ + K^+$$

机理涉及的主要是 K^+/Na^+ 和 K^+/NH_4^+ 的离子交换平衡，如由不同温度下钠型斜发沸石对钾离子交换平衡研究结果（见图10-9）可知，温度越低，斜发沸石对钾离子的选择性越强，越有利于钾离子的交换平衡，据此可指导吸附过程；由钠型斜发沸石对钾离子吸附率随时间的变化可知，在较大浓度范围内，斜发沸石对钾离子的离子交换属于液膜扩散控制（FDC），依此可指导吸附过程的设计[26]。

图10-9中，横坐标 $A_s = c/c_0$，纵坐标 $A_c = q/Q$。q 为沸石相钾离子浓度，g/g 沸石；Q 为斜发沸石对钾离子的全交换容量，g/g 沸石；c_0 为溶液的初始浓度，g/L；c 为溶液的平衡浓度，g/L。

由不同温度下钾型斜发沸石对铵离子交换平衡研究结果（见图10-10，坐标含义同图10-9）可知，随着温度的升高，平衡线愈接近对角线，说明斜发沸石对钾离子的选择性高于对铵离子的选择性，温度升高有利于对铵离子的交换，由此可以指导洗脱过程[27]；有时也需综合考虑其他共存离子的交换平衡，如钠型斜发沸石在 K^+-Na^+-NH_4^+ 和 K^+-Na^+-Ca^{2+} 水溶液体系中的离子交换平衡[28]、改型斜发沸石在 Na^+-Ca^{2+}-Mg^{2+} 和 NH_4^+-Ca^{2+}-Mg^{2+} 水溶液体系中的离子交换平衡[29]。其中，由 25℃、50℃、75℃ Na^+-K^+-NH_4^+ 体系固相组成对比图（见图10-11）可以看出，随着温度的升高，钾离子在沸石中的浓度逐渐下降，说明低温有利于钾离子的吸附，而温度升高时斜发沸石对铵离子和钠离子的选择性增加；由 25℃、50℃、75℃ Na^+-K^+-Ca^{2+} 体系固相组成对比图（见图10-12）可以看出，随着温度的升高，钾离子在沸石中的摩尔分率逐渐下降，钙离子在沸石相含量逐渐升高，说明低温有利于提高沸石对钾离子的选择性，高温利于沸石对钙离子的吸附；由 0℃、25℃、50℃、75℃下钾、铵、钠型沸石与对应 Ca^{2+}-Mg^{2+} 溶液体系离子交换等温面（以 25℃下为例，见

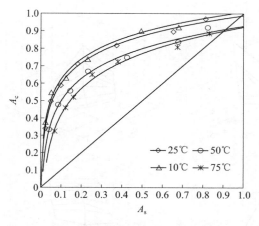 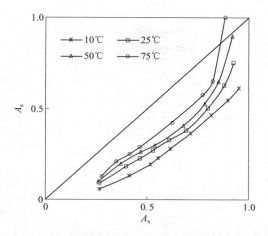

图 10-9　钠型斜发沸石对钾离子交换平衡等温线　　图 10-10　钾型斜发沸石对铵离子交换平衡等温线

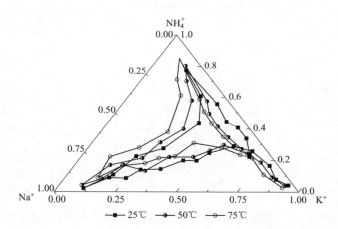

图 10-11　25℃、50℃、75℃下 Na^+-K^+-NH_4^+ 体系固相组成

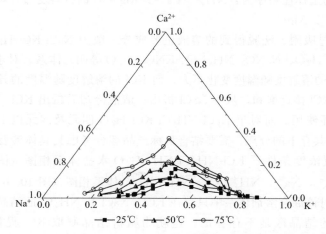

图 10-12　25℃、50℃、75℃下 Na^+-K^+-Ca^{2+} 体系固相组成

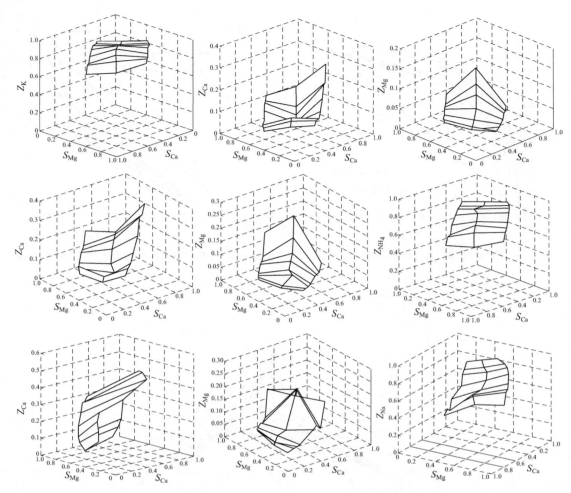

图 10-13　25℃钾型沸石与 K^+-Ca^{2+}-Mg^{2+} 溶液体系离子交换等温面

图 10-13) 结果可知，钾型斜发沸石对三种离子的选择性顺序为：$K^+ > Ca^{2+} > Mg^{2+}$，钠型斜发沸石对三种离子的选择性顺序为：$NH_4^+ > Ca^{2+} > Mg^{2+}$，钠型斜发沸石对三种离子的选择性顺序为：$Na^+ > Ca^{2+} > Mg^{2+}$。

　　② 钾分离　通过吸附、洗脱得到的溶液主要成分一般为 $NaCl$-KCl-H_2O 三元体系，也可为 $NaCl$-NH_4Cl-KCl-H_2O、$NaNO_3$-NH_4NO_3-KNO_3-H_2O 等四元体系。对于 $NaCl$-KCl-H_2O 三元体系，由于 $NaCl$ 的溶解度随温度变化不大，而 KCl 的溶解度随温度的升高迅速升高，因此可以使溶液蒸发到 KCl 接近饱和，从中 $NaCl$ 析出；清液冷却后析出 KCl，得到 KCl 产品，析钾后母液回蒸发循环使用。而对于 $NaCl$-NH_4Cl-KCl-H_2O 四元及四元以上体系，在 NH_4^+ 及 Ca^{2+}、Mg^{2+} 等离子共存下的分离，需要结合目标产品综合考虑其具体涉及体系的相平衡。如在 0℃和 25℃不同氨浓度条件下 KCl-NH_4Cl-NH_3-H_2O 水盐体系相图（图 10-14 和图 10-15）基础上，由 0℃时 K^+，Na^+，NH_4^+ ∥Cl^--NH_3，H_2O 体系相图（图 10-16）可知，0℃时饱和液相中含氨为 15％时该混合溶剂体系中只存在 KCl、$NaCl$ 和 NH_4Cl 的结晶区以及这三种盐的共结晶区，固溶体的结晶区是不存在的，这就为氨析结晶制取 KCl 提供了指导[30,31]；由 NH_4^+，Mg^{2+}，Ca^{2+} ∥Cl^-—H_2O 体系 25℃时相图，可以进一步指导 Ca^{2+}、Mg^{2+} 存在下的 KCl 与 NH_4Cl 的分离[32]。

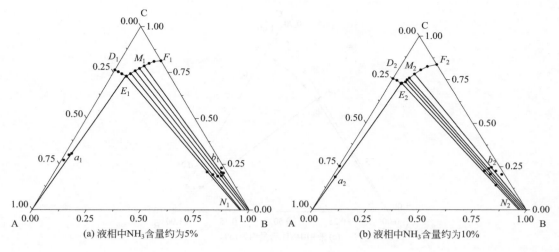

(a) 液相中NH₃含量约为5%　　(b) 液相中NH₃含量约为10%

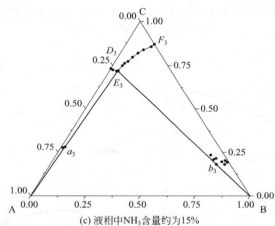

(c) 液相中NH₃含量约为15%

图 10-14　0℃下 KCl-NH₄Cl-5％ NH₃-H₂O 体系相图

A—NH₄Cl；B—KCl；C—H₂O

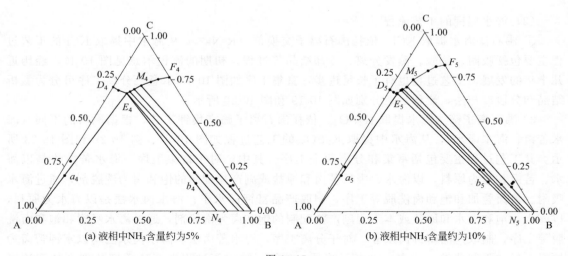

(a) 液相中NH₃含量约为5%　　(b) 液相中NH₃含量约为10%

图 10-15

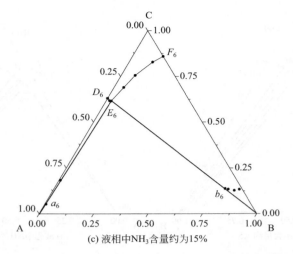

图 10-15   25℃下 KCl-NH_4Cl-10% NH_3-H_2O 体系相图
A—NH_4Cl；B—KCl；C—H_2O

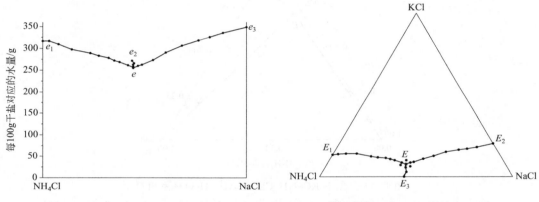

图 10-16   0℃时 K^+，Na^+，NH_4^+∥Cl^-—NH_3，H_2O 体系相图（含 NH_3 量约为 15%）

（2）海水提钾的工艺流程[33～35]

① 沸石法海水提取 KCl   依托沸石离子交换剂（$R\text{-}Na^+$）从海水中提取 KCl 的工艺过程主要包括吸附、洗脱、蒸发分离、冷却结晶等过程。初期的流程示意见图 10-17，经历近几十年的发展，工艺过程也有了长足进步，富集工序如图 10-18 示意，分离工序可分为氨析结晶和分段冷却法，流程示意分别如图 10-19 和图 10-20 所示。

② 沸石离子筛法海水提取 K_2SO_4 依托沸石离子筛富集钾工艺，根据原料的不同（海水苦卤、海水卤水），从海水中提取 K_2SO_4 的工艺过程如图 10-21、图 10-22 和图 10-23 所示。其工艺过程主要包括富集和分离两个工序。其中，对于富集工序，海水苦卤法是以海水、苦卤和盐为原料，以海水、吸后苦卤和原盐或副产盐配制的饱和卤为洗脱剂，通过海水吸附、苦卤叠加和饱和卤洗脱等工序，制取产品富钾卤水Ⅰ；海水卤水法是以海水为原料，以海水、饱和卤水和原盐或本工程副产盐配制的饱和卤为洗脱剂，通过海水吸附和饱和卤洗脱等工序，制取产品富钾卤水Ⅱ。对于分离工序，海水苦卤法和海水卤水法均以富钾苦卤为原料，通过强制蒸发、分离、光卤石结晶、分解、转化等过程生产硫酸钾并副产盐和浓厚卤，副产盐可作为工业盐销售或用于本工艺配制洗脱剂用盐，浓厚卤为生产氯化镁的原料。

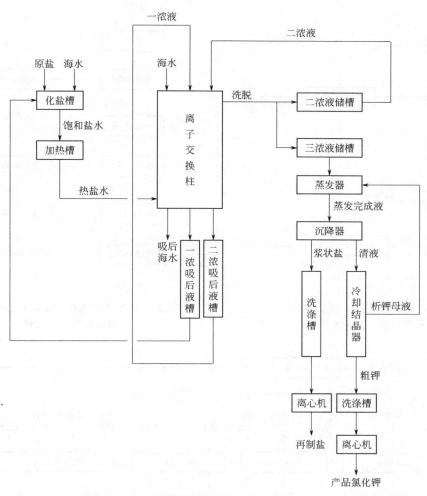

图 10-17　从海水中提取 KCl 的工艺过程

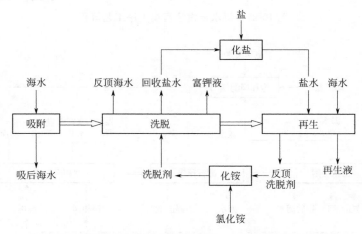

图 10-18　从海水中提取 KCl 新工艺——钾富集的工艺流程

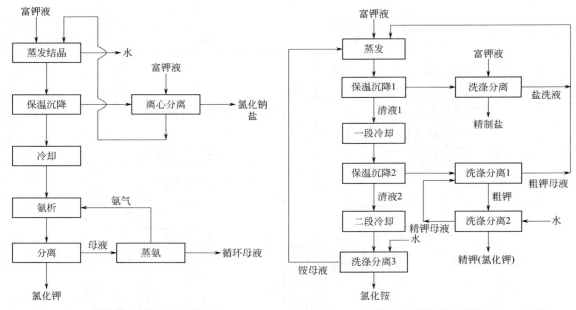

图 10-19　从海水中提取 KCl 新工艺——
氨析结晶分离工艺流程

图 10-20　从海水中提取 KCl 新工艺——分段
冷却法分离工艺流程

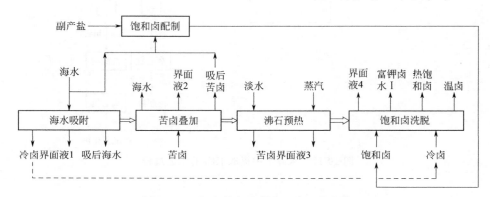

图 10-21　海水苦卤法富集工序工艺流程

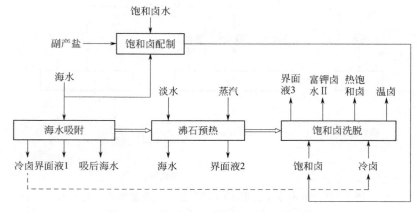

图 10-22　海水卤水法富集工序工艺流程

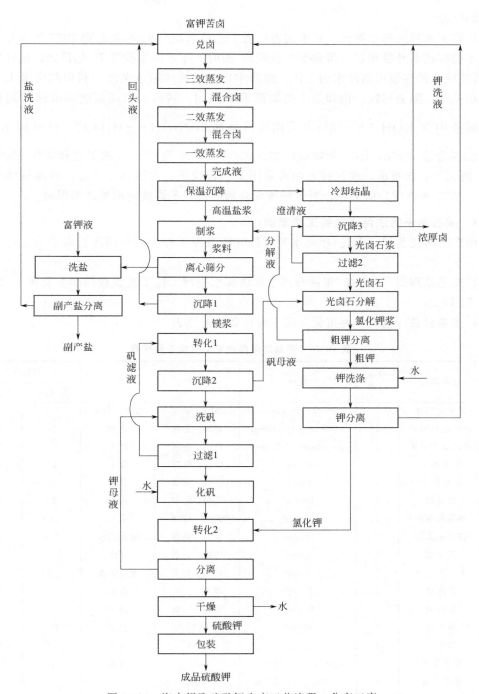

图 10-23　海水提取硫酸钾生产工艺流程—分离工序

10.2.3.2　其他从(浓)海水提钾技术进展

（1）二苦胺法海水提钾　二战后，荷兰的一家肥料公司（NVMeKog 公司）与挪威的 NorskHydro 公司合作投资 200 万美元，于 1950～1953 年在荷兰用二苦胺法建了一个 300m³/h 海水提钾试验厂。该厂断断续续地运转一年多后，因种种原因于 1955 年 7 月停产。1971 年前后，Kielland 总结了二苦胺法海水提钾工艺，得出了二苦胺法污染环境和生产成本较高的结论。

（2）东工流程法海水提钾　日本的通产省工艺技术院自 1969 年起到 1977 年 3 月组织了大型海水提钾技术开发项目（俗称东工流程），历时 9 年，国家投资 70 亿日元。该计划以日产 10 万吨淡水的多级闪蒸海水为主体，浓海水以电渗析浓缩成卤水，利用此卤水 1300t/d，对此卤水精制，除去钙镁，饱和盐水提取溴素 2.9t/d，然后采用隔膜电解浓缩得到盐和碱液，此碱液中含 KOH 5%～8%，采用冷冻法析出 $NaOH \cdot \frac{7}{2}H_2O$ 后，可得到 KOH＋NaOH 的混合液 70t/d。1975 年曾提出加 NaCl 蒸发浓缩生产 KCl 的工艺和添加 MgO 生产 K_2CO_3 的工艺。据报道，在提钾方面曾采用了二苦胺法、苛性钠冷冻法、磷酸氢镁法和石膏法等。1977 年该项目结束后，对于钠钾混合液的进一步提纯尚未见详细报道。

10.2.3.3　沸石离子筛法海水提钾工程案例

以山东某盐化公司 4 万吨/年海水苦卤提取硫酸钾工程为例介绍沸石离子筛法海水提钾工艺。

（1）工艺流程图　4 万吨/年沸石离子筛法海水提钾工程工艺流程简图参见图 10-21、图 10-22、图 10-23。

（2）主要设备一览表　钾富集车间主要设备数据见表 10-26。

表 10-26　钾富集车间主要工艺设备数据表

序号	设备名称	设备台数	规格	材质	介质	操作条件	
						温度/℃	压力/MPa
1	离子交换柱	40	ϕ3600mm×8000mm	碳钢、防腐	海水、苦卤	100	0.3
2	卤水饱和器Ⅰ	1	ϕ5000mm×5000mm	碳钢、防腐	卤水	90	常压
3	卤水饱和器Ⅱ	1	ϕ5000mm×5000mm	碳钢、防腐	卤水	90	常压
4	盐水槽Ⅰ	1	100m³	碳钢、防腐	盐水	35	常压
5	盐水槽Ⅱ	1	100m³	碳钢、防腐	盐水	35	常压
6	冷卤槽	1	1000m³	碳钢、防腐	卤水	50	常压
7	热饱和卤槽	1	1000m³	碳钢、防腐	卤水	100	常压
8	富钾卤水槽	2	1250m³	碳钢、防腐	富钾卤水	100	常压
9	苦卤槽	1	500m³	碳钢、防腐	苦卤	35	常压
10	吸后苦卤槽	1	500m³	碳钢、防腐	吸后苦卤	35	常压
11	配卤槽	1	500m³	碳钢、防腐	卤水	35	常压
12	温卤槽	1	1000m³	碳钢、防腐	卤水	50	常压
13	热水槽	1	500m³	碳钢	热水	100	常压
14	清水槽	1	200m³	碳钢	淡水	35	常压
15	盐水泵Ⅰ	1	Q260m³/h，H21m	304	盐水	35	0.3
16	盐水泵Ⅱ	1	Q160m³/h，H21m	304	盐水	35	0.3
17	卤水预热器	1	200m²	316L	卤水	100	0.2
18	饱和卤加热器	4	100m²	316L	卤水	120	0.2
19	清水泵	5	Q180m³/h，H32m	碳钢	水	35	0.3
20	苦卤泵	5	Q110m³/h，H32m	304	苦卤	35	0.3
21	吸后苦卤泵	2	Q180m³/h，H21m	304	吸后苦卤	35	0.3
22	混卤泵	3	Q180m³/h，H21m	304	卤水	35	0.3
23	温卤泵	3	Q180m³/h，H21m	304	卤水	50	0.3

续表

序号	设备名称	设备台数	规格	材质	介质	操作条件	
						温度/℃	压力/MPa
24	热水泵	2	$Q150m^3/h, H21m$	碳钢	热水	100	0.3
25	冷卤泵	5	$Q110m^3/h, H32m$	304	卤水	35	0.3
26	热饱和卤泵	5	$Q110m^3/h, H32m$	304	卤水	100	0.3
27	富钾卤水泵	2	$Q150m^3/h, H32m$	304	富钾卤水	100	0.3
28	带式输送机Ⅰ	1	20t/h	碳钢	盐	35	
29	带式输送机Ⅱ	1	20t/h	碳钢	盐	35	
30	海水泵	4	$Q3168m^3/h, H32m$	碳钢	海水	35	0.3

硫酸钾车间主要设备由蒸发系统、高温盐分离系统、副产盐分离系统、光卤石冷却结晶及分解系统、硫酸钾转化及成品系统等组成，设备数据见表 10-27。

表 10-27　硫酸钾车间工艺设备数据

序号	设备名称	设备台数	规格	材质	介质	操作条件	
						温度/℃	压力/MPa
1	Ⅲ效蒸发罐	1	$F300m^2$	加热室钛、蒸发室 316L 与碳钢复合	富钾苦卤	47	0.006
2	Ⅱ效蒸发罐	1	$F300m^2$	加热室钛、蒸发室 316L 与碳钢复合	富钾苦卤	70	0.015
3	Ⅰ效蒸发罐	1	$F200m^2$	加热室钛、蒸发室 316L 与碳钢复合	老卤	129	常压
4	Ⅰ段真空结晶器	1	$\phi2200mm$	304 复合板	光卤石浆	70	0.01
5	Ⅱ段真空结晶器	1	$\phi2200mm$	304 复合板	光卤石浆	40	0.002
6	混合冷凝器	1	$\phi400mm$	Q235-B	蒸汽	100	
7	Ⅰ级混合冷凝器	2		Q235-B	海水		
8	Ⅱ级混合冷凝器	2		Q235-B	海水		
9	Ⅲ级混合冷凝器	2		Q235-B	海水		
10	Ⅲ效循环泵	1	$Q3000m^3/h, H4m$	304	富钾苦卤	47	
11	Ⅱ效循环泵	1	$Q3000m^3/h, H4m$	316L	完成液	85	
12	Ⅰ效循环泵	1	$Q2000m^3/h, H4m$	316L	完成液	126	
13	Ⅲ效转料泵	2	$Q100m^3/h, H32m$	316L	富钾苦卤	70	0.3
14	Ⅱ效转料泵	2	$Q100m^3/h, H32m$	316L	富钾苦卤	80	0.3
15	Ⅲ效排料泵	1	$Q150m^3/h, H32m$	304	完成液	50	0.3
16	Ⅱ效排料泵	1	$Q150m^3/h, H32m$	304	完成液	90	0.3
17	Ⅰ效排料泵	2	$Q100m^3/h, H32m$	304	完成液	126	0.3
18	Ⅲ效凝结水泵	2	$Q25m^3/h, H20m$	碳钢	水	50	0.2
19	Ⅰ效凝结水泵	2	$Q25m^3/h, H20m$	碳钢	水	140	0.2
20	Ⅱ段结晶器排料泵	2	$Q50m^3/h, H20m$	304	光卤石浆	40	0.2

（3）工艺参数　海水提取硫酸钾原料化学组成见表 10-28。

表 10-28　原料化学组成

原料名称	浓度（20℃）/°Bé	化学组成/(g/L)				
		NaCl	KCl	CaSO₄	MgSO₄	MgCl₂
海水	3.5	25.38	0.77	1.27	2.19	3.03
苦卤	>27	185.39	14.73	—	48.39	72.54
饱和卤水	25~25.5	235.55	9.95	1.36	31.86	48.33

富钾苦卤组成见表 10-29。

表 10-29　富钾苦卤组成

卤水名称	化学成分/%					
	KCl	MgCl₂	MgSO₄	NaCl	CaSO₄	H₂O
富钾苦卤（Ⅰ）	7.08	10.45	7.0	11.56	0.07	63.85
富钾苦卤（Ⅱ）	5.74	8.67	5.74	12.07		67.78

装置组成及生产规模见表 10-30。

表 10-30　生产车间及规模

车间名称	产品名称	生产规模（年开工日按 300d，7200h 计）			备注
		每年	每日	每小时	
钾富集车间	富钾卤水（Ⅰ）	57.1 万立方米	2379m³	99m³	以苦卤为原料（8 个月）
	富钾卤水（Ⅱ）	15.0 万立方米	2500m³	104m³	以饱和卤为原料（2 个月）
精制盐车间	精制盐（Ⅰ）	9.97 万吨	415t	17.3t	生产期 8 个月，240 天
	精制盐（Ⅱ）	2.62 万吨	437t	18.2t	生产期 2 个月，60 天
硫酸钾车间	硫酸钾（Ⅰ）	15000t	62.5t	2.6t	生产期 8 个月，240 天
	硫酸钾（Ⅱ）	3000t	50.0t	2.1t	生产期 2 个月，60 天
氯化镁车间	卤粉	9.35 万吨	390t	16.3t	

10.3　浓海水提溴

10.3.1　溴的性质

（1）溴的物理化学性质[8,36]　通常溴为暗红色的稠密流动性液体，易于挥发成红褐色蒸气，有强烈刺激性气味。在 7.2℃时溴生成带弱金属光泽的红褐色针状结晶。具体如下：

原子序号	35	临界密度	1.26g/m³
原子量	79.904	液体比热容	70.4J/(mol·K)
解离能	192.8kJ/mol	气体比热容	21.4J/(mol·K)（58~288℃）
沸点	58.78℃	液体热导率	4.6W/(m²·K)（25℃）
熔点	−7.25℃	气体热导率	0.21W/(m²·K)（59℃）
沸腾温度下蒸发热	29.57kJ/mol	固体密度	4.073g/cm³（−7.31℃）
熔化热	10.56kJ/mol	气体黏度	15.26×10⁻⁶Pa·s(20℃)，42.92×10⁻⁶Pa·s(600℃)
临界温度	315℃	表面张力	41.5mN/m（20℃），36.2mN/m（50℃）
临界压力	10.0MPa		

在石油工业中，溴用于制造燃烧防爆剂及完井液；在农业上，用作高效农药、灭虫灭鼠熏蒸剂的原料；在医药中，用于制造溴化钾、溴化钠、溴化铵、氯霉素等药物；在塑料工业及建材工业中，是生产阻燃剂的重要原料；在国防、军工及消防工业中，溴是制造高效低毒灭火剂、感光材料的原料。

（2）溴在水及盐类溶液中的溶解度 溴作为非极性疏水化合物，在水中的溶解度很小。溴-水体系溶解度曲线如图 10-24 所示。54.3℃时，溴和水的总蒸气压等于大气压力。

溴的水合物是红色结晶物质，属于所谓的笼形化合物，该化合物中，一种物质的分子分布在另一种物质晶格的空洞里。它在溴的饱和水溶液冷却到

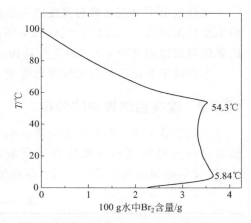

图 10-24 溴-水体系溶解度曲线

0℃时生成，溴的水合物在 5.84℃时熔化并生成液溴及其水溶液。文献表明，存在着分子式为 $Br_2 \cdot 7H_2O$、$Br_2 \cdot 10H_2O$ 及 $Br_2 \cdot 12H_2O$ 等一系列溴的水合物。

溴水溶液具有拉乌尔定律的强正向偏离特性。偏离程度随温度的增长而减少，卤素溶液的某些热力学性质列于表 10-31。

表 10-31　卤素水溶液的热力学性质

指标	$Cl_2(g)$	$Br_2(l)$	$Br_2(g)$	$I_2(s)$	$I_2(g)$
$\Delta H_{298}^0(g)/(kJ/mol)$	6.9	3.9	-0.72	16.4	-3.0
$\Delta G_{298}^0(g)/(kJ/mol)$	-23.4	-2.6	-33.4	22.6	-39.8
$S_{298}^0(g)/[kJ/(mol \cdot K)]$	121	130	115	137	123

在水中由于溴部分水解，溴的水溶液导电：

$$Br_2 + H_2O \rightleftharpoons Br^- + H^+ + HBrO$$
$$Br_2 + Br^- \rightleftharpoons Br_3^-$$

溴在其水溶液和盐溶液上方的蒸气压，对于空气解吸法提取溴的工艺计算具有重要意义。相平衡系数或者在两相处于平衡时由物质的浓度比决定的分配系数也有很大意义，如果两相中物质的浓度用同一单位表示（如 kg/m^3），则分配系数是一个无因次量。

假如已知液溴在给定溶液中的溶解度，则溴的分配系数可以近似计算。这时应该考虑到，在饱和溶液上方溴的蒸气压等于同一温度下纯组分的蒸气压。实验表明，溴的水溶液在加酸达到 pH＝2～2.5 以抑制水解的条件下，符合拉乌尔定律，即溴的分配系数直到饱和保持不变。溴在气相和水溶液间的分配系数与温度的关系见表 10-32。

表 10-32　气相和水溶液间溴的分配系数与温度的关系

$T/℃$	H	$T/℃$	H	$T/℃$	H
0	0.0158	25	0.0549	50	0.1275
10	0.0287	30	0.0633	60	0.1652
20	0.0434	40	0.0935	80	0.250

文献提出了分配系数与温度的关系式，以及溶液上方溴的平衡蒸气压与考虑水解作用的溴浓度的关系式，25℃时，气相和水溶液间氯化溴的分配系数等于 0.0592。气相和液相中的氯化溴的稳定常数 $k=[BrCl]^2/([Br_2][Cl_2])$。

水溶液中氯化溴的稳定性常数等于 83 ± 7[37]。

10.3.2　溴在自然界中的分布

著名学者 B. N. 韦尔纳德斯基、A. E. 费尔斯曼、A. N. 维诺格拉多夫以及其他许多学者都对自然界中溴的分布进行了研究。溴是分散元素，在自然界的分布见表 10-33。按 B. N. 韦尔纳德斯基提供的资料，溴在地壳中的总含量为 $10^{15}\sim10^{16}$ t。

表 10-33　自然界中溴的分布

介质	溴的分布（质量分数）/%	介质	溴的分布（质量分数）/%
近海空气	3×10^{-6}	陆地植物	$1.9\times10^{-3}\sim9.5\times10^{-4}$
内陆空气	2×10^{-7}	海底植物	5.4×10^{-2}
河水	2×10^{-6}	泥炭	3.6×10^{-3}
海水	6.6×10^{-3}	土壤	3.3×10^{-4}
大气降水	4.5×10^{-7}	淤泥	$2.5\times10^{-4}\sim6.6\times10^{-5}$
油田水	10^{-2}	结晶岩	$(1.7\sim5)\times10^{-4}$
盐湖卤水	$10^{-2}\sim10^{-1}$	盐（光卤石）	$(2.2\sim3.4)\times10^{-1}$

单一的卤化物或混杂着银和铜的卤化物，作为含溴的矿物为数不多，在自然界中虽然经常遇到，但由于品位极低，没有工业开采价值，溴仅以 Br^- 形式存在[38]。

10.3.3　制取溴素的原料

根据自然界中溴的分布情况，我们认为提溴的主要原料应该是：海水（包括地下浓缩海水）、油田水、盐湖卤水、析盐后各种母液（井卤析盐后母液、海水制卤析盐后母液）。世界各国由于所处地理位置不同，各地水域卤水成分不一。

实际上，在海水浓缩的各个阶段（开始阶段除外），溴化物离子与氯化物晶体都会发生同晶型沉淀，在确定溴化物的损耗时应加以考虑。大洋水蒸发时溴浓度的变化见表 10-34。

表 10-34　大洋水蒸发时溴浓度的变化

阶段	溴含量（质量分数）/%	固相	总含盐量（质量分数）/%
大洋水	0.09	钙、镁、锶的碳酸盐	3.562
石膏开始析出	0.26	碳酸盐＋石膏	13.140
盐开始析出	0.59	碳酸盐＋石膏＋盐	27.527
硫酸镁开始析出	2.72	碳酸盐＋石膏＋盐＋硫酸镁	32.576
光卤石开始析出	3.90	碳酸盐＋石膏＋盐＋六水硫镁矾＋光卤石	34.550

当盐类从卤水表面结晶时，卤水的过饱和现象有助于形成不平衡条件；体系离开平衡状态越远，就越接近结晶系数或分配系数的单位值，并使卤水中的溴渐渐减少，由此可以计算氯化物结晶中含有的溴量。盐结晶的实例证明了这一点，根据卤水中溴浓度变化的特点，第

一批盐含溴比下一批中少。于是，在第一批盐晶体中溴含量达 0.005％～0.006％（摩尔分数），而在共饱结晶的盐晶体中，溴含量约高一个数量级，经确定的水盐体系共存相间溴化物的分布规律，可以作为探矿准则。此外，如要聚积海洋卤水结晶盐中的溴化物，可把这些矿盐产地看作是溴的原料来源。提溴原料在生产过程中各种因素（例如碱性的变化、卤水温度、$MgCl_2$ 含量、溴氯系数等）对提溴均有影响。

海水及海水型卤水的碱性反应，主要是由于其中含有碳酸氢钙和碳酸氢镁、硼酸盐、镁的复杂羟基氯化物、有机碱等引起的，pH 为 7.3～8.4 时，含碱量为 2.3～2.6mmol/L（以 HCO_3^- 计）。

卤水的碱性可用称为溴碱度系数的 Br/HCO_3^- 比值（质量比）来评定。借助于这个系数，从卤水中提溴时，可以方便地确定酸耗。在提溴时，系数越高，卤水中和的酸耗越少。在海水开始浓缩阶段，绝对碱性近似保持不变，由于溴碱度系数增长，溴化物的浓度约成比例地增长。因而，当海水蒸发时，不仅（每吨溴）所处理的卤水比容积降低，而且酸耗也随之降低。当海水型卤水进一步蒸发时，钙离子的含量提高，直到尚无石膏结晶为止，也就是达到硫酸钙的溶度积，这时，钙离子浓度迅速降低。

我国沿海海盐区利用浓海水产盐后的母液苦卤来生产氯化钾，产钾后的母液俗称老卤（或浓厚卤），老卤中含溴浓度高达 7.0g/L，是提取溴素的理想原料。

10.3.4　国内外制溴工业发展概况

10.3.4.1　我国溴素生产概况

我国溴素生产目前全部采用蒸汽蒸馏法和空气吹出法。其原理均为用氯气作氧化剂将溴离子氧化为游离溴，然后用蒸汽蒸馏法和空气吹出法进行提制。1980 年以前我国的溴素生产一般采用蒸汽蒸馏法，其特点是工艺成熟、过程简单、效率高、成本低，但要求以溴含量3g/L 以上的卤水为原料。目前我国用蒸汽蒸馏法制溴的盐化工厂的原料均为生产氯化钾过程中析出光卤石后的母液，而沿海地区制盐后的苦卤中含溴量一般在 2.5～3g/L 左右，由于含溴量低的卤水要消耗大量的蒸汽，使生产成本提高，因此该法的使用受到限制。为了充分利用含溴量低的资源（如海水、低浓度地下卤水），扩大溴产量，目前一般采用空气吹出法。空气吹出法尽管对原料含溴量适应性较强，易于自动化控制，但需要庞大的设备和高的能耗。

10.3.4.2　连续双过程真空提溴法

欧洲专利 EP 0300085 报道了在负压或真空条件下连续进行氯气氧化和蒸汽蒸馏提溴的先进技术，该方法工艺流程见图 10-25。

该技术的先进性主要在于通过真空工艺系统，使主反应塔压力维持在 41000～83000Pa，最好是 48000～55000Pa。当温度一般为 66～99℃ 的卤水进入此塔时，无需加压，就可达到该压力下溴的沸点，因此可大量减少蒸汽用量。蒸汽仅用于从卤水中带出溴蒸气，此时的塔内温度为 82～99℃，尽管氯气氧化反应可在低温下进行，但一般的蒸汽蒸馏法实际上必须将卤水加热到约 110℃ 以上，以便将溴吹出。在此高温状态下，其副反应会消耗部分氯气，实际消耗是理论量的 1.4 倍，而该专利塔中的反应是在负压和较低温度下进行，副反应的减少可节省 12％ 的氯气用量。主反应塔顶部的出口温度受冷却卤水控制，混合气体中水蒸气含量降至最小，可减少流程中的循环量。塔内呈负压状态，有利于提高氯气、溴及蒸汽的回收率。

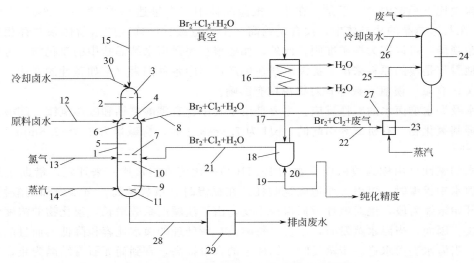

图 10-25　连续双过程真空提溴素工艺流程

1—主反应塔；2—精馏层；3，4，6，7，10，11—固定板；5—反应层；8—锥形空间；9—吹出层；

12，13，14，25，26—管道；15—吸液管；16—冷凝器；17—冷凝液导管；18—分离器；19—粗淡；

20—密封环；21—气体循环混合蒸气；22—真空管；23—蒸汽喷射泵；24—气体吸收器；

27—排水管；28—废卤水管；29—罐；30—冷却卤水

原料卤水通入主反应塔上部，氯气和蒸汽进入主反应塔中部和下部，以逆流方式先氯化，后经蒸汽吹出；塔顶部蒸馏出含溴、氯和蒸汽的混合气体；塔底部排出废卤水。此方法所适用的含溴卤水典型组成是：溴 3000～5000mg/L（以溴化钠计），氯 200～250g/L（以氯化钠计），氨 150～200mg/L，硫化氢 100～300mg/L，碘 10～20mg/L（以碘化钠计），以及溶解有机物如天然气、石油等。

关键设备是主反应塔，该塔为密封的真空圆柱形结构，其功能类似于蒸馏塔。塔内包括位于上部的精馏层 2、中部的反应层 5 和下部的吹出层 9。在多孔固定板 3、4 之间，6、7 之间和 10、11 之间都充填了如陶瓷、塑料等填充材料。

预先除去其中的天然气、石油、硫化氢等杂质的原料卤水经管道 12 进入精馏层 2 和反应层 5 之间，分布在反应层 5 的截面上。氯气经管道 13 进入主反应塔，均匀分布在吹出层 9 和反应层 5 之间，与经反应层滴落的原料卤水逆流反应，将卤水中的溴离子氧化为溴素。含溴素的卤水通过填料层滴落在吹出层由经管道 14 进入吹出层的蒸汽吹出，含有溴、氯和蒸汽的混合气体经冷凝、分离、纯化后制得精溴。

主反应塔可由耐压，抗氯、溴、卤水腐蚀的任何材料，如金属、合金、碳化铁及玻璃纤维材料等制成，具有造价低、坚实、防渗漏等优点。

与常见的蒸汽蒸馏法相比，该专利的主要优点和先进性是：节省大量蒸汽和氯气；回收率高；循环量少；连续高效能的工艺过程；塔的特性是具有造价低、坚实、抗腐蚀、防渗漏等；减少了气体排放。

10.3.4.3　溴素的其他生产方法

（1）树脂交换法　卤水可以采用先提取溴素，后制盐析钾的工艺路线，其流程见图 10-26。

工艺原理：酸化的目的是抑制已被氧化为溴分子的溴发生水解，提高一次性溴的提取率，减少氧化剂的用量，其反应如下：

$$HBr \Longrightarrow H^+ + Br^-$$

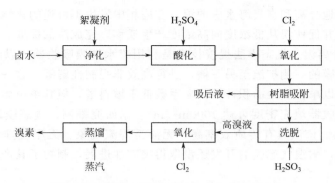

图 10-26　树脂交换法卤水提取溴素工艺流程

氧化的目的是使离子型溴氧化为分子型溴，便于树脂吸附。工业上一般采用电负性大的氯取代溴离子，氧化剂为氯气。

$$Cl_2 + 2Br^- \longrightarrow 2Cl^- + Br_2$$

树脂吸附法主要是利用强碱性季铵型阴离子交换树脂的交换官能团把游离卤族元素以多卤化合物阴离子形式吸附的特性，先将卤水酸化氧化游离出来的溴分子吸附，过量的氯也会同时被吸附，过程可用下式表示：

$$R \equiv N^+ X^- + k Y_2 \longrightarrow R \equiv N^+ [XY_2 k]^-$$

式中，X、Y 表示卤族元素，X＝Y 或 X≠Y；k 表示分子数，k＝1，2，3。

吸附溴后的载溴树脂，先用还原剂还原成溴离子，然后用盐酸淋洗，使树脂再生。主要反应如下。

吸附：
$$R \equiv N^+ Cl^- + Br_2 \longrightarrow R \equiv N^+ [ClBr_2]^-$$

还原：
$$R \equiv N^+ [ClBr_2]^- + H_2SO_3 \longrightarrow R \equiv N^+ Cl^- + 2HBr + H_2SO_4$$

再生：
$$(R \equiv N^+)_2 SO_4^{2-} + 2Cl^- \longrightarrow 2R \equiv N^+ Cl^- + SO_4^{2-}$$

经过试验可看到，树脂吸附法由卤水中提溴，工艺参数稳定、数据重现性好，树脂对溴的吸附率、洗脱率以及溴液产率均较高，溴的总回收率高达 80%。试验结果表明：对含溴量高的卤水，树脂吸附法是合理、有效、经济的提溴方法。

（2）半透膜法提溴[39~43]　膜分离技术的发展是从 20 世纪 50 年代离子交换膜的开发和 60 年代反渗透膜的出现开始的。作为一种重要的水处理技术，膜分离技术已确立了自身的地位和优势。在现代工业和人们的日常生活中扮演着重要角色。如今，膜技术在海水和苦咸水淡化、海水资源综合利用、环境保护等产业中正发挥着重大作用，并有效地推动了相关海洋产业的发展。近几年来，随着反渗透技术、纳滤技术、电渗析技术、超滤技术等的发展和完善，进一步促进了膜技术在海水资源产业中的应用和发展。国内膜法提溴的研究始于 20 世纪 80 年代初，主要是液膜法和气态膜法。

① 液膜法分离溴　液膜法分离技术被认为是继萃取法之后的第二代分离净化技术，特别适合于溶液中的特定离子或有机物的分离，该分离技术通过两液相间形成的界面——液相膜，将两种组成不同但又相互混溶的液体隔开，经选择性渗透，使物质分离提纯，液膜技术将萃取、洗涤和再生一步完成，具有操作简便、节约能源、排放少、高选择性和高效能等优点。利用液膜法从海水中提取溴的实验表明，液膜技术对溴的分离、富集速度快，工艺简便。可与卤水提溴的蒸汽蒸馏法结合，是提取溴的一种新工艺。制备油包水（W/O）型乳状液膜，使其形成 W/O 再 O/W 的分离体系，液膜面有巨大的传质面积，对 Br₂ 有较大的

溶解度，能有选择地分离和富集海水中的溴，在内相中发生不可逆的化学反应，生成了难以逆向扩散的产物。并促使溴从低浓度向高浓度产生迁移，完成溴的提取。

② 气态膜法分离溴 气态膜法提溴技术是利用疏水性膜吸收器，以膜两侧溴素浓度差为传质推动力，从膜的一侧扩散至另一侧，进行高效非强制性解吸。这一过程需要克服膜所带来的额外阻力，以单位接触面积计，传质系数低于填料塔，但其单位体积填充密度大，特别是中空纤维膜吸收器填充密度可达 $1000 m^2/m^3$。据研究推测，气态膜法提溴工艺较空气吹出法可节能 50%。该法具有传质效率高、无液泛沟流现象、无尾气排放、占地面积小等优点，到目前为止，耐溴气态膜的开发还没取得突破性进展，制约了其产业化的进程。气态膜法提溴原理见图 10-27。

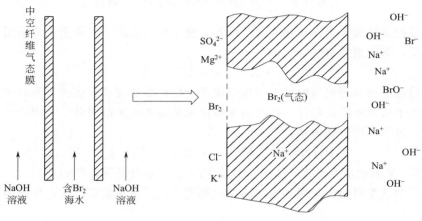

图 10-27 气态膜法提溴原理

③ 萃取法提溴 溶剂萃取法具有与树脂法近似的优点，选择一种具有优良、价廉、毒性较小等优点的萃取剂是技术上的关键。树脂交换法和溶剂萃取法虽具有一系列优点，但目前国内外还停留在实验研究阶段。

10.3.5 从浓缩卤水中提溴的方法[44,45]

10.3.5.1 蒸汽蒸馏法从卤水中提溴

卤水中的溴以溴离子形式存在（含量从每立方米 0.065kg 至几千克），提取前照例要把溴离子预先氧化成元素溴。在工业生产中通常用氯气作氧化剂，氯气是氧化溴离子的最便利的氧化剂。卤水中提取元素溴有下述方法：蒸汽蒸馏法；空气或任何一种惰性气体的吹出（解吸）法；与水不相混合的溶剂萃取法；呈难溶化合物形式的沉淀法以及吸附法。

蒸汽蒸馏法能够从卤水中直接制取元素溴，但这种方法只有在卤水中溴浓度较高时（$\geqslant 3 kg/m^3$）才有利，当含溴浓度低时，蒸汽消耗量急剧增长，见表 10-35。

表 10-35 原料中的含量与消耗的蒸汽量的关系（产吨溴）

含溴量/(kg/m³)	1.5	2.0	3.0	5.0	7.0	9.0	10	12	14	16	18
耗汽量/(t/t)	120	85	61	38	29	24	22	18	15	14	12

（1）蒸汽蒸馏法的发展简况 很早以前就采用了以发明者名字命名的特殊结构的库比耶尔斯基塔蒸馏溴。这类塔为方形或直角形截面并分成一系列装有陶瓷多孔板（栅条）的小

室，卤水穿过多孔板从上向下连续流动。棚条安装成与室的壁面之间留有空隙，并形成锯齿形的蒸汽通道。从塔下面加入的蒸汽和氯气迎着卤水从一个室到另一个室流动（卤水从顶部进入室内并自上而下流动，排除了重的溴蒸气与轻的水蒸气分层的可能性），保证了稳定的工作状态。随后气体通道被分布在室壁面上的沟槽代替，从而使相间接触得到改善，并使流通能力和溴的产量大大增加。后来证明，适当选择液体和蒸汽的速度并精确调节卤水、氯气和蒸汽的加料量时，填料塔的生产能力和工作稳定性不亚于带棚条的塔。由于带棚条的塔装置复杂，所以逐渐被淘汰。

早先，溴蒸馏塔通常是用花岗岩或砂岩制成方形或直角形截面的塔节，有时在塔角上砌入三角形衬块，使塔的内截面变成八角形，塔节之间的衬垫由石棉板做成，整体结构用地脚螺栓固定，总高 8～10m，截面 1m×1m 或 2m×2m 的带耐酸衬里的金属塔也有使用，填料为拉西环（35～100mm），整齐排列或乱堆，通常在专用分布棚条上整齐排列若干层填料。

最近一个时期，已开始广泛采用由离心铸造制成的硼硅酸盐玻璃塔蒸馏溴。硼硅玻璃塔由一系列壁厚 15～18mm、填充玻璃拉西环的塔节组成，玻璃拉西环铺在专门的支承上，每两个塔节之间放置聚四氟乙烯分布板，以保障液体沿填料均匀流动并防止纵向混合，分布板同时还用作密封垫圈。采用对溴稳定的玻璃和聚四氟乙烯材料可使溴免受污染，由于玻璃的透明性，得以用肉眼观察过程的进行，对于直径 1m 的塔，卤水的流通能力为 50～60m³/h。由于暂时还不能制造大直径玻璃塔，所以只有当溴浓度较高时，使用玻璃塔才是合理的。

（2）蒸汽蒸馏法卤水提溴的工艺流程　见图 10-28。

含溴卤水预先经过热交换器用废卤水的热量预热，然后，如果必要的话，还可用生蒸汽或二次汽补充加热到规定温度。预热后的卤水加入塔顶部，在塔底加入蒸汽，氯气加入点要高一些，氯气置换出的元素溴被蒸汽赶出沿塔升起，与向下流动的卤水相遇，从塔顶部出来的溴蒸气、水蒸气和过量氯气的混合物导入冷凝器。冷凝的溴和溴水流入分离瓶，在分离瓶中，密度大的溴沉在瓶底并从分离瓶下部连续进入精馏塔以净化脱氯，溴水从分离瓶上部返回蒸馏塔。

在精馏塔中进行粗溴的精馏以使其中的过量氯分离。与一定数量的溴蒸气同时逸出的氯气，通入用水封与蒸馏塔分隔开的室内，或者也可以在专门的塔内用进料卤水使其吸收，冷凝器中未被冷却的气体也一并导入其中。游离卤素的最后回收是在加入少量冷卤水的回收塔内实现的，含游离卤素的废卤水通过铁屑层进行处理，或者填加亚硫酸酐或硫代硫酸钠溶液进行处理。因为废卤水总是呈酸性，而且当溴和氯与亚硫酸酐及硫代硫酸钠反应时也生成一定数量的酸，所以游离卤素化合后，废卤水要用纯碱溶液或石灰乳中和。中和后的废卤水经热交换器去预热原料卤水，上述流程加以调整可用作氯气等废气的回收方法。

由于氯和溴的溶解度都小，把卤水全部加热到较高温度，气体的吸收作用效果不大。此外当水封破坏时，会造成上面室内溴蒸气穿流而后排入大气，所以在水塔内，用冷水喷淋吸收过量氯

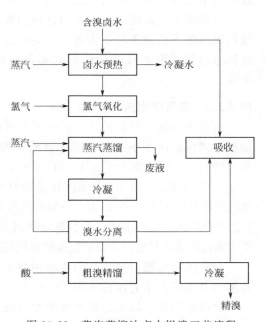

图 10-28　蒸汽蒸馏法卤水提溴工艺流程

而后导入塔中部比较合理，这时，由于从塔内出来的气体要经过两个冷却器，避免了气体穿流。

如果进塔卤水分成两股，则可达到同样效果。主流应预热到较高温度（90℃），而支流用于吸收废气，预热到70℃，两股卤水随后混合，具有规定温度的卤水进入塔内。

加入生蒸汽，蒸溴用进塔母液被稀释了一些。为了进一步利用母液，不希望稀释，则把母液预热到尽可能高的温度，以便限制生蒸汽加入量，从塔内排出的蒸汽通过适当的对流冷却器，温度约保持在60℃，这个温度足以使大量水蒸气冷凝，但对于溴蒸气的冷凝尚不足，从塔内排出的溴蒸气可以在用冷卤水喷淋的混合冷凝器中冷凝，冷卤水的供水量应使其中所含的溴化物与随气体一起从塔内排出的氯全部结合，这时便得到脱氯的溴。含一定量溶解溴的卤水逆流进塔，为使从塔内排出的蒸汽净化脱氯，可以让蒸汽通过预热到溴不足以冷凝的温度的溴化物溶液，使用陶瓷、硼硅酸盐玻璃或钛材制造的冷却器使溴蒸气冷凝，冷却器由下降管和上升管两个支路组成，其间带有冷水弯管，通常用于置换溴所需的全部氯量经过一个入口加入塔内。建议在几个点上同时加氯，卤水在单独设备上完全氯化或局部氯化，不推荐用氯水进行氯化。

10.3.5.2　空气解吸法从卤水中提溴

空气解吸法可用于从溴含量不高的卤水中提取溴素，但是这时从溴与空气混合物中回收溴的试剂费用必然增加，同时增加了一道加工工序，以便把制得的半成品加工成元素溴或其他商品。不过，由于蒸馏法的应用受到限制，所以空气解吸法提溴仍然得到了推广，并且在世界上成为普遍采用的方法，空气解吸法的缺点是：当卤水温度降低时，所需要的空气量和相应的耗电量大大增加，在冬季严寒的地区使用表层卤水时，会使加工过程的技术经济指标降低，现已着手试验研究适合在低温条件下提溴的方法，用煤油萃取或使溴呈三溴苯胺和三溴苯酚等难溶化合物形式沉淀出来的提溴方法已经取得了一定进展。但是由于产量低和被废卤水带走的煤油损耗大，萃取法没有得到推广应用，在工业生产中以三溴苯胺和三溴苯酚方式提溴不方便，因为没有合适的加工方法使沉淀剂苯胺和苯酚得到回收。

采用离子交换树脂提取溴的过程为吸附法提溴提供了一定的有利条件，该过程可以在低温和溴浓度不高的条件下实现；从高浓度含溴卤水中，例如从钾盐沉淀后的母液中，用丁醇或其他溶剂萃取，以溴化镁形式提取溴的方法已有报道，该方法不用把溴化物氧化成元素溴。

10.3.5.3　空气吹出法

由蒸汽蒸馏法制溴的工艺过程可以看出，制溴原料卤需要加热至接近沸点，才能较充分地把游离溴从卤水中蒸馏出来。显然，原料卤水中含溴量高时，蒸汽消耗量就低，反之则高。例如，使用含溴6～7g/L的卤水时，每吨溴的蒸汽耗量为30～40t；使用含溴量2.5～3.0g/L的卤水时，每吨溴的蒸汽耗量约为80t；使用含溴量为1.5g/L以下的卤水时，每吨溴的蒸汽耗量可达120～150t以上。一般蒸汽蒸馏法适宜使用含溴量3g/L以上的原料卤水，使用含溴量过低的卤水是不经济的。为了充分利用含溴量较低的资源（如海水、地下咸水及低度卤水），扩大溴的产量，目前以含溴量较低的原料制溴时，国内外广泛采用空气吹出法制溴。

（1）工艺流程　空气吹出法的主要工序为：原料液的酸化及氧化，空气吹出，化学吸收和蒸汽蒸馏等。工艺流程见图10-29。

含溴原料液（海水、低浓度卤水或地下卤水）通过酸化、氯气氧化、空气吹出后，再用吸收剂吸收、加酸反应、蒸馏、冷凝和包装，成为产品溴。

（2）工艺原理及控制条件

① 原料液的酸化和氧化　用转子流量计计量，向原料液中加入工业硫酸，将 pH 调到适当数值，与氯气一并送入氧化塔，在塔中进行氧化，反应式同前。生产实践表明：用海水为原料时，pH 值调到 3.5 左右，配氯率 160%，氧化率可达到 95% 以上；用 10～12°Bé 卤水（含溴量 0.2～0.8g/L）为原料时，pH 值调到 3.8～4，配氯率 120%，氧化率可达到 90%～95%；用 14～14.5°Bé 卤水为原料时（含溴量 0.3～0.35g/L），pH 值调到 4～4.5，配氯率 105%～115%，氧化率也可达到 90%～95%。说明原料液中溴含量较多，配氯率可适当降低，减少氯气消耗。

② 空气吹出

a. 气-液相的平衡关系及传质过程　在空气吹出塔中，溴吹出率的高低，空气消耗量的大小，都与溴在气液两相的平衡关系有密切关系，是重要的生产工艺指标。液态溴在水中的溶解度见表 10-36。

因原料液中溴含量较少，可用亨利定律来表示溴在气液相的平衡关系。

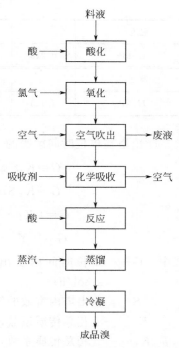

图 10-29　空气吹出法制溴工艺流程

表 10-36　液态溴在水中的溶解度

温度/℃	溶解度/(g/100g 溶液)	溴的形态	温度/℃	溶解度/(g/100g 溶液)	溴的形态
0.0	2.25	$Br_2 \cdot 8H_2O$	20.0	3.41	Br_2
0.0	2.31	$Br_2 \cdot 10H_2O$	25.0	3.39	Br_2
3.0	3.08	$Br_2 \cdot 8H_2O$	30.0	3.32	Br_2
6.84	3.73	$Br_2 \cdot 8H_2O + Br_2$	40.0	3.31	Br_2
10.0	3.60	Br_2	50.0	3.40	Br_2
15.0	3.52	Br_2	53.6	3.50	Br_2

$$c_{Br} = H' p_{Br} \quad 或 \quad p_{Br} = H X_{Br}$$

式中　c_{Br}——溴在原料液中的浓度，$kmol/m^3$；

p_{Br}——溴在平衡的气相中的分压，Pa；

X_{Br}——溴在原料液中的摩尔分数；

H'——溶解度系数，$kmol/(m^3 \cdot Pa)$；

H——亨利系数，Pa。

由表可知，亨利系数随温度的升高而增大。故当原料液含溴量一定时，高温下与原料液平衡的气相溴分压要比低温时为高，北方海盐区冬季溴的吹出率要明显地低于夏季。溴-水体系的亨利系数与温度的关系见表 10-37。

吹出塔内溴由液相转变到气相的传质过程见图 10-30。

表 10-37　亨利系数 H 与温度的关系

温度/℃	0	5	10	15	20	25	30
H/kPa	0.216	0.284	0.378	0.481	0.612	0.761	0.934
温度/℃	35	40	45	50	60	70	80
H/kPa	1.125	1.373	1.631	1.972	2.592	3.31	4.171

吹出塔在单位时间解吸的溴量 G 为：

$$G = K_1 S \Delta X_m$$

$$G = K_g S \Delta Y_m$$

或：

$$G = L X_1 - L' X_2$$

$$G = V' Y_2 - V Y_1$$

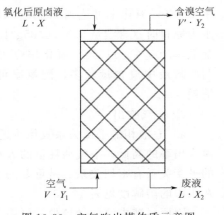

图 10-30　空气吹出塔传质示意图

式中　G——单位时间内吹出塔内所解吸出的溴量，kmol/h；

S——吹出塔内有效的气液接触面积，m^2；

K_1——液相总传质系数，kmol/(m·h)；

K_g——气相总传质系数，kmol/(m·h)；

ΔX_m——吹出塔内液相传质推动力，$kmol/m^3$；

ΔY_m——吹出塔内气相传质推动力，$kmol/m^3$；

L——氧化后含溴原料液流量，m^3/h；

L'——单位时间内排出吹出塔的废液量，m^3/h；

V——单位时间内进入吹出塔的空气量，m^3/h；

V'——单位时间内排出吹出塔的含溴空气量，m^3/h；

X_1，X_2——进出吹出塔原料液及废液的含溴量，$kmol/m^3$；

Y_1，Y_2——进出吹出塔新鲜空气及含溴空气的含溴量，$kmol/m^3$。

$$\Delta X_m = \frac{(X_1 - X_1') - (X_2 - X_2')}{\ln \dfrac{X_1 - X_1'}{X_2 - X_2'}}$$

$$\Delta Y_m = \frac{(Y_1 - Y_2') - (Y_2 - Y_1')}{\ln \dfrac{Y_1' - Y_2}{Y_2' - Y_1}}$$

式中　X_1'——与含溴空气组成 Y_2 呈平衡的液相组成，$kmol/m^3$；

X_2'——与新鲜空气组成 Y_1 呈平衡的液相组成，$kmol/m^3$；

Y_1'——与氧化后原料液组成 X_1 呈平衡的气相组成，$kmol/m^3$；

Y_2'——与废液组成 X_2 呈平衡的液相组成，$kmol/m^3$。

若忽略热效应及压力变化而引起的体积变化和雾沫夹带损失时，$L \approx L'$，$V \approx V'$。

则　　　　　　　　$G = L(X_1 - X_2) = V(Y_2 - Y_1)$

b. 溴的吹出率　影响吹出率的因素主要有温度、气液比及塔的操作条件。

温度低时，溴的亨利系数小，平衡分压降低，传质推动力相应减小；为了保持一定的吹出率，必须增大气液比。温度、气液比及吹出率的关系见图 10-31。

由图 10-31 可见，在夏季气温较高、气液比为 50∶1 时，吹出率可达 95% 以上。

操作条件主要是指吹出塔的空塔气速及喷淋密度。适当地提高空塔气速及喷淋密度可强化传质过程，增加吹出率。但空塔气速必须低于液泛速度，否则吹出塔不能稳定地操作。

c. 空气消耗量 空气消耗量可由吹出塔的物料平衡式导出。

$$L(X_1 - X_2) = V(Y_2 - Y_1)$$

即：

$$V = L \frac{X_1 - X_2}{Y_2 - Y_1}$$

实际生产中要有相当过量的空气。空气过量系数 η 通常取 2~4.5。原料液中溴含量增加时，空气消耗量相应增加。不同原料液生产 1kg 溴的空气消耗量见表 10-38。

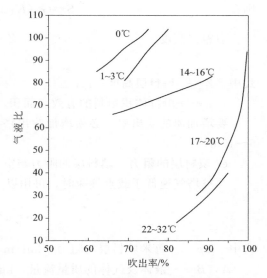

图 10-31　在不同温度下吹出率与气液比关系

表 10-38　不同原料液生产 1kg 溴的空气消耗量

原料	溴的含量 /(g/L)	温度/℃	每 1m³ 原料液空气消耗量/m³	每制 1kg 溴的空气消耗量/m³
海水	0.065	25	52	1000
未析盐前卤水	0.5	25	83	208
析盐后卤水	2.0	25	67	41
氯化物型盐水	0.2	10	167	1043
氯化物型盐水	0.5	10	167	417
氯化物型盐水	0.5	25	95	172
氯化物型盐水	0.5	40	57	143

注：取过剩系数 $\eta = 3.2$。

以海水为原料时，气液比以 (50~60)∶1 为好；以 10~14°Bé 的低度卤水为原料时，较适宜的气液比是 (120~170)∶1。喷淋密度 15~50m³/(m²·h)，空塔气速 0.5~0.8m/s。

d. 吹出塔的直径和高度　塔径可根据空气用量及选定的空塔气速算出，即：

$$D = \sqrt{\frac{4V}{\pi u 3600}}$$

式中　D——吹出塔直径，m；

$\quad\quad V$——空气用量，m³/h；

$\quad\quad u$——空塔气速，m/s。

填料高度可由填料总体积及塔径算出。填料总体积用量可由传质速率方程及填料性质导出：

$$G = K_1 S \Delta X_m = K_g S \Delta Y_m$$

则
$$S = G/(K_1 \Delta X_m) = G/(K_g \Delta Y_m)$$

填料层高度
$$Z = \frac{S}{\frac{\pi}{4}D^2 \times \alpha}$$

式中　Z——填料层高度，m；

　　　α——单位体积填料的有效表面积，m^2/m^3。

要增加溴的吹出率，必须增加吹出塔内填料层的高度。工业生产中填料层的高度多为 6～10m。

e. 填料层的阻力　填料层的阻力与空塔气速的平方成正比，随喷淋密度增加而增加。当空塔气速低于载点气速时，可用以下经验式计算填料层的阻力：

$$\Delta p = \alpha \times 10^{\frac{\beta \times A}{\gamma_2}} \times \frac{B^2}{Y_G}$$

式中　Δp——每米填料层的阻力，kgf/m^2（$1kgf/m^2 = 9.8Pa$）；

　　A，B——液体及气体的质量流量，$kg/(m^3 \cdot h)$；

　γ_2，Y_G——液体及气体的密度，kg/m^3；

　α，β——实验常数，其值随填料种类而不同。

正常操作时，吹出塔的阻力应基本稳定；若阻力突然升高，通常是由于喷淋密度过大、填料破碎或填料层结垢堵塞所致，应及时处理，保证正常操作[12]。

③ 化学吸收　解吸后的含溴空气中，每立方米仅含溴几克，甚至在 1g 以下，一般采用化学吸收法提取。溴的吸收剂很多，有属于还原性的，如铁屑、二氧化硫、碱的氨溶液等；有属于碱性的，如苛性碱（钾或钠）、碱金属的碳酸盐与碳酸氢盐、石灰乳等；还有可从含溴空气中直接吸收溴的，如活性炭等。目前广泛应用的有纯碱或烧碱溶液、二氧化硫、铁屑及低温溴盐溶液。

a. 碱液吸收　配成一定浓度的纯碱溶液与含溴空气在吸收塔中的填料表面进行逆流接触，游离溴被碱吸收，发生下列反应：

$$3Br_2 + 3Na_2CO_3 \Longrightarrow NaBrO_3 + 5NaBr + 3CO_2\uparrow$$

$$3BrCl + 3Na_2CO_3 \Longrightarrow NaBrO_3 + 3NaCl + 2NaBr + 3CO_2\uparrow$$

有氯气存在时，还有以下反应：

$$Br_2 + 5Cl_2 + 6Na_2CO_3 \Longrightarrow 2NaBrO_3 + 10NaCl + 6CO_2\uparrow$$

用纯碱溶液吸收溴时，有碳酸氢钠生成，它在溴酸盐溶液中溶解度较小，为了避免填料被沉淀堵塞，在吸收过程的最初阶段，应采用 5%～10% 的纯碱溶液。为了得到较高浓度的 NaBr、$NaBrO_3$ 溶液，可在吸收过程中补充固体纯碱。

在一定的浓度范围内，吸收速度仅取决于气体界面层的阻力，即吸收速度与气相的传质推动力成正比，可按下式计算：

$$G = KF°\tau \Delta C_g$$

式中　G——吸收的溴量，kg；

　　　K——化学吸收系数，m/h；

　　　F——气液接触面积，m^2；

　　　$°\tau$——接触时间，h；

ΔC_{g}——气相传质推动力，kg/m³。

试验结果[36]表明，吸收系数 K 只与空塔气速有关，而与气体混合物中溴的浓度、吸收剂的化学吸收容量及喷淋密度无关。K 值与气体速度的关系可用下列方程表示：

$$K = 96.8\omega_{\mathrm{g}}^{0.544}$$

式中　ω_{g}——空塔气速，m/s。

在不同空塔气速下，化学吸收系数 K 值见表 10-39。

表 10-39　不同空塔气速下的化学吸收系数 K 值

空塔气速/(m/s)	K 值		空塔气速/(m/s)	K 值	
	m/h	kg/(m²·h·MPa)		m/h	kg/(m²·h·MPa)
1.0	96	66.88	0.3	51	35.5
0.5	67	46.68	0.15	34	23.63

我国以碱液作为吸收剂的厂家，多采用两个吸收塔。新配制的碱液在Ⅱ塔加入，不断用泵循环，吸收来自Ⅰ塔的尾气，并将部分循环碱液不断泵入Ⅰ塔的缓冲槽。新解吸出来的含溴空气进入Ⅰ塔，与来自Ⅱ塔的碱液逆流循环吸收。

新配制的碱液浓度为 1～1.5mol/L。当Ⅰ塔内的碱液含溴量达 100kg/m³ 左右，碱度降至 0.3mol/L 以下时，称为吸收完成液，可泵出至加酸蒸馏工序。Ⅱ塔的排空尾气中含溴量为 0.05g/m³ 以下，溴的吸收率可达 95% 以上。

碱液吸收塔一般采用填料塔，结构与吹出塔类似。用两个吸收塔组成逆流吸收，效果较好。空塔气速一般为 0.5～1m/s，喷淋密度为 10～30m³/(m²·h)，原料液含溴量高时可适当取高值。

纯碱液吸收法工艺成熟，生产稳定，易于控制；但碱的利用率仅 60%～70%，吸收完成液中溴含量较低，蒸馏前需加酸中和，增加物料消耗。也可用烧碱液作为吸收剂，反应式为：

$$Br_2 + 2NaOH = NaBr + NaBrO + H_2O$$

当温度较高时，反应为：

$$3Br_2 + 6NaOH = 5NaBr + NaBrO_3 + 3H_2O$$

b. SO₂ 吸收　在有水存在的情况下，SO₂ 与溴发生下列反应：

$$Br_2 + SO_2 + 2H_2O = H_2SO_4 + 2HBr$$

二氧化硫气体可由熔融的硫黄或燃烧的黄铁矿（FeS₂）产生。

在吸收塔内，HBr 和 H₂SO₄ 的混合物呈微小液滴及雾沫状，被循环的混合酸液吸收。尾气捕沫后，封闭返回吹出塔，重新解吸氧化后的原料液。

SO₂ 加入量需过量 5%～10%。吸收完成液为含 HBr 10%～20%、含 H₂SO₄ 8%～18%、含 HCl 1% 以下的混合酸，通入氯气可使溴离子氧化成为游离溴，再用蒸馏制得成品溴。蒸馏废液含 HCl 4.5%～9%，含 H₂SO₄ 5%～10%，可用于酸化原料液。

用二氧化硫作吸收剂时，常用钢筋混凝土塔，内衬耐酸塑料板，塔内填料为玻璃棉或瓷质拉西环或鞍形填料。吸收塔后应设捕沫器，以便回收尾气中没有反应的二氧化硫和游离溴，并减少对环境的污染。

也可用亚硫酸溶液作吸收剂，效果相同。

$$Br_2 + H_2SO_3 + H_2O = H_2SO_4 + 2HBr$$

美国还采用溴、硫和水直接进行放热反应:

$$S + 3Br_2 + 4H_2O \Longrightarrow H_2SO_4 + 6HBr$$

在 90~100℃时,该反应进行得相当快。硫与溴先反应生成 S_2Br_2,再进一步同溴和水反应生成 HBr 和 H_2SO_4。

c. 低温溴盐溶液吸收法   如以溴化钠溶液为吸收液,其反应式为:

$$Br_2 + NaBr \underset{高温}{\overset{低温(-15℃)}{\rightleftharpoons}} NaBr \cdot Br_2$$

溴盐溶液浓度越高,所吸收的溴越多。25℃时不同浓度的 NaBr 溶液可吸收的溴量见表 10-40。

表 10-40   25℃时不同浓度的 NaBr 溶液可吸收的溴量

NaBr 溶液浓度 /(g/L)	92.6	160.5	205.8	255.8	319.7	359	408.3
吸收溴量 /(g/L)	99.2	176.7	247.8	343	546	641.6	834

加热吸溴后的溶液,可使被吸收的溴很容易地蒸馏析出,冷凝后成为液溴。脱溴后的溴盐溶液可循环用作吸收剂。

如以浓度为 35g/L 的 NaBr 溶液作为吸收剂,用死海咸水提钾后的母液(含溴 1%~1.2%)为原料,氧化后引入吹出塔。吹出的含溴空气含溴量高达 200g/m³(即 15%)。含溴空气经脱氯塔用原料卤水脱除氯气后,再进入吸收塔,以冷却到 -18℃ 的 NaBr 溶液喷淋吸收。吸收完成液由最后一个吸收塔出来时,温度已升至 10℃,含溴量为 35% 左右。吸收完成液在蒸馏塔中用蒸汽间接加热蒸馏,蒸馏釜中加热蒸汽温度达 110℃ 时,即由溶液中析出。脱溴后的 NaBr 溶液引入氨冷冻系统,冷却后再返回系统作吸收剂用。由吸收器排出的冷空气作为氨的冷却剂用。

采用这种方法,含溴空气必须脱氯,否则所含的杂质氯进入吸收塔会取代 NaBr 而生成 NaCl,使吸收液中含溴量降低,从而降低吸收液对溴的吸收量。此法蒸汽耗用量仅为蒸汽蒸馏法的 1/15,但电能耗量较大。用于含溴量较高的原料较经济,所制得的液溴质量高,含氯量仅为 0.01%~0.02%。

d. 铁屑及溴化亚铁吸收法   含溴空气与铁屑能迅速地发生下列反应:

$$Fe + Br_2 + aq \Longrightarrow FeBr_2 \cdot aq$$
$$2Fe + 2Br_3 + aq \Longrightarrow 2FeBr_3 \cdot aq$$

溴化铁又同新的铁屑按下列反应相互作用:

$$2FeBr_3 + Fe \Longrightarrow 3FeBr_2$$

结果生成含少量溴化铁(约 5%)的溴化亚铁溶液,含溴量为 400~700g/L。另外,溶液中还含有少量的氯化铁及很细的氧化铁水合物,使杂质沉淀困难,或形成胶状溶液。

为了除去溶液中的三价铁离子,可将溶液加热,存放在装有铁屑的槽子里,使 Fe^{3+} 还原成 Fe^{2+}。

铁屑吸收塔用砖、钢筋混凝土或木材制成。砖塔需以耐酸砖衬里。塔内铁衬层高 4 m,含溴空气在吸收塔内停留 10~12s 以上,保证吸收完全。溴空气由吸收塔的上部进入,溴化亚铁循环液也由塔的上部喷淋而下,采用顺流吸收;若含溴空气从塔底部进入,则生成很多溴化铁,而溴化铁对设备腐蚀性很强。

铁屑通常是车床的下脚料,进塔前需进行焙烧,再以 1%~1.5% 的硫酸洗涤除锈,每吨铁屑耗用 0.05～0.07t 酸。酸洗后用清水洗涤，并立即装入塔内，以免铁屑氧化。铁屑装入量与空气中的含溴量有关，可间断装入，每装一次使用 20～60 天。铁屑吸收塔在使用初期阻力较小，当空塔气速为 0.3～0.5m/s 时，阻力仅有 294～392Pa，以后铁屑表面被逐渐氧化，阻力可增至 2940～3920Pa，此时为了保持一定的吹出率，需相应降低吹出塔的生产能力。

吸收完成液中含溴量为 400～700g/L，蒸发此溶液至沸点 132～134℃ 时，溶液含溴 49%～51%（$FeBr_2$ 含量为 70.2%），冷却后生成 6 水与 4 水混合晶体。

在真空下蒸发溴化亚铁溶液可转变成熔块。在 0.089MPa 的真空下其沸点仅为 55℃，因而腐蚀性降低，可以达到安全操作的要求。由溴化亚铁熔体制取液溴的过程分两步进行，首先用氯气把二价铁氧化成三价铁，其反应为：

$$2FeBr_2 + 3Cl_2 = 2FeCl_3 + 3Br_2$$

$$2FeBr_2 + Br_2 = 2FeBr_3$$

在设有蒸汽夹套的密闭的搪瓷反应器内，元素溴很快被蒸馏出来，冷凝后得液溴。有氯化铁的残液流入结晶器，析出 $FeCl_3 \cdot 6H_2O$ 晶体。用溴化亚铁的浓溶液从含溴空气中吸收溴，比铁屑吸收法可增大吸收率 2%～3%。吸收塔内装 50mm×50mm×50mm 的拉西环，高 3～4m，溴化亚铁溶液不断循环，塔内喷淋密度为 1.5～3m³/m² 时，逐渐为溴所饱和。

$$2FeBr_2 + Br_2 = 2FeBr_3$$

直到 80%～95% 的 Fe^{2+} 转化为 Fe^{3+} 为止。

④ 吸收完成液蒸馏法制液溴　碱液吸收法得到的吸收完成液，碱度为 0.2mol/L 左右，含溴量为 80～100kg/m³，按理论加酸量的 120%～130% 加入硫酸（浓度为 20%），使 Br^- 被氧化成游离溴，其反应如下：

$$5NaBr + NaBrO_3 + 3H_2SO_4 = 3Na_2SO_4 + 3Br_2 + 3H_2O$$

蒸馏后的废液 pH 值通常控制在 2 以下，并按此调节加酸量。酸化后的吸收完成液经蒸汽蒸馏、冷凝及溴水分离等工序，制得成品溴。控制工艺条件如下：

蒸馏塔出溴口温度　　　　　　75～85℃
蒸馏塔内压力（表压）　　　　4904～9807Pa
塔内喷淋密度　　　　　　　　约为 4m³/(m·h)（填料为 25mm×25mm 瓷环）
蛇管冷凝器冷却水温　　　　　24～27℃

以海水为制溴原料时（25℃），空气吹出法制溴总收率为 80% 左右。

（3）蒸汽蒸馏法和空气吹出法制溴的主要优缺点比较

蒸汽蒸馏法和空气吹出法制溴的主要优缺点见表 10-41。

表 10-41　蒸汽蒸馏法和空气吹出法制溴的主要优缺点比较

制溴方法		优点	缺点
蒸汽蒸馏法 （德国，意大利，印度，中国）		1. 流程简单，操作方便 2. 适用于含溴量大于 0.5% 的原料液 3. 成本最低，回收率 95% 左右	1. 投资费用高，设备复杂 2. 蒸汽用量大 3. 不适于含溴量小于 0.1% 的原料
空气吹出法	碱液吸收法 （纯碱、烧碱） （美国、日本、中国）	1. 适用于海水或低度卤水 2. 蒸汽用量很少，吸收剂价廉 3. 总回收率可达 85%	1. 纯碱利用率仅 60%～70% 2. 流程复杂，设备庞大 3. 生产成本比较高

续表

制溴方法	优缺点	优点	缺点
空气吹出法	溴化钠溶液低温吸收法（以色列）	1. 吸收剂不消耗，可循环使用 2. 流程简单，生产能力高 3. 产品纯度高 4. 低温下设备腐蚀小 5. 总回收率90%以上	1. 冷冻系统庞大 2. 吸收前必须脱氯 3. 原料含溴1%～1.2%时才较经济
	二氧化硫吸收法（中国、美国、英国、德国、日本）	1. 反应迅速，吸收完全，流程简单 2. 设备较少 3. 吸收完成液含溴浓度高 4. 总回收率95%	1. 二氧化硫来源受限制 2. 设备腐蚀严重
	铁屑（$FeBr_2$溶液）吸收法（前苏联）	1. 吸收剂来源广，价格低 2. 设备简单 3. 生产成本低	1. 腐蚀严重 2. 间歇操作，劳动强度大 3. 吸收塔内有残渣，流体阻力大

10.3.6 浓海水制溴案例

10.3.6.1 蒸汽蒸馏法提溴

（1）产品质量标准 溴素质量符合准标（QB/T2021—94）一级以上标准，如表 10-42 所示。

表 10-42 溴素质量标准

指标名称	指标		
	优级	一级	二级
溴含量/% ≥	99.7	99.0	98.5
氯含量/% ≤	0.05	0.15	0.25
不挥发物含量/% ≤	0.05	0.10	0.15

（2）工艺流程 蒸汽蒸馏法制溴生产工艺流程如图 10-32 所示。蒸汽蒸馏法制溴是将制氯化钾中的浓厚卤预热，在反应塔中通入氯气，将溴用蒸汽蒸出、冷凝、精馏，即得成品。此法适用于含溴较高的料液，提取比较容易，但热量消耗大。蒸馏法生产溴的主要原料为制盐母液提制氯化钾后的浓厚卤，浓度为 36～38°Bé，含溴量可达（7±0.5）g/L，pH 值为 3.2。如用苦卤作原料，需加硫酸或盐酸，酸化后 pH 值为 3～3.5。原料要求不含不溶物。

制溴的料液需经预热、氧化、蒸馏、溴气冷凝、溴水分离及精馏等过程。制溴的主要设备为溴反应塔，工业中常用有填料塔、改良塔和古式塔。古式塔已被淘汰，填料塔比改良塔结构简单，安装检修方便，设备费用较低，目前普遍采用填料塔。

（3）主要工艺技术参数

① 生产规模 浓厚卤（37.3°Bé）：0.3153 万立方米/天。制溴废液（33°Bé）：0.3468 万立方米/天。溴素：0.65 万吨/年。

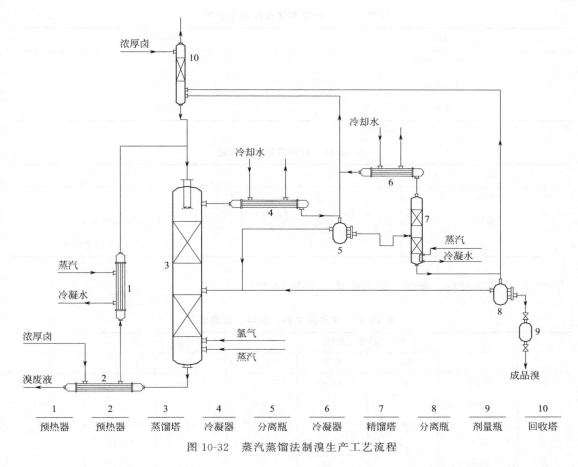

图 10-32 蒸汽蒸馏法制溴生产工艺流程

② 工作制度及定员　全年工作日 333.3d，每天 24h 生产，全年有效生产时间 8000h。车间定员 16 人。

③ 主要工艺技术参数

a. 制溴废液的主要成分　见表 10-43。

表 10-43 制溴废液的主要成分

成分	MgSO₄	KCl	NaCl	MgCl₂
含量/(g/L)	28.57	3.61	8.10	305.46

b. 浓厚卤预热操作参数　见表 10-44。

表 10-44 浓厚卤预热操作参数

项目	始温/℃	终温/℃
浓厚卤	常温	65～70
冷凝水	150	70

c. 蒸馏氧化反应操作参数　见表 10-45。

d. 粗溴冷凝冷却终温 25℃。

e. 粗溴精馏操作参数　见表 10-46。

表 10-45　蒸馏氧化反应操作参数

项目	温度/℃
溴塔出口粗溴	80~85
排出废液	120
蒸汽	143

表 10-46　粗溴精馏操作参数

项目	温度/℃	备注
粗溴	25	
精馏	58.6	二段精馏温度50℃
蒸汽	143	压力0.4MPa（热力学压力）

（4）主要原材料、燃料、动力消耗　见表10-47。

表 10-47　主要原材料、燃料、动力消耗

序号	名称	单位产品消耗定额		消耗量			备注
		单位	数量	单位	每日	每年	
1	浓厚卤	m³	161.69	万立方米	0.3153	105.1	37.3°Bé
2	蒸汽	t	30.8	万吨	0.06	20.02	0.4MPa
3	电	kW·h	114	万千瓦时	0.2223	74.10	
4	淡水	m³	36	万立方米	0.07	23.40	
5	液氯	t	0.52	t	0.001	0.338	

10.3.6.2　空气吹出法从浓海水中提溴

（1）工艺流程　空气吹出法制溴，需通过原料液的酸化及氧化、空气吹出、化学吸收、蒸汽蒸馏等工序。工艺流程如图10-33所示。

工艺流程由以下几个阶段组成：卤水的中和和酸化；卤水氯化以析出元素溴；用空气吹出元素溴；溴空气混合物脱氯净化，用化学吸收剂从溴和空气的混合物中捕集溴；把半成品加工成商品并处理废水。具体流程为：首先含溴原料液（海水，低浓度卤水或地下卤水）由原料液泵送入氯气氧化塔；来自酸高位槽的硫酸或盐酸及液氯瓶中的氯气，都按一定的流量比例流入进料管路；在塔内将溴离子氧化成游离溴。含游离溴的原料液由氧化塔顶流出，进入吹出塔；空气经鼓风机由塔底吹入，气、液在填料表面逆流接触，游离溴被解吸出来，随空气由塔顶排出；废液由塔底排出，经过碱中和后排出生产系统；含溴空气与吸收塔Ⅰ、Ⅱ中的碱液逆流接触，溴蒸气被SO_2吸收，反应生成的$HBr+H_2SO_4$吸收液不断循环，当含溴量达到一定浓度后，转入吸收完成液高位槽，被解吸后的空气经捕沫塔鼓风机循环使用；吸收完成液经回收塔进入蒸溴塔与氯气反应并蒸馏，溴被冷凝器冷凝，冷凝液进入溴水分离瓶，溴水回蒸馏塔进行重新蒸馏，液态溴进入贮溴瓶，计量后用溴坛包装，成为产品溴。

① 生产规模　浓海水（6°Bé）：625m³/h。制溴液（6°Bé）：625m³/h。溴素：400t/a。

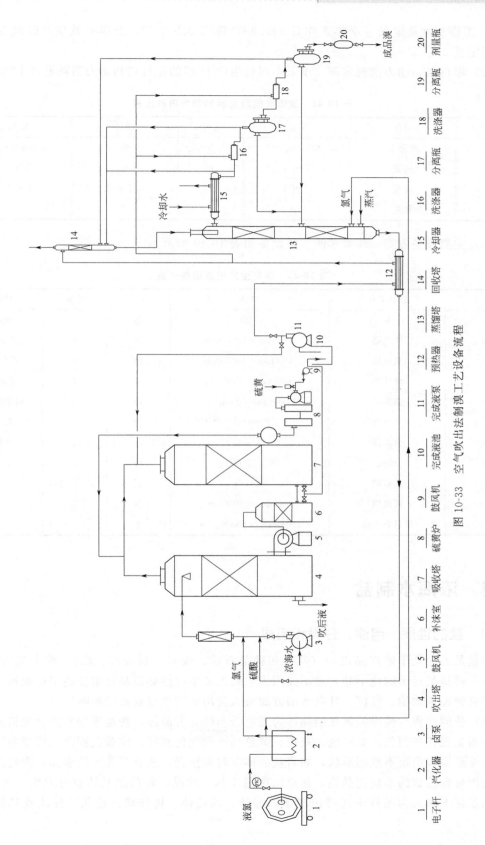

图 10-33 空气吹出法制溴工艺设备流程

1—电子杆; 2—汽化器; 3—卤泵; 4—吹出塔; 5—鼓风机; 6—补沫室; 7—吸收塔; 8—硫黄炉; 9—鼓风机; 10—完成液池; 11—完成液泵; 12—预热器; 13—蒸馏塔; 14—回收塔; 15—冷却器; 16—洗涤器; 17—分离瓶; 18—洗涤器; 19—分离瓶; 20—测量瓶

② 工作制度及定员 全年工作日 333.3d，每天 24h 生产，全年有效生产时间 8000h。此车间定员 20 人。

（2）原材料、动力消耗定额 溴素车间每生产 1t 溴的原材料和动力消耗见表 10-48。

表 10-48 溴素车间原材料和动力消耗定额

序号	项目	定额	序号	项目	定额
1	浓海水	12500m³/t	5	电	5000kW·h/t
2	液氯	1.5t/t	6	水	15t/t
3	硫黄	0.3t/t	7	溴素钢瓶	2 个/t
4	饱和蒸汽	5t/t			

（3）主要设备方案 溴素车间主要设备如表 10-49 所示。

表 10-49 溴素生产主要设备一览

序号	设备名称	规格	单位	数量	材料
1	泵	300S19	台	1	碳钢
2	吹出塔	6500mm×15000mm	台	1	玻璃钢
3	吸收塔	6000mm×15000mm	台	1	玻璃钢
4	除沫塔	6500mm×5000mm	台	1	玻璃钢
5	蒸馏塔	300mm×5000mm	台	1	碳钢防腐
6	冷凝器	$F=10m^2$	台	2	玻璃
7	分离器	250mm	台	1	玻璃
8	风机	G4-73-16D	台	1	
9	焚硫炉	0.1t/h	套	1	
10	酸储槽	3000mm×2000mm	台	1	
11	原料海水池	100mm×50mm×2mm	个	1	

10.4 浓海水制盐

10.4.1 盐的性质、用途、分类和组成

原盐是五大化学矿产品之一（其他四种是石油、煤炭、石灰石、硫）。在人类历史上，原盐是一种举足轻重的化学品，这不仅因为它是人类生存的必需品和重要的工业原料，而且也由于它曾经从政治、经济、社会等诸方面对人类历史产生过重要的影响。

（1）盐的性质 纯净的氯化钠晶体为无色透明的立方晶体，普通原盐常因含无机或有机的杂质而呈现各种颜色，如白色、灰色、黄色到浅玫瑰色和红、浅蓝色到蓝色或紫色。原盐晶体的外形也常出现不规则形状，如岩盐晶体有时被扭歪，或有多孔穴的表面；海盐晶体常形成表面带台阶状的不规则晶族，甚至出现漏斗晶、球晶，粒状结晶体也可发生上述变化。在自然条件下和人为条件下还可出现十二面体、八面体、树枝状、柱状、片状或其他形状结晶。

① 密度　2.1～2.2g/cm³，20℃时为 2.163g/cm³。

② 摩尔体积　27.015cm³/mol。

③ 堆积密度　与原盐的晶形粒度、生产条件和方法以及填充情况有关。其数值范围在 0.5～1.8g/cm³。

④ 硬度　2.0～2.5级（莫氏）。

⑤ 折射率　1.504。

⑥ 熔点　800.4℃。

⑦ 沸点　1413℃。

⑧ 溶解热　−5.48×10³J/mol。

⑨ 生成热　4.128×10⁴J/mol。

⑩ 溶解度　属于易溶盐，于0℃的100mL水中，溶盐35g，100℃水中只能溶39g，随温度升高增加幅度很小。

⑪ 潮解性　氯化钠本身不易潮解，但杂质镁盐吸湿性较强。一般原盐母液或氯化镁含量较高时，易发生原盐结块现象。

⑫ 饱和食盐水的冰点　−21℃。

氯化钠具有一般盐类的化学性质，在水中可离解为带正、负电荷的离子，可与其他酸、碱、盐作用，也能进行电解，发生氧化还原反应。

（2）盐的用途　原盐在工业上的用途很广。首先，原盐是化学工业最基本的原料之一，被誉为化学工业之母。基本化学工业主要生产原料当中的盐酸、烧碱、氯化铵是用原盐生产的，有机合成工业中需要的氯化钠也都取之于原盐。其他如水处理、制冷、石油化工、冶金、皮革、陶瓷、染料、日化、医药和食品工业也都广泛使用原盐。另外，道路除冰雪、农牧渔业用量也相当大。工业不发达国家，原盐主要用于食用；工业发达国家，工业用盐常为食用盐的若干倍。

原盐是人类生活的必需品，"百味盐为先"，它不仅作为调味之用，而且是维持人体健康所必不可少的营养物质，人体血浆中所含无机盐以氯化钠为最多，它作为维持血液渗透压力的主要物质，保证了新陈代谢作用的进行。当人体缺少氯化钠时，就将发生不同程度的血液循环障碍等症，重则致死，由于新陈代谢作用而不断地排出一些盐分，因此一个正常人每天需补充一定量的盐分，世界卫生组织关于食盐的标准是每人每天盐摄入量在 4～6g 之间。

盐的工业用途如图 10-34 所示。

（3）盐的分类　随着人类社会的发展，盐的品种日益繁多，人们依据其来源和用途赋予它不同的名称，目前惯用的分类方法如下。

① 按其来源分类：海盐、井盐、矿盐（岩盐）、湖盐（池盐）。

② 按生产方式、加工程度分类：原盐、再生盐、洗涤盐、粉碎洗涤盐（粉洗盐）、真空盐、平锅盐、液体盐（包括卤水和盐水）等。

③ 按用途分类：工业盐、食用盐、调味盐、维生素盐、药用盐、防病用盐、腌制盐、畜牧盐、农业盐、浴用盐、软水盐等。其中防病用盐包括加碘盐、加铁盐、加锌盐、加硒盐、加钙盐、低钠盐等。

④ 按盐的形状分类：粒盐、花盐、巴盐、筒盐、砖盐、珍珠盐、鱼子盐等。

（4）盐的组成

① 主要成分　氯化钠（NaCl）为主要成分，氯化钠含量的高低，是质量好坏的重要标志，氯化钠的含量越高，表明质量越好。

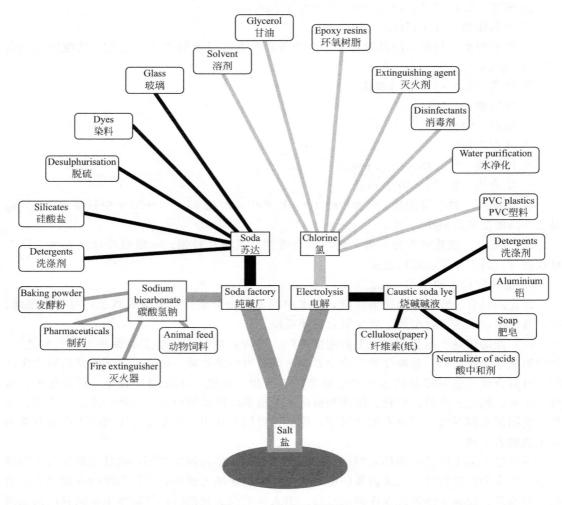

图 10-34 盐的工业用途

② 杂质部分　除了主要成分氯化钠外，其余的均为盐的杂质。分析确定盐质时，杂质部分可分为下列三项：a. 水分（H_2O）；b. 可溶性杂质（包括 $CaSO_4$、$MgSO_4$、$MgCl_2$、KCl 等）；c. 水不溶物（包括无机物及有机物等）。

10.4.2　浓海水制盐技术

10.4.2.1　日晒浓缩浓海水制盐

（1）浓海水浓缩

① 滩田结构　我国日晒海盐生产方式很多，各地条件不同，故而滩田结构也各有不同。根据纳潮、制卤、结晶、集坨的分散与集中程度，概括分为分散式盐田、集中式盐田和半集中式盐田三大类别。通过实践总结，三类盐田结构在不同的自然条件下的生产操作各有其特点。

a. 分散式盐田　其以单元为独立生产单位。每个单元可直接纳取海水，在单元内完成制卤、结晶、堆坨整个生产过程。由于单元小，各阶段的卤水比较齐全，一旦天气发生变化，适应性强。另外，生产操作十分灵活，单位面积产量较高。分散式盐田建设期短，可以建成一个单元，投产一个单元。也可以边建设、边投产，建设投资不需要大量集中，可以达到投资少、见效快的目的。但分散式盐田结构零散、运输困难、劳动负荷重，生产生活和技术管理不便、产品分散，多为手工、半手工操作，产品不易保管。

b. 集中式盐田　它是指纳潮、制卤、结晶、集坨四大集中生产方式的盐田。全场为一个大的生产单元，滩田结构十分整齐，产品堆存和运输条件方便，便于实行大型机械化生产，劳动负荷轻，生产技术管理统一。但建设集中式盐田，投资和工程量集中，表现为投资大、建设周期长，不能迅速形成生产能力。

c. 半集中式盐田　它是介于分散和集中式盐田之间的一种滩田结构，集中了两者的优点，并在很大程度上克服了其不足。半集中式盐田一般采取纳潮、初级制卤区集中，中级制卤区集中程度不一，高级制卤区、结晶、堆坨集中在单元内完成。单元与单元间互相独立，又相对集中，实行机械化生产要优于分散式盐田，但逊于集中式盐田。半集中式盐田建设投资和工程量既可集中，又可分阶段进行，周期短，形成生产能力快，可以达到投资少、见效快的目的。

② 制卤工艺技术　目前国内日晒盐场主要有深水制卤、浅水制卤和深存薄赶三种制卤方法。

a. 深水制卤　即卤咬卤的制卤方法。此方法多采用定深定度、一步一卡。走水时不放干，留有一定的深度和底水，利用底水和新水混合，经日晒蒸发提高浓度。深水制卤的卤水深度较大，一般在 20～30cm 以上。由于卤水深，故抗雨能力强、吸收太阳热量多，在雨水少的年景，制卤效果优势明显。此法一般北方大盐场都在采用。其不足是操作要求不严格，窝卤现象严重，雨季到来会造成卤水较大损失，蒸发利用率低，制卤周期长。

b. 浅水制卤　此法卤水深度较浅，一般在 10cm 左右或更浅。走水时一放一干，不留底水，操作严格，成卤周期短。在雨季前应尽快采取两变（水变卤，卤变盐），卤水损失小。此法抗雨能力弱，蒸发利用率低，一般南方雨水多的盐场，多采用该种制卤方法。

c. 深存薄赶　此法将蒸发区划分为若干区域，以区定度。每区的第一步卤水深存，下二三步浅灌薄晒，一次落卤达到终止浓度后，全部泄出蹲到下一区的第一步。放干的池子重新浅灌，如此反复。每次铺水深度（一般天气）为 6～10cm。这种制卤方法，具备深水和浅水两种方法的优点，克服了其不足，提高了抗雨能力，缩短了成卤周期，增加了制卤单产，减少了卤水损失。雨水来临深存，空头池子排出滩外，遇晴天迅速大面积铺开，遇雨迅速回收深蹲。这种方法要求盐田结构齐整，沟壕畅通，便于操作。但工艺要求严格，扬水设备动力大。

（2）结晶工艺[46]　在我国北方，结晶工艺可分为如下五种模式。

① 浅卤活碴、平晒　短期结晶基本采取春灌夏收、秋灌秋收的生产方式。即每年 2 月灌池，3 月初活碴，3 月到 5 月收盐。若天气好也可 6 月下旬到 7 月上旬收盐。雨季过后，8 月下旬整池灌池，9 月、10 月扒盐数次。10 月底或 11 月初把盐收光，冬季利用结晶池赶制中高级卤水。也有些地方秋晒盐不扒光，留盐碴越冬，一直延续到明年雨季前收光盐。这种工艺卤水浅，盐质没保证，结晶单产低，劳动强度大，受天时影响丰欠幅度大。现在只有小盐场、很少的部分采用此结晶工艺。

② 适当深卤、适当长期、活碴平晒结晶　此法采取秋灌、越冬，来年雨季前收光，卤水深 10～18cm，全年扒盐 4～5 次，适当延长了扒盐周期。但受天气影响，丰欠幅度仍较大。

③ 平塑结合，适当深卤长期结晶　将部分平晒池改成塑苫池，平晒池还是季节性生产，塑苫池越冬度雨季常年结晶，一年扒盐 2～4 次。雨季塑苫池卤深 20～25cm，大大增强了抗雨能力。为保塑苫池度雨季，部分平晒池主动结束春晒，灵活性强。不足是每次降雨后，雨中塑布淡水片出，平晒池片池有度卤，产生矛盾，操作不慎将造成卤水损失。目前大清河盐场为平塑结合结晶生产模式。

④ 全塑苫活碴盐结晶工艺　全部结晶池实行遇雨塑膜苫盖。该工艺抗雨能力强，长年活碴结晶，结晶卤水深 10～25cm，每年收盐 1～2 次，结晶单产高，原盐质量好、颗粒大，深受两碱用户好评。另外，机械化程度高，劳动强度低。但塑苫管理要求极为严格，一旦漏苫，将造成较大损失，失去塑苫意义。

⑤ 全塑苫深卤死碴盐长年结晶工艺　结晶池采用浮卷法塑膜苫盖，死碴盐长年结晶，一年收一次盐，大型收盐机组下池收盐，劳动强度低，生产效率高，盐的白度高，是做粉碎食用精制盐的好原料。但盐的含水量高、颗粒小，容易结块。

（3）收盐方式　目前国内主要有四种收盐方式。第一种是手工操作人工收盐，劳动强度大，生产效率低，原盐质量差。该方法随着社会的进步已逐步淘汰。第二种是牵引扒盐，小型水力管道输盐洗涤，小型弧形筛脱水堆坨。该方法北方大部分盐场在使用，设备投资小，劳动强度低。原盐通过管道洗涤脱水，质量有较大提高，很适宜半集中式盐田结构。第三种是小型机械下池活碴扒盐，小型翻斗车运盐，不洗涤。机械长期在泥池上收盐，对池板破坏性大，原盐杂物多，质量不如第二种方式有保证。第四种是采用大型收盐机组下池收盐，劳动强度低，生产效率高，适合大型集中式盐田死碴盐结晶的盐田结构。但设备投资大，粉盐流失多，原盐含水量高。

（4）拆坨与运输　堆坨后的原盐，经自然控淋，原盐水分降至 3.0% 以下即为成品，采用 XLD120A 型斗轮拆坨机进行拆坨，XLD120A 型斗轮拆坨机生产能力 120t/h，装载到自卸式汽车后外运出厂。

10.4.2.2　浓海水日晒法制盐生产工艺[12]

我国海盐生产采用的是盐田日晒法制盐。盐田法历史悠久，而且也是最简便和经济有效的方法。制盐的过程包括纳潮、制卤、结晶、采盐、贮运等步骤。即利用涨潮或者风车和泵抽取海水到池内，随着风吹日晒，水分不断蒸发，海水中的盐浓度越来越高，最后让浓海水进入结晶池，继续蒸发，直至析出晶体。这种制盐方法有其自身的优点，但也有比较大的缺陷。由于很多盐田是新中国成立之前留下来的老滩田，盐田开发时间已经比较长，设备老化，单产下降，技术更新未能跟得上时代的步伐，抗灾能力低，总产量不稳定。

浓海水日晒法制盐简单流程为：浓海水→制卤→晒卤（结晶）→收盐→仓存盐→运盐。

（1）蒸发与制卤　通过加热的方法使溶液中部分溶剂分子汽化的过程称为蒸发。蒸发有沸腾蒸发和自然蒸发两种。滩晒制盐是典型的自然蒸发过程，制卤就是把海水灌入蒸发池通过吸收太阳能，使其中大部分水分蒸发掉达到氯化钠饱和的过程。这个过程是海盐生产中十分重要的一环。一个盐场 80% 以上的面积是用来制卤的，制卤工作的好坏对海盐生产起着决定性的作用。制卤蒸发的快慢，关系到温度、空气湿度、面积、风力风向、母液所含的溶质、日照时间、卤水深浅、流动或静止、颜色等方面。制卤过程简言之就是海水的蒸发浓缩过程，包括蒸发池和调节池部分。

（2）晒卤（结晶）　结晶的操作过程可以细分为以下几个步骤：压池→洗池→开池→冲池→松盐→打盐花。

① 洗池　将准备用来晒盐的结晶池碾压、洗净、晾干的操作叫作洗池。洗池的目的是为了清除结晶池杂质，为扩大晒盐面积做准备。洗池要结合走水制卤，即先放掉沟中的卤水，然后把混浊卤水排入沟，洗一次换一批清卤，洗池排出的浓浊卤水要澄清再用。结晶池达到"硬"、"平"、"洁"就放出卤水，晾干池底，准备开晒。

② 开池（开庭、开晒、灌池）　将饱和卤水放进已准备好的结晶池晒盐叫作开池。开池包括两种，其一是雨后开池；其二是由晒盐淡季转入旺季而不断扩大晒盐面积。在蒸发量大的天气里，用饱和卤开池；而在蒸发量小的天气里，用漂花卤开池。开池时卤水深度比正常结晶深度略浅，以便较快成盐。而开池时间一般选在上午为宜。

③ 冲池（加卤、添卤）　随着结晶卤水蒸发浓缩，其浓度逐渐变小，为保持一定结晶深度，就要补充饱和卤水，给正在晒盐的结晶池补充饱和卤水就叫作冲池。

④ 活茬（松盐）　氯化钠晶体在池板上成长的时候，因受到池板的阻挡，只能向上及四周生长。如果不翻动晶体，盐粒四周的空隙也会被填满而结成板状，这时就只剩下向下生长的机会，显然会影响产量和质量。所以必须每隔一定时间就将盐粒翻动一次，让盐粒各面都能均衡生长。用工具将结晶池内的盐粒翻动的操作就叫作活茬（松盐）。

⑤ 打盐花（打盐镜）　卤水蒸发是在卤水表面进行的，晶核也会在卤水面层形成。当太阳辐射较强、蒸发量较大，而又风平浪静的时候，卤水表面形成的晶核优先得到成长，成为片状或漏斗状的"卤花"飘浮在卤面上，这些"盐花"遮盖了卤水表面，挡住了太阳辐射，妨碍卤水及池底吸热，还阻止了水分子的逸出，影响水分蒸发，减少产量。另外，这些"盐花"不能成长为坚实完整的大粒盐，夹带母液多，质量差。所以一旦发觉"盐花"，就要立即打沉。打盐花一般选择在上午11时至下午3时，用盐耙等工具推动卤水，形成波浪，盐花即下沉。池角沉积的盐花较多时，要用木耙将盐粉推出池外。

（3）收盐　将结晶池中的盐扒收起来，就叫收盐，当地盐工惯称为扒盐或扒收。正常天气收盐时间在凌晨3时到5时之间，因为早上气温低，收盐时用盐耙将盐从结晶池的各个方向统一扒收到中心堆起，再将其扒收至泥箕内，挑进盐仓存放。

（4）仓存盐　盐仓内的地面及墙面用编织布覆上，起到隔水防潮、保持原盐清洁的作用。盐仓门前还设有一个小水槽，盐工们用簸箕将原盐挑进盐仓存放前，必须在这个小水槽中将鞋上带的杂质洗去，以免污染盐仓中的原盐。每次运盐进仓前必须将小水槽冲洗干净，用扫帚将之前残留的水及泥沙之类的杂质扫出，并用清水进行冲洗多次。清洁完后才能放清水供盐工进仓前洗脚使用。另外，据盐工介绍，由于受天气、卤水等影响，每天产出的原盐在晶体大小、纯净度上略有不同，因此在堆放时以分别堆放为佳。

10.4.2.3　浓海水制盐滩田设施与机械设备

（1）塑苫收放机　塑苫收放机是用电动机为动力进行各种绳索牵引的低速、大牵引力的卷扬机，主要应用于盐业生产滩田塑料苫盖的收放牵引，也可用于其他行业所需要的低速牵引、吊重等工作，并可以单独选用其减速机，作为一些大传动比设备的变速机构。

（2）压池机　压池机适用于盐场滩池，可起到修整、压平、增加基础密实度的作用。其结构由机架、发动机、离合器、变速箱、前后压辊、转向器等部分组成，见图10-35。前压辊通过前叉与机铰接由方向机带动万向节拉杆驱动前叉，实现转向后压辊由叉脚固定于机架，发动机通过皮带传动，经离合器将动力输入变速箱，并通过链条驱动后压辊，以实现工作行走。

（3）收盐机　收盐机是盐业生产专用设备，以柴油机为动力，为适应在盐池中运行工作，采用了前后驱动，后转向，并配有收提升输送机构，是广泛用于盐田生产的机械设备（图 10-36）。收盐机适合于海盐区结晶池面积大、池底承压强度不低于 0.15MPa、活碴原度 120mm 以下的盐田。

图 10-35　压池机　　　　　　　　　　　　　　　图 10-36　收盐机

10.4.2.4　海水日晒制盐案例[47]

（1）山东某盐场生产规模原有盐田有效蒸发面积 3200 公顷，有效结晶面积 180 公顷，产盐 25 万吨。改扩建后，新增有效蒸发面积 3760 公顷，有效结晶面积 168 公顷，产盐 25 万吨，总产量达 50 万吨/年。

（2）工艺技术及设备

① 设计基本原则　采用较为先进的工艺技术和机械设备，确定可行的技术方案；实现机械化生产，提高劳动生产率，减轻工人劳动负荷；盐田投资合理适度，缩短建设工期，使盐田尽快投入生产。

② 工艺技术方案的选择　由于改扩建盐田地区的气象条件较好，蒸发量大，降雨量小，故盐田采用引水、制卤、结晶、堆坨相对集中的"集中式盐田"。这种工艺技术方案单池面积大，生产人员少，机械化程度高，易于管理，建设周期短，经济效益高。

③ 生产方式　纳潮：采用动力纳潮方式。由于渤海海水有潮汐变化，故采取潮头纳水，雨季时海水浓度较低，停止纳潮。

a. 制卤　平时采用深水制卤方式，雨季深储薄赶。在制卤过程中，卤水沿曲线方向，靠落差流动前进，蒸发效果好。

b. 结晶　为保证稳产、高产，提高抗雨能力，采用全塑苫、盐池板活碴盐常年结晶工艺。当浓度达 30°Bé 时，排掉老卤，加入新卤。

c. 收盐、运盐、堆坨和拆坨　收盐采用水力管道输盐机组，设备包括 T-30 收盐机、喂盐槽、射流器、盐浆泵、卤水泵、输盐管道和盐水分离器等。

水力管道输盐机组工作时，首先用扒盐机将结晶池原盐集中到喂盐槽，同时用卤水泵将具有一定压力（200～300kPa）的卤水送到喂盐槽和射流器内。喂盐槽内的原盐和卤水经射流器的作用混成盐浆压入盐浆泵，在盐浆泵内被加压送进输盐管道，经管道输送到坨地，再经分离筛脱水后堆坨。

水力管道输盐机组的优点是投资少、结构简单、操作方便、输送过程中可以进行洗涤、提高盐质等，在盐场得到广泛的应用。

拆坨用斗轮拆坨机是一种新型的、高生产率的连续装卸设备，轮斗直接接触坨面上的原盐，边切削边喂入皮带机。采用水平全层取料时，是由上至下一层一层地取，即将斗轮固定在某一高度，利用旋转和行走机构把最上一层料取完，再将斗轮下降一定高度取第二层料。斗轮拆坨机与其他周期动作的机械如单斗装载机相比，具有生产率高、能耗低、操作简便等优点。

盐坨设计高度 4m，底宽 20m，顶宽 8m，单盐坨长 140m，存储盐量在 8600t 左右。

堆坨后的原盐经控淋水分后，采用 XLD120A 型斗轮拆坨机进行拆坨，XLD120A 型斗轮拆坨机生产能力为 120t/h，装载到自卸式汽车后外运出厂。

④ 收运盐设备　收盐、堆坨、拆坨设备见表 10-50。

表 10-50　收盐、堆坨、拆坨设备一览表

设备名称	型号	生产能力	台数
收盐机	T-30	43t/h	20 台
卤水泵	ISL100-80-160	100m³/h	10 台
盐浆泵	$2^1/_2$PWA	90m³/h	20 台
弧形筛及支架	YS700		10 套
管道及辅件	5 英寸 PVC		10 套
斗轮拆坨机	XLD120A	120t/h	2 台

（3）工艺计算及物料平衡

① 计算参数　全年蒸发量：1796.4mm。全年降水量：517.6mm。降水天数：52d。相对湿度：65.3%。进滩海水：2.82 °Bé。作业天数：制卤作业天数 303d，雨季停止；结晶作业天数 355d，收盐作业天数 10d。

② 计算结果　工艺计算结果见表 10-51。

表 10-51　工艺计算结果

序号	项目	单位	理论值	实际值
1	单位面积制成饱和卤量	m³/hm²	460.1	460.1
2	单位面积需海水量	m³/hm²	15643.3	15643.3
3	单位体积饱和卤需海水量	m³/m³	34.0	34.0
4	单位结晶面积产盐量	t/hm²	1546	1500
5	单位结晶面积需饱和卤量	m³/hm²	7655	9186
6	单位结晶面积副产母液量	m³/hm²	2016	1680
7	吨盐需饱和卤量	m³/t	4.95	5.94
8	吨盐副产母液量	m³/t	1.30	1.10
9	结晶池平均产盐厚度	cm	14.1	13.7
10	有效生产面积蒸结比		16.64：1	20：1
11	有效生产面积单产	t/hm²	87.6	71.4

③ 物料平衡　原有盐田有效蒸发面积 3200 公顷，有效结晶面积 180 公顷。改扩建后，新增有效蒸发面积 3760 公顷，有效结晶面积 168 公顷。盐场有效生产面积 7308 公顷。蒸发区全年需原料海水 10887.7 万立方米，产饱和卤 320.2 万立方米。结晶区全年产盐 50 万吨，

需饱和卤 319.7 万立方米，产苦卤 55 万立方米。

(4) 制卤生产能力计算参数

卤水蒸发率：$\varepsilon_1 = 1 - [(100-B)(b-0.15)/(100-b)(B-0.15)]$

式中　ε_1——卤水蒸发率，%；

　　　b——卤水初始浓度，°Bé；

　　　B——卤水浓缩后浓度，°Bé。

卤水比蒸发（经验公式）：$F = 100 - (0.1978m - 0.0017)B^{1.825}$

式中　F——卤水与淡水比蒸发，%；

　　　m——相对湿度；

　　　B——卤水浓度，°Bé。

大面积蒸发校正系数：0.75。

降水损失蒸发量：　　　$E_2 = (0.25R + 0.75R/F)(1-r)$

式中　E_2——降水损失蒸发量，mm；

　　　R——降雨量，mm；

　　　F——卤水与淡水比蒸发，%；

　　　r——保卤系数，%。

日渗透量：$K = 1.171/B^{0.3}$，或根据实际情况选取。

式中　K——卤水日渗透系数，mm/d；

　　　B——渗透过程卤水浓度，°Bé。

(5) 结晶生产能力计算参数　析盐率、母液率（均采用制盐研究院试验数据）。

浓缩蒸发率：　　　　　　$\varepsilon_2 = (d_1 - d_2 M - G)/\rho_{H_2O}$

式中　ε_2——浓缩蒸发率，m^3/m^3；

　d_1、d_2——结晶过程起止相对密度，取值 1.2185～1.2612；

　　　M——结晶过程母液剩余率，m^3/m^3；

　　　G——结晶过程卤水析盐率，t/m^3。

　ρ_{H_2O}——水的密度。

卤水比蒸发：　　　　$F = 100 - (0.1978m - 0.0017)B^{1.825}$

式中　F——卤水与淡水比蒸发，%；

　　　m——相对湿度；

　　　B——卤水浓度，°Bé。

大面积蒸发系数：0.75

降水损失蒸发量：　　　$E_2 = (0.25R + 0.75R/F)(1-r)$

式中　E_2——降水损失蒸发量，mm；

　　　R——降雨量，mm；

　　　F——卤水与淡水比蒸发，%；

　　　r——保卤系数，%。

日渗透量：$K = 0.2\,mm/d$。

扒盐损失母液量：$0.1\,m^3/t$。

原盐平均含水量：3.8%。

(6) 制卤、结晶生产能力计算　制卤、结晶生产能力计算结果，分别见表 10-52 和表 10-53。50 万吨/年海水制盐场平面图见图 10-37。

表 10-52　制卤生产能力计算表 （1 月 1 日～12 月 31 日）

项目	符号/单位	1	2	3	4	5	6	7	8	9	10	11	12	13
皿蒸发量	E_1/mm	1796.40												
相对湿度	M/%	65.30												
降水量	R/mm	517.60												
制卤天数	T/d	365.00												
步数	N/步	1	2	3	4	5	6	7	8	9	10	11	12	13
卤水起始浓度	B_1/°Bé	2.82	4.00	5.00	6.00	8.00	10.00	12.00	13.00	15.00	18.00	20.00	22.00	24.00
卤水终止浓度	B_2/°Bé	4.00	5.00	6.00	8.00	10.00	12.00	13.00	15.00	18.00	20.00	22.00	24.00	26.00
卤水平均浓度	B/°Bé	3.41	4.50	5.50	7.00	9.00	11.00	12.50	14.00	16.50	19.00	21.00	23.00	25.00
卤水蒸发率	ε_1	0.3149	0.2145	0.1797	0.2706	0.2204	0.1872	0.0883	0.1546	0.1974	0.1227	0.1142	0.1073	0.1016
卤水比蒸发	F	0.9880	0.9802	0.9714	0.9556	0.9297	0.8986	0.8720	0.8425	0.7875	0.7251	0.6700	0.6104	0.5463
自然蒸发综合系数	U	0.75	0.75	0.75	0.75	0.75	0.75	0.75	0.75	0.75	0.75	0.75	0.75	0.75
降水排除率	r	0.50	0.50	0.50	0.60	0.60	0.60	0.60	0.60	0.60	0.60	0.60	0.60	0.60
降水损失蒸发量	E_2/mm	261.15	262.73	264.52	214.26	218.78	224.56	229.84	236.06	248.95	265.92	283.53	306.16	335.98
卤水有效蒸发量	E_3/mm	1073.16	1063.05	1051.79	1082.68	1049.18	1008.89	974.38	936.26	864.93	784.08	712.71	635.49	552.53
可浓缩卤水总深度	H_1/mm	3407.8	4957.0	5854.1	4000.6	4761.0	5388.0	11034.8	6057.1	4381.0	6390.9	6238.4	5919.9	5435.6
土壤渗透量	K/(mm/d)	1.50	1.50	1.50	1.00	1.00	1.00	1.00	1.00	0.50	0.50	0.50	0.50	0.50
应有灌池总深度	H_2/mm	3681.5	5230.7	6127.9	4183.1	4943.5	5570.5	11217.3	6239.6	4472.2	6482.1	6329.7	6011.2	5526.9
生成卤水总深度	H_3/mm	2060.9	3620.2	4528.6	2735.4	3529.3	4196.6	9877.9	4938.4	3424.8	5515.5	5434.5	5193.2	4791.9
浓缩过程逐步面积	A/m²	10000	3940	2328	2520	1394	883	330	523	578	305	266	240	226
浓缩过程起始卤量	V_1/m³	36815	20609	14263	10541	6893	4921	3707	3265	2584	1979	1684	1445	1249
浓缩过程终止卤量	V_2/m³	20609	14263	10541	6893	4921	3707	3265	2584	1979	1684	1445	1249	1083
浓缩面积累计	S_A/m²	10000	13940	16268	18787	20182	21065	21396	21919	22497	22802	23068	23308	23534
浓缩面积比例累计	S_A/S/%	42.49	59.23	69.12	79.83	85.75	89.51	90.91	93.14	95.59	96.89	98.02	99.04	100.00
卤量变化率	cr/%	55.98	38.74	28.63	18.72	13.37	10.07	8.87	7.02	5.37	4.57	3.93	3.39	2.94

单位面积制卤饱和卤量：460.06 m³/hm²

单位面积需海水量：15643.33 m³/hm²

单位体积饱和卤需海水量：34.00 m³/m³

表 10-53　结晶生产能力计算表 （1 月 1 日～12 月 31 日）

步数	N/步	1	2	3	4	单位
起始浓度	$Z_1/°Bé$	26.00	27.00	28.00	29.00	
终止浓度	$Z_2/°Bé$	27.00	28.00	29.00	30.00	
平均浓度	$Z'/°Bé$	26.50	27.50	28.50	29.50	
起始密度	$d_1/(t/m^3)$	1.2185	1.2289	1.2395	1.2502	
终止密度	$d_2/(t/m^3)$	1.2289	1.2395	1.2502	1.2612	
浓缩过程折盐率	$G/(t/m^3)$	0.0865	0.0804	0.0795	0.0533	
浓缩过程母液率	$M/(m^3/m^3)$	0.7330	0.7300	0.7530	0.8180	
浓缩过程蒸发率	ε_2	0.2312	0.2437	0.2186	0.1653	
浓缩过程比蒸发	F	0.4954	0.4602	0.4238	0.3864	
自然蒸发综合系数	U	0.75	0.75	0.75	0.75	
盖膜频损失蒸发量	E_2/mm	127.96	127.96	127.96	127.96	
收盐频损失蒸发量	E_3/mm	49.22	49.22	49.22	49.22	
大面积浓卤水蒸发量	E_4/mm	1214.42	1214.42	1214.42	1214.42	
降水损失蒸发量	E_5/mm	273.88	291.91	313.62	340.25	
有效卤水蒸发量	E_6/mm	465.98	424.50	381.75	337.74	
土壤渗透量	$K/(mm/d)$	0.20	0.20	0.20	0.20	
可浓卤水总深度	H_1/mm	2015.2	1742.0	1746.7	2043.3	
需灌池卤水总深度	H_2/mm	2051.7	1778.5	1783.2	2079.8	
结晶面积	A/m^2	10000	7999	5475	3328	
浓缩卤水总量	V_1/m^3	20152	13933	9563	6801	
灌池卤水总量	V_2/m^3	20517	14225	9763	6922	
浓缩过程折盐量	Sa/t	1812.03	1164.50	790.31	376.80	
剩余母液量	V_3/m^3	14225.45	9763.05	6922.23	5403.85	
浓缩面积累计	S_A/m^2	10000	17999	23474	26802	
产盐面积累计	S_{Sa}/t	1812.03	2976.54	3766.84	4143.64	

右侧汇总指标：

单位结晶面积产盐量	1546.01	t/hm^2
毫米单位结晶面积产盐量	0.86	$t/(hm^2 \cdot mm)$
单位结晶面积需露饱和卤量	7655.12	m^3/hm^2
单位结晶面积副产母液量	2016.20	m^3/hm^2
吨盐需露饱和卤量	4.95	m^3/t
吨盐副产母液量	1.30	m^3/t
结晶池平均产盐厚度	14.05	cm

气象及过程参数：

皿蒸发量 E_1/mm	1796.4
降水量 R/mm	517.60
相对湿度 $M/\%$	65.30
平均气温 $t/℃$	12.60
盖膜天数 T_r/d	52.00
结晶天数 T_1/d	365.00
收盐天数 T_2/d	10.00
排淡系数 r	0.70
扒盐损失母液 $Loss/(m^3/t)$	0.10
原盐杂质 $W/\%$	3.8

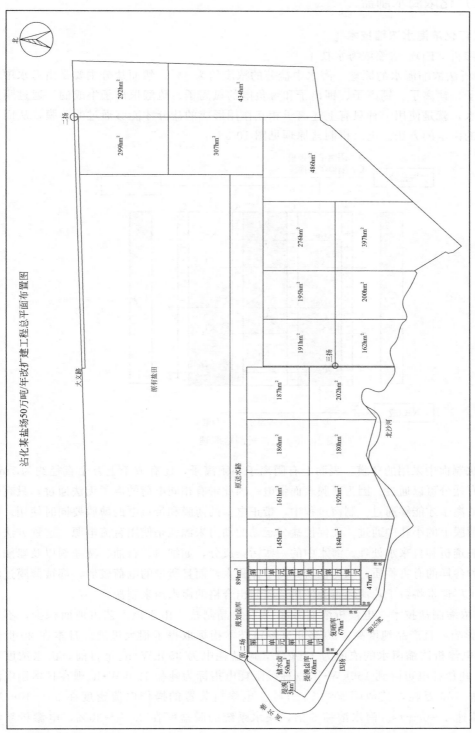

图 10-37　50 万吨/年海水制盐场平面图

10.4.3 工厂化浓海水制盐

10.4.3.1 工厂化浓海水浓缩技术

（1）电渗析（ED）浓缩浓海水技术[48]

① 电渗析法浓缩海水的原理 海水中盐分的浓度约为3%，然而盐分主要是由海水中带正电的钠离子、镁离子、钙离子、钾离子和带负电的氯离子、硫酸根离子生成的。通过膜透析法浓缩海水，就是使用一种只有上述离子相互作用形成的盐分才能够通过的薄膜，从而制成浓度更高的卤水的方法。电渗析制盐原理见图 10-38。

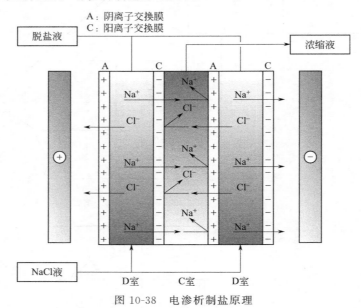

图 10-38 电渗析制盐原理

膜浓缩法制卤中采用的薄膜，表面上有阴离子和阳离子，还有成千上万个直径约为 1mm 的小孔，只有盐分可以通过。因为薄膜表面带电，因此带有相同电荷的离子无法通过，只有带有相反电荷的离子才能够通过。制卤过程中，带正电荷的薄膜和带负电的薄膜要同时使用，以保证盐分从薄膜上的小孔中通过。而促使盐分运动的动力来源就是使用直流电源。这种方法同样应用于肾脏透析和自来水处理。海水中的一些污染成分，如细菌、石油、洗涤剂以及船舶舱底涂料等各种各样的有害物质，因为比盐分离子体积大，而且所带的电荷较弱，都被薄膜过滤掉了。制盐工厂通常将数千片薄膜重叠使用，以制出合格的卤水用来制盐。

② 海水浓缩制盐技术 电渗析浓缩海水-蒸发结晶制盐 由于该工艺占地面积少，不受气候条件的影响，且产品纯度高，30 多年来经济技术指标取得了很大进展。日本在 20 世纪 60 年代末，电渗析浓缩卤水的浓度为 170g/L，吨盐耗电为 350kW·h。至目前，卤水浓度可达 200g/L，吨盐耗电可降到 150kW·h，据称极限耗电指标为吨盐 120kW·h。现在日本用电渗析法年产食盐 150 万吨，其他国家约 50 万吨。电渗析装置的操作电流密度在 30～40mA/cm²，隔室流速 4～6cm/s。海水浓缩 6 倍，淡水系统的脱盐率在 20%～30%，电渗析系统的电流效率 80%～84%，以 Na⁺ 计电流效率为 73%～74%、以 Cl⁻ 计电流效率与系统电流效率相当。每吨食盐电渗析直流电源耗电 160～180kW·h、系统总耗电在 280～300kW·h。离子交换膜保用 3 年。透过膜的传质过程如图 10-39 所示。

（2）浓缩基础计算式　取由一张阳膜和一张阴膜组成的浓缩室来分析离子迁移情况[49~55]。

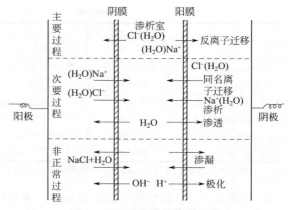

图 10-39　透过膜的传质过程

先讨论由电迁移引起的浓缩室（简称浓室）浓度升高 dm_e（mol）。通过 96500C 电量，Na^+ 和 Cl^- 迁入浓室的量，

$$Na^+: \bar{t}_{Na^+} - (1 - \bar{t}_{Cl^-}) = \bar{t}_{Na^+} + \bar{t}_{Cl^-} - 1$$

$$Cl^-: \bar{t}_{Cl^-} - (1 - \bar{t}_{Na^+}) = \bar{t}_{Cl^-} + \bar{t}_{Na^+} - 1$$

通过电流密度为 i（mA/cm²）时在 dt 时间浓室 NaCl 浓度的升高

$$dm_e = (\bar{t}_{Na^+} + \bar{t}_{Cl^-} - 1)\frac{i\,dt}{F} \quad (10\text{-}1)$$

由浓、淡室浓度差 ΔC 引起浓差扩散，使浓室浓度降低的量为 dm_d（mol）

$$dm_d = -(K_s^A + K_s^C)\Delta C\,dt = K_s\Delta C\,dt \quad (10\text{-}2)$$

则

$$dm = dm_e + dm_d = \left[(\bar{t}_{Na^+} - \bar{t}_{Cl^-} - 1)\frac{i}{F} - K_s\Delta C\right]dt \quad (10\text{-}3)$$

可由下式计算电流效率

$$\eta = (\bar{t}_{Na^+} - \bar{t}_{Cl^-} - 1) - K_a\Delta C\frac{F}{i} \quad (10\text{-}4)$$

伴随电迁移过程，单位膜面积水的电渗析量 dV_e（cm³）为

$$dV_e = \beta i\,dt \quad (10\text{-}5)$$

由浓差引起的水的渗透量 dV_d（cm³）为

$$dV_d = K_w\Delta C\,dt \quad (10\text{-}6)$$

水向浓室的总迁移量 dV（cm³）为

$$dV = dV_e + dV_d = (\beta i + K_w\Delta C)dt \quad (10\text{-}7)$$

按下式可求出浓室最高浓度 C，

$$C = \frac{dm_e + dm_d}{dV_e + dm_d} = \frac{(\bar{t}_{Na^+} + \bar{t}_{Cl^-} - 1)\dfrac{i}{F} + K\Delta C}{\beta i + K_w\Delta C} \quad (10\text{-}8)$$

以上各式中，$\bar{t}_{Na^+}$ 为阳膜离子迁移数；$\bar{t}_{Cl^-}$ 为阴膜离子迁移数；β 为水的电渗系数；K_s 为盐的扩散系数；K_s^C 为阳膜盐的扩散系数；K_s^A 为阴膜盐的扩散系数；K_w 为水的电渗系数；K_w^C 为阳膜水的电渗系数；K_w^A 为阴膜水的渗透系数。

不同膜的 $\bar{t}$、K_s^A、K_s^C、K_w^A、K_w^C 及 β 数据见表 10-54。

表 10-54　各种膜的传质特性参数数据

膜牌号	$\bar{t}$	K_s /[mmol/(cm²·h·N)]	K_w /[mL/(cm²·h·N)]	β /[mL/(mA·h)]
Selemion CMG	0.95	0.008	0.019	0.0035
Selemion AMG	0.98	0.005	0.009	0.0025
Selemion CMV	0.95~0.97	0.006~0.008	0.13~0.019	0.0034~0.0036

续表

膜牌号	$\bar{t}$	K_s /[mmol/(cm²·h·N)]	K_w /[mL/(cm²·h·N)]	β /[mL/(mA·h)]
Selemion AMV	0.95～0.97	0.005～0.007	0.010～0.013	0.0028～0.0030
Selemion ASV	0.97～0.98	0.004～0.005	0.007～0.009	0.0024～0.0026
Selemion ASR[①]	0.991	0.00065 (12℃)	0.0116 (11℃)	0.0027 (12℃)
Selemion CMR[①]	0.987	0.0026 (12℃)	0.0129 (11℃)	0.0029 (14℃)
PE3361[①]	≥0.95	0.0146	0.024	0.0057
PE3362[①]	≥0.95	0.0065	0.024	0.0043

① 杭州水处理研究开发中心实测。未注明者温度为25℃。

利用表10-54的数据，以式（10-8）进行计算。若采用ASR、CMR膜计算得浓缩海水的最高浓度为210g/L；用PE3361、PE3362国产异相膜，最高浓度为150g/L。国内几家单位用国产异相膜做现场实验，最高浓缩浓度为145g/L，与计算值十分接近。

（3）工艺技术

① 生产流程　制盐生产流程如图10-40所示，制盐的整体系统包括海水引入和过滤，电渗析，多效蒸发结晶，盐包装、干燥及公用设备（发电机、蒸汽轮机和锅炉等）。电渗析器和其他设备的耗电由涡轮发电机提供，该发电机由锅炉产生的高压蒸汽推动。从涡轮排出的低压废蒸汽可为电渗析产生的浓缩液的蒸发供热。

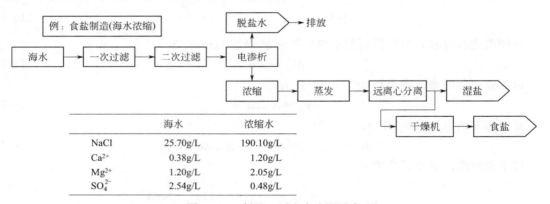

图10-40　制盐工厂生产流程示意

② 电渗析器　Asahi Chemical，Asahi Glass 以及 Tokuyama 是日本三家生产制盐用电渗析器的公司。表10-55列出了这三家公司电渗析器的规格和性能。海水浓缩用电渗析器采用钛镀铂或钛镀钌电极。隔室的浓、淡水流量比大约1:5，减少膜堆漏电是设计的关键，目前倾向于全部以压滤式电渗析器取代水槽式电渗析器。

表 10-55　海水浓缩电渗析器

项目	单位	Asahi Chemical	Asahi Glass	Tokuyama
规格				
电渗析器型号		HM-Ⅲ 系统	CS-5	TSX-200
每膜堆中膜对数	对	300	300	176
每台中的膜对数	对	2700	2400	
膜堆数	堆	9	8	
有效面积	m²	1.4	1.8	

续表

项目	单位	Asahi Chemical	Asahi Glass	Tokuyama
标准运行条件				
电渗密度	A/dm²	3	3	3
稀液流流速	cm/s	4	5	6
温度	℃	25	25	25
设计性能				
NaCl 产量	t/(d·台)	50	55	90
NaCl 浓度	g/L	200	200	200
电流效率	%	89	87	92
直流电耗	kW·h/t	150	149	150

③ 操作参数 操作电流密度增加，浓缩浓度提高。但随着操作电压的提高，使耗电量增大。实际运行的压滤式电渗析器的操作电流密度为 $300\sim35\text{mA/cm}^2$，水槽式为 200mA/cm^2。温度同样影响浓度与耗电指标，温度升高，膜和溶液的电导增大，溶液黏度降低，在相同操作电流密度下电压降低，这对降低电耗有利；但随着温度升高，电解质和水的浓差扩散系数急剧上升，影响了浓缩效率，所以适宜的操作温度为 $30\sim40℃$。

④ 离子交换膜 膜堆中膜的电阻占了较大的部分，因此要求离子交换膜具有较低的电阻，并要求有较高的选择透过性。阴离子交换膜有两种类型：一种是4-乙烯吡啶和二乙烯苯的共聚物；另一种是氯甲基苯乙烯与二乙烯苯共聚物，氯甲基基团用胺试剂处理。阳离子交换膜是苯乙烯-磺酸盐和二乙烯苯的共聚物。

由于多价离子如 Ca^{2+}、SO_4^{2-} 等在浓室易于沉淀结垢，阻碍过程继续进行，而且多价离子的迁移，使 Na^+、Cl^- 迁移相应减少，因此对电渗析海水制盐要求膜对单价离子有较好的选择透过性。通过将带有不同电荷的聚电解质加到渗析室膜表面的方法，解决了膜对多价离子的阻挡问题。

10.4.3.2 浓海水浓缩的卤水真空制盐

通过膜透析法，卤水的浓度达到了原卤浓度的7倍；此后，将卤水引入蒸发罐，通过加热高温蒸发结晶制盐。通常情况下，蒸发罐的直径为 5m、高 15m 左右，制盐过程中要同时使用4个蒸发罐。卤水在蒸发罐内部受到高温加热，并且被不停地搅拌。蒸发罐内部形成真空，这种能量可以完成3倍于原有蒸汽量的蒸发结晶过程。这种方法既可以称作真空式蒸发法也可以称作多效蒸发法，是一种能够节能降耗的生产方法。

在蒸发过程中，还可通过精心调试，控制蒸发罐中盐晶的颗粒大小。从蒸发罐中排出的湿盐需要经过离心机将盐晶体与苦卤分离。之后，将潮湿的盐通过高温加热烘干，制成食盐和特级盐。关于产品的包装，日本的盐有 20kg、25kg 的纸质包装，还有 500kg 和 1t 的大型包装袋和以卡车装载出售的散盐，根据级别不同分别出售给客户。家用食盐有两种形式的包装出售，一种是 1kg 重的塑料袋包装，另一种是 5kg 重的纸袋包装。

由于自身地理和自然条件方面的限制，日本不能像其他国家一样采用海盐和岩盐的生产方式。为了找到符合本国情况的制盐方法，日本经过多年的研究，终于研究出既安全又高效的制盐生产方式，令日本制盐行业在全世界颇为自豪。这种日本独有的制盐方式，不仅实现了从原始的滩地制卤方式到膜透析法制卤的转变，还使制盐生产大型化、自动化，可谓是从原始生产到现代工厂生产的划时代的进步。同时，这种制盐方法还能够排除掉海洋污染物质和细菌的危害，是一种完全安全的生产模式，并大幅度减轻了工人劳动负荷。

10.4.3.3　饱和卤水真空制盐案例

（1）工艺流程　饱和卤水是浓海水经电渗析或盐田日晒浓缩得到的氯化钠饱和溶液，可用作生产真空精制盐的原料，其化学组成如表 10-58 所示。为了节能降耗，常用采用四效蒸发系统制盐，工艺流程如图 10-41 所示。

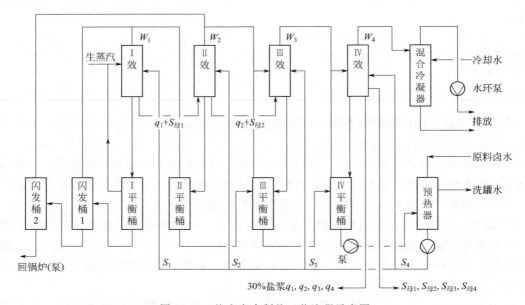

图 10-41　饱和卤水制盐工艺流程示意图

（2）工艺计算基础数据

① 生产时间　全年除去检修、洗罐和各种影响因素，开工时间以 6900h 计。

② 生产规模　10 万吨/年。

③ 成品规格　见表 10-56。

表 10-56　精制盐质量标准

项目	指标	项目	指标
NaCl	≥99.1%（干基）	白度	≥80
H_2O	≤0.3%	粒度	颗粒均匀、疏松、全部通过 0.5mm 筛孔
水不溶物	≤0.05%		

产品质量符合国家食用盐标准 GB 5461—2000 优级精制盐的要求。

④ 中间物料热力学参数（采用四效蒸发系统）　详细参数见表 10-57。

表 10-57　中间物料热力学参数表

项目	单位	数据	符号
氯化钠结晶热	kJ/kg	84.57	λ
蒸发料液比热容	kJ/(kg·K)	3.35	c_L
转料料液比热容	kJ/(kg·K)	2.61	c_z

⑤ 首效生蒸汽性质 压力 0.4415MPa（热力学压力）；温度 147.2C；汽化潜热 2121.87kJ/kg；比容 0.4215m³/kg。

⑥ 末效二次蒸汽性质 压力 9.84kPa（热力学压力）；温度 45.5C；汽化潜热 2396.11kJ/kg；比容 15.66m³/kg。

采用平流进料，转效排盐。Ⅰ效→Ⅱ效→Ⅲ效是母液配盐浆，Ⅳ效是用原料饱和浓海水配盐浆单独排母液。Ⅰ效冷凝水闪发二次，不预热。混合冷凝水逐级闪发预热。

（3）物料平衡计算

① 按饱和卤水 1m³ 为基数，饱和浓海水、浓缩母液成分计算见表 10-58。

表 10-58 饱和浓海水、浓缩母液成分计算表

饱和卤水（1m³，相对密度 1.2214）		浓缩母液（浓缩 2.75 倍，0.3636m³，相对密度 1.26）			
组成/(kg/m³)		组成/(kg/m³)		含盐量及水量/kg	
CaSO$_4$	1.28	CaSO$_4$	0.40	CaSO$_4$	0.145
MgSO$_4$	28.8	MgSO$_4$	79.2	MgSO$_4$	28.80
MgCl$_2$	50.79	MgCl$_2$	139.7	MgCl$_2$	50.79
KCl	8.0	KCl	22.0	KCl	8.00
NaCl	235.77	NaCl	160.0	NaCl	58.18
总盐	324.64	总盐	401.3	总盐	145.91
总水	896.76	总水	858.7	总水	312.20

② 以 1m³ 饱和浓海水蒸发至浓缩母液，收率以 90% 计。

则析出   CaSO$_4$ $1.28-0.145=1.135$kg

              NaCl $235.77-58.18=177.59$kg

蒸发水量 $896.76-312.20=584.56$kg

排母液量 $0.3636×1.26×1000=458.14$kg

吨盐耗原液 $1000/(177.59×90\%)=6.26$m³

吨盐蒸发水 $584.56/(177.59×90\%)=3.66$t

吨盐排母液 $458.14/(177.59×90\%)=2.87$t

③ 按析盐排母液、进料量和蒸发水量的关系，列 $f(w)$ 的函数如下。

各效析盐量：

$$f(w)=q_n=aW_n,$$

式中，a 为析盐系数，$a=\sum q/\sum W=177.59×90\%÷584.56=0.273421$。

同理，各效排母液量：

$$f(w)=S_{母n}=bW_n$$

式中，b 为进料系数，$b=\sum S_母/\sum W=458.14÷584.56=0.783735$。

各效进料量：

$$f(w)=S_n=W_n+q_n+S_{母n}$$

则，1m³ 饱和卤水蒸发至浓缩母液，对应的 $f(w)$ 的函数如下：

$$q_n=aW_n=0.273421W_n$$

$$S_母 = bW_n = 0.783735W_n$$

$$S_n = W_n + q_n + S_{母n} = (1 + 0.273421 + 0.783735)W_n = 2.057156W_n$$

$$S_4 = 2.057156W_4 + \left(\sum q/0.3 - \sum q\right) = 2.057156W_4 + 2.3333\sum q$$

上式中 0.3 是指配 30% 盐浆用原料，故 $S_4 = 2.057156W_4 + 0.6380\sum W$。

以上各式中，W 为蒸发水量；q 为析盐量；$S_母$ 为排母液量；S_n 为各效进料量，$n = 1, 2, 3$。

（4）热量平衡计算[12,56]

① 工艺参数 见表 10-59。

表 10-59 蒸发过程各效工艺参数表

项目	效别	I	II	III	IV	冷凝器
加热室	压力/MPa	0.4415	0.2004	0.0855	0.0319	9.344×10^{-3}
	温度/℃	147.2	120.4	95.3	70.5	44.5
	蒸汽潜热/(kJ/kg)	2121.87	2201.00	2269.25	2332.89	2396.11
蒸发室	压力/MPa	0.2026	0.0880	0.0331	9.837×10^{-3}	
	温度/℃	120.9	96.1	71.4	45.5	
	蒸汽潜热/(kJ/kg)	2199.75	2267.15	2330.79	2393.59	
	料液温度/℃	131.9	106.1	80.4	53.5	
	比容 (u)/(m³/kg)	0.8681	1.9086	4.588	14.92	
料液沸点升/℃		11	10	9	8	
有效传热温度差/℃		12.8	11.8	12.4	14.5	
管阻温度损失/℃		0.5	0.8	0.9	1.0	
不平衡温差/℃		2.5	2.5	2.5	2.5	
热利用率/%		97	97	98	98	
进罐料液温度/℃		34	34	34	34	
传热系数/[kJ/(m²·h·℃)]		8373.6	7326.9	6489.54	5652.18	加热管：Ti
总有效传热温度差 $(\sum \Delta t)$/℃		147.2 − 51.2 − 44.5 = 51.5 $\left[\sum \Delta t = T_1 - (t_{F1 \sim F4} - t_{S2 \sim S4} - t'_{S1 \sim S4}) - t_4\right]$				

与表 10-59 中工艺参数匹配的符号见表 10-60。

表 10-60 蒸发过程各效工艺参数符号表（对应表 10-59）

项目	效别	I	II	III	IV	冷凝器
加热室	压力/MPa	P_1	P_2	P_3	P_4	P_c
	温度/℃	T_1	T_2	T_3	T_4	T_c
	蒸汽潜热/(kJ/kg)	i_1	i_2	i_3	i_4	I_c
蒸发室	压力/MPa	P'_1	P'_2	P'_3	P'_4	
	温度/℃	t'_1	t'_2	t'_3	t'_4	
	蒸汽潜热/(kJ/kg)	I_1	I_2	I_3	I_4	
	料液温度/℃	t_1	t_2	t_3	t_4	
	比容 (u)/(m³/kg)	u_1	u_2	u_3	u_4	

续表

项目 \ 效别	I	II	III	IV	冷凝器
料液沸点升/℃	t_{F1}	t_{F2}	t_{F3}	t_{F4}	
有效传热温度差/℃	Δt_1	Δt_2	Δt_3	Δt_4	
管阻温度损失/℃		t_{S2}	t_{S3}	t_{S4}	
不平衡温差/℃	t'_{S1}	t'_{S2}	t'_{S3}	t'_{S4}	
热损失/%	x_1	x_2	x_3	x_4	
进罐料液温度/℃	t_{o1}	t_{o2}	t_{o3}	t_{o4}	
传热系数/[kJ/(h·m²·℃)]	k_1	k_2	k_3	k_4	

② 热平衡计算[37] 以耗汽量 $D=1\text{kg/h}$ 为计算基础。

a. I 效蒸发过热程 I 效蒸发过程热量平衡见表 10-61。

表 10-61 I 效蒸发过程热量平衡表   单位：kJ/h

投入系统热量（$Q_{I入}$）			排出系统热量（$Q_{I出}$）		
项目	公式	代入数值	项目	公式	代入数值
加热蒸汽	$i_1 D$	2121.87×1	二次蒸汽	$I_1 W_1$	2199.75W_1
氯化钠结晶热	λq_1	0.273421W_1×84.57=23.12W_1	料液升温	$S_1 c_L (t_1 - t_{o1})$	2.057156W_1×3.35×(131.9−34)=674.62W_1
热损失	x_1	3%			

令 $Q_{I入} = Q_{I出}$，计算得：$W_1 = 0.7217\text{kg}$，$q_1 = 0.1973\text{kg}$，$S_{母1} = 0.5656\text{kg}$，$S_1 = 1.4847\text{kg}$。

b. II 效蒸发过程 II 效蒸发过程热量平衡见表 10-62。

表 10-62 II 效蒸发过程热量平衡表   单位：kJ/h

投入系统热量（$Q_{II入}$）			排出系统热量（$Q_{II出}$）		
项目	公式	代入数值	项目	公式	代入数值
加热蒸汽	$i_2 W_1$	2201.00×0.7217=1588.46	二次蒸汽	$I_2 W_2$	2267.15W_2
氯化钠结晶热	λq_2	0.273421W_2×84.57=23.12W_2	料液升温	$S_2 c_L (t_2 - t_{o2})$	2.057156W_2×3.35×(106.1−34)=496.87W_2
转料热	$(q_1 + S_{母1}) \times c_z(t_1 - t_2)$	(0.1973+0.5656)×2.61×(131.9−106.1)=51.3722			
闪发热	$D c_0 (T_1 - T_2)$	D×4.1868×(147.2−120.4)=112.21			
热损失	x_2	3%			

注：c_0 为水的比热容，kJ/(kg·K)。

生蒸汽一段闪发水量 $D_{闪1} = Q_{闪} \div i_2 = 112.21 \div 2201.00 = 0.0510\text{kg}$（1kg 加热蒸气）。

令 $Q_{II入} = Q_{II出}$，计算得：$W_2 = 0.6200\text{kg}$，$q_2 = 0.1695\text{kg}$，$S_{母2} = 0.4859\text{kg}$，$S_2 = 1.2754\text{kg}$。

c. Ⅲ效蒸发过程　Ⅲ效蒸发过程热量平衡见表 10-63。

表 10-63　Ⅲ效蒸发过程热量平衡表　　　　　　　　　　　　　单位：kJ/h

投入系统热量（$Q_{Ⅲ入}$）			排出系统热量（$Q_{Ⅲ出}$）		
项目	公式	代入数值	项目	公式	代入数值
加热蒸气	$i_3 W_2$	$2269.25 \times 0.6199 = 1406.94$	二次蒸汽	$I_3 W_3$	$2330.79 W_3$
氯化钠结晶热	λq_3	$0.273421 W_3 \times 84.57 = 23.12 W_3$	料液升温	$S_3 c_L (t_3 - t_{o3})$	$2.057156 W_3 \times 3.35 \times (80.4 - 34) = 319.26 W_3$
转料热	$\{(q_1 + S_{母1}) + (q_2 + S_{母2})\} \times c_z (t_2 - t_3)$	$\{(0.1973 + 0.5656) + (0.1695 + 0.4859)\} \times 2.61 \times (106.1 - 80.4) = 95.14$			
闪发热	$(D + W_1) c_0 \times (T_2 - T_3)$	$(1 + 0.7217) \times 4.1868 \times (120.4 - 95.3) = 180.93$			
热损失	x_3	2%			

注：供给Ⅲ效蒸汽中的闪发水量 $=180.93 \div 2269.25 = 0.0797$kg；二段闪发水量 $D_{闪2} = (1 - 0.0510) \times 4.1868 \times (120.4 - 95.3)/2269.25 = 0.0439$kg。

令 $Q_{Ⅲ入} = Q_{Ⅲ出}$，计算得：$W_3 = 0.6277$kg，$q_3 = 0.1717$kg，$S_{母3} = 0.4920$kg，$S_3 = 1.2913$kg。

d. Ⅳ效蒸发过程　Ⅳ效蒸发过程热量平衡见表 10-64。

表 10-64　Ⅳ效蒸发过程热量平衡表　　　　　　　　　　　　　单位：kJ/h

投入系统热量（$Q_{Ⅳ入}$）			排出系统热量（$Q_{Ⅳ出}$）		
项目	公式	代入数值	项目	公式	代入数值
加热蒸气	$i_4 W_3$	$2332.89 \times 0.6277 = 1464.36$	二次蒸汽	$I_4 W_4$	$2393.59 W_4$
氯化钠结晶热	λq_4	$0.273421 W_4 \times 84.57 = 23.12 W_4$	料液升温	$S_4 c_L (t_4 - t_{o4})$	$(2.057156 W_4 + 0.6380 \times \sum W) \times 3.35 \times (53.5 - 34) = 176.06 W_4 + 82.08$
转料热	$\{(q_1 + S_{母1}) + (q_2 + S_{母2}) + (q_3 + S_{母3})\} \times c_z (t_2 - t_3)$	$[(0.1973 + 0.5656) + (0.1695 + 0.4859) + (0.1716 + 0.4920)] \times 2.61 \times (80.4 - 53.5) = 146.17$			
闪发热	$\{(D_{闪1} + W_1) + (D_{闪2} + W_2)\} c_0 \times (T_3 - T_4)$	$[(0.7217 + 0.0510) + (0.6200 + 0.0439)] \times 4.1868 \times (95.3 - 70.5) = 149.17$			
热损失	x_4	2%			

注：供给Ⅳ效蒸汽中的闪发水量 $= Q_{闪4}/i_4 = 149.16/2332.89 = 0.0639$kg。

令 $Q_{Ⅳ入} = Q_{Ⅳ出}$，计算得：$W_4 = 0.6448$kg，$q_4 = 0.1763$kg，$S_{母4} = 0.5054$kg，$S_4 = 2.057156 \times 0.6498 + 0.6380 \times (0.7217 + 0.6200 + 0.6277 + 0.6448) = 2.9943$kg，其中 $\sum q / 0.3 - \sum q = 1.6674$。

③ 传热面积校核　传热面积计算式为：

$$Q=kF\Delta t$$

式中，Q 为热量，kJ/kg；k 为传热系数，kJ/(h·m²·℃)；F 为换热面积，m²；Δt 为有效传热温差，℃。

则：$F_1 = 2121.87 \div (8373.6 \times 12.8) = 0.0198 \text{m}^2$

$F_2 = (1588.46 + 112.21) \div (7326.9 \times 11.8) = 0.0197 \text{m}^2$

$F_3 = (1406.70 + 180.93) \div (6489.54 \times 12.4) = 0.0197 \text{m}^2$

$F_4 = (1463.86 + 149.17) \div (5652.18 \times 14.5) = 0.0197 \text{m}^2$

故，平均传热面积 0.0197m^2，四效面积已平衡（偏差在 $\pm 2.5\%$ 之内）。

④ 结果汇总

蒸发水量：$\sum W = 2.6142\text{kg}$（即热经济值）

产盐量：$\sum q = 0.7147\text{kg}$

排母液量：$\sum S_\text{母} = 2.0489\text{kg}$

进料量：$\sum S = 7.0457\text{kg}$

通过以上计算得知：消耗 1kg 蒸汽，蒸发水分 2.6142kg，析出盐量为 0.7147kg，排母液量 2.0489kg，进料量 7.0457kg。

⑤ 10 万吨/年真空盐设计参数　生产规模 10 万吨/年，有效生产时间 6900h，每小时产量 14.5t。各效消耗物料计算结果见表 10-65，单位时间各项指标如下。

需进料量：$14.5 \times 7.0457 \div 0.7147 = 142.94 \text{t/h}$

需蒸发水量：$14.5 \times 2.6142 \div 0.7147 = 53.04 \text{t/h}$

需排母液量：$14.5 \times 2.0489 \div 0.7147 = 41.57 \text{t/h}$

需消耗蒸汽量：$14.5 \times 1 \div 0.7147 = 20.29 \text{t/h}$

表 10-65　各效消耗物料计算结果　　　　　　　　　　　单位：t/h

效别	蒸发水量	产盐量	排母液量	进料量
I	14.6427	4.0029	11.4754	30.1209
II	12.5793	3.4388	9.8584	25.8747
III	12.7355	3.4815	9.9822	26.1973
IV	13.0825	3.5768	10.2540	60.7470
合计	53.04	14.50	41.57（32.99m³）	142.94（117.02 m³）

注：$S_4 = (26.90 + 33.83) \text{t/h}$，其中 33.83t 配盐浆用。

因此，每效传热面积：$1000 \times 0.0197 \times 20.2911 = 400.13 \text{m}^2$。考虑到 1.25 倍安全系数，则传热面积为 $500 \text{m}^2/$效。

(5) 饱和卤水真空制盐主体设备设计计算

① 蒸发器（规模 10 万吨/年）　采用普遍使用的外加热强制循环蒸发器，此蒸发器主要由加热室、蒸发室和循环泵三部分组成，具有生产能力大，循环速度高、传热效果好、检修方便等特点。

a. 加热室　选用 Ti 管，规格为 $\phi 38\text{mm} \times 1.5\text{mm} \times 6000\text{mm}$。单管面积：$3.14 \times 0.0365$（中径）$\times 6 = 0.68766$（m²/根）。每台加热室共需：$500 \div 0.68766 = 727.1$（根）。采用正三角形排列，16 排，$a = 16$、$b = 2a - 1 = 31$，$n = 3a(a-1) + 1 = 721$；$721 +$ 弓形 $= 823$ 根。

823－727＝96 根，留作汽道。

加热室外壳直径 D 的确定，加热管用正三角形，取间距 $t=1.3d_外$，则

$$D=t(n_c-1)+2b'$$

式中，b' 为最外层管心至壳体内壁距离，取 $b'=1.5d_外$；$n_c=1.1\sqrt{n}=1.1\times\sqrt{823}=31.56$，$n$ 为管子根数。

所以

$$D=t(n_c-1)+2b'=1.3d_外\times(31.56-1)+2\times1.5d_外=1.62(\text{m})$$

圆整为 1700mm，选用 ϕ1700mm×6000mm 的加热室。

加热管截面积：$727\times0.785\times0.035^2=0.6991$（$\text{m}^2$）

上循环管截面积为其 1.1～1.2 倍，下循环管截面积为其 1.2～1.3 倍。

$$D_上=[0.6991\times(1.1\sim1.2)\div0.785]^{1/2}=0.990\sim1.034 \quad 取\ \phi=1000\text{mm}$$

$$D_下=[0.6991\times(1.2\sim1.3)\div0.785]^{1/2}=1.034\sim1.076 \quad 取\ \phi=1100\text{mm}$$

循环速度取 2m/s，则循环料液量：$0.6991\text{m}^2\times2\text{m/s}\times3600=5033.5\text{m}^3/\text{h}$，选用扬程 3m、ZWESA-M800 型轴流泵。

b. 蒸发室　断面蒸发强度：

Ⅰ效取值　$B_1=1600\text{kg/(m}^2\cdot\text{h})$

Ⅱ效取值　$B_2=1450\text{kg/(m}^2\cdot\text{h})$

Ⅲ效取值　$B_3=1200\text{kg/(m}^2\cdot\text{h})$

Ⅳ效取值　$B_4=850\sim900\text{kg/(m}^2\cdot\text{h})$

则

$$D=[W\div(B\times3.14\div4)]^{1/2}$$

$$D_1=[16840.6\div(1600\times0.785)]^{1/2}=3.66(\text{m})$$

$$D_2=[14465.2\div(1450\times0.785)]^{1/2}=3.57(\text{m})$$

$$D_3=[14644.9\div(1200\times0.785)]^{1/2}=3.94(\text{m})$$

$$D_4=\{15036.9\div[(850\sim900)\times0.785]\}^{1/2}=4.75\sim4.61(\text{m})$$

蒸发室高度 H 取 $H/D=1\sim2$。

取各蒸发室为　Ⅰ、Ⅱ效　ϕ3700mm×6800mm

Ⅲ效　ϕ 3900mm×6500mm

Ⅳ效　ϕ 4700mm×6500mm

蒸发室直径校核，末效比容以 15.66～18m^3/kg 计。

则：$15036.9\times(15.66\sim18)\div(3600\times0.785\times4.7^2)=3.77\sim4.34\text{m/s}<5\text{m/s}$，可以适用。

c. 盐脚计算　各效下盐量分布见表 10-66。

表 10-66　各效下盐量分布表

效别	Ⅰ	Ⅱ	Ⅲ	Ⅳ
下盐量	4.6t/h	4.0t/h	4.0t/h	4.1t/h

盐脚直径：

$$D_1=[4.6\div(15\times0.785)]^{1/2}=0.63(\text{m})$$

$$D_2=[(4.6+4.0)\div(15\times0.785)]^{1/2}=0.86(\text{m})$$

$$D_3=[(4.6+4.0+4.0)\div(15\times0.785)]^{1/2}=1.03(\text{m})$$

$$D_4=[(4.6+4.0+4.0+4.1)\div(15\times0.785)]^{1/2}=1.19(\text{m})$$

取：Ⅰ效盐脚直径　ϕ650mm

　　Ⅱ效盐脚直径　ϕ900mm

　　Ⅲ效盐脚直径　ϕ1000mm

　　Ⅳ效盐脚直径　ϕ1200mm

d. 蒸汽管道　各效蒸汽管道计算参数见表10-67。

表10-67　各效蒸汽管道计算参数表

管道	汽速/(m/s)	比容/(m³/kg)	汽量/(t/h)
生蒸汽管道	20	0.4215	23.3347
Ⅰ生蒸汽管道	20	0.8680	16.8406
Ⅱ生蒸汽管道	25	1.9086	14.4652
Ⅲ生蒸汽管道	30	4.5880	14.6449
Ⅳ生蒸汽管道	40	16.0000	15.0369

蒸汽、二次汽管径：

$$d=\sqrt{\frac{4V_s}{\pi u}}$$

式中，V_s 为蒸汽体积流量；u 为汽速。

$D_{加}=[(23334.7\times0.4215)\div(3600\times0.785\times20)]^{1/2}=0.417$（m）　取 ϕ426mm×10mm

$D_Ⅰ=[(16840.6\times0.8681)\div(3600\times0.785\times20)]^{1/2}=0.508$（m）　取 ϕ530mm×10mm

$D_Ⅱ=[(14465.2\times1.9086)\div(3600\times0.785\times25)]^{1/2}=0.625$（m）　取 ϕ630mm×10mm

$D_Ⅲ=[(14644.9\times4.588)\div(3600\times0.785\times30)]^{1/2}=0.890$（m）　取 ϕ920mm×10mm

$D_Ⅳ=[(15036.9\times16)\div(3600\times0.785\times40)]^{1/2}=1.459$（m）　取 ϕ1520mm×12mm

② 预热器　进卤量165t/h，温度25～34℃，传热系数 K 取837.36 kJ/(h·m²·℃)，混合冷凝水以40t/h计。预热器温度分布见图10-42。

预热器设备计算：

$1650000\times0.8\times4.1868\times(34-25)=40000\times1\times4.1868\times(68-X)$　　$X=38.3℃$

$$\Delta t_m=\frac{(68-25)-(38.3-34)}{\ln\dfrac{68-25}{38.3-34}}=16.807℃$$

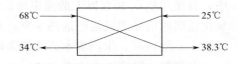

图10-42　预热器温度分布示意图

换热面积计算：

$F=[165000\times0.8\times4.1868\times(34-25)]\div$

　　$(16.807\times837.36)=353.4$m²

采用三台预热器，每台换热面积均为120m²，用 ϕ38mm×3mm×6000mm 铜管。

单位面积：$3.14\times0.035\times6=0.6594$m²/根。

每台预热器加热管数为：$120/0.6594=181.98$ 根。

采用正三角形排列，8层，$a=8$，$b=15$，$n=169$，加上弓形部分总根数为187根。

预热器外壳直径：

　　　　$D=1.3\times(15-1)\times0.038+4\times0.038=0.6916+0.152=0.8436$(m)

取规格 ϕ800mm×6000mm 预热器三台，每台最多可排列铜管 $n=163$ 根，换热面积 $F=107.5$m²。

10.5 浓海水提取镁

10.5.1 概述

我国蕴藏着丰富的矿石镁资源和海水卤水镁资源，菱镁矿储量 31.45 亿吨，占世界总储量的 22.5％。菱镁矿矿石品位高，储量高度集中，辽宁和山东两省储量占全国总储量的 95.16％，以大中型菱镁矿居多；白云石储量 40 亿吨，而且易开采，各矿床多已开发利用，产地遍布各省，其中尤以辽宁营口大石桥、海城一带产量最多。海水中氯化镁、硫酸镁储量分别达 4493 万亿吨和 3570 万亿吨，取之不尽，用之不竭。我国有漫长的海岸线，海盐产量 2300 万吨/年，居世界第一位，副产苦卤约 2000 万吨/年，其中氯化镁、硫酸镁资源量分别达 379.2 万吨/年和 175.2 万吨/年。

我国在镁资源开发生产上以初级产品为主，矿石镁资源利用以生产普通镁砂（MgO，92％～95％）、金属镁、轻质碳酸镁和合成硫镁肥为主；卤水镁资源的开发主要停留在氯化镁和硫酸镁工业原料上。无论是矿石镁资源还是海水、卤水镁资源的生产企业由于产品附加值低，经济效益均较差。国外发达国家则以生产优质、高档及高附加值的深加工镁产品为主。

（1）金属镁及镁合金 我国已成为世界上金属镁第一大生产和出口国。但金属镁生产以皮江法炼镁为主，在工艺、设备、生产自动化及环保治理上与国外先进技术存在较大差距，而且规模较小，部分企业产品质量不稳定。国外金属镁生产以无水氯化镁电解为主，工艺先进，产品质量高。我国氯化镁脱水制取无水氯化镁的产业化技术尚待突破。

（2）镁盐及镁系功能材料 我国以海水、盐湖卤水或矿石镁为原料生产的镁盐及镁系功能材料，以低档的氯化镁、硫酸镁为主，特殊用途的镁盐生产批量较小，品种单一，产品质量和国外差距大，生产企业自动化程度低，经济效益普遍较差。

（3）氢氧化镁及镁砂 发达国家把浆状氢氧化镁作为"绿色安全中和剂"，广泛用于烟气脱硫、重金属脱硫、废水处理；经表面处理的氢氧化镁作为无机阻燃剂添加于塑料、橡胶中，其年用量以 10％以上的速率增长。发达国家塑料阻燃剂中 50％为无机阻燃剂，其中氢氧化镁阻燃剂是无机阻燃剂的主要产品。我国浆状氢氧化镁尚属空白，氢氧化镁阻燃剂存在规模小、能耗高、生产成本高等诸多缺陷。

世界发达国家以海水卤水法生产高纯镁砂为主，美国高纯镁砂年生产能力约 150 万吨，其中以海水、盐湖卤水等液体矿为原料的约占 90％。日本年生产能力约 100 万吨，绝大部分以海水为原料生产。国际上高纯镁砂质量指标为：MgO 含量＞98％，B_2O_3 含量＜0.07％，密度＞3.4g/cm³。日本超高纯镁砂 MgO 含量可以达到 99.5％以上。

我国以海水、盐湖卤水等液体矿为原料生产高纯镁砂仍在研究中，以菱镁矿为原料生产镁砂，受菱镁矿原料及工艺影响，生产的镁砂纯度较低，多数小于 95％。近年来，通过消化和引进国外先进技术，镁砂质量有所提高，但是仍以生产中低档镁砂为主。在引进国外先进设备的厂家中，以生产 MgO 含量为 97％的镁砂为主，能达到国际标准 MgO 含量大于 98％的高纯镁砂的产量很低，用烧结法还难以生产出 99％以上的超高纯镁砂。我国镁砂质量差造成钢铁炉龄短，成为钢铁能耗高、生产效率低、生产成本高的一个重要因素。我国每吨钢的镁砂消耗额为 23 千克，而日本、美国等发达国家镁砂的单耗仅为每吨钢 7 千克。

10.5.2 浓海水提取氯化镁[12,57~61]

10.5.2.1 氯化镁性状、用途

氯化镁通常含有 6 分子的结晶水，即 $MgCl_2 \cdot 6H_2O$，易吸潮，有轻度卤味。工业品为片状或粒状。白色氯化镁呈白色，普通氯化镁由于含少量杂质而呈黄褐色、深灰色或浅棕色。100℃时失去 2 分子结晶水，在 110℃开始失去部分盐酸而分解，遇强热转为氧氯化物，当急速加热至 118℃时分解。1g 溶于 0.6mL 水、0.3mL 沸水、2mL 乙醇，其水溶液呈中性，相对密度 1.56，半数致死量（大鼠经口）2800mg/kg，有刺激性。

氯化镁作为重要的工业原料，具有广泛的用途。在化学工业中是重要的无机原料，用于生产碳酸镁、氢氧化镁、氧化镁等镁产品，也用作防冻剂的原料等。在建材工业中是生产轻型建材如玻纤瓦、装饰板、卫生洁具、天花板、地板砖、镁氧水泥、通风管道、防盗井盖、防火门窗、防火板、隔墙板、人造大理石等高层建筑用品的重要原材料。在菱镁制品中可做高质镁制瓦、高质防火板、镁制包装箱、镁制装修板、轻质墙板、磨具、炉具、烟花固引剂等。在冶金行业中，用于制造耐火材料和砌炉臂的黏合剂，并是制造二号熔剂和冶炼金属镁的原料。在交通行业中，用作道路化冰融雪剂，化冰速度快，对车辆腐蚀性小，效果好于氯化钠。在医药中，用氯化镁制成"卤干"可作泻药。在农业中，可用作制镁肥、钾镁肥和棉花脱叶剂。在其他领域内可作食品添加剂、蛋白凝固剂、冷冻剂、防尘剂等。用卤水（氯化镁水溶液）点制的豆腐较石膏点制的豆腐，质嫩味鲜。

10.5.2.2 氯化镁技术标准

工业氯化镁技术标准 QB/T 2605—2003，见表 10-68。

表 10-68 工业氯化镁技术指标

项目		白色氯化镁	普通氯化镁	项目		白色氯化镁	普通氯化镁
$MgCl_2$/%	≥	46.00	44.50	碱金属氯化物（以 Cl^- 计）/%	≤	0.50	0.90
Ca^{2+}/%	≤	0.15	—	水不溶物/%	≤	0.10	—
SO_4^{2-}/%	≤	1.00	2.80	色度/度①	≤	50	—

① 1mg 铂在 1L 水中所具有的色度为 1 度。

10.5.2.3 氯化镁的生产方法

目前，氯化镁有许多生产方法，主要方法如下。

（1）日晒法 由海水和盐湖卤水制取氯化镁是在晒制原盐和制取溴后进行的。根据 25℃时 Na^+，K^+，Mg^{2+} // Cl^-—H_2O，SO_4^{2-} 的相平衡数据，可以得出等温蒸发海水依次析出 $NaCl$、$MgSO_4 \cdot 7H_2O$、$MgSO_4 \cdot 6H_2O$。

（2）光卤石母液加工法 结晶出光卤石以后的氯化镁母液中，通常含 28%～31%的 $MgCl_2$，蒸发这种卤液可以得到六水氯化镁。

根据 25℃时 Na^+，K^+，Mg^{2+} // Cl^-—H_2O 体系的溶解度等温线。可知蒸发后的氯化镁卤液的浓度越高，则其中的 $NaCl$ 和 KCl 杂质越少。通常蒸发到含 $MgCl_2$ 约 35%时将 $NaCl$ 和 KCl 分离，然后继续蒸发可制取六水氯化镁、四水氯化镁或二水氯化镁。

也可用氯化氢气体盐析的方法清除光卤石型氯化镁母液里的 $NaCl$ 和 KCl。当氯化氢浓度很低时即有光卤石随同 $NaCl$ 和 KCl 一起析出。当氯化氢浓度在 300g/L 时，可析出很纯的 $MgCl_2 \cdot 2H_2O$。

（3）沸腾床法　沸腾床法是生产二水氯化镁的工艺。将海盐工业中的提溴废液送入脱硫罐，加热至80℃。再加入氯化钙饱和溶液，形成硫酸钙沉淀，除去硫酸根。静置4h后过滤，清液经过预热并在0.6～0.8MPa压力下喷入沸腾床内雾化。喷头结构采用加压喷雾和气流喷雾相结合的形式，喷头的气流由空压机供给。

（4）晶体氯化镁法　利用提溴废液蒸发浓缩生产工业氯化镁（卤片、卤粉）是传统的海洋化工技术，非常成熟。即将制溴废液打入废液储池，再用泵打入高位槽，定量加入预热器预热至85℃进入蒸发罐，控制蒸发室真空度为0.070MPa左右，料液温度130℃（卤粉），得蒸发完成液。将蒸发完成液排到喂料槽，由喂料槽排到恒定器，再控制一定流量送入造粒塔或制片机，使氯化镁凝固成型，用送料机送入料仓，产品温度控制在60～70℃之间。产品由料仓底部排到包装机，装袋封口。

在晶体氯化镁生产过程中如采用两段蒸发、两次结晶的生产工艺，可制得含量达98%以上的食品级高纯氯化镁。

（5）海水的化学加工　海水可以不预先浓缩或浓缩析出氯化钠后而直接制得氯化镁。过程中先用石灰乳处理海水使之析出氢氧化镁，沉淀中约含25%的氢氧化镁，然后用盐酸中和使其溶解，得到含量约为15%的氯化镁溶液，经蒸发，冷却得到氯化镁。此法可得到不含硼化物的氢氧化镁和氯化镁，因为硼化物在高pH下不会沉淀下来。

10.5.2.4　以提溴废液为原料提取氯化镁

（1）原料组成　此工艺以提溴后的废液为原料生产氯化镁。浓厚卤组成见表10-69。

表10-69　浓厚卤组成（33°Bé，114℃）

成分	$MgCl_2$	NaCl	$MgSO_4$	KCl
含量/(g/L)	441.10	8.40	28.41	4.03

由于新从溴蒸馏塔底排出的提溴废液温度在114℃左右（33°Bé），存在一部分游离氯，颜色呈黄绿色。又由于氯气溶解在水中生成盐酸，因此提溴废液有强的腐蚀性，所以在制取氯化镁之前需进行必要的预处理。采取的方法有以下几种。

① 曝气法　降温的提溴废液排入黏土筑成的储卤池内，曝露于空气中，一段时间后可以使游离氯和溴逸散。

② 碳酸钙中和法　曝气法可以驱除部分氯和溴，但盐酸和溴水解生成的氢溴酸未处理。加入碳酸钙后，除中和盐酸、氢溴酸外，尚可除去部分硫酸根。

$$CaCO_3 + 2HBr \Longrightarrow CaBr_2 + CO_2 \uparrow + H_2O$$
$$CaCO_3 + 2HCl \Longrightarrow CaCl_2 + CO_2 \uparrow + H_2O$$
$$CaBr_2 + MgSO_4 + 2H_2O \Longrightarrow CaSO_4 \cdot 2H_2O \downarrow + MgBr_2$$
$$CaCl_2 + MgSO_4 + 2H_2O \Longrightarrow CaSO_4 \cdot 2H_2O \downarrow + MgCl_2$$

③ 氢氧化钙中和法　用氢氧化钙代替碳酸钙，效果相同。但过量的氢氧化钙与氯化镁反应生成氢氧化镁造成损失。

$$Ca(OH)_2 + 2HBr \Longrightarrow CaBr_2 + 2H_2O$$
$$Ca(OH)_2 + 2HCl \Longrightarrow CaCl_2 + 2H_2O$$
$$Ca(OH)_2 + MgCl_2 \Longrightarrow Mg(OH)_2 \downarrow + CaCl_2$$
$$Ca^{2+} + MgSO_4 + 2H_2O \Longrightarrow CaSO_4 \cdot 2H_2O \downarrow + Mg^{2+}$$

④ 真空蒸发法　将常压接近沸点的热提溴废液引入负压器内。利用压力差，将提溴废

液急速沸腾汽化。此法既能把氯、溴驱除，又能汽化部分水分，废液热量得到部分回收。负压器的真空由混合冷凝器用水冷却得到。器内真空度越大，效果愈佳。此法设备较复杂，并把腐蚀性介质集中在负压器内，因此防腐措施要加强。

（2）氯化镁生产工艺原理　氯化镁生产原理可由 $MgCl_2$-H_2O 体系相图（图10-43）清楚说明。

常温时原料卤组成点 M（约含 $MgCl_2$ 30%，25℃），因高浓度溶液的 $MgCl_2$ 饱和蒸气压很低，在常温下自然蒸发速度很慢，生产上多采用高温沸腾蒸发。控制终止沸点163～180℃时，冷却后得到含 $MgCl_2$ 45%～50%的产品。在 $MgCl_2$-H_2O 体系的相图上，其具体过程是：体系点 $M \rightarrow M_1$ 点是卤水的升温过程，到 M_1 点卤水开始沸腾并蒸发水分。随着浓度的提高，卤水的沸点也不断升高，体系点由 M_1 沿曲线 $M_1 M_2$ 向点 M_2 移动，到达点 M_2 后

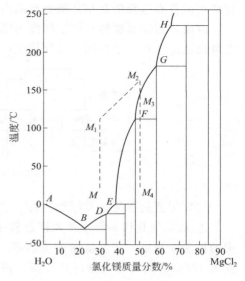

图10-43　$MgCl_2$-H_2O 体系相图

（沸点约为170℃），停止蒸发，将蒸发完成液进行冷却。当温度降到 M_3 点（约为152℃）时，开始有 $MgCl_2 \cdot 4H_2O$ 结晶析出。继续冷却降温，此时液相点沿 $M_3 F$ 线向 F 点移动，在此过程中只有 $MgCl_2 \cdot 4H_2O$ 析出。当体系点到达 F 点时，$MgCl_2 \cdot 6H_2O$ 饱和。继续冷却，此时原析出的部分 $MgCl_2 \cdot 4H_2O$ 转溶成 $MgCl_2 \cdot 6H_2O$ 晶体析出。未转化完的 $MgCl_2 \cdot 4H_2O$ 全部凝固，此时固相为 $MgCl_2 \cdot 4H_2O$ 和 $MgCl_2 \cdot 6H_2O$ 的混合晶体。继续冷却，固相组成不变，只是温度不断降低，直至冷却到常温。体系点由 F 点降到 M_4 点。

常压蒸至163℃所得产品中氯化镁含量为47%左右；蒸发至180℃时，产品中氯化镁含量为50%左右。当终止温度高于180℃，易发生水解反应：

$$MgCl_2 + H_2O \Longrightarrow Mg(OH)Cl + HCl\uparrow$$

既影响产品质量，又因为产生大量盐酸而严重腐蚀设备。如终止温度低于150℃，完成液冷却到常温时不能全部冷凝，给生产带来困难。目前各盐化厂普遍采用蒸发罐真空蒸发浓缩。如常压蒸发生产45%的氯化镁产品时，控制终止温度为163℃，而在不同真空度下蒸发对应的终止温度见表10-70。

表10-70　氯化镁生产中蒸发真空度与终止温度的关系

真空度/kPa	终止温度/℃	真空度/kPa	终止温度/℃
82.7	121.05	66.7	134.7
80.0	124.22	64.0	136.42
77.3	128.37	61.3	138.11
74.7	127.7	58.7	139.62
72.0	130.83	56.0	141.10
69.3	132.86	0	163

（3）氯化镁生产工艺流程　以海盐苦卤为原料的工业氯化镁的生产工艺，均为以制溴废液为原料，经高温蒸发浓缩、冷却成型等工序的工艺技术。各盐化厂的工艺基本相似，只是在蒸发器和冷却成型设备的选型有所不同。蒸发器形式有升膜、降膜和强制循环蒸发器；冷

却成型设备有造粒塔和制片机。产品由所选冷却成型设备而分为粒状和片状两种。

　　以淡化浓缩水提钾后的浓厚卤为原料，提取氯化镁的生产工艺与以海盐苦卤为原料的工业氯化镁的生产工艺相同。氯化镁生产工艺流程见图 10-44。

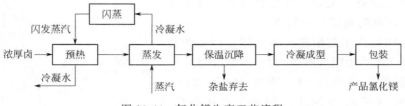

图 10-44　氯化镁生产工艺流程

　　(4) 工艺流程简述及过程分析

　　① 粒状氯化镁　海水提取钾过程中副产的浓厚卤提溴后经泵连续送入高位槽，高位槽中的提溴废液以一定流量加入预热器，与蒸发冷凝水在闪发器得到的表压为 0.15MPa、温度为 126℃的闪发蒸汽进行热交换，将提溴废液预热至 85℃，进入真空降膜蒸发器进行蒸发。降膜蒸发器加热蒸汽表压为 0.45MPa，使料液保持 130℃，蒸发出来的水蒸气被混合冷凝器中的海水所冷凝，使蒸发器造成负压，真空度为 0.07MPa。当料液中氯化镁含量达到 44.7% 时，将蒸发完成液连续以一定流量排入设置有蒸汽夹套保温的搅拌喂料槽中，再从喂料槽下部排入恒定器，保持 124℃，经恒定器依靠液位差进入造粒塔底喷嘴，当达到喷嘴的出口周边时，立即被引风机在喷嘴的风环间造成的高速空气冲击成液滴，混杂在气流中，进入造粒塔内，上升到塔内的液滴大小不等，速度不同，随气流的扩散，在不同高度降落，降落过程中，又遇到从塔底小风孔吸入的冷空气二次冷却后落于塔底，由刮料器刮落到料斗，经皮带机输送去包装，产品一般在塔内温度下降到 60℃左右，产品粒度 0.5~4mm。

　　② 片状氯化镁　浓厚卤提溴后经泵送入高位槽，高位槽中的提溴废液以一定流量加入预热器，与蒸发冷凝水在闪发器得到的表压为 0.15MPa、温度为 126℃的闪发蒸汽进行热交换，将提溴废液预热至 85℃，进入单效强制循环蒸发器，蒸发在负压条件下进行，真空度为 66.7kPa，蒸发终止沸点为 132℃。加热介质为饱和蒸汽，蒸汽压力不宜高于表压 0.6MPa。蒸发完成液排入有蒸汽夹套保温的保温储槽，蒸发过程中析出的盐类沉在锥底定时排出。上层清液温度不低于 120℃，否则易凝固堵塞管路，控制一定流量进入内部用水冷却的滚筒制片机，经刮刀得片状物，再经破碎、包装即得产品。卤片厚度为 1~1.5mm。

10.5.2.5　案例——某地 5 万吨/年粒状氯化镁生产装置

　　(1) 氯化镁生产设备　5 万吨/年粒状氯化镁生产设备见表 10-71。

表 10-71　5 万吨/年粒状氯化镁生产设备一览表

序号	设备名称	规格型号	单位	数量	功率/kW
1	海水泵	12SH-12	台	2	40
2	自引罐	φ1500	台	2	
3	高位槽	4000mm×2500mm	台	1	
4	打卤泵	2PW	台	2	13
5	自引罐	φ1000	台	2	
6	预热器	φ650mm×3000mm	台	1	

续表

序号	设备名称	规格型号	单位	数量	功率/kW
7	蒸发罐	$\phi 2600mm \times 6900mm$	套	1	
8	循环泵	14TSH-28	台	1	75
9	疏水器	$\phi 1200mm$	台	1	
10	闪发器	$\phi 1000mm$	台	1	
11	混合冷凝器	$\phi 1000mm$	台	1	
12	冷凝水泵	6BA-12	台	1	15
13	冷凝水池	$4000mm \times 4000mm$	座	1	
14	造粒塔	$\phi 4500mm \times 15000mm$	台	1	7.5
15	引风机	Y5-47-10.8D	台	1	55
16	除尘器		台	1	
17	螺旋输送机	$\phi 245mm \times 3100mm$	台	1	7.5
18	皮带机	$B=500mm$，$L=32000mm$	台	1	15
19	皮带机	$B=500mm$，$L=29000mm$	台	1	15
20	料仓	$\phi 1500mm \times 2500mm$	台	1	
21	包装机	GK8-4	台	1	3.3
22	合计			25	

（2）氯化镁生产原材料、辅助材料和燃料、动力消耗　见表 10-72。

表 10-72　5 万吨/年粒状氯化镁生产消耗定额一览

序号	项目名称		单位	消耗定额
1	原材料	制溴废液	m^3	1.2
2	燃料、动力	蒸汽	t	0.8
		电	kW·h	16
3	包装物		个	20

10.5.3　浓海水提取硫酸镁[62~66]

10.5.3.1　硫酸镁性状、用途

硫酸镁通常泛指七水硫酸镁，是格莱茹（N. Greru）于 1695 年在蒸发来自英国 Epsom 的矿泉水时发现的，故名 Epsom salt。属斜方晶系，为四角粒状或菱形晶体，无色、透明，集合体为白色、玫瑰色或绿色玻璃光泽。形状有纤维状、针状、粒状或粉末。无臭，清凉，有苦咸味，相对密度 1.67～1.71。易溶于水，慢溶于甘油，微溶于乙醇，水溶液呈中性，在 48.1℃ 以下的潮湿空气中稳定，在温热干燥空气中易风化，高于 48.1℃ 时，失去 1 个结晶水，成为六水硫酸镁，在 67.5℃ 时，溶于自身结晶水，同时析出一水硫酸镁，在 70～80℃ 时，失去 4 个结晶水，100℃ 时失去 5 个结晶水，在 150℃ 时失去 6 个结晶水，在 200℃ 时失去全部结晶水，成为粉状无水硫酸镁，脱水物放置于潮湿的空气中能重新吸收水分。

硫酸镁是一种重要的无机化工产品，用途十分广泛。在医药中，用于调配防护药膏、泻剂、镇痛剂、解毒剂，可加工成抗惊厥药、麦白霉素、乙酰螺旋霉素、肌酐、三硅酸镁、灰黄霉素、盐霉素、霉菌素、妥布霉素、肾炎康、赤霉素、硫酸卷霉素等。在微生物工业中用作培养基成分、酿造用添加剂、发酵时的营养源；在轻工业中用于生产鲜酵母、味精、饮

料、矿泉水、保健盐、海水晶、沐浴康、"波顿"型啤酒和牙膏生产中的磷酸氢钙的稳定剂；在食品添加剂中用作营养增补剂、固化剂、增味剂、加工助剂；在化学工业中用于制造硬脂酸镁、磷酸氢镁、氧化镁等其他镁盐和硫酸钾、硫酸钠等其他硫酸盐；在印染工业中用作抗碱剂，用于印染细薄的棉布、丝，也作为棉、丝的加重剂，也可作木棉制品的填料和用于人造丝的生产；在制革工业中用作填充剂增强耐热性；在电镀工业中用作导电盐，在镀镍镀液中加入后能使镀液有较好的导电性能，使镀层白而柔软；用作炼铝添加剂，使铝表面着色；用作饲料添加剂、水泥的助凝剂；在防火材料方面用作丙烯酸酯树脂、环氧树脂、不饱和聚酯和聚氨酯等的阻燃剂；在农业上用作肥料，在造纸工业中也有应用，在环保上用于工业污水处理。根据其用途的不同，分为试剂级、医药级、食品级、饲料级、工业级、肥料级等规格。

10.5.3.2 硫酸镁的生产方法

（1）苦卤复晒法　海水生产氯化钠的盐田苦卤中氯化钠是饱和的，而硫酸镁是不饱和的，当温度降低到 5℃ 时，便开始有 $MgSO_4 \cdot 7H_2O$ 和 NaCl 一起析出。在工业上先将苦卤在复晒池中复晒到相对密度为 $1126 \sim 11296g/cm^3$（即 $30 \sim 33°Bé$）析出 NaCl，再将上部苦卤排入卤坑中，借助冬季严寒，使 $MgSO_4 \cdot 7H_2O$ 析出，得到粗制七水硫酸镁，其产品杂盐（NaCl）含量较高、产品质量差，采用水洗法或重结晶法提纯可制得七水硫酸镁，其工艺流程如图 10-45 所示。该法成本较高，目前大多将所得粗制七水硫酸镁在高温下脱水为一水硫酸镁，作肥料用。

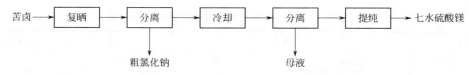

图 10-45　苦卤复晒法生产七水硫酸镁流程

（2）高温盐溶浸法　海水日晒苦卤用兑卤法蒸发生产氯化钾时产出高温盐，其组成为 $MgSO_4 > 30\%$，$NaCl < 35\%$，$MgCl_2$ 约为 7%，KCl 约为 0.15%。用 $MgCl_2$ $360 \sim 380g/L$ 和淡水 1:1 混合，配制成含 200 g/L 左右的 $MgCl_2$ 溶液在 48℃ 左右溶浸。由于 NaCl 溶解很少，而 $MgSO_4$ 溶解较多，保温澄清后，溶液与未溶解的高温盐分离后，再冷却到 10℃ 以下即可析出七水硫酸镁。其工艺流程见图 10-46。该法成本较高，采用者较少。

图 10-46　高温盐溶浸法生产七水硫酸镁流程

10.5.4　浓海水提取氢氧化镁[67~77]

10.5.4.1　氢氧化镁性质、用途

氢氧化镁为白色晶体或粉末。水溶液呈碱性。相对分子质量 58.32，密度 $2.36g/cm^3$。溶于稀酸和铵盐溶液，几乎不溶于水和醇。在水中的溶解度（18℃）为 0.0009g/100g。易吸收空气中的二氧化碳。在碱性溶液中加热到 200℃ 以上时变成六方晶系结晶。在 350℃ 分解而成氧化镁和水。高于 500℃ 时失去水转变为氧化镁。沸水中碳酸镁可转变为溶解性更差

的氢氧化镁。粒径 $1.5 \sim 2 \mu m$，白度≥95。氢氧化镁广泛用作塑料、橡胶等高分子材料的优良阻燃剂和填充剂；在环保方面作为烟道气脱硫剂，可代替烧碱和石灰作为含酸废水的中和剂；用作油品添加剂，起到防腐和脱硫作用；用于保温材料以及制造其他镁盐产品。

10.5.4.2 氢氧化镁技术标准

工业氢氧化镁行业标准 HG/T 3607—2007，见表 10-73。

表 10-73 工业氢氧化镁行业标准

项目		指标				
		I 类	II 类		III 类	
			一等品	合格品	一等品	合格品
氢氧化镁 $[Mg(OH)_2]$ 质量分数/%	≥	97.5	64.0	93.0	93.0	92.0
氧化钙（CaO）质量分数/%	≤	0.10	0.05	0.1	0.5	1.0
盐酸不溶物质量分数/%	≤	0.10	0.2	0.5	2.0	2.5
水分/%	≤	0.5	2.0	2.5	2.0	2.5
氧化物（以 Cl^- 计）质量分数/%	≤	0.10	0.4	0.5	0.4	0.5
铁（Fe）质量分数/%	≤	0.005	0.02	0.05	0.2	0.3
筛余物质量分数（$75\mu m$ 试验筛）/%	≤	—	0.02			1.0
灼烧失量/%	≥	30.0	—	—	—	—

10.5.4.3 氢氧化镁生产方法

目前氢氧化镁产品的制备主要通过以下两种途径：一是利用天然水镁石资源，经精制制取；二是由含镁原料通过反应转化法而制得，常用的含镁原料主要是菱苦土、海水、卤水、卤片、制溴废液以及硫酸镁等。反应转化法又分为两种：一种是由轻质氧化镁水合制得；另一种是以卤水或可溶性镁盐与碱类物质沉淀制得，按碱种类的不同，可分为氢氧化钙法、氨法和氢氧化钠法。

（1）氢氧化钙法 氢氧化钙法又称石灰乳法，为传统的制备方法。将石灰石煅烧后生成 CaO，经消化得 $Ca(OH)_2$，与卤水中的氯化镁反应而制得 $Mg(OH)_2$。反应式为：

$$Mg^{2+} + Ca(OH)_2 === Mg(OH)_2\downarrow + Ca^{2+}$$

该法的优点是原料易得，生产工艺简单。但由于产品粒度小（可达 $0.5\mu m$ 以下），聚附倾向大，难于沉降、过滤及洗涤，并且易吸附杂质，产品纯度低，主要用于产品纯度要求不高的烟气脱硫和酸性废水中和等。典型的卤水-石灰乳法的工艺流程如图 10-47 所示。

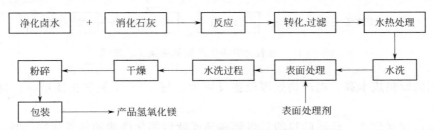

图 10-47 卤水-石灰乳法生产氢氧化镁工艺流程

（2）氨法 氨法是生产氢氧化镁的一种重要方法，以氨水为沉淀剂，反应式为：

$$Mg^{2+} + 2NH_3 \cdot 2H_2O === Mg(OH)_2\downarrow + 2NH_4^+$$

由于氨水的碱性弱，并且由于 NH_4^+ 会使 $Mg(OH)_2$ 的溶解度加大，因而反应过程易于控制，可制得高纯微细的氢氧化镁产品，也可生产大晶粒易洗涤的产品，适用于制备医药、化学试剂以及电子级氢氧化镁等高纯度产品。此法也有缺点：氨水的利用率低，生产成本高，并且由于氨水的挥发易造成环境污染。此法是国内生产氢氧化镁普遍采用的方法，最近几年对该制备工艺进行了改进，主要有一步法和连续沉淀法两种。

① 一步法　此法的工艺特点是将沉淀反应、水热处理、表面处理一步完成，缩短了工艺流程，设备投资少，成本低，产品的性能也较传统方法有较大提高。该法特别适用于浓度较高的卤水，尤其是镁含量在 30g/L 左右的卤水。一步法生产氢氧化镁工艺流程见图 10-48。

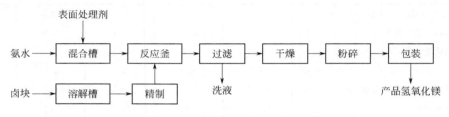

图 10-48　一步法生产氢氧化镁工艺流程

② 连续沉淀法　此法是采用卤水-氨连续沉淀制取氢氧化镁的方法，是对传统方法的改进。该工艺的进料浓度较高，同时保持相对低的过饱和度，体系中始终有定量的品种存在，而且可以调节物料在反应器内的滞留时间。原料利用率高，反应时间短，设备投资少，生产的产品稳定性好，不失为制备氢氧化镁的一种好方法。

（3）氢氧化钠法　此法是以氢氧化钠为沉淀剂，反应式为：

$$Mg^{2+} + 2NaOH \Longrightarrow Mg(OH)_2\downarrow + 2Na^+$$

该法典型的生产工艺如图 10-49 所示。生产过程中通过控制氢氧化钠的加入速度可以得到不同粒度分布的产品，且纯度较高。但由于氢氧化钠是强碱，如果条件控制不当会生成胶体沉淀，粒径偏小，不但给产品性能的控制和过滤带来困难，而且易带入较多的 Na^+ 和 Cl^-，因此该法对生产条件要求较为严格。

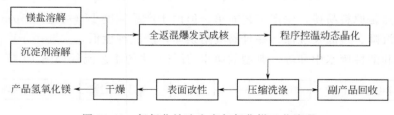

图 10-49　氢氧化钠法生产氢氧化镁工艺流程

该工艺的原料成本高，副产物处理设备投资大，每生产 1t 氢氧化镁产品，将副产近 2t 的氯化钠。

（4）氧化镁水化法　此法的目的是得到高纯或特殊物化性能的氢氧化镁产品，氧化镁要求必须是轻质氧化镁，否则不易实现。

（5）两种生产氢氧化镁的新方法

① 单纯氯化镁法　此法是直接用可溶性镁盐煅烧，反应方程式如下：

$$MgCl_2 + 6H_2O \xrightarrow{\text{高温煅烧}} 2HCl\uparrow + 4H_2O\uparrow + Mg(OH)_2\downarrow$$

该法工艺简单，无其他辅助材料，原料利用率高，是一种生产氢氧化镁的新方法。

② 硫氢化钡法　此法是用硫氢化钡和氯化镁反应，方程式如下：

$$MgCl_2 + Ba(SH)_2 + 2H_2O \longrightarrow Mg(OH)_2\downarrow + BaCl_2 + 2H_2S\uparrow$$

该法制得的氢氧化镁产品纯度高，粒度均匀，可用于生产质量要求较高的高纯氢氧化镁产品，存在的主要缺点是形成的氢氧化镁颗粒小，过滤洗涤困难，且 H_2S 和 $BaCl_2$ 均有毒，会造成环境污染。

10.5.5　浓海水提取镁砂[78~93]

10.5.5.1　镁砂的性状、用途

镁砂（MgO）是由菱镁矿、水镁矿或从海水中提取的氢氧化镁高温处理达到烧结程度的产物统称。镁砂是耐火材料最重要的原料之一，用于制造各种镁砖、镁铝砖、捣打料、补炉料等。

镁砂依纯度可分为高纯镁砂、中档镁砂和一般镁砂。其中，高纯镁砂是选用天然特级菱镁矿石浮选提纯，经轻烧、细磨、压球、超高温油竖窑煅烧而成，MgO 含量大于 97%，是制砖等耐火材料的优质原料；中档镁砂是以轻烧氧化镁为原料，经压球、高温竖窑煅烧等工艺生产而成，MgO 含量为 90%~95%，是生产中档镁质耐火制品的优质原料。

10.5.5.2　镁砂的技术标准

烧结镁砂产品标准 GB/T 2273—2007，见表 10-74。

表 10-74　烧结镁砂产品质量标准表

名称	化学成分（质量分数）/%					密度 /(g/cm³) ≥
	MgO	SiO₂ ≤	CaO ≤	LOI（灼减）≤	CaO/SiO₂（摩尔比）≥	
MS98A	98.0	0.3		0.30	3	3.40
MS98B	97.7	0.4		0.30	2	3.35
MS98C	97.5	0.4		0.30	2	3.30
MS97A	97.0	0.6		0.30	2	3.33
MS97B	97.0	0.8		0.30	2	3.28
MS96	96.0	1.5		0.30		3.25
MS95	95.0	2.2	1.8	0.30		3.20
MS94	94.0	3.0	1.8	0.30		3.20
MS92	92.0	4.0	1.8	0.30		3.18
MS90	90.0	4.8	2.5	0.30		3.18
MS88	88.0	4.0	5.0	0.50		
MS87	87.0	7.0	2.0	0.50		3.20
MS84	84.0	9.0	2.0	0.50		3.20
MS83	83.0	5.0	5.0	0.80		

10.5.5.3　生产方法

天然镁砂是采用菱镁矿煅烧而成，矿石中的杂质如 CaO、SiO_2、Fe、B 等燃烧后残存于 MgO 中，这种固相混合物很难分离，因而天然镁砂 MgO 含量一般均在 95％以下，达不到耐火材料等级。而海水镁砂是用石灰乳、氨或 CO_2 与海水中的氯化镁反应而得，这样在液相中进行的反应，可通过化学精制及洗涤等方法清除杂质，保证氢氧化镁的纯度，故海水镁砂的 MgO 含量可达 98％以上，体积密度为 $3.30\sim3.45g/cm^3$。

海水镁砂目前有如下生产方法：

（1）石灰乳法　海水或卤水与 $Ca(OH)_2$ 作用得 $Mg(OH)_2$。但海水直接与 $Ca(OH)_2$ 反应，则生成很细的胶状沉淀，沉淀速度很慢，夹带杂质较多，为纯化需大量水洗涤。如将白云石煅烧后配制石灰乳再与海水作用，杂质含量低而且石灰乳中的 $Mg(OH)_2$ 可起到晶种作用，使反应生成的 $Mg(OH)_2$ 易于沉淀，相应也降低生产成本。$Mg(OH)_2$ 经纯化、轻烧、制球及重烧等工艺制得镁砂。

（2）氨法　氨与海水或卤水反应时的特点是生成的 $Mg(OH)_2$ 结晶度较高，易于过滤和洗涤，过滤母液还可重复使用，或经浓缩可制成 N、P、K、Mg、B 复合肥。其缺点是原料成本高于石灰乳法，镁的回收率也不如石灰乳法。而且海水中 Mg^{2+} 浓度较低，氨耗量大，不易回收而污染海水。$Mg(OH)_2$ 再经纯化、轻烧、制球及重烧等工艺制得镁砂。

（3）碳化法　在高浓度海水或卤水中通入 CO_2，在一定条件下生成碳酸镁，经纯化、轻烧、制球及重烧等工艺制得高纯镁砂。在 CO_2 供应充分的地区和企业（如纯碱厂）可采用此法。由于直接采用海水，海水中 Mg^{2+} 浓度较低，CO_2 耗量大。

10.5.5.4　工艺流程选择

以海水和石灰乳为原料生产海水镁砂，英国、美国和日本生产历史已有五十多年，技术上已成熟可靠。我国从 20 世纪 70 年代即开始从事海水（或卤水）制取镁砂的研究，中国科学院青海盐湖研究所、洛阳耐火材料研究所等研究单位做了大量的研究工作，取得了一定进展。

（1）高纯镁砂生产工艺　目前海水镁砂生产方法基本均采用白云石煅烧后生成 CaO 和 MgO，再经加水消化后得 $Ca(OH)_2$ 和 $Mg(OH)_2$。海水经预处理除去夹带物后，在反应槽中进行反应。一般分两步，在反应槽 I 中加入总量 80％的 $Ca(OH)_2$，反应槽 II 加入 20％的 $Ca(OH)_2$，反应后生成的 $Mg(OH)_2$ 经沉降、洗涤、过滤脱水后得到 $Mg(OH)_2$ 滤饼，再经 900℃轻烧后得到活性 MgO。活性 MgO 经粉碎、压球后在煅烧炉中经 2000℃以上的重烧（又称死烧），即得到高纯海水镁砂。高纯镁砂生产工艺流程如图 10-50 所示。

（2）中档镁砂生产工艺　工业石灰经加水消化后得 $Ca(OH)_2$，在反应槽中与海水反应，生成的 $Mg(OH)_2$ 经沉降、洗涤、过滤后得 $Mg(OH)_2$ 滤饼，再经 900℃轻烧后得 MgO。MgO 经粉碎、压球后在煅烧炉中经 1500℃重烧，即得到中档海水镁砂。中档镁砂生产工艺流程如图 10-51 所示。

我国以海水、盐湖卤水等液体矿为原料生产高纯镁砂的研究已取得显著进展。近年来，通过消化和引进国外先进技术和先进设备，镁砂质量取得较大提高，可生产达到国际标准（MgO 含量大于 98％）的高纯镁砂，但产品质量与进口产品还有一定差距，不能满足生产高品质钢的需要。

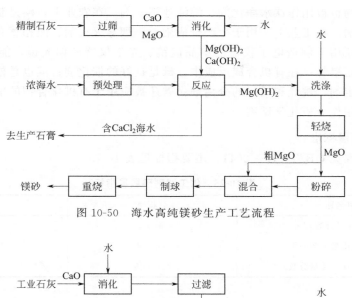

图 10-50 海水高纯镁砂生产工艺流程

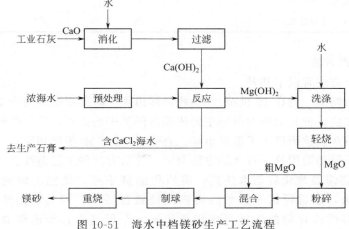

图 10-51 海水中档镁砂生产工艺流程

10.6 其他有价值物质的利用

10.6.1 浓海水提取碘[94~100]

10.6.1.1 碘的性状、用途

碘为紫黑色鳞晶或片晶，有金属光泽。性脆，易升华，蒸气呈紫色，有辛辣的刺激味。碘对光的吸收带在可见光谱的中间部分，故透射的光只是红色和紫色。碘微溶于水，溶解度随温度升高而增加，不形成水合物；难溶于硫酸；易溶于有机溶剂；在不饱和烃、甲醇、乙醇、乙醚、丙酮中呈褐色，在苯、甲苯、二甲苯、溴乙烷中呈褐红色，在氯仿、石油醚、二硫化碳或四氯化碳中呈美丽的紫色；碘也易溶于氯化物、溴化物及其他盐溶液，更易溶于碘化物溶液，形成多碘离子。水微溶于液碘。液碘是一种良好溶剂，可溶解硫、硒、铁和碱金属碘化物，铝、锡、钛等金属的碘化物及许多有机化合物。碘具有特殊刺激味，有毒，对金属有腐蚀性。

碘是制造无机和有机碘化物的基本原料。主要用于医药卫生方面，用以制造各种碘制剂、杀菌剂、消毒剂、脱臭剂、镇痛剂、放射性物质的解毒剂，碘是人体合成甲状腺激素的重要原料；碘化物也被用作饮水净化剂、游泳池消毒剂。在农业上，碘是制农药的原料，也是家畜饲料添加剂。在工业上，用于生产合成染料、烟雾灭火剂、照相感光乳剂、切削油乳剂的抑菌剂等，还用于制造电子仪器的单晶棱镜、光学仪器的偏光镜，能透过红外线的玻璃、皮革及特种肥皂等；在有机合成反应中，碘是良好的催化剂；碘也是松香、妥尔油及其他木材制品的稳定剂，烷烃和烯烃的分离剂；碘还被应用于有机化合物的甲基化、异构化和脱氢反应。碘还用作分析化学试剂。

10.6.1.2　碘的质量标准

碘的质量标准见 GB/T 675—2011，主要指标见表 10-75。

表 10-75　化工试剂碘质量指标

项目名称	分析纯	化学纯
I_2 含量（质量分数）/%	≥99.8	≥99.5
蒸发残渣（质量分数）/%	≤0.005	≤0.02
氯及溴（以 Cl^- 计，质量分数）/%	≤0.005	≤0.01

10.6.1.3　碘的生产方法

碘的主要生产方法有以下几种。

（1）海藻灰法制碘　约在 19 世纪 30 年代，即出现了海藻灰制碘的小型工业。在智利硝石矿床发现碘源之前，世界上碘的供应主要依赖海藻灰中的碘源。日本当时曾作为一个主要生产国，应用海藻灰制碘而进入了世界市场。直到 20 世纪 50 年代初期，一些沿海国家如法国、爱尔兰、英国等仍沿用这一古老的方法制碘。此法有两种工艺路线。

① 蒸馏法　将海藻焚化后与水共热，将所得滤液浓缩，使钠、钾的氯化物与碳酸盐和硫酸盐结晶出来，然后再置于铅盖的铸铁或硅铁容器中，用二氧化锰和硫酸的氧化性混合物处理含可溶性碘化物的浓缩母液以析出碘。至母液不再析出碘时，再加入少量二氧化锰处理使碘充分析出。1t 海藻可得约 5kg 碘，碘的回收率约为 50%。涉及的主要反应是：

$$2NaI+MnO_2+3H_2SO_4 \longrightarrow MnSO_4+2NaHSO_4+I_2+2H_2O$$

② 析出法　先将母液用硫酸酸化，然后通入氯气，使氧化后生成的碘在液相中析出。涉及的反应是：

$$2I^-+Cl_2 \longrightarrow I_2+2Cl^-$$

绝大部分的碘以固体析出，过滤分离而得到碘。

应用此法，必须控制氯的用量，如通氯气不足，因发生反应：

$$I_2+I^- \longrightarrow I_3^-$$

而使相当部分的碘溶于液相中，导致碘的析出不完全。

若通氯过量，则可进一步将碘氧化，发生以下的副反应，也影响到碘的产率：

$$I_2+5Cl_2+6H_2O \longrightarrow 2IO_3^-+10Cl^-+12H^+$$

$$I_2+Cl_2 \cdot 2Cl^- \longrightarrow 2ICl_2^-$$

（2）海带或马尾藻制碘　我国山东、辽宁、江苏、浙江等地，多年来一直在利用海带为主要原料制碘；而福建、广东、广西等地，则是利用马尾藻制碘。干品海带中一般含碘量约为 0.5%；马尾藻的干品含碘量约为 0.1%。海带或马尾藻制碘的操作方法和程序是，将海带或马尾藻用水浸泡，取浸泡液，加碱调至 pH 值为 10～12。经沉降，滤去纤维质、蛋白质等不溶性残渣，滤液进行酸化。然后用适量的氯气进行部分氧化，使碘离子转变成 I_3^-，再通过季铵型强碱性阴离子交换树脂进行交换、吸着，通入亚硫酸盐的溶液使载 I_3^- 的树脂解吸，解吸液经氯酸钾氧化便可得到粗碘。粗碘的纯化方法是，将粗碘加到浓硫酸中，由于发热使碘融化、脱水并同时除去杂质，使碘层分离、冷却后经洗涤即可得到纯度较高的固体碘。

用海带等褐藻类的浸泡液制碘，虽然已经和提取甘露醇、褐藻胶等产品组合，但由于养殖海带和收集马尾藻所需费用较高，致使碘的成本高昂，又因海带是优良营养价值的食品，海带制碘只能是过渡性的一种办法。

(3) 硝石加工后的母液制碘 智利硝石中含有 $0.05\%\sim0.1\%$ 的碘，以碘酸钠和碘酸钙的形式存在。1868 年从智利硝石加工后制取硝酸钾的母液中提碘获得成功后，在一段较长的岁月中，世界市场上的碘，大部分来自智利。其加工的方法是，先用硫酸处理硝石母液产生碘酸，然后再用亚硫酸还原而得到碘。反应实际是分步进行的，即亚硫酸先还原碘酸使之成为碘化氢。

$$3SO_3^{2-} + IO_3^- \longrightarrow I^- + 3SO_4^{2-}$$

I^- 又被碘酸氧化成碘：

$$IO_3^- + 6H^+ + 5I^- \longrightarrow 3I_2 + 3H_2O$$

(4) 海水提碘 海水提碘是从海水中提取元素碘的技术。海洋水体蕴藏的碘极为丰富，总数估计达 800 亿吨，世界上有许多国家从事海水提碘的研究。20 世纪 70 年代末，中国提出"离子-共价"的概念，研究成功 JA-2 型吸着剂，可直接从海水中提碘和溴；此后发展了液-固分配等富集方法，亦可直接从海水中提取碘。但是，由于海水中碘的浓度仅有 0.06mg/L，目前从海水中直接提碘还不具备经济性。

利用晒盐后的卤水也可制取碘，所采用的方法有活性炭吸附法、淀粉吸附法、硝酸银或硫酸铜沉淀法、离子交换树脂法等。

10.6.2 浓海水提取锂[101~136]

10.6.2.1 锂的性状、用途

锂是自然界中最轻的银白色金属，具有极强的电化学活性。自然界中的锂资源主要储存于花岗伟晶岩型矿床、盐湖卤水、海水及地热水，已查明的全球锂资源超过 1350 万吨［以金属锂计，数据源于美国地质勘探局（United States Geological Survey，简称 USGS）2015年 1 月出版的年报］。其中，澳大利亚、智利和中国的储量占总储量的 90% 以上。据统计，盐湖卤水锂资源储量约占锂资源总量的 70%～80%。因此，盐湖卤水提锂已成为目前锂盐生产的主攻方向。随着锂工业生产技术的发展，锂资源的开发利用格局逐渐发生变化。20世纪 70 年代，锂辉石开始替代锂云母成为最主要的开采对象；近年来，盐湖锂资源又逐渐替代锂辉石一跃成为锂工业生产的主要原料，智利的阿塔卡马盐湖、美国的西尔斯湖和银峰湖地下卤水、阿根廷盐湖已形成较强的生产能力。目前，全球以卤水为原料生产的锂盐产品（以碳酸锂计）已占锂产品总量的 85% 以上。依据 USGS 报道可知 2006—2011 年全球主要生产国（美国除外）及世界的锂产量情况（如表 10-76 所示）。随着锂的消费量逐年攀升，来自矿石和盐湖的锂资源总量已不能满足市场对锂的远景需求。为陆地锂资源总量万余倍的海洋锂资源（约为 2600 亿吨）越来越引起人们的关注，未来将成为开发的主导已逐渐形成共识。目前在海水提锂方面取得显著进展的主要包括美国、日本、韩国等发达国家。

表 10-76　全球主要生产国（美国除外）及世界的锂产量　　　　单位：t

国别	2006 年	2007 年	2008 年	2009 年	2010 年	2011 年
阿根廷	2900	3000	3170	2220	2950	2950
澳大利亚	5500	6910	6280	6280	9260	12500
巴西	242	180	160	160	160	320
加拿大	707	707	690	310		
智利	8200	11100	10600	5620	10510	12900
中国	2820	3010	3290	3760	3950	4140
葡萄牙	320	570	700		800	820
津巴布韦	2200	300	500	400	470	470
世界	23500	25800	25400	18800	28100	34100

锂及其化合物是国民经济和国防建设中具有重要意义的战略物资，也是与人们生活息息相关的新型绿色能源材料，广泛用于各个行业。在玻璃、陶瓷、润滑剂、制冷剂、冶金、制药和化学试剂等传统领域，锂及其化合物一直被广泛应用，素有"工业味精"之称。在合金领域，锂被誉为"明天的宇航合金"——当铝中含锂 2%～4%时，可使合金强度提高 10%，但质量却减少 15%～20%。飞机如采用铝锂合金作为主要结构材料，在消耗等量燃料的条件下可提高运输能力 20%以上。因此，Al-Li 合金被列为航天、航空领域最具应用优势与发展潜力的材料。锂是电位最负（-3.043V）的金属，在能源领域誉有"21 世纪能源金属"的美称。自 2007 年以来，电池和蓄电池已成为锂的重要应用领域。当前，便携式计算机和移动通信工具已成为应用锂离子电池的主要领域，伴随混合动力车市场的不断增长，锂离子蓄电池将使锂的需求量急剧增长；同时，可控核聚变被认为是人类利用核裂变能之后更高阶段的发展，是更清洁、更安全的能源，而锂及其化合物在可控核聚变中扮演着重要角色，被认为是其作为能源金属最大和最长远的应用。

10.6.2.2　浓海水提取锂的方法

在海水中锂的含量为 0.17mg/L，且与钠、镁等共存，提取技术难度较大，许多国家从事海水提锂技术研究。由于盐湖卤水与海水均为复杂电解质溶液，涉及的提取技术和方法类似。盐湖卤水与海水提锂技术方法主要有蒸发结晶分离法、盐析法、选择性半透膜法、煅烧浸取法、沉淀法、溶剂萃取法、离子交换与吸附法等。其中，沉淀法是当前用于盐湖卤水提锂的主要方法；溶剂萃取法和离子交换与吸附法则是盐湖卤水与海水提锂最具发展前景的方法，特别是离子交换与吸附法。

（1）蒸发结晶分离法　为实现卤水资源的综合利用，可结合其他提取工艺采用系列蒸发结晶过程，从卤水中分别提取钠、钾、硼、溴等组分，最后从母液中获取锂。其关键是除去母液中的钙、镁。传统方法是用烧碱除镁，然后将溶液稀释至氯化锂浓度小于 13.8g/L，再加入纯碱沉淀钙，最后用纯碱从浓缩母液中沉淀获取碳酸锂。由于该法蒸发量大，并需要消耗大量烧碱和纯碱，致使锂盐产品成本较高。

（2）盐析法　由于 LiCl 和 MgCl₂ 在 HCl 水溶液中溶解度的不同，可用 HCl 盐析卤水中的 MgCl₂ 而提取 LiCl，因此亦称氯化氢盐析法。该法需先对卤水进行提硼处理，母液经蒸发冷却得到含锂 6%～7%的浓缩卤水，才能进行盐析，而且处理过程需在封闭条件下进行，锂的回收率也不高，致使盐析法并没有得到实际应用。

（3）选择性半透膜法　选择性半透膜法是一种新的盐湖提锂方法，是将含锂的盐湖卤水蒸发后，通过一级或多级电渗析器，利用一价选择性离子交换膜进行循环浓缩锂，获得富锂低镁卤水，再经深度除杂、精制浓缩等过程便可获得制取 Li_2CO_3 或 LiCl 所需的原料。该法锂的回收率高于 80%，多价阴阳离子的脱除率不低于 95%，已被青海锂业有限公司用于生产碳酸锂。

（4）煅烧浸取法　通过改进传统煅烧法，将提硼后的卤水蒸发得到老卤，然后加入沉淀剂使 Mg^{2+}、Li^+ 分别以氢氧化物、碳酸盐、磷酸盐或草酸盐形式沉淀出来，再经煅烧分解、碳化或碳酸化作用，使 Li^+ 溶入溶液、Mg^{2+} 仍然保存在沉淀中，从而实现镁锂分离。其中，煅烧后的氧化镁渣经精制可制得副产品——纯度 98.5% 的氧化镁。该法原料消耗少，锂收率较高（90%左右），氧化镁作为副产品得到综合利用，但也存在蒸发水量较大、设备腐蚀严重、镁的利用使流程复杂等不足。

（5）沉淀法　沉淀法是将卤水进行适当浓缩及脱硼、除钙、除镁后，加入沉淀剂获得锂产物，可细分为碳酸盐沉淀、铝酸盐沉淀、硫酸盐沉淀、碳化沉淀、磷酸盐共沉淀、硼镁/锂共沉淀、水合硫酸锂结晶沉淀、铝盐沉淀等方法。碳酸盐沉淀法是最早研究并已在工业上应用的方法，工艺技术成熟，成本较低，可靠性高，适用于低镁锂比的盐湖卤水（如美国西尔斯湖银峰锂矿和智利 Atacama 盐湖）提锂；铝酸盐沉淀法存在淡水消耗大、碳化液及焙烧浸取液蒸发能耗高、碳酸钠消耗多等不足，至今尚未实现工业化应用；硫酸盐沉淀法较为适合于低镁锂比的硫酸盐型盐湖卤水，不需外加化学原料，关键是要获得两种不同组成的卤水（由氯化钾、光卤石和硫酸锂饱和的卤水，水氯镁石饱和的卤水）；碳化沉淀法是依据碳酸锂和二氧化碳、水反应生成溶解度较大的碳酸氢锂，从而将卤水中的锂与其他元素分离的方法，生产成本较低，锂的收率较高，但其只适合低镁锂比的碳酸盐型盐湖；磷酸盐共沉淀法是以磷酸铵镁共沉淀锂和镁，消耗原料多，产品纯度仅为 50%，尤其适用于含 20%～30% $MgCl_2$ 和 6%～12% $CaCl_2$ 及 $(20\sim40)\times10^{-6}$ Li^+ 的死海卤水；硼镁共沉淀法和硼锂共沉淀法是通过外加碱（如氢氧化物、纯碱等）或酸使硼镁共沉淀而与锂分离，锂回收率可分别达 80%～90% 和 75%～85%，适于从高镁锂比盐湖卤水中进行锂、镁、硼的分离和碳酸锂的制取，分离工序简单，效率较高。

（6）溶剂萃取法　溶剂萃取法是从低品位卤水中提取锂较为有效的方法，但目前多处于实验研究阶段。萃取剂多为含磷有机萃取剂、胺类萃取剂、双酮、冠醚及混合萃取剂，其中以冠醚类（主要为羧酸冠醚和冠醚磷酸酯类）较受关注，最合适的冠醚环是 14C4（14-冠-4）。该法尤其对镁锂比高的盐湖卤水提锂效果好，在一定程度上可弥补沉淀法的不足；而由于海水中锂的浓度很低（约 0.17mg/L），需要浓缩，目前还不具备实用性。

（7）离子交换与吸附法　离子交换与吸附法是利用对溶液中的锂离子具有选择吸附或交换性的载体来实现锂离子与其他杂质离子的分离。其载体可分为无机系（如复合锑酸型吸附剂、离子筛型氧化物）和有机系（离子交换与吸附树脂）两种。无机系载体较有机系载体对锂离子有更高的记忆性、选择性和吸附性，且生产成本低，既可从稀溶液中提取锂，又可从高镁低锂的盐湖卤水中提取锂。其中，利用锂锰氧化物离子筛提锂因具有原料回收率高、操作简单等优点，被认为是最有应用前景且适用于海水体系的提锂方法。目前在溶液提锂方面，国内外多以该法作为重点，围绕锰基锂离子筛的合成及应用开展了大量研究与探索，并取得了显著进步。该法工艺简单、回收率高，从经济和环保角度极具优势，特别适于从低品位的海水中提锂。

10.6.2.3　浓海水提取锂的应用及发展趋势

基于尖晶石型锰氧化物的锂离子筛，国外学者在其应用方面开展了研究，1998 年日本就开发出流动床和船舶提锂工艺，2004 年 4 月日本佐贺大学海洋能源研究中心的吉冢和治教授等在 30 天内从 14 万升海水中成功提取了约 30g LiCl［纯度约为 90％（质量分数）］，2008 年 Chuang 等开发出一种聚合物膜储液槽，2010 年 2 月韩国国土部和浦项制铁共同投入 300 亿韩元（约 1.8 亿人民币）开始在江陵建设"海水溶存锂资源研究设施和考证成套设施"（图 10-52），该设施的海水提锂规模有望在 2015 年达到 30t/a。

图 10-52　海水提锂分离膜系统

国内在该领域的研究稍晚，但进展显著，且研究主要集中在合成方法、掺杂改性、酸洗制离子筛等方面。其中，河北工业大学在国内较早开展了大量的研发工作，应用于海水提锂实验获得了纯度 99％的碳酸锂产品，海水中锂的提取率达 40％，接近国际同类技术水平。

尖晶石型锂离子筛提锂的研究尽管从全球角度已经取得了显著进展，并正在朝着工业化方向发展，但也还存在一些问题，如：提高粒状吸附剂的强度，减少锰的溶损；开发低动力消耗的提取装备；进行海水提锂工艺的工程化开发等需要不断改进完善。这也是该领域今后的研究热点。

10.6.3　浓海水提取铀[137~151]

10.6.3.1　铀的性状、用途

铀是一种带有银白色光泽的放射性金属。具有很好的延展性，相对密度为 18.95。铀的化学性质很活泼，易与大多数非金属元素发生反应。块状的金属铀暴露在空气中时，表面被氧化层覆盖而失去光泽。粉末状铀于室温下，在空气中，甚至在水中就会自燃。铀有三种同位素，即铀-234、铀-235 和铀-238。其中的铀-234 不会发生核裂变，铀-238 在通常情况下也不会发生核裂变，而铀-235 这种同位素原子可轻易发生核裂变。铀是一种重要的能源物资，对工业、农业、国防和科学技术都有重要意义。由于全球铀矿的储量已不能满足飞速发展的核能工业的需求，由此开发海水铀资源意义重大。

10.6.3.2　铀的生产方法

海水中铀储量约 45 亿吨，但浓度非常低，仅有 3.3μg/L，主要形式是稳定的三碳酸铀酰络离子 $UO_2(CO_3)_3^{4-}$。不同 pH 值条件下铀存在形式不同，有 UO_2^{2+}、$UO_2(OH)^+$、$UO_2(OH)_2$、$UO_2(OH)_3^-$、$UO_2(OH)_4^{2-}$、$(UO_2)_3(OH)_5^+$、$(UO_2)_3(OH)_7^-$ 等形式。自 20 世纪 50 年代以来，科技人员研究了很多从海水中提取铀的方法，其主要方法如下。

（1）溶剂法　利用吸附剂溶液吸附海水中的铀，即液膜法如 HEHEHP 液膜，其机理是萃取机理。

（2）共沉法　将金属盐溶液加进海水中，调节 pH 值，使其沉淀，吸附在沉淀物上的铀随着共沉。如 $Fe(OH)_3$、二乙三胺（DEN）等，主要是用来分析海水中的微量铀。

（3）泡离法　将表面活性剂和空气同时注入海水中，使铀浓缩到产生的气泡中。

（4）生物法　使某种特殊的海洋生物在高浓度铀溶液中繁殖后投入海水中，使海水中的铀从溶于水的形式转为不溶于水的形式。

（5）离子交换法　在一定的 pH 值下用阴（阳）离子交换树脂，如用强碱性阴离子交换树脂，从海水中提取微量的铀。

（6）吸附法　用吸附剂与海水接触吸附海水中的铀。

近年来相继研究了浮选法、超导磁分离法和综合利用法等，但吸附法是最适宜的方法之一。针对海水中铀的浓度低、处理海水量大的特点，除了确立科学原理作为基础之外，还需要大规模处理海水的工程技术作为支持。随着海水淡化规模化、产业化的发展及从海水中提取核燃料新技术的进展，海水中铀资源有很好的开发前景。

10.6.3.3　海水铀吸附材料

（1）无机类吸附剂　1978 年以前，国际上在海水提铀的研究中，基本上都采用无机吸附剂的富集方法。无机类吸附剂一般包括碱土金属元素或过渡金属元素的化合物，如铅化合物、二氧化锰、碱式碳酸锌、水合氧化钛（HTO）等化合物。

水合氧化钛是研究最多的无机类吸附剂，至今仍是评价海水提铀可行性的主要依据。水合氧化钛（HTO）又称"钛胶"，日本称之为"钛酸"。通常是一种近乎无定形的凝胶状物质，其结构和性质与制备条件有关，为含有 Ti—O—Ti 链和键合—OH 基的同多酸。水合氧化钛（HTO）是一种比较优异的吸附剂，对于海水中的某些痕量元素，如 U、V、Cr、Mn 等，具有很高的吸附富集能力，富集因子可达 $10^4 \sim 10^6$。但对于海水中的一些常量元素，如 Na、Mg、Ca 等吸附能力很弱，富集因子仅为 $1.6 \sim 10^2$。国内外研究表明，水合氧化钛（HTO）的水合程度越高，即含有的羟基越多，对提高吸铀量越有利。因此，可以推断，水合氧化钛（HTO）中的羟基是吸铀反应的活性中心。

另外，还有一些天然黏土、岩石、胶体对铀具有较佳的吸附性能。特别是天然黏土因具有独特的层状结构而具有良好的吸附和离子交换性能，且其储量大、价格低，是一类很有前景的优质廉价吸附剂。常见黏土吸附剂有蒙脱土、凹凸棒土、硅藻土和海泡石等，其中蒙脱土因吸附性和离子交换性较强而被广泛研究。影响蒙脱石吸附重金属的因素有 pH 值、温度、吸附时间和溶液初始浓度等。为了使蒙脱石具有更好的铀吸附性能，往往用表面活性剂改性蒙脱土，表面活性剂可进入蒙脱土层间，制得的有机蒙脱土对铀的吸附能力明显提高。对 $UO_2(OH)_3^-$、$UO_2(OH)_4^{2-}$ 和 $(UO_2)_3(OH)_7^-$ 的阴离子吸附是由于与蒙脱土层间的表面活性剂阳离子的相互作用。尽管无机吸附剂具有吸附速度快、制备简单、回收和洗脱都较容易的优点，但是无机吸附剂也存在对铀吸附影响因素复杂，对铀吸附选择性不高等不足。因此，寻找提高吸铀活性及吸铀容量的因素，是无机类铀吸附剂有待解决的关键问题之一。

（2）有机类吸附剂　有机类吸附剂包括膦酸系列、氨基膦酸系列、偕胺肟基化合物系列等。已有的研究表明，含偕胺肟基的吸附剂对铀吸附性能最好，但其目前还存在吸附剂吸附速率、吸附量较低等问题。其中，特别引人注目的是聚偕胺肟类高分子，其吸铀量可达到或超过陆源富铀矿的品位。这类化合物是一种两性化合物，以偕胺肟基 ［—CN(NH₂)OH］形式与各种铀酰离子作用，由于偕胺肟基的氮原子和氧原子都拥有孤对电子，易与铀酰络离子螯合。因此，偕胺肟基化合物主要是靠 C＝N 双键上的成键电子以及 C—N 中的 N 上的

孤对电子和 $[UO_2(CO_3)_3]^{4-}$ 进行螯合而吸附海水中的铀，这可通过红外光谱验证发现螯合部位的吸收峰发生偏移来证明。常见的具有胶胺基的化合物如：

为了提高聚偕胺肟类高分子的比表面积，将这些含偕胺肟基的化合物制成螯合树脂或纤维等形状，螯合纤维比螯合树脂具有更高的吸附容量和更好的柔韧性，便于以各种形状使用。所以，螯合纤维是吸附材料的主要发展方向。为了提高经济效益，目前的另一个重要研究方向是如何把含偕胺肟基的吸附剂制成能利用自然能（如波浪能、海浪、潮汐能等）与海水高效接触的形态，如球状、膜状、中空纤维状等。故具有此类特点的吸附纤维等高分子材料都有以下优点：在海水中吸附铀速度快、吸附量大（约有 3.6mg/g）；与海水接触效率高，能充分利用自然能；在海洋环境中耐腐蚀性强，使用寿命长；洗脱容易，经久耐用；大量生产的可能性大，制备简单、容易回收、价廉等。

① 接枝法　制备偕胺肟基纤维接枝法是在不含有氰基的基体上，通过化学法或辐照法合成带有氰基的共聚物，然后再将氰基偕胺肟基化。化学接枝法通常使用四价锰盐引发丙烯腈在基体上接枝共聚。曾汉民等以聚乙烯醇缩甲醛（PVF）无纺布为基体，通过化学引发丙烯腈（AN）在 PVF 上的接枝共聚反应制备纤维。陈观展等采用再生纤维素作基体，通过丙烯腈的加成反应引入氰基，再在羟胺的甲醇溶液中反应，获得一种球状再生纤维素偕胺肟螯合树脂。他们发现制备的树脂对某些金属离子具有选择吸附。辐照接枝法产生接枝共聚物比传统的化学法要容易操作和控制。辐照法是通过电力辐射如 γ 射线照射聚合物，在聚合物主链上产生活性点，引发其与单体的接枝，从而形成一种新型聚合物。日本的 Okamoto 等用预辐射丙烯腈气相接枝法制备偕胺肟基螯合纤维，并研究了纤维的吸附性能。中国科学院长春应用化学研究所从 1984 年开始通过预辐照法研制聚乙烯醇偕胺肟基螯合纤维。他们的方法与日本的有所不同，采用预辐射丙烯腈液相接枝法制备偕胺肟基螯合纤维，此方法更为简单。姚占海等用预辐照接枝法合成了聚乙烯醇双胺肟螯合纤维，对铀的吸附容量达 386mg/g。

② 直接法　制备偕胺肟基纤维直接法是将含有氰基的基体直接进行偕胺肟化反应，反应试剂一般为羟胺溶液。加拿大的 Katragadda 等将聚丙烯腈纤维中氰基与羟胺反应转化成偕胺肟基团来提取水溶液中的铀，并考察了不同温度和 pH 值对铀回收率的影响。结果表明，改性后的纤维在实验条件下对铀均有优越的吸附性能。刘梅等以聚丙烯腈纤维为原料，通过与羟胺反应制得偕胺肟基纤维，考察了合成条件对铀吸附性能的影响。结果表明，用二甲基亚砜（DMSO）作添加剂，温度为 70℃ 时合成的偕胺肟基纤维中偕胺肟基含量可高达 11.45mmol/g；在溶液 pH 值为 5 时，铀吸附量达到 24.82mg/g。李玉泉等以聚丙烯腈纤维为原料，采用盐酸羟胺将聚丙烯腈纤维改性成含有偕胺肟基团的螯合纤维，探讨了聚丙烯腈纤维改性的工艺参数。结果表明，聚丙烯腈在温度为 65～75℃、pH 值为 6～7 的羟胺溶液中反应 3h，螯合纤维产率可高达 41%。用傅里叶变换红外光谱（FT-IR）对螯合纤维进行了表征，部分氰基转化成了偕胺肟基团。黄次沛等利用腈纶为底料进行胺肟化制得偕胺肟类材料，提出了烘焙法工艺。王永健等以交联聚苯乙烯-聚丙烯腈树脂为骨架，经功能化反应制出含偕胺肟基团的互穿型螯合树脂。同时，对功能化反应条件和螯合树脂对金的吸附性能、吸附选择性和吸附机理进行了研究。李彦锋等以大孔型丙烯腈、苯乙烯、二乙烯基苯等

共聚物（大孔 PSA 树脂）为原料，通过与盐酸羟胺及过量乙二胺反应，分别制得了丙烯腈系大孔型偕胺肟螯合树脂，研究了所得螯合树脂对贵金属离子 Au（Ⅲ）、Pd（Ⅱ）及 Pt（Ⅳ）等离子的吸附性能。

③ 508 树脂 508 树脂是我国独创的海水提铀的有机吸附剂，是一种具有螯合基团的凝胶型树脂，在天然海水中吸铀量达到 $1100\mu g/g$（干树脂）以上，是对海水中铀的选择性好且吸铀量较高的一种典型吸附剂。pH 值对该树脂吸铀量有较大影响，随 pH 值的增加，吸铀量增大，pH 值 5～7 范围内吸铀量最大，此后随 pH 值的增加吸铀量降低。508 树脂吸铀量不受海水温度的影响。因此弄清其基本结构和吸铀机理，无疑对海水提铀的基础研究或合成新型的螯合树脂都有重要的意义。

（3）有机/无机杂化吸附剂 虽然偕胺肟基螯合纤维对铀酰离子有较佳的吸附效果，但其强度随偕胺肟基化率提高大幅下降。为保证其使用，一般控制较低的反应转化率，故限制了纤维对铀吸附效率的提高。为了保持较高的铀吸附率，研究人员研制了聚合物/无机纳米复合材料。该材料既具有无机吸附材料吸附速率快和吸附量大的优点，又具有有机吸附材料的吸附选择性，而且具有更大的比表面积、较好的韧性与强度以及稳定的热、化学性质。

10.6.3.4　海水提铀研究进展

（1）海水提铀技术 最近由美国能源部橡树岭国家实验室（ORNL）和佛罗里达州希尔公司（Hills）合作研发的一种新型吸附材料，可能使海水提铀成为一种可行的方案。橡树岭国家实验室的研究小组发明了一种可重复使用的高容量吸附剂，希尔公司发明了一种高比表面积聚乙烯纤维，二者相结合，创造出一种能够从水中快速、选择性地提取微量贵金属的吸附材料。这种材料被称为 HiCap，在固体或气体分子、原子或离子表面吸附方面，其性能远超当前最好的吸附材料。此外，它还可以从水中有效地去除有毒金属。HiCap 吸附材料由圆形或非圆形纤维构成，这些纤维直径很小，具有高比表面积和出色的机械特性。在研究人员对纤维的直径核燃料循环和形状进行调整之后，其表面积和吸附能力得到大幅提升。HiCap 吸附材料的制造过程分为两步：首先，是对高比表面积聚乙烯纤维进行电离辐射；然后，让纤维与一种对特定金属具有高亲和力的化合物进行反应。加工完成之后，科学家们把 HiCap 吸附材料置于水中，目标金属立即被快速并优先附集于吸附材料之上。然后，从水中取出吸附材料，采用简单的酸洗脱法即可将金属提取出来。最后，用氢氧化钾对吸附材料进行处理，使其得到再生，并重新投入使用。在与当前世界最先进吸附材料的对比中，HiCap 在铀吸附能力、吸附速率和选择性方面均表现突出。在铀浓度为 6mg/L、温度为 20℃ 的加样溶液中，HiCap 对铀的吸附能力为 146g/kg，而当前世界最先进吸附材料的吸附能力为 22g/kg，前者是后者的近 7 倍。在海水中，HiCap 对铀的吸附能力为 3.94g/kg，而当前最好吸附材料的吸附能力为 0.74g/kg，前者达到后者的 5 倍以上。在选择性方面，HiCap 达到当前最好吸附材料的 7 倍。这些结果清晰地表明，比表面积更高的纤维具有更高的吸附能力。这项研发计划由美国能源部核能局提供经费。2012 年 6 月，美国《研发杂志》将 HiCap 评为 2012 年度最重大的技术创新之一，荣获"100 项研发大奖"。

日本的海水提铀研究已经进行了数十年，迄今为止从未间断过。最新的资料显示，日本正在试验一种基于新型聚合体编织物的提铀系统，每千克编织物在 30 天内可提取约 1.5gU。更早期的一套系统是把编织物从一个浮框上悬垂下来，而新系统是直接把 60m 长的吸附编织物拴在海底。试验显示，在把铀提取规模放大到 1200t/a、编织物经过 18 个浸透循环的情况下，提铀成本（包括吸附材料的生产、铀收集和提纯）估计为 250 美元/kg 多一点。然而，若把资本设备、吸附材料更换频率、商业化等费用计算在内，其总成本预计会大幅上升。但是，随着研发出效率更高、耐用性更强的编织物，其成本会逐渐降低。2011年美国启动了一项研究工作，旨在评价日本的研究成果以及将海水提铀发展成一种经济铀源的潜力。

（2）海水提铀吸附装置　为了能将从海水中提铀进一步工业化，除了选择性能优异的吸附材料，还必须要有比较合适的吸附装置。此类吸附装置必须具有制造成本不高、简单、适合海水环境、稳定性好、容易管理等特点。此外，该吸附装置上一般要求吸附剂能与海水有良好的接触。一般海水提铀的装置有吸附器式、床式、生物反应器、膜式等。

① 吸附器式　把吸附装置设在自然海流中或潮流中，利用自然海流或潮流使吸附剂和大量的海水接触。日本曾研制成一种简易装置，将球形纤维吸附剂装入渔网式袋内，配上浮体。也有把吸附剂制成绳状，再织成网状配上浮体，之后放于海中，让海流冲刷网袋，达到吸附铀的目的。Donat利用装有海泡石的吸附器进行天然海泡石吸附水溶液中铀（Ⅵ）的研究，得到了最佳吸附铀的工艺和参数：在接触时间为240min、溶液pH值为3、溶液初始浓度250mg/L和温度303.15K条件下，铀的最大吸附值为34.61mg/g。

② 床式　在海边筑两道堤坝形成一个池子，然后在池中放置铀的吸附剂；利用潮水涨落差，使更换的海水通过坝内的吸附床，从而不断冲刷吸附床而达到吸附铀的目的。就像把吸附剂置于填充床中，让含铀的水溶液流过床层。邹卫华等研究了具有锰氧化物涂层的天然沸石（MOCZ）离子交换固定床吸附去除水溶液中铀（Ⅵ）离子，考察了床层高度、流速、颗粒大小、初始铀（Ⅵ）浓度、溶液pH值和溶液中竞争盐离子的影响。结果发现，MOCZ吸附铀离子随着初始铀浓度和床层高度的增加而增加，随着流量和颗粒增大而减少。由于盐离子的存在和竞争，穿透时间较短；吸附容量在pH值为6.3时最大。

③ 生物反应器　1987年美国地理学会的微生物学家德里克·洛夫莱发现了一种可生存于水中的吃铀的微生物，称为GS-15。这种微生物不仅可净化被铀污染的水源，还能将有毒废料中的铀提取出来，使溶于水中的铀转换成为一种不溶于水的形式。科学家们根据这种特性设计了填充有GS-15细菌的生物反应器，只要将含有铀的海水通过这种反应器，海水中的铀将会变成不溶于水的沉淀沉积在反应器的底部。

④ 膜式　从海水中提取铀和目前的膜技术结合起来是一种有效的铀吸附方式，即把复合膜的某一复合层经过偕胺肟化，或者将偕胺肟基纳米材料溶解制成膜，使之具有吸附铀的功能，再在此基础上做到促进传递的功能。辛浩波等制备了含偕胺肟基功能高分子膜的螯合电极，并对该螯合电极吸附天然海水中铀的性能进行研究。结果表明：功能高分子膜静态吸附1L天然海水中的铀时，8d达到吸附平衡，平衡时铀质量浓度为$0.6\mu g/L$。在实验室条件下，每克偕胺肟基功能高分子膜在30L天然海水中的饱和吸附铀量为5.6mg。这种功能高分子膜可用电化学原理脱附海水中富集的铀，操作流程简单，可连续化、清洁化生产。但是与海水的接触效率较低，要经过几天时间才能达到吸附饱和，生产周期较长，效率低。若将吸附量大、吸附速率快又有铀吸附专一性的偕胺肟基蒙脱土纳米复合材料分散溶解制成超滤膜，将是一种理想的海水提铀方式，通过泵的运转可提高膜与海水的接触效率。合适的铸膜材料、铸膜溶剂和铸膜工艺条件是聚合物/无机纳米复合膜的制备前提。董永全等用超声波分散聚乙烯醇和聚丙烯酰胺/蒙脱土纳米复合物共混铸膜液制得共混膜，考察了共混膜在异丙醇-水溶液中的溶胀吸附性能以及共混比和蒙脱土含量对膜分离性能的影响，获得了较佳的工艺条件。虽然膜分离技术因具有能耗低、单级分离效率高、工艺简单、不污染环境等突出优点而在海水提铀和处理铀污染废水中应用前景广阔，但目前将膜分离技术应用于海水提

铀和含铀废水处理方面仍处于实验室研究阶段，尚未达到工业化应用的阶段。可以相信，随着膜材料的制备、膜分离操作工艺的优化等方面的深入研究，膜分离技术有望在海水提铀和处理铀污染废水方面实现工业化应用。

10.6.4 浓海水提取重水[152~154]

10.6.4.1 重水的性状、用途

重水（或称氘化水），化学式 D_2O，是水的一种，质量比一般水要重。普通的水（H_2O）是由两个只有质子的氢原子和一个氧 16 原子所组成，但在重水分子内的氢同位素，比一般氢原子多一个中子，因此造成重水分子的质量比一般水要重。由于普通水和重水都是由相同数量的氢和氧原子组成，两者的化学反应相同。但在物理性质上，重水的熔点和沸点比普通水稍高，在一个大气压下，重水的熔点是 3.82℃，沸点是 101.4℃；在 20℃ 和一个大气压力下，重水的密度是 11.05g/cm³。重水比普通水不容易被电解为氢和氧。

重水在原子核反应堆里能降低中子的速度，又几乎不吸收中子，是最好的中子减速剂。只有经过减速以后的中子，才能有效地使铀 235 发生裂变，促使核裂变反应能够不断地进行。

10.6.4.2 重水的生产方法

重水的生产方法主要有以下 4 种。

（1）电解法　因为重水无法电解，但可以通过电解水从普通水中把它分离出来，电解分离系数可达 10 左右，可使重水很快浓集。但耗电能太大，已不单独使用。

（2）蒸馏法　利用重水沸点高于普通水的特点，通过水、氨、氢等反复蒸馏，以富集其中的重水，操作虽简单，但分离系数小。

（3）水-硫化氢交换法（GS 法）　GS 法是基于在一系列塔内（通过顶部冷却和底部加热的方式操作）水和硫化氢之间氢与氘交换的一种方法。在此过程中，水向塔底流动，而硫化氢气体从塔底向塔顶循环。使用一系列多孔塔板促进硫化氢气体和水之间的混合。在低温下氘向水中迁移，而在高温下氘向硫化氢中迁移。氘被浓缩了的硫化氢气体或水从第一级塔的热段和冷段的接合处排出，并且在下一级塔中重复这一过程。最后一级的产品（氘浓缩至高达 30% 的水）送入一个蒸馏单元以制备反应堆级的重水（即 99.75% 的氧化氘）。

（4）氨-氢交换法　氨-氢交换法是在催化剂存在下通过同液态氨的接触从合成气中提取氘。合成气被送进交换塔，而后送至氨转换器。在交换塔内气体从塔底向塔顶流动，而液氨从塔顶向塔底流动。氘从合成气的氢中洗涤下来并在液氨中浓集。液氨然后流入塔底部的氨裂化器，而气体流入塔顶部的氨转换器。在以后的各级中得到进一步浓缩，最后通过蒸馏生产出反应堆级重水。合成气进料可由氨厂提供，而这个氨厂也可以结合氨-氢交换法重水厂一起建造。氨-氢交换法也可以用普通水作为氘的供料源。

10.6.4.3 海水提取重水装置研究进展

海水中重水的溶存量为 250 万亿吨，浓度为 150mg/L，是取之不尽的潜在能源。

利用 GS 法或氨-氢交换法生产重水的工厂所用的许多关键设备与化学工业和石油工业的若干生产工序所用设备相同。对于利用 GS 法的小厂来说尤其如此。然而，这种设备很少有"现货"供应。GS 法和氨-氢交换法要求在高压下处理大量易燃、有腐蚀性和有毒的流体。因此，在制定使用这些方法的工厂和设备所用的设计和运行标准时，要求严格注意材料的选择和材料的规格，以保证在长期运行中有高度的安全性和可靠性。规模的选择主要取决

于经济性和需要。因而，大多数设备规格将按照用户的要求制造。

专门设计或制造的用于利用 GS 法或氨-氢交换法生产重水的主要设备如下。

（1）水-硫化氢交换塔　专门为利用 GS 法生产重水而设计的由优质碳钢（例如 ASTM A516）制造的交换塔。该塔直径 6～9m，能够在大于或等于 2MPa 压力下和 6mm 或更大的腐蚀允量下运行。

（2）鼓风机和压缩机　专门为利用 GS 法生产重水而设计或制造的用于循环硫化氢气体（即含 H_2S 70％以上的气体）的单级、低压头（即 0.2MPa）离心式鼓风机或压缩机。这些鼓风机或压缩机的气体通过能力大于或等于 $56m^3/s$，能在大于或等于 1.8 MPa 的吸入压力下运行，并有对湿 H_2S 介质的密封设计。

（3）氨-氢交换塔　专门设计或制造用于利用氨-氢交换法生产重水的氨-氢交换塔。该塔高度大于或等于 35m，直径 1.5～2.5m，能够在大于 15MPa 压力下运行。这些塔至少都有一个用法兰连接的轴向孔，其直径与交换塔筒体部分直径相等，通过此孔可装入或拆除塔内构件。

（4）塔内构件和多级泵　专门为利用氨-氢交换法生产重水而设计或制造的塔内构件和多级泵。塔内构件包括专门设计的促进气/液充分接触的多级接触装置。多级泵包括专门设计的用来将一个接触级内的液氨向其他级塔循环的水下泵。

（5）氨裂化器　专门设计或制造的用于利用氨-氢交换法生产重水的氨裂化器。该装置能在大于或等于 3MPa 的压力下运行。

（6）红外吸收分析器　该设备能在氘浓度等于或高于 90％的情况下"在线"分析氢/氘比的红外吸收分析器。

（7）催化燃烧器　专门设计或制造的用于利用氨-氢交换法生产重水时将浓缩氘气转化成重水的催化燃烧器。

10.7　浓海水资源化利用集成技术

10.7.1　概述[155～157]

海水淡化副产的浓海水中富含钠、钾、溴、镁、锂等有用物资，且多为陆地紧缺的矿物资源。由于在浓海水中这些化学组分的浓度约为海水浓度的 2 倍，因此，获取相同化学资源的处理量仅为海水直接处理量的一半，可显著降低提取成本。此外，利用浓海水进行化学资源提取不需要另外设置取海水和加氯杀菌等预处理设备，可大大节约投资，降低工程造价，并且，海水淡化操作过程中产生的浓海水的温度、流量参数稳定，便于化学资源提取过程中的稳定操作。因此，对淡化副产浓海水进行化学资源的综合利用是十分必要的。

由于浓海水中含有较多的 Ca^{2+} 和 Mg^{2+}，在浓海水利用过程中极易结垢，给设备造成危害，增加运行成本，同时杂质离子的存在也给其他元素的提取带来困难，降低了生产效率及经济性，成为制约浓海水资源化利用技术发展的瓶颈之一。因此，进行以降低浓海水中钙镁含量为目的的软化处理，对于浓海水化学资源的综合利用具有重要的意义。

化学反应沉淀软化法是除钙镁的传统方法，通过向海水中加入适宜的药剂，使其与海水中的钙镁离子发生化学反应生成沉淀，以降低海水硬度，达到海水软化的目的。常见的化学反应沉淀软化法包括石灰软化法、石灰纯碱软化法、热法石灰纯碱磷酸盐软化法。李彩虹等采用石灰乳除镁后再用碳酸钠除钙的方法对吉兰泰盐湖卤水进行除杂，所得卤水中杂质含量符合纯碱生产要求；袁俊生等分别开展了电容吸附法海水脱钙研究和利用烟道气中的CO_2作为沉淀剂，选择性脱除海水的钙离子、镁离子，减轻了传统沉淀软化法的药剂消耗问题，缓解了烟道气对环境的污染，同时也解决了海水综合利用中的结垢问题。

此外，一些新型的（浓）海水软化方法也不断涌现。如张宁等利用浓海水的冷冻脱盐技术，可脱除浓海水中87.4％的钙镁离子，起到软化的作用；沙特SWCC公司首次将纳滤技术应用于海水的预处理，纳滤膜对TDS、Ca^{2+}、Mg^{2+}、SO_4^{2-}的截留率分别为37％、80.67％、88％、93.56％，满足了膜法和蒸馏法对进水的要求；中国海洋大学高从堦课题组利用纳滤膜对人工海水和天然海水进行了软化脱硬研究，并在此基础上开展了胶州湾海水纳滤软化现场试验，钙离子和镁离子的截留率可达88％和70％左右；袁俊生等采用纳滤法浓海水软化技术，可脱除浓海水中58.4％的钙离子和93.4％的镁离子，具有明显的软化效果。

10.7.2 基于盐田法的传统综合利用方案[158]

该方案主要是基于传统的滩晒法海水资源综合利用流程。滩晒法工艺过程为原料海水经扬水站纳入盐田，在自然条件下海水蒸发浓缩，分别经过初级制卤区、中级制卤区和高级制卤区后得到的饱和卤，进一步在结晶区中析出氯化钠晶体，同时得到的苦卤输送到苦卤化工厂进行钾盐、溴素和镁盐的提取。该流程是目前国内盐场普遍采用的流程，可以实现海水中化学资源的全利用。基于盐田法的浓海水综合利用方案，即将淡化浓海水直接引入相应浓度的制卤区，其他工艺过程不变。

该方案的最大优势是工艺技术成熟，利用现有的盐场面积和海洋化工厂设备即可满足生产的需要。以浓海水为原料，在原盐产量不变的前提下可节约一定的制卤区土地面积，但也存在一些不足之处。

第一，自然蒸发浓缩而成的浓缩海水在各浓度段都存在大量的盐田生物。据实测，6°Bé左右的卤水中存在藻类17种、浮游动物13种、原生动物14种、细菌5种。国内外大量研究数据显示，盐田生物在海盐生产中起着非常重要的作用。在低度制卤区，盐田中大量存在的藻类可消耗卤水中的氨、磷等营养物质，同时由于藻类的大量存在可为卤水染色，增加卤水对阳光的吸收率，同时底栖生物形成的生物垫层可有效减少卤水渗透损失；在中度卤区，卤虫可以低度卤区的藻类为饵料大量繁殖，一方面可滤食掉卤水中的藻类及硫酸钙颗粒、微小土粒等悬浮物质使卤水澄清，从而提高卤水的质量；另一方面卤虫尸体可为高度浓卤区及结晶区的嗜盐菌输送营养物质；在高度卤区及结晶区，红色嗜盐菌通过分解卤虫尸体得以大量繁殖，使卤水变为红色，从而提高吸光率，促进卤水的蒸发。因此在一个正常的盐田生态系统中，盐田生物各司其职，通过上述循环的综合作用提高原盐的产量和质量。而海水淡化过程中为了避免设备效率降低或膜污染，原料海水在进淡化设备前加入了化学药剂杀死并除去了这些生物，从盐田生态角度衡量，淡化后副产的浓海水直接晒盐有可能严重破坏原来盐田的生态系统。因此，需要对海水淡化副产的浓海水进行生物修复。

第二，海水淡化一般为全年生产，浓海水全年均衡供应。而盐田法制盐由于受到季节气候的影响，在一年中的生产是不均衡的，一般全年的旺产季节（约6个月）要完成全年80％的产量。因此，需要建设很大的储卤池来平衡二者生产的需要。以淡水生产能力20万吨/天的浓海水处理为例，需要的储卤池面积约为正常蒸发区面积的38％[1]。海水浓缩一倍需要的制卤区面积约占制盐场总面积的50％，即采用淡化浓海水为原料比直接用海水制盐可节约一半的盐田面积，但由于储卤池的占地使该比例大幅度降低。

第三，由于土地资源及历史条件的限制，盐田只在沿海的部分地区存在，随着沿海经济的快速发展，对土地资源的需求增大，盐田面积逐渐缩小，远不能满足海水淡化发展规模的需要。若局限于盐田法的浓海水综合利用工艺将限制海水淡化工程的建设和发展。

10.7.3 基于电渗析法制盐的综合利用方案[158~161]

自 20 世纪 50 年代起日本大力开展离子交换膜电渗析法浓缩制盐研究，并从 70 年代实现了工业化。目前日本已全部废除了盐田法制盐工艺，年产食盐 150 万吨全部使用膜法制盐。国内目前还未见这项技术工业化应用的报道。据报道[1]，采用一价离子选择性离子交换膜制备的卤水中氯化钠浓度可达 200g/L，吨盐耗电量在 150kW·h 左右。电渗析法制得的卤水经蒸发、干燥后得到食用盐，同时副产苦卤。

离子交换膜电渗析法浓缩海水制盐工艺主要由电渗析、蒸发结晶、干燥、包装四部分组成。其中，电渗析浓缩制卤是整个过程的心脏，这部分由海水的提取、预处理和电渗析三部分组成。若采用淡化副产的浓海水作为进料，则不需要另外设置取海水和加氯杀菌等预处理设备，可大幅节约投资和工程造价，直接将浓海水用于电渗析制卤。

基于电渗析法制盐的综合利用方式与盐田法制盐的方式相比，电渗析法节省了大量的土地，而且不受季节影响，可全年生产，投资少，节省人力。例如，生产 15 万吨盐，盐田法占地近 500 公顷，电渗析法仅需 20~30 公顷，所需人员只有盐田法的 1/10~1/20，且易于实现自动化操作。另外，电渗析法制得的盐的质量要高于盐田法，可直接作为食用盐；若将制得的盐用于氯碱工业，则与采用滩晒法制得的原盐相比可节约盐水精制的处理费用。但该工艺过程的最大不足在于电渗析淡室侧水中的化学物质由于稀释而导致利用困难，减少了钾盐、溴素、镁盐等产品的产量，并且，制盐的成本亦比盐田法显著加大。

10.7.4 基于直接提取化学资源的综合利用方案[162~166]

由于传统的利用苦卤提取海水中的钾、溴、镁的方法受到盐田规模的限制，目前海水化学资源直接提取受到越来越多研究者的关注。若在浓海水进入电渗析制卤系统之前进行钾、溴、镁等化学元素的提取，再将剩余的卤水通入电渗析系统浓缩制卤，与浓海水直接电渗析浓缩制卤工艺相比，可大大提高化学资源的综合利用率。

经过二十多年的努力，由我国自主研发的"改性沸石离子筛提钾核心技术"，成功地突破了海水中钾的高选择性、高倍率富集和钾肥的高效、节能分离等一系列关键技术难题，开发出沸石离子筛法海水提取钾肥高效节能技术，并成功地完成了百吨级中试和工业试验，获得了可供大规模推广的产业化技术。

从海水中提取溴素的工艺技术有空气吹出法、溶剂萃取法、吸附法和沉淀法等。其中，工业化的主要工艺是由美国 DOW 化学公司开发的空气吹出法，该工艺适用于中浓度海水中溴素的提取。其他的海水溴素提取技术如气态膜法提溴也有研究。

利用沉淀法海水制取氢氧化镁、高纯氧化镁技术在国外经过几十年的发展，已形成数百万吨的产业化规模。目前，对镁盐的功能性材料的研究日益受到各国的重视。我国环保型氢氧化镁浆的开发也已在进行中，随着人们环保意识的增强和国家环保法规的健全，市场潜力巨大。

综合所述，该浓海水综合利用方案在技术上可行，可选择的工艺流程如图 10-53 所示。

由图 10-53 可见，该综合利用流程实现了资源综合利用，亦达到了零排放的目标。

10.7.5 反渗透-电渗析集成膜过程的综合利用[167~171]

日本的大矢晴彦等提出了反渗透-电渗析集成膜过程的海水综合利用技术创新提案。该提案提出，先将预处理后的原海水通入多价离子吸附塔，将碱土金属离子去除 60%，以防止高回收率的反渗透海水淡化时浓缩水中的 $CaSO_4$、$CaCO_3$ 等沉淀结垢。然后利用高压反渗透进行海水淡化，海水回收率可达到 70%~80%。将反渗透浓水通入一价离子交换膜电渗析器进行一价与多价离子浓缩、分离，分离的溶液分别进入一价离子与多价离子吸附塔实现进一步分离和回收。反渗透-电渗析集成膜过程的工艺流程如图 10-54 所示。

由图 10-54 可知，通过反渗透-电渗析集成膜过程，最终分别得到产品水、食盐、一价离子化合物和多价离子化合物。

该工艺可对海水资源进行完全的分离利用，指出了日本海水综合利用的开发方向，提出了特种一价离子和多种离子吸附剂开发、高压反渗透膜及装置开发等几个重大课题。

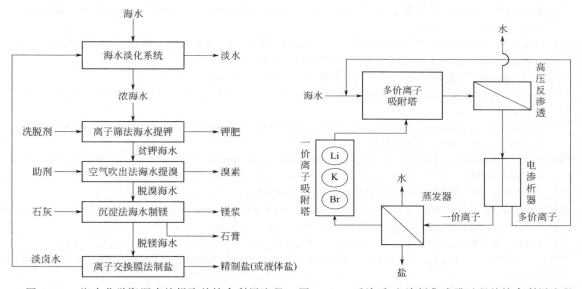

图 10-53　海水化学资源直接提取的综合利用流程　　图 10-54　反渗透-电渗析集成膜过程的综合利用流程

10.7.6 大力发展海水综合利用技术的建议

根据国务院《关于加快海水淡化产业发展的指导意见》的目标，2015 年全国的海水淡化规模将达到 220 万~260 万立方米/天。若将副产的浓海水资源的 80%加以利用，则可形成约 120 万吨钾肥、530 万吨溴素、250 万吨镁盐材料和 1500 万吨精盐的新兴产业链，新增产值约 125 亿元。当 2020 年海水淡化 600 万~800 万立方米/天的目标实现时，浓海水资源化产业的产值将达到 370 亿元以上。因此，海水资源综合利用，特别是浓海水资源化利用，不仅可获得很好的综合经济效益，而且将为解决国内急缺矿物的来源以及保护海洋环境做出重要贡献，其前景非常广阔。

随着大规模海水淡化工程的实施，浓海水综合利用已提上日程。实现海水综合利用需要一系列高新技术，因此我们要配合国家科技规划的实施，及时布局具有自主知识产权的关键技术、关键材料和关键设备的研发，以期海水淡化与浓水利用技术同步发展。

参考文献

[1] 张宁，苏营，苏华，等．海水淡化中浓海水的综合利用研究．海洋科学，2008，32（6）：85.

[2] 袁俊生，纪志永，陈建新．海水化学资源利用技术的进展．化学工业与工程，2010，27（2）：110-116.

[3] Muraviev D, Noguerol J, Valiente M. Separation and concentration of calcium and magnesium from sea water by carboxylic resins with temperature-induced selectivity. Reactive and Functional Polymers, 1996, 28 (2): 111-126.

[4] H idekazu K. Apparatus for extracting lithium in seawater: JP, 088420. 2002.

[5] Zhang A, Asakura T, Uchiyama G. The adsorption mechanism of uranium (Ⅵ) from seawater on amacroporous fibrous polymeric adsorbent containing amidoxime chelating functional group. Reactive and Functional Polymers, 2003, 57 (1): 67-76.

[6] 袁俊生，等．海水提钾技术研究进展．河北工业大学学报，2004，33（2）：140-170.

[7] 袁俊生，等．海水淡化副产浓海水的资源化利用．河北工业大学学报，2013，42（1）：29-35.

[8] 毛源辉，等．盐业化学工程．天津：天津社会科学院出版社，1994.

[9] 袁俊生，纪志永，陈建新．海水浓缩过程钙的结晶动力学 [J]．化学工业与工程，2010，27（2）：110-116.

[10] Heijman S G J, Guo H, Li S, et al. Zero liquid discharge: Heading for 99% recovery in nanofiltration and reverse osmosis. Desalination, 2009, 236: 357-362.

[11] 袁俊生，吴举，邓会宁，等．中国海盐苦卤综合利用技术的开发进展．盐业与化工，2006，35（4）：33-37.

[12] 张圻之，等．制盐工业手册．北京：中国轻工业出版社，1994.

[13] 李恒．沸石离子筛法海水提取氯化钾新工艺研究 [D]．天津：河北工业大学硕士学位论文，2006.

[14] 袁俊生，杨利恒，纪志永，等．功能分离材料在海水化学资源利用中的应用．化工新型材料，2011，39（12）：1-5，21.

[15] Junsheng Yuan, Qingmin Chen, Jingkang Wang. Transfer model and kinetic characteristics of NH_4^+-K^+ ion exchange on K-zeolite. Transport in Porous Media, 2008, 72: 71-82.

[16] Jose A, Fernandez L. Recovery of potassium magnesium sulfate double salt from seawater bittern. Industrial and Engineering Chemistry Process Design and Development, 1976, 15 (3): 445-449.

[17] 袁俊生，纪志永．沸石离子筛法海水提钾技术进展．中国科技成果，2010，11（14）：9-11.

[18] Junsheng Yuan, Yingying Zhao, Qinghui Li, et al. Preparation of potassium ionic sieve membrane and its application onextracting potash from seawater. Separation and Purification Technology, 2012, 99: 55-60.

[19] 闫圣娟，袁俊生，付云朋，等．KH-560 接枝钾离子筛材料．化工新型材料，2011，39（4）：97-99，103.

[20] 张运秋，袁俊生，付云朋，等．高硅铝比钾离子筛的合成及其对 K^+ 的交换性能．硅酸盐通报，2011，30（4）：880-886.

[21] 邓会宁，袁俊生，纪志永．连续离子交换法钾富集试验研究．非金属矿，2010，33（2）：7-10.

[22] 袁俊生，叶海彬，石林．斜发沸石 Na^+/K^+ 交换过程的分子动力学模拟．硅酸盐学报，2009，37（10）：1724-1729.

[23] 袁俊生，包捷．钾、钠、氯离子水化现象的分子动力学模拟．计算机与应用化学，2009，26（10）：1295-1299.

[24] 周倩，袁俊生，包捷，等．氯化钾溶液中离子水化的分子动力学模拟．计算机与应用化学，2011，28（9）：1189-1193.

[25] Zhi-Yong Ji, Jun-Sheng Yuan, Xin-Gang Li. Removal of ammonium from wastewater using calcium from clinoptilolite. Journal of Hazardous Materials, 2007, 141 (3): 483-488.

[26] 王士钊．斜发沸石对钾离子交换特性的研究 [D]．天津：河北工业大学硕士学位论文，1999.

[27] 郑素荣．河北赤城天然斜发沸石物化性能和 K^+-NH_4^+ 交换特性的研究 [D]．天津：河北工业大学硕士学位论文，2001.

[28] 袁俊生，杨永春．钠型斜发沸石在 K^+-Na^+-NH_4^+ 和 K^+-Na^+-Ca^{2+} 水溶液体系中的离子交换平衡．离子交换与吸附，2008，24（6）：496-503.

[29] 袁俊生，杨磊．改型斜发沸石在 Na^+-Ca^{2+}-Mg^{2+} 和 NH_4^+-Ca^{2+}-Mg^{2+} 水溶液体系中的离子交换平衡．过程工程学报，2010，10（2）：287-291.

[30] Junsheng Yuan, Fei Li, Yingying Zhao, et al. Liquid-solid equilibrium of the KCl-NH_4Cl-NH_3-H_2O system with different NH_3 contents at (273.15 and 298.15) K. Journal of Chemical Engineering Data, 2013, 58 (5):

1391-1397.

[31] 陈庆民．Na$^+$，K$^+$，NH$_4^+$//Cl$^-$—NH$_3$，H$_2$O 混合溶剂体系相平衡研究［D］．天津：河北工业大学硕士学位论文，2004.

[32] 李霞．K$^+$，NH$_4^+$，Mg^{2+}，Ca^{2+}//Cl$^-$—H$_2$O 体系相平衡研究［D］．天津：河北工业大学硕士学位论文，2010.

[33] 袁俊生，谢英惠，张林栋，等．用海水制取硫酸钾的方法：中国，ZL 200510133689.6. 2005-12-28.

[34] 袁俊生，陈建新，郭小甫，等．用海水制取氯化钾的工艺方法：中国，ZL 201010031348.9. 2010-01-14.

[35] 袁俊生，纪志永，郭小甫，等．用海水制取磷酸二氢钾的方法：中国，ZL 201010601557.2. 2010-12-23.

[36] В·И·克先津科，Д·С·斯塔西涅维奇著．溴碘工艺学．牛宝琦等译．北京：海洋出版社，1991.

[37] 陈敏恒，丛德滋，方图南，齐鸣斋．化工原理．北京：化学工业出版社，1999.

[38] Jelles Z. Bromine and its Compounds. London：Ernest benn Ltd，1966.

[39] 张秀芝，王树勋，王静，张雨山．膜技术在海水资源利用中的应用．海洋技术，2005，24（3）：128-131.

[40] Zhang Q，Cussler E L. Bromine recovery with hollow fiber gas membranes. J Mem Sci，1985，24（43）：43-57.

[41] Zhang Q，Cussler E L. Hollow fiber gas membrane. AIChE J，1985，31（9）：1548-1553.

[42] Ensafi A A，Eskandari H. Selective extraction of bromide with liquid organic membrane. Separation Science and Technology，2001，36（1）：81-89.

[43] Mehta A S. Henry's constant for bromine-sea brine system and liquid film mass transfer coefficient for desorption of bromine from sea-brin. Indian Chem Eng，2003，45（2）：75-83.

[44] Schubert P，Mahajan S，Beatty R D，et al. Recover bromine on site. Chem Tech，1993，3：37-41.

[45] Hayr Y，Timur K，Vecihi P. Hydrogen and bromine production from concentrated sea-water. International Journal of Hydrogen Energy，1997，22（10-11）：967-970.

[46] 左秉坚，郭德恩．海盐工艺．北京：中国轻工业出版社，1989.

[47] 王玉杰．山东沾化某盐场海盐设计．内部资料，2004.

[48] 张维润，等．电渗析工程学．北京：科学出版社，1995.

[49] Fortunato L，Giuseppe B，Enrico P. Direct contact membrane distillation：modeling and concentration experiments. J Membr Sci，2000，166（1）：1-11.

[50] Tanaka，Yoshinobu，et al. Ion-exchange membrane electrodialytic salt production using brine discharged from a reverse osmosis seawater desalination plant. Journal of Membr Sci，2003，222（1-2）：71-86.

[51] Curcio E，Criscuoli A，Drioli E. Membrane crystallizers. Ind Eng Res，2001，40（12）：2679-2684.

[52] Gryta M. Direct contact membrane distillation with crystallization applied to NaCl solutions. Chemical Papers，2002，56（1）：14-19.

[53] Godino M，Rincon L. Water production from brines by membrane distillation. Desalination，1996，108：91-97.

[54] Sudon M，Takuwa K，Iizuka H，et al. Effects of thermal and concentration boundary layers on vapor permeation in membrane distillation of aqueous lithium bromide solution. J Membr Sci，1997，131：1-7.

[55] Schofield R，Fane A，Fell C. Heat and mass transfer in membrane distillation. J Membr Sci，1987，33：299-313.

[56] 苏家庆等．真空制盐．北京：中国轻工业出版社，1994.

[57] 魏炳举，张万峰．白色氯化镁的工艺研究．海湖盐与化工，1998，27（04）：13-15.

[58] 钱礼华，李泉．试剂级晶体氯化镁生产工艺的探讨．化学试剂，2002，24（06）：373-375.

[59] 刘立平．制取高纯晶体氯化镁的研究．盐业与化工，2007，36（1）：18-20.

[60] Hourn M M，Wong F S，Jenkins D H，et al. Anhydrous magnesium chloride：CA，2175183（US，6143270）. 2000.

[61] Sivilotti O G，Sang J V，Lemay R J R. Process for making anhydrous magnesium chloride：US，5514359. 1996.

[62] 王玉萍，贺春宝，郭向东．盐湖苦卤直接制取精制硫酸镁的研究．无机盐工业，2004，36（03）：35-37.

[63] 程芳琴，董川．硫酸镁的生产方法及发展前景．盐湖研究，2006，14（02）：62-66.

[64] 丁红霞，贺春宝．高纯硫酸镁的生产方法及其应用．科技情报开发与经济，2007，17（30）：287-288.

[65] 李国英，贺春宝．硫酸镁的性质和用途及生产方法．山西化工，2008，28（01）：49-51.

[66] 刘宝树，胡庆福，胡永琪，等．七水硫酸镁综合利用研究．无机盐工业，2009，41（03）：45-46.

[67] 高春娟，张雨山，黄西平，等．浓海水-钙法制取氢氧化镁工艺研究．盐业与化工．2011，40（01）：5-7.

[68] Yearbook of Fine Chemicals. Tokyo：CMC Publishing CO.，LTD，1992.

[69] 闫会征．国内氢氧化镁的应用研究现状及前景．化工时刊，2011，25（01）：39-41.

[70] Mike O. Driscoll Industrial Minerals，1994（318）：23-45.

[71] 郭会仙，曾波，王国栋．氢氧化镁生产现状及市场分析．无机盐工业，2010，42（03）：7-10.

[72] Rothon R N，Hornsby P R．Flame retardant effects of magnesium hydroxide．Polymer Degradation and Stability，1996，54：383-385.

[73] 陈向锋，黄西平，魏炳举，等．一种生产环保型氢氧化镁的新工艺——海水、卤水-轻烧白云石沉淀法．盐业与化工，2008，37（01）：43-45.

[74] 张勇，袁建军．石灰卤水法制备氢氧化镁的反应条件探讨．天津科技大学学报，2006，21（02）：81-85.

[75] Hornsby P R，Watson C L．Mechanism of smoke suppression and fire retardancy in polymers containing magnesium hydroxide filler．Plastics and Rubber Processing and Application，1989，11（1）：452.

[76] 宋彦梅，衣守志．氢氧化镁的生产及应用技术进展．海湖盐与化工，2006，35（2）：15-20.

[77] 郭如新．国外氢氧化镁生产应用与研发动向．化工科技市场，2006，29（7）：10-15.

[78] Hirota K，Olabayashi N，Toyoda K，et al．Characterization and sintering of active. MgO Material Research Bulletin，1992，27：319-326.

[79] 高洁，狄晓亮，李昱昀．氧化镁的发展趋势及其生产方法．化工生产与技术，2005，12（05）：36-40.

[80] Yamamoto K，Umeya K．Production of high density magnesia．The American Ceramic Society Bulletin，1981，60（6）：636-639.

[81] 杨维强，肖根图．利用制溴废液生产高纯活性氧化镁的工艺研究．化工科技市场，2009，32（10）：20-23.

[82] 金荣．海水镁砂的现状．国外耐火材料，2005，30（2）：8-16.

[83] Nogueira H，Lana S L B，Morato A G，et al．Dead-burned magnesia from Brazilian magnesite．The American Ceramic Society Bulletin，1983，62（9）：978-981.

[84] 郝旭升．我国镁砂市场状况．耐火材料．2000，（4）：229.

[85] 王兆中．浅谈海水镁砂的研制与发展．海湖盐与化工，1998，27（1）：7-11.

[86] Halikia I，Neou-Syngouna P，Kolitsa D．Isothermal kinetic analysis of the thermal decomposition of magnesium hydroxide using thermogravimetric data．Thermochimica Acta，1998，320（1-2）：75-88.

[87] 徐丽君，于廷芳，于银亭，等．关于我国海水（含卤水）镁砂的研究与开发．海湖盐与化工，1999，28（01）：16-20.

[88] Li N．Formation，compressibility and sintering of aggregated MgO powder．Journal of Materials Science，1989，24：485-492.

[89] 方裕勋，贺仁彬，刘艳红．卤水-白云石微波催化制取氢氧化镁和氧化镁．无机盐工业，2005，37（02）：35-37.

[90] Green J．Calcination of precipitated Mg(OH)$_2$ to active MgO in the production of refractory and chemical grade MgO．Journal of Materials Science，1983，18：637-651.

[91] 李环，苏莉，于景坤．高密度烧结镁砂的研究．东北大学学报（自然科学版），2007，28（03）：381-384.

[92] Moodie A F，Warble C E．MgO morphology and the thermal transformation of Mg(OH)$_2$．Journal of Crystal Growth，1986，74：89-100.

[93] 赵春燕．高密度烧结镁砂的制备与研究［D］．沈阳：东北大学，2008.

[94] 高书宝，张雨山，张慧峰，等．提碘技术研究进展．化学工业与工程，2010，27（02）：122-127.

[95] 王景刚，冯丽娟，相湛昌，等．碘提取方法的研究进展．无机盐工业，2008，40（11）：11-14.

[96] 罗静，钟辉，徐粉燕．从卤水中提取碘的研究进展．内蒙古石油化工，2007（11）：3-5.

[97] Inayama K．Method for isolation of iodine from natural brine containing iodide ion：JP，51-116196.1976-10-13.

[98] Maekawa T，Igari S，Kaneko N．Chemical and isotopic compositions of brines from dissolved in water type nature gas fields in Chiba，Japan．Geochemical，2006，40：475-484.

[99] Wong G T F，ZHANG L．Seasonal variations in the speciation of dissolved iodine in the Chesapeake Bay．Estuarine，Coastal and Shelf Science，2003，56（6）：1093-1106.

[100] West P W，Lorica A S．A solvent extraction method for the separation of iodide．Analytica Chimica Acta，1961，25（1）：28-33.

[101] 王祝堂．从海水中提取锂的新方法．世界有色金属，1994，（4）：36-39.

[102] 袁俊生，纪志永．海水提锂研究进展．海湖盐与化工，2003，32（05）：29-33.

[103] 李丽，刘芳，吴锋，等．提锂用锰氧化物离子筛的研究进展．无机材料学报，2012，27（10）：1009-1016.

[104] Llic D，Kilb M，Holl K，et al．Recent progress in rechargeable nickel/metal hydride and lithium-ion miniature

rechargeable batteries. Journal of Power Sources, 1999, 80 (1-2): 112-115.

[105] 纪志永, 焦朋朋, 袁俊生, 等. 锂资源的开发利用现状与发展分析. 轻金属, 2013, (5): 1-5.

[106] 何启贤. 世界锂金属资源开发利用现状及其市场前景分析. 轻金属, 2011 (9): 3-7.

[107] 杨晶晶, 秦身钧, 张健雅, 等. 锂提取方法研究进展与展望. 化工矿物与加工, 2012, 41 (6): 44-46.

[108] Hamzaoui A H, M'nif A, Hammi H, et al. Contribution to the lithium recovery from brine. Desalination, 2003, 158 (1-3): 221-224.

[109] 王卫东, 曹茜. 国内盐湖卤水提取碳酸锂生产工艺及现状. 盐湖研究, 2010, 18 (4): 52-61.

[110] 刘向磊, 钟辉, 唐中杰. 盐湖卤水提锂工艺技术现状及存在的问题. 无机盐工业, 2009, 41 (6): 4-6.

[111] 陈婷, 康自华. 我国锂资源及其开发技术进展. 广东微量元素科学, 2007, 14 (3): 6-9.

[112] 黄佩佩. 基于离子交换树脂的盐湖锂离子吸附过程研究 [D]. 上海: 华东理工大学, 2012.

[113] 张彭熹, 张保珍, 唐渊, 等. 中国盐湖自然资源及其开发利用. 北京: 科学出版社, 1999.

[114] 张仲轩, 孟宪江, 钟耀荣, 等. 一种降低高镁锂比卤水镁锂比值的方法: 中国, 03112659.6. 2003-06-25.

[115] 肖小玲. 氢氧化铝沉淀法从卤水中提取锂的研究 [D]. 青海: 中国科学院研究生院, 2005.

[116] 钟辉, 许惠. 一种硫酸镁亚型盐湖卤水镁锂分离方法: 中国, 03117501.5. 2003-11-12.

[117] 杨兆娟, 向兰. 从盐湖卤水中提锂的研究进展. 海湖盐与化工, 2005, 34 (6): 27-29.

[118] 魏新俊, 王永浩, 保守君. 自卤水中同时沉淀硼锂的方法: 中国, 98119028.6. 2000-04-05.

[119] Tsuchiya S, Nakatani Y, Ibrahim R, et al. Highly efficient separation of lithium chloride from seawater. Journal of the American Chemical Society, 2002, 124 (18): 4936-4937.

[120] 张金才, 王敏, 戴静. 卤水提锂的萃取体系概述. 盐湖研究, 2005, 13 (1): 42-48, 54.

[121] Navarrete-Casas R, Navarrete-Guijosa A, Valenzuela-Calahorro C, et al. Study of lithium ion exchange by two synthetic zeolites: Kinetics and equilibrium. Journal of Colloid and Interface Science, 2007, 306 (2): 345-353.

[122] Chung K S, Lee J C, Kim W K, et al. Inorganic adsorbent containing polymeric membrane reservoir for the recovery of lithium from seawater. Journal of Membrane Science, 2008, 325 (2): 503-508.

[123] Wang Lu, Ma Wei, Liu Ru, et al. Correlation between Li^+ adsorption capacity and the preparation conditions of spinel lithium manganese precursor. Solid State Ionics, 2006, 177 (17): 1421-1428.

[124] Zhang Qin-hui, Sun Shu-ying, Li Shao-peng, et al. Adsorption of lithium ions on novel nanocrystal MnO_2. Chemical Engineering Science, 2007, 62 (18): 4869-4874.

[125] Chung K S, Lee J C, Kim W K, et al. Inorganic adsorbent containing polymeric membrane reservoir for the recovery of lithium from seawater. Journal of Membrane Science, 2008, 325 (2): 503-508.

[126] 纪志永, 许长春, 袁俊生, 等. 尖晶石型锂离子筛的研究进展. 化工进展, 2005, 24 (12): 1336-1341.

[127] 纪志永, 袁俊生, 李鑫钢. 锂离子筛的制备及其交换性能研究. 离子交换与吸附, 2006, 22 (4): 323-329.

[128] 李玲. 锂离子筛膜的制备和分离性能研究 [D]. 天津: 河北工业大学, 2011.

[129] 袁俊生, 周俊奇, 纪志永. 尖晶石型 $LiMn_2O_4$ 酸洗提锂机理研究. 功能材料, 2012, 43 (21): 47-51.

[130] Lu Wang, Wei Ma, Ru Liu, et al. Correlation between Li^+ adsorption capacity and the preparation conditions of spinel lithium manganese precursor. Solid State Ionics, 2006, 177 (17-18): 1421-1428.

[131] Qin-Hui Zhang, Shao-Peng Li, Shu-Ying Sun, et al. Lithium selective adsorption on 1-D MnO_2 nanostructure ion-seive. Advanced Power Tech, 2009, 20 (5): 432-437.

[132] Shin J R, Lin J R, Lee D C, et al. Method for adsorbing lithium ions from a lithium containing aqueous solution by a granular adsorbent: US, 2003231996. 2003.

[133] 董殿权, 刘维娜, 吴廷方, 等. 溶胶-凝胶法制备尖晶石结构镍锰氧化物型锂离子筛. 青岛科技大学学报 (自然科学版), 2009, 30 (4): 288-291, 296.

[134] 袁俊生, 孟兴智, 纪志永. 尖晶石型锂离子筛吸附剂前驱体的合成研究. 海湖盐与化工, 2005, 34 (1): 6-9.

[135] 孟兴智. 离子筛型吸附剂的成型及其性能研究 [D]. 天津: 河北工业大学硕士学位论文, 2005.

[136] 纪志永, 袁俊生, 李鑫钢. 锂吸附剂的合成及其性能研究. 化学工程, 2007, 35 (8): 9-13.

[137] 周仲怀. 海水提铀. 海洋科学, 1978 (03): 41-46.

[138] 中国科学院海洋研究所提铀组. 海水提铀吸附剂的研究. 海洋科学, 1979 (S1): 106-110.

[139] 张锦瑞. 国外从海水中提取铀的现状及研究方向. 铀矿冶, 1995, 14 (01): 49-52.

[140] 金可勇, 俞三传, 高从堦. 从海水中提取铀的发展现状. 海洋通报, 2001, 20 (02): 78-82.

[141] 杨金凤. 螯合电极的制备及其对海水中铀的原生态可控吸脱附 [D]. 青岛：青岛科技大学，2005：37-38.

[142] 吴航，辛浩波，杨锋，等. 螯合纤维对海水中铀的吸脱附性能研究. 合成纤维工业. 2008，31（6）：7-9.

[143] 卢丹，辛浩波，董辉阳，等. 含偕胺肟基功能高分子膜吸附海水中铀的研究. 铀矿冶，2009，28（04）：187-198.

[144] Badawy S M，Sokker H H，Othman S H，et al. Cloth fiber for recovery of uranium from radioactive waste. Radiat Phys Chem，2005，73（2）：125-130.

[145] 刘梅，朱桂茹，苏燕，等. 偕胺肟纤维的合成及对铀的吸附性能研究. 水处理技术，2009，35（7）：13-16.

[146] Alakhras F A，Dari K A，Mubarak M S. Synthesis and chelating properties of some poly（amidoxime-hydroxamic acid）resins toward some trivalent lanthanide metal ions. J Appl Polym Sci，2005，97（2）：691-696.

[147] 沈江南，林龙，陈卫军，等. 吸附法海水提铀材料研究进展. 化工进展，2011，30（12）：2586-2591.

[148] Seko N，Katakai A，Tamada M，et al. Fine fibrous amidoxime adsorbent synthesized by grafting and uranium adsorption-elution cyclic test with seawater. Separ Sci Tech，2004，39（16）：3753-3767.

[149] 郭志峰. 美国海水提铀技术取得重大进展. 国外核新闻，2012，9：22-23.

[150] Kavakli P A，Seko N，Tamada M，et al. A highly efficient chelating polyer for the adsorption of uranyl and vanadyl ions at low concentrations. Adsorption，2004，10（4）：309-315.

[151] Hirotus T，Katoh S，Sugasaka K，et al. Effect of water content on hydrophilic amidoxime polyer on adsorp tion rate of uranium from seawater. J Appl Polym Sci，1988，36（8）：1741-1752.

[152] 张士贤. 几种重水生产工艺方法比较表. 国外核新闻，1980（15）：32-33.

[153] 桂纯，李振蝠. 氨气-水之间氘交换法纯化核反应堆重水. 核科学与工程，2004，24（01）：24-26.

[154] 威廉·R·C·格雷厄姆. 重水的生产方法及设备：CN，1487903. 2004-04-07.

[155] 张继军，袁俊生. 海水脱钙技术研究进展及发展趋势. 现代化工，2013，33（3）：38-41.

[156] 李晓明，王铎，高学理，等. 纳滤海水软化性能及膜污染研究. 水处理技术，2008，34（4）：8-11.

[157] 袁俊生，焦亮，刘杰. 利用纳滤膜软化浓海水研究. 水处理技术，2012，38（11）：81-83.

[158] 冯俊举. 海水淡化与制盐联产方式的研究. 海湖盐与化工，2005，34（5）：4-6.

[159] 时钧，袁权，高从堦. 膜技术手册. 北京：化学工业出版社，2001.

[160] 张维润，樊雄. 电渗析浓缩海水制盐. 水处理技术，2009，35（2）：1-4.

[161] Yoshinobu T，Reo E，Sigeru I，et al. Ion-exchange membrane electrodialytic salt production using brine discharged from a reverse osmosis seawater desalination plant. Journal of Cleaner Production，2003，222：71-86.

[162] 侯杰. 三种壳聚糖对海水溴离子的吸附性能研究 [D]. 青岛：中国海洋大学，2009.

[163] Lozano J A F. Recovery of potassium magnesium sulfate double salt from seawater bittern. Industrial and Engineering Chemistry Process Design and Development，1976，15（3）：445-449.

[164] 汪华明，徐文斌，沈江南. 乳状液膜法提取浓海水中溴的研究. 浙江化工，2010，41（9）：20-23.

[165] 张运秋，袁俊生，付云朋，等. 高硅铝比钾离子筛的合成及其对 K^+ 的交换性能. 硅酸盐通报，2011，30（4）：880-886.

[166] Liu Meihong，Yu Sanchuan，Zhou Yong，et al. Study on the thin-film composite nanofiltration membrane for the removal of sulfate from concentrated salt aqueous：Preparation and performance. Journal of Membrane Science，2008，310（1-2）：289-295.

[167] 大矢晴彦. 海水综合利用集成系统的建议方案和技术创新. 日本海水学会志，1990，50（6）：389-394.

[168] Menachem E，et al. The future of seawater desalination：energy，technology，and the environment. Science，2011，333（6043）：712-717.

[169] 张维润，樊雄. 集成膜工艺海水淡化与浓海水综合利用. 水处理技术，2007，33（2）：1-3.

[170] Morton A J，Callister I K，Wade N M. Environmental impact of seawater distillation and reverse osmosis processes. Desalination，1996，108：1210.

[171] 周巧君，费学宁，周立峰，等. 海水淡化与水资源可持续利用. 水科学与工程技术，2010（5）：3-5.

第 11 章

>>> **海水淡化对环境的影响及评价与对策** ▌▌▌▌▌▌

如上所述，由于饮用水、工业和农业用水需求的增加，海水淡化为许多国家提高生活标准做出了贡献。但是，海水淡化技术也伴有不良的环境影响，如土地的占用、海洋环境污染、能量耗费、地下水污染和噪声等。为了保护和保持环境，许多国家开始评估淡化厂引起的环境影响。海水淡化厂一般坐落于海边，为主要城市的饮用水和其他用途提供淡水，海水管道渗漏会对地下水造成一定程度的影响；高度浓缩的盐水和脱盐过程中使用的一些化学产品被排回大海中，导致对附近地区海洋环境的影响；淡化厂产生的噪声也会使设备操作人员有些不适；淡化厂所必需的能耗，尤其是当所需电能是靠燃烧煤、石油等燃料获得时，排放的 CO_2 等废气对环境的间接影响是加速全球变暖……虽然采取合理的排放手段、使用环境友好型药剂、提高淡化的效率等可大大降低海水淡化对环境的影响，但是，海水淡化厂的建设和运行应始终将海水淡化对环境的影响放在重要的位置来考虑[1,2]。

11.1 海水淡化对海洋环境的影响

11.1.1 海水淡化的能耗[3,4]

假设 RO 淡化厂的能耗为 $4kW \cdot h/m^3$（能量来源为化石燃料），那就是说，基本上要排放 CO_2 $2kg/m^3$，NO_x $4g/m^3$，SO_x $12g/m^3$ 和 NMVOC（非甲烷类挥发性有机化合物）$1.5g/m^3$；而对于 MSF 或 MED，以上四者的排放分别约为 $20kg/m^3$、$25g/m^3$、$27g/m^3$ 和 $7g/m^3$。Raluy 等对各种淡化技术进行了运行周期循环评估，也验证了 RO 所导致的环境负荷和空气污染物比热法 MSF 和 MED 要低约一个数量级。

由于科技进步，如能量回收系统的应用，使海水反渗透设备的能量耗费得以降低。但是淡化厂仍然需要额外的电能供应，而这些电能又主要靠燃烧燃料获得，这将产生废气（如 CO_2、SO_2），并排入到大气中，既会导致全球变暖，也会污染大气，形成酸雨等。

11.1.2 浓海水排放对海洋环境的影响[5,6]

经淡化后，海水浓缩达 $1.3 \sim 1.7$ 倍。这些浓海水排回海洋中，其对海洋环境影响的大小取决于环境和水文气象状况，如流、浪、水深和风等。这些因素将制约浓盐水与海水的混合程度，进而决定其影响的范围。

高盐度海水通过淡化厂排放管道排入海洋，会增加附近水体的海水盐度，将影响相关海域海洋生态环境。同时，随浓水排放的金属腐蚀物、阻垢剂、杀生剂（主要是氯和次氯酸盐）、去氧剂、酸、碱、消泡剂、防腐剂和氯化后形成的有机化合物以及热（主要是热法海水淡化）等也对海洋生态环境造成一定程度的影响，这些都应引起关注。

11.1.2.1 浓盐水对海洋环境影响的差异[5,7,8]

Einav 和 Lockiev 指出，盐度对海洋环境的影响程度因地点而不同，显然这与海洋环境的特性（如珊瑚礁、岩石海滩或沙地）及海洋生物的来源有关。根据对淡化厂影响的敏感程度，Hopner 和 Windelberg 把全球海洋环境分成 15 种，如表 11-1 所示。由 1 到 15，海洋环境越来越容易受海水淡化厂的影响。

表 11-1　海洋环境对淡化厂的敏感程度

海洋环境类型	海洋环境类型
1. 高能海岸（多岩或多沙，有与海岸平行的水流）	9. 海湾
2. 裸露的岩石海岸	10. 浅的低能海湾和半封闭礁湖
3. 成熟的海岸（沉积物具有可移动性）	11. 海藻（细菌）丛簇
4. 沿海上升流	12. 海草海湾和浅水区
5. 高能、潮汐温和的海岸	13. 珊瑚礁
6. 河口或类似河口区	14. 盐沼泽
7. 低能的沙、泥和平坦岩石的海滩	15. 红树林
8. 盐滩（盐沼）	

海水淡化厂对水文的影响最主要在海域水文方面。在施工期间，取、排水口及输水管线的设置将影响水流流况及底质的扰动，工程进行完毕后，此种扰动将会消失。而在营运期间则是取、排水口附近因取水及排水作用而影响水流流况，此部分经妥善规划后，可使卤水经排放后能迅速被周围海水稀释。

海水淡化厂营运期间，因淡化机组运转，将持续排放卤水至邻近海域，对排口附近之水质将有影响。淡化过程不同，排放浓盐水的物理、化学性质亦有所不同，以下针对蒸馏法与反渗透法的排放浓盐水加以说明。

（1）蒸馏法海水淡化厂排放浓盐水特性　蒸馏法海水淡化厂排放的浓盐水的特性是温度较高、盐分浓度较高、含有结垢抑制剂及由管线剥离的金属离子（铜、镍、铅等）。由于蒸馏法海水淡化在处理过程中，温度较高，容易产生结垢及热交换器腐蚀现象，为防止结垢，在进流海水中将添加结垢抑制剂或添加酸性药品以抑制结垢生成，因而造成些微剂量混入排放水中。由于海水腐蚀及温度高造成的腐蚀难以避免，使得浓盐水中金属离子浓度大为提高。

（2）反渗透海水淡化厂排放浓盐水特性　反渗透排放卤水与蒸馏法排放卤水最主要的不同在于反渗透法无温差问题。由于反渗透法不需提高水温，故排放浓盐水与周围海水的水温接近。反渗透法排放浓盐水最主要的特性为盐分浓度较高及含有微量化学药品。以回收率40%计算，排放卤水的盐分浓度约为原来海水盐分浓度的 1.67 倍。为了避免因其密度较大，沉积在海底，必须妥善规划排放口，使卤水射流能与周围海水迅速扩散混合。

为了降低排放浓海水对海域生态的影响，排水的设计规划必须配合地形，使其能迅速扩散、混合及稀释，尽量减少影响范围。

11.1.2.2 对海水水质的影响[9,10]

浓盐水排入海洋后，在风浪和海流的作用下，与海水发生混合稀释，浓度会逐渐下降。但 Y. Fernandez-Torquemada 等对地中海阿利坎特海水反渗透淡化厂（生产能力 $50000m^3/d$，水回收率 40%）排放的浓盐水进行的监测分析表明，海水自身的稀释作用并不像想象的那么强。在邻近排放口附近的海域内，稀释作用比较强，随着与排放口距离的增加，稀释作用减弱，在距离排放口 4km 处，出现了稳定的高盐度区。通过扩大调查研究的面积进一步分析，得到了同样的结果，越远离排放口的盐水稀释得越慢，在距离排放口几千米以外的底层海水盐度出现最高值。

海水局部盐度的增加会引起水体分层，从而阻止光的穿透并破坏光合作用，扰乱生物链系统，造成深海物种、幼虫和幼小个体的灭亡。淡化厂排出的浓盐水由于其中的化学元素浓度较高，密度相对较大，易沉入海底，不利于充分混合，因此在排放口附近形成了一个高盐区域。

11.1.2.3 对河口生物的影响[11,12]

淡化厂高温浓海水的排放会影响整个排放区域的周围环境，引起当地水文地理环境和水质的恶化，并直接影响生物的生理机能，例如生物体内酶的活性、生物繁殖、呼吸和光合作用等。水中溶解氧的改变和有毒化学物质的存在，最潜在的影响是会间接导致生物体抵抗力和免疫能力的降低。

（1）盐度对海洋生态系统的影响[12] 排放浓海水对海域生态的影响可分为初级影响及二级影响。初级影响包括：致死应力的短期影响，致死应力的长期影响，次致死应力（如迁移）的短期影响，次致死应力（如生物累积）的长期影响。而二级影响包括：栖息环境的改变或破坏，食物链的破裂及生态系统改变，竞食者、掠食者、有害生物及疾病的增加，食物来源生物体的致死应力。

① 盐度对浮游植物的影响[13,14] 盐度升高会引起浮游生物生物量的降低，并且会减少浮游生物的种类，降低其多样性指数，最后使浮游生物群落向耐盐型方向演变。有一些种群，例如硅藻类能够适应一定范围内的盐度波动，或是其启动自身各种蛋白参与渗透调节过程来应对外界盐度变化的结果，但多数种群在高盐海水中均不能正常生长和繁殖。浮游植物对生活环境的盐度变化有一定的适应范围，在适应范围内又存在最佳盐度范围，在此范围内生长繁殖最快，一旦超过适盐范围，过高或过低的盐度对藻类细胞均会造成伤害，直至死亡。

② 盐度对浮游动物的影响 不同浮游动物对盐度的忍耐程度不同，盐度的升高或降低都可能影响浮游动物的分布、群落组成及多样性指数。同种浮游动物在不同发育阶段的适盐范围也存在差异，如文蛤浮游幼体幼体期的最适盐度为 15.9～22.6，其成活率、变态率、生长速度皆最高，而在盐度 41.5 的海水中不能存活。总之，大多数的浮游动物对高盐的适应性要远远弱于对低盐的适应性，盐度升高对浮游动物的影响显著。

③ 盐度对底栖生物的影响[14,15] 海水盐度的增加引起水体分层，由于它们相对密度较高使得它们沉入海底，形成一个高盐区域，使底栖生物因细胞脱水、组织膨压降低而死亡，并改变其原有生态环境，对海洋近岸底层生物影响严重。高盐对底栖动物幼体的影响往往要大于对成体的影响，底栖生物种群会因幼体的大量死亡而衰退，群落稳定性也将降低。由于底栖生物对盐度忍耐能力不同，因此对盐度变化敏感的物种其丰度会降低，从而引起底栖生物群落组成的改变和多样性减少。

　　海水淡化浓盐水的排放会对底栖微藻造成灾难性的影响，底栖微藻数量的急剧减少，以它为食的其他海洋生物势必受到影响。Ruso 等对西班牙 Alicante 沿岸的调查发现，在淡化厂排水口附近海域底栖动物群落趋向单一化，线虫丰度较高，生物多样性减少，原先的优势种甲壳类和软体动物逐渐减少，而棘皮动物最终在该区域消失。

　　④ 盐度对鱼类的影响　鱼类受精卵在适宜盐度范围内能正常孵化，但若盐度过高，会影响受精卵细胞内外的物质平衡，导致卵细胞受到损伤或破裂，孵化率降低，仔鱼畸形率也将随之增加。如：脉红螺卵袋孵出幼体存活和生长的适宜盐度为 29.5～35.5，高于或低于此盐度范围，幼体 9 天内全部死亡；仔、稚鱼存活率在相对低盐的海水中要大于高盐环境。河口、海湾和近岸通常是经济鱼类的产卵场和索饵场，盐度升高会对海洋生物产卵场造成不利影响，进而将影响渔业资源的恢复和渔业生产力，因此，海水淡化浓海水的排放最好远离渔场。

　　⑤ 盐度对甲壳类经济动物的影响　甲壳类经济动物是我国海水养殖的主要对象之一。研究表明，锯缘青蟹的盐度适宜范围是 23～35，且在盐度为 27 时成活和生长情况最好，而当盐度达到 39 时，其幼体在实验初期便大量死亡；中华虎头蟹的适宜盐度范围为 25～35，最适盐度为 30，但当盐度到 55 时仍能存活，但其摄饵量和存活率均显著降低；虾蛄的适宜盐度范围是 23～29，当盐度升高时耗氧率变化很大，虾蛄对盐度升高很敏感；凡纳滨对虾的适宜盐度范围为 15～35，最适盐度为 22.93，凡纳滨对虾仔虾含水量随盐度增加而降低，仔虾的生长率也明显下降。

　　⑥ 盐度对海草的影响[17,18]　海草是许多动植物物种赖以生存的栖息地和保护所，它在浅海区形成植被群落，形成具有与陆地森林重要性相当的海洋生态系统。其对盐度变化极为敏感，盐度升高会改变海草的生理过程，如抑制光合作用和呼吸作用、降低叶绿素含量、改变叶绿体亚显微结构、降低酶的活性等，从而影响其代谢、生长、发育和繁殖。Manuel Latorre 研究表明，在盐度超过自然水体盐度后，海草死亡率提高，叶子坏死或大量脱落；在海水盐度为 43 时，生长速率为天然海水下的一半；当盐度提高到 50 时，海草在 15 天内全部死亡。浓盐水的排放还会对生活在海草生物群落中的其他海洋生物（如海绵、虾蟹类、腹足类和双壳类等）构成威胁，从而影响该海域的生态平衡。

　　盐度增加对海洋生物亦有影响，因为盐度变化会改变海洋生物本身体液与生活环境海水间渗透压的平衡。许多海洋生物的呼吸及排泄能力，都与其周遭的盐度有密切的关系。

　　根据研究，海洋中的浮游生物对盐度变化具有相当大的忍受力，但其生长率在盐度大于 40000mg/L 时，会明显地下降。而潮间带的海藻，可忍受其环境盐度变化的 0.1～0.3 倍，只能生存于其环境盐度变化的 1.0～1.5 倍之内。一般而言，底栖动物对盐度与温度二者相伴变化的敏感性高于底栖植物。在潮间带及亚潮间带数米深度内生长的无脊椎动物，多由于广盐性种类，可以忍受较大范围盐度的改变，其多可利用调节本身渗透压的生理作用来适应环境的改变，而鱼类可通过渗透压的生理作用或移至别处来适应环境变化。

　　（2）温度升高对海洋生物的影响[12,16]　温度高的浓海水会导致周围海水温度升高，从而影响海水的物理性质，直接或间接导致水质恶化。因为水温升高，溶解氧含量降低，而水中生物需氧量增加，这使得水中溶解氧含量明显降低，水中生物处于缺氧状态，细菌呼吸作用随生物体耗氧量的增加和水温的升高而加强，这共同导致了海洋生态系统中的缺氧症和组织缺氧症，在夏季尤为明显；水温升高，海水密度、黏度均降低。密度的变化导致海水密度分布的重新调整，温排水因其密度较小而浮于上层，从而出现水体分层；黏度降低导致海水中悬浮物沉淀速率增加，从而影响沉积物的组成和沉积速率；温度升高，水蒸气压力增加，从而加速海水的蒸发以及海-气之间的热量、水量交换，这在夏季尤为明显。

① 温度升高对浮游植物的影响 温度是影响浮游植物种类组成的重要环境因素，在水温 8～32℃范围内均能生长繁殖，但在 30℃时，繁殖速度下降，在 32℃时，细胞在一天内即全部死亡；而温度升高对浮游植物种类的影响更为显著，浮游植物种类组成的变化体现了温升对浮游植物种群演替的影响。

② 温度升高对浮游动物的影响 对浮游动物而言，水体增温≤3℃时，多数情况下不会对其种群有不利影响，相反会促进其种类、数量及生物量的增加，从而提高海域的生产力和物种的多样性。这种情况在水温较低的春、冬、秋季更为明显。但当水温超过一定范围，浮游动物数量会急剧降低。

③ 温度升高对底栖生物的影响 在浓海水排出口附近的底栖生物因其有限的活动能力，迁移能力弱，在受到热排放水冲击的情况下很难回避，容易受到不利影响。种类明显减少，生长受到抑制或导致死亡。

④ 温度升高对鱼类的影响 鱼类体温随环境水温的变化而变化。温度急变对某些鱼类的繁殖、胚胎发育、鱼苗的成活等均有不同程度的影响。一般而言，在合适温度范围内，水温的升高会提高鱼类的摄食能力，促进其性成熟，加速生长。但如果水温超过其适温范围，将会抑制鱼类的新陈代谢和生长发育；超过其忍受限度，还将会导致死亡。水温升高，还会引起某些鱼类的异常生长，如降低鲈鱼生长能力，促使个体早熟，产卵时间提早，产卵期延长，虽然受精率提高，但受精卵正常发育和孵化率大大降低，等等。

溶解氧、温度与盐度被视为是决定海洋生物生长与存活的重要非生物因子。若溶解氧过低，则生物将因无法进行新陈代谢而死亡，而温度改变对生物之影响又大于盐度的作用。一般而言，水温超过 34℃时会抑制浮游植物光合作用速率并影响浮游动物的生存与正常代谢。对底栖生物而言，超过 33～35℃时即会有大型藻类死亡现象发生，而底栖动物可忍受的临界水温为 33～36℃左右，鱼类的忍耐限度则在 34℃左右。

11.1.3 海水淡化的预处理和化学清洗用药剂对海洋生态环境的影响[11,15]

淡化厂排放的浓盐水不仅具有很高的盐度，而且含有多种在淡化预处理过程中使用的化学药剂［包括混凝剂、助凝剂、消毒剂、阻垢分散剂、水质软化剂、除氧剂、消泡剂和防腐剂等，如 $FeCl_3$、PAM、NaClO、硫酸、盐酸、$(Na_3PO_3)_6$ 和 $NaHSO_3$ 等］，膜清洗过程中使用的药剂（柠檬酸、多磷酸钠、EDTA 和苛性碱等），以及管道锈蚀产生的大量重金属等。这些化学物质随浓盐水一起排放到海洋中，也会对海洋生态系统造成一定程度的影响和破坏。例如改变一些种群的结构、组成和多样性，降低邻近海水中生物的繁殖率，降低成活率，影响生态作用和种群生物链等。这些影响通常出现在较浅的河口区、封闭或者半封闭的水域以及受污染的区域，例如淡化厂和电厂的聚集处、排污工厂等。

（1）杀生剂的影响[11] Rachid Miri 等对杀生剂（主要是氯）毒性等进行了相关研究，结果表明：排出物中氯的浓度取决于海水氯化的加料速率，残留氯浓度的升高会影响周围水体的水质，进而影响生态系统，由于这些残留的灭杀剂流入海洋中形成了有毒的化合物，使得海洋环境受到了威胁。菌类的增加会引起对生物灭杀剂需求量的增加，进而增加对海洋生物的毒性。

图 11-1 说明了暴露在氯化物环境下海洋生物的中毒和亚中毒的极限，杀生剂的含量高于 0.01mg/L 时将引起浮游植物光合作用的停滞，并且导致浮游动物和无脊椎动物和鱼类的幼虫死亡。

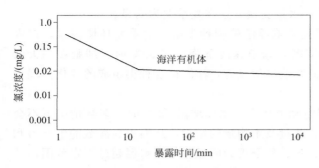

图 11-1　氯对海洋生物的影响

（2）微量金属的影响　在脱盐过程中，混凝剂中的铁元素能够增加水体的扰动，导致光学污染和干扰光合作用。

（3）防垢剂的影响　防垢剂的影响主要是干扰了有机体的分子细胞膜组织的正常功能；硫酸的加入会降低海水 pH，影响碳酸盐系统，可能对海水化学性质及生物产生影响。氨水是一种值得关注的物质，因为未电离的氨（NH_3）对水生物毒性很大，电离的和未电离的形式都存在，两者的比率由 pH 控制。

这些潜在的影响使得河口区的生物大量死亡，以及无脊椎动物和鱼类免疫和防御能力不同程度地降低。它们的机体组织相继死亡，要么是由于缓慢无力的呼吸而导致窒息死亡，要么是身体内或外传递营养的组织系统的突然崩溃，要么是受到外界的刺激所导致。这些动物的死亡隐患是潜伏的、隐性的，一旦爆发则非常突然和迅速，并且在一定程度上，会降低无脊椎动物和鱼类的卵和幼虫的成活率。

11.1.4　腐蚀产物和固废对海洋环境的影响[19]

在脱盐排放水中铜的浓度高于正常海水中浓度的 200 倍，它是生物中酶的抑制剂，会导致大量敏感组织的死亡，对于浮游植物，铜抑制了光合作用和蛋白质的新陈代谢过程，限制了硝酸盐和硅酸盐的吸收和利用；对于河口区的鱼类，使得它们机体的生理特性、生殖能力和成长过程都会发生改变。长时间暴露在高浓度微量金属环境下会导致机体的病理反应（组织的病变和恶化，已损坏的组织难于修复和重建，癌变的发生和基因的错乱等）。

海水淡化过程中产生的固体废弃物含有重金属，这将对近海海域造成很大的污染。同时，海水中过量重金属除直接对海洋生物造成毒害外，还由生物体富集和食物链传递，通过海产品进入人体并造成危害。

11.1.5　取、排水机械作用对海洋生物的影响

动力设备对海洋生物的影响包括多种非生物因素和生物因素，其中非生物因素主要是淡化厂地点的环境状况和取水量；生物因素主要与生物的丰度、存活状态、生态作用和再生能力有关。海水流过过滤系统的过程中均会伴有海洋生物的死亡，从而对海水中生物的数量和群落产生较大的影响。浮游生物、无脊椎动物和幼鱼类同时受到碰撞以及因热和化学效应造成的影响，由此引起的浮游动植物、海底生物和鱼类数量的减少难以估计；水流、水质、水温、生物生活环境的变化，会改变一些种群的结构和成分，降低邻近海水内的生物繁殖率，降低成活率，影响生态作用和种群生物链等生物体的种类组成、多样性和密度；在一些环境下，个别有害的种群会取代原来种群，从而影响整个海洋生态系统的种群平衡。

11.1.6　占地和噪声

（1）对土地利用的不利影响　J. Jaime Sadhawani 等指出产水量 5000m³/d 或 10000m³/d 的反渗透海水淡化厂需要 10000m² 的土地。此外，改善基础设备也是必需的，如电能的传输、供水和水产品的运输管道、甚至是浓盐水的排放口等，而这些都会占用大量的土地。例

如黄岛电厂设计的 $23000m^3/d$ 的淡化厂，反渗透占地 $7560m^2$，低温多效占地 $4490m^2$。

（2）海水淡化的噪声影响　海水反渗透脱盐设备的噪声污染是非常严重的。高压泵和能量回收系统，如涡轮等能产生超过 90 分贝的噪声。因此，它们必须远离居民区并且安装适当的消音设备来降低噪声。

（3）海水淡化对陆地的影响　海水和盐水管道一般铺设于蓄水层之上，如果管道渗漏，盐水就会渗透到蓄水层，从而污染地下水。应采用适当的技术将其对蓄水层的影响减少到最低限度。

11.2　海水利用对海洋环境影响的评价[20～23]

11.2.1　国内外有关海洋环境方面的法规[20]

自 20 世纪五六十年代以后，由于海洋污染问题日趋严重，引起沿海国家和国际组织广泛注意，纷纷制订并颁布保护海洋环境和资源的法律、法令和国际公约。第一部国际性海洋环境法是 1954 年在伦敦签订的《防止海洋石油污染的国际公约》，其他比较重要的还有1972 年国际海上倾废会议通过的《防止倾倒废物及其他物质污染海洋的公约》，1973 年联合国政府间海事协商组织通过了《国际防止船舶造成污染公约》等，1982 年通过的《联合国海洋法公约》，强调进行国际性合作，把海洋环境作为整体加以保护。同时，各海域沿岸国家也签署了相应的区域性公约或协议，如波罗的海、地中海、北大西洋、南太平洋等水域环境保护的公约。美国、俄罗斯、日本、英国、加拿大、德国、丹麦、芬兰、瑞典、阿曼、新加坡等沿海国家也制定了国家级或地区级的海洋环境法规。由于健全了法制，采取了各种保护措施，海洋环境质量获得了改善。

沿海国家的海洋环境法规和保护海洋环境的国际公约主要包括下列 6 类：①防止船舶造成污染的法规；②有关倾倒废弃物的规定；③海洋资源勘探开发造成污染的法规；④关于划定防污区和禁区的法规；⑤海底资源管理的法规；⑥关于导致海洋污染的责任和赔偿规定等。这些法规对于保护海洋自然资源和防治海洋污染，都是必不可少的法制手段。

我国自 20 世纪 70 年代开始陆续制定海洋环境保护法。1974 年国务院批准《中华人民共和国防止沿海水域污染暂行规定》。1978 年修改通过的《中华人民共和国宪法》中，有国家保护环境和自然资源，防治污染和其他公害的规定。1982 年第五届全国人民代表大会第五次会议通过的新宪法第二十六条，对环境保护问题作了专门规定。1979 年颁布的《中华人民共和国环境保护法（试行）》，对海洋环境保护也作了一些规定。1982 年 8 月 23 日通过和颁布的《中华人民共和国海洋环境保护法》，标志着中国海洋环境立法进入新的历史阶段。1983 年 12 月 29 日又颁布《海洋石油勘探开发环境保护管理条例》和《防止船舶污染海洋环境管理条例》。《中华人民共和国海洋倾废管理条例》于 1985 年 4 月 1 日起生效。为加强对陆地污染源的监督管理，防治陆源污染物污染损害海洋环境，1990 年 6 月 22 日国务院令第 61 号发布了《中华人民共和国防治陆源污染物污染损害海洋环境管理条例》。自2003 年 9 月 1 日起《中华人民共和国环境影响评价法》开始施行，该法的施行是我国环保事业的历史性突破，对于落实环境保护基本国策和实施可持续发展战略意义重大。

11.2.2　对海洋环境影响的评价——生物生活环境评估[21,22]

海洋环境影响评价是指对海域的规划和建设项目实施后可能造成的环境影响进行科学分

析、预测和评估，提出预防或者减轻不良环境影响的对策和措施，进行跟踪监测的方法与制度。

21世纪以来，全球海洋环境，特别是海岸带环境持续恶化，如何有效地保护海洋环境已经成为世界各沿海国家所共同面临的问题。欲有效地解决海洋的生态与环境问题，首先需要通过海洋环境监测，快速准确地获取相关的海洋环境数据，并采取恰当的方法对这些海洋环境数据进行评价，最终获得对海洋环境保护、海洋资源开发和可持续发展有指导意义的科学依据和决策支持。

欧洲保护北大西洋海洋环境的奥斯陆-巴黎公约（OSPAR）组织指出，海洋环境监测的内容涵盖了三个层面的重复测定：重复测定海洋环境各介质（包括水、沉积物和生物体）的质量和海洋环境的综合质量；重复测定自然变化及人为活动向海洋输入的、可能会对海洋环境质量产生影响的物质和能量；重复测定人类活动所产生的环境效应。

对海洋环境进行评价，是对特定海域及沿海地区的环境健康状况进行综述，包括分析评价海域的水动力学、化学、栖息地和生物现状，评估人类活动在不同时空尺度上对具天然可变性的环境要素的影响效应等。因此，海洋环境评价是在海洋环境监测的基础上开展的，可以是针对海洋环境某个方面所开展的主题评价，也可以是针对海洋环境诸多方面开展的综合评价。

海洋环境质量监测对弄清海洋环境质量现状、评估海洋环境质量演变趋势、确定环境压力和生态效应之间的因果关系、评价环境保护管理措施的效率具有关键作用。作为保障国家安全、合理开发利用海洋资源、促进海洋经济可持续发展、保护海洋环境和减灾防灾不可或缺的基础性工作，海洋环境监测与评价日益得到国际社会和沿海各国的高度关注。围绕全球重大环境问题、社会经济发展和国家安全的重大战略需求，发达国家和地区陆续建立中长期的海洋监测发展规划战略，环境监测能力迅速得以提升，监测体系向高分辨、大尺度、实时化和立体化发展，监测目标向生态功能延伸，监测评价由区域向全球扩展，关注焦点从传统意义上的污染监测和评价，逐步转向对人类健康保障、海洋生物多样性保护、海洋环境可持续开发利用、海洋环境保护措施效果和管理行动计划的优先顺序等更深层次问题的聚集。

欧美等发达国家和海洋环境保护组织在海洋环境监测与评价方面进行了长期的探索和研究，对于当前全球海洋所面临的海洋污染、渔业资源衰退、海洋生境改变与丧失、外来物种入侵和赤潮灾害频发等诸多环境问题，都积累了丰富的经验，发布了一系列较为先进的管理政策、科学理论和监测技术方案，并成功应用于海洋环境保护的实践中。主要有以下6个方面的特点：

（1）重视海洋环境监测与评价方法体系的完善与统一。欧盟和OSPAR在实施海洋环境监测与评价项目的同时，首先推出了一系列完整的监测与评价技术指南（导则），并在实际工作中不断修订和完善。同时，对于地理区域上有交叠的OSPAR和欧盟的WDF所开展的海洋环境和评价工作，也非常注重不同计划间技术方法的协调一致，既提高了监测与评价项目的运行效率和数据的使用效率，又避免了重复工作。

（2）重视水体的富营养化评估。1972年斯德哥尔摩会议时，近岸水体的富营养化尚未成为全球关注的主要环境问题。自20世纪70年代末以来，由于生活污水排放量和农业化肥施用量的激增，富营养化已成为全球性的环境焦点问题。以美国为例，据美国科学院估算，大西洋沿岸和墨西哥湾排入近海的生活污水中氮的含量自前工业化时代以来已增长5倍，若不采取有效措施，到2030年，进入近海的氮量可能会增长30%。美国60%以上的河口和海湾生态系统由于富营养化问题而中度或严重退化。因此，就目前的海洋环境监测而言，各个国家和地区海洋水体监测的重点均置于富营养化及其相关的问题上。另外，目前富营养化评价方法已超越了第一代简单的富营养化指数求算，而进入了第二代以富营养化症状为基础的多参数评价方法体系。

（3）重视海洋环境生态状况的监测和综合评估。在海洋生态系统退化问题日益严重的严峻形势下，各沿海国及海洋环境保护组织均将海洋环境监测和评价的重心自污染监测向生态监测转移，按生态功能区划分监测区域，以更加明确水质保护目标。澳大利亚利用区域项目"生态系统健康监测计划"进行了定量化的生态健康综合评价的尝试；同时在全国河口状况评价项目中采用系统化的指标，通过未受人类活动干扰的对照环境条件的比较，对河口的综合生态状况偏离原始状态的程度进行了定性的评估。但目前国际上的生态监测和评价方法尚不完善成熟。确定科学的生态健康状况的评价指标和评价阈值，建立适宜的综合评价方法体系，是困扰从事该领域工作的生态学家和海洋环境学家的最大难题。

（4）重视污染源的监测。海洋污染源除了点源外，还有农业灌溉水排放、城市径流和污染物的大气沉降等非点源，入海污染源数量庞大且分散，管理难度大，不确定性也较大。因此，各国在加强点源排放监测的基础上，制定了非点源污染源污染整治行动计划，采取全流域水质保护的综合管理模式，以满足滨海地区点源和非点源污染整治的需要。为降低营养盐的向海输入，美国最新版的海洋政策要求沿海各州制定并强制执行营养盐水质标准，减轻非点源污染，实施以污染物日最大总量为指标的点污染源和非点污染源排放减少计划。OSPAR的"联合评价与监测项目"对于点源和非点源污染的监测与评价均提出了详细的技术要求，并根据污染源的类型分别开展了河流和直排口监测以及大气综合监测。

（5）强调海洋环境监测和评价的区域特征。海洋环境具有明显的区域特征，因而在监测和评价时不能一刀切，要根据各个不同评价水域的水动力学、生物和化学等背景状况，划分适宜的评价单元，并选择评价指标和评价标准。

（6）强调海洋环境监测和评价的公众服务功能。以海洋环境是否能满足人类使用、利用海洋资源的需求为目的的监测和评价项目。为加强对人类活动管理提供科学依据和决策支持，切实将海洋环境监测和评价工作与保护海洋环境免受人类活动影响的管理工作紧密结合。

11.2.3　对海洋环境影响的评价标准

按照对海洋环境保护工作由重视污染防治向污染防治与生态建设并重转变的要求，各级海洋行政主管部门逐步加大海洋排污口监测和海洋生态监测力度，并着重对各类监测数据进行生态健康评价。为提高这些工作的标准化、科学化和规范化水平，确保入海排污口监测和海洋生态监测及其评价结果切实为海洋环境保护管理服务，同时为各类海洋科研调查机构提供统一技术标准，国家海洋局于2005年5月18日批准发布了13项海洋环境监测与评价行业标准：

《陆源入海排污口及邻近海域检测技术规程》，HY/T 076—2005；

《江河入海污染物总量监测技术规程》，HY-T 077—2005；

《海洋生物质量监测技术规程》，HY/T 078—2005；

《贻贝监测技术规程》，HY/T 079—2005；

《滨海湿地生态监测技术规程》，HY/T 080—2005；

《红树林生态监测技术规程》，HY/T 081—2005；

《珊瑚礁生态监测技术规程》，HY/T 082—2005；

《海草床生态监测技术规程》，HY/T 083—2005；

《海湾生态监测技术规程》，HY/T 084—2005；

《河口生态系统监测技术规程》，HY/T 085—2005；

《陆源入海排污口及邻近海域生态环境评价指南》，HY/T 086—2005；

《近岸海洋生态健康评价指南》，HY/T 087—2005；

《赤潮监测技术规程》，HY/T 069—2005。

以上标准均为推荐性行业标准，自 2006 年 6 月 1 日起施行，HY/T 069—2003《海洋有害藻华（赤潮）监测技术导则》同时废止。

11.2.4　对海洋环境影响的评价方法[23]

环境影响预测与分析是运用模式、理论考虑、个案研究、问卷调查等方式将计划前后或计划在生活环境、自然环境、文化与景观、经济等方面造成的品质差异及影响程度范围予以研究。预测与分析需将各层面之影响均予以预测分析，通常可以量化之项目（如生活环境、自然环境等）一般使用实体模式，即以实体物质及状况进行观测分析，将发现结果记录引用于预测项目。类比模式，即以模式或不同比例之实验体，模拟实体状况，并将观测结果引用于预测项目。数学模式，即以数理模式推估变化影响之程度，包括其变化量、浓度、距离、强度等。而人文经济及景观方面等项目较难以理论推估或予以量化，且其影响多属于次级（secondary）和三级（tertiary）效应，评估与分析时多具主观感受，故于评估时应考虑公平性、普遍性、共通性等原则。

近十多年中，海水淡化在全世界范围内流行。而淡化成为沿海地区淡水生产主流技术的一个关键阻碍就是淡化厂的浓海水排放对水生生物潜在的环境影响。对淡化厂的一种环境评价方法便是生物的盐度忍耐极限法。淡化厂排放口区域的海洋生物所能容忍的最大 TDS 浓度被定义为盐度忍耐极限，其取决于水生生物栖息地的类型、排放的地点和这些生物暴露于浓海水的时间。这些条件随淡化厂排放区域的不同而不同，因此，要想建立一个确定盐度忍耐极限的普遍规则是非常困难的。

海水淡化设备每生产 1m³ 淡水需要 1.5～2.5m³ 海水。因此，脱盐过程主要的副产物是浓海水流（指浓缩海水），其体积与生产的淡水相似，总溶解固体物质是周围海水盐度的 1.5～2.5 倍。因为它的高盐度和负浮力，淡化设备排放的浓海水必须经过一定处理，一是与周围的另一海水或淡水混合排放（如电厂冷却水或废水排放）相混合，二是排放时经过出口扩散系统，来加速其与周围海水的混合以减轻其对水体环境的影响。浓海水排放口周围 305m 内的区域是通常所说的最初稀释区（ZID）。为了将淡化厂排放对海洋环境的影响降至最低，应当合理设计，使浓海水排放在 ZID 范围内达到充分混合，使盐度降低至水生生物可以容忍的水平。

所有的海洋生物对于海水盐度的变化都有自然适应性。这些变化季节性地发生，大多是由海洋表面蒸发速率、降雨和表层水排放所致。海水盐度波动的自然范围可以通过由位于淡化厂排放口附近的取样点得到的信息来确定。代表性说法是，盐度波动范围至少是本区域年均周围海水盐度的±10%。

例如，南加利福尼亚 Carlsbad 和 Huntington 海岸淡化工程的环境影响进展报告收集了水质监控数据，基于这些数据，平均每年海水 TDS 浓度为 33500mg/L，最大盐度达到 36800mg/L，大约比平均值高 10%。比周围海水盐度增加 10% 的极限是海水生命对盐度增加忍耐力的保守估量。大多数海洋生物的实际盐度忍耐力显著高于这个水平。

例如，Carlsbad 和 Huntington 海岸淡化工程进行的详细分析和盐度忍耐研究表明，南加利福尼亚海湾的大多数物种，尤其是在两个淡化厂排放区域发现的物种，可长期忍耐盐度为 40000mg/L 或更高的极限，可以短期内忍耐超过 50000mg/L 的盐度峰值。加利福尼亚海湾是一个开放海湾，由加利福尼亚 Point Conception 延伸到墨西哥 Bajia California，离岸 125mile（约 201km）的区域。

当特定排放物对一水体造成明显环境影响时，在美国广泛应用的确定极限的方法是总排放物毒性测试（WET）。WET 确认排放物与周围接受水体在不同稀释水平下测试生物的生存比例。美国广泛用于 WET 测试的盐水生物有：羊头呆鱼、银汉鱼和 topsmelt 鱼，糖虾和海胆，以及海洋藻类如巨藻和红藻。尽管标准的 WET 测试给出了特定排放毒性影响的基本准确的预测，但是这项测试集中于确定具体污染物（如金属、有机或无机化合物等）的排放体积和（或）浓度在低于何值下所测试的生物能够存活。

11.2.5 对海洋环境影响的评价程序[23]

海洋环境影响评价工作分为以下 3 个阶段（见图 11-2）。

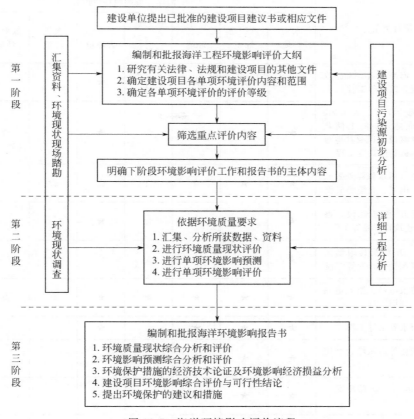

图 11-2 海洋环境影响评价流程

第一阶段为准备工作阶段，主要工作内容包括：编制和报批海洋环境影响评价大纲，研究有关环境保护与管理的法律、法规和政策，研究与建设项目环境影响评价有关的其他文件，开展建设项目的初步工程分析，搜集历史资料，开展环境现状踏勘，确定建设项目的环境影响评价内容，确定各单项环境影响评价的评价等级和建设项目的评价等级，筛选出主要环境影响要素、环境敏感区、环境敏感目标和主要环境保护对象，确定主要环境影响评价要素和评价因子，明确下阶段环境影响评价工作的主要内容和环境影响报告书的主体内容等。

第二阶段为正式工作阶段，主要工作内容包括：按照已批复的海洋工程环境影响评价大纲，进行详细的工程分析，按照已明确的环境评价内容、评价范围和重点评价项目，组织开展环境现状调查和公众参与调查；依据环境质量要求，分析所获数据、资料，进行环境影响预测和环境影响评价。

第三阶段为报告书编制阶段，主要工作内容包括：依据环境质量现状调查和预测分析结果，依照环境质量要求，给出建设项目环境影响综合评价结论，给出建设项目的选址、规模和布局是否可行的明确结论，给出环境保护的建议和措施，编制和报批海洋工程环境影响报告书。

海洋工程建设项目各单项环境影响评价内容见表 11-2。

表 11-2 海洋工程建设项目各单项环境影响评价内容

建设项目类型	海洋环境影响评价内容							
	水质环境	沉积物环境	生态环境	地形地貌与冲淤环境	水文动力环境	大气环境	放射性环境	环境事故
围海、填海、海湾改造、滩涂改造、建闸、筑堤、筑坝等工程	★	★	★	☆	★			★
海上机场、海上工厂、人工岛、跨海桥梁、海底隧道、海上储藏库、海底物资储藏设施以及其他海上、海底人工构造物建造等工程	★	★	★	☆	★	☆	☆	★
海洋排污管道（污水海洋处置）、输送物质管道、电缆、光缆等工程	★	★	★	☆	☆	☆		★
码头、航道开挖与疏浚，冲（吹）填、海洋建筑物拆除等工程	★	★	★	☆	★			☆
海洋油（气）开发及其附属工程、海洋矿产资源勘探开发等工程	★	★	★	☆	☆	☆		★
潮汐电站、波浪电站、温差电站等海洋能源开发利用工程	★	★	★	★	★	☆	☆	☆
人工鱼礁、海水养殖等工程	★	★	★	☆	★			
盐田、海水淡化等海水综合利用工程	★	★	★	☆	☆			
海上娱乐及运动、景观开发等工程	★	★	★	☆	☆			
核电站及核设施工程	★	★	★	★	★	★	★	★

注：★为必选环境影响评价内容，☆为依据建设项目具体情况可选环境影响评价内容。

海水利用工程等在海洋水文动力、海洋水质、海洋沉积物、海洋生态环境的各单项环境影响评价等级受工程规模、工程所在区域的环境特征和生态环境类型影响，具体可按表 11-3 判定。

表 11-3　海水利用工程对环境影响评价等级

工程类型	工程规模	工程所在海域和生态环境类型	单项海洋环境影响评价等级			
			水文动力环境	水质环境	沉积物环境	生态环境
海洋矿产资源开发、海水综合利用等工程	所有规模	海湾、河口海域或生态环境敏感区	1	1	1	1
		近岸海域或生态环境亚敏感区	2	2	2	2
		其他海域或生态环境非敏感区	3	3	3	2
岸边火力电站、潮汐电站、波浪发电、温差发电等海洋能源开发利用工程	大型	海湾、河口海域或生态环境敏感区	1	1	1	1
		近岸海域或生态环境亚敏感区	2	2	2	1
		其他海域或生态环境非敏感区	2	2	2	2
	中型	海湾、河口海域或生态环境敏感区	1	1	1	1
		近岸海域或生态环境亚敏感区	2	2	2	2
		其他海域或生态环境非敏感区	3	3	3	2
	小型	海湾、河口海域或生态环境敏感区	2	2	2	1
		近岸海域或生态环境亚敏感区	3	3	3	2
		其他海域或生态环境非敏感区	3	3	3	3

11.3　海水利用对环境影响实例[7,24,25]

海水淡化厂一般坐落于海边，为主要城市的饮用水和其他用途提供淡水。在沿海地区建造淡化厂以及其他基础设施都会对当地的环境造成影响。浓海水和脱盐过程中使用的一些化学产品被排回大海中，构成对海洋环境的主要影响；海水管道渗漏会对地下水造成影响，污染蓄水层；还有淡化厂造成的噪声污染，以及对环境的一个主要的间接影响是淡化厂所必需的能量耗费等。

在西班牙，从 1964 年在 Lanzarote（Canary 岛）第一台 MSF 脱盐设备的建成，到现有的 700 多台脱盐设备，各有不同的技术特点，总的生产能力接近 800000m³/d。Canary 岛海水反渗透脱盐设备的巨大变化是改变对环境不利影响的重要起点。

在 Canary 岛，社会普遍关心保护自然资源及其可持续性，包括反渗透海水脱盐设备对环境的影响。淡水产量超过 5000m³/d 的脱盐设备被列入工程课题来进行生态影响详细评估。反渗透脱盐可能对环境有几个方面的直接或间接的负面影响。

（1）Bocabarranco 脱盐设备　这台设备位于岛的西北，在 Galdar Bocabarranco 海岸。技术说明见表 11-4。

表 11-4　Bocabarranco SWRO 脱盐设备的技术说明

项目	指标	项目	指标
生产能力	7000m³/d	水产品的 TDS（总溶解固体物）	400mg/L
回收率	45%	使用状况	家庭用水

该装置与一大的脱盐系统是一体的，占地 10000m²，包括所有的基础服务设施。不同的建筑中有另一反渗透海水脱盐设备以供农业用水，附近还有一废水处理设备。

浓海水排放是通过海岸线上的两条管道来实现，第一条是直径 300mm 的 FGRP 双管道，用以排放浓海水和供给饮用水；第二条是提供农业用水的直径 400mm 的 FGRP。两条排放管道都离岸很近。采用的方法是将所有的排放水，甚至废水，通过一个长的排水沟排放到海中。

海水和排出的浓海水如表 11-5 所示。

表 11-5　Bocabarranco 设备海水和排出的浓海水的化学组成　　　　单位：mg/L

组分	海水	浓海水	组分	海水	浓海水
钙	450	814	氯化物	20800	37639
镁	1520	2751	硫酸盐	3110	5628
钠	11415	20657	硅	5	9
钾	450	814	TDS	38000	68764
重碳酸盐	250	452			

预处理步骤中砂滤清洗的频率大约为每周一次，清洗水排放到浓海水管道中。膜每年清洗 3～4 次，也排放到浓海水管道中。海水淡化过程中使用的化学物质见表 11-6。

表 11-6　Bocabarranco 设备中使用的化学物质

化学物质	使用量		化学物质	使用量	
	kg/m³	mg/L		kg/m³	mg/L
NaClO	0.053	3.0	防垢剂	0.009	4.1
H₂SO₄	0.068	16.4	FeCl₃	0.055	1.7
NaHSO₃	0.027	2.0	次氯酸钙	0.005	2.8

（2）Abrucas 的农业用水脱盐设备　这个设备位于 Arucas 岛北部沿岸的 Punta de Camello，海拔 33.27m。技术说明见表 11-7。

表 11-7　Abrucas SWRO 脱盐设备的技术说明

项目	指标	项目	指标
生产能力	5000m³/d	水产品的 TDS（总溶解固体物）	400mg/L
回收率	45%	使用状况	农业用水

这个设备与另一个设计相似但水产品用途不同的设备相邻。新浓海水排放和 1994 年建成的已有排放合并，用直径 400mm 的 FGRP 管道直通向海岸。

有一种地方性海洋红藻（*Rissoella Verruculosa*），曾在此处发现，但现在早已灭绝。

用于预处理和后处理的化学物质见表 11-8。

表 11-8　Arucas 农业用水设备使用的化学物质

化学物质	使用量		化学物质	使用量	
	g/m³	kg/d		g/m³	kg/d
NaClO	11.10	3.0	HSFM	6.67	33.3
H₂SO₄	68.02	230	FeCl₃	11.10	55.5
NaHSO₃	6.80	34	Ca(OH)₂	20	103

(3) Roque Prieto 脱盐设备　该设备位于 Guia 岛的西北部的 Roque Prieto，离 Bocabarranco 的设备不远。其技术说明见表 11-9。

表 11-9　Roque Prieto SWRO 脱盐设备的技术说明

项目	指标	项目	指标
生产能力	5000m³/d	水产品的 TDS（总溶解固体物）	400mg/L
回收率	45%	使用状况	饮用水

这个设备与另一个水产量为 1500m³/d 的蒸发设备相邻，两个设备建筑风格相似。供水入口通过海滩井，RO 设备排出的浓海水和蒸汽压缩设备的盐水合并，直接排放到海岸。

(4) 澳大利亚珀斯反渗透海水淡化工程　为降低每天排放 21.6 万立方米、盐度几乎是海水 2 倍的浓缩海水对海洋环境的影响，开展了大量的模拟研究和检测工作。虽然浓海水盐度仅为 7% 左右，为了降低对海洋环境的影响，排放口离岸 500m，设置了 40 个扩散喷嘴，促使浓海水在水体环境中扩散和稀释，确保在喷出点 50m 内混合海水的盐度低于 4%。最终，接受水体的盐度增加低于 1%。

(5) 国内的有关脱盐设备　天津新泉 100000m³/d 海水淡化厂，从天津电厂冷却排放水的上游取水，淡化后的浓海水从冷却排放水的下游排出，与冷却排放水一起排到临近的盐田中，既没有浓海水不良的环境影响，又增加了临近盐田的盐产量。

青岛百发 100000m³/d 海水淡化厂的浓海水部分由青岛碱业股份有限公司用来化盐后制碱，既利用了浓海水中的盐，又消除了浓海水不良的环境影响；部分与临近的河水和处理后的污水混合后经直径 1600mm、长 3.1km 的管道排海，也消除了浓海水不良的环境影响。

11.4　预防和缓减对海洋环境影响的对策

11.4.1　浓、温海水排放的方式[26]

11.4.1.1　建立数字水流、水质和水温模型

为使淡化厂对环境消极影响降至最低，在建立新的淡化厂或是增加已有淡化厂的生产能力之前，要进行全面的环境评估研究以降低淡化厂的消极影响。例如阿布扎比水电局的水资源研究中心建立的研究程序，作为新建或扩建淡化厂的环境可行性依据，具体程序如下。

(1) 基础数据收集。区域测量应包括水动力、水质和生物测量等。水动力区域测量用以了解工厂附近的水流类型，校准该区域的水动力模型，在工厂附近进行，包括水位、当前流速和流向、排出的浓海水的水流等。水质测量可用来估计对水质和水生物种非常重要的物质的浓度，可根据水质标准来评估水质和校准水质模型，水质测量的内容包括残留氯、溶解氧，周围海水温度和盐度，pH 和氨等。生物调查用以对相关区域的生态系统进行评估，这要建立工厂附近详细的取样点，调查的数据要提供对当地栖息环境和物种的详细描述。

(2) 建立数字水流模型。水流速度和类型是排水管道流出物的主要传输和扩散机理。数字水流模型模拟了工厂附近的水流状况，工厂的取水口和排水口要根据区域测量结果进行改进和校准。

（3）建立数字水质模型。水质模拟的目标是模拟工厂附近受电厂和淡化厂影响的水域的水质，会对进入海洋的排出物中的被模拟物质的扩散和传播进行模拟。水动力模型中的水流类型将作为水质模型的输入信息，模型将根据获得的水质检测结果进行校准。

（4）水质结果评估。水质模型的结果要根据水质标准进行评估。如果模拟物质不符合水质标准并且可能对海洋生物造成影响，那么水动力模型中工厂进水和排水的结构就要进行改变（如用管道代替开放的水区），重新进行水质模型计算，直至模拟物质满足水质标准的要求。

（5）生物生活环境评估程序。由于排放导致的水质变化对环境的影响，要根据工厂附近生物生活环境的本性进行评估。水质模型中得到的模拟物质的排放浓度要与种群的极限浓度相对比。如果研究结果表明，工厂排放会影响环境，则需要采取措施使影响降至最低，如改变提出的取水和排水结构，从而将排出物中的物质进行重新分配以降低其浓度。可以设计取水和排水结构来引导水流类型、流速，以控制排出物的传播和扩散。

11.4.1.2 以冷却水或污水稀释

反渗透及纳滤的浓海水由于含盐量高，传统的给排水无法有效处理，如果不经处理直接排放势必对周围环境造成污染和水的浪费。有时将浓水与其他水或废水进行混合后排放，无论在可行性上还是经济上都是较好的选择方案。比如将浓水与处理后的城市排水、工业废水或电厂冷却水混合排放。如果将浓缩海水与含盐量为 1000mg/L 的处理污水按照 2∶1 的比例进行混合，会将排水的 TDS 降到与周围海水相近。苦咸水系统浓水按类似比例混合，也会达到内陆地表水类似的 TDS，以减缓浓水排放对环境的影响。

11.4.1.3 喷射分散

扩散喷嘴有两大特征：一是增加了海水和浓海水的活动区域；二是扩散会随海水和浓海水接触时间增加而加强。

位于西班牙的 Posidonia 牧场是重要的牧场之一，环境影响小的浓海水排放方法对其来说非常重要，选用喷射分散的方式排放浓海水，结果表明离扩散喷嘴排放口 6m 处的海底浓海水浓度为 40830mg/L，略高于海水的 39338.36mg/L。具体参数见表 11-10。

表 11-10　喷射分散装置参数

项目	指标	项目	指标
额定产量	120000m³/d	浓盐水排放压力	0.066MPa
浓盐水流量	5638.3m³/h	浓盐水排出速度	7.22m/s
扩散喷嘴数量	3个	扩散喷嘴角度	45°
扩散喷嘴面积	723.53cm²	管道距海底高度	2m
扩散喷嘴直径	30.35cm	海底浓盐水浓度	40830mg/L

11.4.1.4 海流携带[27]

相对于浩瀚的海洋来说，海水排放的浓海水是极微小的一部分，因此将浓盐水直接排入海洋是当前最经济的方法，一般不会对海洋环境造成很大影响；但海洋对排放物的消纳能力并不是无限的，海水淡化排放的浓海水盐度高，且含有污染物（如重金属、化学添加剂等），浓海水的物理性质（如温度、密度）与自然海水也有较大差别，浓海水可能快速沉入海底并危害敏感的深海环境，影响大小取决于排放地的水力及地理因素。某些地区有较高的能量或水流交换较快，化学物质不易聚集，是理想的浓海水排放区域，而某些封闭水域，水流交换慢，化学物质很难分散和稀释，如浓海水未经适当的处理而直接大量排放入海，将对海洋生态环境造成相当大的冲击，容易造成局部生态环境破坏。因此需要确保浓盐水的快速合理分散，以降低浓度差别，使它们对环境的不利影响减小到最低程度。

武雅洁等[28]运用三维多功能水动力学模型 COHERENS 对胶州湾西岸的某电厂浓盐水排入海洋后的稀释扩散进行了研究。数值模拟结果很好地再现了胶州湾的潮汐流场模式，通过对浓盐水输移扩散达到动态平衡后最后一个潮周期平均的温度和盐度等值线分布及其垂向分布进行分析，得到浓盐水自排放口排出后的输移扩散规律。由于湾内水体不断地与外海水进行水体交换，而且排放口正是位于水交换良好区域，使湾内各点的温度和盐度不会无限制地升高，而是随着潮流作周期性的变化。排放废水只是影响了排放口附近的部分水域，而对胶州湾内的广阔水域影响甚小。通过对不同排放口底层温度升高和盐度升高等值线包络面积的比较，得出较合理的排放口选址，该模型为合理布置水电联产设备的取水口和排放口提供了有效途径。

同时需要指出，由于胶州湾的水交换过程强烈地依赖于初始场的运动状况和运动趋势，除了合理地选择排放口位置，不同区域排污可以根据具体情况选择最佳排放时刻，如 Tomlinson 和 Webb 于 1987 年开创性地提出落潮排污方案，并在澳大利亚威尔斯 Brunswick 河建设了示范工程，取得了良好的环境效益和社会效益。

11.4.2　脱盐技术的改进[29~31]

脱盐技术的改进详见本书第 3~8 章，本节只作简述。

（1）多级闪蒸（MSF）的改进　多级闪蒸是针对多效蒸发结垢较严重的缺点而发展起来的，具有设备简单可靠、防垢性能好、易于大型化、操作弹性大以及可利用低位热能和废热等优点。因此一经问世就得到应用和发展，主要在海湾国家使用。MSF 总是与火力电站联合运行，以汽轮机低压抽汽作为热源。目前世界上规模最大的日产 88 万吨淡水的海水淡化装置已投入商业运行多年。主要的改进工作有单机容量进一步扩大，最高可达 7.9 万立方米/天，多级闪蒸与水电一体化，过程集成的热膜耦合，采用新的管及蒸发室材料。其他工艺改进有提高最高盐水温度、热交换面积和盐水循环流量的降低、快速除雾功能、排放冷却器、延长服务期限等。

（2）MED 的改进　系统低温操作完全避免或减缓了设备的腐蚀和结垢，还大大地简化了海水的预处理过程，不必进行加酸脱气处理，系统的操作弹性大，热效率高，动力消耗小，制水成本低，操作安全可靠。但是盐水蒸发温度不能超过 70℃也成了该技术进一步提高热效率的制约因素。另外由于低温操作时蒸汽的比容较大，使得设备的体积较大，无形中增加了设备的投入。因此，尽可能地提高低温多效过程的造水比是国际海水淡化界努力方向。主要的改进工作有装置规模大型化，最高可达 4.5 万立方米/天，使用较廉价的新材料和新设备，强化传热管等。塔式设计、混凝土外壳、增加效数、使用高效的热泵等可有效提高造水比和利用末效的热，水电联产和热膜耦合联产有效降低海水淡化的成本，等等。

（3）SWRO 的改进　经过近 50 年的研究、开发和产业化，SWRO 自 20 世纪 70 年代进入海水淡化市场之后，发展十分迅速。RO 用膜和组件已相当成熟，组件脱盐率可高达 99.8%，有约 30 多年的海水淡化的经验积累，SWRO 工艺过程也逐渐成熟。主要的改进工作有反渗透膜和组器技术的不断改进提高；关键设备的保证，如效率达 85%以上的高压泵和效率达 95%的能量回收设备；淡化工艺的不断改进，如一级海水淡化工艺、高压一级海水淡化工艺、高效两段法、NF-RO 集成工艺、与热法一起的集成工艺、新的预处理和后处理系统等。

（4）过程优化　一个海水淡化系统由大量的单元组成。如 SWRO 由膜组件、高压泵、增压泵、能量回收等设备相互连接，由于膜过程有操作压力大、膜组件易污染等特点，因此必须对系统进行合理的设计，对结构和操作参数进行优化，使之稳定、高效地运行，以降低投资和操作费用。

（5）集成过程　海水淡化技术集成的目的是充分发挥各方法的优势及合理利用能量，降低成本获取综合效益。其集成大致有 3 种形式：①海水淡化方法自身及方法间的集成；②能源与海水淡化技术的集成；③发电-海水淡化-综合利用的深度集成。

海水淡化方法间的集成目前研究最多并应用于实际生产的是 RO 法与 MSF（MED）法的组合。目前，世界范围内已经建成了一些 RO 法与 MSF 法相结合的海水淡化工程，如沙特阿拉伯的 Jeddah 厂在原有的 MSF/发电的双目的厂中建设了海水反渗透（SWRO）一期和二期工程；沙特阿拉伯的 Yanbu 厂对水电联产厂进行了扩建，即将 4 个 4500m³/d 容量的 MSF 厂与一个 12800m³/d 容量的 SWRO 厂联合操作；沙特阿拉伯的 Al-Jubail 厂在水电联产厂的基础上建设了一个 9000m³/d 容量的 SWRO 厂。

近年来，随着微滤（MF）、超滤（UF）和纳滤（NF）技术的发展，以及其所具有的可有效减少化学品添加量、减少 SWRO 淡化过程中膜组件的清洗次数和降低结垢的可能性、操作过程对环境友好、操作成本低等优点，将成为取代传统预处理一种必然发展趋势。

能源与海水淡化技术集成的目的是合理利用余热（低品位能源）和剩余电力，达到能量合理利用。现代大型火电厂一方面消耗大量淡水，且对水质要求很高；另一方面又具有大量低品质余热。因此，热电联产海水淡化已成为解决沿海电厂淡水资源短缺的最佳方案。我国已经建成了多套水电联产的海水淡化装置，如天津北疆电厂的低温多效海水淡化装置、山东青岛黄岛发电厂的 3000m³/d MED 法海水淡化工程等，电厂的锅炉补水已全部由该淡化装置的产品水提供。

海水淡化与综合利用的深度集成是将海水淡化与制盐及盐化工生产相结合，实现海水淡化与制盐、盐化工生产联产，以达到合理配置资源、优化项目方案的目的。如阿曼的 Ahmed[22]和澳大利亚的 Arakel 提出了水、电、盐联产的集成思路：排放的浓盐水可以发展水产，如养鱼、盐水虾等；利用淡化厂的低品位热源及浓盐水进行太阳能池发电，对盐卤可以进行资源回收，发展制盐和盐化工，可有效地解决海水淡化过程的环境污染问题。

11.4.3　可再生能源的利用（详见本书第 6 章）[32~35]

（1）风能　风能已经成为未来替代传统化石燃料的主要新能源之一。风力发电是当今风能利用的主要形式。海水淡化降低成本的关键是降低海水淡化的能耗，海水淡化的能耗成本占总成本的 30%，因此不断提高和改进能量回收技术是提高经济性的目标，同时，降低能耗意味着燃烧更少的矿物燃料，从而减少温室气体的排放，极大地改善大气环境质量。目前，风能应用于海水淡化工程已经取得了较为成熟的研究成果，在世界范围内有了较为广泛的应用。表 11-11 列出了全球部分风能海水淡化工程。

表 11-11　全球部分风能海水淡化工程

地点	原水	淡化技术	规模/(m³/d)
西班牙 Los Moriscos	苦咸水	反渗透	200
西班牙 Pajara	海水	反渗透	56
希腊 Drepanoon	海水	反渗透	25
德国 Helgoland	海水	反渗透	23040
德国 Borkum 岛	海水	蒸馏法	7.2～48
德国 Ruegen 岛	海水	蒸馏法	120～300
中国山东小黑山岛	苦咸水	电渗析	24

目前风能海水淡化的规模还不大，大多选择在拥有丰富风力资源的滨海地区和海岛。风能海水淡化分为直接风能海水淡化和间接风能海水淡化，前者是直接将风力的机械能驱动海水淡化的反渗透或蒸馏单元，后者是先利用风能发电，然后再通过电能驱动后续的脱盐单元（反渗透、蒸馏或电渗析）。目前，间接风能海水淡化是较多采用的风能海水淡化技术途径。从风电技术适应性、淡化技术特点和应用程度而言，采用反渗透单元与风力发电结合是最匹配的模式，具有能耗低、系统简单、容易适应风力发电能量变化的特点。对于偏远地区或孤立海岛，电渗析单元由于工艺和操作简单，可能比较适合。

目前，风能海水淡化面临的主要问题是：风速时常变化，能量供应不稳定，具有间歇性和波动性。针对这一问题，可以通过提高供电系统的稳定性来解决。对于有电网覆盖的地区，可以采用并网发电的风力发电系统，风力不足时，可以由电网向海水淡化单元供电，维持淡化过程正常运行。另一方面，对于没有电网的偏远地区或孤岛，可以采用多种能源联合系统，比如风力-柴油机联合系统或者风力-太阳能联合系统。随着风能装机容量的扩大，风电成本会有显著下降，据预测，到 2030 年我国风电成本会比现在降低 50%。因此，从长远看，风能海水淡化是未来发展的一个趋势，风能海水淡化技术的推广应用，对于有效减轻环境能源压力，减少温室气体排放对大气环境造成有害影响具有重要意义。

（2）太阳能[34]　与传统动力源和热源相比，太阳能具有安全、环保等优点，将太阳能采集与脱盐工艺两个系统结合是一种可持续发展的海水淡化技术。太阳能海水淡化技术由于不消耗常规能源、无污染、所得淡水纯度高等优点而逐渐受到人们重视。

人类早期利用太阳能进行海水淡化，主要是利用太阳能进行蒸馏，所以早期的太阳能海水淡化装置一般都称为太阳能蒸馏器。目前太阳能蒸馏装置中主要有主动式系统和被动式系统两大类。

被动式太阳能蒸馏系统的例子就是盘式太阳能蒸馏器，人们对它的应用有了近 150 年的历史。由于它结构简单、取材方便，至今仍被广泛采用。被动式太阳能蒸馏系统的一个严重缺点是工作温度低，产水量不高，也不利于在夜间工作和利用其他余热。

在主动式太阳能蒸馏系统中，由于配备有其他的附属设备，使它的运行温度得以大幅度提高，其内部的传热传质过程得以改善，大部分主动式太阳能蒸馏系统，都能主动回收蒸汽在凝结过程中释放的潜热，因而这类系统能够得到比传统太阳能蒸馏系统高一倍甚至数倍的产水量，这是目前主动式太阳能蒸馏装置被广泛重视的根本原因。

（3）核能[35,36]　核能是一种清洁的能源，一座日产 10 万吨淡水的核能海水淡化厂每年消耗二氧化铀核燃料 2.5t 左右，不存在化石燃料燃烧产生的有害气体对大气的污染问题，也不存在大量的燃料和排放物的储存、运输和处理问题。

核能海水淡化有两项独特的优势：一是海水淡化耗费电能，而来自核反应堆的电能不会产生温室气体；二是由于石油和天然气价格上涨，以核能淡化海水同以化石燃料能源淡化海水相比具有竞争力。按照惯例，核反应堆产生的大部分热能都浪费了，将其用在海水淡化上将是最佳选择。沿海小城市的小型和中型核反应堆也是海水淡化的好选择，它们可使用热电联产中的涡轮产生的低压蒸汽和最终冷却系统产生的高温海水。

核能海水淡化装置的可行性已经得到了超过 150 反应堆·年的实验证实，这主要是在哈萨克斯坦、印度和日本开展的。目前，世界范围内处于计划阶段的新设备还有 50 个，分布于韩国、俄罗斯、巴基斯坦、突尼斯、摩洛哥、埃及、阿尔及利亚、利比亚、伊朗、卡塔尔、约旦和阿根廷。这些设备在不同国家有不同用途，例如日本将淡化后的海水用于冷却反应堆。

我国首家核反应堆海水淡化厂将建 200MW 核能装置及 16 万吨/天海水淡化工程。

（4）其他　除风能、太阳能等自然能源之外，还可利用海洋自身的潮汐能和波浪能作为动力系统，为海水利用提供能量来源。

11.4.4　浓海水资源的充分利用（详见本书第 10 章）[37~39]

（1）制盐[37,40,41]　我国海水制盐业经过技术改造，尤其是具有中国特色的塑苫技术，使单位面积产量和劳动生产率明显提高，部分企业在海盐采收、运输、堆坨等生产技术已接近发达国家水平。但海水制盐是建立在无偿占有的土地资源和廉价的劳力资源的基础上，随着沿海地区经济的迅猛发展，海盐的低附加值与沿海地区土地资源和劳动力日益升值的矛盾日益凸现。

日本从战略和推动海水制盐技术进步两方面考虑，自 20 世纪 70 年代完成了海水淡化及淡化后浓海水制盐的技术攻关，形成了海水淡化-浓海水电渗析制卤、浓缩卤水真空蒸发制盐的现代化改造；将其与海水淡化、浓海水制盐、制碱及有机合成企业联合，逐步形成产业链，是今后制盐技术改造的方向。制盐成本可降低 1/3~1/2，企业的经济效益和劳动生产率会明显提高。

（2）海水卤水提钾[42,43]　我国研究开发"无机离子交换法海水提钾"被认为是最有产业化前景的技术，它是我国具有自主知识产权的海水提钾技术，通过"九五"和"十五"的科技攻关，海水提钾已实现了技术上的重大突破，"万吨级海水卤水制取硝酸钾产业化示范装置"立项建设；采用海水吸附、苦卤叠加工艺使沸石有效吸附量及洗脱完成液含钾量得到有效提高；通过开发富钾液的高效分离工业化技术，提高工艺回收率，降低钾盐的分离制造成本，及开发高附加值、多品种的钾盐产品（海水提取硝酸钾、磷酸二氢钾、硫酸钾等），提高生产的综合效益。

（3）海水卤水提溴及溴化物研发[37~39]

① 海水卤水提溴　海水中溴的浓度约为 65mg/L，而岩盐矿中溴的浓度仅为 0.1mg/L，地下浓缩海水溴含量为 200~300mg/L，在高溴含量的盐湖中浓度可达 2000~12000mg/L。溴素的生产主要工艺方法为空气吹出法和水蒸气蒸馏法。含溴量较低的海水卤水（3000mg/L 以下）宜采用空气吹出法；含溴量较高的原料宜采用水蒸气蒸馏法。

我国溴素的生产主要采用空气吹出法和水蒸气蒸馏法。其中空气吹出法占全国溴素生产能力的 90% 以上，而水蒸气蒸馏法占的比例不足 10%。在空气吹出法中，酸法吸收工艺占 85%，碱法吸收工艺占 15%。在消化吸收国外先进技术的基础上，对空气吹出法工艺及设备进行了一系列的技术改造，并成功应用于盐场中低度卤水提溴。但我国提溴工业与国外先进水平相比存在溴资源利用率低、产品质量差、能耗高（较国外高 20%以上）、噪声及尾气污染、自动化水平低、单套装置产能小（≤2000t/a）等，同时产量占全国 70%以上的山东地下卤水溴资源面临枯竭的困境。利用海水提溴新技术，并将海水淡化和海水制溴进行链接，在开发提溴新资源的同时，还可以较大幅度降低提溴成本。

② 溴化物研发　在溴化物系列产品研制开发方面，我国实现了溴系列产品的规模化生产，万吨级十溴二苯醚的投产，实现了该阻燃剂的国产化；高效低毒农药二溴磷、新型阻燃剂溴代苯酚磷酸酯等新型溴化物产品也已投入工业化生产；十溴二苯醚的换代产品十溴二苯基乙烷、新型溴化剂氯化溴等优质、高附加值产品也已试产。

（4）海水卤水提取镁砂（氢氧化镁）及镁系物-硼酸盐[44]

① 海水卤水提取镁砂（氢氧化镁）　20 世纪 30 年代，美国、日本、英国等发达国家使海水提取镁系物实现了产业化。为提高氢氧化镁质量，海水卤水预处理技术、石灰及白云石煅烧和消化技术、晶种添加及控制结晶技术、氢氧化镁浆的洗涤分离技术相继诞生并得到进一步完善。以海水（浓海水）、轻烧白云石为原料，采用晶种添加一步法合成工艺制取浆状氢氧化镁，建成了万吨级生产装置。

② 卤水提取镁盐及镁系功能材料的研发　我国利用卤水资源生产的镁盐主要是氯化镁和硫酸镁，氯化镁的生产是以苦卤综合利用提取氯化钾和溴素后的制溴废液为原料，经蒸发、造粒（或制片）制得氯化镁产品。镁系功能材料性能优良，性价比高，无机功能材料晶须硼酸镁，多种晶型、不同形貌特征的碳酸镁、碱式碳酸镁、氢氧化镁和氧化镁晶须等的合成和应用方面取得较大突破。

（5）海水提取微量元素　海水中微量元素铀、锂、碘以及重水等均是陆地资源储量较少的未来能源及战略资源，世界上许多国家不惜投巨资进行该方面的研究和技术储备，我国在 20 世纪 70~80 年代在海水提铀等方面开展了技术研究。

① 海水提铀、氘和氚[45,46]　陆上铀矿总储量仅 100 万吨，而海水中有 45 亿吨铀，可望成为原子能时代的真正支柱，海水提铀工作显得很有意义。海水提铀的方法很多，最有前途的是吸附法。其中目前性能最好的是偕胺肟树脂，它可以做成纤维状，表面积大，易操作，效率高，1t 树脂在海中 20 天，可从含铀 3.3μg/L 的海水中吸 2.7kg 铀，浓度达 0.3%，与陆上矿石一样。该技术的突破将为铀的生产开辟新途径，且污染少，工艺简单，安全性好，纯度高，也可能带动相关海洋产业的发展。

海水中 D_2O、T_2O 的储量达 200 万亿吨。要从海水中制取 D_2O 和氚，由于含量低，工艺过程是十分繁杂的，一般靠不同温度下的不同分离系数的双温交换法来富集，例如：

$$H_2O(液)+HDS(气) \rightleftharpoons HDO(液)+H_2S(气)$$

其平衡常数在 30℃和 130℃分别为 2.18 和 1.83，据此可在 2.0MPa 下，将 H_2S 作为循环气体，由下而上通过热塔时由水中提取氚，而通过冷塔时，把氚送还水中，以此可在赤道海洋海平面处，利用 D_2O 和 HDO 蒸气压比 H_2O 低，海水有富 D_2O 倾向，用上述交换法获得 15% D_2O 的富集液，之后精馏提浓到 99.8%。

② 海水提锂[43]　陆地上锂的储量大约为 240 万~900 万吨，海水中锂的储量达 2329 亿吨。日本用海水提取锂盐合成了具有工业化前景的锂吸附剂，以聚氯乙烯将合成锰锂氧化物制成颗粒，吸附海水中的锂，经连续处理 25 天，试验结果表明其收益相当于运行成本。

③ 海水提铯、铟、锗　首先将浓海水浓缩到 200g/L 的浓度，再用铁明矾净化形成 $Fe_2(SO_4)_3$ 和 $Al_2(SO_4)_3$，接着用新的液-液萃取法提取铯，在有机酸的帮助下用另一步液-

液萃取法回收铟，在最后的液相状态下，锗和镁被提取出来；剩余的溶液主要是由氯化钠和氯化钾组成，再利用氯化钠和氯化钾溶解度随温度变化的不同，分离两者。

④ 海水提碘　海水中碘的浓度很低，仅为 0.06mg/L，但海水中碘的总储量达 822 亿吨，碘在海水中是以碘的有机化合物的形式存在。海带等海生植物可以富集碘，干海带中含碘 0.3%～0.5%，有的达 1%，比海水中要高出几十万倍，海带提碘已产业化。

11.4.5　海水利用给水预处理水中的化学物

为了降低预处理所用化学品对海洋环境的影响，一是结合淡化厂本身特点，对排放废水进行合适的化学处理，将其中的有害化学物质尽可能地清除，避免化学物质对海洋生物的毒害作用，如 SWRO 系统中对杀生剂氯进行脱氯处理，处理后的浓海水氯含量极低，基本可以忽略其对海洋环境的影响；二是浓海水与处理过的工业废水和城市污水混合或通过河流稀释后入海排放，可降低盐度和化学物品的浓度及其影响；三是采用新工艺和技术，使用高效和环境友好的绿色药剂替代旧的化学品，减少预处理的化学品用量，降低或消除其对海洋环境的影响。

11.4.6　其他相应措施[47~49]

这里特别要提到的是零排放。所谓零排放，不仅所有浓海水不向环境排放，而且其中的固体成分要全部资源化回收和利用。

参考文献

[1] Sabine L，Thomas H. Environmental impact and impact assessment of seawater desalination. Desalination，2008，220：1-15.

[2] Einav R，Harussi K，Perry D，The footprintof the desalination processes on the environment. Desalination，2002，152：141-154.

[3] Meerganz von Medeazza G L. "Direct" and socially-induced environmental impacts of desalination. Desalination，2005，185：57-70.

[4] Raluy R G，Serra L，Uche J，et al. Life-cycle assessment of desalination technologies integrated with energy production systems. Desalination，2004，167：445-458.

[5] Jaime S J，Veza J M，Santana C. Case studies on environmental impact of seawater desalination. Desalination，2005，185：1427-1434.

[6] Le Page S. Salinity Tolerance Investigations：A Supplemental Report for the Carlsbad [R]. CA Desalination Project，M-REP Consulting，2004.

[7] Höpner T，Windelberg J. Elements of environmental impact studies on the coastal desalination plants. Desalination，1996，108：11-18.

[8] Malfeito J J，Diaz-Caneja J，Farinas M，et al. Brine discharge from the Javea desalination plant. Desalination，2005，185：1513-1520.

[9] Fernandez-Torquemada Y，Sanchez-Lizaso J L，Gonzalez-Correa J M. Preliminary results of the monitoring of the brine discharge produced by the SWRO desalination plant of Alicante (SE Spain). Desalination，2005，182：389-396.

[10] Voutchkov N. Overview of seawater concentrate disposal alternatives. Desalination，2011，273 (1)：205-219.

[11] Rachid M，Abdelwahab C. Ecotoxicological marine impacts from seawater desalination plants. Desalination，2005，182：405-412.

[12] 蔺智泉. 海水利用对海洋环境影响的研究 [D]. 青岛：中国海洋大学博士学位论文，2012.

[13] 黄逸君，陈全震，曾江宁，等. 海水淡化排放的高盐废水对海洋生态环境的影响. 海洋学研究，2009，27 (3)：104-110.

[14] Ruso Y P, Carretero J A, Casalduero F G, et al. Spatial and temporal changes in infaunal communities inhabiting soft-bottoms affected by brine discharge. Marine Environmental Research, 2007, 64: 492-503.

[15] 陈长平, 高亚辉, 林鹏. 盐度和 pH 对底栖硅藻胞外多聚物的影响. 海洋学报, 2006, 28 (5): 123-129.

[16] 廖永岩, 吴蕾, 蔡凯, 等. 盐度和温度对中华虎头蟹 (Orithyia sinica) 存活和摄饵的影响. 生态学报, 2007, 27 (2): 627-639.

[17] Sánchez-Lizaso J L, Javier R, Juanma R, et al. Salinity tolerance of the Mediterranean seagrass Posidonia oceanic: recommendations to minimize the impact of brine discharges from desalination plants. Desalination, 2008, 211: 602-607.

[18] Manuel Latorre. Environmental impact of brine disposal on Posidonia seagrasses. Desalination, 2005, 182: 387-404.

[19] Gonzáleza E, Arconadaa B, Delgadoa P, et al. Environmental research on brine discharge optimization: A case study approach. Desalination and Water Treatment, 2011, 31 (1-3): 197-205.

[20] Hoepner T. A procedure for Environmental Impact Assessment (EIA) for seawater desalination plants. Desalination, 1999, 124: 1-12.

[21] Tarnacki K, Meneses M, Melin T, et al. Environmental assessment of desalination processes: Reverse osmosis and Memstill®. Desalination, 2012, 296: 69-80.

[22] Mezher T, Fath H, Abbas Z, et al. Techno-economic assessment and environmental impacts of desalination technologies. Desalination, 2011, 266: 263-273.

[23] Sabine L, Habib N EI-Habr. UNEP resource and guidance manual for environmental impact assessment of desalination projects. Desalination and Water Treatment, 2009, 3: 217-228.

[24] Roberts D A, Johnston E L, Knott N A. Impacts of desalination plant discharges on the marine environment: A critical review of published studies. Water Research, 2010, 44 (18): 5117-5128.

[25] Palomar P, Losada I J. Desalination in Spain: Recent developments and recommendations. Desalination 2010, 255 (1-3): 97-106.

[26] Péez Talavera J L, Quesada Ruiz J J. Identification of the mixing processes in brine discharges carried out in Precipice of the Toro Beach, south of Great Canary (Canary Islands). Desalination, 2001, 139: 277-286.

[27] Mauguin G, Corsin P. Concentrate and other waste disposals from SWRO plants: characterization and reduction of their environmental impact. Desalination, 2005, 182: 355-364.

[28] 武雅洁, 梅宁, 梁丙臣. 高浓热盐水在胶州湾潮流作用下的输移扩散规律研究. 中国海洋大学学报: 自然科学版, 2008, (06): 1029-1034.

[29] 伍联营, 王慧敏, 胡仰栋, 等. 多级闪蒸海水淡化与水电联产模拟与优化. 水处理技术, 2011, 37 (7): 57-60.

[30] 陈寅彪, 张建丽. 低温多效海水淡化与水电联产技术的应用探索. 神华科技, 2009, 27 (1): 47-50.

[31] 周利民, 刘峙嵘, 许文苑. 蒸馏/反渗透海水淡化及其耦合工艺研究. 海湖盐与化工, 2005, 35 (2): 21-25.

[32] Raluy R G, Serra L, Uche J. Life cycle assessment of desalination technologies integrated with renewable energies. Desalination, 2005, 183: 597-609.

[33] Raluy R G, Serra L, Uche J, et al. Life-cycle assessment of desalination technologies integrated with energy production systems. Desalination, 2004, 167: 445-458.

[34] Jijakli K, Arafat H, Kennedy S, et al. How green solar desalination really is? Environmental assessment using life-cycle analysis (LCA) approach. Desalination 2012, 287: 123-131.

[35] 韩基文. 核能海水淡化. 锅炉制造, 2010, 2: 42-45.

[36] Anastasov V, Khamis I. Environmental issues related to nuclear desalination. World Academy of Science, Engineering and Technology, 2010, 42: 1529-1534.

[37] 张维润, 樊雄. 集成膜工艺海水淡化与浓海水综合利用. 水处理技术, 2007, 33 (2): 1-3.

[38] 陈侠, 陈丽芳. 浅谈我国浓海水化学资源的综合利用. 盐业与化工, 2008, 36 (5): 47-50

[39] 崔树军, 韩惠茹, 邓会宁, 等. 海水淡化副产浓海水综合利用方案的探讨. 盐业与化工, 2007, 37 (1): 36-42.

[40] Afrasiabi N, Shahbazali E. RO brine treatment and disposal methods. Desalination and Water Treatment, 2011, 35 (1-3): 39-53.

[41] Melián-Martel N, Sadhwani J J, Ovidio Pérez Báez S. Saline waste disposal reuse for desalination plants for the chlor-alkali industry. The particular case of pozo izquierdo SWRO desalination plant. Desalination, 2011, 281 (1): 35-41.

[42] Ma W, Wang Q, Wang R, et al. Development of synthetic solid inorganic material as adsorbents of Li and K from the

enrichment brine. Desalination and Water Treatment，2012，44（1-3）：1-6.

[43] 袁俊生，纪志永. 海水提锂研究进展. 海湖盐与化工，2003，32（5）：29-33.

[44] 高春娟，张雨山，黄西平，等. 浓海水-钙法制取氢氧化镁工艺研究. 盐业与化工，2011，40（1）：5-7.

[45] 金可勇，俞三传，高从堦. 从海水中提取铀的发展现状. 海洋通报，2001，20（2）：78-82.

[46] 刘梅，朱桂茹，苏燕. 偕胺肟基纤维的合成及对铀的吸附性能研究. 水处理技术，2009，35（7）：13-16.

[47] Jibril B E-Y，Ibrahim A A. Chemical conversions of salt concentrates from desalination plants. Desalination，2001，139：287-295.

[48] Assiry A M. Application of ohmic heating technique to approach near-ZLD during the evaporation process seawater. Desalination，2011，280：217-223.

[49] Farshad F，Dariush M，Jafari Nasr M R，et al. Experimental study of forced circulation evaporator in zero discharge desalination process. Desalination，2012，285：352-358.

索 引
（按汉语拼音排序）